JN341122

수산물 품질 관리사

1차 | 한권으로 끝내기

시대에듀

수산물품질관리사 1차

한권으로 끝내기

Always with you

사람이 길에서 우연하게 만나거나 함께 살아가는 것만이 인연은 아니라고 생각합니다.
책을 펴내는 출판사와 그 책을 읽는 독자의 만남도 소중한 인연입니다.
시대에듀는 항상 독자의 마음을 헤아리기 위해 노력하고 있습니다.
늘 독자와 함께하겠습니다.

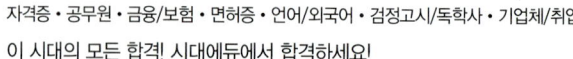

PREFACE

머리말

수산물품질관리사는 수산물 분야에서 수산물의 품질 향상과 유통의 효율화를 촉진하기 위하여 농산물품질관리사에 상응하는 수산물품질관리사 제도를 신설하면서 생겨난 자격 제도입니다.

해양수산부 주관의 자격으로 한국산업인력공단에서 시행하고 있으며, 수산물의 등급판정과 수산물의 생산 및 수확 후 품질관리기술 지도, 수산물의 출하시기 조절, 수산물의 선별 · 저장 및 포장시설 등의 운영관리를 지원함으로써 향후 수산물 관련 전문 자격자로서의 역할과 전망이 매우 밝다고 할 수 있습니다.

이에 시대에듀에서는 수산물품질관리사 시험 준비에 보다 효율적인 접근과 학습이 가능하도록 본 도서를 출간하게 되었습니다. 수산물품질관리사는 수산물의 시장경쟁 심화와 고품질 · 안전 수산물 수요의 증가에 따라 수산물의 안전성 관리 및 수입 수산물의 안전성 확보 등을 목적으로 하며, 그로 인한 어가소득의 증대까지 기대하고 있습니다. 또한 국민건강에 기여하는 먹거리 관리를 위한 자격으로서 의미가 있습니다.

수산물품질관리사는 국책사업으로서 해양강국의 의미를 부여하는 과정입니다. 본 도서는 해양수산부의 자료 등을 근간으로 하고 있으며, 기존의 연구와 교육을 통한 자료를 활용하여 집필하였습니다. 또한 충실한 이론으로 체계적인 학습, 각 단원별 적중모의고사를 통한 실전 준비 그리고 최근 기출문제를 해설과 함께 수록하여 가장 최신의 출제경향 파악까지 완벽한 학습이 가능합니다. 본 도서는 수산물품질관리사를 준비하는 수험생들에게 등대와 같은 지침서의 역할을 할 것입니다.

편저자 씀

시험안내

INFORMATION

시행기관 한국산업인력공단

응시자격 제한 없음(농수산물 품질관리법 시행령 제40조의4)

※ 결격사유(기준일 : 시험시행일)(농수산물 품질관리법 제107조)
- 수산물품질관리사의 자격이 취소된 날부터 2년이 지나지 아니한 자는 응시할 수 없음
- 수산물품질관리사 시험의 정지, 무효 또는 합격 취소 처분을 받은 날부터 2년이 지나지 아니한 자는 응시할 수 없음

시험일정

1차 원서접수	1차 시험 시행일	1차 합격자 발표일	2차 원서접수	2차 시험 시행일	2차 합격자 발표일
4.7~4.11	5.10	6.11	8.18~8.22	9.20	10.29

※ 상기 시험일정은 시행처의 사정에 따라 변경될 수 있으니 한국산업인력공단(www.q-net.or.kr)에서 확인하시기 바랍니다.

시험과목 및 시험방법

구 분	시험과목	시험시간	시험방법
제1차	1. 수산물품질관리 관련 법령 ※ 농수산물 품질관리 법령, 농수산물 유통 및 가격안정에 관한 법령, 농수산물의 원산지 표시 등에 관한 법령, 친환경농어업 육성 및 유기식품 등의 관리 · 지원에 관한 법령, 수산물 유통의 관리 및 지원에 관한 법령 2. 수산물유통론 3. 수확 후 품질관리론 4. 수산일반	120분	객관식 (4지 택일형), 총 100문항 (과목별 25문항)
제2차	1. 수산물품질관리 실무 2. 수산물 등급판정 실무	100분	주관식 총 30문항 (단답형 20문항, 서술형 10문항)

※ 시험과 관련하여 법령 · 규정 등을 적용하여 정답을 구하여야 하는 문제는 시험시행일 기준으로 시행 중인 법률 · 기준 등을 적용하여 그 정답을 구하여야 함

※ 기활용된 문제, 기출문제 등도 변형 · 활용되어 출제될 수 있음

합격기준

- 제1차 시험 : 각 과목 100점을 만점으로 하여 각 과목 40점 이상의 점수를 획득한 사람 중 평균점수가 60점 이상인 사람을 합격자로 결정
- 제2차 시험 : 제1차 시험에 합격한 사람을 대상으로 100점을 만점으로 하여 60점 이상인 사람을 합격자로 결정

※ 시험의 일부면제 : 제2차 시험에 합격하지 못한 사람에 대해서는 다음 회에 실시하는 시험에 한정하여 제1차 시험을 면제(별도 서류제출 없음)

검정현황

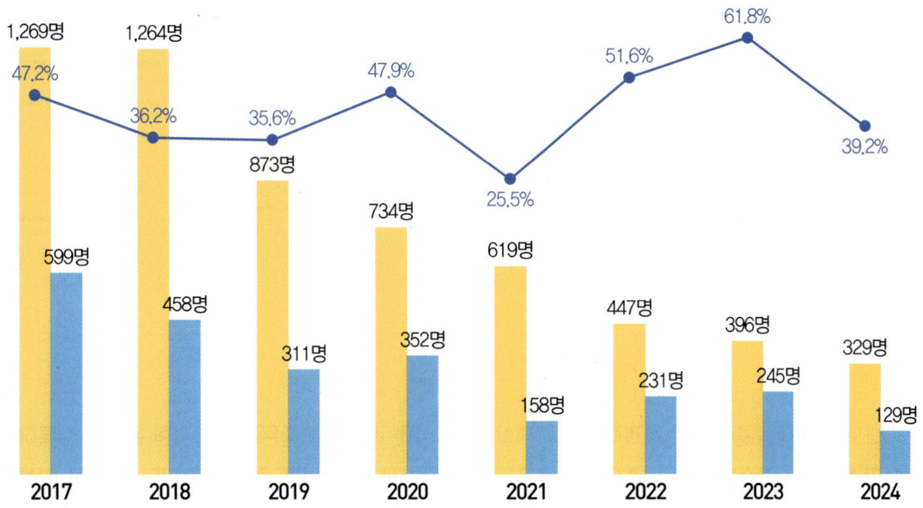

제1차 시험

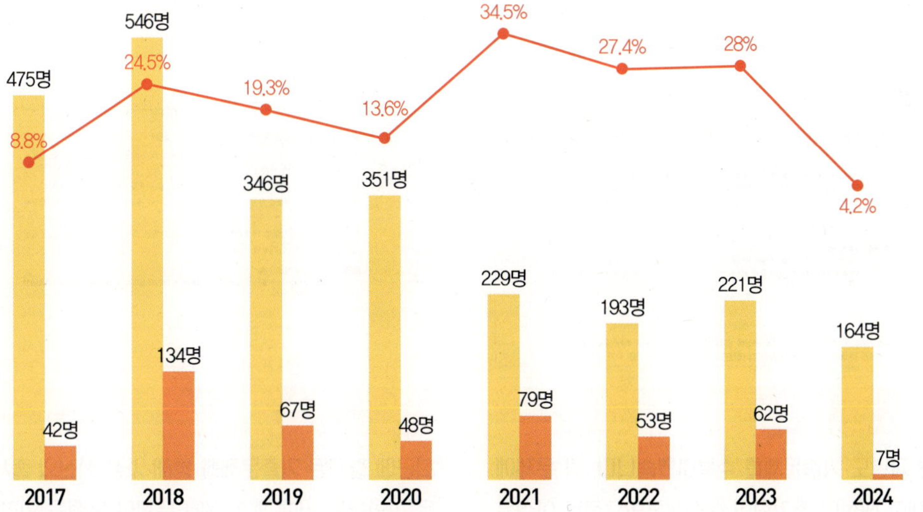

제2차 시험

이 책의 구성과 특징

STRUCTURES

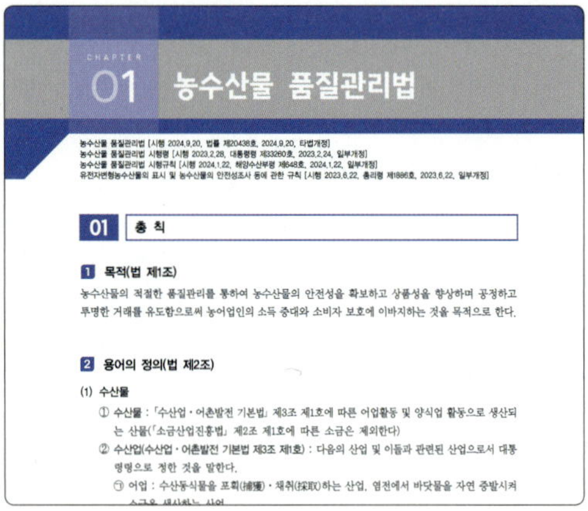
CHAPTER 01 농수산물 품질관리법

농수산물 품질관리법 [시행 2024.9.20, 법률 제20438호, 2024.9.20, 타법개정]
농수산물 품질관리법 시행령 [시행 2023.2.28, 대통령령 제33260호, 2023.2.24, 일부개정]
농수산물 품질관리법 시행규칙 [시행 2024.1.22, 해양수산부령 제648호, 2024.1.22, 일부개정]
유전자변형농수산물의 표시 및 농수산물의 안전성조사 등에 관한 규칙 [시행 2023.6.22, 총리령 제1886호, 2023.6.22, 일부개정]

01 총 칙

1 목적(법 제1조)
농수산물의 적절한 품질관리를 통하여 농수산물의 안전성을 확보하고 상품성을 향상하며 공정하고 투명한 거래를 유도함으로써 농어업인의 소득 증대와 소비자 보호에 이바지하는 것을 목적으로 한다.

2 용어의 정의(법 제2조)
(1) 수산물
① 수산물 : 「수산업・어촌발전 기본법」 제3조 제1호에 따른 어업활동 및 양식업 활동으로 생산되는 산물(「소금산업진흥법」 제2조 제1호에 따른 소금은 제외한다)
② 수산업(수산업・어촌발전 기본법 제3조 제1호) : 다음의 산업 및 이들과 관련된 산업으로서 대통령령으로 정한 것을 말한다.
㉠ 어업 : 수산동식물을 포획(捕獲)・채취(採取)하는 산업, 염전에서 바닷물을 자연 증발시켜 소금을 생산하는 산업

핵심이론

시험에 꼭 나오는 내용을 중심으로 효과적으로 공부할 수 있도록 필수적으로 학습해야 하는 중요한 이론들을 각 과목별로 분류하여 수록하였습니다.

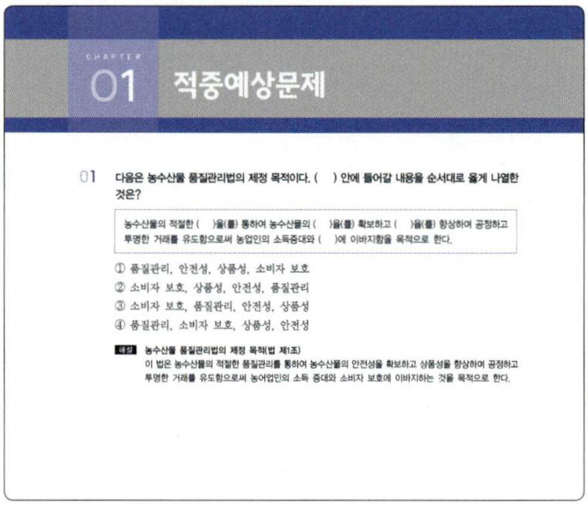
CHAPTER 01 적중예상문제

01 다음은 농수산물 품질관리법의 제정 목적이다. ( ) 안에 들어갈 내용을 순서대로 옳게 나열한 것은?

농수산물의 적절한 ( )을(를) 통하여 농수산물의 ( )을(를) 확보하고 ( )을(를) 향상하여 공정하고 투명한 거래를 유도함으로써 농업인의 소득증대와 ( )에 이바지함을 목적으로 한다.

① 품질관리, 안전성, 상품성, 소비자 보호
② 소비자 보호, 상품성, 안전성, 품질관리
③ 소비자 보호, 품질관리, 안전성, 상품성
④ 품질관리, 소비자 보호, 상품성, 안전성

해설 농수산물 품질관리법의 제정 목적(법 제1조)
이 법은 농수산물의 적절한 품질관리를 통하여 농수산물의 안전성을 확보하고 상품성을 향상하여 공정하고 투명한 거래를 유도함으로써 농어업인의 소득 증대와 소비자 보호에 이바지하는 것을 목적으로 한다.

적중예상문제

실제 과년도 기출문제와 유사한 문제를 수록하여 실전에 대비할 수 있도록 하였습니다. 상세한 해설을 통해서 핵심이론에서 학습한 중요 개념과 내용을 한 번 더 확인할 수 있습니다.

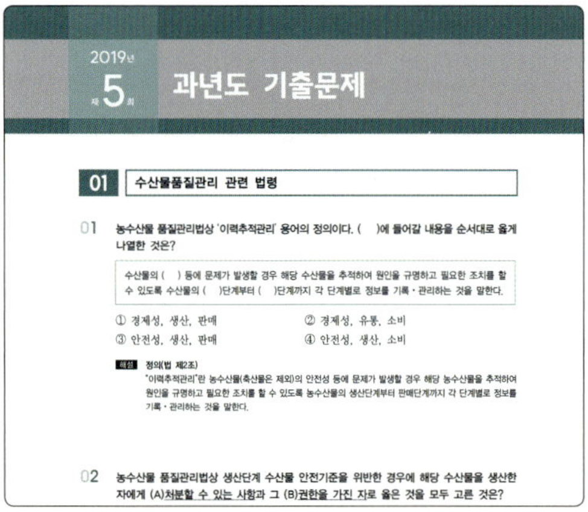
2019년 제5회 과년도 기출문제

01 수산물품질관리 관련 법령

01 농수산물 품질관리법상 '이력추적관리' 용어의 정의이다. ( )에 들어갈 내용을 순서대로 옳게 나열한 것은?

수산물의 ( ) 등에 문제가 발생할 경우 해당 수산물을 추적하여 원인을 규명하고 필요한 조치를 할 수 있도록 수산물의 ( )단계부터 ( )단계까지 각 단계별로 정보를 기록・관리하는 것을 말한다.

① 경제성, 생산, 판매 ② 경제성, 유통, 소비
③ 안전성, 생산, 판매 ④ 안전성, 생산, 소비

해설 정의(법 제2조)
"이력추적관리"란 농수산물(축산물은 제외)의 안전성 등에 문제가 발생할 경우 해당 농수산물을 추적하여 원인을 규명하고 필요한 조치를 할 수 있도록 농수산물의 생산단계부터 판매단계까지 각 단계별로 정보를 기록・관리하는 것을 말한다.

02 농수산물 품질관리법상 생산단계 수산물 안전기준을 위반한 경우에 해당 수산물을 생산한 자에게 (A)처분할 수 있는 사항과 그 (B)권한을 가진 자로 옳은 것을 모두 고른 것은?

과년도 기출문제

출제된 과년도 기출문제를 수록하였습니다. 각 문제에는 자세한 해설이 추가되어 핵심이론만으로는 아쉬운 내용을 보충학습하고, 출제경향의 변화를 확인할 수 있습니다.

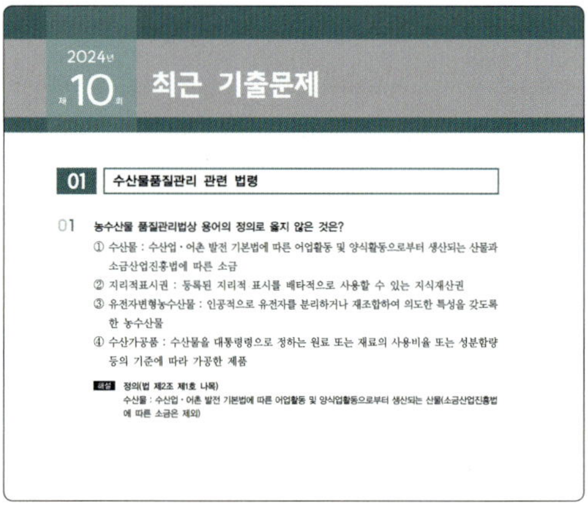
2024년 제10회 최근 기출문제

01 수산물품질관리 관련 법령

01 농수산물 품질관리법상 용어의 정의로 옳지 않은 것은?
① 수산물 : 수산업・어촌 발전 기본법에 따른 어업활동 및 양식활동으로부터 생산되는 산물과 소금산업진흥법에 따른 소금
② 지리적표시권 : 등록된 지리적 표시를 배타적으로 사용할 수 있는 지식재산권
③ 유전자변형농수산물 : 인공적으로 유전자를 분리하거나 재조합하여 의도한 특성을 갖도록 한 농수산물
④ 수산가공품 : 수산물을 대통령령으로 정하는 원료 또는 재료의 사용비율 또는 성분함량 등의 기준에 따라 가공한 제품

해설 정의(법 제2조 제1호 나목)
수산물 : 수산업・어촌 발전 기본법에 따른 어업활동 및 양식업활동으로부터 생산되는 산물(소금산업진흥법에 따른 소금은 제외)

최근 기출문제

최근에 출제된 기출문제를 통해 가장 최신의 출제경향을 파악하고, 새롭게 출제된 문제의 유형을 익혀 처음 보는 문제들도 모두 맞힐 수 있도록 하였습니다.

목 차

CONTENTS

목 차

CONTENTS

PART 04 수산일반

부 록 과년도 + 최근 기출문제

PART 01 수산물품질관리 관련 법령

수산물품질관리사 1차 한권으로 끝내기

www.sdedu.co.kr

CHAPTER 01

농수산물 품질관리법

농수산물 품질관리법 [시행 2024.9.20, 법률 제20438호, 2024.9.20, 타법개정]
농수산물 품질관리법 시행령 [시행 2023.2.28, 대통령령 제33260호, 2023.2.24, 일부개정]
농수산물 품질관리법 시행규칙 [시행 2024.1.22, 해양수산부령 제648호, 2024.1.22, 일부개정]
유전자변형농수산물의 표시 및 농수산물의 안전성조사 등에 관한 규칙 [시행 2023.6.22, 총리령 제1886호, 2023.6.22, 일부개정]

01 총 칙

1 목적(법 제1조)

농수산물의 적절한 품질관리를 통하여 농수산물의 안전성을 확보하고 상품성을 향상하며 공정하고 투명한 거래를 유도함으로써 농어업인의 소득 증대와 소비자 보호에 이바지하는 것을 목적으로 한다.

2 용어의 정의(법 제2조)

(1) 수산물

① 수산물 : 「수산업・어촌발전 기본법」 제3조 제1호에 따른 어업활동 및 양식업 활동으로 생산되는 산물(「소금산업진흥법」 제2조 제1호에 따른 소금은 제외한다)

② 수산업(수산업・어촌발전 기본법 제3조 제1호) : 다음의 산업 및 이들과 관련된 산업으로서 대통령령으로 정한 것을 말한다.

㉠ 어업 : 수산동식물을 포획(捕獲)・채취(採取)하는 산업, 염전에서 바닷물을 자연 증발시켜 소금을 생산하는 산업

㉡ 어획물운반업 : 어업현장에서 양륙지(揚陸地)까지 어획물이나 그 제품을 운반하는 산업

㉢ 수산물가공업 : 수산동식물 및 소금을 원료 또는 재료로 하여 식료품, 사료나 비료, 호료(糊料)・유지(油脂) 등을 포함한 다른 산업의 원료・재료나 소비재를 제조하거나 가공하는 산업

㉣ 수산물유통업 : 수산물의 도매・소매 및 이를 경영하기 위한 보관・배송・포장과 이와 관련된 정보・용역의 제공 등을 목적으로 하는 산업

수산업의 범위(수산업・어촌발전 기본법 시행령 제2조)

1. 어업 : 해면어업, 내수면어업, 소금생산업, 수산종자생산업, 관상어양식업
2. 어획물운반업
3. 수산물가공업 : 수산동물가공업, 수산식물가공업, 동물성유지제조업(수산동물을 가공하는 것에 한정한다), 소금가공업
4. 수산물유통업 : 수산물판매업, 수산물운송업, 수산물보관업
5. 양식업 : 해수양식업, 담수(淡水)양식업

(2) 생산자단체

「농업・농촌 및 식품산업 기본법」 제3조 제4호, 「수산업・어촌발전 기본법」 제3조 제5호의 생산자단체와 그 밖에 농림축산식품부령 또는 해양수산부령으로 정하는 단체를 말한다.

① 수산업・어촌발전 기본법(제3조 제5호)상 생산자단체 : 수산업의 생산력 향상과 수산인의 권익보호를 위한 수산인의 자주적인 조직으로서 대통령령으로 정하는 단체를 말한다.

> **대통령령으로 정하는 단체(수산업・어촌발전 기본법 시행령 제4조)**
> 1. 「수산업협동조합법」에 따른 수산업협동조합 및 수산업협동조합중앙회
> 2. 수산물을 공동으로 생산하거나 수산물을 생산하여 공동으로 판매・가공 또는 수출하기 위하여 어업인 5명 이상이 모여 결성한 법인격이 있는 전문생산자 조직으로서 해양수산부령으로 정하는 요건을 갖춘 단체

② 해양수산부령으로 정하는 단체(농수산물 품질관리법 시행규칙 제2조)

㉠ 「농어업경영체 육성 및 지원에 관한 법률」에 따라 설립된 영농조합법인 또는 영어조합법인

㉡ 「농어업경영체 육성 및 지원에 관한 법률」에 따라 설립된 농업회사법인 또는 어업회사법인

(3) 물류표준화

농수산물의 운송・보관・하역・포장 등 물류의 각 단계에서 사용되는 기기・용기・설비・정보 등을 규격화하여 호환성과 연계성을 원활히 하는 것을 말한다.

(4) 이력추적관리

농수산물(축산물은 제외)의 안전성 등에 문제가 발생할 경우 해당 농수산물을 추적하여 원인을 규명하고 필요한 조치를 할 수 있도록 농수산물을 생산단계부터 판매단계까지 각 단계별로 정보를 기록・관리하는 것을 말한다.

(5) 지리적표시

농수산물 또는 농수산가공품의 명성・품질, 그 밖의 특징이 본질적으로 특정 지역의 지리적 특성에 기인하는 경우 해당 농수산물 또는 농수산가공품에 표시하는 다음의 것을 말한다.

① 농수산물의 경우 해당 농수산물이 그 특정 지역에서 생산되었음을 나타내는 표시

② 농수산가공품의 경우 다음의 구분에 따른 사실을 나타내는 표시

㉠ 「수산업법」 제40조에 따라 어업허가를 받은 자가 어획한 어류를 원료로 하는 수산가공품 : 그 특정 지역에서 제조 및 가공된 사실

㉡ 그 외의 농수산가공품 : 그 특정 지역에서 생산된 농수산물로 제조 및 가공된 사실

(6) 동음이의어 지리적표시

동일한 품목에 대하여 지리적표시를 할 때 타인의 지리적표시와 발음은 같지만 해당 지역이 다른 지리적표시를 말한다.

(7) 지리적표시권

이 법에 따라 등록된 지리적표시(동음이의어 지리적표시를 포함한다)를 배타적으로 사용할 수 있는 지적재산권을 말한다.

(8) 유전자변형농수산물

인공적으로 유전자를 분리 또는 재조합하여 의도한 특성을 갖도록 한 농수산물을 말한다.

(9) 유해물질

농약, 중금속, 항생물질, 잔류성 유기오염물질, 병원성 미생물, 곰팡이 독소, 방사성물질, 유독성 물질 등 식품에 잔류하거나 오염되어 사람의 건강에 해를 끼칠 수 있는 물질로서 총리령으로 정하는 것을 말한다.

> **유해물질(유전자변형농수산물의 표시 및 농수산물의 안전성조사 등에 관한 규칙 제2조)**
> "총리령으로 정하는 것"이란 다음의 물질을 말한다.
> 1. 농 약
> 2. 중금속
> 3. 항생물질
> 4. 잔류성 유기오염물질
> 5. 병원성 미생물
> 6. 생물 독소
> 7. 방사능
> 8. 그 밖에 식품의약품안전처장이 고시하는 물질

(10) 수산가공품

수산물을 대통령령으로 정하는 원료 또는 재료의 사용비율 또는 성분함량 등의 기준에 따라 가공한 제품

> **수산가공품의 기준(시행령 제2조)**
> 1. 수산물을 원료 또는 재료의 50%를 넘게 사용하여 가공한 제품
> 2. 제1호에 해당하는 제품을 원료 또는 재료의 50%를 넘게 사용하여 2차 이상 가공한 제품
> 3. 수산물과 그 가공품, 농산물(임산물 및 축산물을 포함한다)과 그 가공품을 함께 원료·재료로 사용한 가공품인 경우에는 수산물 또는 그 가공품의 함량이 농산물 또는 그 가공품의 함량보다 많은 가공품

(11) 수산업 · 어촌발전 기본법에서 정하는 정의

① 어업인 : 어업을 경영하거나 어업을 경영하는 자를 위하여 수산자원을 포획 · 채취하거나 또는 양식업자와 양식업종사자가 양식하는 일 또는 염전에서 바닷물을 자연 증발시켜 소금을 생산하는 일에 종사하는 자로서 대통령령으로 정하는 기준에 해당하는 자를 말한다.

> **수산인의 기준 등(수산업 · 어촌 발전 기본법 시행령 제3조 제2항)**
> "대통령령으로 정하는 기준에 해당하는 자"란 다음의 어느 하나에 해당하는 사람을 말한다.
> 1. 어업 · 양식업 경영을 통한 수산물의 연간 판매액이 120만원 이상인 사람
> 2. 1년 중 60일 이상 어업 · 양식업에 종사하는 사람
> 3. 「농어업경영체 육성 및 지원에 관한 법률」에 따라 설립된 영어조합법인의 수산물 출하 · 유통 · 가공 · 수출활동에 1년 이상 계속하여 고용된 사람
> 4. 「농어업경영체 육성 및 지원에 관한 법률」에 따라 설립된 어업회사법인의 수산물 유통 · 가공 · 판매활동에 1년 이상 계속하여 고용된 사람

② 어업경영체 : 어업인과 「농어업경영체 육성 및 지원에 관한 법률」에 따른 어업법인을 말한다.

③ 생산자단체 : 수산업의 생산력 향상과 수산인의 권익보호를 위한 수산인의 자주적인 조직으로서 대통령령으로 정하는 단체를 말한다.

> **생산자단체의 범위(수산업 · 어촌 발전 기본법 시행령 제4조)**
> "대통령령으로 정하는 단체"란 다음의 단체를 말한다.
> 1. 「수산업협동조합법」에 따른 수산업협동조합 및 수산업협동조합중앙회
> 2. 수산물을 공동으로 생산하거나 수산물을 생산하여 공동으로 판매 · 가공 또는 수출하기 위하여 어업인 5명 이상이 모여 결성한 법인격이 있는 전문생산자 조직으로서 해양수산부령으로 정하는 요건을 갖춘 단체

④ 어촌 : 하천 · 호수 또는 바다에 인접하여 있거나 어항의 배후에 있는 지역 중 주로 수산업으로 생활하는 다음의 어느 하나에 해당하는 지역을 말한다.

㉠ 읍 · 면의 전 지역

㉡ 동의 지역 중 「국토의 계획 및 이용에 관한 법률」에 따라 지정된 상업지역 및 공업지역을 제외한 지역

⑤ 수산물 : 수산업 활동으로 생산되는 산물을 말한다.

⑥ 수산자원 : 수중(水中)에 서식하는 수산동식물로서 국민경제 및 국민생활에 유용한 자원을 말한다.

⑦ 어장 : 수산자원이 서식하는 내수면, 해수면, 갯벌 등으로서 어업에 이용할 수 있는 곳을 말한다.

3 농수산물 품질관리심의회

(1) 농수산물 품질관리심의회의 설치(법 제3조)

① 농수산물 및 수산가공품의 품질관리 등에 관한 사항을 심의하기 위하여 농림축산식품부장관 또는 해양수산부장관 소속으로 농수산물 품질관리심의회를 둔다.

② 심의회는 위원장 및 부위원장 각 1명을 포함한 60명 이내의 위원으로 구성한다.

③ 위원장은 위원 중에서 호선(互選)하고 부위원장은 위원장이 위원 중에서 지명하는 사람으로 한다.

④ 위원은 다음의 사람으로 한다.

㉠ 교육부, 산업통상자원부, 보건복지부, 환경부, 식품의약품안전처, 농촌진흥청, 산림청, 특허청, 공정거래위원회 소속 공무원 중 소속 기관의 장이 지명한 사람과 농림축산식품부 소속 공무원 중 농림축산식품부장관이 지명한 사람 또는 해양수산부 소속 공무원 중 해양수산부장관이 지명한 사람

㉡ 다음의 단체 및 기관의 장이 소속 임원·직원 중에서 지명한 사람

- 「농업협동조합법」에 따른 농업협동조합중앙회
- 「산림조합법」에 따른 산림조합중앙회
- 「한국농수산식품유통공사법」에 따른 한국농수산식품유통공사
- 「식품위생법」에 따른 한국식품산업협회
- 「정부출연연구기관 등의 설립·운영 및 육성에 관한 법률」에 따른 한국농촌경제연구원
- 「정부출연연구기관 등의 설립·운영 및 육성에 관한 법률」에 따른 한국해양수산개발원
- 「과학기술분야 정부출연연구기관 등의 설립·운영 및 육성에 관한 법률」에 따른 한국식품연구원
- 「한국보건산업진흥원법」에 따른 한국보건산업진흥원
- 「소비자기본법」에 따른 한국소비자원

㉢ 시민단체(비영리민간단체 지원법에 따른 비영리민간단체를 말한다)에서 추천한 사람 중에서 농림축산식품부장관 또는 해양수산부장관이 위촉한 사람

㉣ 농수산물의 생산·가공·유통 또는 소비분야에 전문적인 지식 또는 경험이 풍부한 사람 중에서 농림축산식품부장관 또는 해양수산부장관이 위촉한 사람

위원의 해촉 등(시행령 제2조의2)

① 법 제3조 제4항 제1호 및 제2호에 따라 위원을 지명한 자는 해당 위원이 다음의 어느 하나에 해당하는 경우에는 그 지명을 철회할 수 있다.

1. 심신장애로 인하여 직무를 수행할 수 없게 된 경우
2. 직무와 관련된 비위사실이 있는 경우
3. 직무태만, 품위손상이나 그 밖의 사유로 인하여 위원으로 적합하지 아니하다고 인정되는 경우
4. 위원 스스로 직무를 수행하는 것이 곤란하다고 의사를 밝히는 경우
5. 제2조의3 제1항 각 호의 어느 하나에 해당하는 데에도 불구하고 회피하지 아니한 경우

② 농림축산식품부장관 또는 해양수산부장관은 법 제3조 제4항 제3호 및 제4호에 따른 위원이 ①의 어느 하나에 해당하는 경우에는 해당 위원을 해촉(解囑)할 수 있다.

위원의 제척 · 기피 · 회피(시행령 제2조의3)

① 법 제3조 제1항에 따른 농수산물품질관리심의회(심의회)의 위원이 다음의 어느 하나에 해당하는 경우에는 해당 안건의 심의 · 의결에서 제척(除斥)된다.

1. 위원 또는 그 배우자나 배우자였던 사람이 해당 안건의 당사자(당사자가 법인 · 단체 등인 경우에는 그 임원 또는 직원을 포함한다. 이하 이 호 및 제2호에서 같다)가 되거나 그 안건의 당사자와 공동권리자 또는 공동의무자인 경우
2. 위원이 해당 안건의 당사자와 친족이거나 친족이었던 경우
3. 위원이 해당 안건에 대하여 증언, 진술, 자문, 연구, 용역 또는 감정을 한 경우
4. 위원이 해당 안건의 당사자인 법인 · 단체 등에 최근 3년 이내에 임원 또는 직원으로 재직하였던 경우

② 해당 안건의 당사자는 위원에게 공정한 심의 · 의결을 기대하기 어려운 사정이 있는 경우에는 심의회에 기피신청을 할 수 있고, 심의회는 의결로 이를 결정한다. 이 경우 기피신청의 대상인 위원은 그 의결에 참여하지 못한다.

③ 위원은 ①의 각 호에 따른 제척사유에 해당하는 경우에는 스스로 해당 안건의 심의 · 의결에서 회피(回避)하여야 한다.

⑤ ④의 ㉢ 및 ㉣에 따른 위원의 임기는 3년으로 한다.

⑥ 심의회에 농수산물 및 농수산가공품의 지리적표시 등록심의를 위한 지리적표시 등록심의 분과위원회를 둔다.

⑦ 심의회의 업무 중 특정한 분야의 사항을 효율적으로 심의하기 위하여 대통령령으로 정하는 분야별 분과위원회를 둘 수 있다.

⑧ 지리적표시 등록심의 분과위원회 및 분야별 분과위원회에서 심의한 사항은 심의회에서 심의된 것으로 본다.

⑨ 농수산물 품질관리 등의 국제 동향을 조사 · 연구하게 하기 위하여 심의회에 연구위원을 둘 수 있다.

⑩ ①부터 ⑨까지에서 규정한 사항 외에 심의회 및 분과위원회의 구성과 운영 등에 필요한 사항은 대통령령으로 정한다.

(2) 심의회 및 분과위원회의 구성과 운영

① 위원장 등의 직무(시행령 제3조)

㉠ 심의회의 위원장은 심의회를 대표하고, 그 업무를 총괄한다.

㉡ 심의회의 부위원장은 위원장을 보좌하며, 위원장이 부득이한 사유로 직무를 수행할 수 없을 때에는 그 직무를 대행한다.

② 회의(시행령 제4조)

㉠ 위원장은 심의회의 회의를 소집하며, 그 의장이 된다.

㉡ 심의회는 재적위원 과반수의 출석으로 개의(開議)하고, 출석위원 과반수의 찬성으로 의결한다.

㉢ 심의회는 심의에 필요하다고 인정되는 경우 이해관계자, 법 제3조 제9항에 따른 연구위원, 해당 지방자치단체의 관련자 및 관련 분야 전문가 등을 출석시켜 의견을 들을 수 있으며, 필요한 경우에는 관련 자료 제출 등의 협조를 요청할 수 있다.

③ 분과위원회의 구성(시행령 제6조)

㉠ 분과위원회[법 제3조 제6항에 따른 지리적표시 등록심의 분과위원회(이하 "지리적표시 분과위원회") 및 제5조에 따른 분과위원회를 말한다. 이하 "분과위원회"]는 분과위원회의 위원장(이하 "분과위원장") 및 분과위원회의 부위원장(이하 "분과부위원장") 각 1명을 포함한 10명 이상 20명 이하의 위원으로 각각 구성한다.

㉡ 분과위원장, 분과부위원장 및 분과위원회의 위원은 위원장이 심의회의 위원 중에서 전문적인 지식과 경험을 고려하여 각각 지명하는 사람으로 한다.

㉢ 분과위원장 및 분과부위원장의 직무에 대해서는 시행령 제3조를 준용한다. 이 경우 "위원장"은 "분과위원장"으로, "위원회의 부위원장"은 "분과부위원장"으로 본다.

㉣ 분과위원회의 회의에 대해서는 시행령 제4조를 준용한다. 이 경우 "위원장"은 "분과위원장"으로, "심의회"는 "분과위원회"로 본다.

④ 연구위원(시행령 제6조의2)

㉠ 연구위원은 농수산물 품질관리 등에 관한 학식과 경험이 풍부한 사람 중에서 해양수산부장관이 위촉하며, 15명 이내로 한다.

㉡ 연구위원의 업무는 다음과 같다.

- 심의회의 심의 사항과 관련된 국제 동향 등의 자료 조사·연구 및 번역본 발간
- 조사·연구 결과와 관련된 제도 개선사항 발굴
- 그 밖에 수산물 및 수산가공품의 품질관리와 관련된 국제 동향 등에 관한 사항으로서 해양수산부장관이 조사·연구를 의뢰한 사항

⑤ 심의회 등의 운영(시행령 제7조)

㉠ 심의회와 분과위원회의 사무를 처리하기 위하여 심의회와 분과위원회에 각각 간사 2명과 서기 2명을 둔다.

㉡ ㉠에 따른 간사와 서기는 농림축산식품부장관이 그 소속 공무원 중에서 각각 1명을, 해양수산부장관이 그 소속 공무원 중에서 각각 1명을 임명한다.

⑥ 위원의 수당 등(시행령 제8조)

㉠ 심의회나 분과위원회에 출석한 위원에게는 예산의 범위에서 수당과 여비를 지급할 수 있다. 다만, 공무원인 위원이 소관 업무와 관련하여 출석하는 경우에는 그러하지 아니한다.

㉡ 농림축산식품부장관 또는 해양수산부장관은 연구위원에게 업무 수행에 필요한 경비를 예산의 범위에서 지급할 수 있다.

⑦ 운영세칙(시행령 제9조)

이 영에서 규정한 사항 외에 심의회 및 분과위원회의 운영 등에 관하여 필요한 사항은 심의회의 의결을 거쳐 위원장이 정한다.

(3) 농수산물 품질관리심의회의 직무(법 제4조)

심의회는 다음의 사항을 심의한다.

① 표준규격 및 물류표준화에 관한 사항

② 농산물우수관리 · 수산물품질인증 및 이력추적관리에 관한 사항

③ 지리적표시에 관한 사항

④ 유전자변형농수산물의 표시에 관한 사항

⑤ 농수산물(축산물은 제외한다)의 안전성조사 및 그 결과에 대한 조치에 관한 사항

⑥ 농수산물(축산물은 제외한다) 및 수산가공품의 검사에 관한 사항

⑦ 농수산물의 안전 및 품질관리에 관한 정보의 제공에 관하여 총리령, 농림축산식품부령 또는 해양수산부령으로 정하는 사항

정보제공(유전자변형농수산물의 표시 및 농수산물의 안전성조사 등에 관한 규칙 제3조)

법 제4조 제7호에 따라 농수산물품질관리심의회는 농수산물의 안전 및 품질관리에 관한 정보의 제공에 관하여 다음의 사항을 심의한다.

1. 농수산물의 안전에 관한 정보의 공개 범위 · 주기 · 시기 및 방법에 관한 사항
2. 법 제61조에 따른 안전성조사 결과 중 국민에게 제공할 필요가 있는 중요 정보에 관한 사항

정보제공(시행규칙 제4조)

법 제4조 제7호에서 "농림축산식품부령 또는 해양수산부령으로 정하는 사항"이란 농수산물의 품질관리에 관한 정보의 공개 범위 · 주기 · 시기 및 방법에 관한 사항을 말한다.

⑧ 제69조에 따른 수산물의 생산 · 가공시설 및 해역(海域)의 위생관리기준에 관한 사항

⑨ 수산물 및 수산가공품의 위해요소중점관리기준에 관한 사항

⑩ 지정해역의 지정에 관한 사항

⑪ 다른 법령에서 심의회의 심의사항으로 정하고 있는 사항

⑫ 그 밖에 농수산물 및 수산가공품의 품질관리 등에 관하여 위원장이 심의에 부치는 사항

02 수산물의 표준규격 및 품질관리

1 수산물의 표준규격

(1) 표준규격(법 제5조)

① 해양수산부장관은 농수산물(축산물은 제외)의 상품성을 높이고 유통 능률을 향상시키며 공정한 거래를 실현하기 위하여 농수산물의 포장규격과 등급규격(표준규격)을 정할 수 있다.

② 표준규격에 맞는 농수산물(표준규격품)을 출하하는 자는 포장 겉면에 표준규격품의 표시를 할 수 있다.

③ 표준규격의 제정기준, 제정절차 및 표시방법 등에 필요한 사항은 해양수산부령으로 정한다.

(2) 표준규격의 제정(시행규칙 제5조)

① 수산물의 표준규격은 포장규격 및 등급규격으로 구분한다.

② 포장규격은 「산업표준화법」 제12조에 따른 한국산업표준에 따른다. 다만, 한국산업표준이 제정되어 있지 아니하거나 한국산업표준과 다르게 정할 필요가 있다고 인정되는 경우에는 보관・수송 등 유통과정의 편리성, 폐기물 처리문제를 고려하여 다음의 항목에 대하여 그 규격을 따로 정할 수 있다.

㉠ 거래단위

㉡ 포장치수

㉢ 포장재료 및 포장재료의 시험방법

㉣ 포장방법

㉤ 포장설계

㉥ 표시사항

㉦ 그 밖에 품목의 특성에 따라 필요한 사항

③ 등급규격은 품목 또는 품종별로 그 특성에 따라 고르기, 크기, 형태, 색깔, 신선도, 건조도, 결점, 숙도(熟度) 및 선별상태 등에 따라 정한다.

④ 국립수산물품질관리원장은 표준규격의 제정 또는 개정을 위하여 필요하면 전문연구기관 또는 대학 등에 시험을 의뢰할 수 있다.

(3) 표준규격의 고시(시행규칙 제6조)

국립수산물품질관리원장은 표준규격을 제정, 개정 또는 폐지하는 경우에는 그 사실을 고시하여야 한다.

(4) 표준규격품의 출하 및 표시방법 등(시행규칙 제7조)

① 해양수산부장관, 특별시장·광역시장·도지사·특별자치도지사(이하 "시·도지사")는 수산물을 생산, 출하, 유통 또는 판매하는 자에게 표준규격에 따라 생산, 출하, 유통 또는 판매하도록 권장할 수 있다.

② 표준규격품을 출하하는 자가 표준규격품임을 표시하려면 해당 물품의 포장표면에 "표준규격품"이라는 문구와 함께 다음의 사항을 표시하여야 한다.

㉠ 품 목

㉡ 산 지

㉢ 품종. 다만, 품종을 표시하기 어려운 품목은 국립수산물품질관리원장이 정하여 고시하는 바에 따라 품종의 표시를 생략할 수 있다.

㉣ 생산연도(곡류만 해당한다)

㉤ 등 급

㉥ 무게(실중량). 다만, 품목 특성상 무게를 표시하기 어려운 품목은 국립수산물품질관리원장이 정하여 고시하는 바에 따라 개수(마릿수) 등의 표시를 단일하게 할 수 있다.

㉦ 생산자 또는 생산자단체의 명칭 및 전화번호

2 수산물에 대한 품질인증

(1) 수산물의 품질인증(법 제14조)

① 해양수산부장관은 수산물의 품질을 향상시키고 소비자를 보호하기 위하여 품질인증제도를 실시한다.

> **수산물의 품질인증 대상품목(시행규칙 제28조)**
> 품질인증 대상품목은 식용을 목적으로 생산한 수산물로 한다.

② ①에 따른 품질인증을 받으려는 자는 해양수산부령으로 정하는 바에 따라 해양수산부장관에게 신청하여야 한다. 다만, 다음의 어느 하나에 해당하는 자는 품질인증을 신청할 수 없다.

㉠ 품질인증이 취소된 후 1년이 지나지 아니한 자

㉡ 제119조 또는 제120조를 위반하여 벌금 이상의 형이 확정된 후 1년이 지나지 아니한 자

> **품질인증의 신청(시행규칙 제30조)**
> 수산물에 대하여 품질인증을 받으려는 자는 수산물 품질인증 (연장)신청서에 다음의 서류를 첨부하여 국립수산물품질관리원장 또는 품질인증기관으로 지정받은 기관(품질인증기관)의 장에게 제출하여야 한다.
> 1. 신청 품목의 생산계획서
> 2. 신청 품목의 제조공정 개요서 및 단계별 설명서

③ 품질인증을 받은 자는 품질인증을 받은 수산물(품질인증품)의 포장・용기 등에 해양수산부령으로 정하는 바에 따라 품질인증품임을 표시할 수 있다.

④ 품질인증의 기준・절차・표시방법 및 대상품목의 선정 등에 필요한 사항은 해양수산부령으로 정한다.

(2) 품질인증의 기준(시행규칙 제29조)

① 품질인증을 받기 위해서는 다음의 기준을 모두 충족해야 한다.

㉠ 해당 수산물이 그 산지의 유명도가 높거나 상품으로서의 차별화가 인정되는 것일 것

㉡ 해당 수산물의 품질수준 확보 및 유지를 위한 생산기술과 시설・자재를 갖추고 있을 것

㉢ 해당 수산물의 생산・출하과정에서의 자체 품질관리체제와 유통과정에서의 사후관리체제를 갖추고 있을 것

② ①에 따른 기준의 세부적인 사항은 국립수산물품질관리원장이 정하여 고시한다.

③ 국립수산물품질관리원장은 ①에 따른 품질인증의 기준을 정하기 위한 자료조사 및 그 시안(試案)의 작성을 다음의 어느 하나에 해당하는 기관 또는 연구소에 의뢰할 수 있다.

㉠ 해양수산부 소속 기관

㉡ 「정부출연연구기관 등의 설립・운영 및 육성에 관한 법률」 또는 「과학기술분야 정부출연연구기관 등의 설립・운영 및 육성에 관한 법률」에 따른 식품 관련 전문연구기관

㉢ 「고등교육법」에 따른 학교 또는 그 연구소

(3) 품질인증 심사 절차(시행규칙 제31조)

① 국립수산물품질관리원장 또는 품질인증기관의 장은 품질인증의 신청을 받은 경우에는 심사일정을 정하여 그 신청인에게 통보하여야 한다.

② 국립수산물품질관리원장 또는 품질인증기관의 장은 필요한 경우 그 소속 심사담당자와 신청인의 업체 소재지를 관할하는 특별자치도지사・시장・군수・구청장이 추천하는 공무원으로 심사반을 구성하여 품질인증의 심사를 하게 할 수 있다.

③ 생산자집단이 수산물의 품질인증을 신청한 경우에는 생산자집단 구성원 전원에 대하여 각각 심사를 하여야 한다. 다만, 국립수산물품질관리원장이 필요하다고 인정하여 고시하는 경우에는 국립수산물품질관리원장이 정하는 방법에 따라 일부 구성원을 선정하여 심사할 수 있다.

④ 국립수산물품질관리원장 또는 품질인증기관의 장은 제29조에 따른 품질인증의 기준에 적합한지를 심사한 후 적합한 경우에는 품질인증을 하여야 한다.

⑤ 국립수산물품질관리원장 또는 품질인증기관의 장은 ④에 따른 심사를 한 결과 부적합한 것으로 판정된 경우에는 지체 없이 그 사유를 분명히 밝혀 신청인에게 알려주어야 한다. 다만, 그 부적합한 사항이 10일 이내에 보완할 수 있다고 인정되는 경우에는 보완기간을 정하여 신청인으로 하여금 보완하도록 한 후 품질인증을 할 수 있다.

⑥ 품질인증의 심사를 위한 세부적인 절차 및 방법 등에 관하여 필요한 사항은 국립수산물품질관리원장이 정하여 고시한다.

(4) 품질인증품의 표시사항 등(시행규칙 제32조)

① 수산물 품질인증 표시는 [별표 7]과 같다.

수산물 품질인증 표시(시행규칙 제32조 제1항 관련 [별표 7])

1. 표지도형

인증기관명 :
인증번호 :

Name of Certifying Body :
Certificate Number :

2. 제도법

가. 표지도형의 한글 및 영문 글자는 고딕체로 하고, 글자 크기는 표지도형의 크기에 따라 조정한다.

나. 표지도형의 색상은 파란색을 기본색상으로 하고, 포장재의 색깔 등을 고려하여 녹색 또는 빨간색으로 할 수 있다.

다. 표지도형 내부의 "품질인증", "(QUALITY SEAFOOD)" 및 "QUALITY SEAFOOD"의 글자 색상은 표지도형 색상과 동일하게 하고, 하단의 "해양수산부"와 "MOF KOREA"의 글자는 흰색으로 한다.

라. 배색비율은 녹색 C80+Y100, 파란색 C100+M70, 빨간색 M100+Y100+K10으로 한다.

마. 표지도형의 크기는 포장재의 크기에 따라 조정한다.

바. 표지도형 밑에 인증기관명과 인증번호를 표시한다.

사. 표지도형의 위치는 포장재 주표시면의 옆면에 표시하되, 포장재 구조상 옆면에 표시하기 어려울 경우에는 표시위치를 변경할 수 있다.

② 수산물의 품질인증의 표시항목별 인증방법은 다음과 같다.

㉠ 산지 : 해당 품목이 생산되는 시·군·구(자치구의 구)의 행정구역 명칭으로 인증하되, 신청인이 강·해역 등 특정지역의 명칭으로 인증받기를 희망하는 경우에는 그 명칭으로 인증할 수 있다.

㉡ 품명 : 표준어로 인증하되, 그 명칭이 명확하지 아니한 경우 또는 소비자가 식별하는 데 지장이 없다고 인정되는 경우에는 해당 품목의 생태·형태·용도 등에 따라 산지에서 관행적으로 사용되는 명칭으로 인증할 수 있다.

㉢ 생산자 또는 생산자집단 : 명칭(법인의 경우에는 명칭과 그 대표자의 성명을 포함한다)·주소 및 전화번호

㉣ 생산조건 : 자연산과 양식산으로 인증한다.

③ 품질인증의 표시를 하려는 자는 품질인증을 받은 수산물의 포장·용기의 겉면에 소비자가 알아보기 쉽도록 표시하여야 한다. 다만, 포장하지 아니하고 판매하는 경우에는 해당 물품에 꼬리표를 부착하여 표시할 수 있다.

(5) 품질인증서의 발급 등(시행규칙 제33조)

① 국립수산물품질관리원장 또는 품질인증기관의 장은 수산물의 품질인증을 한 경우에는 수산물 품질인증서를 발급한다.

② 수산물 품질인증서를 발급받은 자는 품질인증서를 잃어버리거나 품질인증서가 손상된 경우에는 수산물 품질인증 재발급신청서에 손상된 품질인증서를 첨부(품질인증서가 손상되어 재발급받으려는 경우만 해당한다)하여 국립수산물품질관리원장 또는 품질인증기관의 장에게 제출하여야 한다.

(6) 품질인증의 유효기간 등(법 제15조)

① 품질인증의 유효기간은 품질인증을 받은 날부터 2년으로 한다. 다만, 품목의 특성상 달리 적용할 필요가 있는 경우에는 4년의 범위에서 해양수산부령으로 유효기간을 달리 정할 수 있다.

> **품목의 특성상 달리 적용할 필요가 있는 경우(시행규칙 제34조)**
> 생산에서 출하될 때까지의 기간이 1년 이상인 경우를 말한다. 이 경우 유효기간은 3년 또는 4년으로 하되 생산에 필요한 기간을 고려하여 국립수산물품질관리원장이 정하여 고시한다.

② 품질인증의 유효기간을 연장받으려는 자는 유효기간이 끝나기 전에 해양수산부령으로 정하는 바에 따라 해양수산부장관에게 연장신청을 하여야 한다.

③ 해양수산부장관은 ②에 따른 신청을 받은 경우 품질인증의 기준에 맞다고 인정되면 ①에 따른 유효기간의 범위에서 유효기간을 연장할 수 있다.

> **유효기간의 연장신청(시행규칙 제35조)**
> ① 수산물 품질인증 유효기간을 연장받으려는 자는 해당 품질인증을 한 기관의 장에게 수산물 품질인증 (연장)신청서에 품질인증서 사본을 첨부하여 그 유효기간이 끝나기 1개월 전까지 제출해야 한다.
> ② 국립수산물품질관리원장 또는 품질인증기관의 장은 수산물 품질인증 유효기간의 연장신청을 받은 경우에는 그 기간을 연장할 수 있다. 이 경우 유효기간이 끝나기 전 6개월 이내에 법 제30조 제1항에 따라 조사한 결과 품질인증기준에 적합하다고 인정된 경우에는 관련 서류만 확인하여 유효기간을 연장할 수 있다.
> ③ 법 제18조 제1항에 따라 품질인증기관이 지정취소 등의 처분을 받아 품질인증 업무를 수행할 수 없는 경우에는 ①에도 불구하고 국립수산물품질관리원장에게 수산물 품질인증 (연장)신청서를 제출할 수 있다.
> ④ 국립수산물품질관리원장 또는 품질인증기관의 장은 신청인에게 연장절차와 연장신청기간을 유효기간이 끝나기 2개월 전까지 미리 알려야 한다. 이 경우 통지는 휴대전화 문자메시지, 전자우편, 팩스, 전화 또는 문서 등으로 할 수 있다.

(7) 품질인증의 취소(법 제16조)

해양수산부장관은 품질인증을 받은 자가 다음의 어느 하나에 해당하면 품질인증을 취소할 수 있다. 다만, ①에 해당하면 품질인증을 취소하여야 한다.

① 거짓이나 그 밖의 부정한 방법으로 인증을 받은 경우

② 품질인증의 기준에 현저하게 맞지 아니한 경우

③ 정당한 사유 없이 품질인증품 표시의 시정명령, 해당 품목의 판매금지 또는 표시정지 조치에 따르지 아니한 경우

④ 업종전환・폐업 등으로 인하여 품질인증품을 생산하기 어렵다고 판단되는 경우

(8) 품질인증기관의 지정 등(법 제17조)

① 해양수산부장관은 수산물의 생산조건, 품질 및 안전성에 대한 심사・인증을 업무로 하는 법인 또는 단체로서 해양수산부장관의 지정을 받은 자(품질인증기관)로 하여금 제14조부터 제16조까지의 규정에 따른 품질인증에 관한 업무를 대행하게 할 수 있다.

② 해양수산부장관・특별시장・광역시장・도지사・특별자치도지사(시・도지사) 또는 시장・군수・구청장(자치구의 구청장)은 어업인 스스로 수산물의 품질을 향상시키고 체계적으로 품질관리를 할 수 있도록 하기 위하여 ①에 따라 품질인증기관으로 지정받은 다음의 단체 등에 대하여 자금을 지원할 수 있다.

㉠ 수산물 생산자단체(어업인 단체만을 말한다)

㉡ 수산가공품을 생산하는 사업과 관련된 법인(단, 「민법」에 따른 법인만을 말한다)

③ 품질인증기관으로 지정을 받으려는 자는 품질인증 업무에 필요한 시설과 인력을 갖추어 해양수산부장관에게 신청하여야 하며, 품질인증기관으로 지정받은 후 해양수산부령으로 정하는 중요 사항이 변경되었을 때에는 변경신고를 하여야 한다. 다만, 제18조에 따라 품질인증기관의 지정이 취소된 후 2년이 지나지 아니한 경우에는 신청할 수 없다.

④ 해양수산부장관은 ③에 따른 변경신고를 받은 날부터 10일 이내에 신고수리 여부를 신고인에게 통지하여야 한다.

⑤ 해양수산부장관이 ④에서 정한 기간 내에 신고수리 여부 또는 민원 처리 관련 법령에 따른 처리기간의 연장을 신고인에게 통지하지 아니하면 그 기간(민원 처리 관련 법령에 따라 처리기간이 연장 또는 재연장된 경우에는 해당 처리기간을 말한다)이 끝난 날의 다음 날에 신고를 수리한 것으로 본다.

> **품질인증기관의 지정내용 변경신고(시행규칙 제38조)**
> ① 품질인증기관으로 지정 시 해양수산부령으로 정하는 중요사항
> 1. 품질인증기관의 명칭 · 대표자 · 정관
> 2. 품질인증기관의 사업계획서
> 3. 품질인증 심사원
> 4. 품질인증 업무규정
>
> ② 품질인증기관으로 지정을 받은 자는 품질인증기관으로 지정받은 후 ①의 각 호의 사항이 변경되었을 때에는 그 사유가 발생한 날부터 1개월 이내에 품질인증기관 지정내용 변경신고서에 지정서 원본과 변경 내용을 증명하는 서류를 첨부하여 국립수산물품질관리원장에게 제출하여야 한다.
> ③ ②에 따른 품질인증기관 지정내용 변경신고를 받은 국립수산물품질관리원장은 신고사항을 검토하여 품질인증기관의 지정기준에 적합한 경우에는 품질인증기관 지정서를 재발급하여야 한다.

⑥ 품질인증기관의 지정기준, 절차 및 품질인증 업무의 범위 등에 필요한 사항은 해양수산부령으로 정한다.

> **품질인증기관의 지정 절차(시행규칙 제37조)**
> ① 품질인증기관으로 지정받으려는 자는 품질인증기관 지정신청서에 다음의 서류를 첨부하여 국립수산물품질관리원장에게 제출하여야 한다.
> 1. 정 관
> 2. 품질인증의 업무 범위 등을 적은 사업계획서
> 3. 품질인증기관의 지정기준을 갖추었음을 증명하는 서류
>
> ② ①에 따른 지정신청서를 받은 국립수산물품질관리원장은 「전자정부법」에 따라 행정정보의 공동이용을 통하여 법인 등기사항증명서를 확인하여야 한다.
> ③ 국립수산물품질관리원장은 ①에 따른 신청이 품질인증기관 지정기준에 적합하다고 인정하는 경우에는 신청인에게 품질인증기관 지정서를 발급하여야 한다.
> ④ 국립수산물품질관리원장은 ③에 따라 품질인증기관 지정서를 발급하는 경우에는 품질인증기관이 수행하는 업무의 범위를 정하여 통지하여야 하며, 그 내용을 관보에 고시하여야 한다.

(9) 품질인증기관의 지정 취소 등(법 제18조)

① 해양수산부장관은 품질인증기관이 다음의 어느 하나에 해당하면 그 지정을 취소하거나 6개월 이내의 기간을 정하여 품질인증 업무의 전부 또는 일부의 정지를 명할 수 있다. 다만, ㉠부터 ㉣까지 및 ㉥ 중 어느 하나에 해당하면 품질인증기관의 지정을 취소하여야 한다.

㉠ 거짓이나 그 밖의 부정한 방법으로 품질인증기관으로 지정받은 경우
㉡ 업무정지 기간 중 품질인증 업무를 한 경우
㉢ 최근 3년간 2회 이상 업무정지처분을 받은 경우
㉣ 품질인증기관의 폐업이나 해산 · 부도로 인하여 품질인증 업무를 할 수 없는 경우
㉤ 변경신고를 하지 아니하고 품질인증 업무를 계속한 경우
㉥ 지정기준에 미치지 못하여 시정을 명하였으나 그 명령을 받은 날부터 1개월 이내에 이행하지 아니한 경우

㉦ 업무범위를 위반하여 품질인증 업무를 한 경우
㉧ 다른 사람에게 자기의 성명이나 상호를 사용하여 품질인증 업무를 하게 하거나 품질인증기관 지정서를 빌려준 경우
㉨ 품질인증 업무를 성실하게 수행하지 아니하여 공중에 위해를 끼치거나 품질인증을 위한 조사 결과를 조작한 경우
㉩ 정당한 사유 없이 1년 이상 품질인증 실적이 없는 경우

② ①에 따른 지정 취소 및 업무정지의 세부기준은 해양수산부령으로 정한다.

품질인증기관의 지정취소 등의 세부기준(시행규칙 제39조)

① 법 제18조 제2항에 따른 품질인증기관의 지정취소 및 업무정지에 관한 세부기준은 [별표 9]와 같다.
② 국립수산물품질관리원장은 법 제18조에 따라 품질인증기관의 지정을 취소하거나 업무정지를 명한 때에는 그 사실을 고시하여야 한다.

품질인증기관의 지정 취소 및 업무정지에 관한 세부 기준(시행규칙 제39조 제1항 관련 [별표 9])

1. 일반기준
   가. 위반행위가 둘 이상인 경우로서 그에 해당하는 각각의 처분기준이 다른 경우에는 그중 무거운 처분기준에 따르고, 둘 이상의 처분기준이 모두 업무정지인 경우에는 각 처분기준을 합산한 기간을 넘지 않는 범위에서 무거운 처분기준에 그 처분기준의 2분의 1 범위에서 가중한다.
   나. 위반행위의 횟수에 따른 행정처분의 기준은 최근 1년간 같은 위반행위로 행정처분을 받은 경우에 적용한다. 이 경우 기간의 계산은 위반행위에 대해 행정처분일과 그 처분 후 다시 같은 위반행위를 하여 적발된 날을 기준으로 한다.
   다. 나목에 따라 가중된 행정처분을 하는 경우 가중처분의 적용 차수는 그 위반행위 전 부과처분 차수(나목에 따른 기간 내에 처분이 둘 이상 있었던 경우에는 높은 차수를 말한다)의 다음 차수로 한다.
   라. 처분권자는 위반행위의 동기·내용·횟수 및 위반의 정도 등 다음의 사유에 해당하는 경우 그 처분기준의 2분의 1 범위에서 감경할 수 있다.
      1) 위반행위가 사소한 부주의나 오류로 인한 것으로 인정되는 경우
      2) 위반행위자가 처음 해당 위반행위를 한 경우로서 2년 이상 품질인증 업무를 모범적으로 해온 사실이 인정되는 경우
      3) 그 밖에 위반행위의 정도, 위반행위의 동기와 그 결과 등을 고려하여 감경할 필요가 있다고 인정되는 경우
2. 개별기준

위반행위	위반횟수별 행정처분기준		
	1회 위반	2회 위반	3회 이상 위반
가. 거짓이나 그 밖의 부정한 방법으로 품질인증기관으로 지정받은 경우	지정취소		
나. 업무정지 기간 중 품질인증 업무를 한 경우	지정취소		
다. 최근 3년간 2회 이상 업무정지 처분을 받은 경우	지정취소		
라. 품질인증기관의 폐업이나 해산·부도로 인하여 품질인증 업무를 할 수 없는 경우	지정취소		

위반행위	위반횟수별 행정처분기준		
	1회 위반	2회 위반	3회 이상 위반
마. 법 제17조 제3항 본문에 따른 변경신고를 하지 않고 품질인증 업무를 계속한 경우	경 고	업무정지 1개월	업무정지 3개월
바. 법 제17조 제6항의 지정기준에 미치지 못하여 시정을 명하였으나 그 명령을 받은 날부터 1개월 이내에 이행하지 않은 경우	지정취소		
사. 법 제17조 제6항의 업무범위를 위반하여 품질인증 업무를 한 경우	경 고	업무정지 1개월	업무정지 3개월
아. 다른 사람에게 자기의 성명이나 상호를 사용하여 품질인증 업무를 하게 하거나 품질인증기관지정서를 빌려준 경우	업무정지 3개월	업무정지 6개월	지정취소
자. 품질인증 업무를 성실하게 수행하지 않아 공중에 위해를 끼치거나 품질인증을 위한 조사 결과를 조작한 경우	업무정지 1개월	업무정지 3개월	업무정지 6개월
차. 정당한 사유 없이 1년 이상 품질인증 실적이 없는 경우	경 고	업무정지 1개월	업무정지 3개월

(10) 품질인증 관련 보고 및 점검 등(법 제19조)

① 해양수산부장관은 품질인증을 위하여 필요하다고 인정하면 품질인증기관 또는 품질인증을 받은 자에 대하여 그 업무에 관한 사항을 보고하게 하거나 자료를 제출하게 할 수 있으며 관계 공무원에게 사무소 등에 출입하여 시설·장비 등을 점검하고 관계 장부나 서류를 조사하게 할 수 있다.

② ①에 따른 점검이나 조사에 관하여는 제13조 제2항 및 제3항을 준용한다.

③ ①에 따라 점검이나 조사를 하는 관계 공무원에 관하여는 제13조 제4항을 준용한다.

3 사후관리

(1) 지위의 승계 등(법 제28조)

① 품질인증기관의 지정의 사유로 발생한 권리·의무를 가진 자가 사망하거나 그 권리·의무를 양도하는 경우 또는 법인이 합병한 경우에는 상속인, 양수인 또는 합병 후 존속하는 법인이나 합병으로 설립되는 법인이 그 지위를 승계할 수 있다.

② ①에 따라 지위를 승계하려는 자는 승계의 사유가 발생한 날부터 1개월 이내에 해양수산부령으로 정하는 바에 따라 각각 지정을 받은 기관에 신고하여야 한다.

③ 행정제재처분 효과의 승계(법 제28조의2)

제28조에 따라 지위를 승계한 경우 종전의 우수관리인증기관, 우수관리시설 또는 품질인증기관에 행한 행정제재처분의 효과는 그 처분이 있은 날부터 1년간 그 지위를 승계한 자에게 승계되며, 행정제재처분의 절차가 진행 중인 때에는 그 지위를 승계한 자에 대하여 그 절차를 계속 진행할 수 있다. 다만, 지위를 승계한 자가 그 지위의 승계 시에 그 처분 또는 위반사실을 알지 못하였음을 증명하는 때에는 그러하지 아니하다.

④ 승계의 신고(시행규칙 제55조)

㉠ 품질인증기관의 지정을 받은 자의 지위를 승계하려는 자는 승계신고서에 다음의 서류를 첨부하여 국립수산물품질관리원장에게 제출하여야 한다.

- 품질인증기관 지정서
- 품질인증기관의 지정을 받은 자의 지위를 승계하였음을 증명하는 자료

㉡ 국립수산물품질관리원장은 ㉠에 따른 승계신고서를 수리(受理)한 경우에는 제출한 자료를 확인한 후 품질인증기관 지정서를 발급하여야 한다.

㉢ 국립수산물품질관리원장은 ㉡에 따라 품질인증기관 지정서를 발급한 경우에는 제37조 제4항의 사항을 관보에 고시하거나 해당 기관의 인터넷 홈페이지에 게시하여야 한다.

> **품질인증기관의 지정절차(시행규칙 제37조 제4항)**
> 국립수산물품질관리원장은 품질인증기관 지정서를 발급하는 경우에는 품질인증기관이 수행하는 업무의 범위를 정하여 통지하여야 하며, 그 내용을 관보에 고시하여야 한다.

(2) 거짓표시 등의 금지(법 제29조)

① 누구든지 다음의 표시・광고 행위를 하여서는 아니 된다.

㉠ 표준규격품, 품질인증품, 이력추적관리농산물(이하 "우수표시품")이 아닌 수산물 또는 수산가공품에 우수표시품의 표시를 하거나 이와 비슷한 표시를 하는 행위

㉡ 우수표시품이 아닌 수산물 또는 수산가공품을 우수표시품으로 광고하거나 우수표시품으로 잘못 인식할 수 있도록 광고하는 행위

② 누구든지 다음의 행위를 하여서는 아니 된다.

㉠ 표준규격품의 표시를 한 수산물에 표준규격품이 아닌 수산물 또는 수산가공품을 혼합하여 판매하거나 혼합하여 판매할 목적으로 보관하거나 진열하는 행위

㉡ 품질인증품의 표시를 한 수산물에 품질인증품이 아닌 수산물을 혼합하여 판매하거나 혼합하여 판매할 목적으로 보관 또는 진열하는 행위

(3) 우수표시품의 사후관리(법 제30조)

해양수산부장관은 우수표시품의 품질수준 유지와 소비자 보호를 위하여 필요한 경우에는 관계 공무원에게 다음의 조사 등을 하게 할 수 있다.

① 우수표시품의 해당 표시에 대한 규격·품질 또는 인증·등록기준에의 적합성 등의 조사

② 해당 표시를 한 자의 관계 장부 또는 서류의 열람

③ 우수표시품의 시료(試料) 수거

(4) 우수표시품에 대한 시정조치(법 제31조)

해양수산부장관은 표준규격품 또는 품질인증품이 다음의 어느 하나에 해당하면 대통령령으로 정하는 바에 따라 그 시정을 명하거나 해당 품목의 판매금지 또는 표시정지의 조치를 할 수 있다.

① 표시된 규격 또는 해당 인증·등록기준에 미치지 못하는 경우

② 업종전환·폐업 등으로 해당 품목을 생산하기 어렵다고 판단되는 경우

③ 해당 표시방법을 위반한 경우

4 지리적표시

(1) 지리적표시의 등록(법 제32조)

① 해양수산부장관은 지리적 특성을 가진 수산물 또는 수산가공품의 품질향상과 지역특화산업 육성 및 소비자 보호를 위하여 지리적표시의 등록제도를 실시한다.

② 지리적표시의 등록은 특정지역에서 지리적 특성을 가진 수산물 또는 수산가공품을 생산하거나 제조·가공하는 자로 구성된 법인만 신청할 수 있다. 다만, 지리적 특성을 가진 수산물 또는 수산가공품의 생산자 또는 가공업자가 1인인 경우에는 법인이 아니라도 등록신청을 할 수 있다.

> **지리적표시의 등록법인 구성원의 가입·탈퇴(시행령 제13조)**
> 법 제32조 제2항 본문에 따른 법인은 지리적표시의 등록 대상품목의 생산자 또는 가공업자의 가입이나 탈퇴를 정당한 사유 없이 거부하여서는 아니 된다.

③ ②에 해당하는 자로서 ①에 따른 지리적표시의 등록을 받으려는 자는 해양수산부령으로 정하는 등록 신청서류 및 그 부속서류를 해양수산부령으로 정하는 바에 따라 해양수산부장관에게 제출하여야 한다. 등록한 사항 중 해양수산부령으로 정하는 중요사항을 변경할 때에도 같다.

지리적표시의 등록 및 변경(시행규칙 제56조)

① 지리적표시의 등록을 받으려는 자는 지리적표시 등록(변경) 신청서에 다음의 서류를 첨부하여 수산물은 국립수산물품질관리원장에게 각각 제출하여야 한다. 다만, 지리적표시의 등록을 받으려는 자가 「상표법 시행령」 제5조 제1호부터 제3호까지의 서류를 특허청장에게 제출한 경우(2011년 1월 1일 이후에 제출한 경우만 해당한다)에는 지리적표시 등록(변경) 신청서에 해당 사항을 표시하고 ㉢부터 ㉥까지의 서류를 제출하지 아니할 수 있다.

㉠ 정관(법인인 경우만 해당한다)

㉡ 생산계획서(법인의 경우 각 구성원별 생산계획을 포함한다)

㉢ 대상품목 · 명칭 및 품질의 특성에 관한 설명서

㉣ 해당 특산품의 유명성과 역사성을 증명할 수 있는 자료

㉤ 품질의 특성과 지리적 요인과 관계에 관한 설명서

㉥ 지리적표시 대상지역의 범위

㉦ 자체품질기준

㉧ 품질관리계획서

② ①의 각 호 외의 부분 단서에 해당하는 경우 산림청장 또는 국립수산물품질관리원장은 특허청장에게 해당 서류의 제출 여부를 확인한 후 그 사본을 요청하여야 한다.

③ 지리적표시로 등록한 사항 중 다음의 어느 하나의 사항을 변경하려는 자는 지리적표시 등록(변경)신청서에 변경사유 및 증거자료를 첨부하여 수산물은 국립수산물품질관리원장에게 각각 제출하여야 한다.

㉠ 등록자

㉡ 지리적표시 대상지역의 범위

㉢ 자체품질기준 중 제품생산기준, 원료생산기준 또는 가공기준

④ 지리적표시의 등록 및 변경에 관한 세부사항은 해양수산부장관이 정하여 고시한다.

④ 해양수산부장관은 등록 신청을 받으면 지리적표시 등록심의 분과위원회의 심의를 거쳐 등록거절 사유가 없는 경우 지리적표시 등록 신청 공고결정을 하여야 한다. 이 경우 해양수산부장관은 신청된 지리적표시가 「상표법」에 따른 타인의 상표(지리적표시 단체표장을 포함)에 저촉되는지에 대하여 미리 특허청장의 의견을 들어야 한다.

⑤ 해양수산부장관은 공고결정을 할 때에는 그 결정내용을 관보와 인터넷 홈페이지에 공고하고, 공고일부터 2개월간 지리적표시 등록 신청서류 및 그 부속서류를 일반인이 열람할 수 있도록 하여야 한다.

⑥ 누구든지 ⑤에 따른 공고일부터 2개월 이내에 이의 사유를 적은 서류와 증거를 첨부하여 해양수산부장관에게 이의신청을 할 수 있다.

⑦ 해양수산부장관은 다음의 경우에는 지리적표시의 등록을 결정하여 신청자에게 알려야 한다.

㉠ ⑥에 따른 이의신청을 받았을 때에는 지리적표시 등록심의 분과위원회의 심의를 거쳐 등록을 거절할 정당한 사유가 없다고 판단되는 경우

㉡ ⑥에 따른 기간 내에 이의신청이 없는 경우

⑧ 해양수산부장관이 지리적표시의 등록을 한 때에는 지리적표시권자에게 지리적표시등록증을 교부하여야 한다.
⑨ 해양수산부장관은 ③에 따라 등록 신청된 지리적표시가 다음의 어느 하나에 해당하면 등록의 거절을 결정하여 신청자에게 알려야 한다.
㉠ 먼저 등록 신청되었거나, 등록된 타인의 지리적표시와 같거나 비슷한 경우
㉡ 「상표법」에 따라 먼저 출원되었거나, 등록된 타인의 상표와 같거나 비슷한 경우
㉢ 국내에서 널리 알려진 타인의 상표 또는 지리적표시와 같거나 비슷한 경우
㉣ 일반명칭(수산물 또는 수산가공품의 명칭이 기원적(起原的)으로 생산지나 판매장소와 관련이 있지만 오래 사용되어 보통명사화된 명칭을 말한다)에 해당되는 경우
㉤ 지리적표시 또는 동음이의어 지리적표시 정의에 맞지 아니하는 경우
㉥ 지리적표시의 등록을 신청한 자가 그 지리적표시를 사용할 수 있는 수산물 또는 수산가공품을 생산·제조 또는 가공하는 것을 업(業)으로 하는 자에 대하여 단체의 가입을 금지하거나 가입조건을 어렵게 정하여 실질적으로 허용하지 아니한 경우

(2) 지리적표시의 대상지역(시행령 제12조)

지리적표시의 등록을 위한 지리적표시 대상지역은 자연환경적 및 인적 요인을 고려하여 다음의 어느 하나에 따라 구획하여야 한다. 다만, 「인삼산업법」에 따른 인삼류의 경우에는 전국을 단위로 하나의 대상지역으로 한다.
① 해당 품목의 특성에 영향을 주는 지리적 특성이 동일한 행정구역, 산, 강 등에 따를 것
② 해당 품목의 특성에 영향을 주는 지리적 특성, 서식지 및 어획·채취의 환경이 동일한 연안해역(「연안관리법」에 따른 연안해역)에 따를 것. 이 경우 연안해역은 위도와 경도로 구분하여야 한다.

(3) 지리적표시의 심의·공고·열람 및 이의신청 절차(시행령 제14조)

① 해양수산부장관은 지리적표시의 등록 또는 중요사항의 변경등록 신청을 받으면 그 신청을 받은 날부터 30일 이내에 지리적표시 분과위원회에 심의를 요청하여야 한다.
② 지리적표시 분과위원장은 ①에 따른 요청을 받은 경우 해양수산부령으로 정하는 바에 따라 심의를 위한 현지 확인반을 구성하여 현지 확인을 하도록 하여야 한다. 다만, 중요사항의 변경등록 신청을 받아 ①에 따른 요청을 받은 경우에는 지리적표시 분과위원회의 심의 결과 현지 확인이 필요하지 아니하다고 인정하면 이를 생략할 수 있다.

> **현지 확인반 구성 등(시행규칙 제56조의2)**
> ① 시행령 제14조 제2항에 따른 현지 확인반은 법 제3조 제6항에 따른 지리적표시 등록심의 분과위원회 위원 1인 이상을 포함하여 관련 분야 전문가 등 총 5인 이내로 구성한다. 이 경우 대상지역의 해당 품목과 이해관계가 있는 자는 반원으로 할 수 없다.
> ② 현지 확인반은 제56조 제1항 또는 제3항에 따라 제출된 서류의 내용에 대한 사실여부 등을 확인하여야 하며, 현지 확인 종료 후 결과보고서를 지리적표시 분과위원회에 제출하여야 한다.
> ③ 현지 확인반의 반원으로 ②에 따른 현지 확인에 참여한 자에 대해서는 예산의 범위 안에서 수당과 여비 그 밖에 필요한 경비를 지급할 수 있다.

③ 해양수산부장관은 지리적표시 분과위원회에서 지리적표시의 등록 또는 중요사항의 변경등록을 하기에 부적합한 것으로 의결되면 지체 없이 그 사유를 구체적으로 밝혀 신청인에게 알려야 한다. 다만, 부적합한 사항이 30일 이내에 보완될 수 있다고 인정되면 일정 기간을 정하여 신청인에게 보완하도록 할 수 있다.

④ 공고결정에는 다음의 사항을 포함하여야 한다.
  ㉠ 신청인의 성명·주소 및 전화번호
  ㉡ 지리적표시 등록대상품목 및 등록명칭
  ㉢ 지리적표시 대상지역의 범위
  ㉣ 품질, 그 밖의 특징과 지리적 요인의 관계
  ㉤ 신청인의 자체 품질기준 및 품질관리계획서
  ㉥ 지리적표시 등록 신청서류 및 그 부속서류의 열람 장소

⑤ 해양수산부장관은 이의신청에 대하여 지리적표시 분과위원회의 심의를 거쳐 그 결과를 이의신청인에게 알려야 한다.

⑥ 위 사항 외에 지리적표시의 심의·공고·열람 및 이의신청 등에 필요한 사항은 해양수산부령으로 정한다.

> **지리적표시의 이의신청(시행규칙 제57조)**
> ① 이의신청을 하려는 자는 지리적표시의 등록신청에 대한 이의신청서에 이의 사유와 증거자료를 첨부하여 수산물은 국립수산물품질관리원장에게 각각 제출하여야 한다.
> ② 국립수산물품질관리원장은 영 제14조 제5항에 따라 지리적표시 분과위원회가 지리적표시의 등록을 하기에 적합하지 아니한 것으로 심의·의결한 경우에는 그 사유를 구체적으로 밝혀 지체 없이 지리적표시의 등록신청인에게 알려야 한다.

(4) 지리적표시의 등록거절 사유의 세부기준(시행령 제15조)

지리적표시 등록거절 사유의 세부기준은 다음과 같다.

① 해당 품목이 수산물인 경우에는 지리적표시 대상지역에서만 생산된 것이 아닌 경우

② 해당 품목이 수산가공품인 경우에는 지리적표시 대상지역에서만 생산된 수산물을 주원료로 하여 해당 지리적표시 대상지역에서 가공된 것이 아닌 경우

③ 해당 품목의 우수성이 국내 및 국외에서 모두 널리 알려지지 아니한 경우
④ 해당 품목이 지리적표시 대상지역에서 생산된 역사가 깊지 않은 경우
⑤ 해당 품목의 명성·품질 또는 그 밖의 특성이 본질적으로 특정지역의 생산환경적 요인과 인적 요인 모두에 기인하지 아니한 경우
⑥ 그 밖에 해양수산부장관이 지리적표시 등록에 필요하다고 인정하여 고시하는 기준에 적합하지 않은 경우

(5) 지리적표시의 등록공고 등(시행규칙 제58조)

① 국립수산물품질관리원장은 지리적표시의 등록을 결정한 경우에는 다음의 사항을 공고하여야 한다.
   ㉠ 등록일 및 등록번호
   ㉡ 지리적표시 등록자의 성명, 주소(법인의 경우에는 그 명칭 및 영업소의 소재지를 말한다) 및 전화번호
   ㉢ 지리적표시 등록대상의 품목 및 등록명칭
   ㉣ 지리적표시 대상지역의 범위
   ㉤ 품질의 특성과 지리적 요인의 관계
   ㉥ 등록자의 자체품질기준 및 품질관리계획서
② 국립수산물품질관리원장은 지리적표시를 등록한 경우에는 지리적표시 등록증을 발급하여야 한다.
③ 국립수산물품질관리원장은 지리적표시의 등록을 취소하였을 때에는 다음의 사항을 공고하여야 한다.
   ㉠ 취소일 및 등록번호
   ㉡ 지리적표시 등록 대상품목 및 등록명칭
   ㉢ 지리적표시 등록자의 성명, 주소(법인의 경우에는 그 명칭 및 영업소의 소재지를 말한다) 및 전화번호
   ㉣ 취소사유
④ ① 또는 ③에 따른 지리적표시의 등록 및 등록취소의 공고에 관한 세부사항은 해양수산부장관이 정하여 고시한다.

> **지리적표시 원부(법 제33조)**
> ① 해양수산부장관은 지리적표시 원부(原簿)에 지리적표시권의 설정·이전·변경·소멸·회복에 대한 사항을 등록·보관한다.
> ② 지리적표시 원부는 그 전부 또는 일부를 전자적으로 생산·관리할 수 있다.
> ③ ① 및 ②에 따른 지리적표시 원부의 등록·보관 및 생산·관리에 필요한 세부사항은 해양수산부령으로 정한다.

(6) 지리적표시권(법 제34조)

① 지리적표시 등록을 받은 자(지리적표시권자)는 등록한 품목에 대하여 지리적표시권을 갖는다.

② 지리적표시권은 다음의 어느 하나에 해당하면 각 호의 이해당사자 상호 간에 대하여는 그 효력이 미치지 아니한다.

㉠ 동음이의어 지리적표시. 다만, 해당 지리적표시가 특정지역의 상품을 표시하는 것이라고 수요자들이 뚜렷하게 인식하고 있어 해당 상품의 원산지와 다른 지역을 원산지인 것으로 혼동을 초래하는 경우는 제외한다.

㉡ 지리적표시 등록신청서 제출 전에 「상표법」에 따라 등록된 상표 또는 출원심사 중인 상표

㉢ 지리적표시 등록신청서 제출 전에 「종자산업법」 및 「식물신품종 보호법」에 따라 등록된 품종 명칭 또는 출원심사 중인 품종 명칭

㉣ 지리적표시 등록을 받은 수산물 또는 수산가공품(지리적표시품)과 동일한 품목에 사용하는 지리적 명칭으로서 등록 대상지역에서 생산되는 수산물 또는 수산가공품에 사용하는 지리적 명칭

③ 지리적표시권자는 지리적표시품에 해양수산부령으로 정하는 바에 따라 지리적표시를 할 수 있다.

④ **지리적표시품의 표시방법(시행규칙 제60조)** : 지리적표시권자가 그 표시를 하려면 지리적표시품의 포장·용기의 겉면 등에 등록 명칭을 표시하여야 하며, [별표 15]에 따른 지리적표시품의 표시를 하여야 한다. 다만, 포장하지 아니하고 판매하거나 낱개로 판매하는 경우에는 대상품목에 스티커를 부착하거나 표지판 또는 푯말로 표시할 수 있다.

지리적표시품의 표시(시행규칙 제60조 관련 [별표 15])

1. 지리적표시품의 표지

2. 제도법

가. 도형표시

1) 표지도형의 가로의 길이(사각형의 왼쪽 끝과 오른쪽 끝의 폭 : W)를 기준으로 세로의 길이는 0.95×W의 비율로 한다.

2) 표지도형의 흰색모양과 바깥 테두리(좌·우 및 상단부만 해당한다)의 간격은 0.1×W로 한다.

3) 표지도형의 흰색모양 하단부 좌측 태극의 시작점은 상단부에서 0.55×W 아래가 되는 지점으로 하고, 우측 태극의 끝점은 상단부에서 0.75×W 아래가 되는 지점으로 한다.

나. 표지도형의 한글 및 영문 글자는 고딕체로 하고, 글자 크기는 표지도형의 크기에 따라 조정한다.

다. 표지도형의 색상은(수산물 또는 수산가공품의 경우) 기본색상은 파란색으로 하고, 포장재의 색깔 등을 고려하여 녹색 또는 빨간색으로 할 수 있다.

라. 표지도형 내부의 "지리적표시", "(PGI)" 및 "PGI"의 글자 색상은 표지도형 색상과 동일하게 하고, 하단의 "농림축산식품부"와 "MAFRA KOREA" 또는 "해양수산부"와 "MOF KOREA"의 글자는 흰색으로 한다.

마. 배색비율은 녹색 C80 + Y100, 파란색 C100 + M70, 빨간색 M100 + Y100 + K10으로 한다.

3. 표시사항

<table>
<tr><td>지리적표시
(PGI)
해양수산부</td><td>등록 명칭 : (영문등록 명칭)
지리적표시관리기관 명칭, 지리적표시 등록 제 호
생산자(등록법인의 명칭) :
주소(전화) :</td></tr>
<tr><td colspan="2">이 상품은「농수산물 품질관리법」에 따라 지리적표시가 보호되는 제품입니다.</td></tr>
</table>

4. 표시방법

가. 크기 : 포장재의 크기에 따라 표지와 글자의 크기를 키우거나 줄일 수 있다.

나. 위치 : 포장재 주 표시면의 옆면에 표시하되, 포장재 구조상 옆면에 표시하기 어려울 경우에는 표시위치를 변경할 수 있다.

다. 표시내용은 소비자가 쉽게 알아볼 수 있도록 인쇄하거나 스티커로 포장재에서 떨어지지 않도록 부착하여야 한다.

라. 포장하지 않고 낱개로 판매하는 경우나 소포장 등으로 지리적표시품의 표지를 인쇄하거나 부착하기에 부적합한 경우에는 표지와 등록 명칭만 표시할 수 있다.

마. 글자의 크기(포장재 15kg 기준)

1) 등록 명칭(한글, 영문) : 가로 2.0cm(57포인트) × 세로 2.5cm(71포인트)

2) 등록번호, 생산자(등록법인의 명칭), 주소(전화) : 가로 1cm(28포인트) × 세로 1.5cm(43포인트)

3) 그 밖의 문자 : 가로 0.8cm(23포인트) × 세로 1cm(28포인트)

바. 3.의 표시사항 중 표준규격, 우수관리인증 등 다른 규정 또는「양곡관리법」등 다른 법률에 따라 표시하고 있는 사항은 그 표시를 생략할 수 있다.

(7) 지리적표시권의 이전 및 승계(법 제35조)

지리적표시권은 타인에게 이전하거나 승계할 수 없다. 다만, 다음의 어느 하나에 해당하면 해양수산부장관의 사전 승인을 받아 이전하거나 승계할 수 있다.

① 법인 자격으로 등록한 지리적표시권자가 법인명을 개정하거나 합병하는 경우

② 개인 자격으로 등록한 지리적표시권자가 사망한 경우

(8) 권리침해의 금지청구권 등(법 제36조)

① 지리적표시권자는 자신의 권리를 침해한 자 또는 침해할 우려가 있는 자에게 그 침해의 금지 또는 예방을 청구할 수 있다.

② 다음의 어느 하나에 해당하는 행위는 지리적표시권을 침해한 것으로 본다.

㉠ 지리적표시권이 없는 자가 등록된 지리적표시와 같거나 비슷한 표시(동음이의어 지리적표시의 경우에는 해당 지리적표시가 특정 지역의 상품을 표시하는 것이라고 수요자들이 뚜렷하게 인식하고 있어 해당 상품의 원산지와 다른 지역을 원산지인 것으로 수요자로 하여금 혼동하게 하는 지리적표시에만 해당한다)를 등록품목과 같거나 비슷한 품목의 제품·포장·용기·선전물 또는 관련 서류에 사용하는 행위

㉡ 등록된 지리적표시를 위조하거나 모조하는 행위

㉢ 등록된 지리적표시를 위조하거나 모조할 목적으로 교부·판매·소지하는 행위

㉣ 그 밖에 지리적표시의 명성을 침해하면서 등록된 지리적표시품과 같거나 비슷한 품목에 직접 또는 간접적인 방법으로 상업적으로 이용하는 행위

(9) 손해배상청구권 등(법 제37조)

지리적표시권자는 고의 또는 과실로 자신의 지리적표시에 관한 권리를 침해한 자에게 손해배상을 청구할 수 있다. 이 경우 지리적표시권자의 지리적표시권을 침해한 자에 대하여는 그 침해행위에 대하여 그 지리적표시가 이미 등록된 사실을 알았던 것으로 추정한다.

(10) 거짓표시 등의 금지(법 제38조)

① 누구든지 지리적표시품이 아닌 수산물 또는 수산가공품의 포장·용기·선전물 및 관련 서류에 지리적표시 또는 이와 비슷한 표시를 하여서는 아니 된다.

② 누구든지 지리적표시품에 지리적표시품이 아닌 수산물 또는 수산가공품을 혼합하여 판매하거나 혼합하여 판매할 목적으로 보관 또는 진열하여서는 아니 된다.

(11) 지리적표시품의 사후관리(법 제39조)

해양수산부장관은 지리적표시품의 품질수준 유지와 소비자 보호를 위하여 관계 공무원에게 다음의 사항을 지시할 수 있다.

① 지리적표시품의 등록기준에의 적합성 조사

② 지리적표시품의 소유자·점유자 또는 관리인 등의 관계 장부 또는 서류의 열람

③ 지리적표시품의 시료를 수거하여 조사하거나 전문시험기관 등에 시험 의뢰

(12) 지리적표시품의 표시 시정 등(법 제40조)

① 해양수산부장관은 지리적표시품이 다음의 어느 하나에 해당하면 대통령령으로 정하는 바에 따라 시정을 명하거나 판매의 금지, 표시의 정지 또는 등록의 취소를 할 수 있다.

㉠ 등록기준에 미치지 못하게 된 경우

㉡ 제34조 제3항에 따른 표시방법을 위반한 경우

㉢ 해당 지리적표시품 생산량의 급감 등 지리적표시품 생산계획의 이행이 곤란하다고 인정되는 경우

② 시정명령 등의 처분기준(시행령 제16조) : 지리적표시품에 대한 시정명령, 판매금지, 표시정지 또는 인증취소 및 등록취소에 관한 기준은 [별표 1]과 같다.

시정명령 등의 처분기준(시행령 제11조 및 제16조 관련 [별표 1])

1. 일반기준

가. 위반행위가 둘 이상인 경우

1) 각각의 처분기준이 시정명령, 인증취소 또는 등록취소인 경우에는 하나의 위반행위로 간주한다. 다만, 각각의 처분기준이 표시정지인 경우에는 각각의 처분기준을 합산하여 처분할 수 있다.

2) 각각의 처분기준이 다른 경우에는 그 중 무거운 처분기준을 적용한다. 다만, 각각의 처분기준이 표시정지인 경우에는 무거운 처분기준의 2분의 1까지 가중할 수 있으며, 이 경우 각 처분기준을 합산한 기간을 초과할 수 없다.

나. 위반행위의 횟수에 따른 행정처분의 기준은 최근 1년간 같은 위반행위로 행정처분을 받는 경우에 적용한다. 이 경우 행정처분 기준의 적용은 같은 위반행위에 대하여 최초로 행정처분을 한 날과 다시 같은 위반행위로 적발한 날을 기준으로 한다.

다. 생산자단체의 구성원의 위반행위에 대해서는 1차적으로 위반행위를 한 구성원에 대하여 행정처분을 하되, 그 구성원이 소속된 조직 또는 단체에 대해서는 그 구성원의 위반의 정도를 고려하여 처분을 경감하거나 그 구성원에 대한 처분기준보다 한 단계 낮은 처분기준을 적용한다.

라. 위반행위의 내용으로 보아 고의성이 없거나 특별한 사유가 있다고 인정되는 경우에는 그 처분을 표시정지의 경우에는 2분의 1의 범위에서 경감할 수 있고, 인증취소·등록취소인 경우에는 6개월 이상의 표시정지 처분으로 경감할 수 있다.

2. 개별기준

가. 표준규격품

위반행위	행정처분 기준		
	1차 위반	2차 위반	3차 위반
1) 표준규격품 의무표시사항이 누락된 경우	시정명령	표시정지 1개월	표시정지 3개월
2) 표준규격이 아닌 포장재에 표준규격품의 표시를 한 경우	시정명령	표시정지 1개월	표시정지 3개월
3) 표준규격품의 생산이 곤란한 사유가 발생한 경우	표시정지 6개월	–	–
4) 내용물과 다르게 거짓표시나 과장된 표시를 한 경우	표시정지 1개월	표시정지 3개월	표시정지 6개월

나. 품질인증품

위반행위	행정처분 기준		
	1차 위반	2차 위반	3차 위반
1) 의무표시사항이 누락된 경우	시정명령	표시정지 1개월	표시정지 3개월
2) 품질인증을 받지 아니한 제품을 품질인증품으로 표시한 경우	인증취소	-	-
3) 품질인증기준에 위반한 경우	표시정지 3개월	표시정지 6개월	-
4) 품질인증품의 생산이 곤란하다고 인정되는 사유가 발생한 경우	인증취소	-	-
5) 내용물과 다르게 거짓표시 또는 과장된 표시를 한 경우	표시정지 1개월	표시정지 3개월	인증취소

다. 지리적표시품

위반행위	행정처분 기준		
	1차 위반	2차 위반	3차 위반
1) 지리적표시품 생산계획의 이행이 곤란하다고 인정되는 경우	등록취소	-	-
2) 등록된 지리적표시품이 아닌 제품에 지리적표시를 한 경우	등록취소	-	-
3) 지리적표시품이 등록기준에 미치지 못하게 된 경우	표시정지 3개월	등록취소	-
4) 의무표시사항이 누락된 경우	시정명령	표시정지 1개월	표시정지 3개월
5) 내용물과 다르게 거짓표시나 과장된 표시를 한 경우	표시정지 1개월	표시정지 3개월	등록취소

(13) 지리적표시심판위원회

① 지리적표시심판위원회의 설치(법 제42조)

㉠ 해양수산부장관은 다음의 사항을 심판하기 위하여 해양수산부장관 소속으로 지리적표시심판위원회(심판위원회)를 둔다.

- 지리적표시에 관한 심판 및 재심
- 지리적표시 등록거절 또는 등록취소에 대한 심판 및 재심
- 그 밖의 지리적표시에 관한 사항 중 대통령령으로 정하는 사항

㉡ 심판위원회는 위원장 1명을 포함한 10명 이내의 심판위원으로 구성한다.

㉢ 심판위원회의 위원장은 심판위원 중에서 해양수산부장관이 정한다.

㉣ 심판위원은 관계 공무원과 지식재산권 분야나 지리적표시 분야의 학식과 경험이 풍부한 사람 중에서 해양수산부장관이 위촉한다.

㉤ 심판위원의 임기는 3년으로 하며, 한 차례만 연임할 수 있다.

② 지리적표시심판위원회의 구성(시행령 제17조)

㉠ 지리적표시심판위원회의 위원은 다음에 해당하는 사람 중에서 해양수산부장관이 임명 또는 위촉하는 사람으로 한다.

- 해양수산부 소속 공무원 중 3급·4급의 일반직 국가공무원이나 고위공무원단에 속하는 일반직 공무원인 사람
- 특허청 소속 공무원 중 3급·4급의 일반직 국가공무원이나 고위공무원단에 속하는 일반직 공무원 중 특허청에서 2년 이상 심사관으로 종사한 사람
- 변호사나 변리사 자격이 있는 사람
- 지적재산권 분야나 지리적표시 보호 분야의 학식과 경험이 풍부한 사람

㉡ 심판위원회의 사무를 처리하기 위하여 심판위원회에 간사 2명과 서기 2명을 둔다.

㉢ ㉠에 따른 간사와 서기는 해양수산부장관이 그 소속 공무원 중에서 각각 1명을 임명한다.

> **심판위원의 해임 및 해촉(시행령 제17조의2)**
> 해양수산부장관은 심판위원이 다음의 어느 하나에 해당하는 경우에는 해당 심판위원을 해임 또는 해촉(解囑)할 수 있다.
> 1. 심신장애로 인하여 직무를 수행할 수 없게 된 경우
> 2. 직무와 관련된 비위사실이 있는 경우
> 3. 직무태만, 품위손상이나 그 밖의 사유로 인하여 심판위원으로 적합하지 아니하다고 인정되는 경우
> 4. 심판위원 스스로 직무를 수행하는 것이 곤란하다고 의사를 밝히는 경우

③ 심판위원회의 운영(시행령 제18조)

㉠ 심판위원회 위원장은 심판청구를 받으면 심판번호를 부여하고 그 사건에 대하여 심판위원을 지정하여 그 청구를 한 자에게 심판번호와 심판위원 지정을 서면으로 알려야 한다. 이 경우 그 사건에 대하여 지리적표시 분과위원회의 분과위원으로 심의에 관여한 위원이나 심판청구에 이해관계가 있는 위원은 심판위원으로 지정될 수 없다.

㉡ 심판위원회는 심리(審理)의 종결을 당사자 및 참가인에게 알려야 한다.

㉢ 심판위원회는 심판의 결정을 하려면 다음의 사항을 적은 결정서를 작성하고 기명날인하여야 한다.

- 심판번호
- 당사자·참가인의 성명 및 주소(법인의 경우에는 그 명칭, 대표자의 성명 및 영업소의 소재지를 말한다)
- 당사자·참가인의 대리인의 성명 및 주소나 영업소의 소재지(대리인이 있는 경우만 해당한다)
- 심판사건의 표시
- 결정의 주문 및 그 이유
- 결정 연월일

(14) 지리적표시의 무효심판(법 제43조)

① 지리적표시에 관한 이해관계인 또는 지리적표시 등록심의 분과위원회는 지리적표시가 다음의 어느 하나에 해당하면 무효심판을 청구할 수 있다.
  ㉠ 등록거절 사유에 해당하는 경우에도 불구하고 등록된 경우
  ㉡ 지리적표시 등록이 된 후에 그 지리적표시가 원산지 국가에서 보호가 중단되거나 사용되지 아니하게 된 경우
② 심판은 청구의 이익이 있으면 언제든지 청구할 수 있다.
③ 지리적표시를 무효로 한다는 심결이 확정되면 그 지리적표시권은 처음부터 없었던 것으로 보고, ①의 ㉡에 따라 지리적표시를 무효로 한다는 심결이 확정되면 그 지리적표시권은 그 지리적표시가 ①의 ㉡에 해당하게 된 때부터 없었던 것으로 본다.
④ 심판위원회의 위원장은 ①의 심판이 청구되면 그 취지를 해당 지리적표시권자에게 알려야 한다.

(15) 지리적표시의 취소심판(법 제44조)

① 지리적표시가 다음의 어느 하나에 해당하면 그 지리적표시의 취소심판을 청구할 수 있다.
  ㉠ 지리적표시 등록을 한 후 지리적표시의 등록을 한 자가 그 지리적표시를 사용할 수 있는 수산물 또는 수산가공품을 생산 또는 제조·가공하는 것을 업으로 하는 자에 대하여 단체의 가입을 금지하거나 어려운 가입조건을 규정하는 등 단체의 가입을 실질적으로 허용하지 아니한 경우 또는 그 지리적표시를 사용할 수 없는 자에 대하여 등록 단체의 가입을 허용한 경우
  ㉡ 지리적표시 등록 단체 또는 그 소속 단체원이 지리적표시를 잘못 사용함으로써 수요자로 하여금 상품의 품질에 대한 오인 또는 지리적 출처에 대하여 혼동하게 한 경우
② ①에 따른 취소심판은 취소 사유에 해당하는 사실이 없어진 날부터 3년이 지난 후에는 청구할 수 없다.
③ ①에 따른 취소심판을 청구한 경우에는 청구 후 그 심판청구 사유에 해당하는 사실이 없어진 경우에도 취소 사유에 영향을 미치지 아니한다.
④ ①에 따른 취소심판은 누구든지 청구할 수 있다.
⑤ 지리적표시 등록을 취소한다는 심결이 확정된 때에는 그 지리적표시권은 그때부터 소멸된다.

5 심판청구

(1) 등록거절 등에 대한 심판(법 제45조)

지리적표시 등록의 거절을 통보받은 자 또는 등록이 취소된 자는 이의가 있으면 등록거절 또는 등록취소를 통보받은 날부터 30일 이내에 심판을 청구할 수 있다.

(2) 심판청구방식(법 제46조)

① 지리적표시의 무효심판·취소심판 또는 지리적표시 등록의 취소에 대한 심판을 청구하려는 자는 다음의 사항을 적은 심판청구서에 신청자료를 첨부하여 심판위원회의 위원장에게 제출하여야 한다.

㉠ 당사자의 성명과 주소(법인인 경우에는 그 명칭, 대표자의 성명 및 영업소 소재지)

㉡ 대리인이 있는 경우에는 그 대리인의 성명 및 주소나 영업소 소재지(대리인이 법인인 경우에는 그 명칭, 대표자의 성명 및 영업소 소재지)

㉢ 지리적표시 명칭

㉣ 지리적표시 등록일 및 등록번호

㉤ 등록취소 결정일(등록의 취소에 대한 심판청구만 해당한다)

㉥ 청구의 취지 및 그 이유

② 지리적표시 등록거절에 대한 심판을 청구하려는 자는 다음의 사항을 적은 심판청구서에 신청자료를 첨부하여 심판위원회의 위원장에게 제출하여야 한다.

㉠ 당사자의 성명과 주소(법인인 경우에는 그 명칭, 대표자의 성명 및 영업소 소재지)

㉡ 대리인이 있는 경우에는 그 대리인의 성명 및 주소나 영업소 소재지(대리인이 법인인 경우에는 그 명칭, 대표자의 성명 및 영업소 소재지)

㉢ 등록신청 날짜

㉣ 등록거절 결정일

㉤ 청구의 취지 및 그 이유

③ ①과 ②에 따라 제출된 심판청구서를 보정(補正)하는 경우에는 그 요지를 변경할 수 없다. 다만, ①의 ㉥과 ②의 ㉤의 청구의 이유는 변경할 수 있다.

④ 심판위원회의 위원장은 ① 또는 ②에 따라 청구된 심판에 지리적표시 이의신청에 관한 사항이 포함되어 있으면 그 취지를 지리적표시의 이의신청자에게 알려야 한다.

(3) 심판의 방법 등(법 제47조)

① 심판위원회의 위원장은 심판이 청구되면 심판의 합의체에 따라 심판하게 한다.

② 심판위원은 직무상 독립하여 심판한다.

(4) 심판위원의 지정 등(법 제48조)

① 심판위원회의 위원장은 심판의 청구 건별로 합의체를 구성할 심판위원을 지정하여 심판하게 한다.

② 심판위원회의 위원장은 ①의 심판위원 중 심판의 공정성을 해할 우려가 있는 사람이 있으면 다른 심판위원에게 심판하게 할 수 있다.

③ 심판위원회의 위원장은 ①에 따라 지정된 심판위원 중에서 1명을 심판장으로 지정하여야 한다.

④ ③에 따라 지정된 심판장은 심판위원회의 위원장으로부터 지정받은 심판사건에 관한 사무를 총괄한다.

(5) 심판의 합의체(법 제49조)

① 심판은 3명의 심판위원으로 구성되는 합의체가 한다.
② 합의체의 합의는 과반수의 찬성으로 결정한다.
③ 심판의 합의는 공개하지 아니한다.

(6) 재심의 청구(법 제51조)

심판의 당사자는 심판위원회에서 확정된 심결에 대하여 이의가 있으면 재심을 청구할 수 있다.

(7) 사해심결에 대한 불복청구(법 제52조)

① 심판의 당사자가 공모하여 제3자의 권리 또는 이익을 침해할 목적으로 심결을 하게 한 경우 그 제3자는 그 확정된 심결에 대하여 재심을 청구할 수 있다.
② 재심청구의 경우에는 심판의 당사자를 공동피청구인으로 한다.

(8) 재심에 의하여 회복된 지리적표시권의 효력 제한(법 제53조)

다음의 어느 하나에 해당하는 경우 지리적표시권의 효력은 해당 심결이 확정된 후 재심청구의 등록 전에 선의로 한 행위에는 미치지 아니한다.

① 지리적표시권이 무효로 된 후 재심에 의하여 그 효력이 회복된 경우
② 등록거절에 대한 심판청구가 받아들여지지 아니한다는 심결이 있었던 지리적표시 등록에 대하여 재심에 의하여 지리적표시권의 설정등록이 있는 경우

(9) 심결 등에 대한 소송(법 제54조)

① 심결에 대한 소송은 특허법원의 전속관할로 한다.
② ①에 따른 소송은 당사자, 참가인 또는 해당 심판이나 재심에 참가신청을 하였으나 그 신청이 거부된 자만 제기할 수 있다.
③ ①에 따른 소송은 심결 또는 결정의 등본을 송달받은 날부터 60일 이내에 제기하여야 한다.
④ ③의 기간은 불변기간으로 한다.
⑤ 심판을 청구할 수 있는 사항에 관한 소송은 심결에 대한 것이 아니면 제기할 수 없다.
⑥ 특허법원의 판결에 대하여는 대법원에 상고할 수 있다.

03 유전자변형수산물의 표시

1 유전자변형수산물의 표시 등

(1) 유전자변형수산물의 표시(법 제56조)

① 유전자변형수산물을 생산하여 출하하는 자, 판매하는 자 또는 판매할 목적으로 보관·진열하는 자는 대통령령으로 정하는 바에 따라 해당 수산물에 유전자변형수산물임을 표시하여야 한다.

② 유전자변형수산물의 표시대상품목, 표시기준 및 표시방법 등에 필요한 사항은 대통령령으로 정한다.

(2) 유전자변형수산물의 표시대상품목(시행령 제19조)

유전자변형수산물의 표시대상품목은 「식품위생법」에 따른 안전성 평가 결과 식품의약품안전처장이 식용으로 적합하다고 인정하여 고시한 품목으로 한다.

(3) 유전자변형수산물의 표시기준 등(시행령 제20조)

① 유전자변형수산물에는 해당 수산물이 유전자변형수산물임을 표시하거나, 유전자변형수산물이 포함되어 있음을 표시하거나, 유전자변형수산물이 포함되어 있을 가능성이 있음을 표시하여야 한다.

② 유전자변형수산물의 표시는 해당 수산물의 포장·용기의 표면 또는 판매장소 등에 하여야 한다.

③ ① 및 ②에 따른 유전자변형수산물의 표시기준 및 표시방법에 관한 세부사항은 식품의약품안전처장이 정하여 고시한다.

④ 식품의약품안전처장은 유전자변형수산물인지를 판정하기 위하여 필요한 경우 시료의 검정기관을 지정하여 고시하여야 한다.

2 거짓표시 등의 금지 등

(1) 거짓표시 등의 금지(법 제57조)

유전자변형수산물의 표시를 하여야 하는 자(유전자변형수산물 표시의무자)는 다음의 행위를 하여서는 아니 된다.

① 유전자변형수산물의 표시를 거짓으로 하거나 이를 혼동하게 할 우려가 있는 표시를 하는 행위

② 유전자변형수산물의 표시를 혼동하게 할 목적으로 그 표시를 손상·변경하는 행위

③ 유전자변형수산물의 표시를 한 수산물에 다른 수산물을 혼합하여 판매하거나 혼합하여 판매할 목적으로 보관 또는 진열하는 행위

(2) 유전자변형수산물 표시의 조사(법 제58조)

① 식품의약품안전처장은 제56조(유전자변형수산물의 표시) 및 제57조(거짓표시 등의 금지)에 따른 유전자변형수산물의 표시 여부, 표시사항 및 표시방법 등의 적정성과 그 위반 여부를 확인하기 위하여 대통령령으로 정하는 바에 따라 관계 공무원에게 유전자변형표시 대상 수산물을 수거하거나 조사하게 하여야 한다. 다만, 수산물의 유통량이 현저하게 증가하는 시기 등 필요할 때에는 수시로 수거하거나 조사하게 할 수 있다.

② ①에 따른 수거 또는 조사에 관하여는 제13조 제2항 및 제3항을 준용한다.

③ ①에 따라 수거 또는 조사를 하는 관계 공무원에 관하여는 제13조 제4항을 준용한다.

> **유전자변형수산물의 표시 등의 조사(시행령 제21조)**
>
> ① 법 제58조 제1항 본문에 따른 유전자변형표시 대상 수산물의 수거·조사는 업종·규모·거래품목 및 거래형태 등을 고려하여 식품의약품안전처장이 정하는 기준에 해당하는 영업소에 대하여 매년 1회 실시한다.
>
> ② ①에 따른 수거·조사의 방법 등에 관하여 필요한 사항은 총리령으로 정한다.
>
> **유전자변형수산물의 표시에 대한 정기적인 수거·조사의 방법 등(유전자변형농수산물의 표시 및 농수산물의 안전성조사 등에 관한 규칙 제4조)**
>
> 「농수산물 품질관리법 시행령」에 따른 정기적인 수거·조사는 지방식품의약품안전청장이 유전자변형수산물에 대하여 대상 업소, 수거·조사의 방법·시기·기간 및 대상품목 등을 포함하는 정기 수거·조사계획을 매년 세우고, 이에 따라 실시한다.

(3) 유전자변형수산물의 표시 위반에 대한 처분(법 제59조)

① 식품의약품안전처장은 제56조(유전자변형수산물의 표시) 또는 제57조(거짓표시 등의 금지)를 위반한 자에 대하여 다음의 어느 하나에 해당하는 처분을 할 수 있다.

㉠ 유전자변형수산물 표시의 이행·변경·삭제 등 시정명령

㉡ 유전자변형 표시를 위반한 수산물의 판매 등 거래행위의 금지

② 식품의약품안전처장은 제57조(거짓표시 등의 금지)를 위반한 자에게 ①에 따른 처분을 한 경우에는 처분을 받은 자에게 해당 처분을 받았다는 사실을 공표할 것을 명할 수 있다.

③ 식품의약품안전처장은 유전자변형수산물 표시의무자가 제57조(거짓표시 등의 금지)를 위반하여 ①에 따른 처분이 확정된 경우 처분내용, 해당 영업소와 수산물의 명칭 등 처분과 관련된 사항을 대통령령으로 정하는 바에 따라 인터넷 홈페이지에 공표하여야 한다.

④ 공표명령의 기준·방법 등(시행령 제22조)

㉠ 공표명령의 대상자는 법 제59조 제1항에 따라 처분을 받은 자 중 다음의 어느 하나의 경우에 해당하는 자로 한다.

- 표시위반물량 : 수산물의 경우에는 10톤 이상인 경우
- 표시위반물량의 판매가격 환산금액 : 수산물인 경우에는 5억원 이상인 경우
- 적발일을 기준으로 최근 1년 동안 처분을 받은 횟수가 2회 이상인 경우

㉡ 공표명령을 받은 자는 지체 없이 다음의 사항이 포함된 공표문을 「신문 등의 진흥에 관한 법률」에 따라 등록한 전국을 보급지역으로 하는 1개 이상의 일반일간신문에 게재하여야 한다.

- "「농수산물 품질관리법」 위반사실의 공표"라는 내용의 표제
- 영업의 종류
- 영업소의 명칭 및 주소
- 수산물의 명칭
- 위반내용
- 처분권자, 처분일 및 처분내용

㉢ 식품의약품안전처장은 지체 없이 다음의 사항을 식품의약품안전처의 인터넷 홈페이지에 게시하여야 한다.

- "「농수산물 품질관리법」 위반사실의 공표"라는 내용의 표제
- 영업의 종류
- 영업소의 명칭 및 주소
- 수산물의 명칭
- 위반내용
- 처분권자, 처분일 및 처분내용

㉣ 식품의약품안전처장은 공표를 명하려는 경우에는 위반행위의 내용 및 정도, 위반기간 및 횟수, 위반행위로 인하여 발생한 피해의 범위 및 결과 등을 고려하여야 한다. 이 경우 공표명령을 내리기 전에 해당 대상자에게 소명자료를 제출하거나 의견을 진술할 수 있는 기회를 주어야 한다.

㉤ 식품의약품안전처장은 공표를 하기 전에 해당 대상자에게 소명자료를 제출하거나 의견을 진술할 수 있는 기회를 주어야 한다.

04 농수산물의 안전성조사 등

1 안전성조사

(1) 안전관리계획(법 제60조)

① 식품의약품안전처장은 수산물의 품질 향상과 안전한 수산물의 생산・공급을 위한 안전관리계획을 매년 수립・시행하여야 한다.

② 시・도지사 및 시장・군수・구청장은 관할 지역에서 생산・유통되는 수산물의 안전성을 확보하기 위한 세부추진계획을 수립・시행하여야 한다.

③ 안전관리계획 및 세부추진계획에는 안전성조사, 위험평가 및 잔류조사, 농어업인에 대한 교육, 그 밖에 총리령으로 정하는 사항을 포함하여야 한다.

> **안전관리계획 등(유전자변형농수산물의 표시 및 농수산물의 안전성조사 등에 관한 규칙 제5조)**
> "총리령으로 정하는 사항"이란 다음을 말한다.
> ① 소비자 교육・홍보・교류 등
> ② 안전성 확보를 위한 조사・연구
> ③ 그 밖에 식품의약품안전처장이 수산물의 안전성 확보를 위하여 필요하다고 인정하는 사항

④ 식품의약품안전처장은 시・도지사 및 시장・군수・구청장에게 ②에 따른 세부추진계획 및 그 시행결과를 제출하게 할 수 있다.

(2) 안전성조사(법 제61조)

① 식품의약품안전처장이나 시・도지사는 수산물의 안전관리를 위하여 수산물 또는 수산물의 생산에 이용・사용하는 농지・어장・용수(用水)・자재 등에 대하여 다음의 조사(안전성조사)를 하여야 한다.

㉠ 생산단계 : 총리령으로 정하는 안전기준의 적합 여부

㉡ 저장단계 및 출하되어 거래되기 이전 단계 : 「식품위생법」 등 관계 법령에 따른 잔류허용기준 등의 초과 여부

> **생산단계의 안전기준(유전자변형농수산물의 표시 및 농수산물의 안전성조사 등에 관한 규칙 제6조)**
> 식품의약품안전처장은 수산물의 안전성 확보를 위하여 국내외 연구 자료나 위험평가 결과 등을 고려하여 생산단계의 수산물과 수산물의 생산에 이용・사용하는 농지・어장・용수・자재 등(수산물 등)에 대한 유해물질의 안전기준을 정하여 고시한다.

② 식품의약품안전처장은 생산단계 안전기준을 정할 때에는 관계 중앙행정기관의 장과 협의하여야 한다.

③ 안전성조사의 대상품목 선정, 대상지역 및 절차 등에 필요한 세부적인 사항은 총리령으로 정한다.

안전성조사의 대상품목(유전자변형농수산물의 표시 및 농수산물의 안전성조사 등에 관한 규칙 제7조)

① 안전성조사의 대상품목은 생산량과 소비량 등을 고려하여 법 제60조에 따라 수립·시행하는 안전관리계획으로 정한다.

② 대상품목의 구체적인 사항은 식품의약품안전처장이 정한다.

안전성조사의 대상지역 등(유전자변형농수산물의 표시 및 농수산물의 안전성조사 등에 관한 규칙 제8조)

① 안전성조사의 대상지역은 수산물의 생산장소, 저장장소, 도매시장, 집하장, 위판장 및 공판장 등으로 하되, 유해물질의 오염이 우려되는 장소에 대하여 우선적으로 안전성조사를 하여야 한다.

② 수산물 안전성조사의 대상은 단계별 특성에 따라 다음과 같이 한다.

1. 생산단계 조사 : 다음에 해당하는 것을 대상으로 할 것
   가. 저장 과정을 거치지 아니하고 출하하는 수산물
   나. 수산물의 생산에 이용·사용하는 어장·용수·자재 등
2. 저장단계 조사 : 저장과정을 거치는 수산물 중 생산자가 저장하는 수산물을 대상으로 할 것
3. 출하되어 거래되기 전 단계 조사 : 수산물의 도매시장, 집하장, 위판장 또는 공판장 등에 출하되어 거래되기 전 단계에 있는 수산물을 대상으로 할 것

③ 안전성조사는 ②에 따른 각 조사의 단계별로 시료(試料)를 수거하여 조사하는 방법으로 한다.

④ ①~③까지에서 규정한 사항 외에 안전성조사에 필요한 사항은 식품의약품안전처장이 정하여 고시한다.

안전성조사의 절차 등(유전자변형농수산물의 표시 및 농수산물의 안전성조사 등에 관한 규칙 제9조)

① 안전성조사의 대상 유해물질은 식품의약품안전처장이 매년 안전관리계획으로 정한다. 다만, 국립수산과학원장, 국립수산물품질관리원장 또는 특별시장·광역시장·특별자치시장·도지사·특별자치도지사(시·도지사)는 재배면적, 부적합률 등을 고려하여 안전성조사의 대상 유해물질을 식품의약품안전처장과 협의하여 조정할 수 있다.

② 안전성조사를 위한 시료수거는 수산물 등의 생산량과 소비량 등을 고려하여 대상품목을 우선 선정한다.

③ 국립농산물품질관리원장, 국립수산물품질관리원장 또는 시·도지사는 법 제62조제1항에 따라 시료수거를 하는 경우 시료 수거 내역서를 발급해야 한다.

④ 시료의 분석방법은 「식품위생법」 등 관계 법령에서 정한 분석방법을 준용한다. 다만, 분석능률의 향상을 위하여 국립수산과학원장 또는 국립수산물품질관리원장이 정하는 분석방법을 사용할 수 있다.

⑤ ①~④까지의 규정에 따른 안전성조사의 세부사항은 식품의약품안전처장이 정하여 고시한다.

(3) 출입·수거·조사 등(법 제62조)

식품의약품안전처장이나 시·도지사는 안전성조사, 위험평가 또는 잔류조사를 위하여 필요하면 관계 공무원에게 농수산물 생산시설(생산·저장소, 생산에 이용·사용되는 자재창고, 사무소, 판매소, 그 밖에 이와 유사한 장소를 말한다)에 출입하여 다음의 시료수거 및 조사 등을 하게 할 수 있다. 이 경우 무상으로 시료수거를 하게 할 수 있다.

① 수산물과 수산물의 생산에 이용·사용되는 토양·용수·자재 등의 시료수거 및 조사

② 해당 수산물을 생산, 저장, 운반 또는 판매(농산물만 해당한다)하는 자의 관계 장부나 서류의 열람

(4) 안전성조사 결과에 따른 조치(법 제63조)

① 식품의약품안전처장이나 시・도지사는 생산과정에 있는 수산물 또는 수산물의 생산을 위하여 이용・사용하는 농지・어장・용수・자재 등에 대하여 안전성조사를 한 결과 생산단계 안전기준을 위반하였거나 유해물질에 오염되어 인체의 건강을 해칠 우려가 있는 경우에는 해당 수산물을 생산한 자 또는 소유한 자에게 다음의 조치를 하게 할 수 있다.

㉠ 해당 수산물의 폐기, 용도전환, 출하연기 등의 처리

㉡ 해당 수산물을 생산에 이용・사용한 농지・어장・용수・자재 등의 개량 또는 이용・사용의 금지

㉢ 해당 양식장의 수산물에 대한 일시적 출하정지 등의 처리

㉣ 그 밖에 총리령으로 정하는 조치

② 식품의약품안전처장이나 시・도지사는 ①의 ㉠에 해당하여 폐기 조치를 이행하여야 하는 생산자 또는 소유자가 그 조치를 이행하지 아니하는 경우에는 「행정대집행법」에 따라 대집행을 하고 그 비용을 생산자 또는 소유자로부터 징수할 수 있다.

③ ①에도 불구하고 식품의약품안전처장이나 시・도지사가 「광산피해의 방지 및 복구에 관한 법률」 제2조 제1호에 따른 광산피해로 인하여 불가항력적으로 ①의 생산단계 안전기준을 위반하게 된 것으로 인정하는 경우에는 시・도지사 또는 시장・군수・구청장이 해당 농수산물을 수매하여 폐기할 수 있다.

④ 식품의약품안전처장이나 시・도지사는 저장 중이거나 출하되어 거래되기 전의 수산물에 대하여 안전성조사를 한 결과 「식품위생법」 등에 따른 유해물질의 잔류허용기준 등을 위반한 사실이 확인될 경우 해당 행정기관에 그 사실을 알려 적절한 조치를 할 수 있도록 하여야 한다.

안전성조사 결과에 대한 조치(유전자변형농수산물의 표시 및 농수산물의 안전성조사 등에 관한 규칙 제10조)

① 국립수산물품질관리원장 또는 시・도지사는 안전성조사 결과 생산단계 안전기준에 위반된 경우에는 해당 수산물을 생산한 자 또는 소유한 자에게 다음의 조치를 하도록 그 처리방법 및 처리기한을 정하여 알려 주어야 한다.

1. 해당 수산물(생산자가 저장하고 있는 수산물을 포함)의 유해물질이 시간이 지남에 따라 분해・소실되어 일정 기간이 지난 후에 식용으로 사용하는 데 문제가 없다고 판단되는 경우 : 해당 유해물질이 「식품위생법」 등에 따른 잔류허용기준 이하로 감소하는 기간까지 출하 연기
2. 해당 수산물의 유해물질의 분해・소실 기간이 길어 국내에 식용으로 출하할 수 없으나, 사료・공업용 원료 및 수출용 등 다른 용도로 사용할 수 있다고 판단되는 경우 : 다른 용도로 전환
3. 제1호 또는 제2호에 따른 방법으로 처리할 수 없는 수산물의 경우 : 일정한 기간을 정하여 폐기

② 국립수산물품질관리원장 또는 시・도지사는 안전성조사 결과 생산단계 안전기준에 위반된 경우에는 해당 수산물을 생산하거나 해당 수산물 생산에 이용・사용되는 농지・어장・용수・자재 등을 소유한 자에게 다음의 조치를 하도록 그 처리방법 및 처리기한을 정하여 알려 주어야 한다.

1. 객토(客土), 정화(淨化) 등의 방법으로 유해물질 제거가 가능하다고 판단되는 경우 : 해당 수산물 생산에 이용・사용되는 농지・어장・용수・자재 등의 개량

2. 유해물질이 시간이 지남에 따라 분해·소실되어 일정 기간이 지난 후에 이용·사용하는 데에 문제가 없다고 판단되는 경우 : 해당 유해물질이 잔류허용기준 이하로 감소하는 기간까지 수산물의 생산에 해당 농지·어장·용수·자재 등의 이용·사용중지
3. 제1호 또는 제2호에 따른 방법으로 조치할 수 없는 경우 : 수산물의 생산에 해당 농지·어장·용수·자재 등의 이용·사용금지

(5) 안전성검사기관의 지정 등(법 제64조)

① 식품의약품안전처장은 안전성조사 업무의 일부와 시험분석 업무를 전문적·효율적으로 수행하기 위하여 안전성검사기관을 지정하고 안전성조사와 시험분석 업무를 대행하게 할 수 있다.

② 안전성검사기관으로 지정받으려는 자는 안전성조사와 시험분석에 필요한 시설과 인력을 갖추어 식품의약품안전처장에게 신청하여야 한다. 다만, 안전성검사기관 지정이 취소된 후 2년이 지나지 아니하면 안전성검사기관 지정을 신청할 수 없다.

③ 지정을 받은 안전성검사기관은 지정받은 사항 중 업무 범위의 변경 등 총리령으로 정하는 중요한 사항을 변경하고자 하는 때에는 미리 식품의약품안전처장의 승인을 받아야 한다. 다만, 총리령으로 정하는 경미한 사항을 변경할 때에는 변경사항 발생일부터 1개월 이내에 식품의약품안전처장에게 신고하여야 한다.

안전성검사기관의 지정사항 변경 등(유전자변형농수산물의 표시 및 농수산물의 안전성조사 등에 관한 규칙 제11조의2)

① 법 제64조 제3항 본문에서 "업무 범위의 변경 등 총리령으로 정하는 중요한 사항"이란 다음의 사항을 말한다.
  1. 기관명 또는 실험실 소재지
  2. 업무 범위
  3. 검사 분야 또는 유해물질 항목

② 법 제64조 제3항 본문에 따라 ①의 어느 하나에 해당하는 사항에 관하여 변경승인을 받으려는 자는 안전성검사기관 지정사항 변경승인 신청서에 변경내용을 증명할 수 있는 서류를 첨부하여 국립수산물품질관리원장에게 제출해야 한다. 이 경우 변경승인 신청을 받은 국립수산물품질관리원장은 서류 검토 또는 현장조사를 하여 신청내용이 제11조 제6항에 따른 지정기준에 적합한 경우에는 안전성검사기관 지정서에 변경된 내용을 적어 신청인에게 다시 내주어야 한다.

③ 법 제64조 제3항 단서에서 "총리령으로 정하는 경미한 사항"이란 다음의 사항을 말한다.
  1. 대표자(법인만 해당한다) 또는 대표자 성명
  2. 분석실의 면적, 주요장비, 분석기구 또는 검사원 현황

④ 법 제64조 제3항 단서에 따라 ③의 어느 하나에 해당하는 사항에 관하여 변경신고를 하려는 자는 안전성검사기관 지정사항 변경신고서에 변경내용을 증명할 수 있는 서류를 첨부하여 국립수산물품질관리원장에게 제출해야 한다. 이 경우 변경신고를 받은 국립수산물품질관리원장은 안전성검사기관 지정서에 변경된 내용을 적어 신청인에게 다시 내주어야 한다.

④ 안전성검사기관 지정의 유효기간은 지정받은 날부터 3년으로 한다. 다만, 식품의약품안전처장은 1년을 초과하지 아니하는 범위에서 한 차례만 유효기간을 연장할 수 있다.

⑤ ④의 단서에 따라 지정의 유효기간을 연장받으려는 자는 총리령으로 정하는 바에 따라 식품의약품안전처장에게 연장 신청을 하여야 한다.

> **안전성검사기관의 지정 유효기간 연장(유전자변형농수산물의 표시 및 농수산물의 안전성조사 등에 관한 규칙 제11조의3)**
> ① 법 제64조 제5항에 따라 안전성검사기관 지정의 유효기간을 연장받으려는 자는 안전성검사기관 유효기간 연장신청서(전자문서로 된 신청서를 포함한다)에 연장 사유를 증명하는 서류를 첨부하여 지정의 유효기간이 끝나기 90일 전부터 45일 전까지 국립수산물품질관리원장에게 제출해야 한다.
> ② 연장 신청을 받은 국립농산물품질관리원장 또는 국립수산물품질관리원장은 그 유효기간을 연장하기로 결정한 경우에는 안전성검사기관 지정서에 그 내용을 적어 신청인에게 다시 내주어야 한다.
> ③ 국립농산물품질관리원장 또는 국립수산물품질관리원장은 시험·검사기관 지정의 유효기간이 끝나기 90일 전까지 안전성검사기관으로 지정받은 자에게 휴대폰 문자전송, 전자우편, 팩스, 전화 또는 문서 등의 방법으로 유효기간 연장 신청기간 및 연장 절차를 알려야 한다.

⑥ ④ 및 ⑤에 따른 지정의 유효기간이 만료된 후에도 계속하여 해당 업무를 하려는 자는 유효기간이 만료되기 전까지 다시 ①에 따른 지정을 받아야 한다.

> **안전성검사기관의 재지정(유전자변형농수산물의 표시 및 농수산물의 안전성조사 등에 관한 규칙 제11조의4)**
> ① 법 제64조 제6항에 따라 안전성검사기관으로 다시 지정받으려는 자는 안전성검사기관 지정의 유효기간이 끝나기 90일 전부터 45일 전까지 안전성검사기관 재지정신청서에 규칙 제11조 제1항의 서류(변경된 사항이 있는 경우에만 제출한다)를 첨부하여 국립수산물품질관리원장에게 제출해야 한다.
> ② 재지정 신청에 대한 재지정기준 심사, 재지정 사실 등의 공표 및 사전 통지 등에 관하여는 규칙 제11조 제2항부터 제6항까지 및 규칙 제11조의3 제3항을 준용한다. 이 경우 "지정" 및 "연장"은 각각 "재지정"으로 본다.

⑦ 안전성검사기관의 지정기준·절차, 업무 범위, ③에 따른 변경의 절차 및 ⑥에 따른 재지정기준·절차 등에 필요한 사항은 총리령으로 정한다.

⑧ 안전성검사기관의 지정기준 등(유전자변형농수산물의 표시 및 농수산물의 안전성조사 등에 관한 규칙 제11조)

㉠ 안전성검사기관으로 지정받으려는 자는 안전성검사기관 지정신청서에 다음의 서류를 첨부하여 국립수산물품질관리원장에게 제출하여야 한다.

- 정관(법인인 경우만 해당한다)
- 안전성조사 및 시험분석 업무의 범위 및 유해물질의 항목 등을 적은 사업계획서
- 안전성검사기관의 지정기준을 갖추었음을 증명할 수 있는 서류
- 안전성조사 및 시험분석의 절차 및 방법 등을 적은 업무 규정

㉡ 신청서를 제출받은 국립수산물품질관리원장은 「전자정부법」에 따른 행정정보의 공동이용을 통하여 법인 등기사항증명서(법인인 경우만 해당한다)를 확인하여야 한다.

㉢ 국립수산물품질관리원장은 안전성검사기관의 지정신청을 받은 경우에는 안전성검사기관의 지정기준에 적합한지를 심사하고, 심사결과 적합한 경우에는 안전성검사기관으로 지정하고 그 지정 사실 및 안전성검사기관이 수행하는 업무의 범위 등을 관보 또는 인터넷 홈페이지를 통하여 알려야 한다.

㉣ 국립수산물품질관리원장은 안전성검사기관을 지정하였을 때에는 안전성검사기관 지정서를 발급하여야 한다.

㉤ 안전성검사기관 지정의 세부절차 및 운영 등에 필요한 사항은 식품의약품안전처장이 정하여 고시한다.

㉥ 안전성검사기관의 지정기준은 [별표 2]와 같다.

안전성검사기관의 지정기준(유전자변형농수산물의 표시 및 농수산물의 안전성조사 등에 관한 규칙 제11조 제6항 관련 [별표 2])

1. 분석실의 면적
   가. 분석실 면적은 안전성조사 및 시험분석 업무 수행에 지장이 없어야 한다.
   나. 분석실은 전처리실, 일반실험실, 기기분석실 등이 구분되어 오염을 방지할 수 있어야 한다.
2. 분석기구의 기준
   지정을 신청한 안전성조사와 시험분석의 검사 분야 및 유해물질 항목에 따라 다음 각 목의 기준 및 규격 등에서 정하는 요건에 맞는 분석기구를 갖추어야 한다.
   가. 「식품위생법」에 따른 식품에 관한 기준 및 규격
   나. 「비료관리법 시행령」에 따른 비료의 품질 검사방법 및 시료 채취기준
   다. 「환경분야 시험・검사 등에 관한 법률」에 따른 수질오염물질 분야에 대한 환경오염공정시험기준
   라. 「환경분야 시험・검사 등에 관한 법률」에 따른 토양오염물질 분야에 대한 환경오염공정시험기준
   마. 「환경분야 시험・검사 등에 관한 법률」에 따른 잔류성오염물질 분야에 대한 환경오염공정시험기준
   바. 「해양환경관리법」에 따른 해양환경공정시험기준
   사. 그 밖에 식품의약품안전처장, 국립농산물품질관리원장, 국립수산과학원장 또는 국립수산물품질관리원장이 정하는 분석방법
3. 검사원의 기준
   가. 검사원은 다음의 어느 하나에 해당하는 사람으로서 식품의약품안전처에서 실시하는 안전성조사요령 등 교육을 받아 검사업무를 원활히 수행할 수 있어야 한다.
      1) 「고등교육법」의 전문대학에서 분석과 관련이 있는 학과를 이수하여 졸업한 사람 또는 이와 같은 수준 이상의 자격이 있는 사람
      2) 식품기술사, 식품기사, 식품산업기사, 농화학기술사, 농화학기사, 위생사, 토양환경기사, 수산양식기사, 수질환경산업기사 또는 분석과 관련된 이와 같은 수준 이상의 자격을 갖춘 사람
      3) 1) 및 2) 외의 사람으로서 해당 안전성검사 분야에서 2년 이상 종사한 경험이 있는 사람
   나. 검사원의 수
      1) 가목의 자격기준에 적합한 사람 6명 이상으로 한다. 다만, 유해물질 분석업무 분야만 지정받은 경우는 4명 이상으로 할 수 있다.
      2) 검사원 중 이화학분야 1명과 미생물분야 1명(미생물분야 신청 시)은 반드시 포함되어야 하며, 이화학분야 1명과 미생물분야 1명은 대학 졸업자의 경우 2년 이상, 전문대학 졸업자의 경우 4년 이상 연구・검사・검정과 관련된 검사기관의 해당분야 시험・검사분야의 검사업무 경력이 있어야 한다.

4. 업무규정
업무규정에는 다음 사항이 포함되어야 한다.
가. 안전성조사 또는 시험분석 절차 및 방법
나. 안전성조사 또는 시험분석 사후관리
다. 검사원 준수사항 및 검사원의 자체관리·감독 요령
라. 검사원 자체교육
마. 그 밖에 식품의약품안전처장이 검사업무 수행에 필요하다고 인정하여 고시하는 사항

(6) 안전성검사기관의 지정취소 등(법 제65조)

① 식품의약품안전처장은 안전성검사기관이 다음의 어느 하나에 해당하면 지정을 취소하거나 6개월 이내의 기간을 정하여 업무의 정지를 명할 수 있다. 다만, ㉠ 및 ㉡에 해당하는 경우에는 지정을 취소하여야 한다.
㉠ 거짓이나 그 밖의 부정한 방법으로 지정을 받은 경우
㉡ 업무의 정지명령을 위반하여 계속 안전성조사 및 시험분석 업무를 한 경우
㉢ 검사성적서를 거짓으로 내준 경우
㉣ 그 밖에 총리령으로 정하는 안전성검사에 관한 규정을 위반한 경우

② 안전성검사기관의 지정취소 등의 처분기준(유전자변형농수산물의 표시 및 농수산물의 안전성조사 등에 관한 규칙 제12조)
㉠ 안전성검사기관의 지정취소 및 업무정지에 관한 처분기준은 [별표 3]과 같다.

안전성검사기관의 지정취소 및 업무정지에 관한 처분기준(유전자변형농수산물의 표시 및 농수산물의 안전성조사 등에 관한 규칙 제12조 제1항 및 제13조 관련 [별표 3])

1. 일반기준
가. 위반행위가 둘 이상인 경우에는 그 중 무거운 처분기준을 적용하고, 둘 이상의 처분기준이 동일한 업무정지인 경우에는 무거운 처분기준의 2분의 1까지 가중할 수 있다. 이 경우 각 처분기준을 합산한 기간을 초과할 수 없다.
나. 동일한 사항으로 최근 3년간 4회 위반한 경우에는 지정을 취소한다.
다. 위반행위의 횟수에 따른 행정처분의 기준은 최근 3년간 같은 위반행위로 행정처분을 받은 경우에 적용한다. 이 경우 기간의 계산은 위반행위에 대하여 행정처분을 받은 날과 그 처분 후 다시 같은 위반행위를 하여 적발된 날을 기준으로 한다.
라. 다.에 따라 가중된 부과처분을 하는 경우 가중처분의 적용 차수는 그 위반행위 전 부과처분 차수(다.에 따른 기간 내에 부과처분이 둘 이상 있었던 경우에는 높은 차수를 말한다)의 다음 차수로 한다.
마. 위반행위의 내용·정도가 경미하거나 검사 결과에 중대한 영향을 미치지 않거나 단순 착오로 판단되는 경우 그 처분이 검사업무정지일 때에는 2분의 1 이하의 범위에서 경감할 수 있고, 지정 취소일 때에는 6개월의 검사업무정지 처분으로 경감할 수 있다.

2. 개별기준

위반내용	위반횟수별 처분기준		
	1차 위반	2차 위반	3차 위반
가. 거짓이나 그 밖의 부정한 방법으로 지정을 받은 경우	지정취소	-	-

위반내용	위반횟수별 처분기준		
	1차 위반	2차 위반	3차 위반
나. 업무의 정지명령을 위반하여 계속 안전성조사 및 시험분석 업무를 한 경우	지정취소	-	-
다. 검사성적서를 거짓으로 내준 경우(고의 또는 중과실이 있는 경우만 해당한다)			
1) 검사 관련 기록을 위조·변조하여 검사성적서를 발급하는 행위	지정취소	-	-
2) 검사하지 않고 검사성적서를 발급하는 행위			
3) 의뢰받은 검사시료가 아닌 다른 검사시료의 검사결과를 인용하여 검사성적서를 발급하는 행위			
4) 의뢰된 검사시료의 결과 판정을 실제 검사결과와 다르게 판정하는 행위			
라. 검사업무의 범위 및 방법에 관한 사항			
1) 지정받은 검사업무 범위를 벗어나 검사한 경우	검사업무 정지 1개월	검사업무 정지 3개월	검사업무 정지 6개월
2) 관련 규정에서 정한 분석방법 외에 다른 방법으로 검사한 경우			
3) 공시험(空試驗) 및 검출된 성분에 확인실험이 필요함에도 불구하고 하지 않은 경우			
4) 유효기간이 지난 표준물질 등 적정하지 않은 표준물질을 사용한 경우			
마. 검사기관 지정기준 등			
1) 시설·장비·인력기준 중 어느 하나가 지정기준에 미달한 경우	검사업무 정지 3개월	검사업무 정지 6개월	지정취소
2) 검사능력(숙련도) 평가 결과 미흡으로 평가 된 경우	검사업무 정지 3개월	검사업무 정지 6개월	지정취소
3) 시설·장비·인력기준 중 둘 이상이 지정기준에 미달한 경우	검사업무 정지 6개월	지정취소	-
바. 검사 관련 기록 관리			
1) 검사결과 확인을 위한 검사절차·방법, 판정 등의 기록을 하지 않았거나 보관하지 않은 경우	검사업무 정지 15일	검사업무 정지 1개월	검사업무 정지 3개월
2) 시험·검사일, 검사자 등 단순 사항을 적지 않은 경우	시정명령	검사업무 정지 7일	검사업무 정지 15일
사. 검사기간 등			
1) 검사기관 지정 등 신고 및 보고사항을 준수하지 않은 경우	시정명령	검사업무 정지 7일	검사업무 정지 15일
2) 검사기간을 준수하지 않은 경우			
3) 검사 관련 의무교육을 이수하지 않은 경우			
아. 검사성적서 발급 등			
1) 검사대상 성분의 표준물질분석을 누락한 경우	검사업무 정지 1개월	검사업무 정지 3개월	검사업무 정지 6개월
2) 시료 보관기간을 위반한 경우			
3) 검사과정에서 시료가 바뀌어 검사성적서가 발급된 경우			
4) 의뢰받은 검사항목을 누락하거나 다른 검사항목을 적용하여 검사성적서를 발급한 경우			
5) 경미한 실수로 검사시료의 결과 판정을 실제 검사결과와 다르게 판정하는 행위			

㉡ 국립수산물품질관리원장은 안전성검사기관의 지정을 취소하거나 업무정지처분을 한 경우에는 지체 없이 그 사실을 고시한다.

(7) 수산물 안전에 관한 교육 등(법 제66조)

① 식품의약품안전처장이나 시・도지사 또는 시장・군수・구청장은 안전한 수산물의 생산과 건전한 소비활동에 필요한 사항을 생산자, 유통종사자, 소비자 및 관계 공무원 등에게 교육・홍보하여야 한다.

② 식품의약품안전처장은 생산자・유통종사자・소비자에 대한 교육・홍보를 단체・기관 및 시민단체(안전한 수산물의 생산과 건전한 소비활동과 관련된 시민단체로 한정한다)에 위탁할 수 있다. 이 경우 교육・홍보에 필요한 경비를 예산의 범위에서 지원할 수 있다.

(8) 분석방법 등 기술의 연구개발 및 보급(법 제67조)

식품의약품안전처장이나 시・도지사는 수산물의 안전관리를 향상시키고 국내외에서 수산물에 함유된 것으로 알려진 유해물질의 신속한 안전성조사를 위하여 안전성 분석방법 등 기술의 연구개발과 보급에 관한 시책을 강구하여야 한다.

(9) 농수산물의 위험평가 등(법 제68조)

① 식품의약품안전처장은 농수산물의 효율적인 안전관리를 위하여 다음 각 호의 식품안전 관련 기관에 농수산물 또는 농수산물의 생산에 이용・사용하는 농지・어장・용수・자재 등에 잔류하는 유해물질에 의한 위험을 평가하여 줄 것을 요청할 수 있다.

㉠ 농촌진흥청

㉡ 산림청

㉢ 국립수산과학원

㉣ 「과학기술분야 정부출연연구기관 등의 설립・운영 및 육성에 관한 법률」에 따른 한국식품연구원

㉤ 「한국보건산업진흥원법」에 따른 한국보건산업진흥원

㉥ 대학의 연구기관

㉦ 그 밖에 식품의약품안전처장이 필요하다고 인정하는 연구기관

② 식품의약품안전처장은 ①에 따른 위험평가의 요청 사실과 평가 결과를 공표하여야 한다.

③ 식품의약품안전처장은 농수산물의 과학적인 안전관리를 위하여 농수산물에 잔류하는 유해물질의 실태를 조사(잔류조사)할 수 있다.

④ ②에 따른 위험평가의 요청과 결과의 공표에 관한 사항은 대통령령으로 정하고, 잔류조사의 방법 및 절차 등 잔류조사에 관한 세부사항은 총리령으로 정한다.

위험평가의 대상 및 방법(유전자변형농수산물의 표시 및 농수산물의 안전성조사 등에 관한 규칙 제14조)

① 시행령 제23조 제2항에 따른 농수산물 등의 위험평가의 대상 및 방법은 다음과 같다.

1. 위험평가의 대상
   가. 국제식품규격위원회 등 국제기구 또는 외국의 정부가 인체의 건강을 해칠 우려가 있다고 인정하여 판매 또는 판매 목적의 처리·가공·포장·사용·수입·보관·운반·진열 등을 금지하거나 제한한 농수산물
   나. 국내외의 연구·검사기관이 수행한 농수산물의 안전성 등에 관한 연구·조사에서 인체의 건강을 해칠 우려가 있는 성분이 검출된 경우, 그 성분이 검출될 우려가 있다고 판단되는 농수산물
   다. 새로운 원료·성분 또는 기술을 사용하여 처리·가공되거나 안전성에 대한 기준 및 규격이 정해지지 아니하여 인체의 건강을 해칠 우려가 있는 농수산물
   라. 그 밖에 인체의 건강을 해칠 우려가 있다고 식품의약품안전처장이 인정하는 농수산물
   마. 농수산물의 생산에 이용·사용하는 농지, 어장, 용수, 자재 등
2. 평가대상인 위해요소
   가. 농약, 중금속, 항생물질, 방사능 등 화학적 요인
   나. 농수산물의 형태 및 이물(異物) 등 물리적 요인
   다. 병원성 미생물, 곰팡이 독소 등 생물학적 요인
3. 위험평가 방법 : 다음의 과정을 거칠 것. 다만, 식품의약품안전처장이 따로 정하는 경우에는 그에 따른다.
   가. 위해요소의 인체독성을 확인하는 위험성 확인과정
   나. 위해요소의 인체 노출 허용량을 산출하는 위험성 결정과정
   다. 위해요소가 인체에 노출된 양을 산출하는 노출평가과정
   라. 가.부터 다.까지의 규정에 따른 과정의 결과를 종합하여 건강에 미치는 영향을 판단하는 위해도 결정과정

② 법 제68조 제1항 제7호에서 "식품의약품안전처장이 필요하다고 인정하는 연구기관"이란 다음의 기관을 말한다.

1. 식품의약품안전평가원
2. 특별시·광역시·도·특별자치도(시·도) 보건환경연구원
3. 한국농어촌공사
4. 시·도 농업기술원
5. 법 제64조에 따라 국립수산물품질관리원장이 지정한 안전성검사기관
6. 그 밖에 수산자원연구소, 어업연구기술사업소 등 시·도지사가 설치한 수산물 안전과 관련된 기관

③ 위험평가의 방법, 절차 및 결과 보고 등에 관한 세부사항은 식품의약품안전처장이 정하여 고시한다.

잔류조사의 방법 및 절차 등(유전자변형농수산물의 표시 및 농수산물의 안전성조사 등에 관한 규칙 제15조)

① 법 제68조 제3항에 따른 유해물질 실태조사(잔류조사) 대상 유해물질은 식품의약품안전처장이 매년 안전관리계획으로 정한다.

② 잔류조사는 ①에 따른 유해물질별로 잔류조사의 신뢰도를 높일 수 있는 수준으로 하되, 품목별 생산량, 식이 섭취량, 오염 정도 등 객관성을 확보할 수 있는 지표나 통계자료 등을 활용한다.

③ 잔류조사의 시료 수거는 농수산물의 생산량 등을 고려하여 무작위로 한다.

④ 유해물질의 분석방법은 「식품위생법」 등 관계 법령에서 정한 분석방법을 준용한다. 다만, 분석의 효율성을 높이기 위하여 필요한 경우에는 식품의약품안전처장이 정하는 분석방법을 사용할 수 있다.

⑤ 식품의약품안전처장은 잔류조사의 효율적·전문적 수행을 위해 필요하다고 인정하는 경우 시료 수거와 분석 업무를 관계 전문기관에 의뢰하여 실시할 수 있다.
⑥ ①부터 ⑤까지의 규정에 따른 잔류조사의 세부사항은 식품의약품안전처장이 정하여 고시한다.

05 지정해역의 지정 및 생산·가공시설의 등록·관리

1 지정해역의 지정 및 생산·가공시설의 등록

(1) 위생관리기준(법 제69조)

① 해양수산부장관은 외국과의 협약을 이행하거나 외국의 일정한 위생관리기준을 지키도록 하기 위하여 수출을 목적으로 하는 수산물의 생산·가공시설 및 수산물을 생산하는 해역의 위생관리기준을 정하여 고시한다.
② 해양수산부장관은 국내에서 생산되어 소비되는 수산물의 품질 향상과 안전성 확보를 위하여 수산물의 생산·가공시설(「식품위생법」 또는 「식품산업진흥법」에 따라 허가받거나 신고 또는 등록하여야 하는 시설은 제외한다) 및 수산물을 생산하는 해역의 위생관리기준을 정하여 고시한다.
③ 해양수산부장관, 시·도지사 및 시장·군수·구청장은 수산물의 생산·가공시설을 운영하는 자 등에게 ②에 따른 위생관리기준의 준수를 권장할 수 있다.

(2) 위해요소중점관리기준(법 제70조)

① 해양수산부장관은 외국과의 협약에 규정되어 있거나 수출 상대국에서 정하여 요청하는 경우에는 수출을 목적으로 하는 수산물 및 수산가공품에 유해물질이 섞여 들어오거나 남아 있는 것 또는 수산물 및 수산가공품이 오염되는 것을 방지하기 위하여 생산·가공 등 각 단계를 중점적으로 관리하는 위해요소중점관리기준을 정하여 고시한다.
② 해양수산부장관은 국내에서 생산되는 수산물의 품질 향상과 안전한 생산·공급을 위하여 생산단계, 저장단계(생산자가 저장하는 경우만 해당) 및 출하되어 거래되기 이전 단계의 과정에서 유해물질이 섞여 들어오거나 남아 있는 것 또는 수산물이 오염되는 것을 방지하는 것을 목적으로 하는 위해요소중점관리기준을 정하여 고시한다.
③ 해양수산부장관은 제74조 제1항에 따라 등록한 생산·가공시설 등을 운영하는 자에게 ① 및 ②에 따른 위해요소중점관리기준을 준수하도록 할 수 있다.
④ 해양수산부장관은 ① 및 ②에 따른 위해요소중점관리기준을 이행하는 자에게 해양수산부령으로 정하는 바에 따라 그 이행 사실을 증명하는 서류를 발급할 수 있다.

> **위해요소중점관리기준 이행증명서의 발급(시행규칙 제85조)**
> 국립수산물품질관리원장은 위해요소중점관리기준을 이행하는 자가 법 제70조 제4항에 따라 위해요소중점관리기준의 이행 사실을 증명하는 서류의 발급을 신청하는 경우에는 위해요소중점관리기준 이행증명서를 발급한다. 이 경우 수산물 및 수산가공품을 수입하는 국가 또는 위해요소중점관리기준을 이행하는 자가 특별히 요구하는 서식이 있는 경우에는 그에 따라 발급할 수 있다.

⑤ 해양수산부장관은 위해요소중점관리기준이 효과적으로 준수되도록 하기 위하여 제74조 제1항에 따라 등록을 한 자(그 종업원 포함)와 등록을 하려는 자(그 종업원 포함)에게 위해요소중점관리기준의 이행에 필요한 기술·정보를 제공하거나 교육훈련을 실시할 수 있다.

(3) 지정해역의 지정(법 제71조)

① 해양수산부장관은 위생관리기준에 맞는 해역을 지정해역으로 지정하여 고시할 수 있다.
② 지정해역의 지정절차 등에 필요한 사항은 해양수산부령으로 정한다.

> **지정해역의 지정 등(시행규칙 제86조)**
> ① 해양수산부장관이 지정해역으로 지정할 수 있는 경우
>   1. 지정해역 지정을 위한 위생조사·점검계획을 수립한 후 해역에 대하여 조사·점검을 한 결과 해양수산부장관이 정하여 고시한 해역의 위생관리기준(이하 "지정해역위생관리기준")에 적합하다고 인정하는 경우
>   2. 시·도지사가 요청한 해역이 지정해역위생관리기준에 적합하다고 인정하는 경우
> ② 시·도지사는 ①의 제2호에 따라 지정해역을 지정받으려는 경우에는 다음의 서류를 갖추어 해양수산부장관에게 요청해야 한다.
>   1. 지정받으려는 해역 및 그 부근의 도면
>   2. 지정받으려는 해역의 위생조사 결과서 및 지정해역 지정의 타당성에 대한 국립수산과학원장의 의견서
>   3. 지정받으려는 해역의 오염 방지 및 수질 보존을 위한 지정해역 위생관리계획서
> ③ 시·도지사는 국립수산과학원장에게 ②의 제2호에 따른 의견서를 요청할 때에는 해당 해역의 수산자원과 폐기물처리시설·분뇨시설·축산폐수·농업폐수·생활폐기물 및 그 밖의 오염원에 대한 조사자료를 제출해야 한다.
> ④ 해양수산부장관은 ①에 따라 지정해역을 지정하는 경우 다음의 구분에 따라 지정할 수 있으며, 이를 지정한 경우에는 그 사실을 고시해야 한다.
>   1. 잠정지정해역 : 1년 이상의 기간 동안 매월 1회 이상 위생에 관한 조사를 하여 그 결과가 지정해역위생관리기준에 부합하는 경우
>   2. 일반지정해역 : 2년 6개월 이상의 기간 동안 매월 1회 이상 위생에 관한 조사를 하여 그 결과가 지정해역위생관리기준에 부합하는 경우

(4) 지정해역 위생관리종합대책(법 제72조)

① 해양수산부장관은 지정해역의 보존·관리를 위한 지정해역 위생관리종합대책(종합대책)을 수립·시행하여야 한다.

② 종합대책에는 다음의 사항이 포함되어야 한다.

㉠ 지정해역의 보존 및 관리(오염 방지에 관한 사항을 포함)에 관한 기본방향

㉡ 지정해역의 보존 및 관리를 위한 구체적인 추진 대책

㉢ 그 밖에 해양수산부장관이 지정해역의 보존 및 관리에 필요하다고 인정하는 사항

③ 해양수산부장관은 종합대책을 수립하기 위하여 필요하면 다음의 자(관계 기관의 장)의 의견을 들을 수 있다. 이 경우 해양수산부장관은 관계 기관의 장에게 필요한 자료의 제출을 요청할 수 있다.

㉠ 해양수산부 소속 기관의 장

㉡ 지정해역을 관할하는 지방자치단체의 장

㉢ 「수산업협동조합법」에 따른 조합 및 중앙회의 장

④ 해양수산부장관은 종합대책이 수립되면 관계 기관의 장에게 통보하여야 한다.

⑤ 해양수산부장관은 ④에 따라 통보한 종합대책을 시행하기 위하여 필요하다고 인정하면 관계 기관의 장에게 필요한 조치를 요청할 수 있다. 이 경우 관계 기관의 장은 특별한 사유가 없으면 그 요청에 따라야 한다.

(5) 지정해역 및 주변해역에서의 제한 또는 금지(법 제73조)

① 누구든지 지정해역 및 지정해역으로부터 1km 이내에 있는 해역(주변해역)에서 다음의 어느 하나에 해당하는 행위를 하여서는 아니 된다.

㉠ 「해양환경관리법」에 따른 오염물질을 배출하는 행위

㉡ 「양식산업발전법」에 따른 어류 등 양식업을 하기 위하여 설치한 양식어장의 시설에서 「해양환경관리법」에 따른 오염물질을 배출하는 행위

㉢ 양식업을 하기 위하여 설치한 양식시설에서 「가축분뇨의 관리 및 이용에 관한 법률」에 따른 가축(개와 고양이를 포함)을 사육(가축을 내버려두는 경우를 포함)하는 행위

② 해양수산부장관은 지정해역에서 생산되는 수산물의 오염을 방지하기 위하여 양식업의 양식업권자가 지정해역 및 주변해역 안의 해당 양식시설에서 「약사법」에 따른 동물용 의약품을 사용하는 행위를 제한하거나 금지할 수 있다. 다만, 지정해역 및 주변해역에서 수산물의 질병 또는 전염병이 발생한 경우로서 「수산생물질병 관리법」에 따른 수산질병관리사나 「수의사법」에 따른 수의사의 진료에 따라 동물용 의약품을 사용하는 경우에는 예외로 한다.

③ 해양수산부장관은 동물용 의약품을 사용하는 행위를 제한하거나 금지하려면 지정해역에서 생산되는 수산물의 출하가 집중적으로 이루어지는 시기를 고려하여 3개월을 넘지 아니하는 범위에서 그 기간을 지정해역(주변해역을 포함)별로 정하여 고시하여야 한다.

(6) 생산 · 가공시설 등의 등록 등(법 제74조)

① 위생관리기준에 맞는 수산물의 생산 · 가공시설과 위해요소중점관리기준을 이행하는 시설(이하 "생산 · 가공시설 등")을 운영하는 자는 생산 · 가공시설 등을 해양수산부장관에게 등록할 수 있다.

② 등록을 한 자(이하 "생산 · 가공업자 등")는 그 생산 · 가공시설 등에서 생산 · 가공 · 출하하는 수산물 · 수산물가공품이나 그 포장에 위생관리기준에 맞는다는 사실 또는 위해요소중점관리기준을 이행한다는 사실을 표시하거나 그 사실을 광고할 수 있다.

③ 생산 · 가공업자 등은 대통령령으로 정하는 사항을 변경하려면 해양수산부장관에게 신고하여야 한다.

> **수산물 생산 · 가공시설 등의 변경신고 사항 등(시행령 제24조)**
> 법 제74조 제3항에서 "대통령령으로 정하는 사항"은 다음과 같다.
> 1. 위생관리기준에 맞는 수산물의 생산 · 가공시설과 위해요소중점관리기준을 이행하는 시설(이하 "생산 · 가공시설 등")의 명칭 및 소재지
> 2. 생산 · 가공시설 등의 대표자 성명 및 주소
> 3. 생산 · 가공품의 종류

④ ③에 따른 신고가 신고서의 기재사항 및 첨부서류에 흠이 없고, 법령 등에 규정된 형식상의 요건을 충족하는 경우에는 신고서가 접수기관에 도달된 때에 신고의무가 이행된 것으로 본다.

⑤ 생산 · 가공시설 등의 등록절차, 등록방법, 변경신고절차 등에 필요한 사항은 해양수산부령으로 정한다.

> **수산물의 생산 · 가공시설 등의 등록신청 등(시행규칙 제88조)**
> ① 수산물의 생산 · 가공시설을 등록하려는 자는 생산 · 가공시설 등록신청서에 다음의 서류를 첨부하여 국립수산물품질관리원장에게 제출해야 한다. 다만, 양식시설의 경우에는 제7호의 서류만 제출한다.
> 1. 생산 · 가공시설의 구조 및 설비에 관한 도면
> 2. 생산 · 가공시설에서 생산 · 가공되는 제품의 제조공정도
> 3. 생산 · 가공시설의 용수배관 배치도
> 4. 위해요소중점관리기준의 이행계획서(외국과의 협약에 규정되어 있거나 수출상대국에서 정하여 요청하는 경우만 해당한다)
> 5. 다음의 구분에 따른 생산 · 가공용수에 대한 수질검사성적서(생산 · 가공시설 중 선박 또는 보관시설은 제외한다)
>   가. 유럽연합에 등록하게 되는 생산 · 가공시설 : 수산물 생산 · 가공시설의 위생관리기준(시설위생관리기준)의 수질검사항목이 포함된 수질검사성적서
>   나. 그 밖의 생산 · 가공시설 : 「먹는물수질기준 및 검사 등에 관한 규칙」에 따른 수질검사성적서
> 6. 선박의 시설배치도(유럽연합에 등록하게 되는 생산 · 가공시설 중 선박만 해당한다)
> 7. 어업의 면허 · 허가 · 신고, 수산물가공업의 등록 · 신고, 「식품위생법」에 따른 영업의 허가 · 신고, 공판장 · 도매시장 등의 개설 허가 등에 관한 증명서류(면허 · 허가 · 등록 · 신고의 대상이 아닌 생산 · 가공시설은 제외한다)
>
> ② 위해요소중점관리기준을 이행하는 시설을 등록하려는 자는 위해요소중점관리기준 이행시설 등록신청서에 다음의 서류를 첨부하여 국립수산물품질관리원장에게 제출해야 한다.

1. 위해요소중점관리기준 이행시설의 구조 및 설비에 관한 도면
2. 위해요소중점관리기준 이행시설에서 생산·가공되는 수산물·수산가공품의 생산·가공 공정도
3. 위해요소중점관리기준 이행계획서
4. 어업의 면허·허가·신고, 수산물가공업의 등록·신고, 「식품위생법」에 따른 영업의 허가·신고, 공판장·도매시장 등의 개설허가 등에 관한 증명서류(면허·허가·등록·신고의 대상이 아닌 위해요소중점관리기준 이행시설은 제외한다)

③ 등록신청을 받은 국립수산물품질관리원장은 다음의 사항을 조사·점검한 후 이에 적합하다고 인정하는 경우에는 생산·가공시설에 대해서는 수산물의 생산·가공시설 등록증을 신청인에게 발급하고, 위해요소중점관리기준 이행시설에 대해서는 위해요소중점관리기준 이행시설 등록증을 발급한다.
1. 생산·가공시설 : 해양수산부장관이 정하여 고시한 시설위생관리기준에 적합할 것. 다만, 패류양식시설은 제86조 제4항 각 호의 어느 하나에 해당하는 지정해역에 있어야 한다.
2. 위해요소중점관리기준 이행시설 : 해양수산부장관이 정하여 고시한 위해요소중점관리기준에 적합할 것

④ 국립수산물품질관리원장은 ③에 따라 조사·점검을 하는 경우에는 수산물검사관이 조사·점검하게 하여야 한다. 다만, 선박이 해외수역 또는 공해(公海) 등에 위치하는 등 부득이한 경우에는 국립수산물품질관리원장이 지정하는 자가 조사·점검하게 할 수 있다.

⑤ 등록사항의 변경신고를 하려는 경우에는 생산·가공시설 등록 변경신고서 또는 위해요소중점관리기준 이행시설 등록 변경신고서에 다음의 서류를 첨부하여 국립수산물품질관리원장에게 제출해야 한다.
1. 생산·가공시설 등록증 또는 위해요소중점관리기준 이행시설 등록증
2. 등록사항의 변경을 증명할 수 있는 서류

⑥ 국립수산물품질관리원장은 위생관리기준에 맞는 생산·가공시설이나 위해요소중점관리기준을 이행하는 시설을 등록한 경우에는 그 사실을 해양수산부장관에게 보고해야 한다. 이 경우 위생관리기준에 맞는 생산·가공시설이나 위해요소중점관리기준을 이행하는 시설을 등록한 경우에는 그 사실을 시·도지사에게도 알려야 한다.

2 지정해역의 지정 및 생산·가공시설의 관리

(1) 지정해역의 관리 등(시행규칙 제87조)

① 국립수산과학원장은 지정된 지정해역에 대하여 매월 1회 이상 위생에 관한 조사를 하여야 한다.

② 국립수산과학원장은 위생조사를 한 결과 지정해역이 지정해역위생관리기준에 부합하지 아니하게 된 경우에는 지체 없이 그 사실을 해양수산부장관, 국립수산물품질관리원장 및 시·도지사에게 보고하거나 통지하여야 한다.

③ 보고·통지한 지정해역이 지정해역위생관리기준으로 회복된 경우에는 지체 없이 그 사실을 해양수산부장관, 국립수산물품질관리원장 및 시·도지사에게 보고하거나 통지하여야 한다.

(2) 위생관리에 관한 사항 등의 보고(법 제75조)

① 해양수산부장관은 생산·가공업자 등으로 하여금 생산·가공시설 등의 위생관리에 관한 사항을 보고하게 할 수 있다.

② 해양수산부장관은 권한을 위임받거나 위탁받은 기관의 장으로 하여금 지정해역의 위생조사에 관한 사항과 검사의 실시에 관한 사항을 보고하게 할 수 있다.

③ 보고의 절차 등에 필요한 사항은 해양수산부령으로 정한다.

> **위생관리에 관한 사항 등의 보고(시행규칙 제89조)**
> 국립수산물품질관리원장 또는 시·도지사(조사·점검기관의 장)는 다음의 사항을 생산·가공시설과 위해요소중점관리기준 이행시설(생산·가공시설 등)의 대표자로 하여금 보고하게 할 수 있다.
> 1. 수산물의 생산·가공시설 등에 대한 생산·원료입하·제조 및 가공 등에 관한 사항
> 2. 생산·가공시설 등의 중지·개선·보수명령 등의 이행에 관한 사항

(3) 조사·점검(법 제76조)

① 해양수산부장관은 지정해역으로 지정하기 위한 해역과 지정해역으로 지정된 해역이 위생관리기준에 맞는지를 조사·점검하여야 한다.

② 해양수산부장관은 생산·가공시설 등이 위생관리기준과 위해요소중점관리기준에 맞는지를 조사·점검하여야 한다. 이 경우 그 조사·점검의 주기는 대통령령으로 정한다.

> **조사·점검의 주기(시행령 제25조)**
> ① 생산·가공시설등에 대한 조사·점검주기는 2년에 1회 이상으로 한다.
> ② ①에도 불구하고 해양수산부장관은 다음의 어느 하나에 해당하는 경우에는 ①에 따른 조사·점검주기를 조정할 수 있다.
> 1. 외국과의 협약 내용 또는 수출 상대국의 요청에 따라 조사·점검주기의 단축이 필요한 경우
> 2. 감염병 확산, 천재지변, 그 밖의 불가피한 사유로 정상적인 조사·점검이 어려워 조사·점검주기의 연장이 필요한 경우
>
> **조사·점검(시행규칙 제90조)**
> ① 국립수산과학원장은 조사·점검결과를 종합하여 다음 연도 2월 말일까지 해양수산부장관에게 보고해야 한다.
> ② 조사·점검기관의 장은 생산·가공시설 등을 조사·점검하는 경우 다음의 기준에 따라야 한다.
> 1. 국립수산물품질관리원장은 수산물검사관이 조사·점검하게 할 것. 다만, 선박이 해외수역 또는 공해 등에 있는 등 부득이한 경우에는 국립수산물품질관리원장이 지정하는 자가 조사·점검하게 할 수 있다.
> 2. 시·도지사는 국립수산물품질관리원장 또는 국립수산과학원장이 실시하는 위해요소중점관리기준에 관한 교육을 1주 이상 이수한 관계 공무원이 조사·점검하게 할 것

③ 해양수산부장관은 생산·가공업자 등이 「부가가치세법」에 따라 관할 세무서장에게 휴업 또는 폐업 신고를 한 경우 ②에 따른 조사·점검 대상에서 제외한다. 이 경우 해양수산부장관은 관할 세무서장에게 생산·가공업자 등의 휴업 또는 폐업 여부에 관한 정보의 제공을 요청할 수 있으며, 요청을 받은 관할 세무서장은 「전자정부법」에 따라 생산·가공업자 등의 휴업 또는 폐업 여부에 관한 정보를 제공하여야 한다.

④ 해양수산부장관은 다음의 어느 하나에 해당하는 사항을 위하여 필요한 경우에는 관계 공무원에게 해당 영업장소, 사무소, 창고, 선박, 양식시설 등에 출입하여 관계 장부 또는 서류의 열람, 시설・장비 등에 대한 점검을 하거나 필요한 최소량의 시료를 수거하게 할 수 있다.
  ㉠ ① 및 ②에 따른 조사・점검
  ㉡ 오염물질의 배출, 가축의 사육행위 및 동물용 의약품의 사용 여부의 확인・조사
⑤ ④에 따른 열람・점검 또는 수거에 관하여는 제13조 제2항 및 제3항을 준용한다.
⑥ ④에 따라 열람・점검 또는 수거를 하는 관계 공무원에 관하여는 제13조 제4항을 준용한다.
⑦ 해양수산부장관은 생산・가공시설 등이 다음의 요건을 모두 갖춘 경우 생산・가공업자 등의 요청에 따라 해당 관계 행정기관의 장에게 공동으로 조사・점검할 것을 요청할 수 있다.
  ㉠ 「식품위생법」 및 「축산물위생관리법」 등 식품 관련 법령의 조사・점검 대상이 되는 경우
  ㉡ 유사한 목적으로 6개월 이내에 2회 이상 조사・점검의 대상이 되는 경우. 다만, 외국과의 협약사항 또는 시정조치의 이행 여부를 조사・점검하는 경우와 위법사항에 대한 신고・제보를 받거나 그에 대한 정보를 입수하여 조사・점검하는 경우는 제외한다.
⑧ ④부터 ⑥까지에서 규정된 사항 외에 ①과 ②에 따른 조사・점검의 절차와 방법 등에 필요한 사항은 해양수산부령으로 정하고, ⑦에 따른 공동 조사・점검의 요청방법 등에 필요한 사항은 대통령령으로 정한다.

(4) 지정해역에서의 생산제한 및 지정해제(법 제77조)

해양수산부장관은 지정해역이 위생관리기준에 맞지 아니하게 되면 대통령령으로 정하는 바에 따라 지정해역에서의 수산물 생산을 제한하거나 지정해역의 지정을 해제할 수 있다.

지정해역에서의 생산제한(시행령 제27조)

① 지정해역에서 수산물의 생산을 제한할 수 있는 경우는 다음과 같다.
  1. 선박의 좌초・충돌・침몰, 그 밖에 인근에 위치한 폐기물처리시설의 장애 등으로 인하여 해양오염이 발생한 경우
  2. 지정해역이 일시적으로 위생관리기준에 적합하지 아니하게 된 경우
  3. 강우량의 변화 등에 따른 영향으로 지정해역의 오염이 우려되어 해양수산부장관이 수산물의 생산제한이 필요하다고 인정하는 경우
② ①에 따른 지정해역에서의 수산물에 대한 생산제한의 절차・방법, 그 밖에 필요한 사항은 해양수산부령으로 정한다.

지정해역에서의 생산제한 및 생산제한 해제(시행규칙 제92조)

시・도지사는 지정해역이 시행령 제27조 제1항 각 호의 어느 하나에 해당하는 경우에는 즉시 지정해역에서의 생산을 제한하는 조치를 하여야 하며, 생산이 제한된 지정해역이 지정해역위생관리기준에 적합하게 된 경우에는 즉시 생산제한을 해제하여야 한다.

지정해역의 지정해제(시행령 제28조)

해양수산부장관은 법 제77조에 따라 지정해역에 대한 최근 2년 6개월 간의 조사・점검결과를 평가한 후 위생관리기준에 적합하지 아니하다고 인정되는 경우에는 지정해역의 전부 또는 일부를 해제하고, 그 내용을 고시하여야 한다.

(5) 생산 · 가공의 중지 등(법 제78조)

① 해양수산부장관은 생산 · 가공시설 등이나 생산 · 가공업자 등이 다음의 어느 하나에 해당하면 대통령령으로 정하는 바에 따라 생산 · 가공 · 출하 · 운반의 시정 · 제한 · 중지명령, 생산 · 가공시설 등의 개선 · 보수명령 또는 등록취소를 할 수 있다. 다만, ㉠에 해당하면 그 등록을 취소하여야 한다.

㉠ 거짓이나 그 밖의 부정한 방법으로 등록을 한 경우

㉡ 위생관리기준에 맞지 아니한 경우

㉢ 위해요소중점관리기준을 이행하지 아니하거나 불성실하게 이행하는 경우

㉣ 조사 · 점검 등을 거부 · 방해 또는 기피하는 경우

㉤ 생산 · 가공시설 등에서 생산된 수산물 및 수산가공품에서 유해물질이 검출된 경우

㉥ 생산 · 가공 · 출하 · 운반의 시정 · 제한 · 중지명령이나 생산 · 가공시설 등의 개선 · 보수명령을 받고 그 명령에 따르지 아니하는 경우

㉦ 생산 · 가공업자등이 「부가가치세법」에 따라 관할 세무서장에게 폐업 신고를 하거나 관할 세무서장이 사업자등록을 말소한 경우

② 해양수산부장관은 등록취소를 위하여 필요한 경우 관할 세무서장에게 생산 · 가공업자 등의 폐업 또는 사업자등록 말소 여부에 대한 정보 제공을 요청할 수 있다. 이 경우 요청을 받은 관할 세무서장은 「전자정부법」에 따라 생산 · 가공업자 등의 폐업 또는 사업자등록 말소 여부에 대한 정보를 제공하여야 한다.

생산 · 가공의 중지 · 개선 · 보수명령 등(시행규칙 제93조)

① 조사 · 점검기관의 장은 수산물의 생산 · 가공 · 출하 · 운반의 시정 · 제한 · 중지명령 또는 생산 · 가공시설 등의 개선 · 보수명령(중지 · 개선 · 보수명령 등)을 한 경우에는 그 준수 여부를 수시로 확인하여야 하며, 중지 · 개선 · 보수명령 등의 기간이 끝난 경우에는 시설위생관리기준에 적합한지를 조사 · 점검하여야 한다.

② 수산물의 생산 · 가공시설 등의 등록이 취소된 자는 발급받은 생산 · 가공시설 등의 등록증을 지체 없이 반납하여야 한다.

중지 · 개선 · 보수명령 등(시행령 제29조)

① 법 제78조에 따른 생산 · 가공 · 출하 · 운반의 시정 · 제한 · 중지명령, 생산 · 가공시설 등의 개선 · 보수명령(중지 · 개선 · 보수명령 등) 및 등록취소의 기준은 [별표 2]와 같다.

② ①에 따른 중지 · 개선 · 보수명령 등 및 등록취소에 관한 세부절차 및 방법 등에 관하여 필요한 사항은 해양수산부령으로 정한다.

중지 · 개선 · 보수명령 등 및 등록취소의 기준(시행령 제29조 제1항 관련 [별표 2])

1. 일반기준
   가. 위반행위가 둘 이상인 경우로서 그에 해당하는 각각의 처분기준이 다른 경우에는 그 중 무거운 처분기준을 적용한다.
   나. 위반행위가 둘 이상인 경우로서 각 위반행위에 대한 처분기준이 시정명령 또는 개선 · 보수명령인 경우에는 처분을 가중하여 생산 · 가공 · 출하 · 운반의 제한 · 중지명령을 할 수 있다.
   다. 위반행위의 횟수에 따른 처분의 기준은 처분일을 기준으로 최근 1년간 같은 위반행위로 처분을 받는 경우에 적용한다.

라. 위반사항의 내용으로 보아 그 위반의 정도가 경미하거나 그 밖의 특별한 사유가 있다고 인정되는 경우에는 그 처분을 경감할 수 있으며, 처분 전에 원인규명 등을 통하여 그 사유가 명확한 경우에 처분을 한다.

마. 등록한 생산·가공시설 등에서 생산된 물품에 대하여 외국에서 위반사항이 통보된 경우에는 조사·점검 등을 통하여 그 사유가 명백한 경우에 처분을 할 수 있다.

2. 개별기준

위반행위	행정처분 기준		
	1차 위반	2차 위반	3차 이상 위반
가. 위생관리기준에 맞지 않는 경우			
1) 위생관리기준에 중대하게 미달되어 수산물 및 수산가공품의 품질수준의 유지에 영향을 줄 우려가 있다고 인정되는 경우	생산·가공·출하·운반의 제한·중지 명령 또는 생산·가공시설 등의 개선·보수 명령	등록취소	–
2) 위생관리기준에 경미하게 미달되어 수산물 및 수산가공품의 품질수준의 유지에 영향을 줄 우려가 있다고 인정되는 경우	생산·가공·출하·운반의 시정 명령 또는 생산·가공시설 등의 개선·보수 명령	생산·가공·출하·운반의 제한·중지 명령	등록취소
나. 위해요소중점관리기준을 이행하지 않거나 불성실하게 이행하는 경우			
1) 이행하지 않는 경우	생산·가공·출하·운반의 제한·중지 명령	등록취소	–
2) 불성실하게 이행하는 경우	생산·가공·출하·운반의 시정 명령	생산·가공·출하·운반의 제한·중지 명령	등록취소
다. 위해요소중점관리기준을 이행하는 시설에서 생산된 수산물 및 수산가공품에서 다음의 구분에 따른 유해물질이 검출된 경우			
1) 시정이 가능한 유해물질이 발견된 경우	생산·가공·출하·운반의 시정 명령	생산·가공·출하·운반의 제한·중지 명령	등록취소
2) 시정이 불가능한 유해물질이 발견된 경우	생산·가공·출하·운반의 제한·중지 명령	등록취소	–
라. 위해요소중점관리기준을 이행하는 시설에서 생산된 수산물 및 수산가공품에서 다음의 구분에 따른 유해물질이 검출된 경우			
1) 시정이 가능한 유해물질이 발견된 경우	생산·가공·출하·운반의 시정 명령	생산·가공·출하·운반의 제한·중지 명령	등록취소
2) 시정이 불가능한 유해물질이 발견된 경우	생산·가공·출하·운반의 제한·중지 명령	등록취소	–

위반행위	행정처분 기준		
	1차 위반	2차 위반	3차 이상 위반
3) 「식품위생법」 제7조에 따라 고시된 식품의 기준 및 규격에 관한 사항 중 동물성 수산물 및 그 가공식품에서 검출되어서는 안 되는 물질로 규정되어 있는 항생물질이 검출된 경우	등록취소	–	–
마. 거짓이나 그 밖의 부정한 방법으로 등록을 한 경우	등록취소	–	–
바. 조사·점검 등을 거부·방해 또는 기피한 경우	생산·가공·출하·운반의 제한·중지 명령	등록취소	–
사. 생산·가공·출하·운반의 시정·제한·중지 명령이나 생산·가공시설등의 개선·보수명령을 받고 이에 불응하는 경우	등록취소	–	–
아. 생산·가공업자 등이 「부가가치세법」 제8조에 따라 관할 세무서장에게 폐업 신고를 하거나 관할 세무서장이 사업자등록을 말소한 경우	등록취소	–	–

06 수산물 등의 검사 및 검정

1 수산물 및 수산가공품의 검사

(1) 수산물 등에 대한 검사(법 제88조)

① 다음 중 어느 하나에 해당하는 수산물 및 수산가공품은 품질 및 규격이 맞는지와 유해물질이 섞여 들어오는지 등에 관하여 해양수산부장관의 검사를 받아야 한다.

㉠ 정부에서 수매·비축하는 수산물 및 수산가공품

㉡ 외국과의 협약이나 수출 상대국의 요청에 따라 검사가 필요한 경우로서 해양수산부장관이 정하여 고시하는 수산물 및 수산가공품

> **수산물 등에 대한 검사기준(시행규칙 제110조)**
> 법 제88조 제1항에 따른 수산물 및 수산가공품에 대한 검사기준은 국립수산물품질관리원장이 활어패류·건제품·냉동품·염장품 등의 제품별·품목별로 검사항목, 관능검사[사람의 오감(五感)에 의하여 평가하는 제품검사]의 기준 및 정밀검사의 기준을 정하여 고시한다.

② 해양수산부장관은 ① 외의 수산물 및 수산가공품에 대한 검사신청이 있는 경우 검사를 하여야 한다. 다만, 검사기준이 없는 경우 등 해양수산부령으로 정하는 경우에는 그러하지 아니한다.

③ ① 또는 ②에 따라 검사를 받은 수산물 또는 수산가공품의 포장·용기나 내용물을 바꾸려면 다시 해양수산부장관의 검사를 받아야 한다.

④ 해양수산부장관은 다음의 어느 하나에 해당하는 경우에는 검사의 일부를 생략할 수 있다.

㉠ 지정해역에서 위생관리기준에 맞게 생산·가공된 수산물 및 수산가공품

㉡ 제74조 제1항에 따라 등록한 생산·가공시설 등에서 위생관리기준 또는 위해요소중점관리기준에 맞게 생산·가공된 수산물 및 수산가공품

㉢ 다음의 어느 하나에 해당하는 어선으로 해외수역에서 포획하거나 채취하여 현지에서 직접 수출하는 수산물 및 수산가공품(외국과의 협약을 이행하여야 하거나 외국의 일정한 위생관리기준·위해요소중점관리기준을 준수하여야 하는 경우는 제외한다)

- 「원양산업발전법」에 따른 원양어업허가를 받은 어선
- 「수산식품산업의 육성 및 지원에 관한 법률」에 따라 수산물가공업(대통령령으로 정하는 업종에 한정한다)을 신고한 자가 직접 운영하는 어선

㉣ 검사의 일부를 생략하여도 검사목적을 달성할 수 있는 경우로서 대통령령으로 정하는 경우

수산물 등에 대한 검사의 일부 생략(시행령 제32조)

"대통령령으로 정하는 경우"란 다음과 같다.

1. 수산물 및 수산가공품을 수입하는 국가(수입자를 포함)에서 일정한 항목만을 검사하여 줄 것을 요청한 경우
2. 수산물 또는 수산가공품이 식용이 아닌 경우

수산물 등에 대한 검사의 일부 생략(시행규칙 제115조)

① 국립수산물품질관리원장은 법 제88조 제4항에 따라 다음의 어느 하나에 해당하는 경우에는 [별표 24]에 따른 검사 중 관능검사 및 정밀검사를 생략할 수 있다. 이 경우 수산물·수산가공품 (재)검사 신청서에 다음의 구분에 따른 서류를 첨부하여야 한다.

1. 법 제88조 제4항 제1호 및 제2호에 해당하는 수산물 및 수산가공품 : 다음의 사항을 적은 생산·가공일지
   가. 품 명
   나. 생산(가공)기간
   다. 생산량 및 재고량
   라. 품질관리자 및 포장재
2. 법 제88조 제4항 제3호에 따른 수산물·수산가공품 : 다음의 사항을 적은 선장의 확인서
   가. 어선명
   나. 어획기간
   다. 어장위치
   라. 어획물의 생산·가공 및 보관방법
3. 시행령 제32조 제2항 제2호에 따른 식용이 아닌 수산물·수산가공품 : 다음의 사항을 적은 생산·가공일지
   가. 품 명
   나. 생산(가공)기간
   다. 생산량 및 재고량

라. 품질관리자 및 포장재
마. 자체 품질관리 내용

② 국립수산물품질관리원장은 영 제32조 제2항 제1호에 따라 수산물 및 수산가공품을 수입하는 국가(수입자를 포함한다)에서 일정 항목만의 검사를 요청하는 서류 또는 검사 생략에 관한 서류를 제출하는 경우에는 [별표 24]에 따른 검사 중 요청한 검사항목에 대해서만 검사할 수 있다.

⑤ ①부터 ③까지의 규정에 따른 검사의 종류와 대상, 검사의 기준·절차 및 방법, ④에 따라 검사의 일부를 생략하는 경우 그 절차 및 방법 등은 해양수산부령으로 정한다.

수산물 등에 대한 검사신청(시행규칙 제111조)

① 수산물 및 수산가공품의 검사 또는 수산물 및 수산가공품의 재검사를 받으려는 자(이하 "검사신청인")는 수산물·수산가공품 (재)검사신청서에 다음의 구분에 따른 서류를 첨부하여 국립수산물품질관리원장 또는 지정받은 수산물검사기관(이하 "수산물 지정검사기관")의 장에게 제출하여야 한다.

1. 검사신청인 또는 수입국이 요청하는 기준·규격으로 검사를 받으려는 경우 : 그 기준·규격이 명시된 서류 또는 검사 생략에 관한 서류
2. 법 제88조 제4항 제1호 또는 제2호에 해당하는 경우 : 제115조 제1항 제1호에 따른 수산물·수산가공품의 생산·가공일지
3. 법 제88조 제4항 제3호에 해당하는 경우 : 제115조 제1항 제2호에 따른 선장의 확인서
4. 재검사인 경우 : 재검사 사유서

② 수산물 및 수산가공품에 대한 검사신청은 검사를 받으려는 날의 5일 전부터 미리 신청할 수 있으며, 미리 신청한 검사장소·검사희망일 등 주요사항이 변경되는 경우에는 즉시 그 내용을 문서로 신고하여야 한다. 이 경우 처리기간의 기산일(起算日)은 검사희망일부터 산정하며, 미리 신청한 검사희망일을 연기하여 그 지연된 기간은 검사 처리기간에 산입(算入)하지 아니한다.

수산물 등에 대한 검사시료 수거(시행규칙 제112조)

① 수산물 및 수산가공품의 검사를 위한 필요한 최소량의 시료(검사시료)의 수거량 및 수거방법은 국립수산물품질관리원장이 정하여 고시한다.

② 수산물검사관은 ①에 따라 검사시료를 수거하는 경우에는 검사시료 수거증을 해당 검사신청인에게 발급하여야 한다.

수산물 등에 대한 검사의 종류 및 방법(시행규칙 제113조)

① 수산물 및 수산가공품에 대한 검사의 종류 및 방법은 [별표 24]와 같다.

② 국립수산물품질관리원장 또는 수산물 지정검사기관의 장은 수산물 및 수산가공품의 검사과정에서 해당 수산물의 재선별·재처리 등을 하여 제110조에 따른 검사기준에 적합하게 될 수 있다고 인정하는 경우에는 검사신청인으로 하여금 재선별·재처리 등을 하게 한 후에 다시 검사를 받게 할 수 있다.

수산물 등에 대한 검사대장의 작성·보관(시행규칙 제114조)

국립수산물품질관리원장 또는 수산물 지정검사기관의 장은 검사에 관한 다음의 서류를 작성하여 갖춰 두거나 전산으로 작성·보관·관리하여야 한다.

1. 검사신청서 접수대장
2. 검사 집행 상황부
3. 검사증서 발급대장

수산물 및 수산가공품에 대한 검사의 종류 및 방법(시행규칙 제113조 제1항, 제115조 제1항 및 제2항 관련 [별표 24])

1. 서류검사
   가. "서류검사"란 검사신청 서류를 검토하여 그 적합 여부를 판정하는 검사로서 다음의 수산물·수산가공품을 그 대상으로 한다.
      1) 법 제88조 제4항 각 호에 따른 수산물 및 수산가공품
      2) 국립수산물품질관리원장이 필요하다고 인정하는 수산물 및 수산가공품
   나. 서류검사는 다음과 같이 한다.
      1) 검사신청 서류의 완비 여부 확인
      2) 지정해역에서 생산하였는지 확인(지정해역에서 생산되어야 하는 수산물 및 수산가공품만 해당한다)
      3) 생산·가공시설 등이 등록되어야 하는 경우에는 등록 여부 및 행정처분이 진행 중인지 여부 등
      4) 생산·가공시설 등에 대한 시설위생관리기준 및 위해요소중점관리기준에 적합한지 확인(등록시설만 해당한다)
      5) 「원양산업발전법」에 따른 원양어업의 허가 여부 또는 「식품산업진흥법」에 따른 수산물가공업의 신고 여부의 확인(법 제88조 제4항 제3호에 해당하는 수산물 및 수산가공품만 해당한다)
      6) 외국에서 검사의 일부를 생략해 줄 것을 요청하는 서류의 적정성 여부
2. 관능검사
   가. "관능검사"란 오관(五官)에 의하여 그 적합 여부를 판정하는 검사로서 다음의 수산물 및 수산가공품을 그 대상으로 한다.
      1) 법 제88조 제4항 제1호에 따른 수산물 및 수산가공품으로서 외국요구기준을 이행했는지를 확인하기 위하여 품질·포장재·표시사항 또는 규격 등의 확인이 필요한 수산물·수산가공품
      2) 검사신청인이 위생증명서를 요구하는 수산물·수산가공품(비식용수산·수산가공품은 제외한다)
      3) 정부에서 수매·비축하는 수산물·수산가공품
      4) 국내에서 소비하는 수산물·수산가공품
   나. 관능검사는 다음과 같이 한다.
      국립수산물품질관리원장이 전수검사가 필요하다고 정한 수산물 및 수산가공품 외에는 다음의 표본추출방법으로 한다.
      1) 무포장 제품(단위 중량이 일정하지 않은 것)

신청 로트(Lot)의 크기		관능검사 채점 지점(마리)
1톤 미만		2
1톤 이상	3톤 미만	3
3톤 이상	5톤 미만	4
5톤 이상	10톤 미만	5
10톤 이상	20톤 미만	6
20톤 이상		7

2) 포장 제품(단위 중량이 일정한 블록형의 무포장 제품을 포함한다)

신청 개수		추출 개수	채점 개수
4개 이하		1	1
5개 이상	50개 이하	3	1
51개 이상	100개 이하	5	2
101개 이상	200개 이하	7	2
201개 이상	300개 이하	9	3
301개 이상	400개 이하	11	3
401개 이상	500개 이하	13	4
501개 이상	700개 이하	15	5
701개 이상	1,000개 이하	17	5
1,001개 이상		20	6

3. 정밀검사

가. "정밀검사"란 물리적·화학적·미생물학적 방법으로 그 적합 여부를 판정하는 검사로서 다음의 수산물·수산가공품을 그 대상으로 한다.

1) 검사신청인 또는 외국요구기준에서 분석증명서를 요구하는 수산물 및 수산가공품
2) 관능검사결과 정밀검사가 필요하다고 인정되는 수산물 및 수산가공품
3) 외국요구기준에 따라 수출된 수산물 및 수산가공품에서 유해물질이 검출된 경우 그 수산물 및 수산가공품의 생산·가공시설에서 생산·가공되는 수산물

나. 정밀검사는 다음과 같이 한다.

외국요구기준에서 정한 검사방법이 있는 경우에는 그 방법으로 하고, 그 방법이 없을 때에는 「식품위생법」에 따른 식품 등의 공전(公典)에서 정한 검사방법으로 한다.

※ 비 고

1. 법 제88조 제4항 제1호 및 제2호에 따른 수산물·수산가공품 또는 수출용으로서 살아있는 수산물에 대한 위생(건강)증명서 또는 분석증명서를 발급받기 위한 검사신청이 있는 경우에는 검사신청인이 수거한 검사시료로 정밀검사를 할 수 있다. 이 경우 검사신청인은 수거한 검사시료와 수출하는 수산물이 동일함을 증명하는 서류를 함께 제출하여야 한다.
2. 국립수산물품질관리원장 또는 검사기관의 장은 검사신청인이 「식품위생법」에 따라 지정된 식품위생검사기관의 검사증명서 또는 검사성적서를 제출하는 경우에는 해당 수산물·수산가공품에 대한 정밀검사를 갈음하거나 그 검사항목을 조정하여 검사할 수 있다.

(2) 수산물검사기관의 지정 등(법 제89조)

① 해양수산부장관은 검사업무나 재검사업무를 수행할 수 있는 생산자단체 또는 「과학기술분야 정부출연연구기관 등의 설립·운영 및 육성에 관한 법률」에 따라 설립된 식품위생 관련 기관을 수산물검사기관으로 지정하여 검사 또는 재검사업무를 대행하게 할 수 있다.

② ①에 따른 수산물검사기관으로 지정받으려는 자는 검사에 필요한 시설과 인력을 갖추어 해양수산부장관에게 신청하여야 한다.

③ ①에 따른 수산물검사기관의 지정기준, 지정절차 및 검사업무의 범위 등에 필요한 사항은 해양수산부령으로 정한다.

수산물검사기관의 지정기준(시행규칙 제116조 관련 [별표 25])

1. 조직 및 인력
   가. 검사의 통일성을 유지하고 업무수행을 원활하게 하기 위하여 검사관리 부서를 두어야 한다.
   나. 검사대상 종류별로 3명 이상의 검사인력을 확보하여야 한다.
2. 시 설
   검사관이 근무할 수 있는 적정한 넓이의 사무실과 검사대상품의 분석, 기술훈련, 검사용 장비관리 등을 위하여 검사현장을 관할하는 사무소별로 10m^2 이상의 분석실이 설치되어야 한다.
3. 장 비
   검사에 필요한 기본 검사장비와 종류별 검사장비를 갖추어야 하며, 장비확보에 대한 세부기준은 국립수산물품질관리원장이 정하여 고시한다.
4. 검사업무 규정
   다음의 사항이 모두 포함된 검사업무 규정을 작성하여야 한다.
   가. 검사업무의 절차 및 방법
   나. 검사업무의 사후관리 방법
   다. 검사의 수수료 및 그 징수방법
   라. 검사원의 준수사항 및 자체관리·감독 요령
   마. 그 밖에 국립수산물품질관리원장이 검사업무의 수행에 필요하다고 인정하여 고시하는 사항

수산물검사기관의 지정절차 등(시행규칙 제117조)

① 법 제89조 제2항에 따라 수산물검사기관으로 지정받으려는 자는 수산물 지정검사기관 지정신청서에 다음의 서류를 첨부하여 국립수산물품질관리원장에게 제출해야 한다.
   1. 정관(법인인 경우만 해당한다)
   2. 검사업무의 범위 등을 적은 사업계획서
   3. 제116조에 따른 수산물검사기관의 지정기준을 갖추었음을 증명하는 서류

② ①에 따른 신청서를 제출받은 담당 공무원은 「전자정부법」에 따른 행정정보의 공동이용을 통하여 법인 등기사항증명서(법인인 경우만 해당한다)를 확인해야 한다.

③ 국립수산물품질관리원장은 ①에 따라 수산물검사기관의 지정을 신청한 자가 수산물검사기관의 지정기준에 적합하다고 인정하는 경우에는 수산물 지정검사기관으로 지정하여 지정신청인에게 통지해야 한다.

④ 국립수산물품질관리원장이 ③에 따라 수산물 지정검사기관을 지정한 경우에는 지정 사실 및 수산물 지정검사기관이 수행하는 업무의 범위를 고시해야 한다.

(3) 수산물검사기관의 지정취소 등(법 제90조)

① 해양수산부장관은 수산물검사기관이 다음의 어느 하나에 해당하면 그 지정을 취소하거나 6개월 이내의 기간을 정하여 검사업무의 전부 또는 일부의 정지를 명할 수 있다. 다만, ㉠ 또는 ㉡에 해당하면 그 지정을 취소하여야 한다.
   ㉠ 거짓이나 그 밖의 부정한 방법으로 지정받은 경우
   ㉡ 업무정지 기간 중에 검사업무를 한 경우
   ㉢ 제89조 제3항에 따른 지정기준에 미치지 못하게 된 경우
   ㉣ 검사를 거짓으로 하거나 성실하지 아니하게 한 경우
   ㉤ 정당한 사유 없이 지정된 검사를 하지 아니하는 경우

② ①에 따른 지정취소 등의 세부기준은 그 위반행위의 유형 및 위반 정도 등을 고려하여 해양수산부령으로 정한다.

수산물 지정검사기관의 지정취소 등의 처분기준(시행규칙 제118조)

① 수산물 지정검사기관의 지정취소 및 업무정지에 관한 처분기준은 [별표 26]과 같다.

② 국립수산물품질관리원장은 법 제90조 제2항에 따라 수산물 지정검사기관의 지정을 취소하거나 업무정지처분을 한 경우에는 지체 없이 그 사실을 고시해야 한다.

수산물 지정검사기관의 지정취소 및 업무정지에 관한 처분기준(시행규칙 제118조 제1항 관련 [별표 26])

1. 일반기준

가. 위반행위가 둘 이상인 경우에는 그 중 무거운 처분기준을 적용하며, 둘 이상의 처분기준이 동일한 업무정지인 경우에는 무거운 처분기준의 2분의 1까지 가중할 수 있다. 이 경우 각 처분기준을 합산한 기간을 초과할 수 없다.

나. 위반행위의 횟수에 따른 행정처분의 기준은 최근 2년간 같은 위반행위로 행정처분을 받은 경우에 적용한다. 이 경우 행정처분 기준의 적용은 같은 위반행위에 대하여 최초로 행정처분을 한 날을 기준으로 한다.

다. 위반사항의 내용으로 보아 그 위반 정도가 경미하거나 그 밖에 특별한 사유가 있다고 인정되는 경우 그 처분이 업무정지일 때에는 2분의 1 범위에서 경감할 수 있고, 지정취소일 때에는 6개월의 업무정지 처분으로 경감할 수 있다.

2. 개별기준

위반행위	위반횟수별 처분기준		
	1회	2회	3회 이상
가. 거짓이나 그 밖의 부정한 방법으로 지정받은 경우	지정취소	-	-
나. 업무정지 기간 중에 검사 업무를 한 경우	지정취소	-	-
다. 법 제89조 제3항에 따른 지정기준에 미치지 못하게 된 경우			
1) 시설·장비·인력이나 조직 중 어느 하나가 지정기준에 미치지 못한 경우	업무정지 1개월	업무정지 3개월	업무정지 6개월 또는 지정취소
2) 시설·장비·인력이나 조직 중 둘 이상이 지정기준에 미치지 못한 경우	업무정지 6개월 또는 지정취소	지정취소	-
라. 검사를 거짓으로 한 경우	업무정지 3개월	업무정지 6개월 또는 지정취소	지정취소
마. 검사를 성실하게 하지 않은 경우			
1) 검사품의 재조제가 필요한 경우	경 고	업무정지 3개월	업무정지 6개월 또는 지정취소
2) 검사품의 재조제가 필요하지 않은 경우	경 고	업무정지 1개월	업무정지 3개월 또는 지정취소
바. 정당한 사유 없이 지정된 검사를 하지 않은 경우	경 고	업무정지 1개월	업무정지 3개월 또는 지정취소

(4) 수산물검사관의 자격 등(법 제91조)

① 제88조에 따른 수산물검사업무나 제96조에 따른 재검사업무를 담당하는 사람(수산물검사관)은 다음의 어느 하나에 해당하는 사람으로서 대통령령으로 정하는 국가검역·검사기관의 장이 실시하는 전형시험에 합격한 사람으로 한다. 다만, 대통령령으로 정하는 수산물 검사 관련 자격 또는 학위를 갖고 있는 사람에 대하여는 대통령령으로 정하는 바에 따라 전형시험의 전부 또는 일부를 면제할 수 있다.

㉠ 국가검역·검사기관에서 수산물 검사 관련 업무에 6개월 이상 종사한 공무원

㉡ 수산물 검사 관련 업무에 1년 이상 종사한 사람

> **수산물검사관 전형시험의 면제(시행령 제33조)**
> 법 제91조 제1항 각 호 외의 부분 단서에 따라 다음의 어느 하나에 해당하는 사람은 수산물검사관 전형시험의 전부를 면제한다.
> 1. 국가기술자격법에 따른 수산양식기사·수산제조기사·수질환경산업기사 또는 식품산업기사 이상의 자격이 있는 사람
> 2. 고등교육법의 규정에 따른 대학 또는 해양수산부장관이 인정하는 외국의 대학에서 수산가공학·식품가공학·식품화학·미생물학·생명공학·환경공학 또는 이와 관련된 분야를 전공하고 졸업한 사람 또는 이와 동등 이상의 학력이 있는 사람

② 수산물검사관의 자격이 취소된 사람은 자격이 취소된 날부터 1년이 지나지 아니하면 ①에 따른 전형시험에 응시하거나 수산물검사관의 자격을 취득할 수 없다.

③ 국가검역·검사기관의 장은 수산물검사관의 검사기술과 자질을 향상시키기 위하여 교육을 실시할 수 있다.

> **수산물 검사관의 교육(시행령 제34조)**
> ① 국립수산물품질관리원장이 실시하는 교육은 다음과 같다.
> 1. 국내외 연구·검사기관에의 위탁 또는 파견 교육
> 2. 자체 교육
> 3. 지정된 수산물검사기관이 요청하는 검사관 교육
>
> ② ①에 따른 교육의 실시에 필요한 경비는 교육을 받는 수산물 검사관이 소속된 기관에서 부담한다.

④ 국가검역·검사기관의 장은 ①에 따른 전형시험의 출제 및 채점 등을 위하여 시험위원을 임명·위촉할 수 있다. 이 경우 시험위원에게는 예산의 범위에서 수당을 지급할 수 있다.

⑤ ①~③까지의 규정에 따른 수산물검사관의 전형시험의 구분·방법, 합격자의 결정, 수산물검사관의 교육 등에 필요한 세부사항은 해양수산부령으로 정한다.

수산물검사관의 임명 및 위촉(시행규칙 제119조)

국립수산물품질관리원장은 수산물검사관에게 검사관 고유번호를 부여하고 수산물검사관증을 발급한다.

수산물검사관 전형시험의 구분 및 방법(시행규칙 제120조)

① 수산물검사관의 전형시험은 필기시험과 실기시험으로 구분하여 실시한다.

② 필기시험은 수산가공학·식품위생학·분석이론 및 농수산물 품질관리법령 등에 관하여 진위형과 선택형으로 출제하여 실시하고, 실기시험은 선도(鮮度) 판정방법·분석기법 등에 대하여 실시한다.

③ 필기시험에 합격한 사람에 대해서는 다음 회의 시험에서만 필기시험을 면제한다.

④ ①~③까지의 규정에 따른 자격전형시험의 응시절차 및 출제 등에 관하여 필요한 세부사항은 국립수산물품질관리원장이 정한다.

합격자의 결정기준 등(시행규칙 제121조)

① 수산물검사관 전형시험의 합격자는 필기시험 및 실기시험 성적을 각각 100점 만점으로 하여 필기시험은 60점, 실기시험은 90점 이상인 사람으로 한다.

② 국립수산물품질관리원장은 수산물검사관의 검사기술 및 자질 향상을 위하여 연 1회 이상 교육을 할 수 있다.

(5) 수산물검사관의 자격취소 등(법 제92조)

① 국가검역·검사기관의 장은 수산물검사관에게 다음의 어느 하나에 해당하는 사유가 발생하면 그 자격을 취소하거나 6개월 이내의 기간을 정하여 자격의 정지를 명할 수 있다.

㉠ 거짓이나 그 밖의 부정한 방법으로 검사나 재검사를 한 경우

㉡ 이 법 또는 이 법에 따른 명령을 위반하여 현저히 부적격한 검사 또는 재검사를 하여 정부나 수산물검사기관의 공신력을 크게 떨어뜨린 경우

② ①에 따른 자격취소 및 정지에 필요한 세부사항은 해양수산부령으로 정한다.

수산물검사관의 자격취소 및 정지에 관한 세부기준(시행규칙 제122조 관련 [별표 27])

1. 일반기준

가. 위반행위가 둘 이상인 경우에는 그 중 무거운 처분기준을 적용하며, 둘 이상의 처분기준이 동일한 자격정지인 경우에는 무거운 처분기준의 2분의 1까지 가중할 수 있다. 이 경우 각 처분기준을 합산한 기간을 초과할 수 없다.

나. 위반행위의 횟수에 따른 행정처분의 기준은 최근 2년간 같은 위반행위로 행정처분을 받은 경우에 적용한다. 이 경우 행정처분 기준의 적용은 같은 위반행위에 대하여 최초로 행정처분을 한 날을 기준으로 한다.

다. 위반사항의 내용으로 보아 그 위반 정도가 경미하거나 그 밖에 특별한 사유가 있다고 인정되는 경우 그 처분이 자격정지일 때에는 2분의 1 범위에서 경감할 수 있고, 자격취소일 때에는 6개월의 자격정지 처분으로 경감할 수 있다.

2. 개별기준

<table>
<tr><th rowspan="2">위반행위</th><th colspan="3">위반횟수별 처분기준</th></tr>
<tr><th>1회</th><th>2회</th><th>3회</th></tr>
<tr><td>가. 거짓이나 그 밖의 부정한 방법으로 검사나 재검사를 한 경우</td><td rowspan="4">자격취소</td><td rowspan="4">-</td><td rowspan="4">-</td></tr>
<tr><td>1) 거짓 또는 부정한 방법으로 자격을 취득하여 검사나 재검사를 한 경우</td></tr>
<tr><td>2) 다른 사람에게 그 명의를 사용하게 하거나 다른 사람에게 그 자격증을 대여하여 검사나 재검사를 한 경우</td></tr>
<tr><td>3) 고의적인 위격검사를 한 경우</td></tr>
<tr><td>4) 위격검사가 “경고통보”에 해당하는 경우</td><td>자격정지 6개월</td><td>자격취소</td><td>-</td></tr>
<tr><td>5) 위격검사가 “주의통보”에 해당하는 경우</td><td>자격정지 3개월</td><td>자격정지 6개월</td><td>자격취소</td></tr>
<tr><td>나. 법 또는 법에 따른 명령을 위반하여 현저히 부적격한 검사 또는 재검사를 하여 정부나 수산물검사기관의 공신력을 크게 떨어뜨린 경우</td><td>자격취소</td><td>-</td><td>-</td></tr>
</table>

(6) 검사결과의 표시(법 제93조)

수산물검사관은 검사한 결과나 재검사한 결과 다음의 어느 하나에 해당하면 그 수산물 및 수산가공품에 검사결과를 표시하여야 한다. 다만, 살아 있는 수산물 등 성질상 표시를 할 수 없는 경우에는 그러하지 아니하다.

① 검사를 신청한 자(검사신청인)가 요청하는 경우

② 정부에서 수매・비축하는 수산물 및 수산가공품인 경우

③ 해양수산부장관이 검사결과를 표시할 필요가 있다고 인정하는 경우

④ 검사에 불합격된 수산물 및 수산가공품으로서 관계 기관에 폐기 또는 판매금지 등의 처분을 요청하여야 하는 경우

(7) 검사증명서의 발급(법 제94조)

해양수산부장관은 검사결과나 재검사결과 검사기준에 맞는 수산물 및 수산가공품과 제88조 제4항에 해당하는 수산물 및 수산가공품의 검사신청인에게 해양수산부령으로 정하는 바에 따라 그 사실을 증명하는 검사증명서를 발급할 수 있다.

(8) 폐기 또는 판매금지 등(법 제95조)

① 해양수산부장관은 검사나 재검사에서 부적합 판정을 받은 수산물 및 수산가공품의 검사신청인에게 그 사실을 알려주어야 한다.

② 해양수산부장관은 「식품위생법」에서 정하는 바에 따라 관할 특별자치도지사·시장·군수·구청장에게 ①에 따라 부적합 판정을 받은 수산물 및 수산가공품으로서 유해물질이 검출되어 인체에 해를 끼칠 수 있다고 인정되는 수산물 및 수산가공품에 대하여 폐기하거나 판매금지 등을 하도록 요청하여야 한다.

(9) 재검사(법 제96조)

① 제88조에 따라 검사한 결과에 불복하는 자는 그 결과를 통지받은 날부터 14일 이내에 해양수산부장관에게 재검사를 신청할 수 있다.

② ①에 따른 재검사는 다음의 어느 하나에 해당하는 경우에만 할 수 있다. 이 경우 수산물검사관의 부족 등 부득이한 경우 외에는 처음에 검사한 수산물검사관이 아닌 다른 수산물검사관이 검사하게 하여야 한다.

㉠ 수산물검사기관이 검사를 위한 시료채취나 검사방법이 잘못되었다는 것을 인정하는 경우

㉡ 전문기관(해양수산부장관이 정하여 고시한 식품위생 관련 전문기관을 말한다)이 검사하여 수산물검사기관의 검사결과와 다른 검사결과를 제출하는 경우

③ ①에 따른 재검사의 결과에 대하여는 같은 사유로 다시 재검사를 신청할 수 없다.

(10) 검사판정의 취소(법 제97조)

해양수산부장관은 제88조에 따른 검사나 제96조에 따른 재검사를 받은 수산물 또는 수산가공품이 다음의 어느 하나에 해당하면 검사판정을 취소할 수 있다. 다만, ①에 해당하면 검사판정을 취소하여야 한다.

① 거짓이나 그 밖의 부정한 방법으로 검사를 받은 사실이 확인된 경우

② 검사 또는 재검사결과의 표시 또는 검사증명서를 위조하거나 변조한 사실이 확인된 경우

③ 검사 또는 재검사를 받은 수산물 또는 수산가공품의 포장이나 내용물을 바꾼 사실이 확인된 경우

2 검 정

(1) 검정(법 제98조)

① 해양수산부장관은 수산물의 거래 및 수출·수입을 원활히 하기 위하여 다음의 검정을 실시할 수 있다.

㉠ 수산물의 품질·규격·성분·잔류물질 등

㉡ 수산물의 생산에 이용·사용하는 어장·용수·자재 등의 품위·성분 및 유해물질 등

② 해양수산부장관은 검정신청을 받은 때에는 검정인력이나 검정장비의 부족 등 검정을 실시하기 곤란한 사유가 없으면 검정을 실시하고 신청인에게 그 결과를 통보하여야 한다.

③ ①에 따른 검정의 항목·신청절차 및 방법 등 필요한 사항은 해양수산부령으로 정한다.

검정절차 등(시행규칙 제125조)

① 검정을 신청하려는 자는 국립수산물품질관리원장 또는 지정받은 검정기관(지정검정기관)의 장에게 검정신청서에 검정용 시료를 첨부하여 검정을 신청하여야 한다.

② 국립수산물품질관리원장 또는 지정검정기관의 장은 시료를 접수한 날부터 7일 이내에 검정을 하여야 한다. 다만, 7일 이내에 분석을 할 수 없다고 판단되는 경우에는 신청인과 협의하여 검정기간을 따로 정할 수 있다.

③ 국립수산물품질관리원장 또는 검정기관의 장은 원활한 검정업무의 수행을 위하여 필요하다고 판단되는 경우에는 신청인에게 최소한의 범위에서 시설, 장비 및 인력 등의 제공을 요청할 수 있다.

검정증명서의 발급(시행규칙 제126조)

국립수산물품질관리원장 또는 지정검정기관의 장은 검정한 경우에는 그 결과를 검정증명서에 따라 신청인에게 알려야 한다.

수산물의 검정항목(시행규칙 제127조 관련 [별표 30])

구 분	검정항목
일반성분 등	수분, 회분, 지방, 조섬유, 단백질, 염분, 산가, 전분, 토사(흙, 모래), 휘발성 염기질소, 수용성 추출물(단백질, 지질, 색소 등은 제외한다), 열탕 불용해 잔사물, 젤리강도(한천), 수소이온농도(pH), 당도, 히스타민, 트라이메틸아민, 아미노질소, 전질소(총질소), 비타민 A, 이산화황(SO_2), 붕산, 일산화탄소
식품첨가물	인공감미료
중금속	수은, 카드뮴, 구리, 납, 아연 등
방사능	방사능
세 균	대장균군, 생균수, 분변계대장균, 장염비브리오, 살모넬라, 리스테리아, 황색포도상구균
항생물질	옥시테트라사이클린, 옥솔린산
독 소	복어독소, 패류독소
바이러스	노로바이러스

검정방법(시행규칙 제128조)

법 제98조 제3항에 따른 품위, 성분 및 유해물질 등의 검정방법 등 세부사항은 국립수산물품질관리원장이 각각 정하여 고시한다.

검정결과에 따른 조치(시행규칙 제128조의2)

① 국립수산물품질관리원장은 검정을 실시한 결과 유해물질이 검출되어 인체에 해를 끼칠 수 있다고 인정되는 경우에는 해당 수산물의 생산자·소유자(생산자 등)에게 다음의 조치를 하도록 그 처리방법 및 처리기한을 정하여 알려 주어야 한다. 이 경우 조치 대상은 검정신청서에 기재된 재배지 면적 또는 물량에 해당하는 수산물에 한정한다.

1. 해당 유해물질이 시간이 지남에 따라 분해·소실되어 일정 기간이 지난 후에 식용으로 사용하는 데 문제가 없다고 판단되는 경우 : 해당 유해물질이 「식품위생법」 제7조 제1항의 식품 또는 식품첨가물에 관한 기준 및 규격에 따른 잔류허용기준 이하로 감소하는 기간 동안 출하 연기 또는 판매금지
2. 해당 유해물질의 분해·소실기간이 길어 국내에서 식용으로 사용할 수 없으나, 사료·공업용 원료 및 수출용 등 식용 외의 다른 용도로 사용할 수 있다고 판단되는 경우 : 국내 식용으로의 판매금지
3. 제1호 또는 제2호에 따른 방법으로 처리할 수 없는 경우 : 일정한 기한을 정하여 폐기

② 해당 생산자 등은 ①에 따른 조치를 이행한 후 그 결과를 국립수산물품질관리원장에게 통보하여야 한다.
③ 지정검정기관의 장은 검정을 실시한 수산물 중에서 유해물질이 검출되어 인체에 해를 끼칠 수 있다고 인정되는 것이 있는 경우에는 다음의 서류를 첨부하여 그 사실을 지체 없이 국립수산물품질관리원장에게 통보하여야 한다. 이 경우 그 통보 사실을 해당 생산자 등에게도 동시에 알려야 한다.
1. 검정신청서 사본 및 검정증명서 사본
2. 조치방법 등에 관한 지정검정기관의 의견

(2) 검정결과에 따른 조치(법 제98조의2)

① 해양수산부장관은 검정을 실시한 결과 유해물질이 검출되어 인체에 해를 끼칠 수 있다고 인정되는 수산물에 대하여 생산자 또는 소유자에게 폐기하거나 판매금지 등을 하도록 하여야 한다.
② 해양수산부장관은 생산자 또는 소유자가 ①의 명령을 이행하지 아니하거나 수산물의 위생에 위해가 발생한 경우 해양수산부령으로 정하는 바에 따라 검정결과를 공개하여야 한다.

검정결과의 공개(시행규칙 제128조의3)
국립수산물품질관리원장은 검정결과를 공개하여야 하는 사유가 발생한 경우에는 지체 없이 다음의 사항을 국립수산물품질관리원의 홈페이지(게시판 등 이용자가 쉽게 검색하여 볼 수 있는 곳이어야 한다)에 12개월간 공개하여야 한다.
① "폐기 또는 판매금지 등의 명령을 이행하지 아니한 수산물의 검정결과" 또는 "위생에 위해가 발생한 수산물의 검정결과"라는 내용의 표제
② 검정결과
③ 공개이유
④ 공개기간

(3) 검정기관의 지정 등(법 제99조)

① 해양수산부장관은 검정에 필요한 인력과 시설을 갖춘 기관(검정기관)을 지정하여 검정을 대행하게 할 수 있다.
② 검정기관으로 지정을 받으려는 자는 검정에 필요한 인력과 시설을 갖추어 해양수산부장관에게 신청하여야 한다. 검정기관으로 지정받은 후 해양수산부령으로 정하는 중요사항이 변경되었을 때에는 해양수산부령으로 정하는 바에 따라 변경신고를 하여야 한다.
③ 해양수산부장관은 변경신고를 받은 날부터 20일 이내에 신고수리 여부를 신고인에게 통지하여야 한다.
④ 해양수산부장관이 기간 내에 신고수리 여부 또는 민원 처리 관련 법령에 따른 처리기간의 연장을 신고인에게 통지하지 아니하면 그 기간(민원 처리 관련 법령에 따라 처리기간이 연장 또는 재연장된 경우에는 해당 처리기간을 말한다)이 끝난 날의 다음 날에 신고를 수리한 것으로 본다.

⑤ 검정기관 지정의 유효기간은 지정을 받은 날부터 4년으로 하고, 유효기간이 만료된 후에도 계속하여 검정 업무를 하려는 자는 유효기간이 끝나기 3개월 전까지 해양수산부장관에게 갱신을 신청하여야 한다.

⑥ 검정기관 지정이 취소된 후 1년이 지나지 아니하면 검정기관 지정을 신청할 수 없다.

⑦ 검정기관의 지정·갱신기준 및 절차와 업무 범위 등에 필요한 사항은 해양수산부령으로 정한다.

검정기관의 지정절차 등(시행규칙 제130조)

① 검정기관으로 지정받으려는 자는 검정기관 지정신청서에 다음의 서류를 첨부하여 국립수산물품질관리원장 또는 국립수산물품질관리원장에게 신청하여야 한다.
  1. 정관(법인인 경우만 해당한다)
  2. 검정업무의 범위 등을 적은 사업계획서 및 검정업무에 관한 규정
  3. 검정기관의 지정기준을 갖추었음을 증명할 수 있는 서류

② ①에 따라 검정기관 지정을 신청하는 자는 [별표 31] 제1호의 일반기준에 따라 [별표 30]에 따른 분야 및 검정항목별로 구분하여 신청할 수 있다. 이 경우 농산물 및 농산가공품 중 무기성분·유해물질 분야의 검정기관 지정을 신청할 때에는 잔류농약과 검정항목은 반드시 포함하고, 그 외의 검정항목만 선택하여 신청할 수 있다.

③ ①에 따른 신청서를 받은 국립수산물품질관리원장은 「전자정부법」에 따른 행정정보의 공동이용을 통하여 법인 등기사항증명서(법인인 경우만 해당한다) 및 사업자등록증명을 확인하여야 한다. 다만, 신청인이 사업자등록증명의 확인에 동의하지 아니하는 경우에는 그 서류를 첨부하도록 하여야 한다.

④ 국립수산물품질관리원장은 ①에 따른 검정기관의 지정신청을 받으면 검정기관의 지정기준에 적합한지를 심사하고, 심사 결과 적합한 경우에는 검정기관으로 지정한다.

⑤ 국립수산물품질관리원장은 검정기관을 지정하였을 때에는 검정기관 지정서 발급대장에 일련번호를 부여하여 등재하고, 검정기관 지정서를 발급하여야 한다.

⑥ 법 제99조 제2항 후단에서 "해양수산부령으로 정하는 중요사항"이란 다음의 사항을 말한다.
  1. 기관명(대표자) 및 사업자등록번호
  2. 실험실 소재지
  3. 검정업무의 범위
  4. 검정업무에 관한 규정
  5. 검정기관의 지정기준 중 인력·시설·장비

⑦ 검정기관으로 지정받은 자가 검정기관으로 지정받은 후 ⑥의 각 호의 사항이 변경된 경우에는 검정기관 지정내용 변경신고서에 변경내용을 증명하는 서류와 검정기관 지정서 원본을 첨부하여 국립수산물품질관리원장에게 제출하여야 한다.

⑧ 국립수산물품질관리원장은 검정기관을 지정한 경우에는 검정기관의 명칭, 소재지, 지정일, 검정기관이 수행하는 업무의 범위 등을 고시하여야 한다.

⑨ ④에 따른 검정기관 지정에 관한 세부절차 및 운영 등에 필요한 사항은 국립수산물품질관리원장이 정하여 고시한다.

(4) 검정기관의 지정취소 등(법 제100조)

① 해양수산부장관은 검정기관이 다음의 어느 하나에 해당하면 지정을 취소하거나 6개월 이내의 기간을 정하여 해당 검정업무의 정지를 명할 수 있다. 다만, ㉠ 또는 ㉡에 해당하면 지정을 취소하여야 한다.

㉠ 거짓이나 그 밖의 부정한 방법으로 지정을 받은 경우
㉡ 업무정지 기간 중에 검정업무를 한 경우
㉢ 검정결과를 거짓으로 내준 경우
㉣ 변경신고를 하지 아니하고 검정업무를 계속한 경우
㉤ 지정기준에 맞지 아니하게 된 경우
㉥ 그 밖에 해양수산부령으로 정하는 검정에 관한 규정을 위반한 경우

② ①에 따른 지정취소 및 정지에 관한 세부기준은 해양수산부령으로 정한다.

검정기관의 지정취소 및 업무정지에 관한 처분기준(시행규칙 제131조 제1항 및 제3항 관련 [별표 32])

1. 일반기준
   가. 위반행위가 둘 이상인 경우에는 그 중 무거운 처분기준을 적용하고, 둘 이상의 처분기준이 동일한 업무정지인 경우에는 무거운 처분기준의 2분의 1까지 가중할 수 있다. 이 경우 각 처분기준을 합산한 기간을 초과할 수 없다.
   나. 동일한 사항으로 최근 3년간 4회 위반인 경우에는 지정취소한다.
   다. 위반행위의 횟수에 따른 행정처분의 기준은 최근 3년간 같은 위반행위로 행정처분을 받은 경우에 적용한다. 이 경우 행정처분 기준의 적용은 같은 위반행위에 대하여 최초로 행정처분을 한 날과 다시 같은 위반행위를 적발한 날을 기준으로 한다.
   라. 위반사항의 내용으로 보아 그 위반의 정도가 경미하거나 검정결과에 중대한 영향을 미치지 않거나 단순 착오로 판단되는 경우 그 처분이 검정업무정지일 때에는 2분의 1 이하의 범위에서 경감할 수 있고, 지정취소일 때에는 6개월의 검정업무정지 처분으로 경감할 수 있다.
2. 개별기준

위반내용	위반횟수별 처분기준		
	1차 위반	2차 위반	3차 위반
가. 거짓이나 그 밖의 부정한 방법으로 지정을 받은 경우	지정취소	-	-
나. 업무정지 기간 중에 검정업무를 한 경우	지정취소	-	-
다. 검정결과를 거짓으로 내준 경우(고의 또는 중과실이 있는 경우만 해당한다)	지정취소	-	-
1) 검정 관련 기록을 위조·변조하여 검정성적서를 발급하는 행위			
2) 검정하지 않고 검정성적서를 발급하는 행위			
3) 의뢰받은 검정시료가 아닌 다른 검정시료의 검정 결과를 인용하여 검정성적서를 발급하는 행위			
4) 의뢰된 검정시료의 결과 판정을 실제 검정결과와 다르게 판정하는 행위			

위반내용	위반횟수별 처분기준		
	1차 위반	2차 위반	3차 위반
라. 법 제99조 제2항에 후단의 변경신고를 하지 않고 검정업무를 계속한 경우			
1) 변경된 기관명 및 사업자등록번호, 실험실 소재지, 검정업무의 범위를 신고하지 않은 경우	검정업무 정지 1개월	검정업무 정지 3개월	검정업무 정지 6개월
2) 변경된 검정업무에 관한 규정 및 검정기관의 인력, 시설, 장비를 신고하지 않은 경우	시정명령	검정업무 정지 7일	검정업무 정지 15일
마. 검정기관 지정기준			
1) 시설·장비·인력기준 중 어느 하나가 지정기준에 맞지 않는 경우	검정업무 정지 3개월	검정업무 정지 6개월	지정취소
2) 검사능력(숙련도) 평가결과 미흡으로 평가된 경우	검정업무 정지 3개월	검정업무 정지 6개월	지정취소
3) 시설·장비·인력기준 중 둘 이상이 지정기준에 맞지 않는 경우	검정업무 정지 6개월	지정취소	–
바. 검정업무의 범위 및 방법	검정업무 정지 1개월	검정업무 정지 3개월	검정업무 정지 6개월
1) 지정받은 검정업무 범위를 벗어나 검정한 경우			
2) 관련 규정에서 정한 분석방법 외에 다른 방법으로 검정한 경우			
3) 공시험(空試驗) 및 검출된 성분에 확인실험이 필요함에도 불구하고 하지 않은 경우			
4) 유효기간이 지난 표준물질 등 적정하지 않은 표준물질을 사용한 경우			
사. 검정 관련 기록관리			
1) 검정결과 확인을 위한 검정절차·방법, 판정 등의 기록을 하지 않았거나 보관하지 않은 경우	검정업무 정지 15일	검정업무 정지 1개월	검정업무 정지 3개월
2) 시험·검정일·검사자 등 단순 사항을 적지 않은 경우	시정명령	검정업무 정지 7일	검정업무 정지 15일
3) 시료량, 시험·검정방법 및 표준물질의 사용 내용 등을 적지 않은 경우	검정업무 정지 7일	검정업무 정지 15일	검정업무 정지 1개월
아. 검정기간, 검정수수료 등	시정명령	검정업무 정지 7일	검정업무 정지 15일
1) 검정기관 변경사항 신고 및 검정실적 등 자료제출 요구를 이행하지 않은 경우			
2) 검정기간을 준수하지 않은 경우			
3) 검정수수료 규정을 준수하지 않은 경우	시정명령	검정업무 정지 7일	검정업무 정지 15일
4) 검정 관련 의무교육을 이수하지 않은 경우			

<table>
<tr><th rowspan="2">위반내용</th><th colspan="3">위반횟수별 처분기준</th></tr>
<tr><th>1차 위반</th><th>2차 위반</th><th>3차 위반</th></tr>
<tr><td>자. 검정성적서 발급</td><td rowspan="6">검정업무 정지 1개월</td><td rowspan="6">검정업무 정지 3개월</td><td rowspan="6">검정업무 정지 6개월</td></tr>
<tr><td>1) 검정대상에 맞는 적정한 표준물질을 사용하지 않은 경우</td></tr>
<tr><td>2) 시료보관기간을 위반한 경우</td></tr>
<tr><td>3) 검정과정에서 시료를 바꾸어 검정하고 검정성적서를 발급한 경우</td></tr>
<tr><td>4) 의뢰받은 검정항목을 누락하거나 다른 검정항목을 적용하여 검정성적서를 발급한 경우</td></tr>
<tr><td>5) 경미한 실수로 검정시료의 결과 판정을 실제 검정결과와 다르게 판정한 경우</td></tr>
</table>

※ 국립수산물품질관리원장은 검정기관의 지정을 취소하거나 업무정지처분을 하였을 때에는 지체 없이 그 사실을 고시하여야 한다.

3 금지행위 및 확인 · 조사 · 점검 등

(1) 부정행위의 금지 등(법 제101조)

누구든지 수산물 등에 대한 검사, 재검사 및 검정과 관련하여 다음의 행위를 하여서는 아니 된다.

① 거짓이나 그 밖의 부정한 방법으로 검사·재검사 또는 검정을 받는 행위

② 검사를 받아야 하는 수산물 및 수산가공품에 대하여 검사를 받지 아니하는 행위

③ 검사 및 검정결과의 표시, 검사증명서 및 검정증명서를 위조하거나 변조하는 행위

④ 검사를 받지 아니하고 포장·용기나 내용물을 바꾸어 해당 수산물이나 수산가공품을 판매·수출하거나 판매·수출을 목적으로 보관 또는 진열하는 행위

⑤ 검정결과에 대하여 거짓광고나 과대광고를 하는 행위

(2) 확인 · 조사 · 점검 등(법 제102조)

① 해양수산부장관은 정부가 수매하거나 수입한 수산물 및 수산가공품 등 대통령령으로 정하는 수산물 및 수산가공품의 보관창고, 가공시설, 항공기, 선박, 그 밖에 필요한 장소에 관계 공무원을 출입하게 하여 확인·조사·점검 등에 필요한 최소한의 시료를 무상으로 수거하거나 관련 장부 또는 서류를 열람하게 할 수 있다.

확인 · 조사 · 점검 대상 등(시행령 제35조)

법 제102조 제1항에서 "정부가 수매하거나 수입한 수산물 및 수산가공품 등 대통령령으로 정하는 수산물 및 수산가공품"이란 다음과 같다.

① 정부가 수매하거나 수입한 수산물 및 수산가공품

② 생산자단체 등이 정부를 대행하여 수매하거나 수입한 수산물 및 수산가공품

③ 정부가 수매 또는 수입하여 가공한 수산물 및 수산가공품

② ①에 따른 시료 수거 또는 열람에 관하여는 법 제13조 제2항 및 제3항을 준용한다.

③ ①에 따라 출입 등을 하는 관계 공무원에 관하여는 법 제13조 제4항을 준용한다.

07 보 칙

1 수산물의 명예감시원

(1) 수산물명예감시원(법 제104조)

① 해양수산부장관이나 시 · 도지사는 수산물의 공정한 유통질서를 확립하기 위하여 소비자단체 또는 생산자단체의 회원 · 직원 등을 수산물명예감시원으로 위촉하여 수산물의 유통질서에 대한 감시 · 지도 · 계몽을 하게 할 수 있다.

② 해양수산부장관이나 시 · 도지사는 수산물명예감시원에게 예산의 범위에서 감시활동에 필요한 경비를 지급할 수 있다.

③ 수산물명예감시원의 자격, 위촉방법, 임무 등에 필요한 사항은 해양수산부령으로 정한다.

(2) 수산물명예감시원의 자격 및 위촉방법 등(시행규칙 제133조)

① 국립수산물품질관리원장 또는 시 · 도지사는 다음의 어느 하나에 해당하는 사람 중에서 수산물 명예감시원을 위촉한다.

㉠ 생산자단체, 소비자단체 등의 회원이나 직원 중에서 해당 단체의 장이 추천하는 사람

㉡ 수산물의 유통에 관심이 있고 명예감시원의 임무를 성실히 수행할 수 있는 사람

② 명예감시원의 임무는 다음과 같다.

㉠ 수산물의 표준규격화, 품질인증, 친환경수산물인증, 수산물 이력추적관리, 지리적표시, 원산지표시에 관한 지도 · 홍보 및 위반사항의 감시 · 신고

㉡ 그 밖에 수산물의 유통질서 확립과 관련하여 국립수산물품질관리원장 또는 시 · 도지사가 부여하는 임무

③ 명예감시원의 운영에 관한 세부사항은 국립수산물품질관리원장, 또는 시 · 도지사가 정하여 고시한다.

2 수산물품질관리사

(1) 수산물품질관리사 제도(법 제105조)

해양수산부장관은 수산물의 품질 향상과 유통의 효율화를 촉진하기 위하여 수산물품질관리사 제도를 운영한다.

(2) 수산물품질관리사의 직무(법 제106조)

① 수산물의 등급 판정
② 수산물의 생산 및 수확 후 품질관리기술 지도
③ 수산물의 출하 시기 조절, 품질관리기술에 관한 조언
④ 그 밖에 수산물의 품질 향상과 유통 효율화에 필요한 업무로서 해양수산부령으로 정하는 업무(시행규칙 제134조의2)
㉠ 수산물의 생산 및 수확 후의 품질관리기술 지도
㉡ 수산물의 선별·저장 및 포장시설 등의 운용·관리
㉢ 수산물의 선별·포장 및 브랜드 개발 등 상품성 향상 지도
㉣ 포장수산물의 표시사항 준수에 관한 지도
㉤ 수산물의 규격출하 지도

(3) 수산물품질관리사의 시험·자격부여 등(법 제107조)

① 수산물품질관리사가 되려는 사람은 해양수산부장관이 실시하는 수산물품질관리사 자격시험에 합격하여야 한다.
② 해양수산부장관은 수산물품질관리사 자격시험에서 다음의 어느 하나에 해당하는 사람에 대해서는 해당 시험을 정지 또는 무효로 하거나 합격 결정을 취소하여야 한다.
㉠ 부정한 방법으로 시험에 응시한 사람
㉡ 시험에서 부정한 행위를 한 사람
③ 다음 어느 하나에 해당하는 사람은 그 처분이 있은 날부터 2년 동안 농산물품질관리사 또는 수산물품질관리사 자격시험에 응시하지 못한다.
㉠ 시험의 정지·무효 또는 합격취소 처분을 받은 사람
㉡ 농산물품질관리사 또는 수산물품질관리사의 자격이 취소된 사람
④ 수산물품질관리사 자격시험의 실시계획 등(시행령 제40조의2)
㉠ 수산물품질관리사 자격시험은 매년 1회 실시한다. 다만, 해양수산부장관이 수산물품질관리사의 수급상 필요하다고 인정하는 경우에는 2년마다 실시할 수 있다.
㉡ 해양수산부장관은 ㉠에 따른 수산물품질관리사 자격시험의 시행일 6개월 전까지 수산물품질관리사 자격시험의 실시계획을 세워야 한다.

⑤ 수산물품질관리사 자격시험의 응시자격 등(시행령 제40조의4)

㉠ 응시자격은 학력, 성별, 나이 등에 제한을 두지 아니하며, 자격시험은 제1차 시험과 제2차 시험으로 구분하여 실시한다.

㉡ 제1차 시험은 다음의 과목에 대하여 선택형 필기시험으로 실시하며, 각 과목은 100점을 만점으로 하여 각 과목 40점 이상의 점수를 획득한 사람 중 평균점수가 60점 이상인 사람을 합격자로 한다.

- 농수산물 품질관리 법령, 농수산물 유통 및 가격안정에 관한 법령, 농수산물의 원산지 표시 등에 관한 법령, 친환경농어업 육성 및 유기식품 등의 관리·지원에 관한 법령, 수산물 유통의 관리 및 지원에 관한 법령
- 수산물유통론
- 수확 후 품질관리론
- 수산일반

㉢ 제2차 시험은 제1차 시험에 합격한 사람(㉣에 따라 제1차 시험이 면제된 사람을 포함한다)을 대상으로 다음의 과목에 대하여 서술형과 단답형을 혼합한 필기시험을 실시하고, 100점을 만점으로 하여 60점 이상인 사람을 합격자로 한다.

- 수산물 품질관리 실무
- 수산물 등급판정 실무

㉣ 제2차 시험에 합격하지 못한 사람에 대해서는 다음 회에 실시하는 시험에 한정하여 제1차 시험을 면제한다.

⑥ 자격시험의 공고 등(시행령 제40조의3)

㉠ 해양수산부장관은 수산물품질관리사 자격시험을 실시할 때에는 응시자격, 시험과목, 시험방법, 합격기준, 시험일시 및 시험장소 등 필요한 사항을 시험일 90일 전까지 「신문 등의 진흥에 관한 법률」에 따라 보급지역을 전국으로 등록한 2개 이상의 일반일간신문에 공고하여야 한다.

㉡ 자격시험에 응시하려는 사람은 해양수산부령으로 정하는 응시원서를 해양수산부장관에게 제출하여야 하고, 이 경우 응시원서를 제출하는 사람은 해양수산부령으로 정하는 바에 따라 수수료를 내야 한다.

응시원서 및 수수료(시행규칙 제136조의2)

① 수산물품질관리사 자격시험에 응시하려는 사람은 영 제43조 제3항에 따라 수산물품질관리사 자격시험의 시행 및 관리에 관한 업무를 위탁받은 기관(시험관리기관)의 장이 정하는 서식에 따른 응시원서를 시험관리기관에 제출하여야 한다.

② 수수료는 다음과 같다.

1. 제1차 시험 : 2만원
2. 제2차 시험 : 3만3천원

㉢ 해양수산부장관은 ㉡에 따라 받은 수수료를 다음의 구분에 따라 반환하여야 한다.
- 시험관리기관의 귀책사유로 시험에 응시하지 못하는 경우 : 납부한 수수료 전부
- 수수료를 과오납한 경우 : 과오납한 금액 전부
- 시험일 20일 전까지 접수를 취소하는 경우 : 납부한 수수료 전부
- 시험일 10일 전까지 접수를 취소하는 경우 : 납부한 수수료의 100분의 60

⑦ 합격자의 공고 등(시행령 제40조의5)

해양수산부장관은 수산물품질관리사 자격시험의 최종 합격자 명단을 제2차시험 시행 후 40일 이내에 「정보통신망 이용촉진 및 정보보호 등에 관한 법률」에 따른 정보통신망에 공고하여야 한다.

⑧ 자격증 발급 등(시행령 제40조의6)

㉠ 해양수산부장관은 수산물품질관리사 자격시험의 최종 합격자에게 해양수산부령으로 정하는 수산물품질관리사 자격증을 발급하여야 한다.

㉡ 해양수산부장관은 자격증을 발급하는 경우 일련번호를 부여하고, 해양수산부령으로 정하는 수산물품질관리사 자격증 발급대장에 그 발급사실을 기록하여야 한다.

㉢ 수산물품질관리사는 발급받은 자격증을 잃어버리거나 자격증이 헐어 못 쓰게 된 경우 해양수산부령으로 정하는 수산물품질관리사 자격증 재발급 신청서를 해양수산부장관에게 제출하고 자격증을 재발급 받을 수 있다.

㉣ 수산물품질관리사 자격증의 재발급에 관하여는 ㉡을 준용한다.

> **수산물품질관리사의 교육(법 제107조의2)**
>
> ① 해양수산부령으로 정하는 수산물품질관리사는 업무 능력 및 자질의 향상을 위하여 필요한 교육을 받아야 한다.
>
> ② 교육의 방법 및 실시기관 등에 필요한 사항은 해양수산부령으로 정한다.
>
> **수산물품질관리사의 교육 대상(시행규칙 제136조의4)**
>
> 다음에 해당하는 수산물 유통 관련 사업자 또는 기관·단체에 채용된 수산물품질관리사 중에서 최근 2년 이내에 법 제107조의2에 따른 교육을 받은 사실이 없는 사람을 말한다.
>
> 1. 생산자단체
> 2. 수산물품질관리사를 고용하는 등 농수산물의 품질 향상을 위하여 노력하는 산지·소비지 유통시설의 사업자
> 3. 수산물 검사 및 검정 기관
> 4. 그 밖에 해양수산부령으로 정하는 수산물 유통 관련 사업자 또는 단체
>
> **수산물품질관리사의 교육방법 및 실시기관 등(시행규칙 제136조의5)**
>
> ① 교육 실시기관은 다음의 어느 하나에 해당하는 기관으로서 수산물품질관리사의 교육 실시기관은 해양수산부장관이 지정하는 기관으로 한다.
>
> 1. 「한국농수산식품유통공사법」에 따른 한국농수산식품유통공사
> 2. 「한국해양수산연수원법」에 따른 한국해양수산연수원
> 3. 해양수산부 소속 교육기관
> 4. 「민법」에 따라 설립된 비영리법인으로서 수산물의 품질 또는 유통 관리를 목적으로 하는 법인

② 교육 실시기관이 실시하는 수산물품질관리사 교육에는 다음의 내용을 포함하여야 한다.
1. 수산물의 품질 관리와 유통 관련 법령 및 제도
2. 수산물의 등급 판정과 생산 및 수확 후 품질관리기술
3. 그 밖에 수산물의 품질 관리 및 유통과 관련된 교육
③ 교육 실시기관은 필요한 경우 ②에 따른 교육을 정보통신매체를 이용한 원격교육으로 실시할 수 있다.
④ 교육 실시기관은 교육을 이수한 사람에게 이수증명서를 발급하여야 하며, 교육을 실시한 다음 해 1월 15일까지 수산물품질관리사 교육 실시 결과는 해양수산부장관에게 각각 보고하여야 한다.
⑤ 교육에 필요한 경비(교재비, 강사 수당 등을 포함한다)는 교육을 받는 사람이 부담한다.
⑥ ①~⑤까지에서 규정한 사항 외에 교육 실시기관의 지정, 교육시간, 이수증명서의 발급, 교육 실시 결과의 보고 등 교육에 필요한 사항은 해양수산부장관이 정하여 고시한다.

(4) 수산물품질관리사의 준수사항(법 제108조)

① 수산물품질관리사는 수산물의 품질 향상과 유통의 효율화를 촉진하여 생산자와 소비자 모두에게 이익이 될 수 있도록 신의와 성실로써 그 직무를 수행하여야 한다.
② 수산물품질관리사는 다른 사람에게 그 명의를 사용하게 하거나 그 자격증을 빌려주어서는 아니 된다.
③ 누구든지 농산물품질관리사 또는 수산물품질관리사의 자격을 취득하지 아니하고 그 명의를 사용하거나 자격증을 대여받아서는 아니 되며, 명의의 사용이나 자격증의 대여를 알선해서도 아니 된다.

(5) 수산물품질관리사의 자격취소(법 제109조)

해양수산부장관은 다음의 어느 하나에 해당하는 사람에 대하여 수산물품질관리사 자격을 취소하여야 한다.
① 수산물품질관리사의 자격을 거짓 또는 부정한 방법으로 취득한 사람
② 다른 사람에게 수산물품질관리사의 명의를 사용하게 하거나 자격증을 빌려준 사람
③ 명의의 사용이나 자격증의 대여를 알선한 사람

3 기타 보칙

(1) 자금 지원(법 제110조)

정부는 수산물의 품질 향상 또는 수산물의 표준규격화 및 물류표준화의 촉진 등을 위하여 다음의 어느 하나에 해당하는 자에게 예산의 범위에서 포장자재, 시설 및 자동화장비 등의 매입 및 수산물 품질관리사 운용 등에 필요한 자금을 지원할 수 있다.

① 어업인
② 생산자단체
③ 이력추적관리 또는 지리적표시의 등록을 한 자
④ 수산물품질관리사를 고용하는 등 수산물의 품질 향상을 위하여 노력하는 산지·소비지 유통시설의 사업자
⑤ 안전성검사기관 또는 위험평가 수행기관
⑥ 수산물 검사 및 검정기관
⑦ 그 밖에 해양수산부령으로 정하는 수산물 유통 관련 사업자 또는 단체

유통 관련 사업자 및 단체(시행규칙 제138조)
"해양수산부령으로 정하는 유통 관련 사업자 및 단체"란 다음의 어느 하나에 해당하는 자를 말한다.
① 다음의 어느 하나에 해당하는 시장 등을 개설·운영하는 자
1. 수산물도매시장
2. 수산물공판장
3. 수산물종합유통센터
4. 수산물산지유통센터
② 도매시장법인, 시장도매인, 중도매인, 매매참가인, 산지유통인 및 이들로 구성된 단체
③ 수산물을 계약재배, 양식이나 수집하여 이를 포장·판매하는 업을 전문으로 하는 사업자 또는 단체
④ 품질인증 또는 친환경수산물인증을 받은 사업자 또는 단체

(2) 우선구매(법 제111조)

① 해양수산부장관은 수산물 및 수산가공품의 유통을 원활히 하고 품질 향상을 촉진하기 위하여 필요하면 우수표시품, 지리적표시품 등을 「농수산물 유통 및 가격안정에 관한 법률」에 따른 수산물도매시장이나 수산물공판장에서 우선적으로 상장(上場)하거나 거래하게 할 수 있다.
② 국가·지방자치단체나 공공기관은 수산물 또는 수산가공품을 구매할 때에는 우수표시품, 지리적표시품 등을 우선적으로 구매할 수 있다.

(3) 포상금(법 제112조)

① 식품의약품안전처장은 제56조(유전자변형수산물의 표시) 또는 제57조(거짓표시 등의 금지)를 위반한 자를 주무관청 또는 수사기관에 신고하거나 고발한 자 등에게는 대통령령으로 정하는 바에 따라 예산의 범위에서 포상금을 지급할 수 있다.
② 포상금은 법 제56조 또는 제57조를 위반한 자를 주무관청이나 수사기관에 신고 또는 고발하거나 검거한 사람 및 검거에 협조한 사람에게 200만원의 범위에서 지급한다(시행령 제41조 제1항).
③ 포상금의 지급기준·방법 및 절차 등에 관하여는 식품의약품안전처장이 정하여 고시한다(시행령 제41조 제2항).

(4) 청문 등(법 제114조)

① 해양수산부장관 또는 식품의약품안전처장은 다음의 어느 하나에 해당하는 처분을 하려면 청문을 하여야 한다.

㉠ 품질인증의 취소, 품질인증기관의 지정취소 또는 품질인증 업무의 정지

㉡ 이력추적관리 등록의 취소

㉢ 표준규격품 또는 품질인증품의 판매금지나 표시정지

㉣ 지리적표시품에 대한 판매의 금지, 표시의 정지 또는 등록의 취소

㉤ 안전성검사기관의 지정취소

㉥ 생산·가공시설 등이나 생산·가공업자 등에 대한 생산·가공·출하·운반의 시정·제한·중지명령, 생산·가공시설 등의 개선·보수명령 또는 등록의 취소

㉦ 수산물검사기관의 지정취소 또는 검사업무의 정지

㉧ 검사판정의 취소

㉨ 검정기관의 지정취소

㉩ 수산물품질관리사 자격의 취소

② 국가검역·검사기관의 장은 수산물검사관 자격의 취소를 하려면 청문을 하여야 한다.

(5) 권한의 위임·위탁(법 제115조)

① 해양수산부장관 또는 식품의약품안전처장의 권한은 그 일부를 대통령령으로 정하는 바에 따라 소속 기관의 장, 시·도지사 또는 시장·군수·구청장에게 위임할 수 있다.

㉠ 식품의약품안전처장은 다음의 권한을 지방식품의약품안전청장에게 위임한다(시행령 제42조 제2항).

- 유전자변형수산물의 표시에 관한 조사
- 유전자변형농수산물의 표시 위반에 대한 처분, 공표명령 및 공표
- 과태료 중 유전자변형농수산물의 표시, 유전자변형농수산물 표시의 조사 및 시료 수거 등의 위반행위에 대한 과태료의 부과 및 징수

㉡ 해양수산부장관은 다음의 권한을 국립수산과학원장에게 위임한다(시행령 제42조 제5항).

- 법 제76조 제1항에 따른 조사·점검
- 법 제123조 제1항 제1호에 따른 과태료의 부과 및 징수(제3호에 따라 위임된 권한에 따른 과태료만 해당한다)

㉢ 해양수산부장관은 수산물 및 그 가공품에 대한 다음의 권한을 국립수산물품질관리원장에게 위임한다(시행령 제42조 제6항).

- 지리적표시 분과위원회의 운영
- 표준규격의 제정·개정 및 폐지
- 품질인증 및 품질인증의 취소
- 품질인증 유효기간의 설정 및 연장

- 품질인증기관의 지정, 지정취소 및 업무정지 등의 처분
- 품질인증 관련 보고 또는 자료제출 명령, 출입 · 점검 및 조사
- 지위 승계 신고(품질인증기관의 지위승계 신고로 한정)의 수리
- 표준규격품, 품질인증품, 지리적표시품의 사후관리와 표시 시정 등의 처분
- 지리적표시의 등록
- 지리적표시 원부의 등록 및 관리
- 지리적표시권의 이전 및 승계에 대한 사전 승인
- 이행 사실 증명서류의 발급
- 수산물 생산 · 가공시설등의 등록 및 등록 사항 변경 신고의 수리
- 위생관리에 관한 사항의 보고명령 및 이의 접수(법 제70조 제2항에 따른 생산단계 · 저장단계 및 출하되어 거래되기 이전 단계의 위해요소중점관리기준의 이행시설로서 법 제74조 제1항에 따라 등록한 시설은 제외한다)
- 생산 · 가공시설 등의 위생관리기준 및 위해요소중점관리기준에의 적합 여부 조사 · 점검(위해요소중점관리기준의 적합 여부 조사 · 점검 중 생산단계 · 저장단계 및 출하되어 거래되기 이전 단계에 대해서는 법 제74조 제1항에 따라 등록을 하려는 경우만 해당한다) 및 이를 위한 출입 · 열람 · 점검 또는 수거, 공동 조사 · 점검의 요청
- 생산 · 가공시설 등이나 생산 · 가공업자 등에 대한 생산 · 가공 · 출하 · 운반의 시정 · 제한 · 중지명령, 생산 · 가공시설 등의 개선 · 보수명령(법 제70조 제2항에 따른 생산단계 · 저장단계 및 출하되어 거래되기 이전 단계의 위해요소중점관리기준의 이행시설로서 법 제74조 제1항에 따라 등록한 시설은 제외한다) 및 등록취소 처분
- 수산물 등에 대한 검사
- 수산물검사기관의 지정
- 수산물검사기관의 지정취소 및 검사업무의 정지 처분
- 수산물검사관 자격의 취소 처분 및 검사결과의 표시
- 검사증명서의 발급
- 부적합 판정의 통지 및 수산물 · 수산가공품의 폐기 또는 판매금지 등의 요청
- 법 제96조에 따른 재검사
- 법 제97조에 따른 검사판정의 취소
- 법 제98조 제1항에 따른 수산물 검정
- 수산물에 대한 폐기 또는 판매금지 등의 명령, 검정결과의 공개
- 수산물 검정기관의 지정, 지정변경신고의 수리 및 지정 갱신
- 수산물검정기관의 지정취소 처분
- 법 제102조에 따른 확인 · 조사 · 점검 등
- 수산물명예감시원 위촉 및 운영
- 수산물품질관리사 제도의 운영

- 수산물품질관리사의 자격취소
- 품질향상, 표준규격화 촉진 및 수산물품질관리사 운용 등을 위한 자금 지원
- 법 제114조 제1항 제3호, 제4호, 제7호, 제8호, 제10호(법 제70조 제2항에 따른 위해요소중점관리기준의 이행시설로서 법 제74조 제1항에 따라 등록한 시설에 대해 생산·가공·출하·운반의 시정·제한·중지 명령, 생산·가공시설등의 개선·보수 명령을 하는 경우는 제외한다) 및 제13호부터 제16호까지의 규정에 따른 청문
- 법 제123조 제3항에 따른 과태료의 부과 및 징수
- 수산물품질관리사 자격증의 발급 및 재발급, 수산물품질관리사 자격증 발급대장의 기록

ⓡ 해양수산부장관은 다음의 권한을 특별시장·광역시장·도지사·특별자치도지사에게 위임한다(시행령 제42조 제7항).

- 지정해역 및 주변해역에서의 오염물질 배출행위, 가축 사육행위 및 동물용 의약품 사용행위의 제한 또는 금지
- 위생관리에 관한 사항의 보고명령 및 이의 접수(법 제70조 제2항에 따른 위해요소중점관리기준의 이행시설로서 법 제74조 제1항에 따라 등록한 시설만 해당한다)
- 생산·가공시설 등의 위해요소중점관리기준에의 적합 여부 조사·점검(법 제70조 제2항에 따른 위해요소중점관리기준의 이행시설로서 법 제74조 제1항에 따라 등록한 시설만 해당한다)
- 지정해역에서의 수산물의 생산제한
- 생산·가공·출하·운반의 시정·제한·중지명령, 생산·가공시설 등의 개선·보수명령(법 제70조 제2항에 따른 위해요소중점관리기준의 이행시설로서 법 제74조 제1항에 따라 등록한 시설만 해당한다)
- 수산물명예감시원 위촉 및 운영
- 청문(제5호에 따라 위임된 권한에 관한 청문만 해당한다)
- 법 제123조 제3항에 따른 과태료의 부과 및 징수(제8호에 따라 위임된 권한에 관한 과태료만 해당한다)

ⓜ 해양수산부장관은 법 제76조 제3항 제2호에 따른 오염물질의 배출, 가축의 사육행위 및 동물용 의약품의 사용 여부의 확인·조사의 권한을 특별자치도지사, 시장·군수·구청장(자치구의 구청장)에게 위임한다(시행령 제42조 제8항).

② **권한의 위탁** : 이 법에 따른 해양수산부장관 또는 식품의약품안전처장의 업무는 그 일부를 대통령령으로 정하는 바에 따라 다음의 자에게 위탁할 수 있다.

ⓐ 생산자단체

ⓑ 「공공기관의 운영에 관한 법률」에 따른 공공기관

ⓒ 「정부출연연구기관 등의 설립·운영 및 육성에 관한 법률」에 따른 정부출연연구기관 또는 「과학기술분야 정부출연연구기관 등의 설립·운영 및 육성에 관한 법률」에 따른 과학기술분야 정부출연연구기관

ⓡ 「농어업경영체 육성 및 지원에 관한 법률」에 따라 설립된 영어조합법인 등 수산 관련 법인이나 단체

③ 업무의 위탁(시행령 제43조)

㉠ 해양수산부장관 및 식품의약품안전처장은 수산물안전정보시스템의 운영에 관한 업무를 해양수산부장관 및 식품의약품안전처장이 정하여 고시하는 농산물정보 관련 업무를 수행하는 비영리법인에 위탁한다.

㉡ 해양수산부장관은 수산물품질관리사 자격시험의 시행 및 관리에 관한 업무를 「한국산업인력공단법」에 따른 한국산업인력공단 또는 「한국해양수산연수원법」에 따른 한국해양수산연수원에 위탁할 수 있다.

㉢ 해양수산부장관은 ㉡에 따라 수산물품질관리사 자격시험의 시행 및 관리에 관한 업무를 위탁한 때에는 수탁기관 및 위탁업무의 내용을 고시하여야 한다.

(6) 벌칙 적용 시의 공무원 의제(법 제116조)

다음의 어느 하나에 해당하는 사람은 「형법」 제127조(공무상 비밀의 누설) 및 제129조(수뢰, 사전수뢰), 제130조(제삼자뇌물제공), 제131조(수뢰후부정처사, 사후수뢰), 제132조(알선수뢰)까지의 규정에 따른 벌칙을 적용할 때에는 공무원으로 본다.

① 수산물품질관리 심의회의 위원 중 공무원이 아닌 위원
② 품질인증업무에 종사하는 품질인증기관의 임원・직원
③ 지리적표시심판위원 중 공무원이 아닌 심판위원
④ 안전성조사와 시험분석업무에 종사하는 안전성검사기관의 임원・직원
⑤ 검사 및 재검사업무에 종사하는 수산물검사기관의 임원・직원
⑥ 검정업무에 종사하는 검정기관의 임원・직원
⑦ 위탁받은 업무에 종사하는 생산자단체 등의 임원・직원

08 벌 칙

1 형 벌

(1) 7년 이하의 징역 또는 1억원 이하의 벌금(법 제117조)

이 경우 징역과 벌금은 병과(併科)할 수 있다.

① 유전자변형수산물의 표시를 거짓으로 하거나 이를 혼동하게 할 우려가 있는 표시를 한 유전자변형수산물 표시의무자
② 유전자변형수산물의 표시를 혼동하게 할 목적으로 그 표시를 손상・변경한 유전자변형수산물 표시의무자

③ 유전자변형수산물의 표시를 한 수산물에 다른 수산물을 혼합하여 판매하거나 혼합하여 판매할 목적으로 보관 또는 진열한 유전자변형수산물 표시의무자

(2) 5년 이하의 징역 또는 5천만원 이하의 벌금(제118조)

지정해역 및 주변해역에서의 제한 또는 금지를 위반하여 「해양환경관리법」에 따른 기름을 배출한 자

> **과실범(법 제121조)**
> 과실로 제118조의 죄를 저지른 자는 3년 이하의 징역 또는 3천만원 이하의 벌금에 처한다.

(3) 3년 이하의 징역 또는 3천만원 이하의 벌금(법 제119조)

① 우수표시품이 아닌 수산물 또는 수산가공품에 우수표시품의 표시를 하거나 이와 비슷한 표시를 한 자

② 우수표시품이 아닌 수산물 또는 수산가공품을 우수표시품으로 광고하거나 우수표시품으로 잘못 인식할 수 있도록 광고한 자

③ 다음의 어느 하나에 해당하는 행위를 한 자

㉠ 표준규격품의 표시를 한 수산물에 표준규격품이 아닌 수산물 또는 수산가공품을 혼합하여 판매하거나 혼합하여 판매할 목적으로 보관하거나 진열하는 행위

㉡ 품질인증품의 표시를 한 수산물에 품질인증품이 아닌 수산물을 혼합하여 판매하거나 혼합하여 판매할 목적으로 보관 또는 진열하는 행위

④ 지리적표시품이 아닌 수산물 또는 수산가공품의 포장・용기・선전물 및 관련 서류에 지리적표시나 이와 비슷한 표시를 한 자

⑤ 지리적표시품에 지리적표시품이 아닌 수산물 또는 수산가공품을 혼합하여 판매하거나 혼합하여 판매할 목적으로 보관 또는 진열한 자

⑥ 「해양환경관리법」에 따른 폐기물, 유해액체물질 또는 포장유해물질을 배출한 자

⑦ 거짓이나 그 밖의 부정한 방법으로 수산물 및 수산가공품의 검사, 수산물 및 수산가공품의 재검사 및 검정을 받은 자

⑧ 검사를 받아야 하는 수산물 및 수산가공품에 대하여 검사를 받지 아니한 자

⑨ 검사 및 검정결과의 표시, 검사증명서 및 검정증명서를 위조하거나 변조한 자

⑩ 검정결과에 대하여 거짓광고나 과대광고를 한 자

(4) 1년 이하의 징역 또는 1천만원 이하의 벌금(법 제120조)

① 이력추적관리의 등록을 하지 아니한 자

② 우수표시품에 대한 시정조치에 따른 시정명령, 판매금지 또는 표시정지 처분에 따르지 아니한 자

③ 우수표시품에 대한 시정조치에 따른 판매금지 조치에 따르지 아니한 자
④ 유전자변형농수산물의 표시 위반에 대한 처분을 이행하지 아니한 자
⑤ 유전자변형농수산물의 표시 위반에 대한 처분에 따른 공표명령을 이행하지 아니한 자
⑥ 안전성조사 결과에 따른 조치를 이행하지 아니한 자
⑦ 동물용 의약품을 사용하는 행위를 제한하거나 금지하는 조치에 따르지 아니한 자
⑧ 지정해역에서 수산물의 생산제한 조치에 따르지 아니한 자
⑨ 생산·가공·출하 및 운반의 시정·제한·중지명령을 위반하거나 생산·가공시설 등의 개선·보수명령을 이행하지 아니한 자
⑩ 검정결과에 따른 조치를 이행하지 아니한 자
⑪ 검사를 받지 아니하고 해당 수산물이나 수산가공품을 판매·수출하거나 판매·수출을 목적으로 보관 또는 진열한 자
⑫ 다른 사람에게 수산물품질관리사의 명의를 사용하게 하거나 그 자격증을 빌려준 자
⑬ 농산물검사관, 농산물품질관리사 또는 수산물품질관리사의 명의를 사용하거나 그 자격증을 대여받은 자 또는 명의의 사용이나 자격증의 대여를 알선한 자

양벌규정(법 제122조)
법인의 대표자나 법인 또는 개인의 대리인, 사용인, 그 밖의 종업원이 그 법인 또는 개인의 업무에 관하여 제117조부터 제121조까지의 어느 하나에 해당하는 위반행위를 하면 그 행위자를 벌하는 외에 그 법인 또는 개인에게도 해당 조문의 벌금형을 과(科)한다. 다만, 법인 또는 개인이 그 위반행위를 방지하기 위하여 해당 업무에 관하여 상당한 주의와 감독을 게을리 하지 아니한 경우에는 그러하지 아니하다.

2 과태료(법 제123조)

(1) 1천만원 이하의 과태료

① 법 제13조(농산물우수관리 관련 보고 및 점검 등) 제1항, 법 제19조(품질인증 관련 보고 및 점검 등) 제1항, 법 제30조(우수표시품의 사후관리) 제1항, 법 제39조(지리적표시품의 사후관리) 제1항, 법 제58조(유전자변형농수산물 표시의 조사) 제1항, 법 제62조(시료수거 등) 제1항, 법 제76조(조사·점검) 제4항 및 법 제102조(확인·조사·점검 등) 제1항에 따른 출입·수거·조사·열람 등을 거부·방해 또는 기피한 자
② 이력추적관리의 변경신고를 하지 아니한 자
③ 이력추적관리의 표시를 하지 아니한 자
④ 이력추적관리기준을 지키지 아니한 자
⑤ 우수표시품의 표시방법에 대한 시정명령에 따르지 아니한 자
⑥ 유전자변형수산물의 표시를 하지 아니한 자
⑦ 유전자변형수산물의 표시방법을 위반한 자

(2) 100만원 이하의 과태료

① 제73조 제1항 제3호를 위반하여 양식시설에서 가축을 사육한 자

② 제75조 제1항에 따른 보고를 하지 아니하거나 거짓으로 보고한 생산·가공업자 등

(3) 과태료의 부과기준

과태료의 부과기준(시행령 제45조 관련 [별표 4])

1. 개별기준

위반행위	과태료 금액		
	1차 위반	2차 위반	3차 이상 위반
가. 법 제13조 제1항, 제19조 제1항, 제30조 제1항, 제39조 제1항, 제58조 제1항, 제62조 제1항, 제76조 제3항 및 제102조 제1항에 따른 수거·조사·열람 등을 거부·방해 또는 기피한 경우	100만원	200만원	300만원
나. 이력추적관리의 등록을 한 자로서 변경신고를 하지 않은 경우	100만원	200만원	300만원
다. 이력추적관리의 등록을 한 자로서 이력추적관리의 표시를 하지 않은 경우	100만원	200만원	300만원
라. 이력추적관리의 등록을 한 자로서 이력추적관리기준을 지키지 않은 경우	100만원	200만원	300만원
마. 법 제31조 제1항 제3호 또는 제40조 제2호에 따른 표시방법에 대한 시정명령에 따르지 않은 경우	100만원	200만원	300만원
바. 유전자변형수산물의 표시를 하지 않은 경우	5만원 이상 1,000만원 이하		
사. 유전자변형수산물의 표시방법을 위반한 경우	5만원 이상 1,000만원 이하		
아. 양식시설에서 가축을 사육한 경우	7만원	15만원	30만원
자. 생산·가공시설 등을 등록한 생산업자·가공업자가 위생관리에 관한 사항을 보고를 하지 않거나 거짓으로 보고한 경우	7만원	15만원	30만원

2. 유전자변형농수산물의 표시를 하지 않은 경우 또는 표시방법을 위반한 경우 과태료의 세부 부과기준
   가. 유전자변형농수산물의 표시를 하지 않은 경우
      1) 과태료 부과금액은 표시를 하지 아니한 물량(판매를 목적으로 보관 또는 진열하고 있는 물량을 포함한다)에 적발 당일 해당 영업소의 판매가격을 곱한 금액으로 한다.
      2) 1)의 해당 영업소의 판매가격을 알 수 없는 경우에는 인근 2개 업소의 동일 품목 판매가격의 평균을 기준으로 한다. 다만, 평균가격을 산정할 수 없는 경우에는 해당 농산물의 매입가격에 30%를 가산한 금액을 기준으로 한다.
      3) 과태료 부과금액의 최소단위는 5만원으로 하고, 5만원 이상은 천원 미만을 버리고 부과하되, 부과되는 총액은 1천만원을 초과할 수 없다.
   나. 유전자변형농수산물의 표시방법을 위반한 경우
      1) 가목의 기준에 따른 과태료 부과금액의 100분의 50을 부과한다.
      2) 과태료 부과금액의 최소단위는 5만원으로 하고, 5만원 이상은 천원 미만을 버리고 부과한다.

CHAPTER 01

적중예상문제

01 **다음은 농수산물 품질관리법의 제정 목적이다. (　　) 안에 들어갈 내용을 순서대로 옳게 나열한 것은?**

> 농수산물의 적절한 (　　)을(를) 통하여 농수산물의 (　　)을(를) 확보하고 (　　)을(를) 향상하며 공정하고 투명한 거래를 유도함으로써 농업인의 소득증대와 (　　)에 이바지함을 목적으로 한다.

① 품질관리, 안전성, 상품성, 소비자 보호
② 소비자 보호, 상품성, 안전성, 품질관리
③ 소비자 보호, 품질관리, 안전성, 상품성
④ 품질관리, 소비자 보호, 상품성, 안전성

해설 **농수산물 품질관리법의 제정 목적(법 제1조)**
이 법은 농수산물의 적절한 품질관리를 통하여 농수산물의 안전성을 확보하고 상품성을 향상하며 공정하고 투명한 거래를 유도함으로써 농어업인의 소득 증대와 소비자 보호에 이바지하는 것을 목적으로 한다.

02 **농수산물 품질관리법에서 사용하는 용어의 정의에 대한 설명으로 옳지 않은 것은?**

① "수산물"이란 수산동식물을 포획(捕獲)·채취(採取)하거나 양식하는 산업, 염전에서 바닷물을 자연 증발시켜 제조하는 소금산업 및 이들과 관련된 산업
② "유전자변형농수산물"이란 인공적으로 유전자를 분리하거나 재조합하여 의도한 특성을 갖도록 한 농수산물을 말한다.
③ "물류표준화"란 농수산물의 운송·보관·하역·포장 등 물류의 각 단계에서 사용되는 기기·용기 설비·정보 등을 규격화하여 호환성과 연계성을 원활히 하는 것을 말한다.
④ "수산자원"이란 수중(水中)에 서식하는 수산동식물로서 국민경제 및 국민생활에 유용한 자원을 말한다.

해설
- 수산물 : 어업활동으로 생산되는 산물
- 어업 : 수산동식물을 포획(捕獲)·채취(採取)하거나 양식하는 산업, 염전에서 바닷물을 자연 증발시켜 소금을 생산하는 산업

정답 1 ① 2 ①

03 농수산물 품질관리법 제2조 및 동법 시행령 제2조의 규정에서 정의하고 있는 수산가공품에 해당되는 것은?

① 수산동식물을 포획(捕獲) · 채취(採取)한 산물

② 수산동식물을 양식하는 산업으로부터 생산된 산물

③ 수산물을 원료 또는 재료의 50%를 넘게 사용하여 가공한 제품

④ 염전에서 바닷물을 자연 증발시켜 제조하는 소금산업으로부터 생산된 산물

해설 수산가공품의 기준(시행령 제2조)

1. 수산물을 원료 또는 재료의 50%를 넘게 사용하여 가공한 제품
2. 제1호에 해당하는 제품을 원료 또는 재료의 50%를 넘게 사용하여 2차 이상 가공한 제품
3. 수산물과 그 가공품, 농산물(임산물 및 축산물을 포함한다)과 그 가공품을 함께 원료 · 재료로 사용한 가공품인 경우에는 수산물 또는 그 가공품의 함량이 농산물 또는 그 가공품의 함량보다 많은 가공품

04 농수산물 품질관리법령이 정한 용어의 정의에서 "생산자단체"에 해당되지 않는 것은?

① 수산업협동조합법의 규정에 의한 조합 및 중앙회

② 농어업경영체 육성 및 지원에 관한 법률에 따른 영어조합법인

③ 농림축산식품부장관이 정하는 요건을 갖춘 전문유통인조직

④ 농어업경영체 육성 및 지원에 관한 법률에 따라 설립된 어업회사법인

해설 정의(법 제2조 제1항 제2호)

"생산자단체"란 「농업 · 농촌 및 식품산업 기본법」 제3조 제4호, 「수산업 · 어촌발전 기본법」 제3조 제5호의 생산자단체와 그 밖에 농림축산식품부령 또는 해양수산부령으로 정하는 단체를 말한다.

- 「수산업 · 어촌발전 기본법(제3조 제5호)」상 생산자단체 : 수산업의 생산력 향상과 수산인의 권익보호를 위한 수산인의 자주적인 조직으로서 대통령령으로 정하는 단체를 말한다.
- 대통령령으로 정하는 단체(수산업 · 어촌발전 기본법 시행령 제4조)
  - 「수산업협동조합법」에 따른 수산업협동조합 및 수산업협동조합중앙회
  - 수산물을 공동으로 생산하거나 수산물을 생산하여 공동으로 판매 · 가공 또는 수출하기 위하여 어업인 5명 이상이 모여 결성한 법인격이 있는 전문생산자 조직으로서 해양수산부령으로 정하는 요건을 갖춘 단체
- 해양수산부령으로 정하는 생산자단체의 범위(농수산물 품질관리법 시행규칙 제2조)
  - 「농어업경영체 육성 및 지원에 관한 법률」 제16조 제1항 또는 제2항에 따라 설립된 영농조합법인 또는 영어조합법인
  - 「농어업경영체 육성 및 지원에 관한 법률」 제19조 제1항 또는 제3항에 따라 설립된 농업회사법인 또는 어업회사법인

3 ③ 4 ③ 정답

05 **농수산물 품질관리법령에 의하여 수산물의 품질향상과 안전수산물 생산 · 공급을 위하여 생산 및 저장단계 수산물 또는 어획되어 거래되기 전단계의 수산물에 대하여 안전성조사를 실시하고자 한다. 다음 중 조사대상 유해물질이 아닌 것이 포함된 것은?**

① 잔류농약, 곰팡이 독소, 항생물질

② 잔류농약, 중금속, 환경호르몬

③ 중금속, 항생물질, 식중독균

④ 잔류농약, 곰팡이 독소, 중금속

해설 **정의(법 제2조 제1항 제12호)**

"유해물질"이란 농약, 중금속, 항생물질, 잔류성 유기오염물질, 병원성 미생물, 곰팡이 독소, 방사성 물질, 유독성 물질 등 식품에 잔류하거나 오염되어 사람의 건강에 해를 끼칠 수 있는 물질로서 총리령으로 정하는 것을 말한다.

06 **농수산물 품질관리심의회의 설치 및 운영에 관한 설명으로 틀린 것은?**

① 국립수산물품질관리원장 소속하에 농수산물 품질관리심의회를 둔다.

② 심의회는 위원장 및 부위원장 각 1인을 포함한 60명 이내의 위원으로 구성한다.

③ 심의회는 재적위원 과반수의 출석으로 개의하고, 출석위원 과반수의 찬성으로 의결한다.

④ 심의회는 분과위원회를 둘 수 있으며, 분과위원회가 심의회에서 위임받아 심의 · 의결한 사항은 심의회에서 의결된 것으로 본다.

해설 **농수산물 품질관리심의회의 설치(법 제3조)**

수산물 및 수산가공품의 품질관리 등에 관한 사항을 심의하기 위하여 해양수산부장관 소속으로 농수산물 품질관리심의회(심의회)를 둔다.

정답 5 ② 6 ①

07 다음 중 농수산물 품질관리심의회의 심의사항이 아닌 것은?

① 물류표준화에 관한 사항

② 친환경 수산물의 인증에 관한 사항

③ 지리적표시에 관한 사항

④ 수산물의 안전 및 품질관리에 관한 정보의 제공에 관한 사항

해설 **농수산물 품질관리심의회의 직무(법 제4조)**

1. 표준규격 및 물류표준화에 관한 사항
2. 농산물우수관리 · 수산물품질인증 및 이력추적관리에 관한 사항
3. 지리적표시에 관한 사항
4. 유전자변형농수산물의 표시에 관한 사항
5. 농수산물(축산물은 제외한다)의 안전성조사 및 그 결과에 대한 조치에 관한 사항
6. 농수산물(축산물은 제외한다) 및 수산가공품의 검사에 관한 사항
7. 농수산물의 안전 및 품질관리에 관한 정보의 제공에 관하여 총리령, 농림축산식품부령 또는 해양수산부령으로 정하는 사항
8. 수출을 목적으로 하는 수산물의 생산 · 가공시설 및 해역(海域)의 위생관리기준에 관한 사항
9. 수산물 및 수산가공품의 제70조에 따른 위해요소중점관리기준에 관한 사항
10. 지정해역의 지정에 관한 사항
11. 다른 법령에서 심의회의 심의사항으로 정하고 있는 사항
12. 그 밖에 농수산물 및 수산가공품의 품질관리 등에 관하여 위원장이 심의에 부치는 사항

08 농수산물의 표준규격을 제정하는 목적으로 적합하지 않은 것은?

① 수산물의 안전성 향상

② 수산물의 상품성 제고

③ 수산물의 공정한 거래 실현

④ 수산물의 유통능률 향상

해설 **표준규격(법 제5조)**

해양수산부장관은 수산물의 상품성을 높이고 유통능률을 향상시키며 공정한 거래를 실현하기 위하여 농수산물의 포장규격과 등급규격(표준규격)을 정할 수 있다.

7 ② 8 ① 정답

09 **수산물 표준규격의 제정에 관한 설명으로 맞지 않는 것은?**

① 포장규격은 「산업표준화법」에 의한 한국산업표준에 의한다.

② 수산물 표준규격은 포장규격 및 등급규격으로 구분한다.

③ 한국산업기준이 제정되어 있지 아니한 경우 수산물 포장규격을 따로 정할 수 없다.

④ 등급규격은 품목 또는 품종별로 그 특성 또는 선별상태 등 품위 구분에 필요한 항목을 설정하여 등급별 규격을 정한다.

해설 **표준규격의 제정(시행규칙 제5조)**
포장규격은 「산업표준화법」에 따른 한국산업표준에 따른다. 다만, 한국산업표준이 제정되어 있지 아니하거나 한국산업표준과 다르게 정할 필요가 있다고 인정되는 경우에는 보관·수송 등 유통과정의 편리성, 폐기물 처리문제를 고려하여 거래단위, 포장치수, 포장재료 및 포장재료의 시험방법, 포장방법, 포장설계, 표시사항, 그 밖에 품목의 특성에 따라 필요한 사항에 대하여 그 규격을 따로 정할 수 있다.

10 **수산물의 표준규격 중 포장규격이 한국산업표준에 제정되어 있지 않거나 한국산업표준과 다르게 정할 필요가 있다고 인정되는 경우에는 그 규격을 따로 정할 수 있다. 다음 중 따로 정할 수 있는 규격 항목이 아닌 것은?**

① 포장재의 무게

② 거래단위

③ 포장재료의 시험방법

④ 포장치수

해설 **표준규격의 제정(시행규칙 제5조)**
따로 정할 수 있는 포장규격 항목
- 거래단위
- 포장치수
- 포장재료 및 포장재료의 시험방법
- 포장방법
- 포장설계
- 표시사항
- 그 밖에 품목의 특성에 따라 필요한 사항

정답 9 ③ 10 ①

11 수산물 표준규격을 제정할 경우 등급규격을 정하는 항목으로만 이루어져 있지 않은 것은?

① 고르기, 신선도

② 크기, 선별상태

③ 색깔, 산지

④ 형태, 결점

해설 **표준규격의 제정(시행규칙 제5조)**

등급규격은 품목 또는 품종별로 그 특성에 따라 고르기, 크기, 형태, 색깔, 신선도, 건조도, 결점, 숙도(熟度) 및 선별상태 등에 따라 정한다.

12 수산물품질관리법령상 표준규격품의 사후관리에 관한 설명으로 옳지 않은 것은?

① 해양수산부장관은 표준규격품의 품질수준의 유지와 소비자 보호를 위하여 필요시 관계공무원에게 시료수거를 하게 할 수 있다.

② 해양수산부장관은 표준규격품이 해당 표시규격에 미달하는 경우에 해양수산부령에서 정하는 바에 따라 표시정지처분을 할 수 있다.

③ 표준규격품의 사후관리를 위한 조사 시 긴급한 경우에는 미리 관계인에게 조사의 일시, 목적, 대상 등을 알릴 필요가 없다.

④ 표준규격품의 조사 시 관계공무원은 그 권한을 표시하는 증표를 지니고 이를 관계인에게 보여주어야 한다.

해설 **우수표시품에 대한 시정조치(법 제31조)**

해양수산부장관은 표준규격품, 품질인증품이 다음의 어느 하나에 해당하면 대통령령으로 정하는 바에 따라 그 시정을 명하거나 해당 품목의 판매금지 또는 표시정지의 조치를 할 수 있다.

- 표시된 규격 또는 해당 인증·등록기준에 미치지 못하는 경우
- 업종전환·폐업 등으로 해당 품목을 생산하기 어렵다고 판단되는 경우
- 해당 표시방법을 위반한 경우

11 ③ 12 ② 정답

13 **다음은 수산물 표준규격에 관한 설명으로 옳은 것은?**

① 수산물 표준규격에 맞는 수산물을 출하하는 자는 포장의 표면에 반드시 "표준규격품" 이라는 표시를 하여야 한다.

② 생산자단체 또는 생산자조직은 공동출하하는 표준규격품에 대하여 표시사항·품질·등급 등에 관한 표준규격의 준수여부를 자체검사한 후 출하하여야 한다.

③ 수산물의 표준규격은 포장규격·등급규격 및 품위규격으로 구분한다.

④ 수산물 표준규격의 제정절차·기준 및 표시방법 등에 관하여 필요한 사항은 대통령령으로 정한다.

해설 ① 표준규격에 맞는 수산물(표준규격품)을 출하하는 자는 포장 겉면에 "표준규격품" 표시를 할 수 있다(법 제5조).

③ 수산물의 표준규격은 포장규격 및 등급규격으로 구분한다(시행규칙 제5조).

④ 표준규격의 제정기준, 제정절차 및 표시방법 등에 필요한 사항은 해양수산부령으로 정한다(법 제5조).

14 **고등어의 표준규격품임을 표시하고자 할 때 포장표면에 "표준규격품"이라는 문구와 함께 표시해야 할 사항으로 가장 적합한 것은?**

① 품목, 산지, 품종, 무게 또는 개수, 유통업자

② 품목, 산지, 품종, 등급, 무게 또는 개수, 유통업자

③ 품목, 산지, 품종, 등급, 무게 또는 개수, 생산자 또는 생산자단체의 명칭 및 전화번호

④ 품목, 산지, 품종, 생산연도, 등급, 생산자 또는 생산자단체의 명칭 및 전화번호

해설 **표준규격품의 출하 및 표시방법 등(시행규칙 제7조)**

표준규격품을 출하하는 자가 표준규격품임을 표시하려면 해당 물품의 포장겉면에 "표준규격품"이라는 문구와 함께 다음의 사항을 표시하여야 한다.

- 품 목
- 산 지
- 품종. 다만, 품종을 표시하기 어려운 품목은 국립수산물품질관리원장이 정하여 고시하는 바에 따라 품종의 표시를 생략할 수 있다.
- 생산연도(곡류만 해당)
- 등 급
- 무게(실중량). 다만, 품목 특성상 무게를 표시하기 어려운 품목은 국립수산물품질관리원장이 정하여 고시하는 바에 따라 개수(마릿수) 등의 표시를 단일하게 할 수 있다.
- 생산자 또는 생산자단체의 명칭 및 전화번호

정답 13 ② 14 ③

15 수산물 품질인증 규정에 관한 설명으로 옳지 않은 것은?

① 해양수산부장관은 수산물의 품질을 향상시키고 소비자를 보호하기 위하여 품질인증제도를 실시한다.

② 품질인증 대상품목은 식용을 목적으로 생산한 수산물 및 수산특산물로 한다.

③ 품질인증을 받으려는 자는 해양수산부령으로 정하는 바에 따라 해양수산부장관에게 신청하여야 한다.

④ 품질인증의 기준・절차・표시방법 및 대상품목의 선정 등에 필요한 사항은 해양수산부령으로 정한다.

해설 **수산물의 품질인증 대상품목(시행규칙 제28조)**
품질인증 대상품목은 식용을 목적으로 생산한 수산물로 한다.

16 수산물의 품질인증의 표시항목별 인증방법으로 옳지 않은 것은?

① 산지는 해당 품목이 생산되는 시・군・구의 행정구역 명칭으로 인증하되, 신청인이 강・해역 등 특정지역의 명칭으로 인증받기를 희망하는 경우에는 그 명칭으로 인증할 수 있다.

② 품명은 반드시 표준어로 인증해야 한다.

③ 생산자 또는 생산자집단은 명칭(법인의 경우에는 명칭과 그 대표자의 성명을 포함)・주소 및 전화번호이다.

④ 생산조건은 자연산과 양식산으로 인증한다.

해설 **품질인증품의 표시사항 등(시행규칙 제32조)**
품명은 표준어로 인증하되, 그 명칭이 명확하지 아니한 경우 또는 소비자가 식별하는 데 지장이 없다고 인정되는 경우에는 해당 품목의 생태・형태・용도 등에 따라 산지에서 관행적으로 사용되는 명칭으로 인증할 수 있다.

15 ② 16 ② 정답

17 품질인증을 받기 위한 품질인증의 기준으로 옳지 않은 것은?

① 그 지방의 특산물일 것
② 수산물의 품질유지를 위한 생산기술과 시설·자재를 갖추고 있을 것
③ 수산물의 생산·출하과정에서의 자체 품질관리체제를 갖추고 있을 것
④ 수산물의 유통 과정에서의 사후관리체제를 갖추고 있을 것

해설 품질인증의 기준(시행규칙 제29조)
해당 수산물이 그 산지의 유명도가 높거나 상품으로서의 차별화가 인정되는 것일 것

18 품질인증의 유효기간의 설명으로 옳지 않은 것은?

① 품질인증의 유효기간은 품질인증을 받은 날부터 2년으로 한다. 다만, 품목의 특성상 달리 적용할 필요가 있는 경우에는 4년의 범위에서 해양수산부령으로 유효기간을 달리 정할 수 있다.
② 품질인증의 유효기간을 연장받으려는 자는 유효기간이 끝나기 전에 해양수산부령으로 정하는 바에 따라 해양수산부장관에게 연장신청을 하여야 한다.
③ 수산물의 품질인증 유효기간을 연장받으려는 자는 해당 품질인증을 한 기관의 장에게 수산물 품질인증 (연장)신청서에 품질인증서 사본을 첨부하여 그 유효기간이 끝나기 1개월 전까지 제출해야 한다.
④ 해양수산부장관 또는 품질인증기관의 장은 신청인에게 연장절차와 연장신청기간을 유효기간이 끝나기 1개월 전까지 미리 알려야 한다.

해설 유효기간의 연장신청(시행규칙 제35조)
국립수산물품질관리원장 또는 품질인증기관의 장은 신청인에게 연장절차와 연장신청기간을 유효기간이 끝나기 2개월 전까지 미리 알려야 한다. 이 경우 통지는 휴대전화 문자메시지, 전자우편, 팩스, 전화 또는 문서 등으로 할 수 있다.

정답 17 ① 18 ④

19 **해양수산부장관은 품질인증을 받은 자가 품질인증의 취소사유가 있으면 취소하여야 한다. 다음 중 반드시 품질인증을 취소하여야 하는 경우는?**

① 거짓이나 그 밖의 부정한 방법으로 인증을 받은 경우

② 품질인증의 기준에 현저하게 맞지 아니한 경우

③ 정당한 사유 없이 품질인증품 표시의 시정명령, 해당 품목의 판매금지 또는 표시정지 조치에 따르지 아니한 경우

④ 업종전환·폐업 등으로 인하여 품질인증품을 생산하기 어렵다고 판단되는 경우

해설 **품질인증의 취소(법 제16조)**

거짓이나 그 밖의 부정한 방법으로 인증을 받은 경우에는 반드시 취소하여야 한다.

20 **A사는 2015년 5월에 수산물품질인증기관으로 지정받기 위해 수산물인증기관의 지정요건에 부합하는 심사원을 채용할 예정이다. 다음 중 A사의 채용요건에 부합하는 자를 모두 고른 것은?**

ㄱ. 2년제 전문대학 졸업자로서 품질인증 심사업무를 원활히 수행할 수 있는 사람
ㄴ. 수산 또는 식품가공분야의 산업기사 이상의 자격증을 소지한 사람
ㄷ. 수산물 단체에서 수산물 및 수산가공품의 품질관리업무를 5년 이상 담당한 경력이 있는 사람

① ㄱ, ㄴ　　② ㄱ, ㄷ

③ ㄴ, ㄷ　　④ ㄱ, ㄴ, ㄷ

해설 **수산물품질인증기관의 지정기준 – 인력(시행규칙 제36조 관련 [별표 8])**

- 품질인증의 심사업무 및 품질인증의 사후관리를 위한 품질인증심사원 2명 이상을 포함하여 품질인증 업무를 원활히 수행하기 위한 인력을 갖출 것
- 심사원은 다음의 어느 하나에 해당하는 자격을 갖춘 사람일 것
  - 2년제 전문대학 졸업자 또는 이와 같은 수준 이상의 학력이 있는 사람으로서 품질인증 심사업무를 원활히 수행할 수 있는 사람
  - 「국가기술자격법」에 따른 수산 또는 식품가공분야의 산업기사 이상의 자격증을 소지한 사람
  - 수산물·수산가공품 또는 식품 관련 기업체·연구소·기관 및 단체에서 수산물 및 수산가공품의 품질관리업무를 5년 이상 담당한 경력이 있는 사람

19 ① 20 ④ 정답

21 **품질인증기관의 지정 등에 대한 설명으로 옳지 않은 것은?**

① 해양수산부장관은 수산물의 생산조건, 품질 및 안전성에 대한 심사·인증을 업무로 하는 법인 또는 단체로서 해양수산부장관의 지정을 받은 자로 하여금 품질인증에 관한 업무를 대행하게 할 수 있다.

② 국립수산물품질관리원장은 어업인 스스로 수산물의 품질을 향상시키고 체계적으로 품질관리를 할 수 있도록 하기 위하여 품질인증기관으로 지정받은 수산물 생산자단체 등에 대하여 자금을 지원할 수 있다.

③ 품질인증기관으로 지정을 받으려는 자는 품질인증 업무에 필요한 시설과 인력을 갖추어 해양수산부장관에게 신청하여야 한다.

④ 품질인증기관의 지정 기준, 절차 및 품질인증 업무의 범위 등에 필요한 사항은 해양수산부령으로 정한다.

해설 **품질인증기관의 지정 등(법 제17조)**

해양수산부장관, 특별시장·광역시장·도지사·특별자치도지사 또는 시장·군수·구청장은 어업인 스스로 수산물의 품질을 향상시키고 체계적으로 품질관리를 할 수 있도록 하기 위하여 규정에 따라 품질인증기관으로 지정받은 다음의 단체 등에 대하여 자금을 지원할 수 있다.

1. 수산물 생산자단체(어업인 단체만을 말한다)
2. 수산가공품을 생산하는 사업과 관련된 법인(「민법」에 따른 법인만을 말한다)

22 **품질인증기관으로 지정받은 후 해양수산부령으로 정하는 중요사항이 변경되었을 때에는 변경신고를 하여야 한다. 해양수산부령으로 정하는 중요사항에 해당되지 않은 것은?**

① 품질인증기관의 명칭·대표자·정관

② 품질인증품의 계측 및 분석 등을 위한 검정실

③ 품질인증 심사원

④ 품질인증 업무규정

해설 **품질인증기관의 지정내용 변경신고(시행규칙 제38조)**

①, ③, ④ 외에도 품질인증기관의 사업계획서도 해당된다.

정답 21 ② 22 ②

23 **해양수산부장관이 품질인증기관의 지정취소를 반드시 해야 하는 항목이 아닌 것은?**

① 업무정지 기간 중 품질인증 업무를 한 경우

② 최근 3년간 2회 이상 업무정지처분을 받은 경우

③ 품질인증기관의 폐업이나 해산·부도로 인하여 품질인증 업무를 할 수 없는 경우

④ 중요사항의 변경 시 변경신고를 하지 아니하고 품질인증 업무를 계속한 경우

해설 **품질인증기관의 지정취소 등(법 제18조)**

해양수산부장관은 품질인증기관이 다음의 어느 하나에 해당하면 그 지정을 취소하거나 6개월 이내의 기간을 정하여 품질인증 업무의 전부 또는 일부의 정지를 명할 수 있다. 다만, 제1호부터 제4호까지 및 제6호 중 어느 하나에 해당하면 품질인증기관의 지정을 취소하여야 한다.

1. 거짓이나 그 밖의 부정한 방법으로 품질인증기관으로 지정받은 경우
2. 업무정지 기간 중 품질인증 업무를 한 경우
3. 최근 3년간 2회 이상 업무정지처분을 받은 경우
4. 품질인증기관의 폐업이나 해산·부도로 인하여 품질인증 업무를 할 수 없는 경우
5. 중요사항의 변경 시 변경신고를 하지 아니하고 품질인증 업무를 계속한 경우
6. 해양수산부령으로 정하는 지정기준에 미치지 못하여 시정을 명하였으나 그 명령을 받은 날부터 1개월 이내에 이행하지 아니한 경우
7. 해양수산부령으로 정하는 업무범위를 위반하여 품질인증 업무를 한 경우
8. 다른 사람에게 자기의 성명이나 상호를 사용하여 품질인증 업무를 하게 하거나 품질인증기관지정서를 빌려준 경우
9. 품질인증 업무를 성실하게 수행하지 아니하여 공중에 위해를 끼치거나 품질인증을 위한 조사 결과를 조작한 경우
10. 정당한 사유 없이 1년 이상 품질인증 실적이 없는 경우

24 **품질인증기관이 업무범위를 위반하여 품질인증 업무를 1차 위반한 경우 행정처분기준은?**

① 경 고　　② 업무정지 1개월

③ 업무정지 3개월　　④ 업무정지 6개월

해설 **품질인증기관의 지정취소 및 업무정지에 관한 세부기준 – 개별기준(시행규칙 제39조 제1항 관련 [별표 9])**

위반행위	위반횟수별 행정처분기준		
	1회 위반	2회 위반	3회 이상 위반
법 제17조 제6항의 업무범위를 위반하여 품질인증 업무를 한 경우	경 고	업무정지 1개월	업무정지 3개월

23 ④ 24 ① 정답

25 품질인증기관의 지정취소 및 업무정지에 관한 세부기준으로 옳지 않은 것은?

① 위반행위가 둘 이상인 경우에는 그중 무거운 처분기준을 적용하며, 둘 이상의 처분기준이 동일한 업무정지인 경우에는 무거운 처분기준의 2분의 1까지 가중할 수 있다. 이 경우 각 처분기준을 합산한 기간을 초과할 수 없다.

② 위반행위의 횟수에 따른 처분의 기준은 처분일을 기준으로 최근 1년간 같은 위반행위로 받은 처분과 동일한 처분을 받게 된 경우에 적용한다.

③ 위반행위의 동기・내용・횟수 및 위반의 정도 등 해당하는 사유를 고려하여 그 처분을 감경할 수 없다.

④ 위반행위자가 처음 해당 위반행위를 한 경우 감경할 수 있다.

해설 **품질인증기관의 지정취소 및 업무정지에 관한 세부기준 – 일반기준(시행규칙 제39조 제1항 관련 [별표 9])**
위반행위의 동기・내용・횟수 및 위반의 정도 등 다음에 해당하는 사유를 고려하여 그 처분을 감경할 수 있다. 이 경우 그 처분이 지정취소 또는 업무정지 6개월 이상인 경우 업무정지 3개월 이상으로 감경하고, 업무정지 3개월 이상인 경우 업무정지 1개월 이상으로 감경할 수 있다.
㉠ 위반행위가 고의나 중대한 과실이 아닌 사소한 부주의나 오류로 인한 것으로 인정되는 경우
㉡ 위반행위자가 처음 해당 위반행위를 한 경우로서, 2년 이상 품질인증 업무를 모범적으로 해온 사실이 인정되는 경우

26 농수산물 품질관리법령상 지리적표시와 관련되는 법이 아닌 것은?

① 인삼산업법

② 관세법

③ 종자산업법

④ 상표법

해설 법 제34조에서 상표법, 종자산업법, 식물신품종 보호법, 인삼산업법, 시행령 제12조에 연안관리법 등이 관련되어 있다.

정답 25 ③ 26 ②

27 지리적표시 등록이 이루어지는 절차를 순서대로 나열한 것은?

① 지리적표시 등록신청 → 등록신청 공고 → 심의회 심사 → 등록

② 지리적표시 등록신청 → 심의회 심사 → 등록신청 공고 → 등록

③ 지리적표시 등록신청 → 등록신청 공고 → 등록 → 심의회 심사

④ 지리적표시 등록신청 → 심의회 심사 → 등록 → 등록신청 공고

해설 **지리적표시의 등록(법 제32조 제4항)**

해양수산부장관은 등록신청을 받으면 지리적표시 등록심의 분과위원회의 심의를 거쳐 등록거절 사유가 없는 경우 지리적표시 등록신청 공고결정을 하여야 한다. 이 경우 해양수산부장관은 신청된 지리적표시가 「상표법」에 따른 타인의 상표(지리적표시 단체표장을 포함한다)에 저촉되는지에 대하여 미리 특허청장의 의견을 들어야 한다.

28 농수산물 품질관리법령상 지리적표시 등록 후 그 중요사항이 변경되었을 경우 변경신청을 하여야 한다. 중요사항에 해당되지 않는 것은?

① 등록자

② 자체품질기준 중 제품생산기준

③ 지리적표시품 품질관리계획

④ 지리적표시 대상지역의 범위

해설 **지리적표시의 등록 및 변경(시행규칙 제56조 제3항)**

지리적표시로 등록한 사항 중 다음의 어느 하나의 사항을 변경하려는 자는 지리적표시 등록(변경)신청서에 변경사유 및 증거자료를 첨부하여 국립수산물품질관리원장에게 각각 제출하여야 한다.

1. 등록자
2. 지리적표시 대상지역의 범위
3. 자체품질기준 중 제품생산기준, 원료생산기준 또는 가공기준

27 ② 28 ③ 정답

29 **국립수산물품질관리원장이 지리적표시의 등록신청공고를 할 때 그 공고내용에 포함시켜야 할 사항으로 규정되어 있지 않은 것은?**

① 신청인의 자체품질기준

② 지리적표시 대상지역의 범위

③ 품질의 특성과 지리적 요인과의 관계

④ 지리적표시 등록신청인의 사업자등록번호

해설 **지리적표시의 등록공고 등(시행규칙 제58조 제1항)**

국립수산물품질관리원장 또는 산림청장은 지리적표시의 등록을 결정한 경우에는 다음의 사항을 공고하여야 한다.

1. 등록일 및 등록번호
2. 지리적표시 등록자의 성명, 주소(법인의 경우에는 그 명칭 및 영업소의 소재지를 말한다) 및 전화번호
3. 지리적표시 등록 대상품목 및 등록명칭
4. 지리적표시 대상지역의 범위
5. 품질의 특성과 지리적 요인의 관계
6. 등록자의 자체품질기준 및 품질관리계획서

30 **다음은 지리적 특성을 가진 우수 수산물 및 그 가공품에 대한 지리적표시의 등록제도에 관하여 설명한 것이다. 가장 바르게 표현한 것은?**

① 지리적표시의 대상지역의 범위는 해당 품목의 특성에 영향을 주는 지리적 특성이 동일한 행정구역, 산, 강 등에 따라 구획한다.

② 지리적 특성을 가진 우수 수산물 및 그 가공품의 품질보증과 지역특화산업 육성 및 생산자 보호를 위하여 지리적표시의 등록제도를 실시한다.

③ 지리적표시를 하고자 하는 때에는 지리적특산품의 표지 및 표시사항을 스티커로 제작하여 포장・용기의 표면 등에 부착하여야 하며 포장・용기의 표면 등에 인쇄하여서는 아니 된다.

④ 누구든지 지리적표시의 등록신청 공고에 이의가 있을 때에는 지리적표시의 등록신청 공고일로부터 15일 이내에 이의신청을 할 수 있다.

해설 ② 지리적 특성을 가진 수산물 또는 수산가공품의 품질 향상과 지역특화산업 육성 및 소비자 보호를 위하여 지리적표시의 등록 제도를 실시한다(법 제32조).

③ 지리적표시권자가 그 표시를 하려면 지리적표시품의 포장・용기의 겉면 등에 등록 명칭을 표시하여야 하며, [별표 15](인쇄하거나 스티커로 포장재에서 떨어지지 않도록 부착하여야 한다)에 따른 지리적표시품의 표시를 하여야 한다. 다만, 포장하지 아니하고 판매하거나 낱개로 판매하는 경우에는 대상품목에 스티커를 부착하거나 표지판 또는 푯말로 표시할 수 있다(시행규칙 제60조).

④ 해양수산부장관은 지리적표시의 등록 또는 중요사항의 변경등록 신청을 받으면 그 신청을 받은 날부터 30일 이내에 지리적표시 분과위원회에 심의를 요청하여야 한다(시행령 제14조).

정답 29 ④ 30 ①

31 B지역에서 양식장어를 생산하는 홍길동이 "B장어"로 지리적표시의 등록을 받은 후 그 가공품인 "장어즙"을 지리적 특산품으로 표시하고자 한다. 수산물품질관리법령이 규정한 지리적 특산품의 표시방법에 의한 표시사항에 해당되지 않는 것은?

① 지리적표시관리기관 : 국립수산물품질관리원

② 등록 명칭 : B장어즙

③ 품목 : 장어가공품

④ 생산자(등록법인의 명칭) : 홍길동

해설 지리적표시품의 표시사항(시행규칙 제60조 관련 [별표 15])

<table>
<tr><td>지리적표시
(PGI)
해양수산부</td><td>등록 명칭 :   (영문등록 명칭)
지리적표시관리기관 명칭, 지리적표시 등록 제   호
생산자(등록법인의 명칭) :
주소(전화) :</td></tr>
<tr><td colspan="2">이 상품은 「농수산물 품질관리법」에 따라 지리적표시가 보호되는 제품입니다.</td></tr>
</table>

32 농수산물 품질관리법상 거짓표시 등의 금지 행위에 해당되지 않는 것은?

① 표준규격품이 아닌 수산가공품에 우수표시품의 표시를 하는 행위

② 우수표시품이 아닌 수산물에 우수표시품의 표시와 비슷한 표시를 하는 행위

③ 품질인증품의 표시를 한 수산물에 품질인증품이 아닌 수산물을 혼합하여 판매할 목적으로 보관 또는 진열하는 행위

④ 포장 재비용 지원이 중단된 품목을 표준규격에 맞게 생산하고 표준규격품 표시를 하여 출하하는 행위

해설 거짓표시 등의 금지(법 제29조)

① 누구든지 다음의 표시·광고 행위를 하여서는 아니 된다.

1. 표준규격품, 품질인증품, 이력추적관리농산물(우수표시품)이 아닌 수산물 또는 수산가공품에 우수표시품의 표시를 하거나 이와 비슷한 표시를 하는 행위
2. 우수표시품이 아닌 수산물 또는 수산가공품을 우수표시품으로 광고하거나 우수표시품으로 잘못 인식할 수 있도록 광고하는 행위

② 누구든지 다음의 행위를 하여서는 아니 된다.

1. 표준규격품의 표시를 한 수산물에 표준규격품이 아닌 수산물 또는 수산가공품을 혼합하여 판매하거나 혼합하여 판매할 목적으로 보관하거나 진열하는 행위
2. 품질인증품의 표시를 한 수산물에 품질인증품이 아닌 수산물을 혼합하여 판매하거나 혼합하여 판매할 목적으로 보관 또는 진열하는 행위

31 ③ 32 ④ 정답

33 다음 중 지리적표시의 등록기준으로 옳지 않은 것은?

① 해당 품목의 우수성이 국내 또는 국외에서 널리 알려진 품목일 것
② 해당 품목의 명성·품질 그 밖의 특성이 본질적으로 특정지역의 생산환경적 요인 또는 인적 요인에 의하여 이루어진 품목일 것
③ 해당 품목이 수산물인 경우에는 지리적표시 대상지역에서만 생산된 것이 아닌 경우
④ 해양수산부장관이 지리적표시를 위하여 필요하다고 인정하여 고시하는 기준에 적합 할 것

해설 **지리적표시의 등록거절 사유의 세부기준(시행령 제15조)**

1. 해당 품목이 수산물인 경우에는 지리적표시 대상지역에서만 생산된 것이 아닌 경우
2. 해당 품목이 수산가공품인 경우에는 지리적표시 대상지역에서만 생산된 수산물을 주원료로 하여 해당 지리적표시 대상지역에서 가공된 것이 아닌 경우
3. 해당 품목의 우수성이 국내 및 국외에서 모두 널리 알려지지 아니한 경우
4. 해당 품목이 지리적표시 대상지역에서 생산된 역사가 깊지 않은 경우
5. 해당 품목의 명성·품질 또는 그 밖의 특성이 본질적으로 특정지역의 생산환경적 요인과 인적 요인 모두에 기인하지 아니한 경우
6. 그 밖에 해양수산부장관이 지리적표시 등록에 필요하다고 인정하여 고시하는 기준에 적합하지 않은 경우

34 농수산물 품질관리법 시행령 제41조의 규정에 의하여 유전자변형수산물의 표시 위반사항을 신고 또는 고발하거나 검거한 자 및 검거에 협조한 자에게 포상금은 얼마의 범위 안에서 지급할 수 있는가?

① 500만원
② 300만원
③ 200만원
④ 100만원

해설 법 제112조에 따른 포상금은 제56조(유전자변형수산물의 표시) 또는 제57조(거짓표시 등의 금지)를 위반한 자를 주무관청이나 수사기관에 신고 또는 고발하거나 검거한 사람 및 검거에 협조한 사람에게 200만원의 범위에서 지급한다.

정답 33 ③ 34 ③

35 표준규격이 아닌 포장재에 표준규격품의 표시를 하여 1차 위반한 경우 행정처분기준으로 옳은 것은?

① 시정명령 ② 표시정지 1월
③ 표시정지 3월 ④ 인증취소

해설 시정명령 등의 처분기준 - 표준규격품(시행령 제11조 및 제16조 관련 [별표 1])

위반행위	행정처분 기준		
	1차 위반	2차 위반	3차 위반
1) 법 제5조 제2항에 따른 표준규격품 의무표시사항이 누락된 경우	시정명령	표시정지 1개월	표시정지 3개월
2) 법 제5조 제2항에 따른 표준규격이 아닌 포장재에 표준규격품의 표시를 한 경우	시정명령	표시정지 1개월	표시정지 3개월
3) 법 제5조 제2항에 따른 표준규격품의 생산이 곤란한 사유가 발생한 경우	표시정지 6개월	-	-
4) 법 제29조 제1항을 위반하여 내용물과 다르게 거짓표시나 과장된 표시를 한 경우	표시정지 1개월	표시정지 3개월	표시정지 6개월

36 품질인증을 받지 아니한 제품을 품질인증품으로 표시를 하여 1차 위반한 경우 행정처분기준으로 옳은 것은?

① 시정명령 ② 표시정지 1월
③ 표시정지 3월 ④ 인증취소

해설 시정명령 등의 처분기준 - 품질인증품(시행령 제11조 및 제16조 관련 [별표 1])

위반행위	행정처분 기준		
	1차 위반	2차 위반	3차 위반
1) 법 제14조 제3항을 위반하여 의무표시사항이 누락된 경우	시정명령	표시정지 1개월	표시정지 3개월
2) 법 제14조 제3항에 따른 품질인증을 받지 아니한 제품을 품질인증품으로 표시한 경우	인증취소	-	-
3) 법 제14조 제4항에 따른 품질인증기준에 위반한 경우	표시정지 3개월	표시정지 6개월	-
4) 법 제16조 제4호에 따른 품질인증품의 생산이 곤란하다고 인정되는 사유가 발생한 경우	인증취소	-	-
5) 법 제29조 제1항을 위반하여 내용물과 다르게 거짓표시 또는 과장된 표시를 한 경우	표시정지 1개월	표시정지 3개월	인증취소

35 ① 36 ④ 정답

37 지리적표시품의 내용물과 다르게 거짓표시나 과장된 표시를 하여 1차 위반한 경우 행정처분기준으로 옳은 것은?

① 시정명령
② 표시정지 1월
③ 표시정지 3월
④ 인증취소

해설 시정명령 등의 처분기준 - 지리적표시품(시행령 제11조 및 제16조 관련 [별표 1])

위반행위	행정처분 기준		
	1차 위반	2차 위반	3차 위반
1) 지리적표시품 생산계획의 이행이 곤란하다고 인정되는 경우	등록취소	-	-
2) 등록된 지리적표시품이 아닌 제품에 지리적표시를 한 경우	등록취소	-	-
3) 지리적표시품이 등록기준에 미치지 못하게 된 경우	표시정지 3개월	등록취소	-
4) 의무표시사항이 누락된 경우	시정명령	표시정지 1개월	표시정지 3개월
5) 내용물과 다르게 거짓표시나 과장된 표시를 한 경우	표시정지 1개월	표시정지 3개월	등록취소

38 지리적표시품이 등록기준에 미달되어 '표시정지 3개월'의 행정처분을 받았다. 그 후 1년 6개월이 되는 날 같은 위반행위로 재차 행정처분을 받게 되었다. 이 경우의 처분기준으로 올바른 것은?

① 표시정지 3개월
② 표시정지 6개월
③ 표시정지 1년
④ 등록취소

해설 시정명령 등의 처분기준 - 일반기준(시행령 제11조 및 제16조 관련 [별표 1])
위반행위의 횟수에 따른 행정처분의 기준은 최근 1년간 같은 위반행위로 행정처분을 받는 경우에 적용한다. 이 경우 행정처분 기준의 적용은 같은 위반행위에 대하여 최초로 행정처분을 한 날과 다시 같은 위반행위로 적발한 날을 기준으로 한다.

정답 37 ② 38 ①

39 유전자변형수산물의 표시에 관한 설명으로 옳지 않은 것은?

① 표시대상품목은 해양수산부장관이 식용으로 적합하다고 인정하여 고시한 품목으로 한다.
② 표시기준 및 표시방법 등에 관하여 필요한 사항은 대통령령으로 정한다.
③ 유전자변형수산물의 표시는 해당 수산물의 포장·용기의 표면 또는 판매장소 등에 하여야 한다.
④ 표시기준 및 표시방법에 관한 세부사항은 식품의약품안전처장이 정하여 고시한다.

해설 **유전자변형수산물의 표시대상품목(시행령 제19조)**
유전자변형수산물의 표시대상품목은 식품위생법에 따른 안전성평가 결과 식품의약품안전처장이 식용으로 적합하다고 인정하여 고시한 품목으로 한다.

40 농수산물 품질관리법상 유전자변형수산물 표시대상품목을 고시하는 자는?

① 해양수산부장관
② 국립수산물품질관리원장
③ 식품의약품안전처장
④ 보건복지부장관

41 유전자변형수산물의 표시기준으로 틀린 것은?

① 유전자변형수산물을 생산하여 출하하는 자, 판매하는 자 또는 판매할 목적으로 보관·진열하는 자는 해당 수산물에 유전자변형수산물임을 표시하여야 한다.
② 유전자변형수산물에는 해당 수산물이 유전자변형수산물임을 표시하거나, 유전자변형수산물이 포함되어 있음을 표시하거나, 유전자변형수산물이 포함되어 있을 가능성이 있음을 표시하여야 한다.
③ 식품의약품안전처장은 유전자변형수산물인지를 판정하기 위하여 유전자변형수산물 판정심판관을 지정하여야 한다.
④ 유전자변형수산물의 표시는 해당 수산물의 포장·용기의 표면 또는 판매장소 등에 하여야 한다.

해설 **유전자변형수산물의 표시기준 등(시행령 제20조 제4항)**
식품의약품안전처장은 유전자변형수산물인지를 판정하기 위하여 필요한 경우 시료의 검정기관을 지정하여 고시하여야 한다.

39 ① 40 ③ 41 ③ 정답

42 농수산물 품질관리법령상 유전자변형수산물의 표시 '거짓표시 등의 금지'에 해당되지 않는 것은?

① 유전자변형수산물의 표시를 거짓으로 하거나 이를 혼동하게 할 우려가 있는 표시를 하는 행위

② 유전자변형수산물의 표시를 혼동하게 할 목적으로 그 표시를 손상·변경하는 행위

③ 유전자변형수산물의 표시를 위조하거나 모조할 목적으로 교부·판매·소지하는 행위

④ 유전자변형수산물의 표시를 한 수산물에 다른 수산물을 혼합하여 판매하거나 혼합하여 판매할 목적으로 보관 또는 진열하는 행위

해설 **거짓표시 등의 금지(법 제57조)**

1. 유전자변형수산물의 표시를 거짓으로 하거나 이를 혼동하게 할 우려가 있는 표시를 하는 행위
2. 유전자변형수산물의 표시를 혼동하게 할 목적으로 그 표시를 손상·변경하는 행위
3. 유전자변형수산물의 표시를 한 수산물에 다른 수산물을 혼합하여 판매하거나 혼합하여 판매할 목적으로 보관 또는 진열하는 행위

43 유전자변형수산물의 표시에 관한 설명으로 옳지 않은 것은?

① 유전자변형표시 대상 수산물의 수거·조사는 업종·규모·거래품목 및 거래형태 등을 고려하여 식품의약품안전처장이 정하는 기준에 해당하는 영업소에 대하여 매년 1회 실시한다.

② 국립수산물품질관리원장은 유전자변형 표시에 대한 정기 수거·조사계획을 2년마다 세워야 한다.

③ 수거·조사의 방법 등에 관하여 필요한 사항은 총리령으로 정한다.

④ 수산물의 유통량이 현저하게 증가하는 시기 등 필요할 때에는 수시로 수거하거나 조사하게 할 수 있다.

해설 정기적인 수거·조사는 지방식품의약품안전청장이 유전자변형농수산물에 대하여 대상 업소, 수거·조사의 방법·시기·기간 및 대상품목 등을 포함하는 정기 수거·조사 계획을 매년 세우고, 이에 따라 실시한다(유전자변형농수산물의 표시 및 농수산물의 안전성조사 등에 관한 규칙 제4조).

정답 42 ③ 43 ②

44 농수산물 품질관리법 시행령의 규정에 의한 공표명령의 대상자에 해당하는 것은?

① 유전자변형수산물 표시위반물량이 5톤인 경우
② 유전자변형수산물 표시위반물량의 판매가격 환산금액이 3억원 이상인 경우
③ 유전자변형수산물 물량이 3톤으로 환산금액이 6억원 이상인 경우
④ 적발일을 기준으로 최근 2년 동안 처분을 받은 횟수가 2회 이상인 경우

해설 **공표명령의 기준·방법 등(시행령 제22조 제1항)**
공표명령의 대상자는 처분을 받은 자 중 다음의 어느 하나의 경우에 해당하는 자로 한다.
1. 표시위반물량이 수산물의 경우에는 10톤 이상인 경우
2. 표시위반물량의 판매가격 환산금액이 수산물인 경우에는 5억원 이상인 경우
3. 적발일을 기준으로 최근 1년 동안 처분을 받은 횟수가 2회 이상인 경우

45 유전자변형수산물 표시 위반의 공표명령을 받은 자는 지체 없이 공표문을 전국을 보급지역으로 하는 1개 이상의 일반일간신문에 게재하여야 한다. 다음 중 공표문의 내용에 포함되지 않는 사항은?

① 영업의 종류
② 영업소의 명칭 및 주소
③ 수산물의 가격
④ 수산물의 명칭

해설 **공표명령의 기준·방법 등(시행령 제22조 제2항)**
유전자변형수산물 표시 위반에 대한 처분에 따른 공표명령을 받은 자는 지체 없이 다음의 사항이 포함된 공표문을 「신문 등의 진흥에 관한 법률」에 따라 등록한 전국을 보급지역으로 하는 1개 이상의 일반일간신문에 게재하여야 한다.
1. "「농수산물 품질관리법」 위반사실의 공표"라는 내용의 표제
2. 영업의 종류
3. 영업소의 명칭 및 주소
4. 수산물의 명칭
5. 위반내용
6. 처분권자, 처분일 및 처분내용

44 ③ 45 ③ 정답

46 농수산물 품질관리법령상 안전성조사에 관한 설명으로 옳지 않은 것은?

① 식품의약품안전처장은 수산물의 품질 향상과 안전한 수산물의 생산・공급을 위한 안전관리계획을 매년 수립・시행하여야 한다.

② 지방식품의약품안전처장은 관할 지역에서 생산・유통되는 수산물의 안전성을 확보하기 위한 세부추진계획을 수립・시행하여야 한다.

③ 안전관리계획 및 세부추진계획에는 안전성조사, 위험평가 및 잔류조사, 어업인에 대한 교육, 그 밖에 총리령으로 정하는 사항을 포함하여야 한다.

④ 식품의약품안전처장은 시・도지사 및 시장・군수・구청장에게 세부추진계획 및 그 시행 결과를 보고하게 할 수 있다.

해설 ② 시・도지사 및 시장・군수・구청장은 관할 지역에서 생산・유통되는 수산물의 안전성을 확보하기 위한 세부추진계획을 수립・시행하여야 한다(법 제60조 제2항).

47 수산물 안전성조사에 관한 설명 중 옳지 않은 것은?

① 안전성조사를 하는 공무원은 생산장소에 있는 수산물에 대하여 시료를 채취하거나 당해 수산물을 생산하는 자의 관계장부 또는 서류를 열람할 수 있다.

② 안전성조사를 하는 공무원이 저장장소에 있는 수산물에 대하여 시료를 채취할 때에는 그 권한을 표시하는 증표를 내보여야 한다.

③ 식품의약품안전처장이나 시・도지사는 수산물의 안전관리를 위하여 수산물 또는 수산물의 생산에 이용・사용하는 농지・어장・용수(用水)・자재 등에 대하여 안전성조사를 하여야 한다.

④ 안전성조사 대상품목의 구체적인 사항은 생산량과 소비량 등을 고려하여 안전관리계획으로 정한다.

해설 ④ 안전성조사의 대상품목은 생산량과 소비량 등을 고려하여 안전관리계획으로 정하고, 대상품목의 구체적인 사항은 식품의약품안전처장이 정한다(유전자변형농수산물의 표시 및 농수산물의 안전성조사에 관한 규칙 제7조).

정답 46 ② 47 ④

48 농수산물 품질관리법상 안전성조사에서 시료 수거 등에 관한 설명으로 옳지 않은 것은?

① 식품의약품안전처장이나 시·도지사는 안전성조사, 위험평가 또는 잔류조사를 위하여 필요하면 관계 공무원에게 시료 수거 및 조사 등을 하게 할 수 있다. 이 경우 무상으로 시료 수거를 하게 할 수 있다.

② 수산물의 생산에 이용·사용되는 토양·용수·자재 등의 시료 수거 및 조사 또는 열람에 관하여는 정당한 사유 없이 이를 거부·방해하거나 기피하여서는 아니 된다.

③ 수산물의 생산에 이용·사용되는 토양·용수·자재 등의 시료 수거 및 조사 또는 열람에 관하여는 미리 조사의 일시, 목적, 대상 등을 조사 대상자에게 알려야 한다. 다만, 긴급한 경우나 미리 알리면 그 목적을 달성할 수 없다고 인정되는 경우에는 알리지 아니할 수 있다.

④ 시료 수거 및 조사 또는 열람을 하는 관계 공무원은 그 권한을 표시하는 증표나, 성명·출입시간·출입목적 등이 표시된 문서 중 하나를 관계인에게 보여주면 된다.

해설 ④ 시료 수거, 조사 또는 열람을 하는 관계 공무원은 그 권한을 표시하는 증표를 지니고 이를 관계인에게 보여주어야 하며, 성명·출입시간·출입목적 등이 표시된 문서를 관계인에게 내주어야 한다(법 제62조 제2항, 제3항).

49 농수산물 품질관리법상 안전성조사에 관한 설명으로 옳지 않은 것은?

① 안전성조사의 대상 유해물질은 식품의약품안전처장이 매년 안전관리계획으로 정한다.

② 국립수산과학원장, 국립수산물품질관리원장 또는 시·도지사는 재배면적, 부적합률 등을 고려하여 안전성조사의 대상 유해물질을 식품의약품안전처장과 협의하여 조정할 수 있다.

③ 시료의 분석방법은 국립수산물품질관리원장이 정하는 분석방법을 준용한다.

④ 안전성조사를 위한 시료 수거는 농수산물 등의 생산량과 소비량 등을 고려하여 대상품목을 우선 선정한다.

해설 **안전성조사의 절차 등(유전자변형농수산물의 표시 및 농수산물의 안전성조사에 관한 규칙 제9조)**
시료의 분석방법은 「식품위생법」 등 관계 법령에서 정한 분석방법을 준용한다. 다만, 분석능률의 향상을 위하여 국립수산과학원장 또는 국립수산물품질관리원장이 정하는 분석방법을 사용할 수 있다.

48 ④ 49 ③ 정답

50 농수산물 품질관리법령상 1천만원 이하의 과태료를 부과해야 할 대상이 아닌 것은?

① 이력추적관리 등록을 한 자로 변경신고를 하지 아니한 경우

② 유전자변형농수산물의 표시방법을 위반한 자

③ 유전자변형수산물이 포함되어 있는 수산물에 "유전자변형수산물 포함 가능성 있음"으로 표시한 경우

④ 표시방법에 대한 시정명령에 따르지 아니한 자

해설 **1천만원 이하의 과태료 부과 대상(법 제123조 제1항)**

1. 법 제13조(농산물우수관리 관련 보고 및 점검 등) 제1항, 법 제19조(품질인증 관련 보고 및 점검 등) 제1항, 법 제30조(우수표시품의 사후관리) 제1항, 법 제39조(지리적표시품의 사후관리) 제1항, 법 제58조(유전자변형농수산물 표시의 조사) 제1항, 법 제62조(시료수거 등) 제1항, 법 제76조(조사·점검) 제4항 및 법 제102조(확인·조사·점검 등) 제1항에 따른 수거·조사·열람 등을 거부·방해 또는 기피한 자
2. 이력추적관리의 변경신고를 하지 아니한 자
3. 이력추적관리의 표시를 하지 아니한 자
4. 이력추적관리기준을 지키지 아니한 자
5. 우수표시품의 표시방법에 대한 시정명령에 따르지 아니한 자
6. 유전자변형수산물의 표시를 하지 아니한 자
7. 유전자변형수산물의 표시방법을 위반한 자

51 농수산물 품질관리법령상 안전성조사에 대한 조치 사항으로 옳지 않은 것은?

① 해당 수산물의 유해물질이 시간이 지남에 따라 분해·소실되어 일정 기간이 지난 후에 식용으로 사용하는 데 문제가 없다고 판단되는 경우 : 해당 유해물질이 「식품위생법」 등에 따른 잔류허용기준 이하로 감소하는 기간까지 출하연기

② 해당 수산물의 유해물질의 분해·소실 기간이 길어 국내에 식용으로 출하할 수 없으나, 사료·공업용 원료 및 수출용 등 다른 용도로 사용할 수 있다고 판단되는 경우 : 일정한 기간을 정하여 폐기

③ 유해물질이 시간이 지남에 따라 분해·소실되어 일정 기간이 지난 후에 이용·사용하는 데에 문제가 없다고 판단되는 경우 : 해당 유해물질이 잔류허용기준 이하로 감소하는 기간까지 수산물의 생산에 해당 농지·어장·용수·자재 등의 이용·사용 중지

④ 객토(客土), 정화(淨化) 등의 방법으로 유해물질 제거가 가능하다고 판단되는 경우 : 해당 수산물 생산에 이용·사용되는 농지·어장·용수·자재 등의 개량

해설 **안전성조사 결과에 대한 조치(유전자변형농수산물의 표시 및 농수산물의 안전성조사 등에 관한 규칙 제10조)**
해당 수산물의 유해물질의 분해·소실 기간이 길어 국내에 식용으로 출하할 수 없으나, 사료·공업용 원료 및 수출용 등 다른 용도로 사용할 수 있다고 판단되는 경우 : 다른 용도로 전환

정답 50 ③ 51 ②

52 농수산물 품질관리법령상 수산물안전에 관한 교육 등에 관한 설명으로 옳지 않은 것은?

① 식품의약품안전처장이나 시·도지사는 안전한 농수산물의 생산과 건전한 소비활동을 위하여 필요한 사항을 생산자, 유통종사자, 소비자 및 관계 공무원 등에게 교육·홍보하여야 한다.

② 식품의약품안전처장은 생산자·유통종사자·소비자에 대한 교육·홍보를 수산업협동조합중앙회, 한국식품산업협회, 식품의약품안전협회 등에 위탁할 수 있다.

③ 식품의약품안전처장은 생산자·유통종사자·소비자에 대한 교육·홍보를 시민단체(비영리민간단체)에 위탁할 수 있다.

④ 교육·홍보에 필요한 경비를 예산의 범위에서 지원할 수 있다.

해설 **수산물안전에 관한 교육 등(법 제66조)**
식품의약품안전처장은 생산자·유통종사자·소비자에 대한 교육·홍보를 단체·기관(수산업협동조합중앙회, 한국농수산식품유통공사, 한국식품산업협회, 한국해양수산개발원, 한국식품연구원, 한국보건산업진흥원, 한국소비자원) 및 시민단체(비영리민간단체 : 안전한 농수산물의 생산과 건전한 소비활동과 관련된 시민단체로 한정한다)에 위탁할 수 있다. 이 경우 교육·홍보에 필요한 경비를 예산의 범위에서 지원할 수 있다.

53 농수산물 품질관리법령상 위생관리 등에 관한 설명으로 옳지 않은 것은?

① 외국과의 협약을 이행하거나 외국의 일정한 위생관리기준을 지키도록 하기 위하여 수출을 목적으로 하는 수산물의 생산·가공시설 및 수산물을 생산하는 해역의 위생관리기준을 정한다.

② 위해요소중점관리기준 이행증명서는 국립수산물품질관리원장이 발급한다.

③ 위생관리기준은 국립수산물품질관리원장이 정하여 고시한다.

④ 위해요소중점관리기준은 해양수산부장관이 정하여 고시한다.

해설 ③ 위생관리기준은 해양수산부장관이 정하여 고시한다(법 제69조).

52 ② 53 ③ 정답

54 농수산물 품질관리법령상 위해요소중점관리기준 등에 관한 설명으로 옳지 않은 것은?

① 수출을 목적으로 하는 수산물 및 수산가공품에 유해물질이 섞여 들어오거나 남아 있는 것 또는 수산물 및 수산가공품이 오염되는 것을 방지하기 위하여 생산・가공 등 각 단계를 중점적으로 관리하는 위해요소중점관리기준을 정하여 고시한다.

② 국내에서 생산되는 수산물의 품질 향상과 안전한 생산・공급을 위하여 생산단계, 저장단계 및 출하되어 거래되기 이전 단계의 과정에서 유해물질이 섞여 들어오거나 남아 있는 것 또는 수산물이 오염되는 것을 방지하는 것을 목적으로 한다.

③ 위생관리기준, 위해요소중점관리기준을 이행하는 시설을 등록한 생산・가공시설 등을 운영하는 자에게 위해요소중점관리기준을 준수하도록 할 수 있다.

④ 위해요소중점관리기준이 효과적으로 준수되도록 하기 위하여 위해요소중점관리기준의 이행에 필요한 기술・정보를 제공하거나 교육훈련을 실시할 수 있는 사람은 등록을 한 자와 그 종업원이다.

해설 **위해요소중점관리기준(법 제70조)**

위해요소중점관리기준이 효과적으로 준수되도록 하기 위하여 등록을 한 자(그 종업원을 포함)와 등록을 하려는 자(그 종업원을 포함)에게 위해요소중점관리기준의 이행에 필요한 기술・정보를 제공하거나 교육훈련을 실시할 수 있다.

55 농수산물 품질관리법상 지정해역에서 수산물의 생산을 제한할 수 있는 경우에 해당되지 않는 것은?

① 선박의 좌초로 인하여 해양오염이 발생한 경우

② 지정해역에서 수산물의 생산량이 급격히 감소한 경우

③ 지정해역이 일시적으로 위생관리기준에 적합하지 아니하게 된 경우

④ 강우량의 변화 등에 따른 영향으로 지정해역의 오염이 우려되어 해양수산부장관이 수산물의 생산제한이 필요하다고 인정하는 경우

해설 **지정해역에서의 생산제한(시행령 제27조 제1항)**

지정해역에서 수산물의 생산을 제한할 수 있는 경우는 다음과 같다.

1. 선박의 좌초・충돌・침몰, 그 밖에 인근에 위치한 폐기물처리시설의 장애 등으로 인하여 해양오염이 발생한 경우
2. 지정해역이 일시적으로 위생관리기준에 적합하지 아니하게 된 경우
3. 강우량의 변화 등에 따른 영향으로 지정해역의 오염이 우려되어 해양수산부장관이 수산물의 생산제한이 필요하다고 인정하는 경우

정답 54 ④ 55 ②

56 농수산물 품질관리법령상 지정해역의 보존·관리를 위한 지정해역 위생관리종합대책에 포함되는 사항이 아닌 것은?

① 지정해역의 보존 및 관리(오염 방지에 관한 사항을 포함)에 관한 기본방향

② 지정해역의 보존 및 관리를 위한 구체적인 추진 대책

③ 해양수산부장관이 지정해역의 보존 및 관리에 필요하다고 인정하는 사항

④ 해역의 오염 방지 및 수질 보존을 위한 지정해역 위생관리계획

해설 **지정해역 위생관리종합대책(법 제72조 제2항)**

종합대책에는 다음의 사항이 포함되어야 한다.

1. 지정해역의 보존 및 관리(오염 방지에 관한 사항을 포함한다)에 관한 기본방향
2. 지정해역의 보존 및 관리를 위한 구체적인 추진 대책
3. 그 밖에 해양수산부장관이 지정해역의 보존 및 관리에 필요하다고 인정하는 사항

57 농수산물 품질관리법령상 지정해역 및 주변해역에서의 제한 또는 금지에 관한 설명으로 틀린 것은?

① 누구든지 지정해역 및 지정해역으로부터 1km 이내에 있는 해역(주변해역)에서 오염물질을 배출하는 행위를 하여서는 아니 된다.

② 주변해역에서 양식어업을 하기 위하여 설치한 양식시설에서 오염물질을 배출하는 행위를 하여서는 아니 된다.

③ 해양수산부장관은 지정해역 및 주변해역에서 수산물의 질병 또는 전염병이 발생한 경우로서 수산생물질병 관리법에 따른 수산질병관리사나 수의사법에 따른 수의사의 진료에 따라 동물용 의약품을 사용하는 것을 제한하거나 금지할 수 있다.

④ 주변해역에서 양식어업을 하기 위하여 설치한 양식시설에서 가축(개와 고양이를 포함)을 사육(가축을 방치하는 경우를 포함)하는 행위를 하여서는 아니 된다.

해설 **지정해역 및 주변해역에서의 제한 또는 금지(법 제73조)**

해양수산부장관은 지정해역에서 생산되는 수산물의 오염을 방지하기 위하여 양식어업의 어업권자(「수산업법」에 따라 인가를 받아 어업권의 이전·분할 또는 변경을 받은 자와 양식시설의 관리를 책임지고 있는 자를 포함한다)가 지정해역 및 주변해역 안의 해당 양식시설에서 「약사법」에 따른 동물용 의약품을 사용하는 행위를 제한하거나 금지할 수 있다. 다만, 지정해역 및 주변해역에서 수산물의 질병 또는 전염병이 발생한 경우로서 「수산생물질병 관리법」에 따른 수산질병관리사나 「수의사법」에 따른 수의사의 진료에 따라 동물용 의약품을 사용하는 경우에는 예외로 한다.

56 ④ 57 ③ 정답

58 **농수산물 품질관리법령상 생산·가공업자 등은 수산물 생산·가공시설 등의 등록사항을 변경하기 위해 해양수산부장관에게 신고하여야 하는 신고 내용으로 맞지 않은 것은?**

① 위생관리기준에 맞는 수산물의 생산·가공시설의 명칭 및 소재지

② 위해요소중점관리기준의 이행계획서

③ 생산·가공시설 등의 대표자 성명 및 주소

④ 생산·가공품의 종류

해설 **수산물 생산·가공시설 등의 변경신고 사항(시행령 제24조)**

1. 법 제69조 제1항에 따른 위생관리기준에 맞는 수산물의 생산·가공시설과 법 제70조 제1항 또는 제2항에 따른 위해요소중점관리기준을 이행하는 시설(이하 "생산·가공시설 등")의 명칭 및 소재지
2. 생산·가공시설 등의 대표자 성명 및 주소
3. 생산·가공품의 종류

59 **농수산물 품질관리법령상 생산·가공시설 등의 등록 등에 대한 설명으로 틀린 것은?**

① 위생관리기준이나 위해요소중점관리기준을 이행하는 시설(이하 "생산·가공시설 등")을 운영하는 자는 생산·가공시설 등을 국립수산물품질관리원장에게 등록해야 한다.

② 생산·가공시설 등의 등록을 한 자는 그 생산·가공시설 등에서 생산·가공·출하하는 수산물·수산물가공품이나 그 포장에 위생관리기준에 맞는다는 사실 또는 위해요소중점관리기준을 이행한다는 사실을 표시하거나 그 사실을 광고할 수 있다.

③ 생산·가공시설 등의 등록절차, 등록방법, 변경신고절차 등에 필요한 사항은 해양수산부령으로 정한다.

④ 수산물의 생산·가공시설을 등록하려는 자는 생산·가공시설 등록신청서에 필요한 서류를 첨부하여 국립수산물품질관리원장에게 제출하여야 한다.

해설 ① 위생관리기준에 맞는 수산물의 생산·가공시설과 위해요소중점관리기준을 이행하는 시설(이하 "생산·가공시설 등")을 운영하는 자는 생산·가공시설 등을 해양수산부장관에게 등록할 수 있다(법 제74조 제1항).

정답 58 ② 59 ①

60 농수산물 품질관리법령상 위생관리기준에 맞는 수산물의 생산·가공시설을 등록하려는 자가 국립수산물품질관리원장에게 제출하기위해 생산·가공시설 등록신청서에 첨부할 부속서류가 아닌 것은?

① 위해요소중점관리기준의 이행계획서

② 위해요소중점관리기준 이행시설의 구조 및 설비에 관한 도면

③ 생산·가공시설의 구조 및 설비에 관한 도면

④ 생산·가공시설에서 생산·가공되는 제품의 제조공정도

해설 **수산물의 생산·가공시설 등의 등록신청 등(시행규칙 제88조 제1항)**

수산물의 생산·가공시설(이하 '생산·가공시설')을 등록하려는 자는 생산·가공시설 등록신청서에 다음의 서류를 첨부하여 국립수산물품질관리원장에게 제출해야 한다. 다만, 양식시설의 경우에는 제7호의 서류만 제출한다.

1. 생산·가공시설의 구조 및 설비에 관한 도면
2. 생산·가공시설에서 생산·가공되는 제품의 제조공정도
3. 생산·가공시설의 용수배관 배치도
4. 위해요소중점관리기준의 이행계획서(외국과의 협약에 규정되어 있거나 수출상대국에서 정하여 요청하는 경우만 해당한다)
5. 다음의 구분에 따른 생산·가공용수에 대한 수질검사성적서(생산·가공시설 중 선박 또는 보관시설은 제외한다)
   가. 유럽연합에 등록하게 되는 생산·가공시설 : 수산물 생산·가공시설의 위생관리기준(시설위생관리기준)의 수질검사항목이 포함된 수질검사성적서
   나. 그 밖의 생산·가공시설 : 먹는물수질기준 및 검사 등에 관한 규칙에 따른 수질검사성적서
6. 선박의 시설배치도(유럽연합에 등록하게 되는 생산·가공시설 중 선박만 해당한다)
7. 어업의 면허·허가·신고, 수산물가공업의 등록·신고, 「식품위생법」에 따른 영업의 허가·신고, 공판장·도매시장 등의 개설 허가 등에 관한 증명서류(면허·허가·등록·신고의 대상이 아닌 생산·가공시설은 제외한다)

61 농수산물 품질관리법령상 위생관리기준에 맞는 수산물의 양식시설을 등록하려는 자가 첨부하여야 할 서류로 옳지 않은 것은?

① 어업의 면허 증명서류

② 수산물가공업의 등록 증명서류

③ 영업의 허가 증명서류

④ 수질검사성적서 증명서류

60 ② 61 ④ 정답

62 **농수산물 품질관리법상 위해요소중점관리기준을 이행하는 시설을 등록하려는 자가 위해요소중점관리기준 이행시설 등록신청서에 첨부하여야 할 서류가 아닌 것은?**

① 위해요소중점관리기준 이행시설의 구조 및 설비에 관한 도면

② 생산·가공시설의 용수배관 배치도

③ 위해요소중점관리기준 이행계획서

④ 공판장·도매시장 등의 개설허가 등에 관한 증명서류

해설 **수산물의 생산·가공시설 등의 등록신청 등(시행규칙 제88조 제2항)**

1. 위해요소중점관리기준 이행시설의 구조 및 설비에 관한 도면
2. 위해요소중점관리기준 이행시설에서 생산·가공되는 수산물·수산가공품의 생산·가공 공정도
3. 위해요소중점관리기준 이행계획서
4. 어업의 면허·허가·신고, 수산물가공업의 등록·신고, 「식품위생법」에 따른 영업의 허가·신고, 공판장·도매시장 등의 개설허가 등에 관한 증명서류(면허·허가·등록·신고의 대상이 아닌 위해요소중점관리기준 이행시설은 제외한다)

63 **농수산물 품질관리법상 위생관리에 관한 사항 등의 보고의 설명으로 옳지 않은 것은?**

① 해양수산부장관은 생산·가공업자 등으로 하여금 생산·가공시설 등의 위생관리에 관한 사항을 보고하게 할 수 있다.

② 해양수산부장관은 권한을 위임받거나 위탁받은 기관의 장으로 하여금 지정해역의 위생조사에 관한 사항과 검사의 실시에 관한 사항을 보고하게 할 수 있다.

③ 국립수산물품질관리원장 또는 시·도지사는 생산·가공시설과 위해요소중점관리기준 이행시설의 대표자로 하여금 보고하게 할 수 있다.

④ 보고사항은 수산물의 생산·가공시설 등에 대한 생산·원료입하·제조 및 가공 등에 관한 사항에 한정된다.

해설 **위생관리에 관한 사항 등의 보고(시행규칙 제89조)**

1. 수산물의 생산·가공시설 등에 대한 생산·원료입하·제조 및 가공 등에 관한 사항
2. 생산·가공시설 등의 중지·개선·보수명령 등의 이행에 관한 사항

정답 62 ② 63 ④

64 농수산물 품질관리법상 조사·점검 등에 대한 설명으로 옳지 않은 것은?

① 해양수산부장관은 지정해역으로 지정하기 위한 해역과 지정해역으로 지정된 해역이 위생관리기준에 맞는지를 조사·점검하여야 한다.

② 해양수산부장관은 생산·가공시설 등이 위생관리기준과 위해요소중점관리기준에 맞는지를 조사·점검하여야 한다.

③ 생산·가공시설 등에 대한 조사·점검주기는 1년에 2회 이상으로 한다.

④ 국립수산과학원장은 조사·점검결과를 종합하여 다음 연도 2월 말일까지 해양수산부장관에게 보고하여야 한다.

해설 ③ 생산·가공시설 등에 대한 조사·점검주기는 2년에 1회 이상으로 한다(시행령 제25조 제1항).

65 다음 중 100만원 이하의 과태료를 부과하는 경우는?

① 양식시설에서 가축을 사육한 자

② 유전자변형농수산물의 표시방법을 위반한 자

③ 표시방법에 대한 시정명령에 따르지 아니한 자

④ 유전자변형농수산물의 표시를 하지 아니한 자

해설 **100만원 이하의 과태료를 부과하는 경우(법 제123조 제2항)**

1. 제73조 제1항 제3호를 위반하여 양식시설에서 가축을 사육한 자
2. 제75조 제1항에 따른 보고를 하지 아니하거나 거짓으로 보고한 생산·가공업자 등

64 ③ 65 ① 정답

66 농수산물 품질관리법상 조사·점검 등에 대한 설명으로 옳지 않은 것은?

① 국립수산물품질관리원장은 지정해역으로 지정하기 위한 해역과 지정해역으로 지정된 해역이 위생관리기준에 맞는지를 조사·점검하여야 한다.

② 시·도지사는 국립수산물품질관리원장 또는 국립수산과학원장이 실시하는 위해요소중점관리기준에 관한 교육을 1주 이상 이수한 관계 공무원이 조사·점검하게 하여야 한다.

③ 해양수산부장관은 식품위생법 및 축산물위생관리법 등 식품 관련 법령의 조사·점검 대상이 되는 경우 해당 관계 행정기관의 장에게 공동으로 조사·점검할 것을 요청할 수 있다.

④ 공동 조사·점검의 요청방법 등에 필요한 사항은 대통령령으로 정한다.

해설 **조사·점검(법 제76조 제1항)**
해양수산부장관은 지정해역으로 지정하기 위한 해역과 지정해역으로 지정된 해역이 위생관리기준에 맞는지를 조사·점검하여야 한다.

67 농수산물 품질관리법령상 해양수산부장관이 그 권한을 국립수산물품질관리원장에게 위임하지 않은 것은?

① 지리적표시 분과위원회의 운영

② 지정해역의 조사·점검

③ 표준규격의 제정·개정 및 폐지

④ 수산물품질관리사 제도의 운영

해설 지정해역으로 지정하기 위한 해역과 지정해역으로 지정된 해역이 위생관리기준에 맞는지에 따른 조사·점검은 국립수산과학원장에게 위임한 권한이다.
권한의 위임(시행령 제42조 제6항)
해양수산부장관은 수산물 및 그 가공품에 대한 다음의 권한을 국립수산물품질관리원장에게 위임한다.

1. 지리적표시 분과위원회의 운영
2. 표준규격의 제정·개정 및 폐지
3. 품질인증 및 품질인증의 취소
4. 품질인증 유효기간의 설정 및 연장
5. 품질인증기관의 지정, 지정 취소 및 업무 정지 등의 처분
6. 품질인증 관련 보고 또는 자료제출 명령, 출입·점검 및 조사
7. 지위 승계 신고(질인증기관의 지위승계 신고로 한정한다)의 수리
8. 표준규격품, 품질인증품, 지리적표시품의 사후관리와 표시 시정 등의 처분
9. 지리적표시의 등록
10. 지리적표시 원부의 등록 및 관리
11. 지리적표시권의 이전 및 승계에 대한 사전 승인

12. 이행 사실 증명서류의 발급
13. 수산물 생산·가공시설 등의 등록 및 등록 사항 변경 신고의 수리
14. 위생관리에 관한 사항의 보고명령 및 이의 접수(생산단계·저장단계 및 출하되어 거래되기 이전 단계의 위해요소중점관리기준의 이행시설로서 등록한 시설은 제외한다)
15. 생산·가공시설 등의 위생관리기준 및 위해요소중점관리기준에의 적합여부 조사·점검(위해요소중점관리기준의 적합여부 조사·점검 중 생산단계·저장단계 및 출하되어 거래되기 이전 단계에 대해서는 법에 따라 등록을 하려는 경우만 해당한다) 및 이를 위한 출입·열람·점검 또는 수거, 공동 조사·점검의 요청
16. 생산·가공시설 등이나 생산·가공업자등에 대한 생산·가공·출하·운반의 시정·제한·중지 명령, 생산·가공시설 등의 개선·보수 명령(생산단계·저장단계 및 출하되어 거래되기 이전 단계의 위해요소중점관리기준의 이행시설로서 법에 따라 등록한 시설은 제외한다) 및 등록 취소 처분
17. 수산물 등에 대한 검사
18. 수산물검사기관의 지정
19. 수산물검사기관의 지정 취소 및 검사업무의 정지 처분
20. 수산물검사관 자격의 취소 처분 및 검사 결과의 표시
21. 검사증명서의 발급
22. 부적합 판정의 통지 및 수산물·수산가공품의 폐기 또는 판매금지 등의 요청
23. 재검사
24. 검사판정의 취소
25. 수산물 검정
26. 수산물에 대한 폐기 또는 판매금지 등의 명령, 검정결과의 공개
27. 수산물검정기관의 지정, 지정변경신고의 수리 및 지정 갱신
28. 수산물검정기관의 지정 취소 처분
29. 확인·조사·점검 등
30. 농수산물 명예감시원 위촉 및 운영
31. 수산물품질관리사 제도의 운영
32. 수산물품질관리사의 자격 취소
33. 품질향상, 표준규격화 촉진 및 수산물품질관리사 운용 등을 위한 자금 지원
34. 법 제114조 제1항 제3호, 제4호, 제7호, 제8호, 제10호(위해요소중점관리기준의 이행시설로서 법에 따라 등록한 시설에 대해 생산·가공·출하·운반의 시정·제한·중지 명령, 생산·가공시설 등의 개선·보수 명령을 하는 경우는 제외한다) 및 제13호부터 제16호까지의 규정에 따른 청문
35. 과태료의 부과 및 징수
36. 수산물품질관리사 자격증의 발급 및 재발급, 수산물품질관리사 자격증 발급대장의 기록

68 농수산물 품질관리법령상 해양수산부장관이 그 권한을 시·도지사에게 위임하지 않은 것은?

① 지정해역 및 주변해역에서의 오염물질 배출행위의 제한 또는 금지
② 위생관리에 관한 사항의 보고명령 및 이의 접수
③ 오염물질의 배출, 가축의 사육행위 및 동물용 의약품의 사용여부의 확인·조사의 권한
④ 지정해역에서의 수산물의 생산제한

해설 오염물질의 배출, 가축의 사육행위 및 동물용 의약품의 사용여부의 확인·조사는 특별자치도지사, 시장·군수·구청장(자치구의 구청장을 말한다)에게 위임한 권한이다.

※ **해양수산부장관이 특별시장·광역시장·도지사·특별자치도지사에게 위임한 권한(시행령 제42조 제7호)**

1. 지정해역 및 주변해역에서의 오염물질 배출행위, 가축 사육행위 및 동물용 의약품 사용행위의 제한 또는 금지
2. 위생관리에 관한 사항의 보고명령 및 이의 접수
3. 생산·가공시설 등의 위해요소중점관리기준에의 적합 여부 조사·점검
4. 지정해역에서의 수산물의 생산제한
5. 생산·가공·출하·운반의 시정·제한·중지명령, 생산·가공시설 등의 개선·보수명령
6. 수산물명예감시원 위촉 및 운영
7. 청문(제5호에 따라 위임된 권한에 관한 청문만 해당한다)
8. 과태료의 부과 및 징수(제8호에 따라 위임된 권한에 관한 과태료만 해당한다)

※ **식품의약품안전처장이 지방식품의약품안전청장에게 위임한 권한(시행령 제42조 제2호)**

1. 유전자변형농수산물의 표시에 관한 조사
2. 유전자변형농수산물의 표시 위반에 대한 처분, 공표명령 및 공표
3. 과태료 중 유전자변형농수산물의 표시, 유전자변형농수산물 표시의 조사 및 시료 수거 등의 위반행위에 대한 과태료의 부과 및 징수

정답 68 ③

69 농수산물 품질관리법령상 생산·가공의 중지 등 등록취소를 할 수 있는 경우에 해당되지 않는 것은?

① 지정해역 및 주변해역에서의 오염물질 배출행위의 금지를 위반한 경우

② 거짓이나 그 밖의 부정한 방법으로 등록을 한 경우

③ 위생관리기준에 맞지 아니한 경우

④ 위해요소중점관리기준을 이행하지 아니하거나 불성실하게 이행하는 경우

해설 **생산·가공의 중지 등(법 제78조 제1항)**

해양수산부장관은 생산·가공시설 등이나 생산·가공업자 등이 다음의 어느 하나에 해당하면 대통령령으로 정하는 바에 따라 생산·가공·출하·운반의 시정·제한·중지명령, 생산·가공시설 등의 개선·보수명령 또는 등록취소를 할 수 있다. 다만, 제1호에 해당하면 그 등록을 취소하여야 한다.

1. 거짓이나 그 밖의 부정한 방법으로 제74조에 따른 등록을 한 경우
2. 위생관리기준에 맞지 아니한 경우
3. 위해요소중점관리기준을 이행하지 아니하거나 불성실하게 이행하는 경우
4. 제76조 제2항 및 제4항 제1호(제2항에 해당하는 부분에 한정한다)에 따른 조사·점검 등을 거부·방해 또는 기피하는 경우
5. 생산·가공시설 등에서 생산된 수산물 및 수산가공품에서 유해물질이 검출된 경우
6. 생산·가공·출하·운반의 시정·제한·중지 명령이나 생산·가공시설 등의 개선·보수명령을 받고 그 명령에 따르지 아니하는 경우
7. 생산·가공업자 등이 「부가가치세법」에 따라 관할 세무서장에게 폐업 신고를 하거나 관할 세무서장이 사업자등록을 말소한 경우

70 농수산물 품질관리법령상 수산물 등에 대한 검사에 대한 설명으로 옳지 않은 것은?

① 정부에서 수매·비축하는 수산물 및 수산가공품, 외국과의 협약이나 수출 상대국의 요청에 따라 검사가 필요한 경우로서 해양수산부장관이 정하여 고시하는 수산물 및 수산가공품은 품질 및 규격이 맞는지와 유해물질이 섞여 들어오는지 등에 관하여 해양수산부장관의 검사를 받아야 한다.

② 수산물 및 수산가공품에 대한 검사기준은 국립수산물품질관리원장이 활어패류·건제품·냉동품·염장품 등의 제품별·품목별로 검사항목, 관능검사[사람의 오감(五感)에 의하여 평가하는 제품검사]의 기준 및 정밀검사의 기준을 정하여 고시한다.

③ 수산물 및 수산가공품에 대한 검사신청이 있는 경우 검사기준이 없는 경우에도 검사를 하여야 한다.

④ 검사를 받은 수산물 또는 수산가공품의 포장·용기나 내용물을 바꾸려면 다시 해양수산부장관의 검사를 받아야 한다.

해설 **수산물 등에 대한 검사(법 제88조)**

해양수산부장관은 규정 외의 수산물 및 수산가공품에 대한 검사신청이 있는 경우 검사를 하여야 한다. 다만, 검사기준이 없는 경우 등 해양수산부령으로 정하는 경우에는 그러하지 아니한다.

69 ① 70 ③ 정답

71 **수산물 및 수산가공품의 검사 또는 수산물 및 수산가공품의 재검사를 받으려는 자는 수산물·수산가공품 (재)검사신청서에 부속서류를 첨부하여 국립수산물품질관리원장 또는 수산물 지정검사기관의 장에게 제출하여야 한다. 첨부서류가 바르지 않은 것은?**

① 검사신청인 또는 수입국이 요청하는 기준·규격으로 검사를 받으려는 경우 : 그 기준·규격이 명시된 서류 또는 검사 생략에 관한 서류

② 지정해역에서 위생관리기준에 맞게 생산·가공된 수산물 및 수산가공품 : 품명, 생산(가공)기간, 생산량 및 재고량, 품질관리자 및 포장재를 적은 생산·가공일지

③ 원양어업허가를 받은 어선으로 해외수역에서 포획하거나 채취하여 현지에서 직접 수출하는 수산물 및 수산가공품 : 어선명, 어획기간, 어장 위치, 어획물의 생산·가공 및 보관방법을 적은 선장의 확인서

④ 재검사인 경우 : 재검사 사유서, 품명, 생산(가공)기간, 생산량 및 재고량, 품질관리자 및 포장재 사항을 적은 생산·가공일지

해설 **수산물 등에 대한 검사신청(시행규칙 제111조)**
재검사인 경우 : 재검사 사유서

72 **농수산물 품질관리법령상 수산물 등에 대한 검사에 대한 설명으로 옳지 않은 것은?**

① 수산물 및 수산가공품에 대한 검사신청은 검사를 받으려는 날의 7일 전부터 미리 신청할 수 있다.

② 미리 신청한 검사장소·검사희망일 등 주요 사항이 변경되는 경우에는 즉시 그 내용을 문서로 신고하여야 한다.

③ 처리기간의 기산일(起算日)은 검사희망일부터 산정하며, 미리 신청한 검사희망일을 연기하여 그 지연된 기간은 검사 처리기간에 산입(算入)하지 아니한다.

④ 수산물 및 수산가공품에 대한 검사의 종류는 서류검사, 관능검사, 정밀검사가 있다.

해설 **수산물 등에 대한 검사신청(시행규칙 제111조)**
수산물 및 수산가공품에 대한 검사신청은 검사를 받으려는 날의 5일 전부터 미리 신청할 수 있다.

정답 71 ④ 72 ①

73 농수산물 품질관리법령상 수산물 등에 대한 검사의 일부를 생략할 수 있는 경우가 아닌 것은?

① 지정해역에서 위생관리기준에 맞게 생산・가공된 수산물 및 수산가공품

② 등록한 생산・가공시설 등에서 위생관리기준 또는 위해요소중점관리기준에 맞게 생산・가공된 수산물 및 수산가공품

③ 원양어업허가를 받은 어선, 수산물가공업을 신고한 자가 직접 운영하는 어선으로 해외수역에서 포획하거나 채취하여 현지에서 직접 수출하는 수산물 및 수산가공품

④ 수산물 또는 수산가공품이 식용인 경우

해설 **수산물 등에 대한 검사의 일부 생략(시행령 제32조)**
수산물 또는 수산가공품이 식용이 아닌 경우와 수산물 및 수산가공품을 수입하는 국가에서 일정한 항목만을 검사하여 줄 것을 요청한 경우에는 일부검사를 생략할 수 있다.

74 농수산물 품질관리법령상 수산물 및 수산가공품의 서류검사 내용으로 틀린 것은?

① 생산・가공시설 등이 등록되어야 하는 경우에는 등록 여부 및 행정처분이 진행 중인지 여부 등

② 생산・가공시설 등에 대한 시설위생관리기준 및 위해요소중점관리기준에 적합한지 확인

③ 원양산업발전법에 따른 원양어업의 허가 여부 또는 식품산업진흥법에 따른 수산물가공업의 신고 여부의 확인

④ 외국요구기준을 이행했는지를 확인하기 위하여 품질・포장재・표시사항 또는 규격 등의 확인이 필요한 수산물・수산가공품

해설 ①, ②, ③ 외에 검사신청 서류의 완비 여부 확인, 지정해역에서 생산하였는지 확인, 외국에서 검사의 일부를 생략해 줄 것을 요청하는 서류의 적정성 여부 등이 있다(시행규칙 제113조 제1항, 제115조 제1항 및 제2항 관련 [별표 24]).

73 ④ 74 ④ 정답

75 **농수산물 품질관리법령상 수산물 및 수산가공품의 관능검사의 대상으로 틀린 것은?**

① 외국요구기준을 이행했는지를 확인하기 위하여 품질·포장재·표시사항 또는 규격 등의 확인이 필요한 수산물·수산가공품

② 검사신청인이 위생증명서를 요구하는 비식용수산·수산가공품

③ 정부에서 수매·비축하는 수산물·수산가공품

④ 국내에서 소비하는 수산물·수산가공품

해설 **수산물 및 수산가공품에 대한 검사의 종류 및 방법(시행규칙 제113조 제1항, 제115조 제1항 및 제2항 관련 [별표 24])**
검사신청인이 위생증명서를 요구하는 수산물·수산가공품(비식용수산·수산가공품은 제외한다)

76 **농수산물 품질관리법령상 수산물검사기관의 지정을 반드시 취소해야 하는 경우는?**

① 업무정지 기간 중에 검사업무를 한 경우

② 지정기준에 미치지 못하게 된 경우

③ 검사를 거짓으로 하거나 성실하지 아니하게 한 경우

④ 정당한 사유 없이 지정된 검사를 하지 아니하는 경우

해설 **수산물검사기관의 지정취소 등(법 제90조)**
수산물검사기관의 지정을 반드시 취소해야 하는 경우는 거짓이나 그 밖의 부정한 방법으로 지정받은 경우와 업무정지 기간 중에 검사업무를 한 경우이다.

정답 75 ② 76 ①

77 **농수산물 품질관리법령상 수산물 지정 검사기관이 시설·장비·인력이나 조직 중 어느 하나가 지정기준에 미치지 못한 경우 1회 위반의 경우 처분기준은?**

① 업무정지 1개월

② 업무정지 3개월

③ 업무정지 6개월

④ 지정취소

해설 수산물 지정검사기관의 지정 취소 및 업무정지에 관한 처분기준(시행규칙 제118조 제1항 관련 [별표 26])

위반행위	위반횟수별 처분기준		
	1회	2회	3회 이상
다. 법 제89조제3항에 따른 지정기준에 미치지 못하게 된 경우			
1) 시설·장비·인력이나 조직 중 어느 하나가 지정기준에 미치지 못한 경우	업무정지 1개월	업무정지 3개월	업무정지 6개월 또는 지정취소
2) 시설·장비·인력이나 조직 중 둘 이상이 지정기준에 미치지 못한 경우	업무정지 6개월 또는 지정취소	지정취소	–

78 **농수산물 품질관리법령상 수산물 지정 검사기관이 검사를 거짓으로 한 경우 1회 위반의 경우 처분기준은?**

① 업무정지 1개월

② 업무정지 3개월

③ 업무정지 6개월

④ 지정취소

77 ① 78 ② 정답

79 **농수산물 품질관리법령상 수산물검사관의 자격 등에 대한 설명으로 틀린 것은?**

① 수산물검사관은 국가검역・검사기관에서 수산물 검사 관련 업무에 3개월 이상 종사한 공무원 또는 수산물 검사 관련 업무에 2년 이상 종사한 사람으로 한다.

② 수산물검사관의 자격이 취소된 사람은 자격이 취소된 날부터 1년이 지나지 아니하면 전형시험에 응시하거나 수산물검사관의 자격을 취득할 수 없다.

③ 대통령령으로 정하는 수산물 검사 관련 자격 또는 학위를 갖고 있는 사람에 대하여는 전형시험의 전부 또는 일부를 면제할 수 있다.

④ 국가검역・검사기관의 장은 수산물검사관의 검사기술과 자질을 향상시키기 위하여 교육을 실시할 수 있다.

해설 **수산물검사관의 자격 등(법 제91조)**

수산물검사관은 국가검역・검사기관에서 수산물 검사 관련 업무에 6개월 이상 종사한 공무원 또는 수산물 검사 관련 업무에 1년 이상 종사한 사람으로서 국가검역・검사기관의 장이 실시하는 전형시험에 합격한 사람으로 한다.

80 **농수산물 품질관리법령상 수산물검사관 전형시험이 면제되는 사람이 아닌 경우는?**

① 수산양식산업기사

② 수산제조기사

③ 수질환경산업기사

④ 해양수산부장관이 인정하는 외국의 대학에서 수산가공학을 전공하고 졸업한 사람

해설 **수산물검사관 전형시험의 전부를 면제받는 사람(시행령 제33조)**

1. 「국가기술자격법」에 따른 수산양식기사・수산제조기사・수질환경산업기사 또는 식품산업기사 이상의 자격이 있는 사람
2. 「고등교육법」 제2조 제1호부터 제6호까지의 규정에 따른 대학 또는 해양수산부장관이 인정하는 외국의 대학에서 수산가공학・식품가공학・식품화학・미생물학・생명공학・환경공학 또는 이와 관련된 분야를 전공하고 졸업한 사람 또는 이와 동등 이상의 학력이 있는 사람

정답 79 ① 80 ①

81 농수산물 품질관리법령상 수산물검사관의 교육 등에 관한 설명으로 옳지 않은 것은?

① 교육은 국내외 연구·검사기관에의 위탁 또는 파견 교육, 자체교육, 지정된 수산물검사기관이 요청하는 검사관 교육으로 구분된다.

② 교육의 실시에 필요한 경비는 국립수산물품질관리원장이 부담한다.

③ 국립수산물품질관리원장은 수산물검사관의 검사기술 및 자질 향상을 위하여 연 1회 이상 교육을 할 수 있다.

④ 국립수산물품질관리원장은 전형시험에 합격한 수산물검사관에게 검사관 고유번호를 부여하고 수산물검사관증을 발급한다.

해설 **수산물검사관의 교육(시행령 제34조)**
교육의 실시에 필요한 경비는 교육을 받는 수산물검사관이 소속된 기관에서 부담한다.

82 농수산물 품질관리법령상 수산물검사관 전형시험의 설명으로 옳지 않은 것은?

① 필기시험은 수산가공학·식품위생학·분석이론 및 농수산물 품질관리법령 등에 관하여 진위형과 선택형으로 출제하여 실시하고, 실기시험은 선도(鮮度) 판정방법·분석기법 등에 대하여 실시한다.

② 필기시험에 합격한 사람에 대해서는 다음 회의 시험에서만 필기시험을 면제한다.

③ 수산물검사관 전형시험의 합격자는 필기시험 및 실기시험 성적을 각각 100점 만점으로 하여 필기시험은 60점, 실기시험은 80점 이상인 사람으로 한다.

④ 자격전형시험의 응시절차 및 출제 등에 관하여 필요한 세부사항은 국립수산물품질관리원장이 정한다.

해설 **합격자의 결정기준 등(시행규칙 제121조)**
실기시험은 90점 이상인 사람으로 한다.

81 ② 82 ③ 정답

83 **농수산물 품질관리법령상 수산물검사관의 자격이 취소되지 않는 경우는?**

① 거짓 또는 부정한 방법으로 자격을 취득하여 검사나 재검사를 한 경우

② 다른 사람에게 그 명의를 사용하게 하거나 다른 사람에게 그 자격증을 대여하여 검사나 재검사를 한 경우

③ 주의통보에 해당하는 위격검사를 2회 위반한 경우

④ 법 또는 법에 따른 명령을 위반하여 현저히 부적격한 검사 또는 재검사를 하여 정부나 수산물검사기관의 공신력을 크게 떨어뜨린 경우

해설 **수산물검사관의 자격취소 및 정지에 관한 세부기준(시행규칙 제122조 관련 [별표 27])**

위반행위	위반횟수별 처분기준		
	1회	2회	3회
가. 거짓이나 그 밖의 부정한 방법으로 검사나 재검사를 한 경우	자격취소	-	-
1) 거짓 또는 부정한 방법으로 자격을 취득하여 검사나 재검사를 한 경우	자격취소	-	-
2) 다른 사람에게 그 명의를 사용하게 하거나 다른 사람에게 그 자격증을 대여하여 검사나 재검사를 한 경우	자격취소	-	-
3) 고의적인 위격검사를 한 경우	자격취소	-	-
4) 위격검사가 "경고통보"에 해당하는 경우	자격정지 6개월	자격취소	-
5) 위격검사가 "주의통보"에 해당하는 경우	자격정지 3개월	자격정지 6개월	자격취소
나. 법 또는 법에 따른 명령을 위반하여 현저히 부적격한 검사 또는 재검사를 하여 정부나 수산물검사기관의 공신력을 크게 떨어뜨린 경우	자격취소	-	-

정답 83 ③

84 농수산물 품질관리법령상 수산물검사관은 검사한 결과나 재검사한 결과를 그 수산물 및 수산가공품에 검사결과를 표시하여야 한다. 표시하지 않아도 되는 경우는?

① 살아 있는 수산물

② 정부에서 수매・비축하는 수산물 및 수산가공품인 경우

③ 검사에 불합격된 수산물 및 수산가공품으로서 관계 기관에 폐기 또는 판매금지 등의 처분을 요청하여야 하는 경우

④ 검사를 신청한 자(검사신청인)가 요청하는 경우

해설 **검사결과의 표시(법 제93조)**

수산물검사관은 제88조에 따라 검사한 결과나 제96조에 따라 재검사한 결과 다음의 어느 하나에 해당하면 그 수산물 및 수산가공품에 검사결과를 표시하여야 한다. 다만, 살아 있는 수산물 등 성질상 표시를 할 수 없는 경우에는 그러하지 아니하다.

1. 검사를 신청한 자(검사신청인)가 요청하는 경우
2. 정부에서 수매・비축하는 수산물 및 수산가공품인 경우
3. 해양수산부장관이 검사결과를 표시할 필요가 있다고 인정하는 경우
4. 검사에 불합격된 수산물 및 수산가공품으로서 제95조 제2항에 따라 관계 기관에 폐기 또는 판매금지 등의 처분을 요청하여야 하는 경우

85 농수산물 품질관리법령상 검사증명서의 발급의 설명으로 옳지 않은 것은?

① 국립수산물품질관리원장 또는 수산물 지정검사기관의 장은 수산물 및 수산가공품의 검사합격품에 대하여 수산물・수산가공품 검사합격증명서를 검사신청인에게 발급하여야 한다.

② 검사신청인이 요청할 때에는 위생(건강)증명서, 분석증명서, 원산지증명서를 함께 발급할 수 있다.

③ 국립수산물품질관리원장 또는 수산물 지정검사기관의 장은 검사신청인이 수산물・수산가공품 검사합격증명서를 신청인 명의로만 발급해야 한다.

④ 국립수산물품질관리원장 또는 수산물 지정검사기관의 장은 수산물・수산가공품 검사합격증명서를 발급받은 자가 수산물검사와 관련된 수산물검사증명서 추가발급신청서를 제출하는 경우에는 이를 추가로 발급할 수 있다.

해설 **검사증명서의 발급 등(시행규칙 제124조)**

국립수산물품질관리원장 또는 수산물 지정검사기관의 장은 검사신청인이 수산물・수산가공품 검사합격증명서를 제3자의 명의로 발급해 줄 것을 요청하는 경우에는 그 명의로 발급할 수 있다.

84 ① 85 ③ 정답

86 **농수산물 품질관리법령상 수산물 또는 수산가공품의 재검사의 설명으로 옳지 않은 것은?**

① 검사한 결과에 불복하는 자는 그 결과를 통지받은 날부터 14일 이내에 해양수산부장관에게 재검사를 신청할 수 있다.

② 재검사는 처음에 검사한 수산물검사관이 검사하게 하여야 한다.

③ 수산물검사기관이 검사를 위한 시료채취나 검사방법이 잘못되었다는 것을 인정하는 경우 재검사를 신청할 수 있다.

④ 재검사의 결과에 대하여는 같은 사유로 다시 재검사를 신청할 수 없다.

해설 **재검사(법 제96조 제2항)**
재검사는 수산물검사관의 부족 등 부득이한 경우 외에는 처음에 검사한 수산물검사관이 아닌 다른 수산물검사관이 검사하게 하여야 한다.

87 **농수산물 품질관리법령상 해양수산부장관은 검사나 재검사를 받은 수산물 또는 수산가공품 검사판정을 취소할 수 있다. 검사판정의 취소사유에 해당되지 않는 것은?**

① 거짓이나 그 밖의 부정한 방법으로 검사를 받은 사실이 확인된 경우

② 검사 또는 재검사결과의 표시 또는 검사증명서를 위조하거나 변조한 사실이 확인된 경우

③ 검사 또는 재검사를 받은 수산물 또는 수산가공품의 포장이나 내용물을 바꾼 사실이 확인된 경우

④ 수산물검사기관이 검사를 위한 시료채취나 검사방법이 잘못되었다는 것을 인정하는 경우

해설 ④ 재검사(법 제96조 제2항 제1호)
검사판정의 취소(법 제97조)
해양수산부장관은 제88조에 따른 검사나 제96조에 따른 재검사를 받은 수산물 또는 수산가공품이 다음의 어느 하나에 해당하면 검사판정을 취소할 수 있다. 다만, 제1호에 해당하면 검사판정을 취소하여야 한다.
1. 거짓이나 그 밖의 부정한 방법으로 검사를 받은 사실이 확인된 경우
2. 검사 또는 재검사 결과의 표시 또는 검사증명서를 위조하거나 변조한 사실이 확인된 경우
3. 검사 또는 재검사를 받은 수산물 또는 수산가공품의 포장이나 내용물을 바꾼 사실이 확인된 경우

정답 86 ② 87 ④

88 농수산물 품질관리법령상 수산물의 검정에 대한 설명으로 옳지 않은 것은?

① 검정을 신청하려는 자는 국립수산물품질관리원장 또는 지정받은 검정기관의 장에게 검정신청서에 검정용 시료를 첨부하여 검정을 신청하여야 한다.

② 검정은 수산물의 품질·규격·성분·잔류물질 또는 수산물의 생산에 이용·사용하는 어장·용수·자재 등의 품위·성분 및 유해물질 등을 실시한다.

③ 해양수산부장관은 검정신청을 받은 때에는 검정 인력이나 검정 장비의 부족 등 검정을 실시하기 곤란한 사유가 없으면 검정을 실시하고 신청인에게 그 결과를 통보하여야 한다.

④ 국립수산물품질관리원장 또는 지정검정기관의 장은 신청인과 협의하여 검정기간을 따로 정하여 검정한다.

해설 ④ 국립수산물품질관리원장 또는 지정검정기관의 장은 시료를 접수한 날부터 7일 이내에 검정을 하여야 한다. 다만, 7일 이내에 분석을 할 수 없다고 판단되는 경우에는 신청인과 협의하여 검정기간을 따로 정할 수 있다(시행규칙 제125조 제2항).

89 농수산물 품질관리법령상 수산물의 중금속 검정항목으로 맞는 것은?

① 수은, 카드뮴, 구리, 납, 아연

② 크롬, 아연, 구리, 카드뮴, 납, 망간

③ 구리, 카드뮴, 납, 아연, 알루미늄, 망간

④ 카드뮴, 비소, 납, 수은

해설 수산물의 검정항목(시행규칙 제127조 관련 [별표 30])

구 분	검정항목
일반성분 등	수분, 회분, 지방, 조섬유, 단백질, 염분, 산가, 전분, 토사(흙.모래), 휘발성 염기질소, 수용성 추출물(단백질, 지질, 색소 등은 제외한다), 열탕 불용해 잔사물, 젤리강도(한천), 수소이온농도(pH), 당도, 히스타민, 트라이메틸아민, 아미노질소, 전질소(총질소), 비타민 A, 이산화황(SO_2), 붕산, 일산화탄소
식품첨가물	인공감미료
중금속	수은, 카드뮴, 구리, 납, 아연 등
방사능	방사능
세 균	대장균군, 생균수, 분변계대장균, 장염비브리오, 살모넬라, 리스테리아, 황색포도상구균
항생물질	옥시테트라사이클린, 옥솔린산
독 소	복어독소, 패류독소
바이러스	노로바이러스

90 농수산물 품질관리법령상 수산물의 검정결과에 따른 조치로 옳지 않은 것은?

① 해양수산부장관은 검정을 실시한 결과 유해물질이 검출되어 인체에 해를 끼칠 수 있다고 인정되는 수산물 및 수산가공품에 대하여 생산자 또는 소유자에게 폐기하거나 판매금지 등을 하도록 하여야 한다.

② 해당 유해물질이 시간이 지남에 따라 분해·소실되어 일정 기간이 지난 후에 식용으로 사용하는 데 문제가 없다고 판단되는 경우에는 해당 유해물질이 식품위생법에 따른 잔류허용기준 이하로 감소하는 기간 동안 출하연기 또는 판매금지한다.

③ 해당 유해물질의 분해·소실기간이 길어 국내에서 식용으로 사용할 수 없으나, 사료·공업용 원료 및 수출용 등 식용 외의 다른 용도로 사용할 수 있다고 판단되는 경우에는 출하연기한다.

④ 해당 생산자 등은 해당 조치를 이행한 후 그 결과를 국립수산물품질관리원장에게 통보하여야 한다.

해설 ③의 경우 국내 식용으로의 판매금지한다(시행규칙 제128조의2).

91 농수산물 품질관리법령상 수산물 검정기관의 지정기준으로 맞지 않은 것은?

① 검사대상 종류별로 2명 이상의 검사인력을 확보하여야 한다.

② 검사 현장을 관할하는 사무소별로 $10m^2$ 이상의 분석실이 설치되어야 한다.

③ 검사에 필요한 기본 검사장비와 종류별 검사장비를 갖추어야 한다.

④ 장비확보에 대한 세부 기준은 국립수산물품질관리원장이 정하여 고시한다.

해설 ① 검사대상 종류별로 3명 이상의 검사인력을 확보하여야 한다(시행규칙 제129조 관련 [별표 31]).

정답 90 ③ 91 ①

92 **농수산물 품질관리법령상 수산물 검정기관의 지정취소 사유에 해당되는 것은?**

① 업무정지 기간 중에 검정업무를 한 경우

② 검정결과를 거짓으로 내준 경우

③ 제99조 제2항 후단의 변경신고를 하지 아니하고 검정업무를 계속한 경우

④ 해양수산부령으로 정하는 검정에 관한 규정을 위반한 경우

해설 **검정기관의 지정취소 등(법 제100조 제1항)**

해양수산부장관은 검정기관이 다음의 어느 하나에 해당하면 지정을 취소하거나 6개월 이내의 기간을 정하여 해당 검정업무의 정지를 명할 수 있다. 다만, 제1호 또는 제2호에 해당하면 지정을 취소하여야 한다.

1. 거짓이나 그 밖의 부정한 방법으로 지정을 받은 경우
2. 업무정지 기간 중에 검정업무를 한 경우
3. 검정결과를 거짓으로 내준 경우
4. 제99조 제2항 후단의 변경신고를 하지 아니하고 검정업무를 계속한 경우
5. 검정기관의 지정기준에 맞지 아니하게 된 경우
6. 그 밖에 해양수산부령으로 정하는 검정에 관한 규정을 위반한 경우

※ **검정기관의 지정 취소 등의 처분기준(시행규칙 제131조)**

"농림축산식품부령 또는 해양수산부령으로 정하는 검정에 관한 규정을 위반한 경우"란 다음의 규정을 위반한 경우를 말한다.

- 검정업무의 범위 및 방법
  - 지정받은 검정업무 범위를 벗어나 검정한 경우
  - 관련 규정에서 정한 분석방법 외에 다른 방법으로 검정한 경우
  - 공시험(空試驗) 및 검출된 성분에 확인실험이 필요함에도 불구하고 하지 않은 경우
  - 유효기간이 지난 표준물질 등 적정하지 않은 표준물질을 사용한 경우
- 검정 관련 기록관리
  - 검정 결과 확인을 위한 검정 절차·방법, 판정 등의 기록을 하지 않았거나 보관하지 않은 경우
  - 시험·검정일·검사자 등 단순 사항을 적지 않은 경우
  - 시료량, 시험·검정방법 및 표준물질의 사용 내용 등을 적지 않은 경우
- 검정기간, 검정수수료 등
  - 검정기관 변경사항 신고 및 검정실적 등 자료제출 요구를 이행하지 않은 경우
  - 검정기간을 준수하지 않은 경우
  - 검정수수료 규정을 준수하지 않은 경우
  - 검정 관련 의무교육을 이수하지 않은 경우
- 검정성적서 발급
  - 검정대상에 맞는 적정한 표준물질을 사용하지 않은 경우
  - 시료보관기간을 위반한 경우
  - 검정과정에서 시료를 바꾸어 검정하고 검정성적서를 발급한 경우
  - 의뢰받은 검정항목을 누락하거나 다른 검정항목을 적용하여 검정성적서를 발급한 경우
  - 경미한 실수로 검정시료의 결과 판정을 실제 검정 결과와 다르게 판정한 경우

92 ① 정답

93 농수산물 품질관리법령상 수산물명예감시원의 운영에 관한 설명이다. 다음 중 틀린 것은?

① 명예감시원에게 감시활동에 필요한 일체의 경비를 지급할 수 없다.

② 명예감시원의 임무는 수산물의 표준규격화, 품질인증, 친환경수산물인증, 수산물 이력추적관리, 지리적표시, 원산지표시에 관한 지도・홍보 및 위반사항의 감시・신고 및 국립수산물품질관리원장 또는 시・도지사가 부여하는 임무 등이다.

③ 국립수산물품질관리원장은 생산자단체, 소비자단체 등의 회원이나 직원 중에서 해당단체의 장이 추천하는 자를 명예감시원으로 위촉한다.

④ 명예감시원 운영에 관한 세부사항은 국립수산물품질관리원장 또는 시・도지사가 정하여 고시한다.

해설 **수산물명예감시원(법 제104조)**

해양수산부장관이나 시・도지사는 수산물명예감시원에게 예산의 범위에서 감시활동에 필요한 경비를 지급할 수 있다.

94 농수산물 품질관리법상 수산물품질관리사의 직무와 거리가 먼 것은?

① 수산물의 등급 판정

② 수산물의 생산 및 수확 후 품질관리기술 지도

③ 수산물의 출하 시기 조절, 품질관리기술에 관한 조언

④ 수산물의 등급규격 제정

해설 **수산물품질관리사의 직무(법 제106조)**

1. 수산물의 등급 판정
2. 수산물의 생산 및 수확 후 품질관리기술 지도
3. 수산물의 출하 시기 조절, 품질관리기술에 관한 조언
4. 그 밖에 수산물의 품질 향상과 유통 효율화에 필요한 업무로서 해양수산부령으로 정하는 업무

※ **해양수산부령으로 정하는 업무(시행규칙 제134조의2)**

- 수산물의 생산 및 수확 후의 품질관리기술 지도
- 수산물의 선별・저장 및 포장 시설 등의 운용・관리
- 수산물의 선별・포장 및 브랜드 개발 등 상품성 향상 지도
- 포장수산물의 표시사항 준수에 관한 지도
- 수산물의 규격출하 지도

정답 93 ① 94 ④

95 **농수산물 품질관리법령상 수산물품질관리사에 관한 설명으로 옳지 않은 것은?**

① 다른 사람에게 수산물품질관리사의 명의를 사용하게 하거나 자격증을 빌려준 사람은 자격정지 6개월의 처분을 받는다.

② 해양수산부장관은 수산물품질관리사의 자격을 거짓으로 취득한 사람에 대하여 그 자격을 취소하여야 한다.

③ 수산물품질관리사 자격시험의 시험과목, 합격기준 등에 필요한 사항은 대통령령으로 정한다.

④ 수산물품질관리사는 수산물의 품질 향상과 유통의 효율화를 촉진하여 생산자와 소비자 모두에게 이익이 될 수 있도록 신의와 성실로써 그 직무를 수행하여야 한다.

해설 **수산물품질관리사의 자격취소(법 제109조)**
다른 사람에게 수산물품질관리사의 명의를 사용하게 하거나 자격증을 빌려준 사람은 자격취소의 처분을 받는다.

96 **농수산물 품질관리법령상 수산물품질관리사의 교육에 대한 설명으로 옳지 않은 것은?**

① 수산물 유통 관련 사업자 또는 기관・단체에 채용된 수산물품질관리사 중에서 최근 1년 이내에 교육을 받은 사실이 없는 사람은 교육을 받아야 한다.

② 수산물품질관리사의 교육 실시기관은 해양수산부장관이 지정하는 기관으로 한다.

③ 교육 실시기관은 필요한 경우 정보통신매체를 이용한 원격교육으로 실시할 수 있다.

④ 교육에 필요한 경비는 교육을 받는 사람이 부담한다.

해설 **수산물품질관리사의 교육 대상(시행규칙 제136조의4)**
수산물 유통 관련 사업자 또는 기관・단체에 채용된 수산물품질관리사 중에서 최근 2년 이내에 교육을 받은 사실이 없는 사람은 업무 능력 및 자질의 향상을 위하여 필요한 교육을 받아야 한다.

95 ① 96 ① 정답

97 **농수산물 품질관리법령상 수산물품질관리사의 교육실시기관과 거리가 먼 것은?**

① 한국농수산식품유통공사

② 한국해양수산연수원

③ 국립수산물품질관리원

④ 민법에 따라 설립된 비영리법인으로서 농산물 또는 수산물의 품질 또는 유통 관리를 목적으로 하는 법인

해설 ①, ②, ④ 외에 해양수산부 소속 교육기관에서도 교육을 실시한다(시행규칙 제136조의5).

98 **농수산물 품질관리법령상 해양수산부장관이 청문을 하지 않아도 되는 사항은?**

① 품질인증의 취소

② 지리적표시품에 대한 표시의 정지

③ 이력추적관리수산물의 표시정지

④ 표준규격품 표시정지

해설 **청문 등(법 제114조)**

① 해양수산부장관 또는 식품의약품안전처장은 다음에 해당하는 처분을 하려면 청문을 하여야 한다.

1. 품질인증의 취소
2. 품질인증기관의 지정취소 또는 품질인증 업무의 정지
3. 이력추적관리 등록의 취소
4. 표준규격품 또는 품질인증품의 판매금지나 표시정지
5. 지리적표시품에 대한 판매의 금지, 표시의 정지 또는 등록의 취소
6. 안전성검사기관의 지정취소
7. 생산・가공시설 등이나 생산・가공업자 등에 대한 생산・가공・출하・운반의 시정・제한・중지명령, 생산・가공시설 등의 개선・보수명령 또는 등록의 취소
8. 수산물검사기관의 지정취소 또는 검사업무의 정지
9. 검사판정의 취소
10. 검정기관의 지정취소
11. 수산물품질관리사 자격의 취소

② 국가검역・검사기관의 장은 수산물검사관 자격의 취소를 하려면 청문을 하여야 한다.

정답 97 ③ 98 ③

99 농수산물 품질관리법에서 규정하고 있는 1년 이하의 징역 또는 1천만원 이하의 벌금에 처하는 대상이 아닌 것은?

① 수산물품질관리사의 자격증을 빌려준 자
② 지정해역에서 수산물의 생산제한 조치에 따르지 아니한 자
③ 부정한 방법으로 수산물 및 수산가공품의 검사, 재검사 또는 검정을 받은 자
④ 동물용 의약품을 사용하는 행위를 제한하거나 금지하는 조치에 따르지 아니한 자

해설 ③의 경우 3년 이하의 징역 또는 3천만원 이하의 벌금에 처한다(법 제119조).

100 농수산물 품질관리법에서 규정하고 있는 100만원 이하의 과태료에 처하는 대상은?

① 수거 · 조사 · 열람 등을 거부 · 방해 또는 기피한 자
② 양식시설에서 가축을 사육한 자
③ 이력추적관리기준을 지키지 아니한 자
④ 유전자변형농수산물의 표시를 하지 아니한 자

해설 **과태료(법 제123조)**

① 다음의 어느 하나에 해당하는 자에게는 1천만원 이하의 과태료를 부과한다.
1. 수거 · 조사 · 열람 등을 거부 · 방해 또는 기피한 자
2. 변경신고를 하지 아니한 자
3. 이력추적관리의 표시를 하지 아니한 자
4. 이력추적관리기준을 지키지 아니한 자
5. 표시방법에 대한 시정명령에 따르지 아니한 자
6. 유전자변형농수산물의 표시를 하지 아니한 자
7. 유전자변형농수산물의 표시방법을 위반한 자

② 다음의 어느 하나에 해당하는 자에게는 100만원 이하의 과태료를 부과한다.
1. 양식시설에서 가축을 사육한 자
2. 보고를 하지 아니하거나 거짓으로 보고한 생산 · 가공업자 등

99 ③ 100 ② 정답

CHAPTER 02

농수산물 유통 및 가격안정에 관한 법률

농수산물 유통 및 가격안정에 관한 법률 [시행 2024.7.24, 법률 제20080호, 2024.1.23, 일부개정]
농수산물 유통 및 가격안정에 관한 법률 시행령 [시행 2024.7.24, 대통령령 제34739호, 2024.7.23, 일부개정]
농수산물 유통 및 가격안정에 관한 법률 시행규칙 [시행 2022.1.1, 해양수산부령 제524호, 2021.12.31, 타법개정]
수산업·어촌 발전 기본법 [시행 2024.10.22, 법률 제20528호, 2024.10.22, 일부개정]
수산업·어촌 발전 기본법 시행령 [시행 2024.7.10, 대통령령 제34657호, 2024.7.2, 타법개정]

01 총 칙

1 목적(법 제1조)

농수산물의 유통을 원활하게 하고 적정한 가격을 유지하게 함으로써 생산자와 소비자의 이익을 보호하고 국민생활의 안정에 이바지함을 목적으로 한다.

2 용어의 정의(법 제2조)

(1) 농수산물

① 농산물·축산물·수산물 및 임산물 중 농림축산식품부령 또는 해양수산부령이 정하는 것

② 임산물 중 농림축산식품부령 또는 해양수산부령이 정하는 것(시행규칙 제2조)

㉠ 목과류 : 밤·잣·대추·호두·은행 및 도토리

㉡ 버섯류 : 표고·송이·목이 및 팽이

㉢ 한약재용 임산물

(2) 농수산물도매시장

① 특별시·광역시·특별자치시·특별자치도 또는 시가 양곡류·청과류·화훼류·조수육류(鳥獸肉類)·어류·조개류·갑각류·해조류 및 임산물 등 대통령령으로 정하는 품목의 전부 또는 일부를 도매하게 하기 위하여 제17조에 따라 관할구역에 개설하는 시장을 말한다.

② 농수산물도매시장의 거래품목(시행령 제2조)

㉠ 양곡부류 : 미곡·맥류·두류·조·좁쌀·수수·수수쌀·옥수수·메밀·참깨 및 땅콩

㉡ 청과부류 : 과실류·채소류·산나물류·목과류(木果類)·버섯류·서류·인삼류 중 수삼 및 유지작물류와 두류 및 잡곡 중 신선한 것

㉢ 축산부류 : 조수육류(鳥獸肉類) 및 난류

㉣ 수산부류 : 생선어류 · 건어류 · 염(鹽)건어류 · 염장어류(鹽藏魚類) · 조개류 · 갑각류 · 해조류 및 젓갈류

㉤ 화훼부류 : 절화(折花) · 절지(折枝) · 절엽(切葉) 및 분화(盆花)

㉥ 약용작물부류 : 한약재용 약용작물(야생물이나 그 밖에 재배에 의하지 아니한 것을 포함), 다만, 「약사법」에 따른 한약은 같은 법에 따라 의약품판매업의 허가를 받은 것으로 한정한다.

㉦ 그 밖에 농어업인이 생산한 농수산물과 이를 단순가공한 물품으로서 개설자가 지정하는 품목

(3) 중앙도매시장

① 특별시 · 광역시 · 특별자치시 또는 특별자치도가 개설한 농수산물도매시장 중 해당 관할구역 및 그 인접지역의 도매의 중심이 되는 농수산물도매시장으로서 농림축산식품부령 또는 해양수산부령으로 정하는 것을 말한다.

② **농림축산식품부령 또는 해양수산부령으로 정하는 농수산물도매시장(시행규칙 제3조)**

㉠ 서울특별시 가락동 농수산물도매시장

㉡ 서울특별시 노량진 수산물도매시장

㉢ 부산광역시 엄궁동 농산물도매시장

㉣ 부산광역시 국제 수산물도매시장

㉤ 대구광역시 북부 농수산물도매시장

㉥ 인천광역시 구월동 농산물도매시장

㉦ 인천광역시 삼산 농산물도매시장

㉧ 광주광역시 각화동 농산물도매시장

㉨ 대전광역시 오정 농수산물도매시장

㉩ 대전광역시 노은 농산물도매시장

㉪ 울산광역시 농수산물도매시장

(4) 지방도매시장

중앙도매시장 외의 농수산물도매시장을 말한다.

(5) 농수산물공판장

① 지역농업협동조합, 지역축산업협동조합, 품목별 · 업종별협동조합, 조합공동사업법인, 품목조합연합회, 산림조합 및 수산업협동조합과 그 중앙회(이하 "농림수협 등"), 그 밖에 대통령령이 정하는 생산자 관련 단체와 공익상 필요하다고 인정되는 법인으로서 대통령령이 정하는 법인(이하 "공익법인")이 농수산물을 도매하기 위하여 특별시장 · 광역시장 · 특별자치시장 · 도지사 또는 특별자치도지사의 승인을 받아 개설 · 운영하는 사업장을 말한다.

② 그 밖에 대통령령으로 정하는 생산자 관련 단체(시행령 제3조)

㉠ 「농어업경영체 육성 및 지원에 관한 법률」에 따른 영농조합법인 및 영어조합법인과 농업회사법인 및 어업회사법인

㉡ 「농업협동조합법」에 따른 농협경제지주회사의 자회사

③ 대통령령이 정하는 법인 : 「한국농수산식품유통공사법」에 따른 한국농수산식품유통공사

(6) 민영농수산물도매시장

국가, 지방자치단체 및 농수산물공판장을 개설할 수 있는 자 외의 자(이하 "민간인 등")가 농수산물을 도매하기 위하여 시·도지사의 허가를 받아 특별시·광역시·특별자치시·특별자치도 또는 시 지역에 개설하는 시장을 말한다.

(7) 도매시장법인

농수산물도매시장의 개설자로부터 지정을 받고 농수산물을 위탁받아 상장(上場)하여 도매하거나 이를 매수(買受)하여 도매하는 법인(도매시장법인의 지정을 받은 것으로 보는 공공출자 법인을 포함)을 말한다.

(8) 시장도매인

농수산물도매시장 또는 민영농수산물도매시장의 개설자로부터 지정을 받고 농수산물을 매수 또는 위탁받아 도매하거나 매매를 중개하는 영업을 하는 법인을 말한다.

(9) 중도매인(仲都賣人)

농수산물도매시장·농수산물공판장 또는 민영농수산물도매시장의 개설자의 허가 또는 지정을 받아 다음의 영업을 하는 자를 말한다.

① 농수산물도매시장·농수산물공판장 또는 민영농수산물도매시장에 상장된 농수산물을 매수하여 도매하거나 매매를 중개하는 영업

② 농수산물도매시장·농수산물공판장 또는 민영농수산물도매시장의 개설자로부터 허가를 받은 비상장(非上場) 농수산물을 매수 또는 위탁받아 도매하거나 매매를 중개하는 영업

(10) 매매참가인

농수산물도매시장·농수산물공판장 또는 민영농수산물도매시장의 개설자에게 신고를 하고, 농수산물도매시장·농수산물공판장 또는 민영농수산물도매시장에 상장된 농수산물을 직접 매수하는 자로서 중도매인이 아닌 가공업자·소매업자·수출업자 및 소비자단체 등 농수산물의 수요자를 말한다.

(11) 산지유통인(産地流通人)

농수산물도매시장 · 농수산물공판장 또는 민영농수산물도매시장의 개설자에게 등록하고, 농수산물을 수집하여 농수산물도매시장 · 농수산물공판장 또는 민영농수산물도매시장에 출하하는 영업을 하는 자(법인을 포함)를 말한다.

(12) 농수산물종합유통센터

국가 또는 지방자치단체가 설치하거나 국가 또는 지방자치단체의 지원을 받아 설치된 것으로서 농수산물의 출하 경로를 다원화하고 물류비용을 절감하기 위하여 농수산물의 수집 · 포장 · 가공 · 보관 · 수송 · 판매 및 그 정보처리 등 농수산물의 물류활동에 필요한 시설과 이와 관련된 업무시설을 갖춘 사업장을 말한다.

(13) 경매사(競賣士)

도매시장법인의 임명을 받거나 농수산물공판장 · 민영농수산물도매시장 개설자의 임명을 받아 상장된 농수산물의 가격 평가 및 경락자 결정 등의 업무를 수행하는 자를 말한다.

(14) 농수산물전자거래

농수산물의 유통단계를 단축하고 유통비용을 절감하기 위하여 「전자문서 및 전자거래기본법」에 따른 전자거래의 방식으로 농수산물을 거래하는 것을 말한다.

3 유통산업발전법의 적용배제(법 제3조)

농수산물유통 및 가격안정에 관한 법률에 의한 농수산물도매시장 · 농수산물공판장 · 민영농수산물도매시장 및 농수산물종합유통센터에 대하여는 「유통산업발전법」의 규정을 적용하지 아니한다.

02 농수산물의 생산조정 및 출하조절

1 주산지의 지정 및 해제 등

(1) 주산지의 지정 및 해제(법 제4조)

① 시・도지사는 농수산물의 경쟁력 제고 또는 수급(需給)을 조절하기 위하여 생산 및 출하를 촉진 또는 조절할 필요가 있다고 인정할 때에는 주요 농수산물의 생산지역이나 생산수면(이하 "주산지")을 지정하고, 그 주산지에서 주요 농수산물을 생산하는 자에 대하여 생산자금의 융자 및 기술지도 등 필요한 지원을 할 수 있다.

② 주요 농수산물은 국내 농수산물의 생산에서 차지하는 비중이 크거나 생산・출하의 조절이 필요한 것으로서 농림축산식품부장관 또는 해양수산부장관이 지정하는 품목으로 한다.

③ 주산지는 다음 요건을 갖춘 지역 또는 수면(水面) 중에서 구역을 정하여 지정한다.

㉠ 주요 농수산물의 재배면적 또는 양식면적이 농림축산식품부장관 또는 해양수산부장관이 고시하는 면적 이상일 것

㉡ 주요 농수산물의 출하량이 농림축산식품부장관 또는 해양수산부장관이 고시하는 수량 이상일 것

④ 시・도지사는 지정된 주산지가 지정요건에 적합하지 아니하게 되었을 때에는 그 지정을 변경하거나 해제할 수 있다.

⑤ 주산지의 지정, 주요 농수산물 품목의 지정 및 주산지의 변경・해제에 관하여 필요한 사항은 대통령령으로 정한다.

(2) 주산지의 지정・변경 및 해제(시행령 제4조)

① 주요 농수산물의 생산지역이나 생산수면(이하 "주산지")의 지정은 읍・면・동 또는 시・군・구 단위로 한다.

② 특별시장・광역시장・특별자치시장・도지사 또는 특별자치도지사(이하 "시・도지사")는 주산지를 지정하였을 때에는 이를 고시하고 농림축산식품부장관 또는 해양수산부장관에게 통지하여야 한다.

③ 주산지 지정의 변경 또는 해제에 관하여는 ① 및 ②를 준용한다.

(3) 주산지협의체의 구성 등(법 제4조의2)

① 법 제4조 ①에 따라 지정된 주산지의 시・도지사는 주산지의 지정목적 달성 및 주요 농수산물 경영체 육성을 위하여 생산자 등으로 구성된 주산지협의체(이하 "협의체")를 설치할 수 있다.

② 협의체는 주산지 간 정보 교환 및 농수산물 수급조절 과정에의 참여 등을 위하여 공동으로 품목별 중앙주산지협의회(이하 "중앙협의회")를 구성・운영할 수 있다.

③ 협의체의 설치 및 중앙협의회의 구성·운영 등에 관하여 필요한 사항은 대통령령으로 정한다.

④ 국가 또는 지방자치단체는 협의체 및 중앙협의회의 원활한 운영을 위하여 필요한 경비의 일부를 지원할 수 있다.

주산지협의체의 구성 등(시행령 제5조의2)

① 시·도지사는 법 제4조의2 ①에 따른 주산지협의체를 주산지별 또는 시·도 단위별로 설치할 수 있다.

② 협의체는 20명 이내의 위원으로 구성하며, 위원은 다음의 어느 하나에 해당하는 사람 중에서 시·도지사가 지명 또는 위촉한다.

1. 해당 시·도 소속 공무원
2. 「농업·농촌 및 식품산업 기본법」에 따른 농업인 또는 「수산업·어촌 발전 기본법」에 따른 어업인
3. 「농업·농촌 및 식품산업 기본법」에 따른 생산자단체의 대표·임직원 또는 「수산업·어촌 발전 기본법」에 따른 생산자단체의 대표·임직원
4. 법 제2조 제11호에 따른 산지유통인
5. 해당 농수산물 품목에 관한 전문적 지식이나 경험을 가진 사람 중 시·도지사가 필요하다고 인정하는 사람

③ 협의체의 위원장은 위원 중에서 호선하되, 공무원인 위원과 위촉된 위원 각 1명을 공동위원장으로 선출할 수 있다.

④ ①부터 ③까지에서 규정한 사항 외에 협의체의 구성과 운영에 관한 세부사항은 농림축산식품부장관 또는 해양수산부장관이 정한다.

중앙주산지협의회의 구성 등(시행령 제5조의3)

① 법 제4조의2 ②에 따른 중앙주산지협의회(중앙협의회)는 20명 이내의 위원으로 구성하며, 위원은 다음의 어느 하나에 해당하는 사람이 된다.

1. 각 협의체가 추천한 협의체의 위원 중 농림축산식품부장관 또는 해양수산부장관이 위촉하는 사람 10명 이내
2. 농림축산식품부장관이 지명하는 농림축산식품부 소속 공무원 3명 이내 또는 해양수산부장관이 지명하는 해양수산부 소속 공무원 3명 이내
3. 해당 농수산물 품목에 관한 전문적 지식이나 경험을 가진 사람 중 농림축산식품부장관 또는 해양수산부장관이 필요하다고 인정하여 위촉하는 사람

② 중앙협의회의 위원장은 위원 중에서 호선하되, 공무원인 위원과 위촉된 위원 각 1명을 공동위원장으로 선출할 수 있다.

③ ① 및 ②에서 규정한 사항 외에 중앙협의회의 구성과 운영에 관한 세부사항은 중앙협의회 위원의 의견을 들어 위원장이 정한다.

(4) 주요 농수산물 품목의 지정(시행령 제5조)

농림축산식품부장관 또는 해양수산부장관은 주요 농수산물 품목을 지정하였을 때에는 이를 고시하여야 한다.

2 가격예시(법 제8조)

(1) 가격예시품목과 시책

① 가격예시 : 농림축산식품부장관 또는 해양수산부장관은 농림축산식품부령 또는 해양수산부령으로 정하는 주요 농수산물의 수급조절과 가격안정을 위하여 필요하다고 인정할 때에는 해당 농산물의 파종기 또는 수산물의 종자입식 시기 이전에 생산자를 보호하기 위한 하한가격(예시가격)을 예시할 수 있다.

② 시책 : 농림축산식품부장관 또는 해양수산부장관은 가격을 예시한 경우에는 예시가격을 지지(支持)하기 위하여 농림업관측·국제곡물관측 또는 수산업관측의 지속적 실시, 「수산물 유통의 관리 및 지원에 관한 법률」에 따른 계약생산 또는 계약출하의 장려, 수매 및 처분, 유통협약 및 유통조절명령, 비축사업 등을 연계하여 적절한 시책을 추진하여야 한다.

(2) 예시가격의 결정

① 농림축산식품부장관 또는 해양수산부장관은 예시가격을 결정할 때에는 해당 농산물의 농림업관측, 주요 곡물의 국제곡물관측 또는 수산물의 수산업관측 결과, 예상 경영비, 지역별 예상 생산량 및 예상 수급상황 등을 고려하여야 한다.

② 농림축산식품부장관 또는 해양수산부장관은 예시가격을 결정할 때에는 미리 기획재정부장관과 협의하여야 한다.

3 유통협약 및 유통조절명령(법 제10조)

(1) 유통협약

주요 농수산물의 생산자, 산지유통인, 저장업자, 도매업자·소매업자 및 소비자 등(이하 "생산자 등")의 대표는 해당 농수산물의 자율적인 수급조절과 품질향상을 위하여 생산조정 또는 출하조절을 위한 협약(이하 "유통협약")을 체결할 수 있다.

(2) 유통조절명령

① 농림축산식품부장관 또는 해양수산부장관은 부패하거나 변질되기 쉬운 농수산물로서 농림축산식품부령 또는 해양수산부령으로 정하는 농수산물에 대하여 현저한 수급 불안정을 해소하기 위하여 특히 필요하다고 인정되고 농림축산식품부령 또는 해양수산부령으로 정하는 생산자 등 또는 생산자단체가 요청할 때에는 공정거래위원회와 협의를 거쳐 일정 기간 동안 일정 지역의 해당 농수산물의 생산자 등에게 생산조정 또는 출하조절을 하도록 하는 유통조절명령(이하 "유통명령")을 할 수 있다.

② 유통명령에는 유통명령을 하는 이유, 대상 품목, 대상자, 유통조절방법 등 대통령령이 정하는 사항이 포함되어야 한다.

유통명령의 대상 품목(시행규칙 제10조)
유통조절명령을 내릴 수 있는 농수산물은 다음의 농수산물 중 농림축산식품부장관 또는 해양수산부장관이 지정하는 품목으로 한다.
1. 법 제10조 제1항에 따라 유통협약을 체결한 농수산물
2. 생산이 전문화되고 생산지역의 집중도가 높은 농수산물

유통명령의 요청자 등(시행규칙 제11조)
① "농림축산식품부령 또는 해양수산부령으로 정하는 생산자 등 또는 생산자단체"란 다음의 생산자 등 또는 생산자단체로서 농수산물의 수급조절 및 품질향상 능력 등 농림축산식품부장관 또는 해양수산부장관이 정하는 요건을 갖춘 자를 말한다.
  1. 유통명령 대상품목인 농수산물의 수급조절과 품질향상을 위하여 유통조절추진위원회를 구성·운영하는 생산자 등
  2. 유통명령 대상품목인 농수산물을 주로 생산하는 생산자단체
② ①에 따른 요청자가 유통명령을 요청하는 경우에는 유통명령 요청서를 해당 지역에서 발행되는 일간지에 공고하거나 이해관계자 대표 등에게 발송하여 10일 이상 의견조회를 하여야 한다.

유통조절명령의 포함사항(시행령 제11조)
1. 유통조절명령의 이유(수급·가격·소득의 분석 자료를 포함한다)
2. 대상품목
3. 기 간
4. 지 역
5. 대상자
6. 생산조정 또는 출하조절의 방안
7. 명령이행 확인의 방법 및 명령 위반자에 대한 제재조치
8. 사후관리와 그 밖에 농림축산식품부장관 또는 해양수산부장관이 유통조절에 관하여 필요하다고 인정하는 사항

③ 생산자 등 또는 생산자단체가 유통명령을 요청하고자 하는 경우에는 ②에 따른 내용이 포함된 요청서를 작성하여 이해관계인·유통전문가의 의견수렴절차를 거치고 해당 농수산물의 생산자 등의 대표나 해당 생산자단체의 재적회원 3분의 2 이상의 찬성을 받아야 한다.

④ 유통명령을 하기 위한 기준과 구체적 절차, 유통명령을 요청할 수 있는 생산자 등의 조직과 구성 및 운영방법 등에 관하여 필요한 사항은 농림축산식품부령 또는 해양수산부령으로 정한다.

⑤ 유통명령의 발령기준 등(시행규칙 제11조의2)
유통명령을 발하기 위한 기준은 다음의 사항을 고려하여 농림축산식품부장관 또는 해양수산부장관이 정하여 고시한다.
㉠ 품목별 특성
㉡ 관측 결과 등을 반영하여 산정한 예상 가격과 예상 공급량

⑥ 유통조절추진위원회의 조직 등(시행규칙 제12조)

㉠ 유통명령을 요청하려는 생산자 등은 유통명령 대상 품목의 생산자, 산지유통인, 저장업자, 도매업자·소매업자 및 소비자 등의 대표가 참여하여 유통명령의 요청 및 유통조절 추진에 관한 사항을 협의하는 위원회(유통조절추진위원회)를 구성하여야 하며, 유통명령의 원활한 시행을 위하여 필요한 경우에는 해당 농수산물의 주요 생산지에 유통조절추진위원회의 지역조직을 둘 수 있다.

㉡ 유통조절추진위원회의 구성 및 운영방법 등에 관한 세부적인 사항은 농림축산식품부장관 또는 해양수산부장관이 정한다.

㉢ 농림축산식품부장관 또는 해양수산부장관은 유통조절추진위원회의 생산·출하조절 등 수급안정을 위한 활동을 지원할 수 있다.

⑦ 유통명령의 집행(법 제11조)

㉠ 농림축산식품부장관 또는 해양수산부장관은 유통명령이 이행될 수 있도록 유통명령의 내용에 관한 홍보, 유통명령 위반자에 대한 제재 등 필요한 조치를 하여야 한다.

㉡ 농림축산식품부장관 또는 해양수산부장관은 필요하다고 인정하는 경우에는 지방자치단체의 장, 해당 농수산물의 생산자 등의 조직 또는 생산자단체로 하여금 ①에 따른 유통명령 집행업무의 일부를 수행하게 할 수 있다.

⑧ 유통명령 이행자에 대한 지원 등(법 제12조)

㉠ 농림축산식품부장관 또는 해양수산부장관은 유통협약 또는 유통명령을 이행한 생산자 등이 그 유통협약이나 유통명령을 이행함에 따라 발생하는 손실에 대하여는 농산물가격안정기금 또는 「수산업·어촌발전 기본법」에 따른 수산발전기금으로 그 손실을 보전(補塡)하게 할 수 있다.

㉡ 농림축산식품부장관 또는 해양수산부장관은 유통명령 집행업무의 일부를 수행하는 생산자 등의 조직이나 생산자단체에 대하여 필요한 지원을 할 수 있다.

㉢ 유통명령 이행으로 인한 손실 보전 및 유통명령 집행업무의 지원에 필요한 사항은 대통령령으로 정한다.

03 농수산물도매시장

1 도매시장의 개설 등

(1) 도매시장의 개설(법 제17조)

① 도매시장은 대통령령이 정하는 바에 따라 부류(部類)별로 또는 둘 이상의 부류를 종합하여 중앙도매시장의 경우에는 특별시·광역시·특별자치시 또는 특별자치도가 개설하고, 지방도매시장의 경우에는 특별시·광역시·특별자치시·특별자치도 또는 시가 개설한다. 다만, 시가 지방도매시장을 개설하려면 도지사의 허가를 받아야 한다.

㉠ 도매시장의 개설(시행령 제15조) : 도매시장은 양곡부류·청과부류·축산부류·수산부류·화훼부류 및 약용작물부류별로 개설하거나 둘 이상의 부류를 종합하여 개설한다.

㉡ 도매시장의 명칭(시행령 제16조) : 도매시장의 명칭에는 그 도매시장을 개설한 지방자치단체의 명칭이 포함되어야 한다.

② 시가 지방도매시장의 개설허가를 받으려면 농림축산식품부령 또는 해양수산부령으로 정하는 바에 따라 지방도매시장 개설허가 신청서에 업무규정과 운영관리계획서를 첨부하여 도지사에게 제출하여야 한다.

③ 특별시·광역시·특별자치시 또는 특별자치도가 도매시장을 개설하려면 미리 업무규정과 운영관리계획서를 작성하여야 하며, 중앙도매시장의 업무규정은 농림축산식품부장관 또는 해양수산부장관의 승인을 받아야 한다.

④ 중앙도매시장의 개설자가 업무규정을 변경하는 때에는 농림축산식품부장관 또는 해양수산부장관의 승인을 받아야 하며, 지방도매시장의 개설자(시가 개설자인 경우만 해당한다)가 업무규정을 변경하는 때에는 도지사의 승인을 받아야 한다.

⑤ 시가 지방도매시장을 폐쇄하려면 그 3개월 전에 도지사의 허가를 받아야 한다. 다만, 특별시·광역시·특별자치시 및 특별자치도가 도매시장을 폐쇄하는 경우에는 그 3개월 전에 이를 공고하여야 한다.

⑥ ② 및 ③에 따른 업무규정으로 정하여야 할 사항과 운영관리계획서의 작성 및 제출에 필요한 사항은 농림축산식품부령 또는 해양수산부령으로 정한다.

(2) 도매시장의 장소 이전 등(시행규칙 제15조)

① 시가 지방도매시장의 장소를 이전하려는 경우에는 장소 이전 허가신청서에 업무규정과 운영관리계획서를 첨부하여 도지사에게 제출하여야 한다.

② 특별시·광역시·특별자치시 또는 특별자치도가 농수산물도매시장(도매시장)을 개설한 경우에는 작성한 도매시장의 업무규정 및 운영관리계획서를 농림축산식품부장관 또는 해양수산부장관에게 제출하여야 한다. 해당 도매시장의 업무규정을 변경한 경우에도 또한 같다.

(3) 업무규정과 운영관리계획서

① 업무규정(시행규칙 제16조)

㉠ 도매시장의 업무규정에 정할 사항은 다음과 같다.

- 도매시장의 명칭·장소 및 면적
- 거래품목
- 도매시장의 휴업일 및 영업시간
- 「지방공기업법」에 의한 지방공사(관리공사), 공공출자법인 또는 한국농수산식품유통공사를 시장관리자로 지정하여 도매시장의 관리업무를 하게 하는 경우에는 그 관리업무에 관한 사항
- 지정하려는 도매시장법인의 적정 수, 임원의 자격, 자본금, 거래규모, 순자산액 비율, 거래대금의 지급보증을 위한 보증금 등 그 지정조건에 관한 사항
- 도매시장법인이 다른 도매시장법인을 인수·합병하려는 경우 도매시장법인의 임원의 자격, 자본금, 사업계획서, 거래대금의 지급보증을 위한 보증금 등 그 승인요건에 관한 사항
- 중도매업의 허가에 관한 사항, 중도매인의 적정 수, 최저거래금액, 거래대금의 지급보증을 위한 보증금, 시설사용계약 등 그 허가조건에 관한 사항
- 법인인 중도매인이 다른 법인인 중도매인을 인수·합병하려는 경우 거래규모, 거래보증금 등 그 승인요건에 관한 사항
- 산지유통인의 등록에 관한 사항
- 출하자 신고 및 출하예약에 관한 사항
- 도매시장법인의 매수거래 및 상장되지 아니한 농수산물의 중도매인 거래허가에 관한 사항
- 도매시장법인 또는 시장도매인의 매매방법에 관한 사항
- 도매시장법인 및 시장도매인의 거래의 특례에 관한 사항
- 도매시장법인의 겸영(兼營)에 관한 사항
- 도매시장법인 또는 시장도매인 공시에 관한 사항
- 지정하려는 시장도매인의 적정 수, 임원의 자격, 자본금, 거래규모, 순자산액 비율, 거래대금의 지급보증을 위한 보증금, 최저거래금액 등 그 지정조건에 관한 사항
- 시장도매인이 다른 시장도매인을 인수·합병하려는 경우 시장도매인의 임원의 자격, 자본금, 사업계획서, 거래대금의 지급보증을 위한 보증금 등 그 승인요건에 관한 사항
- 최소출하량의 기준에 관한 사항
- 농수산물의 안전성검사에 관한 사항
- 표준하역비를 부담하는 규격출하품과 표준하역비에 관한 사항
- 도매시장법인 또는 시장도매인의 대금결제방법과 대금 지급의 지체에 따른 지체상금의 지급 등 대금결제에 관한 사항

- 개설자, 도매시장법인, 시장도매인 또는 중도매인이 징수하는 도매시장 사용료, 부수시설 사용료, 위탁수수료, 중개수수료 및 정산수수료
- 지방도매시장의 운영 등의 특례에 관한 사항
- 시설물의 사용기준 및 조치에 관한 사항
- 도매시장법인, 시장도매인, 도매시장공판장, 중도매인의 시설사용면적 조정·차등지원 등에 관한 사항
- 도매시장거래분쟁조정위원회의 구성·운영 및 분쟁 심의대상 등에 관한 세부사항
- 최소경매사의 수에 관한 사항
- 도매시장법인의 매매방법에 관한 사항
- 대량입하품 등의 우대조치에 관한 사항
- 전자식경매·입찰의 예외에 관한 사항
- 정산창구의 운영방법 및 관리에 관한 사항
- 표준송품장의 양식 및 관리에 관한 사항
- 판매원표의 관리에 관한 사항
- 표준정산서의 양식 및 관리에 관한 사항
- 시장관리운영위원회의 운영 등에 관한 사항
- 매매참가인의 신고에 관한 사항
- 그 밖에 도매시장 개설자가 도매시장의 효율적인 관리·운영을 위하여 필요하다고 인정하는 사항

ⓛ 도매시장의 업무규정에는 도매시장공판장의 운영 등에 관한 사항을 정할 수 있다.

② 운영관리계획서(시행규칙 제17조)

도매시장의 운영관리계획서에 정할 사항은 다음과 같다.

㉠ 도매시장의 대지·건물과 그 밖의 시설의 종류·규모·구조 및 배치상황
ⓛ 개설에 든 투자액의 재원별 조달상황과 부채가 있는 때에는 그 상환계획
ⓒ 도매시장관리사무소 또는 시장관리자의 운영·관리 등에 관한 계획
ⓓ 도매시장법인의 지정계획, 공공출자법인의 설립계획 또는 시장도매인의 지정계획
ⓔ 중도매인의 허가계획
ⓑ 하역업무의 효율화방안
ⓢ 도매시장 개설 후 5년간의 사업계획 및 수지예산
ⓞ 해당 지역의 수급실적과 수급전망에 관한 사항
ⓩ 해당 지역의 도매시장, 농수산물공판장, 민영농수산물도매시장 및 농수산물종합유통센터별 거래상황과 거래전망에 관한 사항

2 개설구역과 개설자의 의무

(1) 개설구역(법 제18조)

① 도매시장의 개설구역은 도매시장이 개설되는 특별시·광역시·특별자치시·특별자치도 또는 시의 관할구역으로 한다.

② 농림축산식품부장관 또는 해양수산부장관은 해당 지역에서의 농수산물의 원활한 유통을 위하여 필요하다고 인정할 때에는 도매시장의 개설구역에 인접한 일정 구역을 그 도매시장의 개설구역으로 편입하게 할 수 있다. 다만, 시가 개설하는 지방도매시장의 개설구역에 인접한 구역으로서 그 지방도매시장이 속한 도의 일정 구역에 대하여는 해당 도지사가 그 지방도매시장의 개설구역으로 편입하게 할 수 있다.

(2) 허가기준 등(법 제19조)

① 도지사는 제17조 제3항에 따른 허가신청의 내용이 다음의 요건을 갖춘 경우에는 이를 허가한다.

㉠ 도매시장을 개설하려는 장소가 농수산물 거래의 중심지로서 적절한 위치에 있을 것

㉡ 제67조 제2항에 따른 기준에 적합한 시설을 갖추고 있을 것

㉢ 운영관리계획서의 내용이 충실하고 그 실현이 확실하다고 인정되는 것일 것

② 도지사는 ①의 ㉡에 따라 요구되는 시설이 갖추어지지 아니한 경우에는 일정한 기간 내에 해당 시설을 갖출 것을 조건으로 개설허가를 할 수 있다.

③ 특별시·광역시·특별자치시 또는 특별자치도가 도매시장을 개설하려면 ①의 각 호의 요건을 모두 갖추어 개설하여야 한다.

(3) 도매시장 개설자의 의무(법 제20조)

① 도매시장의 개설자는 거래관계자의 편익과 소비자 보호를 위하여 다음의 사항을 이행하여야 한다.

㉠ 도매시장시설의 정비·개선과 합리적인 관리

㉡ 경쟁촉진과 공정한 거래질서의 확립 및 환경개선

㉢ 상품성 향상을 위한 규격화, 포장 개선 및 선도(鮮度) 유지의 촉진

② 도매시장의 개설자는 ①의 사항을 효과적으로 이행하기 위하여 이에 대한 투자계획 및 거래제도 개선방안 등을 포함한 대책을 수립·시행하여야 한다.

3 도매시장의 관리 · 운영

(1) 도매시장의 관리(법 제21조)

① 도매시장의 개설자는 소속 공무원으로 구성된 도매시장 관리사무소를 두거나 「지방공기업법」에 따른 지방공사, 공공출자법인 또는 한국농수산식품유통공사 중에서 시장관리자를 지정할 수 있다.

② 도매시장의 개설자는 관리사무소 또는 시장관리자로 하여금 시설물관리, 거래질서 유지, 유통 종사자에 대한 지도 · 감독 등에 관한 업무 범위를 정하여 해당 도매시장 또는 그 개설구역에 있는 도매시장의 관리업무를 수행하게 할 수 있다.

③ **도매시장 관리사무소 등의 업무(시행규칙 제18조)** : 도매시장의 개설자가 도매시장 관리사무소 또는 시장관리자로 하여금 하게 할 수 있는 도매시장의 관리업무는 다음과 같다.

㉠ 도매시장 시설물의 관리 및 운영

㉡ 도매시장의 거래질서 유지

㉢ 도매시장의 도매시장법인 · 시장도매인 · 중도매인 그 밖의 유통업무종사자에 대한 지도 · 감독

㉣ 도매시장법인 또는 시장도매인이 납부하거나 제공한 보증금 또는 담보물의 관리

㉤ 도매시장의 정산창구에 대한 관리 · 감독

㉥ 도매시장사용료 · 부수시설사용료의 징수

㉦ 그 밖에 도매시장의 개설자가 도매시장의 관리를 효율적으로 수행하기 위하여 업무규정으로 정하는 사항의 시행

(2) 도매시장의 운영 등(법 제22조)

도매시장의 개설자는 도매시장에 그 시설규모 · 거래액 등을 고려하여 적정 수의 도매시장법인 · 시장도매인 또는 중도매인을 두어 이를 운영하게 하여야 한다. 다만, 중앙도매시장의 개설자는 농림축산식품부령 또는 해양수산부령으로 정하는 부류(청과부류와 수산부류)에 대하여는 도매시장법인을 두어야 한다.

(3) 도매시장법인의 지정(법 제23조)

① 도매시장법인은 도매시장의 개설자가 부류별로 지정하되, 중앙도매시장에 두는 도매시장법인의 경우에는 농림축산식품부장관 또는 해양수산부장관과 협의하여 지정한다. 이 경우 5년 이상 10년 이하의 범위에서 지정 유효기간을 설정할 수 있다.

② 도매시장법인의 주주 및 임직원은 해당 도매시장법인의 업무와 경합되는 도매업 또는 중도매업(仲都賣業)을 하여서는 아니 된다. 다만, 도매시장법인이 다른 도매시장법인의 주식 또는 지분을 과반수 이상 양수(인수)하고 양수법인의 주주 또는 임직원이 양도법인의 주주 또는 임직원의 지위를 겸하게 된 경우에는 그러하지 아니하다.

③ 도매시장법인이 될 수 있는 자는 다음의 요건을 갖춘 법인이어야 한다.

㉠ 해당 부류의 도매업무를 효과적으로 수행할 수 있는 지식과 도매시장 또는 공판장 업무에 2년 이상 종사한 경험이 있는 업무집행 담당 임원이 2명 이상 있을 것

㉡ 임원 중 금고 이상의 실형을 선고받고 그 형의 집행이 끝나거나(집행이 끝난 것으로 보는 경우를 포함한다) 집행이 면제된 후 2년이 지나지 아니한 사람이 없을 것

㉢ 임원 중 파산선고를 받고 복권되지 아니한 사람이나 피성년후견인 또는 피한정후견인이 없을 것

㉣ 임원 중 도매시장법인의 지정취소처분의 원인이 되는 사항에 관련된 사람이 없을 것

㉤ 거래규모, 순자산액 비율 및 거래보증금 등 도매시장 개설자가 업무규정으로 정하는 일정 요건을 갖출 것

④ 도매시장법인이 지정된 후 ③의 ㉠의 요건을 갖추지 아니하게 되었을 때에는 3개월 이내에 해당 요건을 갖추어야 한다.

⑤ 도매시장법인은 해당 임원이 ③의 ㉡부터 ㉣까지의 어느 하나에 해당하는 요건을 갖추지 아니하게 되었을 때에는 그 임원을 지체 없이 해임하여야 한다.

⑥ 도매시장법인의 지정절차(시행령 제17조)

㉠ 도매시장법인의 지정을 받으려는 자는 도매시장법인의 지정신청서(전자문서로 된 신청서를 포함한다)에 다음의 서류(전자문서를 포함한다)를 첨부하여 도매시장의 개설자에게 제출하여야 한다. 이 경우 도매시장법인의 지정신청서를 제출받은 도매시장의 개설자는 「전자정부법」에 따른 행정정보의 공동이용을 통하여 신청인의 법인등기사항증명서를 확인하여야 한다.

- 정 관
- 주주명부
- 임원의 이력서
- 해당 법인의 직전 회계연도의 재무제표와 그 부속서류(신설 법인의 경우에는 설립일을 기준으로 작성한 대차대조표)
- 사업시작 예정일부터 5년간의 사업계획서(산지활동계획, 경매사확보계획, 농수산물판매계획, 자금운용계획, 조직 및 인력운용계획 등을 포함한다)
- 거래규모, 순자산액 비율 및 거래보증금 등 도매시장의 개설자가 업무규정으로 정한 요건을 충족하고 있음을 입증하는 서류

㉡ 도매시장의 개설자는 ㉠에 따라 신청을 받았을 때에는 업무규정으로 정한 도매시장법인의 적정 수의 범위 안에서 이를 지정하여야 한다.

(4) 도매시장법인의 인수·합병(법 제23조의2)

① 도매시장법인이 다른 도매시장법인을 인수하거나 합병하는 경우에는 해당 도매시장 개설자의 승인을 받아야 한다.

② 도매시장 개설자는 다음의 어느 하나에 해당하는 경우를 제외하고는 ①에 따라 인수 또는 합병을 승인하여야 한다.

㉠ 인수 또는 합병의 당사자인 도매시장법인이 제23조 제3항 각 호의 요건을 갖추지 못한 경우

㉡ 그 밖에 이 법 또는 다른 법령에 따른 제한에 위반되는 경우

③ ①에 따라 합병을 승인하는 경우 합병을 하는 도매시장법인은 합병이 되는 도매시장법인의 지위를 승계한다.

④ 도매시장법인의 인수·합병승인절차 등에 관하여 필요한 사항은 농림축산식품부령 또는 해양수산부령으로 정한다.

> **도매시장법인의 인수·합병의 승인 등(시행규칙 제18조의3)**
>
> ① 도매시장법인이 도매시장 개설자의 인수·합병의 승인을 받으려는 경우에는 도매시장법인 인수·합병 승인신청서에 다음의 서류(전자문서를 포함한다)를 첨부하여 인수·합병 등기신청을 하기 전에 해당 도매시장 개설자에게 제출하여야 한다.
>
> 1. 「상법」에 따른 주주총회의 승인을 받은 인수·합병계약서 사본
> 2. 인수·합병 전·후의 주주명부
> 3. 인수·합병 후 도매시장법인 임원의 이력서
> 4. 인수·합병을 하는 도매시장법인 및 인수·합병이 되는 도매시장법인의 인수·합병 직전년도의 재무제표 및 그 부속서류
> 5. 인수·합병이 되는 도매시장법인의 잔여 지정기간 동안의 사업계획서
> 6. 인수·합병 후 거래규모, 순자산액 비율 및 출하대금의 지급보증을 위한 거래보증금 확보를 증명하는 서류
>
> ② 도매시장 개설자는 도매시장법인이 법 제23조 제3항 각 호의 요건을 갖춘 경우에만 인수·합병을 승인할 수 있다.
>
> ③ 도매시장 개설자는 도매시장법인이 제출한 신청서에 흠이 있는 경우 그 신청서의 보완을 요청할 수 있다.
>
> ④ 도매시장의 개설자는 도매시장법인의 요건을 갖추고 있는지를 확인하고 신청서를 접수한 날로부터 30일 이내에 그 승인 여부를 결정하여 지체 없이 신청인에게 문서로 통보하여야 한다. 이 경우 승인하지 아니하는 경우에는 그 사유를 분명히 밝혀야 한다.

(5) 공공출자법인(법 제24조)

① 도매시장 개설자는 도매시장을 효율적으로 관리·운영하기 위하여 필요하다고 인정하는 경우에는 도매시장법인을 갈음하여 그 업무를 수행하게 할 법인(공공출자법인)을 설립할 수 있다.

② 공공출자법인에 대한 출자는 다음에 해당하는 자로 한정한다. 이 경우 ㉠부터 ㉢까지에 해당하는 자에 의한 출자액의 합계가 총출자액의 100분의 50을 초과하여야 한다.

㉠ 지방자치단체
㉡ 관리공사
㉢ 농림수협 등
㉣ 해당 도매시장 또는 그 도매시장으로 이전되는 시장에서 농수산물을 거래하는 상인과 그 상인단체
㉤ 도매시장법인
㉥ 그 밖에 도매시장 개설자가 도매시장의 관리·운영을 위하여 특히 필요하다고 인정하는 자

4 도매시장의 허가 등

(1) 중도매업의 허가(법 제25조)

① 중도매인의 업무를 하려는 자는 부류별로 해당 도매시장 개설자의 허가를 받아야 한다.
② 도매시장 개설자는 다음의 어느 하나에 해당하는 경우를 제외하고는 ① 및 ⑦에 따른 갱신허가를 하여야 한다.
㉠ ③의 어느 하나에 해당하는 경우
㉡ 그 밖에 이 법 또는 다른 법령에 따른 제한에 위반되는 경우
③ 다음의 어느 하나에 해당하는 자는 중도매업의 허가를 받을 수 없다.
㉠ 파산선고를 받고 복권되지 아니한 사람이나 피성년후견인
㉡ 이 법을 위반하여 금고 이상의 실형을 선고받고 그 형의 집행이 끝나거나(집행이 끝난 것으로 보는 경우를 포함한다) 면제되지 아니한 사람
㉢ 중도매업의 허가가 취소된 날부터 2년이 지나지 아니한 자
㉣ 도매시장법인의 주주 및 임직원으로서 해당 도매시장법인의 업무와 경합되는 중도매업을 하려는 자
㉤ 임원 중에 ㉠부터 ㉣까지의 어느 하나에 해당하는 사람이 있는 법인
㉥ 최저거래금액 및 거래대금의 지급보증을 위한 보증금 등 도매시장 개설자가 업무규정으로 정한 허가조건을 갖추지 못한 자
④ 법인인 중도매인은 그 임원이 ③의 ㉤에 해당하게 되었을 때에는 그 임원을 지체 없이 해임하여야 한다.
⑤ 중도매인은 다음의 행위를 하여서는 아니 된다.
㉠ 다른 중도매인 또는 매매참가인의 거래 참가를 방해하는 행위를 하거나 집단적으로 농수산물의 경매 또는 입찰에 불참하는 행위
㉡ 다른 사람에게 자기의 성명이나 상호를 사용하여 중도매업을 하게 하거나 그 허가증을 빌려주는 행위

⑥ 도매시장 개설자는 중도매업의 허가를 하는 경우 5년 이상 10년 이하의 범위에서 허가유효기간을 설정할 수 있다. 다만, 법인이 아닌 중도매인은 3년 이상 10년 이하의 범위에서 허가유효기간을 설정할 수 있다.

⑦ ⑥에 따른 허가 유효기간이 만료된 후 계속하여 중도매업을 하려는 자는 농림축산식품부령 또는 해양수산부령으로 정하는 바에 따라 갱신허가를 받아야 한다.

중도매업의 허가절차(시행규칙 제19조)

중도매업의 허가를 받으려는 자는 도매시장의 개설자가 정하는 허가신청서에 다음의 서류를 첨부하여 도매시장의 개설자에게 제출해야 한다. 이 경우 중도매업의 허가를 받으려는 자가 법인인 경우에는 도매시장의 개설자가 「전자정부법」에 따른 행정정보의 공동이용을 통하여 법인등기부등본을 확인해야 한다.

1. 개인의 경우
   - 이력서
   - 은행의 잔액증명서
2. 법인의 경우
   - 주주명부
   - 해당 법인의 직전 회계연도의 재무제표 및 그 부속서류(신설법인의 경우 설립일 기준으로 작성한 대차대조표)

(2) 매매참가인의 신고(법 제25조의3, 시행규칙 제19조의3)

① 매매참가인의 업무를 하려는 자는 농림축산식품부령 또는 해양수산부령이 정하는 바에 따라 도매시장・공판장 또는 민영도매시장의 개설자에게 매매참가인으로 신고하여야 한다.

② 매매참가인의 업무를 하려는 자는 매매참가인 신고서에 다음의 서류를 첨부하여 도매시장・공판장 또는 민영도매시장 개설자에게 제출하여야 한다.

㉠ 개인의 경우
   - 신분증 사본 또는 사업자등록증 1부
   - 증명사진(2.5cm×3.5cm) 2매

㉡ 법인의 경우 : 법인등기사항증명서 1부

중도매인의 업무 범위 등의 특례(법 제26조)

제25조에 따라 허가를 받은 중도매인은 도매시장에 설치된 공판장(도매시장공판장)에서도 그 업무를 할 수 있다.

(3) 경매사의 임면(법 제27조)

① 도매시장법인은 도매시장에서의 공정하고 신속한 거래를 위하여 농림축산식품부령 또는 해양수산부령이 정하는 바에 따라 일정 수 이상의 경매사를 두어야 한다.

※ 도매시장법인이 확보하여야 하는 경매사의 수는 2명 이상으로 하되, 도매시장법인별 연간 거래물량 등을 고려하여 업무규정으로 그 수를 정한다(시행규칙 제20조).

② 경매사는 경매사 자격시험에 합격한 사람으로서 다음의 어느 하나에 해당하지 아니한 사람 중에서 임명하여야 한다.

㉠ 피성년후견인 또는 피한정후견인

㉡ 금고 이상의 실형을 선고받고 그 형의 집행이 끝나거나(집행이 끝난 것으로 보는 경우를 포함한다) 집행이 면제된 후 2년이 지나지 아니한 사람

㉢ 금고 이상의 형의 집행유예를 선고받거나 선고유예를 받고 그 유예기간 중에 있는 사람

㉣ 해당 도매시장의 시장도매인, 중도매인, 산지유통인 또는 그 임직원

㉤ 면직된 후 2년이 지나지 아니한 사람

㉥ 업무정지기간 중에 있는 사람

③ 도매시장법인은 경매사가 ②의 ㉠부터 ㉣까지의 어느 하나에 해당하는 경우에는 그 경매사를 면직하여야 한다.

④ 도매시장법인이 경매사를 임면(任免)하였을 때에는 농림축산식품부령 또는 해양수산부령으로 정하는 바에 따라 그 내용을 도매시장 개설자에게 신고하여야 하며, 도매시장 개설자는 농림축산식품부장관 또는 해양수산부장관이 지정하여 고시한 인터넷 홈페이지에 그 내용을 게시하여야 한다.

※ 도매시장법인이 경매사를 임면(任免)한 경우는 임면한 날부터 30일 이내에 도매시장 개설자에게 신고하여야 한다(시행규칙 제20조).

⑤ 경매사의 업무 등(법 제28조)

㉠ 도매시장법인이 상장한 농수산물에 대한 경매 우선순위의 결정

㉡ 도매시장법인이 상장한 농수산물에 대한 가격평가

㉢ 도매시장법인이 상장한 농수산물에 대한 경락자의 결정

㉣ 도매시장법인이 상장한 농수산물의 정가매매·수의매매(隨意賣買)에 대한 협상 및 중재

(4) 산지유통인의 등록(법 제29조)

① 농수산물을 수집하여 도매시장에 출하하려는 자는 농림축산식품부령 또는 해양수산부령으로 정하는 바에 따라 부류별로 도매시장 개설자에게 등록하여야 한다. 다만, 다음에 해당하는 경우에는 그러하지 아니하다.

㉠ 생산자단체가 구성원의 생산물을 출하하는 경우

㉡ 도매시장법인이 매수한 농수산물을 상장하는 경우

㉢ 중도매인이 비상장농수산물을 매매하는 경우

㉣ 시장도매인이 매매하는 경우

㉤ 그 밖에 농림축산식품부령 또는 해양수산부령으로 정하는 경우(시행규칙 제25조)

- 종합유통센터·수출업자 등이 남은 농수산물을 도매시장에 상장하는 경우
- 도매시장법인이 다른 도매시장법인 또는 시장도매인으로부터 매수하여 판매하는 경우
- 시장도매인이 도매시장법인으로부터 매수하여 판매하는 경우

> **산지유통인의 등록(시행규칙 제24조)**
> 1. 산지유통인으로 등록하려는 자는 도매시장의 개설자가 정한 등록신청서를 도매시장 개설자에게 제출하여야 한다.
> 2. 도매시장 개설자는 산지유통인의 등록을 하였을 때에는 등록대장에 이를 적고 신청인에게 등록증을 발급하여야 한다.
> 3. 등록증을 발급받은 산지유통인은 등록한 사항에 변경이 있는 때에는 도매시장 개설자가 정하는 변경등록신청서를 도매시장 개설자에게 제출하여야 한다.

② 도매시장법인, 중도매인 및 이들의 주주 또는 임·직원은 해당 도매시장에서 산지유통인의 업무를 하여서는 아니 된다.

③ 도매시장 개설자는 이 법 또는 다른 법령에 따른 제한에 위반되는 경우를 제외하고는 ①에 따라 등록을 하여주어야 한다.

④ 산지유통인은 등록된 도매시장에서 농수산물의 출하업무 외의 판매·매수 또는 중개업무를 하여서는 아니 된다.

⑤ 도매시장 개설자는 등록을 하여야 하는 자가 등록을 하지 아니하고 산지유통인의 업무를 하는 경우에는 도매시장에의 출입의 금지·제한하거나 그 밖에 필요한 조치를 할 수 있다.

⑥ 국가 또는 지방자치단체는 산지유통인의 공정한 거래를 촉진하기 위하여 필요한 지원을 할 수 있다.

(5) 출하자의 신고(법 제30조)

① 도매시장에 농수산물을 출하하려는 생산자 및 생산자단체 등은 농수산물의 거래질서 확립과 수급안정을 위하여 농림축산식품부령 또는 해양수산부령으로 정하는 바에 따라 해당 도매시장의 개설자에게 신고하여야 한다.

㉠ 도매시장에 농수산물을 출하하려는 자는 출하자 신고서에 다음의 구분에 따른 서류를 첨부하여 도매시장 개설자에게 제출하여야 한다(시행규칙 제25조의2).

- 개인의 경우 : 신분증 사본 또는 사업자등록증 1부
- 법인의 경우 : 법인 등기사항증명서 1부

㉡ 도매시장 개설자는 전자적 방법으로 출하자 신고서를 접수할 수 있다.

② 도매시장 개설자, 도매시장법인 또는 시장도매인은 ①에 따라 신고한 출하자가 출하예약을 하고 농수산물을 출하하는 경우에는 위탁수수료의 인하 및 경매의 우선실시 등 우대조치를 할 수 있다.

5 도매시장의 거래원칙

(1) 수탁판매의 원칙(법 제31조)

① 도매시장에서 도매시장법인이 하는 도매는 출하자로부터 위탁을 받아 하여야 한다. 다만, 농림축산식품부령 또는 해양수산부령으로 정하는 특별한 사유가 있는 경우에는 매수하여 도매할 수 있다.

② 중도매인은 도매시장법인이 상장한 농수산물 외의 농수산물의 거래를 할 수 없다. 다만, 농림축산식품부령 또는 해양수산부령으로 정하는 도매시장법인이 상장하기에 적합하지 아니한 농수산물과 그 밖에 이에 준하는 농수산물로서 그 품목과 기간을 정하여 도매시장의 개설자로부터 허가를 받은 농수산물의 경우에는 그러하지 아니하다.

③ 중도매인이 ②의 단서에 해당하는 물품을 농수산물 전자거래소에서 거래하는 경우에는 그 물품을 도매시장으로 반입하지 아니할 수 있다.

④ 중도매인은 도매시장법인이 상장한 농수산물을 농림축산식품부령 또는 해양수산부령으로 정하는 연간 거래액의 범위에서 해당 도매시장의 다른 중도매인과 거래하는 경우를 제외하고는 다른 중도매인과 농수산물을 거래할 수 없다.

⑤ 중도매인 간 거래액은 최저거래금액 산정 시 포함하지 아니한다.

⑥ ④에 따라 다른 중도매인과 농수산물을 거래한 중도매인은 농림축산식품부령 또는 해양수산부령으로 정하는 바에 따라 그 거래 내역을 도매시장 개설자에게 통보하여야 한다.

중도매인 간 거래 규모의 상한 등(시행규칙 제27조의2)

① 중도매인이 해당 도매시장의 다른 중도매인과 거래하는 경우에는 중도매인이 다른 중도매인으로부터 구매한 연간 총거래액이나 다른 중도매인에게 판매한 연간 총거래액이 해당 중도매인의 전년도 연간 구매한 총거래액이나 판매한 총거래액 각각(중도매인 간 거래액은 포함하지 아니한다)의 20% 미만이어야 한다.

② 다른 중도매인과 거래한 중도매인은 다른 중도매인으로부터 구매한 농수산물의 품목, 수량, 구매가격 및 판매자에 관한 자료를 업무규정에서 정하는 바에 따라 매년 도매시장 개설자에게 통보하여야 하며, 필요한 경우 다른 중도매인에게 판매한 농수산물의 품목, 수량, 판매가격 및 구매자에 관한 자료를 업무규정에서 정하는 바에 따라 매년 도매시장 개설자에게 통보할 수 있다.

③ 수탁판매의 예외(시행규칙 제26조)

㉠ 도매시장법인이 농수산물을 매수하여 도매할 수 있는 경우는 다음과 같다.

- 농림축산식품부장관 또는 해양수산부장관의 수매에 응하기 위하여 필요한 경우
- 다른 도매시장법인 또는 시장도매인으로부터 매수하여 도매하는 경우
- 해당 도매시장에서 주로 취급하지 아니하는 농수산물의 품목을 갖추기 위하여 대상 품목과 기간을 정하여 도매시장의 개설자의 승인을 얻어 다른 도매시장으로부터 이를 매수하는 경우
- 물품의 특성상 외형을 변형하는 등 가공하여 도매하여야 하는 경우로서 도매시장 개설자가 업무규정으로 정하는 경우
- 도매시장법인이 겸영사업에 필요한 농수산물을 매수하는 경우
- 수탁판매의 방법으로는 적정한 거래물량의 확보가 어려운 경우로서 농림축산식품부장관 또는 해양수산부장관이 고시하는 범위에서 중도매인 또는 매매참가인의 요청으로 그 중도매인 또는 매매참가인에게 정가·수의매매로 도매하기 위하여 필요한 물량을 매수하는 경우

㉡ 도매시장법인은 ㉠에 따라 농수산물을 매수하여 도매한 경우에는 업무규정에서 정하는 바에 따라 다음의 사항을 도매시장 개설자에게 지체 없이 알려야 한다.

• 매수하여 도매한 물품의 품목 · 수량 · 원산지 · 매수가격 · 판매가격 및 출하자
• 매수하여 도매한 사유

④ 상장되지 아니한 농수산물의 거래허가(시행규칙 제27조)

중도매인이 도매시장의 개설자의 허가를 받아 도매시장법인이 상장하지 아니한 농수산물을 거래할 수 있는 품목은 다음과 같다. 이 경우 도매시장개설자는 시장관리운영위원회의 심의를 거쳐 허가하여야 한다.

㉠ 연간 반입물량 누적비율이 하위 3% 미만에 해당하는 소량품목
㉡ 품목의 특성으로 인하여 해당 품목을 취급하는 중도매인이 소수인 품목
㉢ 그 밖에 상장거래에 의하여 중도매인이 해당 농수산물을 매입하는 것이 현저히 곤란하다고 도매시장의 개설자가 인정하는 품목

(2) 매매방법(법 제32조)

① 도매시장법인은 도매시장에서 농수산물을 경매 · 입찰 · 정가매매 또는 수의매매의 방법으로 매매하여야 한다. 다만, 출하자가 매매방법을 지정하여 요청하는 경우 등 농림축산식품부령 또는 해양수산부령으로 매매방법을 정한 경우에는 그에 따라 매매할 수 있다.

② 농림축산식품부령 또는 해양수산부령으로 매매방법을 정한 경우(시행규칙 제28조)

㉠ 경매 또는 입찰

가. 출하자가 경매 또는 입찰로 매매방법을 지정하여 요청한 경우(㉡의 나목부터 자목까지의 규정에 해당하는 경우는 제외한다)

나. 시장관리운영위원회의 심의를 거쳐 매매방법을 경매 또는 입찰로 정한 경우

다. 해당 농수산물의 입하량이 일시적으로 현저하게 증가하여 정상적인 거래가 어려운 경우 등 정가매매 또는 수의매매의 방법에 의하는 것이 극히 곤란한 경우

㉡ 정가매매 또는 수의매매

가. 출하자가 정가매매 · 수의매매로 매매방법을 지정하여 요청한 경우(㉠의 나목 및 다목에 해당하는 경우는 제외한다)

나. 시장관리운영위원회의 심의를 거쳐 매매방법을 정가매매 또는 수의매매로 정한 경우

다. 전자거래 방식으로 매매하는 경우

라. 다른 도매시장법인 또는 공판장(법 제27조에 따른 경매사가 경매를 실시하는 농수산물집하장을 포함한다)에서 이미 가격이 결정되어 바로 입하된 물품을 매매하는 경우로서 당해 물품을 반출한 도매시장법인 또는 공판장의 개설자가 가격 · 반출지 · 반출물량 및 반출차량 등을 확인한 경우

마. 해양수산부장관이 거래방법 · 물품의 반출 및 확인절차 등을 정한 산지의 거래시설에서 미리 가격이 결정되어 입하된 수산물을 매매하는 경우

바. 경매 또는 입찰이 종료된 후 입하된 경우
사. 경매 또는 입찰을 실시하였으나 매매되지 아니한 경우
아. 도매시장 개설자의 허가를 받아 중도매인 또는 매매참가인 외의 자에게 판매하는 경우
자. 천재·지변 그 밖의 불가피한 사유로 인하여 경매 또는 입찰의 방법에 의하는 것이 극히 곤란한 경우

③ 정가매매 또는 수의매매 거래의 절차 등에 관하여 필요한 사항은 도매시장 개설자가 업무규정으로 정한다.

(3) 경매 또는 입찰의 방법(법 제33조)

① 도매시장법인은 도매시장에 상장한 농수산물을 수탁된 순위에 따라 경매 또는 입찰의 방법으로 판매하는 경우에는 최고가격 제시자에게 판매하여야 한다. 다만, 출하자가 서면으로 거래 성립 최저가격을 제시한 경우에는 그 가격 미만으로 판매하여서는 아니 된다.

② 도매시장 개설자는 효율적인 유통을 위하여 필요한 경우에는 농림축산식품부령 또는 해양수산부령으로 정하는 바에 따라 대량 입하품, 표준규격품, 예약 출하품 등을 우선적으로 판매하게 할 수 있다.

대량 입하품 등의 우대(시행규칙 제30조)
도매시장 개설자는 다음의 품목에 대하여 도매시장법인 또는 시장도매인으로 하여금 우선적으로 판매하게 할 수 있다.
1. 대량 입하품
2. 도매시장의 개설자가 선정하는 우수출하주의 출하품
3. 예약출하품
4. 「농수산물 품질관리법」에 따른 표준규격품 및 우수관리인증농산물
5. 그 밖에 도매시장 개설자가 도매시장의 효율적인 운영을 위하여 특히 필요하다고 업무규정으로 정하는 품목

③ 경매 또는 입찰의 방법은 전자식(電子式)을 원칙으로 하되 필요한 경우 농림축산식품부령 또는 해양수산부령으로 정하는 바에 따라 거수수지식(擧手手指式)·기록식·서면입찰식 등의 방법으로 행할 수 있다. 이 경우 공개경매의 실현하기 위하여 필요한 경우 농림축산식품부장관, 해양수산부장관 또는 도매시장 개설자는 품목별·도매시장별로 경매방식을 제한할 수 있다.

전자식 경매 또는 입찰의 예외(시행규칙 제31조)
거수수지식·기록식·서면입찰식 등의 방법으로 경매 또는 입찰을 할 수 있는 경우는 다음과 같다.
1. 농수산물의 수급조절과 가격안정을 위하여 수매·비축 또는 수입한 농수산물을 판매하는 경우
2. 그 밖에 품목별·지역별 특성을 고려하여 도매시장 개설자가 필요하다고 인정하는 경우

(4) 거래의 특례(법 제34조)

① 도매시장 개설자는 입하량이 현저히 많아 정상적인 거래가 어려운 경우 등 농림축산식품부령 또는 해양수산부령으로 정하는 특별한 사유가 있는 경우에는 그 사유가 발생한 날에 한정하여 도매시장법인의 경우에는 중도매인·매매참가인 외의 자에게, 시장도매인의 경우에는 도매시장법인·중도매인에게 판매할 수 있도록 할 수 있다.

② 거래의 특례(시행규칙 제33조)

㉠ 도매시장법인이 중도매인·매매참가인 외의 자에게, 시장도매인이 도매시장법인·중도매인에게 농수산물을 판매할 수 있는 경우는 다음과 같다.

- 도매시장법인의 경우
  - 해당 도매시장의 중도매인 또는 매매참가인에게 판매한 후 남는 농수산물이 있는 경우
  - 도매시장 개설자가 도매시장에 입하된 물품의 원활한 분산을 위하여 특히 필요하다고 인정하는 경우
  - 도매시장법인이 겸영사업으로 수출을 하는 경우
- 시장도매인의 경우 : 도매시장 개설자가 도매시장에 입하된 물품의 원활한 분산을 위하여 특히 필요하다고 인정하는 경우

㉡ 도매시장법인·시장도매인은 농수산물을 판매한 경우에는 다음의 사항을 기재한 보고서를 지체없이 도매시장 개설자에게 제출하여야 한다.

- 판매한 물품의 품목·수량·금액·출하자 및 매수인
- 판매한 사유

(5) 도매시장법인의 영업제한(법 제35조)

① 도매시장법인은 도매시장 외의 장소에서 농수산물의 판매업무를 하지 못한다.

② 도매시장법인은 다음의 어느 하나에 해당하는 경우에는 해당 거래물품을 도매시장으로 반입하지 아니할 수 있다.

㉠ 도매시장 개설자의 사전승인을 받아 「전자문서 및 전자거래 기본법」에 따른 전자거래 방식으로 하는 경우(온라인에서 경매 방식으로 거래하는 경우를 포함한다)

㉡ 농림축산식품부령 또는 해양수산부령으로 정하는 일정 기준 이상의 시설에 보관·저장 중인 거래대상 농수산물의 견본을 도매시장에 반입하여 거래하는 것에 대하여 도매시장 개설자가 승인한 경우

> **견본거래 대상물품 보관·저장시설의 기준(시행규칙 제33조의2)**
> "농림축산식품부령 또는 해양수산부령으로 정하는 일정 기준 이상의 시설"
> 1. 165m^2 이상의 농산물 저온저장시설
> 2. 냉장 능력이 1천톤 이상이고 「농수산물 품질관리법」 제74조 제1항에 따라 수산물가공업(냉동·냉장업)을 등록한 시설

③ 전자거래 및 견본거래 방식 등에 관하여 필요한 사항은 농림축산식품부령 또는 해양수산부령으로 정한다.

> **견본거래방식에 의한 거래(시행규칙 제33조의4)**
> 1. 도매시장법인이 견본거래를 하려면 견본거래 대상물품 보관·저장시설에 보관·저장 중인 농수산물을 대표할 수 있는 견본품을 경매장에 진열하고 거래하여야 한다.
> 2. 견본품의 수량, 견본거래의 승인 절차 및 거래시간 등은 도매시장의 개설자가 업무규정으로 정한다.

④ 도매시장법인은 농수산물의 판매업무 외의 사업을 겸영(兼營)하지 못한다. 다만, 농수산물의 선별·포장·가공·제빙(製氷)·보관·후숙(後熟)·저장·수출입 등의 사업은 농림축산식품부령 또는 해양수산부령으로 정하는 바에 따라 겸영할 수 있다.

> **도매시장법인의 겸영(시행규칙 제34조)**
> ① 농수산물의 선별·포장·가공·제빙(製氷)·보관·후숙(後熟)·저장·수출입·배송(도매시장법인이나 해당 도매시장 중도매인의 농수산물 판매를 위한 배송으로 한정한다) 등의 사업(겸영사업)을 겸영하려는 도매시장법인은 다음의 요건을 충족하여야 한다. 이 경우 제1호부터 제3호까지의 기준은 직전 회계연도의 대차대조표를 통하여 산정한다.
> 1. 부채비율(부채/자기자본×100)이 300% 이하일 것
> 2. 유동부채비율(유동부채/부채총액×100)이 100% 이하일 것
> 3. 유동비율(유동자산/유동부채×100)이 100% 이상일 것
> 4. 당기순손실이 2개 회계연도 이상 계속하여 발생하지 아니할 것
>
> ② 도매시장법인은 겸영사업을 하려는 경우에는 그 겸영사업 개시 전에 겸영사업의 내용 및 계획을 해당 도매시장 개설자에게 알려야 한다. 이 경우 도매시장법인이 해당 도매시장 외의 장소에서 겸영사업을 하려는 경우에는 겸영하려는 사업장 소재지의 시장(도매시장 개설자와 다른 경우에만 해당한다)·군수 또는 자치구의 구청장에게도 이를 알려야 한다.
> ③ 도매시장법인은 겸영사업을 하는 경우 전년도 겸영사업 실적을 매년 3월 31일까지 해당 도매시장 개설자에게 제출하여야 한다.

⑤ 도매시장의 개설자는 산지(産地) 출하자와의 업무 경합 또는 과도한 겸영사업으로 인하여 도매시장법인의 도매업무가 약화될 우려가 있는 경우 대통령령이 정하는 바에 따라 겸영사업을 1년 이내의 범위에서 제한할 수 있다.

> **도매시장법인의 겸영사업의 제한(시행령 제17조의6)**
> ① 도매시장의 개설자는 도매시장법인이 겸영사업(兼營事業)으로 수탁·매수한 농수산물을 법 제32조, 제33조 제1항, 제34조 및 제35조 제1항부터 제3항까지의 규정을 위반하여 판매함으로써 산지출하자와의 업무 경합 또는 과도한 겸영사업으로 인한 도매시장법인의 도매업무 약화가 우려되는 경우에는 시장관리운영위원회의 심의를 거쳐 겸영사업을 다음과 같이 제한할 수 있다.
> 1. 제1차 위반 : 보완명령
> 2. 제2차 위반 : 1개월 금지
> 3. 제3차 위반 : 6개월 금지
> 4. 제4차 위반 : 1년 금지
>
> ② 겸영사업을 제한하는 경우 위반행위의 차수(次數)에 따른 처분기준은 최근 3년간 같은 위반행위로 처분을 받은 경우에 적용한다.

(6) 도매시장법인 등의 공시(법 제35조의2)

도매시장법인 또는 시장도매인은 출하자와 소비자의 권익보호를 위하여 거래물량, 가격정보 및 재무상황 등을 공시하여야 한다.

① 도매시장법인 또는 시장도매인이 공시하여야 할 내용은 다음과 같다(시행규칙 제34조의2).

㉠ 거래일자별·품목별 반입량 및 가격정보

㉡ 주주 및 임원의 현황과 그 변동사항

㉢ 겸영사업을 하는 경우 그 사업내용

㉣ 직전 회계연도의 재무제표

② 공시는 해당 도매시장의 게시판이나 정보통신망에 하여야 한다.

(7) 시장도매인의 지정(법 제36조)

① 시장도매인은 도매시장 개설자가 부류별로 지정한다. 이 경우 5년 이상 10년 이하의 범위에서 지정 유효기간을 설정할 수 있다.

② 시장도매인이 될 수 있는 자는 다음의 요건을 갖춘 법인이어야 한다.

㉠ 임원 중 금고 이상의 실형을 선고받고 그 형의 집행이 끝나거나(집행이 끝난 것으로 보는 경우를 포함한다) 집행이 면제된 후 2년이 지나지 아니한 사람이 없을 것

㉡ 임원 중 해당 도매시장에서 시장도매인의 업무와 경합되는 도매업 또는 중도매업을 하는 사람이 없을 것

㉢ 임원 중 파산선고를 받고 복권되지 아니한 사람이나 피성년후견인 또는 피한정후견인이 없을 것

㉣ 임원 중 시장도매인의 지정취소처분의 원인이 되는 사항에 관련된 사람이 없을 것

㉤ 거래규모, 순자산액 비율 및 거래보증금 등 도매시장 개설자가 업무규정으로 정하는 일정 요건을 갖출 것

③ 시장도매인은 해당 임원이 ②의 ㉠부터 ㉣까지의 어느 하나에 해당하는 요건을 갖추지 아니하게 되었을 때에는 그 임원을 지체 없이 해임하여야 한다.

④ **시장도매인의 지정절차 등(시행령 제18조)**

㉠ 시장도매인 지정을 받으려는 자는 시장도매인 지정신청서(전자문서로 된 신청서를 포함한다)에 다음의 서류(전자문서를 포함한다)를 첨부하여 도매시장 개설자에게 제출하여야 한다.

- 정 관
- 주주명부
- 임원의 이력서
- 해당 법인의 직전 회계연도의 재무제표와 그 부속서류(신설 법인의 경우에는 설립일을 기준으로 작성한 대차대조표)
- 사업개시 예정일부터 5년간의 사업계획서(산지활동계획, 농수산물판매계획, 자금운용계획, 조직 및 인력운용계획 등을 포함한다)

• 거래규모 · 순자산액 비율 및 거래보증금 등 도매시장 개설자가 업무규정으로 정한 요건을 충족하고 있음을 증명하는 서류

㉡ 도매시장 개설자는 ㉠에 따라 신청을 받았을 때에는 업무규정으로 정한 시장도매인의 적정수의 범위 안에서 이를 지정하여야 한다.

(8) 시장도매인의 영업(법 제37조, 시행규칙 제35조)

① 시장도매인은 도매시장에서 농수산물을 매수 또는 위탁받아 도매하거나 매매를 중개할 수 있다. 다만, 도매시장 개설자는 거래질서의 유지를 위하여 필요하다고 인정하는 경우 등 농림축산식품부령 또는 해양수산부령으로 정하는 경우에는 품목과 기간을 정하여 시장도매인이 농수산물을 위탁받아 도매하는 것을 제한 또는 금지할 수 있다.

㉠ 도매시장에서 시장도매인이 매수 · 위탁 또는 중개할 때에는 출하자와 협의하여 송품장에 적은 거래방법에 따라서 하여야 한다.

㉡ 도매시장 개설자는 거래질서 유지를 위하여 필요한 경우에는 업무규정으로 정하는 바에 따라 시장도매인이 ㉠에 따라 거래한 명세를 도매시장 개설자가 설치한 거래신고소에 제출하게 할 수 있다.

㉢ 도매시장 개설자가 시장도매인이 농수산물을 위탁받아 도매하는 것을 제한하거나 금지할 수 있는 경우는 다음과 같다.

• 대금결제 능력을 상실하여 출하자에게 피해를 입힐 우려가 있는 경우
• 표준정산서에 거래량 · 거래방법을 거짓으로 적는 등 불공정행위를 한 경우
• 그 밖에 도매시장 개설자가 도매시장의 거래질서 유지를 위하여 필요하다고 인정하는 경우

㉣ 도매시장 개설자는 ㉢에 따라 시장도매인의 거래를 제한하거나 금지하려는 경우에는 그 대상자, 거래제한 또는 거래금지의 사유, 해당 농수산물의 품목 및 기간을 정하여 공고하여야 한다.

② 시장도매인은 해당 도매시장의 도매시장법인 · 중도매인에게 농수산물을 판매하지 못한다.

(9) 수탁의 거부금지 등(법 제38조)

도매시장법인 또는 시장도매인은 그 업무를 수행할 때에 다음의 어느 하나에 해당하는 경우를 제외하고는 입하된 농수산물의 수탁을 거부 · 기피하거나 위탁받은 농수산물의 판매를 거부 · 기피하거나, 거래 관계인에게 부당한 차별대우를 하여서는 아니 된다.

① 유통명령을 위반하여 출하하는 경우
② 출하자 신고를 하지 아니하고 출하하는 경우
③ 안전성검사결과 그 기준에 미달되는 경우
④ 도매시장 개설자가 업무규정으로 정하는 최소출하량의 기준에 미달되는 경우
⑤ 그 밖에 환경 개선 및 규격출하 촉진 등을 위하여 대통령령으로 정하는 경우

※ 농림축산식품부장관, 해양수산부장관 또는 도매시장 개설자가 정하여 고시한 품목을 「농수산물 품질관리법」 제5조 제1항에 따른 표준규격에 따라 출하하지 아니한 경우(시행령 제18조의2)

(10) 출하 농수산물 안전성검사(법 제38조의2)

① 도매시장 개설자는 해당 도매시장에 반입되는 농수산물에 대하여 「농수산물 품질관리법」에 따른 유해물질의 잔류허용기준 등의 초과 여부에 관한 안전성검사를 하여야 한다. 이 경우 도매시장 개설자 중 시는 해당 도매시장의 개설을 허가한 도지사 소속의 검사기관에 안전성검사를 의뢰할 수 있다.

② 도매시장 개설자는 안전성검사 결과 그 기준에 못 미치는 농수산물을 출하하는 자에 대하여 1년 이내의 범위에서 해당 농수산물과 같은 품목의 농수산물을 해당 도매시장에 출하하는 것을 제한할 수 있다. 이 경우 다른 도매시장 개설자로부터 안전성검사 결과 출하 제한을 받은 자에 대해서도 또한 같다.

③ 안전성검사 실시기준 및 방법 등(시행규칙 제35조의2)

㉠ 안전성검사의 실시기준 및 방법은 [별표 1]과 같다.

출하농수산물 안전성검사 실시기준 및 방법(시행규칙 제35조의2 제1항 관련 [별표 1])

1. 안전성검사 실시기준

가. 안전성검사 계획 수립

도매시장 개설자는 검사체계, 검사시기와 주기, 검사품목, 수거시료 및 기준미달품의 관리방법 등을 포함한 안전성검사 계획을 수립하여 시행한다.

나. 안전성검사 실시를 위한 농수산물 종류별 시료 수거량

1) 곡류・두류 및 그 밖의 자연산물 : 1kg 이상~2kg 이하

2) 채소류 및 과실류 자연산물 : 2kg 이상~5kg 이하

3) 묶음단위 농산물의 한 묶음 중량이 수거량 이하인 경우 한 묶음씩 수거하고, 한 묶음이 수거량 이상인 시료는 묶음의 일부를 시료수거 단위로 할 수 있다. 다만, 묶음단위의 일부를 수거하면 상품성이 떨어져 거래가 곤란한 경우에는 묶음단위 전체를 수거할 수 있다.

4) 수산물의 종류별 시료수거량

종류별	수거량
초대형어류(2kg 이상/마리)	1마리 또는 2kg 내외
대형어류(1kg 이상~2kg 미만/마리)	2마리 또는 2kg 내외
중형어류(500g 이상~1kg 미만/마리)	3마리 또는 2kg 내외
준중형어류(200g 이상~500g 미만/마리)	5마리 또는 2kg 내외
소형어류(200g 미만/마리)	10마리 또는 2kg 내외
패 류	1kg 이상~2kg 이하
그 밖의 수산물	1kg 이상~2kg 이하

※ 시료수거량은 마리수를 기준으로 함을 원칙으로 한다. 다만, 마리수로 시료를 수거하기가 곤란한 경우에는 2kg 범위에서 분할 수거할 수 있다.

※ 패류는 껍질이 붙어 있는 상태에서 육량을 고려하여 1kg부터 2kg까지의 범위에서 수거한다.

다. 안전성검사 실시를 위한 시료수거 시기

시료수거는 도매시장에서 경매 전에 실시하는 것을 원칙으로 하되, 필요할 경우 소매상으로 거래되기 전 단계에서 실시할 수 있다.

라. 안전성검사 실시를 위한 시료수거 방법

1) 출하일자·출하자·품목이 같은 물량을 하나의 모집단으로 한다.

2) 조사대상 모집단의 대표성이 확보될 수 있도록 포장단위당 무게, 적재상태 등을 고려하여 수거지점(대상)을 무작위로 선정한다.

3) 시료수거 대상 농수산물의 품질이 균일하지 않을 때에는 외관 및 냄새, 그 밖의 상황을 판단하여 이상이 있는 것 또는 의심스러운 것을 우선 수거할 수 있다.

4) 시료수거 시에는 반드시 출하자의 인적사항을 정확히 파악하여야 한다.

2. 안전성검사방법

농수산물의 안전성 검사는 「식품위생법」 제14조에 따른 식품 등의 공전의 검사방법에 따라 실시한다.

㉡ 도매시장 개설자는 안전성검사 결과 기준미달로 판정되면 기준 미달품 출하자(다른 도매시장 개설자로부터 안전성검사 결과 출하제한을 받은 자를 포함한다)에 대하여 다음에 따라 해당 농수산물과 같은 품목의 농수산물을 도매시장에 출하하는 것을 제한할 수 있다.

• 최근 1년 이내에 1회 적발 시 : 1개월
• 최근 1년 이내에 2회 적발 시 : 3개월
• 최근 1년 이내에 3회 적발 시 : 6개월

㉢ 출하제한을 하는 경우에 도매시장 개설자는 안전성검사 결과 기준 미달품 발생사항과 출하제한 기간 등을 해당 출하자와 다른 도매시장 개설자에게 서면 또는 전자적 방법 등으로 알려야 한다.

(11) 매매농수산물의 인수 등(법 제39조)

① 도매시장법인 또는 시장도매인으로부터 농수산물을 매수한 자는 매매가 성립한 즉시 그 농수산물을 인수하여야 한다.

② 도매시장법인 또는 시장도매인은 ①에 따른 매수인이 정당한 사유 없이 매수한 농수산물의 인수를 거부하거나 게을리하였을 때에는 그 매수인의 부담으로 해당 농수산물을 일정 기간 보관하거나, 그 이행을 최고(催告)하지 아니하고 그 매매를 해제하여 다시 매매할 수 있다.

③ ②의 경우 차손금(差損金)이 생겼을 때에는 당초의 매수인이 이를 부담한다.

(12) 하역업무(법 제40조)

① 도매시장 개설자는 도매시장에서 하는 하역업무의 효율화를 위하여 하역체제의 개선 및 하역의 기계화 촉진에 노력하여야 하며, 하역비의 절감으로 출하자의 이익을 보호하기 위하여 필요한 시책을 수립·시행하여야 한다.

② 도매시장 개설자가 업무규정으로 정하는 규격출하품에 대한 표준하역비(도매시장 안에서 규격출하품을 판매하기 위하여 필수적으로 드는 하역비를 말한다)는 도매시장법인 또는 시장도매인이 부담한다.

③ 농림축산식품부장관 또는 해양수산부장관은 하역체제의 개선 및 하역의 기계화와 규격출하의 촉진을 위하여 도매시장 개설자에게 필요한 조치를 명할 수 있다.

④ 도매시장법인 또는 시장도매인은 도매시장에서 하는 하역업무에 대하여 하역 전문업체 등과 용역계약을 체결할 수 있다.

(13) 출하자에 대한 대금결제(법 제41조)

① 도매시장법인 또는 시장도매인은 매수하거나 위탁받은 농수산물이 매매되었을 때에는 그 대금의 전부를 출하자에게 즉시 결제하여야 한다. 다만, 대금의 지급방법에 관하여 도매시장법인 또는 시장도매인과 출하자 사이에 특약이 있는 경우에는 그 특약에 의한다.

② 도매시장법인 또는 시장도매인은 출하자에게 대금을 결제하는 경우에는 표준송품장(標準送品狀, 전자문서 형태의 것을 포함)과 판매원표(販賣元標)를 확인하여 작성한 표준정산서를 출하자와 정산조직(제41조의2에 따른 대금정산조직 또는 그 밖에 대금정산을 위한 조직 등을 말한다)에 각각 발급하고, 정산조직에 대금결제를 의뢰하여 정산조직에서 출하자에게 대금을 지급하는 방법으로 하여야 한다. 다만, 도매시장 개설자가 농림축산식품부령 또는 해양수산부령으로 정하는 바에 따라 인정하는 도매시장법인의 경우에는 출하자에게 대금을 직접 결제할 수 있다.

③ 대금결제의 절차 등(시행규칙 제36조)

㉠ 별도의 정산 창구를 통하여 출하대금결제를 하는 경우에는 다음의 절차에 따른다.

- 출하자는 송품장을 작성하여 도매시장법인 또는 시장도매인에게 제출
- 도매시장법인 또는 시장도매인은 출하자에게서 받은 송품장의 사본을 도매시장 개설자가 설치한 거래신고소에 제출
- 도매시장법인 또는 시장도매인은 표준정산서를 출하자와 정산 창구에 발급하고, 정산 창구에 대금결제를 의뢰
- 정산 창구에서는 출하자에게 대금을 결제하고, 표준정산서 사본을 거래신고소에 제출

㉡ 출하대금결제와 판매대금결제를 위한 정산창구의 운영방법 및 관리에 관한 사항은 도매시장 개설자가 업무규정으로 정한다.

④ 도매시장법인의 직접대금결제(시행규칙 제37조) : 도매시장 개설자가 업무규정으로 정하는 출하대금결제용 보증금을 납부하고 운전자금을 확보한 도매시장법인은 출하자에게 출하대금을 직접 결제할 수 있다.

⑤ 표준송품장의 사용(시행규칙 제37조의2)

㉠ 도매시장에 농수산물을 출하하려는 자는 표준송품장을 작성하여 도매시장법인 · 시장도매인 또는 공판장 개설자에게 제출하여야 한다.

㉡ 도매시장 · 공판장 및 민영도매시장의 개설자나 도매시장법인 및 시장도매인은 출하자가 표준송품장을 이용하기 쉽도록 이를 보급하고, 작성요령을 배포하는 등 편의를 제공하여야 한다.

㉢ 표준송품장을 받은 자는 업무규정으로 정하는 바에 따라 보관·관리하여야 한다.

⑥ **판매원표의 관리 등(시행규칙 제37조의3)**

㉠ 경매에 사용되는 판매원표에는 출하자명·품명·등급·수량·경락가격·매수인·담당경매사 등을 상세히 기입하도록 하되, 그 양식은 도매시장 개설자가 정한다.

㉡ 시장도매인이 사용하는 판매원표에는 출하자명·품명·등급·수량 등을 상세히 기입하도록 하되, 그 양식은 도매시장 개설자가 정한다.

㉢ 도매시장법인과 시장도매인은 일련번호를 붙인 판매원표를 순차적으로 사용하여야 한다.

㉣ 입하물품의 부패·손상이나 판매원표의 분실·훼손 등의 사고로 인하여 판매원표를 정정한 경우에는 지체 없이 도매시장 개설자의 승인을 받아야 한다.

㉤ 판매원표의 관리에 필요한 세부사항은 도매시장 개설자가 업무규정으로 정한다.

⑦ **표준정산서(시행규칙 제38조)** : 도매시장법인·시장도매인 또는 공판장 개설자가 사용하는 표준정산서에는 다음의 사항이 포함되어야 한다.

㉠ 표준정산서의 발행일자 및 발행자명

㉡ 출하자명

㉢ 출하자 주소

㉣ 거래형태(매수·위탁·중개) 및 매매방법(경매·입찰, 정가·수의매매)

㉤ 판매명세(품목·품종·등급별 수량·단가 및 거래단위당 수량 또는 무게), 판매대금총액 및 매수인

㉥ 공제명세(위탁수수료, 운송료 선급금, 하역비, 선별비 등 비용) 및 공제금액 총액

㉦ 정산금액

㉧ 송금명세(은행명·계좌번호·예금주)

(14) 대금정산조직 설립의 지원(제41조의2)

해양수산부장관 및 도매시장 개설자는 도매시장법인·시장도매인·중도매인 등이 공동으로 다음의 대금의 정산을 위한 조합, 회사 등(대금정산조직)을 설립하는 경우 그에 대한 지원을 할 수 있다.

① 출하대금

② 도매시장법인과 중도매인 또는 매매참가인 간의 농수산물 거래에 따른 판매대금

(15) 수수료 등의 징수제한(법 제42조)

① 도매시장 개설자, 도매시장법인, 시장도매인, 중도매인 또는 대금정산조직은 해당 업무와 관련하여 징수 대상자에게 다음의 금액 외에는 어떠한 명목으로도 금전을 징수하여서는 아니 된다.

㉠ 도매시장 개설자가 도매시장법인 또는 시장도매인으로부터 도매시장의 유지·관리에 필요한 최소한의 비용으로서 징수하는 도매시장의 사용료

> **사용료 및 수수료 등(시행규칙 제39조)**
> 도매시장 개설자가 징수하는 도매시장 사용료는 다음의 기준에 따라 도매시장 개설자가 이를 정한다. 다만, 도매시장의 시설 중 도매시장 개설자의 소유가 아닌 시설에 대한 사용료는 이를 징수하지 아니한다.
> 1. 도매시장 개설자가 징수할 사용료의 총액이 해당 도매시장의 거래금액의 1천분의 5(서울특별시 소재 중앙도매시장의 경우에는 1천분의 5.5)를 초과하지 아니할 것. 다만, 다음의 방식으로 거래한 경우 그 거래한 물량에 대해서는 해당 거래금액의 1천분의 3을 초과하지 아니하여야 한다.
>   가. 법 제31조 제4항에 따라 같은 조 제2항 단서에 따른 물품을 법 제70조의2 제1항 제1호에 따른 농수산물전자거래소(농수산물전자거래소)에서 거래한 경우
>   나. 법 제35조 제2항 제1호에 따라 정가·수의매매를 전자거래방식으로 한 경우와 같은 항 제2호에 따라 거래 대상 농수산물의 견본을 도매시장에 반입하여 거래한 경우
> 2. 도매시장법인·시장도매인이 납부할 사용료는 해당 도매시장법인·시장도매인의 거래금액 또는 매장면적을 기준으로 하여 징수할 것

㉡ 도매시장 개설자가 도매시장의 시설 중 농림축산식품부령 또는 해양수산부령으로 정하는 시설에 대하여 사용자로부터 징수하는 시설사용료

※ 도매시장 개설자가 시설사용료를 징수할 수 있는 시설은 필수시설 중 저온창고, 부수시설 중 농산물 품질관리실, 축산물위생검사 사무실 및 도체(屠體) 등급판정 사무실을 제외한 시설로 하며, 연간 시설사용료는 해당 시설의 재산가액의 1천분의 50(중도매인 점포·사무실의 경우에는 재산가액의 1천분의 10)을 초과하지 아니하는 범위에서 도매시장 개설자가 정한다. 다만, 도매시장의 시설 중 도매시장 개설자의 소유가 아닌 시설에 대한 사용료는 징수하지 아니한다(시행규칙 제39조).

㉢ 도매시장법인 또는 시장도매인이 농수산물의 판매를 위탁한 출하자로부터 징수하는 거래액의 일정 비율 또는 일정액에 해당하는 위탁수수료

> **위탁수수료(시행규칙 제39조)**
> ① 위탁수수료의 최고한도는 다음과 같다. 이 경우 도매시장의 개설자는 그 한도 내에서 업무규정으로 위탁수수료를 정할 수 있다.
>   1. 양곡부류 : 거래금액의 1천분의 20
>   2. 청과부류 : 거래금액의 1천분의 70
>   3. 수산부류 : 거래금액의 1천분의 60
>   4. 축산부류 : 거래금액의 1천분의 20(도매시장 또는 공판장 안에 도축장이 설치된 경우 「축산물위생관리법」에 따라 징수할 수 있는 도살·해체수수료는 이에 포함되지 아니한다)
>   5. 화훼부류 : 거래금액의 1천분의 70
>   6. 약용작물부류 : 거래금액의 1천분의 50
> ② 일정액의 위탁수수료는 도매시장법인이 정하되, 그 금액은 ①에 따른 최고한도를 초과할 수 없다.

㉣ 시장도매인 또는 중도매인이 농수산물의 매매를 중개한 경우에 이를 매매한 자로부터 징수하는 거래액의 일정 비율에 해당하는 중개수수료

> **중개수수료(시행규칙 제39조 제6항)**
> 중도매인이 징수하는 중개수수료의 최고한도는 거래금액의 1천분의 40으로 하며, 도매시장 개설자는 그 한도에서 업무규정으로 중개수수료를 정할 수 있다.

㉤ 거래대금을 정산하는 경우에 도매시장법인·시장도매인·중도매인·매매참가인 등이 대금정산조직에 납부하는 정산수수료

> 정산수수료의 최고한도는 다음의 구분에 따르며, 도매시장 개설자는 그 한도에서 업무규정으로 정산수수료를 정할 수 있다(시행규칙 제39조).
> 1. 정률(定率)의 경우 : 거래건별 거래금액의 1천분의 4
> 2. 정액의 경우 : 1개월에 70만원

② 사용료 및 수수료의 요율은 농림축산식품부령 또는 해양수산부령으로 정한다.

04 농수산물공판장 및 민영농수산물도매시장 등

1 농수산물공판장

(1) 공판장의 개설(법 제43조)

① 농림수협 등, 생산자단체 또는 공익법인이 공판장을 개설하려면 시·도지사의 승인을 받아야 한다.

② 농림수협 등, 생산자단체 또는 공익법인이 ①에 따라 공판장의 개설승인을 받으려면 농림축산식품부령 또는 해양수산부령으로 정하는 바에 따라 공판장 개설승인 신청서에 업무규정과 운영관리계획서 등 승인에 필요한 서류를 첨부하여 시·도지사에게 제출하여야 한다.

③ ②에 따른 공판장의 업무규정 및 운영관리계획서에 정할 사항에 관하여는 제17조 제5항 및 제7항을 준용한다.

④ 시·도지사는 ②에 따른 신청이 다음의 어느 하나에 해당하는 경우를 제외하고는 승인을 하여야 한다.

㉠ 공판장을 개설하려는 장소가 교통체증을 유발할 수 있는 위치에 있는 경우
㉡ 공판장의 시설이 제67조 제2항에 따른 기준에 적합하지 아니한 경우
㉢ ②에 따른 운영관리계획서의 내용이 실현 가능하지 아니한 경우
㉣ 그 밖에 이 법 또는 다른 법령에 따른 제한에 위반되는 경우

⑤ 공판장의 개설승인 절차(시행규칙 제40조)

㉠ 공판장 개설승인 신청서에는 다음의 서류를 첨부하여야 한다.

- 공판장의 업무규정. 다만, 도매시장의 업무규정에서 이를 정하는 도매시장공판장의 경우에는 제외한다.
- 운영관리계획서

㉡ 공판장 개설자가 업무규정을 변경한 경우에는 이를 특별시장 · 광역시장 · 특별자치시장 · 도지사 또는 특별자치도지사에게 보고하여야 한다.

(2) 공판장의 거래관계자(법 제44조)

① 공판장에는 중도매인 · 매매참가인 · 산지유통인 및 경매사를 둘 수 있다.

② 공판장의 중도매인은 공판장의 개설자가 지정한다.

③ 농수산물을 수집하여 공판장에 출하하려는 자는 공판장의 개설자에게 산지유통인으로 등록하여야 한다.

④ 공판장의 경매사는 공판장의 개설자가 임면한다.

2 민영도매시장

(1) 민영도매시장의 개설(법 제47조)

① 민간인 등이 특별시 · 광역시 · 특별자치시 · 특별자치도 또는 시지역에 민영도매시장을 개설하려면 시 · 도지사의 허가를 받아야 한다.

② 민간인 등이 민영도매시장의 개설허가를 받으려면 농림축산식품부령 또는 해양수산부령으로 정하는 바에 따라 민영도매시장 개설허가 신청서에 업무규정과 운영관리계획서를 첨부하여 시 · 도지사에게 제출하여야 한다.

③ 시 · 도지사는 다음의 어느 하나에 해당하는 경우를 제외하고는 ①에 따라 허가하여야 한다.

㉠ 민영도매시장을 개설하려는 장소가 교통체증을 유발할 수 있는 위치에 있는 경우

㉡ 민영도매시장의 시설이 제67조 제2항에 따른 기준에 적합하지 아니한 경우

㉢ 운영관리계획서의 내용이 실현 가능하지 아니한 경우

㉣ 그 밖에 이 법 또는 다른 법령에 따른 제한에 위반되는 경우

④ 시 · 도지사는 ②에 따른 민영도매시장 개설허가의 신청을 받은 경우 신청서를 받은 날부터 30일 이내(허가 처리기간)에 허가 여부 또는 허가처리 지연 사유를 신청인에게 통보하여야 한다. 이 경우 허가 처리기간에 허가 여부 또는 허가처리 지연 사유를 통보하지 아니하면 허가 처리기간의 마지막 날의 다음 날에 허가를 한 것으로 본다.

⑤ 시 · 도지사는 ④에 따라 허가처리 지연 사유를 통보하는 경우에는 허가 처리기간을 10일 범위에서 한 번만 연장할 수 있다.

⑥ 민영도매시장의 개설허가 절차(시행규칙 제41조) : 민영도매시장을 개설하려는 자는 시·도지사가 정하는 개설허가신청서에 다음의 서류를 첨부하여 시·도지사에게 제출하여야 한다.

㉠ 민영도매시장의 업무규정

㉡ 운영관리계획서

㉢ 해당 민영도매시장의 소재지를 관할하는 시장 또는 자치구의 구청장의 의견서

(2) 민영도매시장의 운영 등(법 제48조)

① 민영도매시장의 개설자는 중도매인·매매참가인·산지유통인 및 경매사를 두어 직접 운영하거나 시장도매인을 두어 이를 운영하게 할 수 있다.

② 민영도매시장의 중도매인은 민영도매시장의 개설자가 지정한다.

③ 농수산물을 수집하여 민영도매시장에 출하하려는 자는 민영도매시장의 개설자에게 산지유통인으로 등록하여야 한다.

④ 민영도매시장의 경매사는 민영도매시장의 개설자가 임면한다.

⑤ 민영도매시장의 시장도매인은 민영도매시장의 개설자가 지정한다.

3 산지판매제도와 포전매매

(1) 산지판매제도의 확립(법 제49조)

① 농림수협 등 또는 공익법인은 생산지에서 출하되는 주요 품목의 농수산물에 대하여 산지경매제를 실시하거나 계통출하를 확대하는 등 생산자 보호를 위한 판매대책 및 선별·포장·저장시설의 확충 등 산지 유통대책을 수립·시행하여야 한다.

② 농림수협 등 또는 공익법인은 경매 또는 입찰의 방법으로 창고경매, 포전경매(圃田競賣) 또는 선상경매(船上競賣) 등을 할 수 있다.

창고경매 및 포전경매(시행규칙 제42조)
지역농업협동조합, 지역축산업협동조합, 품목별·업종별협동조합, 조합공동사업법인, 품목조합연합회, 농협경제지주회사, 산림조합 및 수산업협동조합과 그 중앙회(농림수협 등) 또는 한국농수산식품유통공사가 창고경매나 포전경매(圃田競賣)를 하려는 경우에는 생산농가로부터 위임을 받아 창고 또는 포전상태로 상장하되, 품목의 작황·품질·생산량 및 시중가격 등을 고려하여 미리 예정가격을 정할 수 있다.

(2) 포전매매의 계약(법 제53조)

① 농림축산식품부장관이 정하는 채소류 등 저장성이 없는 농산물의 포전매매(생산자가 수확하기 이전의 경작상태에서 면적단위 또는 수량단위로 매매하는 것을 말한다)의 계약은 서면에 의한 방식으로 하여야 한다.

② 농산물의 포전매매의 계약은 특약이 없으면 매수인이 그 농산물을 계약서에 적힌 반출 약정일부터 10일 이내에 반출하지 아니한 경우에는 그 기간이 지난 날에 계약이 해제된 것으로 본다. 다만, 매수인이 반출 약정일이 지나기 전에 반출 지연 사유와 반출 예정일을 서면으로 통지한 경우에는 그러하지 아니하다.

③ 농림축산식품부장관은 ①에 따른 포전매매의 계약에 필요한 표준계약서를 정하여 보급하고 그 사용을 권장할 수 있으며, 계약당사자는 표준계약서에 준하여 계약하여야 한다.

④ 농림축산식품부장관과 지방자치단체의 장은 생산자 및 소비자의 보호나 농산물의 가격과 수급의 안정을 위하여 특히 필요하다고 인정하는 때에는 대상 품목, 대상 지역 및 신고기간 등을 정하여 계약 당사자에게 포전매매 계약의 내용을 신고하도록 할 수 있다.

4 농수산물집하장과 농수산물산지유통센터 등

(1) 농수산물집하장의 설치·운영(법 제50조)

① 생산자단체 또는 공익법인은 농수산물을 대량 소비지에 직접 출하할 수 있는 유통체제를 확립하기 위하여 필요한 경우에는 농수산물집하장을 설치·운영할 수 있다.

② 국가와 지방자치단체는 농수산물집하장의 효과적인 운영과 생산자의 출하편의를 도모할 수 있도록 그 입지 선정과 도로망의 개설에 협조하여야 한다.

③ 생산자단체 또는 공익법인은 운영하고 있는 농수산물집하장 중 공판장의 시설기준을 갖춘 집하장을 시·도지사의 승인을 받아 공판장으로 운영할 수 있다.

④ 지역농업협동조합, 지역축산업협동조합, 품목별·업종별협동조합, 조합공동사업법인, 품목조합연합회, 산림조합 및 수산업협동조합과 그 중앙회(농협경제지주회사를 포함한다)나 생산자 관련 단체 또는 공익법인이 농수산물집하장을 설치·운영하려는 경우에는 농수산물의 출하 및 판매를 위하여 필요한 적정시설을 갖추어야 한다(시행령 제20조 제1항).

⑤ 농업협동조합중앙회·산림조합중앙회·수산업협동조합중앙회의 장 및 농협경제지주회사의 대표이사는 농수산물집하장의 설치와 운영에 관하여 필요한 기준을 정하여야 한다(시행령 제20조 제2항).

(2) 농수산물산지유통센터의 설치·운영 등(법 제51조)

① 국가나 지방자치단체는 농수산물의 선별·포장·규격출하·가공·판매 등을 촉진하기 위하여 농수산물산지유통센터를 설치하여 운영하거나 이를 설치하려는 자에게 부지 확보 또는 시설물 설치 등에 필요한 지원을 할 수 있다.

② 국가나 지방자치단체는 농수산물산지유통센터의 운영을 생산자단체 또는 전문유통업체에 위탁할 수 있다.

③ 농수산물산지유통센터의 운영(시행규칙 제42조의2) : 농수산물산지유통센터의 운영을 위탁한 자는 시설물 및 장비의 유지·관리 등에 소요되는 비용에 충당하기 위하여 농수산물산지유통센터의 운영을 위탁받은 자와 협의하여 매출액의 1천분의 5를 초과하지 아니하는 범위에서 시설물 및 장비의 이용료를 징수할 수 있다.

(3) 농수산물 유통시설의 편의제공(법 제52조)

국가나 지방자치단체는 그가 설치한 농수산물 유통시설에 대하여 생산자단체, 농업협동조합중앙회, 산림조합중앙회, 수산업협동조합중앙회 또는 공익법인으로부터 이용 요청을 받으면 해당 시설의 이용, 면적 배정 등에서 우선적으로 편의를 제공하여야 한다.

05 수산발전기금(수산업 · 어촌발전 기본법)

1 수산발전기금

(1) 기금의 설치(수산업 · 어촌발전 기본법 제46조)

정부는 수산업 경영의 지원, 수산물 유통구조개선 및 가격안정, 경쟁력 있는 수산업 육성에 필요한 재원을 확보하기 위하여 수산발전기금(기금)을 설치한다.

(2) 기금의 조성(수산업 · 어촌발전 기본법 제47조)

① 기금은 다음의 재원으로 조성한다.

㉠ 정부출연금

㉡ 다른 회계 또는 다른 기금으로부터의 전입금 및 예수금

㉢ 정부 외의 자의 출연금 또는 기부금

㉣ 「공공자금관리기금법」에 따른 공공자금관리기금으로부터의 예수금

㉤ 「연근해어업의 구조개선 및 지원에 관한 법률」 제13조 제1항 제1호 및 제17조 제1항 제1호에 따른 어선, 어구, 어선의 장비 및 설비의 매각대금. 다만, 시·도지사가 매입한 경우에는 100분의 70을 초과하지 아니하는 범위에서 대통령령으로 정하는 금액으로 한다.

> **어선 · 어구의 매각대금(수산업 · 어촌발전 기본법 시행령 제21조)**
> "대통령령으로 정하는 금액"이란 「연근해어업의 구조개선 및 지원에 관한 법률 시행령」 제8조 제4항에 따른 어선·어구의 매각대금 중 매각을 위하여 사용된 경비를 제외한 금액의 100분의 70을 말한다.

ⓑ「어촌・어항법」 제27조 제1항에 따른 토지매각대금 중 국가어항의 토지매각대금
ⓢ「해양환경관리법」 제19조 및 제20조에 따른 해양환경개선부담금 및 가산금
ⓞ「공유수면 관리 및 매립에 관한 법률」 제13조 제2항에 따른 해양수산부장관 소관의 점용료 및 사용료 중 「배타적 경제수역 및 대륙붕에 관한 법률」 제2조에 따른 배타적 경제수역에서의 토석・모래・자갈의 채취 또는 「광업법」에 따른 광물채취를 위한 점용료 및 사용료
ⓙ「해양생태계의 보전 및 관리에 관한 법률」 제49조 및 제51조에 따른 해양생태계보전부담금 및 가산금
ⓒ「자유무역협정 체결에 따른 농어업인 등의 지원에 관한 특별법」 제22조 제1항에 따라 해양수산부장관이 납부하게 하거나 부과하는 공매납입금 또는 수입이익금
ⓚ「해양심층수의 개발 및 관리에 관한 법률」 제40조에 따른 해양심층수이용부담금
ⓣ ②에 따른 차입금 또는 차관
ⓟ 기금운용 수익금 등
ⓗ「수산물 유통의 관리 및 지원에 관한 법률」 제40조 제3항에 따라 납입되는 금액
㉮「수산물 유통의 관리 및 지원에 관한 법률」 제41조 제5항에 따라 납입되는 금액
㉯「수산물 유통의 관리 및 지원에 관한 법률」 제45조 제2항에 따라 납입되는 금액

② 정부는 국내에서 기금을 차입하거나 차관을 도입하여 그 자금을 기금에 대여할 수 있다.

(3) 기금의 운용・관리(수산업・어촌발전 기본법 제48조)

① 기금은 해양수산부장관이 운용・관리한다.
② 해양수산부장관은 대통령령으로 정하는 바에 따라 기금의 운용・관리에 관한 업무의 전부 또는 일부를 「수산업협동조합법」에 따라 설립된 수산업협동조합중앙회에 위탁할 수 있다.

> **기금의 운용・관리 업무의 위탁(수산업・어촌발전 기본법 시행령 제22조)**
> 해양수산부장관은 사업을 위한 기금의 수입・지출 업무와 해양수산부장관이 정하는 기금의 운용・관리에 관한 업무를 「수산업협동조합법」에 따른 수산업협동조합중앙회에 위탁한다.

③ 해양수산부장관은 기업회계의 원칙에 따라 기금을 회계처리하여야 한다.
④ 해양수산부장관은 기금의 운용・관리의 효율을 위하여 필요한 경우 대통령령으로 정하는 바에 따라 따로 계정을 설치하여 회계처리할 수 있다.
⑤ 기금의 운용 및 관리 등에 필요한 사항은 대통령령으로 정한다.

(4) 기금의 용도(수산업・어촌발전 기본법 제49조)

① 기금은 다음의 사업을 위하여 필요한 경우에 융자, 보조 등의 방법으로 지원할 수 있다.
㉠ 근해어업, 연안어업 및 구획어업의 구조개선
㉡ 양식어업의 육성

㉢ 수산업 경영에 필요한 융자
㉣ 산지위탁판매사업 등 수산물유통구조의 개선
㉤ 「농수산물 유통 및 가격안정에 관한 법률」 제4조, 제8조, 제10조부터 제12조까지의 규정 및 「수산물 유통의 관리 및 지원에 관한 법률」 제38조부터 제43조까지의 규정에 따른 수산물의 생산조정 및 출하조절 등 가격안정에 관한 사업
㉥ 수산물의 보관·관리
㉦ 수산자원 보호를 위한 해양환경개선
㉧ 해양심층수의 수질관리, 해양심층수 관련 산업의 육성 및 해양심층수 등 해양자원에 대한 연구개발사업의 지원
㉨ 새로운 어장의 개발(대한민국이 당사국으로서 체결하거나 가입한 어업협정의 이행 지연 등으로 인하여 조업구역 및 어획량 등이 제한되는 어업의 어업인이 대체어장에 출어하는 경우 그 출어비용의 보조를 포함한다)
㉩ 수산물가공업의 육성
㉪ 「자유무역협정 체결에 따른 농어업인 등의 지원에 관한 특별법」 제4조부터 제9조까지의 규정에 따른 어업인 등의 지원
㉫ 「해양생태계의 보전 및 관리에 관한 법률」에 따른 해양생태계의 보전 및 관리에 필요한 사업
㉬ 제47조 제1항 제10호에 따른 공매납입금 또는 수입이익금의 부과·징수에 필요한 지출
㉭ 어선원의 복지증진, 그 밖에 수산업의 발전에 필요한 사업으로서 해양수산부장관이 정하는 사업
㉮ 「수산물 유통의 관리 및 지원에 관한 법률」 제47조 제2항에 따른 수산물 직거래 활성화 사업

② 기금은 산지위탁판매사업 등 수산물 유통 및 가격안정에 관한 사업을 수행하기 위하여 필요한 시설의 설치·취득 및 운영, 그 밖에 대통령령으로 정하는 용도를 위하여 지출할 수 있다.

기금의 지출대상 용도(수산업·어촌발전 기본법 시행령 제25조) "대통령령으로 정하는 용도"란 다음의 어느 하나에 해당하는 용도를 말한다. 1. 수산물 출하조정사업 2. 수산물 비축사업의 운용 및 관리 3. 수산물의 가공·포장 및 저장기술의 개발, 유통정보체계의 운영과 물류표준화의 촉진 4. 수산물의 유통구조 개선 및 가격안정사업에 관련된 조사·연구·홍보·교육훈련 및 해외시장 개척 5. 그 밖에 기금의 관리·운영을 위하여 필요한 경비

③ ①에 따른 보조금의 신청절차, 지급방법, 그 밖에 필요한 사항은 대통령령으로 정한다.

> **보조금의 지급 절차(시행령 제26조)**
> ① 보조금을 받으려는 자는 해당 사업의 목적과 내용, 사업에 필요한 경비 등을 명확히 하여 해양수산부장관에게 보조금의 지급을 신청하여야 한다.
> ② 해양수산부장관은 ①에 따른 신청을 받으면 다음의 사항을 조사하여 보조금 지급 여부를 결정하고 그 결과를 보조금 신청인에게 통지하여야 한다.
> 1. 법령 및 기금의 목적에 적합한지 여부
> 2. 사업의 내용이 적정한지 여부
> 3. 산정한 보조금액이 적정한지 여부
> 4. 자기자금의 부담능력 유무(자금의 일부를 보조금 신청인이 부담하는 경우만 해당한다)
>
> ③ 해양수산부장관은 보조금 지급을 결정할 때에는 보조 대상 사업이 완료되고 보조금을 받은 자에게 상당한 수익이 발생할 경우에는 그 보조금의 지급 목적에 위배되지 아니하는 범위에서 이미 지급한 보조금의 전부 또는 일부를 기금에 반환하도록 하는 등 법령과 기금에서 정하는 보조금의 지급 목적을 달성하는 데에 필요한 조건을 붙일 수 있다.

④ ①의 ㉠에 따른 지원사업의 수행에 관하여는 「자유무역협정 체결에 따른 농어업인 등의 지원에 관한 특별법」 제5조부터 제12조까지, 제16조 및 제17조를 준용한다.

(5) 기금의 회계기관(수산업 · 어촌발전 기본법 제50조)

① 해양수산부장관은 기금의 수입과 지출에 관한 사무를 행하게 하기 위하여 소속 공무원 중에서 기금수입징수관 · 기금재무관 · 기금지출관 및 기금출납공무원을 임명하여야 한다.

② 해양수산부장관은 기금의 운용 · 관리에 관한 사무의 전부 또는 일부를 위탁한 경우에는 그 위탁을 받은 수산업협동조합중앙회의 이사 중에서 기금수입담당이사와 기금지출원인행위담당이사를, 그 직원 중에서 기금지출원과 기금출납원을 임명하여야 한다.

③ 해양수산부장관은 ① 및 ②에 따라 기금수입징수관 · 기금재무관 · 기금지출관 및 기금출납공무원, 기금수입담당이사 · 기금지출원인행위담당이사 · 기금지출원 및 기금출납원을 임명한 때에는 감사원, 기획재정부장관 및 한국은행총재에게 알려야 한다.

> **기금의 징수(수산업 · 어촌발전 기본법 시행령 제27조)**
> ① 임명된 기금수입징수관은 기금의 수입금을 징수하려는 경우에는 납입자에게 납입고지서를 발급하여야 한다.
> ② ①에 따른 납입고지서를 발급받은 자는 한국은행의 해당 기금계정에 해당 금액을 납입하여야 한다.
>
> **기금의 수납(수산업 · 어촌발전 기본법 시행령 제28조)**
> 한국은행이 기금을 수납하였을 때에는 납입자에게 영수증을 발급하고, 영수확인통지서를 지체 없이 기금수입징수관에게 송부하여야 한다.
>
> **기금의 지출원인행위 한도액(수산업 · 어촌발전 기본법 시행령 제29조)**
> 해양수산부장관은 기금운용계획에 따라 기금의 지출원인행위 한도액을 기금재무관에게 배정하고, 기금재무관은 배정된 한도액의 범위에서 지출원인행위를 하여야 한다.

기금의 지출한도액 등(수산업·어촌발전 기본법 시행령 제30조)

① 해양수산부장관은 기금수입의 범위에서 기금지출관에게 지출한도액을 배정하고, 기획재정부장관과 한국은행총재에게 그 내용을 통지하여야 한다.

② 기획재정부장관은 기금의 수입상황 등을 고려하여 필요하다고 인정되면 기금의 지출을 제한하게 할 수 있다.

지출의 절차(수산업·어촌발전 기본법 시행령 제31조)

기금재무관이 기금을 지출하려면 기금지출관에게 지출원인행위 관계 서류를 송부하여야 한다.

06 농수산물 유통기구의 정비 등

1 정비 기본방침과 정비의 실시

(1) 정비 기본방침 등(법 제62조)

농림축산식품부장관 또는 해양수산부장관은 농수산물의 원활한 수급과 유통질서를 확립하기 위하여 필요한 경우에는 다음의 사항을 포함한 농수산물 유통기구 정비 기본방침을 수립하여 고시할 수 있다.

① 시설기준에 미달하거나 거래물량에 비하여 시설이 부족하다고 인정되는 도매시장·공판장 및 민영도매시장의 시설정비에 관한 사항

② 도매시장·공판장 및 민영도매시장의 시설의 바꿈 및 이전에 관한 사항

③ 중도매인 및 경매사의 가격조작 방지에 관한 사항

④ 생산자와 소비자보호를 위한 유통기구의 봉사(奉仕) 경쟁체제의 확립과 유통 경로의 단축에 관한 사항

⑤ 운영 실적이 부진하거나 휴업 중인 도매시장의 정비 및 도매시장법인이나 시장도매인의 교체에 관한 사항

⑥ 소매상의 시설 개선에 관한 사항

(2) 지역별 정비계획(법 제63조)

① 시·도지사는 기본방침이 고시되었을 때에는 그 기본방침에 따라 지역별 정비계획을 수립하고 농림축산식품부장관 또는 해양수산부장관의 승인을 받아 그 계획을 시행하여야 한다.

② 농림축산식품부장관 또는 해양수산부장관은 ①에 따른 지역별 정비계획의 내용이 기본방침에 부합되지 아니하거나 사정의 변경 등으로 실효성이 없다고 인정하는 경우에는 그 일부를 수정 또는 보완하여 승인할 수 있다.

(3) 유사 도매시장의 정비(법 제64조, 시행규칙 제43조)

① 시·도지사는 농수산물의 공정거래질서 확립을 위하여 필요한 경우에는 농수산물도매시장과 유사(類似)한 형태의 시장을 정비하기 위하여 유사 도매시장구역을 지정하고, 농림축산식품부령 또는 해양수산부령으로 정하는 바에 따라 그 구역의 농수산물도매업자의 거래방법 개선, 시설 개선, 이전대책 등에 관한 정비계획을 수립·시행할 수 있다.

㉠ 시·도지사는 다음의 지역 안에 있는 유사 도매시장의 정비계획을 수립하여야 한다.
- 특별시·광역시
- 국고 지원으로 도매시장을 건설하는 지역
- 그 밖에 시·도지사가 농수산물의 공공거래질서의 확립을 위하여 특히 필요하다고 인정하는 지역

㉡ 유사 도매시장의 정비계획에 포함되어야 할 사항은 다음과 같다.
- 유사 도매시장구역으로 지정하려는 구체적인 지역의 범위
- 유사 도매시장구역으로 지정하려는 구체적인 지역에 있는 농수산물도매업자의 거래방법의 개선방안
- 유사 도매시장의 시설 개선 및 이전대책
- 유사 도매시장의 시설 개선 및 이전대책을 시행하는 경우의 대상자의 선발기준

② 특별시·광역시·특별자치시·특별자치도 또는 시는 정비계획에 따라 유사 도매시장구역 안에 도매시장을 개설하고, 그 구역 안의 농수산물도매업자를 도매시장법인 또는 시장도매인으로 지정하여 운영하게 할 수 있다.

③ 농림축산식품부장관 또는 해양수산부장관은 시·도지사로 하여금 정비계획의 내용을 수정 또는 보완하게 할 수 있으며, 정비계획의 추진에 필요한 지원을 할 수 있다.

(4) 시장의 개설·정비명령(법 제65조, 시행령 제33조)

① 농림축산식품부장관 또는 해양수산부장관은 기본방침을 효과적으로 수행하기 위하여 필요하다고 인정할 때에는 도매시장·공판장 및 민영도매시장의 개설자에 대하여 대통령령으로 정하는 바에 따라 도매시장·공판장 및 민영도매시장의 통합·이전 또는 폐쇄를 명할 수 있다.

㉠ 농림축산식품부장관 또는 해양수산부장관이 도매시장, 농수산물공판장(이하 "공판장") 및 민영농수산물도매시장(이하 "민영도매시장")의 통합·이전 또는 폐쇄를 명령하려는 경우에는 그에 필요한 적정한 기간을 두어야 하며, 다음의 사항을 비교·검토하여 조건이 불리한 시장을 통합·이전 또는 폐쇄하도록 해야 한다.
- 최근 2년간의 거래실적과 거래추세
- 입지조건
- 시설현황
- 통합·이전 또는 폐쇄로 인하여 당사자가 입게 될 손실의 정도

㉡ 농림축산식품부장관 또는 해양수산부장관은 도매시장·공판장 및 민영도매시장의 통합·이전 또는 폐쇄를 명령하려는 경우에는 미리 관계인에게 ㉠의 사항에 대하여 소명을 하거나 의견을 진술할 수 있는 기회를 주어야한다.

㉢ 농림축산식품부장관 또는 해양수산부장관은 ㉠에 따른 명령으로 인하여 발생한 손실에 대한 보상을 하려는 경우에는 미리 관계인과 협의를 하여야 한다.

② 농림축산식품부장관 또는 해양수산부장관은 농수산물을 원활하게 수급하기 위하여 특정한 지역에 도매시장이나 공판장을 개설하거나 제한할 필요가 있다고 인정할 때에는 그 지역을 관할하는 특별시·광역시·특별자치시·특별자치도 또는 시나 농림수협 등 또는 공익법인에 대하여 도매시장이나 공판장을 개설하거나 제한하도록 권고할 수 있다.

③ 정부는 ①에 따른 명령으로 인하여 발생한 도매시장·공판장 및 민영도매시장의 개설자 또는 도매시장법인의 손실에 관하여는 대통령령으로 정하는 바에 따라 정당한 보상을 하여야 한다.

2 농수산물 유통기구의 대행 및 개선

(1) 도매시장법인의 대행(법 제66조)

① 도매시장 개설자는 도매시장법인이 판매업무를 할 수 없게 되었다고 인정되는 경우에는 기간을 정하여 그 업무를 대행하거나 관리공사, 다른 도매시장법인 또는 도매시장공판장의 개설자로 하여금 대행하게 할 수 있다.

② 도매시장법인의 업무를 대행하는 자에 대한 업무처리기준과 그 밖에 대행에 관하여 필요한 사항은 도매시장 개설자가 이를 정한다.

(2) 유통시설의 개선 등(법 제67조)

① 농림축산식품부장관 또는 해양수산부장관은 농수산물의 원활한 유통을 위하여 도매시장·공판장 및 민영도매시장의 개설자나 도매시장법인에 대하여 농수산물의 판매·수송·보관·저장 시설의 개선·정비를 명할 수 있다.

② 도매시장·공판장 및 민영도매시장이 보유하여야 하는 시설의 기준은 부류별로 그 지역의 인구 및 거래물량 등을 고려하여 농림축산식품부령 또는 해양수산부령으로 정한다.

※ 도매시장·공판장·민영도매시장이 보유하여야 하는 시설의 최소기준은 [별표 2]와 같다(시행규칙 제44조).

(3) 농수산물 소매유통의 개선(법 제68조)

① 농림축산식품부장관, 해양수산부장관 또는 지방자치단체의 장은 생산자와 소비자를 보호하고 상거래질서를 확립하기 위한 농수산물 소매단계의 합리적 유통 개선에 대한 시책을 수립·시행할 수 있다.

② 농림축산식품부장관 또는 해양수산부장관은 시책을 달성하기 위하여 농수산물의 중도매업·소매업, 생산자와 소비자의 직거래사업, 생산자단체 및 대통령령이 정하는 단체가 운영하는 농수산물직판장, 소매시설의 현대화 등을 농림축산식품부령 또는 해양수산부령으로 정하는 바에 따라 지원·육성한다.

㉠ "대통령령이 정하는 단체"라 함은 소비자단체 및 지방자치단체의 장이 직거래사업의 활성화를 위하여 필요하다고 인정하여 지정하는 단체를 말한다(시행령 제34조).

㉡ 농수산물 소매유통의 지원(시행규칙 제45조) : 농림축산식품부장관 또는 해양수산부장관이 지원할 수 있는 사업은 다음과 같다.

- 농수산물의 생산자 또는 생산자단체와 소비자 또는 소비자단체 간의 직거래사업
- 농수산물소매시설의 현대화 및 운영에 관한 사업
- 농수산물직판장의 설치 및 운영에 관한 사업
- 그 밖에 농수산물직거래 및 소매유통의 활성화를 위하여 농림축산식품부장관 또는 해양수산부장관이 인정하는 사업

③ 농림축산식품부장관, 해양수산부장관 또는 지방자치단체의 장은 농수산물소매업자 등이 농수산물의 유통개선과 공동이익의 증진 등을 위하여 협동조합을 설립하는 경우에는 도매시장 또는 공판장의 이용편의 등을 지원할 수 있다.

3 종합유통센터와 유통자회사

(1) 종합유통센터의 설치(법 제69조)

① 국가나 지방자치단체는 종합유통센터를 설치하여 생산자단체 또는 전문유통업체에 그 운영을 위탁할 수 있다.

② 국가나 지방자치단체는 종합유통센터를 설치하려는 자에게 부지 확보 또는 시설물 설치 등에 필요한 지원을 할 수 있다.

③ 농림축산식품부장관, 해양수산부장관 또는 지방자치단체의 장은 종합유통센터가 효율적으로 그 기능을 수행할 수 있도록 종합유통센터를 운영하는 자 또는 이를 이용하는 자에게 그 운영방법 및 출하 농어가에 대한 서비스의 개선 또는 이용방법의 준수 등 필요한 권고를 할 수 있다.

④ 농림축산식품부장관, 해양수산부장관 또는 지방자치단체의 장은 종합유통센터를 운영하는 자 및 ②에 따른 지원을 받아 종합유통센터를 운영하는 자가 ③에 따른 권고를 이행하지 아니하는 경우에는 일정한 기간을 정하여 운영방법 및 출하 농어가에 대한 서비스의 개선 등 필요한 조치를 할 것을 명할 수 있다.

⑤ 종합유통센터의 설치 등(시행규칙 제46조)

㉠ 국가 또는 지방자치단체의 지원을 받아 종합유통센터를 설치하려는 자는 지원을 받으려는 농림축산식품부장관, 해양수산부장관 또는 지방자치단체의 장에게 다음의 사항이 포함된 종합유통센터 건설사업계획서를 제출하여야 한다.

- 신청지역의 농수산물 유통시설 현황, 종합유통센터의 건설 필요성 및 기대효과
- 운영자의 선정계획, 세부적인 운영방법과 물량처리계획이 포함된 운영계획서 및 운영수지 분석
- 부지 · 시설 및 물류장비의 확보와 운영에 필요한 자금조달계획
- 그 밖에 농림축산식품부장관, 해양수산부장관 또는 지방자치단체의 장이 종합유통센터 건설의 타당성 검토를 위하여 필요하다고 판단하여 정하는 사항

㉡ 농림축산식품부장관, 해양수산부장관 또는 지방자치단체의 장은 사업계획서를 제출받았을 때에는 사업계획의 타당성을 고려하여 지원 대상자를 선정하고, 부지 구입 · 시설물 설치 · 장비 확보 및 운영을 위하여 필요한 자금을 보조 또는 융자하거나 부지 알선 등의 행정적인 지원을 할 수 있다.

㉢ ㉡에 따른 지원을 하려는 지방자치단체의 장은 ㉠에 따라 제출받은 종합유통센터 건설사업계획서와 해당 계획의 타당성 등에 대한 검토의견서를 농림축산식품부장관 및 해양수산부장관에게 제출하되, 시장 · 군수 또는 구청장의 경우에는 시 · 도지사의 검토의견서를 첨부하여야 하며, 농림축산식품부장관 및 해양수산부장관은 이에 대하여 의견을 제시할 수 있다.

㉣ 국가 또는 지방자치단체가 설치하는 종합유통센터 및 지원을 받으려는 자가 설치하는 종합유통센터가 갖추어야 하는 시설기준은 [별표 3]과 같다.

농수산물종합유통센터의 시설기준(시행규칙 제46조 제3항 관련[별표 3])

구 분	기 준
부 지	20,000m^2 이상
건 물	10,000m^2 이상
시 설	1. 필수시설 가. 농수산물 처리를 위한 집하 · 배송시설 나. 포장 · 가공시설 다. 저온저장고 라. 사무실 · 전산실 마. 농산물품질관리실 바. 거래처주재원실 및 출하주대기실 사. 오수 · 폐수시설 아. 주차시설 2. 편의시설 가. 직판장 나. 수출지원실 다. 휴게실 라. 식 당 마. 금융회사 등의 점포 바. 그 밖에 이용자의 편의를 위하여 필요한 시설

※ 비 고

1. 편의시설은 지역 여건에 따라 보유하지 않을 수 있다.
2. 부지 및 건물 면적은 취급 물량과 소비 여건을 고려하여 기준면적에서 50%까지 낮추어 적용할 수 있다.

⑥ 종합유통센터의 운영(시행규칙 제47조)

㉠ 국가 또는 지방자치단체가 종합유통센터를 설치하여 운영을 위탁할 수 있는 생산자단체 또는 전문유통업체(운영주체)는 다음의 자로 한다.

가. 농림수협 등(유통자회사를 포함한다)

나. 종합유통센터의 운영에 필요한 자금과 경영능력을 갖춘 자로서 농림축산식품부장관, 해양수산부장관 또는 지방자치단체의 장이 농수산물의 효율적인 유통을 위하여 특히 필요하다고 인정하는 자

다. 종합유통센터를 운영하기 위하여 국가 또는 지방자치단체와 '가, 나'의 자가 출자하여 설립한 법인

㉡ 국가 또는 지방자치단체(위탁자)가 종합유통센터를 설치하여 운영을 위탁하려는 때에는 농수산물의 수집능력 · 분산능력, 투자계획, 경영계획 및 농수산물 유통에 대한 경험 등을 기준으로 하여 공개적인 방법으로 운영주체를 선정하여야 한다. 이 경우 위탁자는 5년 이상의 기간을 두어 위탁기간을 설정할 수 있다.

㉢ 위탁자는 종합유통센터의 시설물 및 장비의 유지 · 관리 등에 소요되는 비용에 충당하기 위하여 운영주체와 협의하여 운영주체로부터 종합유통센터의 시설물 및 장비의 이용료를 징수할 수 있다. 이 경우 이용료의 총액은 해당 종합유통센터의 매출액의 1천분의 5를 초과할 수 없으며, 위탁자는 이용료 외에는 어떠한 명목으로도 금전을 징수하여서는 아니 된다.

(2) 유통자회사의 설립(법 제70조)

① 농림수협 등은 농수산물 유통의 효율화를 도모하기 위하여 필요한 경우에는 종합유통센터 · 도매시장공판장을 운영하거나 그 밖의 유통사업을 수행하는 별도의 법인(유통자회사)을 설립 · 운영할 수 있다.

② ①에 따른 유통자회사는 「상법」상의 회사이어야 한다.

③ 국가나 지방자치단체는 유통자회사의 원활한 운영을 위하여 필요한 지원을 할 수 있다.

> **유통자회사의 사업범위(시행규칙 제48조)**
> 유통자회사가 수행하는 "그 밖의 유통사업"의 범위는 다음과 같다.
> 1. 농림수협 등이 설치한 농수산물직판장 등 소비지유통사업
> 2. 농수산물의 상품화 촉진을 위한 규격화 및 포장개선사업
> 3. 그 밖에 농수산물의 운송 · 저장사업 등 농수산물 유통의 효율화를 위한 사업

(3) 농수산물 전자거래의 촉진 등(법 제70조의2)

① 농림축산식품부장관 또는 해양수산부장관은 농수산물 전자거래를 촉진하기 위하여 한국농수산식품유통공사 및 농수산물 거래와 관련된 업무경험 및 전문성을 갖춘 기관으로서 대통령령으로 정하는 기관에 다음의 업무를 수행하게 할 수 있다.

㉠ 농수산물 전자거래소(농수산물 전자거래장치와 그에 수반되는 물류센터 등의 부대시설을 포함한다)의 설치 및 운영・관리

㉡ 농수산물 전자거래 참여 판매자 및 구매자의 등록・심사 및 관리

㉢ 농수산물 전자거래 분쟁조정위원회에 대한 운영 지원

㉣ 대금결제 지원을 위한 정산소(精算所)의 운영・관리

㉤ 농수산물 전자거래에 관한 유통정보 서비스 제공

㉥ 그 밖에 농수산물전자거래에 필요한 업무

② 농림축산식품부장관 또는 해양수산부장관은 농수산물 전자거래를 활성화하기 위하여 예산의 범위에서 필요한 지원을 할 수 있다.

③ ①과 ②에서 규정한 사항 외에 거래품목・거래수수료 및 결제방법 등 농수산물 전자거래에 필요한 사항은 농림축산식품부령 또는 해양수산부령으로 정한다.

농수산물전자거래의 거래품목 및 거래수수료 등(시행규칙 제49조)

① 거래품목 : 농수산물로 한다.

② 거래수수료 : 농수산물 전자거래소를 이용하는 판매자와 구매자로부터 다음의 구분에 따라 징수하는 금전으로 한다.

1. 판매자의 경우 : 사용료 및 판매수수료
2. 구매자의 경우 : 사용료

③ ②에 따른 거래수수료는 거래액의 1천분의 30을 초과할 수 없다.

④ 농수산물 전자거래소를 통하여 거래계약이 체결된 경우에는 한국농수산식품유통공사가 구매자를 대신하여 그 거래대금을 판매자에게 직접 결제할 수 있다. 이 경우 한국농수산식품유통공사는 구매자로부터 보증금, 담보 등 필요한 채권확보수단을 미리 마련하여야 한다.

⑤ ①부터 ④까지에서 규정한 사항 외에 농수산물전자거래에 관하여 필요한 사항은 한국농수산식품유통공사의 장이 농림축산식품부장관 또는 해양수산부장관의 승인을 받아 정한다.

(4) 농수산물 전자거래 분쟁조정위원회의 설치(법 제70조의3)

① 제70조의2 제1항에 따른 농수산물전자거래에 관한 분쟁을 조정하기 위하여 한국농수산식품유통공사와 같은 항 각 호 외의 부분에 따른 기관에 농수산물전자거래 분쟁조정위원회(이하 "분쟁조정위원회")를 둔다.

② 분쟁조정위원회는 위원장 1명을 포함하여 9명 이내의 위원으로 구성하고, 위원은 농림축산식품부장관 또는 해양수산부장관이 임명 또는 위촉하며, 위원장은 위원 중에서 호선(互選)한다.

③ 위원의 자격 및 임기, 위원의 제척(除斥)・기피・회피 등 분쟁조정위원회의 구성・운영에 필요한 사항은 대통령령으로 정한다.

4 기타 관련 사업의 지원

(1) 유통정보화의 촉진(법 제72조)

① 농림축산식품부장관 또는 해양수산부장관은 유통 정보의 원활한 수집·처리 및 전파를 통하여 농수산물의 유통효율 향상에 이바지할 수 있도록 농수산물 유통 정보화와 관련한 사업을 지원하여야 한다.

② 농림축산식품부장관 또는 해양수산부장관은 정보화사업을 추진하기 위하여 정보기반의 정비, 정보화를 위한 교육 및 홍보사업을 직접 수행하거나 이에 필요한 지원을 할 수 있다.

(2) 재정지원(법 제73조)

정부는 농수산물 유통구조 개선과 유통기구의 육성을 위하여 도매시장·공판장 및 민영도매시장의 개설자에 대하여 예산의 범위에서 융자하거나 보조금을 지급할 수 있다.

(3) 거래질서의 유지(법 제74조)

① 누구든지 도매시장에서의 정상적인 거래와 도매시장 개설자가 정하여 고시하는 시설물의 사용기준을 위반하거나 적절한 위생·환경의 유지를 저해하여서는 아니 된다. 이 경우 도매시장 개설자는 도매시장에서의 거래질서가 유지되도록 필요한 조치를 하여야 한다.

② 농림축산식품부장관, 해양수산부장관, 도지사 또는 도매시장 개설자는 대통령령으로 정하는 바에 따라 소속공무원으로 하여금 이 법을 위반하는 자를 단속하게 할 수 있다.

> **위법행위의 단속(시행령 제36조)**
> 농림축산식품부장관 또는 해양수산부장관은 위법행위에 대한 단속을 효과적으로 하기 위하여 필요한 경우 이에 대한 단속지침을 정할 수 있다.

③ 단속을 하는 공무원은 그 권한을 표시하는 증표를 관계인에게 보여주어야 한다.

(4) 교육훈련 등(법 제75조)

① 농림축산식품부장관 또는 해양수산부장관은 농수산물의 유통 개선을 촉진하기 위하여 경매사, 중도매인 등 농림축산식품부령 또는 해양수산부령으로 정하는 유통 종사자에 대하여 교육훈련을 실시할 수 있다.

② 도매시장법인 또는 공판장의 개설자가 임명한 경매사는 농림축산식품부장관 또는 해양수산부장관이 실시하는 교육훈련을 이수하여야 한다.

③ 농림축산식품부장관 또는 해양수산부장관은 ① 및 ②에 따른 교육훈련을 농림축산식품부령 또는 해양수산부령으로 정하는 기관에 위탁하여 실시할 수 있다.

④ ① 및 ②에 따른 교육훈련의 내용, 절차 및 그 밖의 세부사항은 농림축산식품부령 또는 해양수산부령으로 정한다.

교육훈련의 대상자(시행규칙 제50조)

① 법 제75조 제1항에 따른 교육훈련의 대상자는 다음과 같다.

1. 도매시장법인, 공공출자법인, 공판장(도매시장공판장을 포함한다) 및 시장도매인의 임직원
2. 경매사
3. 중도매인(법인을 포함한다)
4. 산지유통인
5. 종합유통센터를 운영하는 자의 임직원
6. 농수산물의 출하조직을 구성・운영하고 있는 농어업인
7. 농수산물의 저장・가공업에 종사하는 자
8. 그 밖에 농림축산식품부장관 또는 해양수산부장관이 필요하다고 인정하는 자

② 도매시장법인 또는 공판장의 개설자가 임명한 경매사는 2년마다 교육훈련을 받아야 한다.

③ 농림축산식품부장관 또는 해양수산부장관은 ①의 각 호의 유통 종사자에 대한 교육훈련을 한국농수산식품유통공사에 위탁하여 실시한다. 이 경우 도매시장법인 또는 시장도매인의 임원이나 경매사로 신규 임용 또는 임명되었거나 중도매업의 허가를 받은 자(법인의 경우에는 임원을 말한다)는 그 임용・임명 또는 허가 후 1년(2016년 7월 1일부터 2018년 7월 1일까지 임용・임명 또는 허가를 받은 자는 1년 6개월) 이내에 교육훈련을 받아야 한다.

④ 교육훈련의 위탁을 받은 한국농수산식품유통공사의 장은 매년도의 교육훈련계획을 수립하여 농림축산식품부장관 또는 해양수산부장관에게 보고하여야 한다.

5 위원회의 설치 등

(1) 시장관리운영위원회의 설치(법 제78조)

① 도매시장의 효율적인 운영・관리를 위하여 도매시장 개설자 소속으로 시장관리운영위원회(이하 "위원회")를 둔다.

② 위원회는 다음의 사항을 심의한다.

㉠ 도매시장의 거래제도 및 거래방법의 선택에 관한 사항

㉡ 수수료, 시장사용료, 하역비 등 각종 비용 결정에 관한 사항

㉢ 도매시장 출하품의 안전성 향상 및 규격화의 촉진에 관한 사항

㉣ 도매시장의 거래질서 확립에 관한 사항

㉤ 정가매매・수의매매 등 거래 농수산물의 매매방법 운용기준에 관한 사항

㉥ 최소출하량 기준의 결정에 관한 사항

㉦ 그 밖에 도매시장 개설자가 특히 필요하다고 인정하는 사항

③ 시장관리운영위원회의 구성 등(시행규칙 제54조)

㉠ 시장관리운영위원회는 위원장 1명을 포함한 20명 이내의 위원으로 구성한다.

㉡ 시장관리운영위원회의 구성・운영 등에 관하여 필요한 사항은 도매시장 개설자가 업무규정으로 정한다.

(2) 도매시장거래 분쟁조정위원회의 설치 등(법 제78조의2)

① 도매시장 내 농수산물의 거래 당사자 간의 분쟁에 관한 사항을 조정하기 위하여 도매시장 개설자 소속으로 도매시장거래 분쟁조정위원회(이하 "조정위원회")를 두어야 한다.

② 조정위원회는 당사자의 한쪽 또는 양쪽의 신청에 의하여 다음의 분쟁을 심의·조정한다.

㉠ 낙찰자결정에 관한 분쟁

㉡ 낙찰가격에 관한 분쟁

㉢ 거래대금의 지급에 관한 분쟁

㉣ 그 밖에 도매시장 개설자가 특히 필요하다고 인정하는 분쟁

③ 중앙도매시장 개설자 소속 조정위원회 위원 중 3분의 1 이상은 농림축산식품부장관 또는 해양수산부장관이 추천하는 위원이어야 한다.

④ 조정위원회는 분쟁에 대한 심의·조정 전 책임 소재의 판단, 손실지원의 수준 권고·제시 등을 위하여 분쟁조정관을 둘 수 있다.

⑤ 도매시장 개설자는 조정위원회(분쟁조정관을 포함)의 차년도 운영계획, 전년도 개최실적, 전년도 분쟁 조정 사항 등을 농림축산식품부장관 또는 해양수산부장관에게 매년 보고하여야 한다.

⑥ 조정위원회의 구성·운영 및 ④에 따른 분쟁조정관의 임명·위촉자격·운영에 필요한 사항은 대통령령으로 정한다.

⑦ **도매시장거래 분쟁조정위원회의 구성 등(시행령 제36조의2)**

㉠ 조정위원회는 위원장 1명을 포함하여 9명 이내의 위원으로 구성한다.

㉡ 조정위원회의 위원장은 위원 중에서 도매시장 개설자가 지정하는 사람으로 한다.

㉢ 조정위원회의 위원은 다음의 어느 하나에 해당하는 사람 중에서 도매시장 개설자가 임명하거나 위촉한다. 이 경우 출하자를 대표하는 사람 및 변호사의 자격이 있는 사람에 해당하는 자가 1인 이상 포함되어야 한다.

- 출하자를 대표하는 사람
- 변호사의 자격이 있는 사람
- 도매시장 업무에 관한 학식과 경험이 풍부한 사람
- 소비자단체에서 3년 이상 근무한 경력이 있는 사람

㉣ 조정위원회의 위원의 임기는 2년으로 한다.

㉤ 조정위원회에 출석한 위원에게는 예산의 범위에서 수당과 여비를 지급할 수 있다. 다만, 공무원인 위원이 소관업무와 직접적으로 관련하여 조정위원회의 회의에 출석하는 경우에는 그러하지 아니하다.

㉥ 조정위원회의 구성·운영 등에 관한 세부사항은 도매시장 개설자가 업무규정으로 정한다.

⑧ **도매시장거래 분쟁조정(시행령 제36조의3)**

㉠ 도매시장거래 당사자 간에 발생한 분쟁에 대하여 당사자는 조정위원회에 분쟁조정을 신청할 수 있다.

ㄴ 조정위원회의 효율적인 운영을 위하여 분쟁조정을 신청 받은 조정위원회의 위원장은 조정위원회를 개최하기 전에 사전 조정을 실시하여 분쟁 당사자 간 합의를 권고할 수 있다.

ㄷ 분쟁조정을 신청 받은 조정위원회는 신청을 받은 날부터 30일 이내에 분쟁사항을 심의 조정하여야 한다. 이 경우 조정위원회는 필요하다고 인정하는 경우 분쟁 당사자의 의견을 들을 수 있다.

07 보 칙

1 보고 · 검사 · 명령 등

(1) 보고(법 제79조)

① 농림축산식품부장관, 해양수산부장관 또는 시 · 도지사는 도매시장 · 공판장 및 민영도매시장의 개설자로 하여금 그 재산 및 업무집행상황을 보고하게 할 수 있으며, 농수산물의 가격 및 수급 안정을 위하여 특히 필요하다고 인정할 때에는 도매시장법인 · 시장도매인 또는 도매시장공판장의 개설자(이하 "도매시장법인 등")로 하여금 그 재산 및 업무집행 상황을 보고하게 할 수 있다.

② 도매시장 · 공판장 및 민영도매시장의 개설자는 도매시장법인 등으로 하여금 기장사항(記帳事項), 거래명세 등을 보고하게 할 수 있으며, 농수산물의 가격 및 수급 안정을 위하여 특히 필요하다고 인정할 때에는 중도매인 또는 산지유통인으로 하여금 업무집행 상황을 보고하게 할 수 있다.

(2) 검사(법 제80조)

① 농림축산식품부장관, 해양수산부장관, 도지사 또는 도매시장 개설자는 농림축산식품부령 또는 해양수산부령으로 정하는 바에 따라 소속 공무원으로 하여금 도매시장 · 공판장 · 민영도매시장 · 도매시장법인 · 시장도매인 및 중도매인의 업무와 이에 관련된 장부 및 재산상태를 검사하게 할 수 있다.

② 도매시장 개설자는 필요하다고 인정하는 경우에는 시장관리자의 소속 직원으로 하여금 도매시장법인, 시장도매인, 도매시장공판장의 개설자 및 중도매인이 갖추어 두고 있는 장부를 검사하게 할 수 있다.

③ 검사의 통지(시행규칙 제55조)

ㄱ 농림축산식품부장관, 해양수산부장관, 도지사 또는 도매시장 개설자가 도매시장 · 공판장 및 민영도매시장 · 도매시장법인 · 시장도매인 및 중도매인의 업무와 이에 관련된 장부 및 재산상태를 검사하려는 때에는 미리 검사의 목적 · 범위 및 기간과 검사공무원의 소속 · 직위 및 성명을 통지하여야 한다.

㉡ 도매시장 개설자가 도매시장법인, 시장도매인, 도매시장공판장의 개설자 및 중도매인의 장부를 검사하려는 때에는 미리 검사의 목적·범위 및 기간과 검사직원의 소속·직위 및 성명을 통지하여야 한다.

(3) 명령(법 제81조)

① 농림축산식품부장관, 해양수산부장관 또는 시·도지사는 도매시장·공판장 및 민영도매시장의 적정한 운영을 위하여 필요하다고 인정할 때에는 도매시장·공판장 및 민영도매시장의 개설자에 대하여 업무규정의 변경, 업무처리의 개선, 그 밖에 필요한 조치를 명할 수 있다.

② 농림축산식품부장관, 해양수산부장관 또는 도매시장 개설자는 도매시장법인·시장도매인 및 도매시장공판장의 개설자에 대하여 업무처리의 개선 및 시장질서 유지를 위하여 필요한 조치를 명할 수 있다.

③ 농림축산식품부장관은 기금에서 융자 또는 대출받은 자에 대하여 감독상 필요한 조치를 명할 수 있다.

2 허가취소 등

(1) 허가취소(법 제82조)

① 시·도지사는 지방도매시장 개설자(시가 개설자인 경우만 해당한다)나 민영도매시장의 개설자가 다음의 어느 하나에 해당하는 경우에는 개설허가를 취소하거나 해당 시설을 폐쇄하거나 그 밖에 필요한 조치를 할 수 있다.

㉠ 허가나 승인 없이 지방도매시장 또는 민영도매시장을 개설하였거나 업무규정을 변경한 경우

㉡ 제출된 업무규정 및 운영관리계획서와 다르게 지방도매시장 또는 민영도매시장을 운영한 경우

㉢ 제40조 제3항 또는 제81조 제1항에 따른 명령을 위반한 경우

② 농림축산식품부장관, 해양수산부장관, 시·도지사 또는 도매시장 개설자는 도매시장법인 등이 다음의 어느 하나에 해당하면 6개월 이내의 기간을 정하여 해당 업무의 정지를 명하거나 그 지정 또는 승인을 취소할 수 있다. 다만, ㉮에 해당하는 경우에는 그 지정 또는 승인을 취소하여야 한다.

㉠ 지정조건 또는 승인조건을 위반하였을 때

㉡ 「축산법」을 위반하여 등급판정을 받지 아니한 축산물을 상장하였을 때

㉢ 「농수산물의 원산지 표시 등에 관한 법률」 제6조 제1항을 위반하였을 때

㉣ 규정을 위반하여 경합되는 도매업 또는 중도매업을 하였을 때

㉤ 규정을 위반하여 지정요건을 갖추지 못하거나 해당 임원을 해임하지 아니하였을 때

㉥ 규정을 위반하여 일정 수 이상의 경매사를 두지 아니하거나 경매사가 아닌 사람으로 하여금 경매를 하도록 하였을 때

㉦ 규정을 위반하여 해당 경매사를 면직하지 아니하였을 때
㉧ 규정을 위반하여 산지유통인의 업무를 하였을 때
㉨ 규정을 위반하여 매수하여 도매를 하였을 때
㉩ 규정을 위반하여 경매 또는 입찰을 하였을 때
㉪ 규정을 위반하여 지정된 자 외의 자에게 판매하였을 때
㉫ 규정을 위반하여 도매시장 외의 장소에서 판매를 하거나 농수산물 판매업무 외의 사업을 겸영하였을 때
㉬ 규정을 위반하여 공시하지 아니하거나 거짓된 사실을 공시하였을 때
㉭ 규정을 위반하여 지정요건을 갖추지 못하거나 해당 임원을 해임하지 아니하였을 때
㉮ 제한 또는 금지된 행위를 하였을 때
㉯ 규정을 위반하여 해당 도매시장의 도매시장법인·중도매인에게 판매를 하였을 때
㉰ 규정을 위반하여 수탁 또는 판매를 거부·기피하거나 부당한 차별대우를 하였을 때
㉱ 표준하역비의 부담을 이행하지 아니하였을 때
㉲ 대금의 전부를 즉시 결제하지 아니하였을 때
㉳ 대금결제 방법을 위반하였을 때
㉴ 규정을 위반하여 수수료 등을 징수하였을 때
㉵ 시설물의 사용기준을 위반하거나 개설자가 조치하는 사항을 이행하지 아니하였을 때
㉶ 정당한 사유 없이 검사에 응하지 아니하거나 이를 방해하였을 때
㉷ 도매시장 개설자의 조치명령을 이행하지 아니하였을 때
㉸ 농림축산식품부장관, 해양수산부장관 또는 도매시장 개설자의 명령을 위반하였을 때
㉹ ㉠부터 ㉸까지의 어느 하나에 해당하여 업무의 정지 처분을 받고 그 업무의 정지 기간 중에 업무를 하였을 때

③ 평가결과 운영 실적이 농림축산식품부령 또는 해양수산부령으로 정하는 기준 이하로 부진하여 출하자 보호에 심각한 지장을 초래할 우려가 있는 경우 도매시장 개설자는 도매시장법인 또는 시장도매인의 지정을 취소할 수 있으며, 시·도지사는 도매시장공판장의 승인을 취소할 수 있다.

④ 농림축산식품부장관·해양수산부장관 또는 도매시장 개설자는 경매사가 다음의 어느 하나에 해당하는 경우에는 도매시장법인 또는 도매시장공판장의 개설자로 하여금 해당 경매사에 대하여 6개월 이내의 업무정지 또는 면직을 명하게 할 수 있다.

㉠ 상장한 농수산물에 대한 경매 우선순위를 고의 또는 중대한 과실로 잘못 결정한 경우
㉡ 상장한 농수산물에 대한 가격평가를 고의 또는 중대한 과실로 잘못한 경우
㉢ 상장한 농수산물에 대한 경락자를 고의 또는 중대한 과실로 잘못 결정한 경우
㉣ 정가매매·수의매매의 방법 및 절차 등을 고의 또는 중대한 과실로 위반한 경우

⑤ 도매시장 개설자는 중도매인 또는 산지유통인이 다음의 어느 하나에 해당하면 6개월 이내의 기간을 정하여 해당 업무의 정지를 명하거나 중도매업의 허가 또는 산지유통인의 등록을 취소할 수 있다. 다만, ㉫에 해당하는 경우에는 그 허가 또는 등록을 취소하여야 한다.

㉠ 허가조건을 갖추지 못하거나 규정을 위반하여 해당 임원을 해임하지 아니하였을 때

㉡ 다른 중도매인 또는 매매참가인의 거래 참가를 방해하거나 정당한 사유 없이 집단적으로 경매 또는 입찰에 불참하였을 때

㉢ 다른 사람에게 자기의 성명이나 상호를 사용하여 중도매업을 하게 하거나 그 허가증을 빌려 주었을 때

㉣ 규정을 위반하여 해당 도매시장에서 산지유통인의 업무를 하였을 때

㉤ 규정을 위반하여 판매·매수 또는 중개 업무를 하였을 때

㉥ 허가 없이 상장된 농수산물 외의 농수산물을 거래하였을 때

㉦ 중도매인이 도매시장 외의 장소에서 농수산물을 판매하는 등의 행위를 하였을 때

㉧ 규정을 위반하여 다른 중도매인과 농수산물을 거래하였을 때

㉨ 규정을 위반하여 수수료 등을 징수하였을 때

㉩ 시설물의 사용기준을 위반하거나 개설자가 조치하는 사항을 이행하지 아니하였을 때

㉪ 검사에 정당한 사유 없이 응하지 아니하거나 이를 방해하였을 때

㉫ 「농수산물의 원산지 표시 등에 관한 법률」 제6조 제1항을 위반하였을 때

㉬ ㉠부터 ㉫까지의 어느 하나에 해당하여 업무의 정지 처분을 받고 그 업무의 정지 기간 중에 업무를 하였을 때

(2) 위반행위별 처분기준(시행규칙 제56조 관련 [별표 4])

① 일반기준

㉠ 위반행위가 둘 이상인 경우에는 그중 무거운 처분기준을 적용하며, 둘 이상의 처분기준이 모두 업무정지인 경우에는 그중 무거운 처분기준의 2분의 1까지 가중할 수 있다. 이 경우 각 처분기준을 합산한 기간을 초과할 수 없다.

㉡ 위반행위의 차수에 따른 처분의 기준은 행정처분을 한 날과 그 처분 후 1년 이내에 다시 같은 위반행위를 적발한 날로 하며, 3차 위반 시의 처분기준에 따른 처분 후에도 같은 위반사항이 발생한 경우에는 법 제82조에 따른 범위에서 가중처분을 할 수 있다.

㉢ 행정처분의 순서는 주의, 경고, 업무정지 6개월 이내, 지정(허가, 승인, 등록) 취소의 순으로 하며, 업무정지의 기간은 6개월 이내에서 위반 정도에 따라 10일, 15일, 1개월, 3개월 또는 6개월로 하여 처분한다.

㉣ 이 기준에 명시되지 않은 위반행위에 대해서는 이 기준 중 가장 유사한 사례에 준하여 처분한다.

㉤ 처분권자는 위반행위의 동기·내용·횟수 및 위반 정도 등 다음의 가중 사유 또는 감경 사유에 해당 하는 경우 그 처분기준의 2분의 1 범위에서 가중하거나 감경할 수 있다.

• 가중 사유

– 위반행위가 고의나 중대한 과실에 의한 경우

– 위반의 내용·정도가 중대하여 출하자, 소비자 등에게 미치는 피해가 크다고 인정되는 경우

• 감경 사유

– 사소한 부주의나 오류로 인한 것으로 인정되는 경우

– 위반의 내용·정도가 경미하여 출하자, 소비자 등에게 미치는 피해가 적다고 인정되는 경우

– 법 제77조에 따른 도매시장법인, 시장도매인의 중앙 평가결과 우수 이상, 중도매인 개설자 평가결과 우수 이상인 경우(최근 5년간 2회 이상)

– 위반 행위자가 처음 해당 위반행위를 한 경우로서 5년 이상 도매시장법인, 시장도매인, 중도매인 업무를 모범적으로 해 온 사실이 인정되는 경우

– 위반행위자가 해당 위반행위로 인하여 검사로부터 기소유예 처분을 받거나 법원으로부터 선고유예 판결을 받은 경우

② 개별기준

㉠ 도매시장법인, 시장도매인 또는 도매시장공판장 개설자에 대한 행정처분

위반사항	처분기준		
	1차	2차	3차
1) 도매시장법인, 시장도매인 또는 도매시장공판장 개설자가 지정조건 또는 승인조건을 위반한 경우	경 고	업무정지 3개월	지정(승인)취소
2) 등급판정을 받지 않은 축산물을 상장한 경우	업무정지 15일	업무정지 1개월	업무정지 3개월
3) 「농수산물의 원산지 표시 등에 관한 법률」 제6조제1항을 위반한 경우	경 고	업무정지 3개월	지정(승인)취소
4) 경합되는 도매업 또는 중도매업을 한 경우	경 고	업무정지 10일	업무정지 1개월
5) 지정요건인 순자산액 비율 및 거래보증금을 갖추지 못한 경우	업무정지 15일	업무정지 1개월	업무정지 3개월
6) 도매시장법인이 지정요건을 기한에 갖추지 못한 경우	지정취소	–	–
7) 도매시장법인이 자격요건을 갖추지 아니한 해당 임원을 해임하지 않은 경우	경 고	지정취소	–
8) 도매시장법인이 일정 수 이상의 경매사를 두지 않거나 경매사가 아닌 사람으로 하여금 경매를 하도록 한 경우	경 고	업무정지 10일	업무정지 1개월
9) 도매시장법인이 자격요건을 갖추지 아니한 해당 경매사를 면직하지 않은 경우	경 고	업무정지 10일	업무정지 1개월
10) 도매시장법인, 중도매인 및 이들의 주주 또는 임직원이 해당 도매시장에서 산지유통인의 업무를 한 경우	경 고	업무정지 10일	업무정지 1개월
11) 도매시장법인이 출하자로부터 위탁을 받지 않고 매수하여 도매를 한 경우	업무정지 15일	업무정지 1개월	업무정지 3개월

위반사항	처분기준		
	1차	2차	3차
12) 상장된 농수산물을 수탁된 순위에 따라 경매 또는 입찰의 방법으로 최고가격 제시자에게 판매하지 않은 경우	주 의	경 고	업무정지 1개월
13) 출하자가 거래 성립 최저가격을 제시한 농수산물을 출하자의 승낙 없이 그 가격 미만으로 판매한 경우	주 의	경 고	업무정지 10일
14) 법 제34조(거래의 특례)를 위반하여 지정된 자 외의 자에게 판매한 경우	경 고	업무정지 15일	업무정지 1개월
15) 법 제35조를 위반하여 도매시장 외의 장소에서 판매를 하거나 농수산물의 판매업무 외의 사업을 겸영한 경우	경 고	업무정지 15일	업무정지 1개월
16) 법 제35조의2를 위반하여 공시하지 않거나 거짓의 사실을 공시한 경우	경 고	업무정지 10일	업무정지 1개월
17) 법 제36조 제2항 제5호를 위반하여 지정요건인 순자산액 비율 및 거래보증금을 갖추지 못한 경우	업무정지 15일	업무정지 1개월	업무정지 3개월
18) 도매시장 개설자가 지정조건에서 정한 최저거래금액기준에 미달한 경우			
가) 1개월 무실적	주 의	–	–
나) 2개월 무실적	경 고	–	–
다) 3개월 무실적	지정취소	–	–
라) 3개월 평균거래실적이 월간 최저거래금액 기준에 미달한 경우	주 의	경 고	업무정지 10일
19) 시장도매인의 자격요건을 갖추지 아니한 해당 임원을 해임하지 않은 경우	경 고	지정취소	–
20) 법 제37조 제1항 단서를 위반하여 제한 또는 금지된 행위를 한 경우	경 고	업무정지 15일	업무정지 1개월
21) 시장도매인이 해당 도매시장의 도매시장법인·중도매인에게 농수산물을 판매한 경우	업무정지 15일	업무정지 1개월	업무정지 3개월
22) 도매시장법인 또는 시장도매인이 수탁 또는 판매를 거부·기피하거나 부당한 차별대우를 한 경우	경 고	업무정지 10일	업무정지 1개월
23) 도매시장법인 또는 시장도매인이 표준하역비의 부담을 이행하지 않은 경우	경 고	업무정지 15일	업무정지 1개월
24) 도매시장법인 또는 시장도매인이 매수하거나 위탁받은 농수산물이 매매되었을 때 대금의 전부를 즉시 결제하지 않은 경우	업무정지 15일	업무정지 1개월	업무정지 3개월
25) 도매시장법인 또는 시장도매인이 출하자에 대한 대금결제의 방법을 위반한 경우	경 고	업무정지 1개월	업무정지 3개월
26) 도매시장 개설자, 도매시장법인, 시장도매인, 중도매인 또는 대금정산조직이 해당 업무와 관련하여 한도를 초과하여 수수료 등을 징수한 경우	업무정지 15일	업무정지 1개월	업무정지 3개월
27) 도매시장 개설자가 정하여 고시하는 시설물의 사용기준을 위반하거나 개설자가 조치하는 사항을 이행하지 않은 경우	경 고	업무정지 10일	업무정지 1개월
28) 정당한 사유 없이 도매시장·공판장·민영도매시장 및 도매시장법인의 업무와 이에 관련된 장부 및 재산상태의 검사에 응하지 않거나 검사를 방해한 경우	경 고	업무정지 10일	업무정지 1개월

위반사항	처분기준		
	1차	2차	3차
29) 도매시장 개설자가 도매시장법인 및 시장도매인에 한 조치명령을 이행하지 않은 경우	경 고	업무정지 10일	업무정지 1개월
30) 법 제82조 제2항 제1호부터 제25호까지의 어느 하나에 해당하여 업무정지 처분을 받고 그 업무의 정지 기간 중에 업무를 한 경우	지정 (승인)취소	-	-
31) 법 제82조 제4항에 따른 농림축산식품부장관, 해양수산부장관 또는 도매시장 개설자의 명령을 위반한 경우	업무정지 15일	업무정지 1개월	업무정지 3개월

※ 비고 : 「축산법」 제41조에 따른 처분 등의 요청권자가 일정 기간의 업무정지(업무정지를 갈음하는 과징금 부과를 포함한다)나 그 밖에 필요한 조치를 요청한 경우에는 2)의 처분기준의 범위에서 그 요청에 따른 처분을 할 수 있다.

ⓛ 중도매인에 대한 행정처분

위반사항	처분기준		
	1차	2차	3차
1) 법 제82조 제5항 제1호부터 제10호까지의 어느 하나에 해당하여 업무의 정지 처분을 받고 그 업무의 정지 기간 중에 업무를 한 경우	허가취소	-	-
2) 중도매업의 허가조건을 갖추지 못한 경우	경 고	업무정지 3개월	허가취소
3) 도매시장 개설자가 허가조건에서 정한 최저거래금액 기준에 미달하는 경우			
가) 1개월 무실적	주 의	-	-
나) 2개월 무실적	경 고	-	-
다) 3개월 무실적	허가취소	-	-
라) 3개월 평균거래실적이 월간 최저거래금액 기준에 미달한 경우	주 의	경 고	업무정지 10일
4) 도매시장 개설자가 허가조건에서 정한 거래대금의 지급보증을 위한 보증금을 충족하지 못한 경우	업무정지 15일	업무정지 1개월	업무정지 3개월
5) 법인인 중도매인이 자격요건을 갖추지 않은 임원을 해임하지 않은 경우	경 고	허가취소	-
6) 중도매인이 다른 중도매인 또는 매매참가인의 거래참가를 방해하거나 정당한 사유 없이 집단적으로 경매 또는 입찰에 불참한 경우			
가) 주동자	업무정지 3개월	허가취소	-
나) 단순가담자	업무정지 10일	업무정지 1개월	업무정지 3개월
7) 다른 사람에게 자기의 성명이나 상호를 사용하여 중도매업을 하게 하거나 그 허가증을 빌려준 경우	업무정지 3개월	허가취소	-
8) 중도매인 및 이들의 주주 또는 임직원이 산지유통인의 업무를 한 경우	경 고	업무정지 10일	업무정지 1개월
9) 중도매인이 허가 없이, 상장된 농수산물 외의 농수산물을 거래한 경우	업무정지 15일	업무정지 1개월	업무정지 3개월

위반사항	처분기준		
	1차	2차	3차
10) 중도매인이 도매시장 외의 장소에서 농수산물을 판매하는 등의 행위를 한 경우			
가) 법 제35조 제1항을 위반하여 도매시장 외의 장소에서 판매를 한 경우	경 고	업무정지 15일	업무정지 1개월
나) 법 제38조를 위반하여 수탁 또는 판매를 거부·기피하거나 부당한 차별대우를 한 경우	경 고	업무정지 10일	업무정지 1개월
다) 법 제39조를 위반하여 매수한 농수산물을 즉시 인수하지 않은 경우	경 고	업무정지 10일	업무정지 15일
라) 법 제40조 제2항에 따른 표준하역비의 부담을 이행하지 않은 경우	경 고	업무정지 15일	업무정지 1개월
마) 법 제41조 제1항을 위반하여 대금의 전부를 즉시 결제하지 않은 경우	업무정지 15일	업무정지 1개월	업무정지 3개월
바) 법 제41조 제3항에 따른 표준정산서의 사용, 대금결제의 방법 및 절차를 위반한 경우	경 고	업무정지 1개월	업무정지 3개월
사) 법 제81조 제2항에 따른 도매시장 개설자의 조치명령을 이행하지 않은 경우	경 고	업무정지 10일	업무정지 1개월
11) 다른 중도매인과 농수산물을 거래한 경우	경 고	업무정지 10일	업무정지 1개월
12) 규정에 위반하여 수수료 등을 징수한 경우	업무정지 15일	업무정지 1개월	업무정지 3개월
13) 개설자가 조치하는 사항을 이행하지 않거나 시설물의 사용기준을 위반한 경우(중대한 시설물의 사용기준을 위반한 경우를 제외한다)	경 고	업무정지 10일	업무정지 1개월
14) 다른 사람에게 시설을 재임대 하는 등 중대한 시설물의 사용기준을 위반한 경우	업무정지 3개월	허가취소	-
15) 법 제80조에 따른 검사에 정당한 사유 없이 응하지 않거나 검사를 방해한 경우	경 고	업무정지 10일	업무정지 1개월
16) 「농수산물의 원산지 표시 등에 관한 법률」 제6조제1항을 위반한 경우	경 고	업무정지 3개월	허가 취소

ⓒ 산지유통인에 대한 행정처분

위반사항	처분기준		
	1차	2차	3차
1) 산지유통인이 등록된 도매시장에서 농수산물의 출하업무 외에 판매·매수 또는 중개업무를 한 경우	경 고	등록취소	-
2) 「농수산물의 원산지 표시 등에 관한 법률」 제6조 제1항을 위반한 경우	경 고	업무정지 3개월	등록취소
3) 법 제82조 제5항 제1호부터 제10호까지의 어느 하나에 해당하여 업무정지 처분을 받고 그 업무정지 기간 중에 업무를 한 경우	등록취소		

2 과징금 등

(1) 과징금(법 제83조)

① 농림축산식품부장관, 해양수산부장관, 시・도지사 또는 도매시장 개설자는 도매시장법인 등이 제82조 제2항에 해당하거나 중도매인이 제82조 제5항에 해당하여 업무정지를 명하려는 경우, 그 업무의 정지가 해당 업무의 이용자 등에게 심한 불편을 주거나 공익을 해칠 우려가 있을 때에는 업무의 정지를 갈음하여 도매시장법인 등에는 1억원 이하, 중도매인에게는 1천만원 이하의 과징금을 부과할 수 있다.

② ①에 따른 과징금을 부과하는 경우에는 다음의 사항을 고려하여야 한다.

㉠ 위반행위의 내용 및 정도

㉡ 위반행위의 기간 및 횟수

㉢ 위반행위로 취득한 이익의 규모

③ ①에 따른 과징금의 부과기준은 대통령령으로 정한다.

④ 농림축산식품부장관, 해양수산부장관, 시・도지사 또는 도매시장 개설자는 ①에 따른 과징금을 내야 할 자가 납부기한까지 내지 아니하면 납부기한이 지난 후 15일 이내에 10일 이상 15일 이내의 납부기한을 정하여 독촉장을 발부하여야 한다.

⑤ 농림축산식품부장관, 해양수산부장관, 시・도지사 또는 도매시장 개설자는 ④에 따른 독촉을 받은 자가 그 납부기한까지 과징금을 내지 아니하면 ①에 따른 과징금 부과처분을 취소하고 제82조 제2항 또는 제5항에 따른 업무정지 처분을 하거나 국세 체납처분의 예 또는 「지방행정제재・부과금의 징수 등에 관한 법률」에 따라 과징금을 징수한다.

(2) 과징금의 부과기준(시행령 제36조의5 관련 [별표 1])

① 일반기준

㉠ 업무정지 1개월은 30일로 한다.

㉡ 위반행위의 종별에 따른 과징금의 금액은 법 제82조 제2항 및 제5항에 따른 업무정지 기간에 ②에 따라 산정한 1일당 과징금 금액을 곱한 금액으로 한다.

㉢ 업무정지에 갈음한 과징금 부과의 기준이 되는 거래금액은 처분 대상자의 전년도 연간 거래액을 기준으로 한다. 다만, 신규사업, 휴업 등으로 1년간의 거래금액을 산출할 수 없을 경우에는 처분일 기준 최근 분기별, 월별 또는 일별 거래금액을 기준으로 산출한다.

㉣ 도매시장의 개설자는 1일 과징금 부과기준을 30%의 범위에서 가감하는 사항을 업무규정으로 정하여 시행할 수 있다.

㉤ 부과하는 과징금은 법 제83조에 따른 과징금의 상한을 초과할 수 없다.

② 과징금 부과기준

㉠ 도매시장법인(도매시장공판장의 개설자를 포함한다)

연간 거래액	1일당 과징금 금액
100억원 미만	40,000원
100억원 이상 200억원 미만	80,000원
200억원 이상 300억원 미만	130,000원
300억원 이상 400억원 미만	190,000원
400억원 이상 500억원 미만	240,000원
500억원 이상 600억원 미만	300,000원
600억원 이상 700억원 미만	350,000원
700억원 이상 800억원 미만	410,000원
800억원 이상 900억원 미만	460,000원
900억원 이상 1천억원 미만	520,000원
1천억원 이상 1천500억원 미만	680,000원
1천500억원 이상	900,000원

㉡ 시장도매인

연간 거래액	1일당 과징금 금액
5억원 미만	4,000원
5억원 이상 10억원 미만	6,000원
10억원 이상 30억원 미만	13,000원
30억원 이상 50억원 미만	41,000원
50억원 이상 70억원 미만	68,000원
70억원 이상 90억원 미만	95,000원
90억원 이상 110억원 미만	123,000원
110억원 이상 130억원 미만	150,000원
130억원 이상 150억원 미만	178,000원
150억원 이상 200억원 미만	205,000원
200억원 이상 250억원 미만	270,000원
250억원 이상	680,000원

㉢ 중도매인

연간 거래액	1일당 과징금 금액
5억원 미만	4,000원
5억원 이상 10억원 미만	6,000원
10억원 이상 30억원 미만	13,000원
30억원 이상 50억원 미만	41,000원
50억원 이상 70억원 미만	68,000원
70억원 이상 90억원 미만	95,000원
90억원 이상 110억원 미만	123,000원
110억원 이상	150,000원

3 청문과 권한의 위임

(1) 청문(법 제84조)

농림축산식품부장관, 해양수산부장관, 시·도지사 또는 도매시장 개설자는 다음의 어느 하나에 해당하는 처분을 하려면 청문을 하여야 한다.

① 제82조 제2항 및 제3항에 따른 도매시장법인 등의 지정취소 또는 승인취소

② 제82조 제5항에 따른 중도매업의 허가취소 또는 산지유통인의 등록취소

(2) 권한의 위임·위탁(법 제85조)

① 권한의 위임

㉠ 이 법에 따른 농림축산식품부장관 또는 해양수산부장관의 권한은 대통령령으로 정하는 바에 따라 그 일부를 산림청장, 시·도지사 또는 소속 기관의 장에게 위임할 수 있다.

㉡ 농림축산식품부장관 또는 해양수산부장관은 특별시·광역시·특별자치시·특별자치도 외의 지역에 개설하는 지방도매시장·공판장 및 민영도매시장에 대한 통합·이전·폐쇄명령 및 개설·제한 권고의 권한을 도지사에게 위임한다(시행령 제37조 제1항).

② 권한의 위탁(시행령 제37조 제2항) : 도매시장 개설자는 「지방공기업법」에 따른 지방공사, 법 제24조에 따른 공공출자법인 또는 한국농수산식품유통공사를 시장관리자로 지정한 경우에는 다음의 권한을 그 기관의 장에게 위탁한다.

㉠ 산지유통인의 등록과 도매시장에의 출입의 금지·제한, 그 밖에 필요한 조치

㉡ 도매시장법인·시장도매인·중도매인 또는 산지유통인의 업무집행 상황 보고명령

08 벌 칙

1 형 벌

(1) 2년 이하의 징역 또는 2천만원 이하의 벌금(법 제86조)

① 농산물의 수입 추천 등에 따라 수입 추천신청을 할 때에 정한 용도 외의 용도로 수입농산물을 사용한 자

② 도매시장의 개설구역이나 공판장 또는 민영도매시장이 개설된 특별시·광역시·특별자치시·특별자치도 또는 시의 관할구역에서 허가를 받지 아니하고 농수산물의 도매를 목적으로 지방도매시장 또는 민영도매시장을 개설한 자

③ 도매시장법인의 지정을 받지 아니하거나 지정 유효기간이 지난 후 도매시장법인의 업무를 한 자

④ 중도매업의 허가 또는 갱신허가(법 제46조 제2항에 따라 준용되는 허가 또는 갱신허가를 포함한다)를 받지 아니하고 중도매인의 업무를 한 자
⑤ 산지유통인의 등록(법 제46조 제3항에 따라 준용되는 경우를 포함한다)을 하지 아니하고 산지유통인의 업무를 한 자
⑥ 도매시장법인의 영업제한을 위반하여 도매시장 외의 장소에서 농수산물의 판매업무를 하거나 농수산물 판매업무 외의 사업을 겸영한 자
⑦ 시장도매인의 지정을 받지 아니하거나 지정 유효기간이 지난 후 도매시장 안에서 시장도매인의 업무를 한 자
⑧ 공판장의 개설 승인을 받지 아니하고 공판장을 개설한 자
⑨ 허가취소 등에 따른 업무정지처분을 받고도 그 업을 계속한 자

(2) 1년 이하의 징역 또는 1천만원 이하의 벌금(법 제88조)

① 도매시장법인의 인수・합병 규정을 위반하여 인수・합병을 한 자
② 다른 중도매인 또는 매매참가인의 거래 참가를 방해하거나 정당한 사유 없이 집단적으로 경매 또는 입찰에 불참한 자
③ 다른 사람에게 자기의 성명이나 상호를 사용하여 중도매업을 하게 하거나 그 허가증을 빌려 준 자
④ 경매사의 임면에 관한 규정을 위반하여 경매사를 임면한 자
⑤ 산지유통인의 등록 규정을 위반하여 산지유통인의 업무를 한 자
⑥ 산지유통인의 등록 규정을 위반하여 출하업무 외의 판매・매수 또는 중개업무를 한 자
⑦ 수탁판매의 원칙 규정을 위반하여 매수하거나 거짓으로 위탁받은 자 또는 상장한 농수산물 외의 농수산물을 거래한 자
⑧ 수탁판매의 원칙 규정을 위반하여 다른 중도매인과 농수산물을 거래한 자
⑨ 시장도매인의 영업 규정에 따른 제한 또는 금지를 위반하여 농수산물을 위탁받아 거래한 자
⑩ 시장도매인의 영업 규정을 위반하여 해당 도매시장의 도매시장법인 또는 중도매인에게 농수산물을 판매한 자
⑪ 하역업무 규정에 따른 표준하역비의 부담을 이행하지 아니한 자
⑫ 수수료 등의 징수제한 규정을 위반하여 수수료 등 비용을 징수한 자
⑬ 종합유통센터의 설치 규정에 따른 조치명령을 위반한 자

양벌규정(법 제89조)
법인의 대표자나 법인 또는 개인의 대리인, 사용인, 그 밖의 종업원이 그 법인 또는 개인의 업무에 관하여 제86조 및 제88조의 어느 하나에 해당하는 위반행위를 하면 그 행위자를 벌하는 외에 그 법인 또는 개인에게도 해당 조문의 벌금형을 과(科)한다. 다만, 법인 또는 개인이 그 위반행위를 방지하기 위하여 해당 업무에 관하여 상당한 주의와 감독을 게을리하지 아니한 경우에는 그러하지 아니하다.

2 과태료(법 제90조)

(1) 과태료 부과

① 1천만원 이하의 과태료

㉠ 유통명령을 위반한 자

㉡ 표준계약서와 다른 계약서를 사용하면서 표준계약서로 거짓 표시하거나 농림축산식품부 또는 그 표식을 사용한 매수인

② 500만원 이하의 과태료

㉠ 포전매매의 계약을 서면에 의한 방식으로 하지 아니한 매수인

㉡ 제74조 제2항(거래질서의 유지)에 따른 공무원의 단속을 기피한 자

㉢ 제79조 제1항에 따른 보고를 하지 아니하거나 거짓된 보고를 한 자

③ 100만원 이하의 과태료

㉠ 경매사 임면 신고를 하지 아니한 자

㉡ 도매시장 또는 도매시장공판장의 출입제한 등의 조치를 거부하거나 방해한 자

㉢ 출하제한을 위반하여 출하(타인명의로 출하하는 경우를 포함한다)한 자

㉣ 포전매매의 계약을 서면에 의한 방식으로 하지 아니한 매도인

㉤ 도매시장에서의 정상적인 거래와 시설물의 사용기준을 위반하거나 적절한 위생·환경의 유지를 저해한 자(도매시장법인, 시장도매인, 도매시장공판장의 개설자 및 중도매인은 제외한다)

㉥ 교육훈련을 이수하지 아니한 도매시장법인 또는 공판장의 개설자가 임명한 경매사

㉦ 제79조 제2항에 따른 보고(공판장 및 민영도매시장의 개설자에 대한 보고는 제외한다)를 하지 아니하거나 거짓된 보고를 한 자

㉧ 제81조 제3항의 명령을 위반한 자

(2) 부과권자(법 제90조 제4항)

과태료는 대통령령으로 정하는 바에 따라 농림축산식품부장관, 해양수산부장관, 시·도지사 또는 시장이 부과·징수한다.

(3) 과태료의 부과기준(시행령 제38조 관련 [별표 2])

① 일반기준

㉠ 위반행위의 횟수에 따른 과태료의 가중된 부과기준은 최근 2년간 같은 위반행위로 과태료 부과처분을 받은 경우에 적용한다. 이 경우 기간의 계산은 위반행위에 대하여 과태료 부과처분을 받은 날과 그 처분 후 다시 같은 위반행위를 하여 적발된 날을 기준으로 한다.

㉡ ㉠에 따라 가중된 부과처분을 하는 경우 가중처분의 적용 차수는 그 위반행위 전 부과처분 차수(㉠에 따른 기간 내에 과태료 부과처분이 둘 이상 있었던 경우에는 높은 차수를 말한다)의 다음 차수로 한다.

㉢ 부과권자는 다음 어느 하나에 해당하는 경우에는 ②의 개별기준에 따른 과태료 금액의 2분의 1 범위에서 그 금액을 줄일 수 있다.

- 위반행위가 사소한 부주의나 오류로 인정되는 경우
- 위반사항을 시정하거나 해소하기 위한 노력이 인정되는 경우

② 개별기준

(단위 : 만원)

위반행위	위반횟수별 과태료 금액		
	1회	2회	3회 이상
가. 법 제10조 제2항에 따른 유통명령을 위반한 경우	250	500	1,000
나. 법 제27조 제4항을 위반하여 경매사 임면(任免) 신고를 하지 않은 경우	12	25	50
다. 법 제29조 제5항(법 제46조 제3항에 따라 준용되는 경우를 포함한다)에 따른 도매시장 또는 도매시장 공판장의 출입제한 등의 조치를 거부하거나 방해한 경우	25	50	100
라. 법 제38조의2 제2항에 따른 출하제한을 위반하여 출하(타인명의로 출하하는 경우를 포함)한 경우	25	50	100
마. 매수인이 법 제53조 제1항을 위반하여 포전매매의 계약을 서면에 의한 방식으로 하지 않은 경우	125	250	500
바. 매도인이 법 제53조 제1항을 위반하여 포전매매의 계약을 서면에 의한 방식으로 하지 않은 경우	25	50	100
사. 매수인이 법 제53조 제3항의 표준계약서와 다른 계약서를 사용하면서 표준계약서로 거짓 표시하거나 농림수산식품부 또는 그 표식을 사용한 경우	1,000		
아. 법 제74조 제1항 전단을 위반하여 도매시장에서의 정상적인 거래와 시설물의 사용기준을 위반하거나 적절한 위생·환경의 유지를 저해한 경우(도매시장법인, 시장도매인, 도매시장공판장의 개설자 및 중도매인은 제외한다)	25	50	100
자. 법 제74조 제2항에 따른 단속을 기피한 경우	125	250	500
차. 법 제75조제2항을 위반하여 교육훈련을 이수하지 않은 경우	25	50	100
카. 법 제79조 제1항에 따른 보고를 하지 않거나 거짓 보고를 한 경우	125	250	500
타. 법 제79조 제2항에 따른 보고(공판장 및 민영도매시장의 개설자에 대한 보고는 제외한다)를 하지 않거나 거짓 보고를 한 경우	25	50	100
파. 법 제81조 제3항에 따른 명령을 위반한 경우	25	50	100

CHAPTER 02

적중예상문제

01 **농수산물 유통 및 가격안정에 관한 법률의 제정 목적이다. ( ) 안에 들어갈 내용을 순서대로 옳게 나열한 것은?**

농수산물의 원활한 ( )와(과) 적정한 ( )을(를) 유지하게 함으로써 생산자와 ( )의 이익을 보호하고 국민생활의 안정에 이바지함을 목적으로 한다.

① 판매, 소비, 판매자
② 유통, 가격, 소비자
③ 유통, 품질, 소비자
④ 생산, 가격, 거래자

해설 목적(법 제1조)
이 법은 농수산물의 유통을 원활하게 하고 적정한 가격을 유지하게 함으로써 생산자와 소비자의 이익을 보호하고 국민생활의 안정에 이바지함을 목적으로 한다.

02 **다음 중 농수산물 유통 및 가격안정에 관한 법률의 목적으로 옳은 것으로만 이루어진 것은?**

㉠ 농수산물의 원활한 유통 ㉡ 농수산물의 상품성 제고 ㉢ 생산자와 소비자의 이익보호 ㉣ 농수산물의 적정한 가격유지

① ㉠, ㉡, ㉢
② ㉠, ㉢, ㉣
③ ㉡, ㉢, ㉣
④ ㉠, ㉡, ㉣

정답 1 ② 2 ②

03 농수산물 유통 및 가격안정에 관한 법률에서 정하고 있는 다음 정의 중 맞는 것은?

① "시장도매인"은 시·도지사의 지정을 받고 상장된 농수산물을 직접 매수하거나 도매하는 자를 말한다.

② "매매참가인"이란 도매시장·공판장 또는 민영 도매시장에 상장된 농수산물을 중도매인으로부터 매수하는 가공업자, 소매업자 등 농수산물의 수요자를 말한다.

③ "도매시장법인"은 농수산물도매시장의 개설자로부터 지정을 받고 농수산물을 위탁받아 상장하여 도매하거나 이를 매수하여 도매하는 법인을 말한다.

④ "지방도매시장"이란 서울 외의 지방에 소재하는 도매시장을 말한다.

해설 ① "시장도매인"이란 농수산물도매시장 또는 민영농수산물도매시장의 개설자로부터 지정을 받고 농수산물을 매수 또는 위탁받아 도매하거나 매매를 중개하는 영업을 하는 법인을 말한다(법 제2조 제8호).

② "매매참가인"이란 농수산물도매시장·농수산물공판장 또는 민영농수산물도매시장의 개설자에게 신고를 하고, 농수산물도매시장·농수산물공판장 또는 민영농수산물도매시장에 상장된 농수산물을 직접 매수하는 자로서 중도매인이 아닌 가공업자·소매업자·수출업자 및 소비자단체 등 농수산물의 수요자를 말한다(법 제2조 제10호).

④ "지방도매시장"이란 중앙도매시장 외의 농수산물도매시장을 말한다(법 제2조 제4호).

04 농수산물 유통 및 가격안정에 관한 법률상 과태료 처분에 대한 설명으로 옳지 않은 것은?

① 경매사 임면 신고를 하지 아니한 자는 100만원 이하의 과태료에 처한다.

② 도매시장에서의 정상적인 거래와 시설물의 사용기준을 위반하거나 적절한 위생·환경의 유지를 저해한 자는 300만원 이하의 과태료에 처한다.

③ 단속 또는 검사를 거부·방해 또는 기피한 자는 500만원 이하의 과태료에 처한다.

④ 유통명령을 위반한 자는 1천만원 이하의 과태료에 처한다.

해설 **100만원 이하의 과태료를 부과하는 경우(법 제90조 제3항)**

- 경매사 임면 신고를 하지 아니한 자
- 도매시장 또는 도매시장공판장의 출입제한 등의 조치를 거부하거나 방해한 자
- 출하제한을 위반하여 출하(타인명의로 출하하는 경우를 포함한다)한 자
- 포전매매의 계약을 서면에 의한 방식으로 하지 아니한 매도인
- 도매시장에서의 정상적인 거래와 시설물의 사용기준을 위반하거나 적절한 위생·환경의 유지를 저해한 자(도매시장법인, 시장도매인, 도매시장공판장의 개설자 및 중도매인은 제외한다)
- 교육훈련을 이수하지 아니한 도매시장법인 또는 공판장의 개설자가 임명한 경매사
- 제79조 제2항에 따른 보고(공판장 및 민영도매시장의 개설자에 대한 보고는 제외한다)를 하지 아니하거나 거짓된 보고를 한 자
- 제81조 제3항의 명령을 위반한 자

3 ③ 4 ② 정답

05 농수산물 유통 및 가격안정에 관한 법령에서 규정하는 도매 시장거래 품목의 부류가 아닌 것은?

① 청과부류 ② 양곡부류
③ 약용작물부류 ④ 식품부류

해설 **농수산물도매시장의 거래품목(시행령 제2조)**

1. 양곡부류 : 미곡 · 맥류 · 두류 · 조 · 좁쌀 · 수수 · 수수쌀 · 옥수수 · 메밀 · 참깨 및 땅콩
2. 청과부류 : 과실류 · 채소류 · 산나물류 · 목과류(木果類) · 버섯류 · 서류(薯類) · 인삼류 중 수삼 및 유지작물류와 두류 및 잡곡 중 신선한 것
3. 축산부류 : 조수육류(助手肉類) 및 난류
4. 수산부류 : 생선어류 · 건어류 · 염(鹽)건어류 · 염장어류(鹽藏魚類) · 조개류 · 갑각류 · 해조류 및 젓갈류
5. 화훼부류 : 절화(折花) · 절지(折枝) · 절엽(切葉) 및 분화(盆花)
6. 약용작물부류 : 한약재용 약용작물(야생물이나 그 밖에 재배에 의하지 아니한 것을 포함). 다만, 「약사법」에 따른 한약은 같은 법에 따라 의약품판매업의 허가를 받은 것으로 한정한다.
7. 그 밖에 농어업인이 생산한 농수산물과 이를 단순가공한 물품으로서 개설자가 지정하는 품목

06 농수산물도매시장, 도매시장법인, 중도매인, 경매사 등에 관한 설명 중 옳은 것은?

① 중앙도매시장의 도매시장법인은 농림축산식품부장관이 지정한다.
② 중앙도매시장의 경매사는 당해 도매시장의 개설자가 임명한다.
③ 농수산물도매시장에서 중도매인의 업무를 하고자 하는 자는 부류별로 해당 도매시장 개설자의 허가를 받아야 한다.
④ 지방도매시장을 개설하고자 하는 자는 농림축산식품부장관의 허가를 받아야 한다.

해설 ① 도매시장법인은 도매시장 개설자가 부류별로 지정하되, 중앙도매시장에 두는 도매시장법인의 경우에는 농림축산식품부장관 또는 해양수산부장관과 협의하여 지정한다. 이 경우 5년 이상 10년 이하의 범위에서 지정 유효기간을 설정할 수 있다(법 제23조 제1항).

② 도매시장법인은 도매시장에서의 공정하고 신속한 거래를 위하여 농림축산식품부령 또는 해양수산부령으로 정하는 바에 따라 일정 수 이상의 경매사를 두어야 한다(법 제27조).

④ 중앙도매시장의 경우에는 특별시 · 광역시 · 특별자치시 또는 특별자치도가 개설하고, 지방도매시장의 경우에는 특별시 · 광역시 · 특별자치시 · 특별자치도 또는 시가 개설한다. 다만, 시가 지방도매시장을 개설하려면 도지사의 허가를 받아야 한다(법 제17조).

정답 5 ④ 6 ③

07 **도매시장법인 및 중도매인에 관한 설명으로 옳지 않은 것은?**

① 도매시장법인이란 농수산물도매시장의 개설자로부터 지정을 받고 농수산물을 위탁받아 상장하여 도매하거나 이를 매수하여 도매하는 법인을 말한다.

② 중도매업의 업무를 하고자 하는 자는 도매시장법인의 허가를 받아야 한다.

③ 중도매인이란 농수산물도매시장・농수산물공판장 또는 민영농수산물도매시장에 상장된 농수산물을 매수하여 도매하거나 매매를 중개하는 영업을 하는 자를 말한다.

④ 도매시장법인이 다른 도매시장법인을 인수하거나 합병을 하는 경우에는 해당 도매시장 개설자의 승인을 받아야 한다.

해설 ② 중도매인의 업무를 하려는 자는 부류별로 해당 도매시장의 개설자의 허가를 받아야 한다(법 제25조).

08 **특별시・광역시・특별자치시 또는 특별자치도가 개설한 농수산물 도매시장 중 해당 관할구역 및 그 인접지역에서 도매의 중심이 되는 농수산물도매시장으로서 해양수산부령으로 정하는 것은?**

① 지방도매시장

② 도매시장법인

③ 중앙도매시장

④ 민영농수산물도매시장

해설 ① 지방도매시장이란 중앙도매시장 외의 농수산물도매시장을 말한다(법 제2조 제4호).
② 도매시장법인이란 농수산물도매시장의 개설자로부터 지정을 받고 농수산물을 위탁받아 상장(上場)하여 도매하거나 이를 매수(買受)하여 도매하는 법인(도매시장법인의 지정을 받은 것으로 보는 공공출자법인을 포함한다)을 말한다(법 제2조 제7호).
④ 민영농수산물도매시장이란 국가, 지방자치단체 및 농수산물공판장을 개설할 수 있는 자 외의 자(민간인 등)가 농수산물을 도매하기 위하여 시・도지사의 허가를 받아 특별시・광역시・특별자치시・특별자치도 또는 시 지역에 개설하는 시장을 말한다(법 제2조 제6호).

7 ② 8 ③ 정답

09 **농수산물도매시장 · 농수산물공판장 또는 민영농수산물도매시장의 개설자에게 등록하고, 농수산물을 수집하여 농수산물도매시장 · 농수산물공판장 또는 민영농수산물도매시장에 출하하는 영업을 하는 자는?**

① 시장도매인　　② 산지유통인
③ 매매참가인　　④ 중도매인

해설 ① 시장도매인 : 농수산물도매시장 또는 민영농수산물도매시장의 개설자로부터 지정을 받고 농수산물을 매수 또는 위탁받아 도매하거나 매매를 중개하는 영업을 하는 법인을 말한다(법 제2조 제8호).
③ 매매참가인 : 농수산물도매시장 · 농수산물공판장 또는 민영농수산물도매시장의 개설자에게 신고를 하고, 농수산물도매시장 · 농수산물공판장 또는 민영농수산물도매시장에 상장된 농수산물을 직접 매수하는 자로서 중도매인이 아닌 가공업자 · 소매업자 · 수출업자 및 소비자단체 등 농수산물의 수요자를 말한다(법 제2조 제10호).
④ 중도매인 : 농수산물도매시장 · 농수산물공판장 또는 민영농수산물도매시장의 개설자의 허가 또는 지정을 받아 다음의 영업을 하는 자를 말한다(법 제2조 제9호).
가. 농수산물도매시장 · 농수산물공판장 또는 민영농수산물도매시장에 상장된 농수산물을 매수하여 도매하거나 매매를 중개하는 영업
나. 농수산물도매시장 · 농수산물공판장 또는 민영농수산물도매시장의 개설자로부터 허가를 받은 비상장 농수산물을 매수 또는 위탁받아 도매하거나 매매를 중개하는 영업

10 **농수산물 유통 및 가격안정에 관한 법령상 시장도매인에 관한 설명으로 옳지 않은 것은?**

① 도매시장의 개설자는 시장도매인의 지정기간을 8년으로 할 수 있다.
② 시장도매인은 해당 도매시장의 중도매인에게 농수산물을 판매하지 못한다.
③ 시장도매인은 농수산물을 경매 또는 입찰의 방법으로 매매하여야 한다.
④ 시장도매인의 임원 중에는 금치산자나 한정치산자가 없어야 한다.

해설 **시장도매인의 영업(시행규칙 제35조 제1항)**
도매시장에서 시장도매인이 매수 · 위탁 또는 중개할 때에는 출하자와 협의하여 송품장에 기재한 거래방법에 따라서 하여야 한다.

정답 9 ② 10 ③

11 다음 중 주산지의 지정·변경 및 해제 등에 대한 설명으로 맞지 않는 것은?

① 주산지의 지정은 읍·면·동 또는 시·군·구 단위로 한다.

② 시·도지사는 주산지를 지정하고자 할 때에는 미리 농림축산부장관과 협의하여야 한다.

③ 시·도지사는 지정된 주산지가 지정요건에 적합하지 아니하게 되었을 때에는 그 지정을 변경하거나 해제할 수 있다.

④ 해양수산부장관은 주산지 지정에 필요한 주요 농수산물의 품목을 지정한 때에는 이를 고시하여야 한다.

해설 **주산지의 지정·변경 및 해제(시행령 제4조)**

특별시장·광역시장·특별자치시장·도지사 또는 특별자치도지사(시·도지사)는 주산지를 지정하였을 때에는 이를 고시하고 농림축산식품부장관 또는 해양수산부장관에게 통지하여야 한다.

12 다음 중 주산지협의체의 구성 등에 대한 설명으로 맞지 않는 것은?

① 지정된 주산지의 시·도지사는 주산지의 지정목적 달성 및 주요 농수산물 경영체 육성을 위하여 생산자 등으로 구성된 주산지협의체를 설치할 수 있다.

② 시·도지사는 주산지협의체를 주산지별 또는 시·도 단위별로 설치할 수 있다.

③ 협의체는 10명 이내의 위원으로 구성하며, 위원은 해당 시·도 소속 공무원, 농어업인, 생산자단체 대표 중에서 시·도지사가 지명 또는 위촉한다.

④ 협의체의 위원장은 위원 중에서 호선하되, 공무원인 위원과 위촉된 위원 각 1명을 공동위원장으로 선출할 수 있다.

해설 **주산지협의체의 구성 등(시행령 제5조의2)**

협의체는 20명 이내의 위원으로 구성하며, 위원은 다음의 어느 하나에 해당하는 사람 중에서 시·도지사가 지명 또는 위촉한다.

1. 해당 시·도 소속 공무원
2. 「농업·농촌 및 식품산업 기본법」에 따른 농업인 또는 「수산업·어촌 발전 기본법」에 따른 어업인
3. 「농업·농촌 및 식품산업 기본법」에 따른 생산자단체의 대표·임직원 또는 「수산업·어촌 발전 기본법」에 따른 생산자단체의 대표·임직원
4. 법 제2조 제11호에 따른 산지유통인
5. 해당 농수산물 품목에 관한 전문적 지식이나 경험을 가진 사람 중 시·도지사가 필요하다고 인정하는 사람

11 ② 12 ③ 정답

13 중앙주산지협의회의 구성 위원에 해당하지 않는 사람은?

① 각 협의체가 추천한 협의체의 위원 중 해양수산부장관이 위촉하는 사람
② 해양수산부장관이 지명하는 해양수산부 소속 공무원 3명 이내
③ 해당 수산물 품목에 관한 전문적 지식이나 경험을 가진 사람 중 시・도지사가 필요하다고 인정하는 사람
④ 해당 수산물 품목에 관한 전문적 지식이나 경험을 가진 사람 중 해양수산부장관이 필요하다고 인정하여 위촉하는 사람

해설 ③은 주산지협의체의 구성 위원에 해당한다(시행령 제5조의2).

14 다음 중 수산물 유통의 관리 및 지원에 관한 법률에서 규정한 수산업관측에 관한 설명으로 틀린 것은?

① 해양수산부장관은 수산물의 수급안정을 위하여 주요 수산물에 대하여 매년 기상정보, 생산면적, 작황, 재고물량, 소비동향, 해외시장 정보 등을 조사하여 이를 분석하는 수산업관측을 실시하고 그 결과를 공표하여야 한다.
② 해양수산부장관은 효율적인 수산업관측을 위하여 필요하다고 인정하는 경우에는 품목을 지정하여 수협중앙회나 그 밖에 해양수산부령으로 정하는 자로 하여금 수산업관측을 실시하게 할 수 있고, 그 운영에 필요한 경비를 지원할 수 있다.
③ 수산업관측 품목 지정 및 실시기관의 운영 등에 필요한 사항은 해양수산부령으로 정한다.
④ 수산업관측 대상품목은 해당 수산물의 생산량, 가격변동률, 국민의 생활에 미치는 영향력 등을 고려하여 국립수산물품질관리원장이 정하여 고시한다.

해설 **수산업관측 대상품목의 지정 등(수산물 유통의 관리 및 지원에 관한 법률 시행규칙 제35조)**
수산업관측 대상품목은 해당 수산물의 생산량, 가격변동률, 국민의 생활에 미치는 영향력 등을 고려하여 해양수산부장관이 정하여 고시한다.

정답 13 ③ 14 ④

15 **수산물 유통의 관리 및 지원에 관한 법률에서 정한 수산물의 과잉생산 시의 생산자 보호에 대한 설명으로 옳지 않은 것은?**

① 가격안정을 위해 필요한 수산물의 판매나 수출, 기증 등에 따른 판매대금을 수협중앙회장이 정하는 바에 따라 수산발전기금으로 납입하여야 한다.

② 해양수산부장관은 수매한 수산물을 판매 또는 수출, 사회복지단체에 기증하거나 그 밖의 방법으로 처분할 수 있다.

③ 해양수산부장관은 수산물의 가격안정을 위하여 필요하다고 인정할 때에는 그 생산자 또는 생산자단체로부터 수산발전기금으로 해당 수산물을 수매할 수 있다. 다만, 가격안정을 위하여 특히 필요하다고 인정할 때에는 「농수산물 유통 및 가격안정에 관한 법률」에 따른 도매시장 또는 공판장에서 해당 수산물을 수매할 수 있다.

④ 가격안정을 위해 필요한 수산물의 판매나 수출, 기증에 대한 수매·처분 등에 필요한 사항은 대통령령으로 정한다.

해설 **과잉생산 시의 생산자 보호(수산물 유통의 관리 및 지원에 관한 법률 제40조)**
가격안정을 위해 필요한 수산물의 판매나 수출, 기증 등에 따른 판매대금을 해양수산부령으로 정하는 바에 따라 수산발전기금으로 납입하여야 한다.

15 ① 정답

16 농수산물 유통 및 가격안정에 관한 법률에서 정하고 있는 1년 이하의 징역 또는 1천만원 이하의 벌금에 해당하는 경우는?

① 도매시장법인이 도매시장 외의 장소에서 농수산물 판매업무를 한 경우

② 농림수협등이 시·도지사의 승인 없이 공판장을 개설한 경우

③ 도매시장에서의 정상적인 거래를 방해한 경우

④ 도매시장법인의 인수·합병을 위반하여 인수·합병을 한 경우

해설 **1년 이하의 징역 또는 1천만원 이하의 벌금에 처하는 경우(법 제88조)**

- 도매시장법인의 인수·합병 규정을 위반하여 인수·합병을 한 자
- 다른 중도매인 또는 매매참가인의 거래 참가를 방해하거나 정당한 사유 없이 집단적으로 경매 또는 입찰에 불참한 자
- 다른 사람에게 자기의 성명이나 상호를 사용하여 중도매업을 하게 하거나 그 허가증을 빌려 준 자
- 경매사의 임면에 관한 규정을 위반하여 경매사를 임면한 자
- 산지유통인의 등록 규정을 위반하여 산지유통인의 업무를 한 자
- 산지유통인의 등록 규정을 위반하여 출하업무 외의 판매·매수 또는 중개업무를 한 자
- 수탁판매의 원칙 규정을 위반하여 매수하거나 거짓으로 위탁받은 자 또는 상장한 농수산물 외의 농수산물을 거래한 자
- 시장도매인의 영업 규정에 따른 제한 또는 금지를 위반하여 농수산물을 위탁받아 거래한 자
- 시장도매인의 영업 규정을 위반하여 해당 도매시장이 도매시장법인 또는 중도매인에게 농수산물을 판매한 자
- 하역업무 규정에 따른 표준하역비의 부담을 이행하지 아니한 자
- 수수료 등의 징수제한 규정을 위반하여 수수료 등 비용을 징수한 자
- 종합유통센터의 설치 규정에 따른 조치명령을 위반한 자

17 다음 ( ) 안에 들어 갈 내용을 순서대로 나열한 것은?

〈유통협약〉 주요 농수산물의 생산자, 산지유통인, 저장업자, 도·소매업자 및 소비자 등의 대표는 해당 농수산물의 자율적인 ( )과 ( )을 위하여 ( ) 또는 ( )을 위한 협약을 체결할 수 있다.

① 수급조절, 품질향상, 생산조정, 출하조절

② 생산조정, 출하조절, 품질향상, 유통조절

③ 생산조정, 수급조절, 계약생산, 유통조절

④ 유통조절, 수급조절, 품질향상, 수매비축

해설 **유통협약 및 유통조절명령(법 제10조)**

주요 농수산물의 생산자, 산지유통인, 저장업자, 도매업자·소매업자 및 소비자 등의 대표는 해당 농수산물의 자율적인 수급조절과 품질향상을 위하여 생산조정 또는 출하조절을 위한 협약(유통협약)을 체결할 수 있다.

정답 16 ④ 17 ①

18 **다음 중 농수산물 유통 및 가격안정에 관한 법률 제86조의 규정에 따라 2년 이하의 징역 또는 2천만원 이하의 벌금에 처할 수 있는 경우는?**

① 지정을 받지 아니하거나 지정 유효기간이 경과한 후 도매시장법인의 업무를 행한 자

② 도매시장법인의 주주 및 임・직원이 당해 도매시장법인의 업무와 경합되는 도매업 또는 중도매업을 영위한 자

③ 중도매인이 매매참가인의 거래참가를 방해한 경우

④ 금고 이상의 형의 집행유예 또는 선고유예를 받고 그 유예기간 중에 있는 자를 경매사로 임면한 자

해설 **2년 이하의 징역 또는 2천만원 이하의 벌금에 처할 수 있는 경우(법 제86조)**

- 농산물의 수입 추천 등에 따라 수입 추천신청을 할 때에 정한 용도 외의 용도로 수입농산물을 사용한 자
- 도매시장의 개설구역이나 공판장 또는 민영도매시장이 개설된 특별시・광역시・특별자치시・특별자치도 또는 시의 관할구역에서 허가를 받지 아니하고 농수산물의 도매를 목적으로 지방도매시장 또는 민영도매시장을 개설한 자
- 도매시장법인의 지정을 받지 아니하거나 지정 유효기간이 지난 후 도매시장법인의 업무를 한 자
- 중도매업의 허가 또는 갱신허가를 받지 아니하고 중도매인의 업무를 한 자
- 산지유통인의 등록을 하지 아니하고 산지유통인의 업무를 한 자
- 도매시장법인의 영업제한을 위반하여 도매시장 외의 장소에서 농수산물의 판매업무를 하거나 농수산물의 판매업무 외의 사업을 겸영한 자
- 시장도매인의 지정을 받지 아니하거나 지정 유효기간이 지난 후 도매시장 안에서 시장도매인의 업무를 한 자
- 공판장의 개설 승인을 받지 아니하고 공판장을 개설한 자
- 허가취소 등 업무정지처분을 받고도 그 업을 계속한 자

18 ① 정답

19 다음 중 농수산물도매시장 개설에 관한 설명으로 맞지 않은 것은?

① 중앙도매시장의 경우에는 특별시・광역시・특별자치시 또는 특별자치도가 개설하고, 지방도매시장의 경우에는 특별시・광역시・특별자치시・특별자치도 또는 시가 개설한다.

② 특별시・광역시・특별자치시 또는 특별자치도가 도매시장을 개설하려면 미리 업무규정과 운영관리계획서를 작성하여야 하며, 농림축산식품부장관 또는 해양수산부장관에게 보고하여야 한다.

③ 시가 지방도매시장을 개설하려면 도지사의 허가를 받아야 한다.

④ 시가 지방도매시장의 개설허가를 받으려면 농림축산식품부령 또는 해양수산부령으로 정하는 바에 따라 지방도매시장 개설허가 신청서에 업무규정과 운영관리계획서를 첨부하여 도지사에게 제출하여야 한다.

해설 ② 특별시・광역시・특별자치시 또는 특별자치도가 도매시장을 개설하려면 미리 업무규정과 운영관리계획서를 작성하여야 하며, 중앙도매시장의 업무규정은 농림축산식품부장관 또는 해양수산부장관의 승인을 받아야 한다(법 제17조 제4항).

20 경기도 하남시가 농수산물도매시장을 개설하고자 할 경우 누구의 허가를 받아야 하는가?

① 해양수산부장관

② 농림축산식품부장관

③ 경기도지사

④ 국무총리

해설 **도매시장의 개설 등(법 제17조 제1항)**
시가 지방도매시장을 개설하려면 도지사의 허가를 받아야 한다.

정답 19 ② 20 ③

21 도매시장 개설 등에 관한 설명으로 옳지 않은 것은?

① 울산광역시가 지방도매시장을 개설하고자 하는 때에는 미리 업무규정과 운영관리계획서를 작성하여야 한다.

② 부산광역시가 반여동 농산물도매시장을 폐쇄하고자 하는 경우 그 3개월 전에 농림축산식품부장관의 허가를 받아야 한다.

③ 대전광역시가 오정 농수산물도매시장의 업무규정을 변경하고자 하는 때에는 농림축산식품부장관 또는 해양수산부장관의 승인을 받아야 한다.

④ 안양시가 농수산물도매시장을 폐쇄하고자 하는 때에는 그 3개월 전에 경기도지사의 허가를 받아야 한다.

해설 **도매시장의 개설 등(법 제17조 제6항)**
시가 지방도매시장을 폐쇄하려면 그 3개월 전에 도지사의 허가를 받아야 한다. 다만, 특별시・광역시・특별자치시 및 특별자치도가 도매시장을 폐쇄하는 경우에는 그 3개월 전에 이를 공고하여야 한다.

22 도매시장법인에 관한 설명으로 옳은 것은?

① 도매시장법인은 임원 중 파산선고를 받고 복권되지 아니한 사람이나 피성년후견인 또는 피한정후견인이 없어야 한다.

② 도매시장법인은 도매시장 또는 직판장 업무에 2년 이상 종사한 임원이 2인 이상 있어야 한다.

③ 도매시장법인은 도매시장 또는 직판장 업무에 2부류 이상을 종합하여 지정하여야 한다.

④ 도매시장 개설자는 도매시장법인의 인수・합병을 명할 수 있다.

해설 ② 도매시장법인은 도매시장 또는 공판장 업무에 2년 이상 종사한 경험이 있는 업무집행 담당 임원이 2명 이상 있어야 한다(법 제23조).
③ 도매시장법인은 도매시장의 개설자가 부류별로 이를 지정한다(법 제23조).
④ 도매시장법인이 다른 도매시장법인을 인수하거나 합병하는 경우에는 해당 도매시장 개설자의 승인을 받아야 한다(법 제23조의2).

21 ② 22 ① 정답

23 농수산물도매시장의 개설자가 관리사무소 또는 시장관리자로 하여금 수행하게 할 수 있는 업무가 아닌 것은?

① 시설물관리
② 유통종사자 허가(지정) 및 취소
③ 유통종사자 지도・감독
④ 거래질서 유지

해설 도매시장 개설자가 도매시장 관리사무소 또는 시장관리자로 하여금 하게 할 수 있는 도매시장의 관리업무는 다음과 같다(시행규칙 제18조).

1. 도매시장 시설물의 관리 및 운영
2. 도매시장의 거래질서 유지
3. 도매시장의 도매시장법인, 시장도매인, 중도매인 그 밖의 유통업무종사자에 대한 지도・감독
4. 도매시장법인 또는 시장도매인이 납부하거나 제공한 보증금 또는 담보물의 관리
5. 도매시장의 정산창구에 대한 관리・감독
6. 도매시장사용료・부수시설사용료의 징수
7. 그 밖에 도매시장 개설자가 도매시장의 관리를 효율적으로 수행하기 위하여 업무규정으로 정하는 사항의 시행

24 다음 중 도매시장에서의 하역업무에 대한 설명으로 맞지 않는 것은?

① 도매시장의 개설자가 업무규정으로 정하는 규격출하품에 대한 표준하역비는 도매시장법인 또는 시장도매인이 부담한다.
② 해양수산부장관은 하역체제의 개선 및 하역기계화와 규격출하의 촉진을 위하여 도매시장의 개설자에게 필요한 조치를 명할 수 있다.
③ 도매시장법인 또는 시장도매인은 도매시장에서 하는 하역업무에 대하여 하역전문업체 등과 용역계약을 체결할 수 있다.
④ 하역비의 최고한도는 해양수산부령으로 정한다.

해설 **하역업무(법 제40조)**
하역비의 최고한도는 도매시장의 업무규정에서 정할 사항이다.

정답 23 ② 24 ④

25 **다음 중 농수산물도매시장 개설과 관련하여 도매시장의 업무규정에 정할 사항이 아닌 것은?**

① 도매시장법인 또는 시장도매인의 매매방법에 관한 사항
② 도매시장법인의 겸영에 관한 사항
③ 출하자 신고 및 출하 예약에 관한 사항
④ 당해 지역의 수급실적과 수급전망에 관한 사항

해설 **도매시장의 업무규정에 정할 사항(시행규칙 제16조)**

1. 도매시장의 명칭·장소 및 면적
2. 거래품목
3. 도매시장의 휴업일 및 영업시간
4. 「지방공기업법」에 따른 지방공사(관리공사), 공공출자법인 또는 한국농수산식품유통공사를 시장관리자로 지정하여 도매시장의 관리업무를 하게 하는 경우에는 그 관리업무에 관한 사항
5. 도매시장법인의 적정 수, 임원의 자격, 자본금, 거래규모, 순자산액 비율, 거래대금의 지급보증을 위한 보증금 등 그 지정조건에 관한 사항
6. 도매시장법인이 다른 도매시장법인을 인수·합병하려는 경우 도매시장법인의 임원의 자격, 자본금, 사업계획서, 거래대금의 지급보증을 위한 보증금 등 그 승인요건에 관한 사항
7. 중도매업의 허가에 관한 사항, 중도매인의 적정 수, 최저거래금액, 거래대금의 지급보증을 위한 보증금, 시설사용계약 등 그 허가조건에 관한 사항
8. 법인인 중도매인이 다른 법인인 중도매인을 인수·합병하려는 경우 거래규모, 거래보증금 등 그 승인요건에 관한 사항
9. 산지유통인의 등록에 관한 사항
10. 출하자 신고 및 출하 예약에 관한 사항
11. 도매시장법인의 매수거래 및 상장되지 아니한 농수산물의 중도매인 거래허가에 관한 사항
12. 도매시장법인 또는 시장도매인의 매매방법에 관한 사항
13. 도매시장법인 및 시장도매인의 거래의 특례에 관한 사항
14. 도매시장법인의 겸영(兼營)에 관한 사항
15. 도매시장법인 또는 시장도매인 공시에 관한 사항
16. 시장도매인의 적정 수, 임원의 자격, 자본금, 거래규모, 순자산액 비율, 거래대금의 지급보증을 위한 보증금, 최저거래금액 등 그 지정조건에 관한 사항
17. 시장도매인이 다른 시장도매인을 인수·합병하려는 경우 시장도매인의 임원의 자격, 자본금, 사업계획서, 거래대금의 지급보증을 위한 보증금 등 그 승인요건에 관한 사항
18. 최소출하량의 기준에 관한 사항
19. 농수산물의 안전성검사에 관한 사항
20. 표준하역비를 부담하는 규격출하품과 표준하역비에 관한 사항
21. 도매시장법인 또는 시장도매인의 대금결제방법과 대금지급의 지체에 따른 지체상금의 지급 등 대금결제에 관한 사항
22. 개설자, 도매시장법인, 시장도매인 또는 중도매인이 징수하는 도매시장 사용료, 부수시설 사용료, 위탁수수료, 중개수수료 및 정산수수료
23. 지방도매시장의 운영 등의 특례에 관한 사항
24. 시설물의 사용기준 및 조치에 관한 사항
25. 도매시장법인, 시장도매인, 도매시장공판장, 중도매인의 시설사용면적 조정·차등지원 등에 관한 사항
26. 도매시장거래분쟁조정위원회의 구성·운영 및 분쟁 심의대상 등에 관한 세부사항
27. 최소경매사의 수에 관한 사항
28. 도매시장법인의 매매방법에 관한 사항

25 ④ 정답

29. 대량입하품 등의 우대조치에 관한 사항
30. 전자식경매·입찰의 예외에 관한 사항
31. 정산창구의 운영방법 및 관리에 관한 사항
32. 표준송품장의 양식 및 관리에 관한 사항
33. 판매원표의 관리에 관한 사항
34. 표준정산서의 양식 및 관리에 관한 사항
35. 시장관리운영위원회의 운영 등에 관한 사항
36. 매매참가인의 신고에 관한 사항
37. 그 밖에 도매시장 개설자가 도매시장의 효율적인 관리·운영을 위하여 필요하다고 인정하는 사항

26 **도매시장법인이 별도의 정산창구를 통하여 대금결제를 하는 경우 절차를 순서대로 나열한 것은?**

ㄱ. 도매시장법인은 출하자의 송품장 사본을 거래신고소에 제출
ㄴ. 정산창구에서는 출하자에게 대금을 결제하고, 표준정산서의 사본을 거래신고소에 제출
ㄷ. 출하자는 송품장을 도매시장법인에게 제출
ㄹ. 도매시장법인은 표준정산서를 출하자와 정산창구에 발급하고, 대금결제를 의뢰

① ㄷ, ㄹ, ㄴ, ㄱ
② ㄷ, ㄱ, ㄹ, ㄴ
③ ㄷ, ㄹ, ㄱ, ㄴ
④ ㄹ, ㄷ, ㄴ, ㄱ

해설 대금결제의 절차(시행규칙 제36조)

1. 출하자는 송품장을 작성하여 도매시장법인 또는 시장도매인에게 제출
2. 도매시장법인 또는 시장도매인은 출하자에게서 받은 송품장의 사본을 도매시장 개설자가 설치한 거래신고소에 제출
3. 도매시장법인 또는 시장도매인은 표준정산서를 출하자와 정산 창구에 발급하고, 정산 창구에 대금결제를 의뢰
4. 정산 창구에서는 출하자에게 대금을 결제하고, 표준정산서 사본을 거래신고소에 제출

정답 26 ②

27 도매시장의 운영 및 관리 등에 관한 설명으로 틀린 것은?

① 도매시장 개설자는 도매시장에 그 시설규모, 거래액 등을 고려하여 적정 수의 중도매인을 지정하여 이를 운영하게 하여야 한다. 다만, 중앙도매시장에는 중도매인을 법인으로 하여야 한다.

② 도매시장 개설자는 관리사무소 또는 시장관리자로 하여금 시설물관리, 거래질서 유지, 유통 종사자에 대한 지도·감독 등에 관한 업무 범위를 정하여 해당 도매시장 또는 그 개설구역에 있는 도매시장의 관리업무를 수행하게 할 수 있다

③ 농림축산식품부장관 또는 해양수산부장관은 해당 부류의 폐지, 개정 또는 유지 등의 검토를 위하여 도매시장 거래실태와 현실 여건 변화 등을 매년 분석하여야 한다.

④ 도매시장 개설자는 소속 공무원으로 구성된 도매시장 관리사무소를 두거나 「지방공기업법」에 따른 지방공사(관리공사), 공공출자법인 또는 한국농수산식품유통공사 중에서 시장관리자를 지정할 수 있다.

해설 **도매시장의 운영(법 제22조)**
도매시장 개설자는 도매시장에 그 시설규모·거래액 등을 고려하여 적정 수의 도매시장법인·시장도매인 또는 중도매인을 두어 이를 운영하게 하여야 한다. 다만, 중앙도매시장의 개설자는 농림축산식품부령 또는 해양수산부령으로 정하는 부류에 대하여는 도매시장법인을 두어야 한다.

28 도매시장법인의 지정 등에 관한 사항으로 옳지 않은 것은?

① 도매시장법인은 도매시장의 개설자가 부류별로 이를 지정한다.

② 도매시장법인을 지정할 경우 5년 이상 10년 이내의 범위에서 지정유효기간을 설정할 수 있다.

③ 도매시장법인은 다른 도매시장법인을 자유롭게 인수하거나 합병할 수 있다.

④ 임원 중 금고 이상의 실형을 선고받고 그 형의 집행이 끝나거나 집행이 면제된 후 2년이 지나지 아니한 사람이 없어야 한다.

해설 ③ 도매시장법인이 다른 도매시장법인을 인수하거나 합병을 하는 경우에는 해당 도매시장 개설자의 승인을 받아야 한다(법 제23조의2).

27 ① 28 ③ 정답

29 다음 중 경매사의 업무가 아닌 것은?

① 도매시장법인이 상장한 농수산물에 대한 경매 우선순위의 결정

② 도매시장법인이 상장한 농수산물의 직접 매수

③ 도매시장법인이 상장한 농수산물의 가격평가

④ 도매시장법인이 상장한 농수산물의 경락자의 결정

해설 **경매사의 업무(법 제28조)**

1. 도매시장법인이 상장한 농수산물에 대한 경매 우선순위의 결정
2. 도매시장법인이 상장한 농수산물에 대한 가격평가
3. 도매시장법인이 상장한 농수산물에 대한 경락자의 결정
4. 도매시장법인이 상장한 농수산물의 정가매매·수의매매(隨意賣買)에 대한 협상 및 중재

30 산지유통인 등록에 관한 설명으로 옳은 것은?

① 농림축산식품부장관은 산지유통인 등록을 하여야 하는 자가 등록을 하지 않고 업무를 행할 때 도매시장 출입제한조치를 할 수 있다.

② 중도매인 및 이들의 주주는 당해 도매시장에서 산지유통인 업무를 할 수 있다.

③ 종합유통센터·수출업자 등이 남은 농수산물을 도매시장에 상장하는 경우에는 산지유통인 등록을 하지 않아도 된다.

④ 산지유통인은 등록된 도매시장에서 농수산물 판매업무를 할 수 있다.

해설 **산지유통인의 등록(법 제29조)**

① 도매시장의 개설자는 산지유통인 등록을 하여야 하는 자가 등록을 하지 않고 산지유통인의 업무를 하는 경우에는 도매시장에의 출입의 금지·제한하거나 그 밖에 필요한 조치를 할 수 있다.

② 도매시장법인, 중도매인 및 이들의 주주 또는 임직원은 해당 도매시장에서 산지유통인의 업무를 하여서는 아니 된다.

④ 산지유통인은 등록된 도매시장에서 농수산물의 출하업무 외의 판매·매수 또는 중개업무를 하여서는 아니 된다.

정답 29 ② 30 ③

31 농수산물 유통 및 가격안정에 관한 법률상 산지유통인 등록에 관한 내용이다. ( ) 안에 들어갈 내용을 순서대로 옳게 나열한 것은?

> 농수산물을 ( )하여 도매시장에 출하하고자 하는 자는 해양수산부령이 정하는바에 따라 ( )별로 도매시장의 개설자에게 등록해야 한다.

① 구매, 품목　　② 가공, 부류
③ 생산, 품목　　④ 수집, 부류

해설 **산지유통인의 등록(법 제29조)**

농수산물을 수집하여 도매시장에 출하하려는 자는 농림축산식품부령 또는 해양식품부령으로 정하는 바에 따라 부류별로 도매시장 개설자에게 등록하여야 한다. 다만, 다음의 어느 하나에 해당하는 경우에는 그러하지 아니하다.

- 생산자단체가 구성원의 생산물을 출하하는 경우
- 도매시장법인이 매수한 농수산물을 상장하는 경우
- 중도매인이 비상장 농수산물을 매매하는 경우
- 시장도매인이 매매하는 경우
- 그 밖에 농림축산식품부령 또는 해양수산부령으로 정하는 경우(시행규칙 제25조)
  - 종합유통센터·수출업자 등이 남은 농수산물을 도매시장에 상장하는 경우
  - 도매시장법인이 다른 도매시장법인 또는 시장도매인으로부터 매수하여 판매하는 경우
  - 시장도매인이 도매시장법인으로부터 매수하여 판매하는 경우

32 도매시장법인의 거래방법에 관한 설명으로 옳지 않은 것은?

① 도매시장법인이 행하는 도매는 출하자로부터 위탁을 받아 하는 것이 원칙이다.
② 도매시장법인은 농수산물을 경매 또는 입찰의 방법으로 매매하는 것이 원칙이다.
③ 도매시장법인이 하는 경매 또는 입찰의 방법은 전자식이 원칙이다.
④ 도매시장법인은 대량 입하품을 우선적으로 판매하는 것이 원칙이다.

해설 도매시장의 개설자는 다음의 품목에 대하여 도매시장법인 또는 시장도매인으로 하여금 우선적으로 판매하게 할 수 있다(시행규칙 제30조).

1. 대량 입하품
2. 도매시장의 개설자가 선정하는 우수출하주의 출하품
3. 예약 출하품
4. 「농수산물 품질관리법」에 의한 표준규격품 및 우수관리인증농산물
5. 그 밖에 도매시장 개설자가 도매시장의 효율적인 운영을 위하여 특히 필요하다고 업무규정으로 정하는 품목

31 ④ 32 ④ 정답

33 **다음 중 도매시장의 개설자가 유통의 효율화를 위하여 도매시장법인 또는 시장도매인으로 하여금 우선적으로 판매하게 할 수 있는 품목이 아닌 것은?**

① 출하자가 우선판매를 요구한 출하품
② 대량 입하품
③ 농수산물 품질관리법의 관련규정에 의한 표준규격품
④ 도매시장 개설자가 선정하는 우수출하주의 출하품

34 **도매시장법인이 정가 또는 수의매매를 할 수 있는 경우가 아닌 것은?**

① 반입량이 적고 거래 중도매인이 소수의 품목으로서 도매시장제도개선심의회의 심의를 거친 경우
② 천재·지변 그 밖의 불가피한 사유로 인하여 경매 또는 입찰의 방법에 의하는 것이 극히 곤란한 경우
③ 시장관리운영위원회의 심의를 거쳐 매매방법을 정가매매 또는 수의매매로 정한 경우
④ 해양수산부장관이 거래방법·물품의 반출 및 확인절차 등을 정한 산지의 거래시설에서 미리 가격이 결정되어 입하된 수산물을 매매하는 경우

해설 **농수산물의 정가매매 또는 수의매매를 할 수 있는 경우(시행규칙 제28조)**

1. 출하자가 정가매매·수의매매로 매매방법을 지정하여 요청한 경우
2. 시장관리운영위원회의 심의를 거쳐 매매방법을 정가매매 또는 수의매매로 정한 경우
3. 도매시장 개설자의 사전승인을 받아 전자거래 방식으로 매매하는 경우
4. 다른 도매시장법인 또는 공판장에서 이미 가격이 결정되어 바로 입하된 물품을 매매하는 경우로서 당해 물품을 반출한 도매시장법인 또는 공판장의 개설자가 가격·반출지·반출물량 및 반출차량 등을 확인한 경우
5. 해양수산부장관이 거래방법·물품의 반출 및 확인절차 등을 정한 산지의 거래시설에서 미리 가격이 결정되어 입하된 수산물을 매매하는 경우
6. 경매 또는 입찰이 종료된 후 입하된 경우
7. 경매 또는 입찰을 실시하였으나 매매되지 아니한 경우
8. 도매시장 개설자의 허가를 받아 중도매인 또는 매매참가인 외의 자에게 판매하는 경우
9. 천재·지변 그 밖의 불가피한 사유로 인하여 경매 또는 입찰의 방법에 의하는 것이 극히 곤란한 경우

정답 33 ① 34 ①

35 **다음 중 도매시장법인의 영업제한에 관한 설명으로 옳지 않은 것은?**

① 도매시장법인은 도매시장 외의 장소에서 농수산물의 판매업무를 할 수 있다.

② 도매시장법인은 농수산물의 판매업무 외의 사업을 일체 겸영하지 못한다.

③ 농수산물의 선별・포장・가공・제빙(製氷)・보관・후숙(後熟)・저장・수출입 등의 사업은 농림축산식품부령 또는 해양수산부령으로 정하는 바에 따라 겸영할 수 있다.

④ 도매시장 개설자는 산지 출하자와의 업무 경합 또는 과도한 겸영사업으로 인하여 도매시장법인의 도매업무가 약화될 우려가 있는 경우에는 겸영사업을 1년 이내의 범위에서 제한할 수 있다.

해설 ① 도매시장법인은 도매시장 외의 장소에서 농수산물의 판매업무를 하지 못한다(법 제35조 제1항).

36 **다음은 도매시장 운영주체의 영업제한에 관한 설명이다. (   ) 안에 들어갈 운영주체는?**

(   )은 농수산물의 판매업무 외의 사업을 겸영하지 못한다. 다만, 농수산물의 선별・포장・가공・제빙(製氷)・보관・후숙(後熟)・저장・수출입 등의 사업은 농림축산식품부령이 정하는 바에 따라 겸영할 수 있다.

① 산지유통인

② 매매참가인

③ 중도매인

④ 도매시장법인

35 ① 36 ④ 정답

37 **다음 중 그 업무를 수행함에 있어서 정당한 사유 없이 입하된 농수산물의 수탁 또는 위탁받은 농수산물의 판매를 거부·기피하거나 거래관계인에게 부당한 차별 대우를 하여서는 아니 되는 것으로 규정된 도매시장 유통 주체는?**

① 도매시장법인 또는 시장도매인

② 도매시장 개설자

③ 매매참가인

④ 도매시장관리공사 또는 관리사무소

해설 **수탁의 거부금지 등(법 제38조)**

도매시장법인 또는 시장도매인은 그 업무를 수행할 때에 다음의 어느 하나에 해당하는 경우를 제외하고는 입하된 농수산물의 수탁을 거부·기피하거나 위탁받은 농수산물의 판매를 거부·기피하거나, 거래 관계인에게 부당한 차별대우를 하여서는 아니 된다.

1. 유통명령을 위반하여 출하하는 경우
2. 출하자 신고를 하지 아니하고 출하하는 경우
3. 안전성검사결과 그 기준에 미달되는 경우
4. 도매시장 개설자가 업무규정으로 정하는 최소출하량의 기준에 미달되는 경우
5. 그 밖에 환경 개선 및 규격출하 촉진 등을 위하여 대통령령으로 정하는 경우 – 농림축산식품부장관, 해양수산부장관 또는 도매시장의 개설자가 정하여 고시한 품목을 「농수산물 품질관리법」에 따른 표준규격에 따라 출하하지 아니한 경우

38 **농수산물 유통 및 가격안정에 관한 법령상 출하 농수산물의 안전성 관리에 관한 설명으로 옳지 않은 것은?**

① 도매시장 개설자는 해당 도매시장에 반입되는 농수산물에 대하여 유해물질의 잔류허용기준 등의 초과여부에 관한 안전성검사를 실시하여야 한다.

② 도매시장 개설자는 안전성검사 결과 기준미달품 출하자에 대하여 2년 이내의 범위에서 도매시장에 출하하는 것을 제한할 수 있다.

③ 출하제한은 다른 도매시장 개설자로부터 안전성검사 결과 출하제한을 받은 자에 대하여도 또한 같다.

④ 출하제한을 하는 경우에 도매시장 개설자는 안전성검사 결과 기준 미달품 발생사항과 출하제한 기간 등을 해당 출하자와 다른 도매시장 개설자에게 서면 또는 전자적 방법 등으로 알려야 한다.

해설 **출하 농수산물의 안전성검사(법 제38조의2)**

도매시장 개설자는 규정에 따른 안전성검사 결과 그 기준에 못 미치는 농수산물을 출하하는 자에 대하여 1년 이내의 범위에서 해당 농수산물과 같은 품목의 농수산물을 해당 도매시장에 출하하는 것을 제한할 수 있다. 이 경우 다른 도매시장 개설자로부터 안전성검사 결과 출하 제한을 받은 자에 대해서도 또한 같다.

정답 37 ① 38 ②

39 **도매시장법인 또는 시장도매인이 농수산물의 판매를 위탁한 출하자로부터 징수하는 위탁수수료의 최고 한도 중 틀린 것은?**

① 축산부류 : 거래금액의 1천분의 20

② 수산부류 : 거래금액의 1천분의 60

③ 양곡부류 : 거래금액의 1천분의 20

④ 화훼부류 : 거래금액의 1천분의 60

해설 **위탁수수료의 최고한도(시행규칙 제39조 제4항)**

1. 양곡부류 : 거래금액의 1천분의 20
2. 청과부류 : 거래금액의 1천분의 70
3. 수산부류 : 거래금액의 1천분의 60
4. 축산부류 : 거래금액의 1천분의 20
5. 화훼부류 : 거래금액의 1천분의 70
6. 약용작물부류 : 거래금액의 1천분의 50

40 **농수산물 공판장의 개설 및 운영 등에 관한 설명으로 옳지 않은 것은?**

① 공판장의 중도매인은 공판장의 개설자가 지정한다.

② 농수산물을 수집하여 공판장에 출하하려는 자는 공판장의 개설자에게 산지유통인으로 등록하여야 한다.

③ 공판장에는 중도매인·시장도매인·산지유통인 및 경매사를 둘 수 있다.

④ 공판장의 경매사는 공판장의 개설자가 임면한다.

해설 **공판장의 거래 관계자(법 제44조)**

공판장에는 중도매인·매매참가인·산지유통인 및 경매사를 둘 수 있다.

39 ④ 40 ③ 정답

41 민영도매시장의 개설 및 운영에 관한 설명으로 옳지 않은 것은?

① 민간인 등이 특별시에 민영도매시장을 개설하고자 하는 때에는 농림축산식품부장관 또는 해양수산부장관의 허가를 받아야 한다.

② 농수산물을 수집하여 민영도매시장에 출하하려는 자는 민영도매시장의 개설자에게 산지유통인으로 등록하여야 한다.

③ 민영도매시장의 중도매인은 민영도매시장의 개설자가 지정한다.

④ 민영도매시장의 경매사는 민영도매시장의 개설자가 임면한다.

해설 **민영도매시장의 개설(법 제47조)**

민간인 등이 특별시・광역시・특별자치시・특별자치도 또는 시 지역에 민영도매시장을 개설하려면 시・도지사의 허가를 받아야 한다.

42 민영도매시장의 개설에 관한 설명으로 옳지 않은 것은?

① 민간인이 민영도매시장의 개설허가를 받으려면 민영도매시장 개설허가 신청서에 업무규정과 운영관리계획서를 첨부하여 시・도지사에게 제출하여야 한다.

① 시・도지사는 민영도매시장 개설허가의 신청을 받은 경우 신청서를 받은 날부터 20일 이내(허가 처리기간)에 허가 여부 또는 허가처리 지연 사유를 신청인에게 통보하여야 한다.

② 허가 처리기간에 허가 여부 또는 허가처리 지연 사유를 통보하지 아니하면 허가 처리기간의 마지막 날의 다음 날에 허가를 한 것으로 본다.

③ 시・도지사는 허가처리 지연 사유를 통보하는 경우에는 허가 처리기간을 10일 범위에서 한 번만 연장할 수 있다.

해설 **민영도매시장의 개설(법 제47조)**

시・도지사는 민영도매시장 개설허가의 신청을 받은 경우 신청서를 받은 날부터 30일 이내(허가 처리기간)에 허가 여부 또는 허가처리 지연 사유를 신청인에게 통보하여야 한다. 이 경우 허가 처리기간에 허가 여부 또는 허가처리 지연 사유를 통보하지 아니하면 허가 처리기간의 마지막 날의 다음 날에 허가를 한 것으로 본다.

정답 41 ① 42 ②

43 **민영도매시장의 개설 및 운영에 관한 설명으로 옳지 않은 것은?**

① 민간인 등이 특별시・광역시・특별자치도 또는 시 지역에 민영도매시장을 개설하고자 할 때에는 시・도지사의 허가를 받아야 한다.

② 민영도매시장의 개설자는 도매시장법인・중도매인・종합유통센터를 두어 운영하여야 한다.

③ 민간인 등이 민영도매시장의 개설허가를 받으려면 농림축산식품부령 또는 해양수산부령으로 정하는 바에 따라 민영도매시장 개설허가 신청서에 업무규정과 운영관리계획서를 첨부하여 시・도지사에게 제출하여야 한다.

④ 민영도매시장의 시장도매인은 민영도매시장의 개설자가 지정한다.

해설 **민영도매시장의 운영 등(법 제48조)**
민영도매시장의 개설자는 중도매인・매매참가인・산지유통인 및 경매사를 두어 직접 운영하거나 시장도매인을 두어 이를 운영하게 할 수 있다.

44 **다음 중 민영도매시장의 개설에 대한 설명으로 옳은 것은?**

① 시・도지사의 승인을 받아 개설한다.

② 농림축산식품부장관의 승인을 받아 개설한다.

③ 시・도지사의 허가를 받아 개설한다.

④ 해양수산부장관의 허가를 받아 개설한다.

해설 **민영도매시장의 개설(법 제47조)**
민간인 등이 특별시・광역시・특별자치시・특별자치도 또는 시 지역에 민영도매시장을 개설하려면 시・도지사의 허가를 받아야 한다.

43 ② 44 ③ 정답

45 민영도매시장을 개설하고자 하는 자가 개설허가신청서에 첨부하여야 하는 서류로 규정되어 있지 않은 것은?

① 거래품목

② 운영관리계획서

③ 민영도매시장의 업무규정

④ 해당 민영도매시장의 소재지를 관할하는 시장 또는 자치구의 구청장의 의견서

해설 **민영도매시장을 개설 시 개설허가신청서에 첨부해야할 서류(시행규칙 제41조)**

1. 민영도매시장의 업무규정
2. 운영관리계획서
3. 해당 민영도매시장의 소재지를 관할하는 시장 또는 자치구의 구청장의 의견서

46 수산업 · 어촌발전 기본법상 수산발전기금의 운용 · 관리에 대한 내용으로 틀린 것은?

① 기금은 국립수산물품질관리원장이 운용·관리한다.

② 해양수산부장관은 기금의 운용·관리에 관한 업무의 전부 또는 일부를 「수산업협동조합법」에 따라 설립된 수산업협동조합중앙회에 위탁할 수 있다.

③ 해양수산부장관은 기업회계의 원칙에 따라 기금을 회계처리하여야 한다.

④ 해양수산부장관은 기금의 운용·관리의 효율을 위하여 필요한 경우 따로 계정을 설치하여 회계처리 할 수 있다.

해설 **기금의 운용 · 관리(수산업 · 어촌발전 기본법 제48조)**

- 기금은 해양수산부장관이 운용 · 관리한다.
- 해양수산부장관은 대통령령으로 정하는 바에 따라 기금의 운용 · 관리에 관한 업무의 전부 또는 일부를 「수산업협동조합법」에 따라 설립된 수산업협동조합중앙회에 위탁할 수 있다.
- 해양수산부장관은 기업회계의 원칙에 따라 기금을 회계처리하여야 한다.
- 해양수산부장관은 기금의 운용 · 관리의 효율을 위하여 필요한 경우 대통령령으로 정하는 바에 따라 따로 계정을 설치하여 회계처리 할 수 있다.
- 기금의 운용 및 관리 등에 필요한 사항은 대통령령으로 정한다.

정답 45 ① 46 ①

47 〈보기〉에서 수산업 · 어촌발전 기본법상 수산업발전기금을 융자 등의 방법으로 지원할 수 있는 용도가 바르게 짝지어진 것은?

보기

㉠ 원양어업의 육성
㉡ 양식어업의 육성
㉢ 수산업 경영에 필요한 융자
㉣ 수산물의 보관 · 관리
㉤ 수산업농가의 생계비 보조
㉥ 수산자원 보호를 위한 해양환경개선

① ㉠, ㉡, ㉢
② ㉠, ㉡, ㉣
③ ㉢, ㉣, ㉥
④ ㉠, ㉣, ㉥

해설 **기금의 용도(수산업 · 어촌발전 기본법 제49조)**

기금은 다음의 사업을 위하여 필요한 경우에 융자 등의 방법으로 지원할 수 있다.

- 근해어업, 연안어업 및 구획어업의 구조개선
- 양식어업의 육성
- 수산업 경영에 필요한 융자
- 산지위탁판매사업 등 수산물유통구조의 개선
- 「농수산물 유통 및 가격안정에 관한 법률」 및 「수산물 유통의 관리 및 지원에 관한 법률」 규정에 따른 수산물의 생산조정 및 출하조절 등 가격안정에 관한 사업
- 수산물의 보관 · 관리
- 수산자원 보호를 위한 해양환경개선
- 해양심층수의 수질관리, 해양심층수 관련 산업의 육성 및 해양심층수 등 해양자원에 대한 연구개발사업의 지원
- 새로운 어장의 개발
- 수산물가공업의 육성
- 「자유무역협정 체결에 따른 농어업인 등의 지원에 관한 특별법」 규정에 따른 어업인 등의 지원
- 「해양생태계의 보전 및 관리에 관한 법률」에 따른 해양생태계의 보전 및 관리에 필요한 사업
- 공매납입금 또는 수입이익금의 부과 · 징수에 필요한 지출
- 어선원의 복지증진, 그 밖에 수산업의 발전에 필요한 사업으로서 해양수산부장관이 정하는 사업
- 「수산물 유통의 관리 및 지원에 관한 법률」에 따른 수산물 직거래 활성화 사업

47 ③ 정답

48 〈보기〉에서 농수산물집하장 설치와 운영에 관하여 필요한 기준을 정하는 자로 옳게 짝지어진 것은?

보기

㉠ 지방자치단체장
㉡ 지역농업협동조합장
㉢ 농업협동조합중앙회장
㉣ 산림조합중앙회장
㉤ 수산업협동조합중회장

① ㉠, ㉡, ㉢
② ㉠, ㉢, ㉤
③ ㉡, ㉢, ㉣
④ ㉢, ㉣, ㉤

해설 농업협동조합중앙회·산림조합중앙회·수산업협동조합중앙회의 장 및 농협경제지주회사의 대표이사는 농수산물집하장의 설치와 운영에 관하여 필요한 기준을 정하여야 한다(시행령 제20조).

49 산지유통 등에 관한 설명으로 틀린 것은?

① 농림수협 등 또는 공익법인은 경매 또는 입찰방법으로 창고경매·포전(圃田)경매 또는 선상(船上)경매 등을 할 수 있다.
② 농수산물산지유통센터의 운영 등에 필요한 사항은 대통령령으로 정한다.
③ 국가 또는 지방자치단체는 농수산물산지유통센터의 운영을 생산자단체 또는 전문유통업체에 위탁할 수 있다.
④ 농수산물산지유통센터의 운영을 위탁한 자는 시설물 및 장비의 유지·관리 등에 소요되는 비용에 충당하기 위하여 농수산물산지유통센터의 운영을 위탁받은 자와 협의하여 매출액의 1천분의 5를 초과하지 아니하는 범위에서 시설물 및 장비의 이용료를 징수할 수 있다.

해설 ② 농수산물산지유통센터의 운영 등에 필요한 사항은 농림축산식품부령 또는 해양수산부령으로 정한다(법 제51조 제3항).

정답 48 ④ 49 ②

50 **농림축산식품부장관 또는 해양수산부장관이 농수산물의 소매유통을 개선하기 위해 지원할 수 있는 사업이 아닌 것은?**

① 농수산물의 생산자 또는 생산자단체와 소비자 또는 소비자단체 간의 직거래사업

② 농수산물소매시설의 현대화 및 운영에 관한 사업

③ 농수산물공판장의 설치 및 운영에 관한 사업

④ 농수산물직판장의 설치 및 운영에 관한 사업

해설 **농수산물 소매유통의 개선을 위해 지원할 수 있는 사업(시행규칙 제45조)**

- 농수산물의 생산자 또는 생산자단체와 소비자 또는 소비자단체 간의 직거래사업
- 농수산물소매시설의 현대화 및 운영에 관한 사업
- 농수산물직판장의 설치 및 운영에 관한 사업
- 그 밖에 농수산물직거래 및 소매유통의 활성화를 위하여 농림축산식품부장관 또는 해양수산부장관이 인정하는 사업

51 **다음 중 도매시장의 효율적인 운영·관리를 위하여 도매시장의 개설자 소속하에 설치된 시장관리운영위원회에서 심의하는 사항이 아닌 것은?**

① 수수료, 시장 사용료, 하역비 등 각종 비용의 결정에 관한 사항

② 도매시장의 거래질서의 확립에 관한 사항

③ 도매시장 출하품의 안전성 향상 및 규격화의 촉진에 관한 사항

④ 도매시장의 거래제도의 개선에 관한 사항

해설 **시장관리운영위원회에서 심의하는 사항(법 제78조)**

1. 도매시장의 거래제도 및 거래방법의 선택에 관한 사항
2. 수수료, 시장 사용료, 하역비 등 각종 비용의 결정에 관한 사항
3. 도매시장 출하품의 안전성 향상 및 규격화의 촉진에 관한 사항
4. 도매시장의 거래질서 확립에 관한 사항
5. 정가매매·수의매매 등 거래 농수산물의 매매방법 운용기준에 관한 사항
6. 최소출하량 기준의 결정에 관한 사항
7. 그 밖에 도매시장 개설자가 특히 필요하다고 인정하는 사항

50 ③ 51 ④ 정답

52 **도매시장거래분쟁조정위원회의 심의 · 조정대상으로 규정하고 있지 아니한 것은?**

① 도매시장 거래제도와 관련된 분쟁

② 낙찰자 결정에 관한 분쟁

③ 거래대금의 지급에 관한 분쟁

④ 낙찰가격에 관한 분쟁

해설 조정위원회의 심의 · 조정대상(법 제78조의2)

1. 낙찰자 결정에 관한 분쟁
2. 낙찰가격에 관한 분쟁
3. 거래대금의 지급에 관한 분쟁
4. 그 밖에 도매시장의 개설자가 특히 필요하다고 인정하는 분쟁

53 **농림축산식품부장관, 해양수산부장관, 시 · 도지사 또는 도매시장 개설자는 중도매인, 도매시장법인 등에게 업무정지를 명하려는 경우, 그 업무의 정지가 해당 업무의 이용자 등에게 심한 불편을 주거나 공익을 해할 우려가 있을 때 업무의 정지에 갈음하여 부과할 수 있는 것은?**

① 몰 수

② 벌 금

③ 과태료

④ 과징금

해설 과징금(법 제83조 제1항)

농림축산식품부장관, 해양수산부장관, 시 · 도지사 또는 도매시장 개설자는 도매시장법인 등이 제82조 제2항에 해당하거나 중도매인이 제82조 제5항에 해당하여 업무정지를 명하려는 경우, 그 업무의 정지가 해당 업무의 이용자 등에게 심한 불편을 주거나 공익을 해칠 우려가 있을 때에는 업무의 정지를 갈음하여 도매시장법인 등에는 1억원 이하, 중도매인에게는 1천만원 이하의 과징금을 부과할 수 있다(법 제83조).

정답 52 ① 53 ④

CHAPTER 03

농수산물의 원산지 표시 등에 관한 법률

농수산물의 원산지 표시 등에 관한 법률 [시행 2022.1.1, 법률 제18525호, 2021.11.30, 일부개정]
농수산물의 원산지 표시 등에 관한 법률 시행령 [시행 2023.12.12, 대통령령 제33946호, 2023.12.12, 일부개정]
농수산물의 원산지 표시 등에 관한 법률 시행규칙 [시행 2025.1.9, 해양수산부령 제715호, 2025.1.9, 일부개정]

01 총 칙

1 목적(법 제1조)

이 법은 농산물·수산물과 그 가공품 등에 대하여 적정하고 합리적인 원산지 표시와 유통이력 관리를 하도록 함으로써 공정한 거래를 유도하고 소비자의 알권리를 보장하여 생산자와 소비자를 보호하는 것을 목적으로 한다.

2 용어의 정의(법 제2조)

(1) 농산물

농업활동으로 생산되는 산물로서 대통령령으로 정하는 것에 따른 농산물을 말한다(「농업·농촌 및 식품산업 기본법」 제3조 제6호 가목)

(2) 수산물

어업활동(수산동식물을 포획(捕獲)·채취(採取)하거나 양식하는 산업, 염전에서 바닷물을 자연 증발시켜 소금을 생산하는 산업) 및 양식업활동으로부터 생산되는 산물을 말한다(「수산업·어촌 발전 기본법」 제3조 제1호 가목 및 마목).

(3) 농수산물

농산물과 수산물을 말한다.

(4) 원산지

농산물이나 수산물이 생산·채취·포획된 국가·지역이나 해역을 말한다.

(5) 식품접객업

식품위생법 제36조 제1항 제3호에 따른 식품접객업을 말한다.

(6) 집단급식소

영리를 목적으로 하지 아니하면서 특정 다수인에게 계속하여 음식물을 공급하는 다음의 어느 하나에 해당하는 곳의 급식시설로서 대통령령(1회 50명 이상에게 식사를 제공하는 급식소)으로 정하는 시설을 말한다(「식품위생법」 제2조 제12호).

① 기숙사
② 학 교
③ 병 원
④ 「사회복지사업법」 제2조 제4호의 사회복지시설
⑤ 산업체
⑥ 국가, 지방자치단체 및 「공공기관의 운영에 관한 법률」 제4조 제1항에 따른 공공기관
⑦ 그 밖의 후생기관 등

(7) 통신판매

① 「전자상거래 등에서의 소비자보호에 관한 법률」 제2조 제2호에 따른 통신판매(같은 법 제2조 제1호의 전자상거래로 판매되는 경우를 포함) 중 대통령령으로 정하는 판매를 말한다.

> **전자상거래 등에서의 소비자보호에 관한 법률 제2조 제2호**
> "통신판매"란 우편·전기통신, 그 밖에 총리령으로 정하는 방법(1. 광고물·광고시설물·전단지·방송·신문 및 잡지 등을 이용하는 방법 2. 판매자와 직접 대면하지 아니하고 우편환·우편대체·지로 및 계좌이체 등을 이용하는 방법)으로 재화 또는 용역(일정한 시설을 이용하거나 용역을 제공받을 수 있는 권리를 포함한다)의 판매에 관한 정보를 제공하고 소비자의 청약을 받아 재화 또는 용역(이하 "재화 등")을 판매하는 것을 말한다. 다만, 「방문판매 등에 관한 법률」 제2조 제3호에 따른 전화권유판매는 통신판매의 범위에서 제외한다.

② 통신판매의 범위(시행령 제2조) : "대통령령으로 정하는 판매"란 「전자상거래 등에서의 소비자보호에 관한 법률」 제12조에 따라 신고한 통신판매업자의 판매(전단지를 이용한 판매는 제외한다) 또는 같은 법 제20조 제2항에 따른 통신판매중개업자가 운영하는 사이버몰(컴퓨터 등과 정보통신설비를 이용하여 재화를 거래할 수 있도록 설정된 가상의 영업장을 말한다)을 이용한 판매를 말한다.

(8) 이 법에서 사용하는 용어의 뜻은 이 법에 특별한 규정이 있는 것을 제외하고는 「농산물품질관리법」, 「식품위생법」, 「대외무역법」이나 「축산물 위생관리법」에서 정하는 바에 따른다.

3 다른 법률과의 관계(법 제3조)

이 법은 농수산물 또는 그 가공품의 원산지 표시와 수입 농산물 및 농산물 가공품의 유통이력 관리에 대하여 다른 법률에 우선하여 적용한다.

4 농수산물의 원산지 표시의 심의(법 제4조)

이 법에 따른 농산물·수산물 및 그 가공품 또는 조리하여 판매하는 쌀·김치류, 축산물(「축산물 위생관리법」 제2조 제2호에 따른 축산물을 말한다) 및 수산물 등의 원산지 표시 등에 관한 사항은 「농수산물 품질관리법」 제3조에 따른 농수산물품질관리심의회(심의회)에서 심의한다.

02 원산지 표시 등

1 원산지 표시(법 제5조)

(1) 대통령령으로 정하는 농수산물 또는 그 가공품을 수입하는 자, 생산·가공하여 출하하거나 판매(통신판매를 포함한다)하는 자 또는 판매할 목적으로 보관·진열하는 자는 다음에 대하여 원산지를 표시하여야 한다.

① 농수산물

② 농수산물 가공품(국내에서 가공한 가공품은 제외한다)

③ 농수산물 가공품(국내에서 가공한 가공품에 한정한다)의 원료

원산지의 표시대상(시행령 제3조 제1항~제3항)

① 법 제5조 제1항 각 호 외의 부분에서 "대통령령으로 정하는 농수산물 또는 그 가공품"이란 다음의 농수산물 또는 그 가공품을 말한다.

1. 유통질서의 확립과 소비자의 올바른 선택을 위하여 필요하다고 인정하여 농림축산식품부장관과 해양수산부장관이 공동으로 고시한 농수산물 또는 그 가공품
2. 「대외무역법」 제33조에 따라 산업통상자원부장관이 공고한 수입 농수산물 또는 그 가공품. 다만, 「대외무역법 시행령」 제56조 제2항에 따라 원산지 표시를 생략할 수 있는 수입 농수산물 또는 그 가공품은 제외한다.

② 법 제5조 제1항 제3호에 따른 농수산물 가공품의 원료에 대한 원산지 표시대상은 다음과 같다. 다만, 물, 식품첨가물, 주정(酒精) 및 당류(당류를 주원료로 하여 가공한 당류가공품을 포함한다)는 배합 비율의 순위와 표시대상에서 제외한다.

1. 원료 배합 비율에 따른 표시대상

가. 사용된 원료의 배합 비율에서 한 가지 원료의 배합 비율이 98% 이상인 경우에는 그 원료

나. 사용된 원료의 배합 비율에서 두 가지 원료의 배합 비율의 합이 98% 이상인 원료가 있는 경우에는 배합 비율이 높은 순서의 2순위까지의 원료

다. 가목 및 나목 외의 경우에는 배합 비율이 높은 순서의 3순위까지의 원료

라. 가목부터 다목까지의 규정에도 불구하고 김치류 중 고춧가루(고춧가루가 포함된 가공품을 사용하는 경우에는 그 가공품에 사용된 고춧가루를 포함한다)를 사용하는 품목은 고춧가루를 제외한 원료 중 배합 비율이 가장 높은 순서의 2순위까지의 원료와 고춧가루

2. 제1호에 따른 표시대상 원료로서 「식품 등의 표시·광고에 관한 법률」 제4조에 따른 표시기준에서 정한 복합원재료를 사용한 경우에는 농림축산식품부장관과 해양수산부장관이 공동으로 정하여 고시하는 기준에 따른 원료

③ ②를 적용할 때 원료(가공품의 원료를 포함한다. 이하 이 항에서 같다) 농수산물의 명칭을 제품명 또는 제품명의 일부로 사용하는 경우에는 그 원료 농수산물이 같은 항에 따른 원산지 표시대상이 아니더라도 그 원료 농수산물의 원산지를 표시해야 한다. 다만, 원료 농수산물이 다음 각 호의 어느 하나에 해당하는 경우에는 해당 원료 농수산물의 원산지 표시를 생략할 수 있다.

㉠ ①의 1에 따라 고시한 원산지 표시대상에 해당하지 않는 경우

㉡ ②의 각 호 외의 부분 단서에 따른 식품첨가물, 주정 및 당류(당류를 주원료로 하여 가공한 당류가공품을 포함한다)의 원료로 사용된 경우

㉢ 「식품 등의 표시·광고에 관한 법률」 제4조의 표시기준에 따라 원재료명 표시를 생략할 수 있는 경우

(2) 다음의 어느 하나에 해당하는 때에는 (1)에 따라 원산지를 표시한 것으로 본다.

① 「농수산물 품질관리법」 제5조 또는 「소금산업 진흥법」 제33조에 따른 표준규격품의 표시를 한 경우

② 「농수산물 품질관리법」 제6조에 따른 우수관리인증표시 또는 같은 법 제14조에 따른 품질인증품의 표시 또는 「소금산업 진흥법」 제39조에 따른 우수천일염인증의 표시를 한 경우

③ 「소금산업 진흥법」 제40조에 따른 천일염생산방식인증의 표시를 한 경우

④ 「소금산업 진흥법」 제41조에 따른 친환경천일염인증의 표시를 한 경우

⑤ 「농수산물 품질관리법」 제24조에 따른 이력추적관리의 표시를 한 경우

⑥ 「농수산물 품질관리법」 제34조 또는 「소금산업 진흥법」 제38조에 따른 지리적표시를 한 경우

⑦ 「식품산업진흥법」 제22조의2 또는 「수산식품산업의 육성 및 지원에 관한 법률」 제30조 에 따른 원산지인증의 표시를 한 경우

⑧ 「대외무역법」 제33조에 따라 수출입 농수산물이나 수출입 농수산물 가공품의 원산지를 표시한 경우

⑨ 다른 법률에 따라 농수산물의 원산지 또는 농수산물 가공품의 원료의 원산지를 표시한 경우

(3) 식품접객업 및 집단급식소 중 대통령령으로 정하는 영업소나 집단급식소를 설치·운영하는 자는 다음의 어느 하나에 해당하는 경우에 그 농수산물이나 그 가공품의 원료에 대하여 원산지(쇠고기는 식육의 종류를 포함한다)를 표시하여야 한다 다만, 「식품산업진흥법」 제22조의2 또는 「수산식품산업의 육성 및 지원에 관한 법률」 제30조에 따른 원산지인증의 표시를 한 경우에는 원산지를 표시한 것으로 보며, 쇠고기의 경우에는 식육의 종류를 별도로 표시하여야 한다.

① 대통령령으로 정하는 농수산물이나 그 가공품을 조리하여 판매·제공(배달을 통한 판매·제공을 포함한다)하는 경우

② ①에 따른 농수산물이나 그 가공품을 조리하여 판매·제공할 목적으로 보관하거나 진열하는 경우

> **원산지 표시를 하여야 할 자(시행령 제4조)**
> 법 제5조 제3항의 "대통령령으로 정하는 영업소나 집단급식소를 설치·운영하는 자"란 「식품위생법 시행령」 제21조 제8호 가목의 휴게음식점영업, 같은 호 나목의 일반음식점영업 또는 같은 호 마목의 위탁급식영업을 하는 영업소나 같은 법 시행령 제2조의 집단급식소를 설치·운영하는 자를 말한다.
>
> **원산지의 표시대상(시행령 제3조 제5항)**
> 법 제5조 제3항 제1호에서 "대통령령으로 정하는 농수산물이나 그 가공품을 조리하여 판매제공하는 경우"란 다음의 것을 조리하여 판매·제공하는 경우를 말한다. 이 경우 조리에는 날 것의 상태로 조리하는 것을 포함하며, 판매·제공에는 배달을 통한 판매·제공을 포함한다.
>
> 1~8. 생략(농산물)
>
> 9. 넙치, 조피볼락, 참돔, 미꾸라지, 뱀장어, 낙지, 명태(황태, 북어 등 건조한 것은 제외한다), 고등어, 갈치, 오징어, 꽃게, 참조기, 다랑어, 아귀, 주꾸미, 가리비, 우렁쉥이, 전복, 방어 및 부세(해당 수산물가공품을 포함한다)
>
> 10. 조리하여 판매·제공하기 위하여 수족관 등에 보관·진열하는 살아있는 수산물

2 원산지의 표시기준(시행령 제5조 제1항 관련 [별표 1])

(1) 농수산물

① 국산 농수산물

㉠ 국산 농산물 : "국산"이나 "국내산" 또는 그 농산물을 생산·채취·사육한 지역의 시·도명이나 시·군·구명을 표시한다.

㉡ 국산 수산물 : "국산"이나 "국내산" 또는 "연근해산"으로 표시한다. 다만, 양식 수산물이나 연안정착성 수산물 또는 내수면 수산물의 경우에는 해당 수산물을 생산·채취·양식·포획한 지역의 시·도명이나 시·군·구명을 표시할 수 있다.

② 원양산 수산물

㉠ 「원양산업발전법」 제6조 제1항에 따라 원양어업의 허가를 받은 어선이 해외수역에서 어획하여 국내에 반입한 수산물은 "원양산"으로 표시하거나 "원양산" 표시와 함께 "태평양", "대서양", "인도양", "남극해", "북극해"의 해역명을 표시한다.

㉡ ㉠에 따른 표시 외에 연안국 법령에 따라 별도로 표시하여야 하는 사항이 있는 경우에는 ㉠에 따른 표시와 함께 표시할 수 있다.

③ 원산지가 다른 동일 품목을 혼합한 농수산물

㉠ 국산 농수산물로서 그 생산 등을 한 지역이 각각 다른 동일 품목의 농수산물을 혼합한 경우에는 혼합 비율이 높은 순서로 3개 지역까지의 시·도명 또는 시·군·구명과 그 혼합 비율을 표시하거나 "국산", "국내산" 또는 "연근해산"으로 표시한다.

㉡ 동일 품목의 국산 농수산물과 국산 외의 농수산물을 혼합한 경우에는 혼합비율이 높은 순서로 3개 국가(지역, 해역 등)까지의 원산지와 그 혼합비율을 표시한다.

④ **2개 이상의 품목을 포장한 수산물** : 서로 다른 2개 이상의 품목을 용기에 담아 포장한 경우에는 혼합 비율이 높은 2개까지의 품목을 대상으로 ①의 ㉡, ② 및 (2)(수입 농수산물과 그 가공품 및 반입 농수산물과 그 가공품)의 기준에 따라 표시한다.

(2) 수입 농수산물과 그 가공품 및 반입 농수산물과 그 가공품

① 수입 농수산물과 그 가공품(이하 "수입농수산물 등")은 「대외무역법」에 따른 원산지를 표시한다.

② 「남북교류협력에 관한 법률」에 따라 반입한 농수산물과 그 가공품(이하 "반입농수산물 등")은 같은 법에 따른 원산지를 표시한다.

(3) 농수산물 가공품(수입농수산물 등 또는 반입농수산물 등을 국내에서 가공한 것을 포함한다)

① 사용된 원료의 원산지를 (1) 및 (2)의 기준에 따라 표시한다.

② 원산지가 다른 동일 원료를 혼합하여 사용한 경우에는 혼합 비율이 높은 순서로 2개 국가(지역, 해역 등)까지의 원료 원산지와 그 혼합 비율을 각각 표시한다.

③ 원산지가 다른 동일 원료의 원산지별 혼합 비율이 변경된 경우로서 그 어느 하나의 변경의 폭이 최대 15% 이하이면 종전의 원산지별 혼합 비율이 표시된 포장재를 혼합 비율이 변경된 날부터 1년의 범위에서 사용할 수 있다.

④ 사용된 원료(물, 식품첨가물, 주정 및 당류는 제외한다)의 원산지가 모두 국산일 경우에는 원산지를 일괄하여 "국산"이나 "국내산" 또는 "연근해산"으로 표시할 수 있다.

⑤ 원료의 수급 사정으로 인하여 원료의 원산지 또는 혼합 비율이 자주 변경되는 경우로서 다음의 어느 하나에 해당하는 경우에는 농림축산식품부장관과 해양수산부장관이 공동으로 정하여 고시하는 바에 따라 원료의 원산지와 혼합 비율을 표시할 수 있다.

㉠ 특정 원료의 원산지나 혼합 비율이 최근 3년 이내에 연평균 3개국(회) 이상 변경되거나 최근 1년 동안에 3개국(회) 이상 변경된 경우와 최초 생산일부터 1년 이내에 3개국 이상 원산지 변경이 예상되는 신제품인 경우

㉡ 원산지가 다른 동일 원료를 사용하는 경우

㉢ 정부가 농수산물 가공품의 원료로 공급하는 수입쌀을 사용하는 경우

㉣ 그 밖에 농림축산식품부장관과 해양수산부장관이 공동으로 필요하다고 인정하여 고시하는 경우

3 농수산물 등의 원산지 표시방법(시행규칙 제3조 제1호 관련 [별표 1])

(1) 적용대상

① 농수산물

② 수입 농수산물과 그 가공품 및 반입 농수산물과 그 가공품

(2) 표시방법

① 포장재에 원산지를 표시할 수 있는 경우

㉠ 위치 : 소비자가 쉽게 알아볼 수 있는 곳에 표시한다.

㉡ 문자 : 한글로 하되, 필요한 경우에는 한글 옆에 한문 또는 영문 등으로 추가하여 표시할 수 있다.

㉢ 글자 크기

가. 시행령 [별표 1]에 따른 농수산물과 수입 농수산물 및 반입 농수산물

(1) 포장 표면적이 3,000cm^2 이상인 경우 : 20포인트 이상

(2) 포장 표면적이 50cm^2 이상 3,000cm^2 미만인 경우 : 12포인트 이상

(3) 포장 표면적이 50cm^2 미만인 경우 : 8포인트 이상. 다만, 8포인트 이상의 크기로 표시하기 곤란한 경우에는 다른 표시사항의 글자 크기와 같은 크기로 표시할 수 있다.

(4) (1), (2) 및 (3)의 포장 표면적은 포장재의 외형면적을 말한다. 다만, 「식품 등의 표시·광고에 관한 법률」에 따른 식품 등의 표시기준에 따른 통조림·병조림 및 병제품에 라벨이 인쇄된 경우에는 그 라벨의 면적으로 한다.

나. 시행령 [별표 1]에 따른 수입 농수산물 가공품 및 반입 농수산물 가공품

(1) 10포인트 이상의 활자로 진하게(굵게) 표시해야 한다. 다만, 정보표시면 면적이 부족한 경우에는 10포인트보다 작게 표시할 수 있으나, 「식품 등의 표시·광고에 관한 법률」에 따른 원재료명의 표시와 동일한 크기로 진하게(굵게) 표시해야 한다.

(2) (1)에 따른 글씨는 각각 장평 90% 이상, 자간 -5% 이상으로 표시해야 한다. 다만, 정보표시면 면적이 100cm^2 미만인 경우에는 각각 장평 50% 이상, 자간 -5% 이상으로 표시할 수 있다.

㉣ 글자색 : 포장재의 바탕색 또는 내용물의 색깔과 다른 색깔로 선명하게 표시한다.

㉤ 그 밖의 사항

가. 포장재에 직접 인쇄하는 것을 원칙으로 하되, 지워지지 아니하는 잉크·각인·소인 등을 사용하여 표시하거나 스티커(붙임딱지), 전자저울에 의한 라벨지 등으로도 표시할 수 있다.

나. 그물망 포장을 사용하는 경우 또는 포장을 하지 않고 엮거나 묶은 상태인 경우에는 꼬리표, 안쪽 표지 등으로도 표시할 수 있다.

② 포장재에 원산지를 표시하기 어려운 경우(다목의 경우는 제외한다)

㉠ 푯말, 안내표시판, 일괄 안내표시판, 상품에 붙이는 스티커 등을 이용하여 다음의 기준에 따라 소비자가 쉽게 알아볼 수 있도록 표시한다. 다만, 원산지가 다른 동일 품목이 있는 경우에는 해당 품목의 원산지는 일괄 안내표시판에 표시하는 방법 외의 방법으로 표시하여야 한다.

가. 푯말 : 가로 8cm × 세로 5cm × 높이 5cm 이상

나. 안내표시판

- 진열대 : 가로 7cm × 세로 5cm 이상
- 판매장소 : 가로 14cm × 세로 10cm 이상
- 「축산물 위생관리법 시행령」 제21조 제7호 가목에 따른 식육판매업 또는 같은 조 제8호에 따른 식육즉석판매가공업의 영업자가 진열장에 진열하여 판매하는 식육에 대하여 식육판매표지판을 이용하여 원산지를 표시하는 경우의 세부 표시방법은 식품의약품안전처장이 정하여 고시하는 바에 따른다.

다. 일괄 안내표시판

- 위치 : 소비자가 쉽게 알아볼 수 있는 곳에 설치하여야 한다.
- 크기 : 판매장소에 따른 기준 이상으로 하되, 글자 크기는 20포인트 이상으로 한다.

라. 상품에 붙이는 스티커 : 가로 3cm × 세로 2cm 이상 또는 직경 2.5cm 이상이어야 한다.

㉡ 문자 : 한글로 하되, 필요한 경우에는 한글 옆에 한문 또는 영문 등으로 추가하여 표시할 수 있다.

㉢ 원산지를 표시하는 글자(일괄 안내표시판의 글자는 제외한다)의 크기는 제품의 명칭 또는 가격을 표시한 글자 크기의 1/2 이상으로 하되, 최소 12포인트 이상으로 한다.

③ 살아있는 수산물의 경우

㉠ 보관시설(수족관, 활어차량 등)에 원산지별로 섞이지 않도록 구획(동일 어종의 경우만 해당한다)하고, 푯말 또는 안내표시판 등으로 소비자가 쉽게 알아볼 수 있도록 표시한다.

㉡ 글자 크기는 30포인트 이상으로 하되, 원산지가 같은 경우에는 일괄하여 표시할 수 있다.

㉢ 문자는 한글로 하되, 필요한 경우에는 한글 옆에 한문 또는 영문 등으로 추가하여 표시할 수 있다.

4 농수산물 가공품의 원산지 표시방법(시행규칙 제3조 제1호 관련 [별표 2])

(1) 적용대상

농수산물 가공품

(2) 표시방법

① 포장재에 원산지를 표시할 수 있는 경우

㉠ 위치 : 「식품 등의 표시·광고에 관한 법률」 제4조의 표시기준에 따른 원재료명 표시란에 추가하여 표시한다. 다만, 원재료명 표시란에 표시하기 어려운 경우에는 소비자가 쉽게 알아 볼 수 있는 위치에 표시하되, 구매시점에 소비자가 원산지를 알 수 있도록 표시해야 한다.

㉡ 문자 : 한글로 하되, 필요한 경우에는 한글 옆에 한문 또는 영문 등으로 추가하여 표시할 수 있다.

㉢ 글자 크기

가. 10포인트 이상의 활자로 진하게(굵게)표시해야 한다. 다만, 정보표시면 면적이 부족한경우에는 10포인트보다 작게 표시할 수 있으나, 「식품 등의 표시·광고에 관한 법률」 제4조에 따른 원재료명의 표시와 동일한 크기로 진하게(굵게) 표시해야 한다.

나. 가.에 따른 글씨는 각각 장평 90% 이상, 자간 −5%이상으로 표시해야 한다. 다만, 정보표시면 면적이 $100cm^2$ 미만인 경우에는 각각 장평 50% 이상, 자간 −5%이상으로 표시할 수 있다.

㉣ 글자색 : 포장재의 바탕색과 다른 단색으로 선명하게 표시한다. 다만, 포장재의 바탕색이 투명한 경우 내용물과 다른 단색으로 선명하게 표시한다.

㉤ 그 밖의 사항

가. 포장재에 직접 인쇄하는 것을 원칙으로 하되, 지워지지 아니하는 잉크·각인·소인 등을 사용하여 표시하거나 스티커, 전자저울에 의한 라벨지 등으로도 표시할 수 있다.

나. 그물망 포장을 사용하는 경우에는 꼬리표, 내찰 등으로도 표시할 수 있다.

다. 최종소비자에게 판매되지 않는 농수산물 가공품을 「가맹사업거래의 공정화에 관한 법률」에 따른 가맹사업자의 직영점과 가맹점에 제조·가공·조리를 목적으로 공급하는 경우에 가맹사업자가 원산지 정보를 판매시점 정보관리(POS ; Point of Sales) 시스템을 통해 이미 알고 있으면 포장재 표시를 생략할 수 있다.

② 포장재에 원산지를 표시하기 어려운 경우 : 별표 1 (2)의 ② 표시방법을 준용하여 표시한다.

5 통신판매의 경우 원산지 표시방법(시행규칙 제3조 제1호 및 제2호 관련 [별표 3])

(1) 일반적인 표시방법

① 표시는 한글로 하되, 필요한 경우에는 한글 옆에 한문 또는 영문 등으로 추가하여 표시할 수 있다. 다만, 매체 특성상 문자로 표시할 수 없는 경우에는 말로 표시하여야 한다.

② 원산지를 표시할 때에는 소비자가 혼란을 일으키지 않도록 글자로 표시할 경우에는 글자의 위치·크기 및 색깔은 쉽게 알아 볼 수 있어야 하고, 말로 표시할 경우에는 말의 속도 및 소리의 크기는 제품을 설명하는 것과 같아야 한다.

③ 원산지가 같은 경우에는 일괄하여 표시할 수 있다. 다만, (3)의 ②의 경우에는 일괄하여 표시할 수 없다.

(2) 판매 매체에 대한 표시방법

① 전자매체 이용

㉠ 글자로 표시할 수 있는 경우(인터넷, PC통신, 케이블TV, IPTV, TV 등)

가. 표시 위치 : 제품명 또는 가격표시 옆·위·아래에 붙여서 원산지를 표시하거나, 자막 또는 별도의 창의 위치를 알려주는 표시를 첫 화면(소비자가 제품을 구매할 때 통상적으로 그 제품이나 그 제품의 판매업체를 확인할 수 있는 최초의 화면을 말한다)이나 제품명 또는 가격표시 옆·위·아래에 붙여서 표시하고 매체의 특성에 따라 자막 또는 별도의 창을 이용하여 원산지를 표시할 수 있다.

나. 표시 시기 : 원산지를 표시하여야 할 제품이 화면에 표시되는 시점부터 원산지를 알 수 있도록 표시해야 한다.

다. 글자 크기 : 제품명 또는 가격표시(최초 등록된 가격표시를 기준으로 한다)와 같거나 그보다 커야 한다. 다만, 별도의 창을 이용하여 표시할 경우에는 「전자상거래 등에서의 소비자보호에 관한 법률」 제13조제4항에 따른 통신판매업자의 재화 또는 용역정보에 관한 사항과 거래조건에 대한 표시·광고 및 고지의 내용과 방법을 따른다.

라. 글자색 : 제품명 또는 가격표시와 같은 색으로 한다.

㉡ 글자로 표시할 수 없는 경우(라디오 등)

1회당 원산지를 두 번 이상 말로 표시하여야 한다.

② 인쇄매체 이용(신문, 잡지 등)

㉠ 표시 위치 : 제품명 또는 가격표시 주위에 표시하거나, 제품명 또는 가격표시 주위에 원산지 표시 위치를 명시하고 그 장소에 표시할 수 있다.

㉡ 글자 크기 : 제품명 또는 가격표시 글자 크기의 1/2 이상으로 표시하거나, 광고 면적을 기준으로 [별표 1] (2)의 ㉢ 글자크기의 기준을 준용하여 표시할 수 있다.

㉢ 글자색 : 제품명 또는 가격표시와 같은 색으로 한다.

(3) 판매 제공 시의 표시방법

① [별표 1] (1)에 따른 농수산물 등의 원산지 표시방법 : [별표 1] (2)의 ①에 따라 원산지를 표시해야 한다. 다만, 포장재에 표시하기 어려운 경우에는 전단지, 스티커 또는 영수증(전자적 형태의 영수증을 포함) 등에 표시할 수 있다.

② [별표 2] (1)에 따른 농수산물 가공품의 원산지 표시방법 : [별표 2] (2)의 ①에 따라 원산지를 표시해야 한다. 다만, 포장재에 표시하기 어려운 경우에는 전단지, 스티커 또는 영수증 등에 표시할 수 있다.

③ [별표 4]에 따른 영업소 및 집단급식소의 원산지 표시방법 : [별표 4] (1) 및 (3)에 따라 표시대상 농수산물 또는 그 가공품의 원료의 원산지를 포장재에 표시한다. 다만, 포장재에 표시하기 어려운 경우에는 전단지, 스티커 또는 영수증 등에 표시할 수 있다.

6 영업소 및 집단급식소의 원산지 표시방법(시행령 제3조 제2호 관련 [별표 4])

(1) 공통적 표시방법

① 음식명 바로 옆이나 밑에 표시대상 원료인 농수산물명과 그 원산지를 한글로 표시하되, 필요한 경우에는 한글 옆에 한문 또는 영문 등을 추가로 표시할 수 있다. 다만, 모든 음식에 사용된 특정 원료의 원산지가 같은 경우 그 원료에 대해서는 일괄하여 표시할 수 있다.

예 우리 업소에서는 "국내산 쌀"만 사용합니다.
우리 업소에서는 "국내산 배추와 고춧가루로 만든 배추김치"만 사용합니다.
우리 업소에서는 "국내산 한우 쇠고기"만 사용합니다.
우리 업소에서는 "국내산 넙치"만을 사용합니다.

② 원산지의 글자 크기는 메뉴판이나 게시판 등에 적힌 음식명 글자 크기와 같거나 그보다 커야 한다.

③ 원산지가 다른 2개 이상의 동일 품목을 섞은 경우에는 섞음 비율이 높은 순서대로 표시한다.

예 국내산(국산)의 섞음 비율이 외국산보다 높은 경우
- 넙치, 조피볼락 등 : 조피볼락회(조피볼락 : 국내산과 일본산을 섞음)
국내산(국산)의 섞음 비율이 외국산보다 낮은 경우
- 낙지볶음(낙지 : 일본산과 국내산을 섞음)

④ 쇠고기, 돼지고기, 닭고기 및 오리고기, 넙치, 조피볼락 및 참돔 등을 섞은 경우 각각의 원산지를 표시한다.

예 모둠회(넙치 : 국내산, 조피볼락 : 중국산, 참돔 : 일본산), 갈낙탕(쇠고기 : 미국산, 낙지 : 중국산)

⑤ 원산지가 국내산(국산)인 경우에는 "국산"이나 "국내산"으로 표시하거나 해당 농수산물이 생산된 특별시·광역시·특별자치시·도·특별자치도명이나 시·군·자치구명으로 표시할 수 있다.

⑥ 농수산물 가공품을 사용한 경우에는 그 가공품에 사용된 원료의 원산지를 표시하되, 다음 ㉠ 및 ㉡에 따라 표시할 수 있다.

예 부대찌개[햄(돼지고기 : 국내산)], 샌드위치[햄(돼지고기 : 독일산)]

㉠ 외국에서 가공한 농수산물 가공품 완제품을 구입하여 사용한 경우에는 그 포장재에 적힌 원산지를 표시할 수 있다.

예 소시지야채볶음(소시지 : 미국산), 김치찌개(배추김치 : 중국산)

㉡ 국내에서 가공한 농수산물 가공품의 원료의 원산지가 영 별표 1 제3호 마목에 따라 원료의 원산지가 자주 변경되어 "외국산"으로 표시된 경우에는 원료의 원산지를 "외국산"으로 표시할 수 있다.

예 피자[햄(돼지고기 : 외국산)], 두부(콩 : 외국산)

㉢ 국내산 쇠고기의 식육가공품을 사용하는 경우에는 식육의 종류 표시를 생략할 수 있다.

⑦ 농수산물과 그 가공품을 조리하여 판매 또는 제공할 목적으로 냉장고 등에 보관·진열하는 경우에는 제품 포장재에 표시하거나 냉장고 등 보관장소 또는 보관용기별 앞면에 일괄하여 표시한다. 다만, 거래명세서 등을 통해 원산지를 확인할 수 있는 경우에는 원산지표시를 생략할 수 있다.

⑧ 표시대상 농수산물이나 그 가공품을 조리하여 배달을 통하여 판매·제공하는 경우에는 해당 농수산물이나 그 가공품 원료의 원산지를 포장재에 표시한다. 다만, 포장재에 표시하기 어려운 경우에는 전단지, 스티커 또는 영수증 등에 표시할 수 있다.

(2) 영업형태별 표시방법

① 휴게음식점영업 및 일반음식점영업을 하는 영업소

㉠ 원산지는 소비자가 쉽게 알아볼 수 있도록 업소 내의 모든 메뉴판 및 게시판(메뉴판과 게시판 중 어느 한 종류만 사용하는 경우에는 그 메뉴판 또는 게시판을 말한다)에 표시하여야 한다. 다만, 다음의 기준에 따라 제작한 원산지 표시판을 다음의 ㉡에 따라 부착하는 경우에는 메뉴판 및 게시판에는 원산지 표시를 생략할 수 있다.

가. 표제로 "원산지 표시판"을 사용할 것

나. 표시판 크기는 가로×세로(또는 세로×가로) 29cm×42cm 이상일 것

다. 글자 크기는 60포인트 이상(음식명은 30포인트 이상)일 것

라. '(3)의 원산지 표시대상별 표시방법'에 따라 원산지를 표시할 것

마. 글자색은 바탕색과 다른 색으로 선명하게 표시

㉡ 원산지를 원산지 표시판에 표시할 때에는 업소 내에 부착되어 있는 가장 큰 게시판(크기가 모두 같은 경우 소비자가 가장 잘 볼 수 있는 게시판 1곳)의 옆 또는 아래에 소비자가 잘 볼 수 있도록 원산지 표시판을 부착하여야 한다. 게시판을 사용하지 않는 업소의 경우에는 업소의 주 출입구 입장 후 정면에서 소비자가 잘 볼 수 있는 곳에 원산지 표시판을 부착 또는 게시하여야 한다.

㉢ ㉠ 및 ㉡에도 불구하고 취식(取食)장소가 벽(공간을 분리할 수 있는 칸막이 등을 포함한다)으로 구분된 경우 취식장소별로 원산지가 표시된 게시판 또는 원산지 표시판을 부착해야 한다. 다만, 부착이 어려울 경우 타 위치의 원산지 표시판 부착 여부에 상관없이 원산지 표시가 된 메뉴판을 반드시 제공하여야 한다.

㉣ 전자적 매체를 활용한 메뉴판의 경우에는 (1)의 ① 본문 및 ②에도 불구하고 [별표 3]에 따른 표시방법으로 원산지를 표시할 수 있다.

② 위탁급식영업을 하는 영업소 및 집단급식소

㉠ 식당이나 취식장소에 월간 메뉴표, 메뉴판, 게시판 또는 푯말 등을 사용하여 소비자(이용자를 포함한다)가 원산지를 쉽게 확인할 수 있도록 표시하여야 한다.

㉡ 교육・보육시설 등 미성년자를 대상으로 하는 영업소 및 집단급식소의 경우에는 ㉠ 에 따른 표시 외에 원산지가 적힌 주간 또는 월간 메뉴표를 작성하여 가정통신문(전자적 형태의 가정통신문을 포함한다)으로 알려주거나 교육・보육시설 등의 인터넷 홈페이지에 추가로 공개하여야 한다.

③ 장례식장, 예식장 또는 병원 등에 설치・운영되는 영업소나 집단급식소의 경우에는 ① 및 ②에도 불구하고 소비자(취식자를 포함한다)가 쉽게 볼 수 있는 장소에 푯말 또는 게시판 등을 사용하여 표시할 수 있다.

(3) 원산지 표시대상별 표시방법

① 넙치, 조피볼락, 참돔, 미꾸라지, 뱀장어, 낙지, 명태, 고등어, 갈치, 오징어, 꽃게, 참조기, 다랑어, 아귀, 주꾸미, 가리비, 우렁쉥이, 전복, 방어 및 부세의 원산지 표시방법 : 원산지는 국내산(국산), 원양산 및 외국산으로 구분하고, 다음의 구분에 따라 표시한다.

㉠ 국내산(국산)의 경우 "국산"이나 "국내산" 또는 "연근해산"으로 표시한다.

예 넙치회(넙치 : 국내산), 참돔회(참돔 : 연근해산)

㉡ 원양산의 경우 "원양산" 또는 "원양산, 해역명"으로 한다.

예 참돔구이(참돔 : 원양산), 넙치매운탕(넙치 : 원양산, 태평양산)

㉢ 외국산의 경우 해당 국가명을 표시한다.

예 참돔회(참돔 : 일본산), 뱀장어구이(뱀장어 : 영국산)

② 살아있는 수산물의 원산지 표시방법 : [별표 1] (2)의 ③에 따른다.

7 거짓 표시 등의 금지, 과징금

(1) 거짓 표시 등의 금지(법 제6조)

① 누구든지 다음의 행위를 하여서는 아니 된다.

㉠ 원산지 표시를 거짓으로 하거나 이를 혼동하게 할 우려가 있는 표시를 하는 행위

㉡ 원산지 표시를 혼동하게 할 목적으로 그 표시를 손상・변경하는 행위

㉢ 원산지를 위장하여 판매하거나, 원산지 표시를 한 농수산물이나 그 가공품에 다른 농수산물이나 가공품을 혼합하여 판매하거나 판매할 목적으로 보관이나 진열하는 행위

② 농수산물이나 그 가공품을 조리하여 판매・제공하는 자는 다음의 행위를 하여서는 아니 된다.

㉠ 원산지 표시를 거짓으로 하거나 이를 혼동하게 할 우려가 있는 표시를 하는 행위

㉡ 원산지를 위장하여 조리・판매・제공하거나, 조리하여 판매・제공할 목적으로 농수산물이나 그 가공품의 원산지 표시를 손상・변경하여 보관・진열하는 행위

㉢ 원산지 표시를 한 농수산물이나 그 가공품에 원산지가 다른 동일 농수산물이나 그 가공품을 혼합하여 조리·판매·제공하는 행위

③ ①이나 ②를 위반하여 원산지를 혼동하게 할 우려가 있는 표시 및 위장판매의 범위 등 필요한 사항은 농림축산식품부와 해양수산부의 공동부령으로 정한다.

④ 「유통산업발전법」 제2조 제3호에 따른 대규모점포를 개설한 자는 임대의 형태로 운영되는 점포(임대점포)의 임차인 등 운영자가 ① 또는 ②의 어느 하나에 해당하는 행위를 하도록 방치하여서는 아니 된다.

⑤ 「방송법」 제9조 제5항에 따른 승인을 받고 상품소개와 판매에 관한 전문편성을 행하는 방송채널사용사업자는 해당 방송채널 등에 물건 판매중개를 의뢰하는 자가 ① 또는 ②의 어느 하나에 해당하는 행위를 하도록 방치하여서는 아니 된다.

(2) 과징금(법 제6조의2)

① 농림축산식품부장관, 해양수산부장관, 관세청장, 특별시장·광역시장·특별자치시장·도지사 또는 특별자치도지사(이하 "시·도지사") 또는 시장·군수·구청장(자치구의 구청장을 말한다)은 제6조 제1항 또는 제2항을 2년 이내에 2회 이상 위반한 자에게 그 위반금액의 5배 이하에 해당하는 금액을 과징금으로 부과·징수할 수 있다. 이 경우 제6조 제1항을 위반한 횟수와 같은 조 제2항을 위반한 횟수는 합산한다.

② ①에 따른 위반금액은 제6조 제1항 또는 제2항을 위반한 농수산물이나 그 가공품의 판매금액으로서 각 위반행위별 판매금액을 모두 더한 금액을 말한다. 다만, 통관단계의 위반금액은 제6조 제1항을 위반한 농수산물이나 그 가공품의 수입 신고 금액으로서 각 위반행위별 수입 신고 금액을 모두 더한 금액을 말한다.

③ ①에 따른 과징금 부과·징수의 세부기준, 절차, 그 밖에 필요한 사항은 대통령령으로 정한다. 다만, 통관단계의 위반금액은 제6조 제1항을 위반한 농수산물이나 그 가공품의 수입신고 금액으로서 각 위반행위별 수입신고 금액을 모두 더한 금액을 말한다.

④ 농림축산식품부장관, 해양수산부장관, 관세청장, 시·도지사 또는 시장·군수·구청장은 ①에 따른 과징금을 내야 하는 자가 납부기한까지 내지 아니하면 국세 또는 지방세 체납처분의 예에 따라 징수한다.

(3) 과징금의 부과 및 징수(시행령 제5조의2)

① 법 제6조의2 제1항에 따른 과징금의 부과기준은 [별표 1의2]와 같다.

과징금의 부과기준(시행령 제5조의2 제1항에 관련 [별표 1의2])

1. 일반기준
   가. 과징금 부과기준은 2년 이내 2회 이상 위반한 경우에 적용한다. 이 경우 위반행위로 적발된 날부터 다시 위반행위로 적발된 날을 각각 기준으로 하여 위반횟수를 계산한다.

나. 2년 이내 2회 위반한 경우에는 각각의 위반행위에 따른 위반금액을 합산한 금액을 기준으로 과징금을 산정·부과하고, 3회 이상 위반한 경우에는 해당 위반행위에 따른 위반금액을 기준으로 과징금을 산정·부과한다.

다. 법 제6조의2 제2항에 따라 법 제6조 제1항 위반 시 각 위반행위에 의한 판매금액은 해당 농수산물이나 농수산물 가공품의 판매량에 판매가격(해당 업소의 판매가격을 알 수 없는 경우에는 인근 2개 업소의 동일 품목 판매가격의 평균을 기준으로 한다. 다만, 평균가격을 산정할 수 없는 경우에는 해당 농수산물이나 농수산물 가공품의 매입가격에 30%를 가산한 금액을 기준으로 한다)을 곱한 금액으로 한다.

라. 법 제6조의2 제2항에 따라 법 제6조 제2항 위반 시 각 위반행위에 의한 판매금액은 다음 1) 및 2)에 따라 산출한다.

1) [음식 판매가격×(음식에 사용된 원산지를 거짓표시한 해당 농수산물이나 그 가공품의 원가/음식에 사용된 총 원료 원가)]×해당 음식의 판매인분 수

2) 1)에 따른 판매금액 산출이 곤란할 경우, 원산지를 거짓표시한 해당 농수산물이나 그 가공품(음식에 사용되어 판매한 것에 한정한다)의 매입가격에 3배를 곱한 금액으로 한다.

마. 통관 단계의 수입 농수산물과 그 가공품(이하 "수입농수산물 등") 및 반입 농수산물과 그 가공품(이하 "반입농수산물 등")의 위반금액은 세관 수입신고 금액으로 한다.

2. 세부 산출기준

가. 통관 단계의 수입농수산물 등 및 반입농수산물 등의 경우에는 위반 수입농수산물 등 및 반입농수산물 등의 세관 수입신고 금액의 100분의 10 또는 3억원 중 적은 금액

나. 가목을 제외한 농수산물 및 그 가공품(통관 단계 이후의 수입농수산물 등 및 반입농수산물 등을 포함한다)

위반금액	과징금의 금액
100만원 이하	위반금액×0.5
100만원 초과 500만원 이하	위반금액×0.7
500만원 초과 1,000만원 이하	위반금액×1.0
1,000만원 초과 2,000만원 이하	위반금액×1.5
2,000만원 초과 3,000만원 이하	위반금액×2.0
3,000만원 초과 4,500만원 이하	위반금액×2.5
4,500만원 초과 6,000만원 이하	위반금액×3.0
6,000만원 초과	위반금액×4.0(최고 3억원)

② 농림축산식품부장관, 해양수산부장관, 관세청장 또는 특별시장·광역시장·특별자치시장·도지사·특별자치도지사(이하 "시·도지사")나 시장·군수·구청장(자치구의 구청장)은 법 제6조의2 제1항에 따라 과징금을 부과하려면 그 위반행위의 종류와 과징금의 금액 등을 명시하여 과징금을 낼 것을 과징금 부과대상자에게 서면으로 알려야 한다.

③ ②에 따라 통보를 받은 자는 납부 통지일부터 30일 이내에 과징금을 농림축산식품부장관, 해양수산부장관, 관세청장, 시·도지사나 시장·군수·구청장이 정하는 수납기관에 내야 한다.

④ 과징금 납부 의무자는 「행정기본법」의 부분 단서에 따라 과징금 납부기한을 연기하거나 과징금을 분할 납부하려는 경우에는 납부기한 5일 전까지 과징금 납부기한의 연기나 과징금의 분할 납부를 신청하는 문서에 사유를 증명하는 서류를 첨부하여 농림축산식품부장관, 해양수산부장관, 관세청장, 시·도지사나 시장·군수·구청장에게 신청해야 한다.

⑤ 농림축산식품부장관, 해양수산부장관, 관세청장, 시·도지사나 시장·군수·구청장이 「행정기본법」의 부분 단서에 따라 법에 따른 과징금의 납부기한을 연기하는 경우 납부기한의 연기는 원래 납부기한의 다음 날부터 1년을 초과할 수 없다.
⑥ 농림축산식품부장관, 해양수산부장관, 관세청장, 시·도지사나 시장·군수·구청장이 「행정기본법」의 부분 단서에 따라 법에 따른 과징금을 분할 납부하게 하는 경우 각 분할된 납부기한 간의 간격은 4개월 이내로 하며, 분할 횟수는 3회 이내로 한다.
⑦ ③에 따라 과징금을 받은 수납기관은 지체 없이 그 사실을 농림축산식품부장관, 해양수산부장관, 관세청장, 시·도지사나 시장·군수·구청장에게 알려야 한다.
⑧ ①부터 ⑦까지에서 규정한 사항 외에 과징금의 부과·징수에 필요한 사항은 농림축산식품부와 해양수산부의 공동부령으로 정한다.

8 원산지를 혼동하게 할 우려가 있는 표시 및 위장판매의 범위(시행규칙 제4조 관련 [별표 5])

(1) 원산지를 혼동하게 할 우려가 있는 표시

① 원산지 표시란에는 원산지를 바르게 표시하였으나 포장재·푯말·홍보물 등 다른 곳에 이와 유사한 표시를 하여 원산지를 오인하게 하는 표시 등을 말한다.
② ①에 따른 일반적인 예는 다음과 같으며 이와 유사한 사례 또는 그 밖의 방법으로 기망(欺罔)하여 판매하는 행위를 포함한다.
㉠ 원산지 표시란에는 외국 국가명을 표시하고 인근에 설치된 현수막 등에는 "우리 농산물만 취급", "국산만 취급", "국내산 한우만 취급" 등의 표시·광고를 한 경우
㉡ 원산지 표시란에는 외국 국가명 또는 "국내산"으로 표시하고 포장재 앞면 등 소비자가 잘 보이는 위치에는 큰 글씨로 "국내생산", "경기특미" 등과 같이 국내 유명 특산물 생산지역명을 표시한 경우
㉢ 게시판 등에는 "국산 김치만 사용합니다"로 일괄 표시하고 원산지 표시란에는 외국 국가명을 표시하는 경우
㉣ 원산지 표시란에는 여러 국가명을 표시하고 실제로는 그 중 원료의 가격이 낮거나 소비자가 기피하는 국가산만을 판매하는 경우

(2) 원산지 위장판매의 범위

① 원산지 표시를 잘 보이지 않도록 하거나, 표시를 하지 않고 판매하면서 사실과 다르게 원산지를 알리는 행위 등을 말한다.

② ①에 따른 일반적인 예는 다음과 같으며 이와 유사한 사례 또는 그 밖의 방법으로 기망하여 판매하는 행위를 포함한다.

㉠ 외국산과 국내산을 진열·판매하면서 외국 국가명 표시를 잘 보이지 않게 가리거나 대상 농수산물과 떨어진 위치에 표시하는 경우

㉡ 외국산의 원산지를 표시하지 않고 판매하면서 원산지가 어디냐고 물을 때 국내산 또는 원양산이라고 대답하는 경우

㉢ 진열장에는 국내산만 원산지를 표시하여 진열하고, 판매 시에는 냉장고에서 원산지 표시가 안 된 외국산을 꺼내 주는 경우

9 원산지 표시 등의 조사(법 제7조)

(1) 농림축산식품부장관, 해양수산부장관, 관세청장, 시·도지사 또는 시장·군수·구청장은 제5조에 따른 원산지의 표시 여부·표시사항과 표시방법 등의 적정성을 확인하기 위하여 대통령령으로 정하는 바에 따라 관계 공무원으로 하여금 원산지 표시대상 농수산물이나 그 가공품을 수거하거나 조사하게 하여야 한다. 이 경우 관세청장의 수거 또는 조사 업무는 제5조 제1항의 원산지 표시 대상 중 수입하는 농수산물이나 농수산물 가공품(국내에서 가공한 가공품은 제외한다)에 한정한다.

① 농림축산식품부장관과 해양수산부장관은 법 제7조제1항에 따라 수거한 시료의 원산지를 판정하기 위하여 필요한 경우에는 검정기관을 지정·고시할 수 있다(시행령 제6조 제1항).

② 농림축산식품부장관 및 해양수산부장관은 원산지 검정방법 및 세부기준을 정하여 고시할 수 있다(시행령 제6조 제2항).

③ 농림축산식품부장관, 해양수산부장관, 관세청장이나 시·도지사는 법 제7조제6항에 따라 원산지 표시대상 농수산물이나 그 가공품에 대한 수거·조사를 위한 자체 계획(이하 "자체계획")에 따른 추진 실적 등을 평가할 때에는 다음 각 호의 사항을 중심으로 평가해야 한다.

㉠ 자체계획 목표의 달성도

㉡ 추진 과정의 효율성

㉢ 인력 및 재원 활용의 적정성

(2) (1)에 따른 조사 시 필요한 경우 해당 영업장, 보관창고, 사무실 등에 출입하여 농수산물이나 그 가공품 등에 대하여 확인·조사 등을 할 수 있으며 영업과 관련된 장부나 서류의 열람을 할 수 있다.

(3) (1)이나 (2)에 따른 수거・조사・열람을 하는 때에는 원산지의 표시대상 농수산물이나 그 가공품을 판매하거나 가공하는 자 또는 조리하여 판매・제공하는 자는 정당한 사유 없이 이를 거부・방해하거나 기피하여서는 아니 된다.

(4) (1)이나 (2)에 따른 수거 또는 조사를 하는 관계 공무원은 그 권한을 표시하는 증표를 지니고 이를 관계인에게 내보여야 하며, 출입 시 성명・출입시간・출입목적 등이 표시된 문서를 관계인에게 교부하여야 한다.

(5) 농림축산식품부장관, 해양수산부장관, 관세청장이나 시・도지사는 제1항에 따른 수거・조사를 하는 경우 업종, 규모, 거래 품목 및 거래 형태 등을 고려하여 매년 인력・재원 운영계획을 포함한 자체 계획을 수립한 후 그에 따라 실시하여야 한다.

(6) 농림축산식품부장관, 해양수산부장관, 관세청장이나 시・도지사는 제1항에 따른 수거・조사를 실시한 경우 다음의 사항에 대하여 평가를 실시하여야 하며 그 결과를 자체 계획에 반영하여야 한다.
① 자체 계획에 따른 추진 실적
② 그 밖에 원산지 표시 등의 조사와 관련하여 평가가 필요한 사항

(7) (6)에 따른 평가와 관련된 기준 및 절차에 관한 사항은 대통령령으로 정한다.

10 원산지 표시 등의 위반에 대한 처분 등(법 제9조)

(1) 농림축산식품부장관, 해양수산부장관, 관세청장, 시・도지사 또는 시장・군수・구청장은 제5조나 제6조를 위반한 자에 대하여 다음의 처분을 할 수 있다. 다만, 제5조 제3항을 위반한 자에 대한 처분은 ①에 한한다.
① 표시의 이행・변경・삭제 등 시정명령
② 위반 농수산물이나 그 가공품의 판매 등 거래행위 금지

> **원산지 표시 등의 위반에 대한 처분 및 공표(시행령 제7조 제1항)**
> 1. 법 제5조 제1항을 위반한 경우 : 표시의 이행명령 또는 거래행위 금지
> 2. 법 제5조 제3항을 위반한 경우 : 표시의 이행명령
> 3. 법 제6조를 위반한 경우 : 표시의 이행・변경・삭제 등 시정명령 또는 거래행위 금지

(2) 농림축산식품부장관, 해양수산부장관, 관세청장, 시・도지사 또는 시장・군수・구청장은 다음의 자가 제5조를 위반하여 2년 이내에 2회 이상 원산지를 표시하지 아니하거나, 제6조를 위반함에 따라 제1항에 따른 처분이 확정된 경우 처분과 관련된 사항을 공표하여야 한다. 다만, 농림축산식품부장관이나 해양수산부장관이 심의회의 심의를 거쳐 공표의 실효성이 없다고 인정하는 경우에는 처분과 관련된 사항을 공표하지 아니할 수 있다.

① 제5조 제1항에 따라 원산지의 표시를 하도록 한 농수산물이나 그 가공품을 생산・가공하여 출하하거나 판매 또는 판매할 목적으로 가공하는 자

② 제5조 제3항에 따라 음식물을 조리하여 판매・제공하는 자

(3) (2)에 따라 공표를 하여야 하는 사항은 다음과 같다.

① (1)에 따른 처분 내용

② 해당 영업소의 명칭

③ 농수산물의 명칭

④ (1)에 따른 처분을 받은 자가 입점하여 판매한 「방송법」 제9조 제5항에 따른 방송채널사용사업자 또는 「전자상거래 등에서의 소비자보호에 관한 법률」 제20조에 따른 통신판매중개업자의 명칭

⑤ 그 밖에 처분과 관련된 사항으로서 대통령령으로 정하는 사항

대통령령으로 정하는 사항(시행령 제7조 제3항)

1. "「농수산물의 원산지 표시 등에 관한 법률」 위반 사실의 공표"라는 내용의 표제
2. 영업의 종류
3. 영업소의 주소(「유통산업발전법」 제2조 제3호에 따른 대규모점포에 입점・판매한 경우 그 대규모점포의 명칭 및 주소를 포함한다)
4. 농수산물 가공품의 명칭
5. 위반 내용
6. 처분권자 및 처분일
7. 법 제9조 (1)에 따른 처분을 받은 자가 입점하여 판매한 「방송법」 제9조 제5항에 따른 방송채널사용사업자의 채널명 또는 「전자상거래 등에서의 소비자보호에 관한 법률」 제20조에 따른 통신판매중개업자의 홈페이지 주소

(4) (2)의 공표는 다음의 자의 홈페이지에 공표한다.

① 농림축산식품부

② 해양수산부

③ 관세청

④ 국립농산물품질관리원

⑤ 대통령령으로 정하는 국가검역·검사기관
⑥ 특별시·광역시·특별자치시·도·특별자치도, 시·군·구(자치구를 말한다)
⑦ 한국소비자원
⑧ 그 밖에 대통령령으로 정하는 주요 인터넷 정보제공 사업자

> **대통령령으로 정하는 주요 인터넷 정보제공 사업자(시행령 제7조 제5항)**
> 포털서비스(다른 인터넷주소·정보 등의 검색과 전자우편·커뮤니티 등을 제공하는 서비스를 말한다)를 제공하는 자로서 공표일이 속하는 연도의 전년도 말 기준 직전 3개월간의 일일평균 이용자수가 1천만명 이상인 정보통신서비스 제공자를 말한다.

(5) (1)에 따른 처분과 (2)에 따른 공표의 기준·방법 등에 관하여 필요한 사항은 대통령령으로 정한다.

> **홈페이지 공표의 기준·방법(시행령 제7조 제2항)**
> 1. 공표기간
> 처분이 확정된 날부터 12개월
> 2. 공표방법
> 가. 농림축산식품부, 해양수산부, 관세청, 국립농산물품질관리원, 국립수산물품질관리원, 시·도, 시·군·구(자치구를 말한다) 및 한국소비자원의 홈페이지에 공표하는 경우 : 이용자가 해당 기관의 인터넷 홈페이지 첫 화면에서 볼 수 있도록 공표
> 나. 주요 인터넷 정보제공 사업자의 홈페이지에 공표하는 경우 : 이용자가 해당 사업자의 인터넷 홈페이지 화면 검색창에 "원산지"가 포함된 검색어를 입력하면 볼 수 있도록 공표

11 원산지 표시 위반에 대한 교육(법 제9조의2)

(1) 농림축산식품부장관, 해양수산부장관, 관세청장, 시·도지사 또는 시장·군수·구청장은 제9조 제2항 각 호의 자가 제5조 또는 제6조를 위반하여 제9조 제1항에 따른 처분이 확정된 경우에는 농수산물 원산지 표시제도 교육을 이수하도록 명하여야 한다.

(2) (1)에 따른 이수명령의 이행기간은 교육 이수명령을 통지받은 날부터 최대 4개월 이내로 정한다.

(3) 농림축산식품부장관과 해양수산부장관은 (1) 및 (2)에 따른 농수산물 원산지 표시제도 교육을 위하여 교육시행지침을 마련하여 시행하여야 한다.

(4) (1)부터 (3)까지의 규정에 따른 교육내용, 교육대상, 교육기관, 교육기간 및 교육시행지침 등 필요한 사항은 대통령령으로 정한다.

12 농수산물의 원산지 표시 등에 관한 정보제공(법 제10조)

(1) 농림축산식품부장관 또는 해양수산부장관은 농수산물의 원산지 표시와 관련된 정보 중 방사성물질이 유출된 국가 또는 지역 등 국민이 알아야 할 필요가 있다고 인정되는 정보에 대하여는 「공공기관의 정보공개에 관한 법률」에서 허용하는 범위에서 이를 국민에게 제공하도록 노력하여야 한다.

(2) (1)에 따라 정보를 제공하는 경우 제4조에 따른 심의회의 심의를 거칠 수 있다.

(3) 농림축산식품부장관 또는 해양수산부장관은 (1)에 따라 국민에게 정보를 제공하고자 하는 경우 「농수산물 품질관리법」 제103조에 따른 농수산물안전정보시스템을 이용할 수 있다.

03 보 칙

1 명예감시원(법 제11조)

(1) 농림축산식품부장관, 해양수산부장관, 시・도지사 또는 시장・군수・구청장은 「농수산물 품질관리법」 제104조의 농수산물 명예감시원에게 농수산물이나 그 가공품의 원산지 표시를 지도・홍보・계몽하거나 위반사항을 신고하게 할 수 있다.

(2) 농림축산식품부장관, 해양수산부장관, 시・도지사 또는 시장・군수・구청장은 (1)에 따른 활동에 필요한 경비를 지급할 수 있다.

2 포상금 지급 등(법 제12조)

(1) 농림축산식품부장관, 해양수산부장관, 관세청장 또는 시・도지사는 제5조 및 제6조를 위반한 자를 주무관청이나 수사기관에 신고하거나 고발한 자에 대하여 대통령령으로 정하는 바에 따라 예산의 범위에서 포상금을 지급할 수 있다.

(2) 농림축산식품부장관 또는 해양수산부장관은 농수산물 원산지 표시의 활성화를 모범적으로 시행하고 있는 지방자치단체, 개인, 기업 또는 단체에 대하여 우수사례로 발굴하거나 시상할 수 있다.

(3) (2)에 따른 시상의 내용 및 방법 등에 필요한 사항은 농림축산식품부와 해양수산부의 공동부령으로 정한다.

> **포상금(시행령 제8조)**
> ① 포상금은 1천만원의 범위에서 지급할 수 있다.
> ② 신고 또는 고발이 있은 후에 같은 위반행위에 대하여 같은 내용의 신고 또는 고발을 한 사람에게는 포상금을 지급하지 아니한다.
> ③ ① 또는 ②에서 규정한 사항 외에 포상금의 지급 대상자, 기준, 방법 및 절차 등에 관하여 필요한 사항은 농림축산식품부장관과 해양수산부장관이 공동으로 정하여 고시한다.

3 권한의 위임 및 위탁, 행정기관 등의 업무협조

(1) 권한의 위임 및 위탁(법 제13조)

이 법에 따른 농림축산식품부장관, 해양수산부장관 또는 관세청장의 권한은 그 일부를 대통령령으로 정하는 바에 따라 소속 기관의 장, 관계 행정기관의 장에게 위임 또는 위탁할 수 있다.

① 농림축산식품부장관은 농산물과 그 가공품에 관한 다음의 권한을 국립농산물품질관리원장에게 위임하고, 해양수산부장관은 수산물과 그 가공품에 관한 다음의 권한을 국립수산물품질관리원장에게 위임한다(시행령 제9조 제1항).

㉠ 과징금의 부과·징수
㉡ 원산지 표시대상 농수산물이나 그 가공품의 수거·조사, 자체 계획의 수립·시행, 자체 계획에 따른 추진 실적 등의 평가 및 시행령 제6조의2에 따른 원산지통합관리시스템의 구축·운영
㉢ 처분 및 공표
㉣ 원산지 표시 위반에 대한 교육
㉤ 유통이력관리 수입농산물 등에 대한 사후관리
㉥ 명예감시원의 감독·운영 및 경비의 지급
㉦ 포상금의 지급
㉧ 과태료의 부과·징수
㉨ 원산지 검정방법·세부기준 마련 및 그에 관한 고시
㉩ 수입농산물 등 유통이력관리시스템의 구축·운영

② 국립농산물품질관리원장 및 국립수산물품질관리원장은 농림축산식품부장관 또는 해양수산부장관의 승인을 받아 ①에서 위임받은 권한의 일부를 소속 기관의 장에게 재위임할 수 있다(시행령 제9조 제2항).

③ 관세청장은 수입 농수산물과 그 가공품에 관한 다음의 권한을 세관장에게 위탁한다.

㉠ 과징금의 부과·징수

㉡ 원산지 표시대상 수입 농수산물이나 수입 농수산물가공품의 수거·조사

㉢ 처분 및 공표

㉣ 원산지 표시 위반에 대한 교육

㉤ 포상금의 지급

㉥ 과태료의 부과·징수

(2) 행정기관 등의 업무협조(법 제13조의2)

① 국가 또는 지방자치단체, 그 밖에 법령 또는 조례에 따라 행정권한을 가지고 있거나 위임 또는 위탁받은 공공단체나 그 기관 또는 사인은 원산지 표시와 유통이력 관리제도의 효율적인 운영을 위하여 서로 협조하여야 한다.

② 농림축산식품부장관, 해양수산부장관 또는 관세청장은 원산지 표시와 유통이력 관리제도의 효율적인 운영을 위하여 필요한 경우 국가 또는 지방자치단체의 전자정보처리 체계의 정보 이용 등에 대한 협조를 관계 중앙행정기관의 장, 시·도지사 또는 시장·군수·구청장에게 요청할 수 있다. 이 경우 협조를 요청받은 관계 중앙행정기관의 장, 시·도지사 또는 시장·군수·구청장은 특별한 사유가 없으면 이에 따라야 한다.

③ ① 또는 ②에 따른 협조의 절차 등은 대통령령으로 정한다.

> **행정기관 등의 업무협조 절차(시행령 제9조의3)**
> 농림축산식품부장관, 해양수산부장관 또는 관세청장은 법 제13조의2 제2항에 따라 전자정보처리 체계의 정보 이용 등에 대한 협조를 관계 중앙행정기관의 장, 시·도지사 또는 시장·군수·구청장에게 요청할 경우 다음의 사항을 구체적으로 밝혀야 한다.
> 1. 협조 필요 사유
> 2. 협조 기간
> 3. 협조 방법
> 4. 그 밖에 필요한 사항

04 벌 칙

1 벌칙, 양벌규정, 과태료

(1) 벌 칙

① 제6조 제1항 또는 제2항(거짓 표시 등의 금지)을 위반한 자는 7년 이하의 징역이나 1억원 이하의 벌금에 처하거나 이를 병과(倂科)할 수 있다(법 제14조 제1항).

② ①의 죄로 형을 선고받고 그 형이 확정된 후 5년 이내에 다시 제6조 제1항 또는 제2항을 위반한 자는 1년 이상 10년 이하의 징역 또는 500만원 이상 1억5천만원 이하의 벌금에 처하거나 이를 병과할 수 있다(법 제14조 제2항).

③ 제9조 제1항(원산지 표시 등의 위반에 대한 처분 등)에 따른 처분을 이행하지 아니한 자는 1년 이하의 징역이나 1천만원 이하의 벌금에 처한다(법 제16조).

(2) 자수자에 대한 특례(법 제16조의2)

제6조 제1항 또는 제2항을 위반한 자가 자신의 위반사실을 자수한 때에는 그 형을 감경하거나 면제한다. 이 경우 제7조에 따라 조사권한을 가진 자 또는 수사기관에 자신의 위반사실을 스스로 신고한 때를 자수한 때로 본다.

(3) 양벌규정(법 제17조)

법인의 대표자나 법인 또는 개인의 대리인, 사용인, 그 밖의 종업원이 그 법인 또는 개인의 업무에 관하여 제14조 또는 제16조까지의 어느 하나에 해당하는 위반행위를 하면 그 행위자를 벌하는 외에 그 법인이나 개인에게도 해당 조문의 벌금형을 과(科)한다. 다만, 법인 또는 개인이 그 위반행위를 방지하기 위하여 해당 업무에 관하여 상당한 주의와 감독을 게을리하지 아니한 경우에는 그러하지 아니하다.

(4) 과태료(법 제18조)

① 1천만원 이하의 과태료 부과에 해당하는 자(법 제18조 제1항)

㉠ 원산지 표시를 하지 아니한 자

㉡ 원산지의 표시방법을 위반한 자

㉢ 임대점포의 임차인 등 운영자가 원산지 거짓표시 등의 금지에 해당하는 행위를 하는 것을 알았거나 알 수 있었음에도 방치한 자

㉣ 해당 방송채널 등에 물건 판매중개를 의뢰한 자가 원산지 거짓표시 등의 금지에 해당하는 행위를 하는 것을 알았거나 알 수 있었음에도 방치한 자

㉤ 원산지 표시 등의 조사를 위한 수거·조사·열람을 거부·방해하거나 기피한 자

㉥ 영수증이나 거래명세서 등을 비치·보관하지 아니한 자

② 다음의 어느 하나에 해당하는 자에게는 500만원 이하의 과태료를 부과한다.

㉠ 교육 이수명령을 이행하지 아니한 자

㉡ 유통이력을 신고하지 아니하거나 거짓으로 신고한 자

㉢ 유통이력을 장부에 기록하지 아니하거나 보관하지 아니한 자

㉣ 유통이력 신고의무가 있음을 알리지 아니한 자

㉤ 수거·조사 또는 열람을 거부·방해 또는 기피한 자

③ ① 및 ②에 따른 과태료는 대통령령으로 정하는 바에 따라 다음의 자가 각각 부과·징수한다.

㉠ ① 및 ②의 ㉠ 과태료 : 농림축산식품부장관, 해양수산부장관, 관세청장, 시·도지사 또는 시장·군수·구청장

㉡ ②의 ㉡부터 ㉤까지의 과태료 : 농림축산식품부장관

2 과태료의 부과기준(시행령 제10조 관련 [별표 2])

(1) 일반기준

① 위반행위의 횟수에 따른 과태료의 가중된 부과 기준은 최근 2년간 같은 유형[(2)의 각 목을 기준으로 구분]의 위반행위로 과태료 부과처분을 받은 경우에 적용한다. 이 경우 기간의 계산은 위반행위에 대하여 과태료 부과처분을 받은 날과 그 처분 후 다시 같은 유형의 위반행위를 하여 적발된 날을 각각 기준으로 한다.

② ①에 따라 가중된 부과처분을 하는 경우 가중처분의 적용 차수는 그 위반행위 전 부과처분 차수(①에 따른 기간 내에 과태료 부과처분이 둘 이상 있었던 경우에는 높은 차수)의 다음 차수로 한다.

③ 부과권자는 다음의 어느 하나에 해당하는 경우에는 (2)의 개별기준에 따른 과태료 금액의 2분의 1 범위에서 그 금액을 줄일 수 있다. 다만, 과태료를 체납하고 있는 위반행위자에 대해서는 그렇지 않다.

㉠ 위반행위자가 자연재해·화재 등으로 재산에 현저한 손실이 발생했거나 사업여건의 악화로 중대한 위기에 처하는 등의 사정이 있는 경우

㉡ 그 밖에 위반행위의 정도, 위반행위의 동기와 그 결과 등을 고려하여 과태료를 줄일 필요가 있다고 인정되는 경우

④ 부과권자는 다음의 어느 하나에 해당하는 경우에는 (2)의 개별기준에 따른 과태료 금액의 2분의 1 범위에서 그 금액을 늘릴 수 있다. 다만, 늘리는 경우에도 법 제18조 제1항 및 제2항에 따른 과태료 금액의 상한을 넘을 수 없다.

㉠ 위반의 내용·정도가 중대하여 이해관계인 등에게 미치는 피해가 크다고 인정되는 경우
㉡ 그 밖에 위반행위의 정도, 위반행위의 동기와 그 결과 등을 고려하여 과태료를 늘릴 필요가 있다고 인정되는 경우

(2) 개별기준

위반행위	과태료			
	1차 위반	2차 위반	3차 위반	4차 이상 위반
가. 법 제5조 제1항을 위반하여 원산지 표시를 하지 않은 경우	5만원 이상 1,000만원 이하			
나. 법 제5조 제3항을 위반하여 원산지 표시를 하지 않은 경우				
1) 넙치, 조피볼락, 참돔, 미꾸라지, 뱀장어, 낙지, 명태, 고등어, 갈치, 오징어, 꽃게, 참조기, 다랑어, 아귀, 주꾸미, 가리비, 우렁쉥이, 전복, 방어 및 부세의 원산지를 표시하지 않은 경우	품목별 30만원	품목별 60만원	품목별 100만원	품목별 100만원
2) 살아있는 수산물의 원산지를 표시하지 않은 경우	5만원 이상 1,000만원 이하			
다. 법 제5조 제4항에 따른 원산지의 표시방법을 위반한 경우	5만원 이상 1,000만원 이하			
라. 법 제6조 제4항을 위반하여 임대점포의 임차인 등 운영자가 같은 조 제1항 각 호 또는 제2항 각 호의 어느 하나에 해당하는 행위를 하는 것을 알았거나 알 수 있었음에도 방치한 경우	100만원	200만원	400만원	400만원
마. 법 제6조 제5항을 위반하여 해당 방송채널 등에 물건 판매중개를 의뢰한 자가 같은 조 제1항 각 호 또는 제2항 각 호의 어느 하나에 해당하는 행위를 하는 것을 알았거나 알 수 있었음에도 방치한 경우	100만원	200만원	400만원	400만원
바. 법 제7조 제3항을 위반하여 수거·조사·열람을 거부·방해하거나 기피한 경우	100만원	300만원	500만원	500만원
사. 법 제8조를 위반하여 영수증이나 거래명세서 등을 비치·보관하지 않은 경우	20만원	40만원	80만원	80만원
아. 법 제9조의2 제1항에 따른 교육이수 명령을 이행하지 않은 경우	30만원	60만원	100만원	100만원
자. 법 제10조의2 제1항을 위반하여 유통이력을 신고하지 않거나 거짓으로 신고한 경우				
1) 유통이력을 신고하지 않은 경우	50만원	100만원	300만원	500만원
2) 유통이력을 거짓으로 신고한 경우	100만원	200만원	400만원	500만원
차. 법 제10조의2 제2항을 위반하여 유통이력을 장부에 기록하지 않거나 보관하지 않은 경우	50만원	100만원	300만원	500만원
카. 법 제10조의2 제3항을 위반하여 유통이력 신고의무가 있음을 알리지 않은 경우	50만원	100만원	300만원	500만원
타. 법 제10조의3 제2항을 위반하여 수거·조사 또는 열람을 거부·방해 또는 기피한 경우	100만원	200만원	400만원	500만원

(3) (2)의 가목 및 나목 2)의 원산지 표시를 하지 않은 경우의 세부 부과기준

① 농수산물(통관 단계 이후의 수입농수산물 등 및 반입농수산물 등을 포함하며, 통신판매의 경우는 제외한다)

㉠ 과태료 부과금액은 원산지 표시를 하지 않은 물량(판매를 목적으로 보관 또는 진열하고 있는 물량을 포함한다)에 적발 당일 해당 업소의 판매가격을 곱한 금액으로 하고, 위반행위의 횟수에 따른 과태료의 부과기준은 다음 표와 같다.

과태료 부과금액(만원)		
1차 위반	2차 위반	3차 위반
㉠의 금액	㉠의 금액의 200%	㉠의 금액의 300%

㉡ ㉠의 해당 업소의 판매가격을 알 수 없는 경우에는 인근 2개 업소의 동일 품목 판매가격의 평균을 기준으로 한다. 다만, 평균가격을 산정할 수 없는 경우에는 해당 농수산물의 매입가격에 30%를 가산한 금액을 기준으로 한다.

㉢ 과태료 부과금액의 최소단위는 5만원으로 하고, 5만원 이상은 천원 미만을 버리고 부과하되, 부과되는 총액은 1천만원을 초과할 수 없다.

② 농수산물 가공품(통관 단계 이후의 수입농수산물 등 또는 반입농수산물 등을 국내에서 가공한 것을 포함하며, 통신판매의 경우는 제외한다)

㉠ 가공업자

기준액(연간 매출액)	과태료 부과금액(만원)		
	1차 위반	2차 위반	3차 이상 위반
1억원 미만	20	30	60
1억원 이상 2억원 미만	30	50	100
2억원 이상 4억원 미만	50	100	200
4억원 이상 6억원 미만	100	200	400
6억원 이상 8억원 미만	150	300	600
8억원 이상 10억원 미만	200	400	800
10억원 이상 12억원 미만	250	500	1,000
12억원 이상 14억원 미만	400	600	1,000
14억원 이상 16억원 미만	500	700	1,000
16억원 이상 18억원 미만	600	800	1,000
18억원 이상 20억원 미만	700	900	1,000
20억원 이상	800	1,000	1,000

가. 연간 매출액은 처분 전년도의 해당 품목의 1년간 매출액을 기준으로 한다.

나. 신규영업·휴업 등 부득이한 사유로 처분 전년도의 1년간 매출액을 산출할 수 없거나 1년간 매출액을 기준으로 하는 것이 불합리한 것으로 인정되는 경우에는 전분기, 전월 또는 최근 1일 평균 매출액 중 가장 합리적인 기준에 따라 연간 매출액을 추계하여 산정한다.

다. 1개 업소에서 2개 품목 이상이 동시에 적발된 경우에는 각 품목의 연간 매출액을 합산한 금액을 기준으로 부과한다.

㉡ 판매업자 : ①의 기준을 준용하여 부과한다.

③ 통관 단계의 수입농수산물 등 및 반입농수산물 등

㉠ 과태료 부과금액은 수입농수산물 등 및 반입농수산물 등의 세관 수입신고 금액의 100분의 10에 해당하는 금액으로 한다.

㉡ 과태료 부과금액의 최소단위는 5만원으로 하고, 5만원 이상은 천원 미만을 버리고 부과하되 부과되는 총액은 1천만원을 초과할 수 없다.

④ 통신판매 : ②의 ㉠의 기준을 준용하여 부과한다.

(4) (2)의 다목의 원산지의 표시방법을 위반한 경우의 세부 부과기준

① 농수산물(통관 단계 이후의 수입농수산물 등 및 반입농수산물 등을 포함하며, 통신판매의 경우와 식품접객업을 하는 영업소 및 집단급식소에서 조리하여 판매・제공하는 경우는 제외한다)

㉠ (3)의 ① 기준에 따른 과태료 부과금액의 100분의 50을 부과한다.

㉡ 과태료 부과금액의 최소단위는 5만원으로 하고, 5만원 이상은 천원 미만을 버리고 부과한다.

② 농수산물 가공품(통관 단계 이후의 수입농수산물 등 또는 반입농수산물 등을 국내에서 가공한 것을 포함하며, 통신판매의 경우는 제외한다)

㉠ (3)의 ② 기준에 따른 과태료 부과금액의 100분의 50을 부과한다.

㉡ 과태료 부과금액의 최소단위는 5만원으로 하고, 5만원 이상은 천원 미만을 버리고 부과한다.

③ 통관 단계의 수입농수산물 등 및 반입농수산물 등

㉠ 과태료 부과금액은 (3)의 ③ 기준에 따른 과태료 부과금액의 100분의 50에 해당하는 금액으로 한다.

㉡ 과태료 부과금액의 최소단위는 5만원으로 하고, 5만원 이상은 천원 미만을 버리고 부과한다.

④ 통신판매

㉠ (3)의 ④의 기준에 따른 과태료 부과금액의 100분의 50을 부과한다.

㉡ 과태료 부과금액의 최소단위는 5만원으로 하고, 5만원 이상은 천원 미만은 버리고 부과한다.

⑤ 식품접객업을 하는 영업소 및 집단급식소

위반행위	과태료 금액		
	1차 위반	2차 위반	3차 이상 위반
1) 넙치, 조피볼락, 참돔, 미꾸라지, 뱀장어, 낙지, 명태, 고등어, 갈치, 오징어, 꽃게, 참조기, 다랑어, 아귀, 주꾸미, 가리비, 우렁쉥이, 전복, 방어 및 부세의 원산지 표시방법을 위반한 경우	품목별 15만원	품목별 30만원	품목별 50만원
2) 살아있는 수산물의 원산지 표시방법을 위반한 경우	(2) 개별기준 나목 2) 및 (3)의 ① 기준에 따른 부과금액의 100분의 50		

CHAPTER 03

적중예상문제

01 **국산수산물의 원산지 표시방법에 대한 설명으로 맞지 않는 것은?**

① 포장재에 직접 인쇄하는 것을 원칙으로 하되, 지워지지 아니하는 잉크·각인·소인 등을 사용하여 표시하거나 스티커, 전자저울에 의한 라벨지 등으로도 표시할 수 있다.

② 포장하지 아니하고 판매하는 농산물은 푯말, 안내표시판, 일괄 안내표시판, 상품에 붙이는 스티커 등으로 표시한다.

③ 표시는 한글로 할 것. 다만 필요한 경우 한문 또는 영문을 병기할 수 있다.

④ 표시의 위치와 글자의 크기 등은 국립수산물품질관리원장이 정하는 방법에 따른다.

해설 **원산지 표시(법 제5조 제4항)**
표시대상, 표시를 하여야 할 자, 표시기준은 대통령령으로 정하고, 표시방법과 그 밖에 필요한 사항은 농림축산식품부와 해양수산부의 공동부령으로 정한다.

02 **농수산물 가공품에 다음 원료를 사용하였을 경우 원산지 표시대상이 모두 아닌 것은?**

① 식용유, 식품첨가물, 당류

② 식용유, 당류, 식염

③ 물, 식품첨가물, 당류

④ 식용유, 물, 식품첨가물

해설 **원산지의 표시대상(시행령 제3조 제2항 제1호)**
농수산물 가공품의 원료에 대한 원산지 표시대상은 다음과 같다. 다만, 물, 식품첨가물, 주정(酒精) 및 당류(당류를 주원료로 하여 가공한 당류가공품을 포함한다)는 배합 비율의 순위와 표시대상에서 제외한다.

1. 사용된 원료의 배합 비율에서 한 가지 원료의 배합 비율이 98% 이상인 경우에는 그 원료
2. 사용된 원료의 배합 비율에서 두 가지 원료의 배합 비율의 합이 98% 이상인 원료가 있는 경우에는 배합 비율이 높은 순서의 2순위까지의 원료
3. 1. 및 2. 외의 경우에는 배합 비율이 높은 순서의 3순위까지의 원료
4. 1.부터 3.까지의 규정에도 불구하고 김치류 중 고춧가루(고춧가루가 포함된 가공품을 사용하는 경우에는 그 가공품에 사용된 고춧가루를 포함한다)를 사용하는 품목은 고춧가루를 제외한 원료 중 배합 비율이 가장 높은 순서의 2순위까지의 원료와 고춧가루

1 ④ 2 ③ 정답

03 원산지 표시대상 및 방법에 관한 설명으로 옳은 것은?

① 국산으로 생산지역이 다른 동일품목의 농수산물을 혼합한 경우에는 혼합비율이 높은 순으로 2개 지역까지 지역명을 표시하거나 "국산" 또는 "국내산"으로 표시한다.
② 국내 가공품에 포함된 물·식품첨가물·당류 및 식염은 배합비율의 순위에 따라 표시한다.
③ 국내 가공품의 수입원료는 농수산물 품질관리법령에 의한 원산지 국가명을 표시한다.
④ 포장하여 판매하는 국산수산물은 포장에 인쇄하거나 스티커(붙임딱지) 등으로 표시하여야 한다.

해설 ④ 포장재에 직접 인쇄하는 것을 원칙으로 하되, 지워지지 아니하는 잉크·각인·소인 등을 사용하여 표시하거나 스티커(붙임딱지), 전자저울에 의한 라벨지 등으로도 표시할 수 있다(시행규칙 [별표 1]).
① 국산 농수산물로서 그 생산 등을 한 지역이 각각 다른 동일 품목의 농수산물을 혼합한 경우에는 혼합비율이 높은 순서로 3개 지역까지의 시·도명 또는 시·군·구명과 그 혼합 비율을 표시하거나 "국산", "국내산" 또는 "연근해산"으로 표시한다(시행령 [별표 1]).
② 물, 식품첨가물 및 당류는 배합비율의 순위와 표시대상에서 제외한다(시행령 제3조 제2항 제1호).
③ 수입 농수산물과 그 가공품은 「대외무역법」에 따른 원산지를 표시한다(시행령 [별표 1]).

04 국내가공품의 원산지 표시방법에 대한 설명으로 옳지 않은 것은?

① 원산지가 다른 동일 원료를 혼합하여 사용한 경우에는 혼합 비율이 높은 순서로 2개 국가(지역, 해역 등)까지의 원료 원산지와 그 혼합 비율을 각각 표시한다.
② 원산지가 다른 동일 원료의 원산지별 혼합 비율이 변경된 경우로서 그 어느 하나의 변경의 폭이 최대 15% 이하이면 종전의 원산지별 혼합 비율이 표시된 포장재를 혼합 비율이 변경된 날부터 1년의 범위에서 사용할 수 있다.
③ 사용된 원료의 배합 비율에서 세 가지 원료의 배합 비율의 합이 98% 이상인 원료가 있는 경우에는 배합 비율이 높은 순서의 2순위까지의 원료
④ 사용된 원료(물, 식품첨가물 및 당류는 제외한다)의 원산지가 모두 국산일 경우에는 원산지를 일괄하여 "국산"이나 "국내산" 또는 "연근해산"으로 표시할 수 있다.

해설 ③ 사용된 원료의 배합 비율에서 두 가지 원료의 배합 비율의 합이 98% 이상인 원료가 있는 경우에는 배합 비율이 높은 순서의 2순위까지의 원료(시행령 제3조 제2항 제1호)

정답 3 ④ 4 ③

05 원산지 표시방법에서 거짓 표시 등의 금지에 관한 설명으로 틀린 것은?

① 누구든지 원산지 표시를 거짓으로 하거나 이를 혼동하게 할 우려가 있는 표시를 하는 행위를 하여서는 아니 된다.

② 누구든지 원산지 표시를 혼동하게 할 목적으로 그 표시를 손상・변경하는 행위를 하여서는 아니 된다.

③ 원산지 표시를 한 농수산물이나 그 가공품에 원산지가 다른 동일 농수산물이나 그 가공품을 혼합하여 조리・판매・제공하는 경우에는 가능하다.

④ 누구든지 원산지를 위장하여 판매하거나, 원산지 표시를 한 농수산물이나 그 가공품에 다른 농수산물이나 가공품을 혼합하여 판매하거나 판매할 목적으로 보관이나 진열하는 행위를 하여서는 아니 된다.

해설 **거짓 표시 등의 금지(법 제6조 제2항 제3호)**
원산지 표시를 한 농수산물이나 그 가공품에 원산지가 다른 동일 농수산물이나 그 가공품을 혼합하여 조리・판매・제공하는 행위를 하여서는 아니 된다.

06 완도군에서 생산된 전복을 군산시에 있는 가공공장에서 통조림으로 가공하여 포장하였다. 이러한 경우에 원산지표시 방법으로 맞는 것은?

① 원산지 : 완도군

② 원산지 : 군산시

③ 원산지 : 전라북도

④ 원산지 : 완도군・군산시

해설 **원산지의 표시기준(시행령 [별표 1])**
국산 수산물 : "국산"이나 "국내산" 또는 "연근해산"으로 표시한다. 다만, 양식 수산물이나 연안정착성 수산물 또는 내수면 수산물의 경우에는 해당 수산물을 생산・채취・양식・포획한 지역의 시・도명이나 시・군・구명을 표시할 수 있다.

5 ③ 6 ① 정답

07 다음 보기에 대한 원산지표시가 올바른 것은?

보기

여수산 새우 40%, 순천산 새우 30%, 완도산 새우 20%, 고흥산 새우 10%를 혼합하여 젓갈판매점에서 원산지를 표시하여 판매할 경우

① 새우(여수산 40%, 순천산 30%, 완도산 20%)
② 새우(여수산, 순천산, 완도산, 고흥산 혼합)
③ 새우(여수산 40%, 순천산 30%)
④ 새우(여수산, 순천산, 완도산, 고흥산)

해설 **원산지의 표시기준(시행령 [별표 1])**
국산 농수산물로서 그 생산 등을 한 지역이 각각 다른 동일 품목의 농수산물을 혼합한 경우에는 혼합 비율이 높은 순서로 3개 지역까지의 시·도명 또는 시·군·구명과 그 혼합 비율을 표시하거나 "국산", "국내산" 또는 "연근해산"으로 표시한다.

08 국내 가공공장에서 국산 새우 55%와 중국산 새우 45%를 혼합하여 새우젓을 생산하였다. 이때 새우젓 포장재에 표시하는 원산지 표시방법으로 맞는 것은?

① 새우 : 국산 55%, 중국산 45%
② 새우젓 : 중국산 45%, 국산 55%
③ 새우 : 국산 55%
④ 새우젓 : 중국산 45%

해설 동일 품목의 국산 농수산물과 국산 외의 농수산물을 혼합한 경우에는 혼합비율이 높은 순서로 3개 국가(지역, 해역 등)까지의 원산지와 그 혼합비율을 표시한다(시행령 [별표 1]).

정답 7 ① 8 ①

09 **원료의 수급 사정으로 인하여 원료의 원산지 또는 혼합 비율이 자주 변경되는 경우에는 농림축산식품부장관과 해양수산부장관이 공동으로 정하여 고시하는 바에 따라 원료의 원산지와 혼합 비율을 표시할 수 있다. 이에 해당되지 않는 경우는?**

① 특정 원료의 원산지나 혼합 비율이 최근 2년 이내에 연평균 3개국(회) 이상 변경된 경우

② 원산지가 다른 동일 원료를 사용하는 경우

③ 정부가 농수산물 가공품의 원료로 공급하는 수입쌀을 사용하는 경우

④ 그 밖에 농림축산식품부장관과 해양수산부장관이 공동으로 필요하다고 인정하여 고시하는 경우

해설 ① 특정 원료의 원산지나 혼합 비율이 최근 3년 이내에 연평균 3개국(회) 이상 변경되거나 최근 1년 동안에 3개국(회) 이상 변경된 경우와 최초 생산일부터 1년 이내에 3개국 이상 원산지 변경이 예상되는 신제품인 경우이다(시행령 [별표 1]).

10 **원산지 표시 등의 조사에 관한 설명으로 옳지 않은 것은?**

① 농림축산식품부장관, 해양수산부장관, 관세청장이나 시・도지사는 원산지의 표시 여부・표시사항과 표시방법 등의 적정성을 확인하기 위하여 관계 공무원으로 하여금 원산지 표시대상 농수산물이나 그 가공품을 수거하거나 조사하게 하여야 한다.

② 시・도지사는 수거한 시료의 원산지를 판정하기 위하여 필요한 경우에는 검정기관을 지정・고시할 수 있다.

③ 수거・조사・열람을 하는 때에는 원산지의 표시대상 농수산물이나 그 가공품을 판매하거나 가공하는 자 또는 조리하여 판매・제공하는 자는 정당한 사유 없이 이를 거부・방해하거나 기피하여서는 아니 된다.

④ 수거 또는 조사를 하는 관계 공무원은 그 권한을 표시하는 증표를 지니고 이를 관계인에게 내보여야 하며, 출입 시 성명・출입시간・출입목적 등이 표시된 문서를 관계인에게 교부하여야 한다.

해설 ② 농림축산식품부장관과 해양수산부장관은 수거한 시료의 원산지를 판정하기 위하여 필요한 경우에는 검정기관을 지정・고시할 수 있다(시행령 제6조 제2항)

9 ① 10 ② 정답

11 해양수산부장관이 국립수산물품질관리원장에게 위임한 권한으로 거리가 먼 것은?

① 농수산물의 원산지 표시와 관련된 정보 제공
② 원산지 표시 등의 위반에 대한 처분 및 공표
③ 포상금의 지급
④ 명예감시원의 감독

해설 해양수산부장관이 국립수산물품질관리원장에게 위임한 권한(시행령 제9조 제1항)

1. 과징금의 부과·징수
2. 원산지 표시대상 농수산물이나 그 가공품의 수거·조사, 자체 계획의 수립·시행, 자체 계획에 따른 추진 실적 등의 평가 및 이 영 제6조의2에 따른 원산지통합관리시스템의 구축·운영
3. 처분 및 공표
4. 원산지 표시 위반에 대한 교육
5. 유통이력관리수입농산물 등에 대한 사후관리
6. 명예감시원의 감독·운영 및 경비의 지급
7. 포상금의 지급
8. 과태료의 부과·징수
9. 원산지 검정방법·세부기준 마련 및 그에 관한 고시

12 1년 이하의 징역이나 1천만원 이하의 벌금에 처하는 경우에 해당되는 경우는?

① 원산지 거짓 표시 등의 금지 규정을 위반한 경우
② 원산지 표시 등의 위반에 대한 처분 등을 이행하지 아니한 자
③ 상습으로 원산지 거짓 표시 등의 금지 규정을 위반한 경우
④ 원산지의 표시방법을 위반한 자

해설 벌칙(법 제14조, 제16조)

㉠ 7년 이하의 징역이나 1억원 이하의 벌금에 처하거나 이를 병과(倂科)할 수 있는 경우
→ 원산지 거짓 표시 등의 금지 규정을 위반한 경우
㉡ 1년 이하의 징역이나 1천만원 이하의 벌금에 처하는 경우
→ 원산지 표시 등의 위반에 대한 처분 등을 이행하지 아니한 자
㉢ 1천만원 이하의 과태료를 부과하는 경우(법 제18조 제1항)
- 원산지 표시를 하지 아니한 자
- 원산지의 표시방법을 위반한 자
- 임대점포의 임차인 등 운영자가 원산지 거짓 표시 등의 금지 규정에 해당하는 행위를 하는 것을 알았거나 알 수 있었음에도 방치한 자
- 해당 방송채널 등에 물건 판매중개를 의뢰한 자가 원산지 거짓표시 등의 금지에 해당하는 행위를 하는 것을 알았거나 알 수 있었음에도 방치한 자
- 수거·조사·열람을 거부·방해하거나 기피한 자
- 영수증이나 거래명세서 등을 비치·보관하지 아니한 자

정답 11 ① 12 ②

CHAPTER 04

친환경농어업 육성 및 유기식품 등의 관리 · 지원에 관한 법률

친환경농어업 육성 및 유기식품 등의 관리 · 지원에 관한 법률 [시행 2023. 1. 1, 법률 제18445호, 2021. 8. 17, 타법개정]
친환경농어업 육성 및 유기식품 등의 관리 · 지원에 관한 법률 시행령 [시행 2023.12.12, 대통령령 제33913호, 2023.12.12, 타법개정]
해양수산부 소관 친환경농어업 육성 및 유기식품 등의 관리 · 지원에 관한 법률 시행규칙 [시행 2024.11.13, 해양수산부령 제703호, 2024.11.13, 타법개정]

01 총 칙

1 목적 및 용어의 정의

(1) 목적(법 제1조)

이 법은 농어업의 환경보전기능을 증대시키고 농어업으로 인한 환경오염을 줄이며, 친환경농어업을 실천하는 농어업인을 육성하여 지속가능한 친환경농어업을 추구하고 이와 관련된 친환경농수산물과 유기식품 등을 관리하여 생산자와 소비자를 함께 보호하는 것을 목적으로 한다.

(2) 용어의 정의(법 제2조)

① 친환경농어업 : 생물의 다양성을 증진하고, 토양에서의 생물적 순환과 활동을 촉진하며, 농어업 생태계를 건강하게 보전하기 위하여 합성농약, 화학비료, 항생제 및 항균제 등 화학자재를 사용하지 아니하거나 사용을 최소화한 건강한 환경에서 농산물 · 수산물 · 축산물 · 임산물(이하 "농수산물")을 생산하는 산업을 말한다.

※ "친환경어업"이란 친환경농어업 중 수산물을 생산하는 산업을 말한다(시행규칙 제2조).

② 친환경농수산물 : 친환경농어업을 통하여 얻는 것으로 다음의 어느 하나에 해당하는 것을 말한다.

㉠ 유기농수산물

㉡ 무농약농산물

㉢ 무항생제수산물 및 활성처리제 비사용 수산물(이하 "무농약농수산물 등")

③ 유기(Organic) : 생물의 다양성을 증진하고, 토양의 비옥도를 유지하여 환경을 건강하게 보전하기 위하여 허용물질을 최소한으로 사용하고, 제19조 제2항의 인증기준에 따라 유기식품 및 비식용유기가공품(이하 "유기식품 등")을 생산, 제조 · 가공 또는 취급하는 일련의 활동과 그 과정을 말한다.

④ **유기식품** : 「농업·농촌 및 식품산업 기본법」 제3조 제7호의 식품과 「수산식품산업의 육성 및 지원에 관한 법률」 제2조 제3호의 수산식품 중에서 유기적인 방법으로 생산된 유기농수산물과 유기가공식품(유기농수산물을 원료 또는 재료로 하여 제조·가공·유통되는 식품 및 수산식품을 말한다)을 말한다.

> **농업·농촌 및 식품산업 기본법 제3조 제7호**
> "식품"이란 다음의 어느 하나에 해당하는 것을 말한다.
> 가. 사람이 직접 먹거나 마실 수 있는 농수산물
> 나. 농수산물을 원료로 하는 모든 음식물
>
> **수산식품산업의 육성 및 지원에 관한 법률 제2조 제3호**
> "수산식품"이란 사람이 직접 먹거나 마실 수 있는 수산물 또는 수산물을 주원료 또는 주재료로 하는 모든 음식물을 말한다.

⑤ **비식용유기가공품** : 사람이 직접 섭취하지 아니하는 방법으로 사용하거나 소비하기 위하여 유기농수산물을 원료 또는 재료로 사용하여 유기적인 방법으로 생산, 제조·가공 또는 취급되는 가공품을 말한다. 다만, 「식품위생법」에 따른 기구, 용기·포장, 「약사법」에 따른 의약외품 및 「화장품법」에 따른 화장품은 제외한다.

⑥ **무농약원료가공식품** : 무농약농산물을 원료 또는 재료로 하거나 유기식품과 무농약농산물을 혼합하여 제조·가공·유통되는 식품을 말한다.

⑦ **유기농어업자재** : 유기농수산물을 생산, 제조·가공 또는 취급하는 과정에서 사용할 수 있는 허용물질을 원료 또는 재료로 하여 만든 제품을 말한다.

⑧ **허용물질** : 유기식품 등, 무농약농산물·무농약원료가공식품 및 무항생제축수산물 등 또는 유기농어업자재를 생산, 제조·가공 또는 취급하는 모든 과정에서 사용 가능한 것으로서 농림축산식품부령 또는 해양수산부령으로 정하는 물질을 말한다.

⑨ **취급** : 농수산물, 식품, 비식용가공품 또는 농어업용자재를 저장, 포장[소분(小分) 및 재포장을 포함한다], 운송, 수입 또는 판매하는 활동을 말한다.

⑩ **사업자** : 친환경농수산물, 유기식품 등·무농약원료가공식품 또는 유기농어업자재를 생산, 제조·가공하거나 취급하는 것을 업(業)으로 하는 개인 또는 법인을 말한다.

⑪ **활성처리제** : 양식어장에서 잡조(雜藻) 제거와 병해방제용으로 사용되는 유기산 또는 산성전해수를 주성분으로 하는 물질로서 해양수산부장관이 고시하는 활성처리제 사용기준에 적합한 물질을 말한다(시행규칙 제2조).

2 책무 등

(1) 국가와 지방자치단체의 책무(법 제3조)

① 국가는 친환경농어업 · 유기식품 등 · 무농약농산물 · 무농약원료가공식품 및 무항생제수산물 등에 관한 기본계획과 정책을 세우고 지방자치단체 및 농어업인 등의 자발적 참여를 촉진하는 등 친환경농어업 · 유기식품 등 · 무농약농산물 · 무농약원료가공식품 및 무항생제수산물 등을 진흥시키기 위한 종합적인 시책을 추진하여야 한다.

② 지방자치단체는 관할구역의 지역적 특성을 고려하여 친환경농어업 · 유기식품 등 · 무농약농산물 · 무농약원료가공식품 및 무항생제수산물 등에 관한 육성정책을 세우고 적극적으로 추진하여야 한다.

(2) 사업자의 책무(법 제4조)

사업자는 화학적으로 합성된 자재를 사용하지 아니하거나 그 사용을 최소화하는 등 환경친화적인 생산, 제조 · 가공 또는 취급 활동을 통하여 환경오염을 최소화하면서 환경보전과 지속가능한 농어업의 경영이 가능하도록 노력하고, 다양한 친환경농수산물, 유기식품 등, 무농약원료가공식품 또는 유기농어업자재를 생산 · 공급할 수 있도록 노력하여야 한다.

(3) 민간단체의 역할(법 제5조)

친환경농어업 관련 기술연구와 친환경농수산물, 유기식품 등, 무농약원료가공식품 또는 유기농어업자재 등의 생산 · 유통 · 소비를 촉진하기 위하여 구성된 민간단체(이하 '민간단체')는 국가와 지방자치단체의 친환경농어업 · 유기식품 등, 무농약농산물 · 무농약원료가공식품 및 무항생제수산물 등에 관한 육성시책에 협조하고 그 회원들과 사업자 등에게 필요한 교육 · 훈련 · 기술개발 · 경영지도 등을 함으로써 친환경농어업 · 유기식품 등 · 무농약농산물 · 무농약원료가공식품 및 무항생제수산물 등의 발전을 위하여 노력하여야 한다.

(4) 다른 법률과의 관계(법 제6조)

이 법에서 정한 친환경농수산물, 유기식품 등, 무농약원료가공식품 및 유기농어업자재의 표시와 관리에 관한 사항은 다른 법률에 우선하여 적용한다.

02 친환경농어업 · 유기식품 등 · 무농약농산물 · 무농약원료가공식품 및 무항생제수산물 등의 육성 · 지원

1 친환경농어업 및 유기식품 등의 육성

(1) 친환경농어업 육성계획(법 제7조)

① 농림축산식품부장관 또는 해양수산부장관은 관계 중앙행정기관의 장과 협의하여 5년마다 친환경농어업 발전을 위한 친환경농업 육성계획 또는 친환경어업 육성계획(이하 "육성계획")을 세워야 한다. 이 경우 민간단체나 전문가 등의 의견을 수렴하여야 한다.

② 육성계획에는 다음의 사항이 포함되어야 한다.

㉠ 농어업 분야의 환경보전을 위한 정책목표 및 기본방향

㉡ 농어업의 환경오염 실태 및 개선대책

㉢ 합성농약, 화학비료 및 항생제 · 항균제 등 화학자재 사용량 감축 방안

㉣ 친환경 약제와 병충해 방제 대책

㉤ 친환경농어업 발전을 위한 각종 기술 등의 개발 · 보급 · 교육 및 지도 방안

㉥ 친환경농어업의 시범단지 육성 방안

㉦ 친환경농수산물과 그 가공품, 유기식품 등 및 무농약원료가공식품의 생산 · 유통 · 수출 활성화와 연계강화 및 소비 촉진 방안

㉧ 친환경농어업의 공익적 기능 증대 방안

㉨ 친환경농어업 발전을 위한 국제협력 강화 방안

㉩ 육성계획 추진 재원의 조달 방안

㉪ 인증기관의 지정 및 무농약농수산물 등의 인증기관 지정에 따른 인증기관의 육성 방안

㉫ 그 밖에 친환경농어업의 발전을 위하여 농림축산식품부령 또는 해양수산부령으로 정하는 사항

③ 농림축산식품부장관 또는 해양수산부장관은 ①에 따라 세운 육성계획을 특별시장 · 광역시장 · 특별자치시장 · 도지사 또는 특별자치도지사(이하 "시 · 도지사")에게 알려야 한다.

(2) 친환경농어업 실천계획(법 제8조)

① 시 · 도지사는 육성계획에 따라 친환경농어업을 발전시키기 위한 특별시 · 광역시 · 특별자치시 · 도 또는 특별자치도(이하 "시 · 도") 친환경농어업 실천계획(이하 "실천계획")을 세우고 시행하여야 한다. 이 경우 민간단체나 전문가 등의 의견을 수렴하여야 한다.

② 시 · 도지사는 ①에 따라 시 · 도 실천계획을 세웠을 때에는 농림축산식품부장관 또는 해양수산부장관에게 제출하고, 시장 · 군수 또는 자치구의 구청장(이하 "시장 · 군수 · 구청장")에게 알려야 한다.

③ 시장·군수·구청장은 시·도 실천계획에 따라 친환경농어업을 발전시키기 위한 시·군·자치구 실천계획을 세워 시·도지사에게 제출하고 적극적으로 추진하여야 한다.

(3) 농어업으로 인한 환경오염 방지(법 제9조)

국가와 지방자치단체는 농약, 비료, 가축분뇨, 폐농어업자재 및 폐수 등 농어업으로 인하여 발생하는 환경오염을 방지하기 위하여 농약의 안전사용기준 및 잔류허용기준 준수, 비료의 작물별 살포기준량 준수, 가축분뇨의 방류수 수질기준 준수, 폐농어업자재의 투기(投棄) 방지 및 폐수의 무단 방류 방지 등의 시책을 적극적으로 추진하여야 한다.

(4) 농어업 자원 보전 및 환경 개선(법 제10조)

① 국가와 지방자치단체는 농지, 농어업 용수, 대기 등 농어업 자원을 보전하고 토양 개량, 수질 개선 등 농어업 환경을 개선하기 위하여 농경지 개량, 농어업 용수 오염 방지, 온실가스 발생 최소화 등의 시책을 적극적으로 추진하여야 한다.

② ①에 따른 시책을 추진할 때 「토양환경보전법」 및 「환경정책기본법」에 따른 기준을 적용한다.

(5) 농어업 자원·환경 및 친환경농어업 등에 관한 실태조사·평가(법 제11조)

① 농림축산식품부장관·해양수산부장관 또는 지방자치단체의 장은 농어업 자원 보전과 농어업 환경 개선을 위하여 농림축산식품부령 또는 해양수산부령으로 정하는 바에 따라 다음의 사항을 주기적으로 조사·평가하여야 한다.

㉠ 농경지의 비옥도(肥沃度), 중금속, 농약성분, 토양미생물 등의 변동사항
㉡ 농어업 용수로 이용되는 지표수와 지하수의 수질
㉢ 농약·비료·항생제 등 농어업투입재의 사용 실태
㉣ 수자원 함양(涵養), 토양 보전 등 농어업의 공익적 기능 실태
㉤ 축산분뇨 퇴비화 등 해당 농어업 지역에서의 자체 자원 순환사용 실태
㉥ 친환경농어업 및 친환경농수산물의 유통·소비 등에 관한 실태
㉦ 그 밖에 농어업 자원 보전 및 농어업 환경 개선을 위하여 필요한 사항

② 농림축산식품부장관 또는 해양수산부장관은 농림축산식품부 또는 해양수산부 소속 기관의 장 또는 그 밖에 농림축산식품부령 또는 해양수산부령으로 정하는 자에게 ①의 사항을 조사·평가하게 할 수 있다.

③ 농림축산식품부장관 및 해양수산부장관은 ①에 따른 조사·평가를 실시한 후 그 결과를 지체 없이 국회 소관 상임위원회에 보고하여야 한다.

(6) 사업장에 대한 조사(법 제12조)

① 농림축산식품부장관·해양수산부장관 또는 지방자치단체의 장은 제11조에 따른 농어업 자원과 농어업 환경의 실태조사를 위하여 필요하면 관계 공무원에게 해당 지역 또는 그 지역에 잇닿은 다른 사업자의 사업장에 출입하게 하거나 조사 및 평가에 필요한 최소량의 조사 시료(試料)를 채취하게 할 수 있다.

② 조사 대상 사업장의 소유자·점유자 또는 관리인은 정당한 사유 없이 ①에 따른 조사행위를 거부·방해하거나 기피하여서는 아니 된다.

③ ①에 따라 다른 사업자의 사업장에 출입하려는 사람은 그 권한을 표시하는 증표를 지니고 이를 관계인에게 보여주어야 한다.

(7) 친환경농어업 기술 등의 개발 및 보급(법 제13조)

① 농림축산식품부장관·해양수산부장관 또는 지방자치단체의 장은 친환경농어업을 발전시키기 위하여 친환경농어업에 필요한 기술과 자재 등의 연구·개발과 보급 및 교육·지도에 필요한 시책을 마련하여야 한다.

② 농림축산식품부장관·해양수산부장관 또는 지방자치단체의 장은 친환경농어업에 필요한 기술 및 자재를 연구·개발·보급하거나 교육·지도하는 자에게 필요한 비용을 지원할 수 있다.

③ 농림축산식품부장관·해양수산부장관 또는 지방자치단체의 장은 친환경농어업에 필요한 자재를 사용하는 농어업인에게 비용을 지원할 수 있다.

(8) 친환경농어업에 관한 교육·훈련(법 제14조)

① 농림축산식품부장관·해양수산부장관 또는 지방자치단체의 장은 친환경농어업 발전을 위하여 농어업인, 친환경농수산물 소비자 및 관계 공무원에 대하여 교육·훈련을 할 수 있다.

② 농림축산식품부장관 또는 해양수산부장관은 ①에 따른 교육·훈련을 위하여 필요한 시설 및 인력 등을 갖춘 친환경농어업 관련 기관 또는 단체를 교육훈련기관으로 지정할 수 있다.

③ 농림축산식품부장관 또는 해양수산부장관은 ②에 따라 지정된 교육훈련기관(이하 "교육훈련기관")에 대하여 예산의 범위에서 교육·훈련에 필요한 비용의 전부 또는 일부를 지원할 수 있다.

④ 교육훈련기관의 지정 요건 및 절차, 그 밖에 필요한 사항은 농림축산식품부령 또는 해양수산부령으로 정한다.

(9) 교육훈련기관의 지정취소 등(법 제14조의2)

① 농림축산식품부장관 또는 해양수산부장관은 교육훈련기관이 다음의 어느 하나에 해당하는 경우에는 그 지정을 취소하거나 6개월 이내의 기간을 정하여 그 업무의 전부 또는 일부의 정지를 명할 수 있다. 다만, ㉠에 해당하는 경우에는 그 지정을 취소하여야 한다.

㉠ 거짓이나 그 밖의 부정한 방법으로 지정을 받은 경우

㉡ 정당한 사유 없이 1년 이상 계속하여 교육·훈련을 하지 아니한 경우

㉢ 지원 비용을 용도 외로 사용한 경우

㉣ 지정요건에 적합하지 아니하게 된 경우

② ①에 따른 행정처분의 세부기준은 농림축산식품부령 또는 해양수산부령으로 정한다.

(10) 친환경농어업의 기술교류 및 홍보 등(법 제15조)

① 국가, 지방자치단체, 민간단체 및 사업자는 친환경농어업의 기술을 서로 교류함으로써 친환경농어업 발전을 위하여 노력하여야 한다.

② 농림축산식품부장관・해양수산부장관 또는 지방자치단체의 장은 친환경농어업 육성을 효율적으로 추진하기 위하여 우수 사례를 발굴・홍보하여야 한다.

2 친환경농어업 및 유기식품 등의 지원

(1) 친환경농수산물 등의 생산・유통・수출 지원(법 제16조)

① 농림축산식품부장관・해양수산부장관 또는 지방자치단체의 장은 예산의 범위에서 다음 물품의 생산자, 생산자단체, 유통업자, 수출업자 및 인증기관에 대하여 필요한 시설의 설치자금 등을 친환경농어업에 대한 기여도 및 제32조의2 제1항에 따른 평가 등급에 따라 차등하여 지원할 수 있다.

㉠ 이 법에 따라 인증을 받은 유기식품 등, 무농약원료가공식품 또는 친환경농수산물

㉡ 이 법에 따라 공시 또는 품질인증을 받은 유기농어업자재

② ①에 따른 친환경농어업에 대한 기여도 평가에 필요한 사항은 대통령령으로 정한다.

친환경농어업에 대한 기여도(시행령 제2조)

농림축산식품부장관, 해양수산부장관 또는 지방자치단체의 장은 「친환경농어업 육성 및 유기식품 등의 관리・지원에 관한 법률」 제16조제1항에 따른 친환경농어업에 대한 기여도를 평가하려는 경우에는 다음의 사항을 고려하여야 한다.

1. 농어업 환경의 유지・개선 실적
2. 유기식품 및 비식용유기가공품(이하 "유기식품 등"), 친환경농수산물 또는 유기농어업자재의 생산・유통・수출 실적
3. 유기식품 등, 무농약농산물, 무농약원료가공식품, 무항생제수산물 및 활성처리제 비사용 수산물의 인증 실적 및 사후관리 실적
4. 친환경농어업 기술의 개발・보급 실적
5. 친환경농어업에 관한 교육・훈련 실적
6. 농약・비료 등 화학자재의 사용량 감축 실적
7. 축산분뇨를 퇴비 및 액체비료 등으로 자원화한 실적

(2) 국제협력(법 제17조)

국가와 지방자치단체는 친환경농어업의 지속가능한 발전을 위하여 환경 관련 국제기구 및 관련 국가와의 국제협력을 통하여 친환경농어업 관련 정보 및 기술을 교환하고 인력교류, 공동조사, 연구·개발 등에서 서로 협력하며, 환경을 위해(危害)하는 농어업 활동이나 자재 교역을 억제하는 등 친환경농어업 발전을 위한 국제적 노력에 적극적으로 참여하여야 한다.

(3) 국내 친환경농어업의 기준 및 목표 수립(법 제18조)

국가와 지방자치단체는 국제 여건, 국내 자원, 환경 및 경제 여건 등을 고려하여 효과적인 국내 친환경농어업의 기준 및 목표를 세워야 한다.

03 유기식품 등의 인증 및 관리

1 유기식품 등의 인증 및 인증절차 등

(1) 유기식품 등의 인증(법 제19조)

① 농림축산식품부장관 또는 해양수산부장관은 유기식품 등의 산업 육성과 소비자 보호를 위하여 대통령령으로 정하는 바에 따라 유기식품 등에 대한 인증을 할 수 있다.

유기식품 등 인증의 소관(시행령 제3조)
법 제19조 제1항에 따라 유기식품 등에 대한 인증을 하는 경우 유기농산물·축산물·임산물과 유기수산물이 섞여 있는 유기식품 등의 소관은 다음의 구분에 따른다.
1. 유기농산물·축산물·임산물의 비율이 유기수산물의 비율보다 큰 경우 : 농림축산식품부장관
2. 유기수산물의 비율이 유기농산물·축산물·임산물의 비율보다 큰 경우 : 해양수산부장관
3. 유기수산물의 비율이 유기농산물·축산물·임산물의 비율과 같은 경우 : 법 제20조 제1항에 따라 신청에 따라 농림축산식품부장관 또는 해양수산부장관

② ①에 따른 인증을 하기 위한 유기식품 등의 인증대상과 유기식품 등의 생산, 제조·가공 또는 취급에 필요한 인증기준 등은 농림축산식품부령 또는 해양수산부령으로 정한다.

(2) 유기식품 등의 인증 신청 및 심사 등(법 제20조)

① 유기식품 등을 생산, 제조·가공 또는 취급하는 자는 유기식품 등의 인증을 받으려면 해양수산부장관 또는 제26조 제1항에 따라 지정받은 인증기관(이하 이 장에서 "인증기관")에 농림축산식품부령 또는 해양수산부령으로 정하는 서류를 갖추어 신청하여야 한다. 다만, 인증을 받은 유기식품 등을 다시 포장하지 아니하고 그대로 저장, 운송, 수입 또는 판매하는 자는 인증을 신청하지 아니할 수 있다.

② 다음의 어느 하나에 해당하는 자는 ①에 따른 인증을 신청할 수 없다.

㉠ 제24조 제1항(같은 항 제4호는 제외한다)에 따라 인증이 취소된 날부터 1년이 지나지 아니한 자. 다만, 최근 10년 동안 인증이 2회 취소된 경우에는 마지막으로 인증이 취소된 날부터 2년, 최근 10년 동안 인증이 3회 이상 취소된 경우에는 마지막으로 인증이 취소된 날부터 5년이 지나지 아니한 자로 한다.

㉡ 고의 또는 중대한 과실로 유기식품 등에서 「식품위생법」 제7조 제1항에 따라 식품의약품안전처장이 고시한 농약 잔류허용기준을 초과한 합성농약이 검출되어 제24조 제1항 제2호에 따라 인증이 취소된 자로서 그 인증이 취소된 날부터 5년이 지나지 아니한 자

㉢ 제24조 제1항에 따른 인증표시의 제거·정지 또는 시정조치 명령이나 제31조 제7항 제2호 또는 제3호에 따른 명령을 받아서 그 처분기간 중에 있는 자

㉣ 제60조에 따라 벌금 이상의 형을 선고받고 형이 확정된 날부터 1년이 지나지 아니한 자

③ 해양수산부장관 또는 인증기관은 제1항에 따른 신청을 받은 경우 제19조 제2항에 따른 유기식품 등의 인증기준에 맞는지를 심사한 후 그 결과를 신청인에게 알려주고 그 기준에 맞는 경우에는 인증을 해 주어야 한다. 이 경우 인증심사를 위하여 신청인의 사업장에 출입하는 사람은 그 권한을 표시하는 증표를 지니고 이를 신청인에게 보여주어야 한다.

④ ③에 따라 유기식품 등의 인증을 받은 사업자(이하 "인증사업자")는 동일한 인증기관으로부터 연속하여 2회를 초과하여 인증(제21조 제2항에 따른 갱신을 포함한다)을 받을 수 없다. 다만, 제32조의2에 따라 실시한 인증기관 평가에서 농림축산식품부령 또는 해양수산부령으로 정하는 기준 이상을 받은 인증기관으로부터 인증을 받으려는 경우에는 그러하지 아니하다.

⑤ ③에 따른 인증심사 결과에 대하여 이의가 있는 자는 인증심사를 한 해양수산부장관 또는 인증기관에 재심사를 신청할 수 있다.

⑥ ⑤에 따른 재심사 신청을 받은 해양수산부장관 또는 인증기관은 농림축산식품부령 또는 해양수산부령으로 정하는 바에 따라 재심사 여부를 결정하여 해당 신청인에게 통보하여야 한다.

⑦ 해양수산부장관 또는 인증기관은 ⑤에 따른 재심사를 하기로 결정하였을 때에는 지체 없이 재심사를 하고 해당 신청인에게 그 재심사 결과를 통보하여야 한다.

⑧ 인증사업자는 인증받은 내용을 변경할 때에는 그 인증을 한 해양수산부장관 또는 인증기관으로부터 농림축산식품부령 또는 해양수산부령으로 정하는 바에 따라 인증 변경승인을 받아야 한다.

⑨ 그 밖에 인증의 신청, 제한, 심사, 재심사 및 인증 변경승인 등에 필요한 구체적인 절차와 방법 등은 농림축산식품부령 또는 해양수산부령으로 정한다.

(3) 인증의 유효기간 등(법 제21조)

① 제20조에 따른 인증의 유효기간은 인증을 받은 날부터 1년으로 한다.

② 인증사업자가 인증의 유효기간이 끝난 후에도 계속하여 제20조 제3항에 따라 인증을 받은 유기식품 등(이하 "인증품")의 인증을 유지하려면 그 유효기간이 끝나기 전까지 인증을 한 해양수산부장관 또는 인증기관에 갱신신청을 하여 그 인증을 갱신하여야 한다. 다만, 인증을 한 인증기관이 폐업, 업무정지 또는 그 밖의 부득이한 사유로 갱신신청이 불가능하게 된 경우에는 해양수산부장관 또는 다른 인증기관에 신청할 수 있다.

③ ②에 따른 인증 갱신을 하지 아니하려는 인증사업자가 인증의 유효기간 내에 출하를 종료하지 아니한 인증품이 있는 경우에는 해양수산부장관 또는 해당 인증기관의 승인을 받아 출하를 종료하지 아니한 인증품에 대하여만 그 유효기간을 1년의 범위에서 연장할 수 있다. 다만, 인증의 유효기간이 끝나기 전에 출하된 인증품은 그 제품의 소비기한이 끝날 때까지 그 인증표시를 유지할 수 있다.

④ ②에 따른 인증 갱신 및 ③에 따른 유효기간 연장에 대한 심사결과에 이의가 있는 자는 심사를 한 해양수산부장관 또는 인증기관에 재심사를 신청할 수 있다.

⑤ ④에 따른 재심사 신청을 받은 해양수산부장관 또는 인증기관은 농림축산식품부령 또는 해양수산부령으로 정하는 바에 따라 재심사 여부를 결정하여 해당 인증사업자에게 통보하여야 한다.

⑥ 해양수산부장관 또는 인증기관은 ④에 따른 재심사를 하기로 결정하였을 때에는 지체 없이 재심사를 하고 해당 인증사업자에게 그 재심사 결과를 통보하여야 한다.

⑦ ②부터 ⑥까지의 규정에 따른 인증 갱신, 유효기간 연장 및 재심사에 필요한 구체적인 절차·방법 등은 농림축산식품부령 또는 해양수산부령으로 정한다.

(4) 인증사업자의 준수사항(법 제22조)

① 인증사업자는 인증품을 생산, 제조·가공 또는 취급하여 판매한 실적을 농림축산식품부령 또는 해양수산부령으로 정하는 바에 따라 정기적으로 해양수산부장관 또는 해당 인증기관에 알려야 한다.

② 인증사업자는 농림축산식품부령 또는 해양수산부령으로 정하는 바에 따라 인증심사와 관련된 서류 등을 보관하여야 한다.

(5) 유기식품 등의 표시 등(법 제23조)

① 인증사업자는 생산, 제조·가공 또는 취급하는 인증품에 직접 또는 인증품의 포장, 용기, 납품서, 거래명세서, 보증서 등(이하 "포장 등")에 유기 또는 이와 같은 의미의 도형이나 글자의 표시(이하 "유기표시")를 할 수 있다. 이 경우 포장을 하지 아니한 상태로 판매하거나 낱개로 판매하는 때에는 표시판 또는 푯말에 유기표시를 할 수 있다.

② 농림축산식품부장관 또는 해양수산부장관은 인증사업자에게 인증품의 생산방법과 사용자재 등에 관한 정보를 소비자가 쉽게 알아볼 수 있도록 표시할 것을 권고할 수 있다.

③ 농림축산식품부장관 또는 해양수산부장관은 유기농수산물을 원료 또는 재료로 사용하면서 제20조 제3항에 따른 인증을 받지 아니한 식품 및 비식용가공품에 대하여는 사용한 유기농수산물의 함량에 따라 제한적으로 유기표시를 허용할 수 있다.

④ ① 및 ③에도 불구하고 다음에 해당하는 유기식품 등에 대해서는 외국의 유기표시 규정 또는 외국 구매자의 표시 요구사항에 따라 유기표시를 할 수 있다.

㉠ 「대외무역법」 제16조에 따라 외화획득용 원료 또는 재료로 수입한 유기식품 등

㉡ 외국으로 수출하는 유기식품 등

⑤ ① 및 ③에 따른 유기표시에 필요한 도형이나 글자, 세부 표시사항 및 표시방법에 필요한 구체적인 사항은 농림축산식품부령 또는 해양수산부령으로 정한다.

(6) 수입 유기식품 등의 신고(법 제23조의2)

① 유기표시가 된 인증품 또는 동등성이 인정된 인증을 받은 유기가공식품을 판매나 영업에 사용할 목적으로 수입하려는 자는 해당 제품의 통관절차가 끝나기 전에 농림축산식품부령 또는 해양수산부령으로 정하는 바에 따라 수입 품목, 수량 등을 농림축산식품부장관 또는 해양수산부장관에게 신고하여야 한다.

② 농림축산식품부장관 또는 해양수산부장관은 ①에 따라 신고된 제품에 대하여 통관절차가 끝나기 전에 관계 공무원으로 하여금 유기식품 등의 인증 및 표시 기준 적합성을 조사하게 하여야 한다.

③ 농림축산식품부장관 또는 해양수산부장관은 ①에 따라 신고된 제품이 다음의 어느 하나에 해당하는 경우에는 조사의 전부 또는 일부를 생략할 수 있다.

㉠ 제25조에 따라 동등성이 인정된 인증을 시행하고 있는 외국의 정부 또는 인증기관이 발행한 인증서가 제출된 경우

㉡ 제26조에 따라 지정된 인증기관이 발행한 인증서가 제출된 경우

㉢ 그 밖에 ㉠ 또는 ㉡에 준하는 경우로서 농림축산식품부령 또는 해양수산부령으로 정하는 경우

④ 농림축산식품부장관 또는 해양수산부장관은 ①에 따른 신고를 받은 경우 그 내용을 검토하여 이 법에 적합하면 신고를 수리하여야 한다.

⑤ ① 또는 ②에 따른 신고의 수리 및 조사의 절차와 방법, 그 밖에 필요한 사항은 농림축산식품부령 또는 해양수산부령으로 정한다.

(7) 인증의 취소 등(법 제24조)

① 농림축산식품부장관·해양수산부장관 또는 인증기관은 인증사업자가 다음의 어느 하나에 해당하는 경우에는 그 인증을 취소하거나 인증표시의 제거·정지 또는 시정조치를 명할 수 있다. 다만, ㉠에 해당할 때에는 인증을 취소하여야 한다.

㉠ 거짓이나 그 밖의 부정한 방법으로 인증을 받은 경우

㉡ 인증기준에 맞지 아니한 경우

㉢ 정당한 사유 없이 제31조 제7항에 따른 명령에 따르지 아니한 경우

㉣ 전업(轉業), 폐업 등의 사유로 인증품을 생산하기 어렵다고 인정하는 경우

② 농림축산식품부장관・해양수산부장관 또는 인증기관은 ①에 따라 인증을 취소한 경우 지체 없이 인증사업자에게 그 사실을 알려야 하고, 인증기관은 농림축산식품부장관 또는 해양수산부장관에게도 그 사실을 알려야 한다.

③ ①에 따른 처분에 필요한 구체적인 절차와 세부기준 등은 농림축산식품부령 또는 해양수산부령으로 정한다.

(8) 과징금(법 제24조의2)

① 농림축산식품부장관 또는 해양수산부장관은 최근 3년 동안 2회 이상 다음의 어느 하나에 해당하는 위반행위를 한 자에게 해당 위반행위에 따른 판매금액의 100분의 50 이내의 범위에서 과징금을 부과할 수 있다.

㉠ 거짓이나 그 밖의 부정한 방법으로 인증을 받은 경우

㉡ 고의 또는 중대한 과실로 유기식품등에서 「식품위생법」 제7조 제1항에 따라 식품의약품안전처장이 고시한 농약 잔류허용기준을 초과한 합성농약이 검출된 경우

② 농림축산식품부장관 또는 해양수산부장관은 ①에 따른 과징금을 내야 할 자가 그 납부기한까지 내지 아니하면 국세 체납처분의 예에 따라 징수한다.

③ ①에 따른 위반행위의 내용과 위반정도에 따른 과징금의 금액, 판매금액 산정의 세부기준 및 그 밖에 필요한 사항은 대통령령으로 정한다.

(9) 동등성 인정(법 제25조)

① 농림축산식품부장관 또는 해양수산부장관은 유기식품에 대한 인증을 시행하고 있는 외국의 정부 또는 인증기관이 우리나라와 같은 수준의 적합성을 보증할 수 있는 원칙과 기준을 적용함으로써 이 법에 따른 인증과 동등하거나 그 이상의 인증제도를 운영하고 있다고 인정하는 경우에는 그에 대한 검증을 거친 후 유기가공식품 인증에 대하여 우리나라의 유기가공식품 인증과 동등성을 인정할 수 있다. 이 경우 상호주의 원칙이 적용되어야 한다.

② 농림축산식품부장관 또는 해양수산부장관은 ①에 따라 동등성을 인정할 때에는 그 사실을 지체 없이 농림축산식품부 또는 해양수산부의 인터넷 홈페이지에 게시하여야 한다.

③ ①에 따른 동등성 인정에 필요한 기준과 절차, 동등성을 인정할 수 있는 유기가공식품의 품목 범위, 동등성을 인정한 국가 또는 인증기관의 의무와 사후관리 방법, 유기가공식품의 표시방법, 그 밖에 필요한 사항은 농림축산식품부령 또는 해양수산부령으로 정한다.

2 유기식품 등의 인증기관

(1) 인증기관의 지정 등(법 제26조)

① 농림축산식품부장관 또는 해양수산부장관은 유기식품 등의 인증과 관련하여 제26조의2에 따른 인증심사원 등 필요한 인력·조직·시설 및 인증업무규정을 갖춘 기관 또는 단체를 인증기관으로 지정하여 유기식품 등의 인증을 하게 할 수 있다.

② ①에 따라 인증기관으로 지정받으려는 기관 또는 단체는 농림축산식품부령 또는 해양수산부령으로 정하는 바에 따라 농림축산식품부장관 또는 해양수산부장관에게 인증기관의 지정을 신청하여야 한다.

③ ①에 따른 인증기관 지정의 유효기간은 지정을 받은 날부터 5년으로 하고, 유효기간이 끝난 후에도 유기식품 등의 인증업무를 계속하려는 인증기관은 유효기간이 끝나기 전에 그 지정을 갱신하여야 한다.

④ 농림축산식품부장관 또는 해양수산부장관은 인증기관 지정업무와 ③에 따른 지정갱신업무의 효율적인 운영을 위하여 인증기관 지정 및 갱신 관련 평가업무를 대통령령으로 정하는 기관 또는 단체에 위임하거나 위탁할 수 있다.

> **인증기관 지정 등의 평가(시행령 제6조)**
> 법 제26조 제4항에서 "대통령령으로 정하는 기관 또는 단체"란 다음의 기관 또는 단체를 말한다.
> 1. 「정부출연연구기관 등의 설립·운영 및 육성에 관한 법률」에 따른 한국농촌경제연구원 또는 한국해양수산개발원
> 2. 「과학기술분야 정부출연연구기관 등의 설립·운영 및 육성에 관한 법률」에 따른 한국식품연구원
> 3. 「고등교육법」에 따른 학교 또는 그 소속 법인
> 4. 「한국농수산대학 설치법」에 따른 한국농수산대학교
> 5. 그 밖에 친환경농어업 또는 유기식품 등에 전문성이 있다고 인정되어 농림축산식품부장관 또는 해양수산부장관이 고시하는 기관 또는 단체

⑤ 인증기관은 지정받은 내용이 변경된 경우에는 농림축산식품부장관 또는 해양수산부장관에게 변경신고를 하여야 한다. 다만, 농림축산식품부령 또는 해양수산부령으로 정하는 중요 사항을 변경할 때에는 농림축산식품부장관 또는 해양수산부장관으로부터 승인을 받아야 한다.

⑥ ①부터 ⑤까지의 인증기관의 지정기준, 인증업무의 범위, 인증기관의 지정 및 갱신 관련 절차, 인증기관의 지정 및 갱신 관련 평가업무의 위탁과 인증기관의 변경신고에 필요한 구체적인 사항은 농림축산식품부령 또는 해양수산부령으로 정한다.

(2) 인증심사원(법 제26조의2)

① 농림축산식품부장관 또는 해양수산부장관은 농림축산식품부령 또는 해양수산부령으로 정하는 기준에 적합한 자에게 인증심사, 재심사 및 인증 변경승인, 인증 갱신, 유효기간 연장 및 재심사, 인증사업자에 대한 조사 업무(이하 "인증심사업무")를 수행하는 심사원(이하 "인증심사원")의 자격을 부여할 수 있다.

② ①에 따라 인증심사원의 자격을 부여받으려는 자는 농림축산식품부령 또는 해양수산부령으로 정하는 바에 따라 농림축산식품부장관 또는 해양수산부장관이 실시하는 교육을 받은 후 농림축산식품부장관 또는 해양수산부장관에게 이를 신청하여야 한다.

③ 농림축산식품부장관 또는 해양수산부장관은 인증심사원이 다음의 어느 하나에 해당하는 때에는 그 자격을 취소하거나 6개월 이내의 기간을 정하여 자격을 정지하거나 시정조치를 명할 수 있다. 다만, ㉠부터 ㉢까지에 해당하는 경우에는 그 자격을 취소하여야 한다.

㉠ 거짓이나 그 밖의 부정한 방법으로 인증심사원의 자격을 부여받은 경우

㉡ 거짓이나 그 밖의 부정한 방법으로 인증심사 업무를 수행한 경우

㉢ 고의 또는 중대한 과실로 인증기준에 맞지 아니한 유기식품 등을 인증한 경우

㉣ 경미한 과실로 인증기준에 맞지 아니한 유기식품 등을 인증한 경우

㉤ ①에 따른 인증심사원의 자격 기준에 적합하지 아니하게 된 경우

㉥ 인증심사 업무와 관련하여 다른 사람에게 자기의 성명을 사용하게 하거나 인증심사원증을 빌려 준 경우

㉦ 제26조의4 제1항에 따른 교육을 받지 아니한 경우

㉧ 제27조 제2항 각 호에 따른 준수사항을 지키지 아니한 경우

㉨ 정당한 사유 없이 조사를 실시하기 위한 지시에 따르지 아니한 경우

④ ③에 따라 인증심사원 자격이 취소된 자는 취소된 날부터 3년이 지나지 아니하면 인증심사원 자격을 부여받을 수 없다.

⑤ 인증심사원의 자격 부여 절차 및 자격 취소·정지 기준, 그 밖에 필요한 사항은 농림축산식품부령 또는 해양수산부령으로 정한다.

(3) 인증기관 등의 준수사항(법 제27조)

① 해양수산부장관 또는 인증기관은 다음의 사항을 준수하여야 한다.

㉠ 인증과정에서 얻은 정보와 자료를 인증 신청인의 서면동의 없이 공개하거나 제공하지 아니할 것. 다만, 이 법 또는 다른 법률에 따라 공개하거나 제공하는 경우는 제외한다.

㉡ 인증기관은 농림축산식품부장관 또는 해양수산부장관(법 제26조 제4항에 따라 인증기관 지정 및 갱신 관련 평가업무를 위임받거나 위탁받은 기관 또는 단체를 포함한다)이 요청하는 경우에는 인증기관의 사무소 및 시설에 대한 접근을 허용하거나 필요한 정보 및 자료를 제공할 것

㉢ 인증 신청, 인증심사 및 인증사업자에 관한 자료를 농림축산식품부령 또는 해양수산부령으로 정하는 바에 따라 보관할 것

㉣ 인증기관은 농림축산식품부령 또는 해양수산부령으로 정하는 바에 따라 인증 결과 및 사후관리 결과 등을 농림축산식품부장관 또는 해양수산부장관에게 보고할 것

㉤ 인증사업자가 인증기준을 준수하도록 관리하기 위하여 농림축산식품부령 또는 해양수산부령으로 정하는 바에 따라 인증사업자에 대하여 불시(不時) 심사를 하고 그 결과를 기록·관리할 것

② 인증기관의 임직원은 다음의 사항을 준수하여야 한다.
㉠ 인증과정에서 얻은 정보와 자료를 인증 신청인의 서면동의 없이 공개하거나 제공하지 아니할 것. 다만, 이 법 또는 다른 법률에 따라 공개하거나 제공하는 경우는 제외한다.
㉡ 인증기관의 임원은 인증심사업무를 하지 아니할 것
㉢ 인증기관의 직원은 인증심사업무를 한 경우 그 결과를 기록할 것

(4) 인증업무의 휴업 · 폐업(법 제28조)

인증기관이 인증업무의 전부 또는 일부를 휴업하거나 폐업하려는 경우에는 농림축산식품부령 또는 해양수산부령으로 정하는 바에 따라 미리 농림축산식품부장관 또는 해양수산부장관에게 신고하고, 그 인증기관의 인증 유효기간이 끝나지 아니한 인증사업자에게 그 취지를 알려야 한다.

(5) 인증기관의 지정취소 등(법 제29조)

① 농림축산식품부장관 또는 해양수산부장관은 인증기관이 다음의 어느 하나에 해당하는 경우에는 지정을 취소하거나 6개월 이내의 기간을 정하여 그 업무의 전부 또는 일부의 정지 또는 시정조치를 명할 수 있다. 다만, ㉠부터 ㉥까지 및 ㉰의 경우에는 그 지정을 취소하여야 한다.
㉠ 거짓이나 그 밖의 부정한 방법으로 지정을 받은 경우
㉡ 인증기관의 장이 제60조 제1항, 같은 조 제2항 제1호 · 제2호 · 제3호 · 제4호 · 제4호의2 · 제4호의3 및 같은 조 제3항 제2호의 죄(인증심사업무와 관련된 죄로 한정한다)를 범하여 100만원 이상의 벌금형 또는 금고 이상의 형을 선고받아 그 형이 확정된 경우
㉢ 인증기관이 파산 또는 폐업 등으로 인하여 인증업무를 수행할 수 없는 경우
㉣ 업무정지 명령을 위반하여 정지기간 중 인증을 한 경우
㉤ 정당한 사유 없이 1년 이상 계속하여 인증을 하지 아니한 경우
㉥ 고의 또는 중대한 과실로 인증기준에 맞지 아니한 유기식품 등을 인증한 경우
㉦ 고의 또는 중대한 과실로 인증심사 및 재심사의 처리 절차 · 방법 또는 인증 갱신 및 인증품의 유효기간 연장의 절차 · 방법 등을 지키지 아니한 경우
㉧ 정당한 사유 없이 명령 또는 공표를 하지 아니한 경우
㉨ 지정기준에 맞지 아니하게 된 경우
㉩ 인증기관의 준수사항을 위반한 경우
㉪ 시정조치 명령이나 처분에 따르지 아니한 경우
㉫ 정당한 사유 없이 소속 공무원의 조사를 거부 · 방해하거나 기피하는 경우
㉬ 인증기관 평가에서 최하위 등급을 연속하여 3회 받은 경우
② 농림축산식품부장관 또는 해양수산부장관은 지정취소 또는 업무정지 처분을 한 경우에는 그 사실을 농림축산식품부 또는 해양수산부의 인터넷 홈페이지에 게시하여야 한다.
③ ①에 따라 인증기관의 지정이 취소된 자는 취소된 날부터 3년이 지나지 아니하면 다시 인증기관으로 지정받을 수 없다. 다만, ①의 ㉢에 해당하는 사유로 지정이 취소된 경우는 제외한다.

④ ①에 따른 행정처분의 세부적인 기준은 위반행위의 유형 및 위반 정도 등을 고려하여 농림축산식품부령 또는 해양수산부령으로 정한다.

3 유기식품 등, 인증사업자 및 인증기관의 사후관리

(1) 인증 등에 관한 부정행위의 금지(법 제30조)

① 누구든지 다음의 어느 하나에 해당하는 행위를 하여서는 아니 된다.

㉠ 거짓이나 그 밖의 부정한 방법으로 인증심사, 재심사 및 인증 변경승인, 인증 갱신, 유효기간 연장 및 재심사 또는 인증기관의 지정·갱신을 받는 행위

㉡ 거짓이나 그 밖의 부정한 방법으로 인증심사, 재심사 및 인증 변경승인, 인증 갱신, 유효기간 연장 및 재심사를 하거나 받을 수 있도록 도와주는 행위

㉢ 거짓이나 그 밖의 부정한 방법으로 인증심사원의 자격을 부여받는 행위

㉣ 인증을 받지 아니한 제품과 제품을 판매하는 진열대에 유기표시, 무농약표시, 친환경 문구 표시 및 이와 유사한 표시(인증품으로 잘못 인식할 우려가 있는 표시 및 이와 관련된 외국어 또는 외래어 표시를 포함한다)를 하는 행위

㉤ 인증품에 인증받은 내용과 다르게 표시하는 행위

㉥ 인증 갱신을 신청하는 데 필요한 서류를 거짓으로 발급하여 주는 행위

㉦ 인증품에 인증을 받지 아니한 제품 등을 섞어서 판매하거나 섞어서 판매할 목적으로 보관, 운반 또는 진열하는 행위

㉧ ㉣ 또는 ㉤의 행위에 따른 제품임을 알고도 인증품으로 판매하거나 판매할 목적으로 보관, 운반 또는 진열하는 행위

㉨ 인증이 취소된 제품임을 알고도 인증품으로 판매하거나 판매할 목적으로 보관·운반 또는 진열하는 행위

㉩ 인증을 받지 아니한 제품을 인증품으로 광고하거나 인증품으로 잘못 인식할 수 있도록 광고(유기, 무농약, 친환경 문구 또는 이와 같은 의미의 문구를 사용한 광고를 포함한다)하는 행위 또는 인증품을 인증받은 내용과 다르게 광고하는 행위

② ㉣에 따른 친환경 문구와 유사한 표시의 세부기준은 농림축산식품부령 또는 해양수산부령으로 정한다.

(2) 인증품 등 및 인증사업자 등의 사후관리(법 제31조)

① 농림축산식품부장관 또는 해양수산부장관은 농림축산식품부령 또는 해양수산부령으로 정하는 바에 따라 소속 공무원 또는 인증기관으로 하여금 매년 다음의 조사(인증기관은 인증을 한 인증사업자에 대한 ㉡의 조사에 한정한다)를 하게 하여야 한다. 이 경우 시료를 무상으로 제공받아 검사하거나 자료 제출 등을 요구할 수 있다.

㉠ 판매 · 유통 중인 인증품 및 제한적으로 유기표시를 허용한 식품 및 비식용가공품(이하 "인증품등")에 대한 조사

㉡ 인증사업자의 사업장에서 인증품의 생산, 제조 · 가공 또는 취급 과정이 인증기준에 맞는지 여부 조사

② ①에 따라 조사를 할 때에는 미리 조사의 일시, 목적, 대상 등을 관계인에게 알려야 한다. 다만, 긴급한 경우나 미리 알리면 그 목적을 달성할 수 없다고 인정되는 경우에는 그러하지 아니하다.

③ ①에 따라 조사를 하거나 자료 제출을 요구하는 경우 인증사업자, 인증품을 판매 · 유통하는 사업자 또는 제한적으로 유기표시를 허용한 식품 및 비식용가공품을 생산, 제조 · 가공, 취급 또는 판매 · 유통하는 사업자(이하 "인증사업자 등")는 정당한 사유 없이 이를 거부 · 방해하거나 기피하여서는 아니 된다. 이 경우 ①에 따른 조사를 위하여 사업장에 출입하는 자는 그 권한을 표시하는 증표를 지니고 이를 관계인에게 보여주어야 한다.

④ 농림축산식품부장관 · 해양수산부장관 또는 인증기관은 ①에 따른 조사를 한 경우에는 인증사업자등에게 조사 결과를 통지하여야 한다. 이 경우 조사 결과 중 ①외의 부분 후단에 따라 제공한 시료의 검사 결과에 이의가 있는 인증사업자등은 시료의 재검사를 요청할 수 있다.

⑤ ④에 따른 재검사 요청을 받은 농림축산식품부장관 · 해양수산부장관 또는 인증기관은 농림축산식품부령 또는 해양수산부령으로 정하는 바에 따라 재검사 여부를 결정하여 해당 인증사업자등에게 통보하여야 한다.

⑥ 농림축산식품부장관 · 해양수산부장관 또는 인증기관은 ④에 따른 재검사를 하기로 결정하였을 때에는 지체 없이 재검사를 하고 해당 인증사업자등에게 그 재검사 결과를 통보하여야 한다.

⑦ 농림축산식품부장관 · 해양수산부장관 또는 인증기관은 조사를 한 결과 인증기준 또는 유기식품등의 표시사항 등을 위반하였다고 판단한 때에는 인증사업자등에게 다음의 조치를 명할 수 있다.

㉠ 인증취소, 인증표시의 제거 · 정지 또는 시정조치

㉡ 인증품등의 판매금지 · 판매정지 · 회수 · 폐기

㉢ 세부 표시사항 변경

⑧ 농림축산식품부장관 또는 해양수산부장관은 인증사업자등이 인증품등의 회수 · 폐기 명령을 이행하지 아니하는 경우에는 관계 공무원에게 해당 인증품등을 압류하게 할 수 있다. 이 경우 관계 공무원은 그 권한을 표시하는 증표를 지니고 이를 관계인에게 보여주어야 한다.

⑨ 농림축산식품부장관 · 해양수산부장관 또는 인증기관은 조치명령의 내용을 공표하여야 한다.

⑩ ④에 따른 조사 결과 통지 및 ⑥에 따른 시료의 재검사 절차와 방법, ⑦에 따른 조치명령의 세부기준, ⑧에 따른 압류 및 ⑨에 따른 공표에 필요한 사항은 농림축산식품부령 또는 해양수산부령으로 정한다.

(3) 인증기관에 대한 사후관리(법 제32조)

① 농림축산식품부장관 또는 해양수산부장관은 소속 공무원으로 하여금 인증기관이 인증업무를 적절하게 수행하는지, 인증기관의 지정기준에 맞는지, 인증기관의 준수사항을 지키는지를 조사하게 할 수 있다.

② 농림축산식품부장관 또는 해양수산부장관은 ①에 따른 조사 결과 인증기관이 다음의 어느 하나에 해당하는 경우에는 지정취소·업무정지 또는 시정조치 명령을 할 수 있다.

㉠ 인증업무를 적절하게 수행하지 아니하는 경우

㉡ 인증기관 지정기준에 맞지 아니하는 경우

㉢ 인증기관 준수사항을 지키지 아니하는 경우

③ ①에 따라 조사를 하는 경우 인증기관의 임직원은 정당한 사유 없이 이를 거부·방해하거나 기피해서는 아니 된다.

(4) 인증기관 등의 승계(법 제33조)

① 다음의 어느 하나에 해당하는 자는 인증사업자 또는 인증기관의 지위를 승계한다.

㉠ 인증사업자가 사망한 경우 그 제품 등을 계속하여 생산, 제조·가공 또는 취급하려는 상속인

㉡ 인증사업자나 인증기관이 그 사업을 양도한 경우 그 양수인

㉢ 인증사업자나 인증기관이 합병한 경우 합병 후 존속하는 법인이나 합병으로 설립되는 법인

② ①에 따라 인증사업자의 지위를 승계한 자는 인증심사를 한 해양수산부장관 또는 인증기관(그 인증기관의 지정이 취소된 경우에는 해양수산부장관 또는 다른 인증기관을 말한다)에 그 사실을 신고하여야 하고, 인증기관의 지위를 승계한 자는 농림축산식품부장관 또는 해양수산부장관에게 그 사실을 신고하여야 한다.

③ 농림축산식품부장관·해양수산부장관 또는 인증기관은 ②에 따른 신고를 받은 날부터 1개월 이내에 신고수리 여부를 신고인에게 통지하여야 한다.

④ 농림축산식품부장관·해양수산부장관 또는 인증기관이 ③에서 정한 기간 내에 신고수리 여부 또는 민원 처리 관련 법령에 따른 처리기간의 연장을 신고인에게 통지하지 아니하면 그 기간(민원 처리 관련 법령에 따라 처리기간이 연장 또는 재연장된 경우에는 해당 처리기간을 말한다)이 끝난 날의 다음 날에 신고를 수리한 것으로 본다.

⑤ ①에 따른 지위의 승계가 있을 때에는 종전의 인증사업자 또는 인증기관에 한 제24조 제1항, 제29조 제1항 또는 제31조 제7항 각 호에 따른 행정처분의 효과는 그 지위를 승계한 자에게 승계되며, 행정처분의 절차가 진행 중일 때에는 그 지위를 승계한 자에 대하여 그 절차를 계속 진행할 수 있다.

⑥ ②에 따른 신고에 필요한 사항은 농림축산식품부령 또는 해양수산부령으로 정한다.

04 무농약농산물 · 무농약원료가공식품 및 무항생제수산물 등의 인증

(1) 무농약농산물 · 무농약원료가공식품 및 무항생제수산물 등의 인증 등(법 제34조)

① 농림축산식품부장관 또는 해양수산부장관은 무농약농산물 · 무농약원료가공식품 및 무항생제수산물 등에 대한 인증을 할 수 있다.

② ①에 따른 인증을 하기 위한 무농약농산물 · 무농약원료가공식품 및 무항생제수산물 등의 인증대상과 무농약농산물 · 무농약원료가공식품 및 무항생제수산물 등의 생산, 제조 · 가공 또는 취급에 필요한 인증기준 등은 농림축산식품부령 또는 해양수산부령으로 정한다.

③ 무농약농산물 · 무농약원료가공식품 및 무항생제수산물 등을 생산, 제조 · 가공 또는 취급하는 자는 무농약농산물 · 무농약원료가공식품 및 무항생제수산물 등의 인증을 받으려면 해양수산부장관 또는 지정받은 인증기관(인증기관)에 인증을 신청하여야 한다. 다만, 인증을 받은 무농약농산물 · 무농약원료가공식품 및 무항생제수산물 등을 다시 포장하지 아니하고 그대로 저장, 운송 또는 판매하는 자는 인증을 신청하지 아니할 수 있다.

④ ③에 따른 인증의 신청, 제한, 심사 및 재심사, 인증 변경승인, 인증의 유효기간, 인증의 갱신 및 유효기간의 연장, 인증사업자의 준수사항, 인증의 취소, 인증표시의 제거 · 정지 및 과징금 부과 등에 관하여는 제20조부터 제22조까지, 제24조 및 제24조의2를 준용한다. 이 경우 "유기식품 등"은 "무농약농산물 · 무농약원료가공식품 및 무항생제수산물 등"으로 본다.

⑤ 무농약농산물 · 무농약원료가공식품 및 무항생제수산물 등의 인증 등에 관한 부정행위의 금지, 인증품 및 인증사업자에 대한 사후관리, 인증기관의 사후관리, 인증사업자 또는 인증기관의 지위 승계 등에 관하여는 제30조부터 제33조까지의 규정을 준용한다. 이 경우 "유기식품 등"은 "무농약농산물 · 무농약원료가공식품 또는 무항생제축수산물등"으로, "제한적으로 유기표시를 허용한 식품"은 "제한적으로 무농약표시를 허용한 식품"으로 본다.

(2) 무농약농수산물 등의 인증기관 지정 등(법 제35조)

① 농림축산식품부장관 또는 해양수산부장관은 무농약농산물 · 무농약원료가공식품 또는 무항생제수산물 등의 인증과 관련하여 인증심사원 등 필요한 인력과 시설을 갖춘 자를 인증기관으로 지정하여 무농약농산물 · 무농약원료가공식품 및 무항생제수산물 등의 인증을 하게 할 수 있다.

② ①에 따른 인증기관의 지정 · 유효기간 · 갱신 · 지정변경, 인증기관 등의 준수사항, 인증업무의 휴업 · 폐업 및 인증기관의 지정취소 등에 관하여는 제26조, 제26조의2부터 제26조의4까지 및 제27조부터 제29조까지의 규정을 준용한다. 이 경우 "유기식품 등"은 "무농약농산물 · 무농약원료가공식품 및 무항생제수산물 등"으로 본다.

(3) 무농약농수산물 등의 표시기준 등(법 제36조)

① 제34조 제3항에 따라 인증을 받은 자는 생산, 제조·가공 또는 취급하는 무농약농산물·무농약원료가공식품 및 무항생제축수산물 등에 직접 또는 그 포장 등에 무농약, 무항생제(축산물 또는 수산물만 해당한다), 활성처리제 비사용(해조류만 해당한다) 또는 이와 같은 의미의 도형이나 글자를 표시(이하 "무농약농산물·무농약원료가공식품 및 무항생제축수산물 등 표시")할 수 있다. 이 경우 포장을 하지 아니하고 판매하거나 낱개로 판매하는 때에는 표시판 또는 푯말에 표시할 수 있다.

② 농림축산식품부장관은 무농약농산물을 원료 또는 재료로 사용하면서 제34조 제1항에 따른 인증을 받지 아니한 식품에 대해서는 사용한 무농약농산물의 함량에 따라 제한적으로 무농약 표시를 허용할 수 있다.

③ 무농약농산물·무농약원료가공식품 및 무항생제축수산물등의 생산방법 등에 관한 정보의 표시, 그 밖에 표시사항 등에 관한 구체적인 사항에 관하여는 제23조 제2항 및 제5항을 준용한다. 이 경우 "유기표시"는 "무농약농산물·무농약원료가공식품 및 무항생제축수산물등 표시"로 본다.

05 유기농어업자재의 공시 및 품질인증

(1) 유기농어업자재의 공시(법 제37조)

① 농림축산식품부장관 또는 해양수산부장관은 유기농어업자재가 허용물질을 사용하여 생산된 자재인지를 확인하여 그 자재의 명칭, 주성분명, 함량 및 사용방법 등에 관한 정보를 공시할 수 있다.

② ①에 따른 공시(이하 "공시")를 할 때에는 ③에 따른 공시기준에 따라야 한다.

③ ①에 따른 공시를 하기 위한 공시의 대상 및 공시에 필요한 기준 등은 농림축산식품부령 또는 해양수산부령으로 정한다.

(2) 유기농어업자재 공시의 신청 및 심사 등(법 제38조)

① 유기농어업자재를 생산하거나 수입하여 판매하려는 자가 공시를 받으려는 경우에는 지정된 공시기관(이하 "공시기관")에 시험연구기관으로 지정된 기관이 발급한 시험성적서 등 농림축산식품부령 또는 해양수산부령으로 정하는 서류를 갖추어 신청하여야 한다. 다만, 다음의 어느 하나에 해당하는 자는 공시를 신청할 수 없다.

㉠ 공시가 취소된 날부터 1년이 지나지 아니한 자

㉡ 판매금지 또는 시정조치 명령이나 제49조 제7항 제2호 또는 제3호에 따른 명령을 받아서 그 처분기간 중에 있는 자

㉢ 벌금 이상의 형을 선고받고 그 형이 확정된 날부터 1년이 지나지 아니한 자

② 공시기관은 ①에 따른 신청을 받은 경우 공시기준에 맞는지를 심사한 후 그 결과를 신청인에게 알려 주고 기준에 맞는 경우에는 공시를 해 주어야 한다.

③ ②에 따른 공시심사 결과에 대하여 이의가 있는 자는 그 공시심사를 한 공시기관에 재심사를 신청할 수 있다.

④ ②에 따라 공시를 받은 자(이하 "공시사업자")가 공시를 받은 내용을 변경할 때에는 그 공시심사를 한 공시기관의 장에게 농림축산식품부령 또는 해양수산부령으로 정하는 바에 따라 공시 변경승인을 받아야 한다.

⑤ 그 밖에 공시의 신청, 제한, 심사, 재심사 및 공시 변경승인 등에 필요한 구체적인 절차와 방법 등은 농림축산식품부령 또는 해양수산부령으로 정한다.

(3) 공시의 유효기간 등(법 제39조)

① 공시의 유효기간은 공시를 받은 날부터 3년으로 한다.

② 공시사업자가 공시의 유효기간이 끝난 후에도 계속하여 공시를 유지하려는 경우에는 그 유효기간이 끝나기 전까지 공시를 한 공시기관에 갱신신청을 하여 그 공시를 갱신하여야 한다. 다만, 공시를 한 공시기관이 폐업, 업무정지 또는 그 밖의 부득이한 사유로 갱신신청이 불가능하게 된 경우에는 다른 공시기관에 신청할 수 있다.

③ ②에 따른 공시의 갱신에 필요한 구체적인 절차와 방법 등은 농림축산식품부령 또는 해양수산부령으로 정한다.

(4) 공시사업자의 준수사항(법 제40조)

① 공시사업자는 공시를 받은 제품을 생산하거나 수입하여 판매한 실적을 농림축산식품부령 또는 해양수산부령으로 정하는 바에 따라 정기적으로 그 공시심사를 한 공시기관에 알려야 한다.

② 공시사업자는 농림축산식품부령 또는 해양수산부령으로 정하는 바에 따라 공시심사와 관련된 서류 등을 보관하여야 한다.

(5) 유기농어업자재 시험연구기관의 지정(법 제41조)

① 농림축산식품부장관 또는 해양수산부장관은 대학 및 민간연구소 등을 유기농어업자재에 대한 시험을 수행할 수 있는 시험연구기관으로 지정할 수 있다.

② ①에 따라 시험연구기관으로 지정받으려는 자는 농림축산식품부령 또는 해양수산부령으로 정하는 인력·시설·장비 및 시험관리규정을 갖추어 농림축산식품부장관 또는 해양수산부장관에게 신청하여야 한다.

③ ①에 따른 시험연구기관 지정의 유효기간은 지정을 받은 날부터 4년으로 하고, 유효기간이 끝난 후에도 유기농어업자재에 대한 시험업무를 계속하려는 자는 유효기간이 끝나기 전에 그 지정을 갱신하여야 한다.

④ ①에 따른 시험연구기관으로 지정된 자가 농림축산식품부령 또는 해양수산부령으로 정하는 중요한 사항을 변경하려는 경우에는 농림축산식품부장관 또는 해양수산부장관에게 지정변경을 신청하여야 한다.

⑤ 농림축산식품부장관 또는 해양수산부장관은 ①에 따라 지정된 시험연구기관이 다음의 어느 하나에 해당하는 경우에는 시험연구기관의 지정을 취소하거나 6개월 이내의 기간을 정하여 그 업무의 전부 또는 일부의 정지를 명할 수 있다. 다만, ㉠의 경우에는 그 지정을 취소하여야 한다.

㉠ 거짓이나 그 밖의 부정한 방법으로 지정을 받은 경우

㉡ 고의 또는 중대한 과실로 다음의 어느 하나에 해당하는 서류를 사실과 다르게 발급한 경우

- 시험성적서
- 원제(原劑)의 이화학적(理化學的) 분석 및 독성 시험성적을 적은 서류
- 농약활용기자재의 이화학적 분석 등을 적은 서류
- 중금속 및 이화학적 분석 결과를 적은 서류
- 그 밖에 유기농어업자재에 대한 시험·분석과 관련된 서류

㉢ 시험연구기관의 지정기준에 맞지 아니하게 된 경우

㉣ 시험연구기관으로 지정받은 후 정당한 사유 없이 1년 이내에 지정받은 시험항목에 대한 시험업무를 시작하지 아니하거나 계속하여 2년 이상 업무 실적이 없는 경우

㉤ 업무정지 명령을 위반하여 업무를 한 경우

㉥ 시험연구기관의 준수사항을 지키지 아니한 경우

⑥ 그 밖에 시험연구기관의 지정, 지정취소 및 업무정지 등에 관하여 필요한 사항은 농림축산식품부령 또는 해양수산부령으로 정한다.

(6) 공시의 표시 등(법 제42조)

공시사업자는 공시를 받은 유기농어업자재의 포장 등에 농림축산식품부령 또는 해양수산부령으로 정하는 바에 따라 유기농어업자재 공시를 나타내는 도형 또는 글자를 표시할 수 있다. 이 경우 공시의 번호, 유기농어업자재의 명칭 및 사용방법 등의 관련 정보를 함께 표시하여야 하며, 공시기준에 따라 해당자재의 효능·효과를 표시할 수 있다.

(7) 공시의 취소 등(법 제43조)

① 농림축산식품부장관·해양수산부장관 또는 공시기관은 공시사업자가 다음의 어느 하나에 해당하는 경우에는 그 공시를 취소하거나 판매금지 또는 시정조치를 명할 수 있다. 다만, ㉠의 경우에는 그 공시를 취소하여야 한다.

㉠ 거짓이나 그 밖의 부정한 방법으로 공시를 받은 경우

㉡ 공시기준에 맞지 아니한 경우

㉢ 정당한 사유 없이 명령에 따르지 아니한 경우

㉣ 전업・폐업 등으로 인하여 유기농어업자재를 생산하기 어렵다고 인정되는 경우

㉤ ③에 따른 품질관리 지도 결과 공시의 제품으로 부적절하다고 인정되는 경우

② 농림축산식품부장관・해양수산부장관 또는 공시기관은 ①에 따라 공시를 취소한 경우 지체 없이 해당 공시사업자에게 그 사실을 알려야 하고, 공시기관은 농림축산식품부장관 또는 해양수산부장관에게도 그 사실을 알려야 한다.

③ 공시기관은 직접 공시를 한 제품에 대하여 품질관리 지도를 실시하여야 한다.

④ ①에 따른 공시의 취소 등에 필요한 구체적인 절차 및 처분의 기준, ③에 따른 품질관리에 관한 사항 등은 농림축산식품부령 또는 해양수산부령으로 정한다.

(8) 공시기관의 지정 등(법 제44조)

① 농림축산식품부장관 또는 해양수산부장관은 공시에 필요한 인력과 시설을 갖춘 자를 공시기관으로 지정하여 유기농어업자재의 공시를 하게 할 수 있다.

② ①에 따라 공시기관으로 지정을 받으려는 자는 농림축산식품부장관 또는 해양수산부장관에게 공시기관의 지정을 신청하여야 한다.

③ ①에 따른 공시기관 지정의 유효기간은 지정을 받은 날부터 5년으로 하고, 유효기간이 끝난 후에도 유기농어업자재의 공시업무를 계속하려는 공시기관은 유효기간이 끝나기 전에 그 지정을 갱신하여야 한다.

④ 공시기관은 지정받은 내용이 변경된 경우에는 농림축산식품부장관 또는 해양수산부장관에게 변경신고를 하여야 한다. 다만, 농림축산식품부령 또는 해양수산부령으로 정하는 중요 사항을 변경할 때에는 농림축산식품부장관 또는 해양수산부장관으로부터 승인을 받아야 한다.

⑤ 공시기관의 지정기준, 지정신청, 지정갱신 및 변경신고 등에 필요한 사항은 농림축산식품부령 또는 해양수산부령으로 정한다.

(9) 공시기관의 준수사항(법 제45조)

공시기관은 다음의 사항을 준수하여야 한다.

① 공시 과정에서 얻은 정보와 자료를 공시의 신청인의 서면동의 없이 공개하거나 제공하지 아니할 것. 다만, 이 법률 또는 다른 법률에 따라 공개하거나 제공하는 경우는 제외한다.

② 농림축산식품부장관 또는 해양수산부장관이 요청하는 경우에는 공시기관의 사무소 및 시설에 대한 접근을 허용하거나 필요한 정보 및 자료를 제공할 것

③ 공시의 신청・심사, 공시의 취소, 판매금지 처분, 품질관리 지도 및 유기농어업자재의 거래에 관한 자료를 농림축산식품부령 또는 해양수산부령으로 정하는 바에 따라 보관할 것

④ 농림축산식품부령 또는 해양수산부령으로 정하는 바에 따라 공시 결과 및 사후관리 결과 등을 농림축산식품부장관 또는 해양수산부장관에게 보고할 것

⑤ 공시사업자가 공시기준을 준수하도록 관리하기 위하여 농림축산식품부령 또는 해양수산부령으로 정하는 바에 따라 공시사업자에 대하여 불시 심사를 하고 그 결과를 기록・관리할 것

(10) 공시업무의 휴업·폐업(법 제46조)

공시기관은 공시업무의 전부 또는 일부를 휴업하거나 폐업하려는 경우에는 농림축산식품부령 또는 해양수산부령으로 정하는 바에 따라 미리 농림축산식품부장관 또는 해양수산부장관에게 신고하고, 그 공시기관이 공시를 하여 유효기간이 끝나지 아니한 공시사업자에게는 그 취지를 알려야 한다.

(11) 공시기관의 지정취소 등(법 제47조)

① 농림축산식품부장관 또는 해양수산부장관은 공시기관이 다음의 어느 하나에 해당하는 경우에는 지정을 취소하거나 6개월 이내의 기간을 정하여 그 업무의 전부 또는 일부의 정지 또는 시정조치를 명할 수 있다. 다만, ㉠부터 ㉢까지의 경우에는 그 지정을 취소하여야 한다.

㉠ 거짓이나 그 밖의 부정한 방법으로 지정을 받은 경우

㉡ 공시기관이 파산, 폐업 등으로 인하여 공시업무를 수행할 수 없는 경우

㉢ 업무정지 명령을 위반하여 정지기간 중에 공시업무를 한 경우

㉣ 정당한 사유 없이 1년 이상 계속하여 공시업무를 하지 아니한 경우

㉤ 고의 또는 중대한 과실로 공시기준에 맞지 아니한 제품에 공시를 한 경우

㉥ 고의 또는 중대한 과실로 공시심사 및 재심사의 처리 절차·방법 또는 공시 갱신의 절차·방법 등을 지키지 아니한 경우

㉦ 정당한 사유 없이 처분, 명령, 공표를 하지 아니한 경우

㉧ 공시기관의 지정기준에 맞지 아니하게 된 경우

㉨ 공시기관의 준수사항을 지키지 아니한 경우

㉩ 시정조치 명령이나 처분에 따르지 아니한 경우

㉪ 정당한 사유 없이 소속 공무원의 조사를 거부·방해하거나 기피하는 경우

② 농림축산식품부장관 또는 해양수산부장관은 ①에 따라 지정취소 또는 업무정지 등의 처분을 한 경우에는 그 사실을 농림축산식품부 또는 해양수산부의 인터넷 홈페이지에 게시하여야 한다.

③ ①에 따라 공시기관의 지정이 취소된 자는 취소된 날부터 2년이 지나지 아니하면 다시 공시기관으로 지정받을 수 없다. 다만, ①의 ㉡ 사유에 해당하여 지정이 취소된 경우에는 제외한다.

④ ①에 따른 행정처분의 세부적인 기준은 위반행위의 유형 및 위반 정도 등을 고려하여 농림축산식품부령 또는 해양수산부령으로 정한다.

(12) 공시에 관한 부정행위의 금지(법 제48조)

누구든지 다음의 어느 하나에 해당하는 행위를 하여서는 아니 된다.

① 거짓이나 그 밖의 부정한 방법으로 공시, 재심사 및 공시 변경승인, 공시 갱신 또는 공시기관의 지정·갱신을 받는 행위

② 공시를 받지 아니한 자재에 유기농어업자재 공시를 나타내는 표시 또는 이와 유사한 표시(공시를 받은 유기농어업자재로 잘못 인식할 우려가 있는 표시 및 이와 관련된 외국어 또는 외래어 표시를 포함한다)를 하는 행위

③ 공시를 받은 유기농어업자재에 공시를 받은 내용과 다르게 표시하는 행위
④ 공시 또는 공시 갱신의 신청에 필요한 서류를 거짓으로 발급하여 주는 행위
⑤ ② 또는 ③의 행위에 따른 자재임을 알고도 그 자재를 판매하는 행위 또는 판매할 목적으로 보관・운반하거나 진열하는 행위
⑥ 공시가 취소된 자재임을 알고도 공시를 받은 유기농어업자재로 판매하거나 판매할 목적으로 보관・운반 또는 진열하는 행위
⑦ 공시를 받지 아니한 자재를 공시를 받은 유기농어업자재로 광고하거나 공시를 받은 유기농어업자재로 잘못 인식할 수 있도록 광고하는 행위 또는 공시를 받은 유기농어업자재를 공시를 받은 내용과 다르게 광고하는 행위
⑧ 허용물질이 아닌 물질 또는 공시기준에서 허용하지 아니한 물질 등을 유기농어업자재에 섞어 넣는 행위

(13) 유기농어업자재 및 공시사업자 등의 사후관리(법 제49조)

① 농림축산식품부장관 또는 해양수산부장관은 농림축산식품부령 또는 해양수산부령으로 정하는 바에 따라 소속 공무원 또는 공시기관으로 하여금 매년 다음의 조사(공시기관은 공시를 한 공시사업자에 대한 ㉡의 조사에 한정한다)를 하게 하여야 한다. 이 경우 시료를 무상으로 제공받아 검사하거나 자료 제출 등을 요구할 수 있다.
㉠ 판매・유통 중인 공시를 받은 유기농어업자재에 대한 조사
㉡ 공시사업자의 사업장에서 유기농어업자재의 생산 과정을 확인하여 공시기준에 맞는지 여부 조사
② ①에 따라 조사를 할 때에는 미리 조사의 일시, 목적, 대상 등을 관계인에게 알려야 한다. 다만, 긴급한 경우나 미리 알리면 그 목적을 달성할 수 없다고 인정되는 경우에는 그러하지 아니하다.
③ ①에 따라 조사를 하거나 자료 제출을 요구하는 경우 공시사업자 또는 공시 받은 유기농어업자재를 판매・유통하는 사업자(이하 "공시사업자등")는 정당한 사유 없이 거부・방해하거나 기피하여서는 아니 된다. 이 경우 ①에 따른 조사를 위하여 사업장에 출입하는 자는 그 권한을 표시하는 증표를 지니고 이를 관계인에게 보여주어야 한다.
④ 농림축산식품부장관・해양수산부장관 또는 공시기관은 ①에 따른 조사를 한 경우에는 공시사업자등에게 조사 결과를 통지하여야 한다. 이 경우 조사 결과 중 ①외의 부분 후단에 따라 제공한 시료의 검사 결과에 이의가 있는 공시사업자등은 시료의 재검사를 요청할 수 있다.
⑤ ④에 따른 재검사 요청을 받은 농림축산식품부장관・해양수산부장관 또는 공시기관은 농림축산식품부령 또는 해양수산부령으로 정하는 바에 따라 재검사 여부를 결정하여 해당 공시사업자등에게 통보하여야 한다.
⑥ 농림축산식품부장관・해양수산부장관 또는 공시기관은 ④에 따른 재검사를 하기로 결정하였을 때에는 지체 없이 재검사를 하고 해당 공시사업자등에게 그 재검사 결과를 통보하여야 한다.

⑦ 농림축산식품부장관·해양수산부장관 또는 공시기관은 ①에 따른 조사를 한 결과 공시기준 또는 공시의 표시사항 등을 위반하였다고 판단한 때에는 공시사업자등에게 다음의 조치를 명할 수 있다.

㉠ 공시취소, 판매금지 또는 시정조치

㉡ 유기농어업자재의 회수·폐기

㉢ 공시표시의 제거·정지 또는 세부 표시사항 변경

⑧ 농림축산식품부장관 또는 해양수산부장관은 공시사업자등이 회수·폐기 명령을 이행하지 아니하는 경우에는 관계 공무원에게 해당 유기농어업자재를 압류하게 할 수 있다. 이 경우 관계 공무원은 그 권한을 표시하는 증표를 지니고 이를 관계인에게 보여주어야 한다.

⑨ 농림축산식품부장관·해양수산부장관 또는 공시기관은 조치명령의 내용을 공표하여야 한다.

⑩ ④에 따른 조사 결과 통지 및 ⑥에 따른 시료의 재검사 절차와 방법, ⑦에 따른 조치명령의 세부기준, ⑧에 따른 압류 및 ⑨에 따른 공표에 필요한 사항은 농림축산식품부령 또는 해양수산부령으로 정한다.

(14) 공시기관의 사후관리(법 제50조)

① 농림축산식품부장관 또는 해양수산부장관은 소속 공무원으로 하여금 공시기관이 공시업무를 적절하게 수행하는지, 공시기관의 지정기준에 맞는지, 공시기관의 준수사항을 지키는지를 조사하게 할 수 있다.

② 농림축산식품부장관 또는 해양수산부장관은 ①에 따른 조사결과 공시기관이 다음의 어느 하나에 해당하는 경우에는 시정조치를 명하거나 지정취소·업무정지 또는 시정조치 명령처분을 할 수 있다.

㉠ 공시업무를 적절하게 수행하지 아니하는 경우

㉡ 지정기준에 맞지 아니하는 경우

㉢ 공시기관의 준수사항을 지키지 아니하는 경우

③ ①에 따라 조사를 하는 경우 공시기관의 임직원은 정당한 사유 없이 이를 거부·방해하거나 기피해서는 아니 된다.

(15) 공시기관 등의 승계(법 제51조)

① 다음의 어느 하나에 해당하는 자는 공시사업자 또는 공시기관의 지위를 승계한다.

㉠ 공시사업자가 사망한 경우 그 유기농어업자재를 계속하여 생산하거나 수입하여 판매하려는 상속인

㉡ 공시사업자나 공시기관이 사업을 양도한 경우 그 양수인

㉢ 공시사업자나 공시기관이 합병한 경우 합병 후 존속하는 법인이나 합병으로 설립되는 법인

② ①에 따라 공시사업자의 지위를 승계한 자는 공시심사를 한 공시기관(그 공시기관의 지정이 취소된 경우에는 해양수산부장관 또는 다른 공시기관을 말한다)에 그 사실을 신고하여야 하고, 공시기관의 지위를 승계한 자는 농림축산식품부장관 또는 해양수산부장관에게 그 사실을 신고하여야 한다.

③ 농림축산식품부장관·해양수산부장관 또는 공시기관은 ②에 따른 신고를 받은 날부터 1개월 이내에 신고수리 여부를 신고인에게 통지하여야 한다.

④ 농림축산식품부장관·해양수산부장관 또는 공시기관이 ③에서 정한 기간 내에 신고수리 여부 또는 민원 처리 관련 법령에 따른 처리기간의 연장을 신고인에게 통지하지 아니하면 그 기간(민원 처리 관련 법령에 따라 처리기간이 연장 또는 재연장된 경우에는 해당 처리기간을 말한다)이 끝난 날의 다음 날에 신고를 수리한 것으로 본다.

⑤ ①에 따른 지위의 승계가 있을 때에는 종전의 공시기관 또는 공시사업자에게 한 제43조 제1항 또는 제47조 제1항에 따른 행정처분의 효과는 그 처분기간 내에 그 지위를 승계한 자에게 승계되며, 행정처분의 절차가 진행 중일 때에는 그 지위를 승계한 자에 대하여 그 절차를 계속 진행할 수 있다.

⑥ ②에 따른 신고에 필요한 사항은 농림축산식품부령 또는 해양수산부령으로 정한다.

(16) 「농약관리법」 등의 적용 배제(법 제52조)

① 공시를 받은 유기농어업자재에 대하여는 「농약관리법」, 「비료관리법」에도 불구하고 「농약관리법」에 따른 농약이나 「비료관리법」에 따른 비료로 등록하거나 신고하지 아니할 수 있다.

② 유기농어업자재를 생산하거나 수입하여 판매하려는 자가 공시를 받았을 때에는 「농약관리법」에 따른 등록을 하지 아니할 수 있다.

06 보 칙

(1) 친환경 인증관리 정보시스템의 구축·운영(법 제53조)

① 농림축산식품부장관 또는 해양수산부장관은 다음의 업무를 수행하기 위하여 친환경 인증관리 정보시스템을 구축·운영할 수 있다.

㉠ 인증기관 지정·등록, 인증 현황, 수입증명서 관리 등에 관한 업무

㉡ 인증품 등에 관한 정보의 수집·분석 및 관리 업무

㉢ 인증품 등의 사업자 목록 및 생산, 제조·가공 또는 취급 관련 정보 제공

㉣ 인증받은 자의 성명, 연락처 등 소비자에게 인증품 등의 신뢰도를 높이기 위하여 필요한 정보 제공

㉤ 인증기준 위반품의 유통 차단을 위한 인증취소 등의 정보 공표

② ①에 따른 친환경 인증관리 정보시스템의 구축·운영에 필요한 사항은 농림축산식품부령 또는 해양수산부령으로 정한다.

(2) 인증제도 활성화 지원(법 제54조)

① 농림축산식품부장관 또는 해양수산부장관은 인증제도 활성화를 위하여 다음의 사항을 추진하여야 한다.

㉠ 이 법에 따른 인증제도의 홍보에 관한 사항

㉡ 인증제도 운영에 필요한 교육·훈련에 관한 사항

㉢ 이 법에 따른 인증품의 생산, 제조·가공 또는 취급 계획서의 견본문서 개발 및 보급에 관한 사항

② 농림축산식품부장관 또는 해양수산부장관은 다음의 하나에 해당하는 자에게 예산의 범위에서 품질관리체제 구축 또는 기술지원 및 교육·훈련 사업 등에 필요한 자금을 지원할 수 있다.

㉠ 농어업인 또는 민간단체

㉡ 제품 등의 인증사업자, 공시사업자, 인증기관 또는 공시기관

㉢ 인증제도 관련 교육과정 운영자

㉣ 인증품 등의 생산, 제조·가공 또는 취급 관련 표준모델 개발 및 기술지원 사업자

(3) 우선구매(법 제55조)

① 국가와 지방자치단체는 농어업의 환경보전기능 증대와 친환경농어업의 지속가능한 발전을 위하여 친환경농수산물·무농약원료가공식품 또는 유기식품을 우선적으로 구매하도록 노력하여야 한다.

② 농림축산식품부장관·해양수산부장관 또는 지방자치단체의 장은 이 법에 따른 인증품의 구매를 촉진하기 위하여 다음의 어느 하나에 해당하는 기관 및 단체의 장에게 인증품의 우선구매 등 필요한 조치를 요청할 수 있다.

㉠ 「중소기업제품 구매촉진 및 판로지원에 관한 법률」 제2조 제2호에 따른 공공기관

㉡ 「국군조직법」에 따라 설치된 각군 부대와 기관

㉢ 「영유아보육법」에 따른 어린이집, 「유아교육법」에 따른 유치원, 「초·중등교육법」 또는 「고등교육법」에 따른 학교

㉣ 농어업 관련 단체 등

③ 국가 또는 지방자치단체는 이 법에 따른 인증품의 소비촉진을 위하여 ②에 따라 우선구매를 하는 기관 및 단체 등에 예산의 범위에서 재정지원을 하는 등 필요한 지원을 할 수 있다.

(4) 청문 등(법 제57조)

① 농림축산식품부장관 또는 해양수산부장관은 다음의 어느 하나에 해당하는 경우에는 청문을 하여야 한다.

㉠ 교육훈련기관의 지정을 취소하는 경우

㉡ 인증심사원의 자격을 취소하는 경우

㉢ 인증기관 또는 공시기관의 지정을 취소하는 경우

② 인증기관 또는 공시기관이 인증이나 공시를 취소하려는 경우에는 해당 사업자에게 의견제출의 기회를 주어야 한다. 다만, 해당 사업자가 청문을 신청하는 경우에는 청문을 하여야 한다.

③ ②에 따른 의견제출 및 청문에 관하여는 「행정절차법」 제22조 제4항부터 제6항까지 및 같은 법 제2장 제2절의 규정을 준용한다. 이 경우 "행정청"은 "인증기관" 또는 "공시기관"으로 본다.

(5) 권한의 위임 또는 위탁(법 제58조)

① 이 법에 따른 농림축산식품부장관 또는 해양수산부장관의 권한 또는 업무는 그 일부를 대통령령으로 정하는 바에 따라 농촌진흥청장, 산림청장, 시·도지사 또는 농림축산식품부 또는 해양수산부 소속 기관의 장에게 위임하거나, 식품의약품안전처장, 「과학기술분야 정부출연연구기관 등의 설립·운영 및 육성에 관한 법률」에 따라 설립된 한국식품연구원의 원장 또는 민간단체의 장이나 「고등교육법」 제2조에 따른 학교의 장에게 위탁할 수 있다.

② ①에 따라 위임 또는 위탁을 받은 농림축산식품부 또는 해양수산부 소속 기관의 장 또는 식품의약품안전처장, 농촌진흥청장은 그 위임 또는 위탁받은 권한의 일부 또는 전부를 소속 기관의 장에게 재위임하거나 민간단체에 재위탁할 수 있다

권한의 위임 또는 위탁(시행령 제7조)

① 농림축산식품부장관 및 해양수산부장관은 법 제58조 제1항에 따라 다음의 권한을 식품의약품안전처장에게 위탁한다.

1. 법 제23조의2 제2항에 따른 수입 유기식품 등(비식용유기가공품은 제외한다)의 인증 및 표시 기준 적합성 조사
2. 법 제23조의2 제4항에 따른 수입 유기식품 등의 신고 수리

②~④ 생략 (농산물)

⑤ 해양수산부장관은 법 제58조 제1항에 따라 다음의 권한 중 수산업, 수산물 및 그 가공품(제3조 제1호에 해당하는 경우는 제외한다)에 관한 권한을 국립수산물품질관리원장에게 위임한다.

1. 법 제14조 제1항부터 제3항까지의 규정에 따른 교육·훈련, 교육훈련기관의 지정 및 지원
2. 법 제14조의2제1항에 따른 교육훈련기관의 지정취소 또는 업무정지 처분
3. 법 제19조 제1항에 따른 유기식품등에 대한 인증
4. 법 제20조 제3항, 제5항부터 제8항(법 제34조 제4항에서 준용하는 경우를 포함한다)까지의 규정에 따른 인증 심사·심사 결과 통지, 재심사 신청의 접수, 재심사 여부의 결정·통보, 재심사 및 재심사 결과의 통보, 인증 변경승인
5. 법 제21조 제2항부터 제6항(법 제34조 제4항에서 준용하는 경우를 포함한다)까지의 규정에 따른 인증 갱신, 유효기간 연장, 재심사 신청의 접수, 재심사 여부의 결정·통보, 재심사 및 재심사 결과의 통보

6. 법 제22조 제1항(법 제34조 제4항에서 준용하는 경우를 포함한다)에 따른 인증품의 생산, 제조·가공 또는 취급하여 판매한 실적에 대한 보고의 수리
7. 법 제23조 제2항(법 제36조 제3항에서 준용하는 경우를 포함한다)에 따른 인증품의 생산방법과 사용자재 등에 관한 정보 표시의 권고
8. 법 제23조 제3항에 따른 제한적인 유기표시의 허용
9. 법 제24조 제1항(법 제34조 제4항에서 준용하는 경우를 포함한다)에 따른 인증의 취소, 인증표시의 제거·정지 또는 시정조치 명령
10. 법 제24조 제2항(법 제34조 제4항에서 준용하는 경우를 포함한다)에 따른 인증사업자에 대한 인증 취소의 통지 및 인증기관의 인증 취소 사실 보고의 수리
11. 법 제24조의2에 따른 과징금의 부과·징수
12. 법 제25조에 따른 동등성 인정(외국정부와의 동등성 인정 관련 협정 체결은 제외한다) 및 동등성 인정 사실의 인터넷 홈페이지 게시
13. 법 제26조 제1항에 따른 인증기관의 지정
14. 법 제26조 제2항부터 제5항(법 제35조 제2항에서 준용하는 경우를 포함한다)까지의 규정에 따른 인증기관의 지정 신청 수리, 지정 갱신, 평가업무의 위임·위탁, 변경신고의 수리 및 변경승인
15. 법 제26조의2제1항(법 제35조 제2항에서 준용하는 경우를 포함한다)에 따른 인증심사원의 자격 부여
16. 법 제26조의2제2항(법 제35조 제2항에서 준용하는 경우를 포함한다)에 따른 인증심사원의 자격을 부여받으려는 자에 대한 교육
17. 법 제26조의2제3항(법 제35조 제2항에서 준용하는 경우를 포함한다)에 따른 인증심사원의 자격 취소·정지 또는 시정조치 명령
18. 법 제26조의4제1항(법 제35조 제2항에서 준용하는 경우를 포함한다)에 따른 인증심사원의 교육
19. 법 제27조 제1항 제2호(법 제35조 제2항에서 준용하는 경우를 포함한다)에 따른 인증기관에 대한 접근 및 정보·자료 제공의 요청
20. 법 제27조 제1항 제4호(법 제35조 제2항에서 준용하는 경우를 포함한다)에 따른 인증기관의 인증 결과 및 사후관리 결과 등에 대한 보고의 수리
21. 법 제27조 제1항 제5호(법 제35조 제2항에서 준용하는 경우를 포함한다)에 따른 인증사업자에 대한 불시 심사 및 그 결과의 기록·관리
22. 법 제28조(법 제35조 제2항에서 준용하는 경우를 포함한다)에 따른 인증기관의 인증업무 휴업·폐업 신고의 수리
23. 법 제29조 제1항 및 제2항(법 제35조 제2항에서 준용하는 경우를 포함한다)에 따른 인증기관의 지정취소·업무정지 또는 시정조치 명령 및 지정취소·업무정지 처분 사실의 인터넷 홈페이지 게시
24. 법 제31조 제1항(법 제34조 제5항에서 준용하는 경우를 포함한다)에 따른 판매·유통 중인 인증품등에 대한 조사, 사업장에 대한 조사, 검사 시료의 무상 제공 요청과 검사 및 자료 제출 등의 요구
25. 법 제31조 제4항부터 제6항까지의 규정(법 제34조 제5항에서 준용하는 경우를 포함한다)에 따른 조사 결과의 통지, 재검사 요청의 접수, 재검사 여부의 결정·통보, 재검사 및 재검사 결과의 통보
26. 법 제31조 제7항부터 제9항까지의 규정(법 제34조 제5항에서 준용하는 경우를 포함한다)에 따른 조치명령, 인증품등의 압류 및 조치명령의 내용 공표
27. 법 제32조 제1항(법 제34조 제5항에서 준용하는 경우를 포함한다)에 따른 인증기관에 대한 조사
28. 법 제32조 제2항(법 제34조 제5항에서 준용하는 경우를 포함한다)에 따른 인증기관에 대한 지정취소·업무정지 또는 시정조치 명령

29. 법 제32조의2제1항 및 제2항(법 제34조 제5항에서 준용하는 경우를 포함한다)에 따른 인증기관의 평가·등급결정 및 결과 공표, 평가 및 등급결정 결과의 인증기관 관리·지원·육성 등에의 반영
30. 법 제33조 제2항 및 제3항(법 제34조 제5항에서 준용하는 경우를 포함한다)에 따른 인증사업자 또는 인증기관의 지위 승계 신고의 수리 및 신고수리 여부의 통지
31. 법 제34조 제1항에 따른 무항생제수산물 및 활성처리제 비사용 수산물에 대한 인증
32. 법 제35조 제1항에 따른 인증기관의 지정
33. 법 제53조 제1항에 따른 친환경 인증관리 정보시스템의 구축·운영
34. 법 제53조의2제1항에 따른 유기농어업자재 정보시스템의 구축·운영
35. 법 제54조 제2항 제2호에 따른 인증사업자 또는 인증기관에 대한 자금 지원
36. 법 제54조의2에 따른 명예감시원 활동의 관리·운영
37. 법 제56조 제1항 제1호·제1호의2·제2호 및 제3호, 같은 조 제2항 제1호·제2호에 따른 수수료의 수납
38. 법 제57조 제1항에 따른 교육훈련기관의 지정취소, 인증심사원의 자격 취소 및 인증기관의 지정취소에 대한 청문
39. 법 제62조 제5항에 따른 과태료[법 제20조 제8항(법 제34조 제4항에서 준용하는 경우를 포함한다), 법 제22조 제1항(법 제34조 제4항에서 준용하는 경우를 포함한다), 법 제22조 제2항(법 제34조 제4항에서 준용하는 경우를 포함한다), 법 제23조 제1항(인증을 받지 않은 사업자가 인증품의 포장을 해체하여 재포장한 후 법 제23조 제1항에 따른 표시를 한 행위를 포함한다), 법 제23조 제3항, 법 제26조 제5항 본문·단서(법 제35조 제2항에서 준용하는 경우를 포함한다), 법 제27조 제1항 제3호부터 제5호까지(법 제35조 제2항에서 준용하는 경우를 포함한다), 법 제27조 제2항 제2호 및 제3호(법 제35조 제2항에서 준용하는 경우를 포함한다), 법 제28조(법 제35조 제2항에서 준용하는 경우를 포함한다), 법 제31조 제1항(법 제34조 제5항에서 준용하는 경우를 포함한다), 법 제32조 제1항(법 제34조 제5항에서 준용하는 경우를 포함한다), 법 제33조(법 제34조 제5항에서 준용하는 경우를 포함한다), 법 제36조 제1항(인증을 받지 않은 사업자가 인증품의 포장을 해체하여 재포장한 후 법 제36조 제1항에 따른 표시를 한 행위를 포함한다) 및 법 제36조 제2항의 위반행위에 대한 과태료만 해당한다]의 부과·징수

⑥ 해양수산부장관은 법 제58조 제1항에 따라 다음의 권한 중 수산업 및 수산물에 관한 권한을 국립수산과학원장에게 위임한다.
1. 법 제11조 제1항에 따른 실태조사·평가 및 같은 조 제3항에 따른 보고
2. 법 제12조 제1항에 따른 사업장에의 출입 및 조사 시료의 채취
3. 법 제13조 제1항 및 제2항에 따른 친환경농어업 기술과 자재 등의 연구·개발과 보급 및 교육·지도에 필요한 시책의 마련과 지원

⑦ 농촌진흥청장, 국립농산물품질관리원장, 국립수산물품질관리원장 또는 국립수산과학원장은 ② 및 ④부터 ⑥까지의 규정에 따라 위임받은 권한의 일부 또는 전부를 법 제58조 제2항에 따라 소속 기관의 장에게 재위임한 경우에는 그 내용을 고시해야 한다.

(6) 벌칙 적용 시의 공무원 의제 등(법 제59조)

다음의 어느 하나에 해당하는 사람은 「형법」 제129조부터 제132조까지의 규정에 따른 벌칙을 적용할 때에는 공무원으로 본다.

※ 형법 129조(수뢰, 사전수뢰), 130조(제삼자뇌물제공), 131조(수뢰후부정처사, 사후수뢰), 132조(알선수뢰)

① 인증업무에 종사하는 인증기관의 임직원
② 지정된 시험연구기관에서 유기농어업자재의 시험업무에 종사하는 임직원
③ 공시업무에 종사하는 공시기관의 임직원
④ 위탁받은 업무에 종사하는 기관, 단체, 법인 또는 「고등교육법」 제2조에 따른 학교의 임직원

07 벌칙 등

(1) 벌칙(법 제60조)

① 인증과정, 시험수행과정 또는 공시 과정에서 얻은 정보와 자료를 신청인의 서면동의 없이 공개하거나 제공한 자는 5년 이하의 징역 또는 5천만원 이하의 벌금에 처한다.
② 다음의 어느 하나에 해당하는 자는 3년 이하의 징역 또는 3천만원 이하의 벌금에 처한다.
㉠ 인증기관의 지정을 받지 아니하고 인증업무를 하거나 공시기관의 지정을 받지 아니하고 공시업무를 한 자
㉡ 인증기관 지정의 유효기간이 지났음에도 인증업무를 하였거나 공시기관 지정의 유효기간이 지났음에도 공시업무를 한 자
㉢ 인증기관의 지정취소 처분을 받았음에도 인증업무를 하거나 공시기관의 지정취소 처분을 받았음에도 공시업무를 한 자
㉣ 거짓이나 그 밖의 부정한 방법으로 인증심사, 재심사 및 인증 변경승인, 인증 갱신, 유효기간 연장 및 재심사 또는 인증기관의 지정·갱신을 받은 자
㉤ 거짓이나 그 밖의 부정한 방법으로 인증심사, 재심사 및 인증 변경승인, 인증 갱신, 유효기간 연장 및 재심사를 하거나 받을 수 있도록 도와준 자
㉥ 거짓이나 그 밖의 부정한 방법으로 인증심사원의 자격을 부여받은 자
㉦ 인증을 받지 아니한 제품과 제품을 판매하는 진열대에 유기표시, 무농약표시, 친환경 문구 표시 및 이와 유사한 표시(인증품으로 잘못 인식할 우려가 있는 표시 및 이와 관련된 외국어 또는 외래어 표시를 포함한다)를 한 자
㉧ 인증품 또는 공시를 받은 유기농어업자재에 인증 또는 공시를 받은 내용과 다르게 표시를 한 자
㉨ 인증, 인증 갱신 또는 공시, 공시 갱신의 신청에 필요한 서류를 거짓으로 발급한 자

㉧ 인증품에 인증을 받지 아니한 제품 등을 섞어서 판매하거나 섞어서 판매할 목적으로 보관, 운반 또는 진열한 자

㉨ 인증을 받지 아니한 제품에 인증표시나 이와 유사한 표시를 한 것임을 알거나 인증품에 인증을 받은 내용과 다르게 표시한 것임을 알고도 인증품으로 판매하거나 판매할 목적으로 보관, 운반 또는 진열한 자

㉩ 인증이 취소된 제품 또는 공시가 취소된 자재임을 알고도 인증품 또는 공시를 받은 유기농어업자재로 판매하거나 판매할 목적으로 보관・운반 또는 진열한 자

㉪ 인증을 받지 아니한 제품을 인증품으로 광고하거나 인증품으로 잘못 인식할 수 있도록 광고(유기, 무농약, 친환경 문구 또는 이와 같은 의미의 문구를 사용한 광고를 포함한다)하거나 인증품을 인증받은 내용과 다르게 광고한 자

㉫ 거짓이나 그 밖의 부정한 방법으로 공시, 재심사 및 공시 변경승인, 공시 갱신 또는 공시기관의 지정・갱신을 받은 자

㉮ 공시를 받지 아니한 자재에 공시의 표시 또는 이와 유사한 표시를 하거나 공시를 받은 유기농어업자재로 잘못 인식할 우려가 있는 표시 및 이와 관련된 외국어 또는 외래어 표시 등을 한 자

㉯ 공시를 받지 아니한 자재에 공시의 표시나 이와 유사한 표시를 한 것임을 알거나 공시를 받은 유기농어업자재에 공시를 받은 내용과 다르게 표시한 것임을 알고도 공시를 받은 유기농어업자재로 판매하거나 판매할 목적으로 보관, 운반 또는 진열한 자

㉰ 공시를 받지 아니한 자재를 공시를 받은 유기농어업자재로 광고하거나 공시를 받은 유기농어업자재로 잘못 인식할 수 있도록 광고하거나 공시를 받은 자재를 공시 받은 내용과 다르게 광고한 자

㉱ 허용물질이 아닌 물질이나 공시기준에서 허용하지 아니하는 물질 등을 유기농어업자재에 섞어 넣은 자

③ 다음의 어느 하나에 해당하는 자는 1년 이하의 징역 또는 1천만원 이하의 벌금에 처한다.

㉠ 수입한 제품(유기표시가 된 인증품 또는 동등성이 인정된 인증을 받은 유기가공식품을 말한다)을 신고하지 아니하고 판매하거나 영업에 사용한 자

㉡ 인증심사업무 또는 공시업무의 정지기간 중에 인증심사업무 또는 공시업무를 한 자

㉢ 제31조 제7항 각 호(제34조 제5항에서 준용하는 경우를 포함한다) 또는 제49조 제7항 각 호의 명령에 따르지 아니한 자

(2) 양벌규정(법 제61조)

법인의 대표자나 법인 또는 개인의 대리인, 사용인, 그 밖의 종업원이 그 법인 또는 개인의 업무에 관하여 제60조 제1항, 같은 조 제2항 각 호 또는 같은 조 제3항 각 호에 따른 위반행위를 하면 그 행위자를 벌하는 외에 그 법인 또는 개인에게도 해당 조문의 벌금형을 과(科)한다. 다만, 법인 또는 개인이 그 위반행위를 방지하기 위하여 해당 업무에 관하여 상당한 주의와 감독을 게을리하지 아니한 경우에는 그러하지 아니한다.

(3) 과태료(법 제62조)

① 정당한 사유 없이 제32조 제1항(제34조 제5항에서 준용하는 경우를 포함한다), 제41조의3제1항 또는 제50조 제1항에 따른 조사를 거부·방해하거나 기피한 자에게는 1천만원 이하의 과태료를 부과한다.

② 다음의 어느 하나에 해당하는 자에게는 500만원 이하의 과태료를 부과한다.

㉠ 인증을 받지 아니한 사업자가 인증품의 포장을 해체하여 재포장한 후 유기표시 또는 무농약농산물·무농약원료가공식품 및 무항생제수산물 등 표시를 한 자

㉡ 제한적 표시기준을 위반한 자

㉢ 관련 서류·자료 등을 기록·관리하지 아니하거나 보관하지 아니한 자

㉣ 인증 결과 또는 공시 결과 및 사후관리 결과 등을 거짓으로 보고한 자

㉤ 인증기관의 임원이 인증심사업무를 한 자

㉥ 인증심사업무 결과를 기록하지 아니한 자

㉦ 신고하지 아니하고 인증업무 또는 공시업무의 전부 또는 일부를 휴업하거나 폐업한 자

㉧ 정당한 사유 없이 제31조 제1항(제34조 제5항에서 준용하는 경우를 포함한다) 또는 제49조 제1항에 따른 조사를 거부·방해하거나 기피한 자

㉨ 인증기관 또는 공시기관의 지위를 승계하고도 그 사실을 신고하지 아니한 자

③ 다음의 어느 하나에 해당하는 자에게는 300만원 이하의 과태료를 부과한다.

㉠ 해당 인증기관 또는 공시기관으로부터 승인을 받지 아니하고 인증받은 내용 또는 공시를 받은 내용을 변경한 자

㉡ 중요 사항을 승인받지 아니하고 변경한 자

㉢ 인증 결과 또는 공시 결과 및 사후관리 결과 등을 보고하지 아니한 자

㉣ 인증사업자 또는 공시사업자의 지위를 승계하고도 그 사실을 신고하지 아니한 자

㉤ 표시기준을 위반한 자

④ 다음의 어느 하나에 해당하는 자에게는 100만원 이하의 과태료를 부과한다.

㉠ 인증품 또는 공시를 받은 유기농어업자재의 생산, 제조·가공 또는 취급 실적을 농림축산식품부장관 또는 해양수산부장관, 해당 인증기관 또는 공시기관에 알리지 아니한 자

㉡ 관련 서류 등을 보관하지 아니한 자

㉢ 표시기준을 위반한 자

㉣ 변경사항을 신고하지 아니한 자

⑤ ①부터 ④까지의 규정에 따른 과태료는 대통령령으로 정하는 바에 따라 농림축산식품부장관 또는 해양수산부장관이 부과·징수한다.

과태료의 부과기준(시행령 제9조 관련 [별표 2])

1. 일반기준

가. 위반행위의 횟수에 따른 과태료의 가중된 부과기준은 최근 1년간 같은 위반행위로 과태료 부과처분을 받은 경우에 적용한다. 이 경우 기간의 계산은 위반행위에 대해 과태료 부과처분을 받은 날과 그 처분 후 다시 같은 위반행위를 하여 적발된 날을 기준으로 한다.

나. 가목에 따라 가중된 부과처분을 하는 경우 가중처분의 적용 차수는 그 위반행위 전 부과처분 차수(가목에 따른 기간 내에 과태료 부과처분이 둘 이상 있었던 경우에는 높은 차수를 말한다)의 다음 차수로 한다.

다. 부과권자는 다음의 어느 하나에 해당하는 경우에는 제2호에 따른 과태료 금액의 2분의 1 범위에서 그 금액을 줄일 수 있다. 다만, 과태료를 체납하고 있는 위반행위자의 경우에는 그렇지 않다.

1) 위반행위가 사소한 부주의나 오류로 인한 것으로 인정되는 경우

2) 위반행위자가 법 위반상태를 시정하거나 해소하기 위한 노력이 인정되는 경우

3) 위반행위자가 자연재해・화재 등으로 재산에 현저한 손실이 발생하거나 사업 여건의 악화로 사업이 중대한 위기에 처한 경우

라. 부과권자는 다음의 어느 하나에 해당하는 경우에는 제2호에 따른 과태료 금액의 2분의 1 범위에서 그 금액을 늘릴 수 있다. 다만, 법 제62조 제1항부터 제4항까지의 규정에 따른 과태료 금액의 상한을 넘을 수 없다.

1) 위반의 내용・정도가 중대하여 소비자 등에게 미치는 피해가 크다고 인정되는 경우

2) 그 밖에 위반행위의 정도, 위반행위의 동기와 그 결과 등을 고려하여 과태료 금액을 늘릴 필요가 있다고 인정되는 경우

2. 개별기준

위반행위	과태료(단위 : 만원)		
	1회 위반	2회 위반	3회 이상 위반
가. 법 제20조 제8항(법 제34조 제4항에서 준용하는 경우를 포함한다)을 위반하여 해당 인증기관으로부터 승인을 받지 않고 인증받은 내용을 변경한 경우	100	200	300
나. 법 제22조 제1항(법 제34조 제4항에서 준용하는 경우를 포함한다)을 위반하여 인증품의 생산, 제조・가공 또는 취급 실적을 알리지 않은 경우	30	50	100
다. 법 제22조 제2항(법 제34조 제4항에서 준용하는 경우를 포함한다)을 위반하여 관련 서류 등을 보관하지 않은 경우	30	50	100
라. 인증을 받지 않은 사업자가 인증품의 포장을 해체하여 재포장한 후 법 제23조 제1항 또는 제36조 제1항에 따른 표시를 한 경우	150	300	500
마. 법 제23조 제1항 또는 제36조 제1항에 따른 표시기준을 위반한 경우	30	50	100
바. 법 제23조 제3항 또는 제36조 제2항에 따른 제한적 표시기준을 위반한 경우	150	300	500
사. 법 제26조 제5항 본문(법 제35조 제2항에서 준용하는 경우를 포함한다)을 위반하여 변경사항을 신고하지 않은 경우	30	50	100
아. 법 제26조 제5항 단서(법 제35조 제2항에서 준용하는 경우를 포함한다)를 위반하여 중요 사항을 승인받지 않고 변경한 경우	100	200	300

위반행위	과태료(단위 : 만원)		
	1회 위반	2회 위반	3회 이상 위반
자. 법 제27조 제1항 제3호(법 제35조 제2항에서 준용하는 경우를 포함한다)를 위반하여 관련 자료를 보관하지 않은 경우	150	300	500
차. 법 제27조 제1항 제4호(법 제35조 제2항에서 준용하는 경우를 포함한다)를 위반하여 인증 결과 및 사후관리 결과 등을 거짓으로 보고한 경우	150	300	500
카. 법 제27조 제1항 제4호(법 제35조 제2항에서 준용하는 경우를 포함한다)를 위반하여 인증 결과 및 사후관리 결과 등을 보고하지 않은 경우	100	200	300
타. 법 제27조 제1항 제5호(법 제35조 제2항에서 준용하는 경우를 포함한다)를 위반하여 불시 심사의 결과를 기록·관리하지 않은 경우	150	300	500
파. 법 제27조 제2항 제2호(법 제35조 제2항에서 준용하는 경우를 포함한다)를 위반하여 인증심사업무를 한 경우	150	300	500
하. 법 제27조 제2항 제3호(법 제35조 제2항에서 준용하는 경우를 포함한다)를 위반하여 인증심사업무 결과를 기록하지 않은 경우	150	300	500
거. 법 제28조(법 제35조 제2항에서 준용하는 경우를 포함한다)를 위반하여 신고하지 않고 인증업무의 전부 또는 일부를 휴업하거나 폐업한 경우	150	300	500
너. 정당한 사유 없이 법 제31조 제1항(법 제34조 제5항에서 준용하는 경우를 포함한다)에 따른 조사를 거부·방해하거나 기피한 경우	150	300	500
더. 정당한 사유 없이 법 제32조 제1항(법 제34조 제5항에서 준용하는 경우를 포함한다)에 따른 조사를 거부·방해하거나 기피한 경우	300	500	1,000
러. 법 제33조(법 제34조 제5항에서 준용하는 경우를 포함한다)를 위반하여 인증기관의 지위를 승계하고도 그 사실을 신고하지 않은 경우	150	300	500
머. 법 제33조(법 제34조 제5항에서 준용하는 경우를 포함한다)를 위반하여 인증사업자의 지위를 승계하고도 그 사실을 신고하지 않은 경우	100	200	300
버. 법 제38조 제4항을 위반하여 해당 공시기관으로부터 승인을 받지 않고 공시를 받은 내용을 변경한 경우	100	200	300
서. 법 제40조 제1항을 위반하여 공시를 받은 유기농어업자재를 생산하거나 수입하여 판매한 실적을 알리지 않은 경우	30	50	100
어. 법 제40조 제2항을 위반하여 관련 서류 등을 보관하지 않은 경우	30	50	100
저. 법 제41조의2제3호를 위반하여 관련 자료를 보관하지 않은 경우	150	300	500
처. 정당한 사유 없이 법 제41조의3제1항에 따른 조사를 거부·방해하거나 기피한 경우	300	500	1,000
커. 법 제42조에 따른 표시기준을 위반한 경우	100	200	300
터. 법 제44조 제4항 본문을 위반하여 변경사항을 신고하지 않은 경우	30	50	100
퍼. 법 제44조 제4항 단서를 위반하여 중요 사항을 승인받지 않고 변경한 경우	100	200	300
허. 법 제45조 제3호를 위반하여 관련 자료를 보관하지 않은 경우	150	300	500
고. 법 제45조 제4호를 위반하여 공시 결과 및 사후관리 결과 등을 거짓으로 보고한 경우	150	300	500

위반행위	과태료(단위 : 만원)		
	1회 위반	2회 위반	3회 이상 위반
노. 법 제45조 제4호를 위반하여 공시 결과 및 사후관리 결과 등을 보고하지 않은 경우	100	200	300
도. 법 제45조 제5호를 위반하여 관련 불시 심사 결과를 기록·관리하지 않은 경우	150	300	500
로. 법 제46조를 위반하여 신고하지 않고 공시업무의 전부 또는 일부를 휴업하거나 폐업한 경우	150	300	500
모. 정당한 사유 없이 법 제49조 제1항에 따른 조사를 거부·방해하거나 기피한 경우	150	300	500
보. 정당한 사유 없이 법 제50조 제1항에 따른 조사를 거부·방해하거나 기피한 경우	300	500	1,000
소. 법 제51조를 위반하여 공시기관의 지위를 승계하고도 그 사실을 신고하지 않은 경우	150	300	500
오. 법 제51조를 위반하여 공시사업자의 지위를 승계하고도 그 사실을 신고하지 않은 경우	100	200	300

CHAPTER 04

적중예상문제

01 **친환경농어업 육성 및 유기식품 등의 관리 · 지원에 관한 법률의 목적으로 틀린 것은?**

① 어업의 환경보전기능을 증대하고 어업으로 인한 환경오염을 줄인다.

② 친환경농어업을 실천하는 농어업인을 육성하여 지속가능한 친환경농어업을 추구한다.

③ 합성농약, 화학비료 및 항생제 · 항균제 등 화학자재를 사용하지 않는다.

④ 친환경농수산물과 유기식품 등을 관리하여 생산자와 소비자를 함께 보호한다.

해설 목적(법 제1조)
이 법은 농어업의 환경보전기능을 증대시키고 농어업으로 인한 환경오염을 줄이며, 친환경농어업을 실천하는 농어업인을 육성하여 지속가능한 친환경농어업을 추구하고 이와 관련된 친환경농수산물과 유기식품 등을 관리하여 생산자와 소비자를 함께 보호하는 것을 목적으로 한다.

02 **친환경농어업 육성 및 유기식품 등의 관리 · 지원에 관한 법률상 용어 정의 중 틀린 것은?**

① 친환경수산물이란 유기수산물, 무항생제수산물 및 활성처리제 비사용 수산물을 말한다.

② 유기식품이란 유기적인 방법으로 생산된 유기농수산물과 유기가공식품을 말한다.

③ 허용물질이란 유기농수산물을 생산, 제조 · 가공 또는 취급하는 과정에서 사용할 수 있는 허용물질을 원료 또는 재료로 하여 만든 제품을 말한다.

④ 사업자란 친환경농수산물, 유기식품 등 · 무농약원료가공식품 또는 유기농어업자재를 생산, 제조 · 가공하거나 취급하는 것을 업(業)으로 하는 개인 또는 법인을 말한다.

해설 ③은 유기농어업자재의 설명이다(법 제2조 제6호).
※ 허용물질 : 유기식품 등, 무농약농산물 · 무농약원료가공식품 및 무항생제수산물 등 또는 유기농어업자재를 생산, 제조 · 가공 또는 취급하는 모든 과정에서 사용 가능한 것으로서 농림축산식품부령 또는 해양수산부령으로 정하는 물질을 말한다(법 제2조 제7호).

정답 1 ③ 2 ③

03 **친환경농어업 육성 및 유기식품 등의 관리·지원에 관한 법률상 친환경농어업 육성계획의 설명으로 옳지 않은 것은?**

① 해양수산부장관은 관계 중앙행정기관의 장과 협의하여 5년마다 친환경어업 발전을 위한 친환경어업 육성계획을 세워야 한다. 이 경우 민간단체나 전문가 등의 의견을 수렴하여야 한다.

② 농림축산식품부장관 또는 해양수산부장관은 육성계획을 특별시장·광역시장·특별자치시장·도지사 또는 특별자치도지사에게 알려야 한다.

③ 해양수산부장관은 육성계획에 따라 친환경농어업을 발전시키기 위한 특별시·광역시·특별자치시·도 또는 특별자치도 친환경농어업 실천계획을 세우고 시행하여야 한다.

④ 시·도지사는 시·도 실천계획을 세웠을 때에는 농림축산식품부장관 또는 해양수산부장관에게 제출하고, 시장·군수 또는 자치구의 구청장에게 알려야 한다.

해설 ③ 시·도지사는 육성계획에 따라 친환경농어업을 발전시키기 위한 특별시·광역시·특별자치시·도 또는 특별자치도 친환경농어업 실천계획을 세우고 시행하여야 한다. 이 경우 민간단체나 전문가 등의 의견을 수렴하여야 한다(법 제8조 제1항).

04 **친환경농어업 육성 및 유기식품 등의 관리·지원에 관한 법률상 친환경농어업 육성계획에 포함되어야 할 사항과 거리가 먼 것은?**

① 농어업 분야의 환경보전을 위한 정책목표 및 기본방향

② 농어업 자원 보전 및 환경 개선

③ 친환경농어업의 시범단지 육성 방안

④ 농어업의 환경오염 실태 및 개선대책

해설 **친환경농어업 육성계획(법 제7조 제2항)**

육성계획에는 다음의 사항이 포함되어야 한다.

1. 농어업 분야의 환경보전을 위한 정책목표 및 기본방향
2. 농어업의 환경오염 실태 및 개선대책
3. 합성농약, 화학비료 및 항생제·항균제 등 화학자재 사용량 감축 방안
4. 친환경 약제와 병충해 방제 대책
5. 친환경농어업 발전을 위한 각종 기술 등의 개발·보급·교육 및 지도 방안
6. 친환경농어업의 시범단지 육성 방안
7. 친환경농수산물과 그 가공품, 유기식품 등 및 무농약원료가공식품의 생산·유통·수출 활성화와 연계강화 및 소비 촉진 방안
8. 친환경농어업의 공익적 기능 증대 방안
9. 친환경농어업 발전을 위한 국제협력 강화 방안
10. 육성계획 추진 재원의 조달 방안
11. 인증기관의 지정 및 무농약농수산물 등의 인증기관 지정에 따른 인증기관의 육성 방안
12. 그 밖에 친환경농어업의 발전을 위하여 농림축산식품부령 또는 해양수산부령으로 정하는 사항

3 ③ 4 ② 정답

05 **친환경농어업 육성 및 유기식품 등의 관리·지원에 관한 법률상 친환경농어업 기술 등의 설명으로 틀린 것은?**

① 농림축산식품부장관·해양수산부장관 또는 지방자치단체의 장은 농어업 자원과 농어업 환경의 실태조사를 위하여 필요하면 관계 공무원에게 해당 지역 또는 그 지역에 잇닿은 다른 사업자의 사업장에 출입하게 하거나 조사 및 평가에 필요한 최소량의 조사 시료(試料)를 채취하게 할 수 있다.

② 농림축산식품부장관·해양수산부장관 또는 지방자치단체의 장은 친환경농어업을 발전시키기 위하여 친환경농어업에 필요한 기술과 자재 등의 연구·개발과 보급 및 교육·지도에 필요한 시책을 마련하여야 한다.

③ 농림축산식품부장관·해양수산부장관 또는 지방자치단체의 장은 친환경농어업에 필요한 기술 및 자재를 연구·개발·보급하거나 교육·지도하는 자에게 필요한 비용을 지원할 수 있다.

④ 시·도지사는 친환경농어업 발전을 위하여 농어업인, 친환경농수산물 소비자 및 관계 공무원에 대하여 교육·훈련을 할 수 있다.

해설 **친환경농어업에 관한 교육·훈련(법 제14조 제1항)**
농림축산식품부장관·해양수산부장관 또는 지방자치단체의 장은 친환경농어업 발전을 위하여 농어업인, 친환경농수산물 소비자 및 관계 공무원에 대하여 교육·훈련을 할 수 있다.

06 **친환경농어업 육성 및 유기식품 등의 관리·지원에 관한 법률상 유기식품 등의 인증에 대한 설명으로 틀린 것은?**

① 농림축산식품부장관 또는 해양수산부장관은 유기식품 등의 산업 육성과 소비자 보호를 위하여 대통령령으로 정하는 바에 따라 유기식품 등에 대한 인증을 할 수 있다.

② 유기농산물·축산물·임산물의 비율이 유기수산물의 비율보다 큰 경우에는 농림축산식품부장관이 인증한다.

③ 유기수산물의 비율이 유기농산물·축산물·임산물의 비율보다 큰 경우에는 해양수산부장관이 인증한다.

④ 유기농산물·축산물·임산물의 비율과 유기수산물의 비율이 같은 경우에는 농림축산식품부장관과 해양수산부장관이 공동으로 인증한다.

해설 유기수산물의 비율이 유기농산물·축산물·임산물의 비율과 같은 경우에는 신청에 따라 농림축산식품부장관 또는 해양수산부장관이 인증한다(시행령 제3조 제3호).

정답 5 ④ 6 ④

07 **친환경농어업 육성 및 유기식품 등의 관리 · 지원에 관한 법률상 유기식품 등의 인증에 대한 설명으로 틀린 것은?**

① 유기식품 등을 생산, 제조 · 가공 또는 취급하는 자는 유기식품 등의 인증을 받으려면 해양수산부장관 또는 지정받은 인증기관에 신청하여야 한다.

② 인증을 받은 유기식품 등을 다시 포장하지 아니하고 그대로 저장, 운송, 수입 또는 판매하는 자는 인증을 다시 신청하여야 한다.

③ 인증심사 결과에 대하여 이의가 있는 자는 인증심사를 한 해양수산부장관 또는 인증기관에 재심사를 신청할 수 있다.

④ 유기식품 등의 인증을 받은 사업자가 인증받은 내용을 변경할 때에는 그 인증을 한 해양수산부장관 또는 인증기관으로부터 인증 변경승인을 받아야 한다.

해설 ② 인증을 받은 유기식품 등을 다시 포장하지 아니하고 그대로 저장, 운송, 수입 또는 판매하는 자는 인증을 신청하지 아니할 수 있다(법 제20조 제1항).

08 **친환경농어업 육성 및 유기식품 등의 관리 · 지원에 관한 법률상 유기식품 등의 인증을 신청할 수 없는 자가 아닌 경우는?**

① 인증이 취소된 날부터 1년이 지나지 아니한 자

② 해양수산부령으로 정한 자

③ 인증표시의 제거 · 정지 또는 인증품의 판매정지 · 판매금지 명령을 받아서 그 처분기간 중에 있는 자

④ 벌금 이상의 형을 선고받고 형이 확정된 날부터 1년이 지나지 아니한 자

해설 **인증을 신청할 수 없는 자(법 제20조 제2항)**

1. 인증이 취소된 날부터 1년이 지나지 아니한 자. 다만, 최근 10년 동안 인증이 2회 취소된 경우에는 마지막으로 인증이 취소된 날부터 2년, 최근 10년 동안 인증이 3회 이상 취소된 경우에는 마지막으로 인증이 취소된 날부터 5년이 지나지 아니한 자로 한다.
2. 고의 또는 중대한 과실로 유기식품 등에서 「식품위생법」에 따라 식품의약품안전처장이 고시한 농약 잔류허용기준을 초과한 합성농약이 검출되어 인증이 취소된 자로서 그 인증이 취소된 날부터 5년이 지나지 아니한 자
3. 인증표시의 제거 · 정지 또는 인증품의 판매정지 · 판매금지 명령을 받아서 그 처분기간 중에 있는 자
4. 벌금 이상의 형을 선고받고 형이 확정된 날부터 1년이 지나지 아니한 자

7 ② 8 ② 정답

09 **친환경농어업 육성 및 유기식품 등의 관리 · 지원에 관한 법률상 유기식품 등의 인증에 대한 설명으로 틀린 것은?**

① 인증의 유효기간은 인증을 받은 날부터 1년으로 한다.

② 인증사업자가 인증의 유효기간이 끝난 후에도 계속하여 인증을 받은 유기식품 등의 인증을 유지하려면 그 유효기간이 끝나기 전까지 인증을 한 해양수산부장관 또는 인증기관에 갱신신청을 하여 그 인증을 갱신하여야 한다.

③ 인증을 한 인증기관이 폐업, 업무정지 또는 그 밖의 부득이한 사유로 갱신신청이 불가능하게 된 경우에는 해양수산부장관이나 다른 인증기관에 신청할 수 있다.

④ 인증의 유효기간이 끝나기 전에 출하된 인증품은 그 제품의 그 유효기간을 1년의 범위에서 연장할 수 있다.

해설 **인증의 유효기간 등(법 제21조 제3항)**

인증 갱신을 하지 아니하려는 인증사업자가 인증의 유효기간 내에 출하를 종료하지 아니한 인증품이 있는 경우에는 해양수산부장관 또는 해당 인증기관의 승인을 받아 출하를 종료하지 아니한 인증품에 대하여만 그 유효기간을 1년의 범위에서 연장할 수 있다. 다만, 인증의 유효기간이 끝나기 전에 출하된 인증품은 그 제품의 유통기한이 끝날 때까지 그 인증표시를 유지할 수 있다.

10 **친환경농어업 육성 및 유기식품 등의 관리 · 지원에 관한 법률상 유기식품 표시에 대한 설명으로 틀린 것은?**

① 농림축산식품부장관 또는 해양수산부장관은 인증사업자에게 인증품의 생산방법과 사용자재 등에 관한 정보를 소비자가 쉽게 알아볼 수 있도록 표시할 것을 권고할 수 있다.

② 인증사업자는 생산, 제조 · 가공 또는 취급하는 인증품에 직접 또는 인증품의 표시판에만 유기표시를 할 수 있다.

③ 농림축산식품부장관 또는 해양수산부장관은 유기농수산물을 원료 또는 재료로 사용하면서 인증을 받지 아니한 식품 및 비식용가공품에 대하여는 사용한 유기농수산물의 함량에 따라 제한적으로 유기표시를 허용할 수 있다.

④ 유기표시에 필요한 도형이나 글자, 세부 표시사항 및 표시방법에 필요한 구체적인 사항은 농림축산식품부령 또는 해양수산부령으로 정한다.

해설 인증사업자는 생산, 제조 · 가공 또는 취급하는 인증품에 직접 또는 인증품의 포장, 용기, 납품서, 거래명세서, 보증서 등에 유기 또는 이와 같은 의미의 도형이나 글자의 표시를 할 수 있다. 이 경우 포장을 하지 아니한 상태로 판매하거나 낱개로 판매하는 때에는 표시판 또는 푯말에 유기표시를 할 수 있다(법 제23조 제1항).

정답 9 ④ 10 ②

11 **친환경농어업 육성 및 유기식품 등의 관리 · 지원에 관한 법률상 인증을 취소하거나 인증표시의 제거 또는 정지를 명할 수 있는 경우가 아닌 것은?**

① 거짓이나 그 밖의 부정한 방법으로 인증을 받은 경우

② 인증이 취소된 날부터 2년이 지나지 아니한 경우

③ 인증기준에 맞지 아니한 경우

④ 정당한 사유 없이 인증취소, 인증표시의 제거 · 정지 또는 시정조치, 인증품의 판매금지 · 판매정지 · 회수 · 폐기, 세부 표시사항의 변경 또는 그 밖에 필요한 조치 명령에 따르지 아니한 경우

해설 **인증의 취소 등(법 제24조 제1항)**

농림축산식품부장관 · 해양수산부장관 또는 인증기관은 인증사업자가 다음 각 호의 어느 하나에 해당하는 경우에는 그 인증을 취소하거나 인증표시의 제거 · 정지 또는 시정조치를 명할 수 있다. 다만, 제1에 해당할 때에는 인증을 취소하여야 한다.

1. 거짓이나 그 밖의 부정한 방법으로 인증을 받은 경우
2. 인증기준에 맞지 아니한 경우
3. 정당한 사유 없이 인증취소, 인증표시의 제거 · 정지 또는 시정조치, 인증품등의 판매금지 · 판매정지 · 회수 · 폐기, 세부 표시사항 변경 또는 그 밖에 필요한 조치명령에 따르지 아니한 경우
4. 전업(轉業), 폐업 등의 사유로 인증품을 생산하기 어렵다고 인정하는 경우

12 **친환경농어업 육성 및 유기식품 등의 관리 · 지원에 관한 법률상 유기식품 등의 인증기관에 대한 설명 중 틀린 것은?**

① 농림축산식품부장관 또는 해양수산부장관은 유기식품 등의 인증과 관련하여 인증심사원 등 필요한 인력 · 조직 · 시설 및 인증업무규정을 갖춘 기관 또는 단체를 인증기관으로 지정하여 유기식품 등의 인증을 하게 할 수 있다.

② 인증기관으로 지정받으려는 기관 또는 단체는 농림축산식품부령 또는 해양수산부령으로 정하는 바에 따라 농림축산식품부장관 또는 해양수산부장관에게 인증기관의 지정을 신청하여야 한다.

③ 인증기관 지정의 유효기간은 지정을 받은 날부터 5년으로 하고, 유효기간이 끝난 후에도 유기식품 등의 인증업무를 계속하려는 인증기관은 유효기간이 끝나기 전에 그 지정을 갱신하여야 한다.

④ 인증기관은 지정받은 내용이 변경된 경우에는 농림축산식품부장관 또는 해양수산부장관에게 변경승인을 받아야 한다.

해설 ④ 인증기관은 지정받은 내용이 변경된 경우에는 농림축산식품부장관 또는 해양수산부장관에게 변경신고를 하여야 한다. 다만, 농림축산식품부령 또는 해양수산부령으로 정하는 중요 사항을 변경할 때에는 농림축산식품부장관 또는 해양수산부장관으로부터 승인을 받아야 한다(법 제26조 제5항).

11 ② 12 ④ 정답

13 친환경농어업 육성 및 유기식품 등의 관리·지원에 관한 법률상 인증기관 등의 준수사항으로 틀린 것은?

① 인증과정에서 얻은 정보와 자료를 공개하거나 제공할 것

② 인증기관은 농림축산식품부장관 또는 해양수산부장관이 요청하는 경우에는 인증기관의 사무소 및 시설에 대한 접근을 허용하거나 필요한 정보 및 자료를 제공할 것

③ 인증 신청, 인증심사 및 인증사업자에 관한 자료를 농림축산식품부령 또는 해양수산부령으로 정하는 바에 따라 보관할 것

④ 인증기관은 농림축산식품부령 또는 해양수산부령으로 정하는 바에 따라 인증 결과 및 사후관리 결과 등을 농림축산식품부장관 또는 해양수산부장관에게 보고할 것

해설 ① 인증과정에서 얻은 정보와 자료를 인증 신청인의 서면동의 없이 공개하거나 제공하지 아니할 것. 다만, 이 법 또는 다른 법률에 따라 공개하거나 제공하는 경우는 제외한다(법 제27조 제1항 제1호).

14 친환경농어업 육성 및 유기식품 등의 관리·지원에 관한 법률상 인증기관의 지정을 반드시 취소해야 하는 경우가 아닌 것은?

① 거짓이나 그 밖의 부정한 방법으로 지정을 받은 경우

② 인증기관의 장이 인증업무와 관련하여 100만원 이상의 벌금형 또는 금고 이상의 형을 선고받아 그 형이 확정된 경우

③ 인증기관이 파산 또는 폐업 등으로 인하여 인증업무를 수행할 수 없는 경우

④ 지정기준에 맞지 아니하게 된 경우

해설 **인증기관의 지정취소 등(법 제29조 제1항)**

농림축산식품부장관 또는 해양수산부장관은 인증기관이 다음의 어느 하나에 해당하는 경우에는 지정을 취소하거나 6개월 이내의 기간을 정하여 그 업무의 전부 또는 일부의 정지 또는 시정조치를 명할 수 있다. 다만, 1부터 6까지 및 12의 경우에는 그 지정을 취소하여야 한다.

1. 거짓이나 그 밖의 부정한 방법으로 지정을 받은 경우
2. 인증기관의 장이 죄(인증심사업무와 관련된 죄로 한정한다)를 범하여 100만원 이상의 벌금형 또는 금고 이상의 형을 선고받아 그 형이 확정된 경우
3. 인증기관이 파산 또는 폐업 등으로 인하여 인증업무를 수행할 수 없는 경우
4. 업무정지 명령을 위반하여 정지기간 중 인증을 한 경우
5. 정당한 사유 없이 1년 이상 계속하여 인증을 하지 아니한 경우
6. 고의 또는 중대한 과실로 인증기준에 맞지 아니한 유기식품 등을 인증한 경우
7. 고의 또는 중대한 과실로 인증심사 및 재심사의 처리 절차·방법 또는 인증 갱신 및 인증품의 유효기간 연장의 절차·방법 등을 지키지 아니한 경우
8. 정당한 사유 없이 명령 또는 공표를 하지 아니한 경우
9. 지정기준에 맞지 아니하게 된 경우
10. 인증기관의 준수사항을 위반한 경우
11. 시정조치 명령이나 처분에 따르지 아니한 경우
12. 정당한 사유 없이 소속 공무원의 조사를 거부·방해하거나 기피하는 경우
13. 인증기관 평가에서 최하위 등급을 연속하여 3회 받은 경우

정답 13 ① 14 ④

15 **친환경농어업 육성 및 유기식품 등의 관리 · 지원에 관한 법률상 인증 등에 관한 부정행위의 금지행위가 아닌 것은?**

① 거짓이나 그 밖의 부정한 방법으로 인증심사, 재심사 및 인증 변경승인, 인증 갱신, 유효기간 연장 및 재심사 또는 인증기관의 지정 · 갱신을 받는 행위

② 인증품에 인증받은 내용과 다르게 표시하는 행위

③ 인증이 취소된 제품임을 모르고 인증품으로 하거나 판매할 목적으로 보관 · 운반 또는 진열하는 행위

④ 인증을 신청하는 데 필요한 서류를 거짓으로 발급하여 주는 행위

해설 **인증 등에 관한 부정행위의 금지(법 제30조 제1항)**

누구든지 다음 각 호의 어느 하나에 해당하는 행위를 하여서는 아니 된다.

1. 거짓이나 그 밖의 부정한 방법으로 인증심사, 재심사 및 인증 변경승인, 인증 갱신, 유효기간 연장 및 재심사 또는 인증기관의 지정 · 갱신을 받는 행위
2. 거짓이나 그 밖의 부정한 방법으로 인증심사, 재심사 및 인증 변경승인, 인증 갱신, 유효기간 연장 및 재심사를 하거나 받을 수 있도록 도와주는 행위
3. 거짓이나 그 밖의 부정한 방법으로 인증심사원의 자격을 부여받는 행위
4. 인증을 받지 아니한 제품과 제품을 판매하는 진열대에 유기표시, 무농약표시, 친환경 문구 표시 및 이와 유사한 표시(인증품으로 잘못 인식할 우려가 있는 표시 및 이와 관련된 외국어 또는 외래어 표시를 포함한다)를 하는 행위
5. 인증품에 인증받은 내용과 다르게 표시하는 행위
6. 인증 또는 인증 갱신을 신청하는 데 필요한 서류를 거짓으로 발급하여 주는 행위
7. 인증품에 인증을 받지 아니한 제품 등을 섞어서 판매하거나 섞어서 판매할 목적으로 보관, 운반 또는 진열하는 행위
8. 4 또는 5의 행위에 따른 제품임을 알고도 인증품으로 판매하거나 판매할 목적으로 보관, 운반 또는 진열하는 행위
9. 인증이 취소된 제품임을 알고도 인증품으로 판매하거나 판매할 목적으로 보관 · 운반 또는 진열하는 행위
10. 인증을 받지 아니한 제품을 인증품으로 광고하거나 인증품으로 잘못 인식할 수 있도록 광고(유기, 무농약, 친환경 문구 또는 이와 같은 의미의 문구를 사용한 광고를 포함한다)하는 행위 또는 인증품을 인증받은 내용과 다르게 광고하는 행위

15 ③ 정답

16 친환경농어업 육성 및 유기식품 등의 관리 · 지원에 관한 법률상 3년 이하의 징역 또는 3천만원 이하의 벌금에 해당하는 경우가 아닌 것은?

① 인증 또는 공시업무의 정지기간 중에 인증심사업무 또는 공시업무를 한 자

② 인증기관의 지정을 받지 아니하고 인증업무를 하거나 공시기관의 지정을 받지 아니하고 공시업무를 한 자

③ 인증기관 지정의 유효기간이 지났음에도 인증업무를 하였거나 공시기관 지정의 유효기간이 지났음에도 공시업무를 한 자

④ 인증기관의 지정취소 처분을 받았음에도 인증업무를 하거나 공시기관의 지정취소 처분을 받았음에도 공시업무를 한 자

해설 ①은 1년 이하의 징역 또는 1천만원 이하의 벌금에 처하는 경우이다(법 제60조 제3항 제2호).

※ 3년 이하의 징역 또는 3천만원 이하의 벌금에 처하는 경우(법 제60조 제2항)

1. 인증기관의 지정을 받지 아니하고 인증업무를 하거나 공시기관의 지정을 받지 아니하고 공시업무를 한 자
2. 인증기관 지정의 유효기간이 지났음에도 인증업무를 하였거나 공시기관 지정의 유효기간이 지났음에도 공시업무를 한 자
3. 인증기관의 지정취소 처분을 받았음에도 인증업무를 하거나 공시기관의 지정취소 처분을 받았음에도 공시업무를 한 자
4. 거짓이나 그 밖의 부정한 방법으로 인증심사, 재심사 및 인증 변경승인, 인증 갱신, 유효기간 연장 및 재심사 또는 인증기관의 지정 · 갱신을 받은 자
5. 거짓이나 그 밖의 부정한 방법으로 인증심사, 재심사 및 인증 변경승인, 인증 갱신, 유효기간 연장 및 재심사를 하거나 받을 수 있도록 도와준 자
6. 거짓이나 그 밖의 부정한 방법으로 인증심사원의 자격을 부여받은 자
7. 인증을 받지 아니한 제품과 제품을 판매하는 진열대에 유기표시, 무농약표시, 친환경 문구 표시 및 이와 유사한 표시(인증품으로 잘못 인식할 우려가 있는 표시 및 이와 관련된 외국어 또는 외래어 표시를 포함한다)를 한 자
8. 인증품 또는 공시를 받은 유기농어업자재에 인증 또는 공시를 받은 내용과 다르게 표시를 한 자
9. 인증, 인증 갱신 또는 공시, 공시 갱신의 신청에 필요한 서류를 거짓으로 발급한 자
10. 인증품에 인증을 받지 아니한 제품 등을 섞어서 판매하거나 섞어서 판매할 목적으로 보관, 운반 또는 진열한 자
11. 인증을 받지 아니한 제품에 인증표시나 이와 유사한 표시를 한 것임을 알거나 인증품에 인증을 받은 내용과 다르게 표시한 것임을 알고도 인증품으로 판매하거나 판매할 목적으로 보관, 운반 또는 진열한 자
12. 인증이 취소된 제품 또는 공시가 취소된 자재임을 알고도 인증품 또는 공시를 받은 유기농어업자재로 판매하거나 판매할 목적으로 보관 · 운반 또는 진열한 자
13. 인증을 받지 아니한 제품을 인증품으로 광고하거나 인증품으로 잘못 인식할 수 있도록 광고(유기, 무농약, 친환경 문구 또는 이와 같은 의미의 문구를 사용한 광고를 포함한다)하거나 인증품을 인증받은 내용과 다르게 광고한 자
14. 거짓이나 그 밖의 부정한 방법으로 공시, 재심사 및 공시 변경승인, 공시 갱신 또는 공시기관의 지정 · 갱신을 받은 자
15. 공시를 받지 아니한 자재에 공시의 표시 또는 이와 유사한 표시를 하거나 공시를 받은 유기농어업자재로 잘못 인식할 우려가 있는 표시 및 이와 관련된 외국어 또는 외래어 표시 등을 한 자

정답 16 ①

16. 공시를 받지 아니한 자재에 공시의 표시나 이와 유사한 표시를 한 것임을 알거나 공시를 받은 유기농어업자재에 공시를 받은 내용과 다르게 표시한 것임을 알고도 공시를 받은 유기농어업자재로 판매하거나 판매할 목적으로 보관, 운반 또는 진열한 자
17. 공시를 받지 아니한 자재를 공시를 받은 유기농어업자재로 광고하거나 공시를 받은 유기농어업자재로 잘못 인식할 수 있도록 광고하거나 공시를 받은 자재를 공시 받은 내용과 다르게 광고한 자
18. 허용물질이 아닌 물질이나 공시기준에서 허용하지 아니하는 물질 등을 유기농어업자재에 섞어 넣은 자

17 **친환경농어업 육성 및 유기식품 등의 관리 · 지원에 관한 법률상 1년 이하의 징역 또는 1천만원 이하의 벌금에 해당하는 경우가 아닌 것은?**

① 인증기관의 지정을 받지 아니하고 인증업무를 한 자
② 수입 유기식품 등을 신고하지 아니하고 판매하거나 영업에 사용한 자
③ 인증 또는 공시업무의 정지기간 중에 인증심사업무 또는 공시업무를 한 자
④ 인증품 또는 공시를 받은 유기농어업업자재의 표시 제거 · 정지 · 변경 · 사용정지, 판매정지 · 판매금지, 회수 · 폐기 또는 세부 표시사항의 변경 등의 명령에 따르지 아니한 자

해설 ①은 3년 이하의 징역 또는 3천만원 이하의 벌금에 해당한다(법 제60조 제2항 제1호).
※ 1년 이하의 징역 또는 1천만원 이하의 벌금에 처하는 경우는 ②·③·④이다(법 제60조 제3항).

17 ① 정답

18 **친환경농어업 육성 및 유기식품 등의 관리·지원에 관한 법률상 500만원 이하의 과태료에 해당하는 경우가 아닌 것은?**

① 신고하지 아니하고 인증업무 또는 공시업무의 전부 또는 일부를 휴업하거나 폐업한 자

② 관련 서류·자료 등을 기록·관리하지 아니하거나 보관하지 아니한 자

③ 인증을 받지 아니한 사업자가 인증품의 포장을 해체하여 재포장한 후 유기표시 또는 무농약농산물·무농약원료가공식품 및 무항생제수산물 등 표시를 한 자

④ 인증품에 인증을 받지 아니한 제품 등을 섞어서 판매하거나 섞어서 판매할 목적으로 보관, 운반 또는 진열한 자

해설 ④는 3년 이하의 징역 또는 3천만원 이하의 벌금에 해당한다(법 제60조 제2항 제8호).

※ 500만원 이하의 과태료를 부과 대상(법 제62조 제2항)

1. 인증을 받지 아니한 사업자가 인증품의 포장을 해체하여 재포장한 후 유기표시 또는 무농약농산물·무농약원료가공식품 및 무항생제수산물 등 표시를 한 자
2. 제한적 표시기준을 위반한 자
3. 관련 서류·자료 등을 기록·관리하지 아니하거나 보관하지 아니한 자
4. 인증 결과 또는 공시 결과 및 사후관리 결과 등을 거짓으로 보고한 자
5. 인증기관의 임원이 인증심사업무를 한 자
6. 인증심사업무 결과를 기록하지 아니한 자
7. 신고하지 아니하고 인증업무 또는 공시업무의 전부 또는 일부를 휴업하거나 폐업한 자
8. 정당한 사유 없이 제31조 제1항(제34조 제5항에서 준용하는 경우를 포함한다) 또는 제49조 제1항에 따른 조사를 거부·방해하거나 기피한 자
9. 인증기관 또는 공시기관의 지위를 승계하고도 그 사실을 신고하지 아니한 자

정답 18 ④

CHAPTER 05

수산물 유통의 관리 및 지원에 관한 법률

수산물 유통의 관리 및 지원에 관한 법률 [시행 2024.5.1, 법률 제19801호, 2023.10.31, 타법개정]
수산물 유통의 관리 및 지원에 관한 법률 시행령 [시행 2024.5.1, 대통령령 제34475호, 2024.4.30, 일부개정]
수산물 유통의 관리 및 지원에 관한 법률 시행규칙 [시행 2025.3.11, 해양수산부령 제726호, 2025.3.11, 타법개정]

01 총 칙

1 목적(법 제1조)

수산물 유통체계의 효율화와 수산물유통산업의 경쟁력 강화에 관하여 규정함으로써 원활하고 안전한 수산물의 유통체계를 확립하여 생산자와 소비자를 보호하고 국민경제의 발전에 이바지함을 목적으로 한다.

2 용어의 정의(법 제2조)

(1) 수산물유통산업

수산물의 도매·소매 및 이를 경영하기 위한 보관·배송·포장과 이와 관련된 정보·용역의 제공 등을 목적으로 하는 산업을 말한다.

(2) 수산물유통사업자

수산물유통산업을 영위하는 자 또는 그와의 계약에 따라 수산물유통산업을 수행하는 자를 말한다.

(3) 수산물산지위판장

① 「수산업협동조합법」에 따른 지구별 수산업협동조합, 업종별 수산업협동조합 및 수산물가공 수산업협동조합, 수산업협동조합중앙회, 그 밖에 대통령령으로 정하는 생산자단체와 생산자가 수산물을 도매하기 위하여 개설하는 시설을 말한다.

② 대통령령으로 정하는 생산자단체와 생산자(시행령 제3조)
   ㉠ 「농어업경영체 육성 및 지원에 관한 법률」에 따른 영어조합법인
   ㉡ 「농어업경영체 육성 및 지원에 관한 법률」에 따른 어업회사법인
   ㉢ 「수산업·어촌 발전 기본법」에 따른 어업인
   ㉣ 「수산업협동조합법」에 따른 어촌계

ⓜ 「수산업협동조합법」에 따른 지구별 수산업협동조합(지구별수협), 업종별 수산업협동조합(업종별수협) 또는 수산물가공 수산업협동조합(수산물가공수협)이 수산물산지위판장의 개설을 위하여 조직한 조합 또는 법인

ⓑ 수산물을 공동으로 생산하거나 수산물을 공동으로 판매·가공 또는 수출하기 위하여 어업인 5명 이상이 「협동조합 기본법」에 따라 설립한 협동조합 또는 사회적협동조합

ⓢ 다음의 어느 하나에 해당하는 자가 출자한 자본금의 합계가 전체 자본금의 100분의 50 이상인 법인

- ㉠부터 ㉣까지의 어느 하나에 해당하는 자
- 지구별수협
- 업종별수협
- 수산물가공수협
- 「수산업협동조합법」에 따른 수산업협동조합중앙회(수협중앙회)

(4) 산지중도매인(産地仲都賣人)

수산물산지위판장 개설자의 지정을 받아 다음의 영업을 하는 자를 말한다.

① 수산물산지위판장에 상장된 수산물을 매수하여 도매하거나 매매를 중개하는 영업

② 수산물산지위판장 개설자로부터 허가를 받은 비상장 수산물을 매수 또는 위탁받아 도매하거나 매매를 중개하는 영업

(5) 산지매매참가인

수산물산지위판장 개설자에게 신고를 하고 수산물산지위판장에 상장된 수산물을 직접 매수하는 자로서 산지중도매인이 아닌 가공업자·소매업자·수출업자 또는 소비자단체 등 수산물의 수요자를 말한다.

(6) 산지경매사

해양수산부장관이 실시하는 산지경매사 자격시험에 합격하고, 수산물산지위판장에 상장된 수산물의 가격 평가 및 경락자 결정 등의 업무를 수행하는 자를 말한다.

(7) 수산물전자거래

수산물을 「전자문서 및 전자거래 기본법」에 따른 전자거래의 방법으로 거래하는 것을 말한다.

3 책무 등

(1) 국가 및 지방자치단체의 책무(법 제3조)

① 국가 및 지방자치단체는 수산물 유통체계의 효율화와 수산물유통산업의 경쟁력 강화를 위한 시책을 추진하여야 한다.

② 지방자치단체는 국가의 수산물유통시책과 조화를 이루면서 지역적 특성을 고려한 지역 수산물 유통에 관한 시책을 추진하여야 한다.

(2) 다른 법률과의 관계(법 제4조)

이 법은 수산물 유통의 관리 및 지원에 관하여 다른 법률에 우선하여 적용한다.

02 수산물 유통발전계획 등

1 계획 및 사업의 수립·시행 등

(1) 기본계획의 수립·시행(법 제5조)

① 해양수산부장관은 수산물유통산업의 발전을 위하여 5년마다 수산물 유통발전 기본계획(기본계획)을 관계 중앙행정기관의 장과 협의를 거쳐 수립·시행하여야 한다.

② 기본계획에는 다음의 사항이 포함되어야 한다.

㉠ 수산물유통산업 발전을 위한 정책의 기본방향

㉡ 수산물유통산업의 여건 변화와 전망

㉢ 수산물 품질관리

㉣ 수산물 수급관리

㉤ 수산물 유통구조 개선 및 발전기반 조성

㉥ 수산물유통산업 관련 기술의 연구개발 및 보급

㉦ 수산물유통산업 관련 전문인력의 양성 및 정보화

㉧ 그 밖에 수산물유통산업의 발전을 촉진하기 위하여 해양수산부장관이 필요하다고 인정하는 사항

③ 해양수산부장관은 기본계획을 수립하기 위하여 필요한 경우에는 관계 중앙행정기관의 장에게 필요한 자료를 요청할 수 있다. 이 경우 자료를 요청받은 관계 중앙행정기관의 장은 특별한 사정이 없으면 요청에 따라야 한다.

④ 해양수산부장관은 기본계획을 수립하거나 변경한 때에는 이를 공표하여야 하며, 특별시장·광역시장·특별자치시장·도지사 또는 특별자치도지사(시·도지사)에게 통보하고 지체 없이 국회 소관 상임위원회에 제출하여야 한다.

⑤ 그 밖에 기본계획 수립의 절차·방법 등에 필요한 사항은 해양수산부령으로 정한다.

> **수산물 유통발전 기본계획의 수립(시행규칙 제2조)**
> ① 해양수산부장관은 법 제5조 제1항에 따른 수산물 유통발전 기본계획(기본계획)을 수립하려면 법 제9조에 따른 수산물유통발전협의회의 심의를 거쳐야 한다. 기본계획을 변경하려는 때에도 또한 같다.
> ② 해양수산부장관은 기본계획을 수립하거나 변경한 때에는 그 내용을 고시하여야 한다.

(2) 시행계획의 수립·시행(법 제6조)

① 해양수산부장관은 기본계획에 따라 매년 수산물 유통발전 시행계획(연도별시행계획)을 수립·시행하고 이에 필요한 재원을 확보하기 위하여 노력하여야 한다.

② 해양수산부장관은 연도별시행계획을 수립하기 위하여 필요한 경우에는 관계 중앙행정기관의 장에게 필요한 자료를 요청할 수 있다. 이 경우 자료를 요청받은 관계 중앙행정기관의 장은 특별한 사정이 없으면 요청에 협조하여야 한다.

③ 해양수산부장관은 연도별시행계획을 수립하거나 변경한 때에는 이를 공표하여야 하며, 시·도지사에게 통보하고 지체 없이 국회 소관 상임위원회에 제출하여야 한다.

(3) 지방자치단체의 사업 수립·시행 등(법 제7조)

① 시·도지사는 기본계획 및 연도별시행계획에 따라 그 관할 지역의 특성을 고려하여 지역별 수산물유통발전 시행계획을 수립·추진하여야 한다.

② 해양수산부장관은 수산물유통산업의 발전을 위하여 필요한 경우에는 시·도지사 또는 시장(「제주특별자치도 설치 및 국제자유도시 조성을 위한 특별법」에 따른 행정시장을 포함한다)·군수·구청장(자치구의 구청장)에게 연도별시행계획의 시행에 필요한 조치를 할 것을 요청할 수 있다.

(4) 실태조사(법 제8조)

① 해양수산부장관은 기본계획 및 연도별시행계획 등을 효율적으로 수립·추진하기 위하여 수산물 생산 및 유통산업에 대한 실태조사를 할 수 있다.

② 해양수산부장관은 실태조사를 위하여 필요하다고 인정하는 경우에는 관계 중앙행정기관의 장, 지방자치단체의 장, 공공기관의 장, 수산물유통사업자 및 관련 단체 등에 필요한 자료를 요청할 수 있다. 이 경우 자료를 요청받은 관계 중앙행정기관의 장 등은 특별한 사정이 없으면 요청에 협조하여야 한다.

③ 실태조사를 위한 시기 및 범위 등 필요한 사항은 대통령령으로 정한다.

실태조사의 시기 및 범위 등(시행령 제4조)

① 법 제8조 제1항에 따른 수산물 생산 및 유통산업에 대한 실태조사는 다음의 구분에 따라 실시한다. 이 경우 해양수산부장관은 제2호에 따른 수시조사를 실시한 후 1년 이내에 제1호에 따른 정기조사를 실시하여야 하는 경우 등 필요하다고 인정하는 경우 정기조사의 실시 시기를 조정하거나 정기조사의 실시를 생략할 수 있다.

1. 정기조사 : 법 제5조 제1항에 따른 수산물 유통발전 기본계획(기본계획) 또는 법 제6조 제1항에 따른 수산물 유통발전 시행계획(연도별시행계획)의 수립에 활용하기 위하여 5년마다 실시하는 조사
2. 수시조사 : 수산물의 수급(需給)이 불안정한 경우 등 기본계획 또는 연도별시행계획의 수립·추진과 관련하여 해양수산부장관이 필요하다고 인정하는 경우에 실시하는 조사

② 실태조사의 범위는 다음과 같다.

1. 수산물의 국내외 유통 현황 및 유통종사자 현황
2. 법 제27조에 따른 수산물 이력추적관리의 등록 및 표시 현황
3. 수산물 품질과 위생관리 현황
4. 수산물 생산량, 소비량, 재고량, 감모량(減耗量) 및 폐기량 등 수산물 수급 현황
5. 그 밖에 기본계획 또는 연도별시행계획의 수립·추진에 필요한 사항

③ 해양수산부장관은 실태조사를 실시한 경우 그 결과를 해양수산부 인터넷 홈페이지에 게시하는 등의 방법으로 공표하여야 한다.

2 수산물유통발전협의회 등

(1) 수산물유통발전협의회(법 제9조)

① 해양수산부장관은 수산물유통산업 발전에 관한 다음의 사항을 관계 행정기관과 협의하기 위하여 수산물유통발전협의회를 구성·운영할 수 있다.

㉠ 기본계획 및 연도별 시행계획의 수립

㉡ 수산물 유통체계의 효율화

㉢ 수산물유통산업의 발전을 위한 정책 사항

㉣ 수산물 수급관리

㉤ 그 밖에 해양수산부장관이 수산물유통산업 발전과 관련하여 협의가 필요하다고 인정하는 사항

② 해양수산부장관은 수산물유통발전협의회의 구성 목적을 달성하였다고 인정하는 경우에는 수산물유통발전협의회를 해산할 수 있다.

③ ①에 따른 수산물유통발전협의회의 구성 및 운영 등에 필요한 사항은 대통령령으로 정한다.

> **수산물유통발전협의회의 구성 등(시행령 제5조)**
> ① 법 제9조 제1항에 따른 수산물유통발전협의회(이하 "협의회")는 위원장 및 부위원장 각 1명을 포함하여 20명 이내의 위원으로 성별을 고려하여 구성한다.
> ② 협의회의 위원장은 해양수산부에서 수산물 유통 관련 업무를 담당하는 고위공무원단에 속하는 공무원 중에서 해양수산부장관이 지명하는 사람이 되고, 협의회의 부위원장은 제3항 각 호의 위원 중에서 해양수산부장관이 지명하는 사람이 된다.
> ③ 협의회의 위원은 다음의 사람이 된다.
> 1. 해양수산부 소속 공무원 중에서 해양수산부장관이 임명하는 사람
> 2. 식품의약품안전처 소속 공무원 중에서 식품의약품안전처장이 지명하는 사람
> 3. 국립수산물품질관리원 소속 공무원 중에서 국립수산물품질관리원의 원장(국립수산물품질관리원장)이 지명하는 사람
>
> ④ 협의회의 사무를 처리하게 하기 위하여 협의회에 간사 1명을 둔다. 이 경우 간사는 해양수산부 소속 공무원 중에서 해양수산부장관이 지명한다.

(2) 위원회의 운영 등

① 위원의 해임 등(시행령 제6조)

㉠ 해양수산부장관은 시행령 제5조 제3항 제1호에 따른 위원이 다음의 어느 하나에 해당하는 경우에는 해당 위원을 해임할 수 있다.

- 심신쇠약 등으로 장기간 직무를 수행할 수 없게 된 경우
- 직무와 관련된 비위사실이 있는 경우
- 직무태만, 품위손상이나 그 밖의 사유로 인하여 위원으로 적합하지 아니하다고 인정되는 경우
- 위원 스스로 직무를 수행하는 것이 곤란하다고 의사를 밝히는 경우

㉡ 시행령 제5조 제3항 제2호 또는 제3호의 규정에 따라 위원을 지명한 자는 위원이 ㉠의 어느 하나에 해당하는 경우에는 해당 위원에 대한 지명을 철회할 수 있다.

② 위원장 등의 직무(시행령 제7조)

㉠ 위원장은 협의회를 대표하고, 협의회의 업무를 총괄한다.

㉡ 부위원장은 위원장을 보좌하며, 위원장이 부득이한 사유로 직무를 수행할 수 없는 경우에는 그 직무를 대행한다.

③ 회의 등(시행령 제8조)

㉠ 위원장은 협의회의 회의를 소집하고, 그 의장이 된다.

㉡ 위원장이 회의를 소집하는 경우에는 회의의 일시·장소 및 안건을 회의 개최 7일 전까지 각 위원에게 알려야 한다.

㉢ 협의회 회의는 재적위원 과반수의 출석으로 개의(開議)하고, 출석위원 과반수의 찬성으로 의결한다.

㉣ 협의회는 협의사항과 관련하여 필요하다고 인정하는 경우에는 관련 기관 또는 단체에 자료를 요청하거나 관계 전문가 등을 출석시켜 의견을 들을 수 있다.

03 수산물산지위판장

1 수산물산지위판장 등

(1) 수산물산지위판장의 개설 등(법 제10조)

① 수산물산지위판장(위판장)은 「수산업협동조합법」에 따른 지구별 수산업협동조합, 업종별 수산업협동조합 및 수산물가공 수산업협동조합(수협조합), 수산업협동조합중앙회(수협중앙회), 그 밖에 대통령령으로 정하는 생산자단체와 생산자(생산자단체 등)가 시장・군수・구청장의 허가를 받아 개설한다.

② 수협조합, 수협중앙회 또는 생산자단체 등(위판장개설자)이 위판장을 개설하려면 위판장 개설허가신청서에 업무규정과 운영관리계획서를 첨부하여 시장・군수・구청장에게 제출하여야 한다.

③ 위판장개설자가 개설한 위판장의 업무규정을 변경할 때에는 시장・군수・구청장의 허가를 받아야 한다.

④ 위판장개설자가 개설한 위판장을 폐쇄하려면 시장・군수・구청장의 허가를 받아 3개월 전에 이를 공고하여야 한다.

⑤ 위판장의 위치, 기능 및 특성 등에 따른 위판장의 종류, 위판장의 개설허가절차, 개설허가신청서, 업무규정 및 운영관리계획서 작성 및 제출, 위판장 폐쇄 등에 필요한 사항은 해양수산부령으로 정한다.

(2) 위판장 개설구역(법 제11조)

위판장은 다음의 어느 하나에 해당하는 지역에 개설할 수 있다.

① 「어촌・어항법」에 따라 지정된 어항

② 「항만법」에 따른 항만

③ 그 밖에 어획물 양륙시설 또는 가공시설을 갖춘 지역으로서 해양수산부장관이 지정하여 고시한 지역

(3) 위판장 허가기준 등(법 제12조)

① 시장・군수・구청장은 제10조 제2항에 따른 허가신청의 내용이 다음의 요건을 갖춘 경우에는 이를 허가하여야 한다.

㉠ 위판장을 개설하려는 구역이 수산물 양륙 및 산지유통의 중심지역일 것

㉡ 위판장 운영에 적합한 시설을 갖추고 있을 것

㉢ 업무규정과 운영관리계획서의 내용이 명확하고 그 실현이 가능할 것

② 시장・군수・구청장은 ①의 ㉡에 따라 요구되는 시설이 갖추어지지 아니한 경우에는 일정한 기간 내에 해당 시설을 갖출 것을 조건으로 개설허가를 할 수 있다.

③ ①의 ㉡에 따른 위판장 시설기준 등 위판장의 허가 요건과 절차에 필요한 사항은 해양수산부령으로 정한다.

(4) 위판장개설자의 의무(법 제13조)

① 위판장개설자는 수산물의 생산자와 거래관계자의 편익과 소비자 보호를 위하여 다음의 사항을 이행하여야 한다.
  ㉠ 위판장 시설의 정비・개선과 위생적인 관리
  ㉡ 공정한 거래질서의 확립
  ㉢ 수산물 품질 향상을 위한 규격화, 포장 개선 및 저온유통 등 선도 유지의 촉진
  ㉣ 산지중도매인의 거래 촉진 및 지원
② 위판장개설자는 ①의 사항을 효과적으로 이행하기 위하여 이에 대한 투자계획 및 품질향상 등을 포함한 대책을 수립・시행하여야 한다.
③ 위판장개설자는 위판장의 시설규모 및 거래액 등을 고려하여 산지중도매인을 두어야 한다.
④ 수산물매매장소의 제한(법 제13조의2) : 거래 정보의 부족으로 가격교란이 심한 수산물로서 해양수산부령으로 정하는 수산물은 위판장 외의 장소에서 매매 또는 거래하여서는 아니 된다.
⑤ 위판장 위생관리기준(법 제13조의3) : 해양수산부장관은 수산물의 위생관리를 통한 안전한 먹거리 확보를 위하여 위판장의 위생시설 확보 및 적정 온도 유지에 관한 내용이 포함된 위판장 위생관리기준을 식품의약품안전처장과 협의하여 고시한다.

2 산지중도매인 및 산지경매사

(1) 산지중도매인의 지정(법 제14조)

① 산지중도매인의 업무를 하려는 자는 위판장개설자의 지정을 받아야 한다.
② 위판장개설자는 다음의 어느 하나에 해당하는 경우에는 산지중도매인으로 지정하여서는 아니 된다.
  ㉠ 파산선고를 받고 복권되지 아니한 사람이나 피성년후견인
  ㉡ 이 법을 위반하여 금고 이상의 실형을 선고받고 그 형의 집행이 끝나거나(집행이 끝난 것으로 보는 경우를 포함한다) 면제되지 아니한 사람
  ㉢ 산지중도매인의 지정이 취소(㉠에 해당하여 지정이 취소된 경우는 제외한다)된 날부터 2년이 지나지 아니한 사람
  ㉣ 위판장개설자의 주주 및 임직원으로서 해당 위판장개설자의 업무와 경합되는 산지중도매업을 하려는 사람
  ㉤ 임원 중에 ㉠부터 ㉣까지의 어느 하나에 해당하는 사람이 있는 법인

ⓗ 최저거래금액 및 거래대금의 지급보증을 위한 보증금 등 해양수산부령으로 정하는 산지중도매인 지정조건을 갖추지 못한 사람

ⓢ 그 밖에 이 법 또는 다른 법령에 따른 제한에 위반되는 경우

③ 법인인 산지중도매인은 임원이 ②의 ⓜ에 해당하게 되었을 때에는 그 임원을 지체 없이 해임하여야 한다.

④ 산지중도매인은 다른 산지중도매인 또는 산지매매참가인의 거래 참가를 방해하는 행위를 하거나 집단적으로 수산물의 경매 또는 입찰에 불참하는 행위를 하여서는 아니 된다.

⑤ 위판장개설자는 산지중도매인을 지정하는 경우 5년 이상 10년 이하의 범위에서 지정 유효기간을 설정할 수 있다. 다만, 법인이 아닌 산지중도매인은 3년 이상 10년 이하의 범위에서 지정 유효기간을 설정할 수 있다.

⑥ 지정을 받은 산지중도매인은 다른 위판장개설자의 지정을 받은 경우에는 다른 위판장에서도 그 업무를 할 수 있다.

⑦ 산지매매참가인의 신고(법 제15조) : 산지매매참가인의 업무를 하려는 자는 해양수산부령으로 정하는 바에 따라 위판장개설자에게 산지매매참가인으로 신고하여야 한다.

(2) 산지경매사의 임면 및 업무(법 제16조)

① 위판장개설자는 위판장에서의 공정하고 신속한 거래를 위하여 해양수산부령으로 정하는 바에 따라 산지경매사를 두어야 한다.

② 위판장개설자는 산지경매사 자격시험에 합격한 사람을 산지경매사로 임명하되, 다음의 어느 하나에 해당하는 사람은 임명하여서는 아니 된다.

ⓖ 피성년후견인 또는 피한정후견인

ⓝ 이 법 또는 「형법」 제129조부터 제132조까지의 죄 중 어느 하나에 해당하는 죄를 범하여 금고 이상의 실형을 선고받고 그 형의 집행이 끝나거나(집행이 끝난 것으로 보는 경우를 포함한다) 집행이 면제된 후 2년이 지나지 아니한 사람

ⓓ 이 법 또는 「형법」 제129조부터 제132조까지의 죄 중 어느 하나에 해당하는 죄를 범하여 금고 이상의 형의 집행유예를 선고받거나 선고유예를 받고 그 유예기간 중에 있는 사람

ⓡ 해당 위판장의 산지중도매인 또는 그 임직원

ⓜ 면직된 후 2년이 지나지 아니한 사람

ⓗ 업무정지기간 중에 있는 사람

③ 위판장개설자는 산지경매사가 ②의 ⓖ부터 ⓡ까지의 어느 하나에 해당하는 경우에는 그 산지경매사를 면직하여야 한다.

④ 산지경매사는 다음의 업무를 수행한다.

ⓖ 위판장에 상장한 수산물에 대한 경매 우선순위의 결정

ⓝ 위판장에 상장한 수산물에 대한 가격 평가

㉢ 위판장에 상장한 수산물에 대한 경락자의 결정

㉣ 위판장에 상장한 수산물에 대한 정가·수의매매 등의 가격 협의

⑤ 산지경매사는 「형법」 제129조부터 제132조까지의 규정을 적용할 때에는 공무원으로 본다.

3 위판장의 거래원칙 및 지원

(1) 위판장 수산물 수탁판매 등(법 제18조)

① 위판장개설자는 도매하는 수산물을 출하자로부터 위탁받아야 한다. 다만, 수산물의 가격안정 등 해양수산부령으로 정하는 특별한 사유가 있는 경우에는 매수하여 도매할 수 있다.

② 위판장개설자는 해양수산부령으로 정하는 경우를 제외하고는 입하된 수산물의 수탁과 위탁받은 수산물의 판매를 거부·기피하거나 거래 관계인에게 부당한 차별대우를 하여서는 아니 된다.

③ 산지중도매인은 위판장개설자가 상장한 수산물 외에는 거래할 수 없다. 다만, 위판장개설자가 상장하기에 적합하지 아니한 수입산이나 원양산 수산물 등 해양수산부령으로 정하는 바에 따라 시장·군수·구청장으로부터 허가를 받은 수산물의 경우에는 그러하지 아니하다.

④ 산지중도매인 간에는 거래할 수 없다. 다만, 과잉생산 수산물의 처리 등 해양수산부령으로 정하는 바에 따라 시장·군수·구청장으로부터 허가를 받은 경우에는 그러하지 아니하다.

(2) 위판장 수산물 매매방법 및 대금 결제(법 제19조)

① 위판장개설자는 위판장에서 수산물을 경매·입찰·정가매매 또는 수의매매의 방법으로 매매하여야 한다. 다만, 출하자가 선취매매·선상경매·견본경매 등 해양수산부령으로 정하는 매매방법을 원하는 경우에는 그에 따를 수 있다.

② 위판장개설자는 위판장에 상장한 수산물을 위탁된 순위에 따라 경매 또는 입찰의 방법으로 판매하는 경우에는 최고가격 제시자에게 판매하여야 한다. 다만, 출하자가 서면으로 거래 성립 최저가격을 제시한 경우에는 그 가격 미만으로 판매하여서는 아니 된다.

③ ②에 따른 경매 또는 입찰의 방법은 전자식(電子式)을 원칙으로 하되 필요한 경우 해양수산부령으로 정하는 바에 따라 거수수지식(擧手手指式), 기록식, 서면입찰식 등의 방법으로 할 수 있다.

④ 위판장개설자는 매수하거나 위탁받은 수산물이 매매되었을 때에는 그 대금의 전부를 출하자에게 즉시 결제하여야 한다. 다만, 대금의 지급방법에 관하여 위판장개설자와 출하자 사이에 특약이 있는 경우에는 그 특약에 따른다.

⑤ ④에 따른 대금결제에 관한 구체적인 절차와 방법, 수수료 징수 등에 관하여 필요한 사항은 해양수산부령으로 정한다.

(3) 위판장의 공시(법 제20조)

① 위판장개설자는 출하자와 소비자의 권익보호를 위하여 거래물량, 가격정보, 재무상황, 제16조 제1항에 따라 두는 산지경매사, 제21조 제1항에 따른 평가 결과 등을 공시하여야 한다.

② 공시의 내용, 방법 및 절차 등에 필요한 사항은 해양수산부령으로 정한다.

(4) 위판장의 평가(법 제21조)

① 시장·군수·구청장은 해당 위판장의 운영·관리와 위판장개설자의 거래실적, 재무건전성 등 경영관리에 관한 평가를 2년마다 실시하여야 한다. 이 경우 위판장개설자는 평가에 필요한 자료를 시장·군수·구청장에게 제출하여야 한다.

② 위판장개설자는 산지중도매인의 거래실적, 재무건전성 등 경영관리에 관한 평가를 실시할 수 있다.

③ 위판장개설자는 ②에 따른 평가 결과와 시설규모, 거래액 등을 고려하여 산지중도매인에 대하여 시설 사용면적의 조정, 차등 지원 등의 조치를 할 수 있다.

④ 시장·군수·구청장은 ①에 따른 평가 결과에 따라 위판장개설자에게 다음의 명령이나 권고를 할 수 있다.

ㄱ 부진한 사항에 대한 시정 명령

ㄴ 산지중도매인에 대한 시설 사용면적의 조정, 차등 지원 등의 조치 명령

⑤ 그 밖에 위판장 및 산지중도매인에 대한 평가, 조치 등에 필요한 사항은 해양수산부령으로 정한다.

(5) 위판장의 지원

① 위판장의 개수·보수 등 지원(법 제22조)

ㄱ 국가 또는 지방자치단체는 산지의 수산물 공동출하 등을 촉진하기 위하여 위판장개설자에게 부지 확보, 시설물 설치를 위한 개수·보수 등에 필요한 지원을 할 수 있다.

ㄴ 국가와 지방자치단체는 위판장의 효율적인 운영과 생산자의 공동출하를 촉진할 수 있도록 항만 및 어항부지의 사용 등 입지선정과 도로망 개설을 지원하도록 노력하여야 한다.

② 위판장의 현대화 지원 등(법 제22조의2)

ㄱ 국가 또는 지방자치단체는 위판장 시설의 현대화를 위하여 다음의 사항이 포함된 지원계획을 세워야 한다.

- 위판장의 수산물전자거래(전자경매를 포함) 확대
- 위판장의 저온유통체계 확립
- 위판장의 위생여건 개선
- 그 밖에 위판장 시설의 현대화를 위하여 해양수산부령으로 정하는 사항

ㄴ 국가 또는 지방자치단체는 ㄱ의 지원계획에 따라 위판장개설자에게 지원할 수 있다.

4 보고 등

(1) 보고(법 제23조)

① 시장 · 군수 · 구청장은 위판장개설자로 하여금 그 재산 및 업무집행 상황을 보고하게 할 수 있다.

② 위판장개설자는 수산물의 가격 및 수급 안정을 위하여 특히 필요하다고 인정할 때에는 산지중도매인으로 하여금 업무집행 상황을 보고하게 할 수 있다.

(2) 검사(법 제24조)

① 시장 · 군수 · 구청장은 해양수산부령으로 정하는 바에 따라 소속 공무원으로 하여금 위판장개설자의 업무와 이에 관련된 장부 및 재산상태를 검사하게 할 수 있다.

② 검사를 하는 공무원은 그 권한을 표시하는 증표를 관계인에게 보여주어야 한다.

(3) 명령(법 제25조)

시장 · 군수 · 구청장은 위판장의 적정한 운영을 위하여 필요하다고 인정할 때에는 해양수산부령으로 정하는 바에 따라 위판장개설자에게 업무규정의 변경, 업무처리의 개선, 그 밖에 필요한 조치를 명할 수 있다.

(4) 허가 등의 취소 등(법 제26조)

① 시장 · 군수 · 구청장은 위판장개설자가 다음의 어느 하나에 해당하는 경우에는 개설허가를 취소하거나 해당시설을 폐쇄하는 등 그 밖의 필요한 조치를 할 수 있다.

㉠ 허가를 받지 아니하고 위판장을 개설한 경우

㉡ 제출된 업무규정 및 운영관리계획서와 다르게 위판장을 운영한 경우

㉢ 허가를 받지 아니하고 위판장의 업무규정을 변경한 경우

㉣ 제25조에 따른 명령에 따르지 아니한 경우

② 시장 · 군수 · 구청장은 위판장개설자가 다음의 어느 하나에 해당하면 6개월 이내의 기간을 정하여 해당 업무의 정지를 명할 수 있다.

㉠ 제13조 제1항에 따른 의무를 이행하지 아니하였을 때

㉡ 규정을 위반하여 산지중도매인을 지정하였을 때

㉢ 규정을 위반하여 산지경매사를 두지 아니하거나 산지경매사가 아닌 사람으로 하여금 경매를 하도록 하였을 때

㉣ 규정을 위반하여 산지경매사를 임명하였을 때

㉤ 규정을 위반하여 해당 산지경매사를 면직하지 아니하였을 때

㉥ 규정을 위반하여 매수하여 도매하였을 때

㉦ 규정을 위반하여 수탁 또는 판매를 거부 · 기피하거나 부당한 차별대우를 하였을 때

ⓞ 규정을 위반하여 경매 또는 입찰을 하였을 때
ⓩ 규정을 위반하여 즉시 결제하지 아니하였을 때
ⓒ 규정을 위반하여 공시하지 아니하거나 거짓된 사실을 공시하였을 때
ⓚ 평가 결과 운영 실적이 해양수산부령으로 정하는 기준 이하로 부진하여 출하자 보호에 심각한 지장을 초래할 우려가 있는 경우
ⓣ 명령을 따르지 아니하였을 때
ⓟ 검사에 정당한 사유 없이 응하지 아니하거나 이를 방해하였을 때

③ 위판장개설자는 산지경매사가 업무를 부당하게 수행하여 위판장의 거래질서를 문란하게 한 경우 6개월 이내의 기간을 정하여 업무의 정지를 명하거나 면직할 수 있다.

④ 위판장개설자는 산지중도매인이 다음의 어느 하나에 해당하면 6개월 이내의 기간을 정하여 해당 업무의 정지를 명하거나 산지중도매인의 지정을 취소할 수 있다.
㉠ 산지중도매인의 지정조건을 갖추지 못하였을 때
㉡ 규정을 위반하여 해당 임원을 해임하지 아니하였을 때
㉢ 다른 산지중도매인 또는 산지매매참가인의 거래 참가를 방해하거나 정당한 사유 없이 집단적으로 경매 또는 입찰에 불참하였을 때

⑤ ①부터 ④까지의 규정에 따른 위반행위별 처분기준은 해양수산부령으로 정한다.

⑥ 위판장개설자가 ④에 따라 산지중도매인의 지정을 취소한 경우에는 해양수산부장관이 지정하여 고시한 인터넷 홈페이지에 그 내용을 게시하여야 한다.

04 수산물의 이력추적관리

1 수산물의 이력추적관리 등

(1) 수산물 이력추적관리(법 제27조)

① 다음의 어느 하나에 해당하는 자 중 수산물의 생산·수입부터 판매까지 각 유통단계별로 정보를 기록·관리하는 이력추적관리를 받으려는 자는 해양수산부장관에게 등록하여야 한다.
㉠ 수산물을 생산하는 자
㉡ 수산물을 유통 또는 판매하는 자(표시·포장을 변경하지 아니한 유통·판매자는 제외한다)

② ①에도 불구하고 대통령령으로 정하는 수산물을 생산하거나 유통 또는 판매하는 자는 해양수산부장관에게 이력추적관리의 등록을 하여야 한다.

이력추적관리 의무 등록 대상 수산물(시행령 제15조)

"대통령령으로 정하는 수산물"이란 다음의 어느 하나에 해당하는 수산물 중에서 해양수산부장관이 정하여 고시하는 것을 말한다.

1. 국민 건강에 위해(危害)가 발생할 우려가 있는 수산물로서 위해 발생의 원인규명 및 신속한 조치가 필요한 수산물
2. 소비량이 많은 수산물로서 국민 식생활에 미치는 영향이 큰 수산물
3. 그 밖에 취급방법, 유통 경로 등을 고려하여 이력추적관리가 필요하다고 해양수산부장관이 인정하는 수산물

③ ① 또는 ②에 따라 이력추적관리의 등록을 한 자는 해양수산부령으로 정하는 등록사항이 변경된 경우 변경 사유가 발생한 날부터 1개월 이내에 해양수산부장관에게 신고하여야 한다.

④ ①에 따라 이력추적관리의 등록을 한 자는 해당 수산물에 해양수산부령으로 정하는 바에 따라 이력추적관리의 표시를 할 수 있으며, ②에 따라 이력추적관리의 등록을 한 자는 해당 수산물에 이력추적관리의 표시를 하여야 한다.

이력추적관리수산물의 표시 등(시행규칙 제28조)

① 이력추적관리의 표시는 다음의 방법에 따른다.

1. 포장·용기의 겉면 등에 이력추적관리의 표시를 할 때 : 표시사항을 인쇄하거나 표시사항이 인쇄된 스티커를 부착할 것
2. 수산물에 이력추적관리의 표시를 할 때 : 표시대상 수산물에 표시사항이 인쇄된 스티커, 표찰 등을 부착할 것
3. 송장(送狀)이나 거래명세표에 이력추적관리 등록의 표시를 할 때 : 표시사항을 적어 이력추적관리 등록을 받았음을 표시할 것
4. 간판이나 차량에 이력추적관리의 표시를 할 때 : 인쇄 등의 방법으로 표지도표를 표시할 것

② ①에 따라 이력추적관리의 표시가 되어 있는 수산물을 공급받아 소비자에게 직접 판매하는 자는 푯말 또는 표지판으로 이력추적관리의 표시를 할 수 있다. 이 경우 표시내용은 포장 및 거래명세표 등에 적혀 있는 내용과 같아야 한다.

이력추적관리의 표시(시행규칙 제28조 관련 [별표 2])

1. 이력추적관리수산물의 표시사항

가. 표 지

Traceability
이력추적
해양수산부

나. 이력추적관리번호 또는 QR코드

2. 이력추적관리의 표시방법

가. 색상 및 크기 : 포장재에 따라 표지의 색상 및 크기는 조정할 수 있다.

나. 위치 : 포장재 주표시면의 옆면에 표시하되, 포장재의 구조상 옆면에 표시하기 어려울 경우에는 표시위치를 변경할 수 있다.

다. 표시내용은 소비자가 쉽게 알아볼 수 있도록 인쇄하거나, 스티커, 표찰 등으로 포장재에서 떨어지지 않도록 부착해야 한다.
라. 이력추적관리표지를 인쇄하거나 부착하기에 부적합한 경우에는 띠 모양의 표지로 표시할 수 있다.
마. 수출용의 경우에는 해당 국가의 요구에 따라 표시할 수 있다.

〈비 고〉

1. 천일염을 제외한 수산물의 이력추적관리번호 부여방법
   가. 관리번호는 다음의 번호를 연결한 13자리로 구성하며, 다목에 따른 이력추적관리번호 부여 예시와 같이 부여한다.
      1) 첫 네 자리는 국립수산물품질관리원장이 양식장, 어촌계 등에 부여한 등록번호
      2) 등록번호 다음 두 자리는 이력추적관리 등록을 한 자가 부여한 제품유형별 고유번호
      3) 제품유형별 고유번호 다음 두 자리는 연도번호로, 연도의 마지막 두 자리를 사용
      4) 마지막 다섯 자리는 이력추적관리 등록을 한 자가 부여한 식별단위(로트) 번호로 00001번부터 순차적으로 부여하되, 같은 날에 2개 이상의 로트가 발생한 경우에는 로트별로 다르게 부여한다. 수산물 생산 또는 가공, 유통 여건이 다를 경우 번호를 다르게 부여하는 것을 권장한다.

   ※ 이력추적관리번호를 부여한 이력추적관리의 등록을 한 자는 식별단위(로트) 번호 다섯 자리의 내역을 관리하고 있어야 한다.

   나. 식별단위(로트)의 크기는 다음 사항을 참고하여 결정한다.
      1) 식별단위(로트)를 크게 하면 이력추적관리대상 수산물의 관리에 드는 비용 또는 노력이 감소할 수 있으나, 안전성 등 문제 발생 시 위험부담이 증가할 수 있다.
      2) 식별단위(로트)를 작게 하면 이력추적관리대상 수산물의 관리에 비용 또는 노력이 많이 들 수 있으나, 안전성 등 문제 발생 시 대처에 용이할 수 있다.
   다. 이력추적관리번호 부여 예시

      예 국립수산물품질관리원장이 "0012"의 등록번호를 부여한 A어촌계 소속의 B가 활바지락(01 – 활바지락, 02 – 활고막) 500kg을 생산하여 2008년 8월 20일 C유통회사(포장)에 출하하고, A어촌계가 자율적으로 식별단위(로트) 번호를 00001로 부여한 경우 이력추적관리번호는 「0012010800001」임

      ※ A어촌계 대표자는 00001의 아래의 정보를 기록・관리하여야 한다.
      00001의 이력 : 생산자(A어촌계 B), 품목(활 바지락), 출하날짜(2008년 8월 20일), 물량(500kg), 출하처(C유통회사)

2. 천일염에 대한 이력추적관리번호 부여방법
   가. 관리번호는 다음과 같이 구성되며, 10자리 또는 그 이상의 번호를 연결하여 부여한다.
      1) 첫 네 자리는 연도번호이며, "00" + 연도의 마지막 두 자리를 사용
      2) 연도번호 다음 여섯 자리는 출하에 따라 생성되는 관리번호로, 출하물량이 기본 여섯 자리를 초과하게 될 경우 자릿수를 늘려서 번호 부여
      3) 1) 및 2)에도 불구하고 이력추적관리 대상 천일염으로 세척 등 단순가공하거나 소분 등 재포장 등을 하는 제품에 대하여 1) 및 2)와 같이 이력추적관리번호의 사용이 곤란한 경우에는 천일염이력추적 관리시스템으로 확인할 수 있는 자율적 관리번호를 사용
   나. 이력추적관리번호 부여 예시
      • 0016000015 : 2016년도에 천일염이력추적 관리시스템에 15번째로 등록하여 출하된 천일염
      • 00161000001 : 2016년도에 천일염이력추적 관리시스템에 1,000,001번째로 등록하여 출하된 천일염(자릿수 증가)

      ※ 천일염 생산・유통・판매단계 업체 등에 관한 정보는 관리번호를 통해 천일염이력추적 관리시스템으로 확인이 가능하게 한다.

3. QR코드 부여방법
QR코드는 이력추적관리 등록을 한 자에 대하여 고유의 QR코드를 부여하되, 이력추적관리번호 및 관련 정보를 연계할 수 있도록 부여한다.

⑤ ① 및 ②에 따라 등록된 수산물(이력추적관리수산물)을 생산하거나 유통 또는 판매하는 자는 해양수산부령으로 정하는 이력추적관리기준에 따라 이력추적관리에 필요한 입고·출고 및 관리내용을 기록하여 보관하여야 한다. 다만, 이력추적관리수산물을 유통 또는 판매하는 자 중 행상·노점상 등 대통령령으로 정하는 자는 그러하지 아니하다.

이력추적관리기준 준수 의무 면제자(시행령 제16조)
"행상·노점상 등 대통령령으로 정하는 자"란 다음의 어느 하나에 해당하는 자를 말한다.
1. 「부가가치세법 시행령」에 따른 노점 또는 행상을 하는 사람
2. 유통업체를 이용하지 아니하고 우편 등을 통하여 수산물을 소비자에게 직접 판매하는 생산자

⑥ 해양수산부장관은 ① 또는 ②에 따라 이력추적관리의 등록을 한 자에 대하여 이력추적관리에 필요한 비용의 전부 또는 일부를 지원할 수 있다.

⑦ 그 밖에 이력추적관리의 대상품목, 등록절차, 등록사항, 그 밖에 등록에 필요한 사항은 해양수산부령으로 정한다.

이력추적관리의 대상품목 및 등록사항(시행규칙 제25조)
① 법 제27조 제1항 및 제2항에 따라 수산물의 유통단계별로 정보를 기록·관리하는 이력추적관리의 등록을 하거나 할 수 있는 대상품목은 수산물 중 식용이나 식용으로 가공하기 위한 목적으로 생산·처리된 수산물로 한다.
② 법 제27조 제1항 및 제2항에 따라 이력추적관리를 받으려는 자는 다음의 구분에 따른 사항을 등록하여야 한다.
1. 생산자(염장, 건조 등 단순처리를 하는 자를 포함한다)
   가. 생산자의 성명, 주소 및 전화번호
   나. 이력추적관리 대상품목명
   다. 양식수산물의 경우 양식장 면적, 천일염의 경우 염전 면적
   라. 생산계획량
   마. 양식수산물 및 천일염의 경우 양식장 및 염전의 위치, 그 밖의 어획물의 경우 위판장의 주소 또는 어획장소
2. 유통자
   가. 유통자의 명칭, 주소 및 전화번호
   나. 이력추적관리 대상품목명
3. 판매자 : 판매자의 명칭, 주소 및 전화번호

(2) 이력추적관리의 등록절차 등(시행규칙 제26조)

① 이력추적관리 등록을 하려는 자는 수산물이력추적관리 등록신청서에 다음의 서류를 첨부하여 국립수산물품질관리원장에게 제출하여야 한다.

㉠ 이력추적관리 등록을 한 수산물(이력추적관리수산물)의 생산・출하・입고・출고계획 등을 적은 관리계획서

㉡ 이력추적관리수산물에 이상이 있는 경우 회수 조치 등을 적은 사후관리계획서

② 국립수산물품질관리원장은 ①에 따른 등록신청을 접수하면 심사일정을 정하여 신청인에게 알려야 한다.

③ 국립수산물품질관리원장은 ①에 따른 이력추적관리의 등록신청을 접수한 경우 제29조에 따른 수산물 이력추적관리기준에 적합한지를 심사하여야 한다. 이 경우 국립수산물품질관리원장은 소속 심사담당자와 시・도지사 또는 시장・군수・구청장이 추천하는 공무원이나 민간전문가로 심사반을 구성하여 이력추적관리의 등록 여부를 심사할 수 있다.

④ 국립수산물품질관리원장은 ①에 따른 이력추적관리 등록신청인이 생산자집단인 경우에는 전체 구성원에 대하여 각각 ③에 따른 심사를 하여야 한다. 다만, 국립수산물품질관리원장이 정하여 고시하는 경우에는 표본심사의 방법으로 할 수 있다.

⑤ 국립수산물품질관리원장은 ③에 따른 심사결과 신청내용이 제29조에 따른 수산물 이력추적관리기준에 적합한 경우에는 이력추적관리 등록을 하고, 그 신청인에게 수산물이력추적관리 등록증(이력추적관리 등록증)을 발급하여야 하며, 심사결과 신청내용이 제29조에 따른 수산물 이력추적관리기준에 적합하지 아니한 경우에는 구체적인 사유를 지체 없이 신청인에게 통지하여야 한다.

⑥ 이력추적관리 등록을 한 자가 ⑤에 따라 발급받은 이력추적관리 등록증을 분실한 경우 국립수산물품질관리원장에게 수산물이력추적관리 등록증 재발급 신청서를 제출하여 재발급 받을 수 있다.

⑦ ①부터 ⑥까지의 규정에서 정한 사항 외에 이력추적관리의 등록에 필요한 세부적인 절차 및 사후관리 등에 관한 사항은 국립수산물품질관리원장이 정하여 고시한다.

(3) 이력추적관리 등록의 유효기간 등(법 제28조)

① 이력추적관리 등록의 유효기간은 등록한 날부터 3년으로 한다. 다만, 품목의 특성상 달리 적용할 필요가 있는 경우에는 10년의 범위에서 해양수산부령으로 유효기간을 달리 정할 수 있다.

② 다음의 어느 하나에 해당하는 자는 이력추적관리 등록의 유효기간이 끝나기 전에 이력추적관리의 등록을 갱신하여야 한다.

㉠ 이력추적관리의 등록을 한 자로서 그 유효기간이 끝난 후에도 계속하여 해당 수산물에 대하여 이력추적관리를 하려는 자

㉡ 이력추적관리의 등록을 한 자로서 그 유효기간이 끝난 후에도 계속하여 해당 수산물을 생산하거나 유통 또는 판매하려는 자

③ ②에 따른 등록 갱신을 하지 아니하려는 자가 ①의 등록 유효기간 내에 출하를 종료하지 아니한 제품이 있는 경우에는 해양수산부장관의 승인을 받아 그 제품에 대한 등록 유효기간을 1년의 범위에서 연장할 수 있다. 다만, 등록의 유효기간이 끝나기 전에 출하된 제품은 그 제품의 유통기한이 끝날 때까지 그 등록 표시를 유지할 수 있다.

④ 그 밖에 이력추적관리 등록의 갱신 및 유효기간 연장 절차 등에 필요한 사항은 해양수산부령으로 정한다.

> **이력추적관리 등록의 유효기간(시행규칙 제30조)**
> 법 제28조 제1항 단서에 따라 양식수산물의 이력추적관리 등록의 유효기간은 5년으로 한다.
>
> **이력추적관리 등록의 갱신(시행규칙 제31조)**
> ① 국립수산물품질관리원장은 이력추적관리 등록의 유효기간이 끝나기 2개월 전까지 해당 이력추적관리의 등록을 한 자에게 이력추적관리 등록의 갱신절차와 갱신신청 기간을 미리 알려야 한다. 이 경우 휴대전화 문자메시지, 전자우편, 팩스, 전화 또는 문서 등으로 통지할 수 있다.
> ② ①에 따른 통지를 받은 자가 법 제28조 제2항에 따라 이력추적관리의 등록을 갱신하려는 경우에는 이력추적관리 등록 갱신신청서에 제26조 제1항 각 호에 따른 서류 중 변경사항이 있는 서류를 첨부하여 해당 등록의 유효기간이 끝나기 1개월 전까지 국립수산물품질관리원장에게 제출하여야 한다.
> ③ ②에 따른 신청을 받은 국립수산물품질관리원장은 등록 갱신결정을 한 경우에는 이력추적관리 등록증을 다시 발급하여야 한다.

(4) 이력추적관리 자료의 제출(법 제29조)

① 해양수산부장관은 이력추적관리수산물을 생산하거나 유통 또는 판매하는 자에게 수산물의 생산, 입고·출고와 그 밖에 이력추적관리에 필요한 자료제출을 요구할 수 있다.

② 이력추적관리수산물을 생산하거나 유통 또는 판매하는 자는 ①에 따른 자료제출을 요구받은 경우에는 정당한 사유가 없으면 이에 따라야 한다.

③ ①에 따른 자료제출의 범위, 방법, 절차 등에 필요한 사항은 해양수산부령으로 정한다.

(5) 이력추적관리 등록의 취소 등(법 제30조)

① 해양수산부장관은 등록한 자가 다음의 어느 하나에 해당하면 그 등록을 취소하거나 6개월 이내의 기간을 정하여 이력추적관리 표시의 금지를 명할 수 있다. 다만, ㉠ 또는 ㉡에 해당하면 등록을 취소하여야 한다.

㉠ 거짓이나 그 밖의 부정한 방법으로 등록을 받은 경우
㉡ 이력추적관리 표시 금지명령을 위반하여 표시한 경우
㉢ 등록변경신고를 하지 아니한 경우
㉣ 표시방법을 위반한 경우
㉤ 입고·출고 및 관리내용의 기록 및 보관을 하지 아니한 경우
㉥ 정당한 사유 없이 자료제출 요구를 거부한 경우

② ①에 따른 등록취소 및 표시금지 등의 기준, 절차 등 세부적인 사항은 해양수산부령으로 정한다.

이력추적관리의 등록취소 및 표시금지의 기준(시행규칙 제34조 관련 [별표 4])

1. 일반기준
   가. 위반행위가 둘 이상인 경우
      1) 각각의 처분기준이 시정명령 또는 등록취소인 경우에는 하나의 위반행위로 본다. 다만, 각각의 처분기준이 표시금지인 경우에는 각각의 처분기준을 합산하여 처분할 수 있다.
      2) 각각의 처분기준이 다른 경우에는 그 중 무거운 처분기준을 적용한다. 다만, 각각의 처분기준이 표시금지인 경우에는 무거운 처분기준의 2분의 1까지 가중할 수 있으며, 이 경우 각 처분기준을 합산한 기간을 초과할 수 없다.
   나. 위반행위의 횟수에 따른 행정처분의 기준은 최근 1년간 같은 위반행위로 행정처분을 받은 경우에 적용한다. 이 경우 행정처분 기준의 적용일은 같은 위반행위에 대하여 최초로 행정처분을 한 날과 다시 같은 위반행위를 적발한 날을 기준으로 한다.
   다. 생산자집단 또는 가공업자단체의 구성원의 위반행위에 대해서는 1차적으로 위반행위를 한 구성원에 대하여 행정처분을 하되, 그 구성원이 소속된 조직 또는 단체에 대해서는 그 구성원의 위반 정도를 고려하여 처분을 경감하거나 그 구성원에 대한 처분기준보다 한 단계 낮은 처분기준을 적용한다.
   라. 위반행위의 내용으로 보아 고의성이 없거나 그 밖에 특별한 사유가 있다고 인정되는 경우에는 그 처분을 표시금지의 경우에는 2분의 1 범위에서 경감할 수 있고, 등록취소인 경우에는 6개월의 표시금지 처분으로 경감할 수 있다.
   마. 처분권자는 고의 또는 중과실이 없는 위반행위자가 「소상공인기본법」에 따른 소상공인인 경우에는 다음의 사항을 고려하여 제2호의 개별기준에 따른 처분을 감경할 수 있다. 이 경우 그 처분이 표시금지인 경우에는 그 처분기준의 100분의 70 범위에서 감경할 수 있고, 그 처분이 등록취소(법 제30조 제1항 제1호 또는 제2호에 해당하는 경우는 제외)인 경우에는 3개월의 표시금지 처분으로 감경할 수 있다. 다만, 다목 및 라목에 따른 감경과 중복하여 적용하지 않는다.
      1) 해당 행정처분으로 위반행위자가 더 이상 영업을 영위하기 어렵다고 객관적으로 인정되는지 여부
      2) 경제위기 등으로 위반행위자가 속한 시장·산업 여건이 현저하게 변동되거나 지속적으로 악화된 상태인지 여부
2. 개별기준

위반행위	위반횟수별 처분기준		
	1차 위반	2차 위반	3차 위반 이상
가. 거짓이나 그 밖의 부정한 방법으로 등록을 받은 경우	등록취소	-	-
나. 이력추적관리 표시 금지명령을 위반하여 계속 표시한 경우	등록취소	-	-
다. 법 제27조 제3항에 따른 이력추적관리 등록변경신고를 하지 않은 경우	시정명령	표시금지 1개월	표시금지 3개월
라. 법 제27조 제4항에 따른 표시방법을 위반한 경우	표시금지 1개월	표시금지 3개월	등록취소
마. 법 제27조 제5항에 따른 입고·출고 및 관리내용의 기록 및 보관을 하지 않은 경우	표시금지 1개월	표시금지 3개월	표시금지 6개월
바. 법 제29조 제2항을 위반하여 정당한 사유 없이 자료제출 요구를 거부한 경우	표시금지 1개월	표시금지 3개월	표시금지 6개월

(6) 수입수산물 유통이력관리(법 제31조)

① 외국 수산물을 수입하는 자와 수입수산물을 국내에서 거래하는 자는 국민보건을 해칠 우려가 있는 수산물로서 해양수산부장관이 지정하여 고시하는 수산물(유통이력수입수산물)에 대한 유통단계별 거래명세(수입유통이력)를 해양수산부장관에게 신고하여야 한다.

② 수입유통이력 신고의 의무가 있는 자(수입유통이력신고의무자)는 수입유통이력을 장부에 기록(전자적 기록방식을 포함한다)하고, 그 자료를 거래일부터 1년간 보관하여야 한다.

③ 해양수산부장관은 유통이력수입수산물을 지정할 때 미리 관계 행정기관의 장과 협의하여야 한다.

④ 해양수산부장관은 유통이력수입수산물의 지정, 신고의무 존속기한 및 신고대상 범위 설정 등을 할 때 수입수산물을 국내수산물에 비하여 부당하게 차별하여서는 아니 되며, 이를 이행하는 수입유통이력신고의무자의 부담이 최소화 되도록 하여야 한다.

⑤ 그 밖에 유통이력수입수산물별 신고 절차, 수입유통이력의 범위 등에 필요한 사항은 해양수산부장관이 정한다.

(7) 거짓표시 등의 금지(법 제32조)

누구든지 이력추적관리수산물 및 유통이력수입수산물(이력표시수산물)에 다음의 행위를 하여서는 아니 된다.

① 이력표시수산물이 아닌 수산물에 이력표시수산물의 표시를 하거나 이와 비슷한 표시를 하는 행위

② 이력표시수산물에 이력추적관리의 등록을 하지 아니한 수산물이나 수입유통이력 신고를 하지 아니한 수산물을 혼합하여 판매하거나 혼합하여 판매할 목적으로 보관하거나 진열하는 행위

③ 이력표시수산물이 아닌 수산물을 이력표시수산물로 광고하거나 이력표시수산물로 잘못 인식할 수 있도록 광고하는 행위

(8) 이력표시수산물의 사후관리(법 제33조)

① 해양수산부장관은 이력표시수산물의 품질 제고와 소비자 보호를 위하여 필요한 경우에는 관계 공무원에게 다음의 조사 등을 하게 할 수 있다.

㉠ 이력표시수산물의 표시에 대한 등록 또는 신고기준에의 적합성 등의 조사

㉡ 해당 표시를 한 자의 관계 장부 또는 서류의 열람

㉢ 이력표시수산물의 시료(試料) 수거

> **이력표시수산물에 대한 사후관리(시행령 제17조)**
> ① 해양수산부장관은 이력표시수산물(법 제27조 제1항 및 제2항에 따라 등록된 수산물과 법 제31조 제1항에 따라 해양수산부장관이 고시하는 수산물을 말한다)에 대한 조사, 장부·서류의 열람 또는 시료(試料) 수거를 하려는 경우에는 매년 이력표시수산물 사후관리 계획을 수립하고 그에 따라 이력표시수산물에 대한 조사, 장부·서류의 열람 또는 시료 수거를 실시하여야 한다.
> ② ①에 따른 이력표시수산물에 대한 사후관리 계획은 이력표시수산물의 거래 형태, 규모 등을 고려하여 수립하여야 한다.

② ①에 따라 조사·열람 또는 시료 수거를 할 때 이력표시수산물을 생산하거나 유통 또는 판매하는 자는 정당한 사유 없이 거부·방해하거나 기피하여서는 아니 된다.

③ ①에 따라 이력표시수산물을 조사·열람 또는 시료 수거를 할 때에는 미리 점검이나 조사의 일시, 목적, 대상 등을 점검 또는 조사 대상자에게 알려야 한다. 다만, 긴급한 경우나 미리 알리면 그 목적을 달성할 수 없다고 인정되는 경우에는 알리지 아니할 수 있다.

④ ①에 따라 조사·열람 또는 시료 수거를 하는 관계 공무원은 그 권한을 표시하는 증표를 지니고 이를 관계인에게 보여주어야 하며, 성명·출입시간·출입목적 등이 표시된 문서를 관계인에게 내어주어야 한다.

(9) 이력표시수산물에 대한 시정조치(법 제34조)

해양수산부장관은 이력표시수산물이 다음의 어느 하나에 해당하면 대통령령으로 정하는 바에 따라 그 시정을 명하거나 해당 품목의 판매금지 조치를 할 수 있다.

① 등록 또는 신고기준에 미치지 못하는 경우

② 해당 표시방법을 위반한 경우

05 수산물의 품질 및 위생관리

(1) 수산물 저온유통체계 등의 구축(법 제35조)

① 해양수산부장관은 수산물의 생산단계부터 판매단계까지의 모든 유통과정에서 저온유통체계 등의 구축을 위하여 다음의 사항이 포함된 시책을 수립·시행하여야 한다.

㉠ 활어·선어·냉동수산물 등의 보존방식에 따른 유통 위생관리기준의 확립

㉡ 저온유통 등을 위한 유통시설의 시설기준 마련 및 모니터링

㉢ 저온유통 등을 위한 운송 기준

㉣ 그 밖에 수산물 저온유통체계 등의 구축을 위하여 필요한 사항

② 해양수산부장관은 시책을 달성하기 위하여 수산물유통사업자에게 필요한 지원을 할 수 있다.
③ 그 밖에 수산물 저온유통체계 등의 구축을 위하여 필요한 기준과 설비 등에 대한 사항은 대통령령으로 정한다.

(2) 수산물 어획 후 위생관리 지원(법 제36조)

① 해양수산부장관과 지방자치단체의 장은 어획된 수산물의 위생관리 및 선도유지 등을 위하여 어획 후 위생관리에 대한 다음의 사업을 실시하여야 한다.
  ㉠ 어획 후 위생관리를 위한 어상자 등 기자재 및 시설의 개발・보급
  ㉡ 위판장, 수산물산지거점유통센터 및 소비지분산물류센터(위판장 등), 「농수산물 유통 및 가격안정에 관한 법률」에서 정하는 도매시장・공판장 및 그 밖의 유통시설, 「전통시장 및 상점가 육성을 위한 특별법」에서 정하는 전통시장 등에서의 수산물의 품질관리 및 위생안전 시설 확보
  ㉢ 수산물 위생관리를 위한 교육 및 홍보
  ㉣ 그 밖에 수산물 어획 후 위생관리를 위하여 해양수산부장관 또는 지방자치단체의 장이 필요하다고 인정하는 사업
② 해양수산부장관은 수산물 어획 후 위생관리를 위하여 필요한 시설 및 장비를 확충할 것을 수산물유통사업자에게 권고할 수 있으며, 이에 필요한 지원을 할 수 있다.

(3) 불법 수산물의 유통 금지 등(법 제37조)

① 누구든지 다음에 해당하는 수산물은 유통하여서는 아니 된다.
  ㉠ 「원양산업발전법」의 규정을 위반하여 포획・채취한 수산물
  ㉡ 그 밖에 방사능 오염 등으로 인하여 국민의 건강을 해칠 우려가 있어 대통령령으로 정하는 수산물
② 해양수산부장관은 수산물 유통질서의 확립 및 위생관리를 위하여 필요하면 다음의 사항을 명할 수 있다.
  ㉠ 양식한 어획물 및 그 가공품의 처리에 관한 제한이나 금지
  ㉡ 수산물의 포장 및 용기의 제한이나 금지
③ ②에 따른 제한 또는 금지사항 등에 필요한 사항은 대통령령으로 정한다.
④ 불법 수산물의 유통 금지 등(시행령 제20조)
  ㉠ "대통령령으로 정하는 수산물"이란 다음의 어느 하나에 해당하는 수산물을 말한다.
    • 「식품위생법」 제4조 제2호부터 제6호까지의 어느 하나에 해당하는 수산물

> **위해식품 등의 판매 등 금지(식품위생법 제4조)**
> 누구든지 다음의 어느 하나에 해당하는 식품 등을 판매하거나 판매할 목적으로 채취·제조·수입·가공·사용·조리·저장·소분·운반 또는 진열하여서는 아니 된다.
> 1. 썩거나 상하거나 설익어서 인체의 건강을 해칠 우려가 있는 것
> 2. 유독·유해물질이 들어 있거나 묻어 있는 것 또는 그러할 염려가 있는 것. 다만, 식품의약품안전처장이 인체의 건강을 해칠 우려가 없다고 인정하는 것은 제외한다.
> 3. 병(病)을 일으키는 미생물에 오염되었거나 그러할 염려가 있어 인체의 건강을 해칠 우려가 있는 것
> 4. 불결하거나 다른 물질이 섞이거나 첨가(添加)된 것 또는 그 밖의 사유로 인체의 건강을 해칠 우려가 있는 것
> 5. 안전성 심사 대상인 농·축·수산물 등 가운데 안전성 심사를 받지 아니하였거나 안전성 심사에서 식용(食用)으로 부적합하다고 인정된 것
> 6. 수입이 금지된 것 또는 「수입식품안전관리 특별법」에 따른 수입신고를 하지 아니하고 수입한 것

- 「수산업법」에 따라 처리가 제한되거나 금지되는 수산물

㉡ 해양수산부장관은 양식한 어획물의 처리에 관한 제한이나 금지를 명령하는 경우에는 다음의 사항을 정하여 고시하여야 한다.
- 처리에 관한 제한이나 금지 명령의 대상이 되는 어획물의 종류
- 제한 또는 금지되는 기간

㉢ 해양수산부장관은 수산물의 포장 및 용기(容器)의 제한 또는 금지를 명령하는 경우에는 다음의 사항을 정하여 고시하여야 한다.
- 포장 및 용기의 제한 또는 금지 사유
- 포장 및 용기의 사용·판매에 관한 제한 또는 금지의 내용

06 수산물 수급관리

(1) 수산업관측(법 제38조)

① 해양수산부장관은 수산물의 수급안정을 위하여 주요 수산물에 대하여 매년 기상정보, 생산면적, 작황, 재고물량, 소비동향, 해외시장 정보 등을 조사하여 이를 분석하는 수산업관측을 실시하고 그 결과를 공표하여야 한다.

② 해양수산부장관은 수산업관측 업무를 효율적으로 실시하기 위하여 수협중앙회, 수산업 관련 기관 또는 단체를 수산업관측 전담기관으로 지정할 수 있다.

③ 해양수산부장관은 수산업관측 전담기관에 품목을 지정하여 수산업관측을 실시하도록 할 수 있으며, 그 운영에 필요한 경비를 충당하기 위하여 예산의 범위에서 출연금 또는 보조금을 지급할 수 있다.

④ ② 및 ③에 따른 수산업관측 전담기관의 지정 및 운영과 품목 지정 등에 필요한 사항은 해양수산부령으로 정한다.

> **수산업관측 대상품목의 지정 등(시행규칙 제35조)**
> ① 수산업관측 대상품목은 해당 수산물의 생산량, 가격변동률, 국민의 생활에 미치는 영향력 등을 고려하여 해양수산부장관이 정한다.
> ② 해양수산부장관은 법 제38조 제2항에 따라 「정부출연연구기관 등의 설립·운영 및 육성에 관한 법률」에 따른 한국해양수산개발원을 수산업관측 전담기관으로 지정한다.
> ③ 제2항에 따른 수산업관측 전담기관은 연도별 계획을 수립하여 수산업관측을 실시하고, 수산업관측 결과를 해양수산부장관에게 보고하여야 한다.
> ④ 제1항부터 제3항까지에서 규정한 사항 외에 수산업관측 전담기관의 업무 범위와 지원 등에 관한 세부사항은 해양수산부장관이 정한다.

(2) 계약생산(법 제39조)

① 해양수산부장관은 주요 수산물의 원활한 수급과 적정한 가격 유지를 위하여 수협조합, 수협중앙회, 생산자단체 등과 수산물 생산자 간에 계약생산 또는 계약출하를 하도록 장려할 수 있다.

② 해양수산부장관은 생산계약 또는 출하계약을 체결하는 자에 대하여 「수산업·어촌 발전 기본법」에 따라 설치된 수산발전기금으로 계약금의 대출 등 필요한 지원을 할 수 있다.

(3) 과잉생산 시의 생산자 보호(법 제40조)

① 해양수산부장관은 수산물의 가격안정을 위하여 필요하다고 인정할 때에는 그 생산자 또는 생산자단체로부터 수산발전기금으로 해당 수산물을 수매할 수 있다. 다만, 가격안정을 위하여 특히 필요하다고 인정할 때에는 「농수산물 유통 및 가격안정에 관한 법률」에 따른 도매시장 또는 공판장에서 해당 수산물을 수매할 수 있다.

② 해양수산부장관은 수매한 수산물을 판매 또는 수출, 사회복지단체에 기증하거나 그 밖의 방법으로 처분할 수 있다.

③ 판매대금은 해양수산부령으로 정하는 바에 따라 수산발전기금으로 납입하여야 한다.

> **수매수산물 판매대금의 처리(시행규칙 제36조)**
> 「수산업협동조합법」에 따른 수산업협동조합중앙회(수협중앙회)는 수매한 수산물을 판매하거나 수출한 경우에는 그 판매대금에서 처리비용을 정산한 후 남은 금액을 「수산업·어촌 발전 기본법」에 따라 설치된 수산발전기금에 납입하여야 한다.

④ ① 및 ②에 따른 수매·처분 등에 필요한 사항은 대통령령으로 정한다.

(4) 비축사업 등(법 제41조)

① 해양수산부장관은 수산물의 수급조절과 가격안정을 위하여 필요한 경우에는 수산발전기금으로 수산물을 비축하거나 수산물의 출하를 약정하는 생산자에게 그 대금의 일부를 미리 지급하여 출하를 조절할 수 있다.

> **비축사업의 내용(시행령 제22조)**
> 1. 비축용 수산물의 수매·수입[법 제41조 제4항에 따른 선물거래(先物去來)를 포함한다]·포장·수송·보관·판매·수출 및 기증 등 처분
> 2. 비축용 수산물을 확보하기 위한 어로(漁撈)·양식·선매(先買) 계약의 체결

② 비축용 수산물은 생산자 및 생산자단체로부터 수매하거나 위판장에서 수매하여야 한다. 다만, 가격안정을 위하여 특히 필요하다고 인정할 때에는 「농수산물 유통 및 가격안정에 관한 법률」에 따른 도매시장 또는 공판장에서 수매하거나 외국으로부터 수입할 수 있다.

③ 해양수산부장관은 비축한 수산물을 판매 또는 수출, 사회복지단체에 기증하거나 그 밖의 방법으로 처분할 수 있다.

④ 해양수산부장관은 ②의 단서에 따라 비축용 수산물을 수입하는 경우 국제가격의 급격한 변동에 대비하여야 할 필요가 있다고 인정할 때에는 선물거래(先物去來)를 할 수 있다.

⑤ ③에 따른 판매대금은 해양수산부령으로 정하는 바에 따라 수산발전기금으로 납입하여야 한다.

> **비축수산물의 판매대금의 처리(시행규칙 제37조)**
> 수협중앙회는 법 제41조 제1항에 따라 비축한 수산물을 판매하거나 수출한 경우에는 사업연도 종료 30일 이내에 그 판매대금에서 처리비용을 정산한 후 남은 금액을 수산발전기금에 납입하여야 한다.

⑥ ①부터 ④까지의 규정에 따른 비축용 수산물의 수매·수입·관리 및 판매 등에 필요한 사항은 대통령령으로 정한다.

(5) 수산물 민간수매사업 지원 및 방출명령(법 제42조)

① 해양수산부장관은 단기적인 수산물의 수급조절과 가격안정을 위하여 필요한 경우에는 수산발전기금으로 수산물유통사업자에게 그 대금의 일부를 미리 융자 지원할 수 있다.

② 해양수산부장관은 대금을 융자 지원받은 수산물유통사업자에게 수산물 수급조정과 가격안정을 위하여 필요한 경우 수산물유통사업자가 수매·보관하고 있는 수산물의 방출을 명할 수 있다.

③ ②에 따른 명령을 받은 수산물유통사업자는 그 명령을 준수하여야 하며, 그 명령을 준수하지 아니하는 수산물유통사업자에 대하여는 지원된 대금의 전부 또는 일부를 회수할 수 있다.

(6) 수매 및 비축사업의 손실처리(법 제43조)

해양수산부장관은 제40조에 따른 수매와 제41조에 따른 비축사업의 시행에 따라 생기는 감모(減耗), 가격 하락, 판매·수출·기증과 그 밖의 처분으로 인한 원가 손실 및 수송·포장·방제(防除) 등 사업실시에 필요한 관리비를 대통령령으로 정하는 바에 따라 그 사업의 비용으로 처리한다.

(7) 수산물의 수입 추천 등(법 제44조)

① 「관세법」에 따른 할당관세를 적용하는 수산물을 수입하려는 자는 해양수산부장관의 추천을 받아야 한다.

② 해양수산부장관은 수산물의 수입에 대한 추천업무를 수협중앙회로 하여금 대행하게 할 수 있다. 이 경우 품목별 추천물량 및 추천기준과 그 밖에 필요한 사항은 해양수산부장관이 정한다.

③ 수산물을 수입하려는 자는 사용용도와 그 밖에 해양수산부령으로 정하는 사항을 적어 수입 추천신청을 하여야 하고, 사용용도 외의 용도로 수산물을 사용하여서는 아니 된다.

④ 해양수산부장관은 필요하다고 인정할 때에는 「관세법」에 따른 할당관세를 적용하는 수산물 중 해양수산부령으로 정하는 품목의 수산물을 제41조 제2항 단서에 따라 비축용 수산물로 수입하거나 생산자단체를 지정하여 수입하여 판매하게 할 수 있다.

(8) 수입이익금의 징수 등(법 제45조)

① 해양수산부장관은 제44조 제1항에 따른 추천을 받아 수산물을 수입하는 자 중 해양수산부령으로 정하는 품목의 수산물을 수입하는 자에 대하여 해양수산부령으로 정하는 바에 따라 국내가격과 수입가격 간의 차액의 범위에서 수입이익금을 부과·징수할 수 있다.

② 수입이익금은 해양수산부령으로 정하는 바에 따라 수산발전기금에 납입하여야 한다.

> **수입이익금의 징수 등(시행규칙 제39조)**
>
> ① 법 제45조 제1항에서 "해양수산부령으로 정하는 품목의 수산물"이란 해양수산부장관이 수산물 수급상황 등을 고려하여 매년 정하여 고시하는 품목의 수산물을 말한다.
>
> ② 법 제45조 제1항에 따른 수입이익금의 부과금액은 법 제44조 제1항에 따른 추천을 받아 수산물의 수입자로 결정된 자가 수입자 결정 시 납입의사를 표시한 금액으로 하되, 납입의사를 표시한 금액이 없는 경우에는 해당 수산물의 판매수입금에서 해양수산부장관이 정하여 고시하는 비용 산정 기준 및 방법에 따라 산정된 물품대금, 운송료, 보험료, 그 밖에 수입에 드는 비목(費目)의 비용과 각종 공과금, 보관료, 운송료, 판매수수료 등 국내 판매에 드는 비목의 비용을 뺀 금액으로 할 수 있다.
>
> ③ 법 제45조 제2항에 따라 수입이익금을 수산발전기금에 납입하여야 하는 자는 제2항에 따라 산정된 수입이익금을 해양수산부장관이 고지하는 기한까지 수산발전기금에 납입하여야 한다. 이 경우 수입이익금이 1천만원 이하인 경우에는 신용카드, 직불카드 등으로 납입할 수 있다.

③ 수입이익금을 정하여진 기한까지 내지 아니하면 국세 체납처분의 예에 따라 징수할 수 있다.

07 수산물 유통 기반의 조성 등

(1) 수산물 규격화의 촉진(법 제46조)

① 해양수산부장관은 수산물의 상품성 향상, 유통의 효율성 제고 및 공정한 거래형성을 위하여 거래품목과 어상자 등의 규격을 정할 수 있다.

② 해양수산부장관은 수산물 규격화의 촉진을 위하여 수산물유통사업자에게 거래품목의 규격에 맞는 장비의 제조·사용, 규격에 맞는 포장, 이에 필요한 유통 시설 및 장비의 확충을 요청하거나 권고할 수 있으며, 이에 필요한 지원을 할 수 있다.

③ 해양수산부장관은 수산물 규격화의 촉진에 참여하는 자에게 수산정책자금의 우선 지원 등의 우대조치를 할 수 있다.

④ ①에 따른 거래품목의 종류 및 규격 등에 관하여 필요한 사항은 해양수산부령으로 정한다.

(2) 수산물 직거래 활성화(법 제47조)

① 해양수산부장관 또는 지방자치단체의 장은 수산물의 생산자와 소비자를 보호하고 유통의 효율화를 위하여 수산물 직거래에 대한 시책을 수립·시행하여야 한다.

② 해양수산부장관은 시책을 달성하기 위하여 수산물의 중도매업·소매업, 생산자와 소비자의 직거래사업, 생산자단체 및 대통령령으로 정하는 단체가 운영하는 수산물직매장, 소매시설을 지원·육성하여야 하며, 그 운영에 필요한 자금을 수산발전기금으로 융자·지원할 수 있다.

③ 해양수산부장관은 수산물 직거래의 활성화를 위하여 생산자단체와 대형마트 등 대규모 전문유통업체 또는 단체가 직거래 촉진을 위한 협약을 체결하는 경우 이를 지원할 수 있다.

④ 해양수산부장관은 수산물 직거래의 촉진과 지원을 위하여 수협중앙회에 수산물직거래촉진센터를 설치할 수 있으며, 이 경우 수산물직거래촉진센터의 운영에 필요한 경비를 지원할 수 있다.

(3) 수산물 소비지분산물류센터(법 제48조)

① 국가나 지방자치단체는 유통비용을 절감하기 위하여 수산물을 수집하여 소비지로 직접 출하할 목적으로 보관·포장·가공·배송·판매 등 수산물의 유통효율화에 필요한 시설을 갖추고 수산물 소비지분산물류센터를 개설하려는 자에게 부지 확보 또는 시설물 설치 등에 필요한 지원을 할 수 있다.

② 수산물 소비지분산물류센터의 개설, 시설 및 운영에 관하여 필요한 사항은 해양수산부령으로 정한다.

(4) 수산물 산지거점유통센터의 설치(법 제49조)

① 국가나 지방자치단체는 수산물의 처리물량을 규모화하고 상품의 부가가치를 높일 목적으로 수산물을 수집・가공하여 판매하기 위하여 수산물 산지거점유통센터를 설치하려는 자에게 부지 확보 또는 시설물 설치 등에 필요한 지원을 할 수 있다.

② 수산물 산지거점유통센터의 설치, 운영 및 시설기준 등에 관하여 필요한 사항은 해양수산부령으로 정한다.

(5) 수산물 수요개발 및 소비촉진(법 제50조)

① 해양수산부장관은 소비자의 수산물 선호도 변화에 따른 새로운 수산물의 수요 개발과 수산물의 소비촉진을 위하여 다음의 사업을 지원할 수 있다.

㉠ 국민의 수산물 기호 변화 및 식생활 개선을 위한 새로운 수산물 수요개발

㉡ 수산물 소비촉진을 위한 박람회, 시식회, 요리대회 등의 행사 개최

㉢ 수산물 소비촉진을 위한 홍보활동

㉣ 학교급식 및 단체급식에서 수산물 공급 확대를 위한 사업

㉤ 그 밖에 수산물 소비를 촉진하기 위하여 필요하다고 인정되는 사업

② 해양수산부장관은 수산물유통사업자 또는 관련 단체가 ①의 사업을 추진하는 경우에는 필요한 지원을 할 수 있다.

(6) 수산물 유통 정보화 사업(법 제51조)

① 해양수산부장관은 수산물 유통정보의 원활한 수집・관리 및 제공을 통한 수산물의 유통 효율화 및 전자거래의 활성화를 위하여 수산물의 유통 정보화와 관련한 다음의 사업을 지원할 수 있다.

㉠ 수산물 유통체계의 정보화를 위한 시스템 구축 및 보급

㉡ 위판장 등 수산물 유통시설의 정보관리시스템 구축

㉢ 수산물 점포의 유통 효율화를 위한 입하・출하, 재고 및 매장관리를 위한 시스템의 구축 및 보급

㉣ 수산물 유통 규격화를 위한 표준코드의 개발 및 보급

㉤ 수산물의 전자적 거래를 위한 수산물 전자거래장터(수산물 전자거래장치와 그에 수반되는 물류센터 등의 부대시설을 포함한다) 등의 시스템의 구축 및 보급

㉥ 수산물 유통정보 또는 유통정보시스템의 규격화 촉진

㉦ 수산물 유통 정보화를 위한 교육 및 홍보사업의 수행

㉧ 그 밖에 수산물 유통 정보화를 촉진하기 위하여 필요하다고 인정되는 사업

② 해양수산부장관은 수산물유통사업자 또는 해양수산부령으로 정하는 수산물 관련 단체가 ①의 사업을 추진하는 경우에는 예산의 범위에서 필요한 지원을 할 수 있다.

(7) 수산물 전자거래의 활성화(법 제52조)

① 해양수산부장관은 수산물 전자거래를 활성화하기 위하여 다음의 사업을 추진할 수 있다.

㉠ 수산물 전자거래장터의 설치 및 운영・관리

㉡ 수산물 전자거래에 참여하는 판매자 및 구매자의 등록・심사 및 관리

㉢ 대금결제 지원을 위한 정산소의 운영・관리

㉣ 수산물 전자거래에 관한 유통정보 서비스의 제공

㉤ 그 밖에 수산물 전자거래에 필요한 업무

② 해양수산부장관은 수산물 전자거래를 활성화하기 위하여 예산의 범위에서 필요한 지원을 할 수 있다.

③ ①과 ②에 규정한 사항 외에 거래품목, 거래수수료 및 결제방법 등 수산물 전자거래에 필요한 사항은 해양수산부령으로 정한다.

(8) 수산물 유통협회의 설립(법 제53조)

① 수산물유통사업자는 수산물유통산업의 건전한 발전과 공동의 이익을 도모하기 위하여 대통령령으로 정하는 바에 따라 해양수산부장관의 인가를 받아 수산물 유통협회(이하 "협회"라 한다)를 설립할 수 있다.

② 협회는 ①에 따른 설립인가를 받아 설립등기를 함으로써 성립한다.

③ 협회는 법인으로 한다.

④ 협회에 관하여 이 법에서 규정한 것 외에는 「민법」 중 사단법인에 관한 규정을 준용한다.

⑤ 협회는 다음의 사업을 수행한다.

㉠ 수산물유통사업자의 권익 보호 및 복리 증진

㉡ 수산물 유통 관련 통계 조사

㉢ 수산물 품질 및 위생관리

㉣ 수산물유통산업 종사자의 교육훈련

㉤ 수산물유통산업 발전을 위하여 국가 또는 지방자치단체가 위탁하거나 대행하게 하는 사업

㉥ 그 밖에 수산물유통산업의 발전을 위하여 대통령령으로 정하는 사업

⑥ 해양수산부장관은 ⑤에 따른 사업을 수행하거나 수산물유통산업의 발전을 위하여 필요한 경우 협회에 지원을 할 수 있다.

⑦ 협회에 대한 인가, 협회의 업무와 정관 등에 필요한 사항은 대통령령으로 정한다.

(9) 수산물 유통 관련 단체의 설립 및 지원(법 제54조)

① 위판장 등에서 해양수산부령으로 정하는 수산물 유통에 종사하는 자는 해양수산부장관의 인가를 받아 단체를 설립할 수 있다.

② ①의 단체는 법인으로 하며, 단체의 정관・운영・감독 등에 필요한 사항은 해양수산부령으로 정한다.

③ 해양수산부장관은 단체가 수산물유통산업의 발전을 위한 사업을 하려는 경우 그 사업의 타당성 및 공익성 등을 검토하여 필요한 지원을 할 수 있다.

④ 단체에 관하여 이 법에 규정된 것을 제외하고는 「민법」 중 사단법인에 관한 규정을 준용한다.

(10) 수산물 유통전문인력의 육성(법 제55조)

① 해양수산부장관은 수산물 유통전문인력을 육성하기 위하여 다음의 사업을 할 수 있다.

㉠ 수산물유통산업에 종사하는 유통전문인력의 역량강화를 위한 교육훈련

㉡ 수산물유통산업에 종사하려는 사람의 취업 또는 창업의 촉진을 위한 교육훈련

㉢ 수산물 유통체계의 효율화를 위한 선진 유통기법의 개발·보급

㉣ 수산물 유통시설의 운영과 유통장비의 조작을 담당하는 기능인력의 교육훈련

㉤ 그 밖에 수산물 유통전문인력을 육성하기 위하여 필요하다고 인정되는 사업

② 해양수산부장관은 사업을 위탁받아 수행하는 기관에 그 사업에 필요한 경비의 전부 또는 일부를 지원할 수 있다.

08 수산물 유통 기반의 조성 등

(1) 과징금(법 제56조)

① 시장·군수·구청장은 위판장개설자가 제26조 제2항에 해당하여 업무정지를 명하려는 경우, 그 업무의 정지가 해당 업무의 이용자 등에게 심한 불편을 주거나 공익을 해칠 우려가 있을 때에는 업무의 정지를 갈음하여 1억원 이하의 과징금을 부과할 수 있다.

② 과징금을 부과하는 경우에는 다음의 사항을 고려하여야 한다.

㉠ 위반행위의 내용 및 정도

㉡ 위반행위의 기간 및 횟수

㉢ 위반행위로 취득한 이익의 규모

③ 과징금의 부과기준은 대통령령으로 정한다.

과징금의 부과기준(시행령 제27조 관련 [별표 1])

1. 일반기준

가. 업무정지 1개월은 30일로 한다.

나. 위반행위에 따른 과징금은 법 제26조제2항에 따른 업무정지 일수에 제2호에 따른 과징금 부과기준에 따라 산정한 1일당 과징금을 곱한 금액으로 한다.

다. 과징금 부과의 기준이 되는 연간 거래액은 처분 대상자의 처분일이 속한 연도의 전년도 연간 거래액을 기준으로 한다. 다만, 신규사업, 휴업 등으로 연간 거래액을 산출할 수 없는 경우에는 처분일을 기준으로 하여 최근 분기별, 월별 또는 일별 거래금액을 기준으로 연간 거래액을 추산하여 산출한다.

라. 나목에도 불구하고 과징금 산정금액이 1억원을 초과하는 경우 과징금은 1억원으로 한다.

2. 과징금 부과기준

연간 거래액	1일당 과징금
100억원 미만	40,000원
100억원 이상 200억원 미만	80,000원
200억원 이상 300억원 미만	130,000원
300억원 이상 400억원 미만	190,000원
400억원 이상 500억원 미만	240,000원
500억원 이상 600억원 미만	300,000원
600억원 이상 700억원 미만	350,000원
700억원 이상 800억원 미만	410,000원
800억원 이상 900억원 미만	460,000원
900억원 이상 1천억원 미만	520,000원
1천억원 이상 1천500억원 미만	680,000원
1천500억원 이상	900,000원

④ 시장·군수·구청장은 과징금을 내야 할 자가 납부기한까지 내지 아니하면 국세 체납처분의 예 또는 「지방행정제재·부과금의 징수 등에 관한 법률」에 따라 이를 징수한다.

⑤ 시장·군수·구청장은 ①에 따른 과징금의 부과를 위하여 필요한 경우에는 다음 각 호의 사항을 적은 문서로 관할 세무관서의 장에게 「국세기본법」 제81조의13에 따른 과세정보의 제공을 요청할 수 있다.

㉠ 납세자의 인적사항

㉡ 과세정보의 사용 목적

㉢ 과징금의 부과 기준이 되는 매출액

(2) 청문(법 제57조)

해양수산부장관, 시장·군수·구청장, 위판장개설자는 다음의 어느 하나에 해당하는 처분을 하려면 청문을 하여야 한다.

㉠ 제26조 제1항에 따른 개설허가 취소나 해당 시설 폐쇄, 그 밖의 조치

㉡ 제26조 제2항에 따른 업무정지

㉢ 제26조 제3항에 따른 산지경매사의 면직

㉣ 제26조 제4항에 따른 산지중도매인의 지정 취소

㉤ 제30조에 따른 이력추적관리 등록의 취소

㉥ 제34조에 따른 이력표시수산물의 판매금지

(3) 권한의 위임 등(법 제58조)

① 해양수산부장관은 대통령령으로 정하는 바에 따라 이 법에서 정한 권한의 일부를 소속 기관의 장 또는 시·도지사에게 위임할 수 있다.

② 해양수산부장관은 대통령령으로 정하는 바에 따라 이 법에서 정한 업무의 일부를 다음의 자에게 위탁할 수 있다.

㉠ 수협조합, 수협중앙회 또는 생산자단체

㉡ 「공공기관의 운영에 관한 법률」에 따른 공공기관

㉢ 「정부출연연구기관 등의 설립·운영 및 육성에 관한 법률」에 따른 정부출연연구기관 또는 「과학기술분야 정부출연연구기관 등의 설립·운영 및 육성에 관한 법률」에 따른 과학기술분야 정부출연연구기관

㉣ 「농어업경영체 육성 및 지원에 관한 법률」에 따라 설립된 영어조합법인 등 수산 관련 법인이나 단체

㉤ 제53조 제1항에 따라 설립된 협회

㉥ 제54조 제1항에 따라 설립된 단체

권한 등의 위임 및 위탁(시행령 제28조)

① 해양수산부장관은 다음의 권한을 국립수산물품질관리원장에게 위임한다.

1. 이력추적관리의 등록 및 등록사항 변경신고의 수리
2. 이력추적관리 등록 유효기간의 연장 승인
3. 자료제출의 요구
4. 이력추적관리 등록의 취소 및 이력추적관리 표시의 금지 명령
5. 수입유통이력 신고의 수리
6. 조사·열람 및 시료의 수거
7. 시정명령 및 판매금지의 조치
8. 제한 및 금지의 명령
9. 주요 수산물에 대한 재고물량의 조사
10. 처분에 관한 청문
11. 과태료의 부과·징수

② 해양수산부장관은 수산물 유통전문인력의 육성을 위한 사업 수행을 해양수산인재개발원의 원장에게 위임한다.

③ 해양수산부장관은 법 제8조 제1항에 따른 실태조사 및 같은 조 제2항 전단에 따른 자료의 요청 업무를 「정부출연연구기관 등의 설립·운영 및 육성에 관한 법률」에 따른 한국해양수산개발원에 위탁한다.

④ 해양수산부장관은 자격시험의 시행 및 관리 업무(법 제17조 제2항에 따른 산지경매사 자격증 발급에 관한 업무는 제외한다)를 「한국산업인력공단법」에 따른 한국산업인력공단 또는 「한국해양수산연수원법」에 따른 한국해양수산연수원에 위탁할 수 있다.

⑤ 해양수산부장관은 다음의 업무를 수협중앙회에 위탁한다.

1. 산지경매사 자격증 발급에 관한 업무
2. 수산물 수매 및 판매·수출·기증 등 처분에 관한 업무

⑥ 해양수산부장관은 비축사업 업무를 수협중앙회, 지구별수협, 업종별수협 또는 수산물가공수협에 위탁할 수 있다.
⑦ 해양수산부장관은 ⑤의 제2호 또는 ⑥에 따른 업무를 위탁하는 경우에는 다음의 사항을 정하여 위탁하여야 한다.
1. 대상 수산물의 품목 및 수량
2. 대상 수산물의 품질·규격 및 가격
3. 대상 수산물의 판매방법·수매 또는 수입 시기 등 사업실시에 필요한 사항
⑧ 해양수산부장관은 ④ 또는 ⑥에 따라 업무를 위탁한 경우에는 업무를 위탁받은 기관 및 위탁업무의 내용 등을 관보에 고시하여야 한다.
⑨ 국립수산물품질관리원장은 해양수산부장관의 승인을 받아 제1항에 따라 위임받은 권한의 일부를 소속 기관의 장에게 재위임할 수 있다. 이 경우 국립수산물품질관리원장은 그 재위임한 내용을 고시해야 한다.

09 벌 칙

1 형 벌

(1) 3년 이하의 징역 또는 3천만원 이하의 벌금(법 제59조)

① 이력표시수산물이 아닌 수산물에 이력표시수산물의 표시를 하거나 이와 비슷한 표시를 한 자
② 이력추적관리의 등록을 하지 아니한 수산물이나 수입유통이력 신고를 하지 아니한 수산물을 혼합하여 판매하거나 혼합하여 판매할 목적으로 보관하거나 진열한 자
③ 이력표시수산물이 아닌 수산물을 이력표시수산물로 광고하거나 이력표시수산물로 잘못 인식할 수 있도록 광고한 자

(2) 2년 이하의 징역 또는 2천만원 이하의 벌금(법 제60조)

① 허가를 받지 아니하고 위판장을 개설한 자
② 위판장 외의 장소에서 수산물을 매매 또는 거래한 자
③ 위판장개설자의 지정을 받지 아니하고 산지중도매인의 업무를 한 자
④ 업무정지처분을 받고도 그 업(業)을 계속한 자
⑤ 고의 또는 중대한 과실로 수산물을 유통한 자
⑥ 제한이나 금지에 따르지 아니한 자

(3) 1년 이하의 징역 또는 1천만원 이하의 벌금(법 제61조)

① 규정을 위반하여 산지중도매인을 지정한 자

② 다른 산지중도매인 또는 산지매매참가인의 거래 참가를 방해하거나 정당한 사유 없이 집단적으로 경매 또는 입찰에 불참한 자

③ 규정을 위반하여 산지경매사를 임명한 자

④ 규정을 위반하여 산지경매사를 면직하지 아니한 자

⑤ 규정을 위반하여 매수하거나 거짓으로 위탁받은 자

⑥ 수산물의 수탁을 거부・기피하거나 위탁받은 수산물의 판매를 거부・기피한 자

⑦ 상장된 수산물 외의 수산물을 거래한 자

⑧ 허가 없이 산지중도매인 간 거래를 한 자

⑨ 이력추적관리의 등록을 하지 아니한 자

⑩ 시정명령이나 판매금지 조치에 따르지 아니한 자

⑪ 수입 추천신청을 할 때에 정한 용도 외의 용도로 수입수산물을 사용한 자

> **양벌규정(법 제62조)**
> 법인의 대표자나 법인 또는 개인의 대리인, 사용인, 그 밖의 종업원이 그 법인 또는 개인의 업무에 관하여 제59조부터 제61조까지의 어느 하나에 해당하는 위반행위를 하면 그 행위자를 벌하는 외에 그 법인 또는 개인에게도 해당 조문의 벌금형을 과(科)한다. 다만, 법인 또는 개인이 그 위반행위를 방지하기 위하여 해당 업무에 관하여 상당한 주의와 감독을 게을리하지 아니한 경우에는 그러하지 아니하다.

2 과태료

(1) 1천만원 이하의 과태료

① 변경신고를 하지 아니한 자

② 이력추적관리의 표시를 하지 아니한 자

③ 이력추적관리기준에 따른 입고・출고 및 관리 내용을 기록・보관하지 아니한 자

④ 조사・열람・수거 등을 거부・방해 또는 기피한 자

(2) 500만원 이하의 과태료

① 보고를 하지 아니하거나 거짓된 보고를 한 자

② 명령에 따르지 아니한 자

③ 수입유통이력을 신고하지 아니하거나 거짓으로 신고한 자

④ 장부기록 자료를 보관하지 아니한 자

(3) 과태료의 부과기준

과태료의 부과기준(시행령 제30조 관련 [별표 2])

1. 일반기준

가. 위반행위의 횟수에 따른 과태료의 가중된 부과기준은 최근 2년간 같은 위반행위로 과태료 부과처분을 받은 경우에 적용한다. 이 경우 기간의 계산은 위반행위에 대하여 과태료 부과처분을 받은 날과 그 처분 후 다시 같은 위반행위를 하여 적발된 날을 기준으로 한다.

나. 가목에 따라 가중된 부과처분을 하는 경우 가중처분의 적용 차수는 그 위반행위 전 부과처분 차수(가목에 따른 기간 내에 과태료 부과처분이 둘 이상 있었던 경우에는 높은 차수를 말한다)의 다음 차수로 한다.

다. 부과권자는 다음의 어느 하나에 해당하는 경우에는 제2호에 따른 과태료의 2분의 1의 범위에서 그 금액을 줄일 수 있다. 다만, 과태료를 체납하고 있는 위반행위자의 경우에는 그렇지 않다.

1) 위반행위자가 「질서위반행위규제법 시행령」 제2조의2 제1항의 어느 하나에 해당하는 경우
2) 위반행위가 사소한 부주의나 오류로 인한 것으로 인정되는 경우
3) 법 위반상태를 시정하거나 해소하기 위한 위반행위자의 노력이 인정되는 경우
4) 그 밖에 위반행위의 정도, 위반행위의 동기와 그 결과 등을 고려하여 과태료를 감경할 필요가 있다고 인정되는 경우

라. 부과권자는 고의 또는 중과실이 없는 위반행위자가 「소상공인기본법」에 따른 소상공인에 해당하고, 과태료를 체납하고 있지 않은 경우에는 다음의 사항을 고려하여 제2호의 개별기준에 따른 과태료의 100분의 70 범위에서 그 금액을 줄여 부과할 수 있다. 다만, 다목에 따른 감경과 중복하여 적용하지 않는다.

1) 위반행위자의 현실적인 부담능력
2) 경제위기 등으로 위반행위자가 속한 시장·산업 여건이 현저하게 변동되거나 지속적으로 악화된 상태인지 여부

2. 개별기준

위반행위	위반횟수별 과태료			
	1회 위반	2회 위반	3회 위반	4회 이상 위반
가. 법 제23조 제1항에 따른 보고를 하지 않거나 거짓된 보고를 한 경우	125	250	500	500
나. 법 제25조에 따른 명령에 따르지 않은 경우	25	50	100	100
다. 법 제27조 제2항에 따라 등록한 자로서 같은 조 제3항을 위반하여 변경신고를 하지 않은 경우	100	200	300	300
라. 법 제27조 제2항에 따라 등록한 자로서 같은 조 제4항을 위반하여 이력추적관리의 표시를 하지 않은 경우	100	200	300	300
마. 법 제27조 제2항에 따라 등록한 자로서 같은 조 제5항을 위반하여 이력추적관리기준에 따른 입고·출고 및 관리 내용을 기록·보관하지 않은 경우	100	200	300	300
바. 법 제31조 제1항을 위반하여 수입유통이력을 신고하지 않은 경우	50	100	300	500
사. 법 제31조 제1항을 위반하여 수입유통이력을 거짓으로 신고한 경우	100	200	400	500
아. 법 제31조 제2항을 위반하여 장부기록 자료를 보관하지 않은 경우	50	100	300	500
자. 법 제33조 제1항에 따른 조사·열람·수거 등을 거부·방해 또는 기피한 경우	50	100	300	300

CHAPTER 05

적중예상문제

01 수산물 유통의 관리 및 지원에 관한 법률상 용어의 정의로 옳지 않은 것은?

① 수산물유통산업이란 수산물의 도매・소매 및 이를 경영하기 위한 보관・배송・포장과 이와 관련된 정보・용역의 제공 등을 목적으로 하는 산업을 말한다.

② 수산물유통사업자란 수산물유통산업을 영위하는 자 또는 그와의 계약에 따라 수산물유통산업을 수행하는 자를 말한다.

③ 산지매매참가인이란 수산물산지위판장에 상장된 수산물을 직접 매수하는 자로서 산지중도매인이 아닌 수산물의 판매자를 말한다.

④ 산지경매사란 수산물산지위판장에 상장된 수산물의 가격 평가 및 경락자 결정 등의 업무를 수행하는 자를 말한다.

해설 ③ "산지매매참가인"이란 수산물산지위판장 개설자에게 신고를 하고 수산물산지위판장에 상장된 수산물을 직접 매수하는 자로서 산지중도매인이 아닌 가공업자・소매업자・수출업자 또는 소비자단체 등 수산물의 수요자를 말한다(법 제2조 제6호).

02 수산물 유통발전계획 등에 관한 설명으로 옳은 것은?

① 해양수산부장관은 수산물유통산업의 발전을 위하여 3년마다 수산물 유통발전 기본계획을 관계 중앙행정기관의 장과 협의를 거쳐 수립・시행하여야 한다.

② 해양수산부장관은 기본계획을 수립하기 위하여 필요한 경우에는 국립수산물품질관리원장에게 필요한 자료를 요청할 수 있다.

③ 해양수산부장관은 기본계획을 수립하거나 변경한 때에는 이를 공표하여야 하며, 관계 중앙행정기관의 장에게 통보하고 지체 없이 국회 소관 상임위원회에 제출하여야 한다.

④ 해양수산부장관은 수산물 유통발전 기본계획을 수립하려면 수산물유통발전위원회의 심의를 거쳐야 한다.

해설 ① 해양수산부장관은 수산물유통산업의 발전을 위하여 5년마다 수산물 유통발전 기본계획(기본계획)을 관계 중앙행정기관의 장과 협의를 거쳐 수립・시행하여야 한다(법 제5조 제1항).

② 해양수산부장관은 기본계획을 수립하기 위하여 필요한 경우에는 관계 중앙행정기관의 장에게 필요한 자료를 요청할 수 있다. 이 경우 자료를 요청받은 관계 중앙행정기관의 장은 특별한 사정이 없으면 요청에 따라야 한다(법 제5조 제3항).

③・④ 해양수산부장관은 기본계획을 수립하거나 변경한 때에는 이를 공표하여야 하며, 특별시장・광역시장・특별자치시장・도지사 또는 특별자치도지사(시・도지사)에게 통보하고 지체 없이 국회 소관 상임위원회에 제출하여야 한다(법 제5조 제4항).

정답 1 ③ 2 ④

03 실태조사에 관한 설명으로 옳지 않은 것은?

① 해양수산부장관은 기본계획 및 연도별시행계획 등을 효율적으로 수립·추진하기 위하여 수산물 생산 및 유통산업에 대한 실태조사를 할 수 있다.

② 해양수산부장관은 실태조사를 위하여 필요하다고 인정하는 경우에는 수산물유통사업자 및 관련 단체 등에 필요한 자료를 요청할 수 있다.

③ 해양수산부장관은 수시조사를 실시한 후 1년 이내에 정기조사를 실시하여야 하는 경우 정기조사의 실시를 생략하여야 한다.

④ 해양수산부장관은 실태조사를 실시한 경우 그 결과를 해양수산부 인터넷 홈페이지에 게시하는 등의 방법으로 공표하여야 한다.

해설 **실태조사의 시기 및 범위 등(시행령 제4조)**

수산물 생산 및 유통산업에 대한 실태조사는 정기조사와 수시조사로 구분하여 실시한다. 이 경우 해양수산부장관은 수시조사를 실시한 후 1년 이내에 정기조사를 실시하여야 하는 경우 등 필요하다고 인정하는 경우 정기조사의 실시 시기를 조정하거나 정기조사의 실시를 생략할 수 있다.

04 수산물유통발전협의회에 관한 설명으로 옳지 않은 것은?

① 해양수산부장관은 수산물유통산업 발전에 관한 주요 사항을 심의하기 위하여 수산물유통발전협의회를 둘 수 있다.

② 수산물유통발전협의회는 계획의 수립, 수산물 유통체계의 효율화, 수산물유통산업의 발전을 위한 정책, 수산물 품질관리 등을 심의한다.

③ 수산물유통발전협의회의 효율적 운영을 위하여 분야별로 분과위원회를 둘 수 있다.

④ 수산물유통발전협의회는 위원장 및 부위원장 각 1명을 포함하여 20명 이내의 위원으로 성별을 고려하여 구성한다.

해설 **수산물유통발전협의회의 심의 사항(법 제9조 제1항)**

1. 기본계획 및 연도별시행계획의 수립
2. 수산물 유통체계의 효율화
3. 수산물유통산업의 발전을 위한 정책 사항
4. 수산물 수급관리

3 ③ 4 ② 정답

05 분과위원회의 구성 및 운영에 관한 설명으로 옳지 않은 것은?

① 위원회에 두는 분과위원회는 분과위원장 및 분과부위원장 각 1명을 포함하여 10명 이내의 위원으로 구성한다.

② 분과위원장, 분과부위원장 및 분과위원회 위원은 위원회 위원 중에서 전문적인 지식과 경험을 고려하여 위원회의 의결을 거쳐 위원회의 위원장이 임명한다.

③ 분과위원회의 회의는 재적위원 전원의 출석으로 개의하고, 출석위원 과반수의 찬성으로 의결한다.

④ 분과위원회에서 의결한 사항은 위원회의 위원장에게 보고하고 위원회의 의결을 거쳐 확정된다.

해설 **분과위원회의 운영(시행령 제10조)**

분과위원회의 회의는 재적위원 과반수의 출석으로 개의하고, 출석위원 과반수의 찬성으로 의결한다.

06 수산물산지위판장 등에 관한 설명으로 옳지 않은 것은?

① 위판장개설자가 위판장을 개설하려면 위판장 개설허가신청서에 업무규정과 운영관리계획서를 첨부하여 시장·군수·구청장에게 제출하여야 한다.

② 시장·군수·구청장은 위판장 운영에 적합한 시설이 갖추어지지 아니한 경우에는 일정한 기간 내에 해당 시설을 갖출 수 있도록 예산의 범위에서 지원금을 지급할 수 있다.

③ 거래 정보의 부족으로 가격교란이 심한 수산물로서 해양수산부령으로 정하는 수산물은 위판장 외의 장소에서 매매 또는 거래하여서는 아니 된다.

④ 해양수산부장관은 수산물의 위생관리를 통한 안전한 먹거리 확보를 위하여 위판장의 위생시설 확보 및 적정 온도 유지에 관한 내용이 포함된 위판장 위생관리기준을 식품의약품안전처장과 협의하여 고시한다.

해설 **위판장 허가기준 등(법 제12조)**

① 시장·군수·구청장은 제10조 제2항에 따른 허가신청의 내용이 다음의 요건을 갖춘 경우에는 이를 허가하여야 한다.
1. 위판장을 개설하려는 구역이 수산물 양륙 및 산지유통의 중심지역일 것
2. 위판장 운영에 적합한 시설을 갖추고 있을 것
3. 업무규정과 운영관리계획서의 내용이 명확하고 그 실현이 가능할 것

② 시장·군수·구청장은 제1항 제2호에 따라 요구되는 시설이 갖추어지지 아니한 경우에는 일정한 기간 내에 해당 시설을 갖출 것을 조건으로 개설허가를 할 수 있다.

③ 제1항 제2호에 따른 위판장 시설기준 등 위판장의 허가 요건과 절차에 필요한 사항은 해양수산부령으로 정한다.

정답 5 ③ 6 ②

07 산지중도매인에 관한 설명으로 옳은 것은?

① 산지중도매인의 업무를 하려는 자는 위판장개설자의 지정을 받아야 한다.

② 산지중도매인은 다른 산지경매사 또는 산지매매참가인의 거래 참가를 방해하는 행위를 하거나 집단적으로 수산물의 경매 또는 입찰에 불참하는 행위를 하여서는 아니 된다.

③ 위판장개설자는 산지중도매인을 지정하는 경우 3년 이상 10년 이하의 범위에서 지정 유효기간을 설정할 수 있다.

④ 지정을 받은 산지중도매인은 다른 위판장개설자의 지정을 받은 경우라도 다른 위판장에서 그 업무를 할 수 없다.

해설 **산지중도매인의 지정(법 제14조)**

① 산지중도매인의 업무를 하려는 자는 위판장개설자의 지정을 받아야 한다.

④ 산지중도매인은 다른 산지중도매인 또는 산지매매참가인의 거래 참가를 방해하는 행위를 하거나 집단적으로 수산물의 경매 또는 입찰에 불참하는 행위를 하여서는 아니 된다.

⑤ 위판장개설자는 산지중도매인을 지정하는 경우 5년 이상 10년 이하의 범위에서 지정 유효기간을 설정할 수 있다. 다만, 법인이 아닌 산지중도매인은 3년 이상 10년 이하의 범위에서 지정 유효기간을 설정할 수 있다.

⑥ 지정을 받은 산지중도매인은 다른 위판장개설자의 지정을 받은 경우에는 다른 위판장에서도 그 업무를 할 수 있다.

08 산지경매사의 업무를 모두 고른 것은?

ㄱ. 위판장에 상장한 수산물에 대한 경매 우선순위의 결정
ㄴ. 위판장에 상장한 수산물에 대한 가격 평가
ㄷ. 위판장에 상장한 수산물에 대한 수매자의 결정
ㄹ. 위판장에 상장한 수산물에 대한 정가·수의매매 등의 가격 결정

① ㄱ, ㄴ ② ㄴ, ㄷ
③ ㄷ, ㄹ ④ ㄱ, ㄹ

해설 **산지경매사의 수행 업무(법 제16조)**

1. 위판장에 상장한 수산물에 대한 경매 우선순위의 결정
2. 위판장에 상장한 수산물에 대한 가격 평가
3. 위판장에 상장한 수산물에 대한 경락자의 결정
4. 위판장에 상장한 수산물에 대한 정가·수의매매 등의 가격 협의

7 ① 8 ① 정답

09 위판장에서의 거래에 관한 설명으로 옳은 것은?

① 해양수산부장관의 허가를 받은 경우에는 산지중도매인 간의 거래가 가능하다.

② 위판장개설자는 위판장에서 수산물을 선취매매·선상경매 또는 견본경매의 방법으로 매매하여야 한다.

③ 위판장개설자는 위판장에 상장한 수산물을 위탁된 순위에 따라 경매 또는 입찰의 방법으로 판매하는 경우에는 최고가격 제시자에게 판매하여야 한다.

④ 시장·군수·구청장은 해당 위판장의 운영·관리와 위판장개설자의 거래실적, 재무건전성 등 경영관리에 관한 평가를 매년 실시하여야 한다.

해설 ① 산지중도매인 간에는 거래할 수 없다. 다만, 과잉생산 수산물의 처리 등 해양수산부령으로 정하는 바에 따라 시장·군수·구청장으로부터 허가를 받은 경우에는 그러하지 아니하다(법 제18조).

② 위판장개설자는 위판장에서 수산물을 경매·입찰·정가매매 또는 수의매매의 방법으로 매매하여야 한다. 다만, 출하자가 선취매매·선상경매·견본경매 등 해양수산부령으로 정하는 매매방법을 원하는 경우에는 그에 따를 수 있다(법 제19조).

④ 시장·군수·구청장은 해당 위판장의 운영·관리와 위판장개설자의 거래실적, 재무건전성 등 경영관리에 관한 평가를 2년마다 실시하여야 한다. 이 경우 위판장개설자는 평가에 필요한 자료를 시장·군수·구청장에게 제출하여야 한다(법 제21조).

10 이력추적관리의 설명으로 옳지 않은 것은?

① 수산물의 생산·수입부터 판매까지 각 유통단계별로 정보를 기록·관리하는 이력추적관리를 받으려는 자는 해양수산부장관에게 등록하여야 한다.

② 이력추적관리의 등록을 한 자는 해양수산부령으로 정하는 등록사항이 변경된 경우 변경사유가 발생한 날부터 1개월 이내에 해양수산부장관에게 신고하여야 한다.

③ 해양수산부장관은 이력추적관리의 등록을 한 자에 대하여 이력추적관리에 필요한 비용의 전부 또는 일부를 지원할 수 있다.

④ 수산물을 생산하거나 유통 또는 판매하는 자 중 행상·노점상 등도 해양수산부령으로 정하는 이력추적관리기준에 따라 이력추적관리에 필요한 입고·출고 및 관리 내용을 기록하여 보관하여야 한다.

해설 **수산물 이력추적관리(법 제27조)**

수산물을 생산하거나 유통 또는 판매하는 자는 해양수산부령으로 정하는 이력추적관리기준에 따라 이력추적관리에 필요한 입고·출고 및 관리내용을 기록하여 보관하여야 한다. 다만, 이력추적관리수산물을 유통 또는 판매하는 자 중 행상·노점상 등 대통령령으로 정하는 자는 그러하지 아니하다.

정답 9 ③ 10 ④

11 **이력추적관리의 대상품목은 수산물 중 식용이나 식용을 가공하기 위한 목적으로 생산·처리하는 수산물이다. 다음 중 생산자의 등록사항으로 해당되지 않은 것은?**

① 생산자의 성명, 주소 및 전화번호

② 이력추적관리 대상품목명

③ 산지위판장의 면적

④ 생산계획량

해설 **이력추적관리의 대상품목 및 등록사항(시행규칙 제25조 제2항 제1호)**

1. 생산자(염장·건조 등 단순처리를 하는 자를 포함한다)
   가. 생산자의 성명, 주소 및 전화번호
   나. 이력추적관리 대상품목명
   다. 양식수산물의 경우 양식장 면적, 천일염의 경우 염전 면적
   라. 생산계획량
   마. 양식수산물 및 천일염의 경우 양식장 및 염전의 위치, 그 밖의 어획물의 경우 위판장의 주소 또는 어획장소

12 **이력추적관리의 유통자 등록사항으로 맞는 것은?**

① 판매자의 성명, 주소 및 전화번호

② 판매업체명

③ 이력추적관리 대상품목명

④ 판매업체 주소

해설 **이력추적관리의 대상품목 및 등록사항(시행규칙 제25조 제2항 제2호)**

가. 유통자의 명칭, 주소 및 전화번호
나. 이력추적관리 대상품목명

11 ③ 12 ③ 정답

13 이력추적관리의 등록절차 등에 관한 설명으로 옳지 않은 것은?

① 이력추적관리 등록을 하려는 자는 서식에 따른 수산물이력추적관리 등록신청서에 이력추적관리 등록을 한 수산물의 생산・출하・입고・출고 계획 등을 적은 관리계획서, 이력추적관리수산물에 이상이 있는 경우 회수 조치 등을 적은 사후관리계획서 서류를 첨부하여 국립수산물품질관리원장에게 제출하여야 한다.

② 국립수산물품질관리원장은 이력추적관리 등록신청인이 생산자집단인 경우에는 전체 구성원의 대표에 대하여 심사를 하여야 한다.

③ 국립수산물품질관리원장은 등록신청을 접수하면 심사일정을 정하여 신청인에게 알려야 한다.

④ 이력추적관리 등록을 한 자가 발급받은 이력추적관리 등록증을 분실한 경우 국립수산물품질관리원장에게 서식에 따른 수산물이력추적관리 등록증 재발급 신청서를 제출하여 재발급 받을 수 있다.

해설 **이력추적관리의 등록절차 등(시행규칙 제26조)**
국립수산물품질관리원장은 이력추적관리 등록신청인이 생산자집단인 경우에는 전체 구성원에 대하여 각각 심사를 하여야 한다. 다만, 국립수산물품질관리원장이 정하여 고시하는 경우에는 표본심사의 방법으로 할 수 있다.

14 이력추적관리 등록의 유효기간 등에 관한 설명으로 옳지 않은 것은?

① 이력추적관리 등록의 유효기간은 등록한 날부터 3년으로 한다.

② 이력추적관리의 등록을 한 자로서 그 유효기간이 끝난 후에도 계속하여 해당 수산물에 대하여 이력추적관리를 하려는 자는 이력추적관리 등록의 유효기간이 끝나도 이력추적관리의 등록을 갱신하지 않아도 된다.

③ 등록 갱신을 하지 아니하려는 자가 등록 유효기간 내에 출하를 종료하지 아니한 제품이 있는 경우에는 해양수산부장관의 승인을 받아 그 제품에 대한 등록 유효기간을 1년의 범위에서 연장할 수 있다.

④ 이력추적관리의 등록을 한 자로서 그 유효기간이 끝난 후에도 계속하여 해당 수산물을 생산하거나 유통 또는 판매하려는 자 이력추적관리 등록의 유효기간이 끝나기 전에 이력추적관리의 등록을 갱신하여야 한다.

해설 **이력추적관리 등록의 유효기간 등(법 제28조 제2항)**
다음의 어느 하나에 해당하는 자는 이력추적관리 등록의 유효기간이 끝나기 전에 이력추적관리의 등록을 갱신하여야 한다.

1. 이력추적관리의 등록을 한 자로서 그 유효기간이 끝난 후에도 계속하여 해당 수산물에 대하여 이력추적관리를 하려는 자
2. 이력추적관리의 등록을 한 자로서 그 유효기간이 끝난 후에도 계속하여 해당 수산물을 생산하거나 유통 또는 판매하려는 자

정답 13 ② 14 ②

15 이력추적관리수산물의 표시방법으로 옳지 않은 것은?

① 포장·용기의 겉면 등에 이력추적관리의 표시를 할 때에는 표시사항을 인쇄하거나 표시사항이 인쇄된 스티커를 부착할 것

② 수산물에 이력추적관리의 표시를 할 때에는 표시대상 수산물에 표시사항이 인쇄된 스티커, 표찰 등을 부착할 것

③ 송장(送狀)이나 거래명세표에 이력추적관리 등록의 표시를 할 때에는 표시사항을 적어 이력추적관리 등록을 받았음을 표시할 것

④ 이력추적관리의 표시가 되어 있는 수산물을 공급받아 소비자에게 직접 판매하는 자는 간판 또는 차량 등에 이력추적관리의 표시를 할 수 있다.

해설 **이력추적관리수산물의 표시 등(시행규칙 제28조)**
이력추적관리의 표시가 되어 있는 수산물을 공급받아 소비자에게 직접 판매하는 자는 푯말 또는 표지판으로 이력추적관리의 표시를 할 수 있다. 이 경우 표시내용은 포장 및 거래명세표 등에 적혀 있는 내용과 같아야 한다.

16 이력추적관리 등록의 유효기간 등의 설명으로 틀린 것은?

① 이력추적관리의 등록을 한 자로서 그 유효기간이 끝난 후에도 계속하여 해당 수산물에 대하여 이력추적관리를 하려는 자는 유효기간이 끝나기 전에 이력추적관리의 등록을 갱신하여야 한다.

② 등록기관의 장은 유효기간이 끝나기 2개월 전까지 신청인에게 갱신절차와 갱신신청기간을 미리 알려야 한다.

③ 양식수산물 이력추적관리 등록의 유효기간은 등록한 날부터 6년 이내이다.

④ 이력추적관리등록을 갱신하려는 경우에는 해당 등록의 유효기간이 끝나기 1개월 전까지 갱신신청서를 등록기관의 장에게 제출하여야 한다.

해설 **이력추적관리 등록의 유효기간(법 제30조)**
양식수산물 이력추적관리 등록의 유효기간은 5년으로 한다.

15 ④ 16 ③ 정답

17 2019년 3월 5일 홍어에 대하여 이력추적관리 등록을 받은 경우 유효기간이 만료되는 시점은?

① 2020년 3월 4일
② 2021년 3월 4일
③ 2022년 3월 4일
④ 2023년 3월 4일

해설 **이력추적관리 등록의 유효기간 등(법 제28조)**
이력추적관리 등록의 유효기간은 등록을 받은 날부터 3년으로 한다.

18 이력추적관리 등록을 반드시 취소하여야 하는 경우는?

① 이력추적관리 등록변경신고를 하지 아니한 경우
② 이력추적관리 표시 금지명령을 위반하여 계속 표시한 경우
③ 정당한 사유 없이 자료제출 요구를 거부한 경우
④ 표시방법을 위반한 경우

해설 **이력추적관리 등록의 취소 등(법 제30조)**
해양수산부장관은 등록한 자가 다음 어느 하나에 해당하면 그 등록을 취소하거나 6개월 이내의 기간을 정하여 이력추적관리 표시의 금지를 명할 수 있다. 다만, 제1호 또는 제2호에 해당하면 등록을 취소하여야 한다.
1. 거짓이나 그 밖의 부정한 방법으로 등록을 받은 경우
2. 이력추적관리 표시 금지명령을 위반하여 계속 표시한 경우
3. 이력추적관리 등록변경신고를 하지 아니한 경우
4. 이력추적관리의 표시방법을 위반한 경우
5. 입고·출고 및 관리내용의 기록 및 보관을 하지 아니한 경우
6. 정당한 사유 없이 자료제출 요구를 거부한 경우

정답 17 ③ 18 ②

19 다음 중 수산물 유통의 관리 및 지원에 관한 법률에서 규정한 수산업관측에 관한 설명으로 틀린 것은?

① 해양수산부장관은 수산물의 수급안정을 위하여 주요 수산물에 대하여 매년 기상정보, 생산면적, 작황, 재고물량, 소비동향, 해외시장 정보 등을 조사하여 이를 분석하는 수산업관측을 실시하고 그 결과를 공표하여야 한다.

② 해양수산부장관은 수산업관측업무를 효율적으로 실시하기 위하여 수협중앙회, 수산업 관련 기관 또는 단체를 수산업관측 전담기관으로 지정할 수 있다.

③ 해양수산부장관은 수산업관측 전담기관에 품목을 지정하여 수산업관측을 실시하도록 할 수 있으며, 그 운영에 필요한 경비를 충당하기 위하여 예산의 범위에서 출연금 또는 보조금을 지급할 수 있다.

④ 수산업관측 대상품목은 해당 수산물의 생산량, 가격변동률, 국민의 생활에 미치는 영향력 등을 고려하여 국립수산물품질관리원장이 정한다.

해설 **수산업관측 대상품목의 지정 등(시행규칙 제35조)**
수산업관측 대상품목은 해당 수산물의 생산량, 가격변동률, 국민의 생활에 미치는 영향력 등을 고려하여 해양수산부장관이 정한다.

20 수산물 유통의 관리 및 지원에 관한 법률에서 정한 수산물의 과잉생산 시의 생산자 보호에 대한 설명으로 옳지 않은 것은?

① 가격안정을 위해 필요한 수산물의 판매나 수출, 기증 등에 따른 판매대금을 수협중앙회장이 정하는 바에 따라 수산발전기금으로 납입하여야 한다.

② 해양수산부장관은 수매한 수산물을 판매 또는 수출, 사회복지단체에 기증하거나 그밖의 방법으로 처분할 수 있다.

③ 해양수산부장관은 수산물의 가격안정을 위하여 필요하다고 인정할 때에는 그 생산자 또는 생산자단체로부터 수산발전기금으로 해당 수산물을 수매할 수 있다. 다만, 가격안정을 위하여 특히 필요하다고 인정할 때에는 「농수산물 유통 및 가격안정에 관한 법률」에 따른 도매시장 또는 공판장에서 해당 수산물을 수매할 수 있다.

④ 가격안정을 위해 필요한 수산물의 판매나 수출, 기증에 대한 수매・처분 등에 필요한 사항은 대통령령으로 정한다.

해설 **과잉생산 시의 생산자 보호(법 제40조)**
가격안정을 위해 필요한 수산물의 판매나 수출, 기증 등에 따른 판매대금을 해양수산부령으로 정하는 바에 따라 수산발전기금으로 납입하여야 한다.

19 ④ 20 ① 정답

21 수산물 유통의 관리 및 지원에 관한 법률상 수산물 규격화의 촉진에 관한 내용이다. ( )에 들어갈 수 있는 내용으로 옳지 않은 것은?

> 해양수산부장관은 수산물 규격화의 촉진을 위하여 수산물유통사업자에게 거래품목의 ( ), ( ), 이에 필요한 유통시설 및 장비의 확충을 요청하거나 권고할 수 있으며, 이에 필요한 지원을 할 수 있다.

① 규격에 맞는 포장
② 규격에 맞는 장비의 제조
③ 규격에 맞는 장비의 사용
④ 규격에 맞는 포장재의 연간 구매량

해설 **수산물 규격화의 촉진(법 제46조 제2항)**
해양수산부장관은 수산물 규격화의 촉진을 위하여 수산물유통사업자에게 거래품목의 규격에 맞는 장비의 제조・사용, 규격에 맞는 포장, 이에 필요한 유통시설 및 장비의 확충을 요청하거나 권고할 수 있으며, 이에 필요한 지원을 할 수 있다.

22 수산물 유통의 관리 및 지원에 관한 법률상 유통비용을 절감하기 위하여 수산물을 수집하여 소비지로 직접 출하할 목적으로 개설한 유통 시설은?

① 수산물 직거래촉진센터
② 수산물 산지거점유통센터
③ 수산물 소비지분산물류센터
④ 수산물 유통협회

해설 ③ 수산물 소비지분산물류센터 : 국가나 지방자치단체는 유통비용을 절감하기 위하여 수산물을 수집하여 소비지로 직접 출하할 목적으로 보관・포장・가공・배송・판매 등 수산물의 유통 효율화에 필요한 시설을 갖추고 수산물 소비지분산물류센터를 개설하려는 자에게 부지 확보 또는 시설물 설치 등에 필요한 지원을 할 수 있다.
① 수산물 직거래촉진센터 : 해양수산부장관은 수산물 직거래의 촉진과 지원을 위하여 수협중앙회에 수산물 직거래촉진센터를 설치할 수 있다.
② 수산물 산지거점유통센터 : 국가나 지방자치단체는 수산물의 처리물량을 규모화하고 상품의 부가가치를 높일 목적으로 수산물을 수집・가공하여 판매하기 위하여 수산물 산지거점유통센터를 설치하려는 자에게 부지 확보 또는 시설물 설치 등에 필요한 지원을 할 수 있다.
④ 수산물 유통협회 : 수산물유통사업자는 수산물유통산업의 건전한 발전과 공동의 이익을 도모하기 위하여 대통령령으로 정하는 바에 따라 해양수산부장관의 인가를 받아 수산물 유통협회를 설립할 수 있다.

정답 21 ④ 22 ③

23 수산물 유통의 관리 및 지원에 관한 법률상 해양수산부장관이 업무의 일부를 위탁할 수 있는 사람이 아닌 것은?

① 영어조합법인
② 관세청장
③ 수산물 유통협회
④ 수협중앙회

해설 **권한의 위임 등(법 제58조 제2항)**
해양수산부장관은 대통령령으로 정하는 바에 따라 이 법에서 정한 업무의 일부를 다음의 자에게 위탁할 수 있다.

1. 수협조합, 수협중앙회 또는 생산자단체
2. 「공공기관의 운영에 관한 법률」에 따른 공공기관
3. 「정부출연연구기관 등의 설립·운영 및 육성에 관한 법률」에 따른 정부출연연구기관 또는 「과학기술분야 정부출연연구기관 등의 설립·운영 및 육성에 관한 법률」에 따른 과학기술 분야 정부출연연구기관
4. 「농어업경영체 육성 및 지원에 관한 법률」 제16조에 따라 설립된 영어조합법인 등 수산 관련 법인이나 단체
5. 제53조 제1항에 따라 설립된 협회
6. 제54조 제1항에 따라 설립된 단체

24 수산물 유통의 관리 및 지원에 관한 법률상 해양수산부장관이 국립수산물품질관리원장에게 위임한 권한이 아닌 것은?

① 과태료의 부과·징수
② 주요 수산물에 대한 재고물량의 조사
③ 이력추적관리 등록의 취소
④ 명예감시원의 감독·운영

해설 **권한 등의 위임 및 위탁(시행령 제28조 제1항)**
해양수산부장관은 법 제58조 제1항에 따라 다음의 권한을 국립수산물품질관리원장에게 위임한다.

1. 이력추적관리의 등록 및 등록사항 변경신고의 수리
2. 이력추적관리 등록 유효기간의 연장 승인
3. 자료제출의 요구
4. 이력추적관리 등록의 취소 및 이력추적관리 표시의 금지 명령
5. 수입유통이력 신고의 수리
6. 조사·열람 및 시료의 수거
7. 시정명령 및 판매금지의 조치
8. 제한 및 금지의 명령
9. 주요 수산물에 대한 재고물량의 조사
10. 처분에 관한 청문
11. 과태료의 부과·징수

23 ② 24 ④ 정답

PART 02 수산물유통론

수산물품질관리사 1차 한권으로 끝내기

www.sdedu.co.kr

CHAPTER

01 수산물 유통 개요

01 수산물 유통의 개념과 특징

1 수산물의 유통

(1) 수산물 유통의 개념

① 정의 : 수산물이 생산된 후 어떤 유통경로를 통해 어떻게 가격이 형성되면서 소비자에게 이전되는지를 국민경제적 관점에서 살펴보는 것으로 수산물 생산과 소비의 중간 연결적인 역할을 강조한다.

② 수산물 유통경로

㉠ 연근해 수산물 오프라인 거래

- 생산자 → 산지위판장 → 소비지 도매시장 → 도매상 → 소매상 → 소비자
- 생산자 → 산지위판장 → 전통시장, 마트 등 → 소비자

㉡ 온라인도매시장 거래

- 생산자 → 도매법인 → 중도매인 → 소매상 → 소비자
- 생산자 → 소매상 → 소비자

③ 수산물 마케팅

㉠ 생산자인 어업인 또는 그 단체 및 수산기업이 경영목표를 달성하기 위해서 '어떤 종류의 수산물을 생산하여 어디에 얼마에 팔 것인가? 또한, 어떤 판매촉진을 전개할 것인가?'를 체계적으로 계획하고 실행·통제하는 과정을 의미한다.

㉡ 개별기업적인 입장에서 살펴보는 것으로 생산자가 수산물의 적극적인 판매활동을 통해 경영성과를 극대화한다는 의미에서 중간 역할적인 유통과는 다른 의미를 내포한다.

2 수산물 유통의 특징

(1) 수산물 유통의 특성

① 부패성 : 수산물은 부패성이 강해 선도유지가 상품성과 직결된다. 따라서 선도를 유지할 수 있도록 신속한 가격결정과 유통시스템이 요구된다.

② 유통경로의 다양성

㉠ 수산물 유통기구가 다양한 형태로 생산지를 중심으로 전국적으로 존재하고 있고, 소비지에도 존재하고 있어 유통경로가 다양하고 다단계로 이루어져 있다.

㉡ 어업생산은 계절적으로 행해지고, 어군이 형성되는 어장도 조업 해역별로 분산되어 있다. 연안어업, 원양어업, 양식업 등과 같이 다양한 형태와 규모의 생산자가 전국적으로 분포되어 있기 때문이다.

㉢ 유통 면에서는 생산물이 선어 · 냉동 · 가공원료 등과 같이 여러 가지 형태로 이용 배분되고 있기 때문이다.

③ 생산물의 규격화 및 균질화의 어려움

㉠ 일반 공산품은 대부분 규격과 품질상태가 일정하게 등급화되어 있지만 수산물의 경우 다양한 어종으로 어획 생산되고, 품질도 균일화되어 있지 않다.

㉡ 저인망어업에 의해 어획 생산된 수산물은 균질적인 어종으로 구성되어 있지 않고 다양한 어종으로 어획 생산되고 있다.

④ 가격의 변동성

㉠ 일반 공산품의 경우 대부분 일물일가(一物一價)의 법칙(같은 상품에는 오직 하나의 가격만이 있다는 법칙)과 원가비용에 근거한 가격설정에 의해 가격이 유지되고 있으나 수산물의 경우 생산의 불확실성, 어획물 규격의 다양성, 부패성으로 인해 일정한 가격유지가 어렵다.

㉡ 최종소비단계에서 계획적인 판매가 어렵고, 이러한 위험을 회피하기 위해 높은 유통마진이 형성되기 쉽다.

⑤ 수산물 구매의 소량 분산성

㉠ 소비자는 수산물을 소량으로 여러번 구매하는 경우가 일반적이다.

㉡ 소비 자체가 전국 분산적인 규모로 이루어지고 있으며, 수산물의 저장 비중이 낮다. 이에 소비자는 한꺼번에 다량으로 구매하여 저장하지 않고 소량으로 빈번하게 구매하여 소비한다.

(2) 수산물 유통문제

① 유통문제의 개념

㉠ 유통문제의 정의 : 상품의 유통과정에서 발생하거나 유통활동과 관련하여 발생하는 여러 가지 문제를 의미한다. 여기서 유통과정이란, 상품생산을 완료한 단계에서 소비될 때까지의 과정을 의미하는 것으로 상품을 생산하는 사람 또는 기관에서 상품을 소비하는 사람 내지는 기관까지 상품이 이전되는 과정을 말한다.

㉡ 수산물 유통문제

- 수산물 유통문제는 수산물 유통과정은 물론이고 수산물을 생산하는 과정과 소비하는 과정을 모두 포함하여 고려하여야 한다.
- 수산물 유통문제는 생산자, 유통업자, 소비자 등과 경제주체 관점과 개별경영 관점으로 분류할 수 있다.

② 경제주체 관점의 유통문제

㉠ 생산자(연근해 어업자, 양식업자, 원양업자, 생산자단체, 수산물가공업자)

기대감	안정적이면서 고소득 증진을 위해 높은 가격으로 안정적인 판매가 이루어지길 기대함
문제점	과잉생산에 따른 수산물 가격 폭락, 소비지 가격의 상승에도 불구하고 생산지 가격의 정체 등 사회적 문제 발생

㉡ 소비자

기대감	신선하면서 오염되거나 인체에 해로운 약품을 첨가한 수산물이 아닌 안전한 수산물을 저렴한 가격으로 구입하길 기대함
문제점	• 생산지에서의 가격폭락에도 불구하고 소비자 가격은 전혀 내려가지 않는 경우 • 인체에 해로운 첨가물이 함유되어 있는 경우 • 수입 수산물이 국내 수산물로 둔갑하여 팔리는 경우

㉢ 수산물 유통업자(중도매인, 도매상, 소매상)

기대감	생산자로부터 비교적 저렴한 가격으로 수산물을 구입하여 소비자에게 이윤을 붙여 판매함으로써 가능한 높은 소득을 올리고자 기대함
문제점	운송업자나 냉동 창고업자 등과 같은 물류업자가 적절한 서비스를 제공하지 못하는 경우

㉣ 정부(중앙정부, 지방자치단체)

기대감	• 국민이 다양하면서 양질의 식품을 안정적으로 확보하여 건전한 국민경제의 발전이 이루어지길 기대함 • 소비자문제와 생산자 소득문제 해결, 유통거래의 공정한 실현을 도모함
문제점	경체주체가 상호 모순된 요구(예 수산물 가격 상승에 대한 생산업자와 소비자의 상반된 입장)를 하기 때문에 이해충돌이 발생함

③ 개별경영 관점의 유통문제

㉠ 생산자 입장의 유통문제 : 수산물 생산자들은 소비자의 다양한 욕구를 충족시키고 생산한 수산물의 판로확보와 판매확대를 위해 많은 노력을 기울이고 있다. 이를 위해 수산물 생산자는 자신이 생산한 수산물을 언제, 누구에게, 어떻게 팔 것인가를 고민하는 마케팅 문제가 크게 떠오르고 있다.

㉡ 수산물 생산자의 마케팅 활동

- 수산물의 상품개발

어업생산의 경우	• 어장과 주요 어획 어종을 선택하거나 어획 여부를 결정함으로써 선택어업 활동의 한계성 극복 • 어획물처리에 있어서 활어로 판매할 것인지, 선어로 판매할 것인지에 따라 선상처리를 달리함
양식업의 경우	어업 생산자의 의사결정에 따라 생산물을 임의로 결정할 수 있으므로 가격 및 생산동향, 자금능력, 기술수준 등을 고려
수산가공품의 경우	• 어떤 신규개발가공품이 요구되고 있는지 그 상품에 대한 개념 확립이 중요 • 제품전략에 있어서 생산물 및 수산가공품의 포장, 용기를 개선하거나 소비자의 선호에 부합하는 포장을 함

- 가격결정 : 생산자가 수협에 위탁 판매할 경우에는 자기 생산물에 대한 가격을 결정할 필요가 없으나, 직접 생산물을 판매할 경우에는 어업 생산자가 판매 가격을 결정해야 한다. 판매가격을 결정할 때 품질수준과 시장상황을 고려한다.

품질수준	수산물의 선도를 의미하며, 선도에 따라 가격의 차이가 크기 때문에 생산자는 높은 가격을 받기 위해 선도유지방법을 강구해야 한다.
시장상황	수산물의 공급과 수요 측면을 살펴보아야 한다.

- 유통경로의 선택 : 생산자는 판매시기와 함께 여러 유통경로 중에서 최적의 경로를 선택해야 한다.
  - 생산자 → 소비자
  - 생산자 → 직판장 → 소비자
  - 생산자 → 객주 → 유사도매시장 → 도매상 → 소매상 → 소비자
  - 생산자 → 산지위판장(수협 위판장) → 산지 중도매인 → 소비지 도매시장, 소비지 공판장(수협 소비지 공판장) → 소비지 중도매인 → 도매상 → 소매상 → 소비자

02 수산물 유통의 기능 및 활동

1 수산물 유통의 기능

(1) 상적유통기능(소유권 이전)

① 생산자로부터 소비자에게 수산물의 소유권을 이전하는 기능이다.

② 상거래(구매 및 판매)활동을 통해 이루어지며, 도매상과 소매상이 주로 수행한다.

③ 거래기능(소유효용) : 생산자와 소비자 사이의 소유권 거리를 중간에서 적정 가격을 통해 연결시켜 주는 기능이다.

(2) 물적유통기능

① 생산자와 소비자 사이의 공간적·시간적·형태적 차이를 조절해주는 기능이다.

② 운송기능(공간효용 창출) : 수산물의 생산지와 소비지 사이, 즉 장소의 거리를 연결시켜 주는 기능이다.

③ 저장기능(시간효용 창출) : 수산물 생산 조업시기와 비조업시기 등과 같은 시간의 거리를 연결시켜 주어 소비자가 원하는 시기에 언제든지 구입할 수 있도록 하는 기능이다.

④ 가공기능(형태효용 창출) : 수산물의 형태 및 모양을 소비자의 요구에 맞게 제공하기 위하여 인위적인 힘을 가해 가공하는 기능이다.

※ 유통거리(수산물 생산과 소비의 거리) : 소유권 거리, 장소 거리, 시간 거리, 상품구색 거리, 품질 거리, 인식 거리, 수량 차이 등

(3) 유통조성기능

① 상적유통기능과 물적유통기능이 원활히 이루어질 수 있도록 지원하는 부가적인 기능이다.

② 유통과정에서 발생하는 다양한 문제를 해결하고 효율성을 높이는 데 기여한다.

③ 표준화·등급화, 금융, 보험 등이 있다.

2 수산물 유통활동

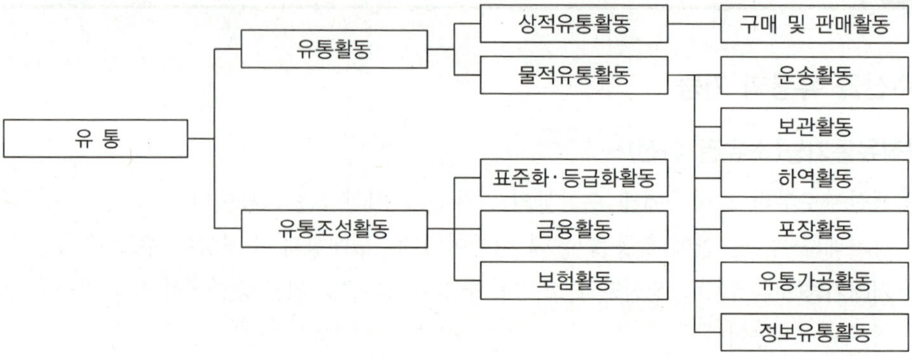

[수산물 유통활동의 체계]

(1) 상적유통활동

① 거래기능에 관한 활동으로 주로 상품의 매매와 소유권 이전에 초점이 맞춰져 있다.

② 구매 및 판매 활동으로 구성되며, 이 과정에서 다양한 마케팅 전략과 판촉활동이 동반된다.

(2) 물적유통활동

상품의 물리적 이동과 관련된 운송, 보관, 하역, 포장 등의 활동을 말한다.

① **운송활동** : 생산지와 소비지 간의 공간적 차이를 극복하기 위한 운송활동이다. 오징어는 국내에서는 울릉도에서 주로 생산되고 원양에서는 페루나 포클랜드 등지에서 생산되지만 소비는 전국적으로 이루어지므로 상품을 적합한 장소로 이동시켜 소비자 접근성을 높인다.

② **보관활동** : 수산물 생산, 특히 어선 어업 등은 고기를 잡을 수 있는 어기(漁期, 고기를 잡는 시기)가 한정되어 있으나 소비는 연중 이루어지고 있다. 이러한 시간적 차이를 해소하기 위해 상품을 보관하는 활동이다. 예 냉동보관

③ **하역활동** : 운송과 보관 사이에 걸친 물품의 취급으로, 싣고 내림, 시설 내에서의 이동, 피킹, 분류 등의 작업이 포함된다.

④ **포장활동** : 운송, 보관, 하역 등에 있어서 가치 및 상태를 유지하기 위해 적절한 재료, 용기 등을 이용해서 포장하여 보호하고자 하는 활동이다. 포장은 단위포장(개별포장), 속포장, 겉포장으로 구분한다.

⑤ **유통가공활동** : 유통과정에서 물류 효율을 향상시키기 위한 가공활동으로, 단순가공, 재포장 등의 상품의 부가가치를 높이기 위한 물류활동이다.

⑥ **정보유통활동** : 수산물의 생산동향이나 산지와 소비지 시장에서의 가격동향, 소비지 판매동향과 같은 시장정보를 생산자와 소비자 간에 전달하여 의사소통을 원활하게 하고, 효율적인 의사결정을 돕는 활동이다.

(3) 유통조성활동

① **표준화 · 등급화** : 생산되는 수산물의 품질과 소비자가 요구하는 품질 사이에는 차이가 존재한다. 거래 조건(가격, 품질 등)을 표준화 · 등급화하여 거래를 효율적으로 진행하고 품질을 유지한다.

② **금융활동** : 자금 융통, 외상판매, 할부 제공 등 금융 서비스를 통해 거래를 지원한다.

③ **보험활동** : 유통 과정에서 발생할 수 있는 물리적 · 경제적 위험(예 파손, 재고 손실)을 관리하며, 보험 등을 통해 해결한다.

※ 상류와 물류의 관계

- 상류와 물류의 분리 : 기업활동을 활성화시키기 위해서 상류(商流)와 물류(物流)의 흐름을 분리시켜 지점이나 영업소 등의 물류 활동은 배송센터나 공장의 직배송 등을 통하여 수행하는 것이 효과적이다. 최근 물류 합리화의 하나로 상품 판매력의 강화와 물류 관리의 효율화를 위하여 상(商) · 물(物) 분리가 중요시되고 있는데, 그 이유는 대량 수송 및 수 · 배송 시간의 단축화와 재고의 집약화를 통해 최소 재고화를 달성함으로써 고객서비스를 향상시키고, 총 물류비를 절감할 수 있기 때문이다. 상류와 물류를 분리하더라도 양자간의 횡적인 연계성은 물류정보시스템의 구축을 통하여 충분히 의사소통이 가능하게 된다.
- 상(商) · 물(物) 분리의 원칙 : 상류와 물류는 상호 유기적인 관련을 맺으면서 마케팅의 양면을 이루고 있는데, 유통 면에서의 판매확대는 거래지역을 광범위하게 하는 반면, 물류면에서는 운송거리의 연장, 보관시설, 재고 등의 증가를 가져온다. 즉, 매출확대는 상거래에서는 바람직하지만 상품단위당 물류비의 증가를 가져와 이익을 저하시키게 된다. 이같이 상반된 원리의 문제점을 극복하기 위한 방편으로 상 · 물 분리를 분업적으로 시행할 때 이를 상 · 물 분리의 원칙이라 한다.

CHAPTER 01

적중예상문제

01 **수산물 유통이란 용어와 가장 관련이 깊은 것은?**

① 시장의 기능 ② 시장의 역할
③ 상품의 흐름 ④ 화폐의 흐름

해설 수산물 유통이란 생산된 수산물이 어민으로부터 최종소비자에 이르는 과정이므로 상품의 흐름을 말한다.

02 **수산물의 특성에 관한 설명으로 옳은 것은?**

① 규격화 및 등급화가 쉽다.
② 수요와 공급이 탄력적이다.
③ 유통경로가 다양하다.
④ 운반 및 보관비용이 적다.

해설 수산물의 유통기구가 다양한 형태로 생산지를 중심으로 전국적으로 존재하고 있다.
① 수산물은 동질의 상품이라고 하더라도 그 품질이 동일하지 않고 다양하기 때문에 규격화와 등급화가 어렵다.
② 수산물은 공산품에 비하여 수요와 공급이 비탄력적이다.
④ 운반 및 보관비용이 많이 든다.

03 **수산물 유통의 특징이 아닌 것은?**

① 생산물의 규격화
② 가격의 변동성
③ 수산물의 비균질성
④ 수산물 구매의 소량 분산성

해설 수산물의 경우 다양한 어종으로 어획 생산되고, 품질도 균일화되어 있지 않다.

1 ③ 2 ③ 3 ① 정답

04 수산물 유통의 특징이라고 할 수 없는 것은?

① 수산물은 수요와 공급이 탄력적이다.

② 수산물 생산은 계절적이지만 소비는 연중 발생하여 보관의 중요성이 크다.

③ 수산물은 생산자와 소비자가 전국적으로 분산되어 있고 규모도 영세하여 생산자로부터 최종 소비자에 이르기까지의 유통단계가 많다.

④ 수산물은 중량이나 크기, 모양이 균일하지 않기 때문에 규격화, 등급화가 어렵다.

해설 수산물은 생산계획을 수립하는 시점과 수확하여 판매하는 시점 간에 상당한 시차가 있어 공급조절이 어렵고 생산량(공급)에 따라 가격변동이 심하다(비탄력적). 또한 수산물은 가격이 등락하더라도 소비량에 큰 변화를 가져오지 않는 특성이 있다.

05 수산물 유통에 대한 설명으로 틀린 것은?

① 수산물 유통은 수산물이 생산자인 어업인으로부터 소비자나 사용자에게 이르기까지의 모든 경제활동을 의미한다.

② 수산물 유통은 생산과 소비를 연결하여 효용을 증대시킨다.

③ 사회가 분화되고 비어업 인구의 비율이 높아짐에 따라 수산물의 유통량은 점차 감소하는 경향이 있다.

④ 어업인과 상인 간의 관계는 경쟁적이면서 동시에 보완적인 관계이다.

해설 사회가 분화되고 비어업 인구의 비율이 높아짐에 따라 수산물 유통량은 점차 증가하고 있다.

06 공업 제품과 비교하여 수산물의 유통 특징에 해당하지 않는 것은?

① 높은 유통 마진

② 복잡한 유통 경로

③ 상품성 유지의 어려움

④ 일물일가(一物一價)의 원칙

해설 수산물 유통은 그 대상이 주로 생물(生物)이므로 일정 가격의 유지가 힘들다.

정답 4 ① 5 ③ 6 ④

07 수산물을 규격화 또는 등급화하기 어려운 이유는?

① 수산물의 부피와 중량성
② 수산물의 질과 양의 불균일성
③ 수산물의 용도의 다양성
④ 수산물의 수요와 공급의 비탄력성

해설 수산물은 동질의 상품, 즉 실제로는 같은 품종이라 하더라도 그 품질이 동일하지 않고 다양하기 때문에 규격화와 등급화하기 어렵다.

08 수산물 등급화에 관한 설명으로 옳지 않은 것은?

① 과다한 가격경쟁을 촉진하고, 수산물 생산과 가격의 계절 진폭을 완화한다.
② 통일된 거래 단위를 사용하여 품질 속성의 차이를 쉽게 식별할 수 있도록 한다.
③ 가격정보의 유용성을 높여줌으로써 어업인과 유통업자의 의사결정에 도움을 준다.
④ 수산물 등급별 구성비의 변화는 등급별 수요탄력성에 따라 생산자의 총소득을 변화시킨다.

해설 생산 및 출하조절을 통해 수산물 생산과 가격의 계절 진폭을 완화한다. 등급화를 통한 상품의 동질화는 완전경쟁시장에 접근시켜 판매자 간의 가격경쟁을 유도하고 과대 이윤을 줄이는 효과가 있다.

09 수산물 등급화와 관련된 설명으로 옳지 않은 것은?

① 이미 정해진 표준에 따라 상품을 적절히 구분하여 분류하는 과정이다.
② 지나치게 세분화된 등급은 등급 간 가격차이가 미미하여 의미가 없게 된다.
③ 잠재적인 판매자나 구매자의 참여를 감소시켜 시장에서 경쟁수준을 저하시킨다.
④ 수산물의 공동출하를 용이하게 한다.

해설 수산물의 등급화는 합리적인 수송과 저장 활동을 가능케 함으로써 거래시간 단축 및 유통비용 절감, 도매시장 상장경매 실시 용이 및 공정거래 질서 확립, 등급 간 공정가격형성으로 가격형성 효율성 제고, 시장정보의 세분화와 정확성, 생산자의 상품성 향상, 소비자의 선호도 충족과 수요를 창출한다.

7 ② 8 ① 9 ③ 정답

10 다음 중 수산물 생산자의 마케팅 활동이 아닌 것은?

① 자신의 생산물을 이용하여 새로운 수산상품을 개발하는 활동
② 자신이 원가, 비용을 고려하여 직접 판매가격을 결정하는 활동
③ 수산물 도매시장을 통해 생산자가 자신의 수산물을 판매하는 활동
④ 수산물 도매상이 수산물 생산자에게 직접 수산물을 구입하는 활동

해설 수산물 마케팅은 생산자가 수산물의 적극적인 판매활동을 통해 경영성과를 극대화한다는 의미에서 중간 역할적인 유통과는 다른 의미를 내포한다.

11 수산물 생산과 소비의 거리가 아닌 것은?

① 소유권의 거리 ② 어장의 거리
③ 인식의 거리 ④ 품질의 거리

해설 생산과 소비 사이에는 장소의 거리, 시간의 거리, 인식의 거리, 소유권의 거리, 상품구색의 거리, 품질의 거리 등이 존재한다.

12 수산물 유통기능 중 시간적 효용을 창출하는 기능에 속하는 것은?

① 운송기능 ② 저장기능
③ 가공기능 ④ 판매기능

해설 수산물의 저장기능은 수산물 공급이 자연적 조건에 의한 계절적인 제약을 받으므로 공급의 연간 균등화를 위하여 조절하여야 하는 기능으로 시간적 효용을 창출한다.

13 수산물 저장에 관한 설명으로 옳지 않은 것은?

① 부패성이 강하여 특수저장시설이 필요하다.
② 투기를 목적으로 저장하는 경우도 있다.
③ 유통금융기능을 수행할 수도 있다.
④ 소유적 효용을 창출한다.

해설 저장기능은 수산물의 생산과 소비 간의 시간적인 불일치를 조정하여 시간적 효용을 창조하는 기능을 수행한다.

정답 10 ④ 11 ② 12 ② 13 ④

14 수산물의 상적유통기관에 해당하는 것은?

① 운송업체
② 포장업체
③ 물류정보업체
④ 도매업체

해설 상적유통(소유권 이전)은 상거래(구매 및 판매)활동을 통해 이루어지며, 도매상과 소매상이 주로 수행한다.

15 수산물 유통 체계에서 상적유통활동에 해당되는 것은?

① 수산물을 유통업자에게 수송한다.
② 수산물을 냉동·냉장창고에 보관한다.
③ 수산물 판매를 위해 포장을 다시 한다.
④ 상품의 구색을 맞추기 위해 수산물을 수집한다.

해설 **유통활동**

- 상적유통활동 : 구매 및 판매활동
- 물적유통활동 : 운송활동, 보관활동, 하역활동, 포장활동, 유통가공활동, 정보유통활동

16 수산물 유통활동에 관한 일반적인 개념으로 옳은 것을 모두 고른 것은?

> ㉠ 상적유통은 상품의 소유권 이전과 관련된 것으로 판촉, 가격결정을 포함한다.
> ㉡ 물적유통은 재화의 물리적 흐름과 관련된 것으로 수송, 보관을 포함한다.
> ㉢ 정보유통은 상품 및 소비자 정보흐름과 관련된 것으로 상품의 포장을 포함한다.

① ㉠, ㉡
② ㉠, ㉢
③ ㉡, ㉢
④ ㉠, ㉡, ㉢

해설 ㉢ 정보유통은 거래상품에 대한 정보를 제공하거나 물적유통의 각 기능 사이에 흐르는 정보를 원활하게 연결하여 고객에 대한 서비스를 향상시키는 활동이다. 상품의 포장활동은 물적유통에 포함된다.

14 ④ 15 ④ 16 ① 정답

17 물적유통기능으로 형태효용을 창출하는 것은?

① 거래기능
② 수송기능
③ 저장기능
④ 가공기능

해설 물적 유통기능과 효용
- 거래기능 : 소유효용
- 수송기능 : 장소효용
- 저장기능 : 시간효용
- 가공기능 : 형태효용

18 수산물 유통에 있어서 물적활동으로 옳지 않은 것은?

① 운송활동
② 보관활동
③ 금융활동
④ 정보활동

해설 수산물 유통

유통활동	상적유통활동	구매 및 판매활동
	물적유통활동	운송활동, 보관활동, 하역활동, 포장활동, 유통가공활동, 정보유통활동
유통조성활동		표준화·등급화활동, 금융활동, 보험활동

19 다음 수산물 유통기능 중 성질이 다른 하나는?

① 표준화와 등급화
② 위험부담
③ 시장정보의 수집과 홍보
④ 구매기능과 판매기능

해설 수산물 유통기능을 크게 기본적 기능과 보조적 기능으로 구분할 때 ①, ②, ③은 보조적 기능에 해당한다. ④의 경우는 기본적 기능인 소유권 이전기능에 속한다.

정답 17 ④ 18 ③ 19 ④

20 유통조성기능을 가장 적절히 설명한 것은?

① 유통조성기능은 소유권 이전기능과 물적유통기능이 원활히 수행되기 위한 표준화・등급화, 위험부담 등이다.

② 유통조성기능은 상품이 생산자로부터 소비자로 넘어가는 가격 결정 과정을 도와주는 기능이다.

③ 유통조성기능은 고객의 구매 욕구를 일으킬 수 있도록 하는 진열, 포장 등의 기능이다.

④ 유통조성기능은 대금을 주고 구입하는 일체의 활동이다.

해설 유통조성기능은 상적유통(소유권 이전)기능과 물적유통(재화의 물리적 흐름)기능이 원활히 이루어질 수 있도록 지원하는 부가적인 기능으로, 표준화・등급화, 금융, 보험(위험부담) 등이 있다.

21 수산물 유통기능 중 금융기능이 아닌 것은?

① 보험가입 ② 외상거래

③ 할부판매 ④ 선도자금

해설 수산물 유통금융이란 수산물을 유통시키는 데 필요한 자금을 융통하는 것, 즉 수산물이 유통경로를 통하여 소비자에게 이르는 과정에 소요되는 운영자금을 융통하는 것을 말한다.

22 수산물 유통금융에 관한 설명으로 옳은 것을 모두 고른 것은?

㉠ 어업인이 수산물을 판매할 때까지의 부족한 자금대출
㉡ 수산물 대금의 지급기일을 연기하는 외상매출
㉢ 수산물 창고업자가 저온창고를 건축하는 데 소요되는 시설자금융자

① ㉠, ㉡ ② ㉠, ㉢

③ ㉡, ㉢ ④ ㉠, ㉡, ㉢

해설 **수산물 유통금융** : 수산물을 유통시키는 데 필요한 자금을 융통하는 것
- 수산물 수확이 시기적으로 불가능하여 선도자금을 받는 행위
- 수산물을 저장하는 창고업자가 저온창고를 건축하는 데 소요되는 시설자금을 정부나 수협으로부터 융자받는 행위
- 수산물 가공업자가 수산물 수매자금을 융통하는 행위
- 수협공판장에서 어민들에게 수산물 판매대금을 현금으로 지급하고 경매에 참가하여 수산물을 구매한 지정 중도매인에게 외상으로 판 후 미수금은 일정기간 후에 받는 행위

20 ① 21 ① 22 ④ 정답

23 수산물의 유통과정에서 발생할 수 있는 물적 위험에 해당하는 것은?

① 경제여건 변화에 의한 시장축소
② 시장가격 하락에 의한 수산물의 가치하락
③ 자연재해에 의한 수산물의 파손
④ 소비자 기호 변화에 의한 수요 감소

해설 **물적 위험** : 수산물의 물적 유통기능을 수행하는 과정에서의 파손・부패・감모・화재・동해・풍수해・열해・지진 등의 요인으로 수산물이 직접적으로 받는 물리적 손해

24 수산물 시세변동에 대한 위험을 회피하기 위한 대책이 아닌 것은?

① 보험가입
② 품질보증제도 도입
③ 선물거래
④ 수산물 생산성 증대

해설 수산물의 경우 생산의 불확실성, 규격의 다양성, 부패성으로 가격변동이 심하기 때문에 생산 및 출하조절을 통해 위험을 회피해야 한다.

25 수산물 유통에서 수산물의 시장가격 하락에 따른 재고수산물의 가치하락, 소비자의 기호 및 유행의 변천에 따른 수요감소 등에 의한 위험은 어디에 해당되는가?

① 경제적 위험
② 물적 위험
③ 대손위험
④ 자연적 위험

해설 ① 경제적 위험 : 시장가격의 하락으로 인한 재고수산물의 가치하락, 소비자의 기호나 유행의 변화에 따른 수요감소, 경제조건의 변화에 의한 시장축소 등에 의해 발생하는 것으로 유통과정 중 수산물의 가치변화로 발생하는 손실
② 물적 위험 : 수산물의 물적 유통기능을 수행하는 과정에서의 파손・부패・감모・화재・동해・풍수해・열해・지진 등의 요인으로 수산물이 직접적으로 받는 물리적 손해
③ 대손위험 : 제공한 자금의 대가 일부 또는 전부를 약속대로 받을 수 없는 위험
④ 자연적 위험 : 태풍, 홍수, 폭설, 지진 등 자연현상에 따른 위험

정답 23 ③ 24 ④ 25 ①

CHAPTER 02

수산물 유통기구 및 유통경로

01 수산물 유통기구

1 수산물 유통기구의 정의

(1) 넓은 의미의 수산물 유통기구

① 수산물을 생산자로부터 소비자에게 유통시키기 위한 조직체

② 수산물이 생산자로부터 소비자에게 유통되는 데 필요한 여러 가지 유통기능을 현실적으로 담당·수행하기 위한 모든 개별업체 및 업자의 총체적 집합체

어업 생산자 → 도매상 → 소매상 → 소비자

㉠ 수산물정보 전달에 개입 : 각종 조사업체, 정보업체 등

㉡ 수산물의 이동과 운송에 개입 : 중간상, 하역업체, 운송업체, 냉동냉장 창고업, 은행, 수협, 신용금고, 보험회사 등

③ 상적 유통기능과 물적 유통기능, 정보전달기능 등 유통기능을 담당하고 수행하는 기구

(2) 좁은 의미의 수산물 유통기구

① 수산물을 생산자로부터 소비자에게 유통시키는 중간상(상업기관)

② 수산물 매매과정에서 매매담당자에 의한 소유권이전 기구

③ 수산물 유통기구의 기본과정 : 수산물 유통에서 필요한 유통기능은 매매담당자(중간상)에 의해 수행

수산물 생산자 → 도매상업기관 → 소매상업기관 → 소비자

2 상적 유통기구와 기능

(1) 수산물의 직접적 유통과 유통기구

① 수산물 유통에 있어서 수산물과 화폐의 교환이 생산자와 소비자 사이에 직접적으로 이루어지는 것을 직접적 유통(Direct Marketing)이라고 한다.

② 매매당사자는 생산자와 소비자이다.

③ 직접적 유통은 생산자와 소비자가 유통기능을 담당하면서 유통기구로서의 역할을 수행하게 된다.

④ 수산물의 생산자는 수산물의 생산활동 및 판매활동의 주체이며, 수산물의 소비자는 수산 상품의 구매활동 및 소비활동의 주체이다.

⑤ 수산물의 직접적 유통에서는 매매당사자 간의 거래관계에서 중간상과 같은 상업기관의 중간개입이 없다.

(2) 수산물의 간접적 유통과 유통기구

① 개 요

㉠ 간접적 유통(Indirect Marketing)은 수산물 생산자와 소비자 사이에 중간상이 개입하며, 가장 보편적인 형태이다.

㉡ 수산물의 간접적 유통은 생산자와 소비자 사이에 수산물의 수집기구, 분산기구, 수집・분산 연결기구와 같은 3가지 유형의 유통기구가 개입한다.

② 수집기구

㉠ 수산물 생산수량이 소량이고 소비수량은 대량일 경우 소량 생산하고 있는 여러 생산자로부터 수산물을 수집・구매하는 유통기구가 필요하다.

㉡ 수산물을 수집・구매하는 유통기구들이 형성되면서 대량 수요에 대응할 수 있게 된다.

③ 분산기구

㉠ 수산물의 생산수량이 대량이고 소비수량은 소량일 경우 우선 대량의 수산물을 여러 유통기구들이 분할 구매하고, 분할 구매한 유통기구 밑에 더욱 더 소량 분할 구매하는 유통기구가 형성되면서 단계적으로 분산된다.

㉡ 수산물의 분할 구매 활동을 수행하는 유통기구를 중심으로 분산기구가 형성된다.

㉢ 분산기구의 대표적인 사례는 소비용 공업제품이 최종소비자에게 전달되는 경우이다. 즉, 소비용 공업제품은 대규모 생산자에 의해 대량생산되고, 많은 수의 소비자들에게 소량 소비되고 있는 것이 일반적이다.

④ 수집 · 분산연결기구(중계기구)

㉠ 대량생산에 대한 대량소비의 경우

- 상품의 생산과 소비 사이의 수량적 대응관계에 있어서 대량생산에 대한 대량소비의 경우 대량생산된 원료품이 대규모 생산자(대형 가공업자)에 의해 대량으로 공급되는 것이 일반적이다.
- 대부분의 원료품은 생산자로부터 실수요자에게 직접적으로 유통되어 그 사이에 복잡한 유통기구가 없다.

㉡ 소량생산에 대한 소량소비의 경우

- 생산자와 소비자가 직접 연결되는 것에 어려움이 있다.
- 소량 · 분산적으로 생산되는 상품이 소량 · 분산적 소비에 연결되기 위해서는 중간에서 수집 · 분산시킬 수 있는 유통기구가 필요하다.

3 수산물 상업기관

(1) 유통기관과 상업기관

① 유통기관

㉠ 유통기구의 구성요소가 되는 개별 기업체, 즉 유통기능을 현실적으로 수행하고 있는 개별 기업체 → 통칭하여 "유통기구"

㉡ 넓은 의미의 유통기관 : 여러 가지 유통기능을 담당하고 있는 개별 기업체 전부를 포함
예 생산자, 도매업체, 소매업체, 운송업체, 보안업체 등

㉢ 좁은 의미의 유통기관 : 매매거래 기능을 직접 담당하고 있는 기업체
예 도매업체, 소매업체 등

② 상업기관

㉠ 생산자와 소비자 사이의 매매를 연결시켜 주는 역할을 전문적으로 수행하는 개별기업체

㉡ 상품 소유권 이전 업무를 전문적으로 하는 개별 경영체

㉢ 간접적 유통에서 반드시 필요한 유통기관
예 상인, 소매상, 도매상, 수산업협동조합의 직판장, 수산물도매시장 등

(2) 수산물 상업기관의 종류

① 상인 : 생산자도 소비자도 아닌 독립된 상업자본에 의하여 경영되는 기업체이며, 생산자와 소비자 사이에 위치하여 수산물을 생산자로부터 소비자에게 이전시켜 주는 일을 전문적으로 하고 있다. 취급상품의 소유권 여부에 따라 매매차익 상인과 수수료 상인으로 구분한다.

㉠ 매매차익 상인

• 본래적인 상인, 고유의 상인, 좁은 의미의 상인

• 수산물 유통과정에서 취급 수산물의 소유권을 생산자로부터 획득하여 이것을 소비자에게 판매함으로써 이전시키는 활동을 하는 상인

• 수산물의 구매가격과 판매가격의 차액을 이익으로 획득하는 상인

• 매매차익 상인의 분류

소매상(Retailer)	상품판매의 상대가 소비자
도매상(Wholesaler)	상품판매의 상대가 상업기관

㉡ 수수료 상인 : 생산자로부터 자신들이 직접 수산물의 소유권을 획득하여 판매활동을 하지 않는 상인, 즉 생산자 또는 다른 상업기관으로부터 생산물을 구매한 다음 판매하는 것이 아니라 수산물을 판매하고자 하는 사람으로부터 위탁받아 매매활동을 대신 행하고 이에 따른 대가로 수수료를 취득하는 상인

수수료 도매업자 (Commission Merchant)	• 원칙적으로 생산자 또는 다른 상업기관이 소유하고 있는 수산물을 위탁받아 자신의 명의로 판매한 후 정해진 수수료를 취득하는 상인 • 거래상의 책임을 전적으로 자기 부담으로 한다는 점에서 매매차익 상인과 유사하지만 판매하는 상품에 대해서 소유권이 없는 점에서 다름 • 소비지 도매시장의 도매법인과 도매상들은 산지 출하자의 위탁 수산물을 자신의 책임하에 진열, 상장, 경매 또는 수의판매, 대금 회수 등 매매에 필요한 여러 가지 기능을 수행하고 일정수수료와 경비를 뺀 나머지를 위탁자에게 지급함
대리상 (Agent Middlemen)	원칙적으로 생산자 또는 다른 상업기관이 소유하고 있는 수산물을 위탁받지만 자신의 명의가 아니라 위탁자의 명의로 판매한 후 정해진 수수료를 취득하는 상인
중개인 (Broker)	• 원칙적으로 전문적 지식을 기반으로 수산물 판매자와 구매자 사이의 매매계약을 연결시켜 주고 수수료를 취득하는 상인 • 대금결제, 물품인도, 재고부담 기능을 수행하지 않음 • 중도매인 중 도매업을 하지 않고 단순한 중개업만을 수행하고 수수료를 취득하는 상인도 포함

② 생산자가 출자·경영하는 상업기관

㉠ 대규모 생산자가 출자·경영하는 상업기관

• 수산물 유통에서 대규모 생산자가 출자·경영하는 상업기관은 흔하지 않으나, 원양어업이나 수산가공회사를 중심으로 대규모 생산이 이루어지고 있다.

• 원양어업의 경우에는 다양한 어종을 생산하는 것이 아니라 명태, 오징어, 참치 등과 같이 한가지 어종에 국한되어 생산되기 때문에 수산물을 위해 직영소매점을 개설하기에는 비용 부담이 크다.

• 대규모 수산 가공회사의 경우 자사가 직영하는 직매장을 설립하거나 회사 내 판매부문 부서를 통해 직접 마케팅하는 경우도 있다.

㉡ 소규모 생산자가 출자·경영하는 상업기관
- 수산업 생산자나 농업 생산자와 같은 소규모 생산자는 공동으로 상업기관을 설립한다.
- 농업협동조합이나 수산업협동조합이 대표적이다.
- 협동조합은 조합원이 생산한 상품의 공동판매를 수행하고 포장·가공도 한다.
- 협동조합은 조합원이 공동출자하여 수협직판장이나 위판장, 공판장 등과 같은 상업기관을 운영한다.
- 수산물 유통에서 대표적인 도매기관인 위판장과 공판장은 일반적으로 조합원인 생산자로부터 수산물을 위탁받아 판매를 대신해 주고 있다.

③ 소비자가 출자·경영하는 상업기관

㉠ 소비자가 출자·경영하는 상업기관으로 소비생활 협동조합이 대표적이다.

㉡ 소비생활 협동조합은 일정지역 또는 회사나 학교 등과 같이 일정한 관련성이 있는 소비자들이 조합원으로 형성된다.

㉢ 소비생활 협동조합은 상품을 직접 구입하여 소비하는 조합원(소비자)이 공동출자하여 경영하는 소매 상업기관으로, 경영이념은 상인과 같이 '이익'을 목적으로 하지 않고 조합원의 '경제적 후생'에 두고 있다.

4 물적 유통기구와 기능

(1) 수산물 물적 유통기구의 뜻

① 물류의 정의 : 원자재조달에서부터 생산과정을 거쳐 완제품이 최종 소비지점에 이르기까지의 원자재와 중간제품, 완제품의 효율적인 흐름을 계획하고 관리하기 위한 하나 또는 두 가지 이상의 통합활동이다. 여기서 물류활동에는 운송, 보관, 포장, 하역, 유통가공, 물류정보를 포함하고 있다.

② 물류의 영역

㉠ 조달물류 : 기업이 공급 요청을 받은 외주공장(원료 메이커)에서 원자재 및 부품을 어떻게 포장하고 단위화하여 자기 기업의 자재 창고에 어떠한 방법으로 수·배송할 것인가 하는 물류 관리의 시발점이 되는 사외(社外)물류 분야

㉡ 생산물류 : 자재 창고의 출고작업에서부터 생산공정으로의 운반, 하역 및 창고의 입고에 이르기까지의 전 물류과정

㉢ 사내물류 : 완성된 제품을 포장하여 출하한 뒤 지점이나 영업소 또는 물류센터 등에 인도하기까지의 물류

㉣ 판매물류 : 물류의 최종 단계로서 제품을 소비자에게 전달하는 일체의 수·배송 활동

㉤ 반품물류 : 판매된 제품이 클레임이나 파손, 품질불량 등의 이유로 반환되었을 경우의 물류

㉥ 회수 및 폐기물류 : 포장용기나 포장재료, 수명을 다한 제품 등의 회수 및 폐기하기 위한 물류

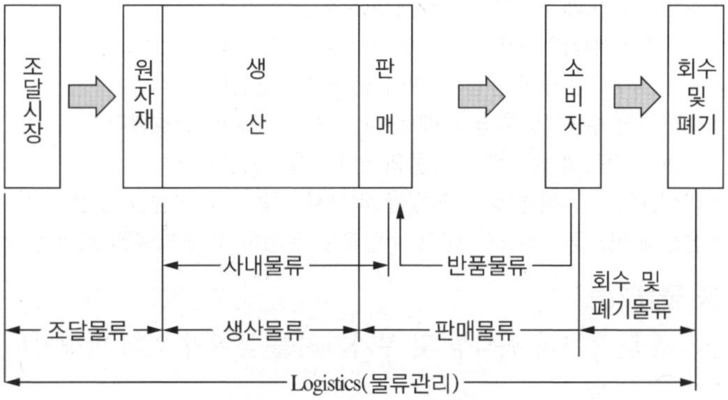

[물류의 기본 활동 및 영역]

③ **수산물 물적 유통기구** : 물류활동을 수행하고 있는 수산영역에서의 유통기구를 말하며, 수산물 하역업체, 수산물 운송업체, 수산물 보관업체, 수산물 수발주업체, 수산물 포장업체, 수산물 물류정보업체 등이 해당된다.

(2) 수산물 물적 유통기구의 기능(6대 기능)

① 수·배송 물류기능

㉠ 수산물을 효용가치가 낮은 장소에서 높은 장소로 이동시키는 장소적 이동을 통하여 수산물의 효용가치를 증대시키는 물류

㉡ 산지와 소비지뿐만 아니라 물류거점 간의 수송 부문, 도시 및 일정 지역 내의 배송부문

② 하역 물류기능

㉠ 수산물의 상하차 행위 등 수산물의 상하이동 행위(수산물을 이동수단에 싣는 행위를 '상차'라 하고, 도착 수산물을 내리는 행위를 '하차'라고 함)

㉡ 대표적인 하역 물류기능은 양륙기능, 상차기능, 하차기능으로, 수·배송, 보관, 포장, 유통가공 등의 물류기능을 상호 연결하는 기능의 성격

③ 보관 물류기능

㉠ 생산시기와 소비시기의 시간적 거리를 연결시켜 주는 물류활동기능

㉡ 기본적으로 수산물 냉동냉장 창고를 활용하여 수산물의 선도를 관리하고 유지하는 활동

④ 포장 물류기능

㉠ 수산물의 수·배송, 보관, 거래 등에 있어 선도 및 상태를 유지하기 위해 적절한 재료, 용기 등을 이용하여 보호하는 기술 및 상태

㉡ 일차적으로 산지시장에서 나무상자나 스티로폼, 플라스틱 상자에 담겨 상하차, 수·배송, 보관되며, 선도 및 상태 유지를 위해 비닐포장, 진공포장, 종이포장 등 다양한 형태의 포장물류 수행

※ 수산물 유통 시 포장의 기능
- 수산물을 밀봉 및 차단하여 신선도를 유지시켜 준다.
- 수산물을 오래 저장할 수 있게 보존성을 높인다.
- 수산물의 취급이 간편하도록 편리성을 부여한다.
- 수산물의 외관을 아름답게 하여 상품성을 높인다.
- 수산물의 수송 및 취급 중에 손상을 받지 않도록 보호한다.
- 수산물 가격의 공개로 수산물의 신뢰도를 높인다.
- 미생물이나 유해 물질의 혼입을 막아서 식품의 안전성을 높인다.
- 생산내역을 명기하므로 광고 수단으로 유용하며, 판매촉진 효과를 부여한다.

⑤ 유통가공 물류기능

㉠ 수산물 유통 물류의 편의성 및 부가가치를 높이기 위해 행해지는 단순가공, 절단, 라벨링, 재포장 작업 등

㉡ 주로 물류센터에서 기능을 수행하며, 특히 냉동냉장 창고에서 단순 절단이나 소분작업, 재포장 및 라벨링 작업이 이루어짐

⑥ 정보 물류기능

㉠ 물류의 주요 요소인 운송, 보관, 하역 등 각 기능들을 서로 연결시켜 전체적인 물류관리를 효율적으로 수행

㉡ 수산물의 통합적 물류활동이 효율적으로 수행되도록 지원하는 핵심적인 물류 기능을 수행

02 수산물 유통조직

1 수산물 유통시장의 종류와 역할

(1) 수산물 시장의 뜻

① 넓은 의미의 수산물 시장 : 수산물을 이용·배분하는 관련 시장 전부를 뜻하며, 산지시장, 소비지 도매시장은 물론, 중간도매상점, 최종 소매상점, 국제수산물 시장, 사이버수산물 시장 등을 포함

② 좁은 의미의 수산물 시장 : 위판장, 공판장, 소비지 도매시장에 한정

(2) 수산물 산지시장

① 산지시장의 개념

㉠ 어업생산의 기점으로 어선이 접안할 수 있는 어항시설이 갖추어져 있고, 어획물의 양륙과 1차적인 가격형성이 이루어지면서 유통 배분되는 시장이다.

㉡ 수산업협동조합이 개설 운영하는 산지위판장으로, 도매시장과 같은 역할도 수행하고 있다.

② 산지시장의 필요성

㉠ 연근해 어획물의 대부분은 양륙어항에 위치하고 있는 산지위판장에서 1차적인 가격을 형성한 다음 소비지 시장으로 판매되고 있다.

㉡ 산지시장을 경유하는 이유

- 산지위판장이 어장에 근접한 연안에 위치하고 있기 때문이다.
- 산지위판장의 신속한 판매 및 대금결제 기능, 즉 어업생산 사이클의 시간단축은 곧 어업생산 증대에 직결되기 때문이다.

※ 어업생산 사이클

어장조업 → 어획 → 귀항 → 산지위판장 양륙 → 중도매인 경매 → 판매 → 대금결제 → 선원임금 지불 → 연료, 어구, 선원식료 보급 → 재출항 → 조업

- 어획물의 다양한 형태의 이용배분(수출용, 수산물 가공원료, 비식용용도)이 가능하기 때문이다.

③ 산지시장의 기능

㉠ 수산물 공급은 한정된 규모의 어선들이 정해진 성어기에 어장과 어항을 신속히 이동하여 이루어지며, 왕복 횟수가 곧 어획량을 결정하기 때문에 이동시간과 판매시간을 최대한 짧게 운영하기 위해서 위판장은 연안에 위치하고 있다.

㉡ 어업생산자는 시장도매업자 역할을 수행하는 수협에 어획물을 위탁 판매하고, 수협은 등록된 중도매인들과 경매 및 입찰에 의해 가격을 결정한다.

㉢ 산지위판장으로 양륙된 수산물들은 경매를 통하여 바로 거래가 이루어지는데 수산물의 종류에 따라서 손가락을 사용하면서 가격을 제시하는 수지에 의한 호가방법 및 입찰서에 직접 가격을 기재하는 방법 등이 사용된다.

㉣ 산지위판장은 어종 또는 크기에 따라 분류하여 진열하는 기능도 함께 수행한다.

㉤ 수산물을 구입한 중도매인은 구입대금을 수협에 납입해야 하는데 납입 기일 조건은 당일 납입이 원칙이며, 수협은 중도매인으로부터 판매대금을 납입받아 판매수수료를 공제한 후 어업 생산자에게 지불한다.

※ 산지시장의 기능

- 어획물의 양륙과 진열기능
- 거래형성 기능
- 대금결제기능
- 판매기능

(3) 수산물 도매시장

① **수산물 도매시장의 정의** : 특별시 · 광역시 · 특별자치시 · 특별자치도 또는 시가 생선어류 · 건어류 · 염건어류 · 염장어류 · 조개류 · 갑각류 · 해조류 및 젓갈류 품목의 전부 또는 일부를 도매하게 하기 위하여 관할구역에 개설하는 시장을 말한다.

② **도매시장의 개설** : 도매시장은 양곡부류 · 청과부류 · 축산부류 · 수산부류 · 화훼부류 및 약용작물부류별로 개설하거나 둘 이상의 부류를 종합하여 개설한다. 중앙도매시장의 경우에는 특별시 · 광역시 · 특별자치시 또는 특별자치도가 개설하고, 지방도매시장의 경우에는 특별시 · 광역시 · 특별자치시 · 특별자치도 또는 시가 개설한다. 다만, 시가 지방도매시장을 개설하려면 도지사의 허가를 받아야 한다.

③ **도매시장의 운영** : 도매시장 개설자는 도매시장에 그 시설규모 · 거래액 등을 고려하여 적정 수의 도매시장법인 · 시장도매인 또는 중도매인을 두어 이를 운영하게 하여야 한다.

④ **도매시장의 조직체계**

㉠ 도매시장법인의 지정 : 도매시장법인은 도매시장 개설자가 부류별로 지정하되, 중앙도매시장에 두는 도매시장법인의 경우에는 농림축산식품부장관 또는 해양수산부장관과 협의하여 지정한다.

㉡ 경매사의 임면 : 도매시장법인은 도매시장에서의 공정하고 신속한 거래를 위하여 해양수산부령으로 정하는 바에 따라 일정 수 이상의 경매사를 두어야 한다.

※ 경매사의 업무 : 도매시장법인이 상장한 농수산물에 대한 경매 우선순위의 결정, 농수산물에 대한 가격평가, 경락자의 결정

㉢ 시장도매인의 지정 : 시장도매인은 도매시장 개설자가 부류별로 지정한다.

㉣ 중도매업의 허가 : 중도매인의 업무를 하려는 자는 부류별로 해당 도매시장 개설자의 허가를 받아야 한다.

㉤ 매매참가인의 신고 : 매매참가인의 업무를 하려는 자는 농림축산식품부령 또는 해양수산부령으로 정하는 바에 따라 도매시장 · 공판장 또는 민영도매시장의 개설자에게 매매참가인으로 신고하여야 한다.

도매시장	• 개설자 : 지방자치단체 • 개설허가자 : 해양수산부장관(지방 도매시장은 도지사의 허가)
도매시장법인 시장도매인	• 도매시장법인 및 시장도매인 지정 : 개설자 • 도매시장 승인 : 개설 허가권자
경매사	• 경매사 임면 : 도매시장법인 • 경매사 승인 : 개설자
중도매인 매매참가인	중도매인 · 매매참가인의 허가 및 등록 : 개설자

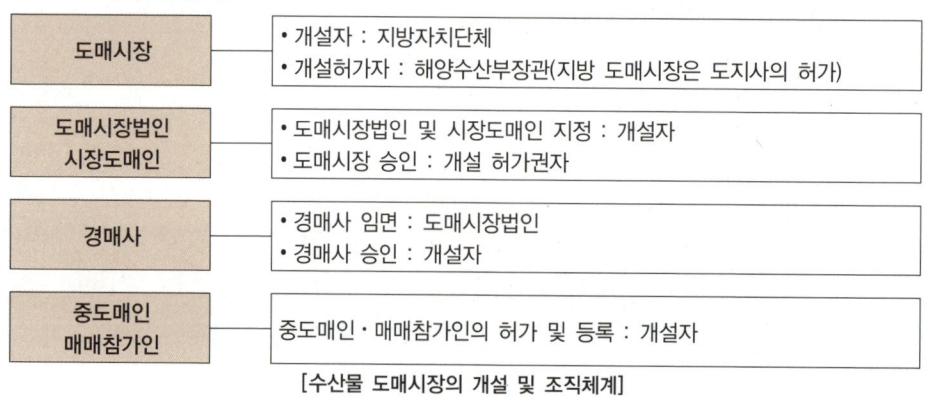

[수산물 도매시장의 개설 및 조직체계]

⑤ 수산물 도매시장의 구성원

㉠ 도매시장법인

- 정의 : 수산물도매시장의 개설자로부터 지정을 받고 수산물을 위탁받아 상장(上場)하여 도매하거나 이를 매수(買受)하여 도매하는 법인(도매시장법인의 지정을 받은 것으로 보는 공공출자법인을 포함한다)을 말한다.
- 도매시장법인의 자격요건
  - 해당 부류의 도매업무를 효과적으로 수행할 수 있는 지식과 도매시장 또는 공판장 업무에 2년 이상 종사한 경험이 있는 업무집행 담당 임원이 2명 이상 있을 것
  - 임원 중 금고 이상의 실형을 선고받고 그 형의 집행이 끝나거나(집행이 끝난 것으로 보는 경우를 포함한다) 집행이 면제된 후 2년이 지나지 아니한 사람이 없을 것
  - 거래규모, 순자산액 비율 및 거래보증금 등 도매시장 개설자가 업무규정으로 정하는 일정 요건을 갖출 것
- 도매시장법인의 역할
  - 기본적으로 판매대행 후 일정 수수료를 받는 수수료 상인이면서 구매와 판매를 통한 이윤을 획득할 수 있는 매매차익 상인의 두 가지 역할 수행
  - 수집상(산지유통인)으로부터 출하받은 수산물을 상장·진열하는 기능
  - 경매사를 통해 판매하는 가격형성기능
  - 판매된 수산물의 대금을 회수하여 시장사용 수수료를 제외한 금액을 출하자 또는 생산자들에게 지불하는 금융결제 기능

㉡ 시장도매인

- 정의 : 수산물도매시장 또는 민영 수산물도매시장의 개설자로부터 지정을 받고 수산물을 매수 또는 위탁받아 도매하거나 매매를 중개하는 영업을 하는 법인을 말한다.
- 시장도매인의 역할
  - 기본적으로 산지나 생산자로부터 수산물을 구입한 다음 판매하여 그 차액을 이윤으로 획득할 수 있는 매매차익 상인이면서 타인의 수산물을 위탁받아 판매를 대행하는 수수료 상인
  - 수산물을 도매시장 내에 상장시키거나 경매 또는 입찰을 통해 판매하지 않고 자신이 직접 구입하거나 위탁받은 수산물을 중도매인이 아닌 시장 밖의 실수요자(할인점, 도매상, 소매상 등)와 직접 가격 교섭을 한 다음 도매로 판매

㉢ 중도매인

- 정의 : 수산물도매시장·수산물공판장 또는 민영수산물도매시장의 개설자의 허가 또는 지정을 받아 다음의 영업을 하는 자를 말한다.
  - 수산물도매시장·수산물공판장 또는 민영수산물도매시장에 상장된 수산물을 매수하여 도매하거나 매매를 중개하는 영업

- 수산물도매시장 · 수산물공판장 또는 민영수산물도매시장의 개설자로부터 허가를 받은 비상장(非上場) 수산물을 매수 또는 위탁받아 도매하거나 매매를 중개하는 영업

• 중도매인의 역할
- 선별기능 : 수산물을 생산지, 어종, 크기, 선도별로 선별하여 어떻게 어디에 판매할 것인가 하는 사용 · 효용가치를 찾아내는 기능
- 평가기능 : 수산물을 보고 손가락으로 가격을 표시하는 경매나 전광판을 통해 가격을 결정하는 입찰기능
- 금융결제기능 : 판매를 위해 직접 구입하거나 소매업자들의 위탁을 받아 대신 구입한 물품에 대한 대금지불기능
- 분하 · 보관 · 가공기능 : 구입한 수산물을 판매하거나 최종소매업자들에게 유통시키기 위하여 일시적인 냉동보관과 포장 · 가공처리 기능

ⓡ 매매참가인

• 정의 : 수산물도매시장 · 수산물공판장 또는 민영수산물도매시장의 개설자에게 신고를 하고, 수산물도매시장 · 수산물공판장 또는 민영수산물도매시장에 상장된 수산물을 직접 매수하는 자로서 중도매인이 아닌 가공업자 · 소매업자 · 수출업자 및 소비자단체 등 수산물의 수요자를 말한다.

• 매매참가인의 역할
- 도매시장에서 구매자로서 중도매인과 동일한 참가권을 가지는 역할
- 시장 내의 수산물을 중도매인을 통해 위탁 구입하지 않고 직접 거래에 참가하여 경매나 입찰을 통해 필요한 수산물을 구입
- 도매시장을 공개적, 개방적으로 유지하는 역할
- 소비자와 직접 접촉하는 대형소매점이나 소매업자 단체 등은 소비자 정보를 전달하는 역할

ⓜ 산지유통인(産地流通人)

• 정의 : 수산물도매시장 · 수산물공판장 또는 민영수산물도매시장의 개설자에게 등록하고, 수산물을 수집하여 수산물도매시장 · 수산물공판장 또는 민영수산물도매시장에 출하(出荷)하는 영업을 하는 자(법인을 포함)를 말한다.

• 산지유통인의 역할 : 등록된 도매시장에서 수산물의 출하업무 이외의 판매 · 매수 또는 중개업무를 할 수 없다.
- 수집 · 출하기능 : 전국적으로 분산되어 있는 산지에서 다종다양한 수산물을 수집하여 소비지 도매시장에 출하하는 기능
- 정보전달기능 : 어촌 등과 같은 산지를 돌아다니면서 생산자나 생산조직 단체들과 상담하면서 소비지의 가격동향이나 판매상황 등을 전달하는 기능
- 산지개발기능 : 새로운 생산지를 찾아다니면서 신상품 등이 있으면 생산자에게 소비지 도매시장을 통해 판매할 것을 권유하는 기능

(4) 소비지 도매시장

① 소비지 도매시장의 정의

㉠ 생산지에서 대도시 등의 소비자에게 수산물을 원활히 공급 유통시키기 위해서 대도시를 중심으로 하는 소비지에 개설 운영되는 도매시장

㉡ 지방자치단체가 개설하는 시장으로 크게 중앙도매시장과 지방도매시장으로 구분하지만 현실적으로 법정도매시장, 공판장, 유사도매시장으로 구분

② 소비지 도매시장의 종류

㉠ 중앙도매시장 : 특별시·광역시·특별자치시 또는 특별자치도가 개설한 수산물도매시장 중 해당 관할구역 및 그 인접지역에서 도매의 중심이 되는 수산물도매시장

- 서울특별시 가락동 농수산물도매시장
- 서울특별시 노량진 수산물도매시장
- 부산광역시 엄궁동 농산물도매시장
- 부산광역시 국제 수산물도매시장
- 대구광역시 북부 농수산물도매시장
- 인천광역시 구월동 농산물도매시장
- 인천광역시 삼산 농산물도매시장
- 광주광역시 각화동 농산물도매시장
- 대전광역시 오정 농수산물도매시장
- 대전광역시 노은 농산물도매시장
- 울산광역시 농수산물도매시장

㉡ 지방 도매시장 : 중앙도매시장 외의 수산물도매시장으로 도지사의 허가를 받아 개설

㉢ 수산물공판장 : 수산업협동조합과 그 중앙회(농협경제지주회사를 포함), 그 밖에 생산자 관련 단체와 공익상 필요하다고 인정되는 법인으로서 수산물을 도매하기 위하여 특별시장·광역시장·특별자치시장·도지사 또는 특별자치도지사의 승인을 받아 개설·운영하는 사업장

㉣ 유사 도매시장 : 법정도매시장이 아닌 소매시장의 허가를 얻어 도매행위를 하는 시장

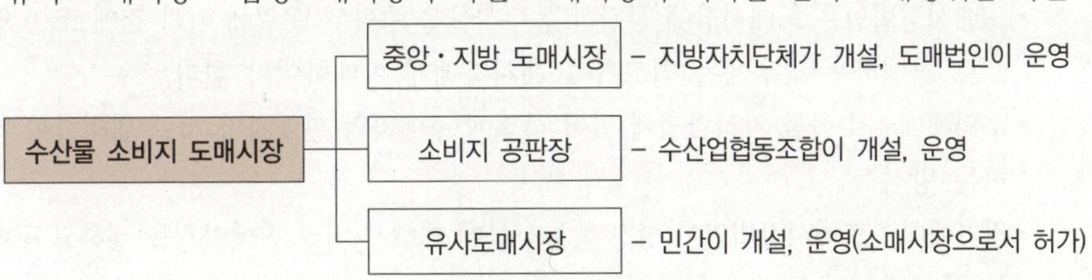

[수산물 소비지 도매시장의 종류]

③ 소비지 도매시장의 필요성

㉠ 다종다양한 상품을 특정 장소에서 집하하여 집중적으로 거래함으로써 수요와 공급에 의한 적정 가격 형성과 효율적인 전문화를 수행할 필요가 있다.

㉡ 생산 및 소비가 일반적으로 영세하기 때문에 생산자와 소비자 사이에서 상품의 집배 및 확실한 대금결제 등을 행하는 전문 상업 기능이 필요하다.

㉢ 다종다양한 상품의 구색 요청에 대응하기 위해 넓은 범위로부터 수산물을 집하할 필요가 있다.

㉣ 생산자에 대해 생산물의 안정적인 판로를 제공하고 공정한 거래를 행할 장소가 필요하다.

④ 소비지 도매시장의 기능

㉠ 산지시장으로부터 수산물을 수집하는 강한 집하기능

㉡ 경매・입찰 등과 같은 공정 타당한 가격형성기능

㉢ 도시 수요자에게 유통시키는 분산기능

㉣ 현금에 의한 신속, 확실한 대금결제기능

⑤ 소비지 도매시장의 거래제도

㉠ 수탁판매의 원칙

- 도매시장 내에서 거래는 원칙적으로 수탁판매방법으로 거래되는데 도매법인 입장에서는 수탁이지만, 생산자 또는 출하자 입장에서는 위탁이 된다.
- 도매시장은 수탁판매를 거부할 수 없으며, 특별한 사유가 있는 경우에는 매수하여 도매할 수 있다.
- 수탁판매의 구분

무조건 수탁	생산자 또는 출하자가 아무런 조건제시 없이 무조건으로 도매시장에 위탁하여 가장 유리한 가격으로 판매해 줄 것으로 기대하는 것
조건부 수탁	생산자 또는 출하자가 가격 등의 판매조건을 제시하여 위탁하는 것(최저 희망가격 제시)

㉡ 공개경매・입찰・정가매매 또는 수의매매

- 도매시장법인은 도매시장에서 수산물을 경매・입찰・정가매매 또는 수의매매(隨意賣買)의 방법으로 매매하여야 한다.
- 출하자가 매매방법을 지정하여 요청하는 경우 등 농림축산식품부령 또는 해양수산부령으로 매매방법을 정한 경우에는 그에 따라 매매할 수 있다.
- 도매시장법인은 도매시장에 상장한 농수산물을 수탁된 순위에 따라 경매 또는 입찰의 방법으로 판매하는 경우에는 최고가격 제시자에게 판매하여야 한다.
- 수의매매 : 수산물 가격결정에 있어 사전에 구매자와 판매자가 서로 협의하여 가격을 결정하는 방식
- 정가매매 : 도매시장법인이 상장된 농산물에 대해서 미리 판매가격을 정하고 구매를 희망하는 중도매인에게 판매하는 거래 방식

• 경매 · 입찰과 정가 · 수의매매 장단점 비교

구 분	장 점	단 점
경매 · 입찰	• 거래의 공정성 · 투명성이 높음 • 다수의 집합적 거래로 신속한 거래 가능	• 단기적 가격변동이 심함 • 거래 시간과 공간의 제약존재 • 안정적 거래 요구에 대한 대응 곤란
정가 · 수의매매	• 거래 시간과 공간의 제약 최소화 가능 • 계획적인 판매와 구매 가능(안정적 거래 요구 대응 가능)	• 상대적으로 거래의 투명성이 부족할 가능성 존재 • 거래에 장시간이 소요됨

ⓒ 거래제한 원칙

• 도매시장 및 공판장 등에 상장된 수산물은 시장 내의 중도매인 또는 매매참가인 외의 자에게 판매할 수 없다.

• 거래의 특례 : 도매시장 개설자는 입하량이 현저히 많아 정상적인 거래가 어려운 경우 등 특별한 사유가 있는 경우에는 그 사유가 발생한 날에 한정하여 도매시장법인의 경우에는 중도매인 · 매매참가인 외의 자에게, 시장도매인의 경우에는 도매시장법인 · 중도매인에게 판매할 수 있다.

ⓓ 거래관련 수수료

• 도매시장 개설자, 도매시장법인, 시장도매인, 중도매인 또는 대금정산조직은 해당 업무와 관련하여 징수 대상자에게 법에서 정한 금액(도매시장의 사용료, 시설사용료, 위탁수수료, 중개수수료, 정산수수료) 외에는 어떠한 명목으로도 금전을 징수하여서는 아니 된다.

• 사용료 및 수수료 요율

수수료	징수자	부담자	요 율
도매시장 사용료	개설자	지정도매인	• 도매시장 개설자가 징수할 사용료 총액이 해당 도매시장 거래금액의 5/1,000(서울특별시 소재 중앙도매시장의 경우에는 5.5/1,000)를 초과하지 아니할 것 • 도매시장법인 · 시장도매인이 납부할 사용료는 해당 도매시장법인 · 시장도매인의 거래금액 또는 매장면적을 기준으로 하여 징수할 것
시설사용료	개설자	시설 사용자	• 해당 시설의 재산가액의 50/1,000(중도매인 점포 · 사무실의 경우에는 재산가액의 10/1,000)을 초과하지 아니하는 범위 • 도매시장의 시설 중 도매시장 개설자의 소유가 아닌 시설에 대한 사용료는 징수하지 아니함
위탁수수료	지정 도매인	출하자	위탁수수료의 최고한도 – 양곡부류 : 거래금액의 20/1,000 – 청과부류 : 거래금액의 70/1,000 – 수산부류 : 거래금액의 60/1,000 – 축산부류 : 거래금액의 20/1,000 – 화훼부류 : 거래금액의 70/1,000 – 약용작물부류 : 거래금액의 50/1,000
중개수수료	중도매인	매수인	최고한도는 거래금액의 40/1,000
정산수수료	개설자	지정도매인	• 정률(定率)의 경우 : 거래건별 거래금액의 4/1,000 • 정액의 경우 : 1개월에 70만원

2 수산물 유통경로

(1) 수산물 유통경로의 뜻

① 정의 : 수산물 유통경로란 수산물이 생산자로부터 소비자에게 유통되는 과정에서 유통기능을 수행하는 다양한 유통기구를 경유하는 과정을 말한다.

② 수산물 유통경로의 형태

㉠ 계통출하 형태 : 생산자가 수협에 판매를 위탁

㉡ 비계통출하 형태 : 생산자가 수협 외의 유통 기구에 판매

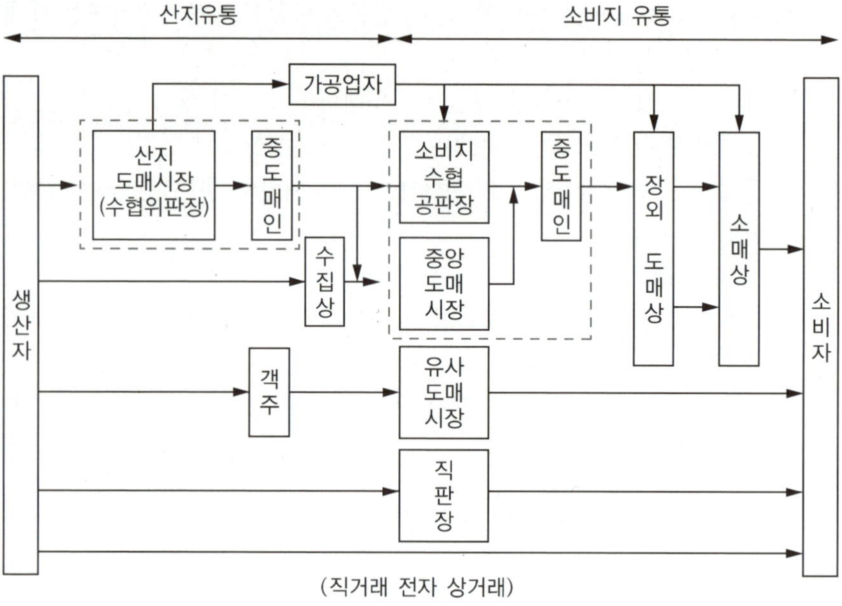

[수산물 유통경로]

(2) 수협 위탁 유통

생산자 ➡ 산지도매시장 (산지수협 위판장) ➡ 산지 중도매인 ➡ 소비지 수협 공판장 ➡ 소비지 중도매인 ➡ 도매상 ➡ 소매상 ➡ 소비자

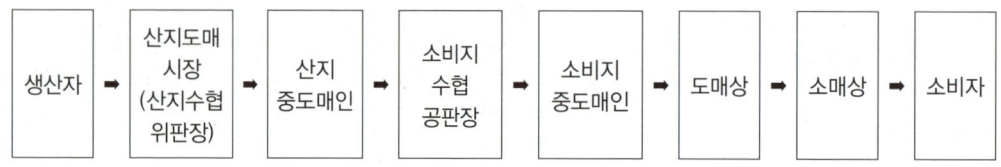

① 생산자가 수협에 수산물의 판매를 위탁하고, 수협의 책임하에 공동 판매하는 형태이다.

② 판매활동이 수협에 전적으로 위임되기 때문에 판매에 대한 모든 책임은 조합이 담당한다.

③ 생산자는 판매에 대한 위험성은 적고, 판매 대금을 신속하게 지불받을 수 있으나, 생산자가 가격 결정에 직접 참여하지 못한다.

(3) 산지유통인에 의한 유통

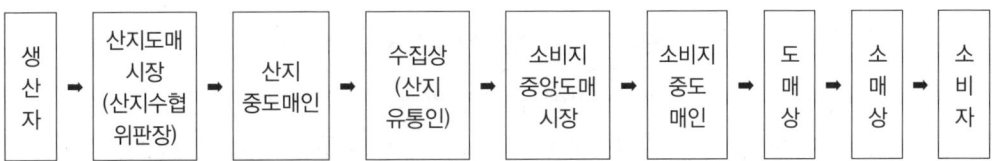

생산자 ➡ 산지도매시장(산지수협 위판장) ➡ 산지 중도매인 ➡ 수집상(산지 유통인) ➡ 소비지 중앙도매시장 ➡ 소비지 중도매인 ➡ 도매상 ➡ 소매상 ➡ 소비자

① 산지유통인(수집상)이 생산자 또는 산지 중도매인을 통해 수산물을 수집한다.

② 수집상은 산지에서 수집한 수산물은 소비지 중앙도매시장에 출하한다.

③ 위탁 상장된 수산물은 중앙도매시장의 중도매인에 의해 가격 형성 후 도매상, 소매상, 소비자에게로 유통된다.

(4) 객주 경유 유통

생산자 ➡ 객 주 ➡ 유사도매시장 ➡ 도매상 ➡ 소매상 ➡ 소비자

① 상업 자본가인 객주를 경유하는 판매 형태이다.

② 객주는 자기의 책임하에 위탁받은 수산물을 책임지고 판매하고 그에 대한 수수료를 받거나 일정한 조건으로 수산물을 직접 구매하여 판매이익을 영위한다.

③ 생산자는 객주로부터 어업의 생산자금을 미리 빌리는 조건으로 생산물의 판매권을 객주에게 양도한다.

④ 영세한 생산자들이 생산자금의 조달을 위해 많이 이용하고 있으나 높은 이자 및 수수료, 낮은 매매가격 등 객주의 횡포가 우려되기도 한다.

※ 객주와 수집상의 차이

- 수집상 : 도매시장에 등록되어 제도권 내에서 활동을 인정받고 있어서 합법적으로 도매시장에서 거래
- 객주 : 도매시장 밖에서 유통활동을 하기 때문에 법정도매시장에서 거래할 수 없음

(5) 직판장 개설 유통

생산자 ➡ 직판장 ➡ 소비자

① 생산자 또는 조합에서 직판장을 개설하여 생산물을 소비자에게 판매하는 형태이다.

② 어업자가 상당한 자금을 조달하여 직매장을 개설하고 수송, 보관 등의 기능을 수행해야 한다(단점).

③ 시설 자금의 부담은 있으나 판매 경로 단축으로 선도 유지가 용이하고 중간 유통비용의 절감으로 소비자에게 저렴한 가격으로 판매할 수 있다(장점).

④ 공항, 터미널, 대형 양판점, 관광지 등에서 생산자 직판장을 운영한다.

(6) 전자상거래에 의한 유통

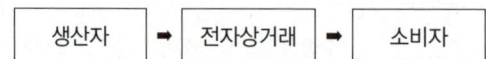

생산자 ➡ 전자상거래 ➡ 소비자

① 생산자와 소비자가 인터넷 가상공간에서 직접 거래하는 형태이다.
② 생산자가 인터넷에 자신의 홈페이지를 개설하여 상품 주문을 받고 판매한다.
③ 기타 통신 수단을 통해 생산물을 직접 판매한다.

3 수산물 경매

경매란 다수의 판매인과 다수의 구매인이 일정한 장소에서 주어진 시간에 경쟁을 하여 판매할 물품의 가격을 공개적으로 결정하는 방법을 말한다. 경매가 입찰과 다른 점은 매매 신청가격을 시종 공표해 가면서 가격을 결정하여 매매 성립에 도달하게 하는 것으로써 동일인이 몇 번이라도 가격신청을 새로이 할 수 있다는 것이다.

(1) 영국식 경매(상향식)

경매참가자들이 판매물에 대해 공개적으로 자유롭게 매수희망가격을 제시하여 최고의 높은 가격을 제시한 자를 최종 입찰자로 결정하는 방식

(2) 네덜란드식 경매(하향식)

경매사는 경매시작 가격을 결정하고 입찰자가 나타날 때까지 가격을 내려가면서 제시하는 방식

(3) 한일식 경매(동시호가 경매)

기본적으로 영국식 경매와 같은 상향식 경매이지만 영국식과 달리 경매참가자들이 경쟁적으로 가격을 높게 제시하고, 경매사는 그들이 제시한 가격을 공표하면서 경매를 진행시키는 방식

※ 표준경매 수지법

- 숫자 1 표시 : 둘째손가락(인지)만 펴고, 나머지 손가락은 모아서 움켜쥔다.
- 숫자 2 표시 : 둘째손가락(인지)과 셋째손가락(중지)만 펴서 벌리고, 나머지 손가락은 모아서 움켜쥔다.
- 숫자 3 표시 : 첫째손가락(엄지)과 둘째손가락(인지), 그리고 셋째손가락(중지)만 펴서 벌리고, 나머지 손가락은 모아서 움켜쥔다.
- 숫자 4 표시 : 첫째손가락(엄지)만 구부리고, 나머지 손가락은 펴서 벌린다.
- 숫자 5 표시 : 모든 손가락을 펴서 벌린다.
- 숫자 6 표시 : 첫째손가락(엄지)만을 펴서 벌리고, 나머지 손가락은 모아서 움켜쥔다.
- 숫자 7 표시 : 첫째손가락(엄지)과 둘째손가락(인지)만 펴서 벌리고, 나머지 손가락은 모아서 움켜쥔다.
- 숫자 8 표시 : 둘째손가락(인지)과 셋째손가락(중지)만 편 상태에서 갈고리 모양처럼 구부리고, 나머지 손가락은 움켜쥔다.
- 숫자 9 표시 : 둘째손가락(인지)만 편 상태에서 갈고리 모양처럼 구부리고, 나머지 손가락은 움켜쥔다.

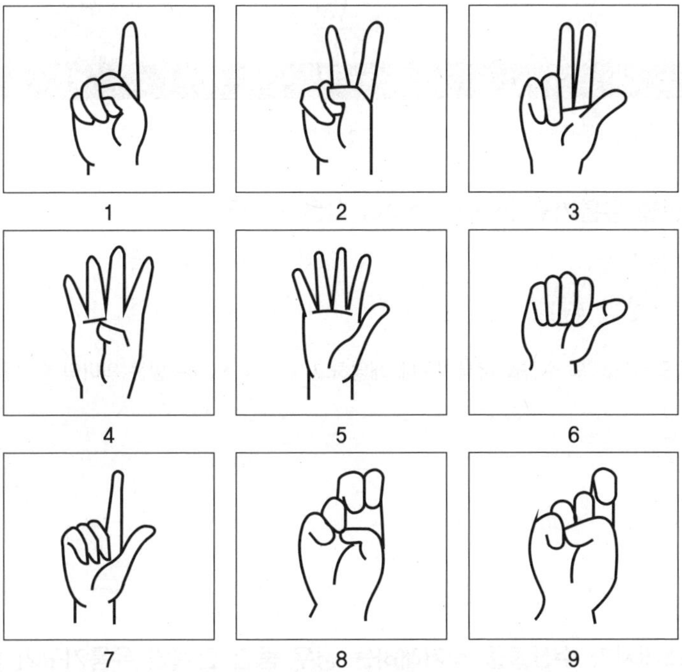

[표준경매 수지도]

CHAPTER 02

적중예상문제

01 다음의 수산물 유통기구 중에서 성격이 다른 것은?

① 수산물 운송업 ② 수산물 창고업
③ 수산물 포장업 ④ 수산물 도매업

해설 ④는 좁은 의미의 수산물 유통기구에 해당하고, ①·②·③은 넓은 의미의 수산물 유통기구에 포함된다.

02 생산자와 소비자가 수산물을 직거래하는 경우 중간 단계인 유통기구가 배제되어 직접적인 거래가 이루어지고 유통과정도 단축될 수 있는데 이러한 유통을 무엇이라고 하는가?

① 단축유통 ② 직접유통
③ 단순유통 ④ 간접유통

해설 **직접유통과 간접유통**
- 직접유통 : 생산자와 소비자가 수산물을 직거래하는 경우 중간 단계인 유통기구가 배제되어 직접적인 거래가 이루어지고 유통과정도 단축시키는 유통을 말한다.
- 간접유통 : 대부분 생산자와 소비자 사이에는 전문적인 유통기구가 있고 이러한 유통기구에 의해 각종 유통기능을 수행하는 유통을 말한다.

03 수산물의 직접적 유통 및 유통기구에 관한 설명으로 옳지 않은 것은?

① 수산업협동조합의 전문 중매인을 경유한다.
② 생산자와 소비자 사이에 직접적으로 이루어지는 것을 말한다.
③ 수산물 생산자는 생산 및 판매활동의 주체이다.
④ 수산물 유통에는 수산물과 화폐의 교환이 일어난다.

해설 ① 직접적 유통은 생산자와 소비자 사이에서 직접적으로 이루어지며 중간상과 같은 상업기관의 중간개입이 없다.

1 ④ 2 ② 3 ① 정답

04 수산물 유통기구 중 산지에서 이루어지는 기구에 속하는 것은?

① 수집기구 ② 중계기구
③ 분산기구 ④ 조정기구

해설 수산물은 다수의 소규모 생산자에 의해 소량·분산적으로 생산되고 있으므로 이를 수집하여 대량화하여야 한다. 이와 같이 수집기능을 수행하는 유통기관을 중심으로 수집기구가 형성되고 조합 등이 중요시되고 있다.

05 수산물 유통기구 중 분산기구에 대한 내용과 거리가 먼 것은?

① 분산기구는 수집기구에 의해 집중되고, 대량화된 수산물이 소비자를 향해서 분산되어 가는 조직이다.
② 분산기구는 대체로 소비자를 직접 상대하므로 소규모적이고 분산적인 생산을 전제로 하여 출발된다.
③ 분산기구를 구성하는 유통기관으로서는 도매상과 소매상을 들 수 있다.
④ 도매상은 수집상이나 반출상의 위탁을 받아 판매하여 그 대가로 판매 수수료를 취득하는 경우가 많은데 이러한 도매상을 위탁도매상이라고 한다.

해설 소규모적이고 분산적인 생산을 전제로 하는 것은 수집기구이며, 분산기구는 수산물의 집적 또는 대량공급을 전제로 하여 다수의 최종소비자의 분산적인 소량수요를 충족시킨다.

06 다음 중 수산물 상업기관이 아닌 것은?

① 상 인
② 냉장창고업자
③ 도매상
④ 수산업협동조합의 직판장

해설 상업기관은 간접적 유통에서 반드시 필요한 유통기관으로 상인, 소매상, 도매상, 수산업협동조합의 직판장, 수산물도매시장 등이 해당된다.

정답 4 ① 5 ② 6 ②

07 다음의 수산물 상인 중 수수료 상인이 아닌 사람은?

① 도매상

② 수수료 도매업자

③ 대리상

④ 중개인

해설 소매상과 도매상은 매매차익 상인에 속한다.

08 도매거래와 소매거래의 특징이 잘못 연결된 것은?

〈도 매〉		〈소 매〉
① 대량판매 위주	–	소량판매 위주
② 낮은 마진율	–	높은 마진율
③ 정찰제 보편화	–	다양한 할인정책
④ 적재의 효율성 중시	–	점포 내 진열 중시

해설 도매거래는 다양한 할인정책을 펴는 반면 소매거래는 정찰제가 보편적이다.

09 도매상은 생산자 및 소매상을 위한 기능을 동시에 수행한다. 다음 중 생산자를 위한 기능은?

① 시장확대기능(Market Coverage)

② 구색제공기능(Offering Assortment)

③ 소량분할기능(Bulk Breaking)

④ 상품공급기능(Product Availability)

해설 **도매상의 기능**

- 생산자를 위한 기능 : 시장확대기능, 재고유지기능, 주문처리기능, 시장정보제공기능
- 소매상을 위한 기능 : 구색제공기능, 소량분할기능, 신용 및 금융기능, 소매상 서비스기능, 기술 지원 기능

7 ① 8 ③ 9 ① 정답

10 다음 중 도매상 유형에 해당되지 않는 것은?

① 대리인 ② 중개인
③ 제조업자 도매상 ④ 카테고리 킬러

해설 도매상의 유형
- 제조업자 도매상
- 상인 도매상
  - 완전기능 도매상 : 도매상인, 산업재 유통업자
  - 한정기능 도매상 : 현금거래 도매상, 트럭 도매상, 직송 도매상, 진열 도매상
- 대리 도매상 : 대리인, 브로커(중개인)

11 소매상이 생산자나 도매상을 위해 수행하는 기능으로 옳지 않은 것은?

① 판매대리인 기능 ② 구색갖추기 기능
③ 보관 및 위험부담 기능 ④ 시장정보제공 기능

해설 구색갖추기는 소매상이 소비자를 위해 수행하는 기능에 속한다.
※ 생산자나 도매상을 위한 소매상의 기능
- 판매 활동을 대신해 주는 역할
- 올바른 소비자 정보를 전달해 주는 역할
- 물적 유통 기능을 수행하는 역할
- 금융 기능을 수행하는 역할
- 촉진 기능을 수행하는 역할
- 생산 노력을 지원하는 역할

12 수산물 소매시장에 관한 설명으로 옳지 않은 것은?

① 분산기능을 담당하고 있다.
② 최근 다양한 업태가 나타나고 있다.
③ 최종소비자를 대상으로 거래가 진행된다.
④ 카탈로그 판매, TV홈쇼핑 판매 등도 포함된다.

해설 분산기능을 담당하고 있는 시장은 도매시장이다. 도매시장의 기능에는 수급조절기능, 가격형성기능, 집하기능, 분배기능, 유통금융기능, 유통정보의 수집 및 전달기능 등이 있다.
※ 소매시장의 기능
- 최종소비자를 대상으로 하여 거래가 이루어지는 시장
- 비교적 거래단위가 적음
- 상품구매, 보관, 판매 기능 담당

정답 10 ④ 11 ② 12 ①

13 일반 슈퍼마켓과 대형할인점의 중간 규모로 식품 위주의 상품구색을 갖추고 있는 소매 유통업체는?

① 슈퍼센터(Supercenter)

② 홀세일클럽(Wholesale Club)

③ 카테고리킬러(Category Killer)

④ 슈퍼슈퍼마켓(SSM)

해설 ① 슈퍼센터(Supercenter) : 슈퍼마켓과 할인점기능을 복합한 새로운 형태의 업종

② 홀세일클럽(Wholesale Club) : 회원제 할인점

③ 카테고리킬러(Category Killer) : 상품의 다양성(Variety) 측면에서는 가장 좁고, 상품의 구색(Assortment) 측면에서는 가장 깊은 소매업 형태

14 다음 중 할인점에 해당되는 것은?

㉠ 카테고리 킬러	㉡ 슈퍼마켓
㉢ 통신판매	㉣ 아웃렛(Outlet)

① ㉠, ㉡ ② ㉠, ㉣

③ ㉡, ㉢ ④ ㉡, ㉣

해설 ㉠ 카테고리 킬러 : 모든 생활용품을 취급하는 대형 할인점과는 달리 완구나 사무용품, 전자제품 등 특정 품목만을 집중 취급하는 전문 할인점

㉡ 슈퍼마켓 : 셀프 서비스제를 도입하여 상품을 염가로 판매하는 대규모 소매점

㉢ 통신판매 : 통신매체를 이용하여 주문을 받아 판매하거나, 컴퓨터에 의해 판매하는 방식

㉣ 아웃렛 : 제조업자 등이 소유·운영하는 할인매장

15 무점포 소매상의 종류가 아닌 것은?

① 아웃렛(Outlet) ② 전자상거래

③ TV홈쇼핑 ④ 자동판매기

해설 무점포 소매상에는 자동판매기, 방문판매, 통신판매, TV홈쇼핑, 다단계 마케팅, 텔레마케팅, 인터넷 마케팅 등의 유형이 있다. 아웃렛(Outlet)은 메이커와 백화점의 비인기상품, 재고품, 하자상품 및 이월상품 등을 자사 명의로 대폭적인 할인가격(30~70%)으로 판매하는 초저가 판매형 소형 할인업태이다.

13 ④ 14 ② 15 ① 정답

16 **소비자들에게는 쇼핑시간을 절약해 주고, 소매업자에게는 점포비용 절감의 이점을 주는 소매업태는?**

① 하이퍼마켓 ② TV홈쇼핑

③ 할인점 ④ 백화점

해설 TV홈쇼핑은 고객들이 TV로 제공되는 상품 판매 프로그램을 시청하여 전화로 상품 주문하는 소매형태이다. 생산자와 소비자를 직접 연결하여 중간유통 마진을 절감하고, 저렴한 가격에 팔 수 있는 장점을 가지고 있다.

17 **수산물 직거래에 관한 설명으로 옳지 않은 것은?**

① 생산자, 유통업자, 소비자의 기능을 수평적으로 통합한다.

② 수협이 개설한 수산물 전문 SSM인 바다마트 등이 해당된다.

③ 유통단계를 줄이는 데 기여한다.

④ 친환경수산물은 생산자와 소비자 간에 직거래되는 예가 많다.

해설 산지 직거래는 생산자와 소비자 또는 생산자 단체와 소비자 단체가 거래 과정을 수직적으로 통합하는 경우이다.

18 **협동조합 유통의 효과에 관한 설명으로 옳지 않은 것은?**

① 생산자의 거래교섭력 증대

② 유통비용 증가

③ 상인의 초과이윤 억제

④ 가격안정화 유도

해설 생산자가 유통부분을 수직적으로 통합함으로써 수송비와 거래비용을 절감할 수 있다(유통마진의 절감).

정답 16 ② 17 ① 18 ②

19 **수협이 운영하는 수산물 도매시장에는 위판장과 공판장이 있다. 수산물시장 중 공판장에 관한 내용으로 틀린 것은?**

① 소비지시장의 역할을 한다.

② 대도시의 수산물 유통을 담당하는 기능을 한다.

③ 보통 수산업 협동조합에서 개설하여 운영한다.

④ 어획물의 양륙과 1차적인 가격 형성이 이루어진다.

해설 **위판장과 공판장**

- 위판장 : 수협이 개설, 운영하는 산지 시장(어항)으로 어획물 양륙, 1차 가격 형성, 배분 기능을 지닌 사업장이다.
- 공판장 : 수협이 개설, 운영하는 대도시의 소비지 시장으로 판매기능 담당 사업장이다.

20 **도매시장의 필요성에 해당되지 않은 것은?**

① 도매시장은 소규모 분산적인 생산과 소비간 수산물의 질적·양적 모순을 조절한다.

② 대량거래에 의해 유통비용을 절감할 수 있다.

③ 도매시장 조직에 의해 사회적 유통비용이 절감될 수 있는 근거 중 하나는 거래총수 최대화의 원리이다.

④ 매매 당사자가 받아들일 수 있는 적정가격을 형성하고 신속한 대금결제가 이루어질 수 있다.

해설 사회적 유통비용이 절감될 수 있는 근거 중 하나는 거래총수 최소화의 원리이다.

※ **거래총수 최소화의 원리**

생산자와 소비자가 직접 개별 거래하는 것보다는 대량 집하분산의 도매시장 조직이 중개 역할을 하여 거래하면 전체 거래 횟수가 줄어들어 유통의 효율이 늘어나고 사회 모두의 비용이 줄어든다는 원리이다.

19 ④ 20 ③ 정답

21 도매시장의 유통기능에 관한 설명으로 옳지 않은 것은?

① 수산물의 안전성조사 및 품질인증
② 수산물의 가격형성 및 소유권 이전
③ 수산물의 수급과 가격에 관한 정보 제공
④ 수산물 판매대금의 정산 및 결제

해설 **도매시장의 역할**

- 상적 유통기능 : 수산물의 매매거래에 관한 기능으로 가격형성, 대금결제, 금융기능 및 위험부담 등의 기능이 있다.
- 물적 유통기능 : 생산물, 즉 재화의 이동에 관한 기능으로 집하, 분산, 저장, 보관, 하역, 운송 등의 기능이 있다.
- 유통정보기능 : 도매시장에서는 각종 유통관련 자료들이 생성, 전파된다. 즉, 시장동향, 가격정보 등의 수집 및 전달기능을 말한다.
- 수급조절기능 : 도매시장법인 및 중도매인에 의한 물량반입, 반출, 저장, 보관 등을 통해 수산물의 공급량을 조절하고 가격변동을 통하여 수요량을 조절하기도 한다.

22 수산물 도매시장의 유통주체가 아닌 것은?

① 시장도매인　　② 도매 물류센터
③ 중도매인　　④ 도매시장법인

해설 **도매시장 유통주체** : 도매시장법인, 중도매인, 시장도매인, 매매참가인, 산지유통인

23 도매시장법인의 기능으로 알맞지 않은 것은?

① 출하자와 매수자 쌍방이 공정한 가격을 형성한다.
② 도매시장법인은 생산자가 출하한 상품을 위탁받는다.
③ 도매시장법인은 도매업무를 수행하기 때문에 원칙적으로 소비자를 대신하는 입장이다.
④ 여러 종류의 다양한 상품을 대량으로 집하한다.

해설 도매시장법인은 도매업무를 수행하기 때문에 원칙적으로 생산자를 대신하는 입장이며 따라서 높은 가격을 받도록 노력한다.

정답 21 ① 22 ② 23 ③

24 도매시장 개설자로부터 지정을 받고 농수산물을 위탁받아 상장하여 도매하거나 이를 매수하여 도매하는 유통기구는 무엇인가?

① 도매시장법인(공판장)　　② 중도매인
③ 매매참가인　　④ 경매사

해설 ② 중도매인 : 수산물도매시장 · 수산물공판장 또는 민영수산물도매시장의 개설자의 허가 또는 지정을 받아 상장된 수산물을 매수하여 도매하거나 매매를 중개하는 영업을 하는 자를 말한다.
③ 매매참가인 : 매매참가인은 개설자에게 등록하고 수산물도매시장 또는 수산물공판장에 상장된 수산물을 직접 매수하는 가공업자, 소매업자, 소매업자협동조합, 수출업자, 소비자단체 등 수요자를 말하며 경매의 활성화 및 유통단계의 축소를 도모하는 기능을 수행한다.
④ 경매사 : 도매시장법인의 임명을 받거나 수산물공판장 · 민영수산물도매시장 개설자의 임명을 받아 상장된 수산물의 가격 평가 및 경락자 결정 등의 업무를 수행하는 자를 말한다.

25 다음 중 수산물 도매시장의 중도매인 기능이 아닌 것은?

① 금융결제기능　　② 수집기능
③ 평가기능　　④ 가격결정기능

해설 중도매인의 역할
- 도매시장에 상장, 비상장된 수산물을 구매, 거래
- 경매와 입찰에 참여하여 가격을 결정
- 선별기능
- 금융결제기능 수행
- 분하 · 보관 · 가공기능

26 수산물 도매시장 조직 체계 중 중도매인의 기능에 대한 설명으로 맞는 것은?

① 경매를 통해 가격을 결정한다.
② 수집상으로부터 출하받은 상품을 상장하여 매매한다.
③ 시장 밖의 실수요자에게 판매한다.
④ 산지 개발 기능의 역할을 수행한다.

해설 ② 도매시장법인
③ 시장도매인
④ 산지유통인

24 ① 25 ② 26 ① 정답

27 **도매시장 개설자에게 신고하고 경매에 참여하여 상장된 수산물을 직접 매수하는 가공업자, 소매업자, 소비자단체 등의 유통주체는?**

① 중도매인　　② 소매상
③ 도매시장법인　　④ 매매참가인

해설 **매매참가인(농수산물 유통 및 가격안정에 관한 법률 제2조 제10호)**
농수산물도매시장·농수산물공판장 또는 민영농수산물도매시장의 개설자에게 신고를 하고, 농수산물도매시장·농수산물공판장 또는 민영농수산물도매시장에 상장된 농수산물을 직접 매수하는 자로서 중도매인이 아닌 가공업자·소매업자·수출업자 및 소비자단체 등 농수산물의 수요자를 말한다.

28 **시장도매인에 대한 설명 중 관계가 먼 것은?**

① 수산물도매시장 또는 민영수산물도매시장의 개설자로부터 지정을 받고 수산물을 매수 또는 위탁받아 도매하거나 매매를 중개하는 영업을 하는 법인이다.
② 수수료상인이기보다는 매매차익 상인에 해당한다.
③ 우리나라에 최초로 도입된 시장은 서울 강서농수산물도매시장이다.
④ 위탁 수수료의 최고한도는 수산부류의 경우 거래금액의 1천분의 60이다.

해설 시장도매인은 기본적으로 산지나 생산자로부터 수산물을 구입한 다음 판매하여 그 차액을 이윤으로 획득할 수 있는 매매차익 상인이면서 타인의 수산물을 위탁받아 판매를 대행하는 수수료 상인이다.

29 **수산물 종합유통센터의 역할과 기능으로 옳지 않은 것은?**

① 적정수의 매매참가인을 확보하여 거래규모를 확대한다.
② 도매 후 잔품 등을 일반 소비자에게 소매형태로 판매한다.
③ 어가(漁家)의 출하선택권을 확대하여 계획적 생산을 유도한다.
④ 수집·분산기능 뿐만 아니라 다양한 상적·물적 기능을 수행한다.

해설 수산물 종합유통센터는 수산물의 출하경로를 다원화하고 물류비용을 절감하기 위하여 수산물의 수집포장·가공·보관·수송·판매 및 그 정보처리 등 수산물의 물류활동에 필요한 시설과 이와 관련된 업무시설을 갖춘 사업장을 말한다.

정답 27 ④ 28 ② 29 ①

30 수산물 포장에 대한 설명으로 옳지 않은 것은?

① 수산물의 손상 및 파손으로부터 보호한다.
② 수산물의 수송, 저장, 전시 등을 용이하게 한다.
③ 유통비용 중 포장비용이 계속 줄어드는 추세이다.
④ 소비자의 안전 및 환경을 고려해야 한다.

해설 고유가와 각종 원자재값 상승으로 포장재비·운송비 등이 높아져 수산물 유통비용이 증가하는 추세이다.

31 최근 제품 포장의 중요성이 더욱 증대되고 있는 이유를 설명한 것으로 틀린 것은?

① 수산물의 포장이 단순화, 대형화되는 추세에 있기 때문이다.
② 소비자는 같은 가격이라면 외관이 수려하게 포장한 제품을 선호하기 때문이다.
③ 혁신적인 포장은 제품 차별화를 통해 경쟁우위 확보할 기회를 제공하기 때문이다.
④ 셀프서비스제로 운영되고 있는 많은 소매점에서 상품 포장은 순간 광고의 기능을 수행하기 때문이다.

해설 요즘 시장에는 소포장 추세가 뚜렷해지고 있다.

32 수산물시장 외 유통에 대한 설명으로 맞는 것은?

① 수협공판장이나 중간위탁상을 거친다.
② 유통비용을 항상 절약할 수 있다.
③ 가격 결정과정에서 생산자가 배제된다.
④ 거래 규격을 간략화할 수 있다.

해설 ① 수협공판장이나 중간위탁상을 거치지 않는다.
② 유통비용을 항상 절약할 수 있는 것은 아니다.
③ 가격 결정과정에서 중간상이 배제된다.
※ 시장 외 유통경로는 도매시장을 거치지 않는 유통경로로서, 비계통출하 형태이다.

30 ③ 31 ① 32 ④ 정답

33 수산물 유통경로에 관한 설명으로 옳지 않은 것은?

① 일반적으로 수산물 유통경로는 공산품에 비하여 단순하다.
② 생산자의 수가 많고 분산될수록 유통경로가 길어지는 경향이 있다.
③ 일반적으로 계통출하와 비계통출하로 구분된다.
④ 최근 유통경로가 다원화되고 있다.

해설 수산물 유통경로는 일반적으로 '생산자→산지도매시장→산지중도매인→소비자 공판장→소비지 중도매인→도매상→소매상→소비자'로 공산품 유통경로에 비하여 길고 복잡하다.

34 수산물 유통경로의 길이를 결정하는 요인이 아닌 것은?

① 부패성
② 동질성
③ 수요특성
④ 수송 거리

해설 유통경로의 길이를 결정하는 요인은 제품특성(상품부피와 무게, 부패성, 단위당 가치, 표준화 정도, 기술적 수준, 신상품 등), 수요특성, 공급특성, 유통비용구조 등이며 중간상이 많으면 단계가 길어진다.

35 수산물의 유통경로 형태가 "생산자 → 직판장 → 소비자"일 때 적절하지 않은 설명은?

① 선도 유지가 쉽다.
② 중간 유통 비용이 절감된다.
③ 초기 자금 부담이 없다.
④ 저렴한 가격으로 판매할 수 있다.

해설 직판장 개설 유통은 생산자가 개설 초기 자금 부담이 많은 점이 단점이다.

정답 33 ① 34 ④ 35 ③

36 다음 유통경로 중 계통출하 판매 유통경로에 해당하는 것은?

① 생산자 → 객주상
② 생산자 → 산지 수협위판장
③ 생산자 → 소비지 도매시장
④ 생산자 → 유사도매시장

해설 수산물 유통경로의 형태
- 계통출하 형태 : 생산자가 수협에 판매를 위탁
- 비계통출하 형태 : 생산자가 수협 외의 유통 기구에 판매

37 영세한 어민들이 어업자금을 빌리는 조건으로 생산물 판매권을 양도하는 유통경로는?

① 생산자 → 객주 → 소비자
② 생산자 → 직판장 → 소비자
③ 생산자 → 수집상 → 소비자
④ 생산자 → 유사도매시장 → 소비자

해설 객주를 경유하는 판매 형태로, 객주는 위탁받은 수산물을 책임지고 판매하여 수수료를 취득하며, 생산자는 어업자금을 미리 빌리는 조건으로 판매권을 객주에게 양도한다.

38 유통경로상 수직적 통합과 관련된 활동이 아닌 것은?

① 수협과 조합원 간 어획계약 체결
② 오징어 생산업자와 가공업체 간 계열화
③ 산지에서 유통활동을 하는 도매법인 법인들 간의 통합
④ 대형 유통업체와 생산자 조직과의 지속적인 납품관계 형성

해설 생산에서 소비에 이르기까지의 유통과정을 체계적으로 통합·조정하여 하나의 통합된 체계를 유지하는 것을 수직적 통합이라 한다. ③은 수평적 통합에 해당된다.
※ 수평적 통합은 동종 라인 혹은 사업의 범주에 있는 생산물이나 회사의 결합을 말한다.

36 ② 37 ① 38 ③ 정답

39 도매시장에서 징수하는 수수료 또는 비용에 대한 설명으로 옳지 않은 것은?

① 일정률의 위탁수수료는 대량 출하자에게 유리하다.
② 중도매인과 시장도매인은 중개수수료를 수취할 수 있다.
③ 표준하역비제도는 출하자의 부담을 완화시키기 위해 도입된 것이다.
④ 위탁수수료는 도매시장법인 또는 시장도매인이 징수할 수 있다.

해설 ① 일정률이 아닌, 일정액의 위탁수수료가 대량 출하자에게 유리하다.

40 수산물 가격결정에 있어 사전에 구매자와 판매자가 서로 협의하여 가격을 결정하는 방식은?

① 정가매매 ② 수의매매
③ 낙찰경매 ④ 서면입찰

41 경매사가 물건을 팔기 위하여 중도매인에게 낮은 가격으로부터 시작하여 높은 가격을 불러 최고가격을 신청한 사람에게 낙찰시키는 경매방식은?

① 미국식 경매방법 ② 네덜란드식 경매방법
③ 영국식 경매방법 ④ 프랑스식 경매방법

해설 경매방식
- 영국식 경매방법 : 상향식 경매라고도 하는데 이는 낮은 가격으로부터 시작하여 높은 가격을 불러 최고가격을 신청한 사람에게 낙찰시키는 경매방식이다.
- 네덜란드식 경매방법 : 하향식 경매방법이라고도 하는데 높은 가격으로부터 시작하여 낮은 가격으로 불러 최고가격을 신청한 사람에게 낙찰시키는 방식이다.

42 도매시장의 가격은 경매를 통하여 결정되는데 경매가격 제시는 어떤 가격으로 형성되는가?

① 최저가격제 ② 균형가격제
③ 시장가격제 ④ 최고가격제

해설 우리나라의 경매가격 제시는 최고가격제, 즉 중도매인들이 가장 낮은 가격으로부터 점차 높은 가격을 제시하면 경매사는 그중 가장 높은 가격을 부르는 중도매인에게 낙찰한다.

정답 39 ① 40 ② 41 ③ 42 ④

CHAPTER 03 주요 수산물 유통경로

01 활어 유통경로

1 상품으로서의 활어

(1) 활어(活魚)와 활어 유통

① **활어의 정의** : 좁은 의미에서는 살아있는 어류를 의미하지만, 넓은 의미에서는 '살아있는 수산물' 또는 해조류를 제외한 '살아있는 어패류'를 의미한다. 해조류를 제외한 이유는 활어가 상품으로 성립되는 조건은 생산단계, 유통단계, 소비단계에서도 살아있어야 하는데 해조류는 생산단계에서는 살아있는 상태이지만, 유통 과정에서 신선・냉장이나 가공품으로 바뀌기 때문에 활어의 특성을 유지하지 못하기 때문이다.

② **활어유통** : 활어를 시장에 살아있는 상태로 유통시키는 과정을 말한다.

(2) 활어회

① 일반적으로 활어는 살아있는 채로 유통되어 최종소비 단계에서부터 대부분 '회'로 소비된다.

② 수산물을 '회'로 먹는 국가는 전 세계적으로 많지 않으나 우리나라와 일본이 대표적이다.

③ 우리나라와 일본은 소비방식에 따른 유통과정에서 처리하는 방법에 차이가 있다. 특히 활어회 중심의 소비성향이 높은 우리나라에서는 생산에서 최종 소비시점까지 살아있는 상태로 활어를 유통시키는 것이 소비자에게 최대 만족을 주고 공급자에게는 최대의 부가가치를 올릴 수 있다.

[우리나라와 일본의 회 문화 차이]

구 분	우리나라	일 본
명 칭	활어회	선어회
우선하는 품질	질감(쫄깃한 식감) > 맛(감칠맛)	맛 > 질감
생산시점의 형태	활 어	활어(일부 선어)
소비시점의 형태	활 어	선 어
소비형태 비율	생선회 > 초밥	초밥 > 생선회
양념(소스)	간장, 된장, 고추장, 초장, 고추냉이 등 다양함	간장, 고추냉이

※ 한국과 일본 간 수산물 식습관 문화 차이(사단법인 한국생선회협회)

- '활어회' 문화와 '선어회' 문화 : 우리나라는 팔팔하게 살아있는 생선회가 맛이 좋고, 죽으면 맛이 떨어진다고 여기는 활어회 문화인 반면, 일본은 죽은 생선을 저온에 보관하면서 3~4일까지 먹는 취향의 선어회 문화이다.
- '씹힘' 문화 '미각' 문화 : 한국인이 좋아하는 넙치 · 우럭 · 농어 등은 씹을 때 육질이 단단해 씹힘이 좋은 흰살 생선인 반면, 일본인은 참치 · 방어 · 전갱이 등은 육질이 연하지만 혀에서 느끼는 맛 성분이 많이 들어있어 미각에 중점을 둔다.
- '생선회' 문화와 '초밥' 문화 : 우리나라는 '생선회 : 초밥' 소비 비율은 8 : 2 정도이지만, 일본은 우리와 반대로 2 : 8로 초밥 소비 비율이 높다.

(3) 활어의 상품 가치

상품으로서 활어는 성장환경, 품종, 시기 등에 따라 같은 수산물이라도 상품적 가치가 달라진다.

① 성장환경에 따른 구분

㉠ 자연산 활어 : 자연에서 성장한 수산물을 살아있는 채로 잡아서 유통시킨 것으로 양식산에 비해 희소성, 소비자들의 인식차이 때문에 가격이 비싸다.

㉡ 양식산 활어 : 인위적으로 수산물로서 활어 상태로 생산하여 유통시킨 것이다.

② 품종 : 소비자의 선호도, 희소성, 맛 등에 따라 상품가치가 다르게 나타난다.

③ 시기 : 일정한 시기에 해당 수산물의 맛이 좋아지거나 수요가 급증하면서 가격이 오르는 경우가 있다.

[예] 봄 넙치, 여름 농어, 가을 전어, 겨울 방어

2 유통경로

(1) 활어의 생산 출하

① 해조류를 제외한 전체 활어 생산량 중에서 수협의 산지위판장을 경유하는 계통출하 비중은 35% 내외이며, 산지의 수집상이나 생산자 직거래 등에 의해 출하되는 비계통출하는 65%이다.

② 자연산의 계통출하 비중은 약 40%이며, 비계통출하 비중은 60% 정도이다.

③ 해조류를 제외한 양식산의 계통출하 비중은 약 29%이다.

(2) 활어의 유통경로

① 산지 유통

㉠ 산지 유통은 생산자가 활어를 생산하여 산지의 상인(수협의 중매인이나 수집상)이나 지역의 식당과 같은 소매점에 판매하고, 상인들이 구매한 활어를 소비지로 판매하기 전까지를 의미한다.

㉡ 주요 유통 기구는 산지 수협 위판장이나 수집상들이며, 이들은 활어를 취급하기 위해 자신 소유의 수조를 가지고 있다.

㉢ 산지의 수조는 대부분 도매거래를 하기 때문에 구조물 형식의 거대한 수조를 가지고 있다. 또한, 활어유통을 위한 특수장비(수조, 산소공급기 등)가 설치된 활어차를 소유하고 있는데 1회차당 운반량이 많기 때문에 규모가 크다.

② 소비지 유통

㉠ 산지에서 소비지로 출하되어 최종 소비자에게 전달되는 과정이다.

㉡ 주로 소비지 도매시장을 거쳐 고급식당, 횟집, 일식당, 호텔 등으로 활어가 조달되고 최종적으로 횟감으로 소비자에게 판매된다.

㉢ 주요 유통기구는 소비지 도매시장이며, 활어의 경우에는 공영 도매시장보다는 민간 도매시장에서 주로 취급한다.

예 인천 활어 도매조합, 미사리 활어 도매시장

③ 활어의 소비지 도매시장이 민간(유사) 도매시장에서 발달하게 된 이유

㉠ 활어의 전국 유통망이 이루어진 시기와 공영 및 법정 도매시장의 건립시기에 10여 년의 차이가 있다. 즉, 수산물을 취급하는 공영 및 법정 도매시장의 건립시기에는 활어는 산지에서 소비되는 경우가 많아 전국적인 유통망이 활성화되지 못하였다.

㉡ 활어유통을 위해서는 수조, 활어차, 산소공급기, 온도유지기 등 전문적인 기술이 필요한데, 이에 특화된 유사도매시장에서 활어 유통이 발달하게 되었다.

㉢ 활어 생산자들이나 산지의 활어 수집상을 대상으로 유사 도매시장의 상인들이 자신이 소유한 활어차와 수조를 이용하여 적극적인 수집활동을 벌였기 때문이다.

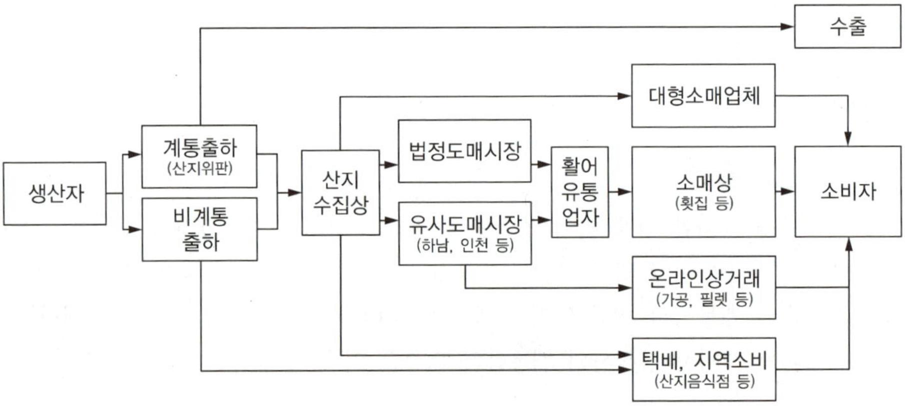

[양식수산물의 일반적 유통경로(활어 중심)]

3 주요 품목

(1) 양식산 넙치

① 양식산 넙치의 연간 생산량은 약 4만2천톤 정도이다.

② 지역별 생산량을 보면 제주도 49%, 전라남도 46% 정도로, 전체 생산량의 95%를 차지하며 그 외 경상남도, 경상북도에서도 생산하고 있다.

※ 잦은 폐사 등으로 인한 경영비 가중으로 제주지역에서는 일부 생산어가에서 강도다리로 품종을 전환하는 사례가 늘었다.

※ 넙치와 가자미의 구별
넙치는 가자미, 도다리와 생김새가 흡사해 구별이 쉽지 않은데 흔히 '좌광우도'니 '좌넙치, 우가자미'라는 말이 일반적으로 통용되고 있다. 넙치와 가자미의 구별은 등을 위로 하고 배를 아래로 하여 내려다보았을 때 눈과 머리가 왼쪽에 있으면 넙치이고, 눈과 머리가 오른쪽에 있으면 가자미와 도다리이다. 다만 담수산인 강도다리만은 눈이 오른쪽에 있다. 이것도 어렵다면 이빨이 있고 입이 크면 넙치, 이빨이 없고 입이 작으면 가자미와 도다리로 보면 된다.

③ 양식산 넙치(활어)의 2022년 계통출하 비중은 42.6%, 비계통출하는 57.4%였다.

④ 선어 상태로 위판되거나 유통과정에서 선어화되는 다른 수산물과 달리 대부분 활어로만 출하되고, 주로 생선회로 소비된다.

⑤ 일반적인 유통경로는 생산자 → 유사도매시장 → 소매상(횟집 등) → 소비자이다.

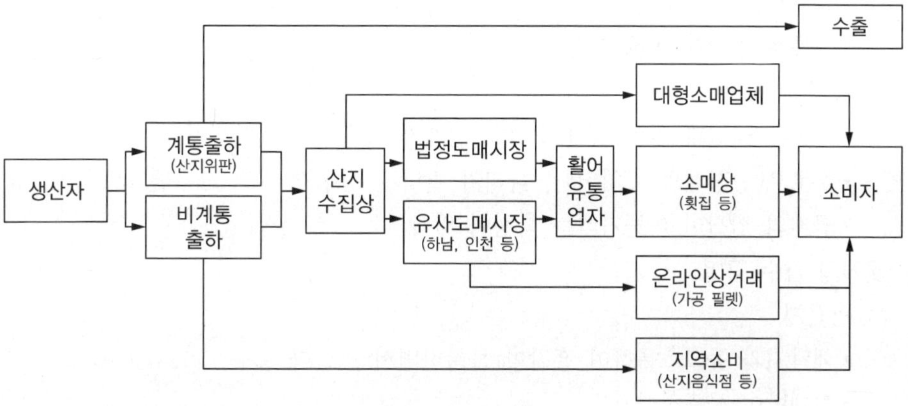

[활양식넙치의 유통경로]

(2) 자연산 꽃게

① 꽃게의 유통경로

㉠ 꽃게는 어획 후 일정기간 살 수 있기 때문에 산지에서는 활어차나 수조 없이 유통하여 판매하고 있다.

㉡ 먼 거리의 소비지까지는 활어차로 운반하되 시장판매에서는 수조를 거의 이용하지 않고 식당 등에 장기 판매할 목적으로만 수조에 보관한다.

㉢ 꽃게는 양식을 하지 않기 때문에 활꽃게는 모두 자연산이며, 대부분 서해안 어선어업에 의해 어획되고 있다.

㉣ 꽃게의 전체 생산량 중에서 활꽃게로 생산하는 비중은 70~75% 정도이며, 수협의 산지 위판장을 경유하는 계통 출하비중은 약 60% 내외이고, 산지수집상 등으로 비계통출하 비중은 40% 정도이다.

[활꽃게의 주요 유통경로]

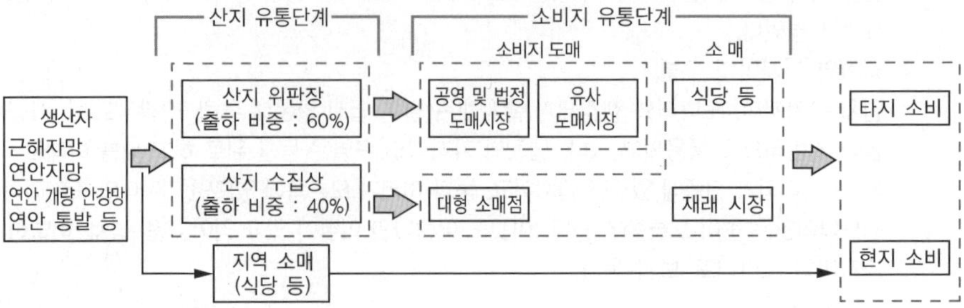

② 국산 꽃게와 수입산 꽃게의 구별

㉠ 국산 꽃게

• 흉갑(게의 등껍질)에 검은색 반점이 있고, 등쪽은 짙은 황갈색, 배쪽은 흰색, 집게가 붉은색을 띤다.

• 몸통은 전장에 비해 크다.

㉡ 중국산 꽃게

• 등쪽은 국산과 같이 황갈색이며, 집게가 붉은색을 띤다.

• 주로 냉동상태로 수입되며, 다리가 탈락된 경우가 많고 고무밴드로 묶여 있다.

• 꽃게의 껍질이 미끈거리는 특징이 있다.

③ 꽃게의 암수 구별

㉠ 암꽃게

• 배딱지가 둥그스름하며 흉갑이 볼록하면서 둥글다.

• 집게발이 뭉뚝하다.

㉡ 수꽃게

• 배딱지가 뾰족하고 흉갑이 암꽃게에 비해 평평하다.

• 집게발이 상대적으로 날씬하다.

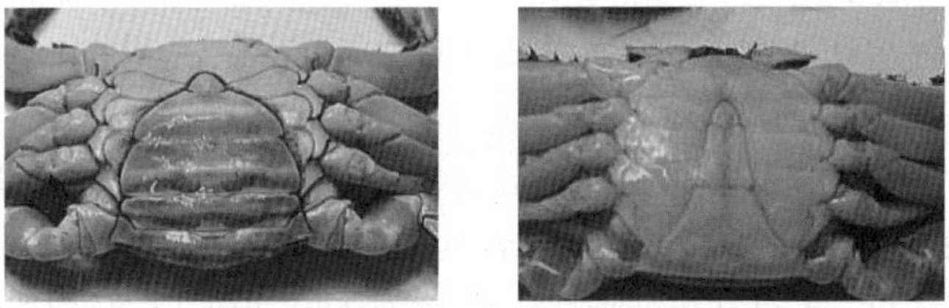

암꽃게 수꽃게

[꽃게의 암수 구별법]

(3) 양식산 굴

① 굴 양식의 경우 주로 경상남도 통영, 거제, 고성 등에서 전체 생산량의 83% 정도가 생산되고 있으며 그 외 전라남도 여수, 고흥과 충청남도 서산, 태안 등에서도 생산되고 있다.

② 경상남도의 굴 양식은 주로 박신 작업을 거쳐 알굴의 상태로 만든 후 유통되고, 전라남도와 충청남도는 박신 작업을 거치지 않아 껍질이 붙어있는 각굴의 형태로 유통하는 경우가 많다.

③ 경상남도의 경우 통영 굴수하식수협, 통영수협 견유위판장, 경남고성군수협 등 지역 내 수협을 통한 계통출하 비중이 높고, 전라남도와 충청남도는 대부분 비계통출하를 통해 유통하고 있다.

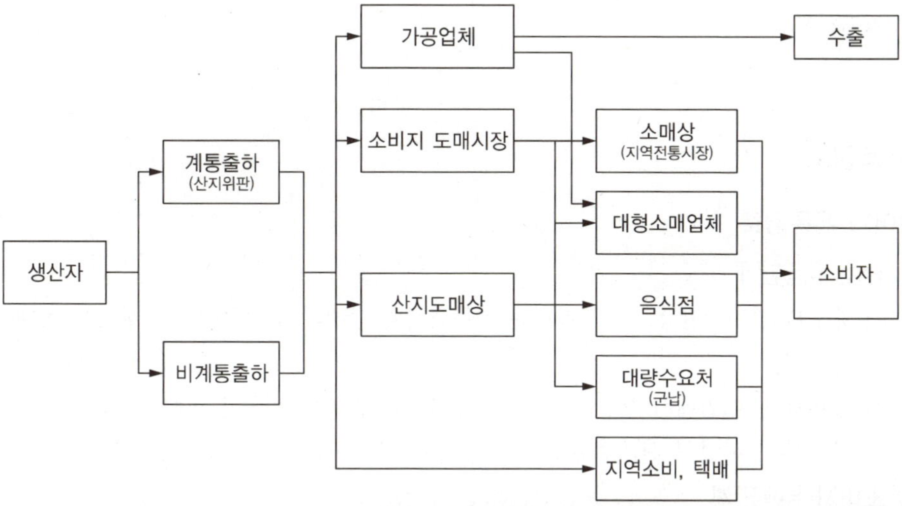

[양식굴의 유통경로]

02 선어 유통경로

1 상품으로서의 선어

(1) 선어(鮮魚)의 개념

① 선어는 어획과 함께 냉장처리를 하거나 저온에 보관하여 냉동하지 않은 신선한 어류 또는 수산물을 의미하며 살아 있지 않다는 것에서 활어와 구별한다.

② 선어는 신선수산물, 냉장수산물, 생선어패류, 생선, 생물 등의 다양한 호칭으로 불린다.

(2) 선어의 품질유지

① 선어는 상온에서 부패하기 쉽기 때문에 선도가 가격과 품질의 결정요인이다.

② 선어의 부가가치를 최대로 높이기 위한 방법으로 빙장과 빙수장 기술을 이용한다.

③ 우리나라에서 대부분 이용하고 있는 빙장은 상자에 얼음과 같이 수산물을 포장하여 유통시키는 것이고, 빙수장은 빙장에 물을 함께 넣어 유통시킨다는 것에 차이가 있다.

(3) 선어의 어업 생산량

① 선어 또는 냉장 수산물이 생산되는 어업은 주로 일반 해면어업과 내수면 어업으로 전체 수산물 생산량에서 선어가 차지하는 비중은 30% 내외이다.

② 우리나라 선어 생산량에서 가장 많은 비중을 차지하는 어업은 일반 해면어업으로 99% 이상을 차지하고 있다.

2 유통경로

(1) 선어의 유통경로

① 산지 유통단계

㉠ 수협의 산지위판장으로 경유하는 계통출하와 산지의 수집상에게 출하하는 비계통출하로 구분한다.

㉡ 일반해면 어업에서 생산된 선어 중에서 계통출하의 비중은 90% 내외로 생산되는 선어의 대부분이 수협의 산지위판장을 경유하고 있다.

② 소비지 유통단계

㉠ 전통적으로 중요한 유통단계는 소비지 도매시장이며, 이를 통해 재래시장, 소매점, 식당 등으로 판매되어 최종소비자가 구매한다.

㉡ 최근에는 대형마트나 백화점 등이 산지와 직거래 하면서 소비지 도매시장을 경유하지 않는 비중이 늘고 있다.

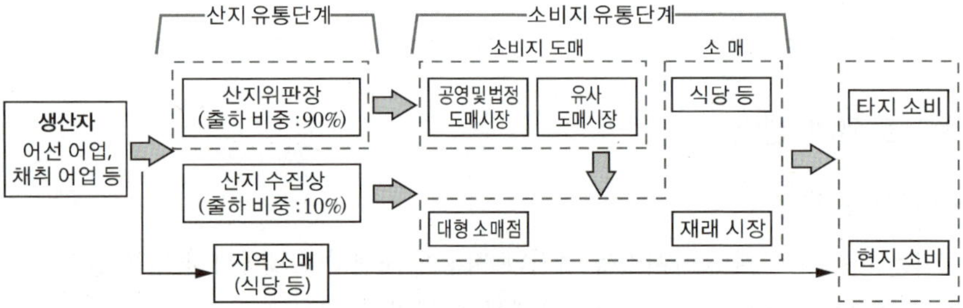

[선어의 유통경로]

(2) 대형 소매점의 확산에 따른 유통경로의 변화

① 대형 소매점의 확산에 따라 거래물량이 늘어나면서 대형 소매점 자체적으로 도매기능을 흡수했기 때문에 소비지 도매시장을 경유하지 않는다.

② 대형 소매점의 수산물 조달 경로는 크게 자체조달인 머천다이징 경로와 벤더경로로 구분된다.

㉠ 머천다이징 경로 : 대형 소매점이 직접적으로 산지와 연계하여 프라이빗 브랜드(PB ; Private Brand)를 구성하는 경로

※ 프라이빗 브랜드(PB ; Private Brand)
유통업체에서 기획, 개발, 생산 및 판매과정의 전부 또는 일부를 자주적으로 수행하여 만든 유통업자 브랜드를 말한다. 브랜드의 소유권, 마케팅관리, 재고관리 등에 관한 제반 권한과 책임을 모두 유통업체가 가진다.

㉡ 벤더(Vendor) 경로 : 벤더를 통해서 다양한 수산물의 구색을 갖추거나 필요한 약간의 가공을 벤더를 통해서 수행한 후에 수산물을 조달하는 경로

※ 벤더(Vendor)
기존의 도매상들과는 달리 POS, 자동주문 시스템 등 전산화된 물류체계를 갖춰 편의점이나 슈퍼업체 등 체인화된 소매점에 식품, 공산품, 잡화 등 분야별로 특화된 상품들을 하루 1~2회 또는 격일 간격으로 공급해 주는 다품종 소량도매업자를 말한다. 벤더업은 첨단 전산시스템 이외에 창고와 전문수송차량을 갖춰 기존의 가공공장, 창고업, 운수업, 도매업의 기능을 광범위하게 대체하고 있어 전통적인 중간도매상과 물류업체의 강력한 경쟁자로 등장하였다.

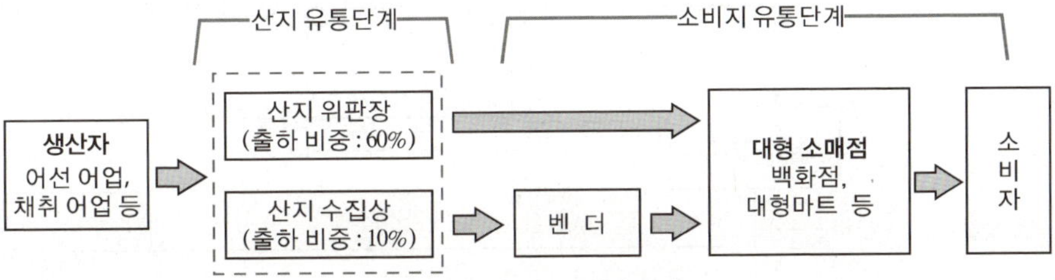

[대형소매점 중심의 유통경로]

3 주요 품목

(1) 고등어의 유통경로

① 고등어의 생산량

㉠ 고등어는 우리나라의 연근해에서 가장 많이 잡히는 어종 중의 하나로 연간 15만톤 내외를 생산하고 있다.

㉡ 우리나라 남해안 근해를 중심으로 대형선망어업에서 약 82.3%를 어획하고 있다.

※ 고등어의 종류 및 구별방법

종 류	구별방법
참고등어(국산)	• 배가 하얗고 뽀얗고 눈이 몸체에 비해 약간 큰 편이다. • 등의 푸른 줄무늬와 하얀 배의 중간을 가로지르는 부분에 약간 초록·노란빛깔을 띤다.
망치고등어(수입산)	• 배에 수많은 검은 반점이 있다. • 일반 참고등어보다 약간 맛도 덜하고, 가격도 싸다.
대서양 고등어 (노르웨이산)	• 망치고등어와 달리 배에 검은 반점들이 없다. • 눈도 훨씬 작고, 등에 줄무늬도 훨씬 진하다.

② 고등어의 유통경로

㉠ 선어로 이용되는 신선·냉장 고등어의 일반적인 유통경로는 수협의 산지위판장에서 대부분 양륙되어 산지 중도매인을 통해 소비지 도매시장으로 판매되고 소비단계를 거쳐 최종소비자들이 구매한다.

㉡ 도매단계에서는 소비지 도매시장의 역할이 줄고 재래시장, 유통·가공업체, 벤더, 양식장(사료용)의 비중이 점차 늘어나는 추세이다.

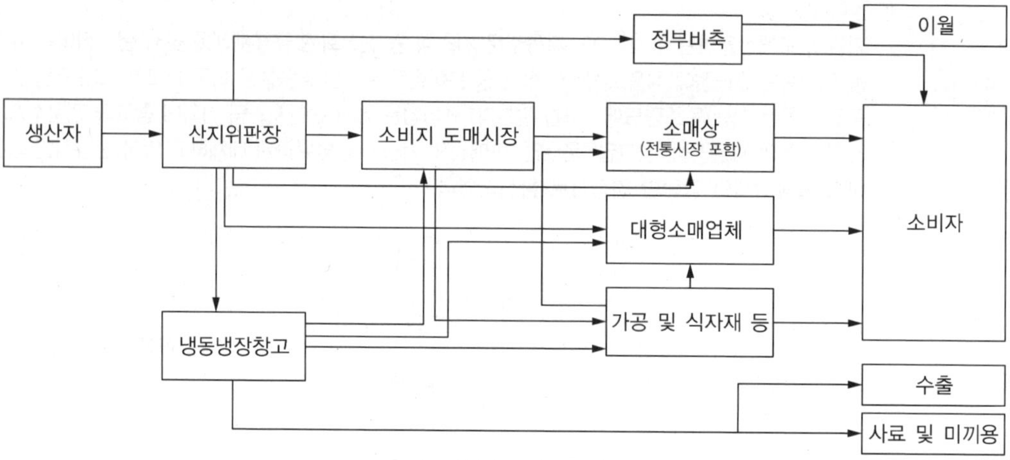

[고등어(선어)의 유통경로]

(2) 갈치의 유통경로

① 갈치의 생산량

㉠ 갈치는 우리나라의 남해안이나 서해안에서 주로 잡히는 어종 중의 하나로 연간 5~6만톤 정도가 어획되고 있다.

㉡ 갈치의 어획량 중에서 약 73.5%가 선어로 이용되고 있으며 나머지 26.5%가 냉동으로 이용되고 있다.

※ 갈치의 효능

- 소화촉진 및 식욕증진 : 갈치는 필수 아미노산, 무기질, 비타민 등을 골고루 함유하고 있어 오장의 기운을 돋우고 위장을 따뜻하게 해주어 소화가 잘되게 해줄 뿐 아니라 식욕증진에 좋다.
- 골다공증 예방 : 갈치에는 칼슘, 인, 나트륨 등 무기질이 풍부하게 함유되어 있어 골다공증 예방에 좋다.
- 두뇌발달 : 갈치에는 불포화 지방산인 EPA와 DHA가 풍부하게 함유되어 있어 두뇌발달에 좋다.
- 성장발육 : 갈치에는 칼슘이 풍부하게 함유되어 있어 성장기 어린이의 성장발육에 좋다.
- 성인병 예방 : 갈치에는 고혈압, 동맥경화, 심근경색 등과 같은 성인병 예방에 효능이 있는 지방산이 풍부하다.

② 갈치의 유통경로

㉠ 갈치 선어의 유통경로는 일반해면어업 생산량을 기준으로 한다.

㉡ 제주지역에서 위판되는 갈치 선어는 주로 채낚기어업 및 근해연승어업을 통해 어획되고, 어법 특성상 어획 과정에서 손상이 적어 통상 '은갈치'로 불리며 품질이 우수하여 대형소매업체 판매 비중이 높다.

㉢ 목포, 여수 등 제주 이외의 지역에서 위판되는 갈치 선어는 주로 근해안강망어업이나 대형트롤어업에서 어획되기 때문에 상대적으로 상품성이 낮은 제품의 비중이 크며 통상 '먹갈치'로 명명되어져 있어 전통시장 등의 소매점을 통한 판매 비중이 높다.

※ 갈치의 구별방법

종 류	국내산	수입산(러시아산)
구별 방법	• 몸은 은백색으로 은빛 광택이 난다. • 눈동자는 검고, 눈 주위가 백색이다. • 실꼬리는 가늘고 길다.	• 국내산과 비슷하나 비늘의 손상이 다소 있다. • 눈동자가 검고 눈 주위가 유백색이다. • 대부분 냉동상태로 유통된다.

㉣ 대형소매업체 → 소비자 : 대형소매업체를 거치는 경로를 통한 거래물량은 대금 결제의 안전성, 상대적으로 양호한 품질 등의 이유로 중도매인들의 선호가 증가하고 있어 점차 비중이 확대되고 있다.

㉤ 산지도매상 → 소매상 → 소비자 : 전통시장 등 소비지 소매점들이 취급하는 물량은 지속적으로 감소하고 있다.

㉥ 소비지 도매시장 → 소매상 → 소비자 : 산지 중도매인들의 대형소매업체 선호 증가에 따라 소비지 도매시장을 통한 거래물량 역시 축소되는 경향을 보이고 있다.

㉦ 이외에 산지 지역 내 소비 및 택배로 소비자에게 판매된 물량, 가공업체 등에 판매된 물량은 증가하는 추세이다.

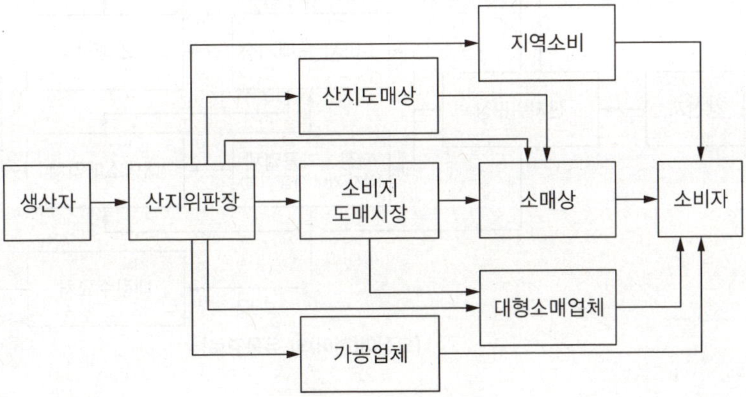

[갈치(선어)의 유통경로]

(3) 오징어의 유통경로

① 오징어의 생산량

㉠ 오징어는 크게 일반 해면어업 약 43.1%와 원양어업 약 56.9%로 생산되는데, 이 중 원양산은 남서대서양 해역에서 주로 어획되어 국내로 반입된다.

㉡ 유통되는 오징어는 냉동 비중이 73.2%로 가장 많고, 나머지는 20.8%는 선어로, 5.3%는 활어로 유통되었다.

② 오징어의 유통경로

㉠ 오징어(선어)의 경우 근해채낚기어업, 동해구중형트롤, 대형트롤 등을 통해 어획되며, 조업 방식에 따라 유통경로에 차이가 있다.

㉡ 근해채낚기어업으로 어획된 오징어는 선상에서 스티로폼 상자에 포장된 후 가장 전통적인 오징어 유통형태인 '생산자 → [산지위판장 → 산지 중도매인] → [소비지 도매시장 → 소비지 중도매인] → 도매상 → 소매상 → 소비자'로 이어진다.

㉢ 채낚기어업의 또 다른 유통경로는 '생산자 → [산지위판장 → 산지 중도매인] → 대형소매업체 → 소비자'로, 2000년대 이전에는 거의 모든 오징어가 소비지 도매시장과 전통시장을 통해 유통되었으나, 대형소매업체의 등장으로 이 유통 방식의 비중이 점차 증가하고 있다.

㉣ 동해구중형트롤어업 및 대형트롤어업으로 어획된 오징어는 플라스틱 상자에 담겨 선어로 위판되며, '생산자 → [산지위판장 → 산지 중도매인] → 가공업체(냉동 창고 및 건조장) → 대형소매업체 → 소비자'로 유통된다. 이때 산지 위판장에서 경매 후 산지 중도매인을 통해 가공업체로 직거래되거나 중간 유통업자와 벤더를 거쳐 가공업체에 전달된다.

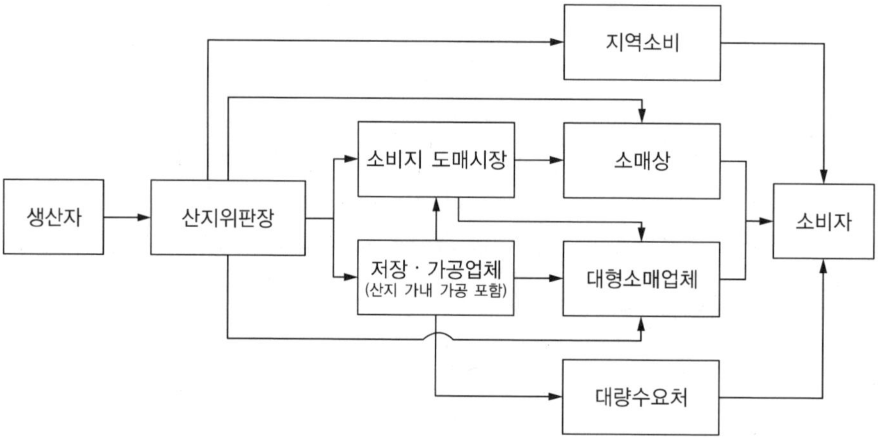

[오징어(선어)의 유통경로]

03 냉동수산물 유통경로

1 상품으로서의 냉동수산물

(1) 냉동수산물의 개념

냉동수산물이란 어획된 수산물이 동결된 상태에서 유통되는 상품 형태를 의미한다.

(2) 냉동수산물 유통의 특징

① 부패되기 쉬운 수산물의 보장성을 높이고, 운반·저장·소비를 편리하게 함으로써 유통과정상의 부패 변질에 따른 부담을 덜 수 있다.

② 냉동냉장 창고의 기능을 이용하여 연중소비를 가능하게 한다.

③ 수산물의 상품성이 떨어지는 것을 막기 위하여 어선에 동결장치를 갖추어 선상에서 동결하기도 한다.

④ 냉동수산물은 선어에 비해 선도가 떨어지기 때문에 가격이 상대적으로 낮은 경향이 있다.

⑤ 저장기간이 길기 때문에 유통경로가 다양하게 나타난다.

⑥ 대부분의 냉동수산물은 원양산이기 때문에 수협의 산지위판장을 경유하는 비중이 매우 낮다.

2 유통경로

(1) 냉동수산물의 유통경로 특징

① 냉동수산물은 주로 원양수산물, 수입수산물에서 나타나기 때문에 시간이나 거리적인 제한으로 냉동하지 않을 수 없다.

② 냉동수산물은 양륙되거나 수입된 이후에 바로 소비되지 않고, 우선 −18℃ 이하 냉동냉장창고에서 보관한다.

③ 냉동수산물은 운송과정에서 선어보다 더 낮은 온도상태를 유지하기 위해 냉동탑차(−18℃ 이하)를 이용한다.

④ 냉동수산물을 유통하기 위해서는 냉동냉장창고와 냉동탑차는 필수적인 유통 수단이다.

(2) 원양 냉동수산물

① 원양수산물은 100% 냉동수산물로 우리나라의 어선이 해외에서 수산물을 어획하여 국내로 반입하는 것을 의미한다.

② 원양수산물은 수협의 산지위판장을 경유하지 않고 원양어업회사가 일반 도매상들에게 입찰을 통해 판매한다.

③ 소비지로 유통되는 과정은 냉동 원형 상태로 판매되거나 수산가공품의 원료로 이용된다.

④ 원양수산물은 수출수산물, 국내 반입 시 원형수산물, 수산가공품의 원료 등으로 이용되기 때문에 유통경로가 다양하다.

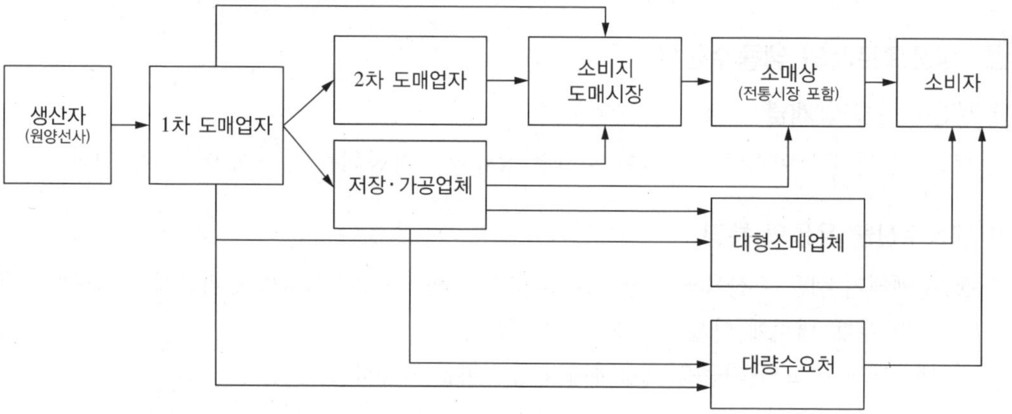

[원양산 수산물의 일반적 유통경로]

(3) 수입 냉동수산물

① 유통경로의 특징

㉠ 수입수산물은 일본, 중국 등과 같이 인접한 국가의 수산물이나 고가의 수산물을 제외하고 대부분 냉동 수산물 형태로 수입된다.

㉡ 우리나라의 산지위판장이 국내 어업인 보호차원에서 수입수산물을 취급하지 않기 때문에 수협의 위판장을 경유하는 것과 전혀 다른 유통경로를 거친다.

② 수입 냉동수산물을 유통하기 위한 조건

㉠ 수입단계에서 냉동 컨테이너가 필요하다.

㉡ 국내 반입 이후에는 일반냉동 수산물과 같이 냉동냉장창고와 냉동탑차를 통해 유통한다.

㉢ 일반적으로 주요 수입항에 있는 냉동냉장창고들은 창고 구역 내에 보세장치장을 운영하는데, 이곳에서 통관전의 수입수산물을 보관한다.

㉣ 통관을 마치면 일반적인 냉동수산물의 유통경로와 같다.

③ 수입수산물 유통구조의 문제점

㉠ 수입과정에서 해외 수산물시장에 대한 정보부족과 수입에 관련된 전문지식부족으로 국내수입업자 간의 과다 경쟁이 발생하고 있기 때문에 중복 및 과잉 수입이 이루어져 시장가격을 교란시킨다.

㉡ 국내 수입업자들의 수입경쟁으로 수입수산물에 대한 수출국에서의 가격이 상승하는 경우가 발생한다.

㉢ 수입업자가 직접 유통시키는 경우가 드물고 중간유통업자가 유통을 담당하는 특징이 있어 가격에 대한 추적이 매우 어렵다.

[수입 수산물의 유통경로]

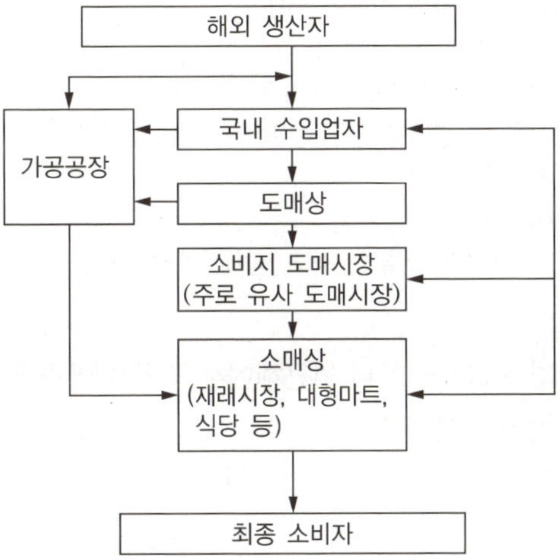

※ 국산 수산물과 수입 수산물의 구별

구 분	국산 수산물	수입 수산물
형 태	선어 유통	냉동 유통
가 격	높 음	낮 음
색	자연스럽고 고유의 색	화려한 색
표 피	부드러움	거 침
육 질	탄력적	비탄력적
크 기	약간 작은 편	큰 편

3 냉동수산물의 주요 품목

(1) 원양산 냉동명태

① 소비동향

㉠ 명태의 국내소비는 연간 약 30~40만톤 규모에서 이루어지고 있지만 자급률은 10% 미만이다.

㉡ 명태는 전통적으로 우리나라 사람들이 즐겨먹는 수산물로 생태, 동태, 북어, 연제품 등과 같이 다양한 제품으로 이용해 왔다.

※ 명태의 명칭

- 노가리 : 명태의 새끼
- 생태 : 잡은 그대로의 상태인 명태
- 동태 : 겨울에 잡아 얼린 상태인 명태
- 북어 : 생태를 잡아서 건조시킨 명태
- 황태 : 눈바람을 맞으며 건조시킨 누런빛의 명태
- 코다리 : 내장을 뺀 명태를 완전히 말리지 않고 반건조한 상태의 명태
- 낚시태 : 낚시로 잡은 명태
- 추태 : 가을에 잡은 명태
- 기타 명칭 : 건태, 백태, 흑태, 강태, 망태, 조태, 왜태, 태어, 더덕북어 등

② 생산동향

㉠ 국내산 명태의 경우 2019년부터 연근해에서 포획을 연중 금지하고 있으며, 러시아에서 입어쿼터를 받아 원양어선에 의해 어획하고 있다.

㉡ 원양산 명태의 경우 원양회사에서 입어국(러시아)에 일정액의 입어료를 지급하거나 합작회사 방식으로 생산하게 되는데, 어획 시 알을 품은 명태(포란태)는 선상에서 해체되어 어란은 명란젓 등으로 이용하고, 어육은 연육으로 만들어 연제품의 원료로 사용된다.

㉢ 비포란태는 냉동 또는 필렛 형태로 보관되어 국내로 반입되며, 냉동수산물, 수산가공품 등의 원료로 이용된다.

③ 명태의 유통경로

㉠ 원양산 냉동명태는 우리나라로 반입되면서 일반적인 원양산 수산물의 유통경로를 따라 유통된다.

㉡ 원양어업자가 반입을 하면 1차 도매업자에 의한 입찰이 이루어지고, 이를 2차 도매업자로 분산하여 소비지 도매시장이나 소매점 등으로 유통된다.

㉢ 가공용은 가공공장을 경영하고 있는 수산 가공업자가 직접 냉동명태를 원양어업회사로부터 매입하는 경우는 드물며, 1·2차 도매업자를 통해 원료를 구입하여 가공한 후에 소매점 등을 통해 판매하게 된다.

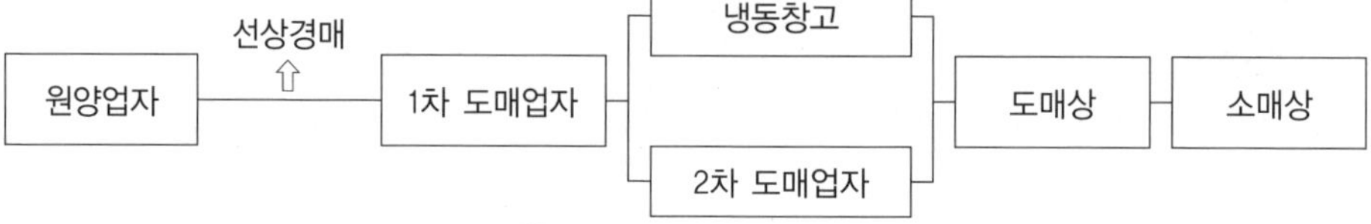

[원양산 명태의 유통경로]

④ 최근의 유통경로는 수입상에서부터 소비자까지 유통경로가 단순화 되고 있다. 즉 대형마트의 등장, 학교급식 시장 확대 등으로 인해 중간 단계를 생략하여 수입상이 바로 중도매인, 가공업체, 유통업체, 식자재업체, 소매상과 거래를 하며, 이들 업체는 별도의 유통과정을 거치지 않고 바로 소비자와 거래한다.

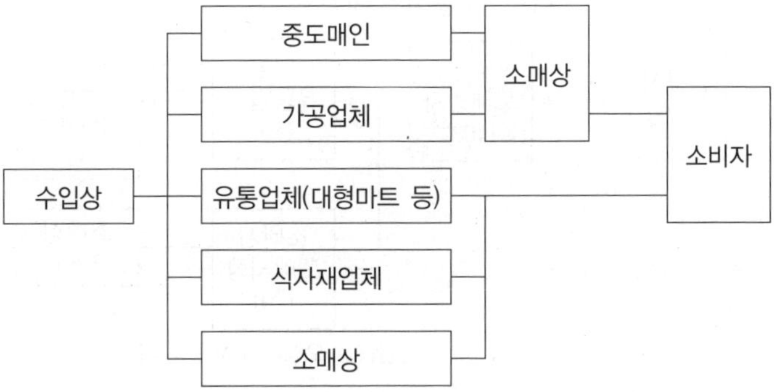

[수입산 명태의 유통경로]

(2) 원양산 냉동오징어

① 소비동향

㉠ 오징어는 활어, 선어, 냉동, 수산가공품(건조오징어, 오징어젓갈, 조미오징어 등) 등으로 소비 범위가 넓다.

㉡ 상업적으로 이용되는 오징어에는 살오징어, 날오징어, 반딧불오징어, 쇠오징어, 날개꼴뚜기, 갑오징어, 칼오징어, 창오징어(한치) 등 8종이다.

㉢ 연근해산 오징어 생산량의 약 48%는 선어, 나머지 냉동 39.5%, 활어 12.3% 순이었다.

② 생산동향

㉠ 주요 어획대상은 동해안에 서식하는 살오징어이다.

㉡ 오징어의 수급구조를 보면 연중 상반기에는 원양 냉동오징어의 반입량이 많고, 하반기에는 연근해산이 많다.

㉢ 생산량의 기복이 심하나 연근해산과 원양산을 합하여 연간 약 8만4천톤 수준이며 자원량 등은 어장의 풍흉에 따라 생산이 좌우되고 있다.

㉣ 연근해산은 주로 8~1월까지 어획되고 원양어선은 2~5월까지 어획된다.

㉤ 원양냉동 오징어는 주로 원양 채낚기에 의해 어획되며, 연근해는 오징어 채낚기 및 트롤어업에 의해 80% 이상이 어획된다.

③ 오징어의 유통경로

㉠ 연근해산은 산지위판장에서 경매 후 80%가 유통 및 가공업체를 통해 판매되며, 20%는 소비지 도매시장을 통해 유통된다.

㉡ 원양산은 산지위판장을 거치지 않고 원양선사가 입찰을 통해 1차 도매업자에게 판매되고 이를 도매업자가 분산하여 유통시킨다.

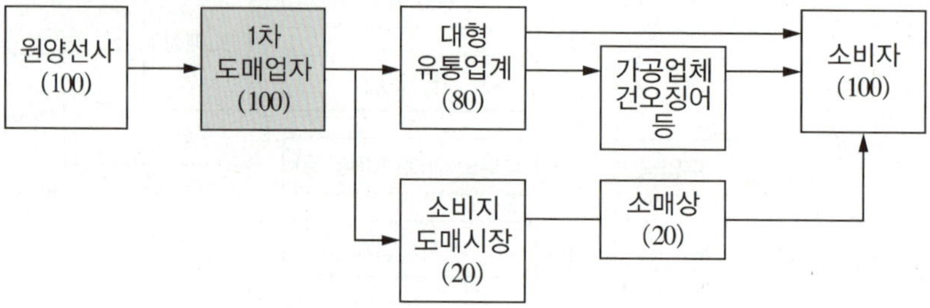

[원양산 오징어의 유통경로]

04 수산가공품 및 건어물 유통경로

1 상품으로서의 수산가공품

(1) 수산가공품의 정의

수산가공품이란 수산물을 다음에 정하는 원료 또는 재료의 사용비율 또는 성분함량 등의 기준에 따라 가공한 제품을 말한다(농수산물 품질관리법 제2조 제13호).

① 수산물을 원료 또는 재료의 50%를 넘게 사용하여 가공한 제품

② ①에 해당하는 제품을 원료 또는 재료의 50%를 넘게 사용하여 2차 이상 가공한 제품

③ 수산물과 그 가공품, 농산물(임산물 및 축산물을 포함)과 그 가공품을 함께 원료·재료로 사용한 가공품인 경우에는 수산물 또는 그 가공품의 함량이 농산물 또는 그 가공품의 함량보다 많은 가공품

(2) 수산가공품의 의의

수산물의 부패특성과 선도저하를 극복하고 부가가치를 창출하기 위해 수산물의 원료 특성에 따라 물리·화학적 변화를 주어 여러 가지 용도에 맞추어 그 이용가치를 높이도록 수산물을 가공한다.

(3) 수산가공품의 종류

① **냉동품** : 식품을 저온에 둠으로써 변질·부패의 주요인이 되는 미생물 및 효소의 작용, 식품성분의 비효소적인 반응(화학적 및 물리적인 반응) 등을 억제하여 식품의 성상을 변화시키지 않고 품질을 유지하고자 하는 것으로, 저온저장의 원리를 활용한 것이다.
예 냉동 명태, 냉동 고등어

② **건제품** : 수산물 내의 수분을 감소시켜 미생물 및 효소 등의 작용을 지연시킴으로써 저장성을 높인 제품이다.

㉠ 소건품 : 수산물을 그대로 또는 적당히 처리하여 씻은 다음 건조한 것 예 마른 오징어, 마른 대구

㉡ 자건품 : 원료를 삶아서 건조한 것 예 마른멸치, 마른굴, 마른해삼

㉢ 염건품 : 원료를 소금에 절인 후 건조한 제품 예 굴비, 마른 옥돔

㉣ 동건품 : 원료를 동결시킨 후 융해시키는 과정을 되풀이하여 탈수, 건조시켜 만든 제품 예 북어(또는 황태), 한천

㉤ 자배건품 : 원료 어육을 자숙, 배건 및 일건시킨 제품 예 가다랑어 부시(Katsuo-Bushi)

③ **염장품** : 식품을 고체 식염에 접촉시키거나 식염수에 침지하여 수분 일부를 탈수시키는 동시에 식품 내에 침투시켜 세균 및 자기소화효소의 작용을 억제함으로써 변질 및 부패를 방지한 가공품 예 어류염장품, 어란염장품

④ **통조림** : 양철관이나 유리병, 플라스틱 등의 용기에 식품을 넣고 탈기·밀봉한 후 가열 살균하여 공기유통을 차단함으로써 미생물 침입을 방지하여 식품의 변질 및 부패를 막아 장기저장이 가능하도록 한 제품 예 꽁치통조림, 참치통조림

⑤ **어육연제품** : 어육에 소량의 식염을 첨가하고 다짐육(Meat Paste)을 가열하여 겔(Gel)화한 제품 예 어묵, 게맛살

⑥ **훈제품** : 어패류를 불완전 연소시킨 땔감에서 발생하는 연기에 쐰 후 어느 정도 건조시켜 독특한 풍미와 보존성을 갖도록 한 제품 예 냉훈품(청어, 연어, 송어), 온훈품(뱀장어, 오징어)

⑦ **발효식품** : 미생물을 이용하여 발효시킨 제품 예 젓갈, 액젓, 식해

⑧ **조미가공품** : 어패류나 해조류 등의 수산물을 조미하여 자숙, 건조, 배소 및 발효시켜 저장성과 독특한 풍미를 부여한 제품 예 맛오징어, 맛김

(4) 수산가공품의 유통상 이점

① 부패를 억제하여 장기간의 저장이 용이하다(냉동품, 소건품, 염장품 등).

② 수송이 용이하다.

③ 공급조절이 가능하다.

④ 소비자의 기호와 위생적으로 안전한 제품 생산으로 상품성을 높일 수 있다.

2 유통경로

(1) 수산가공품의 유통경로 특수성

① 수산가공품은 일반적으로 원료조달과정에 수산물 유통의 특수성이 반영되는 대신에 가공 이후의 유통단계는 저장성이 높을수록 일반 식품의 유통경로와 유사하다.

② 일반적 수산가공품의 유통경로는 조달과 판매과정으로 구분되며 어떤 원료를 사용했는지에 따라 다양하게 나타난다.

(2) 수산가공품의 유통경로

원료의 조달과정은 일반적으로 수산물의 산지유통 단계에서 수산물을 조달하고 있는데, 원료조달은 국내 연근해 수산물, 원양수산물, 수입 수산물을 대상으로 다양하게 분포하고 있다.

① 국내 연근해 수산물의 경우

㉠ 국내 연근해 수산물을 가공원료로 이용하는 가공업자는 생산자와 직거래하여 원료를 조달하거나 산지수집상 또는 산지위판장과의 거래를 통해 원료를 조달한다.

㉡ 산지위판장에서는 매매참가인으로 직거래를 하거나 산지위판장의 중도매인을 통해 거래를 하게 된다.

② 원양수산물의 경우 : 원양어업회사가 가공공장을 가지고 있는 경우에는 생산에서 직접적으로 가공공장에 원료를 조달하지만 가공공장이 독립적일 경우에는 1차 도매업자 또는 2차 도매업자로부터 원료를 구입한다.

③ 수입 수산물의 경우 : 원료를 이용하는 가공업자는 직수입을 하거나 수입업자를 통해서 가공에 적합한 수산물을 조달하게 된다.

3 수산가공품의 주요 품목

(1) 마른멸치

① 연간 멸치 총생산량은 약 13만톤이며, 그중 마른멸치 생산량은 약 2만6천톤이다.

② 멸치는 약 58%가 기선권현망어업으로 어획되며, 전체 생산량의 53.5%는 경상남도에서 생산되고, 그 외 충청남도(17.0%), 전라남도(16.0%), 부산광역시(10.8%) 등이 있다.

③ 마른멸치는 어선에서 자숙 이후 양륙되며, 가공업체에서 선별 및 분류를 통해 1.5kg 크기의 종이상자에 포장된다.

※ 마른멸치의 종류 : 크기에 따라 대멸, 중멸, 소멸, 세멸 등으로 구분한다.

④ 산지위판장을 통해 계통출하되는 마른멸치의 유통비중은 약 94%로, '생산자 → [산지위판장 → 산지 중도매인] → [소비지 도매시장 → 소비지 중도매인] → 도매상 → 소매상 → 소비자'의 유통경로를 거친다.

⑤ 마른멸치의 비계통 유통경로는 '생산자 → [소비지 도매시장 → 소비지 중도매인 → 도매상 → 소매상] → 소비자' 단계를 거쳐 유통된다.

(2) 통조림(참치캔)

① 참치(다랑어)의 종류 : 참다랑어, 눈다랑어, 날개다랑어, 황다랑어, 가다랑어

※ 참치통조림 : 황다랑어, 가다랑어를 통조림으로 가공한 것

② 어획방법

㉠ 다랑어는 우리나라 연근해에서 많이 어획되는 어종이 아니지만 최근에는 기후변화로 인해 제주도 남쪽 근해에서 어획되고 있다.

㉡ 주요 어장은 남태평양, 인도양, 대서양이며, 우리나라의 다랑어류 생산량 중 90% 이상이 남태평양에서 어획되고 있다.

㉢ 어획하는 방법 주로 대형선망에 의한 것이며, 원양 연승 등에서도 어획하고 있다.

③ 유통경로

㉠ 참치통조림의 원료로 이용되는 다랑어는 원양 어획물의 유통경로에 따라 참치캔 가공공장으로 조달된다.

㉡ 조달된 참치캔 원료는 가공공장에서 통조림으로 가공되어 주로 대형 소매점, 슈퍼마켓 등으로 유통되어 소비자들이 구매한다.

㉢ 우리나라 참치통조림은 브랜드 별로 자사 유통체계를 갖추고 있다는 특징이 있다.

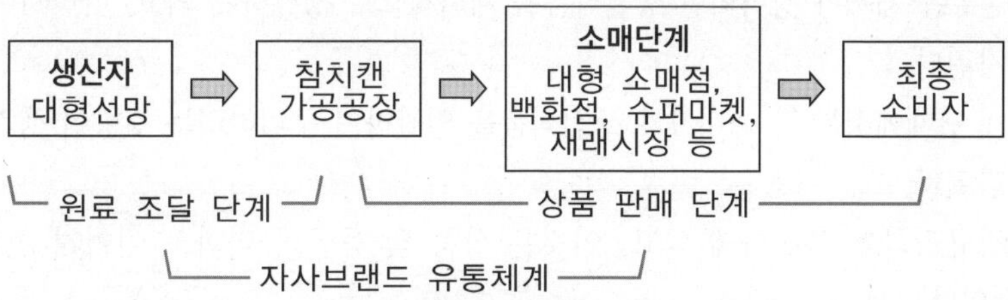

[참치캔의 유통경로]

05 수산식품의 저온유통

(1) 저온유통 체계

① 변패하기 쉬운 식품은 생산자 → 유통과정 → 소비자의 전 과정을 냉동 또는 냉장된 상태로 유지할 필요가 있다. 이러한 연결을 저온유통 체계 또는 콜드체인(Cold Chain)이라 한다.

② 저온유통시스템이란 어획 또는 양식, 채취한 수산물을 소비자가 구매하는 단계에 이르기까지 전 유통과정에서 선도유지를 위해 적절한 저온을 일관되게 유지·관리하는 유통시스템이다.

③ 저 유통을 구성하는 것은 생산지나 출하지의 예냉, 동결 및 냉장 시설, 중계지 및 소비지의 냉동 창고, 소매점의 저온 쇼케이스, 가정용 냉장고, 수송 및 배송설비이다.

(2) 저온유통시스템의 도입 필요성

① 신선하고 품질 좋은 수산물을 안정적으로 공급할 수 있게 됨에 따라 소비자의 만족도가 증대된다.

② 품질이 안전하게 유지되므로 출하조절을 통한 가격안정을 도모할 수 있다.

③ 생산, 유통 및 소비의 전 단계에서 변질, 부패에 의한 감모량을 최소화함으로써 유통비용을 절감시켜 주고, 감모량 감소분만큼의 수산물 공급 증대효과를 기대할 수 있다.

④ 식품의 불가식 부분을 미리 제거하여 유통시킴으로써 수송비용을 절감할 수 있다.

⑤ 저온유통 체계가 정비되면 생선식품을 계획적으로 생산하게 되고, 따라서 생산비와 출하 경비가 절감된다.

⑥ 소비 단계에서는 각 소비자가 생선식품을 일괄하여 구입하려는 경향이 생겨 구입에 대한 노력이 경감된다.

⑦ 포장규격화를 촉진하게 되고, 이것은 상품 및 등급 규격화로 이어져 전자상거래를 확산시킬 수 있다.

⑧ 시장개방화에 대비하여 수입 수산물에 대한 품질경쟁력 향상을 위한 차별화 수단으로 활용할 수 있다.

(3) 저온유통시스템의 관련 기술

① 저온유통시스템에 활용되는 기술은 주기술과 보조기술로 구분할 수 있다.

② 주기술이란 산지예냉, 저온포장, 저온수송과 배송, 저온보관 및 저장, 저온판매시설과 관련되는 기술이다.

③ 보조기술이란 전처리기술, 포장, 선도유지기술, 표면살균 및 안전성 관련 기술, 집·출하, 선별, 규격, 표준화, 정보, 환경 등이 포함된다.

※ 콜드체인 시스템 도입과 관련된 주요기술

주요기술	세부기술
예냉기술	강제통풍, 차입통풍, 진공예냉, 냉수예냉, 얼음예냉
저장, 보관	• 온도제어저장(저온저장, 방온저장, 냉동저장) • 온습도제어 · 관리기술 • 가스제어저장(CA저장, 감압저장, MAP)
수송, 배송	• 수송 · 배송기자재(보냉 · 단열컨테이너, 항공수송용 단열컨테이너, 축냉 · 단열재 등) • 물류관련 표준화(팰릿화) • 수송자재(포장골판지, 기능성포장재, 완충자재) • 고도유통시스템(유통 · 배송센터) • 고속대량수송기술(항공시스템, 철도수송시스템)
포장, 보존, 보장	• 가스치환포장, 진공포장, 무균충전포장 • 냉동식품(포장자재, 동결, 저장, 해동) • 기능성포장재(항균, 흡수폴리머, 가스투과성, 단열성) • 품질유지제 봉입(탈산소제, 에틸렌흡수 · 발생제)
집 · 출하, 선별 · 검사	• 비파괴 검사(근적외법, 역학적, 방사선, 전자기학) • 센서기술(바이오센서, 칩, 디바이스), 선도, 숙도판정
규격, 표시, 정보처리	• 청과물출하규격, KS 규격 • 식품첨가물 · 원자재 표시 등 • 정보, 멀티미디어

※ 비고 : 우리나라의 식품공전에는 식품별 기준 및 규격으로 보관 또는 저장온도를 어류는 5℃ 이하, 냉동연육은 -18℃ 이하로 단순하게 규정하고 있으며, 어종이나 육질의 차이에 따라 온도관리 기준을 구별하여 규정하고 있지 않다.

(4) 저온유통 설비

① **냉동차** : 저온 수송에 사용되는 차량은 냉각 장치의 유무에 따라 보냉차와 냉동차로 분류한다. 보냉차는 드라이아이스식 및 얼음식이 있고, 냉동차는 기계식, 냉동판식 및 액체 질소식이 있다.

㉠ 드라이아이스식

- 승화열(승화온도 : -78.5℃)을 이용하여 고내를 냉각하는 방법으로, 드라이아이스식은 1kg당 약 153kcal의 냉각력이 있다.
- -20℃로 유지되는 동결식품의 수송 및 배송도 가능하지만 냉장하여 운반하는 식품에는 직접 접촉하지 않도록 해야 하며, 청과물 등의 호흡 작용을 저해하지 않도록 주의해야 한다.

㉡ 얼음식 : 융해열을 이용하여 고내를 냉각시키는 방법으로 1kg당 약 80kcal의 냉각 효과가 있으나 0℃ 이하의 온도로 유지하는 것은 불가능하다.

㉢ 기계식

- 현재 사용되고 있는 냉동차 중에서 대표적이며, 냉동차 자체 내에 냉동기의 증발기 부분이 있다.
- 압축기 구동 방식에 따라 보조 엔진식과 주 엔진식이 있다.

보조 엔진식	• 압축기 구동 전용 엔진을 장비한 것을 부엔진(Sub Engine)식 또는 전용 엔진식이라 부른다. • 보조 엔진식은 대형차에 사용된다.
주 엔진식	• 기계식 냉동장치에서 차의 엔진으로 압축기를 구동하는 것을 주 엔진(Main Engine)식 또는 직결식이라 한다. • 주 엔진식은 압축기 구동 전용 엔진이 필요 없기 때문에 소형, 경량이며 가격도 저렴하다. • 수송 거리가 짧은 중·소형차에 많이 사용되고 운송경비가 싸다. • 차의 속도에 따라 엔진의 회전 속도가 다르기 때문에 냉동 능력이 변동하는 결점이 있다.

- 냉동장치 자체의 형태에 따라 일체형과 분리형이 있다.

일체형	장착 및 보수가 용이하기 때문에 수출용 냉동 트럭은 대부분 이 형식이다.
분리형	차체의 하부에 콘덴싱 유닛(Condensing Unit)을 장치한 것으로 기계 부품이 노면에 노출되어 있기 때문에 노면의 상태에 따라 파손의 우려가 있다.

㉣ 액체질소식

- 액체질소의 기화 잠열과 기화한 질소가 소정의 고내 온도까지 상승하는 데 필요한 열량으로써 고내를 냉각하는 방법이다.
- 특징은 비점이 -196℃라는 액체질소를 사용하기 때문에 급속냉각이 가능하고, 소음이 없으며 구조가 단순하여 고장이 적다.
- 유지비가 비싸며 쉽게 액체질소를 얻을 수 없는 결점이 있다.

㉤ 냉동판식

- 금속 용기에 축냉제를 충진하고, 여기에 냉매배관을 통하여 냉각시킨 후 냉각된 축냉재의 융해 잠열 및 감열로 고내를 냉각하는 것이다.
- 취급이 간단하고 고장이 적으며 유지비도 저렴하다.
- 냉동판의 중량 때문에 화물 적재량이 감소하며, 사용 온도 범위도 다양하지 못하기 때문에 화물 배송용에만 사용된다.

② 쇼케이스

㉠ 쇼케이스란 콜드체인 시스템 영역에서 최종소비자를 상대로 하는 상품의 진열 판매를 목적으로 저장하기 위한 냉장 또는 냉동장치를 말한다.

㉡ 쇼케이스는 용도별로 냉장용(0~10℃)과 냉동용(-18℃)이 있다.

- 냉장용 : 보존요구 온도대가 0~10℃ 정도인 식품을 보관하는 쇼케이스로 냉장음료용, 냉장식품용, 야채보관용, 생선보관용, 우유 등 일배품보관용 등의 제품이 있으며, 우리나라에서는 김치보관용도 포함될 수 있다.

• 냉동용 : 보존 온도대가 −18℃ 이하의 냉동식품을 보관하는 쇼케이스로 아이스크림 보관용, 냉동가공식품 보관용 및 −40℃ 이하는 초저온용, 급속냉동용 등의 제품으로 구분할 수 있다.

㉢ 쇼케이스는 형태별로 오픈형, 세미 오픈형 및 클로즈드형 쇼케이스가 있다.

• 오픈형 쇼케이스 : 문이 없이 내부가 오픈된 쇼케이스로, 식품을·냉동 냉장하기 위한 기능과 함께 냉장된 식품을 전시하여 고객이 직접 식품을 만져보고 골라서 살 수 있는 것으로 외기의 유입은 에어 커튼을 이용하여 막으며, 가장 많이 사용되고 있다.

※ 오픈 쇼케이스에는 케이스 내 또는 별도로 멀리 떨어진 곳에 콘덴싱 유닛이 설치되어 케이스 내부에 있는 증발기와 함께 냉동 사이클을 형성, 냉매가스를 순환시키는 원리이다. 증발기 팬은 냉각기인 증발기로부터 생성된 찬 공기를 순환시키고, 이 찬 공기가 장치를 통해 에어커튼을 형성, 외부공기를 차단함으로써 상품을 보랭하게 된다.

• 세미 오픈형 쇼케이스 : 오픈형과 유사하나 윗면에 유리문을 붙인 것으로, 통상은 문을 닫은 상태이다. 따라서 고객이 물건을 고를 때만 열려 있는 상태가 되므로 온도 보존이 오픈형보다 용이하다.

• 클로즈드형 쇼케이스 : 쇼케이스에 유리문을 부착한 것으로, 고객이 문을 열고 손을 넣어서 상품을 직접 꺼내므로 온도 보존 정도가 좋아서, 진열을 위한 상품에 효과적이다.

③ 냉동 컨테이너(Container)

㉠ 냉동화물 및 과실·야채 등 보랭을 필요로 하는 화물을 수송하기 위해 냉동기를 부착한 컨테이너이다.

㉡ +26℃에서 −28℃ 사이까지 임의로 온도를 조절할 수 있고 또 전 수송 과정을 통해 냉동기를 가동하여 지정온도를 유지할 수 있도록 설계되어 있다.

㉢ 컨테이너에 설치된 냉동기는 냉동 사이클(압축 → 응축 → 팽창 → 증발)을 반복하여 컨테이너의 화물을 적정온도로 유지시킬 수 있다.

(5) 저온유통과 식품의 품질

① 품질유지를 위한 시간-온도 허용한도(T.T.T ; Time-Temperature Tolerance, T.T.T)

㉠ 동결식품의 상품가치를 갖게 하려면 허용(Tolerance)되는 경과시간(Time)과 그동안 유지되는 품온(Temperature)의 관계를 숫자적으로 처리하는 방법이 T.T.T 개념이다.

㉡ 저장 기간과 품온의 사이에서 식품별로 상호 허용성이 존재하는 관계를 숫자적으로 처리하는 방법이 T.T.T이다. 이것이 냉동 상태에서 식품을 저장하는 경우에 품질 저하량을 알 수 있는 유력한 방법이다.

㉢ 냉장품은 품온이 저온에 가까우면 가까울수록, 냉동품은 품온이 낮으면 낮을수록 최초의 품질을 보존하는 기간이 길어진다.

㉣ 동결식품의 유통과정 중 수송이나 냉장 등에 필요한 온도조건 설정을 위한 지침이다.

㉤ 품질이 우수한 동결식품의 유통 시 조건개선이 필요한 자료를 얻고자 하는 경우 사용된다.

- 품온 : 식품의 온도. 동결식품의 경우 상품의 가치를 평가할 때 중요한 요소
- 품질유지기간 : 상품가치에 영향을 미치는 색, 육질, 맛 등을 일수경과에 따라 각 품온별로 비교하고, 그 종합결과를 기초로 하여 상품가치를 상실했다고 판정되는 시점까지 소요된 일 수

※ 냉동식품의 품질

냉동식품의 품질을 말할 때 최초의 품질에 영향을 주는 것은 원료(Product), 냉동과 그 전후처리(Processing) 및 포장(Package)은 P.P.P 조건이며, 최종 품질은 이것 외에 T.T.T 개념에 기초한 품온 및 저장 기간의 영향이 크다.

② T.T.T 계산

㉠ 품질유지 특성 곡선으로부터 각 품온에서의 1일당의 품질변화량을 구할 수 있다.

㉡ 품질유지 특성 곡선은 식품을 여러 가지 온도에 냉동하여 관능검사에 의해 품질을 유지할 수 있는 일 수를 결정하여 품온과의 관계를 표시한 것이다.

㉢ 유통 과정의 어느 시점에서 동결 식품의 실용 저장 가능 기간과 그 시점까지 소비된 품질 저하율은 어느 정도인가를 계산으로 알 수 있다.

㉣ T.T.T값 1은 관능검사에 의하여 처음으로 품질 저하가 인정되었을 때의 변화량을 의미하는 것이고, 이것을 그때까지 소요된 일수로 나눈 값이 그 품온에 있어서의 1일당 품질변화량이 된다.

㉤ 각종 온도에서 1일 저장한 경우의 품질 저하율은 다음 식으로 계산할 수 있다.

품질 저하율(%/일) = 100/실용 저장 기간(일수)

㉥ 유통 중 T.T.T값 계산

- 먼저 각 온도에서 1일 품질 변화량을 산출한다.
- 각 온도에서 저장일수와 1일 품질 변화량을 곱하여 저장 품질 변화량을 산출한다.
- 각 온도에서 산출한 저장 품질 변화량을 모두 합하여 전 온도에서 저장 품질 변화량, 즉 T.T.T값을 산출한다.
- T.T.T값의 계산치가 1.0 이하이면 동결식품의 품질은 양호하며, 그 값이 1.0 이상일수록 품질의 저하는 크다.

※ 저온유통의 각 단계에서 품질저하의 계산 예

저온유통 단계별로 온도별 저장기간(T-T)이 다음 표와 같은 경우에는 하루당 품질 저하율에 저장기간을 곱하면 그 단계에서 품질 저하율이 구해진다.

저온유통의 단계	평균품온 (℃)	저장기간 (일)	PSL (일 수)	PSL의 저하율 (1일당 %)	PSL의 저하율 (각 단계당 %)
저온유통 단계	−23	80	950	0.105*	8.4**
생산지에서 도매상으로 수송	−20	2	660	0.152	0.3
도매상에서 동결 저장	−22	300	800	0.125	37.5
도매상에서 소매상으로 수송	−18	1	550	0.182	0.2
소매상에서 동결 저장	−20	60	660	0.152	9.1
판매점에 진열	−12	6	85	1.176	7.1
판매점에서 소비자에 배송	−8	1	55	1.818	1.8
소비자 냉장고	−18	10	550	0.182	1.8
460일간 PSL의 저하율					66.2

* 100/950 = 0.105

** 0.105 × 80 = 8.4

③ 품질 저하의 누적

㉠ 일반적으로 온도별 저장기간(T-T경력)의 영향에 의한 품질의 저하는 생산에서 소비까지의 각 단계를 통하여 누적적으로 증가한다.

㉡ 각 단계의 순서가 바뀌어도 누적된 합계 값의 크기에는 변화가 없다. 즉, 식품을 처음에 −20℃에서 6개월간, 다음에 −10℃에서 3개월간 저장한 경우와 처음에 −10℃에서 3개월간, 다음에 −20℃에서 6개월간 저장한 경우는 품질 저하의 정도에는 차이가 없다.

※ 수산물이력제

- 개념 : 이력추적관리란 농수산물의 안전성 등에 문제가 발생할 경우 해당 농수산물을 추적하여 원인을 규명하고 필요한 조치를 할 수 있도록 농수산물의 생산단계부터 판매단계까지 각 단계별로 정보를 기록·관리하는 것을 말한다.
- 등록 : 국립수산물품질관리원 혹은 한국해양수산관리원에 등록 신청을 하고, 이력정보를 전산 등록한다.
- 조회 : 대상 수산물은 상품의 겉포장에 13자리 이력 번호가 부여되는데 수산물이력제에 접속하여 번호를 입력하면 조회할 수 있다.

CHAPTER 03

적중예상문제

01 **활어는 최종적으로 어떠한 형태로 주로 소비되는가?**

① 회나 초밥　② 생선구이

③ 생선조림　④ 통조림

해설 활어는 살아있는 채로 유통되어 최종소비 단계에서부터 대부분 '회'로 소비된다.

02 **활어의 유통에 관한 설명으로 옳지 않은 것은?**

① 일반적으로 계통출하보다 비계통출하의 비중이 높다.

② 산지유통과 소비지유통으로 구분된다.

③ 공영도매시장에서 주로 이루어지고 있다.

④ 다른 수산물에 비해 차별적인 유통기술이 필요하다.

해설 ③ 주요 유통기구는 소비지 도매시장이며, 공영도매시장보다는 민간(유사)도매시장에서 주로 취급한다.

03 **활어의 상품 가치를 결정하는 요인으로 거리가 먼 것은?**

① 성장환경　② 크 기

③ 품 종　④ 시 기

해설 상품으로서 활어는 성장환경, 품종, 시기 등에 따라 같은 수산물이라도 상품적 가치가 달라진다.

04 **다음 중 활어의 민간(유사)도매시장에 속하는 것은?**

① 가락동 농수산물 도매시장　② 노량진 수산시장

③ 인천 활어 도매조합　④ 부산 국제수산물 도매시장

해설 활어의 경우에는 인천 활어 도매조합, 미사리 활어 도매시장과 같은 민간도매시장에서 주로 취급한다.

1 ①　2 ③　3 ②　4 ③ 정답

05 다음 유통 경로 중 계통출하 판매 유통경로는 무엇인가?

① 생산자 → 산지 수협 위판장
② 생산자 → 소비지 중앙도매시장
③ 생산자 → 객주상
④ 생산자 → 유사도매시장

해설 **수협 계통출하**
생산자 → 산지위판장 → 수협 공판장 → 중간 도매상 → 소매상 → 소비자

06 활어는 공영도매시장보다 유사도매시장에서 거래량이 많다. 이에 관한 설명으로 옳지 않은 것은?

① 유사도매시장은 부류별 전문도매상의 수집활동을 중심으로 운영된다.
② 유사도매시장은 생산자의 위탁을 중심으로 운영된다.
③ 유사도매시장은 주로 활어를 취급하기 때문에 넓은 공간(수조)을 갖추고 있다.
④ 유사도매시장은 활어차, 산소공급기, 온도조절기 등 전문 설비를 갖추고 있다.

해설 유사도매시장은 소매시장 허가를 얻어 도매행위를 하는 시장으로 민간인이 개설자, 운영관리자로서 상거래 활동을 하고 있다.

07 꽃게의 암수 구별법에서 암꽃게의 특징으로 묶은 것은?

㉠ 배딱지가 뾰족하다. ㉡ 흉갑이 볼록하면서 둥글다. ㉢ 집게발이 상대적으로 날씬하다. ㉣ 집게발이 뭉뚝하다.

① ㉠, ㉡
② ㉡, ㉢
③ ㉡, ㉣
④ ㉠, ㉣

해설 암꽃게는 배딱지가 둥그스름하며 흉갑이 볼록하면서 둥글다. 또한, 집게발이 상대적으로 뭉뚝하다.

정답 5 ① 6 ② 7 ③

08 **양식산 굴의 유통에 관한 설명으로 옳은 것은?**

① 국내 소비는 가공굴 위주이다.
② 국내 소비용 생굴(알굴)은 식품안전을 위해 가열하여 유통한다.
③ 수출은 생굴(알굴)이 많다.
④ 껍질 채로 유통되기도 한다.

해설 ④ 경상남도의 굴 양식은 주로 박신 작업을 거쳐 알굴의 상태로 만든 후 유통되고, 전라남도와 충청남도는 박신 작업을 거치지 않아 껍질이 붙어있는 각굴의 형태로 유통하는 경우가 많다.

09 **다음 중 선어의 상품적 특성으로 옳지 않은 것은?**

① 냉동하지 않은 신선한 어류 또는 수산물을 의미한다.
② 장기보관이 불가능하다.
③ 일반적으로 비계통출하 비중이 계통출하 비중보다 높다.
④ 신선수산물, 냉장수산물, 생선어패류, 생선, 생물 등의 다양한 호칭으로 불린다.

해설 선어 중에서 계통출하의 비중은 90% 내외로 생산되는 선어의 대부분이 수협의 산지 위판장을 경우하고 있다.

10 **대형할인업체 등장의 영향에 대한 다음 설명으로 옳지 않은 것은?**

① 업체 간의 치열한 경쟁으로 소비자는 저가격 구입이 가능해졌다.
② 제조업자의 영향력이 이전보다 커졌다.
③ 수산물의 경우 대형할인업체의 산지 직구입 비율이 높아졌다.
④ 상품차별화에 대한 관심이 높아져 비가격 경쟁도 중요하게 되었다.

해설 대형할인업체의 등장으로 제조업자(생산업자)의 영향력은 점차 줄어들고 있다.

11 **대형유통업체가 수산물을 구매할 때 고려하는 요소가 아닌 것은?**

① 경쟁력 확보를 위한 구매선의 단일화
② 수산물의 안전성 확보
③ 품질과 가격의 조화 추구
④ 거래의 안전성 추구

해설 경쟁력 확보를 위해 구매선을 다양화하는 것이 필요하다.

8 ④ 9 ③ 10 ② 11 ① 정답

12 국산 참고등어의 구별방법 중 특징이 아닌 것은?

① 배가 하얗다.
② 눈이 몸체에 비해 약간 큰 편이다.
③ 배에 수많은 검은 반점이 있다.
④ 중간을 가로지르는 부분에 약간 초록·노란 빛깔을 띤다.

해설 배에 수많은 검은 반점이 있는 것은 수입산 망치고등어이다.

13 선어의 유통에 관한 설명으로 옳지 않은 것은?

① 일반적으로 비계통출하보다 계통출하 비중이 높다.
② 빙수장이나 빙장 등이 필요하다.
③ 고등어는 갈치의 유통경로와 매우 유사하다.
④ 선어는 원양에서 어획된 것이 대부분이다.

해설 ④ 선어는 연안에서 어획된 것이 대부분이다.

14 국내산 갈치의 구별방법으로 가장 관련이 적은 것은?

① 몸은 은백색으로 은빛 광택이 난다.
② 눈동자는 검고, 눈 주위가 백색이다.
③ 대부분 냉동상태로 유통된다.
④ 실꼬리는 가늘고 길다.

해설 국내산 갈치의 경우 대부분이 수협의 산지 위판장을 경유하고 있어서 선어로 유통된다.

15 다음 중 냉동수산물 유통의 특징이 아닌 것은?

① 부패되기 쉬운 수산물의 보장성을 높여준다.
② 유통과정상의 부패 변질에 따른 부담을 덜 수 있다.
③ 선어에 비해 선도가 높기 때문에 가격이 상대적으로 높다.
④ 수협의 산지 위판장을 경유하는 비중이 매우 낮다.

해설 선어에 비해 선도가 떨어지기 때문에 가격이 상대적으로 낮은 경향이 있다.

정답 12 ③ 13 ④ 14 ③ 15 ③

16 국산 수산물과 비교할 때 수입 수산물의 특징이 아닌 것은?

① 선어 유통
② 낮은 가격
③ 화려한 색
④ 거친 표피

해설 수입 수산물은 일본, 중국 등과 같이 인접한 국가의 수산물이나 고가의 수산물을 제외하고 대부분 냉동 수산물 형태로 수입된다.

17 다음 중 가공상태에 따른 명태의 명칭이 아닌 것은?

① 노가리
② 황 태
③ 코다리
④ 과메기

해설 ④ 과메기는 보통 꽁치나 청어의 내장을 제거하고 말린 것이다.
① 노가리 : 명태의 새끼
② 황태 : 눈바람을 맞으며 건조시킨 누런빛의 명태
③ 코다리 : 내장을 뺀 명태를 완전히 말리지 않고 반건조한 상태의 명태

18 다음 중 명태의 생산 및 유통경로에 대한 설명 중 틀린 것은?

① 국내산 명태의 경우 러시아에서 입어 쿼터를 받아 원양어선에 의해 어획하고 있다.
② 어획 시 알을 품은 명태(포란태)는 선상에서 해체되어 어란은 명란젓 등으로 이용한다.
③ 원양산 냉동명태는 우리나라로 반입되면서 일반적인 원양산 수산물의 유통경로를 따라 유통된다.
④ 최근의 유통경로는 수입상에서부터 소비자까지 유통경로가 다양화되고 있다.

해설 대형마트의 등장, 학교급식 시장 확대 등으로 인해 중간 단계를 생략하여 수입상이 바로 중도매인, 가공업체, 유통업체, 식자재업체, 소매상과 거래를 하게 됨으로써 유통경로가 단순화되고 있다.

19 상업적으로 이용되는 오징어 중 주요 어획 대상은 무엇인가?

① 살오징어
② 날오징어
③ 쇠오징어
④ 갑오징어

해설 주요 어획 대상은 동해안에 서식하는 살오징어이다.

16 ① 17 ④ 18 ④ 19 ① 정답

20 다음 중 원양 수산물의 주요 어획방법으로 틀린 것은?

① 명태 - 북양 트롤　　② 오징어 - 원양 연승

③ 고등어 - 대형선망　　④ 멸치 - 기선권현망

해설 연근해 오징어는 채낚기, 트롤에 의해 어획된다.

21 수산물 가공에 관한 설명으로 옳지 않은 것은?

① 수산물의 부가가치를 증대시킨다.

② 수송, 저장 등의 물적 기능과 연관이 있다.

③ 수산물의 형태효용을 창출한다.

④ 유통마진의 증가로 총수요를 감소시킨다.

해설 원료 수산물을 가공하면 형태가 변화되고 소비하기에 편리하게 해당 수산물의 총수요가 증가된다.

22 수산가공품의 유통상 장점이 아닌 것은?

① 부패를 억제하여 장기간의 저장이 용이하다.

② 수송이 용이하다.

③ 공급조절이 가능하다.

④ 저장성이 낮을수록 일반 제조식품과 유통이 비슷하다.

해설 저장성이 높을수록 일반 제조식품과 유통이 비슷하다.

23 수산물의 원료 특성에 따라 물리·화학적 변화를 주어 그 이용가치를 높인 수산물 가공품이 아닌 것은?

① 신선 냉장품　　② 소건품

③ 통조림　　④ 조미가공품

해설 신선 냉장품이 아니라 냉동품이어야 맞다.

정답 20 ② 21 ④ 22 ④ 23 ①

24 **기선권현망으로 어획되며, 빠른 부패성으로 대부분 건조나 젓갈로 가공되어 유통되는 수산물은?**

① 갈 치 ② 멸 치

③ 고등어 ④ 참 치

해설 멸치는 기선권현망 어업으로 어획되고 있으며, 주로 마른 멸치로 가공하여 반찬, 국거리, 마른안주 등으로 소비되고 있다. 이외에도 횟감용 활어, 구이용 멸치, 멸치젓 등으로 이용형태가 다양하다.

25 **다음 중 참치통조림으로 주로 가공되는 다랑어의 종류는?**

① 참다랑어 ② 눈다랑어

③ 날개다랑어 ④ 가다랑어

해설 참치통조림은 주로 황다랑어, 가다랑어를 통조림으로 가공한 것이다.

26 **참치통조림의 유통경로 특징을 잘못 설명한 것은?**

① 주요 어장은 남태평양, 인도양, 대서양이다.

② 어획하는 방법 주로 대형선망에 의한 것이다.

③ 원료로 이용되는 다랑어는 원양 어획물의 1·2차 도매업자를 경유한다.

④ 우리나라 참치통조림은 브랜드별로 자사 유통체계를 갖추고 있다.

해설 원양 어획물은 1·2차 도매업자를 경유하지 않고 참치캔 가공공장으로 조달된다.

27 **참치(다랑어)의 효능으로 관련이 없는 내용은?**

① 두뇌발달 ② 고칼로리 식품

③ 빈혈예방 ④ 동맥경화방지

해설 저칼로리 식품으로 비만방지 및 다이어트에 좋다.

24 ② 25 ④ 26 ③ 27 ② 정답

28 수산가공품의 유통경로의 특성에 대한 설명으로 틀린 것은?

① 조달과 판매과정으로 구분된다.

② 원료조달은 국내 연근해 수산물, 원양수산물, 수입 수산물을 대상으로 한다.

③ 조달유통은 수산가공품을 구매하는 것이다.

④ 판매유통은 가공한 수산물을 판매하는 유통과정이다.

해설 조달유통은 일반적으로 수산물의 산지 유통단계에서 수산물 원료를 조달하고 있다.

29 수산물 유통의 특성으로 옳지 않은 것은?

① 구매의 소량 분산성

② 유통 경로의 다양성

③ 생산물 가격의 획일성

④ 생산물의 규격화의 어려움

해설 수산물 유통의 특성에는 품질관리의 어려움, 유통 경로의 다양성, 생산물의 규격화 및 균질화의 어려움, 가격의 변동성 및 수산물 구매의 소량 분산성 등이 있다.

30 냉동상태로 유통되는 비중이 가장 높은 수산물은?

① 명 태　　② 조피볼락

③ 고등어　　④ 전 복

해설 국내산 명태의 경우 2019년부터 연근해에서 포획을 연중 금지하고 있으며, 러시아에서 입어 쿼터를 받아 원양어선에 의해 어획하고 있다.

정답 28 ③ 29 ③ 30 ①

31 수산물 유통을 정의할 경우 맞지 않게 설명된 것은?

① 수산물 생산과 소비의 중간 연결적 기능을 강조하는 수산물 도매시장

② 정부가 수산물이 생산된 후 어떤 유통 기구를 통해 어떤 가격이 형성되어 소비자에게 유통되고 있는지를 살펴본 후 유통 경로의 다양화를 위해 수산물 물류센터를 개설하는 경우

③ 자신의 생산물을 직접 소비자에게 판매할 것을 목적으로 바다에서 양식업을 시작하는 경우

④ 서울에 수산물 도매 시장을 개설하는 경우

해설 수산물 유통은 '수산물이 생산자로부터 어떠한 경로와 과정을 거쳐 소비자에게 유통되고 있는가'를 체계화한 것이다. ③은 생산자에 속한다.

32 다음 유통기능에 관한 설명 중 거래기능에 관한 설명은?

① 수산물 생산지나 양륙지 등과 소비지 사이의 장소 거리를 연결시켜 주는 기능

② 시장 수용의 다양성에 대응하기 위해 전국적으로 산재하여 있는 다양하면서도 여러 질의 수산물을 수집하여 다양한 수산 상품의 구색을 갖추는 기능

③ 생산자가 가진 팔고자 하는 수산물의 소유권과 구입하고자 하는 소비자 사이의 소유권 거리를 중간에서 적정 가격을 통해 연결시켜주는 기능

④ 수산물 생산 조업 시기와 조업하지 않는 시기 등과 같은 시간의 거리를 연결시켜주어 소비자가 언제든지 수산물을 구입할 수 있도록 하는 기능

해설 ① 운송기능, ② 상품구색기능, ④ 보관(저장)기능

33 국내산 고등어 유통에 관한 설명으로 옳지 않은 것은?

① 주생산 업종은 근해채낚기어업이다.

② 총허용어획량(TAC) 대상 어종이다.

③ 대부분 산지 수협 위판장을 통해 유통된다.

④ 크기에 따라 갈사, 갈고, 갈소고, 소소고, 소고, 중고, 대고 등으로 구분한다.

해설 국내산 고등어의 주생산 업종은 대형선망어업으로 총생산량의 약 82%를 차지하고 있다.

31 ③ 32 ③ 33 ① 정답

34 양식 넙치의 유통 특성에 관한 설명으로 옳은 것을 모두 고른 것은?

ㄱ. 주로 산지 수협 위판장을 통해 유통된다.
ㄴ. 대부분 유사도매시장을 경유한다.
ㄷ. 주산지는 제주와 완도이다.
ㄹ. 최대 수출대상국은 미국이다.

① ㄱ
② ㄱ, ㄹ
③ ㄴ, ㄷ
④ ㄴ, ㄷ, ㄹ

해설 ㄴ. 공영도매시장보다 유사도매시장을 경유하는 경우가 많다.
ㄷ. 주산지는 제주도와 전라남도(완도)로, 총생산량의 약 95%가 생산된다.
ㄱ. 일반적인 유통경로는 '생산자→유사도매시장→소매상(횟집 등)→소비자'를 거친다.
ㄹ. 최대 수출대상국은 일본이고, 다음으로 미국, 베트남 등이 있다.

35 양식 넙치 유통에 관한 설명으로 옳지 않은 것은?

① 횟감으로 이용되기 때문에 대부분 활어로 유통된다.
② 현재 주생산지는 제주도와 완도이다.
③ 활어 유통기술이 개발되어 활어로 수출되고 있다.
④ 주로 산지위판장에서 거래되어 소비지로 출하된다.

해설 ④ 양식장에서 출하된 양식 넙치는 산지수집상에 의해 수집된 후 소비지에 위치한 유사도매시장까지 운송된다. 이후 활어유통업자를 통해 소매상(횟집 등)으로 배송된다.

36 우리나라의 양식산 넙치의 최대 생산지역은 어디인가?

① 남해안
② 서해안
③ 제주도
④ 동해안

해설 양식산 넙치는 남해안과 제주도 지역에서 주로 양식되고 있는데 제주도가 약 49%, 전라남도가 약 46%의 비중을 차지하고 있다.

정답 34 ③ 35 ④ 36 ③

37 **생산자가 출하 방식을 선택할 때 고려해야 할 사항 중 가장 거리가 먼 것은?**

① 생산물의 종류
② 시장 환경
③ 지리적 여건
④ 개인적 친분

38 **다음 수산물 유통마진 측정방법 가운데 잘못된 것은?**

① 유통마진액 = 유통이윤 + 유통비용
② 마진율 = [(판매가격 - 구입가격)/판매가격 × 100]
③ 중도매마진 = 도매가격 - 중도매가격
④ 출하자마진 = 출하자 수취가격 - 생산자 수취가격

해설 ③ 중도매마진 = 중도매가격 - 도매가격

39 **다음 수산물 유통에 관한 설명으로 옳지 않은 것은?**

① 수산물 유통은 유통 경로가 다양하며 대부분 산지 유통으로 이루어지고 있다.
② 저온 유통 체계는 품질을 보존하고, 가격을 안정시키며, 계획적인 생산과 소비를 할 수 있게 한다.
③ 중요한 저온 유통 설비는 냉동차와 쇼케이스이다.
④ T.T.T 계산 결과로 유통기간과 식품의 가치를 알 수 있다.

해설 T.T.T(Time, Temperature, Tolerance) 계산 결과로 식품의 실용 저장 기간을 알 수 있다.

37 ④ 38 ③ 39 ④ 정답

40 저온 유통의 구성 설비에 해당되지 않는 것은?

① 급속 동결고　　② 쇼케이스

③ 가정용 냉장고　　④ 소비지의 냉동 창고

해설 저온 유통을 구성하는 것은 생산지나 출하지의 예냉, 동결 및 냉장 시설, 중계지 및 소비지의 냉동 창고, 소매점의 저온 쇼케이스, 가정용 냉장고, 수송 및 배송 설비이다.

41 T.T.T 계산의 결과 그 값이 85%였다면, 이 식품은 어떤 상태인가?

① 실용 저장 기간이 85% 남아 있다.

② 실용 저장 기간이 15% 남아 있다.

③ 품질 저하율이 15%이다.

④ 상품 가치를 잃어버린 상태이다.

해설 유통 과정의 어느 시점에서 그 동결 식품의 실용 저장 가능 기간이 얼마나 되며, 또 그 시점까지 소비된 품질 저하율을 알 수 있는 것이다. 이 값이 100%를 초과할 경우에는 이미 실용 저장 기간의 한계를 넘어서 상품 가치를 잃어버린 상태임을 의미한다.

42 기계식 냉동차의 장점으로 가장 옳은 것은?

① 소음이 크다.　　② 설비가 비싸다.

③ 냉각 속도가 빠르다.　　④ 운전 경비가 싸다.

해설 **기계식 냉동차**

- 현재 사용되고 있는 대표적인 냉동차이다.
- 냉동 차체 내에 냉동기의 증발기 부분이 있다.
- 압축기 구동 방식에 따라 보조 엔진식과 주 엔진식이 있다.
- 보조 엔진식은 대형차에 사용된다.
- 주 엔진식은 압축기 구동 전용 엔진이 필요 없기 때문에 소형, 경량이며 가격도 저렴하다.
- 주 엔진식은 수송 거리가 짧은 중·소형차에 많이 사용되고 운송경비가 싸다.
- 주 엔진식은 차의 속도에 따라 엔진의 회전 속도가 다르기 때문에 냉동 능력이 변동하는 결점이 있다.

정답 40 ① 41 ② 42 ④

43 특정 온도에서 저장한 동결식품의 실용 저장 기간(PSL)이 400일 때 일일 품질 저하율(%/일)은 얼마인가?

① 0.25　　② 0.45

③ 0.55　　④ 0.6

해설 품질 저하율(%/일)
= 100/실용 저장 기간(일수) = 100/400 = 0.25%

44 출하량이 적고 시장이 가까울 때 이용하는 운송 수단은?

① 항공기　　② 트 럭

③ 경운기　　④ 냉장차

해설 출하량이 적고 시장이 가까울 때에는 인력이나 경운기를 이용할 수 있다. 그러나 시장이 멀거나 신속하게 대량 수송할 때에는 철도, 트럭, 항공기 및 선박을 이용해야 한다.

45 생산지에서 소비지까지 냉장 상태로 수송이 이루어지는 시스템을 무엇이라 하는가?

① 콜드체인　　② 핫체인

③ 냉동 · 냉장체인　　④ 동결체인

46 콜드체인 시스템(Cold Chain System)에 관한 가장 올바른 설명은?

① 저장적온에서 저장된 수산물은 콜드체인 시스템을 적용하지 않아도 된다.

② 냉각 후 곧바로 콜드체인 시스템을 적용하면 작물이 부패된다.

③ 콜드체인 시스템은 선진국에 적합한 방식으로 국내실정에 맞지 않는다.

④ 저온컨테이너 운송은 콜드체인 시스템의 하나의 과정이다.

해설 **콜드체인 시스템**
수산물을 어획 후 고품질 및 신선도 유지를 위해 예냉 처리를 하여 저온 저장한 다음 저온으로 수송하고 판매 장소에서도 낮은 온도를 유지하는 선진 수산물 유통 과정이라 할 수 있다.

43 ① 44 ③ 45 ① 46 ④ 정답

CHAPTER 04

수산물 거래

01 소매시장 및 시장 외 거래

1 도매시장거래와 소매시장거래

(1) 도매시장거래

① 도매시장의 의의 : 일반적으로 구체적인 시설과 제도를 갖추고 상설적인 도매거래가 이루어지는 장소(구체적 시장)

② 도매시장의 기능

㉠ 수산물의 수급조절 : 도매시장은 도시에서 필요한 수산물을 대량으로 모으고 분산시킬 수 있으므로 필요한 물량을 조절할 수 있다.

㉡ 가격형성 : 한 시장에서 특정 수산물에 대하여 2개 이상의 가격이 형성되는 것을 막고, 균형가격을 공개적으로 형성한다. 판매자와 구매자는 결정된 거래 가격을 따라야 하며, 이 가격은 다른 소매시장 또는 산지시장 가격을 결정하는 기준이 되기도 한다.

㉢ 분배기능 : 도매시장에서 거래된 수산물은 중도매인에 의해 소매상에게 신속히 분배되기 때문에 소비자는 빠르게 수산물을 구입할 수 있다.

㉣ 유통경비의 절약 : 판매자나 구매자가 한 번에 대량으로 팔거나 살 수 있기 때문에 시간과 비용을 절약할 수 있다.

㉤ 위생적인 거래 : 도매시장의 시설은 법에 의하여 규정되어 있기 때문에 공공위생시설 및 처리 과정이 현대화되어 있으므로 안전성이 있다.

③ 도매시장의 경매

㉠ 원칙 : 최고가격제

㉡ 가격을 정하는 방법 : 수지식, 전자식

※ 경매방법

- 영국식 경매방법
  - 경매사가 물건을 팔기 위하여 중도매인에게 낮은 가격으로부터 시작하여 높은 가격을 불러 최고가격을 신청한 사람에게 낙찰시키는 방법(경상식 경매)
  - 우리나라에서는 영국식 경매방식을 취하고 있음
- 네덜란드식 경매방법

  경매사가 물건을 사려는 중도매인에게 높은 가격으로부터 시작하여 낮은 가격으로 불러 최고가격을 신청한 사람에게 낙찰시키는 방법(경하식 경매)

④ 도매시장 거래절차

소비지 공영도매시장의 거래와 경매는 도매시장의 거래여건 등에 따라 조금 달라질 수 있지만, 일반적으로 다음과 같은 절차에 따라 이루어진다.

㉠ 1단계 : 반입물품의 하차 및 선별(출하주별 · 품목별 · 등급별로 선별 진열)

㉡ 2단계 : 수탁증 발부(상장일자 · 출하자성명 · 품목 · 등급별 수량 기재)

㉢ 3단계 : 판매원표 작성(출하자성명 · 품목 · 등급 · 수량 등 기재)

㉣ 4단계 : 경매실시

- 경매사의 신호에 따라 경매참가자(중도매인 및 매매참가인) 소집
- 판매원표 순서에 따라 경매실시
- 견본제시(포장품은 등급별로 포장해제, 미포장품은 진열)
- 경매사가 출하자 · 품목 · 수량 및 등급 등 필요한 사항을 큰 소리로 부름
- 경매참가자가 구매 희망가격 제시
- 경매사가 경락가 및 경락자를 큰 소리로 부름

㉤ 5단계 : 정산서 발급

(2) 소매시장거래

① 소매시장의 개념

㉠ 최종소비자를 대상으로 하여 거래가 이루어지는 시장

㉡ 비교적 거래단위가 적다.

② 소매시장의 기능

㉠ 대량 매입, 소량 분할로 수량 조절 기능

㉡ 소비자에게 수요 촉진 기능

㉢ 도매상과 소비자에게 시장 조사 자료 제공 기능

③ 소매거래의 방법

㉠ 매매참가인을 통한 구매

㉡ 중도매인을 통한 구매

㉢ 가격결정 : 구입가격에 일정한 상업이윤과 유통비용, 손실량을 합하여 결정

④ 수산물 소매방법

㉠ 소매점 판매

㉡ 통신 판매

㉢ 방문 판매

㉣ 자동판매기 판매

㉤ 카탈로그 판매

※ 소매상의 분류

점포 소매상	백화점	번화가나 교통의 중심지에 위치하며, 다양한 상품 판매
	쇼핑센터	여러 소매상들이 인위적으로 결합된 상점가
	슈퍼마켓	셀프 서비스(Self-service)로 각종 생활용품을 싸게 판매
	연쇄점	중앙본부에서 공동으로 대량 매입·보관·광고를 하여 저렴한 가격으로 공급
	할인판매점	설비와 서비스를 간소화하여 정가를 할인하여 판매
	대중양판점	백화점이나 슈퍼를 혼합한 형태로 중앙본부에서 집중 매입하여 대량으로 판매(의류나 생활용품)
	하이퍼마켓(대형마트)	유럽에서 발달한 초대형 소매상으로 One-stop Shopping과 셀프서비스로 판매(식료품, 일용잡화, 내구소비재)
무점포 소매상	통신판매점	사이버 쇼핑몰, 홈쇼핑 등 통신이나 운송 시설을 이용하여 판매(인터넷을 이용)
	자동판매점	자동판매기로 판매
	방문판매업	소비자를 직접 방문하여 상품 정보 제공과 판매

2 선물거래

(1) 선물거래의 개념

① 선물거래 : 선물계약을 정부에 의해 허가된 특별한 거래소에서 사고파는 행위를 말한다.

㉠ 상품거래소에서 행해지는 거래의 하나로, 매매계약은 체결되어 있으나 현물 수도(受渡)는 일정기간 뒤에 이루어지는 것이다. '실물거래(實物去來)'와 반대되는 개념이다.

㉡ 원래 상품거래에서 이용된 거래 방식인데, 생산자가 상품매수자를 확보하기 위하여 또는 소비자가 상품을 확보하기 위하여 장래의 생산품을 거래하였다.

㉢ 선물시장에서는 실물을 인도하거나 인수하지 않더라도 가격이 불리하게 움직일 가능성에 대비하여 거래자가 반드시 예치해야 할 부담금이 있는데, 이를 마진(Margin)이라고 한다.

② 선물계약 : 거래 당사자가 특정한 상품을 미래의 일정한 시점에 미리 정해진 가격으로 인도·인수할 것을 현시점에서 표준화한 계약조건에 따라 약정하는 계약을 말한다.

③ 선물거래소 : 선물거래가 이루어지는 공인된 장소

(2) 선물거래의 기능

① 위험전가기능

㉠ 선물거래가 지닌 가장 기본적이고 중요한 기능으로, 선물거래는 가격의 불확실성에서 오는 가격변동위험을 기피하는 경제 주체(Hedger)가 더욱 높은 이익을 추구하려는 경제 주체(Speculator)에게 위험을 전가하는 수단을 제공하고 있다.

㉡ 선물시장의 위험전가기능은 실수요자들로 하여금 가격변동위험을 효율적으로 관리할 수 있게 하고, 더 나아가 현물시장의 유동성과 안정성을 향상시키고, 사회 전체적인 효용을 증대시키고 있다.

② 가격예시기능, 가격변동에 대한 예비기능

㉠ 선물시장에서 결정되는 선물가격은 해당 상품의 수요와 공급과 관련된 가격정보가 집약되어 결정되므로, 현재 시점에서 미래현물가격에 대한 수많은 시장참가자들의 공통된 예측을 나타내고 있다.

㉡ 시간이 흐름에 따라 새로운 수급요인이 반영되어 시장참가자들의 미래에 대한 예측이 변동하게 되면 선물가격도 변동하게 된다.

㉢ 이와 같이 현재의 선물가격이 미래현물가격에 대한 가격예시기능을 수행함으로써 실수요자에 해당하는 생산자, 소비자, 각 경제주체들의 현재 시점의 의사결정에 큰 영향을 끼쳐 현물가격의 변동을 안정화시키는 역할을 수행하게 되는 것이다.

③ 재고의 배분기능 : 선물거래는 재고의 시차적 배분기능을 하고 있으며, 장기적으로는 공급의 경제적 분배기능을 하고 있다.

④ 자본의 형성기능

㉠ 선물시장은 선물거래를 통해 투기자들이 자본을 공급해 주고 있으므로 일종의 금융시장이라 할 수 있다.

㉡ 선물시장은 투기자들에게는 좋은 투자기회를 제공해주는 장소이며, 각 분야의 부동자금이 선물시장으로 유입되어 건전한 생산자금 등으로 활용될 수 있다.

(3) 선도거래와 선물거래

① 선도거래 : 매입자와 매도자 당사자 간에 미래에 일정한 상품을 인도·인수해야 할 계약을 미리 체결하는 것이다.

② 선물거래

㉠ 미래의 가격을 미리 확정해서 계약만 체결하고, 그때 가서 돈을 주고 물건을 인도받는 거래이다.

㉡ 선물거래는 거래소 이외의 장소에서 미래의 일정한 시점에 상품을 인도·인수하기로 하는 개인 간의 사적거래인 선도거래와는 구분되는 개념이다.

㉢ 선도계약상의 문제를 해결하기 위해 선도거래의 발전된 형태로 거래소라는 한정된 장소에서 다수의 거래자가 모여 표준화된 상품을 거래소가 정한 규정과 절차에 따라서 거래하고, 거래의 이행을 거래소가 보증하는 것을 선물거래라고 한다.

[선물거래와 선도거래의 차이점]

구 분	선물거래	선도거래
거래조건	거래방법 및 계약단위, 만기일, 품질 등이 모두 표준화되어 있음	거래방법 및 계약단위, 만기일, 품질 등에 제한이 없으며, 매매 당사자 간의 합의에 따름
거래장소	선물거래소라는 공인된 물리적 장소에서 공개적으로 거래가 이루어짐	일정한 장소 없이 전화나 텔렉스를 통해 당사자들 간에 직접적으로 거래가 이루어짐
신용위험	청산소가 계약이행을 보증해주므로 신용상의 위험이 전혀 없음	계약이행의 신용도는 전적으로 매매쌍방에 의존하므로 신용상의 위험 상존
가격형성	경쟁호가방식	거래 쌍방 간 협상으로 형성됨
증거금	모든 거래참가자는 개시증거금과 유지증거금, 추가증거금을 납부함	• 거래별로 신용한도 설정 • 은행 간 거래는 증거금이 없고 은행이 아닌 고객의 경우 필요에 따라 증거금이 요구될 수 있음
손익정산	가격정산은 청산소를 통해 매일매일 이루어짐	선도거래손익에 대해서는 계약 종료일에 정산됨
중도청산	거래체결 후 시황변동에 따라 자유로이 반대거래를 통한 청산이 가능함	거래체결 후 반대거래를 통한 청산이 제한적임
실물인수도	대부분의 계약은 만기일 이전에 반대매매(상쇄거래)에 의한 차액정산으로 계약이 종료되고, 지극히 일부분(2% 미만)의 계약만이 만기일에 실물인수도가 이루어짐으로써 계약이 종료됨	계약의 대부분이 실제로 실물인수도가 이루어짐
이행보증	청산소가 보증	당사자 간의 신용도
가격변동	1일 변동폭 제한	변동폭 없음

(4) 수산물 선물거래

① 선물거래가 가능한 수산물

㉠ 연간 절대 거래량이 많고 생산 및 수요의 잠재력이 큰 품목으로 시장규모가 있을 것

㉡ 장기 저장성이 있는 품목(품질의 동질성 유지가 가능한 품목)

㉢ 계절, 연도 및 지역별 가격 진폭이 큰 품목이거나 연중 가격 정보의 제공이 가능한 품목

㉣ 대량생산자, 대량수요자와 전문취급상이 많은 품목

㉤ 표준규격화가 용이하고, 등급이 단순한 품목과 품위 측정의 객관성이 높은 품목

㉥ 정부시책 등으로 생산·가격·유통에 대한 정부의 통제가 없는 품목

구 분	조 건
시장규모	• 연간 절대거래량이 많은 품목 • 생상 및 수요잠재력이 큰 품목
저장성	• 장기 저장성이 있는 품목 • 저장기준 중 품질의 동질성 유지가 가능한 품목
가격진폭	• 계절, 연도 및 지역별 가격 진폭이 큰 품목 • 연중 가격 정보 제공이 가능한 품목
헤징(연계매매)의 수요	• 대량생산자가 많은 품목 • 대량수요자와 전문취급상이 많은 품목 • 선도거래가 선행되지 않은 품목
표준규격	• 표준규격화가 용이하고 등급이 단순한 품목 • 품위 측정의 객관성이 높은 품목
정부 시책	생산, 가격, 유통에 대한 정보의 통제가 없는 품목

② 수산물 선물거래의 발전방안

㉠ 수산물 표준화·등급화의 선행 : 만져보거나 보지 않고 거래를 체결해야 하는 경우 표준화되고 등급화 된 수산물을 거래해야 한다.

㉡ 수산물의 저장·보관시설 구비 : 거래가 이루어지지 않은 경우에 그 수산물은 부패 및 변질이 심하기 때문에 저장 및 보관해야 할 시설이 필요하다.

㉢ 선물거래에 대한 교육과 홍보 및 인식의 제고 : 어업인들은 선물거래에 대한 용어의 어려움으로 인해 선물거래 자체가 매우 어려운 것으로 인식할 수 있으므로, 선물거래에 대한 교육과 홍보를 통해 인식을 제고시키는 것이 필요하다.

㉣ 전문 인력의 육성 : 선물거래가 활성화하기 위해서는 시장중개인, 선물거래 회계사 등 선물거래를 추진할 수 있는 전문 인력이 필요하다. 특히, 수산물의 시장상황을 정확히 파악하여 미래의 가격변화를 예측할 수 있는 전문 선물거래사가 필요하다.

㉤ 정부의 적극적인 지원 : 수산물시장에 대한 정부의 개입이 점차 제한을 받고 있는 상황에서, 수산물 선물거래의 장애요인이 될 수 있는 제도적 장치를 재정비하고, 나아가 수산물 선물거래를 가능하게 해주는 기반을 적극적으로 조성해야 한다.

㉥ 한국 선물거래소의 역할 : 한국 선물거래소는 수산물에 대한 여러 가지 정보를 꾸준히 수집하고 검토함으로써, 우리 실정에 맞는 상품을 개발하여 상장할 수 있는 준비와 노력을 끊임없이 해야 할 것이다.

3 산지직거래

(1) 산지직거래의 의의와 기능

① 의 의

㉠ 시장을 거치지 않고 생산자와 소비자 또는 생산자 단체와 소비자 단체가 직결된 형태이다.

㉡ 도매시장을 거치지 않기 때문에 생산자가 받는 가격을 높일 수 있고 소비자가 지출하는 가격을 낮춤으로써 생산자와 소비자에게 이익을 줄 수 있다.

② 기 능

㉠ 시장의 기능을 수직적으로 통합하여 시장활동

㉡ 유통비용의 절감

㉢ 산지직거래가격은 도매시장에서 형성된 가격에도 영향을 받음

(2) 산지직거래의 유형과 거래방법

① 주말 어민시장

㉠ 도시소비자가 쉽게 찾을 수 있는 광장이나 공터를 이용하여 생산자가 소비자에게 수산물을 직접 판매함으로써 유통비용을 줄일 수 있다.

㉡ 생산자와 소비자 상호 간의 이해할 수 있는 장을 마련하는 데 목적이 있다.

㉢ 지방자치단체와 수산업협동조합이 개설하고 있으나 주로 수산업협동조합이 주관하고 있다.

② 수산물 직판장 : 생산자와 소비자의 직거래로 유통단계를 축소함으로써 생산자 · 소비자 모두에게 수산업유통을 합리화하는 데 목적이 있다.

③ 수산물 물류센터

㉠ 집하된 수산물을 대도시의 슈퍼마켓이나 대량 수요처에 직접 공급해주는 조직이다.

㉡ 유통단계를 축소할 수 있다.

㉢ 신선한 수산물을 수요처에 공급할 수 있다.

㉣ 수요처의 입장에서는 필요한 수산물을 체계적으로 공급받을 수 있는 장점이 있다.

④ 수산업협동조합의 산지직거래

㉠ 도시의 수산업협동조합이 필요한 수산물을 산지 수산업협동조합에 신청하면 산지 수산업협동조합은 주문한 수산물을 조합원을 통해 수집하여 도시의 수산업협동조합에 보내는 방식이다.

㉡ 거래 품목은 연중 계속하여 공급할 수 있는 수산물과 계절상품 등이 있다.

⑤ 우편주문판매제도 : 각 지방에서 생산되고 있는 특산품과 전매품 등을 기존 우편망을 통해 소비자에게 직접 공급해주는 통신서비스의 일종이다.

02 공동판매와 계산제

(1) 수산업협동조합의 유통

① 의의 : 수산업협동조합이나 그 밖의 조직을 통해서 수산물을 공동으로 판매하는 것

② 필요성

㉠ 유통마진의 절감 : 생산자가 유통 부분을 수직적으로 통합함으로써 수송비와 거래비용을 절감

㉡ 독점화 : 수산업협동조합을 통해서 시장교섭력을 제고

㉢ 초과이윤 억제 : 수산업협동조합이 유통사업에 참여함으로써 민간 유통업자의 시장지배력을 견제할 수 있음

㉣ 시장확보와 위험분산 : 어업 생산자의 경영다각화를 위하여 가격안정화를 유도하고 안정적인 시장을 확보

㉤ 수산업협동조합 임직원의 전문적인 지식과 능력에 의한 효과 배가

㉥ 수산물 출하 시기의 조절이 용이

(2) 공동판매의 의의

① 수산물은 어느 품목이든지 영세한 어가에 의해 생산되는 특징이 있으므로 단독으로 판매하면 불리한 입장에 서는 경우가 많다.

② 수산물을 유리하게 판매하기 위해서는 다음의 방법에 유의해야 한다.

㉠ 사는 쪽의 의향을 잘 파악하여 그 의향에 따라 생산의 방향을 정한다.

㉡ 수확된 수산물을 직접 다루는 등 사는 쪽의 의향에 비추어 파는 방법을 고안한다.

㉢ 사는 쪽에게 정확한 정보를 제공함으로써 수산물을 올바르게 평가하도록 유도하는 일 등이 필요하다.

㉣ 수산물의 직접적 매주(買主)인 유통업자에 대해서는 거래력을 강화함으로써 수산물의 유리한 판매에 협력하도록 유도하는 한편, 최대한의 평가를 내리도록 하는 것도 중요하다.

③ 현재 수산물의 공동판매는 어가의 공동조직인 수산업협동조합(수협)에 판매를 위탁하는 방법에 의존하는 경우가 많다. 그에 따라 판매 규모가 확대되면 판매에 필요한 모든 경비가 저렴해지는 효과를 기대할 수 있으며, 사는 쪽에 대한 거래력을 강화하는 효과도 기대된다.

(3) 공동판매의 유형

① **수송의 공동화** : 수송의 공동화란 생산한 수산물의 규모가 작거나 거래의 교섭력을 높이기 위해서 여러 어가가 생산한 수산물을 한데 모아서 공동으로 수송하는 것을 말한다. 공동수송이 필요한 경우는 다음과 같다.

㉠ 생산된 수산물이 적은 경우

㉡ 가격위험 등을 분산하기 위한 경우

㉢ 가격변동이 심한 상품의 경우

② **선별·등급화·포장 및 저장의 공동화**

㉠ 생산물의 규격 통일, 표준화 : 생산물의 신용을 높이고 상품의 가치를 높이기 위해

㉡ 포장과 선별 : 상품성을 높이고 출하시기를 조절하여 높은 가격을 받기 위해

㉢ 공동투자 : 전문적인 인력과 시설 및 장비 도입을 위해

③ **시장대책을 위한 공동화**

㉠ 시장개척을 위한 공동화

- 어떤 생산물의 생산량이 일정한 수준을 넘게 되면 종래에 출하하였던 시장에만 의존할 수 없으므로 공동조직을 통해 새로운 시장을 개척해야 한다.
- 필요한 경우에는 공동으로 광고, 홍보 등을 해야 한다.

㉡ 판매조직을 위한 공동화

- 매일의 시세 변동이 비교적 큰 수산물은 시장 정보를 신속히 수집하고, 이에 대응하기 위해 대도시에 출장소를 설치하거나 판매 경험이 풍부한 전문인에 의해 출하를 결정해야 한다.
- 이러한 경우 생산자가 공동으로 경비를 부담하고 공동판매를 하는 경우가 있는데, 이를 판매 조직을 위한 공동화라 한다.

㉢ 수급조절의 효율 향상을 위한 공동화

- 생산자 단체가 공동으로 시기적 또는 장소적인 수급 불균형을 극복하기 위해 공동판매를 해야 하며, 이를 수급조절의 효율 향상을 위한 공동화라 한다.
- 효율적인 수급조절은 전국의 시장을 망라한 통신망의 구축과 올바른 수급 예측 작업을 통해서 이루어진다.

(4) 공동판매의 원칙

① **무조건 위탁** : 생산물을 공동조직에 위탁할 경우 조건을 붙이지 않고 일체를 위임하는 방식으로 공동조직과 구성원 간의 절대적 신뢰를 전제로 하여야 한다.

② **평균판매** : 수산물의 출하기를 조절하거나 수송·보관·저장방법의 개선을 통하여 수산물을 계획적으로 판매함으로써 어업인이 수취가격을 평준화하는 방식으로 수산물의 평준화나 균등화를 통한 전국적인 통일이 전제되어야 한다.

③ **공동계산제** : 다수의 개별 어가가 생산한 수산물을 출하주별로 구분하는 것이 아니라 각 어가의 상품을 혼합하여 등급별로 구분하고 관리·판매하여 그 등급에 따라 비용과 대금을 평균하여 어가에 정산해 주는 방법이다.

※ 공동계산제의 장단점

장 점	• 개별 어가의 위험을 분산시킬 수 있다. • 대량 거래가 유리하고, 출하 조절의 용이하다. • 상품성 제고 및 도매시장 경매제도를 정착시킬 수 있다. • 수산물 판매 전문 인력을 활용하여 전략적 마케팅을 구사함으로써 판로 확대, 생산자 수취가격을 제고시킬 수 있다. • 공동으로 출하함으로써 거래교섭력이 증대된다. • 판매와 수송, 노동력 등에서 규모의 경제를 실현할 수 있다.
단 점	• 공동정산 주기에 따라 자금수요 충족에 일시적인 곤란이 생길 수도 있다. • 갑작스런 시장변화에 즉각적으로 대응할 수 없다.

(5) 공동판매의 발전방향

① 수산물의 고급화 등에 대한 제품의 계획수립이 필요하다.

② 어업인이 적정한 가격을 받을 수 있도록 생산조절 계획을 세우고, 과잉 수산물의 경우에는 광고를 통해 수요창출에 대한 노력을 해야 한다.

③ 새로운 유통경로의 개척과 물적 유통수단의 개발 및 시설투자를 통한 수산물의 상품성 제고, 위험회피를 위한 노력 등을 해야 한다.

④ 조합의 구성원과 조직 간의 긴밀한 협조관계와 조합의 자본금을 늘릴 수 있도록 해야 한다.

※ 계통판매

어민이 협동조합의 계통조직을 통해 생산한 수산물을 출하·판매하는 일이다.

수산물의 경우 어민이 수협·수협공판장·슈퍼마켓 등의 유통과정을 거쳐 출하하는 것을 말한다. 계통출하의 종류는 어민의 위탁을 받아 수협 계통이 판매하는 수탁판매, 정부 위촉 사업으로 하는 위촉판매, 계통조직이 소비자에 알선하는 알선판매 등이 있다. 수산물의 계통출하는 중간 유통마진을 최소화할 수 있으므로 어민과 소비자 모두에게 유리하며, 생산자 입장에서는 판매비용과 위험부담 모두를 줄일 수 있는 이점이 있다.

03 전자상거래

1 수산물 전자상거래

(1) 전자상거래의 개념

① **전자상거래의 정의** : 전자상거래란 기업과 기업 간 또는 기업과 개인 간, 정부와 개인 간, 기업과 정부 간, 기업 자체 내, 개인 상호 간에 다양한 전자매체를 이용하여 상품이나 용역을 교환하는 방식을 말한다. 즉, 전자상거래는 조직(국가, 공공기관, 기업)과 개인(소비자) 간 또는 조직과 조직 간에 상품의 유통관련 정보의 배포, 수집, 협상, 주문, 납품, 대금지불 및 자금이체 등 상호 간 상거래상의 절차를 전자화된 정보로 전달하는 온라인(Online) 상거래를 의미한다.

㉠ 협의의 전자상거래 : 인터넷상에 홈페이지로 개설된 상점을 통해 실시간으로 상품을 거래하는 것으로 거래되는 상품에는 전자부품과 같은 실물뿐만 아니라 원거리교육이나 의학적 진단과 같은 서비스도 포함된다.

㉡ 광의의 전자상거래 : 소비자와의 거래뿐만 아니라 거래와 관련된 공급자, 금융기관, 정부기관, 운송기관 등과 같이 거래에 관련된 모든 기관과의 관련행위를 포함한다.

② **전자상거래 시장** : 생산자, 중개인, 소비자가 디지털 통신망을 이용하여 상호거래하는 시장으로 실물시장과 대비되는 가상시장(Virtual Market)을 의미한다.

(2) 전자상거래의 유형

[전자상거래의 유형]

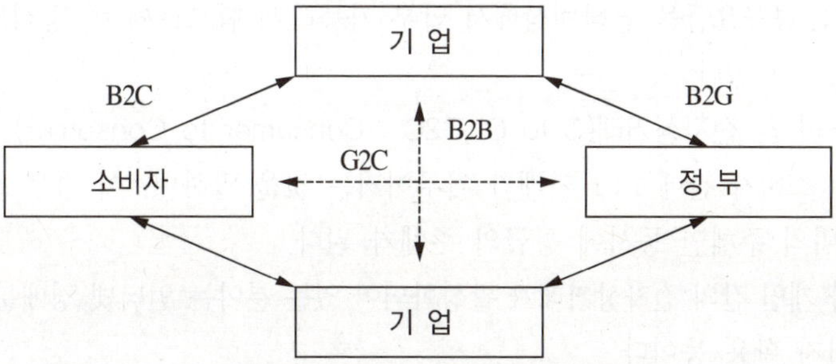

① 기업 간 전자상거래(B to B, B2B ; Business to Business)

㉠ 재화나 용역 생산 시 원자재 조달과 제품 개발, 금융업무, 제품 운송 등 기업 간의 업무처리를 네트워크를 이용하여 디지털 매체로 수행하는 제반 과정을 의미한다.

㉡ 기업 간 전자상거래는 EDI를 활용하면서부터 도입되기 시작하여 최근에는 인터넷과 웹의 보급이 확산됨에 따라 급속도로 발전하였고 향후 더욱 활성화될 전망이다.

㉢ 거래주체에 의한 비즈니스 모델 중 거래 규모가 가장 크다.

② 기업과 정부 간 전자상거래(B to G, B2G ; Business to Government)

㉠ 기업과 정부조직 간의 모든 거래를 포함하는 것으로, 정부활동에서 경쟁력 강화 등을 위해 전자상거래를 이용한다면 급속히 성장할 수 있는 부문이다.

㉡ 기업과 정부 간 전자상거래 분야에 있어서 가장 중요한 분야는 정부의 조달업무에 관한 분야이다.

③ 기업과 개인 간 전자상거래(B to C, B2C ; Business to Consumer)

㉠ B2C는 기업이 고객에게 제품 및 서비스를 전달하는 수단으로서 전자상거래를 사용하는 것을 말한다.

㉡ B2C는 제품·서비스를 제공하는 기업과 이를 이용하는 소비자 간에 이루어지는 거래에 초점이 맞춰진 것으로 광고, 판매, 고객 서비스 등의 활동을 위해 고객 지향적인 전자상거래가 활용될 수 있다.

㉢ 홈쇼핑(온라인 시장, 온라인 주문), 홈뱅킹(대금 납부, 이체, 계좌 관리), 온라인 광고, 온라인 게임 등이 가장 대표적인 유형이다.

④ 개인과 기업 간 전자상거래(C to B, C2B ; Consumer to Business)

㉠ 소비자가 주도권을 쥐고 자신이 원하는 가격조건 등을 충족시키는 기업에게 주문을 하는 형태이다.

㉡ 역경매사이트가 대적인 유형이다.

⑤ 개인과 정부 간 전자상거래(C to G, C2G ; Consumer to Government)

㉠ 개인과 정부(행정기관)와의 거래로 각종 민원서류의 발급, 각종 세금부과 및 납부, 사회복지 급여 지급 등의 업무를 처리하는 것을 말한다.

㉡ 세금 및 공공요금을 인터넷상에서 납부 가능하게 함으로써 이 방식의 전자상거래도 크게 활성화되고 있다.

⑥ 개인과 개인 간 전자상거래(C to C, C2C ; Consumer to Consumer)

㉠ C2C는 소비자 간에 1 : 1 거래가 이루어지는 것을 말하며, 이 경우 소비자는 상품의 구매 및 소비의 주체인 동시에 공급의 주체가 된다.

㉡ 개인과 개인 간의 전자상거래가 활성화되어 있는 분야는 인터넷 경매분야, 생활정보지, 개인 홈페이지 활용 등이다.

㉢ 개인 간 전자상거래의 가장 큰 특징은 실수요자 간에 편리하고 싸게 구입할 수 있다는 점이다.

⑦ 온라인-오프라인 연결 거래방식(O2O ; Online to Offline) : 쇼핑몰이나 마트에서 상품을 구경한 후 똑같은 제품을 온라인에서 더 저렴하게 구매하거나, 온라인이나 모바일에서 먼저 결제를 한 후 오프라인 매장에서 실제 물건이나 서비스를 받는 것과 같은 거래방식이다.

[전자상거래 유형에 따른 분류]

구 분	거래 참여 주체	예
B2B	기업과 기업	e-마켓 플레이스, 기업의 소모성 물품 구입
B2C	기업과 소비자	인터넷 쇼핑몰, 인터넷 뱅킹, 증권사이트 등
B2G	기업과 정부	조달청, 국방부 등의 정부조달 및 무역자동화 사업 등
C2G	소비자와 정부	각종 민원서류 발급, 세금 부과 및 납부 등
C2B	소비자와 기업	역경매 사이트
C2C	소비자와 소비자	옥션, 벼룩시장 등

(3) 전자상거래의 특징

① **짧은 유통 채널** : 기존의 상거래 시스템은 유통과정에서 생산자 → 도매상 → 소매상 → 소비자 경로를 거쳐 제품이 소비자에게 전달되는 반면 전자상거래는 생산자 → 소비자 간의 직접거래가 이루어진다. 따라서 유통과정의 단순화로 인한 비용 절감으로 제품을 소비자에게 저렴한 가격으로 공급할 수 있다.

② **시간과 공간의 제약 초월** : 제한된 영업시간 내에만 거래를 하는 기존의 상거래와는 달리 전자상거래는 24시간 내내 지역적인 제한 없이 전 세계를 대상으로 거래할 수 있다.

③ **고객 정보의 수집용이** : 고객의 정보획득에 있어서도 시장조사나 영업사원 없이 온라인으로 수시로 획득할 수 있다.

④ **효율적 마케팅 활동** : 기존의 상거래방식은 소비자의 의사에 상관없이 기업의 일방적인 마케팅 활동이라 할 수 있지만, 인터넷 전자상거래는 인터넷을 통해 소비자와 1대1 의사소통이 가능하기 때문에 소비자와의 실시간 쌍방향 마케팅활동을 할 수 있게 해준다.

⑤ **적극적이고 즉각적인 고객욕구 대응** : 전자상거래는 온라인 판매과정에서 수집된 고객정보를 자사의 데이터베이스에 저장하여 온라인 마케팅 활동에 활용하고, 웹을 통한 고객과의 양방 커뮤니케이션으로 고객의 불만사항 및 문의사항에 대한 즉각적인 대응이 가능하고 고객의 요구 변화를 신속하게 파악, 대응할 수 있다.

⑥ **판매 거점의 불필요** : 판매방법에 있어서, 기존의 상거래는 시장이나 상점 등 물리적인 공간 내에서 전시하여 판매를 하는 것에 비해, 전자상거래는 네트워크를 통해 무한한 정보를 제공하는 등 정보에 의한 판매를 한다.

⑦ **저렴한 비용** : 소요자본에 있어서 인터넷 전자상거래는 인터넷 서버 구입, 홈페이지 구축 등의 비용만 소요되기 때문에 토지나 건물 등 임대나 구입에 거액의 자금을 필요로 하는 상거래방식에 비해 상대적으로 경제적이다.

[전자상거래와 전통적인 상거래의 비교]

구 분	전자상거래	전통적인 상거래
유통채널	기업 ↔ 소비자	기업 → 도매상 → 소매상 → 소비자
거래대상지역	전 세계	일부 지역
거래시간	24시간	제약된 영업시간
고객수요 파악	온라인으로 수시 획득, 재입력이 필요 없는 디지털 데이터	영업사원이 획득, 정보 재입력 불필요
마케팅 활동	쌍방향 통신을 통한 일대일 상호대화식 마케팅	구매자의 의사에 상관없는 일방적인 마케팅
고객 대응	고객 욕구를 신속히 파악, 고객 불만 즉시 대응	고객 욕구 포착이 어려움, 고객 불만 대응 지연
판매 거점	가상공간	물리적 판매공간
소요 자본	홈페이지 구축 등에 상대적으로 적은 비용 소요	토지, 건물 등의 구입에 거액의 자금 필요

[전자상거래의 특징]

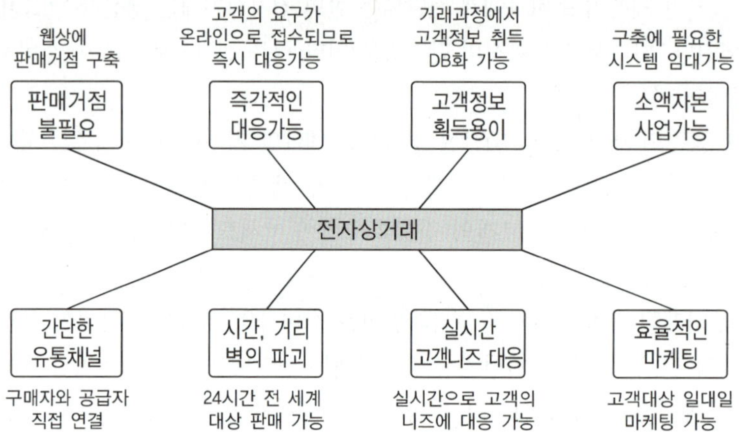

(4) 전자상거래의 기대효과

① 기업 측면

긍정적 효과	• 고정 비용 및 간접비용을 절감할 수 있다. • 시간적 · 공간적 제약에서 자유롭다. • 효율적인 마케팅 및 서비스가 가능하며 가격 경쟁력을 제고시킨다. • 새로운 시장에 대한 진입 및 시장 확대가 용이하다. • 지불 및 결제가 간편하다.
부정적 효과	• 제품 간의 경쟁이 심화된다. • 새로운 관리시스템이 부가되어 비용으로 전가된다. • 유통 채널의 변화에 따른 경영상 어려움이 발생할 수 있다.

② 소비자 측면

긍정적 효과	• 편리하고 경제적이며 가격이 저렴하다. • 비교 구매가 가능하다. • 충분한 정보에 의해 상품을 구입할 수 있다. • 심리적으로 편안한 상태에서 쇼핑이 가능하다. • 일시적인 충동구매를 감소시키고 계획구매가 가능하다.
부정적 효과	• 정보의 홍수 속에서 경솔하게 상품을 선택할 우려가 있다. • 상품의 사양과 품질확인 곤란으로 결함이 있거나 불공정한 거래의 경우에 소비자 피해 구제의 어려움이 있다. • 계약의 비대면성으로 인한 계약 이행의 불안 및 보증체계, 사후관리에 대한 신뢰 우려가 있다. • 개인 정보의 누출 또는 악용의 우려가 있다.

[전자상거래의 장단점]

구 분	장 점	단 점
기업체	• 광고비 등 판촉비 절감 • 효율적인 마케팅전략 수립 • 시간적·공간적 사업영역 확대	• 운영관리자의 경영관리 부족 • 제품의 표준화 문제 • 대금 지불방식의 안정화
소비자	• 효율적인 상품구매 • 시간적·공간적 기회의 확대 • 상품간 선택 폭 확대	• 다수의 피해자 발생 가능성 • 소비자 피해 구제의 어려움 • 개인정보 유출 및 보안 문제

(5) 수산물 전자상거래

① 수산물 전자상거래의 개념

㉠ 정의 : 조직(기업, 공공 및 국가기관)과 소비자간 또는 조직과 조직 간에 상품유통 관련 정보의 배포, 수집, 협상, 주문, 납품, 대금지불 및 자금이체 등 모든 상거래 절차를 전자화된 정보로 전달하는 온라인 상거래로 정의할 수 있다.

㉡ 유통경로 : 수산물 전자상거래는 기존의 유통경로인 생산자 → 산지도매상 → 도매시장 → 소매상 → 소비자에서 생산자 → 산지도매상 → 도매시장 → 쇼핑몰 → 소비자로 변화시켜 쇼핑몰이 소매상의 일부 기능을 수행하고 있다.

㉢ 수산물 전자상거래의 운영절차 : 고객이 전자 게시판을 통해 상품에 대한 정보를 수집하여 신용카드나 전자화폐, 포인트, 계좌이체 등을 이용하여 전자결재를 하면 우편 또는 산지직송을 통해 상품을 수령한다.

예 인터넷수산시장(www.fishsale.co.kr)

※ 인터넷수산시장(www.fishsale.co.kr)
해양수산부가 정부예산을 투입하여 비영리 사단법인 한국수산회에서 전자상거래시스템을 구축하고, 국내산 수산물을 취급하는 어가와 업체 중 품질관리가 가능한 어가를 엄선하여 입점시킨 수산물 전문쇼핑몰로 영리를 목적으로 하지 않는 공익적인 쇼핑몰이다. 인터넷수산시장은 특히 일반 쇼핑몰과는 달리 메인 쇼핑몰 외에 각 입점어가(업체 등)별 홈페이지가 구축되어 생산 어업인이 직접 참여하는 실질적인 직거래 시스템으로 어업인들의 정보화 능력을 배양한다. 또한 소비자들에게 상품 구매시에 어가의 홈페이지를 직접 방문하여 생산자와 사이버상에서 만나 상호교류를 할 수 있는 장을 제공한다.

② 수산물 전자상거래의 판매 유형

㉠ 취급상품의 범위에 따른 분류

종합쇼핑몰	여러 분야의 상품을 동시에 취급
전문쇼핑몰	단일 전문 분야 상품을 취급

㉡ 쇼핑몰 운영에 따른 분류 : 상품을 어떻게 매입하고, 판매, 배송, 사후서비스를 수행하는가에 따라 분류

유통형	직매입이나 특정매입 형태로 상품을 매입하여 판매하고, 소비자에게 배송과 사후서비스까지 책임지는 판매 유형
중개형	상품을 매입하지 않고 단순히 중개기능만 담당하고 판매된 상품에 대한 일정액의 수수료나 임대료를 받으며 배송과 사후서비스를 거래처에게 책임지게 하는 판매 유형
직판형	상품을 생산한 제조업체나 어민 등이 직접 운영하는 판매 유형

[수산물 전자상거래의 판매유형 분류]

구 분	운영 방식	책임 범위		
		품질보증	대금결제	배 송
유통형	종합유통형	직 접	직 접	직 접
	전문유통형	직 접	직 접	직 접
중개형	종합중개형	간 접	직 접	직접·간접
	전문중개형	간 접	직 접	간 접
직판형	전문직판형	직 접	직 접	직 접

〈자료 출처 : 「수산물 전자상거래를 위한 제도 및 데이터베이스 구축」, 농림수산식품부(2001. 5)〉

③ 수산물 전자상거래의 장애 요인

㉠ 수산물의 상품적 특성 때문에 공산품 전자상거래에 비해 활성화되지 못하고 있다.

㉡ 수산물은 공산품과 비교해 상품의 표준화 및 규격화가 어렵다.

㉢ 생산 및 공급이 불안정하며, 짧은 유통기간으로 인하여 반품처리가 어렵다.

[수산물과 공산품의 상품 성격 차이]

수산물	공산품
• 표준화체계가 미비하다. • 반품처리가 어렵다. • 생산 및 공급이 불안정하다. • 가격 대비 운송비가 높다. • 유통기간이 짧다.	• 표준화체계가 구축되었다. • 반품처리가 쉽다. • 생산 및 공급이 안정적이다. • 가격 대비 운송비가 낮다. • 유통기간이 길다.

④ 수산물 전자상거래의 극복해야 할 과제

세부 항목	현 황	극복해야 할 과제	기대효과
취급품목의 다양화	대부분의 수산물 쇼핑몰이 취급하고 있는 품목은 배송과 취급이 편리한 건어물, 반건조식품, 젓갈류, 수산가공식품 등	생물판매(생낙지, 생문어, 생태, 생고등어 등), 활어판매(넙치, 조피볼락, 돔, 농어 등), 활패류(활꽃게, 대하, 낙지, 소라 등) 등으로 취급상품을 다양화	소비자들의 선택의 폭 넓어짐
배송망 확보와 배송수단의 다양화	대부분이 택배회사를 통해 배송, 고객에게 상품의 배달현황을 알려줄 수 있으며 수산물의 신선도 유지를 위해 신속한 배달이 가능	취급상품의 종류와 거래규모 등을 고려하여 택배회사, 우체국, 자체 배송, 산지직송 시 소요비용을 비교하여 최적의 배송망 확보	생물, 활어, 활패류 등으로 취급품목이 다양화 된다면 냉장, 냉동차 활어차 등의 다양한 배송수단 필요
수산물의 품질 유지	비대면 방식으로 거래되므로 웹사이트상에서 제공되는 품질과 실제 수령했을 때의 품질의 차이가 발생	소비자 불신이 수산물 전체로 이어져 구매욕구를 창출하지 못하게 될 가능성이 있기에 제품의 품질 유지에 엄격한 기준	생산자 배상 책임 정책, 품질검사 제도 마련(인증, 이력관리 강화)
다양한 콘텐츠 개발과 마케팅 전략수립	종합쇼핑몰에 비해서 수산물쇼핑몰은 상품소개와 간단한 수산상식 그리고 게시판운영 등 대체로 단순하고 획일적으로 운영	수산물 쇼핑몰의 특성에 맞게 다양한 콘텐츠의 개발과 마케팅 전략이 수립되어 단순히 물건만 사고파는 전시기능의 차원을 넘어 수산물 소비문화 창조	다양한 정보와 볼거리로 소비자들의 시선을 끌어모아 앞으로 더욱 전자상거래를 활성화
고객관리 강화, 홍보	소비자들의 선호도를 파악할 수 있기 때문에 이를 기초로 DB를 구축, 일대일 마케팅과 회원제 도입	수산물 원산지표시, 생산자, 유통기한 및 보관 방법 등 표시하여 소비자의 신뢰를 바탕으로 재구매 유도	수산물 전자상거래에 대한 소비자 인식 향상
정보시스템의 활용	정부주도에 의한 민간 참여방식으로 기술비용과 시스템의 낙후성(투자개념보다 비용으로 작용, 농업부분 등 답습하여 후발시스템)	전문가 집단을 통한 시스템 아웃소싱, 선진 정보시스템 회사 지분 인수를 통한 원천기술 확보 예 인터넷 경매, 무선정보	선도적인 신기술 도입으로 새로운 서비스 제공(생산자, 중간자, 소비자 모두에게 이익)

〈자료 출처 : 「수산물 산지위판제도 개선을 위한 연구」, 농림수산식품부(2010)〉

2 유비쿼터스와 수산물 유통

(1) 유비쿼터스(Ubiquitous)의 개념

① 유비쿼터스의 어원 : 유비쿼터스(Ubiquitous)의 어원은 "언제 어디서나 존재한다"라는 뜻의 라틴어이며, 사용자가 장소, 시간, 장치에 구애받지 않고 자유롭게 네트워크에 접속할 수 있다는 개념으로 쓰이고 있다.

② 유비쿼터스 컴퓨팅(Ubiquitous Computing)

㉠ 정의 : 유비쿼터스 컴퓨팅이란 언제 어디서나 컴퓨터가 존재하는 환경을 말한다. 즉, 누구나 언제 어디서든지 어떠한 경로를 통해서라도 자신이 원하는 일을 처리할 수 있도록 IT의 모든 장치(Devices)가 유·무선네트워크로 연결되는 서비스를 말한다.

[유비쿼터스 환경]

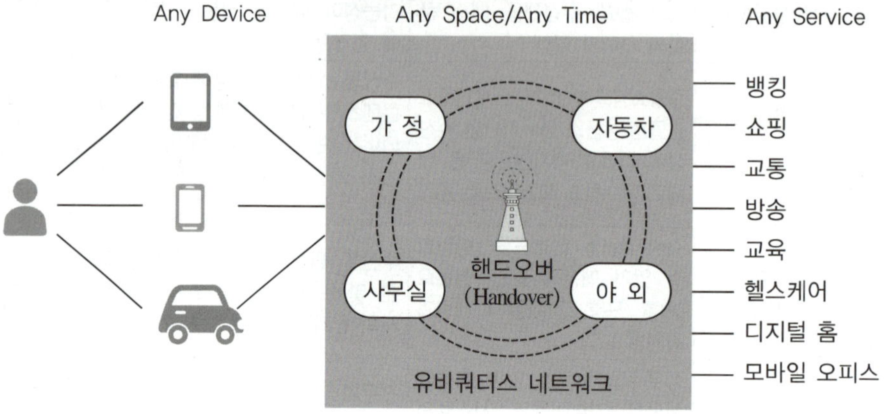

〈자료 출처 : 테크노경영연구정보센터〉

㉡ 특 징

- 끊김 없는 연결(Seamless Connectivity, HC Infra Network) : 모든 사물들이 네트워크에 연결되어 끊기지 않고 항상 연결되어 있어야 한다.
- 사용자 중심 인터페이스(User Centered Interface) : 사용자가 기기 사용에 있어서 어려움이 없이, 처음 접하는 사람을 포함해 누구나 쉽게 사용할 수 있는 인터페이스가 제공되어야 한다.
- 컴퓨팅 기능이 탑재된 사물(Smart Things) : 가상공간이 아닌 현실 세계의 어디서나 컴퓨터의 사용이 가능해야 한다.
- 의미론적 상황인지 동작(Semantic Context Awareness) : 사용자의 상황(장소, ID, 장치, 시간, 온도, 날씨 등)에 따라 서비스가 변해야 한다.

※ 유비쿼터스 컴퓨팅의 출현
제록스의 팰러앨토 연구소의 마크 와이저는 세 편의 논문을 통해 '유비쿼터스 컴퓨팅'(Ubiquitous Computing), '보이지 않는 컴퓨팅'(Invisible Computing), '사라지는 컴퓨팅'(Disappear Computing)이라는 유비쿼터스 컴퓨팅의 기본적인 철학 개념을 제안했다.

③ 유비쿼터스 관련 개념

㉠ 유비쿼터스 컴퓨팅 : 모든 사물에 칩을 집어넣어 모든 곳에 사용이 가능한 컴퓨터 환경을 구현하는 것이다. 즉, 초소형 컴퓨터 디바이스를 사물이나 환경에 내재하여 이로부터 정보를 획득하고 활용하는 것을 의미한다.

㉡ 유비쿼터스 네트워크 : 언제 어디서나 컴퓨터에 연결(네트워킹)되어 있는 IT환경을 의미한다. 이는 컴퓨터를 가지고 다니면서 멀리 떨어져 있는 각종 사물과 연결하여 그 사물을 사용한다는 개념으로 확장된 것이다.

㉢ 유비쿼터스 IT : 유비쿼터스 컴퓨팅, 유비쿼터스 네트워크는 물론이고 유사 개념들을 모두 포괄하는 개념이다.

㉣ 유비쿼터스 사회 : 유비쿼터스 컴퓨팅 환경이 구축되어 모든 사물이 지능화·네트워크화 됨으로써 개인의 삶의 질 향상, 기업의 생산성 증대 및 공공서비스의 혁신이 이루어지고 이를 통해 국가 전반의 경쟁력이 제고되는 사회를 말한다.

[유비쿼터스 관련 개념의 비교]

구 분	핵심 개념	핵심기술
유비쿼터스 컴퓨팅	일상 사물에 컴퓨터가 내재화되고 다수의 컴퓨터로 인하여 편리한 생활을 한다는 관점	주변의 모든 사물에 컴퓨터가 내장되고 사물에 초점
유비쿼터스 네트워크	네트워크를 통한 연결	휴대용 기기 등에 컴퓨팅
유비쿼터스 IT	이동성과 내재화 모두 발전시켜 서로 연결되고 통합된 기술 구현	정보통신 기술의 통합 및 포괄
유비쿼터스 사회	유비쿼터스 IT를 바탕으로 사회 전반의 혁신과 삶의 질 향상	유비쿼터스 기술이 적용되는 삶의 현장에 초점

〈자료 출처 : 「유비쿼터스 사회의 발전단계와 특성」, 류영달, 한국전산원(2004)〉

④ 정보화 사회와 유비쿼터스 사회

구 분	정보화 사회(지식기반 사회)	유비쿼터스 사회(지능기반 사회)
핵심기술	인터넷 네트워크	센서, 모바일
산 업	IT산업 중심	가전, 자동차 등전산업 분야 적용
정 부	ONE-STOP, Seamless서비스 통합·포털 서비스 백업시스템에 의한 위기관리	보이지 않는 서비스 실시간 맞춤 서비스 상시 위험관리
기 업	주로 거래(지불) 정보화	생산-유통-재고관리 전분야의 무인화
개 인	표준화된 서비스	지능형 서비스

〈자료 출처 : 「유비쿼터스 사회의 발전단계와 특성」, 류영달, 한국전산원(2004)〉

(2) 수산물 유통과 유비쿼터스(Ubiquitous)

① **유비쿼터스 도입의 필요성 :** 최근 수산물 유통환경은 유통기관의 전문화와 전자상거래 및 직거래 확산, 소비의 고급화·다양화의 특징을 보이고 있으며, 특히 안전한 고품질의 수산물에 대한 수요가 증가함에 따라 수산물 유통 부문에도 유비쿼터스 도입의 필요성이 높아지고 있다.

② **RFID를 이용한 수산물이력 정보 시스템 :** RFID를 이용하여 생산에서 소비에 이르는 전과정을 실시간으로 추적관리 할 수 있는 시스템이다.

※ RFID(Radio Frequency Identification ; 무선주파수식별법)

RFID(Radio Frequency Identification)는 자동인식 기술의 하나로써 데이터 입력 장치로 개발된 무선(RF : Radio Frequency)으로 인식하는 기술이다. Tag안에 물체의 ID를 담아 놓고, Reader와 Antenna를 이용해 Tag를 부착한 동물, 사물, 사람 등을 판독, 관리, 추적할 수 있는 기술이다. RFID 기술은 궁극적으로 여러 개의 정보를 동시에 판독하거나 수정, 갱신할 수 있는 장점을 가지고 있기에 바코드 기술이 극복하지 못한 여러 가지 문제점들을 해결 또는 능동적으로 대처함으로써 물류, 보안 분야 등 현재 여러 분야에서 각광 받고 있다.

[RFID 기반 수산물이력 정보 시스템]

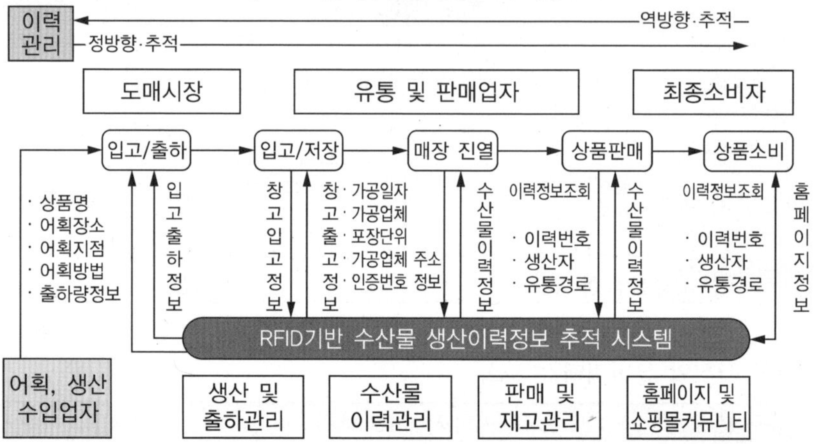

〈자료 출처 : 「유비쿼터스 환경에서의 해양수산물 유통 가치사슬 혁신 및 전자상거래 시스템 구축에 관한 연구」, 박명섭 외, 한국IT서비스학회지(2006)〉

③ **수산종합정보시스템의 구축** : 수산 유통 부문의 유비쿼터스 환경 구축을 위해 수산물의 생산에서 유통 및 소비에 이르는 단계별 수산정보를 체계적으로 통합·관리하는 수산종합정보시스템을 구축하는 사업을 진행하고 있다.

[하드웨어 구성요건 및 네트워크 구성도]

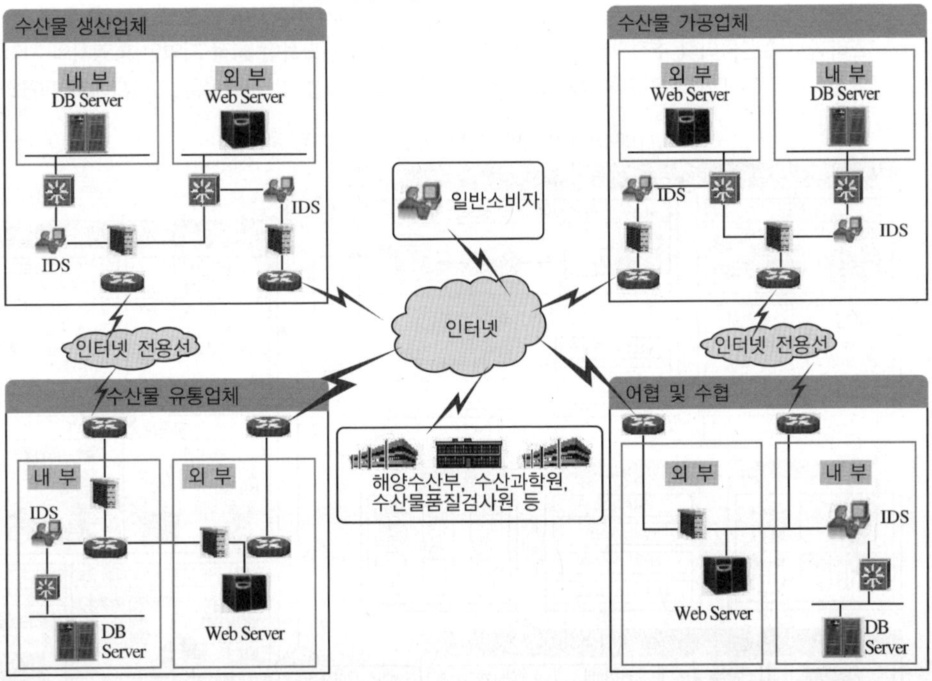

〈자료 출처 : 「유비쿼터스 환경에서의 해양수산물 유통 가치사슬 혁신 및 전자상거래 시스템 구축에 관한 연구」, 박명섭 외, 한국IT서비스학회지(2006)〉

④ 유비쿼터스 기술을 접목한 수산물 유통사례 : U-통영 생선, 청정 제주 고품질 U-수산양식지원 시스템

※ U-통영 생선사업

U-통영 생선사업이란 양식어민의 소득증대, 국제적 경쟁력을 갖춘 고부가 가치 수산물 상품화, 소비자의 신뢰성 제고 등을 목적으로 통영시의 근해 가두리 양식장에서 성장하여 어획 및 양식을 통한 생산에서부터 소비까지 수산물이력 추적관리 및 정보 연계방안 모델을 수립하여 청정 지역인 통영시의 지역 브랜드를 고취시키고 RFID/USN기술을 접목하여 양식수산물의 안전성 및 신뢰성을 소비자에게 제공하고 있다.

[RFID/USN 기반 고품질 수산물 생산지원 시스템]

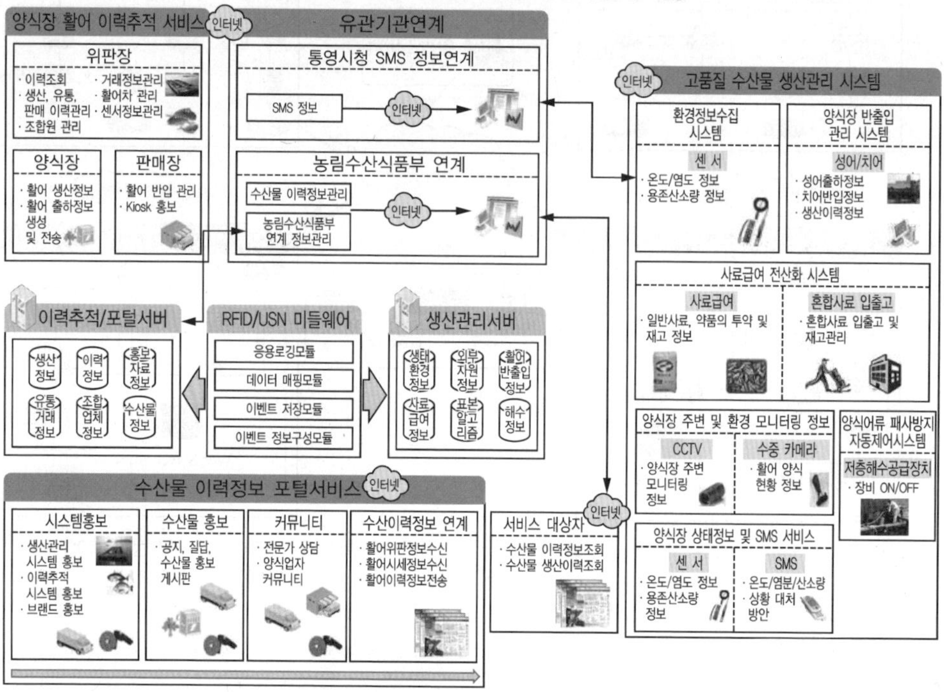

〈자료 출처 : RFID를 이용한 수산물 유통 경로망 연구, 김외영 · 이종근, 한국시뮬레이션학회 논문지(2010)〉

04 수산물의 안전성

1 수산물의 위생과 안전

수산물은 생산단계에서부터 유통, 가공, 소비에 이르기까지의 모든 단계를 위생적으로 관리해야만 안전성이 확보될 수 있다.

(1) 수산물의 위생관리

① 생산, 제조단계에서의 위생관리

㉠ 국내소비용 수산물에 대한 위생관리 : 국내산 수산물과 수입산 수산물에 대한 위생관리로 구분되는데, 중금속, 항생물질 등 인체에 유해한 기능 물질 사용량의 통제 등을 통해 식품오염의 기회를 차단하기 위한·자연과학적인 방법을 통한 수산물 안전성검사를 시행하는 것

※ 수산물 안전성 검사
- 관능검사 : 수산물의 형태, 선도, 냄새, 색깔 등 외형적으로 이상이 있는지를 검사하는 방법
- 정밀검사 : 해당 수산물이 중금속, 항생물질, 마비성 패독, 세균, 대장균 등이 기준치 이상으로 검출되는 여부를 검사

㉡ 수출용 수산물에 대한 위생관리 : 수출 대상국의 위생기준에 따라 수출 수산물이 해당 요건을 충족할 수 있도록 관리하는 것

② 유통단계의 위생관리 : 유통단계별 종사자에 대한 위생관리 교육과 시설에 대한 점검 및 단속을 중심으로 유통과정 중에 위해물질과 비위생적 취급으로 인한 안전성에 위협이 되는 요인을 최소화하는 것이다.

③ 소비단계의 위생관리 : 생산지로부터 소비자에게 전달되는 마지막 유통경로로서 식품정보를 소비자에게 정확하게 전달하여 소비자가 합리적 판단하에 소비행위를 할 수 있도록 하는 것이다. 이러한 의미에서 소비자가 보다 위생적이고 안전한 수산물을 선택할 수 있는 정보에 대한 교육이 중요하다.

(2) 수산물의 위생관리 대상

수산물의 위생관리 대상은 사람이 섭취했을 때 치명적인 해를 가할 수 있는 어패류의 독, 중금속, 항생물질, 세균, 대장균, 세균 등이다.

① 어패류의 독 : 어류독, 패류독

㉠ 어류독
- 대표적인 어류독 : 복어 독(간장, 난소, 껍질, 장에 독소 포함)
- 식후증상 : 입술 및 혀끝 마비증상, 구토, 언어장애, 자각마비현상 → 심할 경우 호흡곤란, 혈압강하를 수반하여 4~6시간 안에 사망

㉡ 패류독

- 대표적인 패류독 : 마비성 패독, 설사성 패독, 신경성 패독, 기억상실증 패독 등
- 패류독의 특징 : 패류가 보유하는 독으로 패류 자체에는 아무런 영향을 끼치지 않지만 사람이 섭취할 경우 문제를 발생시킨다.
- 패류독에 의한 증상

마비성 패독	• 독소를 가진 조개류를 먹은 후 15분에서 10시간 내에 시작되며 보통은 2시간 내에 나타남 • 근육마비, 언어장애, 운동장애, 호흡곤란 등
설사성 패독	• 독소를 가진 조개를 먹은 후 30분 후부터 증상이 나타남 • 설사는 패류 섭취 후 수 시간 내에 발생되며, 대부분 3일 후 회복됨 • 무기력증, 메스꺼움, 구토, 복부통증, 오한 등
신경성 패독	• 독소를 가진 조개를 먹은 후 1~3시간 후부터 증상이 나타남 • 입, 팔, 다리가 마비되거나 따끔거리는 증상, 운동력 상실, 위경련 • 사망률이 낮으며 보통 2~3일 후 회복
기억상실성 패독	• 독소를 가진 조개를 먹은 후 24시간 이내 증상이 나타남 • 위장장애, 현기증, 두통, 방향상실감각, 지속적인 단기기억상실 등 • 심한 경우 발작, 마비, 사망에 이름

② 중금속

㉠ 대표적인 중금속 : 비소, 수은, 카드뮴, 납 등

㉡ 비 소

- 대부분의 식품에는 비소가 함유되어 있으며, 특히 해산물의 비소함유량은 높은 편이다.
- 일반적으로 비소는 생물에 필요한 화합물의 형태로 변형되어 무해한 것으로 알려져 있으며, 자연적으로 함유된 비소는 식품위생상 크게 문제가 되지 않는다.
- 식품의 생산, 제조과정 중에 들어가는 비소에 중독될 경우 소화기관 장애, 신경장애 등의 증상이 나타난다.

㉢ 수은 화합물

- 수은은 한번 몸에 들어오면 빠져나가지 않고 축적되며, 30ppm 이상 축적되면 수은중독현상이 나타난다.
- 수은 축적에 의한 중독은 만성신경계 질환으로 인해 운동장애, 언어장애, 난청, 심하면 사지가 마비되어 사망할 수도 있다.
- 대표적인 수은 중독 사례 : 미나마타 병(Minamata Disease)

※ 미나마타 병(Minamata Disease)
1956년 일본 구마모토 현의 미나마타 시에서 메틸수은이 포함된 조개 및 어류를 먹은 주민들에게서 집단적으로 발생하면서 사회적으로 큰 문제가 되었다. 문제가 되었던 메틸수은은 인근의 화학 공장에서 바다에 방류한 것으로 밝혀졌고, 2001년까지 공식적으로 2,265명의 환자가 확인되었다. 1965년에는 니가타 현에서도 대규모 수은중독이 확인되었다.

㉣ 카드뮴

- 카드뮴은 대부분 호흡기를 통해 흡수되는데, 카드뮴으로 처리한 용기에 담긴 산성음식이나 음료수를 섭취하여도 카드뮴에 중독될 수 있다.
- 중독 시 소화관 장애, 신장장애를 일으키며, 소변을 통해 당, 아미노산, 저분자 단백질의 배설이 증가한다.
- 대표적인 카드뮴 중독 사례 : 이타이이타이 병(Itai-itai Disease)

※ 이타이이타이 병(Itai-itai Disease)
일본 도야마 현의 진스가와강 하류에서 발생한 대량 카드뮴 중독으로 인한 공해병으로 1955년 학회에 처음 보고되었다. 원인은 미쓰이 금속주식회사 광업소에서 버린 폐광석에 포함된 카드뮴이 체내에 농축된 것이었으며, 증상은 허리, 등, 어깨, 과절 부위 통증 및 변형이나 사지굴곡이 일어난다.

㉤ 납

- 납은 안료, 도료, 농약 등에 사용되는데 인간 섭취량의 60%는 식품에서 유래한다.
- 식품 중에는 어패류, 야채, 쌀이 주요 공급원이다.
- 만성 중독 증상으로는 피부색이 창백해지고, 빈혈, 심한 피로감, 수면장애, 변비, 식욕부진, 구토 등이 나타난다.

③ 식중독

㉠ 감염형 식중독 : 장염비브리오, 살모넬라균이 포함된 음식을 섭취했을 때 발생한다.

㉡ 독소형 식중독 : 음식물의 세균이 증식하면서 만들어 내는 독소에 의한 식중독으로 포도상구균과 보튤리늄균이 대표적이다. 주요 증상은 구토, 설사, 시력장애, 언어장애 등이며, 심하면 호흡곤란으로 사망에 이른다.

㉢ 알레르기성 식중독 : 어패류에 세균이 번식하면서 생성되는 아민(Amine) 화합물에 의해 발생되며, 선도가 떨어진 참치, 고등어, 정어리 등 붉은살 어류를 섭취할 때 발생한다.

2 수산물 안전성 확보의 기술

(1) 수산물 안전성조사

① 목적 : 수산물 안전성조사는 수산물의 품질향상과 섭취했을 때의 유·무해한 안전성을 확보하기 위하여 수산물에 잔류된 중금속, 패류독, 식중독균, 항생물질 등의 유해물질이 법이 정하는 바에 따라 잔류허용기준이 넘는지 여부를 조사하는 것이다.

② 법적근거

㉠ 농수산물 품질관리법 제61조 : 생산·저장·거래 전단계 수산물에 대한 유해물질 안전성 조사

㉡ 농수산물 품질관리법 제88조 : 수출 및 국내소비 수산물에 대한 검사

㉢ 농수산물 품질관리법 제14조 및 제98조 : 검정의뢰 및 인증수산물 품질기준 적합여부 확인

③ 조사기관 : 국립수산물품질관리원, 국립수산과학원, 시·도

④ **조사대상** : 주로 연근해산 수산물로 생산·저장·거래 전단계의 수산물과 수산물의 생산에 사용되는 용수, 어장, 자재 등이다.

⑤ **검사항목** : 농약, 중금속, 항생물질, 잔류성 유기오염물질, 병원성 미생물, 생물 독소, 방사능, 그 밖에 식품의약품안전처장이 고시하는 물질

⑥ **조사결과 조치** : 유해물질이 허용기준을 넘는 때에는 생산·저장 또는 출하하는 자에게 서면으로 기준초과 사실을 통지하고, 생산단계인 경우는 용수·어장·자재 등의 개량명령과 이용·사용의 금지, 수산물의 출하연기·용도전환, 폐기명령과 처리방법을 지정해준다.

[수산물 안전성조사 절차]

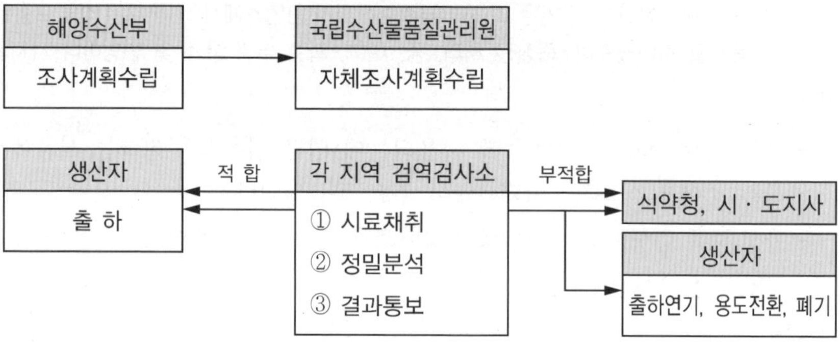

(2) 수산물 원산지 표시제도

① **정의** : 수산물이나 그 가공품 등에 대하여 적정하고 합리적인 원산지 표시를 하도록 하여 소비자의 알 권리를 보장하고 공정한 거래를 유도함으로써 생산자와 소비자를 보호하기 위한 제도이다.

② **법적 근거**

㉠ 농수산물의 원산지 표시 등에 관한 법률 제5조 제1항

㉡ 농수산물의 원산지 표시요령

③ **표시의무자**

㉠ 수산물 및 수산가공품을 생산·가공하여 출하하는 자

㉡ 백화점, 할인마트, 도매시장, 전통시장 등에서 수산물 및 수산가공품을 판매하는 자

㉢ TV홈쇼핑, 인터넷, 신문 등에서 수산물 및 수산가공품을 판매하는 자

㉣ 먹는 소금 제조 및 유통·판매하는 자

④ **대상품목**

㉠ 국내에서 생산되는 비식용을 제외한 모든 수산물 및 수산가공품

㉡ 농수산물의 원산지 표시요령에 고시된 수산물

⑤ **표시기준**

㉠ 국산 수산물 : 국산이나 국내산 또는 연근해산

㉡ 원양산 수산물 : 원양산 또는 원양산(해역명)

㉢ 수산물 가공품 : 사용된 원료의 배합비율(물, 식품첨가물, 주점 및 당류 제외)에 따라 그 원산지 표시

㉣ 수입 수산물 : 수입 국가명(통관 시 원산지) 예 '중국산', '베트남산' 등

⑥ 표시방법

㉠ 포장하여 판매하는 수산물은 포장에 인쇄하거나 스티커, 전자저울에 의한 라벨지 등으로 부착한다.

㉡ 포장하지 아니하고 판매하는 수산물은 꼬리표 등을 부착하거나 스티커, 푯말, 판매용기 등에 표시한다.

㉢ 활어 등 살아있는 수산물은 수족관 등의 보관시설에 동일품명의 국산과 수입산이 섞이지 않도록 구획하고 푯말 또는 표시판 등으로 표시한다.

(3) 친환경수산물 인증제도

① 정 의

㉠ 친환경수산물 : 친환경어업을 통해 얻은 유기수산물, 무항생제수산물 및 활성처리제 비사용 수산물을 말한다(친환경농어업 육성 및 유기식품 등의 관리・지원에 관한 법률 제2조 제2호).

※ 친환경어업

생물의 다양성을 증진하고, 토양에서의 생물적 순환과 활동을 촉진하며, 어업생태계를 건강하게 보전하기 위하여 합성농약, 화학비료, 항생제 및 항균제 등 화학자재를 사용하지 아니하거나 사용을 최소화한 건강한 환경에서 수산물을 생산하는 산업을 말한다(친환경농어업 육성 및 유기식품 등의 관리・지원에 관한 법률 제2조 제1호).

㉡ 유기식품 : 식품 중에서 유기적인 방법으로 생산된 유기수산물과 유기가공식품(유기수산물을 원료 또는 재료로 제조・가공・유통되는 식품)을 말한다(친환경농어업 육성 및 유기식품 등의 관리・지원에 관한 법률 제2조 제4호).

② 유기식품 및 무항생제수산물 등의 인증 대상품목

㉠ 유기수산물 : 식용을 목적으로 생산하는 양식수산물

㉡ 유기가공식품 : 유기수산물을 원료 또는 재료로 하여 제조・가공・유통하는 식품

㉢ 무항생제수산물 : 해조류를 제외한 수산업법 시행령 제27조의 규정에 의한 육상해수양식어업 및 내수면어업법 시행령 제9조 제1항 제5호의 규정에 의한 육상양식어업으로 생산한 수산물

㉣ 활성처리제 비사용 수산물 : 김, 미역, 톳, 다시마, 마른김, 마른미역, 간미역

㉤ 취급자 인증 : ㉠부터 ㉣까지의 인증품을 매입하여 포장단위를 변경하여 포장한 인증품(포장하지 않고 판매하는 인증품과 판매장에서 소비자가 직접 원하는 수량만큼을 덜어서 구매하는 인증품은 제외한다)

③ 유기식품 및 무항생제수산물 등의 표시사항

인증기관명 :
인증번호 :

Name of Certifying Body :
Certificate Number :

인증기관명 :
인증번호 :

Name of Certifying Body :
Certificate Number :

구 분	표시문자
유기수산물	유기식품, 유기수산물 또는 유기양식수산물 유기OO 또는 유기양식OO (OO은 수산물의 일반적 명칭으로 함)
유기가공식품	유기식품 또는 유기가공식품 유기OO

인증기관명 :
인증번호 :

Name of Certifying Body :
Certificate Number :

인증기관명 :
인증번호 :

Name of Certifying Body :
Certificate Number :

구 분	표시문자
무항생제수산물	무항생제, 무항생제수산물, 무항생제OO 또는 무항생제 양식OO
활성처리제 비사용 수산물	활성처리제 비사용, 활성처리제 비사용 수산물, 활성처리제 비사용OO 또는 활성처리제 비사용 양식OO

※ 비고 : "천연", "무공해" 또는 "저공해" 등 소비자에게 혼동을 초래할 수 있는 표시를 하지 아니할 것

④ 유기식품 및 무항생제수산물 등의 인증 유효기간 : 인증의 유효기간은 1년이다.

(4) 위해요소중점관리기준(HACCP)

① 정의 : 위해요소중점관리기준은 Hazard Analysis and Critical Control Point(HACCP)의 약자로 식품의 원료 관리, 제조·가공·조리·소분·유통의 모든 과정에서 위해한 물질이 식품에 섞이거나 식품이 오염되는 것을 방지하기 위하여 각 과정의 위해요소를 확인·평가하여 중점적으로 관리하는 기준을 말한다.

② HACCP의 기원 : 1956년 우주개발계획 중 우주인에게 무결점 식품을 공급하기 위한 美 항공우주국(NASA)의 요청으로 식품회사에서 처음으로 도입되었다. 안전한 우주식량을 만들기 위해서 필스버리(Pillsbury) 사와 미 육군 나틱(Natick) 연구소가 공동으로 HACCP을 실시하였다.

③ HACCP의 적용원칙

㉠ 위해요소 분석

㉡ 중요관리점 결정

㉢ 한계기준 설정

㉣ 모니터링 체계 확립

㉤ 개선조치 방법 수립

㉥ 검증 절차 및 방법 수립

㉦ 문서화 및 기록 유지

④ HACCP 심벌이나 간판은 다음의 범위에서 사용할 수 있다.

㉠ HACCP 심벌이나 간판은 양식장과 생산된 수산물의 특성과 포장·재질·디자인 등에 적합하게 기본 심벌을 참조하여 다양한 색상과 크기를 적용하여 사용 가능함

㉡ 사용장소에 맞게 심벌 및 간판의 색상과 크기를 조정할 수 있으나 디자인과 가로·세로·높이 크기의 비는 가능한 본 견본과 같아야 함

㉢ 심벌의 기관명 "해양수산부"를 "MOF KOREA"로 표시할 수 있음

㉣ HACCP 심벌

위해요소중점관리기준
HACCP
해양수산부

㉤ HACCP 간판

(5) 수산물이력추적관리제

① 정의 : 수산물이력추적관리제는 어장에서 식탁에 이르기까지 수산물의 이력 정보를 기록·관리하여 소비자에게 공개함으로써 수산물을 안심하고 선택할 수 있도록 도와주는 제도이다.

② 도입목적 : 수산물의 안전성 등에 문제가 발생할 경우 해당 수산물을 추적하여 원인을 규명하고 필요한 조치를 할 수 있도록 수산물의 생산단계부터 판매단계까지 각 단계별로 정보를 기록·관리하기 위함이다.

③ 법적 근거 : 농수산물 품질관리법 제24조(이력추적관리)

④ 이력추적관리 수산물의 표시시항 : 이력추적관리의 등록을 한 사람은 해당 수산물에 이력추적관리의 표시를 할 수 있다.

㉠ 표 지

㉡ 표시항목 : 이력추적관리번호 또는 QR코드

※ 수산물 이력정보 조회방법
생산에서 판매까지의 수산물 이력정보는 수산물이력제 사이트(http://www.fishtrace.go.kr) 모바일 홈페이지, 앱에서 상품에 표시된 이력번호를 입력해 확인할 수 있다.

〈자료 출처 : 수산물 이력정보 조회방법, 수산물이력제 사이트〉

05 소비변화와 기술발전

1 수산물 소비변화

(1) 수산물 소비동향

① 2021년까지(539만톤) 상승세를 보였던 수산물 소비량은 2022년(497만톤)을 기점으로 감소하여 2023년(490만톤) 이후 정체상태를 유지하고 있다.

② 2019~2022년 동안 육류 소비는 연평균 2.6% 증가한 반면, 수산물 소비는 연평균 1.4% 증가에 그치면서 1인당 연간 소비량에서 육류가 수산물을 초과하는 경향이 나타났다.

③ 주요 소비 품목은 해조류(미역, 다시마, 김) 및 명태, 오징어류, 새우류, 굴류, 멸치, 고등어, 바지락 순이다.

④ 수산물의 구입 형태는 원물 소비가 감소하고, 단순가공 및 가공품(반조리 및 조리된 형태) 소비는 증가하고 있다. 특히 여성 노동 참여율 증가와 1인 가구 확대로 간편식을 선호하는 트렌드가 확산되면서, 즉석조리 가능한 HMR(Home Meal Replacement) 제품이 빠르게 성장하고 있다.

(2) 수산물 소비의 특징

① **고급화** : 소득 향상에 따라 발생하는 변화

㉠ 동일한 식품에 대해 보다 단가가 높은 고가격 식품에 대한 선호 증대

㉡ 동일한 종류의 식품 중 상대적으로 단가가 높은 고가격 품목에 대한 선호 증대

㉢ 에너지 단가가 낮은 식품군에서 높은 식품에 대한 선호가 높아지는 것

② **편의화 · 외부화** : 핵가족화, 노령화, 가족 구성원의 사회활동 증가와 같은 사회환경의 변화로 나타난 현상

㉠ 식사에 소요되는 가사노동에 대한 기회비용이 상승하면서 식품 소비에 대한 외부의존도가 높아지는 것

㉡ 가정 내에서는 섭취가 간편한 조리식품이나 반조리식품, 생식 가능한 식품에 대한 선호가 높아지고, 외부적으로는 외식이 증가하는 것

㉢ 수산물의 경우 간고등어, 다시 팩, 손질 생선과 같이 반조리된 품목과 조미김, 포장초밥 · 포장회처럼 완전 조리된 품목의 선호 증가

㉣ 횟집, 초밥가게, 씨푸드 레스토랑, 낙지 · 아귀전문점 등과 같이 수산물 전문 외식점이나 뷔페의 이용 증가

③ **안전지향**

㉠ 식품의 안전성 문제가 소비자의 중대 관심사로 부각되면서 가격이나 품질보다 안전성이 더욱 중요한 기준이 되고 있다.

㉡ 소비자의 안전성 요구에 맞추어 식품의 안전성을 입증하는 각종 인증제도(예 HACCP, GAP, 이력제 등)가 도입 · 운영되고 있다.

㉢ 2000년 이후 광우병, 조류인플루엔자, 구제역과 같은 육류의 위해문제가 본격화되기 시작하자 동물성 단백질의 대체관계에 있는 수산물이 상대적으로 안전한 단백질원으로 평가받고 있다.

2 수산물 유통의 기술발전

(1) 개 요

① 식품의 저장 · 가공 · 수송 기술의 발달은 식품의 장기저장과 광역 공급을 가능하게 하였다.

② 가공 · 유통기술의 발전으로 소비자는 언제, 어디서나 필요한 식품을 필요한 만큼 구입할 수 있게 되어, 소비자의 식품 소비에 많은 영향을 끼치게 되었다.

③ 수산물은 보관 · 유통과정 중 부패하기 쉽고 생산이 계절적으로 이루어지는 특징 때문에 가공 · 유통 기술의 개발이 더욱 필요하였다.

(2) 가공기술의 발전

① 냉동기술

㉠ 원 리

- 냉동은 식품을 저온에 두어 변질·부패의 원인이 되는 미생물과 효소의 작용, 식품성분의 비효소적 반응을 억제하여 식품의 품질을 유지하는 것이다.
- 대부분의 수분이 동결 될 때까지 냉각하여 저장하는 냉동 저장법과 수분을 동결시키지 않는 범위의 온도로 냉각하는 냉장법과 빙장법 등이 있다.

※ 저온저장기술
- Cooling : +10℃~+5℃
- Chilled : +5℃~−5℃
- Frozen : −15℃ 이하

㉡ 의의 : 냉동기술의 개발·보급은 수산물유통과 소비광역화에 기여하였다.

㉢ 냉동방법

- 얼음, 드라이아이스 등을 이용하는 방법
- 압축가스를 팽창시키는 방법
- 펠티에(Peltier) 효과를 이용하는 방법
- 증발하기 쉬운 액체를 증발시키는 방법 : 증기분사식 냉동장치, 흡수식 냉동장치, 증기압축식 냉동장치

㉣ 냉동식품

- 원형동결품 : 아무런 처리를 하지 않은 통마리(Round)의 어류를 냉동한 것
  예 삼치, 전갱이, 전어, 새우동결품 등
- 처리동결품 : 가공처리를 한 어류를 냉동한 것
  예 세미드레스(Semi-dressed), 드레스(Dressed), 필렛(Fillet) 등

※ 냉동 수산물의 처리방법
- 라운드(Round) : 아무 처리를 하지 않은 원형 그대로의 통마리 고기
- 세미드레스(Semi-dressed) : 내장과 아가미를 제거한 것
- 드레스(Dressed) : 내장과 아가미를 제거한 것에서 다시 머리를 제거한 것
- 팬드레스(Pan-dressed) : 내장, 아가미, 머리를 제거한 것에서 다시 지느러미를 제거한 것
- 필렛(Fillet) : 드레스를 배골에 따라 두텁고 평평하게 끊고 육중의 피와 뼈를 제거하여 육편으로 처리한 것
- 쿼터 필렛(Quarter Fillet) : 필렛을 등 부분과 배 부분으로 4부로 절단한 것
- 청크(Chunk) : 일정한 치수로 통째썰기(둥글썰기)를 한 것
- 스테이크(Steak) : 필렛을 2~3cm 정도의 두께로 자른 것
- 슬라이스(Slice) : 필렛을 스테이크보다 더욱 얇게 자른 것
- 다이스(Dice) : 필렛을 2~3cm 각으로 골패쪽썰기(깍뚝썰기)를 한 것

② **기타 가공기술** : 전통적 가공기술로는 건조, 염건·염장, 훈제, 발효 기술 등이 대표적이며, 현대적 기술로는 용기저장품, 어육연제품, 조미가공품 가공기술 등이 있다.

㉠ 건제품 : 수산물 내의 수분을 감소시켜 미생물 및 효소 등의 작용을 지연시킴으로써 저장성을 높인 제품 예 소건품, 자건품, 염건품, 동건품, 자배건품 등

㉡ 염건·염장품 : 식품을 고체식염에 접촉시키거나 식염수에 침지하여 수분 일부를 탈수시키는 동시에 식품 내에 침투시켜 세균 및 자기소화효소의 작용을 억제함으로써 변질 및 부패를 방지한 가공품 예 어류염장품, 어란염장품, 해조류염장품

㉢ 훈제품 : 어패류를 불완전 연소시킨 땔감에서 발생하는 연기에 쐰 후 어느 정도 건조시켜 독특한 풍미와 보존성을 갖도록 한 제품 예 냉훈품, 온훈품

㉣ 발효식품 : 미생물을 이용하여 식품을 발효시킨 제품 예 젓갈, 액젓, 식해

㉤ 용기저장품 : 양철관이나 유리병, 플라스틱 등의 용기에 식품을 넣고 탈기·밀봉한 후 가열살균하여 공기유통을 차단함으로써 미생물 침입을 방지하여 식품의 변질 및 부패를 막아 장기저장이 가능하도록 한 제품 예 보일드 통조림, 조미 통조림, 기름담금 통조림, 훈제기름담금 통조림

㉥ 어육연제품 : 어육에 소량의 식염을 첨가하고 다짐육(Meat Paste)을 가열하여 겔(Gel)화한 제품 예 어묵류, 어육소시지, 어육햄 및 어육햄버거

㉦ 조미가공품 : 어패류나 해조류 등의 수산물을 조미하여 자숙, 건조, 배소 및 발효시켜 저장성과 독특한 풍미를 부여한 제품 예 절임류, 조림류 및 조미건제품

(3) 유통기술의 발전

① **표준화·규격화 기술**

㉠ 국민소득의 증가에 따른 소비증가, 도시화 및 세계화가 이루어지고 수산물 유통량이 크게 늘어나면서 표준화·규격화에 대한 관심이 커지고 있다.

㉡ 품질, 계량단위, 포장 등에 표준화, 규격화로 거래의 효율을 증진시키고 시장정보를 일반인도 이해하기 쉽게 함으로써 시장의 비효율성을 줄일 수 있다.

㉢ 수산물의 표준화·규격화는 유통비용을 감소시키고 상품성을 향상시키며, 유통정보의 정확성을 늘이고 공정거래를 유도하는 수단이다.

② **수송기술** : 저온유통시스템(Cold Chain System)

㉠ 수산물 저온유통시스템은 수산물을 생산지에서 소비지에 이르기까지 지속적으로 적절한 온도를 유지하여 생산 당시의 품질 상태를 그대로 소비자에게 공급하는 품질관리 시스템이다.

㉡ 수산물 저온유통시스템은 저온경매장, 냉동냉장 창고, 저온작업장, 수·배송시스템, 소매점 진열대 등의 요소로 구성된다.

㉢ 구성요소들을 활용하여 대상물을 적정온도 이하로 일정하게 유지함으로써 생물학적 반응을 억제하여 대상물의 선도 및 본질적 가치를 연장하는 것이다.

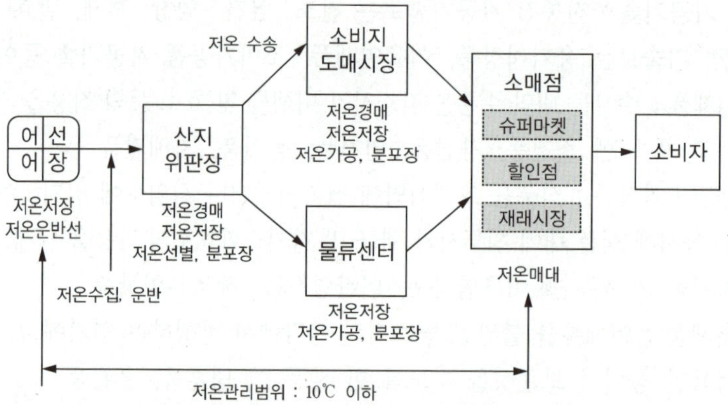

〈자료 출처 : 「수산물 저온유통시스템의 실태와 개선방안(2008)」, 한국해양수산개발원〉

[수산물(신선 · 냉장) 저온유통시스템의 기본모형]

06 국제화시대의 수산물 유통

1 세계 무역질서의 변화

(1) WTO/DDA(Doha Development Agenda) 협상

① 2001년 11월 카타르 도하에서 개최된 제4차 WTO 각료회의에서 출범하였다.

② DDA는 우루과이 라운드 협상에 이어 제2차 세계대전 이후 시작된 9차 다자간 무역협상이며, WTO 출범 이후 첫 번째 다자간 무역협상이다.

③ 개도국의 관심사항을 반영하고 특히 경제개발 문제를 검토한다는 차원에서 "개발아젠다(Development Agenda)"라는 용어를 사용하였다.

④ 2001년 협상을 출범시켰을 때의 계획은 2005년 이전에 협상을 일괄타결방식이라는 방식으로 종료한다는 것이었으나, 농산물에 대한 수입국과 수출국의 대립, 공산품 시장개방에 대한 선진국과 개도국 간의 대립 등으로 인해 아직까지도 협상이 계속되고 있다.

※ WTO(World Trade Organization, 세계무역기구)
회원국들 간의 무역 관계를 정의하는 많은 수의 협정을 관리 감독하기 위한 기구이다. 세계무역기구는 1947년 시작된 관세 및 무역에 관한 일반협정(General Agreement on Tariffs and Trade, GATT) 체제를 대체하기 위해 등장했으며, 세계 무역 장벽을 감소시키거나 없애기 위한 목적을 가지고 있다.

(2) 지역무역협정(RTA ; Regional Trade Agreement)

① **개요** : DDA 협상은 다자 협상이 가지고 있는 특성상 각국의 상황이 다르기 때문에 합의 도출까지는 시간이 많이 걸린다. 이에 따라 세계 각국은 최근 자국의 이해관계를 반영하면서 협상시일도 적게 걸리는 지역무역협정을 체결하고 있다.

② **특징** : 일반적으로 소수 회원국 간에 관세철폐를 중심으로 하여 무역에 상호특혜를 주는데, 관세 및 무역에 관한 일반협정(GATT)과 세계무역기구(WTO) 체제로 대표되는 다자주의와 대비되는 개념이다.

③ **형태** : 지역무역협정에는 자유무역협정(FTA), 관세동맹(Customs Union), 공동시장(Common Market), 완전경제통합 형태의 단일시장(Single Market) 등의 형태가 있다.

㉠ 자유무역협정(FTA) : 회원국 간 무역자유화를 위해 관세를 포함하여 각종 무역제한조치 철폐 예 북미자유무역협정(NAFTA), 유럽자유무역연합(EFTA)

㉡ 관세동맹 : 회원국 간의 자유무역 이외에도 역외국에 대해 공동관세율을 적용하여 대외적인 관세까지도 역내국들이 공동보조를 취함 예 베네룩스 관세동맹

㉢ 공동시장 : 관세동맹에 추가해서 회원국 간에 생산요소를 자유롭게 이동할 수 있도록 한 것 예 중미공동시장(CACM)

㉣ 단일시장 : 유럽연합(EU)과 같이 통화를 단일화하거나 회원국 간에 공동의회를 설치하는 등 정치·경제적으로 통합된 초국가적 수준의 시장

(3) 자유무역협정(FTA ; Free Trade Agreement)

① **정의** : 둘 또는 그 이상의 나라들이 상호 간에 수출입 관세와 시장점유율 제한 등의 무역 장벽을 제거하기로 약정하는 조약이다.

② 자유무역 협정의 종류와 포괄범위

<table>
<tr><th>역내 관세 철폐</th><th>역외 공동
관세부과</th><th>역내 생산요소
자유이동 보장</th><th>역내공동경제정책
수행</th><th>초국가적
기구설치·운영</th></tr>
<tr><td>자유무역협정
(NAFTA, EFTA)</td><td></td><td></td><td></td><td></td></tr>
<tr><td colspan="2">관세동맹(베네룩스 관세동맹)</td><td></td><td></td><td></td></tr>
<tr><td colspan="3">공동시장(EEC, CACM, CCM, ANCOM)</td><td></td><td></td></tr>
<tr><td colspan="4">경제동맹(EU)</td><td></td></tr>
<tr><td colspan="5">완전경제통합(마스트리히트 조약 발효이후의 EU)</td></tr>
</table>

③ FTA가 확산되는 이유

㉠ 자유무역협정에 소극적인 입장을 고수해왔던 미국이 1990년대 이후 적극적 입장으로 선회하여 FTA 체결을 추진하기 시작하였고 세계경제의 중심국인 미국의 입장 변화가 상당한 파급효과를 불러일으켰다.

㉡ WTO라는 다자간 무역체제는 회원국이 너무 많기 때문에 국가 간 협상을 타결하는 데 오랜 시간이 걸리고, 새롭고 광범위한 무역자유화 요구에 즉각적으로 대응하는 데 있어 한계를 드러내고 있기 때문에 이에 국가들은 협상이 용이하고 상대적으로 단기간에 타결이 가능한 FTA를 선호하게 되었다.

㉢ 기업의 세계화로 인해 탄생한 다국적 또는 초국적 기업들은 전 세계적인 무역자유화보다는 자신의 거점국가의 관세인하나 무역장벽 철폐를 위한 FTA에 더 많은 관심을 보이고 있다.

㉣ 소국이 대국과 FTA를 체결하는 경우 정치적인 안전보장 효과를 누릴 수 있고, 대국도 소국에 대한 영향력을 유지하는 데 유리하기 때문에 경제적 이익이 없더라도 FTA 체결을 하는 경우가 늘어나고 있다.

④ FTA의 경제적 효과

㉠ 무역창출 효과 : 회원국에 대한 무역 장벽(관세 등)이 철폐되면 저렴한 비용으로 생산하는 회원국으로부터의 수입이 증가하여 소비자는 더 낮은 가격에 더 많은 재화를 소비할 수 있어 좋다.

반면 국내 생산자들은 더 낮은 가격에 더 적은 수량만 판매할 수 있고, 정부는 관세 수입이 줄어든다. 즉, 관세 철폐가 소비자 후생을 증대시켜 경제 전체의 후생이 증대되는 현상을 말한다.

㉡ 무역전환 효과 : B국(효율적 생산)과 C국(비효율적 생산)에 동일하게 부과되던 관세가 지역경제 통합으로 인해 C국에서만 철폐되면, 과거에 저렴한 비용에 효율적으로 생산하는 비회원국(B국)으로부터 수입하던 재화를 높은 비용에 비효율적으로 생산하는 회원국(C국)에서 수입할 수도 있다. 만약 관세가 동일하게 적용되었다면 소비자들은 더 싼 가격에 B국 재화를 소비할 수 있었지만 지역경제 통합이 이를 가로막게 된 것이다. 즉 비효율적인 생산을 하는 국가의 재화에만 관세가 철폐되어 경제 전체의 후생이 감소하는 현상을 말한다.

(4) 국제어업질서의 개편

① 공해어업질서의 변화

㉠ 새로운 공해 어업 질서는 그 규제방식에 있어서 공해 어업 전체의 관리 체제를 강화하고 있다. 즉, 국제사회는 국제연합이나 기타 국제기구 및 지역 수산기구 등을 통하여 세부적이고 구체적인 규범들을 형성함으로써 공해 어업을 직접 규율하고자 한다.

㉡ 공해 어업 질서의 변화는 무역이나 환경 등 다른 분야의 상호작용을 통해 규율 영역이 확대되고 있다.

② 배타적경제수역(EEZ)의 도입

㉠ 배타적경제수역(EEZ)의 도입으로 공해와 연안국 간 또는 인접국 간에 경계 왕래성, 고도회유성 어족에 대한 관리 문제는 공해 어업의 핵심 사안으로 대두되었다.

㉡ 국제연합 해양법 협약으로 수산자원정책이 수산기구 중심으로 전환되었다.

㉢ 대표적 경계 왕래성 어종인 다랑어의 경우 우리나라를 포함해 전 세계적으로 대중 소비되고 있으나 국제사회의 규제 및 자원관리가 강화되면서 소비자의 수요를 충족할 만큼 무한정 생산할 수는 없는 체제가 되었다.

※ 배타적경제수역(EEZ ; Exclusive Economic Zone)
해양법에 관한 국제 연합 협약(UNCLOS)에 근거해서 설정되는 경제적인 주권이 미치는 수역을 가리킨다. 연안국은 유엔 해양법 조약에 근거한 국내법을 제정하는 것으로 자국의 연안으로부터 200해리(약 370km)의 범위 내의 수산자원 및 광물자원 등의 비생물자원의 탐사와 개발에 관한 권리를 얻을 수 있는 대신 자원의 관리나 해양 오염 방지의 의무를 진다.

2 시장개방화와 국제수산물 유통

(1) 세계 수산물 교역

① 생 산

㉠ 세계식량농업기구(FAO)의 「세계 수산 및 양식업 동향 보고서」에 따르면 2024년 세계 수산물 생산량은 2억2,320만메트릭톤으로 사상 최고치를 기록했으며, 2022년에는 처음으로 양식 생산이 어선어업 어획량을 넘어섰다.

㉡ 양식업의 성장으로 수산물 생산량 감소 폭은 축소되었다.

㉢ 세계 양식업이 지속해서 확대되고 있는 가운데, 아시아는 세계 양식업의 90% 이상을 차지하며 양식업을 주도하고 있다.

② 교 역

㉠ 수산물 교역 규모는 2020년 농수산물(임업 제외) 교역의 약 11%, 전체 상품 교역의 약 1%이다.

㉡ 2020년 해조류를 제외한 수산식품의 세계 수출 규모는 6,000만톤(생물 기준)이지만 2018년에 비해 물량은 8.4% 감소한 것이다.

㉢ 중국은 세계 최대 수산물 및 수산식품 수출국이며 그 뒤를 노르웨이, 베트남이 잇고 있다.

㉣ 수산물 및 수산식품 최대 수입국은 미국이고 그다음 중국, 일본 등이 있다.

㉤ 중국은 수입국 중 상위권에 속하는데 이는 내수용뿐만 아니라 가공 후 재수출되는 원료의 수입 비중이 높기 때문이다.

(2) 세계 수산물 소비 동향

① 세계 수산물 생산량 중 89%가 식용으로 소비됐으며 나머지는 어분, 어유를 생산하기 위한 목적으로 사용되었다.

② 수산식품 형태 중에서는 활, 신선·냉장 형태가 가장 많고 그다음은 냉동, 간편식 순이다.

③ 아시아, 아프리카의 경우 염장, 훈제, 발효 또는 건조 처리된 수산식품의 생산 비율이 세계 평균보다 높다.

④ 세계 수산식품 소비량은 1961년부터 2019년까지 연평균 성장률 3.0% 정도인데, 동기 간 세계 인구 성장률은 연 1.6%인 것으로 보아, 수산식품 소비량 증가율은 꾸준히 증가했다.

⑤ 1인당 연간 수산식품 소비량은 꾸준히 증가하고 있는데, 이는 수산물 공급 증가, 소비자의 기호 변화, 기술 발전, 소득 증대로부터 기인한 것이라 볼 수 있다.

(3) 우리나라의 수산물 교역 동향

[우리나라 수산물 교역 추이]

(단위 : 억 달러, %)

구 분	2018	2019	2020	2021	2022
교 역	85.1	83.0	79.3	90.1	101.1
수 출	23.8	25.1	23.1	28.3	31.5
수 입	61.3	57.9	56.2	61.8	69.6
무역수지	-37.5	-32.8	-33.1	-33.5	-38.1

① **우리나라 수산물 무역수지** : 최근 5년간 우리 수산물 무역적자가 심화되고 있으나, 평균 수준을 상회하고 있다.

② **국가별 · 품목별 수출입 동향(2023년 기준)**

㉠ 수입 동향

- 주요 수입국은 중국, 러시아, 베트남, 노르웨이 등이며, 2022년에는 러시아가 가장 큰 수입국이었으나 2023년 기준으로 중국이 가장 큰 수입국이다.
- 최근 몇 년간 중국과 러시아 등에서 수입이 변동되고 있으며, 특히 러시아의 수입은 감소하고 있다.

㉡ 수출 동향

- 주요 수출국은 일본, 중국, 미국 등이 있다.
- 가공 수출품(조미김, 어묵 등)은 증가한 반면, 외식용 · 가공용 원료 수출은 감소하고 있다.

CHAPTER 04

적중예상문제

01 수산물 거래에 관한 설명으로 옳지 않은 것은?

① 도매시장에서 경매와 입찰은 전자식을 원칙으로 한다.
② 중개는 유통기구가 사전에 구매자로부터 주문을 받아 구매를 대행하는 방식이다.
③ 매수는 유통기구가 출하자로부터 수산물을 구매하여 자기 책임으로 판매하는 방식이다.
④ 정가·수의매매는 출하자, 도매시장법인, 중도매인이 경매 이후 상호 협의하여 거래량과 거래가격을 정하는 방식이다.

해설 정가·수의매매는 경매·입찰과 같은 도매시장 거래방식의 일종으로 도매시장법인의 중개로 출하자와 중도매인이 거래물량·가격을 사전에 합의하여 단기적인 가격진폭을 완화할 수 있는 방법이다.
※ 정가매매는 출하자(또는 중도매인)가 일정한 가격을 제시하면 도매시장법인이 거래상대방인 중도매인(또는 출하자)과의 거래를 성사시켜 판매하는 방법이고, 수의매매는 도매시장법인이 출하자와 중도매인 간 의견을 조정하여 거래가격과 물량을 정하는 방법이다.

02 수산물 도매시장에 관한 설명 중에서 가장 적절한 것은?

① 수산물 물류센터나 대형슈퍼마켓의 등장으로 수산물 도매시장이 사라질 전망이다.
② 수산물 도매시장은 거래수 최소화원리 및 소량준비의 원리에 의해서 소규모 분산적 생산과 소비를 연결하여 사회적 존재 가치를 인정하고 있다.
③ 수산물 도매시장은 생산과 소비가 일반적으로 영세 분산적이므로 생산자와 소비자의 중간에서 수급의 조절, 상품의 집배, 판매 대금의 결제 등 필수적인 기관이다.
④ 생선 식료품은 선도의 변화가 심하고 표준화가 곤란한 상품적 특성을 갖고 있기 때문에 도매시장과 같은 특정 장소에서 집중 거래하기 곤란하다.

해설 ① 수산물 물류센터나 대형슈퍼마켓의 등장으로 수산물 도매시장의 역할이 더욱 중요해지고 있다.
② 수산물 도매시장은 대규모 집하와 분산을 통해 생산과 소비의 수급을 조절한다.
④ 생선 식료품은 선도의 변화가 심하고 표준화가 곤란한 상품적 특성을 갖고 있기 때문에 대량의 현물을 특정한 장소에서 집하여 집중 거래함으로써 가격형성과 능률적인 분산을 행할 필요성이 있다.

정답 1 ④ 2 ③

03 수산물 도매시장의 기능과 가장 거리가 먼 것은?

① 출하된 수산물에 대한 가격형성
② 수산물의 표준 및 등급기준 설정
③ 대량집하 및 분산을 통한 수급조절
④ 대금정산 및 유통정보 제공

해설 도매시장의 기능

- 수급조절기능 : 도시에서 필요한 수산물을 대량으로 모으고 분산시킬 수 있으므로 필요한 물량을 조절
- 가격형성기능 : 하나의 시장에서 특정 수산물에 대하여 2개 이상의 가격이 형성되는 것을 막고 균형가격을 공개적으로 형성
- 분배기능 : 도매시장에서 거래된 수산물은 중도매인에 의해 소매상에게 신속히 분배되기 때문에 소비자는 빠르게 수산물을 구입
- 유통경비 절감 : 판매자나 구매자가 한 번에 대량으로 팔거나 살 수 있기 때문에 시간과 비용을 절약
- 위생적인 거래 : 도매시장의 시설은 법에 의하여 규정되어 있기 때문에 공공위생 및 처리과정이 현대화되어 있으므로 안정성이 있음

04 수산물 선물거래에 대한 설명으로 옳지 않은 것은?

① 수산물 가격변동의 위험을 관리하는 수단을 제공한다.
② 가격발견기능을 통해 미래의 현물가격을 예시한다.
③ 거래 당사자 간 합의에 의하여 계약조건의 변경이 가능하다.
④ 조직화된 거래소에서 선물계약의 매매가 이루어진다.

해설 선물계약이란 거래당사자가 특정한 상품을 미래의 일정한 시점에 미리 정해진 가격으로 인도·인수할 것을 현 시점에서 표준화한 계약조건에 따라 약정하는 계약을 말한다. 이때 선물거래가 이루어지는 일정한 장소를 선물거래소라 하며, 정부에 의해 허가된다.

05 선물거래가 가능한 수산물의 조건으로 적절치 않은 것은?

① 연간 절대 거래량이 많고, 생산 및 수요의 잠재력이 큰 품목으로서 시장규모가 있을 것
② 장기 저장성이 있는 품목
③ 계절·연도 및 지역별 가격진폭이 작을 것
④ 대량생산자·대량수요자와 전문 취급상이 많은 품목

해설 계절·연도 및 지역별 가격진폭이 큰 품목이거나 연중 가격정보의 제공이 가능한 품목일 것

3 ② 4 ③ 5 ③ 정답

06 **매입자와 매도자 당사자 간에 미래에 일정한 상품을 인도 · 인수해야 할 계약을 미리 체결하는 것을 무엇이라고 하는가?**

① 현물거래 ② 선물거래
③ 선도거래 ④ 현지거래

07 **선물거래의 기능을 바르게 설명한 것은?**

① 가격변동의 위험을 피할 수 없다.
② 가격변동에 대하여 예시할 수 있다.
③ 투기자들에게 투자대상이 되는 것은 건전한 생산자금의 활용으로 볼 수 없다.
④ 재고를 시차적으로 배분하는 것은 어렵다.

해설 선물거래의 기능
- 위험의 전가기능
- 가격의 예시기능
- 재고의 배분기능
- 자본의 형성기능

08 **현물거래와 선물거래에 관한 설명으로 옳지 않은 것은?**

① 선물가격은 미래의 현물가격에 대한 예시기능을 수행한다.
② 선물거래는 현물거래에 수반되는 가격변동위험을 선물시장에 전가한다.
③ 현물거래와 선물거래는 서로 상이한 상품을 거래대상으로 한다.
④ 현물가격과 선물가격의 차이를 베이시스(Basis)라고 한다.

해설 선물거래는 거래계약과 결제가 동시에 이루어지는 현물거래와 달리, 현재 시점에서 특정상품을 현재 합의한 가격으로 미래 일정시점에 인수도 할 것을 약속하는 계약을 체결한 후 일정기간이 지나서 그 계약조건에 따라 결제가 이루어진다. 현물거래와 선물거래는 동일한 상품을 거래대상으로 한다.

정답 6 ③ 7 ② 8 ③

09 생산자가 수산업협동조합 유통에 참여함으로써 얻게 되는 이득이 아닌 것은?

① 거래교섭력 제고를 통한 완전경쟁체제 구축
② 유통마진의 절감
③ 안정적인 시장 확보와 가격 안정화
④ 민간 유통업자의 시장지배력 견제

해설 생산자는 거래상대방과의 거래교섭력이 취약하기 때문에 어민들은 수산업협동조합을 통해 교섭력 강화와 안정적 판로확보를 추구한다.

10 수산업협동조합이 유통사업에 참여함으로써 얻게 되는 장점을 잘못 설명한 것은?

① 공동판매를 통하여 위험을 분산할 수 있다.
② 공동선별을 함으로써 조합원들의 단위 노동력당 비용을 절감할 수 있다.
③ 수산물 시장이 불완전경쟁일 경우 수산업협동조합은 민간 유통업자의 시장지배력을 견제할 수 있다.
④ 도매, 가공, 소매 등 상위단계와의 수평적 조정을 통해 시장력을 높일 수 있다.

해설 생산자가 유통부분을 수직적으로 통합함으로써 수송비와 거래비용을 절감할 수 있다.

11 수산물 공동판매의 기능으로 옳지 않은 것은?

① 어획물 가공　　② 출하 조정
③ 유통비용 절감　　④ 어획물 가격제고

해설 공동판매의 기능
- 어획물의 가격 제고
- 유통비용 및 노동력 절감
- 출하 조정이 쉬움
- 시장교섭력 상승

9 ① 10 ④ 11 ① 정답

12 **수산업협동조합을 통한 공동출하의 원칙에 대한 설명 중 옳지 않은 것은?**

① 공동계산은 조합원의 개별성을 무시하고, 조합에서 집계한 실적에 따라 성과를 공정하게 분해하는 원칙이다.

② 무조건위탁은 판매처, 판매시기, 판매방법에 관계없이 판매를 협동조합에 위탁하는 원칙이다.

③ 미국의 신세대 협동조합에서 도입한 새로운 개념의 협동조합운영 원칙이다.

④ 평균판매는 판매를 계획적으로 실시하여 수취가의 지역적·시간적 차이를 평준화하고자 하는 원칙이다.

해설 **공동판매의 원칙**

- 무조건 위탁 : 조합원이 그 생산물의 판매를 공동조직에 위탁할 경우 언제, 누구에게, 어느 정도를 팔아달라는 조건을 붙이지 않고 일체를 위임하는 것을 말한다.
- 평균판매 : 수산물의 출하기를 조절하거나 수송·보관·저장방법의 개선 등을 통하여 수산물을 계획적으로 판매함으로써 어업인의 수취가격을 평준화하는 것이다.
- 공동계산 : 다수의 개별 어가가 생산한 수산물을 출하주별로 구분하는 것이 아니라 각 어가의 상품을 혼합하여 등급별로 구분하고 관리·판매하여 그 등급에 따라 비용과 대금을 평균하여 어가에 정산해 주는 방법을 말한다.

13 **공동판매의 원칙 중 일정한 기간 내에 출하하거나 출하시기에 따른 판매가격의 차이에도 불구하고 총 판매대금 등급별 출하물량에 따라 배분하는 원칙은?**

① 무조건 위탁방법

② 평균판매

③ 공동계산

④ 출하주별 계산

해설 **공동계산**

다수의 개별 어가가 생산한 수산물을 출하주별로 구분하는 것이 아니라 각 어가의 상품을 혼합하여 등급별로 구분하고 관리·판매하여 그 등급에 따라 비용과 대금을 평균하여 어가에 정산해 주는 방법을 말한다. 그러므로 일정한 기간 내에 출하하거나 출하시기에 따른 판매가격의 차이에도 불구하고 총판매대금을 등급별 출하물량에 따라 배분하는 것이다.

정답 12 ③ 13 ③

14 수산물 공동계산제에 관한 설명으로 옳지 않은 것은?

① 시장교섭력의 증대 및 규모의 경제를 실현할 수 있다.
② 개별 생산어가의 명의로 수산물을 출하한다.
③ 엄격한 품질관리로 상품성을 높일 수 있다.
④ 공동정산 주기에 따라 자금수요 충족에 일시적인 곤란이 생길 수도 있다.

해설 공동계산제는 산지에서 수산물을 출하하는 단계에서부터 어가들이 공동으로 수산물을 선별해 출하하고, 포장 규격화 및 소포장 개발·물류표준화 등으로 운송체계를 개선, 수산물의 유통비용을 절감하고 품질을 차별화하는 것을 지원하는 유통합리화 시스템이다.

15 수산물 공동계산제에 대한 설명으로 옳지 않은 것은?

① 수확한 수산물을 등급별로 공동선별한 후 개별 어가의 명의로 출하한다.
② 공동판매를 통하여 개별 어가의 위험을 분산할 수 있다.
③ 엄격한 품질관리로 상품성을 제고하여 시장의 신뢰를 얻을 수 있다.
④ 출하물량의 규모화로 시장에서 거래교섭력이 증대된다.

해설 공동계산제는 개별 어가의 명의로 출하하지 않는다.

16 수산물 공동계산제의 설명 중 가장 적합한 것은?

① 규모화로 수확 후 처리비용의 단위당 비용을 절감할 수 있다.
② 수산물 출하 시 개별 어가의 위험을 분산하고, 철저한 품질관리로 개별 어가의 브랜드가 증가한다.
③ 공동계산제는 판매대금과 비용을 공동으로 계산하여 생산자의 개별성을 부각시킨다.
④ 공동계산제가 확대되면 판매독점 구조로 전환되어 구매자의 입장에서 안정적 구매가 어렵다.

해설 ② 개별 어가의 위험을 분산하지만, 개별 어가의 브랜드가 증가시키는 것은 아니다.
③ 생산자의 개별성을 부각시키지 않는다.
④ 공동계산제가 확대되면 구매자의 입장에서 안정적 구매가 이루어진다.

14 ② 15 ① 16 ① 정답

17 **수산물 공동계산제의 장점에 관한 설명으로 옳지 않은 것은?**

① 수산물브랜드 구축에 유리하다.

② 수산물의 품질 저하나 감모(Loss)를 줄일 수 있다.

③ 갑작스런 시장변화에 즉각적으로 대응할 수 있다.

④ 생산자가 유통업체나 가공업체에 종속되는 상황에 대처할 수 있다.

해설 갑작스런 시장변화에 즉각적으로 대응할 수 없다는 단점이 있다.

18 **공동계산제의 장점과 거리가 가장 먼 것은?**

① 개별 어가의 위험 분산

② 시장교섭력 제고

③ 판매대금 지불의 신속성

④ 규모의 경제

해설 공동정산 주기에 따라 판매대금 지불이 신속하지 않을 수 있다.

19 **넓은 의미의 전자상거래 개념에 해당하지 않는 것은?**

① 기업과 소비자 간의 거래만을 의미한다.

② CALS 및 EDI도 포함한다.

③ 거래에 관련된 모든 기관과의 관련행위를 포함한다.

④ E-mail을 이용한 거래도 포함한다.

해설 **광의의 전자상거래**

소비자와의 거래뿐만 아니라 거래와 관련된 공급자, 금융기관, 정부기관, 운송기관 등과 같이 거래에 관련된 모든 기관과의 관련행위를 포함한다.

정답 17 ③ 18 ③ 19 ①

20 수산물 도매법인이 사이버거래로 친환경수산물을 수산물 가공회사에 판매한 경우 전자상거래의 유형은?

① B2C　　② B2B

③ C2C　　④ B2G

해설 **전자상거래의 유형**

- B2B(Business to Business) : 기업 간
- B2C(Business to Customer) : 기업-소비자 간
- B2G(Business to Government) : 기업-정부 간
- C2C(Customer to Customer) : 소비자 간

21 소비자가 주도권을 쥐고 자신이 원하는 가격조건 등을 충족시키는 기업에게 주문을 하는 전자상거래 형태는?

① B2B　　② C2B

③ C2C　　④ B2C

해설 C2B는 개인과 기업 간 전자상거래로 역경매 사이트가 대표적인 유형이다.

22 다음 중 전자상거래의 특징이 아닌 것은?

① 짧은 유통 채널

② 시간과 공간의 제약 초월

③ 유통비용 및 운영비 증가

④ 쌍방향 의사소통

해설 물리적 판매 공간이 필요 없어 매장설치비나 유지비용이 획기적으로 절감되며, 기업홍보 및 광고비 등 판촉비용도 줄일 수 있다.

20 ② 21 ② 22 ③ 정답

23 수산물 전자상거래의 특성에 대한 설명으로 알맞지 않은 것은?

① 사이버공간을 활용함으로써 시간적, 공간적 제약을 극복할 수 있다.

② 전자 네트워크를 통해 생산자와 소비자가 직접 만나기 때문에 유통경로가 짧아지고, 유통비용이 절감된다.

③ 컴퓨터 및 전산장비를 두루 갖추어야 하기 때문에 대규모 자본의 투자가 필요하다.

④ 생산자와 소비자 간 쌍방향 통신을 통해 1:1 마케팅이 가능하고 실시간 고객서비스가 가능해진다.

해설 전자상거래의 특징
- 유통경로가 기존의 상거래에 비하여 짧다.
- 시간과 공간의 제약이 없다.
- 판매점포가 불필요하다.
- 고객정보의 획득이 용이하다.
- 효율적인 마케팅 활동이 가능하다.
- 소자본에 의한 사업이 가능한 벤처업종이다.

24 수산물 전자상거래에 대한 일반적인 설명으로 가장 적절한 것은?

① 상품 공급자의 판매비용은 일반 실물거래보다 높을 수 없다.

② 전자상거래 활성화는 정보통신기술의 발전만으로 충분하다.

③ 시간과 공간의 제약이 없고 판매점포가 필요 없다.

④ 전자상거래는 항상 유통마진을 감소시킬 수 있다.

해설 ① 상품 공급자의 판매비용은 반드시 일반 실물거래보다 낮다고 할 수 없다.
② 전자상거래 활성화는 정보통신기술의 발전만으로는 불충분하며, 관련 분야의 유기적인 참여가 필요하다.
④ 전자상거래는 유통구조 개선을 통해 유통마진을 높일 수 있다.

25 수산물 전자상거래의 기대효과로 옳지 않은 것은?

① 유통의 시간적 또는 공간적 제약을 줄일 수 있다.

② 생산자의 수취가격 제고와 소비자의 지불가격 절감에 기여한다.

③ 수산물의 훼손가능성을 줄여서 상품가치를 유지하는 데 유리하다.

④ 소비자와의 대면판매가 이루어지지 않아 소비자의 구매정보를 알기 어렵다.

해설 수산물 전자상거래의 가장 큰 특징은 소비자와의 대면판매가 이루어지지 않지만, 소비자의 구매정보를 쉽게 얻을 수 있다는 데에 있다.

정답 23 ③ 24 ③ 25 ④

26 수산물 전자상거래 활성화의 제약요인이 아닌 것은?

ㄱ. 미흡한 표준화	ㄴ. 어려운 반품처리
ㄷ. 짧은 유통기간	ㄹ. 낮은 운송비

① ㄱ, ㄷ
② ㄴ, ㄷ
③ ㄱ, ㄴ, ㄷ
④ ㄱ, ㄴ, ㄷ, ㄹ

해설 수산물 전자상거래의 제약요인
- 표준화 미흡
- 반품처리 어려움
- 짧은 유통기간
- 운송비용 과다

27 다음 중 수산물 전자상거래의 극복해야 할 과제로 볼 수 없는 것은?

① 취급품목의 다양화
② 배송수단의 일원화
③ 다양한 콘텐츠 개발
④ 정보시스템의 활용

해설 ② 배송수단의 다양화(○)

28 다음 내용이 설명하는 개념으로 옳은 것은?

> 유비쿼터스 컴퓨팅 환경이 구축되어 모든 사물이 지능화・네트워크화됨으로써 개인의 삶의 질 향상, 기업의 생산성 증대 및 공공서비스의 혁신이 이루어지고, 이를 통해 국가 전반의 경쟁력이 제고되는 사회

① 정보화 사회
② 유비쿼터스 사회
③ 유비쿼터스 네트워크
④ 유비쿼터스 컴퓨팅

해설 ① 정보를 가공, 처리, 유통하는 활동이 활발하여 정보가 사회 및 경제의 중심이 되는 사회
③ 언제 어디서나 컴퓨터에 연결(네트워킹)되어 있는 IT 환경을 의미
④ 모든 사물에 칩을 넣어 모든 곳에 사용이 가능한 컴퓨터 환경을 구현하는 것

26 ③ 27 ② 28 ② 정답

29 **수산물 안정성 검사 중 관능검사 항목이 아닌 것은?**

① 형 태　② 선 도
③ 냄 새　④ 중금속

해설 중금속은 정밀검사 항목에 속한다.
※ 관능검사 : 수산물의 형태, 선도, 냄새, 색깔 등 외형적으로 이상이 있는지를 검사하는 방법

30 **독소를 가진 조개류를 먹은 후 보통 2시간 내에 증상이 나타나는 우리나라에서 자주 발생하는 대표적인 패류독은?**

① 마비성 패독　② 설사성 패독
③ 신경성 패독　④ 기억상실증 패독

해설 마비성 패독은 해양성 독소에 오염된 패류(홍합, 굴, 피조개, 대합 등) 섭취에 의해 주로 유발되는 식중독으로 패독 중 가장 흔하다.

31 **다음 중 마비성 패독의 대표적인 증상이 아닌 것은?**

① 근육마비　② 언어장애
③ 오 한　④ 호흡곤란

해설 오한(惡寒)은 설사성 패독의 증상이다.

32 **다음 중 설사성 패독의 대표적인 증상이 아닌 것은?**

① 무기력증　② 메스꺼움
③ 복부통증　④ 기억상실

해설 설사성 패독은 독소를 가진 조개를 먹은 후 30분 후부터 무기력증, 메스꺼움, 구토, 복부통증, 오한 등의 증상이 나타난다.

정답 29 ④ 30 ① 31 ③ 32 ④

33 다음 중 미나마타병(Minamata Disease)을 일으키는 중금속은?

① 비 소 ② 수 은
③ 카드뮴 ④ 납

해설 미나마타병은 1956년 일본 구마모토 현의 미나마타 시에서 메틸수은이 포함된 조개 및 어류를 먹은 주민들에게서 집단적으로 발생하면서 사회적으로 큰 문제가 되었다.

34 다음 중 이타이이타이병(Itai–itai Disease)을 일으키는 중금속은?

① 수 은 ② 구 리
③ 카드뮴 ④ 납

해설 이타이이타이병의 원인은 미쓰이 금속주식회사 광업소에서 버린 폐광석에 포함된 카드뮴이 체내에 농축된 것이었으며, 증상은 허리, 등, 어깨, 과절 부위 통증 및 변형이나 사지굴곡이 일어난다.

35 다음 설명하는 관련이 있는 중금속은?

- 어패류, 야채, 쌀이 주요 공급원이다.
- 안료, 도료, 농약 등에 사용된다.
- 빈혈, 창백함, 수면장애, 변비, 식욕부진, 구토 등이 나타난다.

① 수 은 ② 비 소
③ 카드뮴 ④ 납

해설 납은 신체의 거의 모든 기관, 특히 중추신경계에 가장 많은 영향을 미치며 심한 경우 사망에 이른다. 만성중독의 경우 초기에는 식욕부진, 두통, 더욱 진행되면 팔, 다리, 관절 등의 동통, 사지마비를 일으킨다.

33 ② 34 ③ 35 ④ 정답

36 다음 중 수산물 안전성조사에 대한 설명으로 틀린 것은?

① 수산물의 품질향상을 통한 생산성 증진을 목적으로 한다.

② 조사기관은 국립수산물품질관리원이다.

③ 법적근거는 농수산물 품질관리법이다.

④ 검사항목은 수산물에 잔류된 중금속, 패류독, 식중독균, 항생물질 등이다.

해설 수산물 안전성조사는 수산물의 품질향상과 섭취했을 때의 유·무해한 안전성을 확보하기 위하여 수산물에 잔류된 중금속, 패류독, 식중독균, 항생물질 등의 유해물질이 법이 정하는 바에 따라 잔류허용기준이 넘는지 여부를 조사하는 것이다.

37 수산물원산지 표시제도에 관한 설명 중 틀린 것은?

① 수입수산물을 국내에 유통시킬 때 원산지 표시를 해야 한다.

② 국산 수산물의 경우 수출할 때만 원산지 표시를 한다.

③ 가공품은 원료 수산물의 원산지를 표시해야 한다.

④ 비식용 수산물은 원산지 표시를 하지 않아도 된다.

해설 국내에서 생산되는 비식용을 제외한 모든 수산물 및 수산가공품이 대상품목이다.

38 다음 중 친환경수산물 인증대상이 아닌 것은?

① 식용을 목적으로 생산하는 양식수산물

② 유기수산물을 원료 또는 재료로 하여 제조·가공·유통하는 식품

③ 해조류를 제외한 육상해수양식어업 및 육상양식어업으로 생산한 수산물

④ 인증품을 매입하여 포장하지 않고 판매하는 인증품

해설 **친환경수산물 인증대상**

- 유기수산물 : 식용을 목적으로 생산하는 양식수산물
- 유기가공식품 : 유기수산물을 원료 또는 재료로 하여 제조·가공·유통하는 식품
- 무항생제수산물 : 해조류를 제외한 수산업법 시행령의 규정에 의한 육상해수양식어업 및 내수면어업법 시행령의 규정에 의한 육상양식어업으로 생산한 수산물
- 활성처리제 비사용 수산물 : 김, 미역, 톳, 다시마, 마른김, 마른미역, 간미역
- 취급자 인증 : 인증품을 매입하여 포장단위를 변경하여 포장한 인증품(포장하지 않고 판매하는 인증품과 판매장에서 소비자가 직접 원하는 수량만큼을 덜어서 구매하는 인증품은 제외한다)

정답 36 ① 37 ② 38 ④

39 **식품의 원료 관리, 제조·가공·조리·소분·유통의 모든 과정에서 위해한 물질이 식품에 섞이거나 식품이 오염되는 것을 방지하기 위하여 각 과정의 위해요소를 확인·평가하여 중점적으로 관리하는 제도는?**

① 위해요소 중점관리기준(HACCP)

② 품질인증제도

③ 수산물이력추적관리제

④ 친환경수산물인증제도

해설 위해요소 중점관리기준은 식중독을 예방하기 위한 감시활동으로 식품의 안전성, 건정성 및 품질을 확보하기 위한 계획적 관리시스템이다.

40 **다음 중 수산물 이력에 수록되는 정보의 내용에 포함되지 않는 것은?**

① 상품정보 ② 생산자정보

③ 가공업체 정보 ④ 소비자정보

해설 수산물 이력에 수록되는 정보의 내용은 상품정보(품목명, 출하일), 생산자정보(생산업체, 소재지, 연락처), 가공·유통업체 정보(업체명, 대표자명, 소재지, 연락처)가 포함된다.

41 **수산물 소비패턴의 변화 요인이 아닌 것은?**

① 도시화 현상 ② 소비의 편의화 현상

③ 안전화 추구 ④ 낮은 가격대의 상품 선호

해설 소득 향상에 따라 동일 식품에 대해 보다 단가가 높은 식품을 선호하게 되었다.

42 **다음 중 수산물 소비에 영향을 끼치는 경제적 요인이 아닌 것은?**

① 가 격 ② 소 득

③ 환 율 ④ 연 령

해설 연령은 인구사회적 요인에 속한다.

39 ① 40 ④ 41 ④ 42 ④ 정답

43 이국적인 느낌이 나는 제3세계의 고유한 음식을 이르는 말은?

① 슬로푸드(Slow Food)

② 에스닉푸드(Ethnic Food)

③ 패스트푸드(Fast Food)

④ 로컬푸드(Local Food)

해설 에스닉푸드(Ethnic food)
이국적인 느낌이 나는 제3세계의 고유한 음식, 혹은 동남아 음식을 말한다. 채소를 비롯해 각종 허브와 향신료 등 저칼로리 재료를 쓰며, 웰빙요리로 각광받고 있다.

44 수산물 유통에 대한 최근 동향으로 옳지 않은 것은?

① 수산물 소비패턴이 고급화 및 다양화되고 있다.

② 친환경수산물의 생산과 소비가 증가하고 있다.

③ 표준규격화와 브랜드의 중요성이 증가하고 있다.

④ 생산자와 유통업자 간의 수평적 결합이 증가하고 있다.

해설 ④ 생산자와 유통업자 간의 수직적 결합이 증가하고 있다.

45 소비자의 생활수준이 향상되고 식품소비 구조가 고급화·다양화되고 있는 추세이다. 이것이 수산물 유통에 주는 의미 중 가장 알맞은 것은?

① 친환경수산물의 수요가 증가함에 따라 새로운 유통문제가 발생할 수 있다.

② 대형소매업체는 고급수산물을 대포장으로 판매하는 경향이 커진다.

③ 수산물 소비패턴의 고급화·다양화는 점차 가공수산식품의 비중을 증가시켰다.

④ 수요 및 공급의 가격탄력성이 낮은 품목은 시장가격의 변동이 상대적으로 작다.

해설 ② 대형소매업체는 고급수산물을 소포장으로 판매하는 경향이 커진다.
③ 수산물 소비패턴의 고급화·다양화로 고급수산물의 소비가 증가하였다.
④ 수요 및 공급의 가격탄력성이 낮은 품목은 시장가격의 변동이 상대적으로 크다.

정답 43 ② 44 ④ 45 ①

46 우리나라 수산물 유통실태의 개선방향으로 올바르지 않은 것은?

① 산지유통시설의 확충 및 현대화가 되어야 한다.
② 유사도매시장에 대한 건설 확대가 요구된다.
③ 소비지 직거래의 확대가 필요하다.
④ 수산물의 규격화가 필요하다.

해설 공영도매시장의 건설 확대가 필요하다. 공영도매시장은 본래의 기능인 가격형성과 수급조절 및 배분기능 등을 수행할 수 있도록 활성화하고, 유사도매시장을 중심으로 성행되고 있는 불공정거래행위를 근절하기 위하여 도매시장에 대한 건설 확대가 요구된다.

47 다음은 수입수산물의 증가가 국내수산물 유통에 미치는 영향을 설명한 내용이다. 이 중에서 가장 크게 직접적으로 영향을 미치는 분야는?

① 국내산 수산물의 고급화, 편의성, 건강추구 경향이 가속화될 것이다.
② 국내산 수산물의 가격하락이 지속될 것이다.
③ 국내산 수산물의 직거래 비중이 높아질 것이다.
④ 국내산 수산물의 수급조절을 위한 정부의 시장개입정책이 강화될 것이다.

해설 일반적으로 외국산 수산물은 국내산 수산물보다 가격 경쟁력이 높기 때문에 수입수산물이 증가하면 국내시장의 공급증가로 나타나 국내수산물의 가격이 하락하고, 결국 생산도 감소할 것이다.

48 다음 중 수산물 소비 증대의 요인이 아닌 것은?

① 냉동기술　　② 가공기술
③ 운송기술　　④ 복잡한 유통구조

해설 수산물 가공기술(냉동기술, 기타 가공기술)과 유통기술(수송기술, 표준화・규격화기술)의 발전으로 소비자는 언제, 어디서나 필요한 식품을 필요한 양만큼 구입할 수 있게 되었다.

49 다음 중 'Cooling'에 해당하는 온도 범위는?

① +10℃~+5℃　　② +5℃~0℃
③ +5℃~-5℃　　④ -15℃ 이하

해설 저온저장기술
- Cooling : +10℃~+5℃
- Chilled : +5℃~-5℃
- Frozen : -15℃ 이하

46 ② 47 ② 48 ④ 49 ① 정답

50 냉동수산물의 처리방법 중 내장과 아가미를 제거한 것을 의미하는 것은?

① 라운드(Round)

② 세미드레스(Semi-dressed)

③ 드레스(Dressed)

④ 필렛(Fillet)

해설 ① 라운드(Round) : 아무런 처리도 하지 않은 원형 그대로의 통마리 고기
③ 드레스(Dressed) : 내장과 아가미를 제거한 것에서 다시 머리를 제거한 것
④ 필렛(Fillet) : 드레스를 배골에 따라 두텁고 평평하게 끊고, 육중의 피와 뼈를 제거하여 육편으로 처리한 것

51 수산물 물류에 콜드체인시스템이 필요하다는 것은 다음 중 수산물의 어떠한 특성과 관계가 깊은가?

① 지역적 특화와 산지가 분산되어 있다.

② 최종 소비단위가 개별적이고 규모가 작다.

③ 부패·손상하기 쉽다.

④ 품질차이에 의한 가격차가 크다.

해설 수산물은 내구성이 약하고 부패되기 쉬워 콜드체인시스템(Cold Chain System)이 필요하다. 콜드체인시스템은 산지에서부터 소비지에 이르기까지 운송하는 동안 신선도를 유지할 수 있도록 저온냉장으로 운송하는 시스템이다.

52 다음 중 자유무역협정을 의미하는 것은?

① WTO ② IMF

③ FTA ④ OECD

해설 ① 세계무역기구, ② 국제통화기금, ④ 경제개발협력기구

정답 50 ② 51 ③ 52 ③

53 최근 국제적으로 FTA(Free Trade Agreement)가 확산되는 이유로 볼 수 없는 것은?

① 다자 간 무역체제의 활성화

② 자유무역협정에 대한 미국의 입장 변화

③ 기업의 세계화

④ 정치적인 안전보장

해설 WTO라는 다자 간 무역체제는 회원국이 너무 많기 때문에 국가 간 협상을 타결하는 데 오랜 시간이 걸리고, 새롭고 광범위한 무역자유화 요구에 즉각적으로 대응하는 데 있어 한계를 드러내고 있기 때문에 상대적으로 단기간에 타결이 가능한 FTA를 선호하게 되었다.

54 다음 중 자유무역협정(FTA)의 경제적 효과가 아닌 것은?

① 무역창출 효과

② 무역전환 효과

③ 관세수입 증가

④ 규모의 경제

해설 회원국에 대한 무역장벽(관세 등)이 철폐되면 저렴한 비용으로 생산하는 회원국으로부터의 수입이 증가하여 소비자는 더 낮은 가격에 더 많은 재화를 소비할 수 있어 좋다. 반면 국내 생산자들은 더 낮은 가격에 더 적은 수량만 판매할 수 있고, 정부는 관세수입이 줄어든다.

55 세계 각국이 배타적 경제수역(EEZ)을 도입하게 된 협약은?

① 국제연합 해양법 협약

② 비엔나 협약

③ 기후변화협약

④ 생물다양성협약

해설 배타적 경제수역(EEZ; Exclusive Economic Zone)은 해양법에 관한 국제연합협약(UNCLOS)에 근거해서 설정되는 경제적인 주권이 미치는 수역을 가리킨다.

② 국가나 국제기구가 조약을 맺을 때 기준이 되는 일반조약

③ 기후 변화에 관한 국제연합 기본 협약

④ 지구상의 생물다양성 보전과 지속가능한 사용을 위한 협약

53 ① 54 ③ 55 ① 정답

CHAPTER 05

수산물 유통수급과 가격

01 수산물의 수급이론

1 수산물의 수요이론

(1) 의 의

수요란 일정 기간 동안 주어진 가격으로 수요자들이 구입하려고 의도하는 재화 또는 서비스의 총량을 의미한다.

(2) 수요함수와 수요의 법칙

① **수요함수** : 수요함수란 어떤 재화에 대한 수요와 그 재화의 수요에 대하여 영향을 미치는 요인과의 관계를 분석한 것을 말한다.

$$D_n = f(P_n, P_1, \cdots P_n - 1, Y, T, N, M)$$

여기서, P_n : n재의 가격

$P_1, \cdots P_n - 1$: 타재화의 가격

Y : 소득수준

T : 선호도

N : 인구

M : 소득

② **수요의 법칙** : 수요의 법칙이란 가격이 상승하면 수요량이 감소하는 것을 말한다. 수요의 법칙이 성립하는 경우 수요곡선은 우하향한다. 단, 기펜재의 경우와 베블런 효과가 존재하는 경우는 성립하지 않는다.

㉠ 기펜(Giffen)재 : 가격이 하락하는 경우 대체효과의 크기보다 소득효과의 크기가 커서 수요량이 감소하는 재화로 열등재의 일종이다.

㉡ 베블런 효과(Veblen's Effect) : 귀금속이나 화장품 등의 경우 가격이 상승할 때 오히려 수요량이 증가하는데, 이는 다른 사람들에게 과시하고 싶은 욕구 때문이다.

(3) 수요량의 변화와 수요의 변화

① **수요량의 변화** : 당해 재화의 가격변화로 인한 수요곡선상의 이동을 의미한다.

② **수요의 변화** : 당해 재화가격 이외의 다른 요인의 변화로 수요곡선 자체가 이동하는 경우를 말한다.

㉠ 수요의 증가 : 수요곡선 자체의 우측 이동

㉡ 수요의 감소 : 수요곡선 자체의 좌측 이동

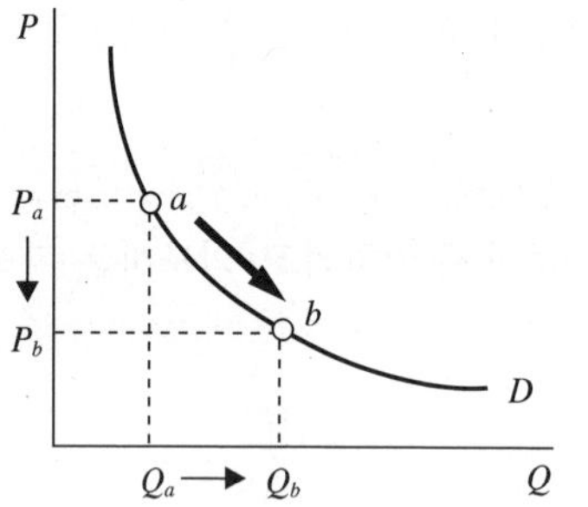

[수요량의 변화]

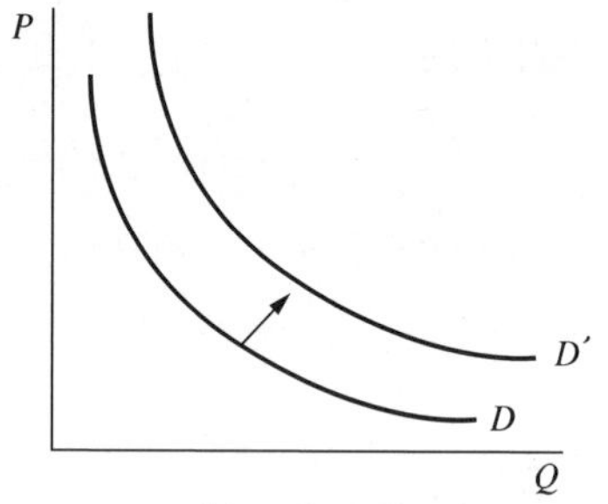

[수요의 변화]

(4) 수요변화의 요인

① 타재화의 가격변화

㉠ 대체재 : 어느 한 재화가 다른 재화와 비슷한 유용성을 가지고 있어 한 재화의 수요가 늘면 다른 재화의 수요가 줄어드는 경우

㉡ 보완재 : 어떤 한 재화의 수요가 늘어날 때 함께 수요가 늘어나는 재화

② 소비자 소득수준의 변화

㉠ 우등재(상급재 · 정상재 · 보통재) : 소득이 증가하는 경우 수요가 증가

㉡ 열등재(하급재) : 소득이 증가하는 경우 수요가 감소

③ **소득의 분포** : 사회전체적인 소득이 평등하게 분배될수록 사회 전체의 소비성향이 증대되어 수요가 증가한다.

④ **물가상승에 대한 기대** : 물가상승을 기대하는 경우 수요가 증대하는데, 이를 가수요라 한다.

2 수산물의 공급이론

(1) 의 의

일정기간 동안 주어진 가격으로 생산자들이 판매하고자 의도하는 재화 또는 서비스의 총량을 의미한다.

(2) 공급함수

공급함수란 어떤 재화에 대한 공급과 그 재화의 공급에 대하여 영향을 미치는 요인과의 관계를 분석한 것을 의미한다.

$$S_n = f(P_n \cdot P_1 \cdots P_{n-1} \cdot F_1 \cdots F_m)$$

여기서, P_n : n재의 가격

$P_1 \cdots P_{n-1}$: 타재화의 가격

$F_1 \cdots F_m$: 생산요소의 가격

(3) 공급량의 변화와 공급의 변화

① 공급량의 변화 : 당해 재화의 가격 변화로 인한 공급곡선상의 이동을 의미한다.

② 공급의 변화 : 당해 재화가격 이외의 다른 요인의 변화로 공급곡선 자체가 이동하는 것을 말한다.

㉠ 공급의 증가 : 공급곡선 자체의 우측 이동

㉡ 공급의 감소 : 공급곡선 자체의 좌측 이동

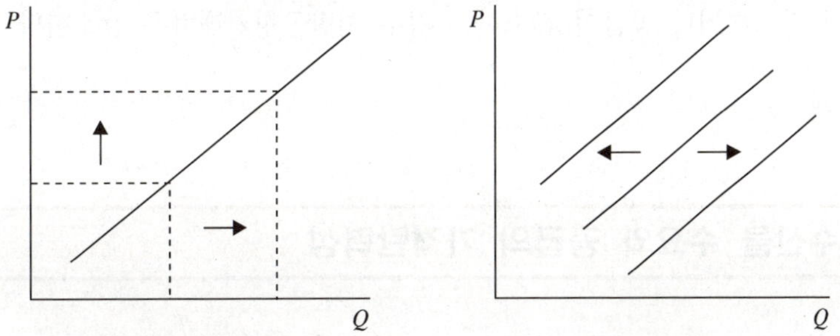

[공급량의 변화] [공급의 변화]

(4) 공급변화의 요인

① 타재화의 가격 변화 : 주어진 생산요소를 이용하여 대체 생산이 가능한 두 재화가 있을 때 한 재화의 가격이 상승하면 다른 재화의 공급은 감소한다.

② 생산요소의 가격변화 : 생산요소의 가격이 상승하는 경우 공급은 감소한다.

③ 기술의 변화 : 기술수준이 진보하는 경우 공급은 증가한다.

3 시장균형

(1) 시장균형가격

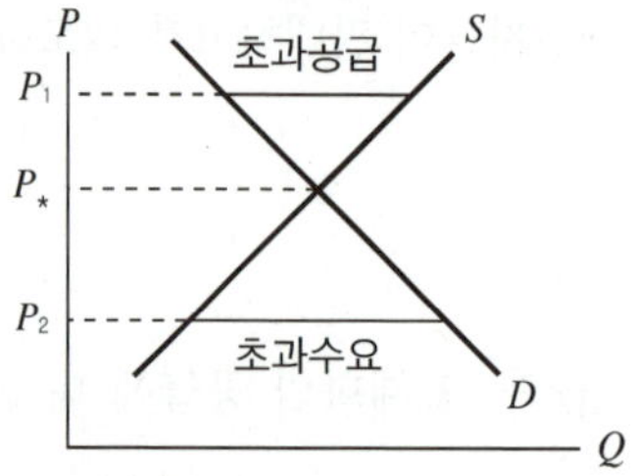

① 가격이 P_1인 경우 시장에는 기업이 팔고자 하는 상품 중 일부가 팔리지 않는 초과공급(Excess Supply) 상태가 나타난다.

② 초과공급의 존재는 가격을 P_1 이하로 떨어뜨리며, 가격이 P_2인 경우 시장에는 초과수요(Excess Demand)가 발생하여 가격이 상승하게 된다.

③ 시장균형가격인 P_*에서는 초과공급이나 초과수요가 생기지 않으며, 이 가격은 다른 교란요인이 없는 한 계속 유지될 수 있다.

(2) 시장균형의 변화

① **시장균형가격의 변화** : 수요가 증가하거나 공급이 감소하는 경우 시장가격은 상승하며, 수요가 감소하거나 공급이 증가하는 경우 시장가격은 하락한다.

② **시장균형거래량의 변화** : 수요가 증가하거나 공급이 증가하는 경우 시장균형거래량은 증가하며, 수요가 감소하거나 공급이 감소하는 경우 시장균형거래량은 감소한다.

02 수산물 수요와 공급의 가격탄력성

1 수요의 가격탄력성

(1) 수요의 탄력성

수요의 탄력성은 각 독립변수의 변화에 대해 수요량이 얼마나 민감하게 반응하는지를 하나의 숫자로 나타내 준다. 일반적으로 말해 'A의 B 탄력성'(B Elasticity of A)이라고 하는 것은, B라는 독립변수의 변화에 대해 종속변수 A가 얼마나 민감하게 반응하는가를 나타내는 특정한 탄력성을 뜻한다.

(2) 수요의 가격탄력성

① 의의 : 수요의 가격탄력성은 상품가격의 그 변화율에 대한 수요량 변화율의 상대적 크기로 측정된다.

② 가격탄력성의 도출

$$E_p = \frac{\text{수요량의 변화율}}{\text{가격의 변화율}} = \frac{\frac{\triangle Q_D}{Q_D}}{\frac{\triangle P}{P}} = -\frac{\triangle Q_D}{\triangle P} \cdot \frac{P}{Q_D}$$

③ 수요의 가격탄력성 크기

구 분	수요의 가격탄력성(E_p)
완전 비탄력적	$E_p = 0$인 경우
비탄력적	$E_p = 0$과 1 사이인 경우
단위 탄력적	$E_p = 1$인 경우
탄력적	$E_p = 1$을 초과하는 경우
완전 탄력적	$E_p = \infty$인 경우

(3) 수요의 가격탄력성 결정요인

① 대체재가 많을수록 가격탄력성이 높다.

② 소득에서 차지하는 비중이 높을수록 가격탄력성이 높다.

③ 사치재일수록 가격탄력성이 높다.

④ 시장을 좁게 정의할수록 가격탄력성이 높다.

⑤ 시장을 길게 잡을수록 가격탄력성이 높다.

$$\text{수요의 가격탄력성} = \frac{\text{수요량의 변화율}}{\text{가격의 변화율}}$$

(4) 수요의 가격탄력성과 가격전략의 관계

① 수요의 가격탄력성이 비탄력적인 경우에는 가격의 변화에도 수요의 변화가 미미하므로 고가전략을 하면 기업이 유리하다.

② 수요의 가격탄력성이 탄력적이면 가격의 변화에 수요의 변화가 크므로 이는 대체품이 많이 존재한다는 의미이므로 상대적으로 저가격 전략을 하여야 기업(생산자)이 유리하다.

③ 수요의 가격탄력성이 단위 탄력적이라면 가격의 변화분만큼 수요의 변화가 일어나므로 가격전략에 별다른 효과가 없다.

④ 어떤 재화의 가격이 1% 변화할 때 해당 재화와 관련된 재화들의 수요에 발생되는 동시적인 변화를 고려한 이후의 수요량 변화율을 총 탄력성이라고 한다.

2 공급의 가격탄력성

(1) 의 의

공급의 가격탄력성은 가격의 변화에 대한 공급의 변화정도를 나타낸다.

(2) 가격탄력성의 도출

$$E_P^S = \frac{\text{공급량의 변화율}}{\text{가격의 변화율}} = \frac{\frac{\Delta Q_S}{Q_S}}{\frac{\Delta P}{P}} = \frac{\Delta Q_S}{\Delta P} \cdot \frac{P}{Q_S}$$

(3) 공급곡선의 가격탄력성

공급곡선의 절편이 P축에 존재하는 경우 가격탄력성은 1보다 크며 공급곡선의 절편이 Q축에 존재하는 경우는 1보다 작다. 만약 공급곡선이 원점을 지나는 직선인 경우 공급의 가격탄력성은 1이다.

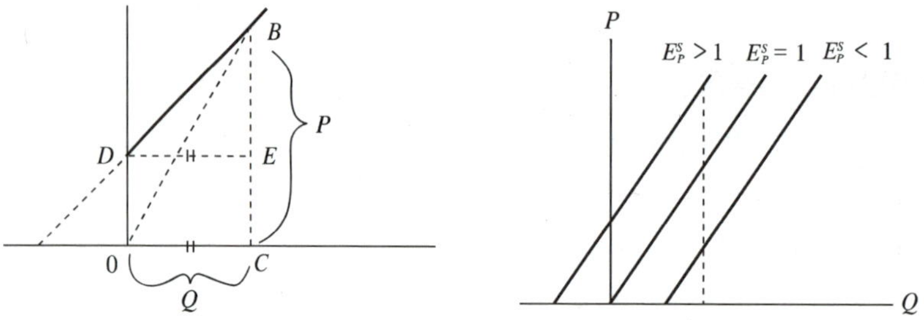

$$E_P^S = \frac{\Delta Q_S}{\Delta P} \cdot \frac{P}{Q_S} = \frac{OC}{BE} \cdot \frac{BC}{OC} = \frac{BC}{BE} > 1$$

(4) 공급의 가격탄력성 결정요인

생산량 증가 시 생산비가 완만히 상승하는 경우 기술수준의 향상이 빠를수록, 유휴설비가 많을수록, 측정기간이 길어질수록 공급의 가격탄력성은 커진다.

03 수산물의 가격

1 수산물의 가격형성

(1) 수요 · 공급의 법칙 및 가격형성

① 수요 · 공급의 법칙 : 경쟁시장에서 재화의 시장가격과 거래수량이 수요와 공급에 따라 결정되는 법칙을 말한다. 하나의 재화에 대한 수요량은 그 재화의 가격이 높아지면 감소한다.

② 가격형성 : 상품의 교환가치를 나타내는 가격을 결정하는 일을 말한다.

③ 가격의 결정 : 수산물의 생산자는 높은 가격으로 생산물을 팔려고 하고, 소비자는 낮은 가격으로 사려고 하므로 이와 관련하여 수요와 공급에 의하여 가격이 결정된다.

(2) 수산물 가격형성의 특성

① 수산물 가격은 경쟁가격 : 수산물 생산자 다수 존재, 영세 생산자 비율이 높음

② 가격의 불안정성 : 수요 · 공급의 특수성

③ 공산품에 비하여 계절변동이 큼 : 수확기에는 공급과잉, 비생산기에는 공급부족

2 수산물 가격변동

(1) 수산물 가격변동의 특징

① 수산물은 수요의 소득탄력성이 낮기 때문에 1인당 소비량이 한계를 보이고 있는 경우가 많다. 더구나 생산은 방대한 수의 가족경영에 의한 경우가 많아 결과적으로 실질가격이 하락하는 경향을 보이고 있다.

② 생산과 소비의 계절성에 기인하여 가격도 규칙적인 계절변동을 보이는 수가 많고 수산물 특유의 주기변동도 있다. 이것은 영세한 생산자가 생산계획시의 높은 가격에 대응하여 생산을 확대했을 때 공급시에 공급과잉이 일어나며, 반대로 낮은 가격에 대응하여 생산을 축소하면 공급부족이 일어나는 데에 기인한다.

(2) 거미집 이론(Cobweb Theorem)

가격변동에 대해 수요와 공급이 시간차를 가지고 대응하는 과정을 구명한 이론이다. 가격과 공급량의 주기적 변동을 설명하는 이 이론은 1934년 미국의 계량학자 W. 레온티에프 등에 의해 정식화되었으며, 가격과 공급량을 나타내는 점을 이은 눈금이 거미집 같다고 하여 거미집 이론이라고 한다. 이 대응 경로는 공급과 수요의 탄력성의 관계에 따라 다음 3가지 경우를 생각할 수 있다.

① 수렴적(收斂的) 변동

㉠ 공급의 탄력성이 수요의 탄력성보다 작은 경우 제1기의 공급량 Q_1은 가격 P_1으로 수요된다고 가정한다. 이 가격으로 제2기에 공급되는 양은 Q_2이다.

㉡ 이 Q_2는 가격 P_1 때의 수요량과 동일하지 않으며 초과수요 Q_2P_1이 생긴다. 이 초과수요로 인해 가격이 P_2까지 오르고 가격등귀는 제3기의 생산량을 Q_2에서 Q_3까지 증가시킨다.

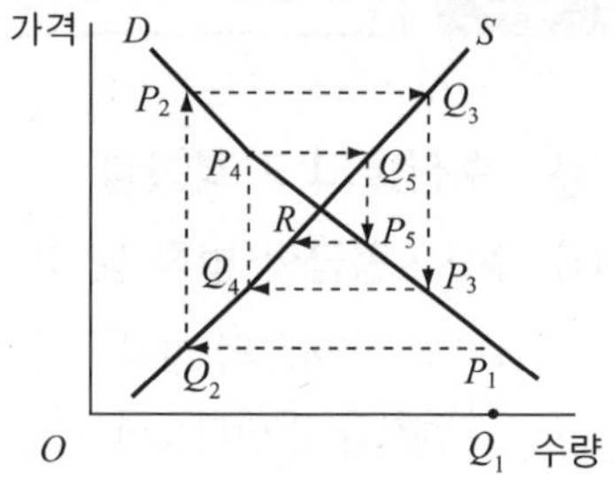

거미집이론[수렴적 변동]

㉢ 공급의 탄력성이 수요의 탄력성보다 작기 때문에 가격변화는 공급량의 증가 쪽이 수요량의 감소보다도 작은 변화를 일으킨다. 따라서 공급 Q_3은 Q_2보다 작아진다.

㉣ 이처럼 가격과 수요·공급은 P_2, Q_3, P_3, Q_4…로 대응하면서 점차 균형점 R로 수렴한다.

② 발산적 변동

㉠ 공급의 탄력성이 수요의 탄력성보다 큰 경우에 제1기의 공급량 Q_1이 수요되는 가격은 P_1이다. 이 가격은 제2기의 공급량 Q_2를 결정한다.

㉡ 이 가격으로는 초과수요 Q_2P_1이 생기고 P_1에서 P_2로의 가격등귀는 수요와 공급의 탄력성 차이 때문에 Q_1보다도 더 큰 공급량 Q_2를 낳는다.

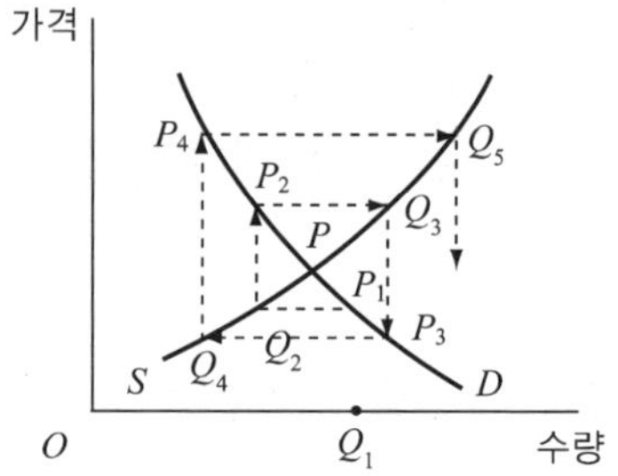

거미집이론[발산적 변동]

㉢ 이 기간의 초과공급은 전기의 초과수요보다 커지고 가격도 전기에 상승한 것보다 크게 하락해야 그 초과공급을 흡수할 수 있다.

㉣ 이처럼 공급량은 P_3에서 모두 수요되고 가격과 공급량은 더욱 그 폭을 넓히면서 대응 경로를 발산한다.

③ 순환적 변동

㉠ 공급의 탄력성과 수요의 탄력성이 같은 경우에 제1기의 공급량 Q_1은 P_1의 가격으로 수요된다고 가정한다. 이 P_1의 가격은 제2기의 공급량 Q_2를 결정한다.

㉡ 이때 Q_2가 수요량과 일치하기 위해서는 가격이 P_2까지 등귀해야 하고, 이 P_2가 제3기의 공급량 Q_3을 결정한다.

㉢ P_2Q_3은 Q_2P_1과 같으며 이 공급은 가격이 P_3, 즉 P_1까지 하락할 때 모두 수요된다.

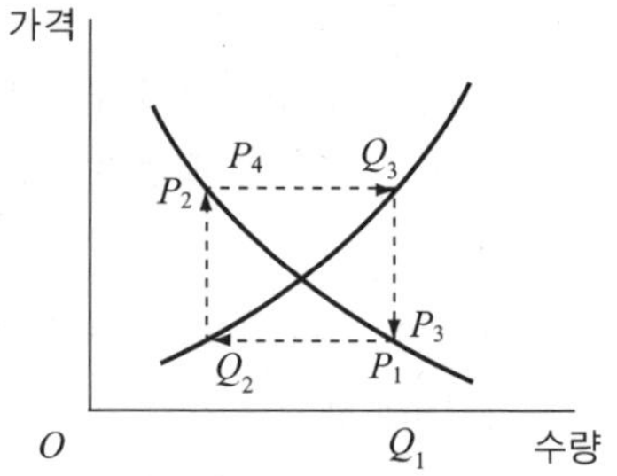

거미집이론[순환적 변동]

㉣ 이 경우는 $P_1 \rightarrow Q_2 \rightarrow P_2 \rightarrow Q_3 \rightarrow P_1$…으로 계속 같은 경로를 순환한다.

3 가격차별(Price Discrimination)

(1) 의 의

가격차별이란 동일한 재화에 대해 다른 가격을 책정하는 독점기업의 이윤극대화 행동의 하나이다.

(2) 가격차별의 종류

가격차별에는 차별방식에 따라 다양한 형태의 가격차별이 존재하지만, 크게 세 종류로 분류된다.

① **1급 가격차별** : 완전가격차별(Perfect Price Discrimination)이라고 한다. 완전가격차별이 이뤄지기 위해서는 모든 소비자의 수요곡선을 알고 있어야 가능하다. 독점기업은 상품을 1단위씩 분리하여 각각의 소비자가 지불할 의사가 있는 가장 높은 가격을 제시한다. 사회적 잉여는 완전경쟁시장과 같으나 소비자잉여는 모두 공급자잉여에 흡수된다.

② **2급 가격차별** : 독점기업은 판매할 상품을 몇 개의 부분으로 나누고 각 부분에 대해 다른 가격을 부과한다. 총수입은 완전가격차별에 비해 낮아지며 사회적 잉여도 작아진다. 그러나 독점에서의 사회적 잉여에 비해 높은 사회적 잉여를 얻을 수 있다. 전기, 수도요금과 같은 사용량에 따라 차별적인 가격을 부과하는 경우에 해당된다.

③ **3급 가격차별** : 3급 가격차별이란 수요곡선의 탄력성에 따라 시장을 분할하고, 각 시장에 탄력성에 따라 각각 다른 가격을 부과하는 가격차별정책이다.

04 수산물의 시장형태

1 기업의 이윤극대화

(1) 기업이윤과 기회비용

① 기업의 이윤 : $\pi = TR - TC$

기업의 이윤은 기업이 벌어들인 총수익(TR)에서 기업이 지출한 총비용(TC)을 제한 나머지를 말한다. 이때 기업이 지출한 총비용은 경제적 비용이다. 따라서 기업의 이윤은 회계상 이윤이 아닌 경제적 이윤을 의미한다.

② 회계이윤과 기회비용

기업의 이윤 = 총수익 − (회계비용 + 기회비용) = (총수익 − 회계비용) − 기회비용 = 회계적 이윤 − 기회비용

기업의 경제적 이윤(Economic Profit)은 회계이윤(Accounting Profit)에서 기회비용을 뺀 나머지를 말한다. 경제학에서 비용은 회계비용과 기회비용을 합한 경제적 비용으로 기업의 이윤 또한 경제적 비용을 고려한 경제적 이윤을 의미한다. 회계이윤을 정상이윤(Normal Profit)이라고 하고, 경제적 이윤을 초과이윤(Excess Profit)이라고도 한다.

(2) 기업의 이윤극대화 조건

$\pi = TR(Q) - TC(Q)$

$MR = MC$

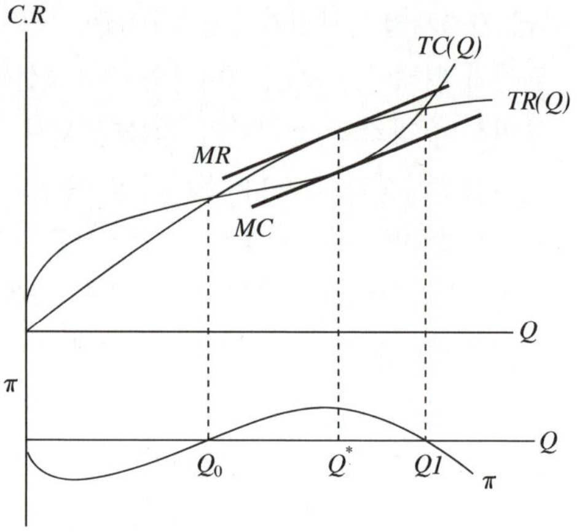

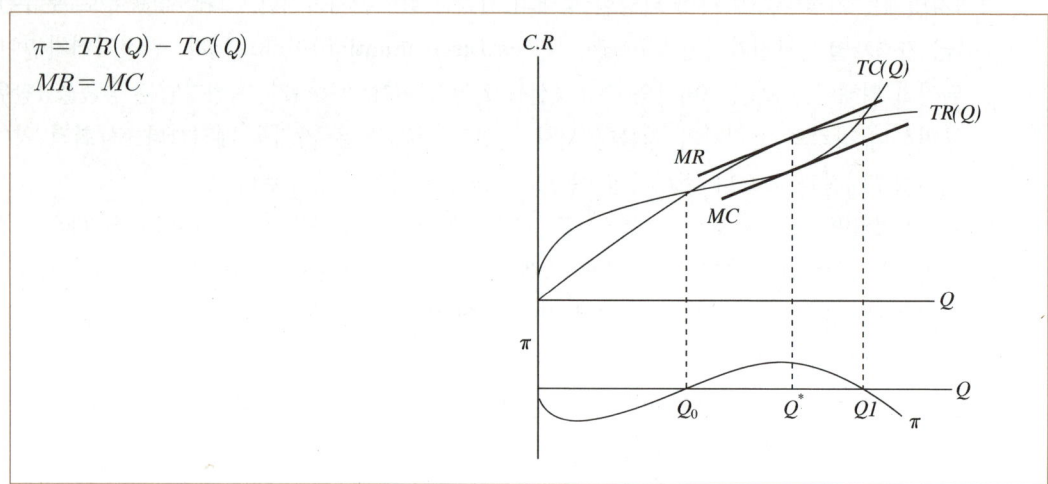

이윤극대화 조건은 TR곡선과 TC곡선의 차이가 가장 큰 곳에서 달성되고, 이는 두 곡선의 접선의 기울기가 일치하는 수준에서 결정된다. 따라서 $MR = MC$인 산출량을 선택하면 이윤이 극대화된다. 이윤극대화 조건 $MR = MC$는 시장구조(완전경쟁, 독점, 과점, 독점적 경쟁 등)에 관계없이 모든 기업에게 항상 성립하는 이윤극대화 조건이다.

2 수산물의 시장형태

(1) 완전경쟁시장

① 개 념

㉠ 완전경쟁시장이란 수많은 가계와 기업이 주어진 가격으로 동일한 품질의 재화를 자유롭게 사고파는 시장을 말한다.

㉡ 시장의 거래자들은 재화의 가격과 품질 등에 대한 완전한 정보를 가지고 있으며, 누구나 자유롭게 시장에 참가할 수 있다.

㉢ 소비자와 생산자는 모두 시장에서 결정된 가격을 그대로 받아들이는 가격순응자(Price Taker)로서 행동한다.

② 성립요건

㉠ 무수히 많은 기업의 존재

㉡ 동질의 제품을 생산

㉢ 경제주체는 완전정보를 소유

㉣ 기업은 가격순응자

㉤ 시장으로의 진입과 탈퇴 자유

※ 시장의 형태에 영향을 미치는 요인

- 수요자와 공급자의 수 : 수요자와 공급자의 수가 시장의 형태를 가장 큰 영향을 미친다.
- 상품의 유사성 : 서로 다른 상품이지만 서로 대체할 수 있는 상품이라면 시장에서 서로 영향을 받게 된다.
- 시장진입 가능성 : 기업이 시장에 진입할 수 있는지 또는 진입하기 쉬운지 어려운지에 따라 시장의 형태가 영향을 받는다.
- 가격조정 가능성 : 공급자의 수가 많아도 서로 담합하여 가격이나 거래량을 조정할 수 있다면 시장에 영향을 미친다.

③ **완전경쟁기업의 수요곡선** : 가격순응자인 완전경쟁기업은 시장에서 결정된 가격수준에서 수평인 수요곡선을 갖는다. 이는 수요가 가격에 대해 완전탄력적임을 의미한다.

(2) 독점시장

① **개념** : 독점은 시장에 하나의 기업만 존재한다는 것을 의미한다. 독점시장은 하나의 기업이 시장을 지배하고 진입장벽이 존재하며, 공급자가 가격설정자(Price Setter)로 기능한다는 특징을 가지고 있다.

② **독점발생의 원인(= 진입장벽의 존재)** : 독점은 시장규모가 협소할 때, 규모의 경제가 존재할 때, 생산요소의 공급원이 독점될 때, 국가에 의해 특허권이 설정된 때에 발생한다.

③ **독점의 장단점**

장 점	• 대규모 R&D가 가능 • 규모의 경제에 의한 자연독점의 경우 평균생산비용 감소
단 점	• 자원의 비효율적인 배분으로 인한 경제적 손실 • 소득분배의 불평등 심화 및 경제력 집중 • 경영의 비합리화로 인한 비효율성 증대 • 수요자의 선택의 자유를 제한

(3) 독점적 경쟁시장

① **개념** : 독점적 경쟁시장이란 같은 종류의 상품을 생산하는 기업의 수가 많지만 상품이 차별화되어 각각의 기업들이 자사상품에 대해 어느 정도 독점력을 갖는 시장형태를 말한다.

② **특 징**

㉠ 차별화된 재화를 공급한다.

소비자에 대한 독점력을 갖는 차별화된 재화를 공급하므로 기업이 직면한 수요곡선은 우하향하고, 기업은 가격결정자가 된다.

ⓛ 다수의 기업이 존재한다.
다수의 기업이 다수의 대체재를 공급하므로 개별 기업의 수요곡선은 독점기업에 비해 탄력적인 특성을 갖는다. 즉, 수요곡선의 기울기가 매우 완만하다.

ⓒ 진입장벽이 없다.
시장의 진입과 퇴출이 자유롭다. 따라서 장기에 초과이윤이 존재하는 경우 새로운 기업이 진입하고, 손실이 발생하는 경우 퇴출이 이루어져 장기이윤은 항상 0이 된다.

ⓓ 독점적 경쟁시장은 가격경쟁보다는 품질과 디자인의 차별화와 광고 등의 비가격 경쟁에 의해 주로 경쟁이 이뤄진다.

(4) 과점시장

① 개념 : 과점시장은 둘 이상의 소수의 공급자가 진입장벽이 존재하는 시장의 대부분을 지배하는 시장으로 소수의 공급자가 시장을 지배하고, 진입장벽(Entry Barrier)이 존재한다. 동질(同質)의 상품이 거래되는 과점시장을 순수과점, 종류는 동일하지만 품질이 다른 상품을 거래하는 과점시장을 차별과점이라 한다.

② 과점의 특징

㉠ 과점기업들은 서로 강력한 상호의존관계를 가진다.

ⓛ 과점기업들은 가격의 경직성과 비가격경쟁을 통해 경쟁한다.

ⓒ 가격경쟁을 하면 서로가 손해라는 인식 아래 과점기업들은 상호 간에 협조적인 행동을 한다. 과점기업들은 담합, 기업연합(카르텔), 기업공동(트러스트), 합병 등의 방법으로 강한 협조적인 성격을 띤다.

ⓓ 산업으로의 진입장벽이 독점과 같이 완벽하지는 않지만, 독점경쟁보다는 훨씬 높다. 따라서 과점시장에는 상당히 높은 진입장벽이 존재한다.

③ 과점의 사례

㉠ 가격선도와 담합
- 가격선도 : 한 기업이 가격을 변동하면 다른 기업들은 그 기업의 가격을 그대로 따라가는 것
- 담합 : 시장을 분할하거나 이윤을 최대화 할 수 있는 수준으로 가격을 유지하자는 기업 사이의 합의

ⓛ 명시적 담합과 암묵적 담합
- 명시적 담합 : 독점적 이윤을 누리기 위해 기업들이 가격이나 생산량 등에 대해 '공공연하게' 합의하는 것
- 암묵적 담합 : 한 기업이 가격 선도를 하고 다른 기업들이 암묵적인 합의에 의해 그에 따르는 것

05 수산물의 유통마진과 비용

1 수산물 유통마진

(1) 수산물 유통마진의 뜻

① 정의 : 유통마진이란 소비자가 지불한 가격에서 생산자가 판매한 가격을 제한 상품의 가격을 말한다.

- 소비자가 지불한 가격 = 생산자의 몫 + 유통업자의 몫
- 유통업자의 몫(유통마진) = 소비자 구입 가격 – 생산자의 몫

② 단계별 유통마진

- 소매 마진 = 소매 가격 – 중도매 가격
- 중도매 마진 = 중도매 가격 – 도매시장 가격
- 도매시장 마진 = 도매시장 가격 – 출하자 수취 가격
- 출하자 마진 = 출하자 수취 가격 – 생산자 수취 가격

③ 유통마진

- 유통마진액 = 소비자 구입 가격 – 생산자 수취 가격
- 유통마진율(%) = [(소비자 구입 가격 – 생산자 수취 가격)/소비자 구입 가격]×100

(2) 수산물 유통마진의 측정

① 측정방법

추적조사 방법	• 대상 수산물의 유통과정 각 단계마다 거래가격을 추적·조사하는 방법 • 대상 수산물의 유통마진을 상세하게 알 수 있음 • 측정한 유통마진이 대상 수산물 마진의 전체적인 대표성이 떨어지거나 시간과 비용이 많이 듦
통계조사 방법	• 각종 기관이 공표하고 있는 통계를 이용하여 유통마진을 조사계측 하는 것 • 측정 마진이 대표성을 가지고 있으면서 간단한 통계자료 비교를 통해서 알 수 있음 • 개별수산물의 특성을 고려한 측정이 불가능 • 이용하는 통계자료가 유통단계별로 조사 공표되지 않거나 신뢰성에 따라 정확성이 좌우됨

② 유통마진 측정에 있어서 고려사항 : 수산물 유통마진을 측정하는 데 있어서 대상 어종의 용도, 등질성, 유통경로 등에 어떠한 차이가 있는지 주의해야 한다.

㉠ 대상 어종의 용도 차이 : 수산물의 가격결정에서 대상 수산물의 용도(식용과 비식용)가 무엇인지 정확하게 구분하여야 한다.

㉡ 대상 어종의 등질성 차이 : 수산물은 그 형태나 형질이 변화(활어, 선어, 냉동어)함에 따라 가격변동이 심하게 나타나므로 어종의 등질성 여부를 반드시 확인해야 한다.

㉢ 대상 어종의 유통경로 차이 : 시장유통과 시장 외 유통에 따라 마진율이 다를 수 있기 때문에 유통마진이 적은 유통경로를 선택해야 한다. 시장유통은 산지위판장과 소비지 도매시장을 경유하며 수수료라는 마진이 포함되어 있으나 산지위판장과 소비지 도매시장을 경유하지 않는 시장 외 유통은 대부분 마진이 없으며, 상매매에 따른 차익마진이 있다.

(3) 수산물 유통마진의 성격

① 하향경직성 : 구입원가가 하락하여도 하락한 만큼 판매가격은 내려가지 않는다.

② 상향확장성 : 구입가격 상승 시 유통마진의 확장은 반드시 동반된다.

(4) 수산물 유통마진의 구성요소

① 유통마진의 구성

유통마진 = 유통이윤(상업이윤)+유통비용(유통경비)

② 유통비용(유통경비)

㉠ 유통기능(운송기능, 보관기능, 정보전달기능, 거래기능, 상품구색기능, 선별기능, 집적기능, 분할기능)에 따라 발생(운송비용, 보관비용, 통신비용, 시장사용비용, 선별비용, 배송비용 등)

㉡ 산지시장에서의 유통비용 : 어선의 계류비, 양륙비, 시장진열비, 시장사용비용, 수산물용기비용, 산지수협의 인건비, 수산물의 운반운송비용, 저장보관비용, 포장비, 보험료 등

㉢ 소비지시장에서의 유통비용 : 소비지시장까지의 운송비용, 도매시장 사용비용, 소매점까지의 배송비용, 소비자에게 판매될 때까지의 여러 비용 등

③ 유통이윤(상업이윤)

㉠ 상품판매가격에서 유통비용을 제외한 것(상업이윤총액 = 상품판매총액 − 상품판매비용총액)

㉡ 수수료와 매매차익으로 구분

㉢ 수협(산지위판장), 도매시장법인과 시장도매인 취득하는 수수료도 포함

㉣ 도매상, 소매상이 취득하는 상업이윤도 포함

※ 수산물 유통이윤이 형성되는 이유

- 수산물 유통업자만의 고유한 능력, 즉 선도나 가격, 수급정보 등을 고려한 수산물 평가능력에 대한 대가로 유통이윤이 발생
- 수산물은 부패성이 강하고 생산 공급이 불확실하여 수산물관리와 재고부담에 대한 위험이 일반 공산품에 비해 상당히 높기 때문에 이러한 위험부담에 대한 대가로 유통이윤이 발생
- 수산물유통기구에 있어 독특한 거래방법의 대가로서 유통이윤이 산지와 소비지 시장에서 발생. 특히 위판장, 도매시장 등에서 위탁상장에 따른 상장수수료가 발생하고, 중도매인들은 경매에 따른 가격결정과 구매대행에 대한 대가로서 중개수수료가 발생

(5) 수산물 유통의 효율성

① 수산물 유통의 효율화기준

> 유통효율 = 유통성과/유통마진
> = 유통성과/(유통비용 + 유통이윤)

㉠ 유통마진을 일정하게 하고 유통효율을 향상시키는 경우

㉡ 유통성과를 일정하게 하고 유통마진을 축소시키는 경우

㉢ 유통마진은 증가하지만 증가 이상으로 유통효율을 향상시키는 경우

㉣ 유통성과는 감소하지만 성과 감소 이상으로 유통마진을 축소시키는 경우

② 수산물 유통성과의 향상

㉠ 수산물의 양과 질에 관련된 것으로 필요한 시기(때)에 필요한 장소(곳)에 요구하는 수준 이상의 질을 가진 수산물을 필요한 양만큼 제공하는 것

㉡ 수산물은 눈에 보이지 않는 서비스와 함께 판매된다는 점에서 서비스 향상도 유통성과 향상과 연결됨

[유통성과의 2가지 측면]

수산식품 믹스의 향상	수산식품의 양적 구성 개선	• 필요한 때에 필요한 양의 수산상품을 제공하는 것(수산식품의 즉시 제공) • 필요한 곳에 필요한 양의 수산상품을 제공하는 것
	수산식품의 질적 구성 개선	• 필요한 때에 필요한 질의 수산상품을 제공하는 것(다양한 수산 상품 구색 등) • 필요한 곳에 필요한 질의 수산상품을 제공하는 것
수산식품의 부가서비스 향상	수산물 유통 서비스의 개선	• 정확한 수산 상품지식(원산지, 어종, 가격, 안전성 등)의 전달 • 간편한 조리를 위해수산상품의 처리 가공 서비스
	수산물 유통환경의 개선	• 구매환경(조명, 온도, 위생관리 등) • 구매시간(영업시간, 영업시간 외의 대응 등)

③ 수산물 유통마진의 축소 : 수산물 유통마진의 축소는 유통마진을 구성하고 있는 유통비용과 유통이윤을 절감시켜 달성할 수 있다.

㉠ 수산물 유통비용의 절감

수산물 유통 기술개선	• 수산물 유통시설(저장, 보관, 판매시설)의 개선 • 기계화, 시설화 등에 의한 물류비용 절감 • 운송수단, 설비, 용기의 개선 • 수산상품 유통 형태의 개선 • 포장개선 • 운송방식의 개선 : 컨테이너운송, 팰릿 운송 등 • 판매방식의 개선 : 대면판매 → 셀프서비스 방식
수산물 유통시스템 개선	• 수산물 유통경로의 다원화 • 수산물 유통정보망의 확충
일반 유통비용 조건의 개선 (유통산업비용 조건의 개선)	유통자본, 노동력, 자재 등의 조달조건의 개선

㉡ 수산물 유통이윤의 절감
- 수산물 생산공급의 불확실성 축소에 따른 위험부담 이윤의 축소
- 수산물 유통기구 간 경쟁조건의 개선 : 수산물 유통기구 간의 경쟁촉진, 수산물 유통경로 간의 경쟁촉진

2 유통단계별 유통비용

(1) 산지 단계

① 유통과정 : 일반적으로 어업 생산자는 어선으로부터 수협의 산지 위판장에 위탁판매를 위해 양륙을 하게 되는데, 이 과정에서 양륙비나 진열 배열비 같은 비용이 발생하게 된다.

② 유통비용 구성요소

㉠ 생산자비용 : 생산자가 산지 수협 위판자에 "양륙 – 위탁 – 경매"하기까지의 비용

위판수수료	출하금액에 부과되는 법정수수료의 4.5%(지역마다 차이)
양륙비	위판장에 접안한 어선에서 생산물을 위판장에 양륙·반입하는 비용(경매 전까지의 양륙과 운반비 포함)
배열비	경매를 하기 위해 위판장에 진열하는 작업비용

㉡ 중도매인비용 : 경매가 끝난 수산물을 중도메인이 소비자 도매시장으로 출하하거나 수요처까지 전달하는 비용

선별, 운반, 상차비	• 중도매인과 수협이나 어시장 내의 항운노조와 단체협약에 의해 결정 • 위판장 내 냉동창고를 이용하는 경우 입출고비 등이 별도로 부가됨
어상자대	• 종류 : 골판지, 스티로폼, 플라스틱, 목상자 • 선어나 패류의 경우 산지에서 포장된 상태로 소비지 도매시장에서 경매가 되므로 장거리운송과 상품보존을 위해 스티로폼이 가장 많이 쓰임
저장 및 보관비용	• 당일판매 수요량을 제외한 초과 구입물량을 수산물 냉동창고에 일시 보관하거나 장기 저장할 때 부과되는 비용 • 수산물 냉동창고의 이용률 금액에 따라 지불
운송비	• 운송방법 : 트럭, 항공, 철도, 해상 • 항공운송과 해상운송의 경우 : 제주지역에서 주로 이용 • 트럭운송의 경우 : 보통트럭과 전용특장차(냉동탑차) • 수산물화주와 운송업체 간에 운임계약을 체결하여 운송비를 지불하는 형태

(2) 소비지 단계

① 유통과정

㉠ 산지출하자(생산자, 산지중도매인, 출하법인, 수집상, 수입업자 등)는 소비지도매시장의 도매시장 법인에 다음 두 가지 형태로 출하 상장시킨다.
- 도매시장법인에게 직접 상장시키는 경우
- 소비지 중도매인을 통해 상장을 위탁시키는 경우

㉡ 경매 이후 소비지 중도매인의 거래유형은 소비지 소매상 등을 대신하여 구매대행을 해주고 수수료를 받거나 자신들이 직접 도매 판매하기 위해 구매한 다음 소매상 등에게 판매한다.

② 유통비용 구성요소

㉠ 출하자 비용

상장수수료	• 소비지 도매시장에 수산물을 위탁한 출하자는 거래금액의 3~4%의 상장수수료를 도매시장 법인에게 지불함 • 도매시장 사용료도 포함(도매시장법인이 상장수수료에서 지불)
위탁수수료	• 산지 출하자가 소비지 중도매인을 통해 상장을 위탁할 경우 발생하는 수수료 • 상장업무를 대행해 준다는 측면보다는 적정가격 보장을 위한 판매대행의 측면이 강함
하차비	• 소비지 도매시장에 도착한 물량을 경매장으로 하역하는 데 드는 비용 • 항운노조원이 담당하며, 출하자가 비용 부담 • 상자당 비용 지불 • 추가적인 선별비용은 필요하지 않음

㉡ 중도매인 비용

이적비	• 경매가 끝난 후 도매시장 내의 판매장까지의 운반비 • 선어의 경우 경매가 끝난 후 경매장에서 바로 판매가 이루어지기 때문에 이적비가 발생되지 않음
기타 유통비용	• 상품구색을 위한 재선별 재포장 비용 • 운송차량에 옮기는 비용 • 매장까지 직접 배송하는 배송비

CHAPTER 05

적중예상문제

01 다음 수산물 가격의 기능으로 보기 어려운 것은?

① 자원배분기능　　② 소득분배기능

③ 자본형성기능　　④ 유통억제기능

해설 가격의 기능
- 가격은 상품의 수요와 공급을 조절하는 기능
- 가격은 생산요소를 분배하는 기능
- 가격은 소득분배를 좌우하는 기능

02 수산물 가격의 특징으로 적당하지 않은 것은?

① 수산물은 수요와 공급이 가격의 변화에 비하여 탄력적이다.

② 수산물은 계절적인 영향을 많이 받아 연중 공급이 균등하지 못하고 가격이 불안정하다.

③ 수산물은 공급의 반응속도가 느려 가격의 등락이 장기간 지속될 수 있다.

④ 수산물의 시장개방으로 한 나라의 수산물 가격변동이 다른 나라에도 영향을 미친다.

해설 수산물은 수요와 공급이 가격의 변화에 비하여 비탄력적이다.

03 고등어가 매월 500상자씩 판매되었으나 가격이 10% 인상됨에 따라 수요가 15% 감소하였다면 수요의 가격탄력성은?

① 0.5　　② 0.7

③ 1.1　　④ 1.5

해설 수요의 가격탄력성 $= \frac{\text{수요량의 변화율}}{\text{가격의 변화율}} = 15/10 = 1.5$

1 ④ 2 ① 3 ④ 정답

04 A점에서 수요와 공급의 가격탄력성에 관한 설명으로 옳은 것은?

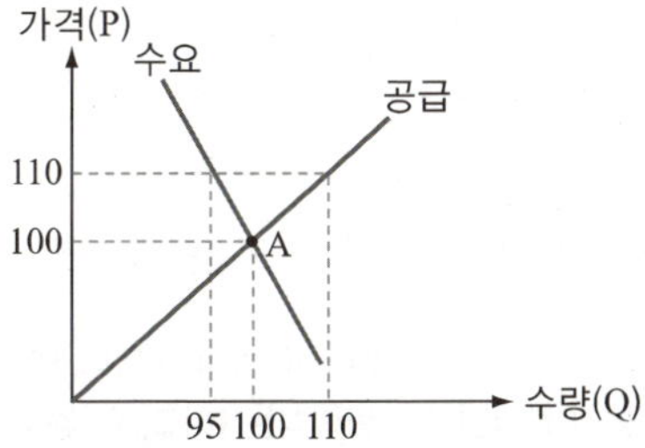

① 수요는 비탄력적이고 공급은 단위탄력적이다.
② 수요와 공급 모두 비탄력적이다.
③ 수요는 탄력적이고 공급은 단위탄력적이다.
④ 수요와 공급 모두 탄력적이다.

해설 수요는 가격인하 시 가격변화량에 비해 수요변화량이 적으므로 비탄력적이며, 공급은 가격변화량과 수요변화량이 같으므로 단위탄력적이다.

05 수요의 가격탄력성에 관한 설명으로 옳은 것은?

① 수요가 비탄력적인 경우 저가전략이 유리하다.
② 대체재가 많은 상품일수록 수요의 가격탄력성이 낮다.
③ 수요가 탄력적일 경우 가격을 인하하면 총수익은 증가한다.
④ 상품의 가격이 가계소득에서 차지하는 비중이 클수록 수요의 가격탄력성은 낮다.

해설 ① 수요가 비탄력적인 경우 고가전략이 유리하다.
② 대체재가 많은 상품일수록 수요의 가격탄력성이 높다.
④ 상품의 가격이 가계소득에서 차지하는 비중이 클수록 수요의 가격탄력성은 높다.

정답 4 ① 5 ③

06 수산물의 수요와 공급의 가격 비탄력성에 관한 설명으로 옳지 않은 것은?

① 가격변동률만큼 수요변동률이 크지 않다.

② 가격폭등 시 공급량을 쉽게 늘리기 어렵다.

③ 소폭의 공급변동에는 가격변동이 크지 않다.

④ 수요와 공급의 불균형 현상이 연중 또는 지역별로 발생할 수 있다.

해설 공급의 가격탄력성은 가격이 변할 때 공급량이 얼마나 변하는지를 나타내는 지표이다. 한 재화의 공급량 변화율과 가격변화율이 같다면 공급탄력성은 1이고, 이 경우 공급은 단위탄력적이다. 만일 1%의 가격상승이 1%보다 더 큰 공급량 증가를 가져오면 공급은 탄력적이며, 이와 반대로 1%의 가격상승이 1%보다 더 작은 공급량 증가를 가져오면 공급은 비탄력적이다.

07 X재의 가격이 5% 상승할 때 X재의 소비지출액은 전혀 변화하지 않은 반면, Y재의 가격이 10% 상승할 때 Y재의 소비지출액은 10% 증가하였다. 이때 두 재화에 대한 수요의 가격탄력성은?

① X재 : 완전탄력적, Y재 : 단위탄력적

② X재 : 단위탄력적, Y재 : 완전탄력적

③ X재 : 단위탄력적, Y재 : 완전비탄력적

④ X재 : 완전비탄력적, Y재 : 비탄력적

해설
- X재 수요의 가격탄력성 : 'X재 소비지출액 = X재 가격 × X재 수요량'인데 X재 가격이 5% 상승할 때 소비지출액이 변화가 없는 것은 X재 수요량이 5% 감소함을 의미한다. 따라서 X재 수요의 가격탄력성은 단위탄력적이다.
- Y재 수요의 가격탄력성 : 'Y재 소비지출액 = Y재 가격 × Y재 수요량'인데 Y재 가격이 10% 상승할 때 소비지출액이 10% 증가하였다. 이는 가격이 상승함에도 불구하고 Y재 수요량이 전혀 변하지 않았음을 의미한다. 따라서 Y재 수요의 가격탄력성은 완전 비탄력적이다.

6 ③ 7 ③ 정답

08 **버즈(Buse. R. C)는 쇠고기의 수요탄력성은 돼지고기 및 닭고기의 수요탄력성과 연관지어 계측되어야 한다고 하였다. 즉, 어떤 재화의 가격이 1% 변화할 때 해당 재화와 관련된 재화들의 수요에 발생되는 동시적인 변화를 고려한 이후의 수요량 변화율을 나타내는 탄력성은 무엇인가?**

① 수요의 가격탄력성

② 대체탄력성

③ 총탄력성

④ 수요의 교차탄력성

해설 ① 수요의 가격탄력성 : 가격변동에 따른 수요량의 변화
② 소비자가 가지는 두 재화의 비율이 그 한계대체율의 변화에 어떻게 반응하는가를 보임으로써 X, Y재가 대체되는 정도를 나타내는 척도
④ 한 상품의 수요가 다른 연관상품의 가격변화에 반응하는 정도를 나타내는 것

09 **다음 중 수요의 탄력도와 총수입 관계가 옳지 않은 것은?**

① 가격탄력도가 1보다 클 경우 가격이 상승하면 총수입은 감소한다.

② 가격탄력도가 1보다 작을 경우 가격이 상승하면 총수입은 증가한다.

③ 가격탄력도가 1일 때에는 가격변화에 관계없이 총수입은 불변이다.

④ 가격탄력도가 1보다 클 경우 가격이 하락하면 총수입은 감소한다.

해설 **수요의 탄력도와 총수입과의 관계**
- 가격탄력도가 1보다 클 경우(탄력적) : 가격하락 시 총수입 증가, 가격상승 시 총수입 감소
- 가격탄력도가 1일 경우(단위 탄력적) : 가격하락 시 총수입 불변, 가격상승 시 총수입 감소
- 가격탄력도가 1보다 작을 경우(비탄력적) : 가격하락 시 총수입 감소, 가격상승 시 총수입 증가

정답 8 ③ 9 ④

10 어떤 수산물의 수요와 공급곡선이 다음과 같으며, 현재가격은 9이다. 거미집모형에 의하면 이 수산물의 가격은 시간이 경과함에 따라 어떻게 되겠는가?

수요곡선 : P = 10 − Q, 공급곡선 : P = 1 + 2Q (P : 가격, Q : 수량)

① 균형가격으로 수렴

② 균형가격으로부터 발산

③ 일정한 폭으로 진동

④ 현재가격에서 불변

해설 수렴적 변동 : 공급의 탄력성이 수용의 탄력성보다 작은 경우 대응하면서 점차 균형가격으로 수렴한다.

11 다음 중에서 수산물 가격형성의 특성은 무엇인가?

① 독점가격이다.

② 독점적 경쟁가격이다.

③ 과점가격이다.

④ 경쟁가격이다.

해설 수산물 가격은 경쟁가격이고 불안정하며, 공산품에 비해 계절변동이 크다. 수산물 시장은 경쟁시장이며 이에 따라 수산물의 가격도 경쟁가격을 형성하고 있다. 어업생산은 다수의 어가에 의해서 이루어지고 있으므로 개별 어가의 생산량은 총생산량 중에서 매우 적은 비중을 차지하고 있는데, 이런 의미에서 수산물 시장은 완전경쟁시장에 가깝다고 할 수 있다.

12 거미집 이론에서 수산물 가격의 변동에 대한 설명으로 틀린 것은?

① 수산물 가격과 공급 간의 시차에 의한 가격변동을 설명한다.

② 수요와 공급곡선의 기울기의 절댓값이 같을 때 가격은 일정한 폭으로 진동하게 된다.

③ 계획된 생산량과 실현된 생산량이 언제나 동일함을 가정한다.

④ 공급이 수요보다 더 탄력적일 때 가격은 균형가격으로 점차 수렴한다.

해설 거미집 이론에 의하면 수요의 가격탄력성이 공급의 가격탄력성보다 절대치로서 클 때 수렴한다.

10 ① 11 ④ 12 ④ 정답

13 **동일한 상품에 대해 서로 다른 소비자에게 각각 다른 가격수준을 부과하는 것을 가격차별(Price Discrimination)이라고 한다. 이에 대한 설명 중 적절하지 않은 것은?**

① 가격탄력성이 동일한 두 개 이상의 시장이 존재하여야 한다.

② 유통주체가 어떤 수산물에 대해 독점적 위치를 확보할 수 있는 여건이 구비될 때 실시한다.

③ 소비자의 선호, 소득, 장소 및 대체재의 유무 등에 따라 서로 다른 가격을 부과한다.

④ 서로 다른 시장에서 매매된 상품이 시장 간에 이동될 수 없어야 한다.

해설 가격차별은 상이한 수요자나 시장 간에 상이한 수요의 가격탄력성을 갖고 있을 때 성립하게 된다.

14 **판매자는 하나이고 그가 생산하는 생산물에 대한 가까운 대체재가 없으며, 진입의 장벽이 있는 시장구조는?**

① 완전경쟁시장 ② 과점시장

③ 독점시장 ④ 독점적 경쟁시장

해설 경쟁상대가 전혀 없는 상태를 독점시장이라 한다.

15 **다음 수산물시장 관련 내용으로 옳지 않은 것은?**

① 독점적 시장구조는 수요와 공급의 조건을 정확하게 반영할 수 있다.

② 수산물을 보통 단일 또는 고립된 시장에서 판매되는 것이 아니고 지리적으로 널리 분산된 수많은 시장에서 판매된다.

③ 시장의 지리적 구조는 그 시장에 있는 상인들의 규모에 영향을 미친다.

④ 수요와 공급이 비탄력적일 때에는 큰 가격변화라 할지라도 작은 양의 조정만으로 가능하다.

해설 독점적 시장구조는 수급의 조건을 제대로 반영하지 못함으로써 불평등을 야기한 시장구조이며, 수요와 공급의 조건을 정확하게 반영하는 시장은 완전경쟁시장이다.

정답 13 ① 14 ③ 15 ①

16 이윤극대화를 추구하는 독점기업의 가격차별에 관한 설명으로 옳지 않은 것은?

① 동일한 수요자를 대상으로 구입 수량에 따라 가격을 차별할 수 있다.

② 분리된 시장 간 상품의 재판매가 불가능할 때 가격차별이 효과적이다.

③ 분리된 두 시장에서 각각의 한계수입과 기업의 한계비용이 같아야 한다.

④ 완전가격차별은 사회후생을 감소시킨다.

해설 완전가격차별이란, 각 단위의 재화에 대하여 소비자들이 지불할 용의가 있는 최대금액을 설정하는 것을 말한다. 따라서 1단위의 재화를 추가로 판매할 때 독점기업이 수취하는 가격이 소비자가 지불할 용의가 있는 가격과 일치하므로 소비자잉여가 전부 독점기업의 이윤으로 귀속되므로 소비자잉여는 0이 된다. 하지만 이 경우 독점으로 인한 후생손실은 발생하지 않으므로 사회 전체의 총 잉여는 완전경쟁일 때와 동일하다. 따라서 완전가격차별은 사회후생을 증가시킨다.

17 공급독점시장(Monopoly Market)에 대한 설명으로 옳은 것은?

① 한계수입(한계수익) 곡선은 수요곡선 위에 위치한다.

② 공급곡선이 존재하지 않는다.

③ 최적산출량은 한계비용곡선과 수요곡선이 만나는 점에서 결정된다.

④ 소수의 기업이 전략적 행위를 통해 이윤극대화를 추구한다.

해설 독점시장에서는 시장가격과 공급수량을 수요곡선상에서 결정하기 때문에 공급곡선이 존재하지 않는다. 독점시장에서의 수요곡선은 완전경쟁시장과 달리 가격을 내리면 수요가 늘어나기 때문에 우하향한다.

① 한계수입(한계수익)곡선은 수요곡선 아래에 위치한다.

③ 최적산출량은 한계비용곡선과 한계수요곡선이 만나는 점에서 결정된다.

④ 과점시장에 대한 설명이다.

18 독점적 경쟁시장에 관한 설명으로 옳지 않은 것은?

① 시장에 다수의 기업이 존재한다.

② 상품의 형태나 모양으로는 차별화할 수 없다.

③ 장기균형에서 초과생산설비가 존재한다.

④ 장기균형에서 경제적 이윤이 발생하지 않는다.

해설 독점적 경쟁시장은 진입과 퇴거가 대체로 자유롭고 다수의 기업이 존재하며, 개별기업들은 대체성이 높지만 차별화된 재화를 생산하는 시장형태를 말한다. 따라서 상품의 형태나 모양으로 재화를 차별화할 수 있다.

16 ④ 17 ② 18 ② 정답

19 과점시장의 특징에 대한 설명으로 맞는 것은?

① 한 시장에 소수의 판매자로 구성되어 있기 때문에 판매자의 가격정책은 상호의존성이 없다.

② 한 시장에 소수의 판매자가 존재하는 경우로서 생산물이 동질적일 수도 있고 이질적일 수도 있다.

③ 한 기업은 시장 전체에 비해 상대적으로 그리 크지 않기 때문에 시장 전체의 판매량을 크게 변화시키지 못한다.

④ 과점시장의 수요곡선은 시장전체의 수요곡선이 된다.

해설 과점시장의 특징

- 시장이 소수의 대기업에 의해 지배됨
- 상호의존적이고 담합이 잘 이루어짐
- 가격은 경직적이나 비가격경쟁은 치열함
- 새로운 기업의 진입장벽은 상당히 높음

※ 시장 형태

구 분 \ 종 류	완전 경쟁 시장	독점시장	독점적 경쟁 시장	과점시장
거래자의 수	다 수	하 나	다 수	소 수
상품의 질	동 질	동 질	이 질	동질, 이질
시장 참여	항상 가능	불가능	항상 가능	실질적으론 곤란
시장의 예	주식 시장, 쌀 시장	전력, 철도	주유소, 병원	가전제품, 자동차

20 X재의 시장은 독점이며, 시장수요곡선은 $Q = 20 - P$이다(Q는 X재의 수요량, P는 X재의 가격). X재 생산의 한계비용이 4로 일정할 경우 X재의 독점가격은?

① 6 ② 8

③ 10 ④ 12

해설 총수입(TR) $= P \times Q = (20 - Q) \times Q = 20Q - Q^2$이다.

한계수입(MR)은 $20 - 2Q$이고 균형점에서 $MR = MC$이므로 균형점에서 $20 - 2Q = 4$이고, $Q = 8$이다.

따라서 $P = 12$이다.

정답 19 ② 20 ④

21 수산물 유통마진에 관한 설명으로 옳은 것은?

① 유통경로나 연도에 상관없이 일정하다.
② 동일 어종의 유통마진은 모두 같다.
③ 유통마진율과 마크업(Mark-up)은 동일한 개념이다.
④ 소매단계의 유통마진은 도매단계보다 높은 편이다.

해설 임대료, 인건비, 감모 때문에 유통마진의 절반 이상이 출하 도매단계보다 소매단계에서 발생한다.
① 유통경로나 연도에 따라 다르다.
② 동일 어종이라고 크기와 선도에 따라 완전히 다른 상품이 될 수 있다.
③ 유통마진율과 마크업(Mark-up)은 다른 개념이다.
※ 유통마진율 : 일정 기간 내의 실제 판매액에서 구입액을 뺀 차이를 판매액으로 나누어서 구한다.
※ 마크업(Mark-up) : 상품의 매매를 결정하는 것으로 매입원가와의 관계, 시가와의 관련 등을 고려하여 결정한다.

22 수산물 유통마진에 관한 설명으로 옳은 것은?

① 유통마진은 저장·수송이 어려울수록 낮다.
② 일반적으로 경제가 발전할수록 감소하는 경향이 있다.
③ 유통이윤과 유통비용으로 구성된다.
④ 소매상 구입가격에서 생산자 수취가격을 공제한 것이다.

해설 ① 저장·수송이 어려운 수산물은 유통마진이 높다.
② 어촌으로부터 도시지역으로 수산물을 수송해야 하기 때문에 수송비는 증가한다.
④ 소비자가 지불한 가격에서 생산자가 수취한 가격을 뺀 금액이다.

23 수산물 유통마진에 대한 설명으로 옳지 않은 것은?

① 소비자가 지불한 가격에서 생산자가 수취한 가격을 뺀 금액이다.
② 유통비용과 유통이윤(상업이윤)의 합으로 구성된다.
③ 매매가격의 가격차이(차액)을 나타낸다.
④ 유통마진이 높다는 것은 곧 유통이 비효율적이라는 것을 의미한다.

해설 수산물은 상품 특성상 유통마진이 높을 수밖에 없는 구조를 가지고 있다. 선진국의 경우에도 저온유통 브랜드화 등 유통서비스의 질이 높아짐에 따라 유통비용이 증가되어 유통마진이 오히려 높아지는 경향이 있다.
※ **유통마진율에 영향을 주는 요인** : 가공도 및 저장여부, 상품의 부패성 정도, 계절적 요인, 수송비용, 상품가치 대비 부피 등

21 ④ 22 ③ 23 ④ 정답

24 다음 유통마진의 개념과 관련된 내용으로 옳지 않은 것은?

① 어업인에게 지출한 부분은 생산자 수취가격이 되고, 유통기능을 수행한 유통기관에게 지출한 부분은 유통마진이 된다.

② 유통마진은 소비자가 수산물의 구입에 대한 지출금액에서 어업인이 수취한 금액을 공제한 것이다.

③ 유통마진은 유통단계에 종사하고 있는 모든 유통기관에 의해서 수행된 효용증대활동과 기능에 대한 대가라고 할 수 있다.

④ 유통마진에는 유통기능 수행에 따른 유통비용은 포함되고 유통단계에 종사하고 있는 유통기관의 이윤은 제외된다.

해설 유통마진은 유통비용+상업이윤(유통종사자의 이윤)이므로 유통단계에 종사하고 있는 유통기관의 이윤이 포함된다.

25 수산물 유통비용과 가격에 관한 설명으로 옳은 것은?

① 유통비용이 증가하면 일반적으로 소비자가격은 하락한다.

② 유통비용 변화분은 소비자가격과 생산자가격의 변화폭을 합한 것이다.

③ 유통비용 변화에 따른 가격변화폭은 수요곡선의 이동 폭에 따라 결정된다.

④ 공급이 수요보다 비탄력적이면 유통비용 증가는 생산자보다 소비자에게 더 큰 부담을 준다.

해설 **유통비용**

- 유통비용은 유통마진 중 상업이윤을 제외한 부분을 말한다.
- 유통비용이 증가하면 일반적으로 소비자가격은 상승한다.
- 유통비용 변화에 따른 가격변화폭은 공급곡선의 이동 폭에 따라 결정된다.
- 공급이 수요보다 비탄력적이면 유통비용 증가는 소비자보다 생산자에게 더 큰 부담을 준다.

정답 24 ④ 25 ②

26 다음 중 유통마진의 성격이 다른 것은?

① 운송비 ② 보관비
③ 선별비 ④ 수수료

해설 ④ 유통이윤(상업이윤)
①·②·③ 유통비용(유통경비)

27 다음의 공식 중 잘못된 것은?

① 유통마진 = 소비자 지불가격 – 생산자 수취가격
② 유통마진 = 유통비용 + 생산자 이윤
③ 유통마진율 = [(소비자가격 – 생산자 수취가격) / 소비자가격] × 100
④ 유통마진율 = (총 마진 / 소비자 가격) × 100

해설 유통마진 = 유통비용 + 상업이윤(유통종사자 이윤)

28 다음 중 유통마진의 측정방법으로 잘못된 것은?

① 마진율 = [(구입가격 – 구입가격) / 판매가격] × 100
② 소매마진 = 소매가격 – 중도매가격
③ 유통마진율(%) = [(소비자 구입가격 – 생산자 수취가격) / 소비자 구입가격] × 100
④ 유통마진액 = 소비자 구입가격 – 생산자 수취가격

해설 마진율 = [(판매가격 – 구입가격)/판매가격] × 100

26 ④ 27 ② 28 ① 정답

29 **미역 kg당 소비자가격은 1,500원이고, 유통마진율은 30%일 때 생산자 수취가격은 얼마인가?**

① 450원 ② 850원
③ 1,050원 ④ 1,150원

해설 유통마진 = 소비자 구입가격 − 생산자 수취가격
생산자 수취가격 = 소비자 구입가격 − 유통마진
= 1,500 − (1,500 × 30%) = 1,050원

30 **유통비용은 직접비용과 간접비용으로 구분할 수 있는데, 다음 중 직접비용에 속하지 않는 것은?**

① 점포 임대료 ② 수송비
③ 하역비 ④ 저장비

해설 **유통비용**

- 직접비용 : 직접비용은 수송비, 포장비, 하역비, 저장비, 가공비 등과 같이 직접적으로 유통을 하는 데 지불되는 비용이다.
- 간접비용 : 간접비용은 점포 임대료, 자본이자, 통신비, 제세공과금 등과 같이 농산물유통을 하는 데 간접적으로 투입되는 비용이다.

31 **수산물 유통비용을 절감시키는 방안으로 적절하지 않은 것은?**

① 산지유통 시설을 확충하고 개별출하를 확대시킨다.
② 직거래를 활성화시킨다.
③ 도매시장 거래방식을 다양화하여 생산자의 선택기회를 확대해 나간다.
④ 인터넷을 통하여 전자상거래를 활성화시킨다.

해설 유통비용을 절감시키기 위해서는 산지유통 시설을 확충하고 공동출하를 확대하여야 한다.

정답 29 ③ 30 ① 31 ①

32 다음 유통기능별 유통마진에 대한 설명 중 옳지 않은 것은?

① 수송기능에 따라 발생하는 수송비용은 장소효용 증대를 위해 투입된 모든 비용을 말한다.
② 수송비는 상차, 하차비와 같은 고정비와 운송거리와 관계있는 가변비로 구성되어 있는데 수송과정 중의 감모부분을 포함시키면 총수송비용이 된다.
③ 가공비용은 형태효용을 증대시키기 위하여 투입된 비용으로 가공을 많이 하면 할수록 가공비용은 적게 든다.
④ 시간의 효용증대를 위한 저장활동을 할 때 저장비용이 많이 소모된다.

해설 **유통기능별 유통마진**

- 수송에 따라 발생하는 수송비용 : 수송비용은 장소효용의 증대를 위해 투입된 모든 비용을 말한다. 수송비는 상차, 하차비와 같은 고정비와 운송거리와 관계있는 가변비로 구성되어 있는데, 수송과정 중의 감모부분을 포함시키면 총수송비용이 된다.
- 저장에 따라 발생하는 저장비용 : 시간의 효용증대를 위한 저장활동을 할 때 저장비용이 소모되는데, 이는 창고에 입·출고하는 고정비와 저장고 이용의 비용·감모 등을 감안한 사회적 비용 등으로 구성되어 있다.
- 가공에 따라 발생하는 가공비용 : 가공비용은 형태의 효용을 증대시키기 위하여 투입된 비용으로 가공을 많이 하면 할수록 가공비용은 많이 든다.

33 다음 중 수산물 유통효율이 향상되는 경우는?

① 동일한 수준의 산출을 유지하면서 투입 수준을 증가시키면 유통효율이 향상된다.
② 시장구조를 불완전 경쟁적으로 유도하면 유통효율이 향상된다.
③ 유통활동의 한계생산성이 1보다 클 때 유통효율이 향상된다.
④ 유통작업이 노동집약적으로 이루어질 때 유통효율이 향상된다.

해설 유통활동에 있어서 한계생산성이 1보다 작으면 유통효율이 작아지고, 1보다 클 경우에는 향상된다.

34 다음 중 산지 단계에서 발생하는 유통비용이 아닌 것은?

① 위판 수수료 ② 양륙비
③ 배열비 ④ 상장수수료

해설 상장수수료는 소비지 단계에서 발생하며, 소비지 도매시장에 수산물을 위탁한 출하자는 거래금액의 3~4%의 상장수수료를 도매시장 법인에게 지불한다.

32 ③ 33 ③ 34 ④ 정답

CHAPTER 06

수산물 마케팅

01 마케팅의 일반

1 마케팅의 개념

마케팅은 기업 경영에 있어 핵심적인 경영 철학이다.

(1) 마케팅의 정의

① 미국 마케팅 학회의 정의 : 마케팅은 개인과 조직의 목표 달성을 위해 아이디어, 제품, 서비스에 관하여 제품화, 가격, 촉진, 유통을 계획하고 집행하는 과정이다.

② 코틀러(P. Kotler)의 정의 : 마케팅은 개인과 집단이 제품과 가치를 창출하고 교환함으로써 필요와 욕구를 충족시키는 사회적·관리적 과정이다.

③ 한국마케팅학회(KMA)의 마케팅의 정의 : 조직이나 개인의 목표를 달성하기 위해 교환을 창출하고 유지하기 위하여 시장을 정의하고 관리하는 과정이다.

(2) 마케팅의 의의

① 의의 : 생산자가 상품 또는 서비스를 소비자에게 유통시키는 데 관련된 모든 체계적 경영활동을 말하는 것으로 매매 자체만을 가리키는 판매보다 훨씬 넓은 의미를 지니고 있다.

② 주요 개념

㉠ 욕구 : 마케팅에 내재된 가장 기본적인 개념은 인간의 욕구로, 인간의 욕구는 무엇인가 결핍감을 느끼는 상태

㉡ 욕망 : 문화와 개성에 의해서 형성된 욕구를 충족시키기 위한 형태

㉢ 수요 : 욕망이 구매력을 수반할 때 수요가 됨

㉣ 제품 : 인간의 욕구나 욕망을 충족시켜 줄 수 있는 것

㉤ 교환 : 어떤 사람에게 필요한 것을 주고 그 대가로 자신이 원하는 것을 얻는 행위

㉥ 거래 : 두 당사자 간에 가치를 매매하는 것으로 형성

㉦ 시장 : 어떤 제품에 대한 실제적 또는 잠재적 구매자의 집합

㉧ 마케팅 : 인간의 욕망을 충족시킬 목적으로 이루어지는 교환을 성취하기 위해 시장에서 활동하는 것

(3) 마케팅의 기능

① **제품관계** : 신제품의 개발, 기존 제품의 개량, 새 용도의 개발, 포장・디자인의 결정, 낡은 상품의 폐지 등

② **시장거래관계** : 시장조사, 수요예측, 판매경로의 설정, 가격정책, 상품의 물리적 취급, 경쟁대책 등

③ **판매관계** : 판매원의 인사관리, 판매활동의 실시, 판매사무의 처리 등

④ **판매촉진관계** : 광고・선전, 각종 판매촉진책의 실시 등

⑤ **종합조정관계** : 이상의 각종 활동 전체에 관련된 정책・계획책정, 조직설정, 예산관리의 실시 등

(4) 마케팅개념의 변천 과정

① **생산지향적 개념**

㉠ 소비자들은 싸고 쉽게 구할 수 있는 제품을 선호한다고 가정한다.

㉡ 경영자는 생산성을 높이고 유통효율을 개선시키려는 데 초점을 두어야 한다는 관리 철학이다.

② **제품지향적 개념**

㉠ 소비자들은 최상의 품질을 제공하는 제품을 선호할 것이라고 가정한다.

㉡ 조직체는 계속적으로 제품개선에 정력을 쏟아야 한다는 관리 철학이다.

③ **판매지향적 개념** : 치열한 판매경쟁으로 기업이 충분한 판매활동과 촉진노력을 기울이지 않는다면 소비자들이 자신의 제품을 구매하지 않을 것으로 보는 개념이다.

④ **마케팅지향적 개념** : 조직의 목표를 달성하기 위해서는 표적시장의 욕구와 욕망을 파악하고 이를 경쟁자보다 효과적이고 효율적인 방법으로 충족시켜 주어야 한다고 보는 관리 철학이다.

⑤ **사회지향적 마케팅개념** : 고객만족과 기업의 이윤뿐만 아니라 장기적인 사회전체의 이익과 복지도 함께 고려하여야 한다는 관리 철학이다.

생산개념 → 제품개념 → 판매개념 → 마케팅개념 → 사회적 마케팅개념

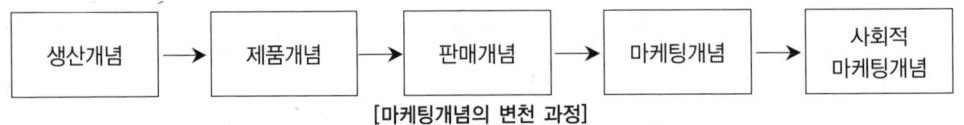

[마케팅개념의 변천 과정]

※ 마케팅의 종류

- 전환마케팅 : 어떤 제품이나 서비스 또는 조직을 싫어하는 사람들에게 그것을 좋아하도록 태도를 바꾸려고 노력하는 마케팅
- 자극마케팅 : 제품에 대하여 모르거나 관심을 갖고 있지 않는 경우 그 제품에 대한 욕구를 자극하려고하는 마케팅
- 개발마케팅 : 고객의 욕구를 파악하고 난 후 그러한 욕구를 충족시킬 수 있는 새로운 제품이나 서비스를 개발하려는 마케팅
- 재마케팅 : 한 제품이나 서비스에 대한 수요가 안정되어 있거나 감소하는 경우 그 수요를 재현하려는 마케팅
- 동시마케팅 : 제품이나 서비스의 공급능력에 맞추어 수요 발생 시기를 조정 또는 변경하려는 마케팅
- 유지마케팅 : 현재의 판매수준을 유지하려는 마케팅
- 디마케팅(역마케팅) : 하나의 제품이나 서비스에 대한 수요를 일시적으로나 영구적으로 감소시키려는 마케팅

- 카운터마케팅 : 특정한 제품이나 서비스에 대한 수요나 관심을 없애려는 마케팅
- 심비오틱마케팅 : 두 개 이상의 독립된 기업들이 연구개발, 시장개척, 판매경로 및 판매원관리를 위하여 같은 계획과 자원을 결합하여 마케팅문제를 보다 쉽게 해결하고 마케팅관리를 효율적으로 수행하기 위한 마케팅

  예 회사 간의 협력광고, 유통망의 공동이용, 공동 브랜드의 개발, 카드사와 항공사의 제휴(마일리지) 등
- 조직마케팅(기관마케팅) : 특정 기관 또는 조직에 대하여 대중이 지니게 되는 태도나 행위를 창조·유지·변경하려는 모든 마케팅
- 인사마케팅 : 특정 인물에 대한 태도 또는 행위를 창조·유지하며 변경시키려는 모든 마케팅
- 아이디어마케팅(사회마케팅) : 사회적인 아이디어나 명분·습관 등을 목표로 하고 있는 집단들이 수용할 수 있는 프로그램을 기획·실행·통제하는 마케팅
- 서비스마케팅 : 서비스를 대상으로 하여 이루어지는 마케팅
- 국제마케팅 : 상품 수출을 중심으로 하는 수출마케팅은 물론, 외국기업에 특허권이나 상표 또는 기술적 지식 등의 사용을 허가해주는 사용허가계약으로 외국에서 자사제품의 생산판매체계를 확립하는 활동도 포함되는 마케팅
- 메가마케팅 : 전통적으로 제품, 가격, 장소(유통), 판촉 등 4P만을 마케팅의 통제 가능한 주요 마케팅 전략도구로 인식해 왔으나 영향력, 대중관계, 포장까지도 주요 마케팅 전략도구로 취급하는 경향의 마케팅
- 감성마케팅 : 소비자의 감성에 호소하는 마케팅으로 그 기준도 수시로 바뀔 수 있는 마케팅(다품종 소량생산)
- 그린마케팅 : 사회지향 마케팅의 일환으로 소비자와 사회 환경 개선에 기업이 책임감을 가지고 마케팅 활동을 관리하는 마케팅
- 관계마케팅 : 기업이 고객과 접촉하는 모든 과정이 마케팅이라는 인식으로 기업과 고객과의 계속적인 관계를 중시하는 마케팅
- 터보마케팅 : 마케팅 활동에서 시간의 중요성을 인식하고 이를 경쟁자보다 효과적으로 관리함으로써 경쟁적 이점을 확보하려는 마케팅
- 데이터베이스 마케팅 : 고객에 관한 데이터베이스를 구축·활용하여 필요한 고객에게 필요한 제품을 판매하는 마케팅전략으로 '원투 원(One-to-one)마케팅'이라고도 함
- 스포츠마케팅 : 스포츠를 이용하여 제품판매의 확대를 목표로 하는 마케팅으로, 스포츠 자체의 마케팅과 스포츠를 이용한 마케팅 분야로 구분
- 전사적 마케팅 : 마케팅 활동이 판매부문에 한정되어 수행되는 것이 아니라, 기업의 모든 활동이 마케팅기능을 수행하게 된다는 통합적 마케팅과 같은 개념
- 노이즈마케팅 : 제품의 홍보를 위해 기업이 고의적으로 각종 이슈를 만들어 소비자의 호기심을 자아내는 마케팅기법으로 특히 단기간에 최대한의 인지도를 이끌어내기 위해 쓰인다. 긍정적인 내용보다는 자극적이면서 좋지 않은 내용의 구설수를 퍼뜨려 소비자들의 입에 오르내리게 하는 방식
- 블로그마케팅 : 동일한 관심사를 가지는 블로거들이 모이는 곳에 제품 등을 판매하기 위해 홍보하는 타깃 마케팅으로 효과적인 방법이다. 블로그 마케팅은 소비자와의 쌍방향 커뮤니케이션이 가능하며, 마케팅 공간에서 곧바로 구매가 가능하다는 점이 특징이다. 또한, 비용대비 효과가 높다는 점에서도 경제적인 마케팅채널로 떠오르고 있는 방식
- SNS마케팅 : 웹 2.0을 기초로 해서 상호작용하는 인터넷서비스인데, 이는 온라인상의 인맥을 기반으로 만들어진 커뮤니티 형태의 웹사이트를 활용하고, 기업 또는 스스로에게 필요로 하는 마케팅에 접합하여 효과를 보는 방식

  예 트위터 마케팅, 페이스북 마케팅, 스마트폰 마케팅

2 마케팅관리 과정

(1) 의 의

마케팅 환경을 분석, 이를 토대로 마케팅목표를 설정, 마케팅목표와 일치하는 표적시장을 선정, 이에 적절한 마케팅믹스를 설계하여 이를 실행하고 통제하는 일련의 활동이다.

상황분석 → 목표설정 → 표적시장전략 → 마케팅믹스 설계 → 마케팅활동의 실행 및 통제

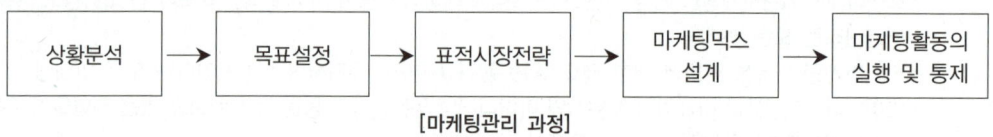

[마케팅관리 과정]

(2) 마케팅환경

① 마케팅환경의 의의

㉠ 마케팅환경은 환경과 목표고객 사이에서 마케팅목표의 실현을 위해 수행되는 마케팅관리 활동에 영향을 미치는 여러 행위주체와 영향요인을 말한다.

㉡ 마케팅환경은 크게 미시적 환경과 거시적 환경으로 구분된다.

㉢ 마케팅환경은 마케팅활동을 수행하는 데 제약요인이 된다.

㉣ 마케팅환경은 기업의 성장 및 존속을 저해하는 요인이 되기도 한다.

② 기업의 미시환경과 거시환경

㉠ 미시적 환경 : 기업, 원료공급자, 마케팅중간상, 고객, 경쟁기업, 공중(관련자) 등

㉡ 거시적 환경 : 인구통계적 환경, 경제적 환경, 자연적 환경, 기술적 환경, 정치적 환경, 문화적 환경 등

③ 마케팅환경에의 대응

㉠ 기업은 환경적 요인을 분석하고 환경이 제공하는 기회를 이용하고, 환경의 변화에 의한 위협을 회피할 수 있는 경영전략을 수립하고자 한다.

㉡ 어떤 기업은 그들의 환경을 관찰하고 그 변화에 따른 적절한 대응을 하는 것을 벗어나서 마케팅환경을 구성하는 요인과 공중들에게 적극적인 행동을 취하려 한다.

(3) 상황분석 : 마케팅환경분석

① 개 념

㉠ 마케팅 전략을 세우기 위해서는 먼저 마케팅 환경에 대한 분석이 선행되어야 한다.

㉡ 제대로 된 마케팅 전략을 세우려면 급속하게 변하는 시장의 상황과 마케팅환경을 정확하게 파악하고 마케팅 전략에 필요한 정보를 수집하고 분석해야 한다.

㉢ 기업외부의 환경과 기업내부의 환경을 적절히 파악한 후 마케팅환경분석을 통해 시장의 기회와 위협, 성공요인, 성공전략 등을 도출해 내야 한다.

㉣ 환경분석에는 외부환경분석과 내부환경분석이 있다.

② **외부환경분석** : 고객의 수요와 경쟁환경을 파악하는 것으로, 외부적 환경에는 구체적으로 거시적 환경, 시장, 경쟁자, 소비자 환경으로 구분한다.

㉠ 거시적 환경분석 : 인구통계적 환경요인, 경제적 환경요인, 기술적 · 자연적 환경요인, 정치적 · 법률적 환경요인, 사회 · 문화적 환경요인을 파악, 분석하는 것

㉡ 시장분석 : 자사 제품의 시장 매력도는 어느 정도이며 새로 진출하려는 시장은 얼마나 자사에게 유리한지를 파악하기 위해서 시장의 크기와 특성을 파악, 분석하는 것

㉢ 경쟁자분석 : 주요 경쟁자를 대상으로 주요 경쟁품, 현재 마케팅 전략, 현재 시장상황과 재무성과가 어떠한지를 파악, 분석하는 것

㉣ 소비자 분석 : 시장 내 현재 및 잠재 소비자들을 대상으로 구매행동을 파악, 분석하는 것

③ **내부환경분석** : 자사의 현재 내부능력이나 상태를 파악하여 자사 및 자사산업의 독특한 강점과 약점에 관한 내용을 분석하는 것이다.

㉠ 외부환경분석으로 시장의 기회나 위협을 포착하게 되면 이 정보를 마케팅 전략에 활용할 수 있는 방안을 모색해야 한다.

㉡ 기업의 인적 자원, 조직, 자금, 문화, 제품 등과 같은 내부경영자원을 정확하게 파악하고 분석하여 자사의 강점과 약점을 마케팅 전략에 이용할 수 있어야 한다.

㉢ 기업의 내부환경은 통제가 가능한 부분이지만 기업의 외부환경은 기업의 통제에서 벗어난 부분이기 때문에 외부환경을 제대로 파악하고 이를 기업의 내부환경에 대응시켜 가장 효과적인 마케팅 전략을 세우는 것이 SWOT 분석의 목적이다.

㉣ 외부환경에서 오는 다양한 기회와 위협, 그리고 내부환경의 강점과 약점을 분석하여 기업의 마케팅 전략을 수립할 수 있도록 하는 과정이다.

※ SWOT 분석

SWOT 분석은 강점(Strengths), 약점(Weaknesses), 기회(Opportunities), 위협(Threats)의 요인을 분석하여 평가하는 것으로, 기업은 내부환경을 분석하여 자사의 강점과 약점을 발견하고, 외부환경을 분석하여 기회와 위협을 찾아낸다.

(4) 목표설정

① 마케팅목표는 기업의 전사적 목표와 전략에 밀접하게 관련된다.

② 기업의 전략이 종종 마케팅 목표로 구체화되기도 한다.

③ 마케팅목표를 설정하는 데는 시장점유율 목표, 수익률 목표, 상표인지율 목표, 소비자와의 마케팅커뮤니케이션 목표, 소비자 이미지향상 목표 등을 구체적으로 과거와 대비하여 수치로 표시한다. 그 다음에 마케팅목표가 달성될 경우에 예상되는 이익목표를 설정한다.

(5) 표적시장전략 수립

현재 및 장래의 시장규모와 그 시장의 상이한 여러 개의 세분시장들에 대한 자세한 예측이 필요하다.

① **시장세분화** : 시장은 여러 형태의 고객, 제품 및 요구로 형성되어 있으므로 마케팅관리자는 기업의 목표를 달성하는 데 있어 어느 세분시장이 최적의 기회가 될 수 있는가를 결정하여야 한다.

② **표적시장의 선정** : 기업은 여러 세분시장에 대해 충분히 검토한 후에 하나 혹은 소수의 세분시장에 진입할 수 있으므로, 표적시장 선정은 각 세분시장의 매력도를 평가하여 진입할, 하나 또는 그 이상의 세분시장을 선정하는 과정이다.

③ **시장위치 선정(포지셔닝)** : 표적소비자의 마음속에 자사의 제품이 경쟁제품과 비교하여, 명백하고 독특하고 바람직한 위치를 잡을 수 있도록 하는 활동을 말한다.

(6) 마케팅 믹스 설계

시장세분화, 표적시장의 선정 및 포지셔닝이 이루어지고 나면 마케팅관리자는 마케팅 믹스를 설계해야 한다.

① 마케팅 믹스(Marketing Mix)

㉠ 마케팅목표의 효과적인 달성을 위하여 마케팅활동에서 사용되는 여러 가지 방법을 전체적으로 균형이 잡히도록 조정·구성하는 활동을 말한다.

㉡ 마케팅 믹스를 보다 효과적으로 구성함으로써 소비자의 욕구나 필요를 충족시키며, 이익·매출·이미지·사회적 명성·ROI(Return On Investment : 사용자본이익률)와 같은 기업목표를 달성할 수 있게 된다.

㉢ 마케팅의 4요소(4P)는 제품, 가격, 촉진, 유통인데 이외 고객관리기법, 서비스, 영업방법, 유통경로 등의 통합도 마케팅 믹스로 본다.

㉣ 마케팅 믹스의 최대 포인트는 각각의 마케팅 요소를 잘 혼합하여 전략적 측면과 시스템적 측면까지 고려함으로써 최대한의 상승효과를 얻는 것이 중요하다.

㉤ 마케팅 믹스의 조합에 있어서 제품을 기본으로 하여 유통과 촉진을 통하여 부가적인 효용을 창출하되 제품의 효율적인 판매를 위한 지원기능을 한다.

㉥ 마케팅 믹스를 활용한 마케팅 전략의 수립과정 순서는 상황분석, 목표설정, 마케팅 믹스의 조합, 마케팅 의사결정, 피드백 순으로 이루어진다.

㉦ 마케팅 부서에 의해 통제되는 마케팅 환경요인으로는 표적시장의 선정, 소비자의 인식조사, 마케팅믹스의 구성 등이 있다.

② 마케팅믹스 전략

㉠ 제품계획(Product Planning) : 제품, 제품의 이미지, 상표, 제품의 구색, 포장 등의 개발 및 그에 관련한 의사결정을 의미한다.

㉡ 가격계획(Price Planning) : 상품가격의 수준 및 범위, 판매조건, 가격결정방법 등을 결정하는 것을 의미한다.

㉢ 촉진계획(Promotion Planning) : 인적판매, 광고, 판매촉진, PR 등을 통해서 소비자들에게 제품에 대한 정보 등을 알리고 이를 구매할 수 있도록 설득하는 일에 대한 의사결정을 의미한다.

㉣ 유통계획(Distribution Planning) : 유통경로를 설계하고 재고 및 물류관리, 소매상 및 도매상의 관리 등을 위한 계획 등을 세우는 것을 의미한다.

[마케팅믹스(4P)]

[마케팅 활동에 있어서의 4P와 4C]

4P	4C
• 상품(Product) : 상품, 서비스, 포장, 디자인(크기, 색상), 브랜드, 품질 등 • 가격(Price) : 정찰제, 할인, 신용, 할부 등 • 유통(Place) : 유통경로, 구색, 재고, 운송 등 • 판촉(Promotion) : 판매촉진, 광고, PR, 인적판매, DM 등	• 고객가치 : Customer Value • 고객측 비용 : Cost to the Customer • 편리성 : Convenience • 의사소통 : Communication

(7) 마케팅활동의 실행 및 통제

기업은 내·외부상황 분석, 마케팅목표 설정, 표적시장의 선정 및 마케팅믹스의 설계에 이르는 전 과정을 실행하며 이러한 마케팅활동의 흐름을 통제할 수 있어야 한다.

① 마케팅활동관리

㉠ 마케팅 분석

㉡ 마케팅계획의 수립

㉢ 마케팅 실행

㉣ 마케팅 통제

② 마케팅활동의 실행 및 통제의 조건

㉠ 마케팅계획을 실행할 수 있는 마케팅조직을 설계한다.

㉡ 마케팅관리과정의 모든 단계에서 조직 구성원의 충원 방법을 파악한다.

㉢ 마케팅 목표가 얼마나 달성되었는가를 주기적으로 살펴본다.

예 매출액 분석, 시장점유율 분석, 마케팅비용, 고객만족도 분석 등

③ 마케팅 통제(Marketing Control)의 유형(P. Kotler)

㉠ 연차계획 통제 : 당해 연도의 사업계획과 실적을 비교하고 필요시에 시정조치를 하는 것
→ MBO(목표에 의한 관리)

㉡ 수익성 통제 : 상품, 지역, 고객그룹, 판매경로, 주문 규모 등이 기준별로 수익성에 얼마나 기여하는가를 분석하며, 이를 근거로 제품이나 마케팅활동을 조정하는 것

㉢ 효율성 통제 : 수익성 분석에서 기업이 제품, 지역 또는 시장과 관련하여 이익획득이 부진하다면 마케팅 중간상과 관련하여 판매원, 광고, 판매촉진 및 유통경로를 관리하는 보다 효율적인 방법을 찾아야 함

㉣ 전략적 통제 : 마케팅기능이 제대로 잘 수행되고 있는가를 점검하는 것

3 전략적 마케팅계획

(1) 마케팅전략

① 의의 : 마케팅 목표를 달성하기 위해서 다양한 마케팅활동을 통합하는 가장 적합한 방법을 찾아 실천하는 일을 말한다.

② 전략과 전술

㉠ 전략은 장기적이며 전개방법이 혁신적이며 계속적 개선을 노리는 점에서 마케팅전술과 다르다.

㉡ 전개의 폭은 통합적이어야 하고, 반드시 모든 마케팅기능을 가장 적합하게 조정·구성하여야 한다. 이 점에서도 개별기능의 개선을 중요시하는 전술과 크게 다르다.

㉢ 동시에 마케팅전략은 전략 찬스를 발견하기 위한 분석, 가장 알맞은 전략의 입안, 조직전체의 전개라는 3차원을 포함한다. 이러한 마케팅전략을 전개하려면 결국 기업의 비(非)마케팅 부문, 즉 인사·경리 등에도 많은 관련을 가지게 된다.

(2) 포트폴리오계획

포트폴리오계획 방법 중 대표적인 것은 경영자문회사인 Boston Consulting Group이 수립한 방법이다.

① BCG의 성장-점유 매트릭스 : 수직축인 시장성장률은 제품이 판매되는 시장의 연간성장률로서 시장매력척도이며, 수평축은 상대적 시장점유율로서 시장에서 기업의 강점을 측정하는 척도이다.

㉠ 별(Star) : 고점유율·고성장률을 보이는 전략사업단위로 그들의 급격한 성장을 유지하기 위해서 많은 투자가 필요한 전략사업단위이다.

㉡ 의문표(Question Mark) : 고성장·저점유율에 있는 사업단위로서 시장점유율을 증가시키거나, 성장하기 위하여 많은 자금이 소요되는 전략사업단위이다.

㉢ 현금젖소(Cash Cow) : 저성장·고점유율을 보이는 성공한 사업으로서 기업의 지급비용을 지불하며 또한 투자가 필요한 다른 전략사업단위 등을 지원하는 데 사용할 자금을 창출하는 전략사업단위이다.

㉣ 개(Dog) : 저성장·저점유율을 보이는 사업단위로서 자체를 유지하기에는 충분한 자금을 창출하지만 상당한 현금창출의 원천이 될 전망이 없는 전략사업단위이다.

② BCG 매트릭스의 전략대안

㉠ 육성(Build) : 이윤의 제고보다는 사업부의 시장점유율을 목적으로 하는 전략이다. Question Mark 또는 Star 사업부가 해당된다.

㉡ 보존(Hold) : 현 시장점유율을 유지 및 보호하는 것이다. Cash Cow 사업부가 해당된다.

㉢ 수확(Harvest) : 장기적인 효과보다는 현 사업부의 단기적 현금 흐름을 증가시키는 데 초점을 둔다. Cash Cow, Dog, Question Mark 사업부가 해당된다.

㉣ 철수(Dives) : 시장에서 철수 및 퇴출시키는 것이다. Dog 또는 Question Mark 사업부가 해당된다.

(3) 성장전략 수립

① 내부성장전략과 외부성장전략

㉠ 내부성장전략 : 신제품을 자사(自社)의 연구개발부문에서 개발하고 기업의 기성판매경로와 경영인재를 이용하여 다변화를 이루어 성장하는 방식이다. 현재 가지고 있는 부문과의 사이에 시너지효과가 큰 성장기회에 대하여는 비용과 타이밍의 양면에서 보아 유리한 성장방식이라고 할 수 있다. 장점은 선발생산자(先發生産者)로서 높은 창업자적 이득을 얻을 수 있고, 새로운 기술과 노하우(Know-how)가 사내에 축적되며, 사내의 연구개발 의욕을 향상시킬 수 있다는 점 등이다.

㉡ 외부성장전략 : 기업의 내부자원에 의존하지 않고 외부자원을 이용한 성장전략으로서 타 회사와의 기술제휴, 개발이 끝난 신제품의 취득, 타 회사의 흡수・합병 등의 방법이 있다. 장점은 신규 사업분야의 진출에 있어서 리드타임(Lead Time)을 단축할 수 있고 투자비용과 투자위험을 줄이며, 기성제품분야와 시너지효과(Synergy Effect)를 갖지 않는 비관련 성장분야에 진출할 수 있는 것이다. 반면 이 전략의 단점으로는 자사(自社)개발에 비해 수익성이 낮고, 사내연구 개발의욕의 저하를 초래할 염려가 있으며 합병의 경우에는 인사문제가 복잡하게 되는 것 등의 문제가 있다.

② 제품시장 확장그리드를 이용한 성장전략 확인

㉠ 시장침투 : 기존시장 + 기존제품의 경우로 어떤 형태로든 제품을 변경시키지 않고 기존 고객들에게 보다 많이 판매하도록 하는 전략수립

㉡ 시장개척 : 신시장 + 기존제품의 경우로 시장개척의 가능성을 고려하는 전략수립

㉢ 제품개발 : 기존시장 + 신제품의 경우로 기존시장에 신제품 또는 수정된 제품을 공급하는 전략수립

㉣ 다각화 전략 : 신시장 + 신제품의 경우로 기존의 제품이나 시장과는 완전히 다른 새로운 사업을 시작하거나 인수하는 전략수립

(4) 풀전략(Pull Strategy)과 푸시전략(Push Strategy)

① 풀전략(Pull Strategy)

㉠ 기업이 소비자를 대상으로 광고나 홍보를 하고, 소비자가 그 광고나 홍보에 반응해 소매점에 상품이나 서비스를 주문·구매하는 마케팅 전략이다.

㉡ 광고와 홍보를 주로 사용하며, 소비자들의 브랜드 애호도가 높고, 점포에 오기 전에 미리 브랜드 선택에 대해서 관여도가 높은 상품에 적합한 전략으로 (가격)협상의 경우에 주도권은 제조업체에게 있다.

② 푸시전략(Push Strategy)

㉠ 촉진예산을 인적 판매와 거래점 촉진에 집중 투입하여 유통경로상 다음 단계의 구성원들에게 영향을 주고자 하는 전략으로, 일종의 인적 판매 중심의 마케팅전략이다.

㉡ 푸시전략은 소비자들의 브랜드 애호도가 낮고, 브랜드 선택이 점포 안에서 이루어지며, 동시에 충동구매가 잦은 제품의 경우에 적합한 전략이다.

㉢ 유통업체의 마진율에 있어서도 푸시전략이 풀 전략보다 상대적으로 높으며 제조업체의 현장 마케팅 지원에 대한 요구 수준 또한 풀 전략보다 상대적으로 높다.

4 마케팅조사

(1) 마케팅조사의 의의

① 마케팅조사란 상품 및 마케팅에 관련되는 문제에 관한 자료를 계통적으로 수집·기록·분석하여 과학적으로 해명하는 일을 말한다.

② 마케팅조사의 내용에는 상품조사·판매조사·소비자조사·광고조사·잠재수요자조사·판로조사 등 각 분야가 포괄된다. 기법(技法)은 시장분석(Market Analysis)·시장실사(Marketing Survey)·시장실험(Test Marketing)의 3단계로 고찰한다.

③ 시장조사는 마케팅활동의 결과에 대한 조사에서 그치는 것이 아니라, 문제해결을 지향하는 의사결정을 위한 기초조사이어야 한다.

④ 마케팅조사는 특수한 상황에 대해 단편적·단속적인 프로젝트 기준으로 운영된다.

(2) 마케팅 조사의 절차

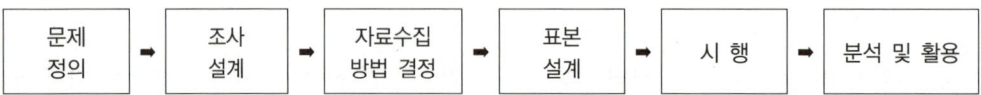

문제 정의 ➡ 조사 설계 ➡ 자료수집 방법 결정 ➡ 표본 설계 ➡ 시 행 ➡ 분석 및 활용

① **문제 정의** : 환경의 변화 및 기업의 마케팅 조직이나 전략의 변화로 인한 마케팅 의사결정의 문제가 발생 시 마케팅 조사가 필요해지며, 마케팅 조사문제가 정의된다.

② **조사설계** : 정의된 문제에 대해 구성된 가설을 검증하는 조사를 수행하기 위한 포괄적인 계획을 의미하는 것으로, 어떠한 조사를 시행할 것인지를 결정하는 단계이다.

③ **자료수집방법 결정** : 설정된 조사목적에 대해 우선적으로 필요한 정보는 무엇인지, 다시 말해 구체적인 정보의 형태가 결정되어야 하므로, 이 단계에서는 조사목적이 보다 더 구체적인 조사과제로 바뀐다.

④ **표본설계** : 자료 수집을 위해 조사 대상을 어떻게 선정할 것인지를 결정하는 과정이다.

⑤ **시행과 분석 및 활용**

㉠ 수집한 자료들을 정리하고 통계분석을 위한 코딩을 한다.

㉡ 적절한 통계분석을 실행한다.

㉢ 정보 사용자에 대한 이해 정도를 고려해서 보고서를 작성한다.

(3) 1차 자료와 2차 자료

① **1차 자료** : 현재의 특수한 목적을 위해서 수집되는 정보를 말한다.

㉠ 장점 : 조사의 목적에 부합하는 정확도, 신뢰도, 타당성 평가가 가능하다.

㉡ 단점 : 2차 자료에 비해 자료의 수집에 있어 비용 및 시간 등이 많이 든다.

② **2차 자료** : 다른 목적을 위해 수집된 것으로, 이미 어느 곳인가에 존재하는 정보를 말한다.

㉠ 장점 : 1차 자료에 비해 시간 및 비용 면에서 저렴하다.

㉡ 단점 : 자료수집의 목적이 조사목적과 일치하지 않는다.

(4) 자료의 수집방법

① 개인면접법

㉠ 가정이나 사무실, 거리, 상점가 등에 있는 조사대상자들의 협조를 얻어 그들과의 대화를 통해 정보를 수집하는 방법이다.

㉡ 면접에 협조적이며, 회수율이 높고, 응답자에게 질문을 정확히 설명할 수 있으며, 조사자가 응답자의 기억을 자극할 수 있다.

㉢ 중요한 정보의 경우 면접자가 질문사실을 관찰할 수 있다는 장점이 있다.

㉣ 단점으로는 비용이 많이 들며, 면접원에 대한 훈련 및 감독을 필요로 하게 되고, 전화조사법에 비해 자료의 수집기간이 길어지는 문제점이 있다.

② 우편조사법

㉠ 원거리조사・분산조사가 가능하고 부재시에도 조사가 가능하다.

㉡ 회답자가 여유 있게 답할 수 있으며, 회답자가 익명을 사용하기 때문에 솔직한 정보수집이 가능하고, 면접자에 의한 압박이나 영향을 받지 않는다.

㉢ 응답자들의 협력을 얻기에는 미흡하며, 응답자들에 대한 정확한 주소록을 확보해야 하며, 무응답률이 높다는 문제점이 있다.

③ 전화조사법

㉠ 비용이 적게 들고, 단기간 내에 조사완료가 가능하다.

㉡ 개인면접 기피자도 조사할 수 있으며, 우편조사법에 비해 응답률이 높다.

ⓒ 전화가 없는 가구는 표본에서 제외되며, 개인적 또는 민감한 사안의 질문에 대해서는 부적절한 단점이 있다.

(5) 마케팅조사에 이용되는 척도

① **명목척도** : 서로 대립되는 범주, 이를테면 농촌형과 도시형이라는 식의 분류표지로서, 표지 상호 간에는 수학적인 관계가 없다.

② **서열척도** : 대상을 어떤 변수에 관해 서열적으로 배열하는 경우(예컨대, 물질을 무게의 순으로 배열하는 등)이다.

③ **간격척도** : 크기 등의 차이를 수량적으로 비교할 수 있도록 표지가 수량화된 경우이다.

④ **비율척도** : 간격척도에 절대영점(기준점)을 고정시켜 비율을 알 수 있게 만든 척도로, 법칙을 수식화하고 완전한 수학적 조작을 하기 위해서는 비율척도가 바람직하다.

(6) 마케팅조사방법

① 관찰조사

㉠ 대상이 되는 사물이나 현상을 조직적으로 파악하는 방법으로써 관찰은 자연적 관찰법(Uncontrolled Observation)과 실험적 관찰법(Controlled Observation)으로 구분할 수 있다.

㉡ 자연적 관찰법은 어떠한 자극이나 조작을 가하지 않고 일상생활이나 작업 장소에서 자연적으로 발생하는 행동 그대로를 관찰・기록하는 것이며, 실험적 관찰법(실험법)은 일상에서 일어나지 않는 행동을 인위적으로 유발(誘發)하여 조직적・의도적으로 관찰하는 것이다.

② 질문조사

㉠ 조사자가 어떤 문제에 관하여 작성한 일련의 질문사항에 대하여 피조사자가 대답을 기술하도록 한 조사방법이다.

㉡ 이 방법은 많은 대상을 단시간에 일제히 조사할 수 있고, 결과 또한 비교적 신속하고 기계적으로 처리할 수 있다.

③ **실험조사** : 주제에 대하여 서로 비교가 될 집단을 선별하고 그들에게 서로 다른 자극을 제시하여 관련된 요인들을 통제한 후 집단 간의 반응의 차이를 점검함으로써 1차 자료를 수집하는 조사방법이다.

④ **탐색조사** : 예비조사라고도 하며, 필요로 하는 지식의 수준이 극히 낮은 경우에 사용하는 조사방법이다. 탐색조사에 활용되는 것으로는 문헌조사, 사례조사, 전문가에 의한 의견조사 등이 있다.

※ 심층면접법과 표적집단면접법

- 심층면접법 : 조사자와 응답자 간 1:1로 질문과 응답을 통해 소매점 서비스에 대한 만족정도, 서비스 개선사항에 대한 의견 등을 응답자로 하여금 진술하게 하는 방법
- 표적집단면접법(초점집단면접법) : 표적시장으로 예상되는 소비자를 일정한 자격기준에 따라 6~12명 정도 선발하여 한 장소에 모이게 한 후 면접자의 진행 아래 조사목적과 관련된 토론을 함으로써 자료를 수집하는 마케팅조사기법

02 소비자행동과 마케팅 전략

1 소비자시장과 소비자행동

(1) 소비자시장

소비자시장이란 개인적 소비를 위해 재화와 서비스를 구입하는 개인과 가정, 즉 최종소비자의 일체를 의미한다.

(2) 소비자행동

① **소비자구매행동** : 소비자구매행동이란 개인적인 소비를 위해 재화와 서비스를 구입하는 최종소비자인 개인 및 가정의 구매행동을 의미한다.

② **소비자행동에 영향을 미치는 요인** : 문화적 요인, 사회적 요인, 개인적 요인, 심리적 요인이 있다.

㉠ 문화적 요인

- 문화 : 문화란 개인의 욕구와 행동을 결정하는 가장 기본적인 원인 요소이다.
- 하위문화(Subculture) : 각 문화는 공통적인 인생 경험과 상황에 바탕을 둔 공유된 가치 시스템을 갖는 하위문화 또는 작은 집단들을 포함한다.
- 사회계층(Social Class) : 사회계층이란 그 구성원이 유사한 가치관, 핵심, 그리고 행동을 공유하는 한 사회 내에서 상대적, 영구적인 계층으로 구분되는 부분들을 의미한다.

㉡ 사회적 요인

- 준거집단(Reference Group) : 개인의 태도와 행동을 형성하는 데 있어 직접적 또는 간접적인 비교점이나 준거점의 역할을 하는 집단이다.
- 가족 : 가족 구성원도 구매자 행동에 강하게 영향을 미친다. 가족 사이의 구매 역할은 소비자의 라이프스타일이 변화됨에 따라 최근 크게 달라지고 있다.
- 역할과 지위 : 사람들은 가족, 클럽, 조직 등 여러 집단에 속해 있으며, 각 집단에서 그 사람의 위치는 역할과 지위에 의해 결정된다. 역할이란 자기 주위에 있는 사람들에 의해서 어떤 사람이 수행하도록 기대되는 활동으로 이루어지며 각각의 역할은 사회에 의해서 그것에 부여된 일반적인 존경을 반영하는 지위를 수반한다.

㉢ 개인적 요인

- 나이, 성별과 생활주기단계 : 사람들이 일생 동안 구입하는 제품과 서비스는 연령에 따라 변화하고 시간이 지남에 따라 가족 구성원들이 성숙해지는 과정에서 거쳐 가는 과정인 생활주기 단계에 따라 구매 역시 영향을 받는다.
- 직업 : 사람들의 직업은 구입하는 제품과 서비스에 영향을 미친다. 마케팅관리자들은 그들의 제품과 서비스에 대해 평균 이상의 관심을 가지고 있는 직업 집단을 규명할 필요가 있다.

• 경제적 상황 : 한 개인의 경제적 상태는 제품 선택에 영향을 미칠 것이다.
• 라이프스타일 : 한 개인의 라이프스타일이란 심리 묘사학적으로 표현되는 그 사람의 생활 유형으로서 즉, 활동(Activities ; 일, 취미, 스포츠, 사회적 사건 등), 관심사(Interest ; 음식, 패션, 가족, 레크레이션 등), 의견(Opinion ; 그 자신, 사회적 쟁점, 사업, 제품 등)을 측정하는 것이 포함된다. 라이프스타일은 한 개인이 사회에서 행동하고 상호 작용하는 전체적인 방식을 설명하는 것이다.
• 개성과 자아개념 : 개성(Personality)이란 자신의 환경에 대하여 상대적으로 일관성 있고, 지속적인 반응을 보이도록 이끌어주는 독특한 심리적 상태를 말한다.

㉣ 심리적 요인
• 동기부여 : 동기(Motive)란 사람들로 하여금 만족을 추구하도록 충분하게 압력을 가하는 욕구이다.
• 지각(Perception) : 한 개인이 투입된 정보를 그가 살아가는 과정에서 의미 있는 것으로 만들기 위해 선택, 구조화 및 해석하는 과정이라고 정의할 수 있다.
• 학습(Learning) : 경험으로 인해 일어나는 개인행동의 변화를 의미한다.
• 신념과 태도 : 신념(Belief)이란 어떤 사물에 대해 개인이 지니고 있는 서술적 사고이며, 태도(Attitude)는 어떤 대상물이나 아이디어에 대해 한 개인이 상대적 또는 지속적으로 갖고 있는 평가, 느낌, 경향 등을 말한다. 신념과 태도는 변화시키기 어렵다.

③ 소비자의 구매의사결정
㉠ 문제의 인식
㉡ 정보의 탐색
㉢ 대체 안의 평가
㉣ 구매의사결정
㉤ 구매 후 행동

(3) 소비자의 관여수준과 소비자행동

① 관여 및 관여도
㉠ 관여 : 태도변화와 관계있는 개인의 자아몰입 또는 자기관여를 나타내는 것으로서 특정한 주제에 대한 몰입의 정도를 설명하는 데 이용된다. 즉, 소비자행동에 영향을 미치는 개인적 심리상태의 정도, 동기부여수준, 흥미의 정도, 개인적 중요성의 정도를 반영하는 넓은 의미가 내포된 개념이다.
㉡ 관여도 : 어떤 개인과 관련된 정보를 뜻하는 것으로 특정사항에서 서로 관련되는 정도로 정보탐색의 양을 결정짓는 변수로 작용하며, 고관여제품은 내구재인 승용차 · 주택 · 냉장고 등과 같은 개인의 이미지 구축과 관련된 제품으로 신발 · 장갑 · 액세서리 등 일반적으로 소비자와 관련이 높은 것을 말한다. 이때 고관여제품의 구매는 전체적 · 포괄적 문제해결 방식이 적용된다.

② 관여수준의 결정요인

㉠ 소비자의 특성 : 소비자들의 자아에 대한 이미지, 가장 중요시하는 가치, 제품에 대한 경험과 욕구, 제품구매에 따르는 위험의 인식정도 등에 따라 관여수준은 달라질 것이다.

㉡ 제품의 특성 : 제품의 상징적 가치, 복잡성, 소비자가 느끼는 중요성의 정도 등과 같은 제품의 특성에 따라 소비자의 관여수준이 결정된다.

㉢ 상황적 특성 : 제품이 구매되고 사용되는 상황에 따라서도 관여수준이 달라진다.

2 소비자시장의 마케팅 전략

(1) 시장세분화 전략

① 시장세분화 전략의 의의

㉠ 시장세분화 전략이란 가치관의 다양화, 소비의 다양화라는 현대의 마케팅환경에 적응하기 위하여 수요의 이질성을 존중하고 소비자·수요자의 필요와 욕구를 정확하게 충족시킴으로써 경쟁상의 우위를 획득·유지하려는 경쟁전략이다.

㉡ 제품차별화 전략이 대량생산이나 대량판매라는 생산자 측 논리에 지배되고 있는 데 대하여, 시장세분화 전략은 고객의 필요나 욕구를 중심으로 생각하는 고객지향적인 전략이다.

㉢ 먼저, 다양한 욕구를 가진 고객층과 어느 정도 유사한 욕구를 가진 고객층으로 분류하는 방법이 취해지고 특정의 제품에 대한 시장을 구성하는 고객을 어떤 기준에 의해 유형별로 나눈다.

㉣ 시장의 세분화를 통하여 고객의 욕구를 보다 정확하게 만족시키는 제품을 개발하고, 세분화된 고객의 욕구를 보다 정확하게 충족시키는 광고, 그 밖의 마케팅 전략을 전개함에 있어서 경쟁상의 우위에 서려는 것이 시장세분화 전략의 기본적인 어프로치이다.

② 시장세분화에서의 마케팅전략

㉠ 시장집중전략 : 시장세분화에 의한 각 세분시장의 수요의 크기, 성장성·수익성을 예측하고 그 중에서 가장 유리한 세분시장을 선택하여 시장표적으로 하고, 그것에 대해 제품전략에서 촉진적 전략에 이르는 마케팅전략을 집중해 나간다. 이 전략은 자원이 한정되어 있는 중소기업에서 채택되는 경우가 많다.

㉡ 종합주의전략 : 대기업에서 채택되는 일이 많으며, 각 세분시장을 각기 시장표적으로 하여 각 시장표적의 고객이 정확하게 만족할 제품을 설계·개발하고, 다시 각 시장표적을 향한 촉진적 전략을 전개해 나간다.

③ 시장세분화의 기준

㉠ 사회경제적 변수 : 연령 · 성별 · 소득별 · 가족수별 · 가족의 라이프 사이클별 · 직업별 · 사회계층별 등

㉡ 지리적 변수 : 국내 각 지역, 도시와 지방, 해외의 각 시장지역

㉢ 심리적 욕구변수 : 자기현시욕 · 기호 · 브랜드충성도 등

㉣ 구매동기 : 경제성 · 품질 · 안전성 · 편리성 등

㉤ 문제는 시장세분화의 기준에 대해 혁신적 아이디어를 적용하여 잠재적으로 큰 세분시장을 탐구 · 발견하는 데 있다. 각종 세분화 기준 중에서 풍요한 사회일수록 포착하기 힘든 심리적 욕구변수가 중요하다.

④ 효과적인 시장세분화 조건

㉠ 측정가능성 : 세분시장의 규모와 구매력을 측정할 수 있는 정도

㉡ 접근가능성 : 세분시장에 접근할 수 있고 그 시장에서 활동할 수 있는 정도

㉢ 실질성 : 세분시장의 규모가 충분히 크고 이익이 발생할 가능성이 큰 정도

㉣ 행동가능성 : 특정한 세분시장을 유인하고 그 세분시장에서 효과적인 프로그램을 설계하여 영업활동을 할 수 있는 정도

㉤ 비차별 마케팅 : 기업이 세분시장의 시장특성의 차이를 무시하고 한 가지 제품을 가지고 전체시장에서 영업을 하는 시장영업범위전략

㉥ 유효정당성 : 세분화된 시장 사이에 특징 · 탄력성이 있어야 함

㉦ 신뢰성 : 각 세분화 시장은 일정기간 일관성 있는 특징을 가지고 있어야 함

⑤ 시장세분화의 장점

㉠ 시장의 세분화를 통하여 마케팅기회를 탐지할 수 있다.

㉡ 제품 및 마케팅활동을 목표시장의 요구에 적합하도록 조정할 수 있다.

㉢ 시장세분화의 반응도에 근거하여 마케팅자원을 보다 효율적으로 배분할 수 있다.

㉣ 소비자의 다양한 욕구를 충족시켜 매출액의 증대를 꾀할 수 있다.

(2) 표적시장의 선정

① 표적시장의 의의

㉠ 어느 기업이나 그 기업의 특수성, 제품과 시장의 특수성 등으로 인하여 마케팅전략을 선택하는 데 많은 제약을 받게 된다.

㉡ 표적시장이란 일종의 시장영업범위라고 볼 수 있다.

② 표적시장의 선택이유

㉠ 기업의 자원의 제한성

㉡ 제품의 동질성

ⓒ 제품의 수명주기

ⓡ 시장의 동질성

ⓜ 경쟁자들의 마케팅전략

③ 표적시장 선택의 전략

㉠ 비(무)차별화 마케팅

- 대량마케팅이라고도 하며, 기업이 품질이 균일한 하나의 제품이나 서비스를 갖고 시장전체에 진출하여 가능한 한 다수의 고객을 유치하려는 전략이다.
- 원가 면에서 경제적이다. 제품 계열이 축소되어 생산, 재고, 수송비용이 절감된다. 또한 무차별 광고 프로그램으로 광고비용도 절감되며, 세분 시장에 대한 마케팅 조사와 계획도 하지 않으므로 마케팅 조사 및 제품 관리 비용도 절감된다.
- 모든 계층의 소비자를 만족시킬 수 없기 때문에, 경쟁사가 쉽게 틈새시장을 찾아 시장에 진입할 수 있다는 문제점을 지니고 있다.

㉡ 차별화 마케팅

- 2개 혹은 그 이상의 시장부문에 진출할 것을 결정하고 각 시장부문별로 별개의 제품 또는 마케팅 프로그램을 세우는 것이다.
- 각 시장부문별로 소비자들에게 해당 제품과 회사의 이미지를 강화하려고 하는 전략이다.
- 다양한 마케팅 믹스를 바탕으로 다양한 세분시장을 표적으로 하므로 제품이나 서비스의 구색이 다양하고 복잡한 경우에 적절하다.
- 일명 복수 세분시장 전략이라고도 하며, 그 특성상 고객 지향적 전략이라고 볼 수 있다.
- 차별화된 시장의 경우 세분시장의 수가 많아지기 때문에 이에 따른 마케팅믹스를 수행하기 위한 비용도 증가하게 되므로 충분한 자금력을 가지지 못한 기업은 이 전략을 수행하기 어렵고 대부분 업계를 선도하고 있는 기업에 적합한 전략이다.
- 차별화 전략의 가장 큰 목적은 제품 및 서비스 마케팅 활동상 다양성을 제시함으로써 각 세분시장에 있어 지위를 강화하고, 제품 및 서비스에 대한 반복 구매를 유도해 내는 데 있다.

㉢ 집중화 마케팅

- 1개 또는 몇 개의 시장부문에서 시장점유를 집중하려는 전략으로 이는 기업의 자원이 한정되어 있을 때 이용하는 전략이다.
- 집중적 마케팅 전략은 동일한 마케팅 믹스로 접근 가능한 1~2개의 세분시장을 표적으로 한다.
- 집중적 마케팅 전략은 제품을 생산하고 판매촉진을 하는 데 필요한 자원이 제한적일 때 효율적이다.

(3) 시장위치선정(포지셔닝) 전략

① 시장위치선정(포지셔닝)의 개념

㉠ 특정 제품의 위치 : 제품의 중요한 속성들이 구매자에 의해서 정의되는 방식, 즉 어떤 제품이 소비자의 마음속에서 경쟁제품과 비교되어 차지하는 위치

㉡ 제품포지셔닝 : 소비자의 마음속에 자사의 제품이나 기업을 표적시장・경쟁・기업능력과 관련하여 가장 유리한 포지션에 있도록 노력하는 과정이다.

- 포지션(Position) : 제품이 소비자들에 의해 지각되고 있는 모습
- 포지셔닝 : 소비자들의 마음속에 자사 제품의 바람직한 위치를 형성하기 위하여 제품효익을 개발하고 커뮤니케이션하는 활동

㉢ 제품의 지각도 : 소비자지각의 분포도 또는 지각도를 작성하는 기법으로 이는 각 상표에 대한 지각과 이상적 상표와의 차이를 나타내는 것

② 위치선정(포지셔닝) 전략의 선택과 실행

㉠ 경쟁적 우위를 파악하는 단계 : 소비자들은 보통 가장 큰 가치를 제공하는 제품과 서비스를 선택하게 마련이다. 따라서 소비자를 확보・유지하는 관건은 경쟁자보다도 소비자들의 욕구와 구매 과정을 보다 잘 이해하고 더 많은 가치를 전달하는 데 있다. 어떤 소매점이 선택한 목표 시장에 대해 더 우수한 가치를 제공하여 포지셔닝함으로써 경쟁 우위를 확보할 수 있다.

㉡ 올바른 경쟁적 우위를 선택하는 단계 : 소매점이 여러 가지 잠재적인 경쟁 우위를 발견한 다음 단계로, 전략의 기초가 되어야 할 경쟁 우위를 결정해야 한다.

㉢ 선택한 포지셔닝을 시장에 전달하는 단계 : 일단 위치를 설정했으면, 그 다음에는 목표 소비자들에게 원하는 위치를 알리고 전달하는 강력한 조치를 취해야 한다. 기업의 모든 마케팅 믹스 노력은 위치와 전략을 지원하여야 한다. 기업의 포지셔닝은 구호가 아니라 구체적 행동을 요구한다. 만약 품질과 서비스로 위치를 구축하기로 결정했다면, 먼저 그 위치를 전달해야 한다.

③ 위치선정(포지셔닝) 전략 유형

㉠ 제품속성에 의한 포지셔닝 : 자사제품에 의한 포지셔닝은 자사제품의 속성이 경쟁제품에 비해 차별적 속성을 지니고 있어서 그에 대한 혜택을 제공한다는 것을 소비자에게 인식시키는 전략이다. 동시에 가장 널리 사용되는 포지셔닝 전략방법이다.

㉡ 이미지 포지셔닝 : 제품이 지니고 있는 추상적인 편익을 소구하는 전략이다.

㉢ 경쟁제품에 의한 포지셔닝 : 소비자가 인식하고 있는 기존의 경쟁제품과 비교함으로써 자사제품의 편익을 강조하는 방법을 말한다.

㉣ 사용상황에 의한 포지셔닝 : 자사 제품의 적절한 사용상황을 설정함으로써 타사 제품과 사용상황에 따라 차별적으로 다르다는 것을 소비자에게 인식시키는 전략이다.

㉤ 제품사용자에 의한 포지셔닝 : 제품이 특정 사용자 계층에 적합하다고 소비자에게 강조하여 포지셔닝하는 전략이다.

03 상품관리

1 상품의 분류

(1) 일반적 상품의 차원별 구분

① 핵심상품

㉠ 핵심상품이란 가장 기초적인 수준의 상품을 말한다.

㉡ 소비자가 상품을 소비함으로써 얻을 수 있는 핵심적인 효용을 핵심상품이라고 한다.

② 실체상품

㉠ 핵심을 눈으로 보고, 손으로 만져볼 수 있도록 구체적으로 드러난 물리적인 속성차원에서의 상품을 말한다.

㉡ 소비자가 실제로 느낄 수 있는 수준의 상품으로 흔히 상품이라고 하면 이러한 차원의 상품을 말한다.

㉢ 핵심상품에 품질과 특성, 상표, 디자인, 포장, 라벨 등의 요소가 부가되어 물리적 형태를 가진 상품을 말한다.

③ 확장상품

㉠ 실체상품의 효용가치를 증가시키는 부가서비스 차원의 상품을 말한다.

㉡ 실체상품에 보증, 반품, 배달, 설치, 애프터서비스, 사용법 교육, 신용, 상담 등의 서비스를 추가하여 상품의 효용가치를 증대시키는 것이다.

(2) 사용목적에 따른 분류

① **소비자용품** : 최종소비자가 자기의 가정 안에서 소비하거나 혹은 선물 등의 목적을 위하여 소비·사용하는 것

② **산업용품** : 다른 상품을 생산하기 위하여 또는 업무활동을 위하여 재판매함으로써 이익을 올리기 위하여 소비·사용하는 것

[소비자용품과 산업용품의 비교]

소비자용품	산업용품
• 많은 구입횟수 • 일반적으로 소량 소비되고 낮은 상품 가격 • 시장이 광범위하고 대량 판매 • 감정적·충동적으로 구매 • 주문생산보다는 시장생산	• 적은 구입횟수 • 구매자 수도 적고 시장이 지역적으로 치우침 • 대량으로 구입·소비 • 구매자의 상품지식이 높음 • 계획적·합리적으로 구매결정 • 상품 자체의 능력, 생산성, 채산성 등에 관한 고려가 우선

(3) 구매관습에 따른 분류

① 편의품

㉠ 제품에 대하여 완전한 지식이 있으므로 최소한의 노력으로 적합한 제품을 구매하려는 행동의 특성을 보이는 제품으로 식료품・약품・기호품・생활필수품 등이 여기에 속한다.

㉡ 구매를 하기 위하여 사전에 계획을 세우거나 점포 안에서 여러 상표를 비교하기 위한 노력을 하지 않으므로 구매자는 대체로 습관적인 행동 양식을 나타낸다.

㉢ 구매할 필요가 생기면 빠르고 쉽게 구매를 결정하며, 선호하는 상표가 없더라도 기꺼이 다른 상표의 제품으로 대체한다.

㉣ 단위당 가격이 저렴하고 유행의 영향을 별로 받지 않으며, 상표명에 대한 선호도가 뚜렷하다.

㉤ 편의품을 판매하는 소매점의 특성은 별로 중요하지 않으며, 판로의 수가 많을수록 좋다.

② 선매품

㉠ 제품을 구매하기 전에 가격・품질・형태・욕구 등에 대한 적합성을 충분히 비교하여 선별적으로 구매하는 제품으로 제품에 대한 완전한 지식이 없으므로 구매를 계획하고 실행하는 데 많은 시간과 노력을 소비하며, 여러 제품을 비교하여 최종적으로 결정하는 구매행동을 보이는 제품이다.

㉡ 식품・기호품・일상용품 등 최소한의 노력으로 구매를 결정하는 편의품에 비하여 구매단가가 높고 구매횟수가 적은 것이 보통이다.

㉢ 소매점의 중요성이 높고, 선매품을 취급하는 상점들이 서로 인접해 하나의 상가를 형성하며 발전한다.

③ 전문품

㉠ 상표나 제품의 특징이 뚜렷하여 구매자가 상표 또는 점포의 신용과 명성에 따라 구매하는 제품으로 비교적 가격이 비싸고 특정한 상표만을 수용하려는 상표집착(Brand Insistence)의 구매행동 특성을 나타내는 제품으로, 자동차・피아노・카메라・전자제품 등과 독점성이 강한 디자이너가 만든 고가품의 의류가 여기에 속한다.

㉡ 구매자가 기술적으로 상품의 질을 판단하기 어려우며, 적은 수의 판매점을 통해 유통되어 제품의 경로는 다소 제한적일 수도 있으나, 빈번하게 구매되는 제품이 아니므로 마진이 높다.

㉢ 전문품의 마케팅에서는 상표가 중요하고 제품을 취급하는 점포의 수도 적기 때문에 생산자와 소매점 모두 광고를 광범위하게 사용한다. 생산자는 소매점의 광고비를 분담해 주거나 광고 속에 자사의 제품을 취급하는 소매점을 소개하는 협동광고를 실시하기도 한다.

(4) 라이프사이클에 따른 분류

① **도입기 상품** : 방금 발매된 신상품으로 품질이나 효용 및 특징을 널리 광고하여 적극적인 판매촉진을 해야 한다.

② **성장기 상품** : 광고의 효과 등으로 상품의 지명도와 유용성이 소비자에게 널리 인식되어 매상고가 점진적으로 상승하며, 판매추세가 급상승하는 제품이다.

③ **성숙기 상품** : 수요가 포화상태가 되어 판매신장률이 둔화되는 시기이다.

④ **쇠퇴기 상품** : 대체상품의 진출이나 소비자 행동의 변화에 의하여 수요가 감소되어 매출과 이익이 감소된다.

2 상품믹스

(1) 상품믹스의 개념

① **의의** : 소비자의 욕구 또는 경쟁자의 활동 등 마케팅 환경요인의 변화에 대응하여 한 기업이 시장에 제공하는 모든 상품의 배합으로 상품계열(Product Line)과 상품품목(Product Item)의 집합을 말한다. 상품계열은 기능・고객・유통경로・가격범위 등이 유사한 상품품목의 집단(예 TV 계열・세탁기 계열)이고, 상품품목은 규격・가격・외양 및 기타 속성이 다른 하나하나의 상품단위로 상품계열 내의 단위를 말한다.

② **상품믹스의 평가** : 상품믹스는 보통 폭(Width)・깊이(Depth)・길이(Length)・일관성(Consistency) 등으로 평가된다.

㉠ 상품믹스의 폭은 서로 다른 상품계열의 수이며, 상품믹스의 깊이는 각 상품계열 내의 상품품목의 수를 말한다.

㉡ 상품믹스의 길이란 각 상품계열이 포괄하는 품목의 평균수를 말한다.

㉢ 상품믹스의 일관성이란 다양한 상품계열들이 최종용도・생산시설・유통경로・기타 측면에서 얼마나 밀접하게 관련되어 있는가 하는 정도를 말한다.

③ **상품믹스의 확대 및 축소정책**

㉠ 상품믹스를 확대하는 것은 상품믹스의 폭이나 깊이 또는 이들을 함께 늘리는 것으로 상품의 다양화라고 하는데, 기업의 성장과 수익을 지속적으로 유지하는 데 필요한 중요한 정책이다.

㉡ 상품믹스를 축소하는 것은 상품믹스의 폭과 깊이를 축소시키는 것으로 상품계열수와 각 상품계열 내의 상품 항목수를 동시에 감소시키는 정책이다.

④ **최적의 상품믹스(Optimal Product Mix)** : 상품의 추가・폐기・수정을 통해 마케팅 목표를 가장 효율적으로 달성하는 상태로 정적인 최적화(Static Product-Mix Optimization)와 동적인 최적화(Dynamic Product-Mix Optimization)로 구분할 수 있다.

㉠ 정적인 최적화 : n가지의 가능한 품목들 가운데 일정한 위험수준과 기타 제약조건 아래서 매출액 성장성・매출액 안정성・수익성을 최선으로 하는 m가지의 품목을 선정하는 문제

㉡ 동적인 최적화 : 시간의 경과에도 불구하고 최적의 상품믹스상태를 유지할 수 있도록 현재의 상품믹스에 대해 새로운 품목의 추가, 기존품목의 폐기, 기존품목을 수정하는 문제

(2) 상품구성의 형태

① **계열구성 확대** : '그 상점에 가면 여러 가지 다른 상품을 횡적으로 조화를 이루면서 구입 할 수 있는 편리한 상점'이라는 매력에 관계된다.

② **품목구성 확대** : '그 상점에 가면 특정상품계열에 대해서 자기의 기호, 사용목적, 구입예산에 알맞은 품목을 많은 후보 품목군 중에서 선택할 수 있는 편리한 상점'이라는 매력에 관계된다.

③ **소매업상품정책상 기본유형**

㉠ 완전종합형 상품정책 : 종합화, 전문화의 동시적 실현(백화점)

㉡ 불완전종합형 상품정책 : 종합화를 우선적으로, 전문화는 오히려 후퇴(넓고 얇게 – 양판점)

㉢ 완전한정형 상품정책 : 전문화를 우선적으로, 종합화는 후퇴(좁고 깊게 – 철저한 전문점)

㉣ 불완전한정형 상품정책 : 점포규모, 자본력, 입지조건 등에서 종합화, 전문화 모두 단념(좁고 얕게 – 근린점)

(3) 상품구성의 폭과 깊이

① **품목구성확대의 제약조건**

㉠ 할당 면적에서의 제약

㉡ 상품 투입자본 면에서의 제약

㉢ 시장의 규모면에서의 제약

㉣ 매입처 확보면에서의 제약

㉤ 상점 측의 상품 선택능력 면에서의 제약

② **상품구성(구색)의 폭과 깊이** : 상품구색의 폭이란 소매점이 취급하는 상품종류의 다양성을 말한다.

㉠ 백화점에서는 식품은 물론 패션, 잡화, 가구, 가전제품, 스포츠용품 등 다양한 상품을 취급하기 때문에 상품구색의 폭이 넓다.

㉡ 전자제품전문점은 전자제품만을 취급하기 때문에 상품구색의 폭이 좁지만 취급하는 상품의 종류가 많기 때문에 상품구색의 깊이는 깊다.

(4) 상품구성계획

① **상품구성계획 일반**

㉠ 판매계획에 따라 투자액과 예상 목표이익액을 비교하여 판매목표액을 결정하고 판매액 달성을 위한 상품구색 또는 상품구성을 결정한다.

㉡ 상품구성의 요소

- 상품의 계열구성 : 상품의 폭으로서, 점포가 취급하는 비경합적 상품계열의 다양성이나 수를 결정한다.
- 상품의 품목구성 : 상품의 깊이로서, 동일한 상품계열 내에서 이용 가능한 변화품이나 대체품과 같은 품목의 수를 결정한다.
- 상품의 폭과 깊이는 상호 제약관계에 있으므로 폭과 깊이의 비율에 따라 상품구성이 달라진다.

② 상품구성의 결정요인

㉠ 구성비율의 결정요소 : 매장면적, 활용 가능한 인원수, 보유 가능한 평균 재고액, 점포가 소재하고 있는 지역의 입지조건, 지역 내의 경쟁구조, 지역 내의 소비구조 등을 분석·검토한다.

㉡ 창업하는 점포는 면적과 투자액에 한도가 있으므로 상품구성의 폭과 깊이의 비율을 적절하게 구성해야 하고, 이것은 판매액과 이익액의 합이 최대가 되는 상품구성이어야 한다.

③ 상품연출 구성방법

㉠ 원형구성 : 상품의 상하가 서로 대칭되어 종합감을 표현하는 것으로 반복적으로 배열함으로써 중앙에 있는 시각적 초점을 강조하는 구성방식이다.

㉡ 삼각 구성 : 제품이 통합되어 보이기 용이한 방식으로 안정감 및 조화를 주며 홀수로 하는 것이 요령이다.

㉢ 부채꼴 구성 : 고가의 제품에 적용하는 방식으로 쇼케이스 내부 활용 시에 좋으며, 특히 벽면연출에 많이 활용한다.

※ 상품계열 길이 및 깊이와 관련된 전략

- 하향확장전략(Downward Stretch) : 고가/고기능 제품을 생산하던 기업이 저가/저기능 제품을 추가하는 전략
- 상향확장전략(Upward Stretch) : 기업이 고품질의 기업이미지를 형성하여 이익률과 매출상승을 달성할 수 있다고 판단될 때 사용하는 전략
- 쌍방향전략(Two-Way-Stretch) : 중간수준의 품질가격 제품에 고가와 저가의 신제품을 추가하는 전략
- 수확전략(Harvesting) : 기업의 자원을 더 이상 투입하지 않고 발생하는 이익을 회수하는 전략
- 철수전략(Divestment) : 제품계열이 마이너스 성장을 하거나 기존제품이 전략적으로 부적절할 때 실시하는 전략

3 상품수명주기 이론

(1) 개 요

전형적인 신제품의 매출은 시간의 추이에 따라서 도입기, 성장기, 성숙기, 쇠퇴기의 네 단계를 거치면서 S자형 커브를 그린다는 것이 상품수명주기 이론이다. 발전단계에 따라서 마케팅 전략과 과제도 다르게 된다.

(2) 상품수명주기의 각 단계

① 도입기

㉠ 상품을 개발하고 도입하여 판매를 시작하는 단계이다.

㉡ 수요도 작고 매출 증가율도 낮다.

㉢ 상품의 가격은 높으며 경쟁은 독과점 양상을 띤다.

㉣ 상품 도입에 대한 마케팅 비용이 많으므로 이익은 발생하지 않는다.

㉤ 상품의 본질적 기능을 소비자에게 인지시키는 것이 전략 과제이다.

② 성장기

㉠ 수요가 급속도로 커지고 매출도 가속적으로 증가하며, 이익도 발생하기 시작한다.

㉡ 수요량이 증가하고 가격탄력성도 커지며, 초기설비는 완전히 가동되고 증설이 필요해지기도 하며, 조업도의 상승으로 수익성도 호전한다.

㉢ 경쟁자의 참여도 늘어나게 되므로 더 많은 시장 확대가 전략 과제이다.

③ 성숙기

㉠ 대량생산이 본궤도에 오르고 원가가 크게 내림에 따라 상품단위별 이익은 정상에 달하지만, 경쟁자나 모방상품이 많이 나타난다.

㉡ 매출 증가율이 저하되며, 점유율을 유지하기 위한 마케팅 비용의 증가와 함께 이익이 감소한다.

㉢ 한정된 파이의 쟁탈 양상을 보이기 시작하고, 제품의 차별성이 중시된다. 경영 자원에 대응한 경쟁에서 살아남는 것이 전략 과제이다.

④ 쇠퇴기

㉠ 매출은 저하되고 이익도 발생하지 않는다.

㉡ 가격은 원가 수준에 머무르며 마케팅 비용은 최소화된다.

㉢ 이 단계에서는 철수하거나 혁신에 의해 새로운 가치를 창조하거나 어느 한 쪽의 전략을 취해야 한다. 후자를 선택하면 시장 필요를 재검토하는 것으로부터 시작해야 한다.

4 상품계획

(1) 상품계획 일반

① 정의 : 상품계획이란, 기업이 판매목표를 효과적으로 실현하기 위하여 소비자의 욕구・구매력 등에 합치되도록 제품의 개발・가격・품질・디자인・포장・상표 등을 기획・결정하는 활동을 말한다. 머천다이징(Merchandising, 상품화계획)과 같은 뜻으로 쓰인다. 수요자의 동향을 조사하여 수요를 만들어내기 위한 기업의 마케팅활동에 있어 중요한 부분이다.

② 상품계획의 실시에 있어 추진사항

㉠ 시장조사

㉡ 아이디어의 창출과 평가, 브레인스토밍(Brain Storming), 제품계획 체크리스트의 활용

㉢ 제품 자체의 연구(제품의 시험제작 : 모양・크기・무게・색채 등 디자인, 포장, 제품의 명칭, 표준화의 연구, 특허 및 관계 법규의 연구)

㉣ 판매시기・판매지역의 연구

㉤ 판매수량 및 가격의 연구

㉥ 계획의 입안과 통제

(2) 머천다이징(Merchandising)

① 머천다이징의 정의

㉠ 기업의 마케팅목표를 실현하기 위하여 특정의 상품·서비스를 장소·시간·가격·수량별로 시장에 내놓을 때 따르는 계획과 관리로서, 일반적으로는 마케팅의 핵심을 형성하는 활동이라고 정의된다.

㉡ 상품화 계획이라고도 하며, 마케팅활동의 하나이다. 이 활동은 생산 또는 판매할 상품에 관한 결정, 즉 상품의 기능·크기·디자인·포장 등의 제품계획, 상품의 생산량 또는 판매량, 생산시기 또는 판매시기, 가격에 관한 결정을 포함한다.

㉢ 머천다이징 사이클의 구조는 영업계획을 출발점으로 하여 상품매입, 검품·가격결정, 재고관리, 판매·회수·기록·정비로 이어진다.

② **머천다이징의 구분** : 머천다이징은 제조업의 머천다이징과 소매업의 머천다이징으로 구분된다. 제조업자의 머천다이징(Manufacturers Merchandising)은 스타일, 사이즈, 색상, 품질, 가격에 대한 소비자의 욕구를 파악하는 것에서부터 시작되고, 업무로는 상품디자인, 소재 선정, 정보 수집, 포장 디자인, 가격 결정, 광고와 판매촉진 방법의 결정, 판매지원 등이 포함된다.

(3) 비주얼 머천다이징(VMD ; Visual Merchandising)

① **정의** : 비주얼 머천다이징(VMD)이란 비주얼(Visual)과 머천다이징(Merchandising)의 합성어이다. 즉, 마케팅의 목적을 효율적으로 달성할 수 있도록 특정의 타깃(Target)에 적합한 특정상품이나 서비스를 조합하여 적절한 장소·시간·수량·가격 등을 계획적으로 조정하고, 이들을 조직적인 체계를 세워 정보수집·원재료 매입·재고관리·판매촉진을 통해 매력적으로 진열·판매하는 활동을 말한다. 따라서 VMD라는 것은 머천다이징을 시각적으로 호소하는 것을 목적으로, 판매장소의 이용 가능한 공간을 이용하여 판매촉진효과의 향상을 목적으로 하는 전략적 계획이라고 할 수 있다.

② **머천다이즈 프레젠테이션(Merchandise Presentation)의 개념** : 머천다이즈 프레젠테이션이란 상품을 알기 쉽게 분류·정리하여 '어떻게 하면 점포와 매장의 의도를 고객에게 전달할 수 있는가', '상품의 어떤 면을 어떻게 보여야 상품이 갖고 있는 특징이나 장점을 알 수 있게 하는가'를 고려하여, 상품의 특징을 표현하기 위한 원리·원칙을 VMD전략의 기본원칙으로 정리하는 것이다. 다시 말하면, 'VMD전략을 기본으로 한 상품의 효과적인 제안방법'이라고 할 수 있다.

(4) 신제품개발

① 신제품개발의 목적

㉠ 기업의 성장과 확대

㉡ 경쟁제품에 대한 대비

㉢ 새로운 고객의 창조

㉣ 소비자에게 좋은 품질의 제품을 공급

② 신제품개발의 과정

㉠ 아이디어 발생

㉡ 아이디어 심사

㉢ 사업성 분석

㉣ 제품개발

㉤ 시험판매

㉥ 생 산

㉦ 시장반응 검토

04 가격관리

1 가격관리의 개요

(1) 가격 일반

① 가격의 개념 : 재화의 가치를 화폐 단위로 표시한 것으로, 가격의 개념은 교환을 떠나서는 존재할 수가 없다. 일반적인 뜻의 가격은 상품 1단위를 구입할 때 지불하는 화폐의 수량으로 표시하는 것이 보통이지만, 넓은 뜻의 가격은 상품 간의 교환비율을 뜻한다. 특히 화폐단위로 표시되는 일반적인 뜻의 가격을 절대가격이라고 하고, 상품 간의 교환비율을 나타내는 넓은 뜻의 가격을 상대가격이라 한다. 또한, 가격은 시장에서 구입할 수 있는 통상적인 좁은 뜻의 상품에 대해서만 존재하는 것이 아니라, 임금 또는 이자에 의한 보수를 받고 고용・임대되는 노동이나 자본과 같은 넓은 뜻의 상품에 대해서도 존재한다. 즉, 임금과 이자는 각각 노동과 자본의 가격이다.

② 그 사회의 법률, 관습, 제도 등에 의하여 소유와 교환이 허용되고 있는 모든 것에 대하여 가격은 존재하며, 상품 간에 일어나는 교환은 그 가격에 따라서 특정한 비율로 이루어진다.

(2) 가격이론

① 어떤 시장 매커니즘에서 개개의 경제주체가 어떤 원리에 입각하여 행동하는지를 밝히는 이론으로 현대경제학에 속하는 각종 이론의 기초가 된다. 즉, 가계와 기업이라는 주체가 주어진 조건 아래서 어떤 동기와 목적으로 행동하는지 그 특성을 밝히는 서문이다. 이들의 규명은 여러 가지 재화와 서비스에 대하여 각 시장에서 결정되는 가격과 생산량・판매량의 관계를 밝혀 주게 되며, 이를 통하여 경제사회에서 이루어지는 자원배분이나 소득배분에 관한 이해를 깊게 할 수도 있다.

② 일반적으로 시장 매커니즘에의 의존이 가장 중요하며 동시에 시장 매커니즘이 가지는 특성(그 한계도 포함하여)을 밝히고 바람직한 의의를 찾는 일도 가격이론의 역할이다.

(3) 가격결정

① 이윤을 목적으로 하는 가격형성의 원리로서 가격형성이라고도 한다. 경제이론상의 가격 결정과 실질적인 가격결정, 마케팅에서의 가격결정의 내용은 서로 다르다. 경제학의 가격이론, 즉 한계원리(Marginal Principle)에서는 기업의 주체적인 균형에 있어 한계적으로 결정된다(한계수입과 한계비용이 같을 때 최대이윤)고 주장한다. 이에 반하여 실질적인 가격결정이라 할 수 있는 풀 코스트 원리(Full Cost Principle)는 실제의 기업은 가격을 평균적 비용(원가)에 일정한 이윤(마크업)을 더하여 가격을 설정한다는 주장이다.

② **풀 코스트 원칙** : 생산물의 비용을 직접재료비 · 직접노무비 · 제조간접비 · 영업비 · 일반 관리비 등의 합산으로 한다는 주장이다. 오늘날의 과점기업(寡占企業)에서는 생산물 1단위당의 주요비용(원재료비 · 임금 등의 직접비)을 기초로 공통비용(감가상각비 · 이자 등의 간접비)을 충당하기 위하여 일정 비율을 곱한 금액을 가산하고 다시 관례적인 비율을 곱한 이윤을 가산한 시점, 즉 풀 코스트(Full Cost)의 높이에서 가격을 결정해야 한다는 원리를 주장하고 있다.

(4) 가격결정에 영향을 미치는 요인

① **내부요인** : 마케팅목표, 마케팅믹스전략, 원가, 조직의 특성

② **외부요인** : 시장유형별 가격결정

㉠ 완전경쟁시장 : 시장참가자가 다수여서, 수요자 상호 간, 공급자 상호 간 그리고 수요자와 공급자 간의 삼면적(三面的)인 경쟁이 이루어지는 시장을 말한다. 경쟁가격은 완전경쟁시장 하에서 수요와 공급이 일치되는 점에서 결정되는 상품의 가격을 말한다.

㉡ 독점적 경쟁시장 : 다수의 구매자와 판매자가 단일시장가격이 아니라 일정한 범위 내의 가격대로 거래를 하는 시장을 말한다.

㉢ 과점시장 : 과점가격이란 시장이 소수의 기업으로 이루어진 과점상태에 있을 경우에 성립되는 가격으로 평균비용의 전액에다 일정한 부가율(附加率)에 의한 이윤을 가산한 것으로 정해지고 있다. 가격의 경쟁이 전혀 없는 것은 아니나, 극히 제한적이기 때문에 과점가격은 대체로 하방경직적이다.

㉣ 독점시장 : 독점가격은 독점기업이 독점이윤을 얻기 위하여 생산물을 시장가격 이상으로 인상하여 판매하는 가격이다. 자유경쟁에서는 자본과 노동이 더 높은 이윤을 찾아서 마음대로 이동하기 때문에 여러 산업부문의 이윤율이 평균화되고, 생산물은 적정 수준의 시장가격으로 판매되는 경향이 있다. 그러나 독점지배 하에서는 한 기업이 거대한 고정설비와 기술혁신의 성과를 독차지하고, 이를 이용하여 시장에서의 가격경쟁의 승리자가 되며, 그 부문에 대한 새 기업의 참가가 어려워진다. 그리고 그러한 곤란도가 더해질수록 소수 기업은 독점이윤을 얻기 위해 가격을 올리거나, 구매자에 따라서 다른 가격으로 판매하는 일이 가능해진다.

2 가격결정의 방법

(1) 원가 기준 가격결정법

원가를 기준으로 하여 가격을 결정하는 방법

① **원가가산가격결정법** : 제품의 단위원가에 일정한 고정비율에 따른 금액을 가산하여 가격을 결정하는 방법

※ 수산물 판매가격의 결정(원가가산법) 예

양식업자가 넙치를 양식하고 있는 경우, 고정비 25,000,000원, 변동비 10,000/kg이 소요되고 있다. 연간 넙치 판매량이 5,000,000kg일 경우 예상판매 수익률을 25%로 가정할 때, 넙치의 kg당 가격을 산출하시오.

풀이

넙치의 단위원가 = 변동비 + (고정비/예상판매량)

= 10,000 + (25,000,000/5,000,000) = 10,005원

∴ 넙치의 kg당 가격 = 단위원가/(1−예상판매 수익률)

= 10,005/(1 − 0.25) = 13,340원

② **목표가격결정법** : 예측된 표준생산량을 전제로 한 총원가에 대하여 목표이익률을 실현시켜 줄 수 있도록 가격을 결정하는 방법

(2) 수요 기준 가격결정법

수요의 강도를 기준으로 하여 가격을 결정하는 방법

① **원가차별법** : 특정제품의 고객별 · 시기별 수요의 탄력성을 기준으로 하여 둘 혹은 그 이상의 가격을 결정하는 방법

② **명성가격결정법** : 구매자가 가격에 의해 품질을 평가하는 경향이 강한 비교적 고급품목에 대하여 가격을 결정하는 방법

③ **단수가격결정방법** : 가격이 가능한 최하의 선에서 결정되었다는 인상을 구매자에게 주기 위하여 고의로 단수를 붙여 가격을 결정하는 방법

(3) 경쟁 기준 가격결정법

경쟁업자가 결정한 가격을 기준으로 가격을 결정하는 방법

① 경쟁대응가격결정법

② 경쟁 수준 이하의 가격결정방법

③ 경쟁 수준 이상의 가격결정방법

3 가격설정 정책

(1) 가격정책의 의의

기업이 존속·발전하기 위해서는 반드시 그 기업이 취급하거나 생산하는 상품을 판매하여 이윤을 얻어야 한다. 그러므로 기업은 이윤을 얻을 수 있는 범위 안에서 적당한 가격을 선택하여야 한다. 이 선택을 어떻게 할 것인지가 기업의 가격정책이다. 특히 신제품을 개발한 경우나 생산·수요의 조건이 크게 변동한 경우에는 여기에 적응하기 위한 가격결정, 곧 가격전략이 필요하다. 기업의 가격정책은 제품의 한계이윤율과 제품의 품질·서비스·광고·판매촉진·원재료의 구입에도 영향을 끼치는 것으로 중요한 의미를 갖는다.

(2) 가격전략의 형태(생산과 수요의 조건에 따라)

① **저가격정책** : 수요의 가격탄력성이 크고, 대량생산으로 인해 생산비용이 절감될 수 있는 경우에 유리하다.

② **고가격정책** : 수요의 가격탄력성이 작고, 소량 다품종생산인 경우의 가격 결정에 유리하다.

③ **할인가격정책** : 특정 상품에 대하여 제조원가보다 낮은 가격을 매겨 '싸다'는 인상을 고객에게 주어 구매동기를 자극하고, 제품라인의 총매출액의 증대를 꾀하는 일이다.

(3) 가격정책의 유형

① **단일가격정책과 탄력가격정책** : 단일가격정책은 동일량의 제품을 동일한 조건으로 구매하는 모든 고객에게 동일한 가격으로 판매하는 가격정책이며, 탄력가격정책은 고객에 따라 동종·동량의 제품을 상이한 가격으로 판매하는 가격정책이다.

② **단일제품가격정책과 계열가격정책** : 단일제품가격정책은 품목별로 따로따로 검토하여 가격을 결정하는 정책이며, 계열가격정책은 한 기업의 제품이 단일품목이 아니고 많은 제품계열을 포함하는 경우 규격·품질·기능·스타일 등이 다른 각 제품계열마다 가격을 결정하는 정책이다.

③ **상층흡수가격정책과 침투가격정책** : 상층흡수 가격정책은 신제품을 시장에 도입하는 초기에 고가격을 설정함으로써 가격에 대하여 민감한 반응을 보이지 않는 고소득자층을 흡수한 후 연속적으로 가격을 인하시켜 저소득계층에게도 침투하려는 가격정책이며, 침투가격정책은 신제품을 도입하는 초기에 있어서 저가격을 설정함으로써 신속하게 시장에 침투하여 시장을 확보하려는 가격정책이다.

④ **생산지점가격정책과 인도지점가격정책** : 생산지점가격정책은 판매자가 모든 구매자에 대하여 균일한 공장도가격을 적용하는 정책을 말하며, 인도지점가격정책은 공장도가격에 계산상의 운임을 가산한 금액을 판매가격으로 하는 정책을 말한다.

⑤ **재판매가격유지정책** : 광고, 기타 판매촉진 등에 의하여 목표가 널리 알려져서 선호되는 상품의 제조업자가 소매상과의 계약에 의하여 자기가 설정한 가격으로 자사제품을 재판매하게 하는 정책을 말한다.

(4) 제품믹스 가격결정전략

① **제품계열별 가격결정법** : 특정 제품계열 내 제품 간의 원가차이·상이한 특성에 대한 소비자들의 평가 정도 및 경쟁사 제품의 가격을 기초로 하여 여러 제품 간에 가격단계를 설정하는 것

② **선택제품가격결정법** : 주력제품과 함께 판매하는 선택제품이나 액세서리에 대한 가격 결정 방법

③ **종속제품가격결정방법** : 주요한 제품과 함께 사용하여야 하는 종속제품에 대한 가격을 결정하는 것

④ **이분가격결정법** : 서비스 가격을 기본 서비스에 대해 고정된 요금과 여러 가지 다양한 서비스의 사용 정도에 따라 추가적으로 서비스에 대해 가격을 결정하는 방법

⑤ **부산물가격결정법** : 주요 제품의 가격이 보다 경쟁적 우위를 차지할 수 있도록 부산물의 가격을 결정하는 방법

⑥ **제품묶음가격결정법** : 몇 개의 제품을 묶어서 인하된 가격으로 결합된 제품을 제공하는 방법

(5) 가격조정 전략

① **할인가격과 공제** : 현금할인, 수량할인, 기능할인, 계절할인, 거래공제, 촉진공제 등

㉠ 현금할인 : 제품에 대한 대금결제를 신용이나 할부가 아닌 현금으로 할 경우에 일정액을 차감해주는 것을 말한다.

㉡ 수량할인 : 제품을 대량으로 구입할 경우에, 제품의 가격을 낮추어주는 것을 말한다.

㉢ 기능할인 : 유통의 기능을 생산자 대신에 수행해주는 중간상, 즉 유통업체에 대한 보상 성격의 할인을 의미한다.

㉣ 계절할인 : 제품판매에서 계절성을 타는 경우에 비수기에 제품을 구입하는 소비자에게 할인 혜택을 주는 것이다. 여행사의 경우, 소비자들을 대상으로 성수기와 비성수기의 요금을 차별적으로 정한 것도 계절할인의 한 예이다.

㉤ 촉진공제 : 중간상이 생산자 대신에 제품에 대해 지역광고 및 판촉활동을 대신 해줄 경우에 이에 대해서 보상차원으로 제품 가격에서 일부를 공제해 주는 것을 말한다.

② **차별가격결정** : 고객차별가격, 제품형태별 차별가격, 장소별 차별가격 등

③ **심리적 가격결정** : 단순히 경제성이 아니라 가격의 심리적 측면을 고려하여 가격을 책정하는 방법으로 그 가격은 그 제품을 대변해 주는 도구로 사용

④ **촉진가격결정** : 단기적으로 판매를 증대시키기 위하여 정가 이하 또는 원가 이하로 가격을 일시적으로 인하하는 것

⑤ **지리적 가격결정** : 공장인도가격, 균일운송가격, 구역가격, 기점가격, 운송비 흡수가격 등

㉠ 공장인도가격 : 이는 원산지 규정에서 역내 부가가치기준 유형의 하나로, 제품이 생산된 현지공장에서 지불되는 가격을 말한다.

㉡ 균일운송가격 : 지역에 상관없이 모든 고객에게 운임을 포함한 동일한 가격을 부과하는 가격정책으로, 운송비가 가격에서 차지하는 비율이 낮은 경우에 용이한 가격관리를 위한 방법이다.

㉢ 구역가격 : 하나의 전체 시장을 몇몇의 지대로 구분하고, 각각의 지대에서는 소비자들에게 동일한 수송비를 부과하는 방법이다.

㉣ 기점가격 : 공급자가 특정한 도시나 지역을 하나의 기준점으로 하여 제품이 운송되는 지역과 상관없이 모든 고객에게 동일한 운송비를 부과하는 방법을 말한다.

㉤ 운송비 흡수가격 : 특정한 지역이나 고객을 대상으로 공급업자가 운송비를 흡수하는 방법이다.

(6) 가격변경 전략

① 저가격전략의 경우

㉠ 과잉시설이 있고 경제가 불황인 경우

㉡ 격심한 가격경쟁에 직면하여 시장점유율이 저하되는 경우

㉢ 저원가의 실현으로 시장을 지배하고자 하는 경우

㉣ 소비자의 수요를 자극하고자 할 경우

㉤ 시장수요의 가격탄력성이 높을 경우

② 고가격전략의 경우

㉠ 코스트 인플레이션으로 원가가 인상된 경우

㉡ 초과 수요가 있는 경우

㉢ 경쟁우위를 확보하고 있을 경우

05 판매촉진관리

1 판매촉진의 개요

(1) 판매촉진의 개념

① 마케팅전략의 핵심은 상품, 가격, 유통과 촉진이다. 여기서 촉진이란 고객에게 자사상품을 알려서 사고 싶은 욕구가 생기도록 만들어 판매로 연결되게 하는 활동이다.

② 상품을 판매하기 위해서는 여러 가지 방법으로 소비자의 구매의욕을 높이는 활동을 하여야 하는데, 이를 촉진이라 하며 그 방법으로는 광고, 홍보, 판매촉진, 인적 판매 등이 있다.

③ 광의로는 상품, 가격 및 유통전략을 세우는 것도 촉진이라고 할 수 있다.

(2) 판매촉진의 기능

① 정보의 전달기능 : 기업이 수행하는 촉진활동의 주요 목적은 정보를 널리 유포하는 것으로 이러한 촉진활동은 커뮤니케이션의 기본적인 원리에 따라 이루어진다.

② 설득의 기능 : 촉진 활동은 소비자가 그들의 행동이나 생각을 바꾸도록 하거나 현재의 행동을 더욱 강화하도록 설득하는 기능도 하는데, 대부분의 촉진은 설득을 목적으로 한다.

③ 상기의 기능 : 상기 목적의 촉진은 자사의 상표에 대한 소비자의 기억을 되살려 소비자의 마음속에 유지시키기 위한 것이다.

④ 결론 : 촉진 활동은 기업이 표적시장에 자신의 존재를 알리고, 자신의 상품을 적절히 차별화하며, 자신의 상표에 대한소비자의 충성도를 높이는 데 목적이 있다.

2 촉진믹스

(1) 판매촉진의 수단

① 광의적인 판매촉진의 형태

㉠ 인적 판매(Personal Selling)

- 창조적 판매
- 서비스적 판매(Service Selling)

㉡ 광고(Advertising)

- 소비자 광고와 업무용 광고, 미는 광고와 끄는 광고
- 기본적 광고와 선택적 광고, 개척적 광고와 유지적 광고
- 직접적 광고, 간접적 광고, 제도적 광고

㉢ 그 밖의 방법

- 진열(Display)
- 실연(Demonstrations)
- 견본배포(Samples)
- 콘테스트(Contests)
- 프리미엄(Premiums)
- 전시회, 쇼와 견본시장(Exhibits, Shows and Fairs)
- 회합과 협의회(Meetings and Conventions)
- 시위 선전(Stunts)
- 전문업자에 의한 선전(Advertising Specialties)
- 선전(Publicity)
- 특매(Special Sales)
- 팸플릿과 리플릿(Pamphlets and Leaflets)
- 운동단체(Athletic Teams)
- 공장견학과 점내구경(Plant and Store Tours)

② 협의적 판매촉진의 형태

㉠ 중간 판매업자에 대한 촉진작업

- 판매점의 경영 원조 : 점포설계, 점포설비, 회계 등에 관한 원조
- 판매점의 판매 원조 : 장식장, 판매대, 점내 등의 진열재료, 우송용 또는 배포용의 책자나 광고, 인쇄물, 간판 등의 준비와 공급
- 직접지면 광고 : 카탈로그, 소책자, 편지, 광고의 복사지 등을 배부
- 판매점 회의 : 판매점의 경영자 또는 판매원을 초치하여 회의를 개최하고 그 자리에서 신제품·광고·콘테스트 등에 관하여 설명을 하여 관심을 갖게 하는 동시에 협력을 구함
- 판매점 광고의 원조 : 판매점 자체에서 하는 광고 또는 서로 협력해서 하는 광고에 관한 조언 또는 재료를 제공
- 판매원 거래의 원조 : 판매점을 통하여 소매점에 실연선전품의 파견, Show의 제공, 라디오 프로그램의 제공, 선전용 인쇄물의 준비, 콘테스트 투표용지의 배부 등

㉡ 소비자에 대한 촉진작업

- 견본배포
- 콘테스트(Contests)
- 경품권부 판매
- 소비자교육

㉢ 기업 내부에 대한 촉진작업 : 판매부문, 상품부문, 광고부문 등에 협력하고 원조하여 그러한 여러 부문의 업무활동을 적극화시키고 업무능력을 향상시킴으로써 판매촉진의 기능을 수행한다.

[판매촉진믹스의 구성요소별 장단점]

구 분	장 점	단 점
광 고	• 자극적 표현 전달 가능 • 장·단기적 효과 • 신속한 메시지 전달	• 정보전달의 양이 제한적 • 고객별 전달정보의 차별화가 곤란 • 광고효과의 측정곤란
홍 보	• 신뢰도가 높음 • 촉진효과가 높음	통제가 곤란
판매촉진	• 단기적으로 직접적 효과 • 충동구매유발	• 장기간의 효과미흡 • 경쟁사의 모방 용이
인적판매	• 고객별 정보전달의 정확성 • 즉각적인 피드백	• 대중상표에 부적절 • 촉진의 속도가 느림 • 비용과다소요

(2) 광 고

① 광고의 정의

㉠ 기업이나 개인, 단체가 상품·서비스·이념·신조·정책 등을 세상에 알려 소기의 목적을 거두기 위해 투자하는 정보활동으로 글·그림·음성 등 시청각 매체가 동원된다.

㉡ 미국 마케팅협회의 정의(1963년) : "광고란 누구인지를 확인할 수 있는 광고주가 하는 일체의 유료형태에 의한 아이디어, 상품 또는 서비스의 비인적(Nonpersonal) 정보 제공 또는 판촉활동이다"라고 정의하였다.

㉢ 결론적으로 광고란 특정한 광고주에 의하여 비용이 지불되는 모든 형태의 비인적 판매제시를 뜻한다. 물론 판매제시의 객체는 상품, 서비스 또는 아이디어에 관한 것이다.

② 광고의 특징

㉠ 일반적 광고의 특징

- 유료성 : 광고주가 사용하는 매체에 광고료를 지불한다는 의미이다. 그러나 공익광고와 같은 경우 방송국이나 신문사 등에서 무료로 광고시간이나 지면을 제공해 주는 경우가 나타나고 있다.
- 비인적 촉진활동 : 판매원이나 그 밖의 제품과 관련된 사람이 제품을 제시하는 것이 아니라 대중매체를 통해 정보를 제시한다는 특징을 가진다.
- 전달대상의 다양성 : 광고를 통해서 단지 상품이나 서비스에 대한 정보만을 제공하는 것이 아니라 어떤 집단의 이념이나 정책, 기업제도 등의 아이디어도 제공할 수 있다.

㉡ 소매점광고의 특징

- 우선 가게를 알릴 것 : 소매점 광고는 메이커나 브랜드에 구애되지 않고 자점에 고객을 흡수하고 나아가서는 그 고정화를 도모함으로써 가게 전체의 판매를 촉진하는 것이다.
- 관련 상품을 팔 것 : 소매점의 광고는 광고되어 있는 상품의 판매증대 뿐만 아니라 그것을 바탕으로 하여 관련 상품의 전체를 파는 것을 계획해서 행해져야 한다.
- 소구 대상을 정확하게 파악할 것 : 소매점광고의 소구시장의 범위는 한정되어 있기 때문에 고객의 특성을 고려한 보다 세밀한 소구가 가능하며, 또 그러한 광고가 요구된다.
- 단기적인 직접 효과를 의도하고 행할 것 : 평상시 자기생활에 밀접한 관계를 가지고 있는 근처 소매점이 내는 광고에는 일종의 뉴스로서의 의미를 가지며, 광고에서 자기의 일상생활에 도움이 되는 요소를 얻으려고 한다. 따라서 광고의 짜임새는 이러한 뉴스로서의 관심을 자극해서 바로 구매행동을 불러일으킬 수 있어야 한다.

③ 광고활동의 전개(소매점광고 전개)

㉠ 광고예산의 결정(제1단계) : 자점의 재무상황, 기대되는 효과 등을 생각하여 어느 정도의 예산을 수립하는 것이 가능할 것인가를 결정한다.

㉡ 광고목표의 결정(제2단계) : 광고의 궁극적인 목적은 상품의 판매 촉진에 있다 하더라도, 그 과정에서 상점을 지명하게 한다, 내점(來店)하게 한다, 이미지를 업시킨다 등이 고려되는데 그 중에서 어느 것을 당면의 목표로 할 것인가를 결정한다.

㉢ 소구대상의 선정(제3단계) : 어떠한 소비자층을 광고대상으로 할 것인가를 지역별, 소득별, 연령별, 성별 등을 기준으로 선정한다.

㉣ 매체의 선정(제4단계) : 목표, 소구대상, 매체의 특성을 고려하여 TV, 라디오, 신문, 잡지, DM전단 중 어느 매체를 이용할 것인가를 결정한다.

㉤ 소구 내용의 검토(제5단계) : 무엇을 어떠한 방법과 표현으로 소구하는가를 구체적으로 검토한다.

㉥ 제작(제6단계) : 구체적인 광고 타입을 만들어 낸다.

㉦ 실시(제7단계) : 제작된 광고를 선정된 매체 선정대상에게 내보낸다.

㉧ 효과의 측정(제8단계) : 광고가 소기의 목표를 어느 정도 달성했는가, 나아가서는 매출액의 증대에 얼마만큼이나 공헌했는가를 검토하여 광고의 성과를 판단함과 동시에 보다 효과적인 다음 광고를 위한 정보를 수집한다.

④ 광고의 종류와 특성

광고의 종류	장 점	단 점
TV 광고	• 시각, 청각에 동시에 소구하기 때문에 자극이 강하다. • 받는 측은 대개의 경우 집안에서 시청에 전념하는 상태이기 때문에 그 수용성이 높다. • 커버할 수 있는 범위가 넓다. • 움직임, 흐름 등의 표현이 가능하다. • 반복소구에 따른 반복효과가 크다. • 컬러의 사용이 가능하다.	• 광고비의 부담이 크다. • 특정층만을 대상으로 하는 선택 소구에는 적당치 않다. • 소구는 순간적이며, 기록성이 없다. • 광고의 노출기회가 시간적으로 제약되고, 받는 측의 자의에 의한 접촉이 불가능하다.
라디오 광고	• 광고비가 비교적 싸다. • 내용의 변경이 비교적 쉽고, 융통성이 있다. • 받는 측은 일을 하는 중에도 광고내용의 수용이 가능하다. • 매스 미디어로서는 개인 소구력이 강한 편이다. • 이동성이 있기 때문에 청취의 기회가 많다. • 커버할 수 있는 범위가 넓다. • 청각에만 소구하기 때문에 받는 측에서 자유롭게 근사한 이미지를 부각시키는 것이 가능하다.	• 시각적 제한이 있기 때문에 받는 측의 자의에 의한 메시지에의 접촉은 불가능하다. • 메시지의 생명은 순간적이며, 기록성이 없다. • 소구에 대한 받는 측의 주의가 산만해지기 쉽다.
신문광고	• 기록성이 있다. • 매체의 신용을 이용할 수 있다. • 장문의 설득력 있는 메시지가 가능하다. • 신문의 구독자를 그대로 이용할 수 있다. • 유료구독이기 때문에 전파보다 안정도가 높다. • 지역별 선택 소구가 가능하다.	• 컬러의 사용에 한계가 있다. • 통용기간이 짧다. • 관심·주목의 농도가 기사에 따라 크게 영향을 받는다. • 차분한 마음으로 읽게 하는 경우가 많다.
잡지광고	• 기록성이 뛰어나다. • 매체의 신용을 이용할 수 있다. • 고도의 인쇄기술을 구사할 수 있다. • 선택 소구에 적합하다. • 여러 페이지에 걸친 설득력 있는 광고가 가능하다. • 광고의 수명이 길다.	• 시간적 융통성이 결여된다. • 지역적인 조성이 불가능하다.
전단광고	• 특정 지역에 대한 선택 소구가 가능하다. • 모양, 크기에 대한 융통성이 있다. • 즉각적인 효과를 올릴 수 있다. • 비용이 비교적 싸다. • 광고주의 규모 여하에 상관없이 손쉽게 이용할 수 있다. • 일상생활의 정보원으로서 주목률, 이용률이 높다.	• 경쟁이 심하다. • 큰 상점 또는 메이커의 대형 전단이 등장하고 있으며, 선전광고가 물량전으로 변해가고 있다.

광고의 종류	장 점	단 점
옥외광고 (간판, 포스터, 네온사인 등)	• 특정 지역에 대한 소구가 가능하다. • 광고의 설치장소가 고정되어 있으므로 장기에 걸친 소구가 가능하다. • 표현에 변화를 갖게 할 수 있다.	• 장기에 걸쳐 동일한 광고가 게출(揭出)되는 경우가 많기 때문에 신선한 인상이 없다. • 장소적 제한이 있다.
교통광고 (차내 부착, 차체 외 포스터, 터미널 포스터, 역 포스터 등)	• 도시에 적합하다. • 특정 지역의 선택 소구에 적합하다. • 교통기관의 고정객에 대한 반복 소구가 가능하다. • 광고비용이 비교적 싸다.	광고 공간에 한계가 있다.

⑤ 광고매체 선정 시 고려해야 할 사항

㉠ 표적고객의 매체접촉 습관

㉡ 광고되는 제품의 종류

㉢ 표적고객의 사회적 특성

⑥ 광고전략

㉠ 표현전략 : 크리에이티브전략이라고도 하며, 전달해야 할 메시지의 작성에 관한 전략으로 고객의 흥미나 관심을 끌 수 있는 광고 메시지를 만들어내야 한다.

㉡ 매체전략 : 미디어 전략이라고도 하며, 메시지를 전달하는 수단을 확보하는 것에 관한 전략이다. 그러므로 표적의 윤곽, 규모, 지역에 맞추어 제한된 촉진 예산범위 내에서 가장 효과적인 매체를 찾아내야 한다.

⑦ 광고와 PR의 차이점

광 고	PR
• 매체에 대한 비용을 지불한다. • 상대적으로 신뢰도가 낮다. • 광고 내용, 위치, 일정 등이 통제가 가능하다. • 신문광고, TV와 라디오 광고, 온라인 광고 등이 있다.	• 매체에 대한 비용을 지불하지 않는다. • 상대적으로 신뢰도가 높다. • 통제가 불가능하다. • 출판물이나 이벤트, 또는 연설 등이 있다.

⑧ 인터넷 광고의 기법

㉠ 인터액티브 광고 : 인터액티브 배너 광고는 인터넷의 쌍방향성을 이용하여 소비자의 취향을 분석한 광고를 제공한다. 광고배너에서 직접 글을 쳐 넣거나 게임을 즐길 수 있고 경품을 선택할 수도 있는 배너광고 유형으로 그 수가 점차 늘고 있으며 클릭률도 높은 편이다.

㉡ 배너 광고 : 인기 있는 홈페이지의 한쪽에 특정 웹사이트의 이름이나 내용을 부착하여 홍보하는 인터넷 광고기법으로 미리 정해진 규격에 동영상 파일 등을 이용하여 광고를 내고 소정의 광고료를 지불한다.

㉢ 팝업 광고

• 인터넷 홈페이지의 첫 화면을 로딩하는 것과 동시에 별도의 창으로 내비게이션 되는 광고창을 일컫는다.

• 특별할인 또는 경품행사 등과 같은 이벤트, 주요 뉴스, 세미나 및 교육 프로그램과 같은 주요 공지사항에 이용한다.

㉣ 이동 아이콘 광고 : 웹사이트를 이동하면서 주의를 끄는 광고이다.

㉤ 동영상 광고 : 기존 배너의 동적인 단점을 극복한 광고(애니메이션 포함)이다.

㉥ 스폰서십 광고 : 스폰서가 웹사이트를 후원하고 광고를 게재하는 것을 말한다.

㉦ 인터넷 액세스형 광고

• 키워드(Keyword) 광고 : 검색엔진에서 사용자가 특정 키워드로 검색했을 때, 검색 결과물의 특정 위치(일반적으로 상단)에 광고주의 사이트가 소개될 수 있도록 하는 검색엔진의 서비스이다. 불특정다수에게 광고를 노출시키는 것이 아니라 광고주가 원하는 키워드로 사용자가 검색했을 때에만 광고를 내보임으로써 광고주의 서비스를 이용할 가능성이 매우 높은 잠재고객에게만 광고를 내보이는 타깃화된 광고기법이다.

• 채트(Chat) 광고 : 채팅룸에서 채팅에 참여하고 있는 사람들에게 보이는 광고로 이용 빈도가 증가하는 추세에 있다.

• 이메일(E-mail) 광고 : 전자우편은 비용대비 효과적인 면에서, 다른 광고 채널보다 더 신속히 반응정도를 평가할 수 있는 마케팅채널로 이용되고 있다.

㉧ 기타 : 리치미디어 광고, 전면 광고, 웹사이트 광고 등

※ 리치미디어 광고

• 기존의 단순한 형태의 배너광고보다 풍부한(Rich) 정보를 담을 수 있는 매체(Media)라는 뜻을 지닌다.

• JPEG · DHTML · 자바스크립트 · 쇼크웨이브 등을 이용해 만든 멀티미디어 형태의 광고로, 텔레비전 방송광고처럼 비디오와 오디오 · 사진 · 애니메이션 등을 포괄한다.

• 스트리밍 기법과 다운로드되며, 바로 사용자와 상호작용을 할 수 있는 애플릿, 사용자가 배너광고 위에 마우스를 올려놓으면 변하는 광고 등 다양한 방식으로 표현된다.

(3) 홍보(Publicity)

① 홍보의 개념

㉠ 기업, 단체 또는 관공서 등의 조직체가 커뮤니케이션 활동을 통하여 스스로의 생각이나 계획 · 활동 · 업적 등을 널리 알리는 활동을 말한다.

㉡ 홍보의 목적은 각 조직체에 관한 소비자나 지역주민 또는 일반의 인식이나 이해 또는 신뢰감을 높이고, 합리적이고 민주적인 기초 위에 양자의 관계를 원활히 하려는 데 있으며 사실에 관한 정보의 정확한 전달과 불만 · 요망 등을 수집하는 것에서부터 시작된다.

㉢ 선전(Propaganda)과 유사하지만 선전은 주로 위에서 아래로의 정보 전달활동이며, 또한 그 정보가 때때로 과장 · 왜곡되어, 일방적으로 어느 특정 이미지를 형성한다는 점에서 홍보와 다르다. 그러한 의미에서 흔히 PR(Public Relations)과 같은 의미로 쓰기도 한다.

② 홍보의 특징

㉠ 어떤 상점 혹은 그 취급상품에 대한 정보가 신문의 기사라든가 TV의 뉴스로 나올 경우 그 정보는 공정한 제3자로서의 보도기관이 취급하여 유출시키고 있을 뿐 기업 자체의 주관적인 주장이 들어있지 않다고 판단하기 때문에 받는 측은 그것을 저항 없이 그대로 받아들이는 것이 보통이다.

㉡ 홍보는 기업 측에서 본다면 무료광고라고도 말할 수 있으며, 또 그 효과는 광고보다 더하기 때문에 기업은 이를 판매촉진의 수단으로 이용하려 한다(보도기관의 퍼블리시티용, 즉 홍보용의 자료 배포 등).

③ 홍보자료와 보도자료

㉠ 홍보자료 : 자신에 관한 뉴스와 정보를 매체에 제공하기 위한 수단으로 보도자료, 기자회견, 녹음자료 및 기고물 등과 같은 형태가 있다.

㉡ 보도자료 : 가장 널리 이용되는 홍보자료의 유형이다. 기업의 신상품, 새로운 공정 또는 기업인사의 동정에 관한 이야기를 적은 것이다.

④ 홍보의 유형

㉠ 기자회견 : 기자회견을 하는 목적은 뉴스 가치가 있는 정보를 뉴스매체에 배포하여 사람이나 제품 또는 서비스에 대한 관심을 유발시키는 데에 있다.

㉡ 제품홍보 : 제품 홍보에는 특정 제품을 고지시키기 위한 제반 노력이 포함된다.

㉢ 기업홍보 : 기업 자체에 대한 이해도를 촉진하는 내부적·외부적 의사소통을 말한다.

㉣ 로비활동 : 국회의원 및 정부관리들과 관계를 맺음으로써 자사에 유리한 법률제정과 규제조치를 촉진시키고, 불리한 것을 회피하기 위한 활동을 말한다.

㉤ 카운슬링 : 경영자들에게 공공적 문제와 기업의 위치 및 이미지 등에 대하여 조언하는 것을 말한다.

(4) 인적 판매

① 인적 판매의 의의

㉠ 사람이 하는 판매활동으로 판매원에 의해 이루어지는 양방향 커뮤니케이션 수단이라고 할 수 있다.

㉡ 판매원이 고객과 직접 대면하여 대화를 통하여 자사의 제품이나 서비스의 구매를 설득하는 촉진활동이다.

㉢ 판매원이 고객의 표정과 같은 반응에 맞추어서 즉석에서 대응할 수 있는 촉진수단이라는 장점이 있고, 소비자와의 인간적인 유대관계를 형성해 장기적인 고객과의 관계를 구축하는 데 효과적이다.

㉣ 고객과의 개별접촉을 하여야 하므로 촉진의 속도가 느리고 비용도 상대적으로 많이 소요되는 단점이 있다.

② 판매원의 바람직한 자세

㉠ 전략적인 사고방식을 가질 것

㉡ 철저히 준비하는 습관을 가질 것

㉢ 세일즈에 대해 전문지식과 기술을 가질 것

③ 판매원 활동과정

㉠ 준비단계 : 준비단계는 고객탐색과 사전준비로 구성되는데, 고객탐색은 잠재고객의 경제적 능력, 구매의도, 구매결정 권한의 소유여부 등을 확인하게 되며, 사전준비는 판매원이 제품을 소개하는 데 필요한 추가적인 정보를 수집하는 것을 말한다.

㉡ 설득단계 : 접근, 제품소개, 의견조정, 구매권유의 4단계로 나뉜다.

㉢ 고객관리단계 : 판매원은 고객에게 제품의 전달과 설치에서부터 대금지불과 제품사용 전 교육 및 제품사용 중 발생할 수 있는 문제점의 해결 등 철저한 사후관리를 해야 한다.

(5) 기타 판매촉진활동

① **구두전달** : 판매활동의 전개에 있어서 기업이 오피니언 리더(Opinion Leader)에게 작용하여 그것을 마케팅 리더로 이용함으로써 자점(自店)에 관한 유리한 정보를 적극적으로 관계자에게 유출시키는 것을 말한다.

② **특매** : 적당한 주제를 설정하여 그것을 기초로 일정 기간 동안 특히 적극적인 판매 촉진활동을 하는 것을 말한다.

③ **프리미엄(Premium)** : 상품을 구입하는 고객에게 어떤 경품을 제공한다거나, 쿠폰을 제공하고 그것을 경품과 맞바꾼다거나, 여행・영화관람 등에 초대하는 등의 방법을 통해서 판매촉진을 꾀하는 것을 말한다.

④ **견본배포** : 상품의 현물 또는 견본용 상품을 소비자에게 무료로 제공하여 소비자로 하여금 실제로 그것을 이용하게 함으로써 수요를 창조하는 데 있다.

⑤ **소비자교육** : 소비자에게 상품지식, 상품의 이용방법 등을 제공해서 상품에 대한 이해를 시켜줌과 동시에 자점에 대한 호의를 갖게 하고 고객의 고정화를 꾀하여 궁극적으로는 자점의 판매증대를 가져오게 한다.

CHAPTER

06 적중예상문제

01 **소비자의 상품구매 특성이 건강 및 환경문제에 민감하고 기업의 윤리적 측면을 고려함에 따라, 마케팅 과제를 삶의 질 향상과 인간지향 및 사회적 책임을 중시하는 데에 두는 마케팅 개념 유형은?**

① 생산지향 개념 ② 제품지향 개념

③ 판매지향 개념 ④ 사회지향 개념

해설 **마케팅관리철학**

- 생산개념 : 경영자는 생산성을 높이고 유통효율을 개선시키려는 데 초점을 두어야 한다는 관리철학
- 제품개념 : 소비자들은 품질, 성능, 특성 등이 가장 좋은 제품을 선호하기 때문에 조직체는 계속적으로 제품개선에 정력을 쏟아야 한다는 관리철학
- 판매개념 : 어떤 조직이 충분한 판매 및 촉진노력을 기울이지 않는다면 소비자들은 그 조직의 제품을 충분히 구매하지 않을 것이라는 관리철학
- 마케팅 개념 : 조직의 목표를 달성하기 위해서는 표적시장의 욕구와 욕망을 파악하고 이를 경쟁자보다 효과적이고 효율적인 방법으로 충족시켜주어야 한다고 보는 관리철학
- 사회지향적 개념 : 마케팅 과정에서 고객과 사회의 복지를 보존하거나 향상시킬 수 있어야 한다는 관리철학

02 **마케팅에 대한 설명으로 적절하지 않은 것은?**

① 제품을 시장에 판매하여 이윤추구만을 목적으로 한다.

② 두 당사자 간에 가치를 매매하는 거래가 있다.

③ 인간의 욕구와 욕망을 충족시키기 위한 수요가 있다.

④ 소유권과 점유권의 이전에 관한 경영활동이다.

해설 **마케팅** : 개인과 집단이 제품과 가치를 창조하고 타인과 교환함으로써 그들의 욕구와 욕망을 충족시키는 사회적 또는 관리적 과정

1 ④ 2 ① 정답

03 **전사적 마케팅과 가장 밀접한 것은?**

① 마케팅활동은 사회에 대한 책임을 우선으로 해야 한다는 것이다.
② 기업의 총매출액을 극대화시키기 위한 것이다.
③ 국내·외의 시장을 총괄하여 마케팅활동을 전개하는 것이다.
④ 기업의 모든 경영활동을 마케팅활동 중심으로 통합하는 것이다.

해설 **전사적 마케팅** : 마케팅 활동이 판매부문에만 한정되어 수행되는 것이 아니라 기업의 모든 활동이 마케팅기능을 수행하게 된다는 통합적 마케팅과 같은 개념

04 **수요의 계절적 변동이 심한 경우 마케팅관리자의 적절한 마케팅 전략은?**

① 유지마케팅 ② 동시마케팅
③ 개발마케팅 ④ 전환마케팅

해설 **동시마케팅** : 제품이나 서비스의 공급능력에 맞추어 수요발생시기를 조정 또는 변경하려고 하는 전략

05 **고객이 특정제품을 구매할 때 심리적 상태를 중시하고 고객의 기분과 욕구에 적응하는 마케팅활동은?**

① 서비스마케팅 ② 조직마케팅
③ 대인마케팅 ④ 감성마케팅

해설 **감성마케팅** : 고객이 특정제품을 대할 때의 심리적 상태를 중시하고 그 때의 기분과 욕구에 적합한 상품개발을 목표로 다품종 소량생산 등의 방식을 채택하는 것으로, 소비자의 감성에 호소하는 마케팅이기 때문에 그 기준도 수시로 바뀔 수 있다.

정답 3 ④ 4 ② 5 ④

06 선별된 잠재 구매자에게 광고물을 발생하여 제품구매를 유도하는 판매방식은?

① 텔레마케팅(Telemarketing)

② 다이렉트 메일 마케팅(Direct Mail Marketing)

③ 다단계 마케팅(Multi-level Marketing)

④ 인터넷 마케팅(Internet Marketing)

해설 **다이렉트 메일 마케팅(Direct Mail Marketing)**
기업의 마케팅 관리 측면에서 일반적인 생산자 → 도매상 → 소매상의 전통적 유통경로를 따르지 않고 직접 고객으로부터 주문을 받아 판매하는 것을 다이렉트 마케팅(Direct Marketing)이라고 한다. 전형적인 마케팅이 소비자에 대한 대량광고를 통해 소비자의 소비욕구를 자극하여 구입으로 연결시키는 과정을 거치는 데 비해 다이렉트 마케팅은 소비자와의 보다 긴밀한 광고매체 접촉을 이용하여 소비자와 직접 거래를 실현하는 마케팅 경로를 의미한다.

07 간접 마케팅에 대한 설명으로 옳지 않은 것은?

① 유통기능이 중간상에 의하여 수행된 경우이다.

② 마케팅 기능을 특화시켜 유통능률을 향상시킬 수 있다.

③ 생산자나 소비자의 위험이 분산될 수 있다.

④ 대형유통업체가 출현하면서부터 시작되었다.

해설 오늘날 대부분의 생산자는 생산한 제품을 직접 판매하는 직접 마케팅(Direct Marketing) 대신 독립 중간상을 통하여 판매하는 간접 마케팅(Indirect Marketing) 방식을 택하고 있다. 간접 마케팅은 회사나 제품브랜드가 알려지지 않은 업체에 보다 효과적이다.

08 수산물 마케팅에서 거시적 환경요인에 해당하는 것은?

① 금융회사 ② 수산물물류시설

③ 가처분소득 ④ 유통조직관리자

해설 가처분소득은 거시적 환경요인 중 경제적 환경에 속한다. 가처분소득이 많을수록 구매력이 향상되고 가처분소득이 적을수록 구매력이 낮아진다.

※ **기업의 마케팅 환경**

- 미시적 환경요인 : 기업, 원료공급자, 마케팅중간상, 고객, 경쟁기업, 공중 등
- 거시적 환경요인 : 인구통계적 환경, 경제적 환경, 자연적 환경, 기술적 환경, 정치적 환경, 문화적 환경 등

6 ② 7 ④ 8 ③ 정답

09 수산물 마케팅 환경분석에 대한 설명으로 옳지 않은 것은?

① 강점과 약점, 기회와 위험 요인을 분석하는 SWOT 분석이 자주 이용된다.
② 미시적 환경요인은 유통업자 스스로의 마케팅 노력에 의해 변경이나 개선이 불가능하다.
③ 미시적 환경요인에는 고객, 경쟁업자, 중간상인, 원료 공급업자 등이 포함된다.
④ 거시적 환경요인에는 인구통계학적 환경, 경제적 환경, 자연적 환경, 사회적·문화적 환경 등이 포함된다.

해설 미시적 환경요인은 기업이 고객에게 제품과 서비스로 봉사할 수 있는 직접적이고도 관련성이 높은 요인들로 유통업자 스스로의 마케팅 노력에 의해 변경이나 개선이 가능하다.

10 다음은 마케팅전략 수립을 위한 상황분석이다. 괄호 안의 용어로 옳은 것은?

기업 내부여건으로 (　　)과(와) (　　), 기업 외부요인으로 (　　)과(와) (　　)을(를) 분석한다.

① 기회 – 강점 – 약점 – 위협
② 강점 – 기회 – 위협 – 약점
③ 강점 – 약점 – 기회 – 위협
④ 기회 – 위협 – 강점 – 약점

해설 **SWOT 분석** : 어떤 기업의 내부환경을 분석하여 강점과 약점을 발견하고, 외부환경을 분석하여 기회와 위협을 찾아내어 이를 토대로 강점은 살리고 약점은 죽이고, 기회는 활용하고 위협은 억제하는 마케팅 전략을 수립하는 것을 말한다.

※ SWOT

S(Strength) : 강점, W(Weakness) : 약점, O(Opportunity) : 기회, T(Threat) : 위협

11 다음 중에서 4P라고 불리는 마케팅믹스 요인에 해당되지 않는 것은?

① 가 격
② 제 품
③ 촉 진
④ 홍 보

해설 4P

- 제품(Product)
- 경로(Place)
- 가격(Price)
- 촉진(Promotion)

정답 9 ② 10 ③ 11 ④

12 마케팅믹스에 대한 설명 중 옳지 않은 것은?

① 전문품은 상점에 나가기 전에 그 제품이나 내용 등에 대하여 잘 알고 있으며, 구매과정에서 상당한 노력을 한다.

② 제품믹스란 유사용도나 특성을 갖는 제품군을 말한다.

③ 수명주기는 도입기, 성장기, 성숙기, 쇠퇴기의 과정을 거치게 되는데 성장・성숙기는 특히 매출액이 증가하는 시기이다.

④ 침투가격은 매출수량이 가격에 민감하게 작용하는 경우에 그 효과가 크다.

해설 제품믹스란 특정 판매업자가 구매자들에게 제공하는 제품계열과 품목들의 집합을 의미하는데, 어떤 제품믹스든지 폭과 깊이 및 다양성・일관성의 면에서 분석될 수 있다.

13 마케팅믹스(Marketing Mix) 전략을 적절히 설명한 것은?

① 마케팅믹스 요소는 상품전략, 수송전략, 유통전략, 광고전략으로 나눈다.

② 기업이 표적시장을 선정한 다음에 여러 가지 자사 상품을 잘 섞어서 판매하는 전략이다.

③ 기업의 마케팅 노하우, 상표, 기업 이미지 등을 경쟁자가 쉽게 모방할 수 없도록 하는 종합적인 전략이다.

④ 기업이 소비자의 욕구와 선호를 효과적으로 충족시키기 위하여 4P를 활용한 마케팅 전략을 말한다.

해설 **마케팅믹스 전략**
맥카시(McCarthy, E. J.)가 제창한 마케팅믹스의 4가지 요소(4P)로, 상품전략(Product), 가격전략(Price), 유통전략(Place), 판매촉진전략(Promotion)을 의미한다. 즉, 마케팅믹스 전략은 상품, 가격, 유통, 촉진 등 마케팅믹스의 기본 요소가 잘 조화되어 시너지 효과를 낼 수 있게끔 하는 혼합 마케팅전략이다.

14 마케팅의 기능 중에서 가장 본질적인 기능은?

① 물적 유통기능 ② 소유권 이전기능

③ 마케팅조성기능 ④ 정보제공기능

해설 구매(Buying) 및 판매(Selling)를 통해 소유권을 이전시키는 기능은 마케팅의 기능 중에서 가장 본질적인 기능이다.

12 ② 13 ④ 14 ② 정답

15 마케팅전략에서 촉진의 기능이 아닌 것은?

① 운영비용의 절감

② 상품정보의 전달

③ 상표에 대한 기억유지

④ 구매행동 강화를 위한 설득

해설 촉진활동이란 어떤 상품을 현재 또는 미래의 고객들에게 알리고 구매하도록 설득하며, 구매를 유도할 수 있는 여러가지 수단의 총합이다. 촉진믹스의 수단은 광고, 홍보(PR), 판매촉진(Sales Promotion), 인적판매 등으로 대별된다.

16 마케팅믹스 요소 중 촉진의 기능과 관련이 없는 것은?

① 기업의 새로운 상품에 대하여 정보를 제공한다.

② 소비자의 구매와 관련된 행동의 변화를 유도한다.

③ 소비자의 브랜드에 대한 이미지를 제고시킨다.

④ 소비자가 원하는 가격으로 제품을 생산한다.

해설 소비자가 원하는 가격으로 제품을 생산하는 것은 마케팅 믹스 4P 중 '가격관리' 전략과 관련이 있다.

※ 마케팅전략에서 촉진의 기능

- 정보의 제공
- 소비자의 구매 욕구 자극
- 제품의 차별화 및 브랜드 이미지 향상
- 판매의 안정적 유지

17 기업의 입장에서는 마케팅 믹스의 4P지만 고객의 입장에서는 4C가 된다. 다음 중 4P와 4C를 올바르게 대응한 것은?

① 상품(Product) – 편리성(Convenience)

② 가격(Price) – 고객가치(Customer Value)

③ 유통(Place) – 고객측 비용(Cost to the Customer)

④ 촉진(Promotion) – 의사소통(Communication)

해설 ① 상품(Product) – 고객가치(Customer Value)

② 가격(Price) – 고객측 비용(Cost to the Customer)

③ 유통(Place) – 편리성(Convenience)

정답 15 ① 16 ④ 17 ④

18 BCG 매트릭스에서 상대적 시장점유율이 높고, 시장성장률이 낮은 곳은?

① 스 타　　② 현금젖소
③ 의문표　　④ 개

해설 BCG(보스톤 컨설팅그룹) 매트릭스
- 별(스타) : 고점유율, 고성장률
- 현금젖소(캐시카우, 돈줄) : 고점유율, 저성장률
- 의문표 : 저점유율, 고성장률
- 개 : 저점유율, 저성장률

19 소비자의 욕구를 확인하고 이에 알맞은 제품을 개발하며 적극적인 광고전략 등에 의해 소비자가 스스로 자사제품을 선택 구매하도록 하는 것과 관련된 마케팅전략은?

① 푸시전략　　② 풀전략
③ 머천다이징　　④ 선형마케팅

해설 풀전략
기업이 자사의 이미지나 상품의 광고를 통해 소비자의 수요를 환기시켜 소비자 스스로 하여금 그 상품을 판매하고 있는 판매점에 오게 해서 지명 구매하도록 하는 마케팅전략을 뜻한다. 따라서 풀(Pull)이란 소비자를 그 상품에 끌어 붙인다는 의미의 전략이다.

20 고객정보를 수집하고 분석하여 고객 이탈방지와 신규 고객확보 등에 활용하는 마케팅 기법은?

① POS(Point Of Sales)
② SCM(Supply Chain Management)
③ CRM(Consumer Relationship Management)
④ CS(Consumer Satisfaction)

해설 ③ CRM(고객관계관리)은 생산된 제품을 판매하기 위한 유통회사 및 개인고객의 정보관리이다.
① POS(판매시점 정보관리)는 판매와 관련한 데이터를 관리하고, 고객정보를 수집하여 부가가치를 향상할 수 있도록 상품의 판매시기를 결정하는 것을 말한다.
② SCM(공급망 사슬 관리)은 생산을 하기 위한 자재를 조달하는 각 협력회사와의 정보시스템 연계방식이다.
④ CS(고객만족)는 고객의 욕구와 기대에 최대한 부응하여 그 결과로 상품과 서비스의 재구입이 이루어지고 아울러 고객의 신뢰감이 연속적으로 이어지는 상태이다.

18 ② 19 ② 20 ③ 정답

21 마케팅 조사에 대한 설명 중 관계가 먼 것은?

① 시장의 사정이나 소비자의 요구 또는 동업자의 실태 등을 면밀히 파악한다.
② 상품의 공급 상황과 수요예측을 정확하게 파악하기 위한 시장조사이다.
③ 판매목표 설정을 위해 정확한 판매예측을 한 다음 마케팅 조사를 실시한다.
④ 수요예측은 유효수요뿐만 아니라 잠재수요도 파악해야 한다.

해설 ③ 먼저 마케팅 조사를 한 다음 판매목표를 설정하고 판매예측을 실시한다.

※ **마케팅 조사과정**
- 문제와 조사목적의 설정
- 정보수집을 위한 계획의 수립
- 조사계획의 실행(자료의 수집과 분석)
- 조사결과의 해석과 보고

22 소수의 응답자들을 한 장소에 모이도록 한 다음 자유스러운 분위기 속에서 사회자가 제시하는 주제와 관련된 정보를 대화를 통해 수집하는 마케팅 조사법은?

① 델파이법 ② 표적집단면접법
③ 심층면접법 ④ 실험조사법

해설 ① 델파이법 : 전문가의 경험적 지식을 통한 문제해결 및 미래예측을 위한 기법이다. 전문가 합의법이라고도 한다.
③ 심층면접법 : 조사대상 집단 중에서 중요한 정보를 얻을 수 있는 사람을 추출하여 심층적으로 면접하는 방법으로, 집단의 크기는 8~12명 정도가 적당하다.
④ 실험조사법 : 실험에 참여할 표본집단을 선택해 이를 두 집단으로 나누어 각기 다른 조건을 제시한 뒤 두 그룹의 반응을 비교분석하여 결과를 도출한다. 실험조사법은 민감한 사항을 결정하기 위한 참고자료를 만드는 데 많이 활용된다.

23 신제품에 대한 광고시안을 몇 개의 소비자 집단에 보여주고 그 중에서 소비자의 선호정도 및 기억정도가 가장 높은 광고를 선정하고자 할 때 적합한 마케팅 조사방법은?

① 관찰법(Observational Research)
② 서베이조사(Survey Research)
③ 표적집단면접법(Focus Group Interview)
④ 실험조사(Experimental Research)

해설 실험조사는 주제에 대하여 서로 비교가 될 집단을 선별하고 그들에게 서로 다른 자극을 제시하고 관련된 요인들은 통제한 후 집단 간의 반응의 차이를 점검함으로써 1차 자료를 수집하는 조사방법이다.

정답 21 ③ 22 ② 23 ④

24 많은 대상을 단시간에 일제히 조사할 수 있는 질문조사법(Survey)에 대한 설명으로 옳은 것은?

① 조사대상자와의 대화를 통해 정보를 수집하는 방법
② 조사대상자의 집단적 토의를 통해 정보를 수집하는 방법
③ 조사대상이 되는 사물이나 현상을 조직적으로 파악하는 방법
④ 일련의 질문사항에 대하여 피조사자가 대답을 기술하도록 하는 방법

해설 **질문조사법(Survey)**
조사자가 어떤 문제에 관하여 작성한 일련의 질문사항에 대하여 피조사자가 대답을 기술하도록 한 조사방법으로, 많은 대상을 단시간에 일제히 조사할 수 있고, 결과도 비교적 신속하게 기계적으로 처리할 수 있다.

25 직접 시장시험을 통해서 신제품 수요를 예측하는 마케팅 조사기법으로 적절한 것은?

① 델파이법
② 고객의견 조사법
③ 모의시험시장법
④ 회귀분석법

해설 **모의시험시장법**
실험에 참가한 소비자들에게 신제품을 포함한 여러 제품들의 광고를 보여준 후, 실험에 참가한 대가로 받은 소정의 금액으로 실험을 위해 설치된 가상의 점포(또는 실제점포)에서 실제로 제품을 구매하도록 하는 방법이다.

26 동일표본의 응답자에게 일정기간동안 반복적으로 자료를 수집하여 특정구매나 소비행동의 변화를 추적하는 마케팅 조사법은?

① 소비자 패널조사법
② 심층 집단면접법
③ 초점집단조사
④ 실험조사법

해설 **소비자 패널조사법** : 동일한 소비자로부터 반복적으로 구매와 관련된 자료를 수집하며 비내구재의 의사결정에 유용한 자료수집기법

24 ④ 25 ③ 26 ① 정답

27 다음 중 구매의사의 결정과정을 순서대로 올바르게 나열한 것은?

㉠ 정보의 탐색	㉡ 문제의 인식
㉢ 대체안의 평가	㉣ 구매의사의 결정
㉤ 구매 후 행동	

① ㉠ - ㉡ - ㉢ - ㉣ - ㉤
② ㉡ - ㉠ - ㉢ - ㉣ - ㉤
③ ㉢ - ㉠ - ㉡ - ㉣ - ㉤
④ ㉣ - ㉠ - ㉡ - ㉢ - ㉤

해설 **구매의사의 결정과정**
- 문제의 인식
- 정보의 탐색
- 대체안의 평가
- 구매의사의 결정
- 구매 후 행동

28 소비자들이 특정 상품이나 상표를 선택할 때 영향을 미치는 요인에 대해 가장 잘 설명한 것은?

① 사회적 요인으로서 사회계층, 준거집단, 가족 등이 포함된다.
② 제도적 요인으로서 직업, 소득, 교육, 소비 스타일 등이 포함된다.
③ 정치적 요인으로서 국내 및 국제적 정치 상황이 포함된다.
④ 법률적 요인으로서 법이 어떻게 바뀌는가에 따라 달라진다.

해설 **소비자 행동에 영향을 주는 요인**
- 문화적 요인 : 문화, 하위문화, 사회계층 등
- 사회적 요인 : 사회계층, 준거집단, 가족 등
- 개인적 요인 : 나이, 직업, 성, 경제적 여건, 라이프스타일, 개성, 자아 이미지 등
- 심리적 요인 : 동기, 욕구, 부여, 지각, 학습, 신념과 태도 등 상황에 따른 심리와 지각 상태

정답 27 ② 28 ①

29 **소비자의 수산물 구매행동에 대한 설명으로 알맞지 않은 것은?**

① 고등어, 갈치 등을 구입할 때 소비자는 경험이나 습관에 의해 쉽게 구매결정을 내리는 저관여 구매행동을 한다.

② 친환경수산물과 같은 소비자의 관심이 큰 상품은 신중하게 의사결정을 내리는 고관여 구매행동을 한다.

③ 제품관여도가 낮은 수산물의 경우는 브랜드 간 차이가 크더라도 소비자가 브랜드 전환(Brand Switching)을 시도하는 경우가 드물다.

④ 저관여 상품의 판매를 확대하려면 친숙도를 높여야 하고, 고관여 상품은 다양한 상품정보를 제공해야 한다.

해설 제품관여도가 낮은 수산물의 경우라도 브랜드 간 차이가 크면 소비자는 브랜드 전환을 시도(다양성 추구)한다.

• 관여도에 따른 반복구매행동 유형

구 분	고관여	저관여
의사결정	복잡한 의사결정	제한적 의사결정
습 관	브랜드 충성도	관 성

• 브랜드 간 차이와 관여도에 따른 소비자 구매행동 유형

구 분	고관여	저관여
브랜드 간 차이가 클 때	복잡한 의사결정 (또는 브랜드 충성)	다양성 추구
브랜드 간 차이가 작을 때	부조화 감소	관성적 구매

30 **소비자가 구매한 제품에 대한 만족도 평가가 중요하게 다루어지는 이유를 설명한 것으로 틀린 것은?**

① 만족한 소비자는 재구매할 가능성이 높기 때문이다.

② 신규 고객을 유치하는 것보다 기존 고객을 유지하는 것이 훨씬 더 어렵기 때문이다.

③ 불만족한 소비자는 다른 사람에게 비호의적(非好意的)인 구전(口傳)을 행하기 때문이다.

④ 만족한 소비자는 경쟁사의 광고와 제품에 관심을 덜 갖기 때문이다.

해설 기업의 입장에서 신규 고객을 확보하는 것은 기존 고객을 보유하는 것보다 5배 정도 더 많은 비용을 초래하므로, 항상 보다 높은 고객만족도 및 보다 좋은 서비스를 제공해서 기존 고객을 붙잡아 두는 것이 유리하다.

29 ③ 30 ② 정답

31 시장세분화의 장점이라고 보기 어려운 것은?

① 소비자의 다양한 욕구를 충족시켜 매출액의 증대를 꾀할 수 있다.
② 제품 및 마케팅활동의 목표시장의 요구에 적합하도록 조정할 수 있다.
③ 규모의 경제가 발생한다.
④ 시장세분화의 반응도에 근거하여 마케팅자원을 보다 효율적으로 배분할 수 있다.

해설 규모의 경제는 생산량이나 판매량의 크기에 따라 나타나는 것이므로 시장세분화와는 관계가 없다. 한정된 시장에서 세분화하면 각 세분시장의 수요가 더 작아지므로 오히려 규모의 경제를 이루기가 어렵다.

32 시장세분화에 대한 설명으로 적절하지 못한 것은?

① 시장세분화는 다양한 제품계열, 다양한 광고매체를 이용하여 수익을 증대시킬 수는 있으나 생산원가 및 판매, 일반관리비의 증대를 가져온다.
② 시장세분화란 상이한 욕구, 행동 및 특성을 가지고 있는 소비자들을 분류하는 과정을 말한다.
③ 시장세분화는 추정가능성, 접근가능성, 실체성, 신뢰성 등을 요건으로 한다.
④ 시장세분화는 제품계열의 단순화를 통해 생산을 표준화하고 생산을 대량화할 수 있다.

해설 제품계열의 단순화를 통해 생산을 표준화하고 생산을 대량화하는 것은 세분시장 사이의 차이를 무시하는 비차별적 마케팅 전략이다.

33 시장세분화(Market Segmentation) 전략을 가장 적절히 설명한 것은?

① 제한된 자원으로 전체 시장에 진출하기보다는 욕구와 선호가 비슷한 소비자 집단으로 나누어 진출하는 전략이다.
② 소비자의 개별적 욕구를 충족하기보다는 전체를 하나로 보아 비용을 절감하고 관리하는 전략이다.
③ 소비자들이 인식하고 있는 취향과 선호에 따라 부분적으로 취하는 소비 전략이다.
④ 모든 개인의 취향과 욕구를 충족하고 관리하여 이익의 극대화를 추구하는 전략이다.

해설 **시장세분화 전략**
시장세분화란 다양한 욕구를 가진 전체시장을 일정한 기준에 따라 동질적인 소비자 집단으로 나누는 과정을 말한다. 동질적인 성향을 가진 소비자집단은 특정 제품에 대한 기업의 마케팅 활동에 비슷한 반응을 보이게 된다. 기업은 시장세분화를 통해서 소비자의 욕구를 정확히 파악하고 충족시킬 수 있으며 다양하게 변하는 소비자의 욕구와 시장의 변화에 능동적이고 즉각적으로 대처할 수 있다.

정답 31 ③ 32 ④ 33 ①

34 **개인별 마케팅보다는 더 적은 비용을 지출하면서도 동시에 대량 마케팅보다는 더 많은 고객을 확보할 수 있도록 하기 위하여 시장을 세분화하려고 한다. 이때 시장을 효과적으로 세분하기 위한 요건으로 볼 수 없는 것은?**

① 세분시장 간에는 어느 정도 동질성이 확보되어야 한다.
② 세분시장의 크기와 구매력을 측정할 수 있어야 한다.
③ 세분시장의 잠재고객에게 쉽게 접근할 수 있어야 한다.
④ 세분시장은 상당한 이익이 실현될 수 있는 규모가 되어야 한다.

해설 시장세분화는 시장이 내부적으로 동질성을 갖고 외부적으로 이질성을 보여야 의미가 있다.
※ **시장세분화의 요건** : 이질성, 측정가능성, 접근가능성, 실질성, 행동가능성, 신뢰성, 유효성, 정당성 등이 있다.

35 **각각의 세분시장에 서로 다른 마케팅믹스(Marketing Mix)를 적용하는 마케팅전략은?**

① 차별적 마케팅(Differentiated Marketing)
② 무차별적 마케팅(Undifferentiated Marketing)
③ 집중적 마케팅(Concentrated Marketing)
④ 대중적 마케팅(Mass Marketing)

해설 **차별적 마케팅** : 두 개 혹은 그 이상의 시장부문에 진출할 것을 결정하고 각 시장부문별로 별개의 제품 또는 마케팅 프로그램을 세우는 전략
② 제품의 품질이 균일한 경우 무차별적 마케팅이 적합하다.
③ 보유한 자원이 매우 제한적일 경우 집중마케팅 전략을 구사하는 것이 적합하다.
④ 기업이 많은 대중에게 받아들여질 수 있다고 보는 상품 하나를 중심으로 마케팅을 집중하는 대중마케팅을 수행하는 것이다.

34 ① 35 ① 정답

36 표적시장의 선정과 마케팅 전략의 선택에 대한 설명으로 옳지 않은 것은?

① 집중적 마케팅 전략은 동일한 마케팅믹스로 접근 가능한 1~2개의 세분시장을 표적으로 한다.

② 집중적 마케팅 전략은 제품을 생산하고 판매촉진을 하는데 필요한 자원이 제한적일 때 효율적이다.

③ 차별적 마케팅 전략은 다양한 마케팅믹스를 바탕으로 다양한 세분시장을 표적으로 한다.

④ 차별적 마케팅 전략은 총매출액이나 수익을 증대시킬 뿐만 아니라 마케팅 비용도 절감한다.

해설 차별화된 시장의 경우 세분시장의 수가 많아지기 때문에 이에 따른 마케팅믹스를 수행하기 위한 비용도 증가하게 마련이므로 충분한 자금력을 가지지 못한 기업은 이 전략을 수행하기 어렵다.

37 시장규모가 너무 작거나 혹은 자신의 상표가 시장 내에서 지배상표이기 때문에 시장을 세분화하면 수익성이 적어질 경우, 어떤 마케팅 전략이 적절한가?

① 비차별적 마케팅 전략

② 집중화 마케팅 전략

③ 틈새 마케팅 전략

④ 그린 마케팅 전략

해설 **비차별적 마케팅 전략**

기업이 세분시장의 시장특성의 차이를 무시하고 한 가지 제품을 가지고 전체시장에서 영업을 하는 전략으로 마케팅 비용이 절감되지만 세분 시장의 차이를 무시하는 만큼 특정 세분시장에서는 우위를 차지할 수 없다는 단점이 있다.

② 집중화 마케팅 전략 : 한 개 또는 몇 개의 시장부문에서 시장점유를 집중하려는 전략으로 기업의 자원이 한정되어 있을 때 이용하는 전략

③ 틈새 마케팅 전략 : 이미 공급은 존재하지만 소비자들에게 만족할만한 서비스가 제공되어 있지 못하는 시장을 공략하는 방법

④ 그린 마케팅 전략 : 기존 상품판매전략이 단순히 고객의 욕구나 수요충족에만 초점을 맞추는 것과는 달리 자연환경 보존, 생태계 균형 등을 중시하는 시장접근전략이다.

정답 36 ④ 37 ①

38 다음 설명 중 시장표적화와 관련하여 옳은 것으로만 짝지어진 것은?

> ㉠ 차별적 마케팅은 대량생산이나 생산의 표준화에 적절하다.
> ㉡ 비차별적 마케팅은 전체시장을 포괄한다.
> ㉢ 비차별적 마케팅에서는 시장세분화의 필요성이 없다.

① ㉠, ㉡
② ㉡, ㉢
③ ㉠, ㉢
④ ㉠, ㉡, ㉢

해설 생산의 표준화에 의한 대량생산은 비차별적 마케팅이다. 비차별화 마케팅은 기업이 하나의 제품이나 서비스를 갖고 시장 전체에 진출하여 가능한 한 다수의 고객을 유치하려는 전략을 말하며 대량마케팅이라고도 한다. 그러므로 비차별적 마케팅에서는 시장세분화의 필요성이 없게 된다.

39 시장위치선정에 대한 설명 중 옳지 않은 것은?

① 어떤 세분시장에 진출할 것인가를 결정한 후 위치를 선정한다.
② 소비자의 마음속의 경쟁제품과 비교하여 우위에 있는 위치를 선정한다.
③ 선택한 위치를 표적세분시장에 효과적으로 전달한다.
④ 소비자들이 제품을 평가할 때 고려하는 속성 중 모든 제품에 대해 유사하다고 느끼는 속성을 선택한다.

해설 소비자가 모든 제품을 유사하다고 느끼는 속성은 인지도상에서 각 제품의 위치가 거의 동일하게 위치된다는 것을 의미하므로 인지도의 차원으로 위치 선정하는 것은 효과가 없다.

40 다음은 포지셔닝의 개념을 설명한 내용들이다. 잘못 설명한 것은?

① 잠재고객의 머릿속에 자리매김을 하는 것을 의미한다.
② 상품의 물리적 기능을 인식시키는 것을 의미한다.
③ 자사 상품에 대한 경쟁사의 상품과 차별화된 위상을 구축하는 것을 의미한다.
④ 마케팅믹스에 포함되는 여러 요소들을 효과적으로 결합하는 과정을 의미한다.

해설 포지셔닝(Positioning)이란 자사의 제품이나 브랜드를 경쟁 브랜드와 비교하여 차별적으로 받아들일 수 있도록 고객들의 마음속에 위치(인식)시키는 노력 과정을 말한다.

※ 제품 포지셔닝(Product Positioning)
마케터가 소비자들의 마음 속에서 자사 제품의 바람직한 위치(모습)를 형성하기 위하여 제품효익을 개발하고 커뮤니케이션하는 활동

38 ② 39 ④ 40 ② 정답

41 **수산물의 STP(Segmentation Targeting Positioning) 전략이 아닌 것은?**

① 가격을 낮출 수 있는 유통과정 효율화 및 구매편의성 제고가 필요하다.

② 소비확대를 위해 안전성에 대한 신뢰도를 높여야 한다.

③ 생산확대를 위해 생산기술개발이 필요하다.

④ 판매확대를 위해 학교급식과 연계하여 대량소비처를 확보할 필요가 있다.

해설 생산확대를 위한 생산기술개발은 매스 마케팅전략과 관련이 있다. STP전략은 세분화된 소비자의 욕구를 만족시키기 위해 도입된 마케팅 전략으로, 몇 개의 기준을 이용하여 시장을 분류한 후, 이러한 세분시장에서 표적시장을 선택, 마케팅믹스를 통해 자사 제품을 소비자에게 인식시켜 주는 과정이다.

※ **STP 전략**

- 시장세분화(Segmentation) : 전체 시장을 비슷한 욕구를 가진 몇 개의 집단으로 구분하는 활동을 말한다.
- 표적 시장 선정(Targeting) : 시장을 세분화한 후에 각 세분 시장의 매력도를 평가하여 진출하고자 하는 표적 시장을 선정하여 마케팅 활동을 하는 과정이다.
- 포지셔닝(Positioning) : 제품의 중요한 속성들이 구매자에게 인식되는 방식, 즉 소비자의 마음속에 경쟁 제품과 비교하여 나타나는 상대적 위치를 말한다.

42 **다음 중 배달과 외상, 보증, 판매 후 서비스 등을 포함하는 제품개념은?**

① 핵심제품

② 실체제품

③ 증폭제품

④ 편의제품

해설 증폭제품은 확장제품이라고도 하는데 핵심제품과 실체제품에 추가적으로 있는 서비스와 혜택들로 품질보증, 애프터서비스, 설치 등이 포함된다.

정답 41 ③ 42 ③

43 **상품은 소비자의 욕구 충족을 위한 효용의 집합체라고 할 수 있다. 이와 관련하여 상품구성차원과 상품 전략에 대한 설명으로 적절하지 않은 것은?**

① 상품이 물리적 속성의 집합체라는 입장에서 상품 기획을 해야 한다.

② 실체상품은 핵심상품에 상표, 디자인, 포장, 라벨 등의 요소가 부가된 물리적 형태의 상품이다.

③ 실체상품에 보증, 반품, 배달, 설치, 애프터서비스 등의 서비스를 추가할 경우 경쟁상품과 차별화할 수 있다.

④ 실체상품에 별 다른 차이가 없는 경우에도 확장 상품을 구성하는 요소들에 의해 소비자선호가 달라질 수 있다.

해설 상품 중에서 물리적인 속성을 가지고 있는 상품을 재화(유형재)라 하며 물리적인 속성을 띠고 있지 않은 상품은 서비스(무형재)라 부른다. 기업은 상품을 물리적 속성의 집합체로 보지 말고 소비자 관점에 입각하여 상품을 하나의 효용의 집합체(Bundle of Benefits)로 보고 상품을 기획해야 한다.

44 **제품수명주기에서 매출액이 급증하며 이익이 발생하기 시작하는 단계는?**

① 도입기 ② 성장기

③ 성숙기 ④ 쇠퇴기

해설 성장기에는 신제품이 시장의 요구를 충족시키므로 판매가 증대되기 시작하는 단계이다.

45 **제품수명주기(PLC)상 성장기에 해당되는 것은?**

① 매출액 급상승

② 상품단위별 이익 최고조 도달

③ 비용통제 및 광고활동 축소

④ 적극적 신제품 홍보

해설 성장기에는 수요가 급속도로 커지고 매출도 가속적으로 증가하며, 이익도 발생하기 시작한다. 기술 혁신 및 모방이 일어나고, 많은 진출기업이 등장하지만 시장 전체의 성장으로 흡수되어 다 같이 성장을 구가할 수 있다. 더 많은 시장 확대가 전략 과제이다.

43 ① 44 ② 45 ① 정답

46 제품수명주기(PLC)상 제품의 매출성장률이 둔화되기 시작하고, 재구매 고객에 의한 구매가 판매의 대부분을 차지하는 시기는?

① 도입기
② 성장기
③ 성숙기
④ 쇠퇴기

해설 제품수명주기의 각 단계

도입기	• 수요도 작고 매출 증가율도 낮다. • 신제품의 인지도를 높이기 위해 상대적으로 높은 광고비와 판매촉진비가 투입되어야 한다.
성장기	수요가 급속도로 커지고 매출도 가속적으로 증가하며, 이익도 발생하기 시작한다.
성숙기	• 매출 증가율이 저하된다. • 점유율을 유지하기 위한 마케팅 비용의 증가와 함께 이익이 감소한다. • 매출성장률이 둔화되기 시작하고, 경쟁이 치열해지므로 제품의 차별성이 중시된다. • 경영 자원에 대응한 경쟁에서 살아남는 것이 전략과제이다.
쇠퇴기	• 매출은 저하되고 이익도 발생하지 않는다. • 가격은 원가 수준에 머무르며 마케팅 비용은 최소화된다.

47 제품수명주기 중 성숙기의 특징에 해당되는 것은?

① 치열한 경쟁
② 이익률의 증가
③ 판매비의 감소
④ 판매성장률의 증가

해설 판매성장률이 저하되는 시점부터 상대적으로 성숙기에 접어들게 되므로, 판매성장률이 저하되면 과잉시설이 문제가 되며 이 때문에 경쟁이 격화된다. 경쟁업자는 빈번하게 가격을 인하하고 정찰제에 따른 가격설정을 하지 않게 된다. 광고활동은 축소되고, 홍보비용이 과다 발생하게 된다.

정답 46 ③ 47 ①

48 다음에 제시된 사례에 해당하는 제품수명 주기단계(A~D)는?

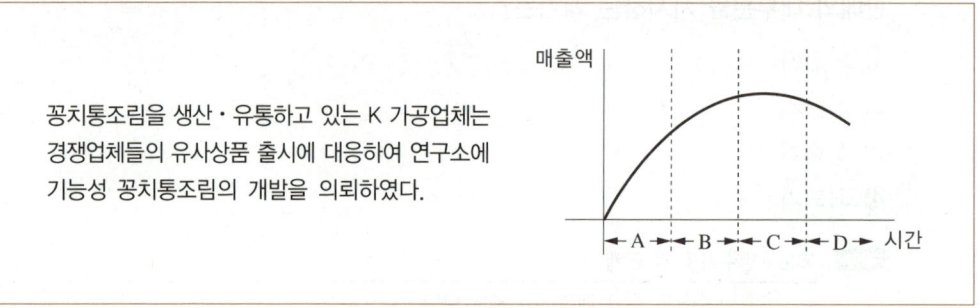

꽁치통조림을 생산·유통하고 있는 K 가공업체는 경쟁업체들의 유사상품 출시에 대응하여 연구소에 기능성 꽁치통조림의 개발을 의뢰하였다.

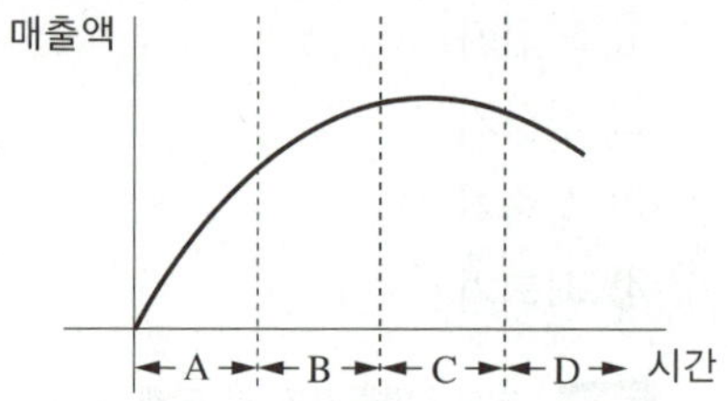

① A ② B

③ C ④ D

해설 경쟁이 치열해지고 제품의 차별성이 중시되는 시기이므로 C(성숙기)에 해당된다.

49 제품수명주기(PLC)의 단계별 특성과 그에 대응한 수산물 마케팅 전략에 대한 설명으로 맞는 것은?

① 새로운 수산물이 개발·보급되는 도입기에는 홍보보다 판매촉진활동이 우선 시 된다.

② 수산물의 매출액이 늘어나고 시장이 확대되는 성장기에는 공급을 확대하는 한편 상품 및 가격차별화를 도모한다.

③ 시장이 포화단계에 이르는 성숙기에는 가격탄력성이 크기 때문에 가격을 인하하면 총수익이 큰 폭으로 줄어든다.

④ 해당 수산물에 대한 시장수요가 줄어드는 쇠퇴기에는 광고를 비롯한 판매촉진활동을 과감하게 시행하여야 한다.

해설 ① 도입기에는 잠재고객들의 제품인지를 증대시키기 위한 촉진활동을 전개한다. 즉, 판매촉진활동보다 홍보활동이 우선시 된다.

③ 성숙기에는 이익을 극대화하고, 시장 점유율을 유지하는데 그 목표를 가지는 시기로, 수요의 탄력성이 높은 경우에는 가격을 인하하고, 수요의 탄력성이 낮은 경우에는 가격은 고정시키는 전략을 주로 사용할 수 있다.

④ 쇠퇴기에는 비용을 절감하고, 투자한 것을 회수해야 하는 시기로, 폐기전략, 유지전략, 집중전략, 회수전략 등을 선택한다. 광고는 제품을 잊지 않을 정도로만 지속시킬 수 있다.

48 ③ 49 ② 정답

50 제품수명주기(Product Life Cycle)의 각 단계에 대한 설명으로 틀린 것은?

① 도입기 : 신제품의 인지도를 높이기 위해 상대적으로 높은 광고비와 판매촉진비가 투입되어야 한다.

② 성장기 : 혁신소비자 및 조기수용자의 호의적인 구전(口傳)이 시장 확대에 매우 중요한 역할을 한다.

③ 성숙기 : 높은 매출을 실현하게 되며, 제품의 스타일을 개선함으로써 매출을 확대할 수 있다.

④ 쇠퇴기 : 제품의 판매량이 증가하지만 판매증가율은 감소한다.

해설 제품의 판매량이 증가하지만 판매증가율은 감소하는 시기는 성숙기이다.

51 마케팅믹스 중 가격관리에 관한 설명으로 옳지 않은 것은?

① 업체들은 혁신 소비자층에 대해 초기저가전략을 사용한다.

② 업체 간 경쟁이 치열할수록 개별업체는 가격을 독자적으로 결정하기 어렵다.

③ 일반적으로 소비자는 수산물의 품질이 가격과 직접적인 관련이 있다고 본다.

④ 가격관리는 마케팅믹스 중 수익을 창출하는 유일한 요소이다.

해설 신제품을 시장에 내놓을 때 혁신 소비자층을 상대로 가격을 책정할 때 초기고가전략(Skimming Pricing)을 사용한다.

※ 저가격전략을 하는 경우

- 과잉시설이 있고 경제가 불황인 경우
- 격심한 가격경쟁에 직면하여 시장점유율이 저하되는 경우
- 저원가의 실현으로 시장을 지배하고자 하는 경우
- 소비자의 수요를 자극하고자 할 경우
- 시장수요가 가격탄력성이 높을 경우

정답 50 ④ 51 ①

52 제품의 단위당 비용에 적정 이익률을 더하여 최종판매 가격을 결정하는 방법은?

① 단수가격결정(Odd Pricing)

② 가산이익률에 따른 가격결정(Mark-up Pricing)

③ 목표투자이익률에 따른 가격결정(Target Return Pricing)

④ 손익분기점 분석에 의한 가격결정(Break-even Analysis Pricing)

해설 ① 단수가격결정 : 가격이 최하의 가능한 선에서 결정되었다는 인상을 구매자에게 주기 위하여 고의로 단수를 붙여 가격을 결정하는 방법

③ 목표투자이익률에 따른 가격결정 : 기업이 목표로 하는 투자이익률을 달성할 수 있도록 가격을 설정하는 방법

④ 손익분기점 분석에 의한 가격결정 : 주어진 가격 하에서 총수익(가격 매출 수량)이 총비용(고정비 + 변동비)과 같아지는 매출액이나 매출 수량을 산출해 이에 근거해 가격을 결정하는 방법

53 제품의 특성과 이에 적합한 판매가격결정의 방식이 서로 바르게 짝지어지지 않은 것은?

① 경쟁이 심한 제품 : 현행가격채택정책

② 지역에 따라 수요탄력성이 다른 제품 : 차별가격정책

③ 가구・의류 등의 선매품 : 가격층화정책

④ 수요의 가격탄력성이 높은 제품 : 상층흡수가격정책

해설 수요의 가격탄력성이 높은 제품은 침투가격정책을 적용하여야 한다.

54 동일한 상품에 대해 서로 다른 소비자에게 각각 다른 가격수준을 부과하는 것을 가격차별(Price Discrimination)이라고 한다. 이에 대한 설명 중 적절하지 않은 것은?

① 가격탄력성이 동일한 두 개 이상의 시장이 존재하여야 한다.

② 유통주체가 어떤 수산물에 대해 독점적 위치를 확보할 수 있는 여건이 구비될 때 실시한다.

③ 소비자의 선호, 소득, 장소 및 대체재의 유무 등에 따라 서로 다른 가격을 부과한다.

④ 서로 다른 시장에서 매매된 상품이 시장 간에 이동될 수 없어야 한다.

해설 가격차별은 독점자가 둘 이상의 독립된 시장, 즉 상이한 지역이나 계층에 속하는 구매자들에게 상품을 공급할 때 각 시장의 상이한 수요의 탄력성에 따라 상이한 가격으로 판매하는 것이다. 즉, 가격차별은 상이한 수요자나 시장 간에 상이한 수요의 가격탄력성을 갖고 있을 때 성립하게 된다.

52 ② 53 ④ 54 ① 정답

55 **신제품 도입 초기에 짧은 기간 동안 시장점유율을 높이기 위해 상대적으로 낮은 가격을 책정하여 총시장수요를 자극하는 전략은?**

① 탄력가격전략 ② 명성가격전략
③ 침투가격전략 ④ 단수가격전략

해설 ① 탄력가격전략 : 일정한 범위 내에서 가격을 변경하며 적절하게 부과하는 전략
② 명성가격전략 : 심리적 가격전략 중에서 상품의 가격을 높게 책정하여 품질의 고급화와 상품의 차별화를 나타내는 전략
④ 단수가격전략 : 제품의 가격을 현재의 화폐단위보다 조금 낮춘 가격으로 책정

56 **상품가격이 1,000원에 비해 990원이 매우 싸다고 느끼는 소비자 심리를 이용한 가격전략은?**

① 단수가격전략 ② 유보가격전략
③ 관습가격전략 ④ 개수가격전략

해설 **단수가격전략**
상품의 판매가격에 단수를 붙이는 것으로 판매가에 대한 고객의 수용도를 높이고자 하는 전략이다.
예 1,000원 대신 990원이 판매 가격이면 그 차이는 겨우 10원이지만, 소비자가 싸다는 느낌을 갖기 쉽다.
② 유보가격전략 : 소비자가 어떤 제품에 대해 지불할 의사가 있는 최고가격을 유보가격이라 한다.
③ 관습가격전략 : 제품의 원가가 상승되었음에도 동일 가격을 계속 유지하는 전략이다.
④ 개수가격전략 : 고급품질의 가격이미지를 형성하여 구매를 자극하기 위하여 우수리가 없는 개수의 가격을 구사하는 정책 ↔ 단수가격전략

57 **심리적 가격전략 중에서 상품의 가격을 높게 책정하여 품질의 고급화와 상품의 차별화를 나타내는 전략은?**

① 개수가격전략 ② 명성가격전략
③ 관습가격전략 ④ 단수가격전략

해설 소비자의 머릿속에는 비싼 것일수록 좋은 것이라고 하는 기대심리를 가지고 있기 때문에 어떤 기업들은 상품의 가격을 일부러 높게 책정해서 품질의 고급화와 상품의 차별화를 나타내는 경우도 있는데 이러한 전략을 명성가격 전략이라고 한다.

정답 55 ③ 56 ① 57 ②

58 **상품을 구매한 후 구매영수증을 비롯한 증명서를 제조업자에게 보내면 제조업자가 판매가격의 일정비율에 해당하는 현금을 반환해 주는 가격할인전략은?**

① 현금할인　　② 거래할인
③ 리베이트　　④ 특별할인

해설 ① 현금할인 : 중간상이 제품을 현금으로 구매하거나 대금을 만기일 전에 지불하는 경우 제조업체가 판매대금의 일부를 할인해 주는 것
② 거래할인 : 중간상이 제조업체가 일반적으로 수행해야 할 업무(마케팅기능)의 일부를 수행할 경우에 이에 대한 보상으로 경비의 일부를 제조업체가 부담하는 것
④ 특별할인 : 많은 고객을 유치하기 위해 계절적 할인과 같이 특별시기에 할인하는 것

59 **가격전략의 유형별 설명으로 옳지 않은 것은?**

① 유인가격전략은 특정제품의 가격을 낮게 책정하여 자사의 다른 제품판매까지 유도하는 것이다.
② 특별가격전략은 현금 또는 신용카드 등 결제수단에 따라 가격을 다르게 책정하는 것이다.
③ 저가전략은 단기간에 대량판매를 하기 위해 처음부터 가격을 낮게 책정하는 것이다.
④ 개수가격전략은 구매동기를 자극하기 위해 한 개당 가격을 설정하는 것이다.

해설 특별가격전략은 특정 계절이나 기간에 한해 본래의 제품가격과 다르게 판매업자가 임의로 부여한 촉진적 가격을 말한다. 일반적으로 특별가격은 염가로 설정되며 계절적 수요가 큰 상품이나 성수기를 넘긴 제품의 재고를 처리하고 행사기간을 통해 보다 많은 고객을 유치하려는 것이 목적이다.

60 **최근 유통부문에서 가격파괴현상이 일어나고 있는데 가격경쟁형 마케팅전략의 전제조건이 될 수 있는 것은?**

① 제품의 수명주기상 성숙기에 있는 경우
② 제품차별화가 이루어지고 있는 경우
③ 수요의 가격탄력성이 낮은 경우
④ 소비자의 구매행동 면에서 선택적・부가적 평가기준에 따른 구매가 이루어지고 있는 경우

해설 성숙기의 특징은 경쟁이 극심하게 되므로 가격파괴현상이 나타난다.

58 ③ 59 ② 60 ① 정답

61 가격자체가 몇 년 또는 몇 개월 간격으로 반복을 거듭하는 변동형태를 무엇이라고 하는가?

① 추세변동 ② 주기변동
③ 계절변동 ④ 불규칙변동

해설 가격변동의 형태
- 추세변동 : 장기간에 걸쳐 일정한 기울기를 가지고 상승하거나 하락하는 형태이다. 추세변동은 소비자의 기호나 소득수준, 인구증가, 기술향상 등에 의해 영향을 받으며 물가의 상승·하락과 관련이 깊다.
- 주기변동 : 가격자체가 몇 년 또는 몇 개월 간격으로 정기적인 반복을 거듭하는 변동형태를 말한다.
- 계절변동 : 자연조건의 영향을 크게 받거나 부패성으로 인해 1년 중 계절적인 변동을 매년 반복하는 경우를 말한다.
- 불규칙변동 : 천재지변이나 정책의 변화 등에 의해 가격이 폭등하거나 폭락하는 등 일정한 규칙없이 변동하는 형태를 말한다.

62 좁은 의미의 판매촉진에 관해 가장 잘 설명하고 있는 것은?

① 좁은 의미의 판매촉진에서는 광고와 홍보가 가장 중요한 수단이다.
② 광고, 홍보 및 인적판매와 같은 범주에 포함되지 않은 모든 촉진 활동을 말한다.
③ 가격 할인, 경품, 샘플 제공 등을 사용하지 않는다.
④ 광고, 홍보 및 인적판매와 같은 모든 수단을 기업 이미지 개선과 매출 증가를 위해 사용한다.

해설 판매촉진(Sales Promotion)이란 특정제품에 대한 고객 및 중간상의 인지도와 관심을 증대시켜서 짧은 기간 내에 제품구매를 유도하기 위한 마케팅활동으로서 광고, 인적판매, 홍보활동에 포함되지 않는 다양한 촉진활동을 의미한다. 즉, 자사제품의 단기적인 매출증대를 유도하기 위해 소비자에게 추가적으로 인센티브를 제공하는 마케팅활동을 말한다.

63 소비자를 대상으로 한 판매촉진 수단이 아닌 것은?

① 무료 샘플(Free Sample)
② 쿠폰(Coupon)
③ 구매보조금(Buying Allowances)
④ 경품(Premium)

해설 판매촉진
- 소비자 촉진 : 견본, 쿠폰, 환불조건, 소액할인, 경품, 경연대회, 거래 스탬프, 실연
- 중간상 촉진 : 구매 공제, 무료 제품, 상품 공제, 협동 광고, 후원금, 상인 판매 경연회
- 판매원 촉진 : 상여금, 경연대회, 판매원 회합

정답 61 ② 62 ② 63 ③

64 제조업자가 직접 소비자를 대상으로 실시하는 판매촉진수단만을 나열한 것은?

① 리베이트(Rebates), 보상판매(Trade-ins)

② 사은품(Premium), 구매공제(Buying Allowances)

③ 판매원 훈련, 콘테스트(Contest)

④ 사은품(Premium), 진열공제(Display Allowances)

해설 소비자대상 판매촉진의 종류

- 비가격판촉 : 프리미엄, 샘플링, 콘테스트, 추첨(현상경품), 시연회나 이벤트, 마일리지 프로그램 등
- 가격판촉 : 가격할인, 쿠폰, 리펀드, 리베이트 등

65 수산물 판매확대를 위한 촉진전략에 대한 설명으로 알맞지 않은 것은?

① 소비자가 수산물의 구매결정을 내리기 이전단계에서는 홍보 및 광고가 판매촉진보다 효과가 높다.

② 지방자치단체가 여름휴양지에서 휴양객에게 지역특산물을 나누어 주는 무료행사는 풀(Pull) 전략에 해당한다.

③ 수산물도매시장이 대형할인점에 납품하는 고등어 가격을 인하하여 판매를 확대하는 것은 푸쉬(Push) 전략에 속한다.

④ 공산품과 달리 차별화하기 어려운 수산물의 경우는 일반 대중을 상대로 한 PR(공중관계) 전략의 효과가 미미하다.

해설 수산물의 경우는 일반 대중을 상대로 한 PR(공중관계) 전략의 효과가 크다.

64 ① 65 ④ 정답

66 **소매업체에서 수산물을 판매할 때 경품이나 할인쿠폰 제공 등의 촉진활동 효과로 옳지 않은 것은?**

① 단기적인 매출이 증가한다.

② 경쟁기업이 쉽게 모방하기 어렵다.

③ 가격경쟁을 회피하여 차별화할 수 있다.

④ 신상품 홍보와 잠재고객을 확보할 수 있다.

해설 **판매촉진**

- 판매촉진은 가격할인, 쿠폰, 경품, 리베이트, 무료견본, 판매경진 등이 있다.
- 단기적으로 고객의 직접대량구매를 유도하기 때문에 광고나 홍보 등과 같은 다른 촉진활동보다 효과가 빨리 나타나고 그 효과를 측정하기도 쉽다.
- 고객의 즉각적인 반응을 일으킬 수 있고 그 반응을 쉽게 알아낼 수 있으며 구매시점에서 제공되므로 짧은 시간에 매출을 증가시킬 수 있다.
- 짧은 시간에 소비자들에게 대량으로 구입을 유도하기 때문에 재고정리와 같은 단기적인 수요공급조절이 가능하다.
- 경쟁업체의 모방이 쉬워 경쟁업체가 똑같은 판매촉진수단으로 대응한다면 경쟁 우위가 사라질 수도 있다.

67 **다음 설명 중 옳지 않은 것은?**

① 라디오 광고는 전파매체에 의해 불특정 다수에 대한 광고이지만 개인적으로 받아들인다는 점에서 개인 앞으로 보내는 광고의 성격이 있다.

② 신문광고는 매체 자체의 신용에 따라 기사와 같은 정도의 신뢰성을 고객에게 준다.

③ DM 광고는 불특정다수를 대상으로 하며 그 정보가 다른 곳에 알려지지 않고 가장 효율이 높은 광고이다.

④ 전철, 버스 등의 광고는 지구별 고객에게 반복적으로 장기에 걸쳐 소구할 수 있는 점에서 평가된다.

해설 DM 광고는 기업 측에서 선택한 사람들에게 개별적으로 광고를 한다.

정답 66 ② 67 ③

68 다음 브랜드(상표)의 기능으로 옳지 않은 것은?

① 출처표시기능
② 품질보증기능
③ 유통촉진기능
④ 재산보호기능

해설 브랜드의 기능
- 상징기능 : 기업 또는 상품의 이미지나 개성을 단독으로 상징화한다.
- 출처표시기능 : 기업이 자사가 생산 또는 판매하는 상품임을 다수의 다른 경쟁상품으로부터 식별하기 쉽게 하고 그 책임의 소재를 명확히 한다.
- 품질보증기능 : 소비자로 하여금 동일한 품질수준이 항상 유지되고 있다는 신념을 가지게 한다.
- 광고기능 : 브랜드를 가지고 있는 상품은 매스컴에 쉽게 광고할 수 있으므로 반복적인 광고에 의해 브랜드 이미지가 형성되면 브랜드 그 자체가 광고기능을 수행한다.
- 재산보호기능 : 등록된 상표는 다른 기업의 모방에서 법적으로 보호됨과 아울러 상표권이라는 무형자산이 된다.

69 수산물브랜드에 대한 설명으로 옳지 않은 것은?

① 시장에 정착시키는 과정에서 시간이 많이 소요된다.
② 다수의 다른 경쟁상품과의 식별을 가능하게 하고 그 책임소재를 분명히 한다.
③ 공동브랜드를 통해 다품목 소량생산이라는 맞춤식 경쟁력을 보유할 수 있다.
④ 소비자에게 제공하는 가치를 증가시키거나 감소시킬 수 있다.

해설 공동브랜드화는 주로 동일한 품목을 생산하는 지역조합 법인들이 연합하여 연합마케팅 형식으로 이루어지는 것이 일반적이다.

68 ③ 69 ③ 정답

70 소비자가 특정 브랜드(상표)에 대해서 일관성 있게 선호하는 행동경향은 무엇인가?

① 브랜드 파워

② 브랜드 하이재킹

③ 브랜드 이미지

④ 브랜드 충성도

해설 브랜드 충성도(Brand Loyalty)란 고객이 특정 브랜드에 대해 가지고 있는 선호도나 애착을 말하며, 브랜드 충성도가 높을수록 동일 브랜드를 반복해 구매할 확률이 높아진다.

① 브랜드 파워 : 상표경쟁력, 기업체의 상표가 가지는 힘

② 브랜드 하이재킹 : 기업이 상품 마케팅을 이끌고 통제하는 대신, 소비자가 브랜드 개발에 참여하고 주도하는 것

③ 브랜드 이미지 : 제품 또는 서비스, 브랜드와 연관된 다양한 속성들에 의해서 형성되는 소비자들의 주관적인 느낌이나 연상, 이성적인 판단 등을 포함하는 포괄적인 의미

71 브랜드 충성도에 관한 설명이 아닌 것은?

① 브랜드 충성도는 편견이 작용한다.

② 제조업자의 브랜드 파워가 강할수록 브랜드 충성도가 높다.

③ 소비자가 특정상표에 대해 일관되게 선호하는 경향을 말한다.

④ 브랜드 충성도는 상표고집, 상표인식, 상표출원의 3가지 유형이 있다.

해설 **브랜드 충성도의 유형**

브랜드에 대해 나타내는 충성도는 브랜드에 대한 호의적인 모습을 보이는 태도적 충성도와 브랜드에 대한 반복적인 구매 행동을 보이는 행동적인 충성도로 나눌 수 있다.

- 행동적 충성도 : 제품에 대한 반복적인 구매, 교차구매 등의 실질적인 구매와 관련이 있다. 고객의 실제 이용행동과 관련된 개념으로 조직에 있어서 직접적인 성과와 연결된다.
- 태도적 충성도 : 브랜드를 좋아하는 선호와 유사한 개념이다. 잠재적으로 성과와 연결될 개념으로 현재 시점에서 미래 행동에 대한 의도(의향)를 말한다.

정답 70 ④ 71 ④

CHAPTER 07 수산물 유통정보와 정책

01 수산물 유통정보

1 수산물 유통정보의 개념

(1) 정보의 개념

① 정보의 개념 : "정보란 어떤 행동을 취하기 위한 의사결정을 목적으로 하여 수집된 각종 자료를 처리하여 획득한 지식이다."

㉠ 정보는 이용자, 즉 의사결정자가 수행하고자 하는 활동에 직간접적으로 도움을 주는 자료 또는 지식을 의미한다.

㉡ 정보는 이용자 또는 의사결정자에 따라 그 범위와 내용이 달라질 수 있는데 거래에서 발생하는 거래정보, 판매에서 발생하는 판매정보, 생산에서 발생하는 생산정보로 구분하여 사용될 수도 있다.

② 정보 · 자료 · 지식 간의 관계

㉠ 자료 : 자료는 "아직 특정의 목적에 대하여 평가되지 않은 상태의 단순한 여러 사실"이며 여러 가공을 통해 의미, 목적, 유용성 등을 부여받아 유용한 형태로 전환되고 가치를 함유하여 의미 있는 형태로 보관된다.

㉡ 정보 : 어떠한 상황에 대처하기 위해 필요한 지식, 사실 또는 자료의 집합이라고 할 수 있다.

㉢ 지식 : 지식이란 다양한 종류의 정보가 축적되어 특정 목적에 부합하도록 일반화된 정보로서, 자료가 정보로 전환되는 과정에서 활용된다.

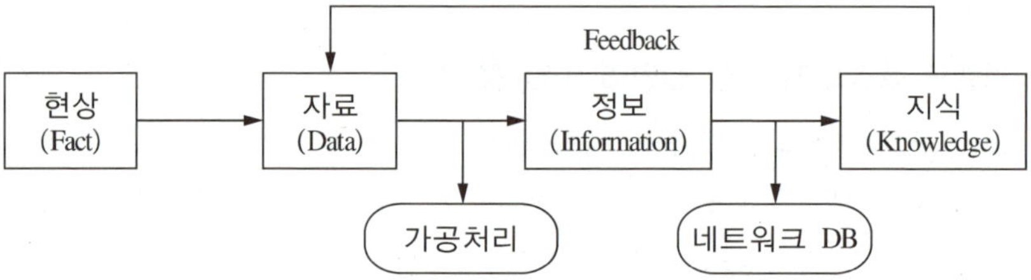

[자료 · 지식 · 정보 간의 관계도]

(2) 수산물 유통정보의 개념

① 유통정보

㉠ 유통에 관련된 사람들, 즉 생산자, 유통업자, 소비자 등의 시장활동 참가자들이 보다 유리한 거래조건을 확보하기 위해 여러 가지 의사결정을 할 때 필요한 각종 자료와 지식을 의미한다.

㉡ 유통에 관련된 정책입안자, 연구자 등이 필요한 정책이나 연구를 수행할 때 요구되는 각종 자료와 지식도 포함된다. 여기서 각종 자료와 지식이란 유통과정을 보다 효율적이고 경제적으로 수행하기 위하여 필요한 제반 정보로서 생산동향, 유통가격, 유통량, 소비관련 자료 등이 포함된다.

② 수산물 유통정보

㉠ 수산물의 유통에 관련된 정보를 의미한다.

㉡ 수산물을 생산하는 사람과 소비하는 사람 외에 수산물 유통에 관계하는 모든 사람은 유통활동에 관련된 정보를 수집·분석하여 의사결정에 활용하고 있다.

㉢ 수산물 유통정보는 정보를 이용하는 사람에 따라 필요한 사항이 다르기 때문에 요구하는 정보가 서로 다를 수 있다.

㉣ 수산물 유통정보에는 시장의 각종 품목별 출하량, 거래가격, 공급과 수요, 시장환경의 변화, 재고변동, 가격동향 및 전망, 수입 수산물의 국내반입량 등이 포함된다.

2 수산물 유통정보의 기능 및 중요성

(1) 수산물 유통정보의 기능

수산물 유통정보는 생산자, 유통업자, 소비자, 정책입안자, 연구자들에게 수산물 유통과 관련한 합리적인 의사결정을 하도록 도와준다.

① **생산자** : 무엇을, 언제, 얼마만큼 생산하여 어디에 출하하면 보다 많은 매출을 올리고 이윤을 얻을 수 있는지 알려준다.

② **유통업자** : 보다 유리한 조건으로 상품을 구입·판매할 수 있는 시장을 발견하는 데 도움을 준다.

③ **정책입안자** : 수산물 유통과 관련한 정책입안에 필요한 자료를 제공해준다.

④ **소비자** : 보다 낮은 가격으로 품질 좋은 상품을 구입할 수 있는 시장을 발견하도록 도움을 준다.

(2) 수산물 유통정보의 분류

수산물 유통정보는 내용의 특성에 따라 통계정보, 관측정보, 시장정보의 세 가지로 구분할 수 있다.

① **통계정보** : 사회·경제적 집단의 사실을 주어진 목적에 따라 조사한 자료들

② **관측정보** : 어민의 생산, 판매 등의 계획수립과 정책 입안 및 수산물의 구매 등을 위해 과거와 현재의 어업관련 정보를 수집하여 정리하고 이를 과학적으로 분석·예측한 정보

③ **시장 정보** : 현재의 가격수준 및 가격형성에 끼치는 여러 요인에 관한 정보

(3) 수산물 유통정보의 중요성

① 수산물 유통정보는 시장에서 공정거래를 촉진함으로써 어업인의 불이익을 감소시켜 주며 수산물 상품의 특성에 따른 거래의 불확실성과 위험비용을 감소시켜 준다.

② 거래자간의 상품이용 및 거래시간을 감소시키고, 시장참가자들 간에 지속적인 경쟁을 유발시켜 유통비용을 줄여준다.

※ 수산종합포털시스템
수산물 유통 정보를 수집·통합하여 이용자에게 양질의 정보를 신속히 제공하고, 투명한 유통 정보의 제공으로 수산물 가격 안정 및 수급 조절을 위한 정책 수립 자료를 제공한다.

3 수산물 유통정보의 요건

(1) 적시성(Timeliness)

① 양질의 정보라도 필요한 시간대에 이용자에게 전달되지 않으면 가치를 상실한다.

② 수산물과 같이 시간에 따른 부패성이 강한 식품에서는 정보의 적시성이 다른 상품에 비해서 더욱 중요한 요소로 부각된다.

(2) 정확성(Accuracy)

① 유통 현장에서 일어나고 있는 현상을 그대로 반영한 정확한 정보이어야 이용하는 사람이 올바른 의사 결정을 할 수 있도록 도와준다.

② 정보의 정확성을 해치는 가장 큰 요인은 정보수집단계에서 발생하는 오류이다.

③ 정확한 정보수집을 위한 단계

㉠ 시장상황에 대한 정확한 정보를 수집해야 한다는 정보수집 구성원의 의지가 필요하다.

㉡ 정보수집절차를 체계화하고 수작업에 의해 자료를 수집하고 보관해야 한다.

㉢ 체계화된 시스템을 여러 정보기술[바코드, POS 시스템, 전자자료교환(EDI) 등]을 이용하여 자동화시킨다.

(3) 적절성(Felicity)

① 정보는 적절하게 사용되어야 유용한 정보로서의 가치를 가진다. 즉, 사용자의 목적, 의사결정에 관련되어 도움을 주어야 한다.

② 적절성이 커지면 정보의 가치가 높아지고 동시에 의사결정과정과 결과에 대한 합리성이 향상된다.

※ 정보 과부하
사람들은 의사결정을 할 때 필요 이상의 정보나 자료가 이용자에게 제공되면 정보과부하가 발생한다. 정보과부하란, 필요하지 않은 정보나 자료가 사용자에게 과다하게 제공되어 정보의 효율적인 이용을 방해하는 현상을 말한다.

(4) 통합성(Combination)

① 개별적인 정보는 많은 관련 정보들과 통합됨으로써 재생산되는 등의 상승효과를 가져온다.

② 정보의 유기적인 결합은 그 효과가 매우 크므로 이에 대한 방법을 연구하고 여기에 알맞은 정보시스템을 구축하는 것이 중요하다.

※ 시너지 효과(Synergy Effect)
시너지는 원래 두 개 이상의 서로 다른 개체가 합쳐지면서 둘이 지닌 힘 이상의 효과를 내는 현상으로, 종합효과, 상승효과라고 한다. 구성 요소 전체가 가져오는 효과는 그 요소 각 부문들의 효과들을 단순히 합하는 것보다 크다는 것을 말하는 것으로 1+1=2가 되는 것이 아니라 그 이상인 3이나 4가 되는 원리를 가리킨다.

02 수산물 유통정보의 발생과 현황

1 수산물 유통정보의 발생원

(1) 유통정보의 발생원

정보원 또는 발생원이란 정보 또는 자료를 수집하거나 획득하는 원천을 말한다.

① 1차 자료

㉠ 1차 자료는 조사자가 현재 수행 중인 조사목적을 달성하기 위하여 직접 수집한 자료를 말한다.

㉡ 1차 자료는 조사목적에 적합한 정확도, 신뢰도, 타당성을 평가할 수 있으며, 수집된 자료를 의사결정에 필요한 시기에 적절히 이용할 수 있다.

㉢ 1차 자료는 일반적으로 2차 자료에 비해 수집하는 데 비용과 인력, 시간이 많이 들게 된다.

② 2차 자료

㉠ 2차 자료는 현재의 조사목적에 도움을 줄 수 있는 기존의 모든 자료를 말하며, 정부 또는 조사기관의 간행물, 기업에서 수집한 자료, 학술지에 발표된 논문 및 다른 조사를 목적으로 수집된 모든 자료를 포함한다.

㉡ 수산물 유통정보는 통계청, 수협중앙회, 한국농수산식품유통공사와 같은 기관이나 조직에서 관찰, 수집, 편찬한 자료가 대부분이다.

(2) 유통정보와 상품의 흐름

① 일반적으로 정보와 상품의 흐름은 반대 방향으로 움직인다.

② 산지시장의 중도매인들은 시장의 필요한 물량과 적절한 가격에 대한 정보를 가지고 경매에 참가하기 때문에 수산물의 흐름은 생산자에서 산지시장, 소비지 도매시장, 소매시장, 소비자의 순으로 이동하지만 정보는 반대로 소비지 시장에서 산지시장으로 이동한다.

(3) 수산물 산지

① 유통정보는 산지와 소비지 사이의 모든 장소에서 발생할 수 있다.

② 유통에 관련된 정보가 처음으로 만들어지는 곳은 수산물의 생산이 이루어지는 곳으로 양식장, 공동어장, 어선 등이 포함된다.

③ 산지로서 공동어장이나 양식장에서 발생하는 유통정보인 생산수량, 판매가격, 판매자 등에 관련된 정보는 산지별로 수집한다는 것이 쉽지 않기 때문에 직접 조사하는 것이 필요하다.

④ 공동어장이나 양식장의 생산량과 가격에 대한 정보는 직접 얻는 것이 어렵기 때문에 생산량에 대한 정보는 생산능력에 대한 정보나 생산 가능한 시설에 대한 정보를 대신 이용할 수 있다.

⑤ 조업 중인 어선에서 어획되는 어종, 어획량, 해역 등은 어선어업에서 중요한 유통정보일 뿐만 아니라 수산자원의 관리 차원에서도 매우 중요한 정보이다.

⑥ 유통정보화가 진행되면서 위성통신과 연결된 어업정보통신망을 이용하여 바다에서 조업 중인 어선과 유통시장 간에 여러 부가적인 정보서비스가 가능할 것이다. 즉, 산지의 물동량 및 어종별 가격 시세를 현장의 조업 어선에게 제공하면 입항지의 선정에 도움을 줄 수 있고, 나아가 위성통신을 이용하여 선주와 어선 간 무선인터넷 서비스를 제공하게 되면 조업 중인 어선과 유통시장이 연결되어 양륙 전에 전자상거래를 통한 거래가 가능할 것이다.

(4) 수산물 산지시장

① 수산물 유통시장의 구분

㉠ 산지시장 : 수산물을 생산하여 가격을 결정하는 시장

㉡ 도매시장 : 대량으로 수산물을 집하하여 소매시장에 수산물을 분산하는 시장

㉢ 소매시장 : 수산물의 구색을 갖추어 소비자에게 수산물을 판매하는 시장

㉣ 소비지 시장 : 생산한 수산물을 본격적으로 소비하는 시장

② 산지시장

㉠ 수산물 산지에서 1차 가격이 형성되는 시장으로, 주로 수협의 위판장에서 이루어지며 산지도매시장이라고도 한다.

㉡ 산지시장에서는 수산물의 양륙, 1차 가격(산지가격) 형성, 소비지로의 분산기능을 수행한다. 즉, 수산물을 수집하고 가격을 형성시킨 후에 소비지로 분산하는 기능을 한다.

㉢ 산지시장에 만들어지는 초기 유통정보는 어선별, 어선별 위판량, 위판가격, 위판금액, 구매자에 대한 정보이다.

㉣ 어종별 위판수량과 가격결정에는 수협, 어촌계, 산지수집상, 반출상, 중도매인, 정부 등 다양한 시장관계자가 참여하므로 이런 시장참가자에 대한 유통정보가 생성된다.

㉤ 산지시장에서는 상품의 소유권을 이전하는 상적기능, 유통단계에서의 저장・수송・포장・선별・하역 등의 기능을 통하여 새로운 효용을 창출하는 물적 기능, 금융・시장 정보 제공 등과 같이 유통 효율성을 높이는 유통조성기능을 담당하고 있기 때문에 이에 대한 정보도 생성된다.

(5) 수산물 소비지 도매시장

① 소비지 도매시장은 수산물을 집하하여 분산하는 도매거래를 위해 소비지에 개설된 시장을 말한다.

② 소비지 도매시장은 산지에서 수집된 수산물을 소매시장 또는 소비자에게 재분배해주는 중개시장으로서 산지시장이 가지고 있는 상적 유통기능, 물적 유통기능과 가격・출하・생산・소비행동에 대한 정보를 수집하여 유통참가자에게 제공한다.

③ 소비지 도매시장은 여러 산지 시장에서 수집된 수산물을 소매시장에 분산하기 위해 구색맞춤과 소단위 판매 기능을 가지고 있다.

④ 소비지 도매시장 수요자는 소매상이나 최종소비자이기 때문에 이곳에서 생성되는 정보는 산지나 생산자에 대한 정보보다는 소비자에 대한 정보, 즉 소비자 수요와 관련된 정보가 더 많이 생성된다.

⑤ 소비지 도매시장은 수협, 산지수집상, 반출상, 소매상의 대리인 등이 위판수량과 가격결정에 참여하기 때문에 이런 시장참가자들에 대한 정보도 생성된다.

⑥ 소비지 도매시장에서 생성하는 정보 중 가장 유용한 정보가 가격정보이다.

⑦ 소비지 도매시장은 대량물량의 신속한 집하 및 분산을 통한 유통효율제고와 공정한 균형가격 형성을 통해 적정 가격유지로 생산자 및 소비자를 동시에 보호하고 자원배분의 왜곡을 방지하는 조직이라는 점에서 중요한 의의를 지니고 있다.

(6) 수산물 소매시장

① 일반적으로 소비지 시장 내에 포함되는 시장으로 최종 소비자에게 수산물을 판매하는 시장을 말한다.

② 유통과정의 최종단계이기 때문에 소비자의 요구와 기호에 맞추어 재선별과 분화, 재포장, 배달 등의 각종 서비스를 제공하며, 소비자의 기호변화에 대한 정보를 이전 단계에 전달하는 최초 정보제공자가 된다.

③ 최근 수산물 소매시장은 생활환경의 변화와 식품에 대한 소비행태의 변화로 슈퍼마켓이나 대형마트와 같은 새로운 소매업태가 주류를 이루고 있다.

④ 거대 규모의 소매상들은 수산물의 선도를 유지하는 시설을 갖추고 있을 뿐만 아니라 POS(판매시점관리) 시스템을 이용하여 소비자와의 거래에서 나타나는 현장 정보를 수산물 판매를 위한 정보로 활용하고 있다.

2 수산물 유통정보의 수집체계와 현황

(1) 수산물 유통정보 수집체계의 필요성

수산물 유통정책에 대한 효율적인 의사결정과 어업인에 대한 유용한 유통정보의 제공 및 수산업계의 경쟁력 강화를 위해서 수산물 유통정보를 신속히 수집・분석・제공해 주는 종합적이고 체계적인 시스템을 구축하는 것이 필요하다.

(2) 산지유통정보

수산물 산지에서 생산되는 유통정보는 어법, 지역, 계통출하와 비계통출하, 품종, 활어·선어·냉동·사료용·원료용 등의 생산형태 및 이용배분, 출하지 등을 기준으로 수량, 금액, 가격에 대한 자료를 수집하여야 한다.

① 어업생산통계(통계청)

㉠ 목적 : 어업생산통계조사는 수산물의 업종별 및 어종별 생산량과 생산금액을 파악하여 수산물생산, 어업경영 및 수산물유통개선 등 수산정책수립과 수산관련 연구를 위한 기초자료를 제공하는 데 있다.

㉡ 어업별 조사체계

- 일반해면어업, 천해양식어업
  - 계통조사(전국 지역수협의 위판장과 공판장)
  - 비계통 조회
    - 표본조사
    - 전수조사
- 내수면어업
  - 어로어업 : 표본조사
  - 양식어업 : 전수조사
- 원양어업(원양어업협회 보고)

㉢ 일반해면어업(연근해수산물)

- 수협의 산지 위판장을 경유하는 계통 출하 수산물에 대해 수협의 매매기록장을 통해서 각종 어종, 수량, 단가, 금액, 공제액을 전수조사한다.

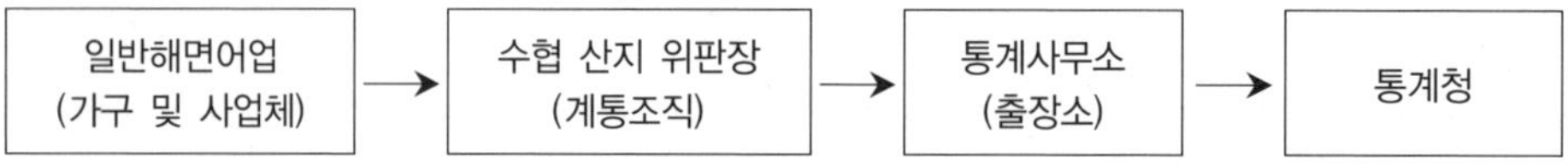

[계통출하 집계과정]

- 수협의 산지 위판장을 경유하지 않고 일반 수집상 등을 통해 거래되는 비계통출하는 표본조사를 통해 어업, 어종, 어획량, 금액 등을 조사한다.

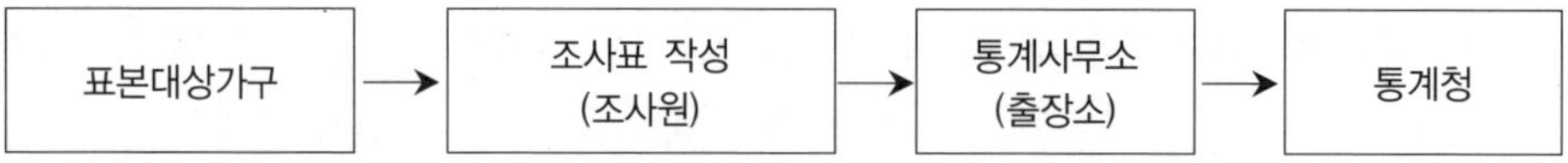

[비계통출하 집계과정]

㉣ 원양어업 : 원양어업의 생산통계는 원양선사가 원양산업협회로 회사명, 선명, 어선번호, 어선규모(톤), 어선마력, 선원 수, 생산해역, 양륙기지, 어종, 어획량, 판매단가 등을 보고하면 통계청을 통해 집계한다.

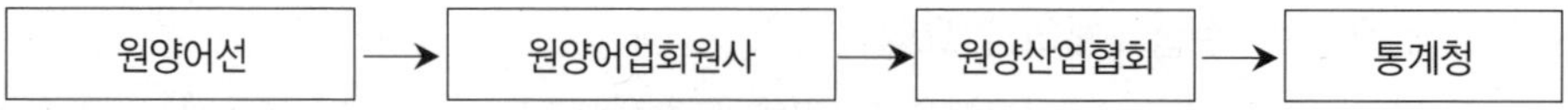

[원양어업의 생산통계 집계과정]

㉤ 천해양식어업

- 양식어업의 생산통계는 비계통을 대상으로 하며, 전수조사한다.
- 조사내용은 어업, 어종, 치어 입식시기, 입식량, 출하량, 판매액, 판매단가 등이다.

전수조사대상 수산회사 및 가구	→	조사표 작성 (조사원)	→	통계사무소 (출장소)	→	통계청

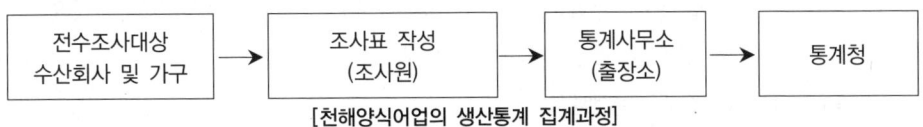

[천해양식어업의 생산통계 집계과정]

㉥ 내수면어업

- 어로어업과 양식어업으로 구분한다.
- 표본조사를 통해 어종, 어획량, 출하량, 판매액, 1일 최고·최저·평균 어획량, 치어입식시기, 입식량 등을 조사한다.

어로어업 양식어업	→	조사표 작성 (조사원)	→	통계사무소 (출장소)	→	통계청

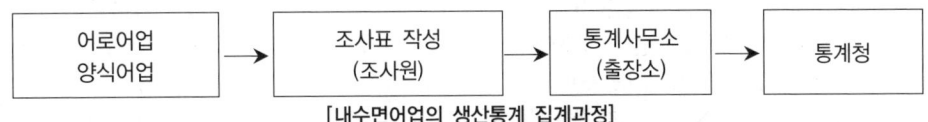

[내수면어업의 생산통계 집계과정]

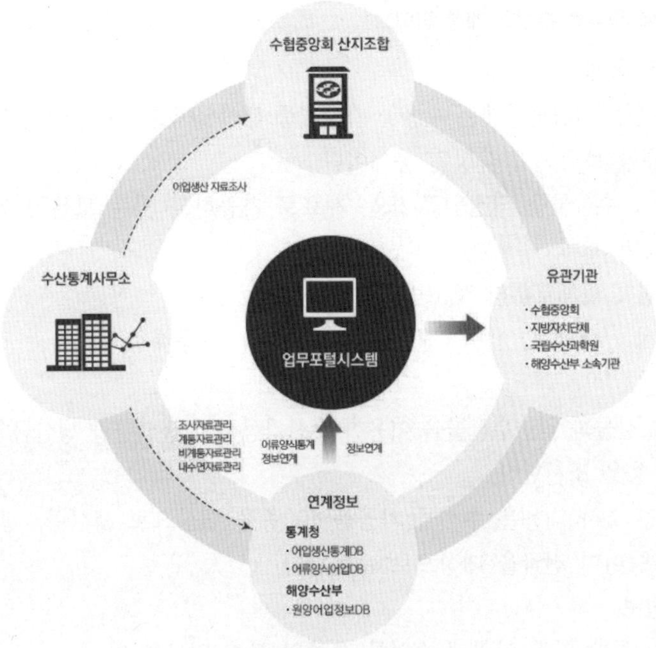

[어업생산통계 업무흐름도]

〈자료 출처 : 수산정보포털 홈페이지〉

② 계통판매고

㉠ 계통판매고는 매월 통계청이 공포하는 어업 생산고 자료 중에서 산지의 수협 위판장을 통해 조사된 계통판매 자료만을 추출하여 제공하고 있는 정부승인 통계자료이다.

㉡ 일반적으로 어업생산통계와 같은 구분법을 가지고 있지만 수협이라는 특성을 반영하여 수협의 각 조합별 수산물 계통판매고(생산량과 생산금액)를 제공하고 있다.

※ 수산물 계통 판매고 통계내용
- 연도별 수산물 계통 판매고
  - 총괄표
  - 연도별 월별 수산물 계통 판매고
  - 연도별 지방별 수산물 계통 판매고
  - 연도별 조합별 수산물 계통 판매고
  - 연도별 어종별 수산물 계통 판매고
  - 월별 종류별 계통 판매가격
  - 월별 어종별 계통 판매가격
- 당해년도 수산물 계통 판매고
  - 어종별 월별 수산물 계통 판매고
  - 지회, 조합별, 월별 계통 판매고
- 업종별 종류별 수산물 계통 판매고

③ 수산물 가공업통계

㉠ 목적 : 수산물 가공업통계는 수산물 가공제품 생산실태를 파악하여 수산정책 수립의 기초자료로 활용할 목적으로 작성된 통계이다.

㉡ 작성대상 : 수산물을 직접원료 또는 재료로 가공하고 있는 모든 사업체

㉢ 작성방법 및 체계
- 작성방법 : 업체로부터 보고방식으로 진행
- 작성체계 : 사업체 → 시·군·구 → 시·도 → 통계청

㉣ 작성내용
- 연근해수산물과 원양수산물을 이용한 수산가공품의 생산량과 생산금액, 주요 품종별 원료 사용량 등을 조사한다.
- 구체적인 조사 내용은 수산물 가공품 102종을 대상으로 생산량, 생산금액, kg당 가격, 원료량 등이며 전국을 대상으로 수행한다.

④ 기타 산지 정보

㉠ 정부 승인 통계 자료 이외에 수산물 유통의 산지 정보를 알 수 있는 방법에는 산지 수협 위판장들이 개별적으로 제공하는 정보나 부산공동어시장이 일일 양륙거래량과 거래가격 등을 제시하는 정보를 이용한다.

㉡ 이들 자료들은 정부승인 통계조사에 비해 지역적이고 국한적인 내용이기 때문에 이를 대상으로 일반적인 현상을 설명하는 정보로 활용하는 데는 문제가 있다.

(3) 소비지 유통정보

① 의의 : 소비지 유통정보는 수산물을 최종적으로 소비하는 소비자들의 정보를 담고 있기 때문에 국가의 물가정책, 수산물 유통 참가자들에게는 매우 중요한 정보가 된다.

② 유통가격 정보조사

㉠ 조사기관 : 한국농수산식품유통공사

㉡ 목적 : 농수축산물에 대한 유통가격정보를 정확하게 조사·수집하여 정보수요자(생산자, 소비자, 유통업자, 관계기관 등)에게 신속히 제공함으로써 시장 출하 및 매매에 관한 의사결정을 돕고, 건전한 유통질서를 확립하여 원활한 수급조절을 유도하는 동시에 실효성 있는 가격 안정 대책 추진을 위한 정책자료를 제공한다.

㉢ 조사 근거 : 농수축산물 유통정보조사 지침(농림축산식품부 훈령 제378호)

㉣ 조사대상품목(수산물)

도매가격 (15품목 : 20품종)	고등어(생선, 냉동, 수입냉동), 갈치(생선, 냉동), 명태(냉동), 삼치(냉동), 물오징어(생선, 냉동), 마른멸치, 북어, 마른오징어, 김(마른김), 마른미역, 굴, 전복, 새우(흰다리새우), 건다시마, 홍합(깐홍합, 안깐홍합)
소매가격 (20품목 : 33품종)	고등어(생선, 냉동, 국산염장, 수입염장), 갈치(생선, 냉동, 수입냉동), 명태(냉동 원양수입통합, 절단가공), 삼치(냉동), 물오징어(생선, 냉동(연근해), 냉동(원양)), 마른멸치, 마른오징어, 김(마른김, 얼구운김), 마른미역, 굴, 새우젓, 멸치액젓, 천일염, 조기(생선, 냉동, 수입부세, 굴비), 꽁치(냉동수입), 전복, 새우(흰다리새우), 건다시마(완도산), 홍합(깐홍합, 안깐홍합), 가리비(해만가리비)

㉤ 조사방법

- 조사시간 : 조사당일 오전 중에 일정한 조사 시간을 정하여 지명된 조사원이 가격조사 대상 업소에 현지 출장하여 면접청취 조사한다. 소비자가격 중 재래시장의 경우 오후에 대부분 품목의 거래가 이루어지므로 조사당일 오후에 일정한 시간을 지정, 현지출장 면접청취 조사하여 익일 전산 입력한다.
- 면접 대상자 지정 : 가격 조사 시 면접 대상자는 가능한 한 주인, 관리인, 상시고용원 중 동일인을 대상으로 면담하여 연계성, 일관성 있는 조사가 이루어질 수 있도록 한다.
- 조사단위 : 실거래 단위(상자, 톤, 관)를 조사하여 조사단위(kg, g)로 환산하여 입력하되, 실거래 단위별 중량은 저울 등을 이용하여 정확히 측정한 후 조사단위로 환산해야 한다.
- 도매가격 : 조사지역 관내에서 조사품목의 거래량이 가장 많고 그 지역의 가격을 선도할 수 있는 1개의 도매시장을 선정하여 중도매인 판매가격을 조사한다. 조사시장으로 선정된 도매시장에서 조사품목의 거래량이 많고 가격을 선도할 수 있는 중도매인이 운영하는 상회를 3개 이상 지정하여 평균가격을 조사한다. 지정상회의 주변부터 당일 거래가격의 등락경향을 파악한 다음, 지정상회의 실거래가격을 확인 조사하며 경매에 의하여 거래된 경우에는 중도매인 판매가격으로 조사한다. 조사지역 관내에서 조사품목을 취급하는 중도매인이 운영하는 상회가 2개 미만일 경우 정상적인 거래가 될 때까지 조사를 유보할 수 있다.

• 소비자 가격 : 조사지역 관내에서 소비자 가격을 선도할 수 있는 대형유통업체 조사가격과 전통시장의 경우 조사품목의 거래 비중이 큰 3개 이상 소매상회를 지정하여 조사한 후 평균가격을 산출, 전산 입력한다. 전통시장의 경우 조사지역 관내에서 조사품목을 취급하는 소매상인이 운영하는 상회가 2개 미만일 경우 정상적인 거래가 될 때까지 조사를 유보할 수 있다. 전체 조사대상시장(업체)에서 15% 미만 거래되는 품목의 경우 가격조사를 유보할 수 있다.

③ 도매시장정보

㉠ 가락동 농수산물 도매시장

• 위치 : 서울특별시 송파구 양재대로 932
• 개설자 : 서울시가 개설한 법정 도매시장
• 도매시장 법인운영(수산분야) : 강동수산, 서울건해산물, 수협가락공판장
• 관리기관 : 서울시 농수산물공사

㉡ 노량진 수산시장

• 위치 : 서울특별시 동작구 노들로 674
• 개설자 : 서울시가 개설한 수산물 전문 도매시장
• 도매시장 법인운영 : 수협중앙회
• 관리기관 : 수협중앙회의 계열사인 노량진수산시장(주)

㉢ 부산국제수산물 도매시장

• 위치 : 부산광역시 서구 원양로 35
• 개설자 : 부산광역시
• 설립목적
  - 우리나라 최대의 수산물 집산 중심지 기능에 걸맞은 21C형 국제적 통합물류시스템 확보 및 동북아 수산 물류·무역 중심 선점 확보
  - WTO체제 출범, FTA 체결 등 급변하는 국제수산물 유통시장 변화에 대비한 수산물 유통의 국제경쟁력 확보
  - 수산물 유통체계 확립으로 수산물 가격안정 도모 및 식품 안전성 확보
• 거래제도 : 도매시장 법인제(경매제), 원양·수입·국제수산물 취급법인 2개, 연근해수산물 취급법인 1개
• 유통과정

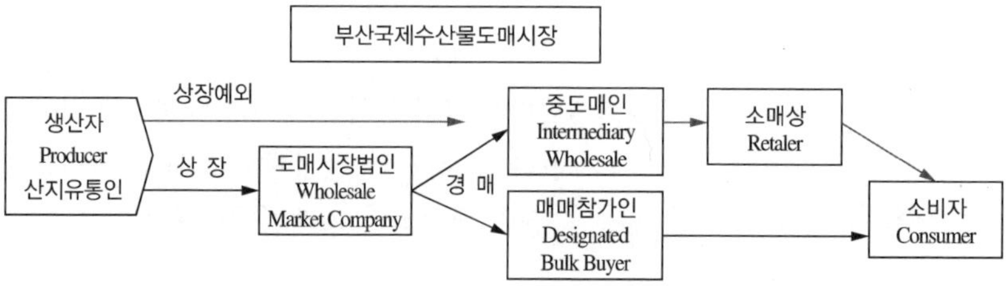

④ 수산물 교역관련 정보

㉠ 의 의

- 2000년대 들어 수입수산물의 반입량은 국내 수산물 공급량의 30% 이상을 차지하고 있어서 국내 수산물 유통에서도 중요한 비중을 차지하고 있다.
- 수입수산물의 수입량과 가격은 수입에 따른 국내 생산 대책을 세우는 데 기초자료를 제공한다.

㉡ 수산물 수출입 통계

- 수산정보포탈(http://www.fips.go.kr)에서 제공
- 품목별 수출입 현황, 품종별 수출입현황, 연도별·국가별 수출입 현황, 제품별 HS 품목별 실적, HS 품목별 국가별 실적 등의 기준으로 수산물 수출입의 수량과 금액 정보를 제공

[수산물 수출입 정보 내용]

업무구분	수행기관	내 용
수출통관/수입통관	수출상/수입상	물품을 수출 또는 수입하고자 하는 경우 관세청에서 정한 수입/수출 신고서에 기재사항을 기재한 후 신고 시 제출서류를 첨부하여 세관에 제출
검사 및 심사	관세청	물품의 신고내용 및 법률적 요건을 심사하며, 검사대상으로 선정된 물품은 세관공무원이 수입물품에 대한 검사 및 심사를 한 후 신고수리를 함
수출입통계정보	통상무역협력관	관세청에서 연계된 수출입정보를 토대로 수산관련 통계정보 생성하여 현황정보 제공

03 수산물 유통정보의 발생과 현황

1 수산물 유통정보의 분산

(1) 수산물 유통정보 분산 체계

① 각 기관을 통하여 수집된 수산물 유통 정보는 정보화를 위한 처리를 한 후에 이를 이용하고자 하는 사람들에게 분산된다.

② 수집된 수산물 유통정보를 분산하는 방법에는 계통분산과 비계통분산으로 구분한다.

㉠ 계통분산 : 수산업 협동조합, 통계청 등으로부터 수집한 정보를 역순으로 분산시키는 방법

㉡ 비계통분산 : 정보를 체계적이지 않은 경로로 분산

③ 수산물 유통정보 분산 체계는 말단의 조사에서 중간 정보 수집단계를 거쳐 최종 수집단계에서 가공처리하여 분산한다.

④ 정보는 신속하고 정확하며 광범위하게 분산시키는 것이 바람직하지만 정보분산 방법은 정보를 수집하는 방법과 정보를 처리하는 방법, 매체의 특성에 따라 장단점이 있다.

⑤ 정보분산 방법을 분산 매체를 중심으로 구분하여 보면 인쇄 매체, 방송, 인터넷을 이용하는 방법으로 구분할 수 있다.

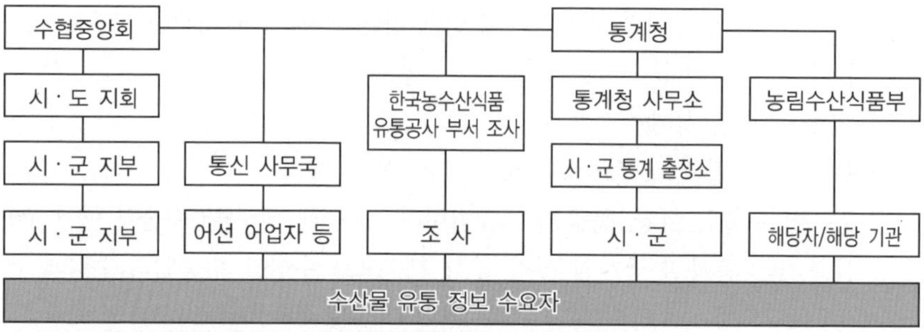

[수산물 유통정보 분산 체계]

(2) 인쇄매체를 통한 분산방법

① 신속성이 다른 매체에 비해 떨어지지만 정보를 정확히 전달할 수 있다.

② 기록성과 보존성이 있고, 사용자가 사무실 등에서 쉽게 정보에 접근할 수 있기 때문에 수산물 유통 정보의 분석 및 평가 자료로 활용할 수 있다.

③ 장기적인 시계열 정보를 통계적으로 처리하여 제공하기 때문에 장기적인 추세나 흐름을 판단하는 경우에 유용하다.

④ 인쇄매체를 통한 방법은 신속하게 전달하지 못하기 때문에 정보를 신속하게 제공할 수 있는 매체와 상호 보완적으로 이용되면 매우 효과적이다.

⑤ 인쇄물이 두껍고 무거울 경우에는 장기적으로 보관장소의 부담이 커지기 때문에 개인이 소유하기에는 부담이 있을 수 있다.

⑥ **대표적인 예** : 어업생산 통계, 농림수산식품통계연보

㉠ 어업생산 통계

- 성격 : 우리나라의 해수면 및 내수면과 우리나라 어선이 원양해역에서 포획・채취하는 수산동・식물의 생산량과 금액 등을 수록하여 수산정책수립 및 연구 기초자료 등으로 활용
- 주요 수록내용
  - 해면(연근해)어업, 천해양식, 내수면어업, 원양어업에서 생산되는 품종별 생산량 및 생산금액
  - 어구어법별, 시도별 수산동식물의 생산량 및 생산금액
  - 판매방법(계통, 비계통)별, 판매유형별(활어, 선어, 냉동・냉장) 생산량 및 생산금액

[어업생산 통계 내용]

업무구분	수행기관	내 용
어업생산 자료조사	수산통계 사무소	수협중앙회 산지조합을 통해서 어업생산통계 자료를 조사한다.
자료관리	통계청, 해양수산부	수산통계 사무소에서 조사한 어업생산 자료를 관리 • 조사자료관리 • 계통자료관리 • 비계통자료관리 • 내수면자료관리

㉡ 농림수산식품통계연보 : 우리나라 농업, 임업, 수산업, 식품에 관한 기본적인 통계자료와 농림수산물 생산량, 농어가경제와 물가지수, 세계 주요국의 농어업통계 등을 수집·작성한 것으로 농림수산식품분야의 종합통계지이다.

(3) 방송매체를 통한 분산방법

① 방송매체를 이용한 정보의 분산은 대중으로의 전달성과 신속성이 있다.

② 방송매체를 통한 정보의 제공은 정보의 확산이 가장 빠르기 때문에 이러한 특성을 다른 매체와 연결하여 활용하면 매우 유용하다.

③ 방송시간 및 횟수의 제한에 의해 구체적인 정보의 전달이 어렵고, 사용자가 원하는 시간이나 장소에서 손쉽게 이용하기 어렵다.

④ 방송매체를 통한 수산물 유통정보의 분산에는 텔레비전과 라디오의 고정 프로그램이 이용되지만 시청률이 낮고, 방송횟수도 적어 방송매체의 대중성을 살리지 못하고 있다.

(4) 통신망(인터넷)을 이용한 분산방법

① 인터넷은 사용자가 가장 편한 시간에 편한 장소에서 인쇄매체보다도 정교한 자료와 정보를 탐색할 수 있어서 수산물 유통정보 분산의 가장 유용한 수단으로 이용되고 있다.

② 인터넷 정보는 기존의 텔레비전·라디오 매체보다 더 신속하게 정보를 전달하고 있고, 인쇄매체보다 더 구체적인 정보와 편리성을 제공하고 있다.

③ 인터넷 정보와 자료는 개인 컴퓨터의 다른 프로그램과 연동하여 이용할 수 있기 때문에 이용하고자 하는 정보와 자료를 손쉽게 가공할 수 있다.

④ 정부도 수산물 유통정보를 인터넷을 통해 전자책(e-Book) 형식의 자료를 제공하고 있다.

⑤ 인터넷과 같은 통신망은 정보제공자의 정보입력에 대한 검증시스템이 정확하게 확립되어 있지 못할 때는 잘못된 정보가 확산되는 오류를 범할 수 있다.

2 수산물 유통정보의 이용

(1) 통계청 홈페이지(http://www.kostat.go.kr)

(2) 수협중앙회의 수산물 온라인도매시장(http://www.shb2b.co.kr)

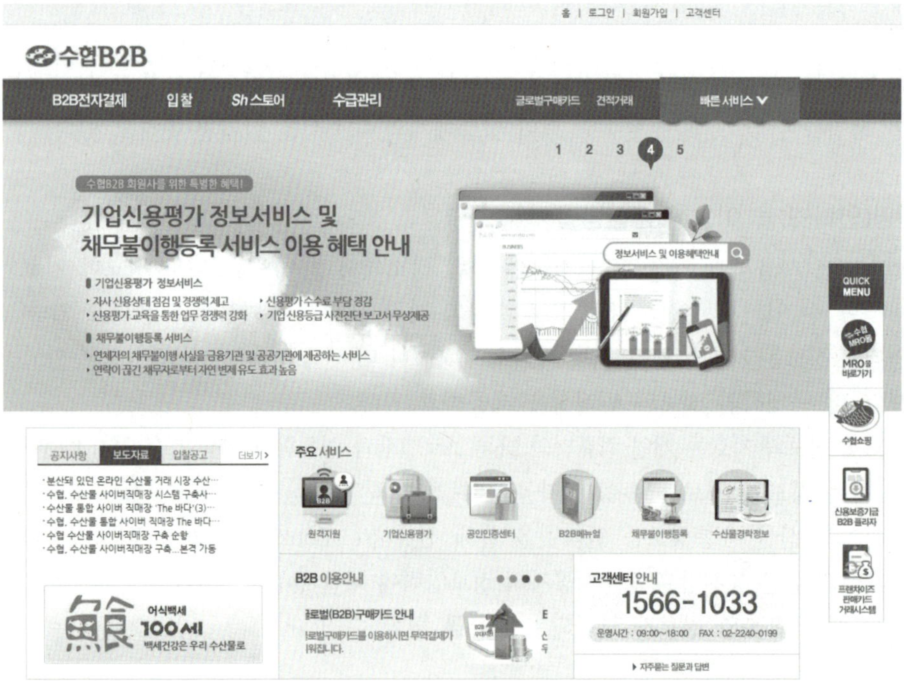

(3) 한국농수산식품유통공사 홈페이지(http://www.at.or.kr)

(4) 부산국제수산물유통시설관리사업소 홈페이지(http://fishmarket.busan.go.kr)

(5) KAMIS 농수산물 유통정보(http://www.kamis.or.kr)

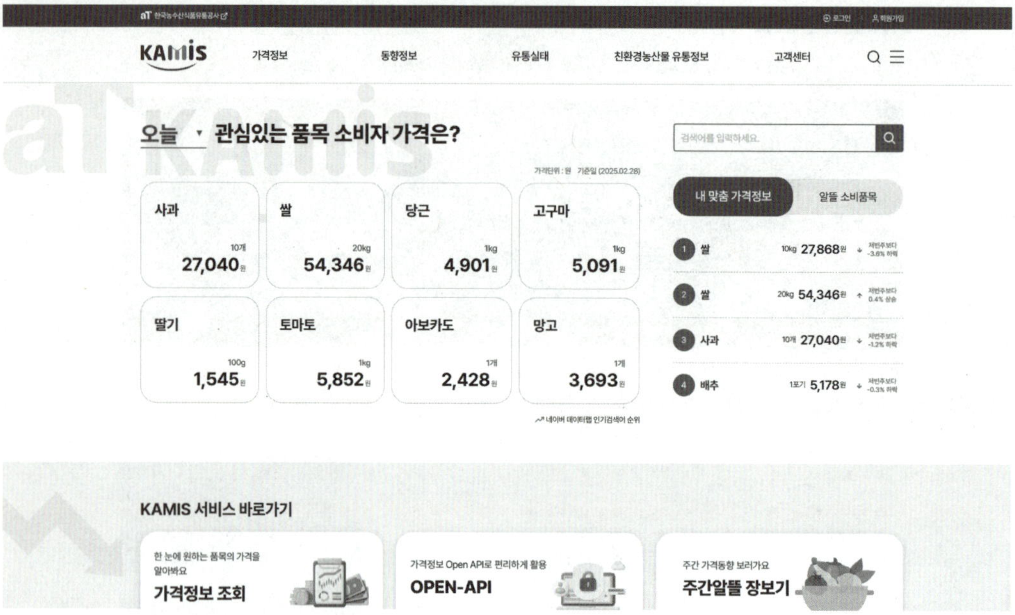

04 수산물 유통정책

1 수산물 유통정책의 개요

(1) 수산물 유통정책의 정의

① 수산물 유통정책 : "정부 또는 공공단체가 수산물의 국내유통과정과 수출입과정 또는 수산물의 수급(수요와 공급) 관계에 직간접적으로 개입하여 안전한 수산물을 공급하여 국민 건강을 보호하고 유통비용을 절감하여 유통효율을 극대화하고 가격을 안정시키며 나아가서는 가격수준을 적정화하는 공공시책"으로 정의할 수 있다.

② 수산물 유통정책을 실행하는 행위의 주체 : 정부 또는 공공단체

㉠ 정부 : 수산업을 담당하는 중앙의 정부부처, 즉 해양수산부이다. 정부조직법상 수산업을 관할하는 곳은 해양수산부이며, 산하기관으로 국립수산과학원과 국립수산물 품질검사원 등이 있다.

㉡ 공공단체 : 지방자치단체와 수산업협동조합 같은 곳을 의미한다.

- 지방자치단체는 기초(시와 군 및 자치구) 및 광역자치단체(특별시와 광역시 도 및 특별자치도)로 나뉘며, 소속된 '○○수산'과 '수산○○'에서 수산업과 관련된 업무를 담당하고 있다.
- 기타 수산업과 관련된 공공단체로서 수산업협동조합이 있다.

③ 수산물 유통정책의 목적

㉠ 식품 안전성 확보

㉡ 유통효율 극대화

㉢ 가격 안정

㉣ 가격수준의 적정화

④ 수산물 유통정책의 목적달성을 위한 수단 : 유통 및 수출입과정, 수요와 공급에 대한 정부의 개입

㉠ 유통 과정의 개입 : 산지위판장이나 소비지 수산물 도매시장과 같은 유통기구를 활용하거나 자방자치단체 및 영어 조합법인, 어촌계 등에게 유통시설을 지원해서 개입하는 것

㉡ 수요와 공급에 대한 개입 : 정부에서 특정 수산물의 생산량이 너무 많을 때 사들였다가 가격이 높아질 기미가 보이면 방출하는 정부수매 비축사업과 같은 방식

㉢ 수출입과정에서의 개입

- 관세나 수출입검역과 같은 방식
- 세계무역기구(WTO), 도하개발어젠다(DDA)나 자유무역협정(FTA)과 같은 국제무역 협정을 통해 개입하는 방식

(2) 수산물 유통정책의 목적

수산물의 유통효율화를 촉진시키고, 수산물의 수요와 공급을 적절히 조정하여 수급 불균형을 시정함으로써 수산물 가격변동을 완화하고, 수산물의 가격수준을 적정화하여 생산자 수취 가격이 보장되고 소비자 지불가격에 큰 부담이 없어야 하고, 수산식품의 안정성을 확보하는 것이다.

① 유통효율의 극대화 : 유통비용 절감을 의미

㉠ 유통비용 절감은 생산자가 가격을 올리지 않더라도 비용을 줄여 수익성을 확보할 수 있는 방법이다.

㉡ 유통비용 절감은 생산자뿐만 아니라 수산물 유통 전체과정에서 모두 필요하다.

㉢ 정부나 공공단체는 유통장비와 유통시설 등 다양한 수단을 통해 유통비용 절감을 지원해 준다.

㉣ 결국, 생산자와 소비자는 적정한 가격에 수산물을 사고 팔 수 있게 된다.

② 가격 안정

㉠ 수산업의 특징 중 어획의 불확실성과 계절성 때문에 발생할 수 있는 가격 상승과 하락이 너무 크지 않도록 일정하게 유지시키는 것이다.

- 어획의 불확실성 : 수산물은 자연, 즉 기후나 수산자원의 변동 등에 크게 의존하기 때문에 어획량을 생산자가 마음대로 조절할 수 없는 것
- 계절성 : 수산물은 연중 일정하게 생산하는 것이 아니라 계절마다 수산물의 양과 소비자의 구매량이 다르다는 것

㉡ 최근에는 자연환경의 변화뿐만 아니라 수입수산물, 환율, 유류가격, 해적 생물 등에 의해서도 가격변동이 나타나고 있다.

※ 수산물의 가격폭등과 가격폭락 원인

수산물의 가격폭등 원인	수산물의 가격폭락 원인
• 환율 상승 • 태 풍 • 고유가 • 어획량 감소 • 해적 생물 출현	• 과잉 생산 • 재해(기름 유출사고) • 수입량 증가 • 생산량 증가

③ 가격 수준의 적정화

㉠ 적정한 가격이란 생산자가 손해 보지 않고 수산물을 팔고 소비자는 가계에 부담이 없는 수준의 가격으로 수산물을 구입하는 것을 말한다.

㉡ 적정한 가격 수준은 가격안정 이상의 의미를 가지고 있다.

㉢ 이를 위해 정부에서는 도매시장과 위판장을 만들어서 적정한 가격에 수산물이 거래되도록 하고, 수산물 가격정보와 물가를 발표하면서 가격이 적정한지 판단하고 문제 있을 시에 개입하게 된다. 이러한 정부의 개입을 통해서 생산자는 꾸준히 일정한 수입을 얻어 생업에 종사할 수 있으며 소비자는 먹고 싶은 수산물을 항상 적정한 가격 수준에서 사먹을 수 있게 된다.

④ 식품 안전성 확보

㉠ 안전한 수산물을 국민에게 공급하는 것을 의미한다.

㉡ 식품의 안전성 확보는 지구의 환경 오염과 유통과정에 발생하는 부패나 첨가물의 문제, 항생제 등의 사용으로 인해 중요성이 부각되고 있다.

㉢ 이와 관련된 유통정책에는 수산물가공공장과 양식어장의 위해요소 중점관리제도(HACCP) 도입, 친환경 수산물 인증제의 도입, 양식 수산물 출하 시 항생제 검사, 수출입수산물의 안전성 검사 등이 있다. 또한 수산물 이력제와 같이 생산에서부터 소비에 이르는 모든 단계의 식품위해 요소를 관리하여 식품안전 사고 발생 시 신속하게 대처할 수 있는 정책도 포함된다.

(3) 수산물 유통정책과 정부의 기능

수산물 유통정책을 실현하기 위해 정부는 정책을 수립하고 집행하며 정책실행의 결과를 평가하여 정책을 수정하게 된다.

① **통제 기능** : 수산물 유통정책의 목적을 이룰 수 있도록 각종 규제를 행하는 것으로 가격통제와 수급조절, 유통관행에 대한 통제, 식품안전에 대한 통제가 있다.

㉠ 가격통제 : 수산물의 가격이 너무 오르거나 내리지 않도록 하는 것

- 직접적인 방법 : 최저가격제나 최고가격제와 같이 가격을 제한함으로써 통제하는 방법(최근에는 거의 사용하지 않음)
- 간접적인 방법 : 매점매석의 방지, 생산되지 않은 시기에 비축해 놓은 것을 공급하는 방법 등을 활용하여 가격폭락이나 가격폭등을 막는 방법

㉡ 수급조절 : 국민들이 소비하는 수산물의 양에 맞추어 공급 물량을 적절히 조절하는 것

㉢ 유통관행에 대한 통제 : 불공정 거래가 이루어지지 않도록 하는 것으로 유통관련 법규에서 대금의 즉시결제나 부당한 수수료의 징수 금지, 거래방법의 규제 등

㉣ 식품안전에 대한 통제 : 소비자가 안심하고 수산물을 먹을 수 있도록 유해물질의 첨가를 금지하고 시장의 위생 상태를 점검하는 것

② **조성기능** : 수산물 유통이 원활하게 이루어질 수 있도록 민간이 하기 힘든 각종 기능을 정부가 수행하는 것이다. 여기에는 물류표준화, 규격표준화, 각종 검사기능, 금융기능, 정보기능 등이 있다.

㉠ 물류표준화 : 수산물을 담는 어상자나 포장재료의 재질과 규격을 통일하는 것과 같이 물류수단의 표준을 정하는 것

㉡ 규격표준화 : 수산물의 품질기준과 거래시에 적용되는 수산물의 단계별 크기를 일정하게 하는 것

㉢ 각종 검사기능 : 수출 및 수입수산물의 안전성 검사 등

㉣ 금융기능 : 정부가 기금을 조성하여 생산자와 구매자 사이에 발생하는 대금 결제 기간의 차이를 조정하거나 수출 및 소비 촉진, 수급조절을 위해 유통 관계자들에게 자금을 저리로 빌려주는 것

㉤ 정보기능

- 수산물의 거래를 원활하게 하고, 공정하고 투명한 거래가 이루어질 수 있도록 정보를 수집하고 공표하는 것
- 각종 수산물 유통관련 통계의 공표, 도매시장이나 위판장의 실시간 거래정보 제공, 수산업 관측 정보 제공 등

※ 수산물의 가격정보를 제공하는 사이트

- 수산정보포탈(www.fips.go.kr) : 해양환경, 수산물 도매, 소매정보, 수산업교육정보 수록
- 수산업관측센터(www.foc.re.kr) : 수산관측, 품목정보, 관측통계, 양식어업동향 등 안내

(4) 수산물 유통정책의 변화

① 해방 이후

㉠ 일제강점기에 수탈에 지친 어업인들은 높은 수수료를 지불하면서 수산물을 판매하였다.

㉡ 산지에 위판장이 만들어지면서 생산자들은 10% 미만의 수수료를 지불하고 수산물을 판매할 수 있었다.

㉢ 소비지에 수산물 도매시장이 들어서면서 생산자들은 수산물을 안심하고 팔수 있는 여건이 마련되었다.

② 1990년대 중후반

㉠ 1990년대 중반까지 수산물 유통정책은 위판장이나 도매시장 같은 시장정책과 수급조절을 위한 수매비축 사업을 중심으로 유지되었다.

㉡ 1997년부터 수산물 시장이 개방되면서 수입 수산물이 들어오게 되자 수산물 원산지 표시와 수출입 검역, 브랜드화 등 수산물의 보호와 경쟁력 강화를 위한 정책이 시행되었다.

③ 2000년대

㉠ 식품 안전성 문제 대두 : 식품 안전성 문제가 지속적으로 발생하면서 식품안전이 수산물 유통정책의 화두가 되었다.

㉡ 수산식품 산업정책의 도입

- 2007년 : 농업 농촌 및 식품산업기본법, 식품산업진흥법이 제정
- 2008년 : 식품산업종합대책 수립

[수산물 유통정책의 변화]

연도별	1998	2000	2003	2007	2008	2009	2013 이후
구 분	수산물 유통정책			식품산업정책			수산물유통 구조정책
	시장, 유통 중심정책	식품산업 개념 도입	식품안전 정책 도입	식품산업 진흥법 제정	식품산업 종합대책 수립	식품산업 종합대책 본격화	수산물유통 구조 개선

2 수산물 유통정책의 종류

(1) 수산물 가격 및 수급안정 정책

① 정의 : 수산물 가격 및 수급안정 정책이란 정부가 수산물의 수요와 공급, 가격형성에 직접 또는 간접적으로 개입하여 그 수준이나 변동을 일정한 방향으로 유도하는 것을 말한다.

② 정부주도형 정책 : 수산물비축사업

㉠ 목적 : 수산물비축사업은 수산물의 원활한 수급조절과 가격안정을 위하여 주 생산시기에 수매 비축하여 비생산 성수기에 방출함으로써 생산자와 소비자 보호를 통해 국민생활의 안정을 도모하는 것을 목적으로 한다. 즉, 수산물비축사업의 정책목표는 생산자 보호 측면에서 어업인 소득증대를 목적으로 하는 '가격지지'와 소비자 보호 측면에서 소비자 가격의 안정을 목적으로 하는 '가격안정'으로 구분할 수 있다.

㉡ 근거 법령 : 농수산물유통가격 및 가격안정에 관한 법률 제13조에 근거한다.

㉢ 사업의 추진 현황 : 수산물비축사업은 1979년 처음 시작된 이후 한때 품목 수가 10개까지 확대된 경우도 있었으나 2000년대 중반 이후에는 품목 수가 점차 감소하여 2024년 기준, 비축사업의 대상은 명태, 고등어, 오징어, 갈치, 참조기, 마른 멸치, 천일염 등이다.

㉣ 대상 어종

- 고등어나 오징어와 같이 생산량이 많고 국민들이 즐겨 먹는 대중 어종을 대상으로 한다.
- 이들 어종은 특정 시기에 대량으로 어획되는 특성이 있어서 쉽게 가격이 폭락하거나 폭등하므로 매점매석의 대상이 되기도 한다.

㉤ 정부비축 사업의 긍정적 효과

- 비축사업 추진 시 수혜자의 범위가 다르지만 후생증대 효과
- 정부가 현재 수매물량을 보유하고 있는 사실만으로도 유통업자의 가격 인상을 일시적으로 억제하는 상징적인 효과
- 생산자가격 지지와 관련해서는 성어기에 공급량이 늘어날 때, 정부가 비축자금으로 특정 품목을 수매할 수 있다는 잠재적 수매수요 때문에 유통업자의 가격 인하를 일시적으로 억제하는 상징적인 효과
- 이에 따라 어업인은 지속적인 조업활동이 가능하여 어업경영을 일부 유지할 수 있음

③ **민간협력형 정책** : 유통협약사업, 자조금 제도, 수산업 관측사업

㉠ 유통협약사업

- 생산자가 생산량에서 공급량을 제외한 나머지, 즉 과잉공급 되는 물량이나 저급품을 폐기하고 한꺼번에 홍수출하(생산되는 물량이 특정한 시기에 한꺼번에 쏟아져 나오는 것) 되는 것을 시기적으로 조절해 주는 등 출하시기나 물량을 조절하는 방법이다.
- 공급량을 적절하게 유지하여 적정한 가격을 받게 되므로 수산비축사업과 유사해 보이지만 출하시기나 물량을 생산자와 유통업자, 소비자단체 등이 모인 유통조절 위원회에서 자율적으로 정하고, 소요비용은 정부와 생산자가 나누어서 부담한다는 점에서 민간협력형이 되는 것이다.

㉡ 자조금사업

- 자조금 제도는 생산자 스스로 조직을 구성하여 소비를 촉진함으로써 가격을 안정시키고 생산과잉물량을 해소하도록 지원하는 것이다.
- 생산자조직이 스스로 필요한 자금을 조성하면(자조금), 정부가 일정 비율로 정책자금을 지원하게 된다.

※ 유통협약과 자조금사업의 공통점과 차이점

구 분		유통협약사업	자조금사업
공통점		• 생산자에 의한 자발적 상품계획 • 다수 생산자에 의한 집단적 행위 수반 • 생산자-정부의 공동 수급조절 프로그램	
차이점	주요 사업내용	물량규제 : 공급의 조정	시장조성 : 수요의 조장
	사업비 성격	운영비 성격 강함	투자비 성격 강함
	참여자의 의무	물량규제를 위한 의무사항 규정을 준수함으로써 사업에 직접적으로 참여	사업에 직접적으로 참여하지 않으나, 자조금 부담 의무 높음

㉢ 수산업 관측사업

- 목적 : 생산 및 가격 정보 등을 수집·분석하여 생산자와 소비자가 알기 쉽게 만들어 신속하게 알려주는 데 있다.
- 역할 : 다음 달의 가격 전망을 내놓아 생산자들이 스스로 생산할 양을 가늠해 보고, 출하시기를 판단할 수 있도록 간접적으로 수급을 조절하는 역할을 한다. 또한, 유통협약과 자조금 단체를 지원하는 역할도 수행한다.
- 제공되는 관측정보 : 생산정보, 수출입정보, 시장정보, 가격정보, 해외정보 등이다.
- 대상품목 : 김, 미역, 광어, 우럭, 숭어, 전복, 굴, 고등어, 오징어, 갈치, 명태 등
- 기대효과 : 사회후생효과, 가격안정화 효과, 경영안정화 효과, 정책실효성 효과

(2) 수산물시장 정책

① **정의** : 수산물시장 정책은 정부나 공공단체가 산지위판장, 소비지 수산물 도매시장, 공판장 등을 건설하고 운영함으로써 가격안정과 공정한 거래가 이루어지도록 하는 정책이다.

② **정부의 역할** : 정부는 위판장과 도매시장의 건설 및 개보수에 필요한 비용과 장비 등을 지원하고 개설과 운영은 도매시장의 경우 지방자치단체, 위판장의 경우 수산업 협동조합이 한다.

③ **수산물 유통시설 지원 정책** : 수산물을 판매할 수 있는 직판장 건립 지원, 냉동창고 등의 유통시설 지원 사업 등이 있다. 최근에는 단일 사업보다는 생산과 유통, 물류, 가공, 판매 중의 몇 가지 복합된 형태의 지원이 많아지고 있다.

예 젓갈을 생산하는 지역의 특산물 타운 건설(생산 + 가공 + 판매), 수산물 가공 물류센터(가공 + 물류)

(3) 수산식품산업 정책

① 수산식품산업의 개념

㉠ 수산식품산업은 일반적으로 수산가공업 및 외식산업, 식자재산업으로 구성된다.

㉡ 수산식품산업은 식재료인 수산물의 생산에서 소비에 이르는 각 단계를 모두 포함하는 것으로, 수산식품의 품질과 안정성을 유지하면서 안정적이고 효율적으로 소비자에게 식품을 공급하기 위한 것이다.

② 수산식품산업의 특징

㉠ 1차 산업인 어업, 양식업, 채취업과 이들의 활동으로 생산된 수산물을 원재료로 제조·가공하는 2차 산업(제조·가공업), 그리고 유통 및 외식 등의 서비스를 제공하는 3차 산업을 포함하는 6차 산업을 추구한다.

㉡ 6차 산업 : 1차 산업(수산업), 2차 산업(수산가공업), 3차 산업(수산물 유통업)이 복합된 산업을 말한다(1 + 2 + 3 = 6).

③ **수산식품산업 정책의 목적** : 수산식품산업 정책은 1차 산업인 수산업이 생산 중심의 수산 정책으로는 한계가 있고, 발전을 위해서는 수산물 유통 뿐만 아니라 1차, 2차, 3차 산업의 강점이 융합된 이른바 '복합산업(6차 산업)'으로의 전환을 목적으로 한다.

④ **수산식품산업 정책의 목표** : 정부는 식품산업진흥을 위해 2011년 마련한 '식품산업진흥 기본계획'을 전면 수정·보완하여 2017년까지 식품산업 시장규모 245조원과 농식품 수출 200억 달러, 고용인력 200만 명을 목표로 하는 식품산업진흥 기본계획을 내놓았다.

⑤ **수산물 유통구조 개선 종합대책**

㉠ 목적 : 수산물 유통비용 절감, 물류위생 제고, 수급관리 및 관측 강화 등을 통해 소비자는 싼 값에 안전하고 깨끗한 수산물을 공급받고, 생산자는 제 값을 받을 수 있는 상생의 유통환경을 조성하고자 하는 데 있다.

㉡ 추진방안

- 품목별 특성화 대책으로 유통 효율성 제고
- 수산물 도매시장 운영개선 및 현대화
- 수산물 직거래 확대
- 수산물 위생·물류 환경 개선
- 수산물 수급관리 및 관측 강화

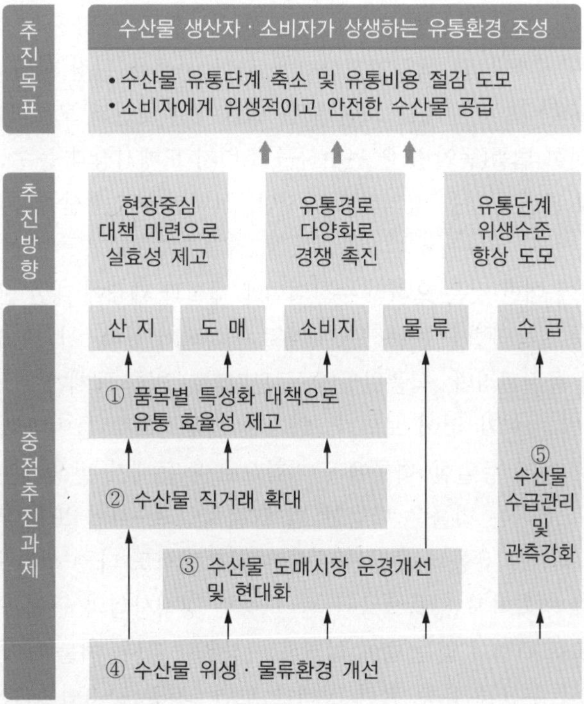

05 수산물 유통 관련 법규의 실태

1 수산물 유통정책과 법규

(1) 수산물 유통정책과 법규와의 관계

① 정책과 법규, 예산은 불가분의 관계를 가진다. 정부에서 시행하는 모든 수산물 유통정책은 반드시 법률에 근거를 두고 시행하게 된다. 법규에는 법과 시행령, 시행규칙이 있으며, 지침은 법령은 아니지만 민원사무를 처리하기 위한 정부 부처의 내부방침이다. 수산물 유통 관련 법규를 근거로 정책이 입안되며 이를 집행하기 위하여 예산이 편성된다.

※ 법규와 법령, 법률의 관계

- 법령은 국회에서 제정한 법률과 그 하위규범인 명령체계, 즉 대통령령·총리령·부령 등의 시행령 및 시행규칙을 합하여 부르는 말이다. 법령의 서열은 헌법 > 법률 > 명령 > 규칙의 순이며, 하위 규정으로 훈령, 고시, 예규, 지침이 있다. 지방자치단체의 자치법규로는 지방의회가 제정하는 조례와 지자체의 장이 만드는 규칙이 있다.
- 법규는 법령을 의미하기도 하지만 좁은 뜻으로는 특수한 분야나 성질을 가지는 법 규범을 가리킨다. 따라서 수산물 유통 법규라 하면, 수산물 유통과 관련된 모든 법령을 포함한다.

② 수산물 유통의 경우는 해양수산부가 주관 부처로, 정부조직법 제43조에 따르면 해양수산부장관은 "해양정책, 수산, 어촌개발 및 수산물 유통, 해운·항만, 해양환경, 해양조사, 해양자원개발, 해양과학기술연구·개발 및 해양안전심판에 관한 사무를 관장"한다.

③ 수산물 유통에 관한 법률 체계를 보면 주된 법률이 무엇인지 모호하다. 우선 농수산물 유통 및 가격안정에 관한 법률(농안법)은 농수산물 소비지 도매시장과 농수산물 공판장 등 도매단계의 수산물시장에 관련된 것을 정의하고 있지만, 산지단계의 수산물시장에 대한 것은 언급하고 있지 않다.

④ 수산물 산지시장에 대한 것은 오히려 수산업법에 개설과 폐쇄에 대한 근거를 두고 있고, 시장에서의 거래방법 등은 농안법을 준용하는 체계로 구성되어 있다. 이외에도 농산물 유통과 수산물 유통이 농수산물 품질관리법, 식품위생법 등 관련되는 법률 체계가 거의 유사하다 보니 수산업법을 제외하면 별 차이가 없어 보인다. 하지만 세부적으로 들여다보면 농산물 유통과 다른 점이 있고, 이로 인해 동일한 법률에 근거함으로써 문제가 발생하는 경우가 있다.

⑤ 수산물 유통을 규정하는 법률은 다양한 법에 걸쳐있고, 사안 또는 적용대상에 따라 다르게 적용되고 있다. 농산물 유통과 수산물 유통은 같으면서도 다른 성격을 가진다. 결국, 수산물 유통의 법체계가 명확하지 않음으로써 관련 정부 정책사업의 근거가 여러 법률에 산재되어 있거나, 직접적으로 관련이 없는 법에 의거하는 경우가 많다. 예를 들어 해양수산부의 해양수산사업시행지침에서 수산물 유통 관련 정책을 보면, 지원 근거법률은 다음 표와 같다.

(2) 수산물 유통 관련 법규의 종류

① 수산물 유통과 관련된 법규는 위판장의 경우 수산업법, 도매시장(공판장 포함)이 있고, 거래제도는 농안법, 품질 및 위생과 관련되는 것은 농수산물 품질관리법, 식품위생법 등이 있다. 하지만 직간접적으로 관련되는 법률은 이보다 더 많고, 농산물 유통과는 달리 주된 법률체계를 가지고 있지 못하다.

② 수산물 유통에서 주된 법률이라고 하면, 농수산물 유통 및 가격안정에 관한 법률(농안법)로 간주할 수 있다. 하지만 이 법은 농림축산식품부가 주무부처이고, 해양수산부가 독자적으로 만들 수 있는 범위는 시행령부터이다.

③ 해양수산부에서 농안법 시행령 이외에 독자적인 수산물 유통 관련 법률은 하위 규정을 포함하여 세 가지로 수산업협동조합법, 어획수산물 위판장의 위생관리 권고 지침, 산지거래시설의 수산물 거래(고시)이다. 이외에 수산업법, 어항법, 수산자원관리법 등이 있으며, 수산 관련 정부부처가 아닌 타 부처의 법률로는 식품안전기본법, 식품위생법, 유통산업발전법, 화물운송법 등이 있다.

[수산물 유통 관련 법률 현황]

소관부처		법 률	비 고
해양수산부	유 통	수산업협동조합법	판매사업
		어획수산물 위판장의 위생관리 권고 지침	위생관리
		산지거래시설의 수산물 거래(고시)	
		수산물 표준규격(고시)	
	식 품	식품산업진흥법 시행령	식품산업육성
	시장 시설	공유수면 관리 및 매립에 관한 법률	공유수면 매립
		수산업법	위판장 개설
		어촌·어항법	어항시설
		연안관리법	어항구역 지정
		항만법	어항구 시설
	자원 관리	수산자원관리법	불법 수산물 유통 금지
		어업자원보호법	
		어장관리법	
농림 축산 식품부	유통(공통)	농수산물의 원산지표시에 관한 법률	원산지 표시
		농수산유통 및 가격안정에 관한 법률	시장, 거래제도
		농수산자조금의 조성 및 운용에 관한 법률	유통협약
	식품(공통)	농수산물 품질관리법	품질관리, 인증
		농어업·농어촌 및 식품산업기본법	식품산업육성
		식품산업진흥법	식품산업육성
		친환경농어업육성 및 유기식품 등의 관리·지원에 관한 법률	품질인증
	지원(공통)	자유무역협정 체결에 따른 농어업인 등의 지원에 관한 특별법	FPC 지원 등
식품의약품안전처		식품안전기본법, 식품위생법, 식품공전	식품 위생
산업통상자원부		유통산업발전법	
국토교통부		물류시설의 개발 및 운영에 관한 법률	
		화물운송법	

〈자료 출처 : 「수산물 유통 관련법의 실태 및 개선방안」, 한국해양수산개발원, 2014〉

2 농수산물 유통 및 가격안정에 관한 법률

(1) 개 요

농안법이라고 줄여 부르기도 하는데 총 90조로 이루어진 법률로서 시행령 제38조, 시행규칙 제57조가 부가되어 있다. 이 법은 다음과 같이 총 8개 장으로 구성되어 있다.

제1장 총 칙 제2장 농수산물의 생산조정 및 출하조절 제3장 농수산물도매시장 제4장 농수산물공판장 및 민영농수산물도매시장 등 제5장 농산물가격안정기금 제6장 농수산물 유통기구의 정비 등 제7장 보 칙 제8장 벌 칙

(2) 농안법 성립 이전의 도매시장법

① 우리나라 최초의 도매시장법은 일제에 의해 1923년 제정된 중앙도매시장법이다. 이 법은 식민지지배이론에 기초하여 전통적인 우리나라 물상객주 및 여객제도를 타파하고 상권 장악을 위해 일본계 특수상인층의 독점적 권익보호 측면에서 제정되었다.

② 해방 이후 우리 정부에 의해 1951년 중앙도매시장법이 만들어졌지만, 일제하의 법과 큰 차이가 없었다. 또한 법에 의해 지정된 도매시장이 제 역할을 하지 못하면서 유명무실한 법이 되었다.

③ 1973년에 도매시장의 공공성 강화, 시설근대화를 내용으로 농수산물도매시장법이 다시 만들어졌지만, 역시 수산물 유통 현장의 현실과는 너무 달라 제대로 시행되지 못했다.

(3) 농안법의 성립과 개정과정

① 농안법의 성립 : 1976년에 기존 법률의 문제를 해결하기 위하여 농수산물 유통 및 가격안정에 관한 법률이 제정·공포되었다. 이 법에 의해 건설된 최초의 공영도매시장이 바로 가락동 농수산물도매시장으로, 1985년 6월에 개장하였으며 동시에 농안법도 시행되었다.

② 농안법의 개정과정

㉠ 1993년 6월 농안법 개정(법률 제4554호) : 상장경매제를 더욱 강화하되, 중매인은 중개거래만 할 수 있도록 하였다. 이 개정은 기존의 중매인이 중개거래 이외에도 도매거래, 즉 자기책임하에 농수산물을 경락받아 거래해오던 방식을 제한한 것이다. 그러나 동 개정은 당시 중매인들의 준법투쟁(농안법 파동)으로 인해 시행되지 못하고 사장되었다.

※ 상장경매제
도매시장의 거래과정은 상장과 경매로 나뉜다. 상장은 출하자가 도매법인에게 수산물을 위탁하거나 판매하는 것 혹은 도매법인이 수산물을 수탁이나 매수하는 것을 의미한다.

ⓛ 1994년 11월 농안법 개정(법률 제4785호) : 주요 내용을 보면, '중매인'을 '중도매인'으로 변경하면서 도매도 가능하도록 영업범위를 확대하였고, 무조건 상장경매원칙을 일부 완화하여 개설자가 정한 품목에 한해 중도매인의 직접 수탁(상장예외품목)을 허용하였다. 이를 통해 현재의 중도매인 명칭 및 역할이 정립되었고, 예외적인 거래가 허용될 수 있는 근거가 되었다.

ⓒ 2000년 1월 "개정 농안법"(법률 제6223호) : 유통단계 축소를 통한 중간 유통비용의 절감을 목적으로, "시장도매인제(농안법 제36조, 제48조)"가 도입되었다. 시장도매인은 "시장의 개설자로부터 지정을 받고 농수산물을 매수 또는 위탁받아 도매하거나 매매를 중개하는 영업을 하는 법인"으로, 경매가 아닌 수의 거래를 할 수 있도록 하였다. 또한 한 시장 내에 도매법인과 시장도매인이 병존할 수 있도록 하여 많은 논란을 불러 일으켰다.

ⓓ 2007년 1월 농안법 개정(법률 제8178호)

- 도매시장법인 간 또는 시장도매인 간 인수·합병의 근거를 마련(제23조의 2)하고, 도매법인 및 시장도매인의 수탁거부 금지규정을 완화(제38조)하며, 도매시장에 출하되는 농수산물에 대한 안전성 검사를 의무화(제38조의 2)하는 것을 골자로 하고 있다. 그러나 시장 간의 인수·합병에 대한 실적은 아직 없으며, 출하되는 농수산물의 안전성 검사도 수산물은 잘 이루어지지 않고 있다.
- 정가나 수의매매를 "전자거래기본법"에 따른 전자거래방식으로 행하는 경우, 해당 거래물품을 도매시장으로 반입하지 않아도 되도록 하였다(제31조). 전자거래에 한정되지만, 최초로 '상물분리'를 인정했다는 점에서 의의가 크다.

※ 상물일치와 상물분리
상물일치는 상거래장소(상)와 거래되는 물품이 있는 장소(물)가 일치되어야 한다는 것을 말한다. 농안법 제35조에 도매시장법인은 '도매시장 외의 장소'에서 판매업무를 하지 못하게 되어 있다. 즉, 거래는 원칙적으로 도매시장 구역 내로 가져온 것만 가능하다는 것이다. 그런데 농안법이 개정되면서 예외적인 경우에 거래물품을 '도매시장에 반입하지 아니할 수 있다'라고 바뀌었다. 이에 따라 전자상거래, 냉동창고 등에 보관된 수산물 견본 거래시에 도매시장 바깥에 있는 수산물의 거래가 허용되어 '상물분리'가 인정되었다.

ⓜ 2008년 12월 개정 농안법(2009년 6월 시행, 법률 제9178호) : 제35조 2항의 2호를 신설하면서 더욱 적극적인 상물분리 규정을 추가하였다. 이는 "해양수산부령으로 정하는 일정 기준 이상의 시설에 보관·저장 중인 거래대상 농수산물의 견본을 도매시장에 반입하여 거래하는 것에 대하여 도매시장 개설자가 승인한 경우"로, 현실거래에서 도매시장이 아닌 장소에서의 판매를 인정하였다는 점에서 큰 의의가 있으며, "견본거래"를 허용했다는 점에서도 상당한 변화이다.

ⓑ 2012년 2월 개정 농안법(2013년 3월 시행, 법률 제11350호) : 주요 개정 내용은 다음과 같다.

- 정가·수의매매의 거래원칙 전환으로 제32조(매매방법)에서 정가 수의매매의 조건을 '다른 도매시장 또는 공판장에서 가격이 결정되어 바로 입하(入荷)된 농수산물을 상장하여 매매하는 경우'와 '특별한 사유가 있는 경우'로 제한하던 것을 '출하자가 지정하는 경우'로 완화하였다.

• 도매시장법인 지정 방법 변화로 제23조(도매시장법인의 지정)에서 그동안 시장개설자가 가지고 있던 도매시장법인의 지정권을 중앙도매시장은 해양수산부(농업은 농림축산식품부) 장관과 협의하도록 변경하였다.
• 도매시장법인 설치 의무사항 완화로 제22조(도매시장의 운영)에서 중앙도매시장에는 반드시 도매시장 법인을 설치하도록 했던 조항이 해양수산부령으로 정하는 부류에 대해서 도매시장 법인을 두어야 한다는 내용으로 바뀌었다. 하지만 시행규칙 제18조의 2(도매시장 법인을 두어야 하는 부류) 제1항에서 도매시장 법인을 두는 부류로 청과부류와 수산부류로 지정하고, 단서조항으로서 제1항에 따른 부류가 적절한지를 2017년 8월 23일까지 검토하여 해당 부류의 폐지, 개정 또는 유지 등의 조치하도록 하고 있다. 또한 검토를 위하여 도매시장 거래 실태와 현실 여건 변화 등을 매년 분석하도록 하고 있다. 결국 이 단서조항으로 인하여 수산부류 유통인들의 많은 반발을 불러 일으켰다.
• 공판장의 시장개설자 평가 의무화로 제22조(도매시장의 운영)에서 공판장은 공판장 개설자로부터 평가를 받게 되어 있었으나, 공판장도 도매시장 개설자의 평가를 받도록 하였다.
• 중앙도매시장 개설권자의 변경으로 제17조(도매시장의 개설 등)에서 해양수산부 장관 허가사항이었던 중앙도매시장 개설이 특별시 · 광역시 · 특별자치시, 특별자치도 허가로 가능하게 되었다. 그러나 중앙도매시장 개설 시 업무규정을 정하거나 기존 업무규정을 변경할 때는 해양수산부장관의 승인을 받도록 하여 지방자치단체가 자의적으로 도매시장을 운영할 수 없도록 하였다.

(4) 농안법의 구조와 거래제도

① **농안법의 구조** : 농안법의 구조는 크게 생산조정 및 출하조절, 농산물 가격안정 기금, 농수산물시장으로 나뉜다.

㉠ 생산조정과 출하조절 : 농업관측과 수산업관측, 자조금, 유통협약 및 유통조절명령, 비축사업이다. 이 부분은 가격안정과 수급조절을 다루는 부분으로 각각에 대한 법적 근거를 명시하고 있다. 이 중 비축사업이 가장 먼저 시행된 것이고, 나머지는 민간 주도의 수급조절 정책이다.

㉡ 농산물 가격안정 기금 : 수산업은 별개로 동법이 아닌 '수산업법'에서 비슷한 성격의 '수산발전기금'을 다루고 있다.

㉢ 농수산물 시장 : 농수산물도매시장, 농수산물공판장 및 민영농수산물도매시장을 다루고 있다. 여기에서는 시장의 개설, 허가, 관리, 운영 등의 내용과 시장 운영주체, 즉 도매법인과 시장도매인, 중도매인 등과 거래원칙이 있다.

② **도매시장에서의 거래 과정** : 도매시장에서 거래를 통해 가격결정을 하는 방법은 여러 가지가 있으나 대표적인 것으로 상장경매제도를 들 수 있으며, 이는 상장과 경매로 나누어 볼 수 있다.

㉠ 상장은 생산자(출하자)가 도매법인에게 수산물의 판매를 맡기는 위탁이나 판매 혹은 도매법인이 수산물을 수탁(위탁을 받는 행위)하거나 매수하는 것을 말한다. 상장은 생산자나 출하자가 도매시장에 출하하는 행위를 말하므로 경매가 이루어지기 전에 이루어진다.

㉡ 경매는 상장된 수산물을 거래하는 방법이므로 경매는 상장이 먼저 되어야 가능한 것이다.

㉢ 도매시장에서 가격을 결정하는 방법은 경매가 대표적이지만, 이외에도 수의매매와 정가매매 등이 있다.

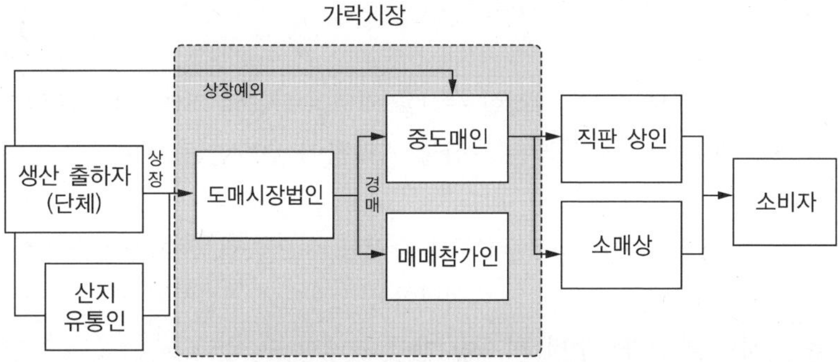

[수산물도매시장의 상장거래 흐름도]

③ **거래제도의 원칙** : 수탁판매의 원칙, 거래방법의 제한, 거래제한의 원칙, 수수료 원칙

㉠ 수탁판매의 원칙

- 농안법은 수산물을 상장할 때 수탁을 원칙으로 하고(제31조), 수탁거부를 금지(제38조)하고 있다. 즉, 도매법인이 수산물을 매수(혹은 구매)하여 상장하여서는 안 되고, 생산자(출하자)가 판매를 맡기고자 할 때는 원칙적으로 거부할 수 없다.
- 수매비축을 위한 경우, 재상장경매인 경우, 구색을 갖추기 위해 다른 도매시장으로부터 이를 매수하는 경우에는 예외가 허가되고 있다. 이 원칙은 도매법인이 영리를 목적으로 수급 및 가격에 영향을 미칠 수 없도록 하며, 생산·출하자의 의향이 도매시장 거래에 정확히 반영되도록 하기 위한 것이다. 예를 들어 도매법인이 수산물을 수탁이 아닌 매수하여 상장한다면, 자기 자본으로 하는 사업이 되므로 수익에 민감할 수밖에 없다. 따라서 공정한 입장에서 경매가 되기 힘들므로 수탁으로만 상장을 제한하는 것이다.
- 수탁거부원칙은 도매법인이나 중도매인의 이해에 따라 그 날의 상장물량이 임의로 조절될 수 없도록 하는 장치이다. 만일 수탁거부를 할 수 있어 상장물량이 임의로 제한된다면 생산자(출하자)는 출하를 할 수 없어 손실을 볼 수도 있기 때문이다.

㉡ 거래방법의 제한

- 도매시장에 상장된 수산물은 경매 또는 입찰에 의한 방법을 원칙으로 하였으며, 이는 수산물의 가격을 임의로 정하지 못하게 하면서 공정한 거래가 되도록 하기 위함이다.
- 경매는 다수의 중도매인이 참여하여 경쟁적으로 가격을 결정하기 때문에 수의거래처럼 임의로 가격을 정할 수 없고, 출하자나 중도매인도 사전에 가격을 알 수 없다. 그러나 2011년의 개정에서 정가・수의매매도 정상적인 거래방법으로 허용하면서 거래방법도 시대의 변화에 맞게 다양화하였다. 이는 수입수산물의 증가, 가공품의 거래량 증가, 단체급식 등에 사용되는 단순 가공 처리된 수산물의 증가로 인해 도매법인과 중도매인 간의 거래에서도 변화가 필요해졌기 때문이다.

㉢ 거래제한의 원칙

- 중도매인은 도매법인이 상장한 수산물 외의 수산물의 거래를 할 수 없다. 이것은 중도매인이 마음대로 상장되지 않은 수산물 거래하여 위탁한 출하자에게 손해를 끼치지 못하게 한 것이다.
- 만일 중도매인이 마음대로 수산물을 수집할 수 있다면, 자기에게 유리한 것만을 거래하려고 할 것이기 때문이다. 다만, 도매법인이 상장하기에 적합하지 않은 수산물 등은 품목과 기간을 정하여 개설자로부터 허가를 받아 거래할 수 있다.
- 또한 입하량이 너무 많아 정상적인 거래가 어려운 경우에는 당일에 한해 시장 바깥의 다른 유통업자에게 판매할 수 있다.

㉣ 수수료 원칙

- 도매시장의 개설자, 도매법인, 시장도매인 또는 중도매인은 법에서 정한 금액 이외에는 어떠한 명목으로도 금전을 징수하지 못하도록 하고 있다. 이 규정은 도매시장 내에 도매법인과 중도매인이 부당한 수수료를 징수할 수 없게끔 하기 위한 것이다.
- 원래 중도매인은 생산자(출하자)에게 수수료를 받을 수 없도록 되어 있음에도, 실제 거래에서는 중도매인이 산지의 생산자(출하자)에게 상장하도록 하고 부당한 수수료를 요구하는 경우도 있다.
- 원칙적으로 수수료는 도매시장의 사용료, 시설사용료, 위탁수수료(도매법인이 출하자에게 징수, 거래금액의 6% 이내), 중개수수료(중도매인이 구매 의뢰자에게 징수, 거래금액의 4%), 쓰레기유발부담금만을 징수하도록 되어 있다.

3 기타 관련 법규

(1) 수산업법

① 수산물 산지유통은 대부분이 수산업협동조합이 개설하는 위판장을 통해 이루어진다. 이러한 위판장은 농안법 시행령 제20조(농수산물집하장의 설치・운영), 수산업법 제61조 제1항 제7호와 수산업법 시행령 제43조(양륙장소 또는 매매장소의 지정)와 제44조(양륙장소 또는 매매장소 지정의 취소)에 근거규정을 두고 있다.

② 위판장에 대한 명확한 법적 규정은 수산업법에 있는 것으로 어업단속, 위생관리, 유통질서의 유지나 어업조정의 목적으로 '양륙장소 및 매매장소의 지정 또는 그 지정의 취소'를 할 수 있게 되어 있다. 또한 수산업법 시행령에는 위판장의 지정과 취소에 대한 세부적인 법적 근거가 있다.

③ 위판장은 지정은 시・도지사가 시장・군수・구청장의 신청 혹은 협의를 거쳐 지정할 수 있다. 위판장은 산지의 양륙지 시장이므로 어항, 연안항, 선착장 또는 물양장 등 어획물 양륙시설(揚陸施設)을 갖춘 지역에 설치할 수 있다.

(2) 품질 및 위생 관련 법률

수산물의 품질 및 위생 관련 법률은 농수산물 품질관리법과 식품위생법이 있고, 해양수산부의 지침으로 어획수산물 위판장의 위생관리 권고지침과 수산물의 생산・가공시설 및 해역의 위생관리 기준이 있다.

① 농수산물 품질관리법

㉠ 목적(제1조) : 이 법은 농수산물의 적절한 품질관리를 통하여 농수산물의 안전성을 확보하고 상품성을 향상하며 공정하고 투명한 거래를 유도함으로써 농어업인의 소득 증대와 소비자 보호에 이바지하는 것을 목적으로 한다.

㉡ 주요 내용

- 표준규격(수산물의 포장규격과 등급규격), 품질인증, 이력추적, 지리적 표시, 유전자 변형 농수산물의 표시, 수산물의 안전성조사, 지정해역의 지정 및 생산・가공시설의 등록・관리, 위해요소중점관리기준(HACCP), 수산물 및 수산가공품의 검사 등의 내용으로 구성되어 있다.
- 목적에 명시되어 있는 수산물의 품질관리와 안전성, 상품성의 향상을 비롯하여 공정하고 투명한 거래 등은 수산물 가공품을 대상으로 하고 있으며, 원어 형태의 생선이나 냉동수산물은 수출검사 위주로 구성되어 있다.
- 단지 농산물과 차별화되어 있는 것이 지정해역의 지정 및 생산・가공시설의 등록・관리로 수산물만의 특성이라고 볼 수 있다.
- 대상이 되는 수산물 가공업은 수산업법에 의한 가공업으로 소위 '신고 가공'이라고 한다. 이는 지자체에 '신고'하는 것만으로 가공업을 영위할 수 있는 저차가공업을 대상으로 하며, 식품의약품안전처의 업무대상이 되는 가공업을 구분하여 '허가 가공'이라고 한다.

② 식품위생법

㉠ 목적(제1조) : 식품으로 인하여 생기는 위생상의 위해(危害)를 방지하고 식품영양의 질적 향상을 도모하며 식품에 관한 올바른 정보를 제공함으로써 국민 건강의 보호·증진에 이바지함을 목적으로 한다.

㉡ 주요 내용

- 법률상의 식품이란 제2조 정의에서 "모든 음식물(의약으로 섭취하는 것은 제외한다)"을 말하지만, 엄밀히는 동 법에 의해 허가된 가공업체에서 생산되는 것을 의미하고, 저차가공 수산물은 농수산물 품질관리법의 적용을 받는다.
- 생선수산물과 냉동수산물에 대한 법규는 상당히 애매한데, 동 법에서는 가공 '원료' 수산물에 대한 것만 한정하고 있다.
- 유통과정에서 산지시장과 도매시장을 제외한 운반시설 및 보관시설에 대한 업종별 시설기준을 정하고 있다.
- 식품운반업은 운반시설, 세차시설, 차고 및 사무실의 시설을 갖추도록 규정하고 있다. 이 경우 운반시설이란 '냉동 또는 냉장시설을 갖춘 적재고가 설치된 운반차량 또는 선박'을 의미한다. 또한 냉동 또는 냉장시설로 된 적재고의 내부는 기준 및 규격 중 운반식품의 보존 및 보관기준에 적합한 온도를 유지하여야 하며, 시설 외부에서 내부의 온도를 알 수 있도록 온도계를 설치하여야 한다. 적재고는 혈액 등이 누출되지 아니하고 냄새를 방지할 수 있는 구조여야 한다.
- 동 법의 하위규정(고시)인 식품의 기준 및 규격(식품공전)에는 어육가공품에 대해 사용하는 원료의 구비조건으로 "어류는 5℃ 이하에서 냉동연육은 -18℃ 이하에서 위생적으로 보관·관리되어야 한다"고 규정되어 있다.
- 수산가공품과 관련해서는 식품위생법 시행규칙 제62조 '식품안전관리인증기준 대상 식품'에 따라 수산가공식품류의 어육가공품류 중 어묵·어육소시지, 기타수산물가공품 중 냉동어류·연체류·조미가공품 등에 대해 HACCP를 의무적으로 적용해야 한다.

③ 해양수산부 지침

㉠ 의의 : 수산물의 생산·가공시설 및 해역의 위생관리기준은 주로 굴의 대미수출과 관련이 있는데, 한미패류협정에 의하여 만들어진 지침이다.

㉡ 주요 내용

- 수산물 접촉 표면의 조건 및 청결, 수산물을 담는 용기는 플라스틱이나 철재 재질, 그에 준하는 위생용기를 사용하도록 명시되어 있으며, 사용 전후로 세척 및 소독을 하도록 권고하고 있다.
- 외부인의 출입을 금지하고 있고, 배수를 위한 바닥 경사, 방충방서 관리, 폐기물 처리에 대한 기준을 제시하고 있으며, 정기적인 용수검사를 권고하고 있고, 얼음제조에 대한 관리기준도 제시하고 있다.

- 손 세척에 대한 온수공급 시설과 화장실 내 환기장치 설치를 권고하고 있다.
- 바닥 경매 및 작업을 금지하고 있고, 교차오염 방지를 위한 작업구획 구분 및 개인위생에 대한 내용을 포함하고 있다.
- 유독물질의 적절한 표시, 보관 및 사용, 불순물로부터의 보호, 종업원의 위생관리, 해충의 배제, 감독·교육 등이 있다.

(3) 수산업협동조합의 내부 규정

수협에서 수산업협동조합법에 의한 판매사업 혹은 위판장과 관련된 내부 규정으로는 경제사업 규정과 공판사업요령이 있다.

CHAPTER 07

적중예상문제

01 수산물 유통정보에 관한 설명으로 옳지 않은 것은?

① 정보의 비대칭성을 감소시켜 불확실성에 따른 위험부담비용을 줄여준다.
② 유통정보의 적합성보다 신속성 및 다양성이 중요시 된다.
③ 유통업자 간에 경쟁을 유도하여 공정거래를 촉진한다.
④ 시세 및 출하물량에 대한 정보 제공으로 출하처 선택에 도움을 준다.

해설 수산물 유통정보의 요건으로 적시성, 신속성, 정확성, 적절성, 정보의 통합성이 요구된다.

02 수산물 유통정보의 특성으로 적합하지 않은 것은?

① 적시성
② 정확성
③ 긴급성
④ 통합성

해설 수산물 유통정보의 특성은 적시성, 정확성, 적절성, 통합성이다.

03 수산물 유통정보의 요건으로 옳지 않은 것은?

① 정보는 원하는 사람에게 적절한 시기에 전달되어야 한다.
② 정보이용자가 쉽게 정보에 접근하고 취득할 수 있어야 한다.
③ 정보수집자의 주관이 반영되어 정보의 가치를 높여야 한다.
④ 정보이용자의 의사결정에 필요한 모든 정보가 포함되어야 한다.

해설 유통정보는 주관적인 의견이나 사고의 개입이 없는 객관성에 근거를 두어야 한다.

1 ② 2 ③ 3 ③ 정답

04 의사결정을 위해 정보로 이용한 사례가 아닌 것은?

① 수협직원이 월말 보고를 위해 수집한 일일판매량
② 아침에 배달된 조간신문
③ 어업인이 어획물을 팔기 위해 찾은 전날의 공판가격
④ 출어하기 위해 관찰한 오늘의 날씨

해설 정보는 이용자, 즉 의사결정자가 수행하고자 하는 활동에 직간접적으로 도움을 주는 자료 또는 지식을 의미한다.

05 일정한 목적을 가지고 사회 · 경제적 집단의 사실을 조사 · 관찰했을 때 얻을 수 있는 계량적 자료의 정보는?

① 출하정보 ② 통계정보
③ 관측정보 ④ 시장정보

해설 통계정보는 일정한 목적을 가지고 사회 · 경제적 집단의 사실을 조사 · 관찰했을 때 얻을 수 있는 계량적 자료로서 주로 정책입안 및 평가기준 자료로 활용되고 있다.

06 수산물 시장정보에 대한 설명으로 옳지 않은 것은?

① 시장에서 공정한 거래가 이루어지는 한 다양한 시장정보는 의사결정에 혼란을 초래한다.
② 수산물의 물리적 유통량과 유통시간을 감소시킴으로써 유통비용을 절감한다.
③ 유통업자간 지속적인 경쟁관계를 유지시킴으로써 자원배분의 비효율성을 감소시킨다.
④ 구매자와 판매자간 정보의 비대칭성을 감소시킴으로써 불확실성에 따른 위험부담 비용을 줄인다.

해설 수산물 유통정보는 생산자, 유통업자, 소비자, 정부의 정책 입안자들에게 합리적인 의사결정을 내릴 수 있도록 도와주는 것이다.

※ **유통정보의 효과**
- 적정 저장계획 및 효율적인 수송계획 등의 수립을 가능하게 함
- 시장운영의 효율을 제고시키고, 시장선택 등을 합리적으로 할 수 있게 해줌
- 유통활동의 불확실성을 감소시켜 위험부담 비용을 줄임
- 상품의 등급화나 규격화와 연결되어 유통시간을 줄임

정답 4 ② 5 ② 6 ①

07 다음의 수산물 유통정보와 주체의 연결이 잘못된 것은?

① 생산자 – 생산 및 출하정보

② 소비자 – 구매정보

③ 유통업자 – 구매 및 판매정보

④ 정책 입안자 – 만족도 및 이윤정보

해설 정책 입안자에게는 수산물의 수요 및 공급량의 조절, 가격안정, 유통구조의 개선 등 수산물유통정책의 수립과 시행에 대한 자료를 제공해 준다.

08 다음 중에서 수산물 유통정보의 기능이라고 보기 어려운 것은?

① 어민의 문화생활에 도움을 준다.

② 어민의 생산계획 수립에 도움을 준다.

③ 유통업자의 구매 및 판매시기 결정에 도움을 준다.

④ 정책입안자에게 정책수립의 자료를 제공해 준다.

해설 **수산물 유통정보의 기능**

- 생산자 : 무엇을, 언제, 어느 정도를 생산하여 어디에 출하하면 보다 많은 이윤을 얻을 수 있는지를 알려준다.
- 유통업자 : 무엇을, 언제, 어디서 구입하여 그것을 언제, 어디서 판매할 때보다 많은 이윤을 얻을 수 있는지 알려준다.
- 소비자 : 언제, 어디에 가면 자기가 원하는 수산물을 보다 싼 값으로 구입할 수 있는지를 알려준다.
- 정책입안자 : 수산물의 수요 및 공급량의 조절, 가격안정, 유통구조의 개선 등 수산물유통정책 수립과 시행에 대한 자료를 제공해준다.

09 수산물의 산지시장 정보수집은 어느 기관을 중심으로 이루어지고 있는가?

① 수산업협동조합

② 시장 · 군수 · 구청장

③ 농림축산식품부

④ 한국물가협회

해설 산지 유통정보와 관련하여 정부의 공식 승인을 받은 것으로, 대표적인 정보자료에는 통계청의 어업생산 통계와 수협중앙회의 수산물 계통판매고(생산량과 생산금액)이다.

7 ④ 8 ① 9 ① 정답

10 수산물의 소비지 도매시장 정보수집을 담당하고 있지 않은 기관은?

① 수산업협동조합중앙회　　② 서울시 농수산물공사
③ 한국농수산식품유통공사　　④ 농림축산식품부

해설 소비지 유통정보는 가격정보를 중심으로, 주로 한국농수산식품유통공사와 각 법정도매시장, 수산정보포탈에서 제공하고 있다.

11 소비지 도매시장에 대한 설명으로 틀린 것은?

① 수요자는 소매상이거나 소비 규모가 큰 최종 소비자이다.
② 출하된 수산물을 불특정 다수의 도·소매업자에게 재판매한다.
③ 생산자에 대한 정보보다는 소비자에 대한 정보가 더 많이 만들어진다.
④ 소비자의 요구에 맞추어 각종 서비스를 제공하는 유통 과정의 최종 단계이다.

해설 유통 과정의 최종 단계는 소비지 소매시장이다.

12 수산업 협동조합의 역할이 아닌 것은?

① 산지공판장으로부터 내륙지 공판장으로의 계통 출하
② 수산물 가격 안정 기금을 지원
③ 자체 매취 사업을 실시하여 소매시장의 역할
④ 명태, 고등어 등 다획성 어종을 성어기에 수매·비축해 가격 안정을 도모

해설 자체 매취 사업을 실시하여 대도시 도매시장의 역할을 수행한다.

13 생산자가 협동조합 유통에 참여함으로써 얻게 되는 이득이 아닌 것은?

① 민간 유통업자의 시장지배력 견제
② 유통마진의 절감
③ 안정적인 시장 확보와 가격 안정화
④ 거래교섭력 제고를 통한 완전경쟁체제 구축

해설 품목별로 협동조합을 통해 조직화하면 출하조절, 유통명령 등으로 시장교섭력을 제고시킬 수 있으며, 생산자가 협동조합을 결성하여 독점화를 시도할 수 있다.

정답 10 ④ 11 ④ 12 ③ 13 ④

14 수산물 유통정보의 수집에 대한 설명으로 옳은 것은?

① 유통정보의 조사는 한 달에 한 번씩 이루어진다.
② 산지위판장의 유통정보는 농수산물유통공사가 수집한다.
③ 거래 정보는 산지 위판장, 도매 시장, 소매 시장에서 조사된다.
④ 소비지 시장의 소매가격 정보는 수협에서 수집한다.

해설 ① 조사는 매일 거래가 발생하는 대로 이루어진다.
② 산지위판장과 공판장에서의 정보는 수산업협동조합에서 수집한다.
④ 소비지 시장의 소매가격 정보는 농수산식품유통공사에서 수집한다.

15 다음 중 수산업 협동조합에서 제공하는 통계정보는?

① 어업생산통계　② 계통판매고 통계
③ 어선 통계　④ 무역통계

해설 계통판매고는 매월 통계청이 공포하는 어업 생산고 자료 중에서 산지의 수협 위판장을 통해 조사된 계통판매 자료만을 추출하여 제공하고 있는 정부승인 통계자료이다.

16 어업생산 통계에 대한 설명으로 틀린 것은?

① 통계청이 집계한다.
② 산지유통정보이다.
③ 작성근거는 '어업생산통계조사규칙'이다.
④ 생산량과 판매금액을 조사한다.

해설 어업생산통계조사는 수산물의 업종별 및 어종별 생산량과 생산금액을 파악하여 수산물생산, 어업경영 및 수산물유통개선 등 수산정책수립과 수산관련 연구를 위한 기초자료를 제공하는 데 있다.

17 서울시 농수산물공사가 수집하지 않는 정보는 무엇인가?

① 가락동 농수산물 도매시장의 경락가격
② 법정 도매시장의 어종별 공판량
③ 법정 도매시장의 어종별 가격
④ 산지 위판장의 어선별 위판액

해설 ④는 산지 유통정보에 해당하는 것으로 도매시장 정보를 제공하는 서울시 농수산물공사와 관련이 없다.

14 ③　15 ②　16 ④　17 ④ 정답

18 다음 중 전수조사를 하지 않아도 되는 대상은?

① 일반해면어업의 사업체
② 내수면어업의 양식어업
③ 내수면어업의 어로어업
④ 천해양식어업의 양식장

해설 **내수면어업**
- 어로어업 : 표본조사
- 양식어업 : 전수조사

19 수산물의 수출입 통계를 제공하고 있는 곳은?

① 수산정보포털
② 수협중앙회
③ 한국농수산물유통공사
④ 부산 국제수산물 도매시장

해설 수산물의 수출입 통계는 무역통계를 근거로 작성되며, 품목별 수출입 현황, 품종별 수출입현황, 연도별 수출입 현황 등을 제공하고 있다.

20 유통정보의 분산에서 고려하지 않아도 될 사항은?

① 신속성
② 정확성
③ 범위성
④ 복잡성

해설 수집된 수산물 유통정보는 신속하고 정확하며 광범위하게 분산시키는 것이 바람직하다.

21 다음 수산물 유통 정보의 분산 방법 중 행정기관 및 협동조합 조직을 통해 유통정보를 분산시키거나 정보수집의 역순으로 분산시키는 방법을 무엇이라고 하는가?

① 계통분산
② 방송매체를 통한 분산
③ 인쇄매체를 통한 제공
④ 컴퓨터 통신망을 이용한 제공

해설 계통분산은 행정기관 및 협동조합 조직을 통해 유통정보를 분산시키거나 정보수집의 역순으로 분산시키는 방법으로 정보내용의 정확성과 계속성을 유지할 수 있는 장점은 있으나 광범위한 이용자의 활용에는 효율적이지 못한 단점이 있다.

정답 18 ③ 19 ① 20 ④ 21 ①

22 다음 수산물 유통정보 분산의 방법 중 신속성은 없으나 정보를 정확히 전달할 수 있는 방법은?

① 계통분산　　② 인쇄매체를 통한 제공
③ 방송매체를 통한 분산　　④ 컴퓨터 통신망을 이용한 제공

해설 인쇄매체를 통한 정보의 분산은 신속성은 없으나 정보를 정확히 전달할 수 있고, 기록성과 보존성이 있기 때문에 수산물 유통 정보의 분석 및 평가자료로 활용할 수 있는 장점이 있다.

23 인쇄매체를 통한 수산물 유통정보의 분산에 대한 설명으로 옳은 것을 모두 고르면?

> ㉠ 기록성과 보존성이 뛰어나다.
> ㉡ 대중 전달성과 신속성이 뛰어나다.
> ㉢ 제공되는 정보의 확산이 매우 빠르다.
> ㉣ 정보의 분석 및 평가 자료로 활용할 수 있다.

① ㉠, ㉡　　② ㉠, ㉣
③ ㉡, ㉢　　④ ㉡, ㉣

해설 ㉡, ㉢은 방송매체를 통한 분산의 특징에 해당한다.

24 방송매체를 통한 유통정보의 분산방법으로 관련이 없는 것은?

① 전달성　　② 신속성
③ 구체적인 정보의 전달　　④ 텔레비전과 라디오의 고정 프로그램 이용

해설 구체적인 정보의 전달이 어렵고, 사용자가 원하는 시간이나 장소에서 손쉽게 이용하기 어렵다.

25 수산물 유통정보 분산의 가장 유용한 수단으로 이용되고 있는 것은?

① 인쇄매체　　② 텔레비전
③ 라디오　　④ 인터넷

해설 인터넷은 사용자가 가장 편한 시간에 편한 장소에서 인쇄매체보다도 정교한 자료와 정보를 탐색할 수 있어서 수산물 유통정보 분산의 가장 유용한 수단으로 이용되고 있다.

22 ② 23 ② 24 ③ 25 ④ 정답

26 우리나라 표준형 상품 바코드의 설명으로 옳은 것은?

① 국가번호는 '80'이다.

② 상품코드는 8번째부터 4자리이다.

③ 유통업체 코드는 첫 번째 1자리이다.

④ 제조업체 코드는 4번째부터 4자리이다.

해설 **표준형 코드의 구성**

- 국가 코드(3자리) : 국가를 식별하는 코드로 우리나라의 경우 '880'을 사용
- 제조업체 코드(4자리) : 제조원 또는 판매원에 부여하는 코드로 각 업체를 식별하는 코드
- 상품품목 코드(5자리) : 제조업체 코드를 부여받은 업체에서 자사의 상품별로 식별하여 부여하는 코드
- 검증 코드(1자리) : 바코드의 오류를 검증하는 코드로 앞의 숫자를 조합하여 나오는 코드

27 수산물 유통정보시스템에 대한 설명 중 적절하지 않은 것은?

① 바코드(Bar Code)와 관련된 기술은 주문처리에 있어 주문정보의 정확성과 시스템의 안정성에 도움이 되며, 정보시스템 개발을 위한 기반이 된다.

② 판매시점관리(POS ; Point Of Sale) 시스템은 소매상의 판매기록, 발주, 매입, 고객관련 자료 등 소매업자의 경영활동에 관한 정보를 관리하는 것이다.

③ 자동발주시스템(EOS ; Electronic Ordering System)은 판매에 따라 재고량이 재주문점에 도달하게 되면 컴퓨터에 의해 자동발주가 이루어지는 시스템으로서, 도·소매업자 모두에게 효과가 있다.

④ 전자문서교환(EDI ; Electronic Data Interchange)은 정보전달이 인간의 개입 없이 컴퓨터 간에 이루어지는 것으로서, 기업 간 EDI 프로토콜이 달라도 실행이 가능하다.

해설 EDI(Electronic Data Interchange)란 표준화된 기업 간 거래서식 또는 기업과 행정기관 간의 공공(행정)서식을 상호 간에 합의한 통신표준에 따라 컴퓨터와 컴퓨터 간에 교환하는 전자식문서교환 시스템을 말한다. 즉, 일정한 형태로 정형화된 명료한 내용의 거래 및 행정관련 정보를 당사자 전체가 합의된 규범(Protocol)에 맞추어 컴퓨터 통신회로를 통해 상호 전송하는 시스템을 의미한다. 따라서 기업 간 EDI 프로토콜이 다르면 실행될 수 없다.

정답 26 ④ 27 ④

28 수산물 유통정책의 목적과 관련이 없는 내용은?

① 안전한 수산물을 공급

② 국민 건강을 보호

③ 유통비용 확대를 통한 유통효율의 극대화

④ 가격수준을 적정화하는 공공시책

해설 수산물 유통정책은 "정부 또는 공공단체가 수산물의 국내유통과정과 수출입과정 또는 수산물의 수급(수요와 공급) 관계에 직간접적으로 개입하여 안전한 수산물을 공급하여 국민 건강을 보호하고 유통비용을 절감하여 유통효율을 극대화하고 가격을 안정시키며 나아가서는 가격수준을 적정화하는 공공시책"으로 정의할 수 있다.

29 수산물 유통정책을 실행하는 행위의 주체로 볼 수 없는 것은?

① 해양수산부

② 농림축산식품부

③ 지방자치단체

④ 수산업협동조합

해설 수산물 유통정책을 실행하는 행위의 주체는 정부(해양수산부) 또는 공공단체(지방자치단체와 수산업협동조합)이다.

30 수산물 유통정책의 목적달성을 위한 수단으로 적절하지 않은 것은?

① 산지위판장

② 수산물 도매시장

③ 정부수매 비축사업

④ 수산자원관리

해설 수산물 유통정책의 수단으로는 유통 및 수출입과정(①·②), 수요와 공급에 대한 정부의 개입(③)을 통해 이루어진다.

28 ③ 29 ② 30 ④ 정답

31 생산자단체가 채택하려고 하는 유통조절명령에 대한 설명으로 가장 적절하지 않은 것은?

① 광고를 하거나, 유통량을 통제할 수 있다.
② 생산자 수취가격을 안정시킬 수 있다.
③ 유통질서를 확립하는 정책이다.
④ 생산량은 증가하나 가격이 하락된다.

해설 유통조절명령은 수산물의 생산조정과 출하조절을 통하여 과잉공급과 가격폭락을 막을 수 있는 제도이다. 농안법 제10조 규정에 의해 농림축산식품부장관은 부패하거나 변질되기 쉬운 수산물로서 현저한 수급 불안정을 해소하기 위하여 특히 필요하다고 인정되고 생산자 등 또는 생산자단체가 요청할 때에는 공정거래위원회와 협의를 거쳐 일정 기간 동안 일정 지역의 해당 수산물의 생산자 등에게 생산조정 또는 출하조절을 하도록 할 수 있다.

32 수산물의 가격폭등 원인으로 볼 수 없는 것은?

① 환율 상승
② 기름 유출사고
③ 고유가
④ 어획량 감소

해설 기름 유출사고와 같은 재해가 일어나면 수산물 가격의 폭락사태를 일으킬 수 있다.

33 수산물 유통정책의 정부 기능 중 통제기능이 아닌 것은?

① 가격 통제
② 유통관행에 대한 통제
③ 식품안전에 대한 통제
④ 검사기능 통제

해설 통제 기능은 수산물 유통정책의 목적을 이룰 수 있도록 각종 규제를 행하는 것으로 가격 통제와 수급조절, 유통관행에 대한 통제, 식품안전에 대한 통제가 있다.

34 수산물 유통정책의 정부 기능 중 조성기능이 아닌 것은?

① 물류표준화
② 규격표준화
③ 금융기능
④ 감독기능

해설 조성기능은 수산물 유통이 원활하게 이루어질 수 있도록 민간이 하기 힘든 각종 기능을 정부가 수행하는 것으로 물류표준화, 규격표준화, 각종 검사기능, 금융기능, 정보기능 등이 있다.

정답 31 ④ 32 ② 33 ④ 34 ④

35 수산물 유통정책의 변화과정을 올바르게 나타낸 것은?

① 식품안전정책 도입 → 식품산업진흥법 제정 → 식품산업종합대책 수립 → 수산물유통구조정책

② 식품산업진흥법 제정 → 식품안전정책 도입 → 식품산업종합대책 수립 → 수산물유통구조정책

③ 식품안전정책 도입 → 식품산업진흥법 제정 → 수산물유통구조정책 → 식품산업종합대책 수립

④ 식품산업진흥법 제정 → 식품산업종합대책 수립 → 수산물유통구조정책 → 식품안전정책 도입

해설 식품안전정책 도입(2000) → 식품산업진흥법 제정(2007) → 식품산업종합대책 수립(2008) → 수산물유통구조정책(2013)

36 수산물 가격 및 수급안정 정책 중 정부주도형 정책에 해당하는 것은?

① 수산비축 사업
② 유통협약 사업
③ 자조금 제도
④ 수산업 관측사업

해설 수산비축 사업은 정부주도형 정책으로 농수산물유통가격 및 가격안정에 관한 법률 제13조에 근거한다.

37 수산물의 홍수출하를 조절하여 출하시기나 물량을 조절하는 민간협력형 수산물 정책은?

① 수산비축 사업
② 유통협약 사업
③ 자조금 제도
④ 수산업관측 사업

해설 유통협약 사업은 생산자가 생산량에서 공급량을 제외한 나머지, 즉 과잉공급 되는 물량이나 저급품을 폐기하고 한꺼번에 홍수출하(생산되는 물량이 특정한 시기에 한꺼번에 쏟아져 나오는 것)되는 것을 시기적으로 조절해 주는 등 출하시기나 물량을 조절하는 방법이다.

38 수산업 관측사업에서 제공되는 관측정보가 아닌 것은?

① 생산정보
② 수출입정보
③ 어선가격정보
④ 해외정보

해설 **제공되는 관측정보** : 생산정보, 수출입정보, 시장정보, 가격정보, 해외정보 등

35 ① 36 ① 37 ② 38 ③ 정답

39 다음 중 수산물 시장정책의 사례에 해당하지 않는 것은?

① 위판장과 도매시장의 건설 비용 지원
② 냉동창고 등의 유통시설 지원 사업 지원
③ 생산자조직의 자조금 지원
④ 젓갈을 생산하는 지역의 특산물 타운 건설사업 지원

해설 자조금 사업은 민간협력형 수산물 가격 및 수급안정 정책에 해당한다.

40 수산식품 산업에 대한 설명으로 옳지 않은 것은?

① 일반적으로 수산가공업 및 외식산업, 식자재산업으로 구성된다.
② 식재료인 수산물의 생산에서 소비에 이르는 각 단계를 모두 포함한다.
③ 유통 및 외식 등의 서비스를 제공하는 3차 산업을 추구한다.
④ 수산식품의 품질과 안정성을 유지하면서 안정적이고 효율적으로 소비자에게 식품을 공급하기 위한 것이다.

해설 1차 산업인 어업, 양식업, 채취업과 이들의 활동으로 생산된 수산물을 원재료로 제조・가공하는 2차 산업(제조・가공업), 그리고 유통 및 외식 등의 서비스를 제공하는 3차 산업을 포함하는 6차 산업을 추구한다.

41 최근 발표된 수산물 유통구조 개선 종합대책의 추진방안으로 옳지 않은 것은?

① 품목별 특성화 대책으로 유통 효율성 제고
② 수산물 도매시장 운영개선 및 현대화
③ 수산물 직거래 축소
④ 수산물 위생・물류 환경 개선

해설 ③ 수산물 직거래 확대

정답 39 ③ 40 ③ 41 ③

42 수산물 유통정책과 법규를 설명한 내용 중 부적절한 것은?

① 수산물 유통 법규라 하면 수산물 유통과 관련된 모든 법령을 포함한다.

② 수산물 유통의 경우는 해양수산부가 주관 부처이다.

③ 수산물 유통에 관한 법률 체계를 보면 주된 법률이 농안법이다.

④ 수산물 유통을 규정하는 법률은 다양한 법에 걸쳐 있고, 적용대상에 따라 다르게 적용되고 있다.

해설 수산물 유통에 관한 법률 체계를 보면 주된 법률이 무엇인지 모호하다. 농안법은 농수산물 소비지 도매시장과 농수산물 공판장 등 도매단계의 수산물시장에 관련된 것을 정의하고 있지만, 산지단계의 수산물시장에 대한 것은 언급하고 있지 않다.

43 다음 중 농안법에서 정한 유통기구가 아닌 것은?

① 위판장

② 농수산물 도매시장

③ 농수산물 집하장

④ 농수산물 종합유통센터

해설 위판장은 수산업법에서 규정한다.

44 수산물 유통 관련 법률과 소관부처가 바르게 연결되지 못한 것은?

① 해양수산부 - 수산업협동조합법

② 해양수산부 - 수산업법

③ 농림축산식품부 - 농수산유통 및 가격안정에 관한 법률

④ 농림축산식품부 - 유통산업발전법

해설 유통산업발전법의 소관부처는 산업통상자원부이다.

42 ③ 43 ① 44 ④ 정답

45 농수산유통 및 가격안정에 관한 법률의 구조를 크게 나눌 때 해당되지 않는 내용은?

① 생산조정 및 출하조절
② 농산물 가격안정 기금
③ 농수산물 품질관리
④ 농수산물시장

해설 농안법의 구조는 크게 생산조정 및 출하조절, 농산물 가격안정 기금, 농수산물시장으로 나뉜다. 농수산물의 품질관리는 농수산물 품질관리법에서 규정한다.

46 농수산유통 및 가격안정에 관한 법률의 거래원칙이 아닌 것은?

① 수탁판매의 원칙
② 수의매매의 원칙
③ 거래제한의 원칙
④ 수수료 원칙

해설 도매시장에 상장된 수산물은 경매 또는 입찰에 의한 방법을 원칙으로 한다(거래방법의 제한).
※ **거래제도의 원칙** : 수탁판매의 원칙, 거래방법의 제한, 거래제한의 원칙, 수수료 원칙

47 독점규제 및 공정거래에 관한 법률의 내용으로 옳지 않은 것은?

① 시장 지배적 지위의 남용행위 금지
② 기업결합 장려
③ 부당한 공공행위 금지
④ 불공정 거래행위 금지

해설 독점규제 및 공정거래에 관한 법률은 시장지배적 지위의 남용행위를 금지시키고, 기업결합을 제한시키며, 부당한 공공행위와 불공정한 거래행위를 금지시키고 있다.

정답 45 ③ 46 ② 47 ②

교육은 우리 자신의 무지를 점차 발견해 가는 과정이다.

– 윌 듀란트 –

PART 03 수확 후 품질관리론

수산물품질관리사 1차 한권으로 끝내기

www.sdedu.co.kr

CHAPTER 01

원료품질관리 개요

01 원료품질관리의 개요

(1) 수산업의 어획 후 처리의 정의

1995년 FAO는 책임 있는 수산업을 위한 행동규범을 채택하고, 책임 있는 어업활동에 대한 준칙을 국제적 차원에서 규율한 바 있으며, 여기에는 책임 있는 어획 후 처리와 정책이 포함되어 있다.

① **책임 있는 어업의 개념** : 생태계 및 생물다양성을 고려하여 수중생물자원의 효과적인 보존과 관리 및 개발(예 지속가능한 어업 또는 생물학적 최대 지속적 생산, 경제적 최대 지속생산)을 보장할 수 있는 국내적·국제적 실행원칙 및 기준 하에서 이루어지는 어업으로 정의된다.

② **책임 있는 어획 후 처리의 개념** : 어획된 수산물의 왜곡되지 않은 가격을 형성하고 공정한 무역을 시행하며, 안전성을 유지하고, 가공 및 유통과정에서 손실을 최소화하는 동시에 부가가치를 제고함으로써 어획부문에 과도하게 가해지고 있는 어획강도와 남획을 방지하기 위한 국내적·국제적 실천원칙 및 기준 하에서 이루어지는 제반 어획 후 처리 활동으로 정의된다.

③ **어획 후 처리의 개념** : 어획된 수산물이 선상에서 양륙된 어항까지, 그리고 산지시장에서 소비자가 구매하는 소매점까지의 유통과정에서 선도 및 품질관리에 신속하고 적절하게 대응함으로써 품질유지와 식품안전성을 확보하고, 전처리가공, 포장, 저장 등 소비자의 니즈를 산지단계에서부터 적용함으로써 비용절감과 상품성을 제고하기 위한 목적으로 수행하는 생산, 품질, 식품안전성, 경영, 마케팅의 일관된 경제적 관리활동이다.

(2) 농산물의 수확 후 처리와 어획 후 처리의 비교

① **공통점** : 생산관리, 품질관리, 안전성관리, 경영관리, 마케팅의 5가지 관리요소에 기술이 결합된다는 점은 농·어업이 유사하거나 동일하다.

② **차이점** : 살아있는지의 여부, 전처리 단계, 포장·수송과 저장, 어획 후 처리 주체라는 측면에서는 차이가 있다.

㉠ 살아있는지의 여부

- 농산물은 살아있는 상태에서 에틸렌의 변화가 선도를 좌우한다.
- 수산물은 활어를 제외하면 죽은 상태에서 사후강직이 일어나면서 아데노신 3인산(ATP)의 변화가 선도를 좌우한다는 차이가 있다.

㉡ 전처리 단계

- 수산업에서 어획 후 처리가 바다에서 이루어지는지 혹은 양륙지에서 이루어지는지에 따라 다소간의 차이가 발생한다.
- 선상에서 어획 후 처리가 이루어지는 경우는 어장에서 양륙항까지 운송하는 동안의 선도유지와 품질관리를 위해 냉동(냉동선) 혹은 가공하거나(가공선), 해수 얼음을 채운 어창에 넣어 저온에서 수송하게 된다.

㉢ 포장, 수송과 저장

- 포장은 대량수송을 위해 나무나 플라스틱, 스티로폼 재질의 어상자를 사용하며, 농산물과는 달리 산지에서 소비자와 직접 연결할 수 있는 소포장을 하는 경우는 거의 없다.
- 수송은 냉동탑차나 일반 화물트럭이 이용되고, 저장에서는 냉동창고가 이용되므로 저온유통시스템의 구성이 농업과 다소 차이가 있다.

㉣ 어획 후 처리 주체와 장소

- 농업은 산지유통센터를 근간으로 한다.
- 수산업은 위판장이 주된 장소이자 주체가 된다.

02 수산물 원료품질관리의 특징

(1) 수산 원료의 특성

① 종류가 다양하고 많다.
② 가식부(먹을 수 있는 부위)의 조직, 성분 조성이 다르다.
③ 어획 장소와 시기가 한정되어 있다.
④ 계획 생산이 어렵고, 생산량의 변동이 심하다.
⑤ 자연환경의 영향을 크게 받는다.
⑥ 어획 시 상처를 입어 부패, 변질되기 쉽다.
⑦ 불포화지방산 함량이 많아 산화에 의한 변질이 쉽게 일어난다.
⑧ 내장과 함께 수송되므로 세균과 효소에 의한 변질이 촉진된다.
⑨ 어패류 부착 세균은 저온에서도 증식이 활발하므로 쉽게 변질된다.
⑩ 양질의 영양소를 함유한 다이어트식품의 원료이다.
⑪ 생리활성물질을 다량 함유하고 있다(건강기능성 식품소재 특성).
⑫ 우수한 맛과 기호 특성을 갖추고 있다.

(2) 수산 원료의 조직

① 어피의 조직

㉠ 어류의 피부는 표피와 진피로 구성된다.

㉡ 표피에는 끈적끈적한 점액을 분비하는 점액샘이 있어서 미끄럽다.

㉢ 진피의 일부분이 석회질화해서 비늘을 만들어 표면을 덮고 있다.

㉣ 진피와 근육층 사이에는 색소세포의 층이 있고, 진피의 안쪽에는 색소 과립 세포들이 배열해 있다.

㉤ 어류의 색은 색소세포 중에 들어 있는 색소와 비늘의 색소에 의하여 나타난다.

② 어류의 근육 조직

㉠ 어류의 근육은 근섬유가 모여서 이루어진 근속(筋束)으로 구성되어 있다.

㉡ 근섬유 속에는 많은 근원섬유가 있고, 그 사이에 근형질이 들어 있다.

㉢ 근원섬유에는 액틴(Actin), 미오신(Myosin)이 대부분을 차지하고 있다.

㉣ 근육조직은 수육의 조직과 비슷하나 근섬유의 길이가 짧고 두껍다.

㉤ 생선 몸체를 횡으로 절단해 보면 근군이 좌우, 상하의 네 부분으로 나누어져 있다.

③ 적색육과 백색육

㉠ 혈합육(적색육)

- 근육이 암적색을 띠는 붉은살 어류이다.
- 넓은 지역을 이동하면서 서식하는 가다랑어(참치), 고등어, 정어리, 꽁치, 방어 등의 회유성 어류이다.

※ 적색육의 특징

- 적색육 어류는 백색에 비해 지방질이 많다.
- 고도불포화 지방산을 함유하고 있으며, 기능성 성분으로 알려진 EPA나 DHA 함량이 많은 것이 특징이다.
- 미오글로빈(Myoglobin), 헤모글로빈(Hemoglobin) 같은 색소 단백이 많이 함유돼 있다.
- 생선을 익혔을 때 짙은 갈색이 나는 부분은 미오글로빈이라는 색소를 포함하고 있어서이다. 살이 흰 부분에는 이 색소가 없다.
- 연어의 살이 분홍색을 띄는 것은 카로티노이드계 색소인 아스타잔틴이 들어있기 때문이다.
- 생선살이 적갈색인 것일수록 산패가 빨리 진행되는데, 이는 미오글로빈에 함유된 Heme색소가 산화를 촉진하기 때문이다.

※ 회유성 어류 : 한 장소에 머무르지 않고 먼 바다로 옮겨 다니며 생활하는 어류

㉡ 보통육(백색육)

- 옅은 색을 띠는 흰살어류이다.
- 비교적 좁은 지역에서 서식하는 도미, 넙치, 가자미, 조기, 대구 등의 정착성 어류이다.

※ 정착성 어류 : 멀리 이동하지 않고 한 장소에서 주로 생활하는 어류

④ 어패류의 맛

㉠ 산란 전의 어체에는 지방질이 많은 시기이므로 어패류의 맛은 이때가 제일 좋다.

㉡ 일반적으로 등육보다 복부육에 지방질이 많고, 특유의 감칠맛이 있다.

03 어패류의 성분

단백질 15~25%, 지질 1~10%, 탄수화물 0.5~1%, 무기질 1~2% 정도가 함유되어 있다. 지질은 어종에 따라 함량의 차가 크며, 특히 계절에 따라서도 변동이 심하고 같은 종류라면 수분과 지방은 반비례한다. 제철에 기름기가 한껏 오르면 수분 함량이 감소하고, 기름기가 적어지면 수분 함량이 증가한다.

(1) 수 분

① 일반적으로 수분은 70~85% 함유되어 있다.

② 어패류의 수분 함량은 일반적으로 수조육류보다 많다.

③ 일반 물고기류는 75% 내외이고, 오징어・문어・새우・조개류 등은 약 85% 정도의 수분을 함유하고 있다. 해조류는 90%를 넘는 경우도 있다.

④ 수분은 영양적 가치는 없으나 그 함량이나 존재하는 상태는 어육의 가공성, 저장성, 조직, 맛, 색택 등에 큰 영향을 미친다.

⑤ 어패류의 수분은 자유수와 결합수로 나누어진다.

⑥ 자유수는 어육 중의 성분과 결합되어 있지 않고, 결합수는 어육성분과 결합되어 있어서 0℃ 이하로 냉각되어도 얼지 않는다.

⑦ 일반 물고기의 평균 열량은 130cal 내외이고, 조개류는 100cal이다.

(2) 단백질

① 근원섬유 단백질(50~70%)

㉠ 근육 단백질 중 가장 많이 함유되어 있고 염류용액에 녹아 나온다.

㉡ 근원섬유를 이루고 있는 단백질로 근육의 수축, 이완 기능을 담당한다.

㉢ 모양은 섬유형이며, 미오신과 액틴의 함유량이 많다.

㉣ 어육의 중요한 가공품의 하나인 어묵은 이 Myosin의 성질을 이용한 것이다.

② 근형질 단백질(20~50%)

㉠ 근원섬유 사이를 채우고 있는 단백질이다.

㉡ 모양은 구형이며, 물이나 묽은 농도의 염류농도에 녹는다.

㉢ 대부분 해당계 효소군이며, 미오글라빈・미오겐 등도 여기에 속한다.

※ 해당계 효소는 해당작용(포도당을 분해하여 에너지를 얻는 과정)에 관여하는 효소이다.

③ 근기질 단백질(10% 이하)

㉠ 뼈, 힘줄, 껍질, 비늘 등 결합조직을 구성하는 단백질이다.

㉡ 모양은 섬유형이고 콜라겐이 대표적이며, 용매에는 거의 녹지 않는다.

㉢ 어류의 콜라겐은 축류의 콜라겐보다 소화되기 쉽고 열에 쉽게 수축되며, 젤라틴으로 되기 쉽다.

※ 어패류는 축육에 비해서 근원섬유 단백질 함량이 많고, 피부를 구성하는 근기질 단백질(콜라겐)이 축육보다 적어 조직이 연하고 선도가 빨리 저하되는 특징이 있다.

(3) 지 질

① 함유량은 어종, 어획시기, 산란시기, 영양상태, 어장, 연령, 성별 등에 큰 차이가 있다.

② 수산동물의 지방은 불포화지방산을 많이 함유하고 있기 때문에 보통 상온에서 액상으로 존재한다.

③ 일반적으로 지방 함량은 어류의 산란기 직전이 가장 많으며, 이때 수분 함량은 적어지는 경향이 있다.

④ 붉은색 근육이 가장 많은 배 쪽에 지방이 많고, 다음으로 머리에 많으며, 흰색 근육인 꼬리에 가장 적게 함유하고 있다.

⑤ 청어, 정어리, 고등어, 꽁치 등의 회유성 어류 대부분은 근육부에 지방이 많고, 간장에는 적다.

⑥ 명태, 대구, 상어 등은 근육부에 지방 함유량이 적고, 간장에 많이 함유되어 있다.

⑦ 담수어와 해수어에서는 해수어 쪽이 지방산의 불포화도가 높은 것이 많다.

⑧ 불포화지방산은 바다 표면에서 운동량이 많은 어류(정어리, 참치, 고등어, 가다랑어, 꽁치, 청어 등)는 많고, 해저에서 운동량이 적은 가자미나 넙치 등은 적다.

※ DHA와 EPA : 체내에 흡수되면 머리를 좋게 하고 치매를 예방하며, 염증성 질환의 원인을 없애는 중요한 역할을 한다. 등푸른 생선에 많이 함유되어 있다.

※ 오메가-3의 지방산 함량(g/100g당) : 고등어(4.09), 뱀장어(3.84), 전갱이(2.54), 연어(2.33), 붕장어(1.85), 방어(1.67), 볼락(0.63), 가자미(0.29)

(4) 탄수화물

① 탄수화물은 지방과 함께 에너지를 공급하는 주요 물질이다.

② 탄수화물은 에너지원으로 이용될 수 있는 것(포도당, 글리코겐)과 그렇지 않은 것(키틴, 키토산)이 있다.

③ 어패류의 근육 중에 많은 탄수화물은 글리코겐(포도당이 많이 결합된 다당류, 에너지를 공급하는 물질)의 형태로 들어 있다.

④ 굴과 조개류에 많고, 어류에는 적다.

⑤ 굴은 20~25%, 고등어나 다랑어와 같은 회유성 어류 근육의 1.0% 정도, 넙치나 대구 같은 저서 어류의 근육에는 0.5~0.3%의 글리코겐이 들어 있다.

⑥ 중요 탄수화물은 글리코겐(Glycogen)으로 사후 산소가 공급되지 않거나 스트레스를 심하게 받으면 근육 중의 글리코겐은 분해되어 젖산으로 변한다.

⑦ 글리코겐이 많은 어종일수록 죽은 후 젖산의 생성량이 많고, pH가 낮아진다.

※ 어패류의 탄수화물과 함유 부분

- 글리코겐 : 조개류(굴)의 근육
- 키틴, 키토산 : 갑각류(새우, 게)의 껍데기
- 콘드로이틴황산 : 판새류(상어, 가오리)의 물렁뼈
- 포도당 : 어패류의 근육

(5) 엑스 성분(Extractives) – 맛 성분

① 엑스 성분은 어패류 중 고분자 물질(단백질, 다당류, 핵산), 지질, 색소 등을 제외한 분자량이 비교적 작은 수용성 물질을 통틀어서 일컫는다.

② 엑스 성분은 어패류의 맛과 변질 등에 관여한다.

③ 함유량은 갑각류 6~10%, 연체동물 4~8%, 어류 1~5%의 순이다.

④ 일반적으로 척추동물보다 무척추동물에서 함유량이 많다.

⑤ 주요 엑스 성분

㉠ 유리 아미노산(글리신, 알라닌, 글루탐산) : 가장 많이 차지하는 것으로 단맛, 신맛, 쓴맛, 감칠맛 등 어패류의 맛에 커다란 역할을 한다.

㉡ 글루탐산 : 맛을 내는 아미노산의 일종으로 나트륨염인 글루탐산나트륨(MSG)은 제5의 맛 성분으로 화학조미료로 널리 이용되어 왔다.

㉢ 이노신산(IMP) : 뉴클레오타이드 중에서 맛에 관여하는 성분이며, 특히 다른 맛 성분과의 맛의 상승작용이 강하다.

㉣ 숙신산 : 조개류에 들어 있는 것으로 국물이 시원하게 느껴진다.

㉤ 베타인 : 연체동물 및 갑각류에 들어 있으며 상쾌한 단맛을 낸다(마른오징어의 표피를 덮고 있는 흰 가루성분).

㉥ 발린 : 성게의 쓴맛을 내는 아미노산의 일종이다.

※ 어패류 엑스 성분의 종류

엑스 성분	함유 어패류(함유 성분)
아미노산	적색육(히스티딘), 백색육어류(글리신, 알라닌), 조개류・연체동물(타우린, 글리신, 알라닌)
뉴클레오타이드	어류 근육(이노신산)
유기산	어류(젖산), 조개류(숙신산)
요소, 트리	상어・가오리[트라이메틸아민옥시드, 요소(암모니아 생성)]
베타인	연체동물・갑각류(글리신, 베타인)
구아니디노 화합물	어류 근육(크레아틴)

(6) 냄새 성분

① 신선한 어류의 경우 생선 특유의 비린내는 거의 없으나 시간이 경과함에 따라 비린내는 강해지며, 따라서 이 냄새는 생선의 신선도를 가늠하여 주는 척도가 될 수 있다.

② 어류의 신선도가 떨어져 나는 냄새는 암모니아, 트라이메틸아민(TMA), 메틸메르캅탄, 인돌, 스카톨, 저급지방산 등이 관여한다.

③ 트라이메틸아민은 바닷물고기에는 있으나 민물고기에는 없다.

④ 홍어, 상어, 가오리 등의 연골어류 근육에는 트라이메틸아민옥사이드(TMAO)와 요소의 함유량이 일반 어류보다 많기 때문에 이들이 분해되면 트라이메틸아민과 암모니아가 생성되어 냄새가 매우 강해진다. 즉, 숙성시킨 홍어와 상어의 냄새가 강한 것은 이 때문이다.

⑤ 질소 함유 화합물로서 본래 냄새가 없는 트라이메틸아민옥사이드(Trimethylamine Oxide)는 어류의 저장 중 미생물들의 작용에 의해서 트라이메틸아민(Trimethylamine)으로 되는데, 이 트라이메틸아민은 오래된 어류 특유의 강한 비린내를 갖고 있다.

⑥ 피페리딘(Piperidine)은 민물고기의 비린내이다.

⑦ 어패류를 굽거나 조릴 때 나는 구수한 냄새는 피페리딘이 조미성분과 반응하여 나는 냄새이다.

⑧ 오징어나 문어를 삶을 때 나는 냄새는 타우린 때문이다.

(7) 색 소

① **피부색소** : 피부에 있는 색소로 멜라닌, 카로티노이드 등이 있다.

※ 카로티노이드는 아스타크산틴과 이스타신, 타라산틴으로 가재, 게, 새우의 껍질에서 발견되며, 안전성이 있어 가열하여도 쉽게 변하지 않는다.

② **근육색소** : 미오글로빈(대부분의 어류), 아스타잔틴(연어, 송어) 등이 있다.

※ 미오글로빈은 붉은살 생선에 주로 들어 있으며, 체내의 산소와 결합하면 옥시미오글로빈이 되어 선홍색으로 바뀐다.

③ **혈액색소** : 어류에는 헤모글로빈(철 함유), 갑각류에는 헤모시아닌(구리 함유)이 있다.

④ **내장색소** : 멜라닌(오징어먹물) 등이 있다.

※ 어류의 색소

색소의 종류	성 분	어패류(색깔)
피부색소	멜라닌 아스타잔틴 구아닌	흑돔(검정) 참돔(빨강) 갈치(은색)
근육색소	미오글로빈 아스타잔틴	참다랑어(빨강) 연어, 송어(빨강)
내장색소	멜라닌	오징어먹물(검정)
혈액색소	헤모글로빈 헤모시아닌	일반어류(빨강) 게, 새우, 오징어(청색)

(8) 해조류의 주요 성분

① 해조류는 지방과 단백질 함유량이 낮고, 탄수화물과 무기질 함유량이 높다.

② 해조류(김, 미역, 다시마)는 25~60%의 탄수화물을 함유하고 있으나 대부분 소화·흡수되지 못하므로 에너지원이 되지 못한다.

③ 해조류에 함유되어 있는 대표적인 탄수화물은 한천, 카라기난, 알긴산이다.

㉠ 한 천

- 홍조류인 우뭇가사리, 꼬시래기 등 홍조류에서 추출
- 양과자, 젤리, 의약품 제조에 사용

㉡ 알긴산

- 다시마, 미역, 감태 등 갈조류로부터 추출
- 아이스크림, 주스 등 식품 소재로 사용

㉢ 카라기난

- 진두발, 돌가사리 등 홍조류에서 추출
- 식빵, 과자류 제조에 사용

④ 무기질 : 아이오딘(I), 마그네슘(Mg), 망간(Mn) 등을 다량 함유하고 있다.

04 수산물의 사후 변화

어패류가 어획되고 죽은 후에 일어나는 변화이다. 즉, 사후에는 산소가 공급되지 않은 상태(혐기상태)로 되고 미생물이나 효소에 의한 근육의 비가역적인 분해가 진행된다.

생 → 사 → 해당작용 → 사후 경직 → 해경 → 자가(기)소화 → 부패

(1) 해당작용

① 해당작용은 글리코겐이 분해되면서 에너지 물질인 ATP와 산이 생성되는 과정이다.

② 사후에는 산소의 공급이 끊기므로 소량의 ATP와 젖산이 생성된다.

③ 젖산의 양이 많아지면 근육의 pH가 낮아지고, 근육의 ATP도 분해된다.

④ 젖산의 축적과 ATP의 분해로 사후 경직이 시작된다.

(2) 사후 경직

① 어패류가 죽은 후 근육의 투명감이 떨어지고 수축하여 어체가 굳어지는 현상이다.

② 어류의 사후 경직은 죽은 뒤 1~7시간에 시작되어 5~22시간 동안 지속된다.

③ 어류의 사후 경직은 어류의 종류, 어류가 죽기 전의 상태, 죽은 후의 방치온도, 내장의 유무 등에 따라 큰 차이가 있다.
④ 붉은살 생선은 흰살 생선보다 사후 경직이 빨리 시작되고 지속시간도 짧다.
⑤ 죽기 전에 오랫동안 격렬하게 움직인 어류는 사후 경직이 빨리 시작되고 지속시간도 짧다. 그렇지 않은 어류는 조직의 글리코겐 함량이 높기 때문에 경직 개시까지의 시간이 길고 지속시간도 길다.
⑥ 사후 경직은 신선도 유지와 직결되므로 죽은 후 저온 등의 방법으로 사후 경직 지속시간을 길게 해야 신선도를 오래 유지할 수 있다.

(3) 해 경

① 사후 경직이 지난 뒤 수축된 근육이 풀어지는 현상이다.
② 해경의 단계는 극히 짧아 바로 자가소화 단계로 이어진다.

(4) 자가(기)소화

① 근육 조직 내의 자가(기)소화 효소 작용으로 근육 단백질에 변화가 발생하여 근육이 부드러워지는(유연성) 현상이다.
② 자가소화는 여러 가지 영향을 받지만 어종, 온도, pH가 가장 크게 좌우한다.
③ 주로 운동량이 많은 생선은 pH 4.5 정도, 담수어는 23~27℃ 정도에서 자가 소화가 가장 빠르다.
④ 자가소화가 진행된 생선은 조직이 연해지고 풍미도 떨어져서 회로 먹기는 좋지 않으며 열을 가해 조리하는 것이 좋다.
⑤ 해경과 자가소화 현상은 겉보기로 구별하기 어려우며 자가소화 기간이 짧기 때문에 변질로 이어지기 쉽다.
⑥ 젓갈, 액젓, 식해 등은 자가소화를 이용한 가공품이다.

※ 축육은 자가소화를 적당히 진행시킴으로써 육질을 적당하게 연화(숙성)시켜 풍미를 좋게 하는 반면, 어패류는 자가소화 단계부터 바로 변질이 시작됨

(5) 부 패

① 어패류 단백질이나 지방성분이 미생물의 작용에 의하여 유익하지 않은 물질로 분해되어 독성물질이나 악취를 발생시키는 현상이다.
② 가장 먼저 일어나는 작용으로 트라이메틸아민옥사이드(TMAO)가 세균에 의해 트라이메틸아민(TMA)으로 환원되는데, 이것이 좋지 못한 비린내의 주요성분이다.
③ 세균과 효소작용으로 아미노산 또는 여러 가지 성분이 분해되어 아민류, 지방산, 암모니아 등을 생성해서 매운맛과 부패 냄새의 원인이 된다.
④ 유독성 아민류인 히스타민이 생겨서 알레르기나 두드러기 등의 중독을 일으킨다.

05 어패류의 선도

(1) 선도 판정의 개요

① 어류의 선도는 원료의 취급방법과 온도 관리에 따라서 크게 좌우된다.

② 어패류의 선도 판정은 가공원료의 품질, 가공 적합성 또는 위생적인 안전성의 판정을 위해 대단히 중요하다.

③ 선도 판정 방법은 될 수 있는 한 간편 신속하고 정확도가 높아야 한다.

④ 선도 판정 방법으로는 관능적 방법, 화학적 방법, 물리적 방법, 세균학적 방법 등이 알려져 있다.

⑤ 정확한 선도 판정을 위해서는 여러 가지 판정법을 적용하여 종합적으로 판정하는 것이 효과적이다.

⑥ 많이 이용되는 선도 판정법은 관능적 방법과 화학적 방법이다.

(2) 어패류의 선도 판정법

① 화학적 선도 판정법

화학적 선도 판정법은 어패류의 선도 판정 방법으로 가장 많이 연구되어 온 방법이다. 어패류의 선도가 떨어지면 근육의 성분은 세균의 작용에 의해 점점 분해되어 원래 근육 중에 없거나 적게 함유되어 있던 물질들이 생성되는데, 이러한 분해 생성물들의 양을 측정하여 어패류의 선도를 측정하는 방법이 화학적 선도 판정법이다. 즉, 암모니아, 트라이메틸아민(TMA), 휘발성염기질소(VBN), pH, 히스타민, K값 등을 측정하여 선도를 판정한다.

※ 화학적 방법에 의한 선도 판정 기준

측정 항목	초기 부패 판정 기준
pH	• 적색육 어류 : pH 6.2~6.4 • 백색육 어류 : pH 6.7~6.8 • 새우류 : pH 7.7~8.0
휘발성염기질소	일반 어류 : 30~40mg/100g
트라이메틸아민	일반 어류 : 3~4mg/100g

㉠ pH 측정법

- 살아 있는 어류의 pH는 7.2~7.4 정도지만, 죽은 후 해당반응의 진행에 따라 pH가 5.6~6.0 정도까지 낮아졌다가 부패가 시작되면 염기성 질소 화합물이 생성되어 pH가 다시 올라가기 시작한다.

- pH 측정법은 사후에 pH가 감소하다가 증가하는 시점의 pH를 초기 부패시기로 하여 선도 판정의 기준으로 삼는 것이다.
- 일반적으로 적색육 어류는 pH 6.2~6.4, 백색육 어류는 pH 6.7~6.8이 되었을 때 초기 부패라 판정한다.
- 어종과 pH값만으로 선도 판정 기준을 정하기는 어려우므로 다른 선도 판정 방법과 병용하여 선도를 판정하는 것이 바람직하다.

㉡ 휘발성염기질소(VBN) 측정법

- VBN은 단백질, 아미노산, 요소, 트라이메틸아민옥시드 등이 세균과 효소에 의해 분해되어 생성되는 휘발성 질소화합물을 말하는 것으로, 주요 성분은 암모니아, 디메틸아민, 트라이메틸아민 등이다.
- VBN은 신선한 어육 중에는 그 함유량이 매우 적지만, 선도가 떨어지면 그 양이 점차 증가하므로 VBN의 생성량의 변화를 측정하여 어패류의 선도를 판정할 수 있다.
- VBN의 측정법은 현재 어패류의 선도 판정 방법으로 가장 널리 쓰이고 있는 방법이다.
- 신선한 어육에는 5~10mg/100g, 보통 선도 어육에는 15~25mg/100g, 부패 초기 어육에는 30~40mg/100g의 VBN이 들어 있다.
- 통조림과 같은 수산가공품은 일반적으로 VBN의 함유량이 20mg/100g 이하인 것을 사용해야 좋은 제품을 얻을 수 있다.
- 상어와 홍어 등은 암모니아와 트라이메틸아민의 생성이 지나치게 많으므로 이 방법으로 선도를 판정할 수 없다.

㉢ 트라이메틸아민(TriMethylAmine, TMA) 측정법

- TMA는 신선한 어육 중에는 거의 존재하지 않으나, 사후 선도가 떨어지게 되면 트라이메틸아민옥사이드로(TMAO)부터 TMA 생성량을 기준으로 하여 선도를 측정하는 방법이다.
- 초기 부패로 판정할 수 있는 TMA의 양은 어종에 따라 다르다. 즉 일반 어류는 3~4mg/100g, 대구는 4~6mg/100g, 청어는 7mg/100g, 다랑어는 1.5~2mg/100g일 때 초기 부패로 판정한다.
- 일반적으로 민물고기 어육 중의 트리메틸아민옥사이드 양은 바닷물고기보다 적기 때문에 TMA의 양으로 선도를 판정할 수는 없다.
- 가오리, 상어, 홍어 등은 트라이메틸아민옥사이드가 다량 함유되어 있어 적용할 수 없다.

㉣ K값 판정법

- K값은 일반적 선도측정을 위하여 적용하는 휘발성 염기 질소와는 달리 횟감과 같이 선도가 우수한 경우에 적용한다.
- K값은 사후 어육 중에 함유되어 있는 ATP의 분해 정도를 이용하여 신선도를 판정하는 방법이다. K값이 적을수록 어육의 선도는 좋다.

• 어류의 근육 수축에 관여하는 ATP(Adenosine Triphosphate)는 사후에 분해되는데, 어류의 경우 ATP → ADP → AMP → IMP → Inosine(H × R) → Hypoxanthine(Hx)순으로 분해된다. 따라서 ATP분해산물의 함량을 측정함으로써 선도를 판정할 수 있다.
• K값은 전체 ATP분해산물 함량에 대한(H × R + Hx) 함량의 비율로 나타낸다.
• 살어의 경우는 K값이 10% 이하이고, 신선어는 20% 이하, 선어는 30% 정도이다.
• VBN과 TMA는 초기 부패의 판정에 주로 사용되나, K값은 신선한 횟감용 어육의 선도 판정에 적합하다.
• $K값(\%) = \dfrac{H \times R + Hx}{ATP + ADP + AMP + IMP + H \times R + Hx}$

② 관능적 판정 방법

사람의 시각, 후각, 촉각에 의해 어패류의 선도를 판정하는 방법으로, 짧은 시간에 선도를 판정할 수 있어서 매우 실용적이지만 판정 결과에 대하여 객관성이 낮은 결점이 있다.

※ 관능적 방법에 의한 선도 판정 기준

항 목	판정 기준
피 부	• 광택이 있고 고유 색깔을 가질 것 • 비늘이 단단히 붙어 있을 것 • 점질물이 투명하고 점착성이 적어야 할 것
눈동자	• 눈은 맑고 정상 위치에 있을 것 • 혈액의 침출이 적을 것
아가미	• 아가미 색이 선홍색이나 암적색일 것 • 조직은 단단하고 악취가 나지 않을 것
육 질	• 어육은 투명하고 근육이 단단하게 느껴지는 것 • 근육을 1~2초간 눌러 보아 자국이 금방 없어지는 것
복 부	• 내장이 단단히 붙어 있고 손가락으로 눌렀을 때 단단하게 느껴질 것 • 연화·팽창하여 항문 부위에 내장이 나와 있지 않을 것
냄 새	• 해수 또는 담수의 냄새가 날 것 • 불쾌한 비린내(취기)가 나지 않을 것

③ 세균학적 선도 판정법

㉠ 세균수를 측정하여 선도를 판정한다.

㉡ 일반적으로 어육 1g당 세균수가 10^5 이하이면 신선, 10^5~10^6 정도이면 초기 부패 단계로 판정한다.

㉢ 측정에 2~3일을 요하고 조작이 복잡하며, 결과에 상당한 오차가 있어 실용성이 적다.

06 어패류의 선도 유지 방법

(1) 선도 유지의 필요성

① 어패류는 그 특성상 변질·부패되기 쉬우므로 식중독 발생의 우려가 있다.

② 식품 위생 안전을 위해 어획 후 선상에서의 처리·저장 및 유통 과정 중의 선도 유지가 반드시 필요하다.

③ 어패류의 선도를 유지하는 가장 효과적인 방법은 저온 저장법이다.

④ 저온으로 유지하면 미생물이나 효소의 작용을 줄이고 사후 경직 기간을 길게 하므로 선도효과를 유지할 수 있다.

(2) 저온 저장법

어패류의 선도 유지에는 저온 저장법이 사용되는데, 그 중에서도 냉각 저장법과 동결 저장법을 주로 사용한다.

① 냉각 저장법

동결점(0℃) 이상의 온도에서 단기간 저장하는 선도 유지법으로 변질요인인 미생물과 효소의 작용을 정지시키지 못하고 약하게 할 뿐이므로 단기저장에 효과적이다. 이 방법은 원료상태에 가장 가깝게 저장하므로 상품성이 높다.

㉠ 빙장법

- 얼음의 융해잠열을 이용하여 어패류의 온도를 낮추어 저장하는 방법이다.
- 어패류 체내의 수분을 얼리지 않은 상태에서 짧은 기간 동안 선도를 유지한다.
- 연안에서 어획한 수산물을 단기간에 유통할 때 저장과 수송에 널리 이용된다.
- 사용되는 얼음에는 담수빙(0℃)과 해수빙(-2℃)을 사용한다.

㉡ 냉각해수 저장법

- 어패류를 -1℃로 냉각시킨 해수에 침지시킨 후 냉장한다.
- 선도 보존 효과가 좋다.
- 지방질 함량이 높은 연어, 참치, 정어리, 고등어에 주로 사용된다.
- 빙장법을 대체할 수 있는 냉각 저장법이다.

※ 빙장법과 비교한 냉각해수법의 장점

- 냉각속도가 빠르고 보장기간을 연장할 수 있다.
- 냉각온도를 낮게 할 수 있고, 하층의 어체가 압력으로 인해 손상되는 일이 없다.
- 처리에 소요되는 시간이나 일손을 절약할 수 있다.

② 동결 저장법

㉠ 어패류를 -18℃ 또는 그 이하로 유지하여 동결 상태로 어패류를 저장하는 방법이다.

㉡ -18℃ 이하에서 저장하면 미생물 및 효소에 의한 변패 등이 억제되어 선도 유지 기간이 연장된다.

㉢ 어종에 따라 다르나 보통 6개월에서 1년 정도 선도를 유지할 수 있다.

㉣ 동결 수산물에 글레이즈를 입히면 더욱 효과적이다.

※ 빙의(글레이즈, Glaze)

- 빙의란 동결한 어류의 표면에 입힌 얇은 얼음막(3~5mm)을 말한다.
- 동결법으로 어패류를 장기간 저장하면 얼음 결정이 증발하여 무게가 감소하거나 표면이 변색된다. 이를 방지하기 위해 냉동 수산물을 0.5~2℃의 물에 5~10초 담갔다가 꺼내면 3~5mm 두께의 얇은 빙의(얼음옷)가 형성된다.
- 장기 저장하면 빙의가 없어지므로 1~2개월마다 다시 작업하여야 하며, 동결품의 건조와 변색 방지에 효과적이다.

(3) 식품의 저온 저장 온도

① 냉장(0~10℃) : 단기간 보존을 위해 얼리지 않은 상태에서 저온 저장

② 칠드(Chilled, -5~5℃) : 냉장과 어는점 부근의 온도대에서 식품을 저장

③ 빙온(0℃~어는점) : 식품을 비동결 상태의 온도영역(0℃~어는점 사이)에서 저장하는 방법으로 빙결정이 생성되지 않은 상태에서 보관

④ 부분 동결(-3℃ 부근) : 최대 빙결정 생성대에 해당되는 온도 구간에서 식품을 저장하는 방법으로, 조직 중 일부가 빙결정인 상태

⑤ 동결(-18℃ 이하) : 장기간 보존을 위해 식품을 완전히 얼려서 저장

※ 동결 식품(Frozen Food)

- 동결 식품의 정의
  - 전처리 → 급속 동결 → 포장 → -18℃ 이하에서 저장 및 유통의 단계를 거친다.
  - 품질 변화를 최소화하면서 장기 보존에 적합하다.
- 동결 식품의 특성
  - 저장성 우수(1년 이상 유지)
  - 편의성 우수(즉석 조리 가능)
  - 안전성 우수(-18℃ 이하에서 처리)

07 수산가공 원료의 수송

(1) 활어 수송

① 활어 수송의 개요

㉠ 활어 수송은 살아 있는 상태로 어패류를 운반하는 것이다.

㉡ 횟감용 어패류나 양식용 치어 및 관상용 어류를 수송하는 데 많이 이용된다.

㉢ 활어의 수송은 바다에서는 활어선이, 육지에서는 활어차가 주로 이용된다.

㉣ 게, 새우와 같은 갑각류나 조개, 미꾸라지, 뱀장어 등은 공기 중에서 오랜 시간 살 수 있으므로 상자나 바구니에 담아 수송할 수 있다.

㉤ 대부분의 어류는 물 밖에서는 살 수 없으므로 활어 수조에 담아 수송한다.

② 활어 수송을 위한 고려 사항

㉠ 저온 유지

- 수송할 때에는 수온을 낮게 유지시켜야 한다.
- 활어 수송 중에는 활어의 대사를 억제하기 위하여 활어 수조의 해수 온도를 수온 제어 장치를 이용하여 낮추어야 한다.
- 수온이 높으면 활어는 대사량이 증가하여 영양 성분의 소비가 많아지므로 품질이 떨어진다.

㉡ 산소 보충

- 산소 공급 장치를 이용하여 부족한 산소를 보충해 주어야 한다.
- 수조 내에 대량의 활어를 수송하면 산소가 부족하게 되어 질식할 우려가 있다.

㉢ 오물 제거

- 여과 장치를 이용하여 배설물을 제거하여야 한다.
- 대사량의 증가로 인하여 배설물이 많아지게 되므로 수송 전에는 굶겨야 한다.
- 활어 수조에 대량의 활어를 넣어두면 배설물이나 피부에서 점질 물질 등이 발생한다.

㉣ 상처 예방

- 수조의 크기에 맞는 적정량을 넣어 상처를 예방하여야 한다.
- 활어 수조에 많은 양의 활어를 넣어 두면 마찰에 의하여 비늘이 떨어지거나 상처를 입기 쉽다.

㉤ 위생 관리 : 활어는 가열하지 않고 횟감으로 많이 이용되므로 균 처리 장치를 설치하여 식중독균이나 병원균에 오염되지 않도록 위생 관리를 하여야 한다.

③ 활어 수송 방법

㉠ 활어차 수송법

- 활어차의 수조에 활어를 넣고 공기나 산소를 보충하면서 수송하는 방법이다.
- 한꺼번에 많은 양의 활어를 수송할 수 있어 가장 널리 이용되는 방법이다.
- 활어 수조 설비의 비용 부담, 어종별 저온 생리 특성의 불확실성, 특수 차량 소요, 운송 중 폐사 위험 등의 문제점이 있다.

㉡ 마취 수송법

- 냉각이나 마취 약품으로 마취시켜 운반하는 방법이다.
- 어류를 마취시켜 운반하면 대사 기능이 떨어져 취급이 용이하고, 상처를 적게 준다.
- 위생상 안전성 여부와 혐오감을 일으킬 수 있다.
- 뱀장어의 종묘 운반 등에 이용되나 일반 어류의 수송에는 거의 이용되지 않고 있다.

㉢ 침술 수면 수송법

- 침술로 물고기의 활동력을 저하시키고, 아가미처럼 생존을 위한 최소 부위만 움직이게 하여, 가수면 상태에 빠뜨려 수송하는 방법이다.
- 일일이 처리가 어렵고 시간이 많이 걸리는 것이 단점이다.

㉣ 인공 동면 수송법

- 최근에 넙치를 대상으로 시도되고 있으나 상업적으로 널리 활용되고 있지는 않다.
- 수온을 4~5℃로 낮추어 넙치의 기초 대사 활동을 줄여 생체 리듬을 조절한 후에 약 2℃ 상태의 동면 유도 장치 안에서 동면에 들면, 넙치는 호흡은 하지만 잠든 상태가 된다. 이때 물 없이 포장해 2~3℃를 유지한 채 장거리 수송을 한다.
- 수송이 끝난 후 넙치를 수조에 넣으면 잠에서 깨어난다. 그러나 생체 리듬 조절이 잘못되면 깨어나지 못하는 일도 있다.

④ 활어 수송 시 산소의 보충방법

㉠ 포기법

- 활어 수조 안의 물이 공기나 산소와 접촉하게 하여 산소가 물속에 녹아들게 하는 방법이다.
- 기체 주입법 : 활어차에서 가장 많이 이용하는 방법으로 기체 분사기로 압축 산소나 공기를 활어 수조 안에 미세한 기포로 불어 넣는 방법이다.
- 살수법 : 활어 수조 위에서 압력수를 분사하여 산소가 녹아드는 것을 촉진하는 방법이다.
- 산소 봉입법 : 활어를 넣은 수조 안의 물의 일부를 산소로 치환하는 방법이다. 치어나 고급어의 소량 수송에 적합하다.

㉡ 환수법

- 배의 밑바닥이나 옆면의 환수구를 통하여 외부의 신선한 물이 들어오게 하여 연속적으로 교류시키는 방법이다.
- 활어를 활어선으로 수송할 때 이용한다.

(2) 냉동 · 냉장 수송

① 냉동 · 냉장 수송의 개요

㉠ 어패류는 다양한 유통 경로를 거쳐 소비자에게 도달하기 때문에 취급상 약간의 부주의로도 쉽게 부패하거나 품질이 현저하게 저하되는 특징이 있다.

㉡ 유통의 전 과정에 걸쳐 체계적인 저온 유통 시스템(Cold Chain System)의 구축이 필요하다.

㉢ 어패류를 짧은 기간에 소비할 때에는 냉장이 이용되나, 다량 어획되어 짧은 기간에 소비가 불가능할 경우에는 냉동 상태로 수송한다.

② 냉장 · 냉동차

㉠ 냉장차

- 어패류를 0~10℃ 범위로 온도를 유지하면서 수송한다.
- 저온을 유지하기 위하여 냉동기를 탑재하거나 얼음 및 드라이아이스 등을 이용한다.

㉡ 냉동차

- 냉동기를 이용하여 어패류를 동결 상태로 수송한다.
- 냉풍을 강제 송풍시켜 동결 상태를 유지하며, 대부분의 수산물 수송에 이용된다.

※ 드라이아이스

- 이산화탄소를 압축 · 냉각하여 만든 고체 이산화탄소
- 온도 : −78.5℃
- 식품의 냉각재로 많이 쓰임

③ 액체 질소 냉동차

㉠ 초저온의 액체 질소를 살포하여 수산물을 동결하여 수송하는 방법이다.

㉡ 장치는 간단하나 냉동차보다 비용이 많이 든다.

CHAPTER 01

적중예상문제

01 **다음 중 수산물의 부정적 특성이 아닌 것은?**

① 어획이 불안정하다.
② 일시 다획성이다.
③ 생리활성물질을 다량 함유하고 있다.
④ 쉽게 부패한다.

해설 **수산물의 부정적 특성**
- 어획이 불안정하다.
- 일시 다획성이다.
- 어종이 다양하며 계절적 특성이 강하다.
- 성분조성의 차이가 심하다.
- 쉽게 부패되는 특성이 있다.
- 처리·취급이 불편하며 비린내가 난다.
- 식중독을 일으키기 쉽다.

※ **수산물의 긍정적 특성**
- 양질의 영양소를 함유한 다이어트 식품원료이다.
- 생리활성물질을 다량 함유하고 있다(건강기능성 식품소재 특성).
- 우수한 맛과 기호 특성을 갖추고 있다.

02 **다음 어류 중 근육에 지방 함유량이 가장 많은 것은?**

① 명 태
② 고등어
③ 넙 치
④ 도 미

해설 **지방 함유량**
넙치 1.2%, 대구 0.4%, 고등어 16.5%, 가다랑어 2.0%, 굴 1.8%, 오징어 1.3%로 적색육 어류(고등어, 정어리, 꽁치)가 백색육 어류(넙치, 도미, 명태, 대구)보다 지방 함유량이 많다.

03 **다음 중 어종 및 계절에 따라 변동이 가장 큰 성분은?**

① 탄수화물
② 수 분
③ 단백질
④ 지 방

해설 어패류의 지방 함유량은 계절 또는 부위에 따라 변동이 심하고 단백질, 탄수화물, 무기질 등은 비교적 변동이 적다.

1 ③ 2 ② 3 ④ 정답

04 스콸렌(Squalene) 제조의 주요 원료가 되는 어류는?

① 홍 어　② 상 어
③ 연 어　④ 명 태

해설 스콸렌은 심해상어 간유(肝油)에 특히 많이 함유되어 있으며 올리브오일, 야자유, 밀배아유 등에도 함유되어 있다.

05 굴의 성분 중에서 단백질과 함께 계절에 따른 함량 변화가 가장 큰 것은?

① 비타민　② 글리코겐
③ 지 질　④ 회 분

해설 글리코겐은 가을부터 겨울 사이에 증가하므로, 이 시기의 굴은 영양 성분이 가장 높을 뿐만 아니라 맛도 훨씬 좋다.

06 어류는 가장 맛이 좋은 계절이 있으며, 이는 보통 어종의 산란시기와 밀접한 관계가 있다. 산란시기와 더불어 변동의 폭이 가장 큰 일반성분은 무엇인가?

① 지 질　② 단백질
③ 탄수화물　④ 회 분

해설 산란기 1~2개월 전 지방질 함량이 높을 때 맛이 좋으며, 불포화도가 높아 산화가 쉽다.

07 다음의 건조 해조류 제품 중 단백질 함량이 가장 풍부한 제품은 무엇인가?

① 염장미역　② 마른 김
③ 건미역　④ 다시마

해설 김은 해조류 중 단백질 함량이 가장 높으며(40%), 미역의 2배 이상이다.

08 다음 중 한천 제조에 사용되지 않는 해조류는?

① 우뭇가사리　② 꼬시래기
③ 감 태　④ 비단풀

해설 한천(Agar)은 홍조류인 우뭇가사리, 비단풀, 꼬시래기 등의 다당을 뜨거운 물로 추출하여 건조한 것이다.

정답 4 ② 5 ② 6 ① 7 ② 8 ③

09 김, 미역, 다시마 등은 해조류의 고유색을 띠는데, 그 역할을 하는 색소물질은 다음 중 무엇인가?

① Chlorophyll(클로로필)

② Myoglobin(미오글로빈)

③ Hemoglobin(헤모글로빈)

④ Carotenoid(카로티노이드)

해설 해조류에는 적색을 가진 피코빌린(Phycobilin), 황색의 카로티노이드(Carotinoid), 녹색의 클로로필(Chlorophyll) 등의 색소를 함유하는데, 이 색소들의 배합에 따라 색이 달라진다.

각 조류의 색소

- 남조류 : 클로로필 a와 b, 카로티노이드
- 녹조류 : 클로로필 a와 b
- 갈조류 : 클로로필 a와 c, 푸코크산틴(Fucoxanthin)
- 홍조류 : 클로로필 a, 피코에리트린, 피코시아닌

10 다음 중 어패류 및 해조류의 주요 맛 성분이 틀린 것은?

① 새우의 단맛 : 글리신(Glycine)

② 홍합의 시원한 국물 맛 : 젖산(Lactic Acid)

③ 고등어찌개의 진한 맛 : 히스티딘(Histidine)

④ 다시마 국물의 감칠맛 : 글루타민산(Glutamic Acid)

해설 홍합의 시원한 국물 맛은 타우린, 베타민, 아미노산, 핵산류, 호박산 때문이다.

11 어류의 혈합육에 대한 설명으로 틀린 것은?

① 고등어, 정어리, 다랑어 등 회유어에 잘 발달하여 있다.

② 보통육보다 선도저하 및 부패가 비교적 느리다.

③ 미오글로빈과 헤모글로빈이 다량 함유되어 있다.

④ 타우린이 풍부하고 무기질 함량이 높으며, 보통육보다 영양적으로 우수하다.

해설 **혈합육**

체측의 표층과 중심부에 있는 암적색의 근육으로, 보통육에 비해 선도저하가 훨씬 빠르다.

9 ① 10 ② 11 ② 정답

12 어패류의 사후 변화 과정과 관여인자의 설명이 잘못된 것은?

① 해당과정 : 해당계 효소군에 의한 글리코겐(Glycogen)의 분해
② 사후경직 : 아데노신트리포스페이트(ATP)와 칼슘이온의 누출
③ 자가소화 : 축적된 젖산에 의한 육단백질의 산 분해
④ 부패 : 급격히 증가한 세균에 의한 작용

해설 **자가소화(Autolysis)**

- 동물의 사후 조직 그 자체에 함유되어 있는 효소의 작용에 의하여 분해되는 현상으로, 자기소화(自己消化)라고도 한다.
- 좁은 의미로는 근육 단백질이 분해되는 것을 지칭하는 경우가 많지만, 넓은 의미로는 핵산, 지질 등을 포함한 모든 성분의 분해를 말한다.
- 실제로 도살 후 육류의 숙성은 자가 소화를 적극적으로 이용하는 것으로, 숙성 중에 육의 단백질이 부분적으로 분해되어 연하게 되고 엑스분 중의 아미노산이 증가할 뿐만 아니라, 아데닐산에서 이노신산이 생기는 등 맛을 좋게 하는 데 중요한 의미가 있다.
- 젓갈도 어류의 내장에 함유되어 있는 효소에 의한 자가 소화를 이용한 제품이다.
- 일반적으로 어육은 축육보다 자가 소화되기 쉬우므로 저온으로 유지시켜 지나친 자가 소화를 일으키지 않도록 할 필요가 있다.
- 근육의 자가 소화는 카텝신(Cathepsin)이라는 프로테아제에 의하여 일어난다고 하지만, 상세한 작용기구에 대해서는 아직 밝혀지지 않은 점이 많다.

13 어패류의 사후 변화 과정을 올바른 순서로 연결한 것은?

① 해당작용 – 사후 경직 – 자가소화 – 해경 – 부패
② 해당작용 – 자가소화 – 해경 – 사후 경직 – 부패
③ 해당작용 – 사후 경직 – 해경 – 자가소화 – 부패
④ 해당작용 – 해경 – 자가소화 – 사후 경직 – 부패

해설 해당작용 → 사후 경직 → 해경 → 자가소화 → 부패

14 인체의 감각을 이용하여 간편하고 신속하게 어패류의 선도를 판정할 수 있는 방법은?

① 관능적 방법　② 세균학적 방법
③ 물리적 방법　④ 화학적 방법

해설 인체의 감각을 이용한 관능적 선도 판정법은 간편하고 신속하며 정확한 장점이 있으나, 숙련도에 따른 개인적 오차가 크다는 단점이 있다.

정답 12 ③ 13 ③ 14 ①

15 다음 중 어패류의 선도를 가장 장기간 유지할 수 있는 저장방법은?

① 빙장법　　② 냉각 해수 저장법
③ 동결 저장법　　④ 냉각 저장법

해설 어패류의 저온 저장법 중에서 단기간 저장법은 냉각 저장법이고, 장기간 저장법은 동결 저장법이다.

16 다음 어패류의 선도 등에 관한 설명으로 틀린 것은?

① 어패류 사후에 조직 내의 효소에 의하여 근육 단백질이 분해되는 현상을 자가 소화라 한다.
② 어류의 선도를 화학적 방법으로 판정할 때에는 어육의 pH, 휘발성염기질소 및 트라이메틸아민 함유량 등을 조사한다.
③ 살아 있는 어류의 pH는 7.2~7.4 정도이지만, 사후에는 젖산의 생성 때문에 pH가 낮아졌다가 부패가 시작되면 다시 높아진다.
④ 상어, 홍어류의 선도 판정은 휘발성염기질소법과 트라이메틸아민법으로 판정한다.

해설 ④ 상어, 홍어류는 일반 어류보다 트라이메틸아민과 암모니아의 생성량이 지나치게 많아 휘발성염기질소법과 트라이메틸아민법으로 선도 판정을 할 수 없다.

17 어패류가 변질하기 쉬운 이유로 가장 알맞은 것은?

① 수분 함유량이 적어 부패 세균의 발육이 빠르다.
② 어패류의 조직 내에 들어 있는 효소의 활성이 강하다.
③ 껍질이 강하여 상처를 쉽게 입고 피부의 비늘이 딱딱하며 결합 조직의 양이 많다.
④ 바다에서 생활하므로 세균의 오염 기회가 적다.

해설 어패류가 부패·변질하기 쉬운 이유는 세균의 부착 기회가 많고, 신체 조직이 연약하며, 효소의 활성이 강하고, 수분 함유량이 많기 때문이다.

18 수산물의 사후 변화의 단계 중 선도를 유지하기 위하여 연장해야 하는 과정은?

① 사후 경직　　② 해 경
③ 자가 소화　　④ 해당작용

해설 사후 경직은 신선도 유지와 직결되므로 죽은 후 저온 등의 방법으로 사후 경직 지속시간을 길게 해야 신선도를 오래 유지할 수 있다.

15 ③　16 ④　17 ②　18 ① 정답

19 수산가공 원료의 선도 판정 지표로 가장 많이 사용되는 것은?

① pH
② 트라이메틸아민(TMA)
③ K값
④ 휘발성염기질소

해설 어류의 선도를 화학적 방법으로 판정할 때에는 어육의 pH, 휘발성염기질소 및 트라이메틸아민 함유량 등을 조사한다. 이 중 휘발성염기질소(VBN)의 측정법은 현재 어패류의 선도 판정 방법으로서 가장 널리 쓰이고 있는 방법이다.

20 연안에서 어획한 선어를 유통할 때 가장 많이 사용하는 것은?

① 빙장법
② 냉동법
③ 마 취
④ 동결법

해설 **빙장법**
- 얼음의 융해잠열을 이용하여 어패류의 온도를 낮추어 저장하는 방법이다.
- 어패류 체내의 수분을 얼리지 않은 상태에서 짧은 기간 동안 선도를 유지한다.
- 연안에서 어획한 수산물을 단기간에 유통할 때 저장과 수송에 널리 이용된다.

21 홍어나 상어의 근육에서 나는 독특한 냄새를 제공하는 원인 물질은?

① 베타인
② 요 소
③ 이노신
④ ATP

해설 홍어, 상어, 가오리 등의 연골어류 근육에는 트라이메틸아민옥사이드(TMAO)와 요소의 함유량이 일반어류보다 많기 때문에 이들이 분해되면 트라이메틸아민과 암모니아가 생성되어 냄새가 매우 강해진다.

22 활어 수송에 가장 많이 이용되는 어종은?

① 대 구
② 조 기
③ 넙 치
④ 고등어

해설 활어 수송은 횟감용 어패류나 양식용 치어 및 관상용 어류를 수송하는 데 많이 이용된다.

정답 19 ④ 20 ① 21 ② 22 ③

23 활어의 수송 방법 중에서 가장 많이 사용 되는 수단은?

① 비닐봉지
② 마 취
③ 냉동차
④ 활어차

해설 활어 수송은 횟감용 수산물의 단기 유통에 이용되며, 활어차로 대부분 수송된다. 수송할 때 스트레스를 받지 않도록 수조의 온도, 산소, 활어의 양 등에 유의해야 한다.

24 수산물을 장기 저장·유통하기 위한 수송 방법은?

① 마취 방법
② 인공 동면 수송법
③ 냉장 수송 방법
④ 냉동 수송 방법

해설 냉동 수송법은 수산물의 장기 저장용 유통에 이용되며 냉동차로 수송된다.

25 결합수의 설명으로 가장 옳은 것은?

① 용매로 작용한다.
② 100℃에서 증발한다.
③ 미생물 증식에 이용되지 않는다.
④ 압착하여 제거할 수 있다.

해설 **결합수**

- 단백질, 전분 등의 식품 성분과 직·간접으로 결합되어 있다.
- 건조나 압착으로 제거하기 어렵다.
- 용매로 작용하지 않는다.
- 미생물 증식에 이용되지 않는다.

23 ④ 24 ④ 25 ③ 정답

CHAPTER 02 저 장

01 수산식품의 저장

수산식품의 저장 목적은 미생물 증식, 효소 반응, 지질 산패, 갈변 등에 의한 품질 저하를 억제하여 수산식품의 저장 기간을 연장하는 것이다. 수산 식품의 저장 방법은 여러 가지 방법이 있으며 효율적인 저장을 위해서는 두 가지 이상의 방법을 함께 사용하는 경우가 많다.

※ 수산식품의 저장 방법

종 류	주요 저장 방법
수분활성도 조절	건조, 염장, 훈제
온도 조절	가열처리(저온 살균, 고온 살균), 저온유지(냉장, 냉동)
식품첨가물 사용	식품 보존료, 산화방지제 첨가
식품 조사 처리	감마선 조사
기체 조절	가스 치환(N_2, CO_2) 포장, 진공 포장, 탈산소제 첨가
pH 조절	산(유기산) 첨가, 발효(젖산 발효)

(1) 수분활성도 조절에 의한 저장

① 수분활성도와 식품저장

식품 변질의 주요 원인인 미생물 증식, 효소 작용, 산화 반응, 갈변 반응 속도는 수분활성도에 따라 달라지므로 수분활성도 조절을 통해 어패류의 저장기간을 연장할 수 있다.

㉠ 결합수와 자유수

- 식품 속의 수분은 결합수와 자유수로 존재한다.
- 결합수와 자유수의 비교

결합수	자유수
• 단백질, 전분 등의 식품 성분과 직·간접으로 결합되어 있다. • 건조나 압착으로 제거하기 어렵다. • 용매로 작용하지 않는다. • 미생물 증식에 이용되지 않는다.	• 미생물의 증식이나 화학반응에 이용된다. • 건조나 압착하면 쉽게 제거된다. • 용매로 작용한다.

㉡ 수분활성도(Water Activity)

- 미생물 생육과 생화학반응에 이용될 수 있는 식품 속의 수분 함량을 나타낸 것을 말한다.
- 일정한 온도에서 순수한 물의 수증기압(P_O)에 대한 식품의 수증기압(P)의 비로 나타낸다.

$$\text{수분활성도}(A_W) = \frac{P}{P_O}$$

(P : 주어진 온도에서 식품의 수증기압, P_O : 주어진 온도에서 순수한 물의 수증기압)

㉢ 미생물 증식과 수분활성도의 관계

- 식품 변질 원인인 미생물의 증식과 생화학 반응속도는 수분활성도에 따라 달라진다.
- 증식하지 않는 것 : 일반적으로 세균은 수분활성도 0.90 이하, 효모는 0.88 이하, 곰팡이는 0.80 이하에서는 증식하지 않는다.
- 증식하는 것 : 호염성 세균은 0.75, 내건성 곰팡이는 0.65, 내삼투압성 효모는 0.62에서도 증식한다.
- 수분활성도에 따라 효소 반응 속도, 갈변 속도, 지질 산화 속도도 달라지는 데 반해, 지질 산화 속도는 지나치게 수분활성도가 낮으면 오히려 빨라진다.
- 수분활성도를 낮추어 수산식품을 저장하는 대표적인 방법은 건조, 염장, 훈연, 수분조절제(Humactant) 첨가 등이 있다.

② 건조에 의한 저장

㉠ 등온흡습 곡선

- 일정한 온도에서 식품의 수분함량과 수분활성도의 관계를 나타낸 그림이 등온흡습 곡선이다.
- 변곡점을 기준으로 단분자층 영역(영역 Ⅰ), 다분자층 영역(영역 Ⅱ), 모세관 응축 영역(영역 Ⅲ)으로 나누어지며, 모세관 응축 영역은 수분이 비교적 쉽게 제거되나 단분자층은 건조 시간이 길어지고, 에너지가 더 소요된다.
- 등온흡습 곡선의 기울기는 식품에 따라 다르므로, 식품마다 등온흡습 곡선을 구하는 것이 필요하다.

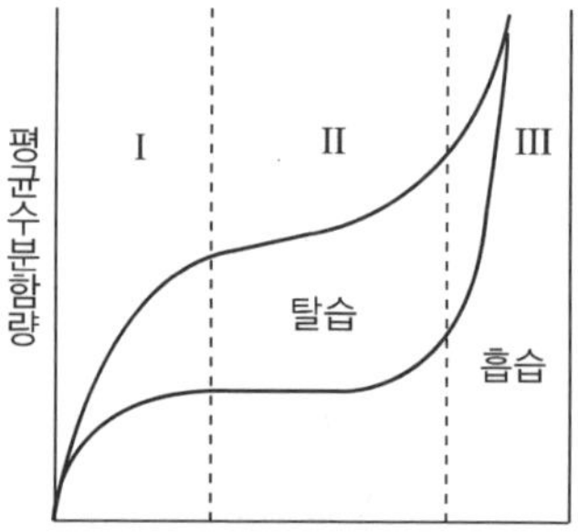

[등온흡습 곡선]

㉡ 물의 상태와 수산물의 건조방법

- 물의 온도와 압력 변화에 따른 물의 상태 변화를 나타낸 것을 물의 상태 곡선이라고 한다.
- 상압에서 수분을 증발시켜 건조하는 방법 : 소건법, 열풍 건조법 등
- 감압하여 얼음을 승화시켜 건조하는 방법 : 동결건조법 등
- 상압 건조에서 건조속도는 수분의 표면 증발 속도와 내부 확산 속도에 의해 결정된다.
- 표면 증발과 내부 확산 속도가 균형을 이루도록 하여야 건조가 효율적이다.

③ 염장에 의한 저장

㉠ 어패류에 식염을 첨가하면 삼투압에 의해 어패류로부터 수분이 빠져나옴과 동시에 소금은 어패류 내부로 이동한다.

㉡ 염장을 하면 수분활성도가 낮아져서 맛, 조직감, 저장성이 향상되고 미생물 증식 및 효소 활성이 저하된다.

㉢ 염장으로 식품 중의 미생물은 원형질 분리로 인해 생육이 억제되거나 사멸된다.

㉣ 15.6% 식염 용액의 수분활성도가 0.9 부근으로, 세균의 증식이 억제된다.

㉤ 미생물 중에는 고염에서도 잘 자라는 호염성 세균도 존재한다.

※ 식염의 농도와 수분활성도

A_W	NaCl(g)	물(g)	식염(%)
1.000	0.0	100.0	0
0.990	1.7	98.3	1.75
0.980	3.5	96.5	3.50
0.960	7.0	93.0	6.92
0.940	10.0	90.0	10.0
0.920	13.0	87.0	13.0
0.900	16.0	84.0	15.6
0.850	22.0	78.0	21.3

④ 훈제에 의한 저장

㉠ 훈제품은 목재를 불완전 연소시켜 발생하는 연기(훈연)에 어패류를 그을려 보존성과 풍미를 향상시킨 제품이다.

㉡ 훈제의 저장성 향상 요인은 염지에 의한 수분활성도 저하, 훈연 성분의 항산화와 항균 물질, 훈제 과정 중 가열 및 건조에 의한 미생물 생육 억제 요인 등이 있다.

㉢ 냉훈법은 대표적인 훈제법으로 10~30℃의 저온에서 1~3주간 훈제하는 것으로, 저장성 향상을 주목적으로 한다.

㉣ 수산 훈제품에는 훈제 장어, 훈제 연어, 훈제 송어 및 훈제 오징어 등이 있다.

(2) 가열에 의한 저장

① 미생물의 내열성

㉠ 곰팡이, 효모 등의 미생물은 넓은 pH와 낮은 수분활성도에서도 생육이 가능하나 열에는 대체로 약하여 100℃에서 가열하면 대부분 사멸한다.

㉡ 100℃로 가열하면 세포 내의 단백질이 비가역적으로 변성되기 때문에 대부분의 미생물은 사멸된다.

㉢ 바실러스(*Bacillus*)속이나 클로스트리듐(*Clostridium*)속의 세균은 100℃에서 가열하여도 내열성 포자 형성으로 인하여 쉽게 사멸되지 않으므로 레토르트로 고온 살균을 하여야 한다.

㉣ 대표적인 수산 식품으로는 어패류 통조림 및 레토르트 파우치 제품이 있다.

② 가열온도와 가열시간

㉠ 클로스트리듐 보툴리늄 포자를 살균하는 데 걸리는 시간은 가열온도가 높을수록 살균시간이 줄어든다.

㉡ 내용물의 종류와 형상에 따라 다르나 대체로 살균온도가 10℃ 증가하면 살균시간은 1/10로 줄어든다.

㉢ 초기 미생물의 농도가 높을수록 가열 살균시간이 길어지므로, 살균 전 위생적 전처리 공정을 통해 초기 미생물 농도를 줄임으로써 살균시간을 줄일 수 있다.

③ pH와 내열성

㉠ 대체로 식품의 pH가 낮을수록 미생물의 내열성이 약하고, 중성에 가까울수록 내열성이 강해진다.

㉡ 클로스트리듐 보툴리눔(*Cl. botulinum*)의 살균 : 내열성 포자를 형성하고, 치사율이 높은 독소를 생성하는 균으로 pH 4.6 미만의 산성 조건에서는 증식이 억제된다.

㉢ pH가 4.6 미만인 산성 식품 통조림은 저온 살균을 하고, pH 4.6 이상인 저산성 식품은 레토르트로 고온 살균하여야 한다.

(3) 저온에 의한 저장

미생물은 최적 증식 온도 이하에서는 증식 속도가 서서히 감소하고, 최고 증식 온도 이상의 고온으로 가열하면 급격히 사멸된다. 온도가 감소하면 갈변 등의 생화학적 반응 속도도 감소된다. 그러나 수산 식품을 저온 저장하여도 미생물이 완전 사멸되지는 않는다. 일부 저온 세균은 0℃에서도 활발히 증식하고, -10~0℃에도 완만히 증식하거나 동면 상태로 존재한다. 식품의 온도를 낮추는 저온 저장은 저장온도에 따라 0~10℃의 냉장, -18℃ 이하의 냉동으로 구분한다.

① 냉 동

㉠ 냉동은 식품을 -18℃ 이하로 저온 저장하는 방법이다.

㉡ 수산식품을 냉동하면 식품 중의 수분은 대부분 빙결정을 형성하여 수분활성도가 낮아져서 미생물의 증식이 억제되고 효소 반응 등의 생화학 반응 속도가 감소하여 식품을 장기 저장할 수 있다.

② 냉 장

㉠ 냉장은 0~10℃까지 식품 속의 수분이 동결되지 않는 온도까지 냉각 저장하는 방법이다.

㉡ 식품을 냉장하면 부패 세균의 증식이나 자가 효소의 활성이 일부 억제된다. 그러나 효소 반응과 부패 세균의 증식이 계속 진행되므로 단기간 보존에만 이용된다.

(4) 식품첨가물에 의한 저장

수산식품 저장을 위한 첨가물로는 보존료와 산화방지제가 많이 사용된다.

① 보존료

㉠ 보존료는 세균, 효모, 곰팡이 등의 미생물의 증식을 억제하여 식품의 저장기간을 늘려주는 식품첨가물이다.

㉡ 수산식품에 사용되는 대표적인 보존료로는 소브산, 소브산칼슘, 소브산칼륨 등이 있다.

㉢ 사용기준은 어육가공품과 성게젓에 2.0g/kg 이하, 젓갈류에 1.0g/kg 이하이다.

② 산화방지제

㉠ 산화방지제는 지질 성분의 산패 방지를 위해 사용하는 첨가물이다.

㉡ 산화방지제에는 수용성인 비타민 C와 지용성인 비타민 E, 부틸하이드록시아니솔(BHA ; Butylated Hydroxy Anisole)과 부틸하이드록시톨루엔(BHT ; Butylated Hydroxy Toluene) 등이 있다.

㉢ 이미 산패가 시작된 후에는 산화방지제의 효과가 떨어지므로 신선한 식품에 첨가하여야 저장성을 연장할 수 있다.

㉣ BHA와 BHT의 사용기준은 어패류 건제품, 어패류 염장품에 0.2g/kg 이하, 어패냉동품의 침지액에 1g/kg 이하이다.

보존료	미생물 생육 억제	소브산 계열 등
산화방지제	지질 산화 방지	BHA, BHT 등

(5) 식품조사처리에 의한 저장

① 식품조사처리 기술이란 감마선, 전자선가속기에서 나오는 에너지를 복사의 방식으로 식품에 조사하여 식품 등의 발아 억제, 살균, 살충 또는 숙도조절에 이용하는 기술이다.

② 통칭하여 방사선 살균, 방사선 살충, 방사선 조사 등으로 구분할 수 있다.

③ 식품조사처리는 조사된 감마선이 식품을 통과하여 빠져나가므로 조사된 식품이 방사능에 오염되는 것은 아니다.

④ 식품조사처리에 사용되는 감마선 방출 선원으로는 ^{60}Co을 사용한다.

⑤ 식품조사처리에서는 흡수선량을 킬로그레이(kGy)라는 단위로 나타내며, 허용 대상 식품별 흡수선량은 다음과 같다.

※ 허용 대상 식품별 흡수선량

품 목	선량(kGy)
건조 식육 및 어패류 분말 살균	7 이하
된장, 고추장, 간장 분말 살균	7 이하
효모·효소 식품 살균	7 이하
조류 식품 살균	7 이하
소스류 살균	10 이하
복합 조미 식품 살균	10 이하

02 수산식품의 변질

어패류 등 수산식품은 시간이 지남에 따라 맛, 향, 색 등이 변하고 결국 악취성분과 유해물질이 생성되어 부패된다. 이와 같이 식품 저장 중 발생하는 여러 가지 품질 저하를 변질이라고 한다. 이러한 변질 원인으로 미생물 증식, 효소반응, 갈변반응, 산화반응, 동결변성 등이 있다.

(1) 미생물에 의한 변질

수산식품의 미생물 오염은 1차 오염과 2차 오염으로 나눌 수 있다.

※ 1차 오염 : 어패류 자체에 부착된 미생물 오염으로 어류의 경우 껍질에 10^2~10^5/cm^2, 아가미 10^3~10^7/g, 소화관 10^3~10^8/g 정도의 많은 미생물에 오염되어 있다.

※ 2차 오염 : 어패류를 운반, 저장, 가공 및 제품 유통 단계에서 발생하는 오염

① 어패류 부패균

㉠ 어패류의 부패에 관여하는 세균에는 슈도모나스, 비브리오 속 등 수중 세균이 많다.

㉡ 슈도모나스 속 균은 어패류의 부패 초기에 급격히 증가하며 트라이메틸아민, 황화수소 등의 부패취를 생성한다.

※ 어패류의 부패균 및 부패취

주요 부패균		주요 부패취
• 슈도모나스(*Pseudomonas*)속 • 비브리오(*Vibrio*)속	→	• 트라이메틸아민 • 황화수소 • 메틸메르캅탄 • 디메틸설파이드

② 식중독균

㉠ 식중독이란 식품의 섭취에 연관된 인체에 유해한 미생물 또는 미생물이 만들어내는 독소에 의해 발생한 것이 의심되는 모든 감염성 또는 독소형 질환을 말한다.

㉡ 일반적으로 증상은 구토, 설사, 복통, 발열 등이 나타난다.

㉢ 미생물에 의한 식중독은 세균성 감염형, 세균성 독소형, 바이러스성 식중독으로 분류한다.

㉣ 감염형은 유해균이 다량 오염된 식품을 섭취할 경우에 발생한다.

㉤ 독소형은 유해균이 생성한 독소에 의해 발병한다. 특히 장염비브리오균과 노로바이러스는 오염된 어패류가 주요 감염원이다.

※ 식중독 미생물 원인균

분 류	종 류	원인균
세균성	감염형	장염비브리오균, 살모넬라균 등
	독소형	황색포도상구균, 클로스트리듐 보툴리눔균 등
바이러스형		노로바이러스 등

③ 미생물 생육에 미치는 요인

㉠ 미생물은 저온균은 10~20℃, 중온균은 25~40℃, 고온균은 45~60℃에서 생육 최적 온도를 나타낸다.

㉡ 대부분의 식품 미생물은 중온균에 속하나 어패류의 주요 부패균인 슈도모나스속은 저온균에 속한다.

㉢ 클로스트리듐속 등의 미생물은 포자를 생성하여 높은 내열성을 나타내므로 가열 살균 시 유의하여야 한다.

㉣ 세균의 내열성은 일반적으로 중성에서는 강하나 산성에서는 약하므로 pH 4.6 이상의 저산성 수산물 통조림은 고온 살균을 한다.

※ 세균성과 바이러스성 식중독의 비교

구 분	세균성 식중독	바이러스성 식중독
특 징	균에 의한 것 또는 균이 생산하는 독소에 의하여 식중독 발병	크기가 작은 DNA 또는 RNA가 단백질 외피에 둘러싸여 있음
증 식	온도, 습도, 영양성분 등이 적정하면 자체 증식 가능	자체증식이 불가능하며, 반드시 숙주가 있어야 증식이 가능(사람과 일부 영장류의 장내에서 증식하는 특징이 있음)
발병량	일정량(수백~수백만 개) 이상의 균이 존재하여야 발병 가능	미량(10~100개) 개체로도 발병 가능(소량 발병, 발병률 높음)
증 상	설사, 구토, 복통, 메스꺼움, 발열, 두통 등	메스꺼움, 구토, 설사, 두통, 발열
치 료	항생제 등을 사용하여 치료가 가능하며, 일부 균의 백신이 개발되었음	일반적으로 치료법이나 백신이 없음(약제에 대한 내성이 강함)
2차 감염(전염)	2차 감염되는 경우가 거의 없음	대부분 2차 감염

(2) 효소에 의한 변질

① 효소의 성질

㉠ 효소는 화학반응의 반응 속도를 촉진하는 생체 촉매이며 단백질로 이루어져 있다.

㉡ 생물체의 대사과정에서 일어나는 화학반응의 활성화 에너지를 낮추어 반응 속도를 증가시킨다.

㉢ 활성화 에너지는 화학반응이 일어나기 위해 반응물의 유효 충돌이 필요하며, 이를 위해 필요한 최소한의 에너지이다.

㉣ 효소는 기질 특이성이 있다. 즉, 효소의 촉매 작용은 매우 선택적이어서 하나의 효소는 하나의 기질 또는 유사한 기질에만 촉매 작용을 하는데 이는 효소의 입체 구조에 의존한다.

② 효소 활성 조절 인자

㉠ 효소 활성은 온도, pH, 기질의 농도에 영향을 받는다.

㉡ 효소 활성은 온도 증가에 따라 증가하나 최적 온도를 지나면 효소의 활성이 감소하고 결국은 불활성된다.

㉢ 가장 활성이 높은 pH를 최적 pH라고 하며, 최적 pH보다 높거나 낮은 pH에서는 대부분 효소의 활성이 감소하거나 없어진다.

③ 효소에 의한 수산식품 변질

㉠ 효소에 의한 수산식품의 변질은 자가소화와 지질 분해 등이 있다.

㉡ 어패류의 자가소화에 관여하는 단백질 분해 효소는 단백질을 펩타이드와 아미노산으로 분해하여 조직을 붕괴시키고, 미생물의 증식을 촉진시킨다.

㉢ 수산물의 저장 중 지질 분해 효소에 의하여 지질이 분해되면 저분자 지방산 등이 생성되어 산패가 촉진되며, 맛과 향이 변질된다.

※ 수산식품의 효소적 변질

종 류	효 소	생성물	변 질
자가소화	단백질 분해 효소	펩타이드 아미노산	조직 연화 부패 촉진
지질 분해	지질 분해 효소	지방산 스테롤	불쾌한 맛, 냄새 산패 촉진

(3) 갈변에 의한 변질

갈변이란 식품의 색깔이 저장・가공 과정 중에 갈색 또는 흑갈색으로 변화하는 과정이며, 갈변 반응은 효소가 직접 관여하는 효소적 갈변과 효소와 관계없이 일어나는 비효소적 갈변으로 나뉜다.

① 효소적 갈변

㉠ 대표적인 효소적 갈변은 흑변이다. 새우 등의 갑각류에 잘 발생하며, 변질로 외관이 검게 변색되는 현상이다.

㉡ 흑변은 갑각류에 함유되어 있는 티로시나제에 의해 아미노산이 검정 색소인 멜라닌으로 변하기 때문에 일어난다.

㉢ 효소는 주성분이 단백질이므로 가열하거나 pH를 변화시키면 단백질이 변성되어 불활성화된다.

㉣ 티로시나제의 활성은 0℃에서도 완전히 정지되지는 않으므로, 흑변을 억제하기 위해서는 산성아황산나트륨($NaHSO_3$)용액에 침지 후 냉동 저장하거나 가열 처리하여 효소를 불활성화시켜야 한다.

② 비효소적 갈변

㉠ 비효소적 갈변은 효소와 관계없이 식품 성분 간의 반응에 의해 갈색화되는 반응이다.

㉡ 비효소적 갈변은 마이야르 반응(Maillard Reaction), 캐러멜 반응, 아스코르브산 산화 반응으로 구분된다.

㉢ 마이야르 반응

- 거의 모든 식품에서 자연 발생적으로 일어나는 갈변 반응이다.
- 아미노산 등에 있는 아미노기와 포도당 등에 있는 카르보닐기가 여러 단계 반응을 거친 후 갈색의 멜라노이딘 색소를 생성하는 반응으로, 아미노 카르보닐 반응이라고도 한다.

• 마이야르 반응은 수산 건제품이나 조미 가공품에서 흔히 발생하며, 식품의 주요 성분이 반응에 관여하므로 근본적인 억제가 힘들다.
• 저온 저장을 하면 갈변 진행을 일부 억제할 수 있다.
• 식품에 좋은 향 등을 부여하는 반면, 식품의 색을 변색시키고 필수아미노산인 라이신과 같은 아미노산을 감소시켜 품질을 저하시킨다.

(4) 산화에 의한 변질

① 산화의 종류

㉠ 식품에 함유되어 있는 다양한 성분이 산소와 결합하여 산화되나 그중 지질의 산화가 가장 중요한 식품 변질의 원인이다.

㉡ 어육의 지질은 불포화 지방산이 다량 함유되어 있으므로 산소, 빛, 가열에 의하여 쉽게 산화되어 불쾌한 맛과 냄새를 생성한다.

㉢ 지질의 변질을 산패라고 하며, 자동 산화, 가열 산화, 감광체 산화가 있다.

• 자동 산화 : 지질이 공기 중의 산소를 자연 발생적으로 흡수하여 연쇄적으로 산화되는 것으로 수산 식품의 경우 가장 흔한 산패이다.
• 가열 산화 : 유지를 높은 온도(140~200℃)에서 가열할 때 일어나는 산화로 기름 튀김 식품에서 발생한다.
• 감광체 산화 : 빛과 감광체에 의해 일어나는 산화이다.

※ 지방 산화의 종류 및 특징

산화 종류	특 징
자동 산화	산소흡수, 연쇄반응
가열 산화	가열(튀김), 고온
감광체 산화	빛 흡수, 감광체

② 자동 산화의 반응과 측정

㉠ 자동 산화의 경우 반응

• 초기에는 산소 흡수량이 거의 일정하지만 일정시간이 지나면 급격히 증가한다.
• 유지의 산소 흡수 속도가 일정하게 낮은 수준을 유지하는 단계를 유도기간이라 한다.
• 유도기간이 지나면 산소 흡수 속도가 급속히 증가하고, 산화 생성물도 급격히 증가하여 산패가 급속히 진행된다.

㉡ 산패 측정법 : 지질 산화로 인해 생성된 유리지방산 함량을 측정하는 산가(AV ; Acid Value)와 산화 생성물인 과산화물가함량을 측정하는 과산화물가(POV ; Peroxide Value) 등이 있다.

③ 산패 억제법

㉠ 산소를 제거하거나 차단하여야 한다.

㉡ 빛이 투과하지 않는 불투명 용기에 저장하여야 한다.

㉢ 온도를 낮추면 산패를 지연할 수 있다.

㉣ 산화방지제인 아스코르브산, 토코페롤, BHA, BHT 등을 첨가한다.

(5) 동결에 의한 변질

① 식품을 동결하면 단백질의 변성으로 보수력이 저하하여 드립이 발생되고 또한 냉동저장 중 건조가 일어나 산화와 갈변이 촉진된다.

② 단백질 변성 방지를 위해서는 솔비톨 등의 당류를 어육에 첨가하고, 건조를 방지하기 위해서는 글레이징이나 포장을 한다.

③ 횟감용 참치육을 동결 저장하면 미오글로빈(근육색소단백질)이 산화되어 갈색의 메트미오글로빈으로 변하는데, 이 변색은 -18℃에서도 계속 일어난다. 따라서 횟감용 참치는 -55~-50℃에 냉동 저장한다.

※ 동결에 의한 변질

변 질	방지방법
건조, 지질 산화, 갈변	포장, 글레이징, 항산화제
단백질 변성, 드립 발생	급속 동결, 동결 변성 방지제
횟감용 참치육 변색	-55~-50℃ 냉동 저장

03 수산물의 냉장 등

(1) 수산물의 냉각과 냉장

① 수산물 냉장의 개요

㉠ 수산물의 냉장은 수산물을 빙결점보다 낮은 온도에서 저장하는 방법이다.

㉡ 냉장 수산물은 조직감이 우수하여 품질 수명이 긴 냉동품보다 비싸게 유통된다.

② 수산물의 냉장 중 성분 변화 및 억제

수산물은 어획 후 생물학적 요인, 화학적 요인, 물리학적 요인에 의하여 품질 저하가 일어나지만, 어획 후 품질 저하는 저온 저장에 의해 억제가 가능하다.

㉠ 생물학적 요인

- 품질 저하 발생 : 미생물(세균, 곰팡이, 효모 등)과 효소의 작용에 의한 신선도 저하
- 저온 저장 원리 : 저온으로 저장하면 미생물의 증식과 효소의 활성이 억제됨
- 저하 억제 방안 : pH 및 공기 조성 변화

㉡ 화학적 요인

- 품질 저하 발생 : 산소, 효소 반응(연화, 갈변, 향미 악변 등)으로 지질의 산화, 중합, 퇴색
- 저온 저장 원리 : 온도가 10℃ 낮아지면 반응속도는 1/2~1/3로 억제됨
- 저하 억제 방안 : 항산화제 처리

㉢ 물리학적 요인

- 품질 저하 발생 : 광선, 열에 의하여 건조, 식품성분의 변화 등
- 저온 저장 원리 : 저온 저장으로 건조가 억제됨
- 저하 억제 방안 : 속포장 또는 글레이징 처리

※ 빙결점 : 식품을 냉동고에 두었을 때 얼음 결정이 처음으로 생성되는 온도, 즉 얼기 시작하는 온도(동결점 또는 어는점)

- 식품의 동결 : 식품을 빙결점 이하에서 저장하는 조작
- 식품의 냉각 : 식품을 빙결점-환경 온도의 범위에서 저장하는 조작

③ 수산물의 냉장 방법

식품의 냉장 방법은 수빙법, 쇄빙법, 냉장법과 빙온법 등이 있다.

㉠ 수빙법(水氷法)

- 습식빙장법으로 청수(淸水) 또는 해수에 얼음을 넣어 0℃ 부근으로 유지시키고 어체를 넣어 냉각, 빙장하는 방법이다.
- 어체 온도를 급속히 내려서 세균이 번식할 기회를 주지 않고 경직기간을 오랫동안 유지시키는 데 목적이 있다.
- 경직도가 높고 경직기간이 길게 연장되므로 선도 유지가 양호하다.
- 얼음과 해수의 혼합용량은 해수 10에 대하여 얼음 2~4 정도의 양을 사용한다.
- 더욱 낮은 온도를 유지시키고 또 어획물의 색택 변화를 방지하기 위하여 식염(3% 정도)을 첨가한다.
- 수빙법은 최초 어체 온도를 급속히 냉각시키는 장점이 있는 반면 운반이 불편하며 물이 새지 않는 큰 용기가 필요하고, 시간이 경과됨에 따라 저온 유지에 손이 많이 필요하다.
- 장기간 수빙으로 저장하여 두면 어체가 수분을 흡수하게 되고, 표피가 변색될 우려가 있으므로 이 방법은 단시간의 빙장에 이용하는 것이 효과적이다.

㉡ 쇄빙법

- 쇄빙(碎氷)으로 어패류를 얼음 속에 묻어 냉각 저장하는 방법이다.
- 부패나 변질을 지연시키는 효과가 있어 수산물의 경우 어선 내에서나 육상 수송할 때 어패류의 저장에 널리 이용되고 있다.
- 사용되는 얼음의 종류는 담수를 얼린 담수빙, 대략 3%의 식염수를 얼린 염수빙, 방부제나 살균제를 얼린 살균빙 등이 있다.

㉢ 빙온법 : 최대 빙결정 생성대에 해당하는 온도 구간(주로 -3℃)에 식품을 저장하는 방법으로 어패류의 단기저장에 이용된다.

항 목	수빙법	쇄빙법
작 업	어려움	용 이
냉각속도	신 속	완 만
산 화	일부 억제	용 이
손 상	없 음	있 음
건 조	진행 안 됨	일부 진행
퇴 색	수용 퇴색	산화 변색

④ 냉장 수산물의 제조

원료 입하 → 선별 → 수세 및 탈수 → 어체 처리 → 재수세 및 탈수 → 선별 → 포장 → 냉각 → 저장

㉠ 원료 수산물이 들어오면 크기, 상처 유무, 신선도 등에 따라 선별한다.

㉡ 얼음물로 수세 및 탈수를 한다.

㉢ 목적에 맞게 어체 처리를 한다.

㉣ 혈액과 내장 등을 씻기 위하여 재수세 및 탈수한다.

㉤ 선별 및 포장하여 전처리를 한다.

㉥ 포장한 것을 빙장 등의 방법으로 유통하거나 단기 저장을 한다.

※ 냉장식품과 냉동식품의 제조를 위한 어체 처리 형태 및 명칭

• 어 체
  - 라운드(Round) : 머리와 내장이 완전한 전 어체
  - 세미드레스(Semi-dress) : 아가미와 내장을 제거한 어체
  - 드레스(Dress) : 머리, 아가미, 내장을 제거한 어체
  - 팬드레스(Pan-dress) : 머리, 아가미, 내장, 지느러미, 꼬리를 제거한 어체

• 어 육
  - 필렛(Fillet) : 드레스하여 3장을 뜨고 2장의 육편만 취한 것
  - 청크(Chunk) : 드레스한 것을 뼈를 제거하고, 통째 썰기한 것
  - 스테이크(Steak) : 필렛을 약 2cm 두께로 자른 것
  - 다이스(Dice) : 육편을 2~3cm 각으로 자른 것
  - 촙(Chop) : 채육기에 걸어서 발라낸 육
  - 그라운드(Ground) : 고기갈이를 한 육

(2) 수산물의 동결과 저장

① 수산물 동결의 개요

㉠ 수산물 동결은 빙결점보다 낮은 온도에서 수산물을 가공하거나 저장하는 조작을 말한다.

㉡ 냉동품은 동결-저장-해동의 과정을 거쳐야 하기 때문에 본래의 상태로 복원이 불가능하다. 따라서 냉동품은 냉장품에 비하여 낮은 가격에서 유통된다.

② 동결에 따른 현상

㉠ 동결곡선

- 식품의 동결곡선은 식품의 동결 중 온도 중심점에서 시간별 온도 변화를 기록하여 연결한 곡선으로 빙결점 이상의 냉각곡선(Cooling Curve)과 빙결점 이하의 냉동곡선(Freezing Curve)으로 나눈다.
- 식품의 동결곡선은 빙결점까지의 냉각 구역(A–B구역), 빙결점~–5℃ 범위의 동결 구역(B–C구역, 최대 빙결정 생성대)과 빙결점 미만의 저장 온도까지 온도 강하구역(C–D구역)으로 나누어진다.

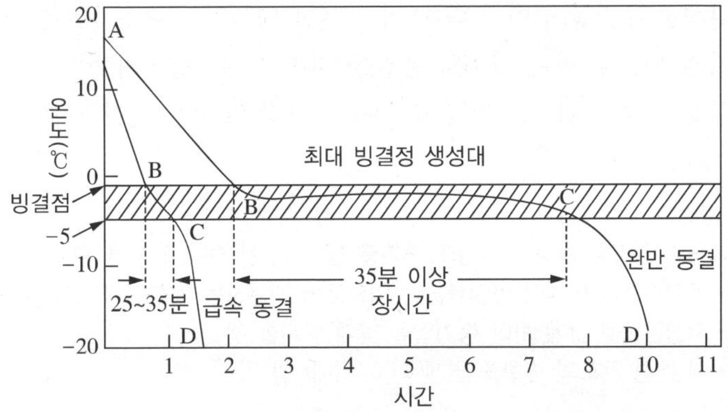

[식품의 동결곡선]

㉡ 온도 중심점 : 식품을 냉각하거나 동결할 때 온도 변화가 가장 느린 지점을 말하며, 식품의 품온이 측정되어지는 부분이다. 일반적으로 일정한 형상을 갖춘 식품의 온도 중심점은 기하학적 무게 중심점이다.

㉢ 빙결점(동결점, Freezing Point) : 식품이 얼기 시작할 때의 온도로, 대부분의 식품은 빙결점이 –2.0~–0.5℃이다.

※ 어류의 빙결점은 담수어 평균 –0.5℃로 가장 높고, 다음 회유성 어류 평균 –1.0℃, 저서성 어류 평균 –2.0℃로 가장 낮다.

㉣ 공정점(Eutectic Point) : 식품 중의 수분이 완전히 얼었을 때의 온도로, 보통 공정점은 –60~–55℃이다.

㉤ 빙결률(동결률, Freezing Ratio) : 식품 중의 물(수분량)이 얼음(빙결정)으로 변한 비율을 말한다.

$$빙결률(\%) = \left(1 - \frac{식품의\ 빙결점}{식품의\ 품온}\right) \times 100$$

㉥ 최대빙결정생성대(빙결정최대생성권, Zone of Maximum Ice Crystal Formation)

- 빙결정이 가장 많이 만들어지는 온도대로 빙결점 –5~–1℃의 온도구간을 말한다. 대부분의 식품은 최대빙결정생성대에서 60~90%의 수분이 빙결정으로 변한다.
- 결점이 –1℃인 식품은 –5℃로 내리게 되면 식품 내의 수분이 약 60~80%가 빙결하게 된다.

- 이때 많은 빙결잠열의 방출로 식품의 온도는 거의 변화하지 않고 동결이 이루어져 냉동곡선은 거의 평탄하다.
- 빙결정의 수, 크기, 모양, 및 위치가 이 온도대에서 머무르는 시간에 따라 좌우되며 물질에 영향을 준다.
- 식품조직 구조의 파괴로 ATP, 글리코겐 및 지질의 효소적인 분해와 단백질의 동결 변성 등이 최대로 발생한다.
- 저온 미생물 중에는 발육 가능한 미생물이 있어 신속하게 −10℃까지 낮추어야 한다.

ⓢ 빙결정의 성장

- 동결식품은 저장 중에 조직 내의 미세한 빙결정의 수는 줄어들고 대신 대형의 빙결정이 생기게 되는데 이는 식품의 품질을 저하시키는 원인이 된다.
- 빙결정 성장의 원인은 저장 중 온도의 변화와 작은 결정과 큰 결정의 증기압의 차를 들 수 있다.

※ 빙결정 성장의 방지
- 급속 동결을 하여 빙결정의 크기를 될 수 있는 대로 같도록 할 것
- 동결종온을 낮추어 빙결률을 높임으로써 잔존하는 액상이 적도록 할 것
- 저장온도를 낮게 하여 증기압을 낮게 유지할 것
- 저장 중 온도의 변화를 없게(±1℃ 이내) 할 것

※ 최대빙결정생성대의 통과 시간에 따른 냉동품의 빙결정 분포 및 크기

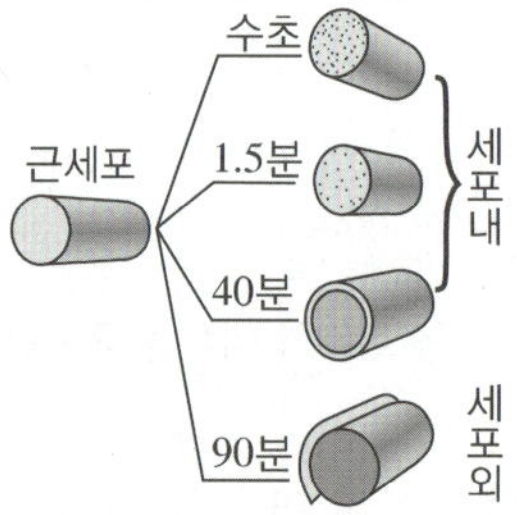

동결속도 (−5℃~빙결점 통과시간)	얼음의 위치	모 양	크기 (지름×길이)	세포 내
수초	세포내	바늘 모양	1~5μm × 5~10μm	동결 속도 > 물의 이동 속도
1.5분	세포내	막대 모양	5~20μm × 20~500μm	동결속도 > 물의 이동 속도
40분	세포내	기둥 모양	50~100μm × 1,000μm	동결속도 < 물의 이동 속도
90분	세포외	기둥 모양	50~200μm × 2,000μm	동결속도 < 물의 이동 속도

③ 급속동결과 완만동결

국제냉동협회에서 최대빙결정생성대의 통과 시간에 따라 급속동결과 완만동결로 구분한다.

㉠ 급속동결

- 냉동품에 작은 빙결정이 생성되어 손상이 적은 동결 방법이다.
- 일반적으로 최대빙결정생성대(−5~−1℃)를 단시간(30분 이내)에 통과하여 빙결정의 크기를 작게 함으로써 고품질의 제품을 제조하는 동결방법이다.
- 급속 동결에 의해 냉동식품을 제조하는 경우 빙결정의 크기를 작게 하여 조직의 파괴 및 단백질의 구조 파괴를 억제, 해동 중에 Drip의 유출로 인한 영양성분의 손실 억제, 동결시간을 단축하여 경제적인 손실 절감효과가 있다.

- 동결직후 또는 저장 초기에 해동하면 세포 내 동결, 세포 외 동결의 어느 쪽도 품질에는 큰 차이가 없으나 저장기간이 길어지면 세포 외 동결 쪽이 품질저하가 크게 된다.

※ 식품은 빨리 동결시키거나 낮은 온도에서 저장하면 빙결정의 크기가 작아 조직 손상이 적으나, 오랜 시간 동안 동결시키거나 높은 온도에서 저장하면 빙결정의 크기가 크게 되어 조직 손상이 크다. 따라서 냉동품의 품질은 최대빙결정생성대의 통과시간이 짧을수록 우수하다.

㉡ 완만동결

- 최대빙결정생성대(-5~-1℃)를 35분 이상 걸려서 통과하는 것이다.
- 완만동결은 냉동품에 큰 빙결정이 생성되어 조직 손상이 큰 동결 방법이다.
- 조직의 파괴 및 식품 중의 단백질 고차 구조의 파괴와 염 농축에 의한 단백질의 동결변성을 초래한다.

※ 일반적으로 동결식품의 빙결정은 보존온도가 높거나 보존기간이 경과하면 서서히 조직이 파괴된다. 냉동식품의 조직파괴 억제를 위하여 반드시 급속 동결과 저장온도의 저온 유지(-18℃ 이하) 및 보존 중의 온도 변화 억제 등을 실시하여야 한다.

※ 심온동결 : 온도중심점(온도가 가장 늦게 내려가는 지점)이 -18℃ 이하로 내려가게 하는 동결로, 식품의 동결에서는 급속 동결도 강조하지만 심온동결도 강조한다.

※ 급속동결과 완만동결의 차이점 비교

구 분	급속동결	완만동결
최대빙결정생성대 통과시간	짧 다	길 다
빙결정의 크기와 수	생성된 얼음의 핵이 미세하고 그 수가 많으며 세포 내에 균일하게 분산함	얼음 결정이 세포 외에 생겨 결정은 크고, 수분 분포가 불균일하여 세포가 수축됨
세포파괴의 유무	냉동하기 전과 비슷한 외형을 나타내어 품질이 우수함	해동 후의 식품품질은 크게 열화함

④ 수산냉동식품의 제조

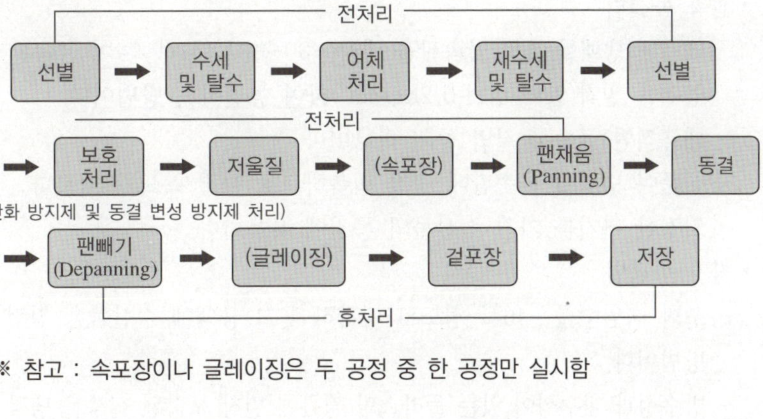

※ 참고 : 속포장이나 글레이징은 두 공정 중 한 공정만 실시함

㉠ 동결 전처리

- 수세 및 탈수 : 수산물을 선별한 다음 대형어는 분무 처리로, 소형어는 침지 처리로 수세하고 탈수한 후 목적에 맞게 어체 처리를 한다.
- 어체 처리, 재수세 및 탈수 : 어체 처리 중 발생한 혈액, 내장의 일부, 뼈, 껍질 및 비늘 등을 제거하기 위하여 수세하고 탈수한다.
- 선별 및 특별 전처리 : 크기, 손상 유무 등에 따라 재선별한 후 동결 처리 및 저장 중에 품질 저하를 방지할 목적으로 염수 처리, 가염 처리, 탈수 처리, 산화 방지제 처리 및 동결 변성 방지제 처리 등과 같은 보호 처리를 한다.
- 칭량 및 팬채움 : 어체를 저울질 하고, 건조 및 지질산화 방지를 위하여 팬채움을 실시한다.

※ 전처리 목적
- 경제성 : 불가식부에 해당하는 운임 및 보관료의 절약
- 편리성 : 불가식부의 사전 처리에 의해 조리의 편리
- 위생성 : 비위생적인 불가식부의 신속한 제거로 위생성 향상
- 품질저하 억제 : 데치기 등에 의한 효소실활로 품질저하 억제

㉡ 동 결

동결은 대형어와 중형어의 경우 개체 동결을 하고, 소형어의 경우 동결팬에 넣어 다음의 여러 가지 방법 중에서 선택하여 실시하여야 한다.

- 공기 동결법

정지 공기동결법 (완만동결)	• 자연대류에 의한 동결법으로 냉각관을 선반 모양으로 조립하고, 그 위에 식품 등을 얹은 다음 동결실 내의 정지한 공기 중에서 동결하는 방법이다. • 동결장치가 간단하고, 모양의 구애됨 없이 대량처리 가능하나 완만 동결로 품질이 저하된다.
송풍동결법	• 동결실이 상자터널형으로 식품을 TRAY RACK이나 컨베이어 위에 얹어 식품 표면에 차가운 냉풍(-40~-30℃)을 팬으로 순환(3~5m/s)시켜 단시간에 동결하는 방법이다. • 동결 속도가 빠르고 품질도 우수하여 수산물의 동결에 많이 이용된다.

- 접촉 동결법
  - 냉각된 냉매를 흘려 금속관을 냉각(-30~40℃)시킨 후 이 금속관 사이에 원료를 넣고 양면을 밀착(압력 0.1~0.2kg/cm^2)하여 동결하는 방법이다.
  - 대표적인 급속 동결법 중의 하나이다.
  - 식품이 냉각된 금속판에 직접 접촉하므로 동결 속도가 빠르다.
  - 일정한 크기를 가진 수산물의 동결에 유용하다.
- 침지 동결법
  - 포화 식염수를 -16℃ 정도로 냉각하여 그 용액에 수산물을 직접 침지하여 동결하는 방법이다.
  - 방수성과 내수성이 있는 플라스틱 필름에 밀착 포장된 식품을 냉각 브라인에 침지 동결하는 방법이다.

- 급속 동결법 중의 하나이며, 조작이 간편하다.
- 냉각된 식염수가 혈액이나 점액으로 오염되는 단점이 있어 포장된 가공식품의 동결에 이용된다.

• 액화 가스 동결법
- 식품에 직접 액체 질소와 같은 액화 가스를 살포하여 급속 동결하는 방법이다.
- 새우, 반탈각 굴 등과 같은 고가의 개체급속동결(IQF) 제품 등에 한정적으로 이용된다.
- 장점 : 초급속 동결이고, 연속작업이 가능하며, 동결장치에 맞지 않는 블록도 가능하다.
- 단점 : 설치비·운영비가 비싸고, 제품에 균열이 생길 우려가 있다.

㉢ 동결 후처리

• 동결이 끝난 냉동품은 팬으로부터 분리하고, 글레이징(건조나 산화 방지)을 실시하며, 포장재로 겉포장한다.

• 속포장 공정과 글레이징 공정은 두 공정 중 한 공정만을 실시한다.

⑤ 동결 저장 중 식품 성분의 변화

㉠ 수산물의 동결 처리 및 저장은 단백질의 변성에 의한 육의 보수력 저하, 색소의 변화, 승화 및 동결 화상, 드립의 발생 등으로 품질이 저하하여 소비자의 구매 의욕을 떨어뜨린다.

※ 동결 화상(Freezer Burn)
동결 화상은 동결 저장 중에 승화한 다공질의 표면에 산소가 반응하여 갈변한 현상으로 풍미가 낮아 소비자로부터 외면받으므로 주의하여야 한다.

㉡ 동결 저장 중 식품 성분의 변화 억제 방안 : 가염 처리, 인산염 처리, 글레이징, 동결 변성 방지제, 산화 방지제를 처리하거나 포장 처리 등에 의하여 다소 억제가 가능하다.

• 가염 처리 : 명태, 넙치, 가자미 등 백색육의 동결 및 해동 시 다량의 드립 발생으로 영양 및 중량감소와 조직감 등 품질 손실 → 3~5%의 식염수용액(0~2℃)에 침지(0.5~1hr)로 저급품화 방지

• 인산염 처리 : 단백질의 변성은 pH 6.5 이하에서 진행되므로, 인산염 처리로 pH 6.5~7.2 정도 유지하여 금속 등 변성 촉진 인자 봉쇄로 단백질 변성을 억제한다.

• 산화 방지제 처리 : 유리지방산 생성과 단백질 변성촉진을 방지한다.

※ 산화 방지제의 종류 및 사용법

수용성 방지제	종 류	아스코르브산, 아스코르브산나트륨, 이소아스코르브산, 이소아스코르브산나트륨 등
	사용법	0.5~2.0% 수용액을 만들어 5~10분간 침지한 후 동결
유용성 방지제	종 류	BHA, BHT, 토코페롤 등
	사용법	에탄올에 10~20%가 되도록 녹이고, 물로 최종 농도 0.01~0.02%가 되도록 희석하여 5~10분간 침지한 후 동결
수용성이든 유용성이든 대상 식품은 유도기 이전의 식품이어야 함		

• 삼투압 탈수 처리 : 빙결정에 의한 품질저하를 방지한다.
• 포장 처리 : 공기차단에 의한 산화 방지, 수분의 증발 및 승화 방지에 의한 감량 방지를 한다.
• 글레이징 처리(빙의처리) : 공기를 차단하여 건조 및 산화에 의한 표면의 변질을 방지한다.

04 수산물의 냉동과 냉동식품

(1) 냉동의 개요

① 냉동의 원리

㉠ 냉동은 냉각하고자 하는 물질로부터 열을 빼앗아 주위 온도보다 저온으로 하고 유지하는 과정이다.

㉡ 냉동의 원리는 어떤 물질이 상변화 할 때 주위로부터 열을 흡수하거나 방출하는 물리적 성질을 이용한 것이다. 예를 들면 땀 흘린 후 바람을 맞으면 시원함을 느끼는 것도 일종의 냉동 원리이다.

② 냉동 능력

㉠ 냉동 능력 : 0℃의 물 1톤을 24시간 동안에 0℃의 얼음으로 만드는 데 소요되는 열량을 처리할 수 있는 능력을 말한다.

㉡ 우리나라의 냉동톤

• 우리나라 냉동 업계에서는 냉동 능력의 단위로 냉동톤을 사용한다.
• 우리나라에서 1냉동톤은 0℃의 물 1톤을 24시간 동안에 0℃의 얼음으로 변화시키는 냉동능력으로, 1시간에 3,320kcal의 열을 제거하는 냉동능력을 말한다(국제표준단위 사용).

㉢ 제빙톤

• 1제빙톤은 24시간 동안에 얼음을 생산하여 낼 수 있는 능력을 말한다.
• 제빙능력을 표시하는 단위이다.

(2) 냉동의 방법

냉동 방법은 물질이 상태를 변화시킬 때에 다량의 잠열을 필요로 하는 성질을 이용한 것이다. 현재 사용하고 있는 냉동 방법에는 액체의 증발열을 이용하는 방법, 얼음의 융해열이나 드라이아이스의 승화열을 이용하는 방법, 증기의 팽창을 이용하는 방법, Peltier의 효과를 이용하는 방법 등이 있다. 공업적으로 가장 많이 사용하고 있는 방법은 증발열을 이용하는 것으로서, 증기압축식 냉동법(압축기, 응축기, 팽창밸브, 증발기로 구성), 흡수식 냉동법 등이 여기에 속한다.

※ 펠티에 효과

서로 다른 두 금속의 도체선의 양 끝을 접합하고 이들 회로에 직류전류를 흐르게 하면 한쪽의 접점에서는 발열이 일어나고, 다른 쪽 접점에서는 흡열이 일어나는 현상을 말한다. 이 현상을 이용하는 냉동법을 열전 냉동이라고도 한다.

① 자연 냉동법

얼음, 액화 질소, 액화 천연 가스, 드라이아이스, 눈 또는 얼음과 염류 및 산류의 혼합제를 이용하여 냉동하는 방법이다.

㉠ 융해열을 이용하는 방법 : 대기압 하에서 얼음이 융해될 때(녹을 때) 주위로부터 열을 흡수(온도 0℃에서 79.68kcal/kg 흡수)하는 원리를 이용한 방식이다(수빙법, 쇄빙법).

㉡ 승화열을 이용하는 방법 : 드라이아이스(Dry Ice)가 고체 상태에서 기체 상태(이산화탄소)로 승화할 때 주위로부터 열을 흡수(-75.8℃에서 약 137kcal/kg의 열을 흡수)하는 원리를 이용한 방식으로, 얼음보다 저온을 얻을 수 있다. 또한 작용 후 기체 상태로 변화되어 뒤처리가 편리하여 냉동식품의 간단한 저장 및 운반에 이용된다.

㉢ 증발열을 이용하는 방법 : 어떤 물질이 액체(액체질소, 액체이산화탄소)가 기체(질소가스, 탄산가스)로 될 때는 증발잠열(질소 : -196℃에서 48kcal/kg, 이산화탄소 : -78℃에서 137kcal/kg)을 피냉각 물질로부터 흡수하게 되는 원리를 이용하는 방법이다(IQF).

㉣ 기한제를 이용하는 방법 : 서로 다른 두 물질을 혼합하면 한 종류만을 사용할 때보다 더 낮은 온도를 얻을 수 있는 원리로, 얼음이나 눈에 소금을 혼합하였을 때 얼음의 융해열과 소금의 융해열이 상승 작용을 하여(-18~-20℃의 저온) 주위의 열을 흡수하는 방법이다. 이와 같은 혼합물을 기한제라 한다(침지식 냉동).

② 기계적 냉동법

증발하기 쉬운 액체를 증발시키고 그 증발열을 이용하여 물체를 냉각시켜 냉동하는 방법으로 증기 압축식, 흡수식, 공기 압축식, 진공식, 전자 냉동식 등과 같은 기체장치를 이용한 냉동 방법이고, 이 중에서 식품 산업에서는 주로 증기 압축식이 이용된다.

㉠ 증기 압축식 냉동기

- 액화 가스의 증발잠열을 이용하고 증발한 가스를 압축하여 다시 이용할 수 있도록 하여 연속적으로 냉동작용을 한다.
- 대기압에 가까운 압력에서 증발하기 쉬운 냉매(암모니아, 프레온 등)를 증발기에서 증발시키고 이를 압축기에서 압축시킨 후 응축기에서 다시 응축시키는 과정을 반복함으로써 냉동 목적을 달성한다.
- 냉동장치의 구성은 압축기, 응축기, 팽창밸브, 증발기 및 기타 부속기기(수액기 등) 등으로 구성된다.
- 작동매체(냉매)는 암모니아, 프레온(Freon)계 냉매가 주로 사용된다.
- 현재 가장 많이 이용되고 있는 냉동법이다.

㉡ 흡수식 냉동법(Absorption Refrigeration)

- 저온을 생성하는 냉매와 흡수하는 물질을 이용하여 냉매의 연속적인 증발을 유도하는 방법이다.
- 증기 압축식은 압축기를 사용하여 가스를 압축하지만, 흡수식은 흡수기(Absorber)에서 흡수제의 화학작용으로 냉매 증기를 흡수하고, 발생기에서 가열, 분리하여 처리하는 것이 다르다.
- 압축기 대신에 흡수기와 발생기를 사용하며, 증발기와 응축기는 증기압축식과 같이 가지고 있다.
- 흡수식은 기계적인 일 대신에 열에너지를 이용하는 것으로 가열원으로는 LNG, LPG, 기름 및 폐열 등을 이용할 수 있으나 효율이 낮다.
- 폐열을 이용할 수 있는 곳에 적합하고, 냉매와 흡수제의 종류에 따라 저온의 열원도 이용 가능하다.

㉢ 흡착식 냉동법

- 냉매가 증발과 액화를 반복하여 냉동목적을 달성하는 것은 증기 압착식 및 증기 흡수식 냉동법과 동일하다.
- 압축기 및 흡수기 대신에 흡착제가 내재된 흡착기를 사용한다. 흡수식에는 흡수용액이 냉매와 같이 순환하지만 흡착식에서는 흡착제는 고정되어 있고 냉매만 순환한다는 점이 다르다.
- 흡착제는 실리카겔, 제오라이트, 활성탄 등이 있으나 주로 실리카겔을 사용한다.
- 흡수식 냉동기와 같이 비프레온화와 폐열을 이용하는 냉동방식이다.

㉣ 공기 냉동법

- 고압상태의 공기가 저압상태로 단열 팽창할 때 주위에서 열을 흡수하는 작용을 이용하여 저온을 얻는 방법이다.
- 공기 냉동사이클은 냉매인 공기를 압축하여 고온고압으로 된 압축공기를 상온(常溫) 부근까지 냉각한 후 팽창 터빈에서 팽창시켜 저온을 얻는 방식이다.
- Joule-Thomson(압축공기나 기체를 팽창시킬 때에 공기의 온도가 내려가는 것)효과를 이용하는 냉동법이다.
- 피스톤형 압축기 및 팽창기를 이용하면 냉동능력에 비해 부피가 크고, 효율이 저하되어 주로 초저온용으로 사용된다.
- 효율은 낮지만 소형·경량이기 때문에 주로 항공기 공조용으로 많이 사용된다.

㉤ 전자 냉동법(열전식 냉동법)

- 펠티에에 의해 발견된 열전효과의 하나인 펠티에 효과를 이용한 것이다.
- 성질이 다른 2종의 금속도체의 접합하여 전류를 통하면 한쪽 접합점에서는 열을 방출하고, 다른 한쪽 접합점에서는 열을 흡수하는 현상을 이용한 것이다.
- 압축기, 응축기, 증발기와 냉매가 없고, 움직이는 부품과 소음이 없다.

- 소형으로 수리가 간단하며 수명은 반영구적이다.
- 다양한 용량으로 제작할 수 있으며, 용량조절도 간단히 조절할 수 있다.
- 단점은 가격이 비싸고, 효율에 결점이 있다.
- 가정용 소형냉장고, 자동차용 냉장고, 전자기의 냉각, 광통신용 반도체 레이저 냉각, 의료·의학 물성실험장치 등 특수 분야에 적용되고 있다.
- 많이 사용하는 재료는 비스무트 텔루륨, 안티몬 텔루륨, 비스무트 셀레늄 등이 있다.

ⓗ 증기분사 냉동법

- 증기압축 냉동의 일종으로 압축기 대신 증기 이젝터(Steam Ejector) 내에 있는 노즐을 통해 다량의 증기를 분사할 때의 부압작용에 의하여 진공을 만들어 냉동작용을 하는 방법이다.
- 증기분사 냉동장치는 대부분 수증기에 의해 작동되므로 증기분사 냉동기라 하며, 회전하는 부분이 없고 공기 밀봉이 잘되어 증발기 측에 고진공을 얻을 수 있다.
- 배출 증기가 풍부한 공장에서 냉수를 만드는 장치 등에 이용하여 배출 증기를 유효하게 이용할 수 있다.

(3) 냉 매

① 냉매의 개요

㉠ 냉매란 냉동장치, 열펌프, 공기조화장치 등의 냉동사이클 내를 순환하면서 저온부(증발기)에서 흡수한 열을 응축기를 통하여 고온 측으로 열을 운반하는 작동유체이다.

㉡ 냉매는 열을 흡수 또는 방출할 때 냉매의 상태 변화 과정의 유무에 따라 1차 냉매와 2차 냉매로 나눌 수 있다.

- 1차 냉매 : 증발 또는 응축의 상태 변화 과정을 통하여 열을 흡수 또는 방출하는 냉매
  - 자연냉매(무기화합물) : 물, 암모니아, 질소, 이산화탄소, 프로판, 부탄 등[탄화수소(HC) : 메탄(R-50), 에탄(R-170), 프로판(R-290), 부탄(R-600), 아이소부탄(R-600a), 프로필렌(R-1270) 등]
  - 프레온계 냉매 : R-11(CCl_3F), R-22($CHClF_2$), R-134a(CH_2FCF_3), R-502(R-22+R-115) 등
  - 혼합냉매 : 두 종류의 프레온계 냉매를 혼합한 것으로 조성에 따라 끓는점의 변화가 없는 성질을 갖고 있으며, 단일 냉매처럼 사용 공비혼합냉매, 비공비혼합냉매가 있음
- 2차 냉매(Brine, 브라인) : 상태변화 없이 감열을 통하여 열 교환을 하는 냉매
  - 무기계 : 염화칼슘, 염화나트륨 및 염화마그네슘 등
  - 유기계 : 에틸렌글리콜, 프로필렌글리콜 및 에틸알코올 등

② 냉매의 구비조건

㉠ 물리적 조건

- 저온에서도 증발압력은 대기압보다 조금 높아야 한다.
- 응축압력은 적당히 낮아야 한다.

• 증발 잠열이 크고, 액체 비열이 작아야 한다.
• 증기의 비체적이 작아야 한다.
• 압축기 토출 가스의 온도가 낮아야 한다.
• 임계온도가 높고 상온에서 반드시 액화하여야 한다.
• 전기 절연성, 절연내력이 커야 한다.
• 응고점은 냉동 장치의 사용온도 범위보다 낮아야 한다.
• 누설 탐지가 용이하며, 유체의 점성이 낮아야 한다.

㉡ 화학적 조건

• 부식성, 인화성, 폭발성이 없어야 한다.
• 불활성이고, 화학적으로 안정해야 한다.
• 윤활유에 대한 용해도가 적절해야 한다.

㉢ 기타 조건

• 독성이나 자극성이 없고, 성능계수가 커야 한다.
• 누설되어도 냉동・냉장품에 손상을 주지 않아야 한다.
• 값이 저렴하고, 시공 및 취급이 쉬워야 한다.
• 악취가 없고, 지구환경에 대한 악영향이 없어야 한다.

③ 냉매의 종류

㉠ 암모니아 냉매

• 암모니아는 열역학적 특성 및 높은 효율을 지닌 냉매로 냉동, 냉장, 제빙 등 산업용의 증기 압축식, 흡수식 냉동기의 작동유체로 사용되어 왔다.
• 암모니아는 증발 압력, 응축 압력, 임계 온도, 응고 온도가 모두 냉매로서 적당하다.
• 증발열(전열)이 현재 사용되고 있는 냉매 중에서 가장 크고, 냉동효과가 크다.
• 가격이 저렴하고 설비유지비와 보수비용이 적으며 취급이 용이하다.
• 암모니아는 독성이 강하고 가연성이며, 불쾌한 냄새와 강한 자극성을 가지고 있을 뿐만 아니라 아연, 구리 및 주석 등을 부식시킨다.
• 윤활유와 용해하지 않기 때문에 유회수가 힘들고, 수분에 의한 에멀션 현상을 일으킨다.
• 비열비가 높아 토출가스의 온도가 상승하므로 실린더를 냉각시키는 장치가 필요하다.

※ 암모니아 및 프레온 냉매의 응용 분야

암모니아	프레온계 냉매			
	R-22	R-13	R-134a	R-502
저온 창고, 제빙, 스케이트 링크	저온 창고, 쇼케이스	저온 사이클	에어컨, 전기 냉장고	쇼케이스

㉡ 프레온계 냉매

- 프레온은 미국 제조회사의 상품명이고, 정식 명칭은 플루오르화염화탄소이다.
- 프레온계 냉매는 R-11(CCl_3F), R-22($CHClF_2$), R-134a(CH_2FCF_3), R-502(R-22+R-115) 등이 있다.

※ 프레온 냉매
- CFC계 : 염소(Cl), 불소(F), 탄소(C)로 구성된 염화불화탄소로서 R-11, R-12, R-113, R-114, R-115 등이 포함
- HCFC계 : 수소가 한 개 이상 포함되어 있는 수소화불화탄소로서 R-22, R-123, R-124, R-141b, R-142b 등이 포함
- HFC계 : R-32, R-125, R-134a, R-143a, R-152a 등

- 화학적으로 안전하여 연소성, 폭발성의 염려가 없고, 독성과 냄새가 없다.
- 열에 안정적이고, 비등점의 범위가 넓으며 전기절연 내력이 크다.
- 구입과 취급이 용이하다.
- 전기 절연물을 침식시키지 않으므로 밀폐형 압축기에 적합하고, 윤활유에는 잘 용해되지만 물에는 잘 용해되지 않는다.
- 800℃ 이상의 화염에 접촉되면 독성가스가 발생하고, 오존층파괴 및 지구온난화에 영향을 미친다.
- 수분이 침투하면 금속에 대한 부식성이 있고, 천연고무나 수지를 부식시킨다.

㉢ 브라인

- 브라인이란 증발기 내에서 증발하는 냉매의 냉동력을 피냉각물로 전달하여 주는 부동액을 말하며 간접냉매, 2차 냉매라 한다.
- 냉각방식은 보통의 냉동장치처럼 냉매의 증발잠열로 대상물을 냉각시키는 것이 아니라 액체의 열전달 매체를 냉각해서 대상물을 냉각시킨다.
- 브라인은 상태변화를 하지 않고 항상 액체 상태를 유지하면서 현열교환을 통해서 열을 이동시키는 열전달 매체이다.
- 브라인 장치는 경제적·안전성이 있고, 열용량이 크므로 온도가 일정하게 유지하는 곳에 많이 이용된다. 항온조가 대표적인 장치이다.
- 무기계는 염화칼슘, 염화나트륨 및 염화마그네슘이 있다.
- 유기계는 에틸렌글리콜, 프로필렌글리콜 및 에틸알코올 등이 있다.
- 브라인의 구비조건
  - 비점이 높고, 비열이 크며, 열전달 작용 및 열안전성이 양호할 것
  - 응고점, 점도가 낮고 비중이 적당할 것
  - 가격이 싸고 취급이 용이하고 부식성이 없을 것

(4) 냉동식품

① 냉동식품의 개요

㉠ 냉동식품의 정의

- 냉동식품은 전처리, 급속동결, 심온동결 저장 및 소비자용 포장이 된 식품을 말한다.
- 냉동식품이라 함은 가공 또는 조리한 식품을 장기 보존할 목적으로 동결 처리하여 용기, 포장에 넣어진 것으로 냉동보관을 요하는 식품을 말한다.

㉡ 냉동식품의 특성

- 저장성 : 품온 저하와 신선도 유지(생원료와 유사한 조직적 특성이 있음)
- 편리성 : 전처리(불가식부의 제거)가 되어 있어 편리하고, 전자레인지 등 조리가 간편함
- 안전성 : 저온(−18℃ 이하) 저장이 1년 이상 가능하여 품질 안전성이 인정되는 식품
- 가격 안정성 : 원료의 장기보존이 가능하여 가격 안정화를 기할 수 있음
- 유통 합리화 : 냉동식품은 일시에 대량으로 어획되는 원료를 구매하고 제조하여 연중 고르게 유통시킴으로써 유통의 합리화를 시도할 수 있음

② 냉동식품의 종류

㉠ 소재에 따른 분류 : 수산물, 농산물, 축산물, 조리식품 등

㉡ 가열시기에 따른 분류

- 가열하지 않고 섭취하는 식품 : 동결 전의 가열 유무에 관계없고, 먹기 전에 가열 없이 그대로 식용하는 냉동식품
- 가열 후 섭취 냉동식품
  - 동결 전 가열식품 : 대부분의 조리식품으로 식용 시 가열
  - 동결 전 비가열식품 : 전 제품 비가열 냉동식품과 일부 원료 비가열 냉동식품으로 식용 시 가열

㉢ 소비용도에 따른 분류 : 업무용(학교급식, 산업체 급식, 식당), 가정용(일반용)

③ 우리나라 식품위생법규에서 냉동식품의 분류와 냉동식품의 기준규격

㉠ 식품위생법규에서 냉동식품은 크게 가열하지 않고 섭취하는 냉동식품과 가열하여 섭취하는 냉동식품으로 분류한다.

㉡ 가열하여 섭취하는 냉동식품은 다시 냉동 전 가열 식품과 냉동 전 비가열 식품으로 분류한다.

㉢ 식품위생법규에서는 냉동식품에 대하여 세균수, 대장균군, 대장균 및 유산균수에 대하여 규정하고 있다.

항 목 \ 종 류	가열하지 않고 섭취하는 식품	가열하여 섭취하는 식품	
		냉동 전 가열 식품	냉동 전 비가열 식품
세균수	1g당 10^5 이하(다만, 발효 제품 또는 유산균 첨가 제품은 제외)	1g당 10^5 이하(다만, 발효 제품 또는 유산균 첨가 제품은 제외)	1g당 3.0×10^5 이하(다만, 발효 제품 또는 유산균 첨가 제품은 제외)
대장균군	1g당 10 이하	1g당 10 이하	−
대장균	−	−	음 성
유산균수	표시량 이상(유산균 첨가 제품에 한함)		

(5) 냉동품의 해동

① 해동의 개요

㉠ 해동은 냉동품을 해동 매체인 공기, 물, 얼음, 증기, 금속판, 오븐 등으로 녹이는 조작을 말한다.

㉡ 해동은 냉동의 역순으로 가능한 한 Drip의 발생이 적어야 한다. 해동속도, 해동종온, 해동환경은 식품의 종류와 용도에 따라 결정되어야 한다.

㉢ 해동에 의하여 육질이 연화되고, 미생물 및 효소의 활동이 용이하며, 산화가 용이하고, 표면이 건조되며, 맛 성분 및 영양 성분의 손실이 발생된다.

※ 해동식품이 미해동 식품에 비하여 선도저하가 빠르고 부패하기 쉬운 이유
- 해동에 의한 조직 변화로 표면세균이 내부로 침투한다.
- 연약한 조직으로 미생물의 침입 및 증식이 용이하다.
- Drip(아미노산, 비타민군 등)이 미생물 증식의 영양원이 된다.

② 드립(Drip)

㉠ 개 념
- 동결식품을 해동하면 빙결정이 녹아서 생성된 수분이 육질에 흡수되지 못하고 체액이 분리되어 나오는데, 이것을 Drip이라 한다.
- 드립이 유출되면 식품성분 중 수용성 성분(단백질, 염류, 비타민류, 아미노산, 퓨린, 액스성분 등)이 빠져나오고 풍미물질도 흘러나와 식품가치를 저하시키고 무게도 감소한다.

㉡ Drip의 발생원인
- 빙결정에 의한 육질의 기계적 손상이나 세포의 파괴
- 체액의 빙결분리
- 단백질의 변성
- 해동경직에 의한 근육의 이상적 강수축 등

㉢ Drip 발생의 양
- 일반적으로 원료가 신선하고 같은 중량이라도 표면적이 적을수록, 동결속도가 빠르고 동결냉장 온도가 낮을수록, 동결냉장기간이 짧을수록 드립이 적다.
- 절단한 근육에 비해 절단하지 않는 것이 드립이 적다.

• 식염, 당류, 중합인산염을 첨가할수록 드립이 적다.
• 수분함량이 많을수록, 지방함량이 적을수록 드립이 많다.
• 해동은 0℃ 부근에서 거의 완료되나 그 조건을 그대로 두면 품온은 더욱 상승하여 변질이 급속히 진행하게 된다. 따라서 해동 후 중심온도는 0~5℃ 정도를 유지하는 것이 좋다.

㉣ Drip의 발생 양을 줄이기 위한 방법
• 선도가 좋은 원료를 선택한다.
• 급속동결을 실시한다.
• 냉장온도를 낮추고, 냉장기간을 짧게 한다.
• 온도의 상하 변동을 적게 한다.

③ 수산 냉동품의 해동 정도

수산 냉동품의 해동은 완전 해동, 반해동, 별도의 해동이 불필요한 경우, 해동시켜서는 안 되는 경우 등과 같이 목적에 맞게 4종류의 해동 방법 중 하나를 선택하여 실시하여야 한다.

㉠ 완전 해동 : 해동 종료 온도는 빙결점 이상의 온도(얼지 않은 온도대)에서 가능한 낮은 온도가 좋다(냉동고등어).

㉡ 반해동 : 해동 종료 온도는 칼로 절단할 수 있는 정도(온도 중심점이 −3℃)가 좋다(냉동연육).

※ 일반적으로 반해동을 하면 칼질이 용이하고 완전해동으로 인한 시간경과, Drip 발생, 선도저하 방지에 효과적이다.

㉢ 별도의 해동이 불필요한 제품 : 개체 동결식품 등

※ 개별냉동식품 : 새우 등과 같은 고급품을 냉동 팬 속에 넣어 덩어리로 동결하는 방법 대신에 1959년경부터 미국에서는 액체질소를 사용하여 한 개씩 사용할 수 있도록 각각 냉동한 식품

㉣ 해동시켜서는 안 되는 제품 : 생선 패티, 스틱 등

④ 해동 방법

수산 냉동품의 해동 방법은 공기, 물, 금속, 전기와 같은 해동 매체에 따라 공기 해동법, 수중 해동법, 접촉 해동법, 전기 해동법, 이들 해동 매체를 조합한 조합 해동법 등이 있다.

㉠ 공기 해동법
• 공기를 매체로 해동하는 방법이다.
• 정지공기 해동법(자연해동방법)은 모든 피해동법에 이용이 가능하나 해동시간이 길고, 장소를 많이 차지한다.
• 풍속 해동법은 해동 시간이 짧다.

㉡ 수중 해동법
• 적당한 온도의 수중에서 해동시키는 방법으로 정지법, 유동법, 살포법이 있다.
• 열전달률이 공기보다 커서 해동 속도가 훨씬 빠르다.
• 수산물 가공 공장에서 가장 많이 사용되고, 원형 및 블로형 동결어의 해동에 적합하다.
• 해동수가 오염되기 쉽고, 폐수 처리 비용이 많이 든다.

㉢ 접촉 해동법

- 25℃의 온수가 흐르는 금속판 사이에 해동하려는 동결원료를 끼워 피해동품에 접촉시켜 해동시킨다.
- 동결 연육의 해동에 많이 이용된다.

㉣ 전기 해동법

- 고주파(915~2,450MHz)나 초단파(13, 27, 40MHz)를 이용하는 유전가열법에 의한 해동방법이다.
- 전기 해동방법은 피해동품의 내부에서 가열하는 내부가열방식으로 짧은 시간에 해동이 가능하다.

㉤ 조합 해동법 : 살포형, Air-blast형, 고주파형 해동장치를 조합한 장치를 이용하여 해동하는 방법

(6) 저온과 미생물

① 미생물의 발육과 온도

미생물은 증식 최적 발육 온도에 따라 10~20℃ 범위의 저온성균, 25~40℃ 범위의 중온성균, 45~60℃의 호열성균으로 분류한다.

고온성세균 (호열성 세균)	중온성 세균이 사멸되는 75℃에서도 발육 45~60℃에서 최적 온도대, 최저 온도대 40℃
중온성 세균	20~40℃에서 생육, 37℃ 전후 최적 온도대, 0℃ 이하 및 50℃ 이상에서는 증식이 안 되며 병원성 세균 등이 대부분 여기에 포함
저온성 세균 (호냉성 세균)	20℃ 부근이 최적 생육 온도대이나 7℃ 이하도 생육을 잘하며, 0℃에서도 2주간 이내에 증식 (대표적인 저온성균은 비브리오(Vibrio) 및 슈도모나스(Pseudomonas) 등)

② 미생물의 저온 사멸

㉠ 콜드 쇼크(Cold Shock)

- 식품을 급속히 냉각하여 빙결점(어는 점) 이상에서 일부의 균이 사멸하는 현상이다.
- 콜드 쇼크는 저온세균 < 고온 및 중온 세균, GRAM 양성균 < GRAM 음성균
- 식품을 급속히 냉각함으로써 세균의 세포막이 손상을 받아 세포 내 성분(핵산, 펩타이드, 효소, 아미노산, 마그네슘 등)이 유출되어 증식이나 대사활성 등이 저하된다.

㉡ 최대빙결정생성대

- 최대빙결정형성대에서는 미생물의 증식이 정지하나 일부 효소계가 작용하고 있어 대사계에 불균형이 생겨 차츰 사멸한다.
- 최대 빙결정 형성대보다 저온으로 처리하면 생리적 기능이 완전 정지 휴면상태로 된다.
  예 대장균 등 미생물은 대체로 빙결점 부근에서 사멸

㉢ 동 결

- 미생물을 동결하는 경우 세포 내의 빙결정의 생성, 탈수, 염류 농축 등의 작용을 받아 여러 가지 장해가 일어난다.
- 동결은 세포막의 투과성 파괴로 세포성분의 유출, 유해물질의 침입, 환경인자의 감수성 증대 또는 세포구조가 기계적으로 파괴되어 사멸하게 된다.
- 일반적으로 동결속도가 빠를수록 사멸률이 높다.

※ 동결은 다른 저장 방법에 비하여
- 향미, 식감 및 식품 고유의 품질변화가 적다.
- 미생물의 증식에 의한 변패가 거의 없다.
- 화학적, 물리적, 생물학적 요인의 식품변질의 억제가 가능하다.
- 단, 동결처리는 살균작용이 없어 해동하면 동결 전의 상태가 되므로 식품의 부패 및 식중독 등에 주의해야 한다.

③ 수산물의 저온 저장과 식중독 세균

㉠ 식중독 세균

- 식중독 발병 한계 온도가 일반적으로 10℃로 알려져 있다.
- 10~40℃에서 빨리 증식, 5~10℃ 완만 증식, 5℃ 이하에서는 증식하지 않는다.

㉡ 저온성 세균

- 식중독 발병 한계 온도보다 낮은 온도인 냉장고 온도에서 충분히 증식할 수 있다.
- 0℃까지 신속히 증식, 0~-10℃ 완만 증식, -10℃ 이하에서는 증식이 중지되고 사멸된다.
- 저온 세균은 저온에서도 세포막의 유동성, 기질 투과성 기능의 유지, 단백질 합성이 가능하기 때문에 저온 영역에서 증식 가능하다.

※ 냉장고에 저장 중인 식품은 식중독 세균으로부터는 안전하지만 저온 세균으로부터는 자유롭지 못하기 때문에 냉장 식품의 경우도 변질에 유의하여야 한다.

CHAPTER 02

적중예상문제

01 세균의 증식을 억제하는 수분활성도는?

① 0.88 ② 0.90

③ 1.00 ④ 1.10

해설 미생물이 생육할 수 있는 최저 수분활성도는 대체로 세균 0.9, 효모 0.88, 곰팡이 0.80이다.

02 곰팡이, 효모 등 미생물의 가열살균에 의해 저장성이 증가된 식품은?

① 건제품 ② 냉동품

③ 레토르트 파우치 ④ 염장품

해설 곰팡이, 효모 등의 미생물은 넓은 pH와 낮은 수분활성도에서도 생육이 가능하나 열에는 대체로 약하여 100℃에서 가열하면 대부분 사멸한다. 대표적인 수산식품으로는 어패류 통조림 및 레토르트 파우치 제품이 있다.

03 클로스트리듐 보툴리눔 포자를 가열살균 온도 100℃에서 사멸에 필요한 시간이 330분이었다. 110℃로 가열 시 사멸에 필요한 시간은?

① 300분 ② 200분

③ 100분 ④ 33분

해설 클로스트리듐 보툴리눔 포자를 살균하는 데 걸리는 시간은 가열 온도가 높을수록 살균시간이 줄어든다. 즉, 내용물의 종류와 형상에 따라 다르나 대체로 살균온도가 10℃ 증가하면 살균시간은 1/10로 줄어든다.

04 클로스트리듐 보툴리눔균의 내열성이 가장 큰 pH값은?

① 3.0 ② 4.0

③ 5.0 ④ 6.0

해설 **클로스트리듐 보툴리눔(*Cl. botulinum*)의 살균** : 내열성 포자를 형성하고, 치사율이 높은 독소를 생성하는 균으로 pH 4.6 미만의 산성 조건에서는 증식이 억제된다. 그러나 내열성이 가장 큰 pH값은 6.0이다.

정답 1 ② 2 ③ 3 ④ 4 ④

05 수분활성도에 대한 설명으로 옳지 않은 것은?

① 수분활성도가 낮을수록 지질 산패가 억제된다.

② 동일한 농도에서 식염이 설탕보다 높고 수분활성도 저하 능력이 우수하다.

③ 솔비톨을 첨가하면 수분활성도가 저하된다.

④ 일반적으로 곰팡이는 수분활성도 0.8 이하에서는 증식하지 않는다.

해설 수분활성도가 낮을수록 미생물의 증식이 억제된다. 그러나 지질 산화 속도는 지나치게 수분활성도가 낮으면 오히려 빨라진다.

06 다음 중 산화방지제가 아닌 것은?

① 디부틸하이드록시톨루엔

② 부틸하이드록시아니솔

③ 아스코브산

④ 소브산

해설 소브산 및 소브산칼륨, 소브산칼슘 등은 미생물의 증식을 억제하는 첨가물(식품보존료)이다.
※ 산화방지제에는 수용성인 비타민 C와 지용성인 비타민 E, 부틸하이드록시아니솔(BHA)과 디부틸하이드록시톨루엔(BHT)이 있다.

07 다음 중 식품의 저장 등에 대한 설명으로 틀린 것은?

① 식품을 동결하면 미생물이 완전 살균되므로 안전한 저장법이다.

② pH 4.6 이상의 저산성 식품은 고온 살균하여야 하나, pH 4.6 미만의 산성 식품은 저온 살균한다.

③ 식염을 첨가하면 수분활성도가 저하하고 미생물의 원형질 분리가 일어나 식품의 저장성이 증가된다.

④ 식품조사 처리에 사용하는 감마선 방출 선원은 60Co이다.

해설 식품을 동결하여도 미생물이 완전 살균되지 않으므로 해동되어 식품의 온도가 높아지면 미생물이 다시 증식된다.

5 ① 6 ④ 7 ① 정답

08 다음 중 세균성 독소형 식중독의 원인균은?

① 장염 비브리오균　　② 살모넬라
③ 황색포도상구균　　④ 노로바이러스

해설 세균성 식중독균

감염형	장염비브리오균, 살모넬라균 등
독소형	황색포도상구균, 클로스트리듐 보툴리늄균 등

09 미생물 내열성에 관하여 올바르게 설명한 것은?

① 세균의 내열성은 중성에서 약하나 산성에서는 강하다.
② 저산성 통조림은 고온 살균한다.
③ −20℃로 냉동하면 세균은 완전 사멸되지 않고 증식이 억제된다.
④ 포자가 영양 세포보다 내열성이 강하다.

해설 세균의 내열성은 일반적으로 중성에서는 강하나 산성에서는 약하므로 pH 4.6 이상의 저산성 수산물 통조림은 고온 살균을 한다.

10 미생물 생육에 대한 설명으로 옳지 않은 것은?

① 미생물의 생육 최적 온도에서 중온균은 10~20℃이다.
② 대부분의 식품 미생물은 중온균에 속한다.
③ 일반적으로 식품을 가열 처리하면 미생물 세포의 단백질이 변성되어 사멸한다.
④ 어패류의 주요 부패균인 슈도모나스 속은 저온균에 속한다.

해설 ① 미생물의 생육 최적 온도는 저온균은 10~20℃, 중온균은 25~40℃, 고온균은 45~60℃이다.

11 수산식품의 대표적인 효소적 갈변인 새우 흑변과 관련이 가장 적은 것은?

① 티로시나제　　② 멜라닌
③ 산성아황산나트륨　　④ 소브산

해설 흑변은 새우 등의 갑각류에 함유되어 있는 티로시나제에 의해 아미노산의 종류인 티로신이 검정 색소인 멜라닌으로 변하기 때문에 나타난다. 흑변을 억제하기 위해서는 산성아황산나트륨($NaHSO_3$) 용액에 침지 후 냉동 저장하거나 가열 처리하여 효소를 불활성화시켜야 한다.

정답 8 ③ 9 ② 10 ① 11 ④

12 갈변에 의한 변질과 관련이 적은 것은?

① 마이야르 반응
② 캐러멜 반응
③ 감광체
④ 아스코브르산 산화 반응

해설 비효소적 갈변은 마이야르 반응(Maillard Reaction), 캐러멜 반응, 아스코르브산 산화 반응이 있다. 감광체는 산화와 관련이 있다.

13 다음 중 지질 분해에 관여하는 효소는?

① 카르보하이드레이스
② 프로테이스
③ 라이페이스
④ 아밀레이스

해설 지질분해효소(라이페이스), 탄수화물분해효소(카르보하이드레이스), 단백질분해효소(프로테이스), 핵산분해효소(뉴클레이스), 녹말분해효소(아밀레이스) 등이 있다.

14 다음 중 메일러드 반응과 관련이 없는 것은?

① 아미노 카르보닐 반응
② 라이신
③ 멜라노이딘
④ 소비톨

해설 ④ 소비톨은 동결에 의한 단백질 변성 방지제이다.
메일러드 반응은 아미노산 등에 있는 아미노기와 포도당 등에 있는 카르보닐기가 여러 단계 반응을 거친 후 갈색의 멜라노이딘 색소를 생성하는 반응으로 아미노 카르보닐 반응(Amino-carbonyl Reaction)이라고도 한다. 메일러드 반응은 식품의 색을 변색시키고, 필수아미노산인 라이신과 같은 아미노산을 감소시켜 품질을 저하시킨다.

15 지질 산패 억제 방법으로 적합하지 않은 것은?

① 동결한다.
② 산소를 제거하거나 차단하여야 한다.
③ 아스코르브산, 토코페롤, BHA, BHT 등을 첨가한다.
④ 빛이 투과하지 않는 불투명 용기에 저장하여야 한다.

해설 식품을 동결하면 단백질의 변성에 의해 보수력이 저하하여 드립이 발생되고 또한 냉동저장 중 건조가 일어나 산화와 갈변이 촉진된다.

12 ③ 13 ③ 14 ④ 15 ① 정답

16 수산식품의 변질에 대한 설명으로 옳지 않은 것은?

① 어패류의 주요 부패균은 슈도모나스 속, 비브리오 속 균 등이 있다.
② 세균의 내열성은 중성에서는 강하나 산성에서는 약하다.
③ 수산식품의 효소에 의한 대표적인 변질로는 자가 소화와 지질 분해가 있다.
④ 비효소적 갈변인 메일러드 반응은 저온 저장함으로써 억제가 가능하다.

해설 수산 건제품이나 조미 가공품에서 흔히 발생하는 메일러드 반응은 식품의 주요 성분이 반응에 관여하므로 근본적인 억제가 힘들다. 그러나 온도를 낮추면 갈변 속도가 늦어지므로 저온 저장을 함으로써 갈변 진행을 일부 억제할 수 있다.

17 식품 냉동의 목적으로 틀린 것은?

① 식품의 가공, 저장
② 소비자의 편의
③ 식품의 품질 개선
④ 작업자의 환경 개선

해설 식품 냉동은 식품의 가공, 품질 개선, 저장성 유지 및 작업 종사원의 작업 환경 개선을 목적으로 응용된다.

18 식품을 빙결점–환경 온도의 범위에서 저온 처리하는 것은?

① 동결 처리
② 심온 동결 처리
③ 냉각 처리
④ 초저온 동결 처리

해설 식품의 동결은 식품을 빙결점 이하에서 저장하는 조작을 말하고, 식품의 냉각은 식품을 빙결점–환경 온도의 범위에서 저장하는 조작들을 말한다.

19 수산물의 냉각 저장 중 발생하는 품질 저하(변질) 원인은?

① 승 화
② 지질 산화
③ 무기질 감소
④ 드립 발생

해설 수산물은 어획 후 생물학적 요인(미생물과 효소에 의한 작용 등)을 시작으로 화학적 요인(산소 및 효소 반응 등의 지질 산화)과 물리학적 요인(건조 작용 등)에 의하여 품질 저하가 일어난다.

정답 16 ④ 17 ② 18 ③ 19 ②

20 **수산물의 냉각 저장 온도의 효과가 가장 큰 것은?**

① 환경 온도 ② 15℃
③ 10℃ ④ 0℃

해설 냉각은 식품을 빙결점 이상의 얼리지 않는 온도 범위에서 적용하는 공정으로, 빙결점-환경 온도 미만에서 응용되는 일반 냉각과 빙결점 부근의 얼지 않는 온도에서 응용되는 빙온 냉각으로 구분된다.

21 **냉동식품의 제조를 위하여 어체 처리 형태 중에서 아가미, 내장, 머리를 제거한 것은?**

① 라운드 ② 세미드레스
③ 드레스 ④ 필 렛

해설 어체의 처리형태

명 칭	처리 방법
라운드	아무런 전처리를 하지 않은 전어체
세미드레스	아가미와 내장을 제거한 어체
드레스	머리, 아가미, 내장을 제거한 어체
팬드레스	드레스 처리한 어체에 대하여 다시 지느러미와 꼬리를 제거한 어체
필 렛	드레스 처리하여 3편 뜨기한 것
청 크	드레스 처리한 것을 뼈를 제거하고 통째 썰기한 것
스테이크	필렛을 2cm 두께로 자른 것
다이스	육편을 2~3cm 각으로 자른 것
촙	채육기에 걸어 발라낸 육

22 **최대빙결정 생성대 범위의 온도는?**

① -15℃ ② -13℃
③ -10℃ ④ -3℃

해설 최대빙결정 생성대 범위의 온도는 빙결점 -5~-3℃ 범위의 동결 구역이다.

23 **냉동품의 제조공정에서 속포장을 하면 생략할 수 있는 공정은?**

① 겉포장 ② 어체처리
③ 칭 량 ④ 글레이징

해설 냉동품의 제조공정에서 속포장 공정과 글레이징 공정은 두 공정 중 한 공정만 실시한다.

20 ④ 21 ③ 22 ④ 23 ④ 정답

24 냉동식품의 성분변화에 대한 보호 처리가 아닌 것은?

① 글레이징　　② 동결 처리
③ 산화 방지제　　④ 포장 처리

해설 냉동식품의 저장 중 성분 변화 억제는 글레이징, 동결 변성 방지제, 산화 방지제 및 포장 처리에 의하여 가능하다.

25 냉동식품의 제조를 위하여 해동시켜서는 안 되는 제품은?

① 냉동 고등어　　② 냉동 연육
③ 냉동 패티　　④ 냉동 참치

해설 냉동식품의 해동
- 완전 해동 : 냉동 고등어
- 반해동 : 냉동 연육
- 별도의 해동이 불필요한 제품 : 개체 동결식품(고급새우 등)
- 해동시켜서는 안 되는 제품 : 생선 패티, 스틱 등

26 냉동품을 해동할 때 빙결정이 녹아서 생성한 수분이 육질에 흡수되지 못하고 유출한 액즙에 포함되지 않는 성분은?

① 비타민　　② 염 류
③ 지 질　　④ 단백질

해설 드립이 유출되면 식품성분 중 수용성 성분(단백질, 염류, 비타민류 등)이 빠져나오고 풍미물질도 흘러나와 식품가치를 저하시킨다. 일반적으로 표면적이 적을수록 동결속도가 빠르고 동결냉장 온도가 낮을수록, 동결냉장기간이 짧을수록 드립이 적다. 반대로 수분함량이 많을수록, 지방함량이 적을수록 드립이 많으며 절단한 근육에 비해 절단하지 않는 것이 드립이 적다.

27 저온 세균의 증식이 중지되고 사멸되는 하한 온도는?

① 0℃　　② 5℃
③ −5℃　　④ −10℃

해설 저온 세균은 0℃까지 신속히 증식, −10~0℃ 완만 증식, −10℃ 이하에서는 증식이 중지되고 사멸된다.

정답 24 ② 25 ③ 26 ③ 27 ④

28 냉동식품의 정의에 해당되지 않는 것은?

① 전처리　　② 급속 동결
③ 개별 포장　　④ 급속 해동

해설 냉동식품은 전처리되어야 하고, 급속 동결되어야 하며, 심온 동결 저장되어야 한다. 또 소비자용 포장이 되어야 한다.

29 냉동식품에 대한 우리나라 식품위생법규 항목에 포함되지 않는 것은?

① 세균수　　② 수분 함량
③ 대장균수　　④ 유산균수

해설 우리나라 식품위생법규에서는 냉동 식품에 대하여 세균수, 대장균군, 대장균 및 유산균수에 대하여 규정하고 있다.

30 우리나라에서 사용하는 1냉동톤에 해당하는 냉동 능력은?

① 79.68kcal/kg　　② 79.68kcal/hr
③ 3,320kcal/kg　　④ 3,320kcal/hr

해설 우리나라는 국제 표준 단위를 사용한다. 즉, 1냉동톤은 0℃의 물 1톤을 24시간 동안에 0℃의 얼음으로 변화시키는 냉동능력으로, 1시간에 3,320kcal의 열을 제거하는 냉동능력을 말한다.

31 기계적 냉동법이 아닌 것은?

① 액화 천연 가스 이용법　　② 증기 압축식
③ 공기 압축식　　④ 전자 냉동식

해설 **냉동의 방법**

- 자연 냉동법 : 얼음, 액화 질소, 액화 천연 가스, 드라이아이스, 눈 또는 얼음과 염류 및 산류의 혼합제를 이용하여 냉동하는 방법이다.
- 기계적 냉동법 : 증기 압축식, 흡수식, 공기 압축식, 진공식, 전자 냉동식 등과 같은 기체장치를 이용한 냉동 방법이고, 이 중에서 식품 산업에서는 주로 증기 압축식이 이용된다.

28 ④　29 ②　30 ④　31 ①　정답

32 증기 압축식 냉동법에 대하여 바르게 설명한 것이 아닌 것은?

① 기계 냉동법으로 냉매는 주로 암모니아를 사용한다.
② 기한제를 사용하여 물체를 냉각시킨다.
③ 냉매는 압축 → 응축 → 팽창 → 증발 과정을 반복한다.
④ 물체의 냉각 작용은 증발 단계에서 일어난다.

해설 ② 기한제를 사용하여 물체를 냉각시키는 것은 자연 냉동법이다.

33 수산물 저온저장고의 냉장용량 결정 시 고려할 사항이 아닌 것은?

① 냉매 교체주기　② 저장고 단열정도
③ 수산물 품온　④ 저장할 품목

해설 **냉장용량 결정**
저장할 품목, 저장고의 크기와 저장 작물에 따른 호흡량, 저장 시 일일입고량, 예냉되지 않는 생산물의 포장열 제거에 소요되는 시간, 저장고의 단열정도 등을 고려하여 결정한다.

34 수산물 저온저장고의 냉장용량 결정과 가장 관련이 적은 것은?

① 저장고의 크기　② 산물의 호흡열
③ 저장고 내 장비열　④ 포장재의 종류

35 저온저장고 내에서 습도를 유지시키거나 높여 주기 위한 방법 중 가장 거리가 먼 것은?

① 가습기를 설치하여 주기적으로 가습기를 가동시킨다.
② 폴리에틸렌 필름을 이용하여 팰릿 단위로 상자를 덮어 씌어준다.
③ 천정에 냉기배관(덕트)을 설치하여 습도를 유지시킨다.
④ 저장고 바닥에 물을 뿌려주어 습도를 유지시켜 준다.

해설 저장고 내의 습도를 유지하기 위해서는 저장고 바닥에 물을 뿌리는 방법이 소규모의 저온저장고에서 이용되고 있으나 가급적이면 자동가습장치를 설치하여 온도와 마찬가지로 정확하게 측정하는 것이 필요하다.
※ **온도 조절** : 저장고 내에 있는 유니트쿨러(냉풍이 나오는 장치)에 덕트(냉풍배관)를 설치하여 저장고 내의 온도가 균일하게 유지되도록 한다.

정답 32 ② 33 ① 34 ④ 35 ③

CHAPTER 03

선별 및 포장

01 어획물의 선별 및 입상

(1) 선 별

① 어획물이 갑판으로 올라오면 바닷물로 잘 씻은 다음 광주리에 담아 다시 깨끗이 씻은 후 상자에 담는다.

② 고기의 종류, 크기, 상처 유무에 따라 선별하여 신속히 입상한다.

③ 냄새가 많이 나는 고기는 별도로 선별 보관하는 것이 좋다. 예 상어, 가오리 등

④ 햇볕이 쪼여 갑판이 뜨거워졌을 때에는 방수포로 덮어두거나 해수를 충분히 뿌려서 냉각한 다음 작업을 하도록 한다.

(2) 입 상

① 어상자

㉠ 어상자의 종류는 나무상자, 금속 제품, 합성수지 제품, 고무상자 등이 있다.

㉡ 금속제나 합성수지제의 상자

- 장점 : 여러 번 사용하여도 잘 파손되지 않고 냉각속도가 빠르며, 상자 자체의 오염도도 나무상자에 비하여 훨씬 적어 선도 유지에 효과적이다.
- 단점 : 가격이 비싸고 상자의 회수가 곤란하다.

② 입상 방법

㉠ 어상자에 고기를 담기 전에는 충분히 세척하고, 내장을 제거한 고기는 복강 내 혈액 내용물을 제거해야 한다.

㉡ 입상(어상자에 고기를 담을 때)시에는 종류별·크기별로 담아야 하며, 혼합 입상을 피해야 한다.

㉢ 어상자의 길이보다 어체의 길이가 더 긴 것을 상자에 걸쳐 입상하지 않도록 한다.

㉣ 갈고리의 사용은 가급적 피하고 부득이한 경우에는 아가미 또는 머리에만 한정하도록 하며, 던지거나 밟지 않도록 한다.

㉤ 기온과 저장기간을 고려하여 얼음과 고기의 양을 결정한 다음 입상하도록 한다.

※ 우리나라 기선저인망 어획물 선도저하의 가장 큰 요일은 과량입상에서 오는 것으로 생각되고 있다.

㉥ 어상자 바닥에도 얼음을 잘게 부숴 깐 후 고기를 입상하여 어체가 얼음에 쌓이도록 하며, 얼음 녹은 물이 쉽게 빠져 어체 냉각이 잘되도록 하여야 한다.

㉦ 어체를 깨끗이 잘 배열하여 어체에 손상이 생기지 않도록 한다.

ⓞ 어상자를 옮길 때 고기를 땅바닥에 떨어뜨리지 않아야 한다.

ⓙ 상처가 난 고기나 선도가 나쁜 것은 다른 상자에 담도록 한다.

③ 입상 배열

㉠ 배열 방법은 어종에 따라 등을 위로 오게 하는 배립형, 복부를 위로 보게 하는 복립형, 옆으로 가지런히 배열하는 평힐형(平詰形), 잡어와 같은 작은 것을 아무렇게나 입상하는 산립형 등으로 구분할 수 있으며, 갈치나 장어와 같은 어종은 환상형으로 입상하기도 한다.

㉡ 배열 방법은 어종, 용도(가공원료, 일반 시판용, 생식용, 고급 요리용 등)에 따라 혹은 예정 저장기간(10일 이전은 배립형, 10일 이후는 복립형)을 고려하여 적절히 선택한다.

(3) 수산물의 어종별 선별방법

① 어 류

㉠ 색채가 맑고(어류의 고유색채), 눈알이 푸르고 맑으며 아가미가 선명하여 적홍색을 띠어야 한다.

㉡ 어류의 비늘이 어체에 밀착되어 있고 불쾌한 냄새가 나지 않아야 하며, 표피에 상처가 없어야 한다.

㉢ 새우는 껍질이 윤기가 있고 투명하며, 머리가 달려 있는 것이 좋다. 그러나 머리 부분이 검게 되었거나 전체가 흰색으로 투명한 것은 피하며, 껍질이 잘 벗겨지지 않아야 한다.

㉣ 게는 발이 모두 붙어 있고 무거우며, 입과 배 사이에 검은 반점이 없어야 한다.

㉤ 생태는 눈이 맑고 아가미는 선홍색을 띠어야 하며, 손으로 눌렀을 때 단단하여야 한다.

㉥ 문어, 오징어는 살이 두텁고 처지지 않으며, 색채가 선명한 것이 좋고 색채가 하얗거나 붉은 색을 띠거나 변한 것은 피한다.

② 패 류

㉠ 신선한 향기가 있고 껍질에는 윤기가 있으며, 그 종류의 특유한 색깔과 광택 및 탄력성이 있고 반투명으로 생활력을 갖고 있어야 한다.

㉡ 조개류는 가능한 살아있어야 한다.

㉢ 대합은 표면의 무늬가 옳고 껍질이 두꺼운 것이어야 한다.

㉣ 굴은 몸집이 통통하고 오돌오돌하며 탄력성이 있어야 한다. 또 손으로 눌렀을 때 미끈미끈하며 탄력성이 있고, 바로 오그라드는 것이 좋다.

㉤ 바지락은 껍질에 구멍이 없고 작은 것이 상품이다.

③ 해조류

㉠ 해조류는 녹조류, 홍조류, 갈조류 등으로 구분하여 신선한 원료의 색깔, 향미, 중량, 건조 상태를 보아야 한다.

㉡ 협작물이 없고 고유의 색태에 홍조를 띠는 것이 특징이다.

㉢ 양호한 상품일수록 향미가 좋고 냄새로는 약간의 비린내가 나며, 바다냄새가 많을수록 좋다.

㉣ 건조도는 수분의 함량이 15% 이하의 것이어야 하며, 특히 염분이 많을수록 건조도는 불량한 편이다.

㉤ 미역은 흑갈색으로 검푸른 빛을 띠고 잎이 넓으며, 줄기가 가는 것이 좋다.

㉥ 김은 검은 빛깔로 윤기가 있으며 두께가 얇고(돌김은 두께가 두껍고 구멍이 촘촘히 나 있는 것이 좋음), 이물질이 없는 것이 최상품이며 약간 비릿한 냄새가 나고 구웠을 때 파란빛으로 변하는 것이 좋다.

㉦ 다시마는 국물용으로는 두꺼운 것이 좋고, 쌈용으로는 얇으면서 딱딱하게 건조된 것으로 잡티가 없는 것이 좋다.

④ 건어류

㉠ 해조류와 동일하게 선별한다.

㉡ 마른멸치는 용도에 따라 차이가 있으나 맑은 은빛을 내고 기름이 피지 않으며, 수분 함량이 20~30% 이하인 것이 좋다. 그러나 국물용 멸치로 봄멸치를 건조한 경우에는 기름이 약간 띠고 만져서 딱딱하지 않으며, 부드러운 촉감이 나는 것이 좋다.

㉢ 북어 채는 연한 노란색을 띄고 육질이 부드러우며, 가루가 적고 수분이 적은 것이 좋다.

㉣ 마른오징어는 선명하고 곰팡이 및 적분이 피지 않는 것이 좋으며, 다리 부분이 검은색을 띄지 않는 것이 좋다.

02 포 장

(1) 식품 포장의 개요

① 식품 포장의 목적

㉠ 포장의 목적은 유통 과정에서 외부의 압력이나 부적합한 환경으로부터 수산물을 보호하는 데 있다.

㉡ 포장은 상품의 수송, 하역, 보관 등 유통상의 편리성과 더불어 상품의 품질 표시의 수단이 되며, 소비자의 구매 의욕을 증대시키는 목적을 가지고 있다.

㉢ 어획물의 포장은 생산에서 소비에 이르는 과정에서 물리적인 충격, 미생물 등에 의한 오염과 광선, 온도, 습도 등에 의한 변질을 방지하고 상품가치를 증대시키는 포장이어야 한다.

㉣ 포장이란 수산물의 유통과정에 있어서 그 보존성과 위생적인 안전성을 높이고 편의성과 보호성을 부여하며, 판매를 촉진하기 위하여 알맞은 재료나 용기를 사용하여 적절한 처리를 하는 기술 또는 그렇게 한 상태를 의미한다.

② 일반적인 포장의 기능

상품의 보존성, 편리성, 상품성, 보호성, 분배 및 취급성, 판매촉진성, 위생성과 안전성, 외관향상, 정보 제공 기능을 가지고 있다.

㉠ 밀봉 및 차단 기능을 달성시켜 준다.

㉡ 식품을 오래 저장할 수 있게 보존성을 높인다.

㉢ 제품의 취급이 간편하도록 편리성을 부여한다.

㉣ 제품의 외관을 아름답게 하여 상품성을 높인다.

㉤ 제품의 수송 및 취급 중에 손상을 받지 않도록 보호한다.

㉥ 식품을 담아서 운반하고 소비되도록 분배하는 취급수단이 된다.

㉦ 미생물이나 유해 물질의 혼입을 막아서 식품의 안전성을 높인다.

㉧ 디자인이나 표시 내용을 통한 광고로 판매촉진 효과를 부여한다.

㉨ 내용물에 대한 정보를 소비자에게 전달하는 정보 제공의 기능을 가진다.

③ 국립수산물 품질관리원에서 제시하는 포장 관련 용어의 정의(수산물 표준규격 ; 국립수산물품질관리원고시 제2023-34호, 2023.10.23.)

㉠ 표준규격품 : 이 고시에서 정한 포장규격 및 등급규격에 맞게 출하하는 수산물을 말한다. 다만, 등급규격이 제정되어 있지 않은 품목은 포장규격에 맞게 출하하는 수산물을 말한다.

㉡ 포장규격 : 포장치수, 포장재료, 포장방법, 포장설계 및 표시사항 등을 말한다.

㉢ 등급규격 : 수산물의 품종별 특성에 따라 형태, 크기, 색택, 신선도, 건조도 또는 선별상태 등 품질구분에 필요한 항목을 설정하여 특, 상, 보통으로 정한 것을 말한다.

㉣ 거래단위 : 수산물의 거래 시 사용하는 무게 또는 마릿수 등을 말한다.

㉤ 포장치수 : 포장재 바깥쪽의 길이, 너비, 높이를 말한다.

㉥ 겉포장 : 수산물의 수송을 주목적으로 한 포장을 말한다.

㉦ 속포장 : 수산물의 품질을 유지하기 위해 사용한 겉포장 속에 들어 있는 포장을 말한다.

㉧ 포장재료 : 수산물을 포장하는 데 사용하는 재료로써 식품위생법 등 관계 법령에 적합한 골판지, 그물망, 폴리프로필렌(PP), 폴리에틸렌(PE), 발포폴리스티렌(PS) 등을 말한다.

④ 거래단위(제3조)

㉠ 수산물의 표준거래단위는 3kg, 5kg, 10kg, 15kg 및 20kg을 기본으로 한다. 다만, 형태적 특성 및 시장 유통여건을 고려한 품목별 표준거래단위는 [별표 1]과 같다.

㉡ 표준거래단위 이외의 거래단위는 거래 당사자 간의 협의 또는 시장 유통여건에 따라 사용할 수 있다.

수산물의 표준거래 단위(제3조 관련 [별표 1])

종 류	품 목	표준거래단위
선어류	고등어	5kg, 8kg, 10kg, 15kg, 16kg, 20kg
	삼 치	5kg, 7kg, 10kg, 15kg, 20kg
	조 기	10kg, 15kg, 20kg
	양 태	3kg, 5kg, 10kg
	수조기	3kg, 5kg, 10kg
	병 어	3kg, 5kg, 10kg, 15kg
	가자미류	3kg, 5kg, 7kg, 10kg
	숭 어	3kg, 5kg, 10kg
	대 구	5kg, 8kg, 10kg, 15kg, 20kg
	멸 치	3kg, 4kg, 5kg, 10kg
	가오리류	10kg, 15kg, 20kg
	곰 치	10kg, 15kg, 20kg
	넙 치	10kg, 15kg, 20kg
	뱀장어	5kg, 10kg
	전 어	3kg, 5kg, 10kg, 15kg, 20kg
	쥐 치	3kg, 5kg, 10kg
	가다랑어	15kg, 20kg
	놀래미	5kg, 10kg, 15kg
	명 태	5kg, 10kg, 15kg, 20kg
	조피볼락	3kg, 5kg, 10kg, 15kg
	도다리류	3kg, 5kg, 10kg
	참다랑어	10kg, 20kg
	갯장어	5kg, 10kg
	그 밖의 다랑어	15kg, 25kg
	서 대	3kg, 5kg, 10kg, 15kg
	부 세	5kg, 7kg, 10kg
	백조기	5kg, 7kg, 10kg, 15kg, 20kg
	붕장어	4kg, 8kg
	민 어	8kg, 10kg, 15kg, 20kg
	전갱이	6kg
패류 등	생 굴	0.2kg, 1kg, 3kg, 10kg
	바지락	3kg, 5kg, 10kg, 20kg
	고 막	3kg, 5kg, 10kg
	피조개	3kg, 5kg, 10kg
	오징어	5kg, 8kg, 10kg, 15kg, 20kg
	화살 오징어	3kg, 5kg, 10kg
	문 어	3kg, 5kg, 10kg, 15kg, 20kg
	우렁쉥이	3kg, 5kg, 10kg

(2) 식품 포장의 분류

식품 포장은 포장재료, 포장 방식, 포장 기술 등에 따라 다양하게 분류하고 있다.

① 기능에 따른 분류

㉠ 겉포장(외포장)

- 운반, 수송 및 취급을 목적으로 보관을 편리하게 하고, 충격, 진동 및 압력 등으로 인한 손상이 없도록 보호한다.
- 산물 또는 속포장한 수산물의 수송을 주목적으로 한 외부포장이다.
- 겉포장재는 골판지상자, PE대(폴리에틸렌대), PP대(직물제 포대), 그물망(PE), 지대(종이포대), 플라스틱상자, 다단식 목재·금속재 상자, 발포스티렌 스티로폼 상자가 있다.

㉡ 속포장(내포장)

- 개개 상품의 손상 방지를 위해 외포장 내부에 포장하는 것을 말한다.
- 소비자가 구매하기 편리하도록 겉포장 속에 들어있는 포장을 속포장(Packaging)이라 한다.
- 식품에 대한 수분, 습기, 광열 및 충격 등을 방지하기 위하여 적합한 재료 및 용기 등으로 물품을 포장하는 것이다.
- 수산물의 내포장재에는 폴리에틸렌(Polyethylene) 필름이나 난자형 트레이(Tray)가 많이 쓰이고 있다.

㉢ 낱포장(낱개포장)

- 낱개포장은 내포장의 일종이지만, 특별히 상품 하나하나를 포장하는 방식이다.
- 낱개포장은 특히 개당 가격이 비싼 수산물을 이용하면 상품의 격을 높일 수 있다.
- 식품 개개를 보호하기 위하여 적합한 재료 및 용기 등으로 포장하는 방법 및 포장한 상태를 말한다.

② 그 밖의 분류

㉠ 포장 재료에 의한 분류 : 금속, 병, 종이, 골판지, 플라스틱 등

㉡ 포장 재료의 물성에 따른 분류 : 강성 용기 포장(양철 캔, 유리병), 유연 포장(종이나 플라스틱 필름) 및 반 강성 용기 포장(플라스틱이나 알루미늄 포일(Foil) 등의 성형용기와 같은 것) 등

㉢ 포장의 용도별 분류 : 공업포장(산업 자재의 포장), 상업포장(식품포장 또는 소매포장)

㉣ 포장의 목적별 분류 : 방습포장, 방진포장, 방수포장, 기체차단포장 및 무균포장 등

㉤ 가스 조성별 분류 : 공기포장, 진공포장, 가스치환포장 및 탈산소제첨가포장 등

㉥ 포장의 형태별 분류 : 상자포장, 포대포장, 통조림 등

㉦ 포장 작업의 공정별 분류 : 1차 포장, 2차 포장, 3차 포장

㉧ 포장 내용물의 종류별 분류 : 소시지, 버터, 과일, 쌀 포장 등

㉨ 포장 제품의 처리 형태에 따른 분류 : 수송포장, 저장포장 등

㉩ 포장 제품의 판로별 분류 : 내수용 포장, 수출용 포장 등

㉪ 포장 재료의 재사용 여부에 따른 분류 : 재사용 포장, 1회 사용 포장

㉫ 포장 내용물의 성상별 분류 : 생선식품, 건조식품, 냉동식품, 액체식품 포장 등

(3) 식품 포장 재료의 조건

① 위생성

㉠ 포장 재료가 무해·무독해야 한다.

㉡ 식품의 수분, 산, 염류, 유지 등에 의해서 부식 또는 식품 위생상의 문제가 없어야 한다.

㉢ 속포장재의 포장재질로부터 유해물질이 내용물에 전이되지 않아야 한다.

② 보호성

㉠ 물리적 강도

- 겉포장재는 내용물의 보존성과 보호성에 적합한 통제기구를 가지고 있어야 하고 규정에 명시된 물리적 강도를 지녀야 한다.
- 겉포장재는 물리적 강도를 유지하기 위한 방습·방수성이 있어야 한다.
- 물리적 강도에는 인장강도, 신장도, 인열강도, 충격강도, 완충성, 내마멸성 등이 있다.

㉡ 차단성

- 일반적으로 차단하여야 할 가장 중요한 것은 습기, 산소 및 빛 등이다.
- 속포장재는 식품을 저장하거나 유통하는 과정에서 오염 물질, 휘발성 이취발생 물질에 노출될 위험이 있을 때는 속포장재를 활용하여 사전에 차단할 필요가 있다.
- 플라스틱 필름을 속포장용 재료로 사용할 때는 인쇄 잉크에서 나오는 유기용매 냄새가 생산물로 스며들어 이취를 발생할 수 있을 경우 휘발성 화합물의 차단이 가능한지를 확인한다.
- 수산물의 속포장 재료로 지나치게 차단성이 높은 플라스틱 필름을 사용하면 포장 내에 이산화탄소 축적과 김서림, 물방울 응결현상에 의해 미생물 증식의 위험성이 있다.
- 포장 재료의 차단 요소에는 방습성, 방수성, 기체 차단성, 단열성, 차광성, 자외선 차단성 등이다.

㉢ 안전성

- 속포장재 없이 바로 겉포장 박스에 수산물을 담을 경우에는 겉포장 박스의 안전성이 확보되어야 한다.
- 포장 재료의 성질 변화에 영향을 끼치는 것은 수분, 빛, 약품, 유지, 온도 등이 있다.
- 안정성에는 내약품성, 내수성, 내광성, 내유성, 내한성, 차광성, 자외선 차단성 및 내열성이 갖추어져야 한다.

③ 작업성

㉠ 겉포장 재료는 사용과정에서 쉽게 펼쳐지고 모양을 갖출 수 있어야 한다.

㉡ 겉포장 재료는 내용물을 담은 후 기계화 작업효율을 높일 수 있게 봉함이 용이하도록 설계되어야 한다.

㉢ 속포장 재료는 기계화를 위해서 일정한 경탄성, 포장재의 강도, 미끄럼성, 열접착성이 있어야 하고, 포장기계에서 미끄러질 때 정전기가 발생하지 않게 대전성이 없어야 한다.

㉣ 플라스틱 포장 재료의 대전성은 자동 포장 작업이나 인쇄 작업 중의 고장의 원인이 되고, 먼지가 붙기 쉬워 상품 가치를 떨어뜨리게 된다.

④ 편리성

㉠ 소비자의 입장에서 개봉 용이성, 휴대성이 있어야 한다.

㉡ 겉포장재는 저장 유통 과정에서는 보존, 보호성이 커야 하고, 소비단계에서는 쉽게 해체가 가능해야 하며 감량이 손쉬워야 한다.

㉢ 속포장재도 쉽게 개봉될 수 있게 플라스틱 필름의 열접착 봉지나 용기 뚜껑에는 개봉하는 부분에 일자 혹은 삼각형 흠집을 내거나(Opening-cut) 뚜껑을 뜯는 부분이 접착부에서 어느 정도 돌출되도록 한다.

⑤ 상품성

㉠ 속포장 필름이 투명해야 상품의 품질이 쉽게 확인되어 소비자의 신뢰도를 높일 수 있다.

㉡ 정확한 내용물의 표시, 포장 색깔, 모양 등의 디자인이 아름다워야 상품성이 높다. 따라서 포장 재료의 인쇄적성이 좋아야 한다.

㉢ 플라스틱 필름은 인쇄적성이 좋은 편이나 폴리에틸렌이나 폴리프로필렌은 인쇄면이 벗겨지기 쉬운 결점이 있다.

㉣ 친환경 인증, 지리적 표시제 상품의 경우 정확한 인증 표시를 해야 한다.

㉤ 수출 수산물의 경우 수출 대상국의 현지 통관에 필요한 표시사항 및 대상국에서 요구하는 정보가 제대로 표기되었는지 확인이 필요하다.

⑥ 경제성

㉠ 포장 재료의 생산비, 디자인 개발, 브랜드화에 소요되는 경비는 모두 포장경비에 포함된다.

㉡ 국내 수산물 포장은 고급화 추세에 의해 화려한 색상과 디자인에 과다한 경비가 지출되고 있다.

㉢ 포장 재료는 생산성이 높고, 값이 싸고, 쉽게 구할 수 있어야 한다.

㉣ 무게가 가볍고, 부피가 작으며, 수송이나 보관성이 좋아야 한다.

⑦ 사회성(환경친화성)

㉠ 분해성, 재활용성을 들 수 있다.

㉡ 골판지 상자나 지대 포장은 분해성, 소각성은 좋으나 재사용 및 재활용도가 떨어져 장기적으로는 산림자원의 낭비로 이어진다.

㉢ 플라스틱 또는 발포 플라스틱 상자는 사용 후 쓰레기문제를 야기하지만 회수 및 재사용 시스템을 갖춘다면 자원낭비를 막는 경제적인 포장재가 될 수도 있다.

※ 포장재료가 갖추어야 할 조건

- 내용물을 보호할 수 있는 물리적 강도를 가져야 한다.
- 위생적으로 안전해야 하고, 포장된 내용물의 품질 변화를 방지하는 기능을 가져야 한다.
- 사용이 쉽고 경제적이며, 포장 작업이 편리한 재질이어야 한다.
- 재활용이 가능하고, 환경 보호 측면에서 사용한 다음 분해하기 쉬운 포장재의 개발을 요구하고 있다.

(4) 포장 재료의 종류와 특성

※ 포장 재료의 원료별 분류

- 종이 및 판지 제품 : 포장지, 봉지, 종이 컵, 판지 상자, 골판지 상자 등
- 유연재료 : 셀로판, 폴리에틸렌, 폴리에스테르, 폴리프로필렌, 폴리염화비닐, 알루미늄 포일 등
- 금속용기 : 양철 캔, 알루미늄 캔, TFS 캔(무주석 도금 스틸 캔), 압축식 금속 튜브 등
- 유리용기 : 여러 가지 유리병, 유리용기
- 플라스틱용기 : 플라스틱병, 플라스틱통 등 강성 및 반강성의 용기
- 목재용기 : 나무상자, 나무통, 나무 팰릿 등
- 포백제품 : 무명, 삼베, 합성 섬유 등으로 만든 자루
- 가식성 재료 : 동물의 내장, 오블레이트(전분을 원료로 하여 만든 가식성 필름) 등
- 완충재 : 플라스틱 발포, 볏짚, 종이 등으로 만든 완충재

① 골판지

㉠ 골판지의 특성

- 골판지는 상하의 라이너 사이에 파형으로 된 종이(중심)를 붙여 골을 지운 것이다.
- 국내에서 가장 일반적으로 많이 사용되고 있는 외포장재는 골판지이다.
- 골판지는 비교적 적은 무게의 재료를 사용하면서도 높은 압축 강도를 지니고 있다.
- 겉포장재로 골판지상자를 사용하는 주목적은 내용물을 보호하는 것이므로 내용물이 위치하는 적절한 공간을 확보해 주고 충격을 흡수하는 기능을 가져야 한다.
- 골판지는 두 장의 원지 사이에 파형으로 된 중심원지를 붙여 만든 것으로 강도가 강하고 완충성이 뛰어나며, 무공해성이고 봉합과 개봉이 편리하다.
- 골의 형태는 U형과 V형이 있으며, 최근에는 양자의 중간 형태인 UV형이 많이 사용되고 있다.
- 골판지상자는 수분을 흡수하면 그 강도가 떨어지므로, 장기간 수송이나 습한 조건에서 이용할 경우에는 방습 처리를 해야 한다.

㉡ 골판지상자의 장점

- 대량 생산품의 포장에 적합하다.
- 대량 주문요구를 수용할 수 있다.
- 가볍고 체적이 작아 보관이 편리하므로 운송 물류비가 절감된다.
- 포장작업이 용이하고 기계화, 생력화가 가능하다.
- 포장조건에 맞는 강도 및 형태를 임의 제작할 수 있다.
- 외부충격에 완충을 주어 내용물의 손상을 방지할 수 있다.

㉢ 골판지상자의 단점

- 습기에 약하고 수분을 흡수하면 압축강도가 저하된다.
- 소단위 생산 시 비용이 비교적 높다.
- 취급 시 변형 또는 파손되기 쉽다.

㉣ 골판지상자의 분류

- 일반 외부포장용 골판지상자 : 일반적으로 사용하는 수산물 겉포장 및 수송용 골판지상자이다.
- 방수 골판지상자 : 장기간 습한 기상조건에서 수송할 경우, 외국에 수출하는 수산물일 경우, 수분함량이 높은 수산물일 경우 등 저장 및 장거리 수송에 사용되며 방수처리에 따라 다음의 3종으로 구분한다.

발수 골판지상자	극히 짧은 시간 동안 접촉에 대한 젖음 방지성이 있음
내수 골판지상자	물과 접촉하여 수분이 종이 층 속으로 스며들어도 어느 정도 지력이 보유되므로 외관, 강도의 손상 및 저하가 적도록 가공한 것
차수 골판지상자	장시간 물에 접촉하여도 거의 물이 통하지 않아 강도가 떨어지지 않도록 가공한 것(물의 투과에 대한 저항성이 가장 큼)

- 강화 골판지상자 : 강도를 높일 목적으로 여러 가지 복합 가공을 한 골판지상자를 말한다.

㉤ 골판지상자의 품질기준

- 골판지의 품질기준 및 시험방법은 KS T 1018(상업포장용 미세골 골판지), KS T 1034(외부포장용 골판지)에서 정하는 바에 따른다.
- 골판지상자는 품목과 포장단위에 따라 파열강도, 압축강도, 수분함량 및 발수도가 적합한 수준이 되도록 골판지 종류를 지정하고 있다.
- 골판지의 종류는 파열강도와 압축강도를 기준으로 양면, 이중양면 골판지에 각각 1, 2, 3, 4종으로 나눈다.
- 파열강도는 주로 라이너종이의 재질에 따라 압축강도는 골의 구조에 따라 다르다.

㉥ 방수성의 표현

- 골판지상자의 방수특성은 발수도 R로 표시한다.
- 발수도는 포장종이 재질에 물을 흘려보낼 때 물이 종이에 스미는 정도를 나타내는데 R값이 클수록 방수성이 높은 것을 의미한다.
- 일반 유통용 골판지상자의 발수도는 수산물의 특성에 따라 R2, R4, R6으로 세분하며, 생산물의 수분함량 및 호흡속도 등을 고려하여 일반적인 지침이 제시되어 있다.

※ 종이의 분류

- 종이는 판지, 양지, 화지 및 기타 화학섬유지와 합성지가 있으며 포장 재료로 많이 사용하는 것은 판지와 양지이다.
- 판지 : 두꺼운 종이로 만든 포장용기나 상자를 말한다. 골판지상자, 백판지, 황판지, 색판지, 칩보드(Chip Board), 건재 원지, 기관 원지 등이 있다.
- 양지 : 인쇄용지, 포장용지, 박엽지, 필기 및 도화 용지, 신문 용지, 잡종지 등이 있다.
- 화지 : 창호지, 반지, 선화지 및 휴지 등이 있다.

② 플라스틱 필름

㉠ 포장 재료로서 플라스틱 필름의 특성

- 가열할 때 일어나는 상태 변화에 따라 열경화성 플라스틱(페놀수지, 요소수지, 멜라민수지 등)과 열가소성 플라스틱(PE ; 폴리에틸렌, PP ; 폴리프로필렌, PVC 등)으로 분류한다.

• 플라스틱은 일반적으로 가볍고, 방습성 및 방수성이 우수하며, 내약품성과 내유성이 있고, 적당한 물리적 강도와 투명성 등을 갖는다.
• 포장에 사용되는 이상적인 필름은 산소의 유입보다는 이산화탄소의 방출에 더 많은 비중을 두어야 하며, 이산화탄소 투과도는 산소 투과도의 3~5배에 이르러야 한다.

※ 필름과 성형용기로서의 장점

플라스틱 필름으로서의 장점	플라스틱 성형용기로서의 장점
• 내용물의 보존성이 크고, 열 접착성이 있으며, 인쇄 적성이 좋다. • 다른 재료를 도포하거나 적층하여 결점을 보완할 수 있다. • 포장의 모양이나 크기를 조절하기 쉽다.	• 착색이 용이하고, 대량 생산이 가능하다. • 여러 종류로 자유롭게 성형할 수 있다. • 표시용 문자나 마크를 부각시킬 수 있다. • 값이 저렴하여 1회 사용 용기를 만들기에 적당하다.

ⓛ 플라스틱 필름의 종류

• 셀로판
  - 셀로판은 목재를 화학적으로 처리하여 만든 펄프를 주원료로 하기 때문에 친환경적인 포장재질이다.
  - 셀로판은 셀룰로스를 가공해서 만들기 때문에 흔히 재생 셀룰로스 제품이라고 한다.
  - 일반적으로 포장용은 한 면이나 양면에 나이트로셀룰로스나 폴리염화비닐리덴을 코팅하여 사용한다.
  - 코팅된 셀로판은 투명성과 광택, 열접착성, 수분 및 산소 차단성, 내열성, 내유성, 내약품성, 인쇄성 등이 우수하다.
  - 사탕이나 캔디류의 포장에 주로 사용한다.
• 폴리에틸렌(PE ; Polyethylene)
  - 폴리에틸렌은 에틸렌 가스의 중합체로 중합방식은 크게 저밀도폴리에틸렌(LDPE)과 고밀도폴리에틸렌(HDPE) 제조 공정으로 구분된다.
  - 폴리에틸렌은 가격이 저렴하고 거의 대부분의 형상으로 성형이 가능하며, 수분 차단성, 내약품성과 내화학성이 좋다. 그러나 기체 투과성이 크다.
  - 저밀도폴리에틸렌은 내한성이 커서 냉동식품의 포장에 많이 사용하고 있다.
• 폴리프로필렌(PP ; Polypropylene)
  - 프로필렌을 중합시켜 만든 것으로, 플라스틱 필름 중에서 가장 가벼운 것 중의 하나이다.
  - 방습성, 내열성, 내한성, 내약품성, 광택 및 투명성이 높으며 물리적 강도가 강하다.
  - 포장용 필름, 섬유, 성형 용기 등으로 가공되어 널리 쓰이고 있다.
• 폴리염화비닐(PVC ; PolyVinyl Chloride)
  - 폴리비닐클로라이드는 일반적으로 PVC 혹은 비닐로 불리며, 세계전체 수요 중 폴리에틸렌(PE) 다음으로 많은 양을 차지하고 있다.
  - 염화비닐을 중합시켜 만든 것으로, 첨가하는 가소제의 농도에 따라 단단한 경질, 유연한 연질의 필름으로 만들 수 있다.

- 가소제가 적게 들어간 경질은 내유성이 있고 산과 알칼리에 강하며 가스 차단성이 높아 유지 식품의 산패 방지에 쓰인다.
- 가소제가 많이 들어간 연질의 스트레치 필름은 광택성과 투명성이 좋고 유연하나 위생적인 이유로 식품 포장 재료로는 사용하지 않고 있다.
- 태울 경우 유독가스가 발생하고 단량체인 VCM(Vinyl Chloride Monomer)이 FDA로부터 발암위험 인자라고 판정받은 바 있어 사용이 제한되고 있다.
- 중량물 고정을 위한 Shrink Pack 혹은 Stretch Wrapping용으로 아직도 많이 이용된다.

• 폴리염화비닐리덴(PVDC)

- 기본 중합체(Base Polymer) 중 염화비닐리덴의 함유율이 50% 이상인 합성수지제를 말한다.
- 유지, 유기 용매에도 매우 안정하고 산·알칼리에 잘 견딘다.
- 필름으로 만든 것은 투명도가 매우 높고 내약품성, 열수축성, 밀착성, 가스차단성, 방습성 등이 좋으며 투습성, 기체 투과성이 낮다.
- 120℃ 고온살균을 할 수 있으며, 가열소시지케이싱이나 증류기 파우치, 즉석식품 포장 및 통조림의 대용포장제로 사용된다.
- 기타 건조식품, 고지방식품, 향기성식품, 어육연제품 등의 포장 또는 전자레인지용 랩 필름 등에 다양하게 이용되고 있다.

• 폴리스티렌(PS)

- 에틸렌에 벤젠기가 붙어있는 스티렌을 중합하여 만든다.
- 무색투명하고, 선명한 착색이 자유로우며 가볍고 단단하다. 또 성형가공성에 뛰어나다.
- 산·알칼리, 염류, 유기산 등에 대해서는 뛰어난 저항성을 갖고 있다.
- 충격에 약하며, 기체 투과성이 매우 커서 진공 포장이나 가스 치환포장에는 적당하지 못하다.
- 발포성 폴리스티렌(스티로폼)은 열 성형하여 가금류, 생선, 육류, 과일이나 야채를 담는 용기나 일회용 음료컵으로 사용된다.
- HIPS(내충격성 스티렌)는 요거트 같은 유제품 용기나 초콜릿, 커피, 차, 스프 등 자판기용 일회용 컵으로 사용된다.
- 폴리스티렌 종이(PSP)는 과자류의 속포장 용기, 뜨거운 음식물의 보온 용기 등으로 이용된다.

• 폴리에스테르(PET)

- 정식 명칭은 에틸렌글리콜과 테레프탈산의 축합 반응으로 얻어지는 폴리에틸렌테레프탈레이트이다.
- 투명하고 광택이 있으며, 저온에서도 성질의 변화가 적어서 -70℃까지 사용할 수 있다.
- 인장강도가 매우 우수하고 내한성, 내열성, 가스 차단성, 방습성, 내약품성이 우수하다.
- 기체 투과율은 매우 적으나, 열접착성이 좋지 않다.

- 가열 살균 식품, 냉동식품 등의 포장 필름으로 많이 사용된다.
- 성형 용기로는 탄산 음료수 병으로 많이 사용되고 있으며, 기존의 유리병에 비하여 무게가 가볍고 질기며, 깨지지 않고, 수송이 편리하여 생산량이 급증하고 있는 추세이다.

㉡ 플라스틱 필름의 재가공 - 성능보강

- 연신 필름(Orientated Film)
  - 플라스틱 필름을 만든 후 다시 적당한 온도에서 장력을 가해 장력의 방향으로 분자배열을 이루도록 하여 만든 플라스틱 필름이다.
  - 한 방향으로 장력을 가한 것을 일축 연신 필름, 서로 직각 방향으로 장력을 가한 것을 이축 연신 필름이라고 한다.
  - 연신 필름은 미연신 필름에 비해 인장강도, 내열성, 내한성, 충격강도가 좋아진다.
  - 기체나 수증기 투과성이 적다. 또한 연신 필름을 연신 온도 이상으로 가열하면 원래의 치수로 수축하는 성질이 있으므로 이것을 수축포장에 이용할 수 있다.

※ 연신에 의한 필름의 물성상 배향 효과

- 탄성률/강성 : 배향 방향으로는 증가하지만 배향의 수직방향으로는 탄성율의 경우 감소하고 유연성은 증가한다.
- 인장강도(항복점) : 배향 방향으로는 상당량 증가하지만 수직방향으로는 감소한다.
- 충격강도 : 이축 배향으로 인해 증가한다.
- 치수안정성 : 연신된 필름에 열을 가하면 무질서한 상태 쪽으로 복원력이 작용하므로 치수안정성은 감소한다.
- 투명성 : 결정성 필름 내의 고분자 체인이 이축 배향을 이루므로 증가한다.
- 차단성 : 수증기 및 기체의 투과도가 감소하게 되어 차단성이 좋아진다.

- 열 수축 필름
  - 수축 필름이란 필름을 만든 후 그 필름이 용융하지 않을 정도의 고온에서 연신한 필름으로 상품을 포장하고 열을 가하여 수축시켜 밀착 포장하는 필름을 통틀어 수축 필름이라 한다.
  - 많이 사용되는 필름으로는 폴리염화비닐(PVC), 폴리에틸렌(PE), 폴리염화비닐리덴(PVDC) 등이 있다.
  - 용도에 따라 종・횡・Unbalance 연신을 자유로이 행하는 것이 가능하다.

※ 수축 필름의 특징

- 복잡한 형상이나 여러 개의 상품을 한 번에 포장할 수 있다.
- 투명성과 광택성이 우수하여 상품의 가치나 보존성을 향상시킬 수 있다.
- 포장비가 저렴하며 운반 중 진동이나 충격으로부터 보호할 수 있다.
- 완전히 균일한 수축이 어려워 고도의 수축기술이 요구된다.
- 수축 시 피포장물의 강도가 약할 경우 그 형태가 수축장력에 의해 변형될 수 있다.
- 수축 온도의 범위가 좁으므로 수축터널의 온도 조절에 주의해야 한다.

• 가공 필름

- 플라스틱 필름에 새로운 성능을 부여하기 위한 것으로 도포 필름과 적층 필름이 있다.
- 도포 필름은 적당한 물질을 입힌 것이고, 적층 필름은 다른 필름을 겹쳐 붙여서 가공한 필름이다.
- 적층 필름은 단체 필름에 대응하는 말로 성질이 다른 두 종류 이상의 플라스틱 필름이나 플라스틱과 지류, 알루미늄박 등과 복합 가공된 필름류의 총칭으로 그 종류는 다종다양하다.
- 가공 필름의 주요 플라스틱 필름에는 PP/PE, PET/PE, PET/AI/PO, N/PE 등이 있다.

※ 레토르트 파우치 식품

• 플라스틱 필름과 알루미늄박의 적층 필름 팩에 식품을 담고 밀봉한 후 레토르트 살균(포자사멸온도인 120℃에서 4분 이상 살균)하여 상업적 무균성을 부여한 것이다.
• 레토르트 식품을 넣는 주머니의 외부는 폴리에스테르의 얇은 막으로 되어 있고, 중층은 알루미늄박(箔)이고 내부는 또 다시 폴리에스테르막으로 되어 있는데, 이 셋을 붙여서 주머니를 만든다.
• 레토르트 파우치는 통조림과 같은 장기 보존성을 가진다. 또한 가열·살균 시 통조림보다 열의 냉점조달시간(Come-up Time)이 짧아 단시간 가열을 목적으로 하는 살균이 가능하고, 이로 인한 영양소 파괴 및 품질열화를 최소화시킬 수 있다.
• 상온에서도 장기간 안전하고 조리가 간단하며 휴대가 쉬운 장점을 지니고 있다.
• 레토르트 식품에서 이취가 생성되는 이유는 미생물의 사멸을 위해 일반적인 조리방법에 비하여 훨씬 심하게 열을 가함으로써 식품성분이 변해 바람직하지 않은 휘발성 성분들이 발생하기 때문이며, 이 성분들은 밀봉된 포장 내에서 제품 중에 그대로 남게 되기 때문이다.

③ 유리 제품

㉠ 일반적으로 유리용기는 소다석회유리로 규사, 탄산나트륨, 탄산칼륨이 주원료이다.
㉡ 유리는 그 성분 조성에 따라 소다석회유리, 납유리, 붕규산유리 및 특수유리 등으로 분류된다.
㉢ 유리병은 주류, 우유, 주스, 간장, 식용유 등의 액체식품의 용기로 많이 쓰인다.
㉣ 입구가 큰 유리병은 과일 채소류, 어패류, 해조류 등의 가공품인 고형물 또는 반고체상의 식품 용기로 주로 사용된다.
㉤ 유리용기의 장단점

• 장 점

- 재생성이 좋고 다양한 모양을 디자인할 수 있다.
- 겉모양이 아름답고 화학적으로 비활성이며 투명하여 내용물을 볼 수 있다.
- 산, 알칼리, 알코올, 기름, 습기 등에 안정하여 녹거나 침식 또는 녹슬지 않는다.

• 단 점

- 빛이 투과되어 내용물이 변질되기 쉽다.
- 무겁고, 깨지기 쉬우며, 가격이 비싸다.
- 충격 또는 열에 약하고, 포장 및 수송 경비가 많이 든다.

④ 알루미늄 튜브와 알루미늄 포일

㉠ 알루미늄 튜브

- 알루미늄 튜브포장은 치약이나 화장품 또는 일부의 식품에도 포장되고 있다.
- 식품 포장에는 농축된 상태로 저장하여 안정성이 있으며 소비자가 조금씩 덜어서 먹는 식품에 제한적으로 이용되고 있다.
- 대표적인 포장에는 토마토 퓨레, 겨자, 치즈 스프레드 등이 있다.

㉡ 알루미늄 포일

- 알루미늄 포일은 알루미늄을 얇고 판판하게 늘린 금속제이다.
- 가스 투과 방지, 광택성, 내식성, 가공성, 열전도성 및 기타 기계적 성질 등이 우수하다.
- 중량이 가볍고 위생적으로 안전하며, 가격이 저렴하다.
- 강도, 인쇄성, 열접착성 등을 보완하기 위해 종이, 셀로판, 폴리에틸렌 등과 겹쳐 복합필름의 형태로 많이 이용된다.
- 접시, 컵 모양의 성형용기와 알루미늄 포일과 크라프트지, 베 등을 적층하여 만든 관 등이 있다.
- 컵, 접시 등의 간이 용기로 만들어 즉석요리나 빵, 냉동식품의 포장에 사용되고 있다.

⑤ 가식필름

㉠ 오블레이트(Oblate)

- 오블레이트는 녹말과 젤라틴을 섞어 만든 얇고 투명한 식용 종이[알파(α) 녹말필름]이다.
- 쓴 가루약을 먹을 때 싸서 먹거나 사탕이나 과자류의 포장용으로도 이용된다.
- 감자, 고구마 등의 녹말로 풀을 만들면 점도나 점성이 커서 원료로 적합하다.
- 밀, 옥수수 등의 녹말로 풀을 만들면 점도와 점성이 약하여 한천이나 풀가사리 등을 섞어서 만든다.
- 사용이 비교적 간편하여 원하는 두께 및 모양의 형태를 쉽게 만들 수 있다.

※ 알파 녹말 : 생녹말에 물을 넣고 가열하여 부피가 늘어나고 점성이 생겨 풀같이 된 녹말

㉡ 재제장

- 콜라겐 함량이 높은 동물(돼지, 소, 양 등)의 껍질, 힘줄 등을 정제·가공하여 튜브 모양으로 케이싱(Casing)한 것이다.
- 비엔나소시지의 껍질, 어육 소시지 등도 껍질을 재제장으로 만들면 벗기지 않고 먹을 수 있다.

(5) 식품포장기술

① 진공포장

㉠ 랩포장 방법의 단점을 보완하여 저장성을 높일 수 있도록 고안된 방법이 진공포장이다.

㉡ 진공포장의 주목적은 포장 용기 내의 산소를 제거함으로써 주요 부패 미생물인 호기성균들의 성장과 지방 산화를 지연시켜 저장성을 높이는 데 있다.

㉢ 일반적으로 산소와 이산화탄소의 투과도가 낮은 필름으로 포장한 것이 그렇지 않은 것보다 미생물의 성장을 더욱 억제시킨다.

㉣ 진공포장 재료에는 기체 차단성이 우수한 폴리에스테르(PET), 폴리염화비닐리덴(PVDC) 등이 있다.

㉤ 진공포장을 하면 포장 내 산소농도가 급격히 감소하고 옥시미오글로빈은 디옥시미오글로빈 형태로 바뀌게 되어 육색은 적자색으로 변한다.

※ 진공포장의 효과
- 호기성 변패 미생물의 생장을 저지시킨다.
- 미오글로빈의 화학적 변성을 막는다.
- 수분손실을 막는다.
- 포장 제품의 부피를 줄여 수송, 보관 등을 용이하게 한다.

② 입체진공포장

㉠ 입체진공포장은 폼-필-실[Form(형태)-Fill(충전)-Seal(접착)] 포장의 일종이다.

㉡ 폼-필-실 포장은 플라스틱 용기가 만들어진(폼) 후 내용물이 충전(필)되고, 상부에 필름이 덮여져 진공 후 밀봉되는 과정(실)이 연속적으로 이루어진다.

㉢ 진공포장보다 제품의 입체감이 두드러져 상품성이 돋보이고 생산성이 우수한 포장이다.

㉣ 육가공 프랑크 소시지나 고급 연제품 등에 사용되고 있다.

㉤ 수평식 · 진공 Chamber식 · 수직식 폼-필-실 포장법이 있다.

③ 가스치환(충전)포장

㉠ 가스치환포장은 용기 중의 공기를 탈기하고 질소(N_2), 탄산가스(CO_2), 산소(O_2) 등의 불활성 가스와 치환하여 밀봉하는 방식이다.

㉡ 일반적으로 식품의 색, 향, 유지의 산화방지에는 질소가 사용되고 곰팡이, 세균의 발육 방지에는 탄산가스가 사용되며, 고기 색소의 발색에는 산소가 사용되고 있다.

㉢ 불활성 가스를 충전하여 밀봉함으로써 내용물을 불활성 가스 중에 저장하는 것과 같은 효과를 얻게 하여 변질, 변패를 방지하는 데 있다.

㉣ 가스치환포장을 함으로써 진공포장에서의 수축, 변형 및 파손 등이 일어날 수 있는 문제를 해결할 수 있다.

㉤ 고령자를 위하여 레토르트 살균한 옥수수는 배리어성 용기에 담긴 후 N_2와 CO_2의 혼합 가스로 치환포장되고 있다.

④ 탈산소제 첨가 포장

㉠ 탈산소제 봉입포장은 진공포장이나 가스치환포장과 같이 별도의 포장용기를 필요로 하지 않고, 산소 차단성이 우수한 포장재 내부에 식품을 투입하고 다시 탈산소제를 봉입한 후 밀봉하는 방법이다.

㉡ 탈산소제 봉입포장의 효과로는 곰팡이방지, 벌레방지, 호기성세균에 의한 부패방지, 지방과 색소의 산화방지, 향기 · 맛의 보존, 비타민류의 보존 등을 들 수 있다.

⑤ 무균포장

㉠ 무균포장은 식품이나 식품의 표면을 살균한 다음 살균시킨 용기에 무균으로 포장하는 것이다.

㉡ 무균충전포장은 초고온 단시간 살균장치(UHT)로 무균된 액상 식품을 냉각하고, H_2O_2로 살균한 종이 용기나 PET보틀에 무균충전포장하는 것이다.

㉢ 포장 재료로는 종이, 플라스틱 및 알루미늄 포일의 복합체가 많이 이용되고 있다.

㉣ 식품에는 즉석 밥, 슬라이스 햄, 슬라이스치즈, 우유, 아이스크림, 과즙음료 등이 있다.

⑥ 전자레인지 포장

㉠ 전자레인지 식품의 목적은 간단히 빨리 먹을 수 있는 식품을 제공한다는 것이다.

㉡ 가열과 조리하는 요소도 겸비하여 이미 만들어진 부식물이 아닌 반조리품이 출시되고 있다.

㉢ 장점 : 가열시간이 짧고 식품의 품질과 영양 성분의 파괴가 적으며, 식품이 금속류 이외의 포장재에 담겨 있는 경우 포장과 함께 가열 조리가 가능하다.

㉣ 단점 : 식품 내부에서 열이 발생하기 때문에 식품 표면에서의 갈변이나 바삭바삭한 조직감이 만들어지지 못하고 제품의 형태가 불균일할 경우 균일한 가열이 어렵다.

CHAPTER 03

적중예상문제

01 **어획물의 선상 취급에 대한 설명으로 옳지 않은 것은?**

① 어류가 고생하다 죽은 것은 사후강직이 빨리 시작되고, 또 강직의 기간도 빨리 완료하여 연화가 빨리 시작된다.

② 일반적으로 작은 고기는 즉살 처리를 하고 있지 않으나, 즉살시킨 고기는 고생하다 죽은 고기보다 품질이 좋다.

③ 상어, 광어, 민어, 돔, 방어, 삼치, 참치 등의 대형 어종이나 고급 어종은 즉살시켜 보다 좋은 선도를 유지할 수 있도록 해야 한다.

④ 어획물의 사후경직 기간을 오래 지속시키기 위해서는 고기가 물에서 올라오자마자 즉시 죽이는 것이 가장 좋은 방법이다.

해설 어획물을 선도가 좋은 상태, 즉 사후경직 기간을 오래 지속시키기 위해서는 고기가 물에서 올라오자마자 즉시 죽이는 것이 좋은 방법이긴 하나 즉살시켰다고 하더라도 고기를 보관시켜 두는 장소의 온도가 높으면 경직 기간이 짧아지므로 즉살과 동시에 깨끗이 씻은 후 어상자에 담고 얼음을 쳐서 빙장하여야 한다.

02 **선상에서의 어획물 취급에 대한 설명으로 옳지 않은 것은?**

① 어획물의 선도 변화는 복부, 안구, 아가미 부분이 가장 먼저 일어난다.

② 복부의 변색 현상이 빨리 일어나는 것은 내장에 강력한 소화 효소와 많은 세균이 있기 때문이므로 부패가 빠른 어종일수록 내장을 제거하고, 저온에 저장하는 것이 선도를 유지하는 데 효과적이다.

③ 일반적으로 내장을 제거하는 일은 어체가 작고 부패가 빠른 어종을 대상으로 한다.

④ 작은 고기는 큰 고기보다 부패 속도가 빠르므로 작은 고기는 분리하여야 한다.

해설 일반적으로 내장을 제거하는 일은 어체가 크고 부패가 빠른 어종을 대상으로 하며, 넙치 · 상어 · 홍어 · 오징어 · 대구 등이 있다.

정답 1 ③ 2 ③

03 어획물 선상 취급의 설명으로 옳지 않은 것은?

① 명태와 같은 고기는 살이 연하여 같은 크기의 다른 종류 고기보다 쉽게 변질되므로 이와 같이 변질이 쉬운 고기 또한 분리하여 다른 어상자나 어장에 빙장하여야 한다.

② 어창에 고기를 운반할 때는 던지거나 미끄럼판을 이용하면 고기가 상처를 입기 쉬우므로 금해야 한다.

③ 뻘이나 모래 등이 어체에 묻어 있을 때는 항해 중 펌프로 끌어올린 물이 좋으며, 항구의 해수는 기름이나 하수 혹은 쓰레기로 오염되어 있는 곳이 많기 때문에 사용해서는 안 된다.

④ 쇠스랑이나 갈고리 등은 고기의 선별에 편리하지만 갈고리를 사용할 때는 반드시 두부에 한정하여야 한다.

해설 어창에서 고기를 운반하는 방법으로 미끄럼판을 이용하면 고기가 높은 곳에서 떨어지는 것을 방지할 수 있다.

04 어획물의 선별, 입상의 설명으로 옳지 않은 것은?

① 어상자에 고기를 담을 때는 종류별, 크기별로 어상자에 넣고 혼합 입상을 피해야 한다.

② 어상자의 길이보다 어체 길이가 더 긴 때에는 걸치기 입상을 한다.

③ 어획물의 입상은 기온과 저장기간을 고려하여 적정 용빙량을 입상하는 것은 매우 중요한 일이다.

④ 과량 입상을 피하고 어체를 깨끗이 잘 배열하여 어체에 오손이 생기지 않고, 얼음의 녹은 물이 쉽게 빠져 어체냉각이 잘 되도록 하여야 한다.

해설 어상자의 길이보다 어체 길이가 더 긴 걸치기 입상을 한다든지 어상자에 너무 많은 양을 입상하여 어상자를 적재하였을 때 위에서 눌리는 압력에 의하여 어체는 큰 손상을 입게 되면서 선도가 매우 불량하게 되는 경우가 많다. 우리나라 어획물의 선도저하 요인 중 가장 큰 것으로, 특히 기선저인망의 경우 과량입상(過量入箱)에서 오는 것이다.

3 ② 4 ② 정답

05 어획물의 입상 배열방법의 설명으로 옳지 않은 것은?

① 배립형은 어종에 따라 등을 위로 오게 하는 것이다.
② 복립형은 복부를 위로 보게 하는 것이다.
③ 환상형은 옆으로 가지런히 배열하는 것이다.
④ 산립형은 잡어와 같은 작은 것을 아무렇게나 입상하는 것이다.

해설 ③ 평힐형은 옆으로 가지런히 배열하는 것이고, 환상형은 갈치나 장어와 같이 길이가 길 때 상자에 걸치지 않게 둥글게 입상하는 것이다.

06 식품 포장의 분류 기준과 거리가 먼 것은?

① 포장 기능 ② 포장 재료의 물성
③ 포장 목적 ④ 포장물 가격

해설 식품 포장은 기능, 포장 재료, 포장 재료의 물성, 용도, 목적 및 가스 조성 등에 따라 분류한다.

07 식품 포장의 목적과 거리가 먼 것은?

① 식품의 보존성과 안전성을 높인다.
② 제품의 편의성과 안정성을 부여한다.
③ 소비자에게 식품정보 전달과 접근성을 높인다.
④ 상품성과 판매촉진을 높인다.

해설 식품 포장의 주목적은 식품의 보존성, 안정성, 판매 촉진, 정보 제공 및 상품성 등을 높이는 데 있다.

08 다음 중 강성 포장에 해당하지 않는 것은?

① 양철 캔 ② 플라스틱 필름
③ 유리병 ④ 도자기

해설 강성 용기 포장은 양철 캔, 유리병, 나무상자, 도자기 등과 같은 것으로 포장하는 것이고, 유연 포장은 종이나 플라스틱 필름 같은 것으로 포장하는 것이며, 반강성 용기 포장은 플라스틱이나 알루미늄 포일(Foil) 등의 성형 용기와 같은 것으로 포장하는 것이다.

정답 5 ③ 6 ④ 7 ③ 8 ②

09 포장을 낱포장, 속포장, 겉포장과 같이 분류하는 방법은?

① 기능적 분류　　② 재료별 분류
③ 용도별 분류　　④ 주목적별 분류

해설 포장을 겉포장, 속포장 및 낱포장으로 분류하는 것은 기능적인 면에서 분류하는 것이다.
- 재료별 분류 : 금속, 병, 종이, 골판지, 플라스틱 등
- 용도별 분류 : 공업 포장, 상업 포장
- 목적별 분류 : 방습 포장, 방진 포장, 방수 포장, 기체차단 포장 및 무균 포장 등
- 형태별 분류 : 상자 포장, 포대 포장, 통조림 등

10 포장용 플라스틱 필름에서 나일론과 비교했을 때 폴리에틸렌에 대한 설명으로 옳지 않은 것은?

① 열접착성이 좋다.
② 방습성이 좋다.
③ 가스투과성이 낮다.
④ 가격이 싸다.

해설 ③ 가스투과성이 높다.
※ **폴리에틸렌(PE, Polyethylene)**
밀도에 따라 선상저밀도 PE(LLDPE), 저밀도 PE(LDPE), 중밀도 PE(MDPE), 고밀도 PE(HDPE) 네 종류로 나눈다.
- 장점 : 수증기 차단성이 좋으며 내화학성, 가공성이 우수하며, 무미 · 무취하고 가격이 저렴하다.
- 단점 : 내유성이 약간 떨어지며, 인쇄적성이 좋지 않으며 기체 투과성이 크다.

11 수송 중 골판지상자의 강도저하의 요인과 가장 관련이 적은 것은?

① 수 분　　② 적재하중
③ 통기공　　④ 온 도

해설 **골판지상자**
종이를 원료로 하여 골을 만드는 골심지와 이를 잡아주는 라이너지로 트러스트 구조로 만들어졌다.
- 장점 : 가벼우면서도 압축강도가 높은 것
- 단점 : 습기를 먹으면 강도가 떨어진다는 것

9 ① 10 ③ 11 ④ 정답

12 포장용 골판지상자의 시험방법과 거리가 먼 것은?

① 인장강도 ② 파열강도

③ 압축강도 ④ 수분 함량

해설 골판지는 품질이 균일하고, 접착 불량, 골 불량, 오염, 흠 등의 사용상 해로운 결함이 없어야 하며, 시험방법에 따라 시험했을 때 규정하는 파열강도 및 수직압축강도와 수분에 적합하여야 한다.

13 다음 농산물 포장재 중 동일조건에서 산소투과도가 가장 낮은 것은?

① 폴리스티렌(PS) ② 폴리에스터(PET)

③ 폴리비닐클로라이드(PVC) ④ 저밀도폴리에틸렌(LDPE)

14 포장용 필름제작에 사용되는 첨가물로부터 발생되는 발암물질은?

① 알리신 ② 스핑고신

③ 다이옥신 ④ 캡사이신

해설 PVC 제품은 생산과 처리과정 모두에서 다이옥신 등 유독물질이 배출되는 심각한 문제가 있어 사용에 대한 우려가 더욱 크다.

15 다음 중 포장용 플라스틱 필름이 갖추어야 할 조건으로 옳지 않은 것은?

① 인장강도 및 내열강도가 높아야 한다.

② 산소보다 이산화탄소의 투과도가 높아야 한다.

③ 상업적인 취급 및 인쇄가 용이해야 한다.

④ 폴리프로필렌 계통의 연신필름은 가스투과성이 높다.

해설 폴리프로필렌(PP) 계통의 연신필름(OPP)은 가스투과성이 낮아 저산소 장해나 이산화탄소 장해를 받기 쉽다.

정답 12 ① 13 ② 14 ③ 15 ④

16 **포장재의 강도, 미끄러짐성, 정전기 대전성, 열접착성 등을 검토해야 할 조건은 어디에 속하는가?**

① 위생성 ② 보호성
③ 안정성 ④ 작업성

17 **다음 중 폴리에스테르 필름은 어느 것인가?**

① PVC ② PVDC
③ PP ④ PET

해설 **플라스틱 필름의 종류**
- 폴리염화비닐(PVC)
- 폴리에스테르(PET)
- 폴리에틸렌(PE)
- 폴리프로필렌(PP)
- 폴리염화비닐리덴(PVDC)
- 폴리스티렌(PS)–(스티로폼)
- 셀로판

18 **레토르트 파우치 식품의 포장재로 많이 쓰이는 것은?**

① 폴리에스테르 ② 적층 필름
③ 폴리염화비닐 ④ 폴리에틸렌

해설 레토르트 파우치 식품이란 플라스틱 필름과 알루미늄박의 적층 필름 팩에 식품을 담고 밀봉한 후 레토르트 살균(포자사멸온도인 120℃에서 4분 이상 살균)하여 상업적 무균성을 부여한 것이다.

19 **포장재의 제조법에 따라 고압법, 중압법 및 저압법 제품으로 구분되는 포장재는?**

① 폴리에스테르 ② 알루미늄 포일
③ 폴리염화비닐리덴 ④ 폴리에틸렌

해설 **폴리에틸렌(PE)**
폴리에틸렌은 에틸렌 가스의 중합체로 가장 먼저 상업화된 폴리 올레핀계 물질이다. 제조법에 따라서 고압법, 중압법 및 저압법 폴리에틸렌으로 나누어진다.

16 ④ 17 ④ 18 ② 19 ④ 정답

20 알루미늄 포일 포장재 설명으로 옳지 않은 것은?

① 알루미늄을 얇고 판판하게 늘린 금속제이다.

② 가스 투과 방지, 광택성, 내식성은 우수하나 열전도성 및 기타 기계적 성질 등이 약하다.

③ 중량이 가볍고 위생적으로 안전하며 가격이 저렴하다.

④ 강도, 인쇄성, 열접착성 등을 보완하기 위해 종이, 셀로판, 폴리에틸렌 등과 겹쳐 복합필름의 형태로 많이 이용된다.

해설 ② 가스 투과 방지, 광택성, 내식성, 가공성, 열전도성 및 기타 기계적 성질 등이 우수하다.

21 산소와의 접촉으로 인하여 일어나는 내용물의 산화를 억제하고 기체 차단성이 우수한 포장 기술은?

① 진공 포장 ② 가스 치환 포장

③ 탈산소제 첨가 포장 ④ 무균 포장

해설 **진공 포장**

- 진공 포장의 주목적은 포장 내부의 공기를 제거함으로서 산소와의 접촉으로 인하여 일어나는 내용물의 산화를 억제하는 데 있다.
- 부수적인 효과로는 포장 제품의 부피를 줄여 수송·보관 등을 용이하게 하는 점도 있다.
- 진공 포장에 사용되는 포장 재료로는 기체 차단성이 우수한 폴리에스테르(PET), 폴리염화비닐리덴(PVDC) 등이 있다.

22 가스 치환(충전) 포장의 설명으로 옳지 않은 것은?

① 용기 중의 공기를 탈기하고, 질소(N_2), 탄산가스(CO_2), 산소(O_2) 등의 불활성 가스와 치환하여 밀봉하는 방식이다.

② 일반적으로 식품의 색, 향, 유지의 산화방지에는 산소가 사용되고 곰팡이, 세균의 발육 방지에는 질소가 사용된다.

③ 불활성 가스를 충전하여 밀봉함으로써 내용물을 불활성 가스 중에 저장하는 것과 같은 효과를 얻게 하여 변질, 변패를 방지하는 데 있다.

④ 가스 치환 포장을 함으로써 진공 포장에서의 수축, 변형 및 파손 등 발생할 수 있는 문제를 해결할 수 있다.

해설 ② 일반적으로 식품의 색, 향, 유지의 산화방지에는 질소가 사용되고 곰팡이, 세균의 발육 방지에는 탄산가스가 사용되며 고기색소의 발색에는 산소가 사용되고 있다.

정답 20 ② 21 ① 22 ②

CHAPTER 04 가 공

※ 수산물 식용품의 목적 및 제조방법에 따른 분류

목 적	종 류
저장성	냉동품, 건제품, 염장품, 통조림
풍미 및 기호 증진	어육연제품, 훈제품, 발효식품, 조미가공품
미생물의 생육환경, 억제	건제품, 염장품, 통조림, 어육연제품

01 건제품

(1) 건제품의 개요

① 건제품은 수산물을 태양열 또는 인공열로 건조시켜 저장성을 향상시킨 제품이다.
② 수산가공품 중에서 장기 저장의 한 방법으로는 건제품이 가장 오래된 역사를 지니고 있다.
③ 수산물 내의 수분을 감소시켜 미생물 및 효소 등의 작용을 지연시켜 저장성을 높인 제품이다.
④ 최근에는 다른 보존 기술(저온이나 포장 등)을 함께 이용하여 제품의 맛이나 조직감을 향상시키고, 비교적 수분 함유량이 많은 건제품을 소비자의 기호에 맞게 널리 유통하고 있다.

(2) 가공 원리

① 어패류, 해조류 등을 수분함량을 낮추어 미생물과 효소의 작용을 억제하고 독특한 풍미나 조직을 가지도록 하는 것이다.
② 식품의 저장성은 미생물이 이용할 수 있는 수분의 양(자유수)에 따라 결정된다.
③ 수분함유량이 많으면 수분활성도가 높고, 수분함유량이 적으면 수분활성도가 낮다.

※ 수산물 가공 처리의 목적
- 저장성을 높인다.
- 위생적인 안전성을 높인다.
- 운반 및 소비의 편리성을 높인다.
- 효율적 이용성을 높인다.
- 부가가치를 높일 수 있다.

(3) 건조 방법

천일 건조법, 동건법, 열풍 건조법, 냉풍 건조법, 배건법, 감압 건조법, 동결 건조법 및 분무 건조법 등이 있다.

① 천일 건조법

㉠ 자연 조건(태양의 복사열이나 바람)을 이용하여 건조시키는 가장 오래된 방법이다.

㉡ 비용이 적게 들고 간편하다.

㉢ 넓은 공간이 필요하고, 날씨가 나쁘거나 지방 함유량이 높은 원료는 건조 중에 품질이 나빠질 수 있다.

㉣ 바닷가에서 어패류와 해조류의 건조에 많이 이용된다.

② 동건법

㉠ 겨울철에 자연의 힘으로 동결과 해동을 반복하여 식품을 건조시키는 방법이다.

㉡ 밤에 기온이 내려가서 식품 중의 수분은 동결되고, 낮에 기온이 올라가서 해동되어 수분이 식품 외부로 나오는 과정을 반복하여 수산물이 건조하게 된다.

㉢ 동결 시 얼음결정으로 식품의 세포가 파괴되고, 해동 시 세포질 내의 수용성 성분이 동시에 제거되는 과정을 반복하여 독특한 물성을 가진 건제품이 된다.

㉣ 건조장은 야간의 기온이 −5℃ 전후, 주간 0℃ 이상 되는 곳이면 적지이다.

㉤ 한천과 황태의 제조에 이용된다.

㉥ 최근에는 냉동기를 이용하는 경우가 증가하고 있다.

㉦ 동건품은 동결과정 중 생성된 빙결정이 녹아 조직에 구멍이 생겨 스펀지 같은 조직이 된다.

③ 열풍 건조법

㉠ 수산물을 건조 장치에 넣고 뜨거운 바람을 강제 순환시켜 건조시키는 방법이다.

㉡ 기후 조건의 영향을 받지 않는다.

㉢ 비교적 기계도 단순하고, 건조 속도가 빠르기 때문에 천일 건조법에 비하여 비교적 품질이 일정한 제품을 생산할 수 있다.

㉣ 어류와 어분의 건조 등에 이용된다.

④ 냉풍 건조법

㉠ 습도가 낮은 냉풍을 이용하여 수산물을 건조시키는 방법이다.

㉡ 사용하는 냉풍의 온도는 15~35℃이고, 상대 습도는 20% 정도이다.

㉢ 건조 온도가 낮아서 효소반응과 지질의 산화나 변색이 억제되므로 색깔이 양호한 제품을 생산할 수 있다.

㉣ 열풍 건조에 비하여 건조속도가 느리고 설비가 비싸다.

㉤ 멸치나 오징어 등의 건조에 사용되고 있다.

⑤ 배건법

㉠ 수산물을 나무, 전기 등을 태우거나 열로 구우면서 수분을 증발시켜 건조시키는 방법이다.

㉡ 나무를 태울 때 나오는 훈연 성분 중에 항균 및 항산화 성분으로 제품의 저장성이 향상된다.

㉢ 가다랑어를 삶은 후 배건한 가다랑어 배건품(가스오부시)이 대표적이다.

⑥ 감압 건조법

㉠ 수산물을 밀폐 가능한 건조실에 넣고 진공펌프로 감압시키면서 일정 온도(보통 50℃ 이하)에서 압력을 낮추어 건조시키는 방법이다.

㉡ 지방 산화, 단백질 변성이 적고 소화율이 높은 제품을 만들 수 있다.

㉢ 생산비가 많이 들고 연속 작업이 안 된다.

⑦ 동결 건조법

㉠ 식품을 동결된 상태로 낮은 압력에서 빙결정을 승화시켜 건조하는 방법이다.

㉡ 식품 속의 수분은 얼음상태의 고체 상태에서 액체 상태의 물을 거치지 않고 기체로 승화되어 제거된다.

㉢ 건조 중 품질변화가 가장 적고, 가장 좋은 건조 방법이다.

㉣ 수산물의 색, 맛, 향기, 물성의 변화가 최대한 억제되고, 복원성이 좋은 제품을 얻을 수 있어 최근에 북어, 건조 맛살, 전통국 등의 제조에 사용되고 있다.

㉤ 시설비 및 운전 경비가 가장 비싸다.

㉥ 다공성으로 인해 부스러지기 쉽고 흡습과 지질 산패가 잘 일어난다.

⑧ 분무 건조법

㉠ 액체 상태의 원료를 열풍(130~170℃) 속에 미립자 상태로 분산시켜 순간적으로 건조시키는 방법이다.

㉡ 건조 시간이 짧고, 열에 의한 단백질의 변성이 적어 품질이 좋으며, 대량의 제품을 연속적·경제적으로 건조하는 데 적합하다.

※ 수산가공품 원료의 특성

① 종류가 다양하고 많다.
② 가식부(먹을 수 있는 부위)의 조직, 성분 조성이 다르다.
③ 어획 장소와 시기가 한정되어 있다.
④ 계획 생산이 어렵고, 생산량의 변동이 심하다.
⑤ 자연환경의 영향을 크게 받는다.
⑥ 어획 시 상처를 입어 부패, 변질되기 쉽다.
⑦ 불포화지방산 함량이 많아 산화에 의한 변질이 쉽게 일어난다.
⑧ 내장과 함께 수송되므로 세균과 효소에 의한 변질이 촉진된다.
⑨ 어패류 부착 세균은 저온에서도 증식이 활발하므로 쉽게 변질된다.
⑩ 양질의 영양소를 함유한 다이어트식품의 원료이다.
⑪ 생리활성물질을 다량 함유하고 있다(건강기능성 식품소재 특성).
⑫ 우수한 맛과 기호 특성을 갖추고 있다.

(4) 건제품의 종류

건제품	건조방법	종 류
소건품	원료를 그대로 또는 간단히 전처리하여 말린 것	마른 오징어, 마른 대구, 상어 지느러미, 김, 미역, 다시마
자건품	원료를 삶은 후에 말린 것	멸치, 해삼, 패주, 전복, 새우
염건품	소금에 절인 후에 말린 것	굴비(원료 : 조기), 가자미, 민어, 고등어
동건품	얼렸다 녹였다를 반복해서 말린 것	황태(북어), 한천, 과메기(원료 : 꽁치, 청어)
자배건품	원료를 삶은 후 곰팡이를 붙여 배건 및 일건 후 딱딱하게 말린 것	가스오부시(원료 : 가다랑어)

① 소건품(날마른치)

㉠ 수산물을 원형 그대로 또는 전처리하여 물에 씻은 후 말린 것이다.

㉡ 건조하기 전에 가열처리를 하지 않기 때문에 고온다습한 시기에는 어패류에 부착해 있는 세균이나 어체 내 효소 작용에 의하여 건조 중에 육질이 연화될 수 있다.

㉢ 소건품에는 마른 오징어, 마른 명태, 마른 대구, 마른 미역, 마른 김 등이 있다.

※ 마른 오징어
- 오징어의 내장 등을 제거한 후 세척하여 건조한다.
- 특유의 향미가 있고, 황갈색 내지 황백색이다.
- 다리나 흡반의 탈락이 적고, 표면이 적당한 양의 흰 가루로 덮여 있다.
- 표면의 흰 가루는 베타인과 유리 아미노산(타우린, 글루탐산, 히스티딘 등)이 주성분이다.

② 자건품(찐마른치)

㉠ 수산물을 삶아서(자숙) 말린 것이다.

㉡ 삶는 과정 중 수산물에 부착되어 있는 미생물이 죽게 되고, 원료에 함유된 자가 소화 효소가 불활성화되며, 건조 중 품질의 변화를 방지할 수 있다.

㉢ 부패하기 쉬운 소형 어패류의 건조에 널리 이용된다.

㉣ 대표적으로 마른 멸치, 마른 전복, 마른 해삼, 마른 새우, 마른 굴이 있다.

※ 마른 멸치
- 멸치를 권현망으로 어획하여 가공한 일반 마른 멸치와 죽방염으로 어획하여 가공한 죽방멸치로 나눌 수 있다.
- 어획한 원료 멸치는 가공선에서 씻은 후 플라스틱 채발 또는 나무 채발에 얇게 편다.
- 채발을 포개서 염도 5~6%의 끓는물에 넣어 어체가 떠오를 때까지 삶은 후 물빼기를 한다.
- 대부분 육지에서 자연 건조나 열풍 건조를 하였으나, 요즘은 주로 냉풍 건조를 한다.

※ 마른 새우
- 마른 새우는 껍질이 붙은 것과 살만으로 된 것이 있다.
- 원료는 중하, 보리새우, 징거미새우, 벚새우 등이다.
- 어획한 새우는 잘 씻은 후 끓고 있는 3% 소금물에 넣고 새우가 떠오를 때까지 삶는다.
- 떠오른 새우를 건져 채발에 널어서 천일 건조나 열풍건조를 한다.

③ 동건품(얼마른치)

㉠ 자연냉기와 냉동기를 이용하여 냉동과 해동을 반복하여 탈수 건조시켜 만든 제품이다.

㉡ 수산물을 겨울철에 야외에서 밤에는 수분을 동결시킨 다음 낮에는 녹이는 작업을 여러 번 되풀이하여 말린 제품이다.

㉢ 마른 명태와 한천이 동건품으로 가공된다. 마른 명태는 황태, 동건 명태 또는 북어라고도 한다.

※ 마른 명태의 동건품

- 내장을 제거한 명태를 아가미 또는 코를 꿰어 묶는다.
- 차가운 민물(2~3℃)이 담긴 대형 수조에 2~5일간 담가서 수세 및 표백을 하며 어체에 충분히 물을 흡수시킨다.
- 야외의 건조대(덕)에 걸어 동결시킨다.
- 밤 사이에 언 어체는 낮 동안에 얼음이 일부가 녹아 수분이 유출되고, 밤이 되면 다시 얼게 되어 이 과정을 되풀이하면서 건조가 진행된다.

④ 염건품(간마른치)

㉠ 수산물을 소금에 절인(염치) 다음 말린 것이다.

㉡ 소금에 의해 일부 탈수가 일어나고, 건조 중 품질변화를 줄일 수 있다.

㉢ 염건품에는 굴비, 간대구포, 염건 고등어, 염건 전갱이, 염건 꽁치, 염건 숭어알이 있는데, 대표적인 것이 굴비이다.

※ 굴비(물간법)

- 나무통에 재고, 포화 식염수에 7~10일간 염지한다.
- 그 후 어체의 크기에 따라 선별하여 수돗물 또는 소금물이 담긴 물통에 3~4회 정도 세척하여 이물질을 제거한다.
- 세척한 다음 건조대에 걸어서 2~3일 정도 그늘에서 건조한다.

⑤ 자배건품(일본의 가스오부시류)

㉠ 어육을 찐 후 배건 및 천일 건조하여 나무 막대처럼 딱딱하게 건조한 것이다.

㉡ 원료어로는 가다랑어, 고등어, 정어리 등이 사용되고 있다.

㉢ 최근에 천연 조미료로 많이 쓰이고 있는 가스오부시는 가다랑어를 원료로 하여 만든 자배건품이다.

※ 건제품의 품질 변화

- 건제품은 유통 과정 중 고온 및 고습에 방치되는 경우 미생물에 의하여 불쾌취가 발생한다.
- 적색 육어류(고등어 등)에서는 히스타민이 생성되거나 식중독을 유발시키는 경우도 있다.
- 어류에는 불포화 지방산이 많이 함유되어 있어서 저장 중에 지질의 산화로 인하여 변색을 일으켜 갈색이나 적갈색으로 변화하고, 영양가의 저하 및 산패취가 발생하게 된다.
- 변화의 예로는 마른 멸치의 아가미나 복부가 적갈색으로 되는 경우이다.

02 훈제품

(1) 훈제품의 개요

① 훈제품은 나무를 불완전 연소시켜 발생되는 연기(훈연)에 어패류를 쐬어 건조시켜 독특한 풍미와 보존성을 지니도록 한 제품이다.

② 훈연 중 건조에 의한 수분의 감소, 첨가하는 식염 및 연기 중의 방부성 물질 등에 의해서 보존성이 주어지는 원리를 이용한 것이다.

③ 훈제 연기 속에 포함된 훈연성분에는 폼알데하이드, 페놀류, 유기산류 등이 있는데 이들은 각각 항균성이 있다. 특히 페놀류는 항균성, 항산화성이 있으나 발암성 물질인 벤조피렌이 생성되는 경우도 있다.

④ 훈제 재료로 쓰이는 나무는 일반적으로 수지가 적고 단단한 것이 좋다. 수지가 많은 나무는 그을음이 많고 불쾌한 맛을 주기 때문이다.

⑤ 훈제용 나무에는 참나무, 떡갈나무, 자작나무, 개암나무, 너도밤나무, 상수리나무, 호두나무가 있다. 왕겨나 옥수수심이 사용되기도 한다.

(2) 훈제 방법

훈제 방법은 냉훈법, 온훈법, 열훈법, 액훈법으로 나눌 수 있다.

① 냉훈법

㉠ 냉훈법은 단백질이 응고하지 않을 정도의 저온 10~30℃(보통 25℃ 이하)에서 1~3주일 정도로 비교적 오랫동안 훈제하는 방법이다.

㉡ 제품의 건조도가 높아(수분 30~35%) 1개월 이상 보존이 가능한 제품을 얻을 수 있다.

㉢ 저장성은 온훈법에 비해 높으나 풍미는 떨어진다.

㉣ 연어류, 대구, 임연수어, 청어, 송어 등에 사용된다.

② 온훈법

㉠ 30~80℃에서 3~8시간 정도로 비교적 짧은 시간 동안 훈제하는 방법이다.

㉡ 제품의 건조도가 낮아 수분 함유량이 높으므로 보존성은 적으나 풍미가 좋은 제품을 얻을 수 있다.

㉢ 수분함량이 비교적 높아 저장기간이 짧으므로 장기 저장을 할 때는 통조림이나 저온 저장이 필요하다.

㉣ 보존보다는 풍미를 목적으로 한다.

㉤ 연어류, 송어류, 오징어, 문어류, 뱀장어, 청어 등에 사용된다.

③ 열훈법

㉠ 열훈법은 고온(100~120℃)에서 단시간(2~4시간 정도) 훈제하는 방법이다.

㉡ 수분 함유량(60~70%)이 높아 저장성이 낮다.

㉢ 훈연한 제품으로는 뱀장어, 오징어 등이 대표적이다.

④ 액훈법

㉠ 어패류를 직접 훈연액 중에 침지한 후 꺼내어 건조하든가, 훈연액을 다시 가열하여 나오는 연기에 원료를 쐬어 훈제하는 방법이다.

※ 훈연액

- 활엽수로 숯을 만들 때 나오는 연기 성분을 응축 또는 물에 흡수시켜서 정제하거나, 목재 건류 시의 부산물인 목초액을 정제하여 만든다.
- 훈제 효과를 대신할 수 있으므로 액훈법에 많이 사용되고 있다.

㉡ 짧은 시간에 많은 양의 제품을 가공할 수 있고, 시설이 간단하며, 일손이 적게 드는 장점이 있다.

㉢ 훈연액에 의한 제품의 품질 변화와 훈연액의 농도나 침지 시간을 맞추기 어려운 단점이 있다.

※ 훈제 방법의 종류와 특징

훈제법	훈제 온도(℃)	훈제 기간	보존성	수분 함유량(%)
냉훈법	15~30	1~3주	길 다	낮다(30~35)
온훈법	30~80	3~8시간	짧 다	높다(50~60)
열훈법	100~120	2~4시간	짧 다	높다(60~70)
액훈법	식품을 훈연액(목초액)에 침지한 뒤 건조			

(3) 훈제품의 가공

① 훈제품의 일반적인 제조 공정은 원료의 전처리 → 염지 → 염 배기 → 물 빼기 → 풍건 → 훈제 처리 → 마무리 손질로 이루어진다.

② 수산 훈제품에는 냉훈품과 온훈품이 대부분이다. 이 중에서 오징어 조미 훈제품과 연어 훈제품이 대표적이다.

③ 오징어 조미 훈제품

㉠ 조미한 오징어 육을 훈제하여 순분 함유량을 50% 정도로 만든 후 충분히 냉각시켜 수분의 분포를 고르게 한다.

㉡ 냉각을 마친 육을 롤러(Roller)에 넣어 육을 펴서 줄무늬를 넣고 압착시킨다.

④ 연어 훈제품

㉠ 어류 훈제품 중에서 가장 고급품에 속한다.

㉡ 훈제품의 종류로는 라운드식(아가미와 내장 제거 후 훈제), 무두식(머리와 내장 제거 후 훈제), 미국식(왕연어 사용)이 있다.

03 염장품

(1) 염장품의 개요

① 염장품은 전처리한 수산물에 소금을 가하여 수분함량을 줄여 만든 제품이다.

② 염장을 하면 삼투압 작용으로 탈수되고 맛, 조직감, 저장성이 향상된다.

③ 염기를 식품 내에 침투시켜 세균 및 자가 소화 효소의 작용을 억제함으로써 변질 및 부패를 방지한다.

④ 소금은 미생물의 작용을 억제는 하나 죽이지는 못한다. 따라서 소금 농도 15% 이상에서는 세균의 발육이 억제되나 20% 이하에서는 결국 부패하게 된다.

(2) 염장 방법

염장 방법에는 마른간법, 물간법, 개량 물간법이 있다.

① 마른간법

㉠ 수산물에 직접 소금을 뿌려서 염장하는 방법이다.

㉡ 사용되는 소금의 양은 일반적으로 원료 무게의 20~35% 정도이다.

㉢ 저장탱크의 어체 전체에 소금을 고루 비벼 뿌리고, 겹겹이 쌓아 염장할 때에는 고기와 고기가 쌓인 층 사이에도 소금을 뿌려 준다.

㉣ 염장품에는 염장 고등어, 염장 멸치, 염장 명태알, 캐비어, 염장 미역 등이 있다.

※ 마른간법의 장점 및 단점

장 점	단 점
• 설비가 간단하다. • 포화 염수 상태가 되므로 탈수 효과가 매우 크다. • 소금 침투가 빨라 염장 초기의 부패가 적다. • 염장이 잘못되었을 때 그 피해를 부분적으로 그치게 할 수 있다.	• 소금의 침투가 불균일하다. • 탈수가 강하여 제품의 외관이 불량하며, 수율이 낮다. • 지방이 많은 어체의 경우 공기와 접촉되므로 지방이 산화되기 쉽다.

② 물간법

㉠ 식염을 녹인 소금물에 수산물을 담가서 염장하는 방법이다.

㉡ 물간을 하면 소금의 침투에 따라 수산물로부터 수분이 탈수되므로 소금물의 농도가 묽어지게 된다.

㉢ 소금의 농도를 일정하게 유지하기 위하여 소금을 수시로 보충하고, 교반해 주어야 한다.

㉣ 육상에서의 염장 또는 소형어의 염장에 주로 사용한다.

※ 물간법의 장점 및 단점

장 점	단 점
• 소금의 침투가 균일하다. • 염장 중 공기와 접촉되지 않아 산화가 적다. • 과도한 탈수가 일어나지 않으므로 외관, 풍미, 수율이 좋다. • 제품의 짠 맛을 조절할 수 있다.	• 소금의 침투 속도가 느리다. • 물이 새지 않는 용기와 소금의 양이 많이 필요하다. • 염장 중에 자주 교반해 주어야 하고, 연속 사용할 때 소금을 보충해 주어야 한다. • 마른간법에 비해 탈수효과가 적고 어체가 무르다.

③ 개량 물간법

㉠ 마른간법과 물간법의 단점을 보완하여 개량한 염장법이다.

㉡ 어체를 마른간법으로 하여 쌓아올린 다음에 누름돌을 얹어 적당히 가압하여 두면, 어체로부터 스며나온 물 때문에 소금물층이 형성되어 결과적으로 물간법을 한 것과 같게 된다.

㉢ 소금의 침투가 균일하고, 염장 초기에 부패를 일으킬 염려가 적다.

㉣ 제품의 외관과 수율이 좋고, 지방 산화가 억제되며 변색을 방지할 수 있다.

※ 염장 방법

종 류	마른간법	물간법	개량 물간법
방 법	식품에 소금(원료 무게의 20~35%)을 직접 뿌려서 염장	일정 농도의 소금물에 식품을 염지	마른 간을 하여 쌓은 뒤 누름돌을 얹어 가압
특 징	• 염장 설비가 필요 없다. • 식염 침투가 불균일하다. • 식염 침투가 빠르다. • 지방이 산화되기 쉽다.	• 외관, 풍미, 수율이 좋다. • 식염 침투가 균일하다. • 용염량이 많다. • 염장 중에 자주 교반한다.	• 마른간법과 물간법을 혼합하여 단점을 개량한 방법이다. • 외관과 수율이 좋다. • 식염의 침투가 균일하다.

(3) 염장품의 가공

① 염장품에는 염장 고등어, 염장 조기, 염장 대구, 염장 미역, 염장 해파리, 염장 연어알, 염장 철갑상어알(캐비어) 등이 있다.

② 염장품의 대표적인 염장 고등어를 간 고등어 또는 자반고등어라고도 하며, 어체 처리 방법에 따라서 배가르기와 등가르기로 나눈다.

③ 저장 수단이 발달하지 못한 시기에 우리나라 내륙지방에서 발달된 수산물 가공 방법 중에 하나이다.

(4) 염장품의 품질 변화

① 염장 중에 일어나는 변화

㉠ 소금의 침투 : 염장하면 식품의 내부와 외부의 삼투압의 차이로 소금이 식품 내부로 침투하고, 소금의 침투 속도와 침투량은 소금의 농도 및 순도, 식품의 성상, 염장 온도 및 방법에 따라 달라지며, 염장 10~20일 정도이면 소금의 침투가 완료된다.

※ 염장 중 소금의 침투 속도에 영향을 미치는 요인
- 소금량 : 많을수록 침투속도가 빠르다.
- 소금순도 : Ca염 및 Mg염이 존재하면 침투를 저해한다.
- 식품성상 : 지방함량이 많으면 침투를 저해한다.
- 염장온도 : 높을수록 침투속도가 빠르다.
- 염장방법 : 염장초기 침투속도는 마른간법 > 개량물간법 > 물간법의 순이고, 18% 이상의 식염수에 염장하면 물간법 > 마른간법순이다.

ⓛ 수분 함유량의 변화 : 소금이 식품 내부로 침투하면 식품의 탈수 현상이 일어나 수분 함유량이 낮아지고, 탈수 현상은 식품 내의 소금과 외부 소금물의 농도가 평형을 이룰 때까지 계속된다.

ⓒ 무게의 변화 : 염장 중에 어육 중의 수분은 일방적으로 감소하며, 소금을 많이 사용할수록 탈수량도 많아서 무게의 감소도 크다.

ⓡ 탄성의 변화 : 염장품을 만들면 근원섬유 단백질의 겔(Gel)화에 의한 현상으로 육 조직이 단단해지고 탄성이 있는 제품이 되는 경우가 있다.

② 저장 중의 품질 변화

㉠ 염장품의 소금 농도가 낮으면 자가 소화가 일어나 육질이 연해지기도 한다.

ⓛ 저장 중에 지방질의 산화로 불쾌취가 나거나 변색(황갈색 또는 적갈색)하게 된다.

ⓒ 소금 농도가 10% 이하가 되면 세균에 의한 부패가 빠르게 진행되므로 저온에서 저장, 유통해야 한다.

ⓡ 곰팡이가 발생하면 색이 변하고, 불쾌한 냄새가 발생하여 상품 가치가 떨어진다.

ⓜ 염장어가 여름철에 색깔이 붉은색으로 변하는 경우, 그 원인은 호염성 세균(사르시나 속, 슈도모나스 속)이 발육하여 적색 색소를 생성하기 때문이다.

04 연제품

(1) 연제품의 개요

① 연제품은 어육에 소량의 소금을 넣고서 고기갈이 한 육에 맛과 향을 내는 부원료를 첨가하고 가열하여 겔(Gel)화시킨 제품이다.

② 어종, 어체의 크기에 무관하게 원료의 사용범위가 넓다.

③ 맛의 조절이 자유롭고, 어떤 소재라도 배합이 가능하다.

④ 대표적인 연제품은 게맛 어묵 제품이다.

⑤ 외관·향미(香味) 및 물성(物性)이 어육과 다르고, 바로 섭취할 수 있다.

※ 어육 연제품의 종류

- 어묵류 : 배합하는 소재의 종류가 많고 성형이 자유로우며 가열방법이 다양하여 제품의 종류가 많다. 국내에서는 찐어묵, 구운어묵, 튀김어묵, 게맛살어묵 등이 시판되고 있다.
- 어육 소시지 : 열수축성 재료로 고압살균 포장하여 저장성을 높인 제품으로 지방이나 향신료를 사용하여 제품에 풍미가 있다.
- 어육 햄 : 다랑어, 고래 등의 어육과 육류(돼지 육 등)의 지육(脂肉)을 혼합하여 만든 제품으로 육류에 비해 어육의 비율이 높다.
- 어육 햄버거 : 갈아낸 어육에 잘게 썬 어육, 야채를 넣어 육류 햄버거와 유사한 식감(食感)을 갖도록 가공한 제품이다.

(2) 어육 연제품의 원료

선도가 좋고 탄력, 색택, 맛, 냄새, 육질 및 경제성을 고려해야 한다.

※ 어육 연제품 원료의 특성, 용도 및 주요 어장

어 종		특성 및 용도	주요 어장
냉수성 어종	명 태	• 최대의 연제품 원료 자원으로 감칠맛은 없음 • 선도가 좋은 경우 탄력이 강함 • 폼알데하이드 생성으로 단백질 동결 변성이 쉬움 • 자연응고 및 되풀림이 쉬움	북태평양 해역, 알래스카 베링해
	대구류	• 단백질 분해효소 활성이 강하여 겔 강도가 약함 • 명태보다 백색도가 떨어지지만 감칠맛이 있음 • 자연 응고 및 되풀림이 쉬움	캐나다, 미국의 북동 태평양 해역
	임연수어	• 북태평양에서 명태 다음으로 어획량이 많음 • 겔 형성능이 크고, 자연 응고가 어려움 • 감칠맛이 있어 구운 어묵, 튀김 어묵에 이용됨	일본 홋카이도 등 북태평양 해역
온수성 어종	실꼬리돔	• 육색이 희고 감칠맛이 풍부하며 겔 형성능이 좋고 명태 대체 어종으로 이용됨 • 고온 및 저온에서 자연 응고와 되풀림이 쉬움 • 60℃ 부근에서 극단적으로 탄력 저하함	태국, 베트남, 인도 등 동남아시아
	조기류	• 탄력이 강한 고급 어묵용 원료임 • 자연 응고가 약간 쉽고 되풀림이 극히 쉬움 • 황조기 및 백조기가 주 어종임	중국, 한국, 일부 태국, 베트남, 인도해역
	매퉁이	• 육색이 대단히 희고 감칠맛이 강함 • 40~50℃의 고온 자연 응고 시 겔 강도 강함 • 선도 저하 시 되풀림이 쉬움 • 폼알데하이드 생성으로 단백질의 동결 변성이 쉬움	태국, 베트남, 인도, 중국 남부 해역

(3) 어육 연제품의 종류

① 형태(성형)에 따른 어육 연제품의 분류

㉠ 판붙이 어묵 : 작은 판에 연육을 붙여서 찐 제품

㉡ 부들 어묵 : 꼬챙이에 연육을 발라 구운 제품

㉢ 포장 어묵 : 플라스틱 필름으로 포장·밀봉하여 가열한 제품

㉣ 어단 : 공 모양으로 만들어 기름에 튀긴 제품

㉤ 기타 : 틀에 넣어 가열한 제품(집게다리, 갯가재(바닷가재) 및 새우 등의 틀 사용)과 다시마 같은 것으로 둘러서 말은 제품이 있다.

② 가열방법에 따른 어육 연제품의 분류

㉠ 찐어묵 : 신선한 어육 또는 동결 연육을 소량의 소금과 함께 갈아서, 나무판에 붙여서 수증기로 가열한 제품이다.

㉡ 구운어묵 : 고기갈이 한 어육을 꼬챙이(쇠막대)에 발라 구운 제품이다(그 모양이 부들이 나무와 비슷하다고 하여 부들어묵이라고도 한다).

㉢ 튀김어묵 : 고기갈이 한 어육을 일정한 모양으로 성형하여 기름에 튀긴 제품이다(소비량이 가장 많다).

㉣ 게맛어묵(맛살류) : 동결 연육을 게살, 새우살 또는 바닷가재살의 풍미와 조직감을 가지도록 만든 제품으로 막대모양의 스틱(Stick), 스틱을 자른 덩어리 모양의 청크(Chunk), 청크를 더 잘게 자른 가는 조각 모양의 플레이크(Flake) 등이 있다.

※ 가열 방법에 따른 연제품의 분류

가열방법	가열온도(℃)	가열매체	제품 종류
증자법	80~90	수증기	판붙이 어묵, 찐어묵
배소법	100~180	공 기	구운어묵(부들어묵)
탕자법	80~95	물	마어묵, 어육 소시지
튀김법	170~200	식용유	튀김어묵, 어단

(4) 어육 연제품의 가공

① 동결 연육(Surimi)의 제조

㉠ 채육 공정

- 머리, 내장을 먼저 제거한다.
- 소형어는 그대로, 대형어는 두편뜨기나 세편뜨기를 하여, 10℃ 정도의 물로 비늘과 어피 등을 제거한다.
- 그 다음에 채육기에 넣어서 살을 발라낸다.

㉡ 수세 공정

- 채육된 어육에 물을 혼합하여 교반하면서 혈액, 지방, 색소, 수용성 단백질 및 껍질을 제거하는 공정이다(어육 연제품의 탄력에 영향을 미치는 공정).
- 육 정선기로 결제 조직, 흑피, 뼈, 껍질의 소편, 적색육 등을 제거한다.
- 주로 스크루 압착기(Screw Press)로 탈수시키며, 최종 수분 함량은 등급에 따라서 70~80% 정도가 되게 한다.

㉢ 첨가물의 혼합 및 충전

- 첨가물의 혼합은 냉각식의 믹서(Mixer) 또는 세절 혼합기인 사일런트 커터를 사용한다.
- 첨가물의 충전은 혼합시킨 육을 충전기로 착색 폴리에틸렌 필름에 10kg씩 충전한 다음 금속 등의 이물질의 혼입을 검사한다.
- 무염 연육은 6% 설탕(또는 소르비톨)과 0.2~0.3%의 중합인산염이 첨가된 것이다.
- 가염 연육은 중합 인산염 대신에 2~3%의 소금이 첨가된 것이다.

㉣ 동결 및 저장

- 연육의 동결은 접촉식 동결 장치 또는 공기 동결 장치로 급속 동결시킨다.
- 저장은 품질 안정을 위하여 일반적으로 -18℃ 이하에 보관한다.

※ 동결수리미

- 장기간 냉동저장 할 수 있어 계획적으로 연제품을 생산할 수 있다.
- 어체 처리시의 폐수 및 어취 발생 등의 환경 문제를 해결할 수 있다.

② 어육 연제품(어묵 등)의 제조

㉠ 고기갈이 공정

- 육 조직을 파쇄하고 첨가한 소금으로 단백질을 충분히 용출시키고 조미료 등의 부원료를 혼합시키는 것이 목적이다(어육 연제품의 탄력 형성에 가장 크게 영향을 미침).
- 고기갈이는 동결 연육을 사일런트 커터에서 초벌갈이(10~15분간 어육만), 두벌갈이(소금 2~3%를 가하여 20~30분간), 세벌갈이(다른 부원료를 넣어 10~15분간)를 한다.

㉡ 성형 공정

- 게맛 어묵은 노즐을 통하여 얇은 시트형태로 사출한다.
- 어육 소시지는 케이싱(Casing)에 채운다.
- 성형할 때 기포가 들어가지 않도록 한다. 기포가 들어가면 가열 공정에서 팽창, 파열되거나 변질의 원인이 되기도 한다.

㉢ 가열 공정

- 가열은 육단백질을 탄력 있는 겔로 만들고, 연육에 부착해 있는 세균이나 곰팡이를 사멸시키는 데 목적이 있다.
- 연제품은 중심 온도가 75℃ 이상, 어육 소시지와 햄은 80℃ 이상이 되도록 가열해야 한다.

㉣ 냉각 및 포장 공정

- 가열이 끝나면 빨리 냉각시킨다.
- 게맛 어묵 및 어육 소시지와 같은 포장 제품은 냉수 냉각을 한다.
- 일반 연제품은 송풍 냉각을 한다.
- 포장은 제품에 따라 완전 포장 제품, 무포장 및 간이 포장 제품으로 한다.

③ 어육 햄 및 어육 소시지의 가공

㉠ 어육 햄 : 참다랑어의 육편과 돼지고기에 연육을 첨가하고, 여기에 조미료와 향신료를 첨가, 마쇄, 혼합한 후에 케이싱에 충전, 밀봉하여 가열 살균한 제품이다.

㉡ 어육 소시지 : 잘게 자른 어육에 지방, 조미료 및 향신료를 첨가하고 갈아서, 케이싱에 충전·밀봉한 다음, 어육 햄과 같은 방법으로 열처리한 제품이다.

(5) 연제품의 겔 형성에 영향을 주는 요인

① 어종 및 선도

㉠ 어육의 겔 형성력은 경골어류, 바다고기, 백색육 어류가 좋다.

㉡ 냉수성 어류 단백질보다 온수성 어류 단백질이 더 안정하고, 선도가 좋을수록 겔 형성력이 좋다.

※ 겔(Gel) : 콜로이드 용액(졸)이 일정한 농도 이상으로 진해져서 튼튼한 그물 조직이 형성되어 굳어진 것으로 탄력을 지닌다.

② 수 세

㉠ 어육 속의 수용성 단백질(근형질 단백질 등)이나 지질 등은 겔 형성을 방해한다.

㉡ 수세를 하면 수용성 단백질과 지질 등이 제거되어 색이 좋아지고, 겔 형성에 관여하는 근원섬유 단백질이 점점 농축되므로 겔 형성이 좋아져 제품의 탄력이 좋아진다.

③ 소금 농도

고기갈이 할 때 소금(2~3%)을 첨가하면 근원섬유 단백질의 용출을 도와 겔 형성을 강화시키고, 맛을 좋게 한다.

④ 고기갈이 육의 pH 및 온도

㉠ 고기갈이 한 어육은 pH 6.5~7.5에서 겔 형성이 가장 강해진다.

㉡ 고기갈이 온도는 10℃ 이하에서 한다(0~10℃에서 단백질의 변성이 극히 적으므로).

⑤ 가열 조건

㉠ 가열 온도가 높고 또 가열 속도가 빠를수록 겔 형성이 강해진다.

㉡ 가열은 급속 가열하는 것이 좋다(저온에서 장시간 가열하면 탄력이 약한 제품이 된다).

⑥ 첨가물

㉠ 연제품에 사용되는 첨가물 : 조미료, 광택제, 탄력 보강제, 증량제 등이 있다.

㉡ 조미료 : 소금, 설탕, 물엿, 미림, 글루탐산나트륨이 사용된다.

㉢ 달걀흰자 : 탄력 보강 및 광택을 내기 위하여 첨가한다.

㉣ 지방 : 맛의 개선이나 증량을 목적으로 주로 어육 소시지 제품에 많이 첨가한다.

㉤ 녹말(전분)

- 탄력 보강 및 증량제로써 사용한다.
- 첨가량은 일부 고급 연제품을 제외하고는 보통 어육에 대하여 5~20% 정도이다.
- 녹말은 가열 공정 중에 호화되어 제품의 탄력을 보강한다.
- 감자녹말, 옥수수 녹말, 타피오카 녹말, 고구마 녹말이 사용되고 있다.

(6) 어육 연제품의 품질 변화

① 어육 연제품의 저장성

㉠ 무 포장 또는 간이 포장 연제품

- 2차 오염균에 의하여 제품의 표면에서부터 변질이 시작되는 것이 보통이다.
- 상온에서의 저장 한계는 여름철에는 1~2일, 봄·가을철에는 5~6일 정도이다.

㉡ 진공 포장 제품

- 대부분 바실러스(*Bacillus*)속의 세균 때문에 변질이 일어난다.
- 포장어묵류는 10℃ 이하에서 보존·유통되므로 보통 1개월 정도는 변질의 우려가 없다.
- 보존 온도가 높아지면 대개 제품의 표면에서 나타나며, 기포 발생, 점질물 생성, 연화, 반점 생성, 산패 등이 일어난다.

② 연제품의 변질 방지

㉠ 연제품의 변질을 방지하기 위해서는 가열 직후에 제품에 남아있는 세균의 수를 최대한 줄이고, 2차 오염의 기회를 차단하며, 저온에 저장하여 잔존 세균의 증식을 억제시켜야 한다.

㉡ 방법으로는 중심온도 75℃ 이상 가열, 1~5℃에서 저온 냉장, 소브산 및 소브산칼륨 등 보존료 사용, 포장 등이 있다.

※ 게맛 어묵(게맛살)

- 냉동 고기풀을 원료로 하여 연제품 제법으로 제조
- 게살의 풍미와 조직감을 가지도록 한 인위적인 모조 식품(Copy Food)
- 고품질의 선상 냉동고기풀(명태육)을 원료로 사용

05 젓갈(발효식품)

(1) 젓갈의 개요

① 젓갈은 어패류의 근육, 내장, 생식소(알) 등에 소금을 넣고 변질을 억제하면서 발효 숙성시킨 것이다.

② 젓갈은 소금을 첨가하여 저장성을 좋게 하면서 독특한 풍미를 가지게 한 우리 고유의 전통 수산발효식품이다.

③ 젓갈은 단백질, 당질, 지질 등의 분해 물질이 어우러져 진한 감칠맛을 내므로 직접 섭취하거나 조미료로도 많이 이용된다.

④ 저장 측면에서는 염장품과 유사하나 일반 염장품은 염장 중에 육질의 분해가 억제되어야 좋은 제품인 반면, 젓갈은 원료를 적당히 분해·숙성시켜 독특한 풍미를 갖게 한다는 점에서 차이가 있다.

(2) 젓갈의 종류

① 젓갈류에는 젓갈, 액젓, 식해가 있다.

② 대부분의 어패류가 젓갈 원료로 사용할 수 있다.

③ 원료에 따른 젓갈의 분류

원 료	제 품
육젓(근육)	멸치젓, 정어리젓, 오징어젓, 조기젓, 소라젓, 전복젓, 전어젓
내장젓(내장)	창난젓, 참치 내장젓, 갈치 내장젓, 해삼 내장젓
생식소젓(알)	명란젓, 성게 알젓, 청어 알젓, 상어 알젓

④ 젓갈의 가공방법에 따른 분류

㉠ 육젓 : 어패류의 원형이 유지되는 것으로, 어패류에 8~30% 정도의 소금만을 사용하여 2~3개월 상온 발효시켜서 만든 발효 젓갈이다.

㉡ 액젓 : 어패류의 원형이 유지되지 않는 것으로 발효 기간을 12개월 이상 연장함으로써 어패류를 더욱 분해시켜서 만들고 있다(멸치젓과 새우젓이 대표적).

※ 젓갈의 맛 성분
어패류 속의 단백질 및 핵산, 당질 등이 숙성 중에 자가 소화 효소 및 미생물에 의하여 분해되어 각종의 아미노산, 올리고당, 유기산, 뉴클레오티드, 단당류 등으로 변하여 독특한 맛을 낸다.

(3) 전통 젓갈과 저염 젓갈

① 전통 젓갈

㉠ 어패류에 20% 이상의 소금을 넣어 부패를 막으면서 자가 소화 효소 등의 작용을 활용하여 숙성시킨 것으로 맛과 보존성이 좋다.

㉡ 소금이 10% 이상이 되면 장염 비브리오균이 증식할 수 없으므로 식중독 염려가 없다.

② 저염 젓갈

㉠ 소금농도를 7% 이하로 단기간 숙성시킨 것으로 맛과 보존성이 낮다.

㉡ 조미료로 맛을 부여하거나 저온 저장 및 보존료를 첨가하여 보존성을 높이고 있다.

㉢ 식중독을 일으키는 장염 비브리오는 2~5% 소금이 있으면 증식을 잘하므로 식중독의 염려가 있다.

※ 전통 젓갈과 저염 젓갈의 비교

전통 젓갈	저염 젓갈
• 소금농도 약 10~20% • 숙성 기간 약 10~20일 • 자가 소화에 의한 감칠맛 등의 생성 • 소금에 의한 부패 방지 • 보존성 높음(상온 저장 가능) • 식염에 의해 부패 억제 • 보존 식품	• 소금농도 약 4~7% • 숙성 기간 약 0~3일 • 조미료 등에 의한 감칠맛 부여 • 보존료, 수분활성도 조정에 의한 보존(냉장) • 보존성 낮음(냉장) • 젖산, 솔비톨, 에탄올 첨가하여 부패 억제 • 기호 식품

(4) 젓갈의 가공 방법

① 멸치젓

㉠ 일반적으로 마른간법으로 만들고, 유럽에서는 개량 물간법으로 멸치젓 통조림을 만들고 있다.

㉡ 봄에 담근 것을 춘젓, 가을에 담근 것을 추젓이라 한다.

㉢ 보통 춘젓이 추젓보다 맛이 좋은 것으로 알려져 있다.

② 새우젓

㉠ 어획 직후 선상에서 선별한 후 바로 가염처리를 해야 한다.

㉡ 소금량은 젓갈 중 가장 많은 약 35% 정도를 넣는다.

㉢ 새우껍질 때문에 소금의 침투 속도가 느리고, 내장에 있는 효소의 활성이 높기 때문에 소금량을 많이 한다.

㉣ 새우젓을 담그는 시기에 따라 동백하젓(1~2월), 춘젓(3~4월(봄)), 오젓(5월), 육젓(6월), 자젓(7~8월), 추젓(9~10월(가을))이라 한다.

㉤ 살이 가장 잘 오른 육젓이 가장 고급품이다.

③ 명란젓

㉠ 명란 채취 : 명태의 복부를 갈라서 내장과 함께 명란을 채취한다.

㉡ 물빼기 : 채취한 명란을 소금물(3%)로 수세하여 명란 표면의 오물을 제거한 후에 물 빼기한다. 이때 알집이 터지지 않도록 주의한다.

㉢ 염지 : 물빼기한 명란은 염지를 하는데, 발색제는 최종 잔존 농도가 5ppm 이하가 되도록 아질산나트륨을 첨가하는 것이 허용되어 있다.

㉣ 숙성 및 포장 : 염지가 끝난 명란은 깨끗한 물로 씻고 다시 하룻밤 정도 물빼기하여 숙성(10℃ 이하, 2일 또는 7~15일)하고 조미 후 용기에 넣고 포장하여 저온 유통시킨다.

(5) 액 젓

① 주로 동남아시아에서 많이 생산되며 우리나라, 일본, 유럽에서도 이용되고 있다.

② 우리나라는 멸치액젓과 까나리액젓이 대표적이다.

③ 어패류를 고농도의 소금으로 염장한 후 6개월~1년 정도 숙성시켜 액화한 것으로, 아미노산의 함유량이 높기 때문에 주로 조미료로 이용된다.

④ 액젓의 제조 방법

㉠ 액젓은 젓갈 제조 방법과 동일하게 처리하여 1년 이상 숙성·액화시켜 어패류의 근육을 완전히 분해시켜서 만든다.

㉡ 대부분의 유통되는 액젓은 생젓국(원액)을 뜨고 난 잔사에 소금과 물을 적당량 가하여 3차까지 달인 다음에 여과하여 원액과 혼합한 후 액젓으로 출하하기도 한다.

(6) 식 해

① 식해는 염장 어류에 조, 밥 등의 전분질과 향신료 등의 부원료를 함께 배합하여 1~2주 정도 숙성시켜 만든다.

② 식해는 식염의 농도가 낮아 저장성이 짧으므로 가을이나 겨울철에 주로 제조된다.

③ 주된 원료로는 가자미, 넙치, 명태, 갈치 등을 주로 사용하고 있다.

④ 부원료는 쌀밥 또는 조밥과 소금, 엿기름, 고춧가루 등이 사용된다.

⑤ 가자미식해가 대표적이다.

06 조미가공품

(1) 조미가공품의 종류

① **조미조림제품** : 소형 어류와 조개류 및 해조류 등의 원료를 간장과 설탕을 주성분으로 하는 진한 조미액에 넣고 높은 온도에서 오래 끓여서 만든 제품

② **조미건제품** : 소형 어패류의 고기를 조미액에 침지한 다음 건조시켜 만든 제품

③ **조미구이제품** : 어패류의 고기에 간장, 설탕, 물엿, 조미료를 섞은 조미액을 바른 다음, 이를 숯불, 적외선, 프로판 가스 등을 이용한 배소기로 구워서 만든 제품

(2) 조미가공품의 제조

① 오징어 세절 조미조림

㉠ 오징어 육을 찐 다음에 압착하여 실처럼 가늘게 찢어 조미액 속에서 조린 제품이다.

㉡ 백진미(껍질을 벗겨 가공), 참진미(껍질을 벗기지 않고 가공), 군진미(숯불에 구운), 맛진미(압연 처리) 등의 제품이 있다.

② 쥐치 꽃포

㉠ 육편뜨기 : 쥐치의 머리와 내장을 제거하고, 껍질을 벗긴 다음에 육편을 뜬다.

㉡ 조미 : 육편을 수세하여 혈액과 이물질을 제거한 다음에 조미액을 가하여 잘 섞어준다.

㉢ 건조 : 조미 작업이 끝나면 천일 건조하거나 열풍 건조한다.

③ 조미 배건 오징어

㉠ 조미 배건 오징어에는 찢은 조미 배건 오징어와 압연 조미 배건 오징어가 있다.

㉡ 찢은 조미 배건 오징어 : 껍질을 제거한 몸통을 조미액과 잘 혼합하고 배소기에서 구운 뒤 인열기에 걸어 부풀어 오르도록 찢은 제품이다.

㉢ 압연 조미 배건 오징어 : 껍질을 제거한 몸통을 조미하고 찐 다음에 가열하여 압연한 제품이다.

07 해조류 가공품

(1) 김

김의 가공품으로는 마른김과 조미김이 있다.

① 마른김의 가공

㉠ 세척 : 채취기로 채취한 양식김을 세척 탱크 내에서 교반하여 씻는다.

※ 근래에는 채취한 생김을 탈수한 다음 급속 동결(-25~-30℃ 정도)하여 두었다가 적당한 시기에 바닷물로 해동하여 쓰기도 한다.

㉡ 탈수 및 건조 : 세척한 김은 통에서 깨끗한 찬물로 풀어 잘 섞고 김 되로 떠서 탈수하여 옥외 건조(햇빛을 이용) 또는 실내 건조(열풍을 이용)를 한다.

㉢ 결속 : 건조 한 김은 발장에서 떼어 내어 이물질(협잡물, 잡태 등)을 제거한 후에 10장을 한 첩으로 접고, 10첩을 한 속(톳)으로 하여 결속하다.

㉣ 열처리 : 마른김 자체를 열처리하면 김의 수분을 5% 이하로 줄일 수 있으므로 장기간 저장할 수 있다.

㉤ 포장 : 열처리가 끝나면 상자에는 방습지를 깔고 김을 넣은 다음, 밀봉하여 포장한다.

② 조미김

㉠ 조미김은 마른김을 조미하여 건조한 것이다.

㉡ 마른김을 가열하여 조미액(식용유 등)을 김 표면에 발라 구운 후 적당한 크기로 절단하고 건조제를 넣어서 밀봉, 포장한다.

㉢ 저장 유통 중에 지방의 산화가 품질에 커다란 영향을 미친다.

※ 우리나라에서 생산되는 김은 대부분이 양식산의 방사무늬김이다.

(2) 마른 미역

① 마른 미역의 종류

종 류	가공 방법
소건 미역	채취한 미역을 깨끗이 씻은 다음에 건조한 것
회건 미역	생미역에 초목을 태워서 얻는 재를 섞어서 건조한 것
염장 데친 미역	끓는 물로 미역을 데쳐 효소를 불활성화시키고 소금으로 염장한 것
염장 썬 미역	염장 미역을 씻은 다음 절단기를 통해 4~5cm 크기로 자른 후 포장한 것
실 미역	염장 미역 잎사귀만 선별하여 씻은 다음 건조시켜 포장한 것

② 염장 미역의 가공

㉠ 채취한 미역을 끓는 식염수(3~4%)에 데친(30~60초 정도) 후 물로 냉각한 후 탈수한다.

㉡ 탈수된 미역에 식염(30~40%)을 마른간법으로 뿌린 다음 염지 탱크에 넣어두면 수분이 배어 나와 물간형태가 된다.

㉢ 충분히 염장된 미역을 탈수한 다음 줄기, 변색된 잎, 파손된 잎 등을 제거한 후 다시 식염(10~20%)을 혼합하고 염장 미역을 제조하여 저온 저장한다.

③ 마른 썬 미역

㉠ 염장 미역을 원료로 사용한다.

㉡ 염장 미역을 수세하여 과잉된 소금기(농도)를 낮추고 압착기로 탈수한다.

㉢ 탈수한 미역에서 불량품을 제거한 다음 일정한 크기로 절단하여 열풍건조기로 건조한다.

㉣ 건조한 미역은 이물제거기를 통해 이물질(모래, 먼지 등)을 제거하고 포장한다.

(3) 한천(Agar)

① 한천의 원료

㉠ 한천의 원료가 되는 해조류는 홍조류로 대표적인 것이 우뭇가사리와 꼬시래기이다.

㉡ 우뭇가사리 등의 세포벽에 존재하는 다당류이다.

㉢ 한천은 해조류를 열수로 추출한 액을 냉각하여 생기는 우무를 동결, 탈수, 건조한 것이다.

㉣ 꼬시래기가 전 세계적으로 가장 많이 사용되고 있다.

※ 해조 다당류 가공품 : 해조류에는 한천, 알긴산, 카라기난과 같이 다당류의 함유량이 많아 식품, 화장품, 및 의약품 산업에 이용되고 있다.

② 한천의 제조 방법

한천은 자연 한천 제조법과 공업 한천 제조법의 두 가지가 있다.

㉠ 자연 한천 제조법

- 자연 한천은 겨울철에 자연의 냉기(저온)를 이용하여 동건법(동결과 해동을 반복하여 건조)으로 제조하므로 건조장의 자연 조건(기후, 지형 및 수질)이 중요하다.
- 기온은 하루의 최저 기온(밤 기온)이 -5~-10℃, 최고 기온(낮 기온)이 5~10℃ 정도 되고, 날씨는 맑고 바람이 적은 곳이 좋다.
- 추출은 전처리 없이 상압에서 끓는 물에 원료를 넣어 장시간 자숙하여 추출한다.
- 추출한 한천 성분을 여과포로 여과하여 응고시켜 만든 우무를 일정 크기(각 한천-길이 35cm, 두께와 폭 3.9~4.2cm, 실 한천-길이 35cm, 두께와 폭 6mm)로 절단하여 자연 저온을 이용하여 동건하여 제조한다.

※ 우뭇가사리를 이용한 자연 한천의 제조과정
우뭇가사리 → 수침 → 수세 → 자숙, 추출 → 여과 → 절단 → 동결건조 → 제품

㉡ 공업 한천 제조 방법

- 한천 제조에 사용되는 탈수법은 동결탈수법과 압착탈수법이 있다.
- 우뭇가사리는 동결탈수법으로, 꼬시래기는 압착탈수법으로 한천을 생산한다.
- 꼬시래기를 원료로 사용할 경우 알칼리 전처리를 해야 품질이 좋은 한천이 얻어진다.
- 공업한천은 냉동기로 동결하므로 기후 조건의 영향을 받지 않아 연중 생산할 수 있다.

③ 한천의 성질

㉠ 성분은 아가로스(Agarose 70~80%)와 아가로펙틴(Agaropectin 20~30%)의 혼합물이다.

㉡ 아가로스는 중성 다당류이고, 아가로펙틴은 산성 다당류이다.

㉢ 응고력이 강하고 보수성, 점탄성이 좋으며, 인체의 소화 효소나 미생물에 의해서 분해되지 않는다.

㉣ 아가로스의 함유량이 많을수록 응고력이 강하다.

㉤ 냉수에는 녹지 않으나, 80℃ 이상의 뜨거운 물에는 잘 녹는다.

㉥ 소화・흡수가 잘되지 않아 다이어트 식품의 소재로 많이 이용되고 있다.

④ 한천의 용도

식품가공용	• 요리용(우무 요리, 일본 요리, 중국 요리) • 제과용(양갱, 젤리, 잼) • 유제품용(아이스크림, 요구르트 안정제) • 양조용(맥주, 포도주, 청주, 식초 등의 청정제) • 저칼로리 건강식품
의약품	정장제, 변비예방치료제, 외과 붕대, 치과 인상제
공업용	치약, 로션, 샴푸 등
기 타	미생물 배지, 분석 시약용, 겔 여과제, 조직 배양용

(4) 알긴산(Alginic Acid)

① 알긴산의 원료

㉠ 알긴산은 갈조류에 들어 있는 점질성 다당류이다.

㉡ 미역, 감태, 모자반, 다시마, 톳 등의 갈조류가 사용되고 있는데, 그 함유량은 15~35% 정도이다.

② 알긴산의 제조 공정

㉠ 알긴산이나 알긴산염의 추출 정제를 위한 각 공정은 알긴산에 함유되어 있는 카복실기의 이온교환 특성을 이용한 것이다.

㉡ 알긴산 제조 공정은 알긴산법과 칼슘알긴산법이 있다.

㉢ 원료 중에 들어 있는 알긴산 이외의 성분을 제거하고, 알긴산의 추출을 쉽게 하기 위해서 선별한 원료를 묽은 산과 알칼리 용액으로 전처리한다.

③ 알긴산의 성질

㉠ 만누론산(Mannuronic Acid)과 글루론산(Guluronic Acid)으로 만들어진 고분자의 산성 다당류이다.

㉡ 물에 녹지 않으나 나트륨염, 암모늄염 등의 알칼리염은 물에 녹아 점성이 큰 용액을 만든다.

㉢ 2가의 금속 이온(칼슘 등)과 결합하면 겔을 만드는 성질을 가지고 있다.

㉣ 콜레스테롤, 중금속, 방사선 물질 등을 몸 밖으로 배출하고, 장의 활동을 활발하게 하는 기능이 있다.

㉤ 알긴산은 점성, 겔 형성력, 막 형성력 및 유화 안정성 등의 성질을 가지고 있다.

④ 알긴산의 용도

㉠ 식품산업용 : 주스류의 점도증강제, 아이스크림 안정제, 다이어트 기능성 음료, 제과, 유제품, 양조 및 육가공품 등

㉡ 의약품용 : 정장제, 외과용 봉합사와 지혈제, 치과 인상제 등

㉢ 공업용 : 인쇄용지 광택제, 용수 응집제, 직물용 호료 등

㉣ 화장품산업용 : 로션과 크림 등의 점도증강제

㉤ 기타 : 물의 정수제, 중금속과 방사능물질 제거기능 등

(5) 카라기난

① 카라기난의 원료

㉠ 홍조류에 속하는 진두발, 돌가사리, 카파피쿠스 알바레지 등에 들어 있는 다당류이다.

㉡ 카라기난의 원료는 대부분 동남아(필리핀), 남미(페루)에서 수입하여 사용하고 있다.

② 카라기난의 제조 공정

㉠ 먼저 원료를 전처리하여 불순물을 제거한 후 자숙(삶는 것), 추출한다.

㉡ 추출된 카라기난은 여과(필터프레스) 및 응고(염화칼륨첨가)를 거쳐 탈수, 건조(풍건), 분쇄 후 포장하여 제품화한다.

㉢ 탈수 공정은 가압 탈수법 또는 알코올 탈수법(이소프로필알코올 사용)이 이용된다.

③ 카라기난의 성질

㉠ 카라기난은 갈락토스와 안히드로갈락토스가 결합된 고분자 다당류이다.

㉡ 카라기난의 종류에 따라서는 안히드로갈락토스가 함유되지 않은 것도 있다.

㉢ 한천에 비해 황산기의 함량이 많아 응고하는 힘은 약하나 점성이 매우 크고 투명한 겔을 형성한다.

㉣ 단백질과 결합하여 단백질 겔을 형성한다.

㉤ 70℃ 이상의 물에 완전히 용해된다.

㉥ 점성, 겔 형성력, 유화 안정성, 현탁 분산성, 결착성의 기능이 있다.

④ 카라기난의 용도

㉠ 육가공품, 연제품의 식품 산업용 및 수산 냉동품의 글레이즈제 등

㉡ 아이스크림 안정제, 초콜릿 우유의 침전 방지제, 식빵 및 과자의 조직 개량 및 보수제, 화장품 및 치약의 점도 증가제로 사용되고 있다.

※ 카라기난의 종류

- 카파 카라기난 : 단단한 겔을 형성하고 카파피쿠스 알바레지로 만든다.
- 람다 카라기난 : 겔을 형성하지 않으며, 콘드루스 크리스푸스로 만든다.
- 요타 카라기난 : 반고체 상태의 투명한 겔을 형성하고 유체우마 덴티쿨라툼으로 만든다.

※ 용어 해설
- 친수성 : 물에 쉽게 용해되는 성질
- 증점제 : 식품 조직의 점성을 증가시키기 위해 넣는 물질
- 봉합사 : 외과 수술할 때 사용하는 실
- 호료 : 풀
- 난소화성 물질 : 섭취해도 소화가 잘 되지 않는 물질
- 결착성 : 두 물질을 서로 붙여 주는 성질
- 보수제 : 식품 조직에서 일정한 수분 함량을 유지하기 위해 넣는 물질

08 통조림

(1) 통조림의 개요

① 통조림의 뜻

㉠ 통조림은 용기에 원료를 담아 공기를 제거하고 밀봉한 후, 가열 살균하여 상온에서 변질하지 않고 장기간 유통·보존할 수 있도록 만든 식품이다.

㉡ 금속 용기에 원료를 넣어 밀봉하였어도 가열 살균하지 않은 것은 통조림의 범주에 포함하지 않고 있다.

㉢ 통조림 용기는 처음 유리병을 사용하였으나, 지금은 깨지지 않고 가벼워 사용하기 편리한 금속 용기(캔)가 주로 사용되고 있다.

㉣ 대표적인 수산물 통조림은 참치, 골뱅이, 굴, 꽁치 통조림 등이 있다.

② 통조림의 장점

㉠ 밀봉하여 가열 살균하므로 안전하게 장기 보존할 수 있다.

㉡ 살균 처리로 세균이 대부분 사멸하였기 때문에 식중독의 우려 없는 안전 식품이다.

㉢ 고온에서 가열하므로 구입 후 별도의 조리 없이 바로 먹을 수 있는 섭취 간편 식품이다.

㉣ 가볍고 깨질 염려가 없으며, 휴대가 간편한 편리성이 우수한 식품이다.

③ 통조림의 단점

㉠ 소비자가 통조림의 내용물을 눈으로 직접 확인할 수 없다.

㉡ 원료에 따른 제품의 맛에 차이가 적다.

(2) 통조림의 역사

① 통조림의 개발

㉠ 최초의 개발은 프랑스의 니콜라 아페르에 의해서 병조림으로 제조되었다.

㉡ 프랑스의 나폴레옹 시대에 장기간의 전쟁 중으로 군인들에게 장기 보존이 가능하고 휴대할 수 있는 전투 식량 보급의 필요에 의해서였다.

㉢ 병조림은 보존성은 좋으나 유리로 되어 있어 깨지기 쉽고 무거워 휴대가 불편한 단점이 있었다.

※ 병조림의 개발

- 나폴레옹은 1795년에 고액의 현상금을 걸고 식량의 장기 저장 방법을 모집하였다.
- 아페르는 제과 제빵, 양조, 요리 등 식품에 관한 해박한 자신의 지식과 경험을 살려 개발한 식품 보존법(이 당시는 병조림의 형태임)이 채택되어 1810년에 나폴레옹 황제로부터 12,000프랑의 상금을 받았다.
- 프랑스 정부가 현상금을 내건 1795년이 통조림의 시초가 되었고, 현상금을 탄 아페르는 통조림의 아버지로 불리고 있다.

② 금속 용기의 개발

㉠ 아페르가 고안한 유리병의 단점을 개선하기 위해 영국의 피터 듀란드는 1810년에 양철을 오려서 납땜하여 만든 양철 캔을 개발하였다.

㉡ 현재의 통조림의 시작으로 통조림 용기를 캔(Can)이라고 부르게 된 것도 양철 캔(Tin Canister)으로부터 유래되었다.

③ 통조림의 산업화

㉠ 미 국

- 1821년에 일어난 미국의 남북 전쟁 때 미국 보스톤에 통조림가공 공장이 설립되면서 통조림 산업이 활발히 발전한 계기가 되었고, 미국 각지에서 활발하게 기업화되었다.
- 전쟁으로 인해 휴대가 간편하고 별도의 조리 없이 바로 먹을 수 있고 안전한 통조림이 군수품으로 대량 필요하게 된 것이다.

㉡ 우리나라

- 1892년 일본인에 의해 시작되었다.
- 1919년에 통조림 공장이 처음으로 설립되었다.
- 1939년에 최초의 캔 생산 공장이 설립되었다.
- 1970년대부터 수산물은 굴, 농산물은 양송이 통조림을 주력 수출 전략 산업으로 육성하며 크게 발전하였다.

※ 통조림은 과거에는 전쟁 군수품으로 발전한 반면, 최근에는 이용이 편리하고 안전한 저장 식품으로서 소비가 늘어나고 있다.

(3) 통조림 용기의 종류

① 스틸 캔

㉠ 스틸 캔은 철(스틸)로 만든 캔으로, 두께 0.3mm 이하의 얇은 철판(또는 강판)이다. 캔에 사용되는 철판은 주석 도금 철판과 무 주석 철판의 2종류가 있다.

㉡ 주석 도금 철판

- 철판의 양쪽 면에 주석을 도금한 것이다.
- 주석 도금 스틸 캔은 주로 수산물 통조림의 쓰리피스 캔에 많이 사용된다.

㉢ 무 주석 철판

- 주석 대신 크롬이나 니켈을 도금한 것이다.
- 무 주석 도금 스틸 캔은 주석 도금 캔보다 원가가 싸지만, 쓰리피스 용접 캔에는 직접 사용할 수 없으므로 주로 투피스 캔에 사용한다.
- 무 주석 도금 스틸 캔은 참치를 비롯한 수산물 통조림의 투피스 캔에 가장 많이 사용한다.

② 알루미늄 캔

㉠ 알루미늄 캔의 장점

- 캔 내용물에서 금속 냄새가 거의 나지 않고, 변색(흑변)을 일으키지 않는다.
- 가벼우며 녹이 생기지 않고, 외관이 고급스러워 상품성이 뛰어나다.
- 타발 압연 캔이나 따기 쉬운 뚜껑을 만들기 쉬운 장점이 있다.

㉡ 알루미늄 캔의 단점 : 강도가 스틸 캔보다 약하고 소금에 대한 부식에 약하다.

㉢ 알루미늄 캔의 용도 : 참치 등 수산물 통조림을 비롯하여 탄산음료, 맥주, 유제품 등 대부분의 식품에 많이 사용되고 있다.

③ 쓰리피스 캔

㉠ 쓰리피스 캔이란 몸통과 뚜껑과 밑바닥의 세 부분으로 이루어진 원형관 또는 사각관을 말한다.

㉡ 캔 몸통에 있는 사이드 시임의 접착 방식에 따라 납땜 캔, 접착 캔, 용접 캔으로 구분된다.

㉢ 용접 캔이 접착 강도와 원가, 위생성이 좋아 대부분을 차지하고 있다.

㉣ 식품용 통조림에 사용이 크게 줄고 있다.

④ 투피스 캔

㉠ 투피스 캔은 컵과 같이 몸통과 밑바닥이 한 부분, 뚜껑이 한 부분 즉, 2부분으로 구성되는 캔을 말한다.

㉡ 수산물 통조림과 식품용 통조림의 대부분을 차지하고 있다.

⑤ 캔 뚜껑

㉠ 캔 뚜껑은 주로 전체 또는 일부분을 손잡이로 잡아당겨 쉽게 열 수 있도록 되어 있다.

㉡ 종류에는 손잡이를 잡아당기면 새겨진 부분만 떨어져 나오게 된 것, 그대로 붙어 있는 것, 새겨진 부분을 눌러 따게 된 것, 뚜껑 전면을 잡아 당겨 따게 된 것 등이 있다.

(4) 통조림 용기의 규격

① 우리나라의 통조림 용기 규격 : 우리나라의 통조림 용기 규격은 한국산업표준(KS D 9004호)으로 정하고 있으나 최근의 KS 표시 제도가 없어져서 국제 표기를 사용하거나 우리나라와 일본등 지에서는 용량과 형상을 기준으로 하는 참고 명칭을 사용하기도 한다.

※ 우리나라 수산물 통조림 용기의 규격

형 태	KS호칭	안지름 (mm)	높이 (mm)	내용적 (mL)	종 류	참고 명칭	용 도
원형관	301–1 (300–1)	74.1 (72.9)	34.4	120.3	투피스 캔	평3호관 (신평 3호관)	참치(소)
원형관	301–7 (300–7)	74.1 (72.9)	113.0	454.4	쓰리피스 캔	4호관	고등어, 골뱅이
사각관	103–2	103.4×59.5	30.0	135.0	투피스 캔	각 5호관A	굴, 홍합, 바지락

② 통조림 용기의 국제적 호칭

206	/	211	×	413	aluminium	2PC	tuna can
목 지름(넥인)		몸통 지름		캔 높이	소재(재료)	모양	내용물

㉠ 206은 $2\frac{6}{16}$인치(in)를 의미한다. 그리고 넥인하지 않은 캔이라면 211만 표시하게 된다.

㉡ 지름은 밀봉부의 바깥지름을 말한다.

㉢ 높이는 밑 뚜껑과 위 뚜껑까지의 높이를 말한다.

㉣ 우리나라의 호칭 규격은 지름만 국제 규격을 따르고 있다.

(5) 통조림의 가공

① 통조림의 가공 원리

㉠ 통조림의 가공 원리는 원료를 알맞게 전처리(선별, 조리 등)한 후에 캔에 넣고(살쟁임), 탈기, 밀봉, 살균, 냉각, 포장하여 제품을 만드는 것이다.

㉡ 통조림의 제조에서 탈기, 밀봉, 살균, 냉각 공정은 통조림을 장기간 저장할 수 있게 하는 핵심 4대 공정이라 한다.

※ 통조림의 일반적인 가공 공정

원료 선별 → 조리 → 살쟁임 → 탈기 → 밀봉 → 살균 → 냉각 → 포장

② 통조림의 가공 4대 공정

㉠ 탈 기

- 용기에 내용물을 채우고 나서 용기 내부에 있는 공기를 제거하는 공정이다.
- 탈기의 목적
  - 캔 내의 공기 제거에 의한 호기성 세균의 발육 억제
  - 살균할 때 공기의 팽창에 의한 캔의 파손 방지

- 공기 산화에 의한 내용물의 영양성분 파괴 억제
- 캔 내부의 부식 방지, 변패관(팽창관)의 검출 용이

• 탈기는 종전에는 탈기함을 사용하였으나 현재는 진공 펌프에 의한 기계적 탈기법이 많이 쓰이며, 시머(밀봉기)에서 밀봉과 동시에 일어난다.

• 탈기의 정도는 캔의 진공도를 측정하여 확인한다.

$$\text{진진공도} = \text{측정진공도} + \frac{\text{진공도}}{\text{Headspace}} + \text{내용적}$$

※ 용기공간(Headspace) : 식품으로 채워지지 않은 용기 안의 부피

ⓛ 밀 봉

• 탈기를 끝낸 후 캔의 몸통과 뚜껑 사이에 빈 틈새가 없도록 시머로 봉하는 공정이다.

• 밀봉의 목적은 캔 안의 내용물을 외부 미생물과 오염 물질로부터 차단하고, 진공도 유지이다.

• 아무리 살균을 잘하여도 밀봉 공정이 잘못되면 빠르게 변질하므로 밀봉은 통조림 가공에서 가장 중요한 공정 중의 하나이다.

ⓒ 살 균

• 살균은 용기 내에 밀봉되어 있는 내용물의 유해 미생물을 살균하기 위함이다.

• 살균의 목적
  - 미생물의 사멸과 효소의 불활성화로 보존성과 위생적 안전성 향상
  - 식품을 바로 먹을 수 있게 하여 이용 간편성 향상

• 살균할 때 가열의 정도는 식품의 산도(pH)에 따라 다르다.
  - pH가 4.5 이하이면 산성식품, 4.5 이상이면 저산성 식품으로 구분한다.
  - 클로스토리듐 보툴리늄균은 내열성이 강하고, 매우 강한 독성을 생성하는 세균으로 저산성 식품의 경우 레토르트에서 고온으로 열처리하여야 한다.
  - pH가 4.6 이상인 어패류 통조림은 100℃ 이상의 고온 고압에서 장시간 살균한다.

※ 살균온도와 살균시간
• D값은 일정온도에서 주어진 미생물 농도를 1/10로 감소시키는 데 소요되는 시간이다.
• 동일 온도에서 D값이 높은 것은 내열성이 큰 것을 의미한다.
• Z값은 D값을 1/10로 단축시키는 데 필요한 온도차이(℃)이다.
• Z값이 높은 것은 온도 상승에 대한 내열성이 큰 것을 의미한다.

• 살균은 대부분 레토르트에 넣어서 고압 가열 수증기로 한다.

ⓔ 냉 각

• 살균을 마친 통조림은 내용물의 품질 변화를 줄이기 위해 40℃까지 지체 없이 냉각해야 한다.

• 냉각의 목적
  - 호열성 세균의 발육 억제
  - 스트루바이트의 생성 억제
  - 내용물의 과도한 분해 방지
• 가압 냉각
  - 가압 냉각은 레토르트 내에서 가열 살균할 때의 압력을 그대로 유지하고, 물을 주입하면서 한다.
  - 예비 냉각이 이루어지면 레토르트에서 캔을 꺼내어 냉각수 통에 넣어서 마무리 한다.
• 냉각 공정에서 레토르트의 압력
  - 레토르트의 압력이 캔의 내압보다 과도하게 크면 패널 캔이 생기기 쉽다.
  - 레토르트의 압력이 캔의 내압보다 과도하게 작으면 버클 캔이 생기기 쉽다.

(6) 통조림의 가공방법

① 수산물 통조림의 종류

㉠ 보일드 통조림 : 원료 자체를 그대로 삶아서 식염수로 간을 맞춰 만든 통조림
  예 고등어, 정어리, 꽁치, 참치, 홍합, 연어, 바지락

㉡ 가미 통조림 : 원료를 조미료(간장, 설탕, 향신료 등)로 조미하여 만든 통조림
  예 골뱅이, 정어리, 참치, 오징어

㉢ 기름 담금 통조림 : 원료를 조미하고 식물성 기름(면실유)을 첨가하여 만든 통조림
  예 참치

㉣ 훈제 기름 담금 통조림 : 원료를 훈제하고 식물성 기름을 첨가하여 만든 통조림
  예 굴, 홍합

㉤ 기타 통조림 : 원료를 장조림, 굽기 또는 수프로 만들거나 살을 발라 만든 통조림
  예 게살

② 참치 기름 담근 통조림의 가공

㉠ 원 료
  • 가다랑어와 황다랑어가 많이 사용된다.
  • 원료는 변질을 막기 위해 냉동 보관한다.

㉡ 어체 크기 선별 : 냉동된 참치는 해동 및 자숙 공정을 원활히 하기 위해서 크기별로 선별한다.

㉢ 해 동
  • 냉동 원료(-15℃ 이하)는 20℃ 정도의 물속에서 해동시킨다.
  • 어체의 중심온도가 -3~3℃가 되면 해동을 마치고 건져낸다.

㉣ 어체 처리 : 해동된 참치는 배를 절개하여 내장을 제거하고 세척한 후 크기별로 구분하여 복부를 위로 향하게 하여 용기에 담는다.

㉤ 자 숙
- 자숙은 레토르트에서 가열 수증기로 100~105℃에서 1~4시간 정도한다.
- 어체의 중심 온도가 60~65℃ 정도 도달하면 자숙을 완료한다.
- 자숙은 미생물을 사멸시켜 제품의 변질을 막고, 원료의 껍질, 적색육, 뼈의 분리를 쉽게 한다.

㉥ 냉 각
- 자숙이 끝난 어체에 냉각수를 뿌려 냉각실에 넣어 한다.
- 어체의 중심 온도가 30~40℃ 정도 되면 냉각을 마친다.
- 냉각은 육의 조직을 수축시켜 단단하게 하므로 작업 중에 육의 손실을 줄일 수 있다.

㉦ 육의 선별
- 냉각이 끝나면 머리, 껍질, 꼬리, 뼈, 적색육을 제거하고 순수한 백색육만을 취한다.
- 백색육은 캔의 높이에 맞게 자른다.

※ 절단 크기
401-1관(참치 1호관) : 약 40mm, 307-1관(참치 2호관) : 약 30mm, 211-1관(참치 3호관) : 약 25mm

㉧ 살쟁임과 부재료 첨가
- 절단한 백색육은 캔의 규격에 맞게 살쟁임한다.
- 살쟁임양은 401-1관(참치 1호관) 301~325g, 307-1관(참치 2호관) 135~174g, 211-1관(참치 3호관) 80~86g 정도로 한다.
- 용기는 C-에나멜관이나 V-에나멜관이 많이 쓰인다.
- 살쟁임이 끝나면 제품에 알맞은 카놀라유, 야채즙, 소스를 첨가한다.

※ 307-1관(참치 1호관)의 내용 총량 : 고형량 170g, 카놀라유 30g, 식염 30g 정도이다.

㉨ 밀 봉
- 캔에 살쟁임과 부재료 첨가가 끝나면 진공 시머로 탈기와 밀봉을 한다.
- 탈기의 정도는 진공도가 40~53kPa(30~40cmHg) 정도 되게 한다.

㉩ 살균, 냉각 및 포장
- 밀봉이 끝나면 즉시 레토르트에 넣어 114℃에서 70~180분 가열 살균한다.
- 살균을 마치면 즉시 냉각수를 탱크에 주입하여 급속 냉각시킨 다음 포장한다.

※ 통조림의 외관 표시
- 상단 : 원료의 품종명 및 조리 방법
- 중단 : 원료의 크기, 살쟁임 형태, 제조 공장명, 허가 번호
- 하단 : 제조 연월일

(7) 통조림의 품질 관리

① 통조림의 품질 변화

통조림의 품질변화 현상으로는 흑변, 허니콤, 스트루바이트, 어드히전, 커드 등이다.

㉠ 흑 변

- 황화수소(어패류를 가열하면 단백질이 분해되어 발생)가 캔의 철이나 주석 등과 결합하면 캔 내면에 흑변이 일어난다.
- 황화수소는 어패류의 선도가 나쁠수록, pH가 높을수록 많이 발생한다.
- 참치, 게, 새우, 바지락 등의 원료가 흑변을 일으키기 쉽다.
- 흑변을 예방하기 위해서는 C-에나멜 캔 또는 V-에나멜 캔을 사용해야 한다.

※ 게살 통조림을 가공할 때 황산지에 게살을 감싸는 것은 황화수소를 차단하여 흑변을 막기 위함이다.

㉡ 허니콤(Honey Comb)

- 어육의 표면에 벌집모양의 작은 구멍이 생기는 것이다(참치 통조림에서 흔히 볼 수 있다).
- 허니콤은 어육을 가열할 때 육 내부에서 발생한 가스가 밖으로 배출되면서 생긴 통로이다.
- 허니콤을 예방하기 위해서는 어체 취급 시 상처를 내지 않도록 해야 한다.

㉢ 스트루바이트(Struvite)

- 통조림 내용물에 유리 조각 모양의 결정이 나타나는 현상이다.
- 중성과 약 알칼리성의 통조림에 나타나기 쉽다.
- 꽁치 통조림에서 많이 나타나고, 참치 통조림에서도 pH 6.3 이상 될 때에 생길 수 있다.
- 스트루바이트를 예방하기 위해서는 살균 후 통조림을 급랭시켜야 한다(30~50℃ 범위가 최대 결정 생성 범위).

㉣ 어드히전(Adhesion)

- 캔을 열었을 때 육의 일부가 용기의 내부나 뚜껑에 눌러붙어 있는 현상이다.
- 어드히전은 육과 용기면 사이에 물기가 있으면 일어날 수 없다.
- 어드히전을 예방하기 위해서는 빈 캔 내면에 식용유 유탁액을 도포하거나, 물을 분무하는 방법과 내용물인 육의 표면에 소금을 뿌려 수분이 스며 나오게 하는 방법 등이 있다.

㉤ 커드(Curd)

- 어류 보일드 통조림의 표면에 생긴 두부 모양의 응고물을 말한다.
- 커드는 가열 살균할 때 육중의 수용성 단백질이 녹아 나와 응고하여 생성된다.
- 커드는 선도가 나쁜 원료에서 생기기 쉽다.
- 커드의 예방
  - 생선을 살쟁임 전에 묽은 소금물에 담가 수용성 단백질을 미리 용출시켜 제거한다.
  - 살쟁임은 육편과 육편 사이에 틈이 없도록 한다.
  - 살쟁임한 육의 표면 온도가 빨리 50℃ 이상이 되도록 가열한다.

※ 통조림 품질 변화의 종류별 원인과 방지법

종 류	원 인	방지법
흑 변	선도 저하 및 가열에 의해 발생한 황화수소	C-에나멜 캔 및 V-에나멜 캔 사용
허니콤	가열에 의한 육 내부의 가스 배출	어체가 상처나지 않도록 취급
스트루바이트	유리 조각 모양의 결정 생성	살균 후 급랭
어드히전	캔 내면에 육의 부착	캔 내면에 수분 및 기름 도포
커 드	수용성 단백질의 응고에 의한 두부 모양의 응고물 생성	수용성 단백질 제거

② 캔의 변형

통조림의 변형 캔에는 내용물의 변질 정도에 따라 평면 산패, 플리퍼, 스프링거, 스웰 캔, 버클 캔, 패널 캔이 있다.

㉠ 평면 산패
- 가스의 생성 없이 산을 생성한 캔을 말한다.
- 외관은 정상이므로 내용물을 확인해야 산패 여부를 알 수 있다.

㉡ 플리퍼
- 캔의 뚜껑과 밑바닥을 제외한 어느 한쪽 면이 약간 부풀어 있는 캔을 말한다.
- 부풀어 있는 부분을 손끝으로 누르면 소리를 내며 원상태로 되돌아간다.

㉢ 스프링거
- 캔의 뚜껑이나 밑바닥이 플리퍼의 경우보다 심하게 부풀어 있는 캔을 말한다.
- 손끝으로 부푼 면을 누르면 반대쪽 면이 소리를 내며 부풀어 튀어나온다.

㉣ 스웰 캔 : 변질이 심하여 캔의 뚜껑과 밑바닥 모두가 부푼 상태의 캔을 말한다.

㉤ 버클 캔
- 캔 외압보다 내압이 커져서 캔의 몸통 부분이 볼록하게 튀어나온 상태의 캔을 말한다.
- 버클 캔이 생기기 쉬운 경우
  - 가열 살균 후에 급격히 증기를 배출하는 경우
  - 가열 살균 전에 변질한 경우
  - 배기가 불충분한 경우
  - 수소 팽창을 일으킨 경우
  - 살쟁임을 과다하게 한 경우 등

㉥ 패널 캔
- 버클 캔의 반대 경우이다. 즉, 캔 외압보다 캔 내압이 낮아 캔 몸통의 일부가 안쪽으로 오목하게 쭈그러 들어간 상태의 캔을 말한다.
- 패널 캔이 생기기 쉬운 경우
  - 진공도가 높은 대형 캔을 고압 살균할 때 수증기를 급격히 주입하여 레토르트의 압력이 급격히 높아지는 경우
  - 가열 살균 후에 가압 냉각할 때 캔 내압은 낮아졌으나 공기압이 너무 높은 경우

③ 통조림의 품질 검사법

㉠ 통조림의 품질검사에는 일반 검사, 세균 검사, 화학적 검사 및 밀봉 부위 검사 등으로 나눌 수 있다.

㉡ 통조림의 일반 검사 항목

검사 항목	내 용
표시 사항 및 외관 검사	제조일자, 포장 상태, 밀봉 상태, 변형 캔 등을 육안으로 조사
타관 검사	• 타검봉으로 캔을 두드려 나는 소리를 검사 • 눈으로 판별이 불가능한 캔의 검사에 이용 • 진공도가 높을수록 타검음이 높아지는 경향이 있음
가온 검사	• 살균 불량 통조림을 조기 발견하기 위해 검사 • 37℃에서 1~4주 또는 55℃에서 가온하여 외관 및 내용물을 검사
진공도 검사	• 탈기, 밀봉 공정이 제대로 되었는지 통조림 진공계를 이용하여 검사 • 진공계를 팽창 링에 찔러 진공도를 측정 • 진공도가 50kPa(37.5cmHg)이면 탈기가 양호한 제품임
개관 검사	캔 내용물의 냄새, 색, 육질 상태, 맛, 액즙의 맑은 정도 등을 검사
내용물의 무게 검사	제품에 표시된 무게만큼 들어 있는지 검사

㉢ 밀봉 부위의 검사

• 밀봉 외부의 치수 측정

– 치수 측정 항목 : 캔 높이, 밀봉 두께, 밀봉 너비, 카운트 싱크 깊이를 측정한다.

– 캔 높이(H)는 버니어 캘리퍼스 또는 측고계로 측정한다.

– 밀봉 두께(T)와 밀봉 너비(W)는 시밍 마이크로미터로 측정한다.

– 카운터 싱크 깊이(C)는 카운터 싱크 게이지 또는 시밍 마이크로미터로 측정한다.

– 밀봉 외부의 치수 측정은 캔의 종류에 따른 다음 표와 같이 캔의 종류에 따른 표준 치수와 비교하여 판정한다.

※ 밀봉 부위의 표준 치수

호칭 지름	두께		TC	WC	T	W	C	BH	CH	OL
	뚜껑	몸통								
202	0.21	0.19	1.82		1.06~1.26	2.64~2.94	2.95~3.25	1.75~2.15	1.65~2.05	40% 이상
211	0.21	0.21	1.86	2.54	1.10~1.30	2.75~3.05	3.05~3.35	1.78~2.18	1.78~2.18	40% 이상
301 (300)	0.23	0.23	1.98	~	1.20~1.40	2.80~3.10	3.05~3.35	1.78~2.18	1.78~2.18	40% 이상
307	0.25	0.25	2.03	2.77	1.30~1.50	2.83~3.13	3.05~3.35	1.78~2.18	1.78~2.18	40% 이상
401	0.25	0.25	2.08		1.30~1.40	2.83~3.13	3.05~3.35	1.78~2.18	1.78~2.18	40% 이상
603	0.28	0.28			1.45~1.65	2.93~3.23	3.10~3.40	1.87~2.27	1.87~2.27	40% 이상

※ 이중 밀봉 부위의 이름
- T : 밀봉 두께
- W : 밀봉 너비
- C : 카운터 싱크 깊이(척 플랜지 두께에 의해 결정되며, 표준 치수 범위 내에 있어야 함)
- BH : 바디훅 길이(몸통 플랜지의 길이를 나타내며, 바디훅이 작으면 누설 캔이 되기 쉽고 너무 크면 립의 원인이 되기도 함)
- CH : 커버훅 길이(캔 뚜껑의 컬이 밀봉부 내에 말려 들어간 길이이다. 제1롤 압력의 강약에 따라 변화)
- OL : 밀봉훅 중합부 길이(보디훅과 커버훅이 겹쳐진 부분의 길이)
- OL(%) : 밀봉훅 중합률(밀봉부 내에서 보디훅과 커버훅의 겹쳐진 정도)

※ 립 : 보디훅의 일부가 혀를 낸 것처럼 밀봉부 밖으로 빠져나온 것

- 밀봉 내부의 치수 측정
  - 치수 측정 항목 : 보디훅 길이, 커버훅 길이, 밀봉훅 중합률을 측정한다.
  - 밀봉 내부의 치수 측정은 시밍 마이크로미터나 확대 투영기를 사용하여 측정하고, 그 값을 표준 치수와 비교하여 밀봉이 올바르게 되었는지 검사한다.

※ 밀봉 부위 내부의 치수 측정

검사 항목	판정 기준
바디훅(BH) 길이	표준값보다 0.13mm 이상 짧으면 안 됨
커버훅(CH) 길이	표준값보다 0.13mm 이상 짧으면 안 됨
밀봉훅 중합률(OL%)	• 원형관에서의 합격 한계는 45% 이상 되어야 함 • 타원관 등에서는 40% 이상 되어야 함

※ 통조림의 원료와 조리방법 표기

원 료	굴	OY
	고등어	MK
	가다랑어	TS
	바지락	SN
	골뱅이	BT
	꽁 치	MP
조리방법	보일드 통조림	BL
	조미 통조림	FD
	기름담금 통조림	OL
	훈제 기름담금 통조림	SO

09 기타 수산가공품

(1) 소 금

① 소금의 개요

㉠ 소금은 보통 먹을 수 있는 염이라 식염이라고도 하며, 바닷물에 약 2.8% 들어 있다.

㉡ 염화나트륨을 주성분으로 하여 칼슘, 마그네슘, 칼륨 등이 함유되어 있다.

㉢ 소금은 식품을 가공할 때 조미용 및 저장용으로 널리 사용되고 있다.

㉣ 소금은 산업용으로 브라인(Brine) 용액, 합성 섬유 및 고무, 비누, 석회석, 물감, 피혁 제조 등에 이용된다.

㉤ 석유 공업, 소다 공업, 요업 및 기타 화학 공업에서도 널리 사용된다.

㉥ 도로용 소금은 제설용, 제빙용으로도 이용되고 있다.

② 소금의 종류

종 류	제조방법 및 특징
천일염 (굵은소금)	• 염전에서 바닷물을 자연 증발시켜 생산하는 소금을 말하며, 이를 분쇄·세척·탈수한 소금을 포함 • 염도는 일반적으로 90% 내외이고, 색상은 백색과 투명색이 있으나 한국은 기상 조건 등으로 염도 80% 내외의 백색 • 입자가 크고 거칠며 불순물이 완벽하게 걸러지지 않은 대신 수분과 무기질, 미네랄이 풍부
암 염	• 지각변동으로 해수가 땅속에서 층을 이루고 파묻혀 있는 것을 제염한 것 • 암염은 미네랄은 거의 없고 98~99%가 염화나트륨 • 보통 염도가 96% 이상이고 색은 투명한 것이 보통이나 토질에 따라 회색, 갈색, 적색, 청색 등의 색을 띰
정제염 (기계소금)	• 결정체소금을 용해한 물 또는 바닷물을 이온교환막에 전기 투석시키는 방법 등을 통하여 얻어진 함수를 증발시설에 넣어 제조한 소금 • 정제염은 염화나트륨함량이 99% 이상으로 미네랄은 거의 없음 • 흡습성이 적고 백색을 띰 • 일명 '맛소금'은 정제염에 MSG(글루타민산나트륨)를 첨가하여 만든 것
재제염 (재제조 소금)	• 결정체소금을 용해한 물 또는 함수를 여과, 침전, 정제, 가열, 재결정, 염도조정 등의 조작과정을 거쳐 제조한 소금(꽃소금) • 보통 천일염과 수입염을 섞어 생산되며 염도는 90% 이상으로 높음 • 천일염보다 입자와 색상이 고와 일반적인 조리용으로 많이 사용하고 있으나 여과과정에서 각종 미네랄 성분이 제거되어 천일염보다 영양에서는 떨어짐
가공염	• 원료 소금을 볶거나 태우거나 용융 등의 방법으로 그 원형을 변형한 소금 또는 식품첨가물을 가하여 가공한 소금 • 태운 소금은 다시 구운 소금과 죽염으로 나눌 수 있음

※ 간수 : 바닷물에서 소금을 만들 때 남는 액체

(2) 어 분

① 어분의 개요

㉠ 어분의 원료는 어류 가공에 부적합한 잡어, 어류 가공 부산물(머리, 뼈, 껍질, 내장, 꼬리 등) 등이다.

㉡ 원료를 찌거나 삶은 후, 압착하여 기름을 짜낸 다음 건조, 분쇄하여 가루로 만든 것이다.

㉢ 어분은 대부분 수증기를 가열 매체로 사용하여 자숙하는 습식법으로 생산하고 있다.

② 어분의 종류 : 습식 어분의 주요 가공 공정은 증장, 압착, 건조 및 분쇄로 되어 있다.

종 류	원 료	특 징
백색 어분	명태, 대구, 가자미류 등 백색육 어류	지질과 색소의 함유량이 적어 저장 중에도 잘 변색하지 않음
갈색 어분	고등어, 꽁치, 정어리 등 적색육 어류	지질과 색소의 함유량이 많아 가공 및 저장 중에 지질의 산화 및 변색으로 갈색을 띰
환원 어분	어분 가공 회수 성분	어분 가공 중 영양 성분을 회수하여 농축 처리함
잔사 어분	명태 가공 부산물	어체를 가공하고 남은 비가식부가 주원료임
북양 공선 어분	명태 부산물	북태평양의 동결 연육 가공선에서 생산함
연안 어분	고등어, 정어리	연안에서 어획되는 어종이 주원료임
수입 어분	청어, 멸치	칠레, 페루, 남아프리카 공화국 등에서 수입함

③ 어분의 성분과 이용

㉠ 어분의 주된 성분은 수분(10% 이하), 단백질(60~70%) 및 지방(백색 어분 3~5%, 갈색 어분 5~12%), 무기질(12~16%)이다.

㉡ 어분의 가격을 결정하는 데 가장 중요한 요소는 단백질 함유량으로, 단백질이 많을수록 어분의 가격이 높다.

㉢ 주로 가축이나 양어의 사료 및 비료로 이용된다.

㉣ 정제하여 가공 식품 원료로도 사용한다(농축 어육 단백질).

※ 농축 어육 단백질(FPC)
어분 속에 들어 있는 단백질 외의 성분을 최대로 제거하여 정제한 고도의 단백질 농축물로 분말이나 페이스트(Paste)상으로 만든 식용 어분의 일종으로 단백질 강화식품 및 환자의 건강식으로 이용

(3) 어 유

① 어유의 개요

㉠ 어유는 어체에서 채취되는 기름을 말한다.

㉡ 어분의 제조공정에서 부산물로 생기는 자숙액(삶을 때 나오는 액즙)과 압출액(고형분에 압력을 가했을 때 나오는 액즙) 또는 내장(간)을 이용하여 만든다.

㉢ 어유는 생체 조절 기능이 우수한 고도 불포화지방산이 많이 함유되어 있다.

㉣ 대표적인 것이 간유로 오징어간유, 명태간유, 상어간유인데 그중에서도 오징어간유의 생산량이 가장 많다.

② 어유의 가공

㉠ 먼저 어체에서 지방을 함유하고 있는 조직을 파괴하여 탈수와 동시에 지방을 분리시켜야 한다.

㉡ 채유법으로 가장 많이 쓰이고 있는 것은 자취법(습식법)이다.

㉢ 자취법은 어체를 자숙하여 액의 표면에 떠오르는 기름을 채취하는 방법이다.

㉣ 어유의 정제방법은 탈산(20% NaOH 사용), 수세, 탈색(산성 백토 사용), 냉각침전(0.5%), 탈취(수증기 또는 질소 사용) 공정의 순으로 한다.

㉤ 어유로부터 EPA와 DHA를 고순도로 추출·정제하기 위하여 초임계 가스 추출법이 이용되기도 한다.

③ 어유의 성분 및 이용

㉠ 어유의 주성분은 트리글리세리드이며 그 밖에 알코올류, 스테롤류, 탄화수소, 인지질, 당지질이 소량으로 들어 있다.

㉡ 식용 : 경화유로서 마가린이나 쇼트닝에 첨가하거나 계면 활성제로 사용된다.

㉢ 비식용 : 도료, 내한성 윤활유, 비누 원료로 사용된다.

※ 어교 : 어류의 껍질, 뼈, 비늘, 부레 등에 들어 있는 콜라겐 성분을 이용하여 만든 점착액 물질(부레풀이라고도 함)로 접착제로 주로 사용

(4) 기타 가공품

① 수산 피혁

㉠ 수산 피혁 : 수산동물의 껍질을 벗겨 내어 적절한 가공 처리를 하여 유연성, 탄력성, 내구성, 내수성 등을 부여하여 만든 가죽제품

㉡ 가공 원리 : 어류 껍질의 주성분인 콜라겐을 추출하여 피혁으로 가공

㉢ 가공 특성 : 육상 동물 피혁보다 품질이 떨어지나 원료가 풍부하고 가격이 저렴하여 많이 이용

㉣ 가공 원료 : 악어, 고래, 먹장어, 가오리, 상어, 연어 등

㉤ 이용 : 악어, 먹장어, 가오리는 고급 핸드백, 신발, 허리띠 등의 소재

② 수산 공예품

㉠ 수산 공예품에는 나전 칠기, 진주, 산호가 있다.

㉡ 나전 칠기

- 진주나 전복, 조가비를 갈아 만든 자개를 칠기의 겉면에 자개를 박아 넣거나 붙인 것을 말한다.
- 조가비를 이용하여 만든 나전 칠기는 독창적이고 우아한 우리나라 고유의 전통 공예품이다.

※ 조개 단추 : 조가비 공예품 중 가장 생산량이 많음

㉢ 진 주

• 광택이 아름다워 목걸이, 반지, 팔찌, 귀고리, 브로치 등의 장신구로 많이 쓰인다.
• 진주에는 천연 진주, 양식 진주 및 이들 진주의 대용품으로 만든 인조 진주가 있다.

※ 진주의 종류
• 천연 진주 : 진주조개, 전복 등의 조개류 외투막에서 분비되어 만들어진 구슬
• 양식 진주 : 진주조개의 외투막에 작은 구슬을 넣으면 모조개가 구슬의 표면에 진주질을 분비하여 얻음
• 인조 진주 : 유리나 플라스틱으로 만든 구슬에 고기비늘 성분(구아닌)을 발라서 진주와 비슷한 모양과 색택을 가지게 한 것

10 기능성 수산식품

(1) 수산물 기능성 성분의 종류

① 간 유

㉠ 간유는 어류의 신선한 간에서 얻은 기름이다.

㉡ 원료는 대구, 명태, 상어 등의 간이다.

㉢ 간유에는 비타민 A, D를 비롯하여 EPA(에이코사펜타엔산)와 DHA(도코사헥사엔산)의 함량이 높다.

㉣ 비타민 A는 시각 기능과 성장 인자 등에 관여하는 비타민이다.

㉤ 간유는 시력보호(야맹증), 뼈 건강(구루병 예방), 피부건강, 혈액흐름 개선, 중성지질 감소 등의 기능을 가지고 있다.

② EPA, DHA

㉠ EPA와 DHA는 탄소수가 불포화지방산이다.

㉡ 대구와 명태에는 간에, 고등어와 정어리에는 근육에, 참치는 머리 특히 눈구멍(안와)에 DHA의 함량이 많다.

종 류	EPA(Eicosapentaenoic Acid)	DHA(Docosahexaenoic Acid)
구 조	탄소수 20개, 이중 결합 5개인 고도 불포화 지방산	탄소수 22개, 이중 결합 6개인 고도 불포화 지방산
기능성	• 혈중 중성지방 함량 저하. 혈중 콜레스테롤 저하 • 혈소판 응집 작용 • 고지혈증, 동맥경화, 혈전증, 심장질환 예방 • 면역력 강화, 항암 효과	• 혈액의 흐름을 좋게 하고, 혈액 속의 중성지질을 개선 • 동맥경화, 혈전증, 심근경색, 뇌경색 예방 • 기억력 개선, 학습 능력 증진, 시력 향상 • 당뇨, 암 등의 성인병 예방
	EPA와 DHA는 불안정한 물질이므로 산소, 자외선 및 금속의 영향을 받아 변질되기 쉽고, 변질하면 냄새가 나빠지고, 기능이 떨어짐	

※ 고도 불포화지방산
- 어육에는 고도의 불포화 지방산이 많으며, 생리활성 기능이 있음
- 등푸른 생선인 고등어, 참치, 정어리, 꽁치, 방어 등에 많이 함유
- 공기와 접촉하면 유지의 변질과 이취(나쁜 냄새)의 원인으로 작용
- 특히 n-3계 지방산에 속하고, 인체 내에서 생리활성 기능이 우수함

③ 스쿠알렌(Squalene)

㉠ 스쿠알렌은 수심 30m 이하의 깊은 바다에서 서식하는 상어의 간유에 많이 함유되어 있다.

㉡ 스쿠알렌의 기능
- 항산화 작용 : 활성산소 제거, 지방의 변화에 의한 각종 질병 등의 부작용을 예방한다.
- 기타 면역작용, 간 기능 개선 작용, 산소 수송 기능의 강화 작용 등의 기능이 있다.

④ 키틴(Chitin), 키토산(Chitosan)

㉠ 키 틴
- 갑각류의 껍데기를 이루고 있는 동물성 식이섬유의 한 종류로, 식물의 섬유소인 셀룰로오스와 유사한 구조를 하고 있다.
- 갑각류(게, 새우 등)의 껍데기와 연체동물(오징어 등)의 골격 성분에 많다.

㉡ 키토산
- 키틴의 분해로 만들어진다(불안정한 키틴을 탈아세틸화).
- 키토산을 분해시키면 글루코사민이 된다.
- 키틴과 키토산의 기능은 항균작용, 혈류 개선, 콜레스테롤 감소 기능과 의료용 재료(인공뼈, 피부), 수술용 실, 인조 섬유 및 다이어트 식품 등에 이용된다.

※ 키틴 키토산 올리고당 : 키틴이나 키토산을 분해하여 당의 분자 수를 2~10개로 만든 것

⑤ 콘드로이틴황산(Chondroitin Sulfate)

㉠ 콘드로이틴황산은 점질성 다당류의 한 종류이고, 단백질과 결합 상태로 존재하므로 뮤코다당단백이라고도 한다.

㉡ 상어, 홍어, 가오리 등의 연골어류의 연골조직에 특히 많고, 오징어와 해삼에도 함유되어 있다.

㉢ 제조 원료로는 상어 연골을 많이 이용하고 있다.

㉣ 기능은 관절 및 연골 건강에 도움을 주어 관절염 예방, 노화방지, 피부 보습작용 등이 있다.

⑥ 콜라겐(Collagen), 젤라틴(Gelatin)

㉠ 콜라겐
- 어류의 껍질(상어, 복어, 명태, 오징어 껍질 등)과 비늘로부터 추출하여 제조된다.
- 수산물에서는 전체 단백질의 약 1.4~9.1% 정도이다.
- 동물의 거의 모든 부위(피부, 비늘, 뼈, 근육, 혈관, 힘줄 및 이빨 등)에 존재하여 조직의 형태 유지 기능을 담당하고 있다.
- 기능은 피부 재생, 보습 효과 및 관절 건강에 기여, 식품 소재(소시지 케이싱) 등이 있다.

㉡ 젤라틴

- 콜라겐을 가열하면 젤라틴으로 된다(콜라겐을 열수 처리하여 얻는 유도 단백질).
- 식품 및 의약품 소재(캡슐, 정제, 파스, 지혈제), 식품용 젤리를 만드는 데 이용된다.

⑦ 한 천

㉠ 홍조류인 우뭇가사리(25~35% 정도 함유)와 꼬시래기에 많다.

㉡ 찬물에는 잘 녹지 않고, 가열하면 녹으며, 식히면 탄력 있는 겔이 형성된다.

㉢ 인체 내에서 소화·흡수되지 않는다.

㉣ 기능은 변비를 개선하고, 저 칼로리의 건강식품이다.

⑧ 퓨코이단(Fucoidan)

㉠ 갈조류인 개다시마(약 5%)와 미역 포자엽(약 9%)에 많다(미역의 줄기나 잎에는 적다).

㉡ 기능은 혈액응고 방지, 항종양 및 콜레스테롤 감소, 변비개선 작용 등이 있다.

㉢ 점성이 낮고 용해성이 좋아 수용성 식이섬유 소재로의 이용 가능성과 강한 보습성으로 화장수 및 물티슈로도 개발되고 있다.

⑨ 스피룰리나(Spirulina)

㉠ 열대성의 미세조류로 엽록소, 카로티노이드, 필수지방산 등이 풍부하다.

㉡ 특징은 나선형으로 클로렐라보다 100배 정도 더 크고, 세포벽이 크며 세포벽이 연하다.

㉢ 강수량이 적은 열대성의 사막지역의 고온과 알칼리성의 염분 농도가 높은 환경에서 잘 자란다.

㉣ 태국, 미국 캘리포니아, 중국, 대만, 호주, 멕시코, 인도 등이 주요 생산국이다.

㉤ 기능은 항산화 작용, 체질 개선 및 콜레스테롤 감소 등이 있다.

⑩ 클로렐라(Chlorella)

㉠ 민물에서 서식하는 단세포 녹조식물이다.

㉡ 특징은 일반 식물보다 엽록소가 많아 광합성 작용이 활발하고, 세포분열 능력이 뛰어나 빠른 속도로 증식한다(적정 조건에서 하루에 약 10배 증가).

㉢ 우리나라는 실내에서 대량 배양해서 생산하고 있고, 아열대 지역에서는 야외에서 생산하고 있다.

㉣ 엽록소, 카로티노이드, 비타민, 필수지방산, 철분, 식이섬유 등이 풍부하나 세포벽이 스피룰리나 보다 단단하다.

㉤ 기능은 피부 건강에 도움을 주고, 항산화 작용 및 체질을 개선하며, 콜레스테롤을 감소시킨다.

(2) 기능성 수산가공품의 종류

기능성 수산가공품에는 고시형과 개별 인정형이 있다. 고시형은 우리나라 식품의약품 안전처가 기능성을 인정하여 고시한 것이고, 개별 인정형은 개인이나 사업자가 특정 원료의 기능성을 식품의약품안전처로부터 개별적으로 인정받은 것이다.

① 고시형

종 류	효 능
글루코사민	관절 및 연골 건강
N-아세틸글루코사민	관절 및 연골 건강, 피부 보습
뮤코다당·단백	관절 및 연골 건강
스쿠알렌	항산화 작용
스피룰리나	피부건강, 항산화 작용, 콜레스테롤 개선
알콕시글리세롤 함유 상어간유	면역력 증진
오메가-3 지방산 함유 유지	혈중 중성 지질 개선, 혈액 흐름 개선
키토산/키토올리고당	콜레스테롤 개선
클로렐라	피부 건강, 항산화 작용

② 개별 인정형

종 류	효 능
콜라겐 효소분해 펩타이드	피부 보습
연어 펩타이드	혈압 저하
김 올리고 펩타이드	혈압 조절
리프리놀-초록입 홍합 추출 오일	관절 건강
정제 오징어유	혈액 흐름 개선
DHA 농축 유지	혈중 중성 지질, 혈액 흐름 개선
분말 한천	배변 활동
스피룰리나	콜레스테롤 개선, 면역 조절
정어리 펩타이드	혈압 조절

11 수산가공기계

(1) 원료 처리 기계

1970년대 냉동 고기풀(수리미, Surimi) 생산 때부터 본격적으로 도입

① 어체 선별기(Roll 선별기)

㉠ 특 징

- 크기 측정 방식과 무게 측정 방식이 있다.
- 크기 선별 방식은 다단 롤러 컨베이어를 이용한 대량 처리에 이용된다.

㉡ 작동원리

- 회전하는 롤 사이 공간의 크기에 따라서 크기가 작은 것부터 밑의 컨베이어에 떨어지게 한다.

- 한 쌍의 롤을 경사지게 설치 → 롤 회전(반대 방향) → 롤 사이의 간격에 따라 작은 것부터 아래 컨베이어로 분리
- 롤 위쪽에서 물을 분사하여 어체가 잘 미끄러지게 한다.

㉢ 적용 : 정어리, 고등어, 꽁치, 전갱이, 명태 등의 선별에 사용된다.

② 필레가공기(머리 및 내장 제거기)

㉠ 특징 : 어류를 가공하기 전에 머리와 내장을 제거하여 필레로 만드는 기기이다.

㉡ 작동원리 : 어류가 투입되면 머리를 제거 → 복부의 절개로 내장을 제거 → 육편을 절단기로 자르는 방식이다.

㉢ 적용 : 명태, 연어, 고등어 등의 어류를 조리하기 쉽게 만들거나, 동결 수리미를 만들 때 전처리용으로 이용된다.

③ 탈피기

㉠ 어체의 껍질을 제거하는 기계로, 엔드리스(Endress) 회전 밴드형 칼(탈피칼)을 사용한다.

㉡ 이송 컨베이어에 필레를 놓고 육과 껍질 사이로 필레의 길이 방향에 수직으로 고속 주행하는 밴드 칼을 통과시켜 표피를 제거한다.

㉢ 적용 : 청어나 대구 등의 필릿 탈피 작업에 이용된다.

④ 어류 세척기

㉠ 특징 : 세척기는 회전, 교반, 진동의 방법으로 어체와 어체 또는 어체와 세척수 사이의 마찰을 이용하여 세척하는 기구이다.

㉡ 작동 방식 : 세척에는 세척 탱크 단위로 하는 방식과 어체를 이송하면서 연속적으로 세척하는 방식이 있다.

(2) 건조기

① 열풍 건조기

어패류를 열풍(뜨거운 바람)을 이용하여 건조하는 장치이다. 상자형과 터널형이 있다.

㉠ 상자형 건조기

- 원료를 선반에 넣고 정지된 상태에서 열풍을 강제 순환시켜 건조한다.
- 비용이 적게 들고, 구조가 간단하며 취급이 용이하다.
- 열효율이 낮고 건조 속도가 느리며, 열손실이 많다. 또 연속 작업 불가하고, 균일한 제품을 얻기가 곤란하다.

㉡ 터널형 건조기

- 원료를 실은 수레(대차)를 터널 모양의 건조기 안에서 이동시키면서 열풍으로 건조한다.
- 열효율이 높고 건조 속도가 빠르며, 열 손실이 적다. 또 연속 작업 가능하고 균일한 제품 얻기가 쉽다.
- 비용이 많이 들고, 일정한 건조 시설이 필요하다.

② 진공 동결 건조기

㉠ 건조원리 : 어패류를 동결(-40~-30℃ 정도) 상태로 만든 후 빙결정을 높은 진공에서 직접 승화시켜 건조시키는 장치이다.

㉡ 구조 : 진공 동결 건조장치는 건조실, 가열판, 응축기, 감압 펌프로 구성되어 있다.

- 건조실 : 식품을 건조
- 가열 장치 : 얼음의 승화 잠열을 제공
- 응축기 : 승화 시 발생하는 수증기 응축
- 진공 펌프 : 건조실 내부를 진공 상태로 유지

㉢ 특징 및 용도

- 열에 의한 성분 변화가 없어 어패류의 색, 맛, 향기 물성을 잘 유지한다.
- 식품 조직의 외관이 양호하고, 복원성이 좋다.
- 시설 및 운전 경비가 많이 들기 때문에 제품 가격이 비싸고, 건조 시간이 오래 소요된다.
- 북어, 맛살, 전통국 등 고가 제품의 건조에 사용된다.

③ 제습 건조기

㉠ 건조원리 : 제습건조방식은 어패류에서 배출된 함유수분은 제습기의 증발기(냉각기)로 흡착하여 물로 배출하고 응축기(발열기)에서 3~5℃ 높은 건조공기를 순환배출 한다.

㉡ 구조 : 냉각기(공기 냉각 기능), 가열기(공기 가열 기능), 가습기(습도 조절 기능), 송풍기(열풍 공급 기능)로 구성된다.

㉢ 특징 및 용도

- 원적외선 방사 가열과 병용하면 더욱 효과적이다.
- 자연 건조 가능한 건조시스템으로 저온상태로 탈색, 맛, 향, 영양소 파괴가 없다.
- 건조 함수율 조절이 가능하며 건조, 수산물 반건조 등에 사용된다.
- 부가 가치가 높은 제품에 사용된다.

(3) 통조림용 기기

① 이중 밀봉기(Seamer, 시머)

통조림을 제조할 때 캔의 몸통과 뚜껑을 빈 공간 없이 밀봉하는 기계이다.

㉠ 이중 밀봉의 원리

- 이중 밀봉이란 뚜껑의 컬을 캔 몸통의 플랜지 밑으로 말아 넣고 압착하여 봉하는 방법을 말한다.
- 캔은 리프터로 시밍 척에 닿을 때까지 들어 올려지고, 리프터와 시밍 척에 의해 뚜껑과 몸통이 단단히 고정된다.
- 제1롤이 수평 운동을 하여 시밍 척에 접근하여 뚜껑의 컬을 압착하면서 캔 주위를 빠르게 회전한다. 이때 뚜껑의 컬이 캔 몸통의 플랜지 밑으로 말려 들어간다.

• 제1롤의 후퇴와 동시에 제2롤이 시밍 척에 접근하여 제1롤에 의해 말려 들어간 뚜껑의 컬과 몸통의 플랜지를 더욱 강하게 압착하여 밀봉을 완성시킨다.
• 제2롤의 후퇴와 동시에 리프터가 내려가고, 밀봉된 캔은 밀봉기 밖으로 나온다.

※ 컬과 플랜지
• 컬(Curl) : 캔 뚜껑의 가장 자리를 굽힌 부분. 컬의 내부에 밀봉재가 발려져 있어 밀봉부의 빈틈이 없도록 유지함
• 플랜지(Flange) : 캔 몸통의 가장 자리를 밖으로 구부린 부분

㉡ 시머의 종류
• 홈 시머, 세미트로 시머, 진공 시머가 있다.
• 홈 시머와 세미트로 시머는 실험실이나 소규모 공장에서 사용하고, 진공 시머는 대규모 공장에서 사용한다.

㉢ 밀봉기의 구성
• 시머는 시밍 척(Chuck), 리프터(Lifter), 시밍 롤(Roll)의 3요소로 구성되어 있다.
• 시밍 척과 시밍 롤은 시밍 헤드라 불린다.
• 시밍 롤은 제1롤과 제2롤로 이루어져 있다.
• 제1롤의 홈은 너비가 좁고 깊으나, 제2롤의 홈은 너비가 넓고 얕다.

※ 밀봉 3요소의 기능

3요소	기 능
리프터	• 밀봉 전 : 캔을 들어 올려 시밍 척에 고정시킴 • 밀봉 후 : 캔을 내려 줌
시밍 척	밀봉할 때에 캔 뚜껑을 붙잡아 캔 몸통에 밀착하여 고정시켜 주는 역할
시밍 롤	• 캔 뚜껑의 컬을 캔 몸통의 플랜지 밑으로 밀어 넣어 밀봉을 완성시킴 • 제1롤 : 캔 뚜껑의 컬을 캔 몸통의 플랜지 밑으로 말아 넣는 역할 • 제2롤 : 이를 더욱 압착하여 밀봉을 완성시킴

② 레토르트(Retort)

㉠ 원 리
• 가열 수증기를 이용하여 통조림을 가열 살균하는 밀폐식 고압 살균 솥이다.
• 정지식과 회전식이 있다(회전식이 열전달이 빨라 살균 시간을 단축한다).

㉡ 특 징
• 100℃ 이상을 유지하기 위해 고압 증기를 사용한다.
• 가열 매체는 증기(통조림 살균)와 열수(유리병, 플라스틱 용기 제품 살균)가 있다.
• 살균 후 품질 변화를 줄이기 위해 급랭한다(냉각수를 주입하여 40℃까지 가압 냉각).

※ 벤드, 블리더 : 레토르트 내부의 공기를 제거하고 수증기를 순환시키는 장치

(4) 연제품용 기기

① 채육기

㉠ 원 리

- 채육기는 세척된 어체를 어육과 뼈, 껍질로 분리하여 어육만 채취하는 기구이다.
- 원료 육편을 호퍼에 주입하면 회전 드럼(채육 망)과 압착판 또는 압착 벨트 사이의 압착에 의해 살코기는 채육망 안으로, 뼈와 껍질은 롤러 밖으로 분리된다.

㉡ 구조 및 특징

- 압착판 또는 압착 벨트 방식이 있으며, 주로 압착 벨트 방식이 사용된다.
- 압착 벨트 방식이 압착판 방식보다 성능이 훨씬 높고, 사용하기에 구조도 편리하게 되어 있다.
- 압착 벨트와 채육망은 서로 반대 방향으로 회전한다.
- 냉동 고기풀 및 연제품 제조에 사용된다.

※ 연속식 압착기
- 연속식 압착기는 수세한 어육에 있는 뼈와 껍질을 압착해서 걸러내는 장치이다.
- 투입된 어육을 스크루를 이용, 그물 모양의 작은 구멍이 있는 철제 원통으로 밀어 넣으면 육과 껍질 및 뼈가 분리된다.
- 분리 과정에서 육의 탄력이 보강되는 효과를 얻을 수 있다.

② 세절기(사일런트 커터, Silent Cutter) – 세절혼합기

㉠ 원 리

- 어육을 고속 회전하는 칼날로 잘게 부수고, 여러 가지 부원료를 혼합할 때 사용하는 기기이다.
- 어육이 담긴 접시는 수평으로 회전하고, 세절이 끝나면 배출 회전막이 작동하여 원료를 배출한다.
- 연제품을 가공할 때는 어육의 온도를 10℃ 이하로 유지하면서 작동시킨다.

㉡ 특 징

- 사일런트 커터와 볼 커터가 있다.
- 칼날은 3~4개로 구성되어 있고, 수직으로 고속 회전한다.
- 온도 감지기(마찰로 인한 육의 온도 상승을 감지)와 세절기 뚜껑(살코기 밖으로 유출되는 것을 방지)이 있다.
- 작업자의 안전을 위해 세절기 뚜껑을 열면 칼날의 작동이 정지된다.
- 동결 수리미, 어육 소시지, 연제품, 각종 어묵 등을 만들 때 많이 사용된다.

③ 성형기

㉠ 고기갈이를 마친 고기풀의 점착성을 이용하여 적당한 모양으로 가공 처리한다.

㉡ 제품의 종류에 따라 성형 방법이 다르고 기계의 종류도 다양하다.

㉢ 가공 순서 : 고기풀을 호퍼에 공급 → 노즐을 통해 압출 → 모양판 통과 → 성형 → 가열 → 냉각

(5) 동결 장치

① 접촉식 동결 장치

㉠ 원리 : 냉각시킨 냉매나 염수(브라인)를 흘려 금속판(동결판)을 냉각시킨 후, 이 금속판 사이에 원료를 넣고 압력을 가하여 동결하는 것으로 냉동 고기풀 제조에 사용된다.

㉡ 특 징

- 동결속도가 빠르고, 일정한 모양을 가진 포장식품인 경우 더욱 효과적이다.
- 금속판의 두께가 얇아야 접촉 효과가 크다(50~60mm).
- 동결 수리미, 명태 필레, 원양 선상 수산물의 동결에 많이 이용되고 있다.
- 접촉식 해동 장치는 구조적으로 동결 장치와 동일하며, 금속판 내부에 온수(25℃)를 흘려서 동결 수리미의 해동에 이용하기도 한다.

② 송풍식 동결장치

㉠ 원리 : 냉각기를 동결실 상부에 설치하고, 송풍기로 강한 냉풍을 빠른 속도로 불어 넣어 수산물을 동결시키는 장치이다.

㉡ 특 징

- 냉풍의 유속을 빠르게 하면 동결속도가 빨라진다.
- 개별동결식품(IQF)을 비롯한 대부분의 수산물의 동결에 이용되고 있다.
- 육상의 냉동 창고에서 대부분이 채택하고 있는 동결 장치이다.
- 장점 : 짧은 시간에 많은 양의 급속 동결이 가능하고, 동결하고자 하는 식품의 모양과 크기에 제약을 받지 않으며, 가격이 저렴한 장점이 있다.
- 단점 : 동결 중에 송풍에 의한 수산물의 건조와 변색이 있으나 글레이징을 하여 방지한다.

※ 용어해설

- 정치식 : 가공 기계가 정지된 상태에서 운전하는 방식으로, 회전식, 동요식과는 반대 개념이다.
- 스톤 모르타르(Stone Mortar) : 돌로 만든 기계식 맷돌로, 사이런트 커터가 나오기 전에 연제품의 고기갈이 기계로 주로 사용되었다.
- 호퍼(Hopper) : 원료 공급 장치의 투입구
- 노즐(Nozzle) : 고압의 액체를 분출시킬 때 분출 단면적을 작게 하면 압력 에너지가 속도 에너지로 바뀌는 것을 이용하여 고속으로 원료를 분출시키는 장치
- 팰릿(Pallet) : 식품을 적재하기 위한 용도로 만들어진 플라스틱 상자

CHAPTER 04

적중예상문제

01 **수산가공의 목적과 관계가 없는 것은?**

① 저장성을 부여한다.
② 원료의 수급을 원활히 하도록 하여야 한다.
③ 원료의 대량 생산이 가능하다.
④ 부가가치를 높인다.

해설 수산가공의 목적
- 수산물이 변질하거나 부패하지 않도록 저장성을 부여한다.
- 식품적인 가치와 그 밖의 용도에 따른 부가가치를 높인다.
- 운반, 보관, 소비하는 데 편리하게 한다.
- 효율적인 이용을 통하여 원료의 수급이 원활하도록 한다.
- 품질 좋은 수산가공품의 생산 및 공급이 가능하도록 한다.

02 **수산식품의 품질 요소 중 관능적 요소와 관계가 있는 것은?**

① 맛 ② 위생적 안전성
③ 조리 편리성 ④ 저장의 우수성

해설 관능적 요소란 사람의 감각 중 시각, 후각, 촉각에 의한 판단 요소이다.

03 **수산가공품 중 우리나라에서 생산량이 가장 많은 것은?**

① 염장품 ② 냉동품
③ 자건품 ④ 연제품

해설 냉동품 54%, 해조품 17%, 연제품 9%, 통조림 6%, 조미가공품 4% 등의 순이다.

정답 1 ③ 2 ① 3 ②

04 **수산가공품을 개발하려 할 때 주의사항으로 옳지 않은 것은?**

① 저장성을 높이기 위해 소금 함량을 높인다.
② 간편하게 조리하여 먹을 수 있도록 한다.
③ 기능성을 강조한 제품을 만든다.
④ 품질이 우수한 제품을 안정적으로 공급할 수 있어야 한다.

해설 소금 함량을 낮추는 저염성 식품을 개발해야 한다.

05 **게맛 어묵의 원료로 가장 많이 이용되는 어종은?**

① 고등어 ② 조기류
③ 가다랑어 ④ 명 태

해설 명태는 주로 게맛 어묵, 연제품으로 가공되고 알, 내장, 아가미 등은 젓갈로 가공되고 있다.

06 **통조림의 원료로 가장 많이 사용되는 어종은?**

① 가자미 ② 명 태
③ 가다랑어 ④ 조 기

해설 우리나라에서 생산되는 수산물 통조림은 참치(다랑어), 고등어, 게살통조림, 굴, 골뱅이 등이 가장 많다.

07 **수산가공 원료의 특성을 바르게 설명한 것이 아닌 것은?**

① 부패변질이 빠르다.
② 종류가 많고 다양하여 계획생산이 쉽다.
③ 어획량의 변동이 크다.
④ 어획장소와 시기가 한정되어 있다.

해설 일부 양식 수산물을 제외하고는 계획생산이 어렵다.

4 ① 5 ④ 6 ③ 7 ② 정답

08 **수산물의 건제품에 대한 설명으로 옳지 않은 것은?**

① 건제품에는 소건품, 자건품, 염건품, 동건품, 자배건품 등이 있다.
② 수산 건제품은 수산물을 그대로 또는 전처리하여 건조시킨 것이다.
③ 동건품은 수산물을 전처리하여 소금에 절인 다음에 건조한 것이다.
④ 소건품은 수산물을 그대로 또는 전처리하여 말린 것이다.

해설 ③ 염건품에 대한 설명이다.
※ 동건품은 수산물을 동결, 해동을 반복하여 말린 것이다.

09 **수산물의 건제품에 대한 설명으로 틀린 것은?**

① 소건품은 마른 오징어, 마른 대구, 마른 미역, 마른 김 등이 있다.
② 동건품에는 마른 명태(북어 또는 황태), 한천 등이 있다.
③ 염건품은 굴비, 간대구포, 염건 고등어 등이 있다.
④ 자배건품은 마른 해삼, 마른 전복, 마른 굴 등이 있다.

해설 ④ 자배건품은 어육을 찐 후에 배건하여 나무 막대처럼 딱딱하게 건조한 것으로 가스오부시가 대표적인 제품이다.

10 **식품 중의 낮은 압력에서 빙결정을 승화시켜 제품의 복원성을 좋게 한 건조 방법은?**

① 배건법　② 열풍 건조법
③ 동결 건조법　④ 냉풍 건조법

해설 동결 건조법은 식품을 동결한 채로 낮은 압력에서 빙결정을 승화시켜 건조하는 방법으로, 여러 가지 건조 방법 중에서 가장 좋은 건조 방법이나, 시설비 및 운전 경비가 가장 비싸다.

11 **다음 중 자건품에 속하는 것은?**

① 마른 오징어　② 마른 멸치
③ 마른 대구　④ 마른 김

해설 자건품은 수산물을 삶아서 말린 것으로 마른 멸치, 마른 해삼, 마른 새우, 마른 전복, 마른 굴 등이 있다.

정답 8 ③ 9 ④ 10 ③ 11 ②

12 수산물의 훈제품에 대한 설명으로 옳지 않은 것은?

① 훈제품은 목재를 불완전연소시켜 나온 연기를 어패류에 쐬어 독특한 풍미와 보존성을 가지도록 한 것이다.
② 훈제 재료로는 수지의 함량이 적은 참나무, 밤나무 등을 많이 이용한다.
③ 훈제 방법에는 냉훈법, 온훈법, 열훈법, 액훈법이 있다.
④ 수산 훈제품에는 북어 조미 훈제품과 조기 훈제품이 대표적이다.

해설 ④ 수산 훈제품에는 냉훈품과 온훈품이 대부분이고, 오징어 조미 훈제품과 연어 훈제품이 대표적이다.

13 다음 훈제 방법 중 조미보다는 저장을 목적으로 하는 것은?

① 냉훈법 ② 온훈법
③ 열훈법 ④ 액훈법

해설 냉훈법은 제품의 건조도가 높아 1개월 이상 보존이 가능한 저장성 있는 제품을 얻을 수 있으나, 풍미는 온훈품보다 떨어진다.

14 다음 훈제 방법 중 훈제 처리 온도가 가장 높은 것은?

① 냉훈법 ② 온훈법
③ 열훈법 ④ 액훈법

해설 **훈제온도**
냉훈법(10~30℃), 온훈법(30~80℃), 열훈법(100~120℃)

15 다음 염장방법 중 어류에 소금을 직접 뿌려서 하는 것은?

① 마른간법 ② 물간법
③ 개량 물간법 ④ 압착 염장법

해설 **염장방법**
- 마른간법 : 수산물에 직접 소금을 뿌려서 염장하는 방법
- 물간법 : 일정한 농도의 소금물에 수산물을 담궈서 염장하는 방법
- 개량 물간법 : 어체를 마른 간을 하여 쌓아올린 다음에 누름돌을 얹어 적당히 가압하여 두는 방법

12 ④ 13 ① 14 ③ 15 ① 정답

16 염장법의 설명으로 옳은 것을 〈보기〉에서 모두 고른 것은?

보기

㉠ 식염에 의한 삼투압의 원리를 이용한다.
㉡ 사용하는 식염의 농도는 15~20%가 적당하다.
㉢ 개량 물간법으로 염장하면 외관과 수율이 좋다.
㉣ 염장하면 수분 활성도(Aw)가 낮아져서 저장성이 증가한다.

① ㉠, ㉡
② ㉠, ㉢, ㉣
③ ㉢, ㉣
④ ㉠, ㉡, ㉢, ㉣

해설 염장법은 소금의 삼투압을 이용하여 수분을 제거하는 것으로, 염장하면 수분 활성도(Aw)가 낮아져서 저장성이 증가한다. 마른간법과 물간법의 장점을 이용한 개량 물간법으로 염장하면 제품의 외관, 수율, 풍미가 좋다.

17 고등어 염장 시 소금의 침투속도에 관한 설명으로 옳지 않은 것은?

① 염장온도가 높을수록 빠르다.
② 지방 함량이 적을수록 빠르다.
③ 소금의 사용량이 많을수록 빠르다.
④ 소금에 칼슘염이 많을수록 빠르다.

해설 **염장 시 소금의 침투속도에 영향을 미치는 요인**
- 소금량 : 많을수록 침투속도가 빠르다.
- 소금순도 : 칼슘염 및 마그네슘염이 존재하면 침투를 저해한다.
- 식품성상 : 지방 함량이 많으면 침투를 저해한다.
- 염장온도 : 높을수록 침투속도가 빠르다.
- 염장방법 : 염장 초기 침투속도는 마른간법 > 개량물간법 > 물간법 순이며, 18% 이상의 식염수에 염장하면 물간법 > 마른간법의 순서이다.

18 염장 중에 일어나는 변화로 소금의 침투에 대하여 옳지 않은 것은?

① 지방 함유량이 많으면 소금의 침투가 저해된다.
② 염장 초기에는 물간법이 마른간법보다 소금의 침투가 빠르다.
③ 소금의 양이 많을수록 침투가 빠르다.
④ 염장 온도가 높을수록 소금의 침투가 빠르다.

해설 염장 초기에는 마른간법이 물간법보다 소금의 침투가 빠르다.

정답 16 ④ 17 ④ 18 ②

19 다음 젓갈류의 설명으로 옳지 않은 것은?

① 젓갈은 어패류의 근육이나 내장 또는 알에 소금을 넣고 발효시킨 제품이다.
② 젓갈은 우리 고유의 전통 수산 발효 식품으로 멸치젓과 새우젓이 대표적이다.
③ 액젓은 수산물을 염장하여 오랜 기간 숙성시켜 액화한 것으로 멸치 액젓과 전어 액젓이 대표적이다.
④ 식해는 어패류를 염장하여 쌀밥, 엿기름 등의 부재료와 혼합하여 숙성시킨 것으로 가자미식해가 대표적이다.

해설 ③ 액젓은 수산물을 염장하여 오랜 기간 숙성시켜 액화한 것으로 멸치 액젓과 까나리 액젓이 대표적이다.

20 다음 젓갈류의 설명으로 옳지 않은 것은?

① 젓갈은 원료의 분해를 억제한 것이고, 염장품은 원료를 발효 숙성시킨 것이다.
② 식해는 전분질 재료(쌀밥)를 첨가하는 점에서 젓갈 및 액젓과 다르다.
③ 제품의 형상에 따라서 액젓(액상)과 젓갈(고체상)로 나누어진다.
④ 염장어는 발효가 목적이 아닌 점이 식해, 젓갈 등과 구별된다.

해설 ① 젓갈은 원료를 발효 숙성시킨 것이고, 염장품은 원료의 분해를 억제한 것이다.

21 염장 어류에 곡류와 향신료 등의 부원료를 사용하여 숙성 발효시킨 제품은?

① 멸치젓
② 까나리액젓
③ 명란젓
④ 가자미식해

해설 식해는 염장 어류에 조, 밥 등의 전분질과 향신료 등의 부원료를 함께 배합하여 숙성시켜 만든 것으로 가자미, 넙치, 명태, 갈치 등이 주원료로 사용되고 있다.

19 ③ 20 ① 21 ④ 정답

22 어육 연제품의 설명으로 옳지 않은 것은?

① 무염 연육은 6% 설탕(또는 소르비톨)과 0.2~0.3%의 중합인산염이 첨가된 것이다.

② 가염 연육은 소금 대신에 2~3%의 중합 인산염을 첨가한 것이다.

③ 어육 연제품의 탄력에 영향하는 요인에는 어종, 선도, 수세조건, 소금 농도, pH 및 가열조건 등이 있다.

④ 어육 연제품은 어육에 소량의 소금을 넣고 고기갈이 한 육에 맛과 향을 내는 부원료를 첨가하고 가열하여 겔(Gel)화시킨 제품이다.

해설 ② 가염 연육은 중합 인산염 대신에 2~3%의 소금이 첨가된 것이다.

23 어육 연제품의 설명으로 옳지 않은 것은?

① 어육 연제품의 가열의 목적은 탄력이 강한 겔 형성과 미생물을 사멸시키기 위함이다.

② 제품의 강한 탄력성을 위하여 pH는 4~4.5, 온도는 5℃ 이하로 조정한다.

③ 수세 공정에서는 수용성 단백질과 오물, 혈액, 색소, 지방질, 어피 등을 제거하여 제품의 색을 좋게 하고 탄력을 강하게 한다.

④ 고기갈이 공정은 2~3%의 소금을 첨가하여 근원섬유 단백질을 용출시키고, 조미료 등의 부원료를 혼합시키는 것이 목적이다.

해설 ② 어육 연제품은 제품의 강한 탄력성을 위하여 pH는 6.5~7.5, 온도는 10℃ 이하로 조정한다.

24 어육 연제품의 부원료 중에서 광택을 목적으로 첨가하는 것은?

① 달걀흰자

② 녹 말

③ 설 탕

④ 중합인산염

해설 어육 연제품의 부원료 중에서 달걀흰자는 탄력 및 광택, 녹말은 탄력 및 증량을 위하여 첨가한다.

정답 22 ② 23 ② 24 ①

25 연제품의 특징에 대한 설명 중 옳지 않은 것은?

① 외관, 향미(香味) 및 물성(物性)이 어육과 다르고, 바로 섭취할 수 있다.
② 맛의 조절이 어렵다.
③ 동결 연육이 많이 이용된다.
④ 어종, 어체의 크기에 무관하게 원료의 사용 범위가 넓다.

해설 ② 맛의 조절이 자유롭고, 어떤 소재라도 배합이 가능하다.

26 연제품의 원료로 가장 많이 사용되는 어류는?

① 명 태 ② 고등어
③ 꽁 치 ④ 다랑어

27 연제품의 겔 형성에 가장 기여하는 성분은?

① 필수지방 ② 탄수화물
③ 단백질 ④ 비타민

해설 연제품의 탄력 형성에 관여하는 성분은 근원섬유 단백질이다.

28 연제품의 제조에 이용하는 사일런트 커터의 역할은?

① 채 육 ② 성 형
③ 수 세 ④ 고기갈이

해설 고기갈이 공정은 동결 연육을 사일런트 커터에서 먼저 10~15분간 어육만 초벌갈이를 하고, 다음에 소금(2~3%)를 가하여 20~30분간 두벌갈이를 하고, 마지막으로 다른 부원료를 넣어 10~15분간 세벌갈이를 한다.

25 ② 26 ① 27 ③ 28 ④ 정답

29 **연제품의 탄력에 영향을 주는 요인의 설명으로 옳지 않은 것은?**

① 백색육 어류가 적색육 어류보다 겔 형성력이 좋다.
② 경골어류가 연골어류보다 탄력이 좋다.
③ 수세를 하면 단백질이 제거되어 탄력이 나빠진다.
④ 고기갈이할 때 소금을 첨가하면 탄력이 강화된다.

해설 수세를 하면 색이 좋아지고, 겔 형성에 관여하는 근원섬유 단백질이 점점 농축되므로 겔 형성이 좋아져 제품의 탄력이 좋아진다.

30 **조미가공품 원료로 가장 많이 사용되는 어류는?**

① 멸 치　② 고등어
③ 오징어　④ 쥐 치

해설 조미가공품에는 조미 오징어가 주를 이루고 있으며 조미 쥐치포, 쥐치꽃포 등이 많이 생산되고 있다.

31 **다음 중 간장과 설탕을 주성분으로 하는 진한 조미액에 넣고 높은 온도에서 오래 끓여서 만드는 제품에 주로 사용되는 원료는?**

① 고등어　② 쥐 치
③ 조 기　④ 해파리

32 **조미 배건 오징어의 가공에 많이 사용되는 장비는?**

① 필터 프레스　② 인열기
③ 시 머　④ 레토르트

해설 조미 배건 오징어에는 찢은 조미 배건 오징어와 압연 조미 배건 오징어가 있다. 찢은 조미 배건 오징어는 껍질을 벗긴 몸통을 조미액과 잘 혼합하고 배소기에서 구운 뒤 인열기에 걸어 부풀어 오르도록 찢은 제품이다.

정답 29 ③ 30 ③ 31 ② 32 ②

33 조미가공품에 대한 설명으로 틀린 것은?

① 조미 조림 제품은 수산물을 조미액에 넣고 높은 온도에서 끓인 것이다.
② 조미 건제품은 수산물을 조미액에 침지한 다음에 건조시킨 것이다.
③ 조미 구이 제품은 수산물을 조미액 없이 구워서 만든 것이다.
④ 쥐치 꽃포는 쥐치 육을 조미하여 건조한 것이다.

해설 조미 구이 제품은 어패류의 고기에 간장, 설탕, 물엿, 조미료를 섞은 조미액을 바른 다음에 이를 숯불, 적외선, 프로판 가스 등을 이용한 배소기로 구워서 만든 제품이다.

34 해조류 가공품에 대한 설명으로 옳지 않은 것은?

① 해조류를 이용한 소건품에는 조미 김이 대표적이다.
② 한천은 아가로스와 아가로펙틴으로 이루어져 있다.
③ 알긴산은 만누론산과 글루론산으로 구성되어 있다.
④ 카라기난은 갈락토스와 안히드로갈라토스로 구성되어 있다.

해설 ① 해조류를 이용한 소건품에는 마른 김, 염장품에는 염장 미역, 조미 가공품에는 조미 김이 대표적이다.

35 마른 김의 저장성에 가장 크게 영향을 미치는 성분은?

① 수 분　　② 단백질
③ 탄수화물　　④ 지 방

해설 마른 김 자체의 수분을 제거하기 위하여 열처리를 한다. 열처리를 하면 김의 수분을 5% 이하로 줄일 수 있으므로 장기간 저장할 수 있다.

36 꼬시래기를 원료로 하여 생산하는 해조 다당류는?

① 한 천　　② 알긴산
③ 카라기난　　④ 퓨코이단

해설 한천의 원료로는 홍조류인 우뭇가사리와 꼬시래기가 많이 이용되고 있다.

33 ③ 34 ① 35 ① 36 ① 정답

37 **자연 한천의 제조에 많이 이용되는 건조법은?**

① 천일 건조법 ② 열풍 건조법
③ 동건법 ④ 분무 건조법

해설 자연 한천은 겨울철에 자연 저온을 이용하여 동건법으로 제조하므로, 만드는 장소는 자연 조건, 즉 기후, 지형 및 수질이 알맞아야 한다.

38 **다음 한천의 제조 과정에서 압착 탈수법을 이용하는 원료는?**

① 꼬시래기 ② 다시마
③ 돌가사리 ④ 우뭇가사리

해설 널리 사용되는 탈수법은 동결 탈수법과 압착 탈수법이 있다. 우뭇가사리는 동결 탈수법으로, 꼬시래기는 압착 탈수법으로 한천을 생산한다.

39 **다음 해조류 중 알긴산의 원료로 이용되는 것은?**

① 감 태 ② 꼬시래기
③ 우뭇가사리 ④ 진두발

해설 알긴산의 원료는 갈조류인 감태, 모자반, 미역, 다시마, 톳 등이 있다.

40 **다음 알긴산에 대한 설명으로 옳지 않은 것은?**

① 알긴산은 갈조류에 들어 있는 점질성 산성 다당류이다.
② 칼슘을 첨가하면 겔화한다.
③ 장의 활동을 활발하게 하며, 콜레스테롤, 중금속, 방사선 물질 등을 몸 밖으로 배출하는 기능이 있다.
④ 물에 잘 용해되고 나트륨염 등의 알칼리염은 물에 잘 녹지 않는다.

해설 ④ 물에 녹지 않으나, 그 알칼리염(나트륨염, 암모늄염 등)은 물에 녹아 점성이 큰 용액을 만든다.

정답 37 ③ 38 ① 39 ① 40 ④

41 다음 해조류 중 카라기난의 원료는?

① 진두발 ② 감 태
③ 석 묵 ④ 꼬시래기

해설 카라기난의 원료는 홍조류인 진두발, 돌가사리, 카파피쿠스 알바레지 등이 있다.

42 다음 카라기난의 설명으로 옳지 않은 것은?

① 단백질과 결합하여 단백질 겔을 형성한다.
② 갈락토스와 안히드로갈락토스가 결합된 고분자 다당류이다.
③ 한천보다 점성이 약하다.
④ 70℃ 이상의 물에 완전히 용해된다.

해설 한천에 비해 응고하는 힘이 약하지만, 점성이 매우 크고 투명한 겔을 형성한다.

43 천일염에 가장 많이 함유되어 있는 성분은?

① $CaCl_2$ ② NaCl
③ $MgCl_2$ ④ $CaCO_3$

해설 일반적으로 소금은 염화나트륨(NaCl)을 주성분으로 하여 칼슘(Ca), 마그네슘(Mg), 칼륨(K)이 함유되어 있다.

44 바닷물에서 소금을 만들 때 남는 액체인 간수에 가장 많이 함유되어 있는 성분은?

① 염화마그네슘
② 황산마그네슘
③ 염화칼슘
④ 브로민화마그네슘

해설 간수의 성분은 염화마그네슘(15~19%), 황산마그네슘(6~9%), 염화칼슘(2~4%), 소금(2~6%), 브로민화마그네슘(0.2~0.4%) 등이다.

41 ① 42 ③ 43 ② 44 ① 정답

45 다음 중 소금의 종류에 대한 설명으로 틀린 것은?

① 암염은 땅속에 있는 염을 정제한 것이다.
② 가공염은 바닷물을 재결정화시켜 만든 것이다.
③ 정제염은 바닷물을 정제하여 소금의 순도를 높인 것이다.
④ 천일염은 염전에서 바닷물을 증발시켜 만든 것이다.

해설 ② 재제염에 대한 설명이다.
※ 가공염 : 원료 소금을 볶거나, 태우거나, 용융 등의 방법으로 그 원형을 변형한 소금

46 다음 어분의 설명으로 옳지 않은 것은?

① 백색 어분은 색소 함유량이 적고 변색이 어렵다.
② 갈색 어분은 지질 함유량이 많아 갈색을 띈다.
③ 환원 어분은 영양 성분을 회수하여 농축한 것이다.
④ 연안 어분은 꽁치 등이 원료로 사용된다.

해설 어분의 종류와 특징

종 류	원 료	특 징
백색 어분	명태, 가자미, 대구	지질이나 색소의 함유량이 적어, 저장 중에도 잘 변색하지 않음
갈색 어분	꽁치, 고등어	지질이나 색소의 함유량이 많아 가공 및 저장 중에 지질의 산화, 변색으로 갈색을 띔
환원 어분	어분 가공 회수 성분	어분 가공 중 영양 성분을 회수하여 농축 처리함
잔사 어분	명태 가공 부산물	어체를 가공하고 남은 비가식부가 주원료임
북양 공선 어분	명태 부산물	북태평양의 동결 연육 가공선에서 생산함
연안 어분	정어리, 고등어	연안에서 어획되는 어종이 주원료임
수입 어분	청어, 멸치	칠레, 페루, 남아프리카 공화국 등에서 수입함

47 다음 중 어분의 품질에 가장 크게 영향을 미치는 요소는?

① 탄수화물 ② 지 방
③ 무기질 ④ 단백질

해설 어분의 품질이나 규격에 관여되는 주된 성분은 수분(10% 이하), 단백질(60~70%) 및 지방(백색 어분 : 3~5%, 갈색 어분 : 5~12%), 무기질(12~16%)이다. 어분 중의 단백질 함유량은 어분의 가격을 결정하는 데 가장 중요한 요소이다. 일반적으로 단백질이 많을수록 어분의 가격이 높게 책정된다.

정답 45 ② 46 ④ 47 ④

48 어유의 채유법으로 가장 많이 쓰이고 있는 방법은?

① 압착법　② 자취법
③ 효소 소화법　④ 탈수법

해설 어유의 채유법으로는 자취법이 가장 많이 쓰이고 있다. 자취법은 어체를 자숙하여 액의 표면에 떠오르는 기름을 채취하는 방법으로 습식법이라고도 한다.

49 다음 중 수산 피혁 원료로 가장 많이 사용되는 것은?

① 쥐 치　② 대 구
③ 명 태　④ 가오리

해설 수산 피혁의 원료는 악어, 먹장어, 가오리 등으로 고급 핸드백, 신발, 허리띠의 소재로 쓰이고 있다.

50 수산물의 기능성 성분에 대한 설명으로 옳지 않은 것은?

① 간유는 시력 보호, 뼈 건강, 피부 건강, 혈액 흐름 개선, 중성지질 감소 등의 기능이 있다.
② EPA와 DHA는 혈액 흐름 개선, 중성지질 감소, 심혈관계 질환 예방 등의 기능이 있다.
③ 콜라겐, 젤라틴은 어류의 근육에 많고 관절 건강, 콜레스테롤 감소의 기능이 있다.
④ 스쿠알렌은 상어의 간에 많고, 항산화 작용의 기능이 있다.

해설 콜라겐, 젤라틴은 어류 껍질에 많고 관절 건강, 피부 재생, 보습 효과의 기능이 있다.

51 수산물의 기능성 성분에 대한 설명으로 틀린 것은?

① 키틴과 키토산은 게, 새우의 껍질 및 오징어 뼈에 많고, 콜레스테롤 감소의 기능이 있다.
② 콘드로이틴황산 상어, 홍어, 가오리, 오징어, 해삼의 연골에 많고, 관절 및 연골의 건강에 도움을 주는 기능이 있다.
③ 스피룰리나와 클로렐라는 피부 건강 및 배변 활동 증가의 기능이 있다.
④ 퓨코이단은 미역 포자엽에 많고, 배변 활동 증가, 혈액 응고 방지의 기능이 있다.

해설 스피룰리나와 클로렐라는 피부 건강 및 항산화 작용의 기능이 있다.

48 ② 49 ④ 50 ③ 51 ③ 정답

52 다음 수산물의 기능성에 대한 설명 중 틀린 것은?

① 키토산은 게, 새우 등의 갑각류 껍질에 분포하는 식이성 섬유질로, 항균, 면역, 혈류 개선 등의 생리 기능성이 있다.

② 스쿠알렌은 상어의 간유에서 추출한 고도 불포화 탄화수소로 인체 노폐물을 제거하고 산소를 공급해 주는 생리 활성 기능이 있다.

③ 키틴은 점질성 다당류로 상어, 고래 등의 포유 동물 연골, 피부 등에 분포되어 있고, 뼈 형성 기능, 신경통, 요통, 관절통 등의 치료제로 이용된다.

④ 콜라겐은 어류 껍질에서 추출하며, 피부 재생 및 보습 효과가 있어 의약품 및 화장품용 기능성 소재로 이용된다.

해설 ③ 콘드로이틴 황산에 대한 설명이다.

※ **키틴(Chitin)**

다당류 성분으로 게, 새우 등의 갑각류 껍질과 오징어 뼈, 곤충과 균류에 많이 분포하는 천연생체 고분자 물질로, 식이 섬유질의 난소화성 물질이며, 항균, 면역, 혈류 개선 등의 생리 기능성이 있다.

53 다음 중 해조류의 기능성 물질에 대한 설명으로 틀린 것은?

① 키틴은 겨울철에 생산되는 동건품으로 홍조류가 원료이고, 아가로오스가 주성분인 점질성의 다당류이다.

② 알긴산은 갈조류인 미역, 다시마에 들어있는 점질성의 난소화성 식이 섬유이며, 식품 안정제, 침전방지제 등에 사용된다.

③ 퓨코이단은 해조류인 다시마, 미역귀, 잎파래 등에서 추출한 수용성 식이 섬유로 항종양, 혈액 응고 저지 기능이 있다.

④ 카라기난은 홍조류인 진두발, 돌가사리에서 추출하며, 점질성이 강한 식이성 섬유질이므로 식품 조직 개량제, 보수제, 점도 증가제 등의 용도로 사용된다.

해설 ① 천연 한천에 대한 설명이다.

54 신선한 어류의 간에서 얻은 기름인 간유의 원료로 기능성 수산식품의 원료로 가장 많이 사용하는 어류는?

① 고등어　　② 대 구

③ 오징어　　④ 가오리

해설 간유는 대구, 명태, 상어의 간이 주로 이용되고 있으며, 비타민 A, D와 EPA, DHA가 많다.

정답 52 ③ 53 ① 54 ②

55 **다음 어류 중 EPA의 함유량이 가장 많은 것은?**

① 명 태 ② 참 치
③ 오징어 ④ 정어리

해설 **EPA의 함유량**
정어리유(15.8%), 명태간유(12.6%), 오징어유(10.2%), 참치안와유(8.3%), 고등어유(8.1%), 꽁치유(4.9%) 순으로 함유되어 있다.

56 **다음 어유 중 DHA의 함량이 가장 많은 것은?**

① 오징어유 ② 명태간유
③ 참치안와유 ④ 고등어유

해설 **DHA의 함유량**
참치안와유(27.8%), 오징어유(15.2%), 고등어유(10.6%), 꽁치유(10.5%), 정어리유(8.4%), 명태간유(6.0%) 순으로 함유되어 있다.

57 **고등어에 많이 들어 있는 불포화지방산으로 동맥 경화 등의 질병 예방에 효과가 큰 것은?**

① DHA ② EPA
③ 스쿠알렌 ④ 콜라겐

58 **다음 어류 중 스쿠알렌을 가장 많이 함유하는 것은?**

① 상 어 ② 명 태
③ 고등어 ④ 참 치

해설 항산화 작용을 하는 스쿠알렌은 깊은 바다에서 서식하는 상어의 간유에 많이 함유되어 있는 기름 성분이다.

55 ④ 56 ③ 57 ② 58 ① 정답

59 다음 중 콘드로이틴황산을 가장 많이 함유하는 어류는?

① 참 치 ② 대 구
③ 명 태 ④ 상 어

해설 콘드로이틴황산은 연골어류(상어, 홍어, 가오리)의 연골조직에 특히 많이 함유되어 있고, 오징어와 해삼에도 함유되어 있으며, 콘드로이틴황산 제조 원료로는 상어 연골을 많이 이용하고 있다.

60 통조림의 특징에 대한 설명 중 바르지 않은 것은?

① 장기 저장이 가능한 식품이다.
② 식중독 우려성이 높다.
③ 구입 후 별도의 조리가 필요 없다.
④ 내용물을 눈으로 확인할 수 없다.

해설 통조림은 가열 살균하여 보존성이 뛰어나고, 위생적으로 안전하며, 별도의 조리가 필요 없고, 이용이 간편한 특징이 있다.

61 통조림을 처음으로 개발하여 통조림의 아버지로 불리는 사람은?

① 듀란드 ② 아담스
③ 나폴레옹 ④ 아페르

해설 통조림은 프랑스의 나폴레옹 시대의 니콜라 아페르에 의하여 최초로 개발되었다.

62 통조림에 사용되는 금속 용기를 처음으로 개발한 사람은?

① 아페르 ② 나폴레옹
③ 언더우드 ④ 듀란드

해설 영국의 피터 듀란드는 1810년에 아페르가 고안한 유리병 대신에 양철을 오려서 납땜하여 만든 양철 캔을 개발하였다.

정답 59 ④ 60 ② 61 ④ 62 ④

63 병조림의 설명으로 가장 바른 것은?

① 통조림과 가공 원리가 다르다.
② 외부에서 내용물을 확인할 수 있다.
③ 빛에 의한 내용물의 변질 우려성이 없다.
④ 운반이 편리하고, 열이나 충격에 강하다.

64 다음 중 통조림의 설명으로 틀린 것은?

① 수산물 통조림에는 금속 용기가 주로 사용되고 있다.
② 통조림 용기에는 스틸 캔(주석 도금 또는 무 주석 도금)과 알루미늄 캔이 있다.
③ 스리피스 캔이 수산물을 비롯한 식품용 통조림의 대부분을 차지한다.
④ 통조림 용기의 국제적 호칭 규격은 3자리 숫자로 나타내며, 첫 자리 숫자는 인치, 둘째 및 셋째 자리 숫자는 1/16인치를 의미한다.

해설 ③ 통조림 용기는 제조 방법에 따라 스리피스 캔과 투피스 캔으로 분류되며, 투피스 캔이 수산물을 비롯한 식품용 통조림의 대부분을 차지한다.

65 다음 통조림 용기에 대한 설명으로 옳지 않은 것은?

① 스틸 캔은 두께 0.3mm 이하의 철판을 사용한다.
② 스틸 캔은 주석이나 알루미늄을 도금한 것이다.
③ 주석 도금 스틸 캔은 수산물 통조림에 사용되고 있다.
④ 무 주석 도금 스틸은 주석 도금 스틸보다 가격이 싸다.

해설 스틸 캔에 사용되는 철판은 2종류가 있다. 하나는 철판의 양쪽 면에 주석을 도금한 주석 도금 철판이고, 다른 하나는 주석 대신 크롬이나 니켈을 도금한 무 주석 철판이다. 주석 도금 스틸 캔(또는 양철 캔)은 주로 수산물 통조림의 스리피스 캔에 많이 사용되고 있는 용기이다.

66 통조림 용기에 사용되는 스틸의 도금에 가장 많이 사용되는 것은?

① 알루미늄
② 크 롬
③ 구 리
④ 아 연

63 ② 64 ③ 65 ② 66 ② 정답

67 다음 알루미늄 캔의 특징으로 틀린 것은?

① 내용물에서 금속 냄새가 거의 나지 않는다.
② 흑변을 일으키지 않는다.
③ 가벼우며, 녹이 생기지 않는다.
④ 소금에 대한 부식에 강하다.

해설 외관이 고급스러워 상품성이 뛰어나고, 타발 압연 캔이나 따기 쉬운 뚜껑을 만들기 쉬운 장점이 있으나, 강도가 스틸 캔보다 약하고 소금에 대한 부식에 약한 단점이 있다.

68 수산물 통조림의 흑변을 방지하기 위해 많이 사용하는 것은?

① C-아크릴 캔　　② C-에나멜 캔
③ C-멜라민 캔　　④ C-프로필렌 캔

해설 수산물 통조림은 흑변 방지 목적으로 C-에나멜 캔이나 V-에나멜 캔을 많이 사용한다.

69 다음 투피스 캔의 특징으로 바르지 않은 것은?

① 뚜껑, 몸통과 밑바닥의 두 부분으로 이루어져 있다.
② 몸통과 밑바닥이 하나로 연결되어 이음매가 없다.
③ 캔 몸통에 사이드 시임이 있다.
④ 현재 수산물 통조림을 비롯하여 식품용 통조림의 대부분을 차지하고 있다.

해설 ③ 스리피스 캔에 대한 설명으로 캔 몸통에 있는 사이드 시임의 접착 방식에 따라 납땜 캔, 접착 캔, 용접 캔으로 구분된다.

70 다음 통조림에 대한 설명으로 옳지 않은 것은?

① 밀봉은 원료를 용기에 담고 나서 캔 내에 있는 공기를 제거하는 공정이다.
② 냉각 공정에서는 레토르트 내의 압력과 캔 내 압력의 관계를 잘 조절하지 못하면 패널 캔, 버클 캔 등의 변형 캔이 생기게 된다.
③ 탈기와 밀봉은 진공 시머에 의해서 동시에 일어나며 외부로부터 미생물과 오염 물질의 유입을 차단하는 공정이다.
④ 가열 살균은 미생물을 사멸시켜 보존성과 위생성을 향상시키는 것으로 레토르트에서 이루어진다.

해설 ① 탈기에 대한 설명이다. 밀봉은 시머로 캔의 몸통과 뚜껑을 빈 틈새가 없도록 봉하는 공정이다.

정답 67 ④ 68 ② 69 ③ 70 ①

71 다음 통조림에 대한 설명으로 옳지 않은 것은?

① 수산물 통조림은 조리 방법에 따라 보일드 통조림, 가미 통조림, 기름 담금 통조림, 훈제 기름 담금 통조림으로 구분한다.

② 보일드 통조림은 잘 처리된 원료를 생 상태 또는 삶은 후에 살쟁임하고 소금물로 간을 맞춰 통조림한 것이다.

③ 훈제 기름 담금 통조림은 원료를 조리하여 살쟁임하고 식물성 기름(카놀라유)을 주입하여 통조림한 것이다.

④ 이중 밀봉은 캔 뚜껑의 컬을 몸통의 플랜지 밑으로 말아 압착하여 봉하는 방법이다. 이중 밀봉은 리프터, 시이밍 척, 시이밍 롤에 의하여 이루어진다.

해설 ③ 기름 담금 통조림에 대한 설명이다.

72 통조림 가공의 4대 공정의 순서로 바르게 연결한 것은?

① 밀봉 – 탈기 – 냉각 – 살균

② 탈기 – 밀봉 – 살균 – 냉각

③ 탈기 – 살균 – 밀봉 – 냉각

④ 밀봉 – 살균 – 탈기 – 냉각

해설 통조림의 제조에서 탈기, 밀봉, 살균, 냉각 공정은 통조림을 장기간 저장할 수 있게 하는 핵심 4대 공정이다.

73 다음 탈기의 목적이 옳지 않은 것은?

① 공기 제거에 의한 호기성 세균의 발육을 억제한다.

② 산화에 의한 품질 변화를 빠르게 한다.

③ 캔 내부의 부식을 방지한다.

④ 가열 살균할 때에 캔의 파손을 막을 수 있다.

해설 탈기는 식품을 캔에 채우고 나서 캔 내부에 있는 공기를 제거하는 공정으로, 식품 성분의 산화 억제 및 가열 살균할 때 공기의 팽창에 의한 캔의 파손 방지 등에 그 목적이 있다.

71 ③ 72 ② 73 ② 정답

74 다음 중 밀봉 공정의 설명으로 옳지 않은 것은?

① 몸통과 뚜껑 사이에 빈 틈새가 없도록 시머로 봉하는 공정이다.
② 캔 내부로 미생물과 오염 물질의 유입 방지이다.
③ 진공도를 유지한다.
④ 탈기와 별도로 진행된다.

해설 탈기를 마친 캔은 시머에서 탈기와 동시에 밀봉이 진행된다. 밀봉 공정이 잘못되면 아무리 살균을 잘하여도 빠르게 변질하게 되므로 밀봉은 통조림 가공에서 가장 중요한 공정 중의 하나이다.

75 다음 통조림의 4대 공정 중 통조림의 보존성을 가장 좋게 하는 공정은?

① 냉각, 살균 ② 밀봉, 살균
③ 탈기, 냉각 ④ 밀봉, 냉각

해설 밀봉의 목적은 캔 내부로 미생물과 오염 물질의 유입 방지에 있고, 살균의 목적은 미생물의 사멸과 효소의 불활성화로 보존성과 위생적 안전성을 높이는 데 있다.

76 다음 중 시밍 척의 역할로 올바른 것은?

① 캔을 들어 올려 시밍 척에 고정시킨다.
② 캔 뚜껑을 몸통에 고정시킨다.
③ 캔을 리프터에서 내려 밀봉을 돕는다.
④ 밀봉을 완성시킨다.

해설 ①, ③은 리프터의 역할, ②는 시밍 척의 역할, ④는 시밍 롤의 역할이다.

77 통조림 살균 장치인 레토르트에 대한 설명으로 맞지 않은 것은?

① 가열 매체로 100℃ 이상을 유지하기 위해 고압 증기와 열수를 사용한다.
② 정치식이 회전식보다 열 전달 효과가 크다.
③ 살균 작업을 할 때 작업자의 안전을 위해 레토르트의 문 쪽에서 작업해서는 안 된다.
④ 레토르트 내부의 압력이 0이 되었을 때 문을 열고 제품을 꺼낸다.

해설 레토르트는 고압에 견딜 수 있도록 강철판으로 견고하게 제작된 기계로, 보통 원통의 수평형(횡형)이 널리 사용되며 회전식이 정치식보다 열 전달이 빨라 살균 시간을 단축시킨다.

정답 74 ④ 75 ② 76 ② 77 ②

78 통조림을 가열 살균할 때 가장 많이 사용하는 성분은?

① 질소가스 ② 수증기
③ 이산화탄소 ④ 에틸 알코올

해설 살균은 대부분 레토르트에 넣어서 고압 가열 수증기로 한다.

79 우리나라에서 훈제 기름 담금 통조림으로 가장 많이 사용하는 원료는?

① 고등어 ② 골뱅이
③ 가다랑어 ④ 굴

해설 **주요 통조림 원료**

- 가미 통조림 : 골뱅이, 정어리, 참치
- 기름 담금 통조림 : 참치
- 훈제 기름 담금 통조림 : 굴, 홍합
- 기타 통조림 : 게살

80 통조림 식품의 살균에 대한 설명으로 옳은 것을 〈보기〉에서 모두 고른 것은?

보기

㉠ 상업적 살균을 한다.
㉡ 레토르트를 사용하여 살균한다.
㉢ 보툴리늄균의 치사 조건이 살균 조건이다.
㉣ 세균의 사멸을 위하여 최대한 고온, 고압으로 살균 처리한다.

① ㉠, ㉡ ② ㉡, ㉢
③ ㉢, ㉣ ④ ㉠, ㉡, ㉢

해설 통조림의 살균은 내용물을 부패시키는 세균을 사멸하되, 식품의 보존성 및 품질에 지장이 없을 정도로 최저 한도의 가열 처리(상업적 살균)를 한다. 특히 pH가 4.5 이상인 식품은 내열성이 가장 강한 식중독 세균인 클로스트리듐 보툴리늄의 생존 가능성이 있으므로 이 균의 치사 조건이 통조림의 살균 조건이다.

78 ② 79 ④ 80 ④ 정답

81 수산물 통조림의 가공 공정의 설명으로 옳지 않은 것은?

① 주입하는 액체는 주로 3% 식염수나 면실유를 넣어 준다.
② 외부에서 세균의 침투를 방지하기 위하여 밀봉 부위는 이중으로 밀봉 처리된다.
③ 진공 시머는 탈기와 밀봉이 동시에 이루어지므로 별도의 탈기 공정이 불필요하다.
④ 살균 후 서서히 냉각시켜야 품질의 변화를 방지할 수 있다.

해설 살균 후 레토르트 내에서 냉각수를 주입하여 40℃까지 빨리 냉각(급냉)해야 품질 변화 현상(호열성 세균 발육, 내용물 연화, 황화수소 발생, 스트루바이트 생성)을 방지할 수 있다.

82 수산물 통조림의 가공 공정 및 검사 등의 설명으로 옳지 않은 것은?

① 통조림의 가공 및 저장 중에 일어나는 품질 변화에는 흑변, 허니콤, 스트루바이트, 어드히젼, 커드 등이 있다.
② 통조림의 변형 캔에는 평면 산패, 플리퍼, 스프링거, 스웰 캔, 버클 캔, 패널 캔이 있다.
③ 밀봉 내부의 치수 측정에는 캔 높이, 밀봉 두께, 밀봉 너비, 카운트 싱크 깊이가 있다.
④ 통조림의 일반 검사 항목은 표시 사항 및 외관 검사, 타검, 가온 검사, 진공도 검사, 개관 검사, 내용물의 무게 검사 등이 있다.

해설 ③ 밀봉의 외부 치수 측정에 대한 내용이다.

83 다음 중 통조림의 흑변에 대한 설명으로 틀린 것은?

① 황화수소가 단백질과 결합하여 일어난다.
② 참치, 게, 새우, 바지락 등이 일으키기 쉽다.
③ 선도가 좋지 않고, pH가 높을수록 많이 발생한다.
④ V-에나멜 캔을 사용하면 억제된다.

해설 어패류를 가열하면 단백질이 분해되어 황화수소를 발생하는 수가 있는데, 황화수소가 통조림 용기의 철이나 주석 등과 결합하면 캔 내면에 흑변이 일어난다.

정답 81 ④ 82 ③ 83 ①

84 다음 품질변화 중 통조림 내용물에 유리 조각 모양의 결정이 나타나는 현상은?

① 스트루바이트 ② 어드히전

③ 커 드 ④ 허니콤

해설 **통조림의 가공 및 저장 중에 일어나는 품질 변화**

- 스트루바이트 : 통조림 내용물에 유리 조각 모양의 결정이 나타나는 현상
- 어드히전 : 캔을 열었을 때 육의 일부가 캔 몸통의 내부나 뚜껑에 눌러붙어 있는 현상
- 커드 : 어류 보일드 통조림의 표면에 생긴 두부 모양의 응고물
- 허니콤 : 어육의 표면에 작은 구멍이 생겨서 마치 벌집 모양으로 된 것

85 다음 중 캔의 뚜껑과 밑바닥은 거의 평평하나 어느 한쪽 면이 약간 부풀어 있는 캔은?

① 평면 산패 캔 ② 플리퍼 캔

③ 버클 캔 ④ 스프링거 캔

해설 **통조림의 변형 캔**

- 평면 산패 캔 : 가스의 생성 없이 산을 생성한 캔
- 플리퍼 캔 : 캔의 뚜껑과 밑바닥은 거의 평평하나 어느 한쪽 면이 약간 부풀어 있는 캔
- 스프링거 캔 : 뚜껑과 밑바닥 중 한쪽 면이 플리퍼의 경우보다 심하게 부풀어 있는 캔
- 스웰 캔 : 변질이 많이 진행되어 캔의 뚜껑과 밑바닥의 모두가 다 같이 부푼 상태의 캔
- 버클 캔 : 캔 내압이 캔 외압보다 커져서 캔의 몸통 부분이 볼록하게 튀어나온 상태의 캔
- 패널 캔 : 캔 내압이 캔 외압보다 매우 낮아 캔 몸통의 일부가 안쪽으로 오목하게 쭈그러 들어간 상태의 캔

86 연제품을 만들기 위해 단백질을 용출시키는 가공 공정과 이때 사용되는 재료가 바르게 연결된 것은?

① 채육 - 설탕

② 수세 - 물

③ 고기갈이 - 소금

④ 성형 - 중합 인산염

해설 연제품을 제조할 때 고기갈이 공정에서 냉동 고기풀에 2~3%의 소금을 넣고 고기갈이를 하는데, 이는 어육 중의 염용성 단백질(액토미오신)을 용출시키기 위함이다.

84 ① 85 ② 86 ③ 정답

87 원료를 삶은 후 불에 굽거나 햇빛에 오래 말려서 딱딱하게 만든 자배건품은?

① 한 천　　② 어 란
③ 굴 비　　④ 가스오부시

해설 자배건품은 다랑어(참치)를 원료로 하여 만든 가스오부시가 대표적인 제품이다.

88 겨울철의 냉기를 이용하여 원료를 동결시킨 후 융해시키는 작업을 반복하여 탈수, 건조시킨 수산가공품은?

① 황태, 한천
② 굴비, 훈제 연어
③ 마른 멸치, 마른 해삼
④ 마른 패주, 가스오부시

해설 동건법은 겨울철의 자연 저온을 이용하여 밤에 식품 중의 수분을 빙결정으로 동결시킨 다음, 낮에 녹이는 작업을 반복하여 수분을 승화시켜 제거하는 건조법이다. 명태를 원료로 한 황태(북어), 꽁치를 원료로 한 과메기, 우뭇가사리를 원료로 한 한천이 대표적인 동건품이다.

89 동결 수산물을 저장할 때 품질 변화를 적게 하는 설명 중 틀린 것은?

① 급속 동결한다.
② 보관 온도를 -18℃ 이하로 한다.
③ 보관 온도의 상하 변동을 적게 한다.
④ 보관 기간을 길게 해야 한다.

90 동결 건조 장치에 의해서 제거되는 주요 수산물 중의 성분은?

① 비타민　　② 색 소
③ 수 분　　④ 단백질

정답 87 ④　88 ①　89 ④　90 ③

91 다음 중 수산물의 품질 변화를 가장 적게 하는 건조장치는?

① 열풍 건조기
② 포말 건조기
③ 분무 건조기
④ 동결 건조기

해설 동결 건조기는 열을 가하지 않으므로 식품 조직의 외관이 양호하고, 열에 의한 성분 변화가 없어 맛, 냄새, 영양가, 물성 등의 품질을 그대로 유지할 수 있다. 또한, 식품의 조직이 다공성이고, 복원성이 강하여 우수한 제품을 얻을 수 있다.

92 진공 동결 건조기를 사용한 건조 방법의 설명으로 옳지 않은 것은?

① 건조 장치는 급속 동결 장치, 건조실, 가열 장치, 응축기, 진공 펌프로 구성되어 있다.
② 미리 식품을 -30~-40℃ 정도에서 급속 동결시킨 후 건조한다.
③ 가열 건조할 때보다 건조 시간이 적게 소요된다.
④ 식품 조직의 외관이 양호하고, 원료의 색, 맛, 성분의 변화가 적다.

해설 ③ 가열 건조할 때보다 건조 시간이 많이 소요되고 경비가 많이 든다.

93 접촉식 동결 장치에 대한 설명으로 틀린 것은?

① 냉각시킨 냉매나 염수(브라인)를 흘려 금속판(동결판)을 냉각시키는 장치이다.
② 금속판과 피동결물이 직접 접촉한다.
③ 금속판의 두께가 두꺼워야 접촉 효과가 크다.
④ 해동할 때는 금속판 내부에 온수를 흘려서 사용한다.

해설 접촉식 동결 장치는 주로 냉동 고기풀의 제조에 사용되며, 금속판을 통해 냉매와 직접 접촉하므로 동결 속도가 빠르고 금속판의 두께가 얇아야 접촉 효과가 크다.

91 ④ 92 ③ 93 ③ 정답

94 **통조림을 제조할 때 관 뚜껑의 컬(Curl)과 몸통의 플랜지(Flange) 밑으로 이중으로 겹쳐서 말아 넣는 작용을 하는 것은?**

① 시밍 척 ② 리프터
③ 제1롤 ④ 제2롤

해설 시머의 주요 부위와 기능

주요 부위	기 능
리프터	• 밀봉 전 : 캔을 들어 올려 시밍 척에 고정시킴 • 밀봉 후 : 캔을 내려 줌
시밍 척	밀봉할 때에 캔 뚜껑을 붙잡아 캔 몸통에 밀착하여 고정시켜 주는 역할을 함
시밍 롤	• 캔 뚜껑의 컬을 캔 몸통의 플랜지 밑으로 밀어 넣어 밀봉을 완성시킴 • 제1롤 : 캔 뚜껑의 컬을 캔 몸통의 플랜지 밑으로 말아 넣는 역할을 함 • 제2롤 : 이를 더욱 압착하여 밀봉을 완성시킴

95 **연제품 가공 기계인 세절기(Silent Cutter)의 설명으로 틀린 것은?**

① 연제품, 냉동 고기풀 제조에 사용된다.
② 작업 중 안전을 위해 세절할 때 뚜껑은 열리지 않는다.
③ 생선의 뼈와 껍질을 제거하는 가공 기계이다.
④ 육의 온도가 10℃ 이상 상승하면 단백질 변성을 예방하기 위해 얼음을 넣는다.

해설 세절기는 살코기를 고속 회전하는 칼날로 잘게 부수고, 부원료를 혼합시키는 기계이다. 살코기가 담긴 접시는 수평으로 회전하면서 칼날에 의해 세절되고, 세절이 끝나면 배출 회전막이 작동하여 원료를 배출한다.

96 **우리나라에서 냉동 알굴의 생산에 가장 많이 사용하는 동결장치는?**

① 브라인 동결장치 ② 접촉식 동결장치
③ 염화칼슘 동결장치 ④ 송풍식 동결장치

해설 **송풍식 동결장치**
- 송풍식 동결장치는 냉풍을 빠른 속도로 불어 넣어 수산물을 동결시키는 장치이다.
- 송풍 동결법은 짧은 시간에 많은 양의 급속 동결이 가능하고, 동결하고자 하는 식품의 모양과 크기에 제약을 받지 않고, 가격이 저렴한 장점이 있다.
- 냉동 알굴(IQF, 개별 동결 식품)을 비롯한 대부분의 수산물의 동결에 이용되고 있다.
- 육상의 냉동 창고에서 대부분이 채택하고 있는 동결장치이다.

정답 94 ③ 95 ③ 96 ④

CHAPTER 05 위생관리

01 식품의 기준 및 규격

(1) 식품의 기준 및 규격의 필요성

① **신규 유해물질 증가** : 기존에 식품 가공 중에 문제없이 사용되어왔던 것이라도 현대 과학기술의 발달로 사람의 건강에 유해한 역할을 하는 것으로 밝혀지는 물질들이 늘어나고 있다.

② **원료 오염** : 대기오염, 수질오염, 토양오염, 방사선 오염 등의 환경오염에 의해 식품의 원료인 농축수산물이 오염될 개연성이 높아지고 있다.

③ **첨가물 사용** : 오랜 기간 동안의 경험에 의하여 안전성이 입증된 천연물에 비하여 화학 합성물의 경우에는 인체에 유해하거나 유해를 초래할 가능성이 높기 때문에 기준 및 규격 등이 검토되어야 한다.

※ 식품공전 및 식품첨가물공전 등
식품의 기준 및 규격 설정 목적은 식품 섭취로 인한 건강장애를 방지하기 위하여 식품 또는 식품첨가물의 제조·가공·사용·조리·보존 방법에 관한 기준과 그 성분에 관한 규격을 설정하는 것이다.
- 식품공전(食品公典) : 식품과 기구 및 용기, 포장에 관한 기준 및 규격 설정의 필요성에 의해 1967년에 제정된 이후 필요에 따라 개정을 거듭하고 있다.
- 식품첨가물공전 : 식품첨가물에 관한 기준 및 규격 설정의 필요성에 의해 제정된 이후 필요에 따라 개정을 거듭하고 있다.

(2) 식품 표시제도

① **유전자 변형 식품 등의 표시(식품위생법 제12조의2)** : 다음의 어느 하나에 해당하는 생명공학기술을 활용하여 재배·육성된 농산물·축산물·수산물 등을 원재료로 하여 제조·가공한 식품 또는 식품첨가물(유전자변형식품 등)은 유전자변형식품임을 표시하여야 한다. 다만, 제조·가공 후에 유전자변형 디엔에이(DNA, Deoxyribonucleic Acid) 또는 유전자변형 단백질이 남아 있는 유전자변형식품 등에 한정한다.

㉠ 인위적으로 유전자를 재조합하거나 유전자를 구성하는 핵산을 세포 또는 세포 내 소기관으로 직접 주입하는 기술

㉡ 분류학에 따른 과(科)의 범위를 넘는 세포융합기술

② **원산지 표시(농수산물의 원산지 표시 등에 관한 법률 제5조)** : 농수산물 또는 그 가공품을 수입하는 자, 생산·가공하여 출하하거나 판매(통신판매를 포함한다)하는 자 또는 판매할 목적으로 보관·진열하는 자는 원산지를 표시하여야 한다.

③ **영양강조 표시** : 제품에 함유된 영양소의 함유 사실 또는 함유 정도를 "무", "저", "고", "강화", "첨가", "감소" 등의 특정한 용어를 사용하여 표시하는 것으로서 다음의 것을 말한다.

㉠ 영양소 함량 강조 표시 : 영양소의 함유 사실 또는 함유 정도를 "무○○", "저○○", "고○○", "○○함유" 등과 같은 표현으로 그 영양소의 함량을 강조하여 표시하는 것을 말한다.

㉡ 영양소 비교 강조 표시 : 영양소의 함유 사실 또는 함유 정도를 "덜", "더", "강화", "첨가" 등과 같은 표현으로 같은 유형의 제품과 비교하여 표시하는 것을 말한다.

※ 식품의 기준 및 규격의 구성 요소

- 적합한 원료 구비 조건(안전성, 위생성, 건전성)
- 품질 확보를 위한 식품 주원료 성분 배합 기준
- 적절한 식품 제조·가공 기준
- 유해 물질 기준
- 제품별 식품의 기준과 성분 규격
- 식품 첨가물 성분 규격과 사용 기준
- 식품의 내용을 파악하고 소비자를 보호하기 위한 적정한 표시 기준
- 제품별 성분 및 유해 물질 시험 방법
- 기구 및 용기, 포장의 기준과 규격
- 유통 중의 보존 기준

02 품질관리

(1) 품질관리의 과정

품질관리는 표준으로 하는 품질을 정하고 설정한 품질 기준에 적합한지를 검사한 후 그 결과를 평가하여 이상이 있는 경우 적절한 수정 조치를 하는 것으로, 품질관리 과정은 PDCA Cycle, 즉 계획(Plan), 실시(Do), 확인(Check), 조치(Action)의 4단계로 구성되어 있다.

① **계획(Plan)** : 목표설정과 달성을 위한 계획수립 및 기준을 정한다. 즉, 목표를 달성하기 위하여 원재료, 제조 공정, 종업원 등에 대한 표준작업 기준을 정한다.

② **실시(Do)** : 설정된 계획을 실행한다. 즉, 설정된 품질기준을 충족시키기 위해 제조 공정을 표준화하고 이를 교육한다.

③ **확인(Check)** : 계획대로 업무가 수행되는지 확인한다. 즉, 실시한 결과를 측정(품질검사)하여 계획과 비교 검토한다.

④ **조치(Action)** : 확인한 결과에 따라 조치를 취한다. 즉, 제품이 설정된 품질 기준에 미달할 경우 수정하여 품질이 목표에 도달하게 하고 이를 유지하도록 한다.

(2) 식품 품질구성 인자

① 식품의 품질구성 인자에는 양적・관능적・영양학적 및 위생학적 품질이 있다.

② 일반 소비자들이 민감하게 느끼는 품질 인자는 관능적 품질, 영양학적 품질, 위생적 품질이다.

③ 소비자들이 느끼는 식품의 품질은 여러 인자들을 복합적으로 고려하여 식품의 품질을 인식한다.

(3) 품질관리 단계의 세부적인 내용

① **수요 및 시장 조사** : 기존 판매된 제품 및 새로 출시할 제품에 대한 여러 정보를 수집하여 제품의 개발 및 개선을 위한 자료 조사를 실시한다.

② **품질 기준 및 규격 설정** : 최종 생산 제품의 품질에 대한 품질 기준과 규격 등을 결정한다.

③ **제품 생산** : 설정된 품질 기준에 부합되는 제품 생산을 위하여 품질에 큰 영향을 미치는 사람(Man), 원료(Material), 설비(Machine), 작업방법(Method)에 대한 작업 기준을 표준화하고 이를 교육한다.

④ **제조 공정 관리와 개선** : 작업표준에 따라 올바르게 작업이 실시되고, 제품이 예상한 대로 생산되는지를 확인한다.

⑤ **제품 품질검사** : 원료, 부품 등을 구입할 때나 제조 공정 중의 중간 단계 및 최종 단계에서 분석이나 검사를 실시한다. 이 과정에 의해서 불량품 발생을 최소화하고 소비자에게 안정적인 품질의 제품을 공급할 수 있다.

⑥ **제품의 운송 및 판매** : 식품은 운송, 보관 등의 유통 과정 중에 부패하거나 손상되는 경우가 많기 때문에 유통이나 판매 중의 관리도 품질 관리의 중요한 활동 중 하나이다.

⑦ **클레임 처리** : 제품에 대한 클레임이 발생할 경우, 신속히 클레임 처리에 대한 대책을 세워야 한다. 클레임 대처에서 중요한 것은, 단순히 소비자를 만족시키는 것에만 그치는 것이 아니라, 이를 기업 내 관련 부서의 업무에 반영하여 향후 유사한 클레임 재발방지를 위한 대책을 만드는 것이다.

※ 전사적 품질관리(Total Quality Control, TQC)의 필요성

유통 과정 중에 부패하기 쉬운 식품의 특성상 식품산업에 품질에 대한 책임을 제조 부분에만 국한시키는 것은 한계가 있다. 과거의 품질관리는 단순히 최종제품에 대한 검사만으로 이루어졌으나 현대의 품질관리는 단순한 제품검사만으로 이루어질 수 없다. 즉, 지속적인 제품 개발, 개선 및 품질 유지를 위한 노력이 지속적으로 이루어져야 한다. 또한 품질에 대한 책임은 생산 현장과 품질검사 요원들만의 노력으로는 충분하지 않으며 최고 경영자를 포함한 회사 모든 부분의 종사자가 참여하는 전사적 품질관리가 필요하다.

03 위해요소 중점관리제도

(1) 위해요소 중점관리제도의 개요

① 식품위해요소 중점관리기준(Hazard Analysis Critical Control Point, HACCP)은 안전한 제품의 생산 및 유통을 보장하는 데 필요한 예방적 관리 체제이다.

② 식품의 원재료부터 제조, 가공, 보존, 유통, 조리단계를 거쳐 최종소비자가 섭취하기 전까지의 각 단계에서 발생할 우려가 있는 위해요소를 규명하고, 이를 중점적으로 관리하기 위한 중요관리점을 결정하여 자율적이며 체계적이고 효율적인 관리로 식품의 안전성을 확보하기 위한 과학적인 위생관리체계이다.

③ HACCP는 위해요소 분석(Hazard Analysis, HA)과 여러 위해요소를 방지하거나 제거하여 안전성을 확보하는 중점관리요소(Critical Control Point, CCP)의 두 부분으로 크게 나누고 그 외에 기록보관 등이 있다.

④ HACCP는 전 세계적으로 가장 효과적이고 효율적인 식품안전관리체계로 인정받고 있으며 미국, 일본, 유럽연합, 국제기구(Codex, WHO, FAO) 등에서도 모든 식품에 HACCP를 적용할 것을 적극 권장하고 있다.

(2) HACCP 시스템의 역사

1960년대의 미국의 항공우주국(NASA)의 아폴로계획에서 우주비행사가 이용하는 우주식의 안전성 확보의 연구에서 시작되었다. 그 후 많은 연구와 개선을 거듭하여 현재 세계 각국에서는 가장 합리적인 식품위생관리기법으로 높은 평가를 받고 있다.

① HACCP의 역사

1959~60년대	미국우주계획용의 식품제조를 위하여 Pillsbury 사가 구상을 정리
1971년	미국의 국립식품보호회의에서 최초로 개요를 공표
1973년	FDA(미국 식품의약품관리청)에 의하여 저산성통조림의 규제에 도입
1985년	NAS(미국 과학아카데미)의 식품보호위원회가 이 방식의 유효성을 평가하고, 식품생산자에 대해 이 방식에 의한 자주위생·품질관리의 적극적 도입, 행정당국에 대해서는 법적 강제력이 있는 HACCP 제도의 도입을 각각 권고
1988년	ICMSF(국제식품미생물규격위원회)가 WHO에 대해 국제규격에의 HACCP 도입을 권고
1989년	NACMCF(미국식품미생물기준자문위원회)가 HACCP 지침을 제출, 이 중에서 HACCP의 7원칙을 최초로 제시
1992년	NACMCF가 HACCP 지침의 수정판을 제출
1993년	FAO/WHO가 HACCP 적용을 위한 가이드라인을 제시

② 한국의 HACCP 역사

1995년 12월 29일	식품위생법에 식품위해요소 중점관리기준에 대한 조항 신설
1996년 12월 5일	식육가공품(햄·소시지류)에 적용고시
1997년 10월 30일	어육가공품(어묵류)에 적용고시
1998년 2월 12일	냉동수산식품(어류·연체류·패류·갑각류·조미가공품)에 적용고시
1998년 5월 30일	유가공품(우유·발효유·가공치즈·자연치즈)에 적용고시
1999년 6월 21일	냉동식품(기타 빵 및 떡류·냉동면류·일반가공식품 중 기타 가공품, 빙과류)의 개정을 통해 그 적용대상을 확대·실시하고 있음

(3) 위해요소 중점관리제도의 효과

① 적용업소 및 제품에는 HACCP 인증 마크가 부착되므로 기업 및 상품 이미지 향상 효과

② 소비자 건강에 대한 염려 및 관심으로 제품의 경쟁력, 차별성, 시장성 증대

③ 관리요소, 제품 불량·폐기·반품, 소비자불만 등의 감소로 기업의 비용 절감

④ 체계적이고 자율적으로 위생관리를 수행할 수 있는 위생관리시스템 확립 가능

⑤ 위생관리 효율성 증대, 농식품의 안전성 향상

⑥ 미생물오염 억제에 의한 부패저하, 수확 후 신선도 유지기간 증대

(4) HACCP 관리의 개발 원칙 및 절차

① HACCP은 공통 기준으로 7원칙 12절차의 체계를 적용하고 있다.

② 7원칙이란 HACCP 관리계획을 수립하는 데 있어 단계별로 적용되는 주요 원칙이다.

③ 12절차란 관리체계 구축 절차로 준비단계 5절차와 본 단계인 7원칙을 포함한 총 12절차로 구성된다.

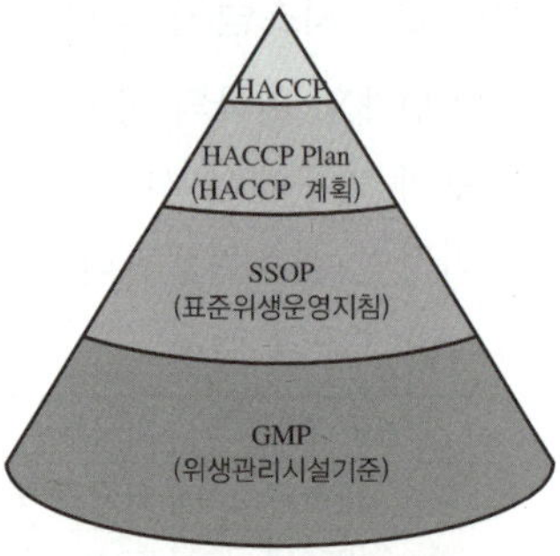

[HACCP 시스템 구조]

④ HACCP는 국제식품규격위원회(Codex)의 지침에 따라 7가지의 원칙에 기초하고 12단계의 절차를 마련하여야 한다. 그 중 1단계에서 5단계까지를 준비단계, 6단계에서 12단계까지를 적용(실행)단계라 할 수 있다.

⑤ HACCP 시스템은 이를 실천하기 위한 선행 요건 프로그램이 필요하다.

㉠ HACCP 선행 요건 프로그램의 위생관리에 적용되는 표준위생운영지침이 있어야 한다.

㉡ HACCP는 위생관리시설기준 및 표준위생운영지침을 이행하는 기반 위에서 설계된다.

(5) HACCP 추진을 위한 선행요건 프로그램 및 절차

① 위생관리시설기준(GMP ; Good Manufacturing Practice)

㉠ 위생관리시설기준은 식품을 제조·가공·조리하는 데 적합한 위생시설과 설비구조를 갖추어야 한다.

㉡ 제조업체에서 위생적인 제품을 생산하기 위한 공정, 환경, 장비 및 도구 등에 대한 위생관리사항을 말한다.

② 표준위생 운영지침(SSOP ; Sanitation Standard Operating Procedures)

㉠ HACCP 시스템을 실시하기 위한 그 전단계인 표준위생관리 운영지침은 위생관리시설기준에 규정된 위생관리 항목의 실행 절차에 대한 계획서로 식품위생관리와 공장환경의 청결을 목적으로 행하는 행위를 말하는 것이다.

㉡ HACCP 시스템의 기본이 되는 것이 일반적 위생관리 프로그램이라 칭하는 것으로 구체적으로 기계·기구류의 세척·살균, 보수점검, 쥐나 곤충의 방제대책, 종업원의 위생관리 및 교육·훈련은 적절하게 그리고 계속적으로 시행되는지 등이 있다.

※ HACCP 추진을 위한 식품제조가공업소의 주요 선행요건 관리사항
- 위생관리 : 작업장 관리, 개인 위생관리, 폐기물 관리, 세척 또는 소독
- 제조·가공·조리시설·설비관리 : 제조시설 및 기계기구류 등 설비관리
- 냉장·냉동시설·설비관리
- 용수관리
- 보관 운송관리 : 구입 및 입고, 협력업체 관리, 운송, 보관
- 검사관리 : 제품검사, 시설, 설비, 기구 등 검사
- 회수 프로그램 관리
- 주변 환경 관리 : 영업장 주변, 작업장, 건물바닥, 벽 및 천장, 배수 및 배관, 출입구, 통로, 창, 채광 및 조명, 부대시설(화장실, 탈의실 및 휴게실)

※ HACCP 선행요건 프로그램의 구성
- GAP(Good Agricultural Practices) : 최소한의 관리 및 환경 제반 여건에 대한 요구사항
- 검·교정 : 생산시설에서 사용하는 장비 및 측정 장치가 정확하게 표시되고 작동하는지에 대한 보증
- 주변 환경의 정리정돈
- 시설 및 장비 : 청결한 유지와 관리
- 제품식별 및 추적 프로그램
- 제품 회수 프로그램
- 해충방제 프로그램
- 교육프로그램
- 반입되는 물품들에 대한 승인된 공급자

(6) HACCP시스템의 12절차와 7원칙

절차 1	HACCP팀 구성	준비단계
절차 2	제품설명서 작성	
절차 3	용도 확인	
절차 4	공정흐름도 작성	
절차 5	공정흐름도 현장 확인	
절차 6	위해요소 분석	원칙 1
절차 7	중요관리점 결정	원칙 2
절차 8	한계기준 설정	원칙 3
절차 9	모니터링 체계 확립	원칙 4
절차 10	개선조치방법 수립	원칙 5
절차 11	검증절차 및 방법 수립	원칙 6
절차 12	문서화 및 기록 유지	원칙 7

① 절차 1 : HACCP팀 구성

㉠ 기관의 장 또는 경영책임자가 HACCP 시스템 도입을 결정하고, 그 필요성을 종업원 전체에 알리는 명확한 의지표시가 선행되어야 한다.

㉡ 제품 생산에 관련된 전문적 기술을 갖춘 사람으로 HACCP팀을 편성한다.

- 경영의 권한을 쥐고 있는 사람(최고책임자 · 학교장)
- 현장의 상황을 잘 알고 있는 사람(식품위생책임자 · 영양사)
- 기계기구류의 구조 · 관리방법을 잘 알고 있는 사람(제조 · 조리책임자)
- 각종 시설을 잘 알고 있는 전문적인 지식의 소유자(설비담당책임자)

㉢ HACCP에 대하여 잘 알고 있는 사람 등과 토의 형식을 취하는 등 공부모임을 갖는다.

㉣ 팀의 역할을 명확히 한다.

- 위생관리계획서(Plan)의 작성, 수정
- 작업매뉴얼의 작성, 종업원 교육
- 위생관리의 올바른 시행여부 확인
- 위생관리의 모든 기록의 보관과 외부감독에의 대응

② 절차 2 : 제품설명서 작성(특징)

㉠ HACCP의 대상이 되는 식품을 선정한다. 즉, 위생관리는 원칙적으로 한 가지 식품(제품)마다 이 시스템을 도입하여야 한다.

㉡ 원재료의 특징에 대하여 파악한다. 즉, 사용하는 원재료에 대한 명칭, 구입선, 산지, 제조자, 제조방법 등에 대하여 확인하고 기록한다. 이 밖에 사용된 식품첨가물 등도 표시사항으로 확인할 필요가 있다.

③ 절차 3 : 용도 확인(제품의 사용방법)

㉠ 누구를 대상으로 조리(제조)한 것인지를 밝혀 이를 기록으로 남긴다.

㉡ 대상식품의 명칭, 특성(재료조성 : 양파 ○○%, 쇠고기 ○○%, 밀가루 ○%), 누가 먹는가(어린이 · 노약자 등), 제공방법(사용법), 먹기까지의 시간, 보존의 형태(보존 후 제공함), 표시상의 주의점(용기포장 시 필요사항 기입 등), 수송조건 등

④ **절차 4** : 공정흐름도 작성(제조공정흐름도, 표준작업지침서 및 시설의 도면 등)

㉠ 원재료의 반입부터 최종제품의 출하까지의 주된 제조 · 가공공정 등 제조공정흐름도를 작성한다. 특히 대표할 수 있는 작업명, 위해발생의 예방에 중요한 온도 · 시간 · pH 등 주의할 점을 기입한다.

㉡ 담당자명, 작업시간, 사용기구류, 가열온도, 소요시간 등을 기재한 표준작업지침서(작업매뉴얼)를 작성한다.

㉢ 작업구획, 오염 · 비오염 구역의 구분, 기계설비의 배치, 급수 · 급탕설비, 수세설비, 화장실, 갱의실, 검사실 등을 명시하고, 제품제조의 흐름을 기입한 시설의 도면을 작성한다.

㉣ 작성한 시설의 도면에 시설 내에서의 종업원의 움직임(갱의실 · 변소 · 식당 등의 출입 등), 오염 구역에서 비오염 구역으로의 이동 등에 대하여도 기입한다. 또한 송풍기, 냉각기 등을 사용할 경우에는 공기의 흐름도 기입한다.

⑤ **절차 5** : 제조공정흐름도 현장 확인

절차 4에서 작성한 작업공정흐름도 등을 실제 현장과 일치하는지를 확인한다.

⑥ **절차 6** : 위해요소 분석(Hazard Analysis) - 원칙 1

㉠ 위해요소 분석 개요

- 원 · 부재료 및 제조공정에서 발생될 수 있는 위해요소(식중독균, 농약 및 중금속, 이물 등)를 확인하는 것이다.
- 위해요소 분석은 제품 설명서에서 파악된 원 · 부재료별, 공정 흐름도에서 파악된 공정단계별로 구분하여 실시한다.
- 원재료 및 제조공정마다 발생할 우려가 있는 모든 위해요소를 파악하고, 유입경로와 이들을 제어할 수 있는 수단(예방수단)을 파악하여 작성한다.
- 위해요소의 발생 가능성과 발생 시 그 결과의 심각성을 감안하여 위해(Risk)를 평가한다.

㉡ 위해요소 파악

- 원료별 · 공정별로 위해요소(생물학적 · 화학적 · 물리적)와 발생 원인을 모두 파악하여 위해요소 분석을 위한 질문사항을 작성한다.
- 생물학적 위해요소 : 곰팡이, 세균, 바이러스 등의 미생물과 기생충 등을 포함한다.
- 화학적 위해요소 : 유해물질로써 허용 외 식품첨가물, 독버섯 · 패류 등의 천연독, 잔류농약, 세척제, 중금속, 알러지 유발물질 등과 식품 생산시설, 장비, 기구 등에 사용되는 화학물질들이 포함된다.
- 물리적 위해요소 : 유리, 돌, 뼛조각, 금속 및 플라스틱, 기계 찌꺼기, 장신구 등과 같은 이물질을 포함하는데, 그 요인은 오염된 원료, 잘못 설계되거나 불충분하게 유지된 시설 및 장비, 오염된 포장재료, 종업원의 부주의 등과 관련된다.

㉢ 위해요소 평가

- 잠재된 위해요소 평가는 위해요소 평가 기준을 이용하여 수행한다.
- 과거에 동일한 식품으로 식중독이나 고발사건이 발생한 바 없는지 또는 제품의 자율검사결과나 오염실태조사 등은 어떠하였는지 등의 자료가 필요하다.
- 자료에는 해당식품 관련 역학조사 자료, 오염실태조사 자료, 작업환경조건, 종업원 현장조사, 보존시험, 미생물시험, 관련규정, 관련 연구자료 등이 있으며, 기존의 작업공정에 대한 정보를 활용한다.
- 파악된 잠재적 위해요소의 발생원인, 안전한 수준으로 예방 또는 완전히 제거하거나 허용가능한 수준까지 감소시킬 수 있는 예방조치 방법이 있는지를 확인한다.
- 예방조치 방법은 현재 작업장에서 시행되고 있는 것만을 기재한다.

※ 위해요소의 예방조치 방법

생물학적 위해요소	화학적 위해요소	물리적 위해요소
• 시설기준에 맞는 개·보수 • 원료 시험성적서 수령 • 입고되는 원료의 검사 • 보관, 가열, 포장 등의 온도, 시간 준수 • 시설·설비, 종업원 등에 대한 세척·소독 실시 • 공기 중에 식품노출 최소화 • 종업원에 대한 위생교육	• 원료 시험성적서 수령 • 입고되는 원료의 검사 • 승인된 화학물질만 사용 • 화학물질의 적절한 식별 표시, 보관 • 화학물질의 사용기준 준수 • 화학물질을 취급하는 자의 적절한 훈련	• 시설기준에 적합한 개·보수 • 원료 협력체로부터 시험성적서 수령 • 입고되는 원료의 검사 • 육안선별, 금속검출기 등 이용 • 종업원 교육 훈련

⑦ 절차 7 : 중점관리점(CCP) 결정 – 원칙 2

㉠ 확인된 위해요소를 제거할 수 있는 공정(세척공정, 가열공정, 금속검출공정 등)을 찾고 결정하는 것이다.

㉡ 일반적 위생관리로 대처할 수 있는 것은 일반적 위생관리로서 철저히 관리하는 것이 원칙이며, CCP로 설정하여 관리하는 것과 중복되지 않도록 해야 한다.

㉢ 위해를 방지하는 데 중요한 공정을 CCP로 설정하지 못한 경우는 그 공정을 체크할 수 없기 때문에 문제가 있는 제품을 제조할 가능성도 있다. 이와 같이 CCP의 설정작업은 HACCP 계획을 수립하는 데 절대 중요한 관리점인 것이다.

⑧ 절차 8 : 중점관리점에 대한 한계기준 설정 – 원칙 3

㉠ 개 요

- 한계기준은 중점관리점(CCP)에서 위해요인이 제거될 수 있는 공정조건을 말한다. 즉, 예방조치에 대한 한계기준을 설정하는 것이다.
- 한계기준은 CCP에서 관리되어야 할 위해요소를 예방, 제거 또는 허용 가능한 안전한 수준까지 감소시킬 수 있는 최대치 또는 최소치를 말한다.
- 한계기준은 안전성을 보장할 수 있는 기준치로, 과학적 근거로 입증된 수치이어야 한다.

㉡ 한계기준 표시 방법

• 표시는 가능한 육안관찰이나 간단한 측정으로 확인할 수 있는 수치 또는 특정지표로 나타내어 현장에서 쉽게 확인 가능하도록 해야 한다.
• 관능적 지표 : 색조, 광택, 냄새, 점도, 물성, 거품, 소리 등
• 화학적 측정치 : 수분활성도, pH, 염소, 염분농도 등
• 물리적 측정치 : 온도, 시간, 습도, 압력, 유량, 금속검출기 감도 등
• 한계기준은 상한기준(초과되어서는 안 되는 최대량 또는 수준)과 하한기준(안전한 식품을 취급하는 데 필요한 최소량)을 단독으로 설정할 수 있다.

㉢ 한계기준 설정 절차

• 결정된 CCP별로 해당식품의 안전성 보증을 위한 법적 한계기준이 있는지를 확인한다.
• 법적인 한계기준이 없을 경우, 적합한 한계기준을 자체적으로 설정하여 위해요소를 관리할 수 있으며, 설정한 한계기준에 관한 과학적 문헌 등 근거자료를 유지 · 보관한다.

⑨ 절차 9 : 중점관리에 대한 모니터링 체계 확립 - 원칙 4

㉠ 모니터링이란 CCP마다 설정된 한계기준이 적절히 준수되고 있는지 여부를 확인하기 위하여 정기적으로 설정된 온도나 시간을 측정하거나 관찰함은 물론 그 결과를 기록하는 것이다.

㉡ 모니터링 체계는 위해요인을 제거할 수 있는 조건이 유지되는지를 확인 · 기록하는 방법을 설정하고 관리하는 것을 말한다.

㉢ 모니터링은 동적으로 측정하여 그 결과를 기록할 수 있는 연속자동 측정장치에 의한 모니터링이 되어야 한다.

㉣ 모니터링은 HACCP에 대한 충분한 교육훈련을 받고 그 중요성을 이해하고 있는 자, 측정기계의 가까이에서 일하고 있는 자, 결과를 정확히 기록하여 관리기준 위반 시 신속히 보고하여 개선조치를 할 수 있는 자가 담당해야 한다.

㉤ 모니터링 체계 확립 시 장점

• 작업과정에서 나타나는 위해요소의 추적이 용이하다.
• 작업공정 중 CCP에서 발생한 기준이탈시점을 확인할 수 있다.
• 문서화된 기록을 통하여 검증 및 식품사고 발생 시 증빙자료로 활용할 수 있다.

⑩ 절차 10 : 개선조치방법 설정 - 원칙 5

㉠ 중요관리점(CCP)마다 한계기준을 설정하여 그것이 정확히 준수되는지를 모니터링한 결과, 그 한계기준을 벗어날 경우 취해야 할 개선조치방법을 사전에 설정하여 신속한 대응조치가 이루어지도록 하는 것이다.

㉡ 중점관리점 모니터링 중 실제 공정조건이 설정된 한계기준에서 벗어났을 때의 조치방법을 설정하고 관리하는 것을 말한다.

㉢ 일반적으로 취해야 할 개선조치 사항

• 원래의 상태로 돌리기 위한 필요한 조치를 한다(공정상태의 원상복귀).

• 위해하거나 위해의 우려가 있는 제품을 정상제품과 따로 구분하고, 위해(의심)품임을 표시하여 관리한다.
• 한계기준을 위반한 제품의 상태를 조사하여 폐기하거나 한번 더 동일한 작업을 되풀이하거나, 아니면 다른 제품으로 전용시키는 등의 조치를 한다.
• CCP의 이상상태가 확인되면 그 원인을 규명하고, 재발방지 조치를 한다.
• 필요에 따라 HACCP 계획의 변경 등 개선을 한다.

※ 개선조치의 기록항목(기록양식 예)
  • 발생일시
  • 이상상태의 내용(제목)
  • 위해(의심)품의 명칭 · 수량
  • 당해제품의 조치, 확인시험의 결과
  • 조사결과(이상발생공정 · 장소 · 원인조사의 결과)
  • 이상을 회복시킨 조치내용
  • 실시자 · 기록자의 서명
  • HACCP 계획의 개선필요성 유무 또는 그 이유

⑪ 절차 11 : 검증절차 및 방법 수립 - 원칙 6
㉠ 중점관리점이나 한계 기준이 적절히 설정되었는지, 모니터링은 제대로 이루어지고 있는지를 확인하고 문제점을 개선하는 절차이다.
㉡ HACCP 관리체제의 유효성을 평가하고, 관리 체제가 효율적으로 운영되게 함으로써 제품의 안전성을 보증하기 위한 목적이다.

※ 절차 9의 모니터링은 CCP의 관리 상태를 확인하기 위한 목적인 반면, 검증은 HACCP 시스템 전체를 점검하는 것이다.

㉢ 검증의 구체적 내용
• HACCP 계획대로 작업내용이 실천되는지를 확인한다.
• HACCP 계획에서 작성한 계획, 지시, 책임과 권한 등이 실제의 행위와 일치하고 있는지 확인한다.
• CCP의 설정, 특히 한계기준의 수치가 적절한지 확인한다.
• 모니터링용 기구의 가동, 보수관리가 적절한지 확인한다.
• 소비자로부터 고충이나 위반 등의 기록이 보관되어 있는지 확인한다.

⑫ 절차 12 : 문서화 및 기록유지 - 원칙 7
㉠ 위해요소 분석부터 검증절차 및 방법 수립까지 설정된 기준과 기록을 문서화하고 관리하는 절차이다.
㉡ 회사의 문서작성, 처리, 보관, 보존, 열람, 폐기에 관한 기준을 정함으로써 문서의 작성 및 취급의 능률화와 통일을 기함이 목적이다.
㉢ 기록은 HACCP 계획의 적절한 수행결과의 증거가 되고, 식품위생의 감시 때에도 시설의 위생관리, 공정관리상태를 조사하는 데 효과적인 자료가 될 수 있다.

㉣ 식중독이나 소비자 고발 등 식품의 안전성에 관한 문제가 발생한 경우 제조 또는 위생관리 상태를 추적하여 원인규명을 용이하게 하는 등 조사할 수 있는 자료가 된다.

㉤ 모니터링의 기록양식 : 기록양식의 명칭, 기록일시, 제품명・롯트, 측정・관찰 결과, 관리기준, 측정담당자의 서명, 개선조치 등을 기재할 수 있는 내용이어야 한다.

㉥ HACCP에서 필수적인 문서 및 기록의 유지 사항

- 종업원 위생관리
- 손 세척설비 및 화장실 유지 관리
- 교차오염 방지
- 변패 물질로부터의 보호
- 해충 및 오염 동물의 배제
- 유독물질의 표시 및 저장
- 용수의 위생 안전
- 식품접촉표면의 상태 및 청결

㉦ 기록방법

- 기록은 담당자 및 점검자를 정하고, 해당사실 발생 직후에 실시한다.
- 기록시에는 간단히 지워지지 않는 볼펜 등을 사용한다.
- 정정시에는 두 줄을 긋고 그 위에다 기록을 기재하고, 정정자의 성명, 정정 연월일을 반드시 기재한다.
- 기록에 미비가 있을 경우는 필요한 조치를 취하고 그 내용도 기록하여 보존한다.
- 기록의 보존은 품질유지기한 이상으로 하며, 최저 1년 이상으로 한다.
- 보존문서에 대하여도 책임자를 정하고 HACCP 계획을 변경한 경우에는 그때마다 양식의 개선과 변경연월일, 변경자를 명기한다.

(7) 수산가공식품에서의 HACCP 적용 현황

① HACCP 제도 적용은 1996년 12월 식품위생법에 '식품 위해요소 중점관리기준'이 고시되면서 시작되었다.

② 현재 수산가공식품에서 HACCP 의무 적용 품목은 어육가공품 중 어묵류 등 7품목으로 지정되어 있다.

※ 수산식품 중 식품의약품안전처 HACCP 적용 품목

고시 품목
어육가공품 중 어묵류
냉동수산식품 중 어류・연체류・패류・갑각류・조미가공품
저산성 통・병조림 중 굴 통조림

③ 7품목 외의 품목에 대해서는 가공업체에서 의무적으로 이행해야 하는 의무규정이 아니며, 업종별로 희망하는 업체에 한해서 기준에 적합한 경우 일정한 절차를 거쳐 승인해 주는 자율적인 지정제도의 형태로 운영되고 있다.

04 수산식품위생

(1) 식중독

① 식중독의 개요

㉠ 식중독의 정의 : 음식물 섭취로 인해 열을 동반하거나 열을 동반하지 않으면서 구토, 식욕부진, 설사, 복통, 신경마비 등이 발생하는 건강장애를 뜻한다. 또한 미생물, 유독물질, 유해화학물질 등이 음식물에 첨가(혼입)되거나 오염되어 발생하는 것으로 급성 위장염 등의 생리적 이상을 초래하는 것을 말한다.

㉡ 식중독의 발생 시기 : 세균의 발육이 왕성하여 식품이 부패되기 쉬운 6~9월 사이가 가장 많다.

㉢ 식중독의 원인 : 비브리오, 살모넬라, 포도상구균 등의 식중독 세균에 노출(부패)된 음식물을 섭취하여 발생하며 실제로 전체 식중독 중 세균성 식중독이 80% 이상 차지하고 있다.

㉣ 식중독 환자의 증상 : 설사와 복통이 가장 일반적이며, 그 밖에 구토, 발열, 두통이 나타나기도 한다. 전염병균은 아니다.

※ 식중독의 분류

분 류	종 류	원인균 및 물질	
미생물 식중독 (30종)	세균성 (18종)	감염형	살모넬라, 장염비브리오, 콜레라, 비브리오 불니피쿠스, 리스테리아 모노사이토제네스, 병원성대장균(EPEC, EHEC, EIEC, ETEC, EAEC), 바실러스 세레우스, 쉬겔라, 여시니아 엔테로콜리티카, 캠필로박터 제주니, 캠필로박터 콜리
		독소형	황색포도상구균, 클로스트리듐 퍼프린젠스, 클로스트리듐 보툴리눔
	바이러스성 (7종)	–	노로, 로타, 아스트로, 장관아데노, A형간염, E형간염, 사포 바이러스
	원충성 (5종)	–	이질아메바, 람블편모충, 작은와포자충, 원포자충, 쿠도아
자연독 식중독		동물성	복어독, 시가테라독
		식물성	감자독, 원추리, 여로 등
		곰팡이	황변미독, 맥각독, 아플라톡신 등
화학적 식중독		고의 또는 오용으로 첨가되는 유해물질	식품첨가물
		본의 아니게 잔류, 혼입되는 유해물질	잔류농약, 유해성, 금속화합물
		제조·가공·저장 중에 생성되는 유해물질	지질의 산화생성물, 나이트로아민
		기타 물질에 의한 중독	메탄올 등
		조리기구·포장에 의한 중독	녹청(구리), 납, 비소 등

② 세균성 식중독

㉠ 살모넬라 식중독(인축 공통전염병)

- 원인균 및 특징 : *Salmonella enteritidis*, *Sal. typhimurium*, *Sal. cholera Suis*, *Sal. derby* 등이며, 그람음성, 무포자 간균, 주모균, 통성혐기성이며, 최적조건은 pH 7~8, 36~38℃이다.
- 원인 식품 : 우유, 육류, 난류 및 그 가공품, 어패류 및 그 가공품, 도시락, 튀김류, 어육 연제품이다. 식중독 발생건수가 가장 많다.
- 감염원 : *Salmonella* 병원균 및 미생물에 오염된 식품을 섭취함으로써 발생하며 설치류(쥐), 파리, 바퀴벌레, 가금류(닭, 오리, 달걀), 어패류 및 그 가공품 등이 전파한다.
- 잠복기 및 증상 : 잠복기는 12~36시간이며, 주요 증상으로는 구토, 매스꺼움, 복통, 설사, 발열(가장 심한 발열 39℃를 넘는 경우가 빈번) 증세 등을 보인다.
- 예방법 : 방충 및 방서시설, 쥐, 파리, 바퀴벌레 등을 구제해야 하며, 균은 열에 약하여 식품을 60℃에서 30분간 가열살균하면 효과적이고, 저온보관을 한다.

㉡ 장염 비브리오 식중독

- 일반적으로 7~9월 사이에 많이 발생한다. 인간의 특정 혈구를 용해시키는 능력을 갖고 있으며, 콜레라와 증상이 비슷하다. 세균성 식중독의 60~70% 정도가 이 균에 의하며, 10~20%의 염분에서도 생육이 가능하다.
- 원인균 및 특징 : *Vibrio parahaemolyticus*(해수균)이며, 호염성세균, 그람음성, 무포자 간균, 단모균, 중온균(생육적온 37℃)이며, 최적조건은 3~4% 염분 농도(호염성)에서도 잘 자란다. 최적온도에서 세대시간 약 10~12분으로 식중독균 중 증식속도가 가장 빠르다.
- 원인 식품 : 어패류(조개류나 채소의 소금 절임), 생선류, 생선회, 초밥류, 어패류를 손질한 도마(조리기구)나 손을 통한 2차 감염 등이다.
- 감염원 : 해수 연안, 갯벌, 플랑크톤 등에 널리 분포하며, 특히 육지로부터 오염되기 쉬운 해역에서 많이 전파한다.
- 잠복기 및 증상 : 잠복기는 식후, 4~30시간으로 균량에 따라 차이가 있으며 복통, 매스꺼움, 구토, 설사, 발열 등의 급성 위장염 형태의 증상이다.
- 예방법 : 균의 증식을 막기 위해 4℃ 이하에서 냉장 보관하며, 조리 전 흐르는 수돗물에 2~3회에 걸쳐 씻어주고, 충분히 가열하여 섭취해야 한다. 사용한 식기, 도마 등 조리 기구는 교차오염을 방지하기 위해 열처리한다.

㉢ 리스테리아 식중독

- 원인균 및 특징 : *Listeria monocytogenes*, 그람양성, 무포자, 간균, 통성혐기성균, 내염성, 호냉균 등이다.
- 원인식품 : 식육가공제품(소, 돼지, 양), 유제품(우유, 치즈, 버터, 발효유), 가금류(닭, 꿩, 칠면조, 오리, 타조 등), 채소류 및 과일 등이 원인식품이며, 호냉균이므로 냉장고에서 오래된 식품은 피해야 한다.

• 감염원 : 오염수(음료수), 오염된 식품, 병에 감염된 동물과의 직접적인 접촉 시 발병한다.
• 잠복기 및 증상 : 잠복기는 수 일~몇 주(1~6주) 정도이며, 유행성 감기와 증상이 비슷(미열, 위장염 · 복통, 설사)하며 뇌막염, 자궁내막염(조기유산, 사산), 패혈증 및 수막염(면역력이 저하된 사람에서 발병) 등이다.
• 예방법 : 균은 열에 약하여 식품은 가열조리 후 섭취하고 식육제품(쇠고기, 돼지고기, 양고기), 유제품 제조공정과 가공시설이 병원균에 오염되지 않도록 철저한 위생관리를 하며, 호염성과 호냉균이므로 식품제조 과정 중에 오염되지 않도록 한다.

㉣ 병원성 대장균 식중독

가축이나 인체에 서식하는 *Escherichia coli* 중에서 인체에 감염되어 나타내는 균주이다.

• 원인균 및 특징 : 식품이나 물의 오염지표로 이용되며 그람음성, 무포자 간균, 주모균 등이다.
  – 장관병원성 대장균(*Enteropathogenic E.* Coli, EPEC)으로 여름철 어린이의 설사증의 원인균이며, 독소는 형성하지 않는다(잠복기 일정치 않음).
  – 장관독소원성 대장균(*Enterotoxigenic E.* Coli, ETEC)으로 주로 집단적으로 발생하고, 여행 도중 관광객들의 설사증이 원인균이다.
  – 장관출혈성 대장균(*Enterohemorrhagic E.* Coli, EHEC)으로 장관 내 (신)상피세포 등에 작용하여, 설사증, 출혈, 신장에 나쁜 영향을 주며, 노약자(노인, 어린이) 등에서 많이 발생한다(잠복기 2~6일).
  – O157 : H7은 장관출혈성 대장균에 해당된다.
• 원인식품 : 육가공품(햄, 소시지), 튀김류(특히 크로켓), 채소, 샐러드, 분유(우유), 마요네즈, 파이, 급식도시락, 두부 및 그 가공품 등이 있다.
• 감염원 : 환자나 보균감염자의 분변(배설물)이 감염원이다.
• 잠복기 및 증상 : 잠복기는 평균 10~24시간(평균 13시간)으로 설사(주요 증상), 발열, 두통, 복통 등이고 수일 내(3~4일) 회복된다.
• 예방법 : 화장실 사용 후 손 세척을 습관화하고 분뇨를 위생적으로 처리해야 하며, 분변(사람, 동물)에 의해서 오염되지 않도록 하고 특히 어린이들의 기저귀, 수건, 욕조나 목욕물, 침구류 등과 식기소독을 철저히 한다.

㉤ 세레우스균 식중독

• 원인균 및 특징 : *Bacillus cereus*, 식품에 증식하며, 설사독소와 구토독소를 생산한다. 내열성으로 135℃에서 4시간 가열해도 견디는 성질이 있다.
• 독소 : *Cereus*균의 Enterotoxin을 분리 · 성공하였고, 그 결과 독소형 식중독으로 분류되었다.
• 감염원 : 흙, 오염수(음료수), 동 · 식물 등 자연계에 분포한다.
• 원인식품 : 대부분이 Spice(향신료)를 사용한 식품과 요리, 육류, 채소, 수프, 소스, 밥류, 푸딩 등이다.
• 잠복기 및 증상 : 잠복기는 6~24시간(설사형)과 1~6시간(구토형)이 있다.

• 주증상 : 강한 급성 위장염 형태(복통, 수양성 설사, 메스꺼움, 두통, 발열 등)이다.
• 예방법 : 제조된 식품은 곧바로 섭취하도록 하며, 남은 음식은 보온(60℃)과 냉장으로 보존한다.

ⓑ *Yersinia enterocolitica* 식중독
• 원인균 및 특징 : *Yersinia enterocolitica*이며 그람음성, 주모균, 저온 및 호냉균(냉장 온도에서도 발육 가능) 등이다.
• 원인식품 : 오염수(음료수), 가축류(소, 돼지, 양 등), 생우유 등이다.
• 감염원 : 오물, 오염수, 소, 돼지, 양, 생우유, 애완동물(개, 고양이), 쥐 등이다.
• 잠복기 및 증상 : 잠복기는 보통 1~10일이며, 유아의 위장염 형태(복통, 발열 등), 어린이는 설사증을 유발한다.
• 예방법 : 저온에서도 생존이 강하므로 가공육(냉장・냉동)에 유의한다. 봄, 가을에 식중독 발생이 잦다.

ⓢ Campylobacter(장염) 식중독
• 원인균 및 특징 : *Campylobacter jejuni*, *Campylobacter coli*, 그람음성, 나선형, 혐기성, 간균이다.
• 원인식품 : 닭(가장 많이 발생)・소・돼지・개・고양이 등에 분포한다.
• 감염원 : 오물, 오염수, 소, 돼지, 개, 고양이, 이 균에 오염된 물이나 식품이다.
• 잠복기 및 증상 : 잠복기는 12~36시간 정도이며, 주요 증상은 급성 위장염 형태(복통・구토・설사・발열)이며, 하루에 수차례~12여회 정도 설사(점액, 고름 섞인 피 수반)를 한다.
• 예방법 : 가축(소, 돼지, 양), 닭(가금류) 등의 철저한 위생관리, 이들 동물의 배설물에 의한 2차 오염(소량의 균으로도 발병 가능)이 되지 않도록 노력한다. 균은 열에 약하므로 식품과 음식물은 가열 후 섭취한다.

ⓞ 황색포도상구균 식중독
• 원인균 및 특징 : *Staphylococcus aureus*(황색포도상구균), 그람양성, 무포자, 구균, 통성혐기성, 무편모, 소금 7.5%의 배지에서도 발육이 가능하고, 혈장응고효소를 생산하고, 고농도식염(~15%)에서도 발육이 가능하다.
• 독소 : Enterotoxin(장내 독소)
• 원인식품 : 유가공제품(우유, 크림, 버터, 치즈, 요구르트 등), 가공육제품, 난류, 쌀밥, 떡, 도시락, 샌드위치, 빵, 과자류 등의 전분질 식품 등이다.
• 감염원 : 대부분이 인간의 화농소(상처가 곪은 곳), 콧구멍, 목구멍 등에 포도상구균(기침, 재채기 등) 등이다.
• 잠복기 및 증상 : 잠복기는 1~6(평균 2~4)시간으로, 세균성 식중독 중에서 가장 짧다. 주요 증상은 급성 위장염 형태(메스꺼움, 구토, 복통, 설사)이며, 치명률은 낮다.
• 예방법 : 화농성 질환의 조리사(인후염 환자)는 조리를 해서는 안 되고, 완성된 조리식품은 곧바로 섭취하며, 남은 음식은 저온 보존한다.

※ Enterotoxin(장내 독소)의 특징

- 독소는 내열성이 커서 100℃ 온도에서 1시간 이상 가열로도 활성을 잃지 않으며, 120℃에서 20~30분 동안 가열하여도 파괴되지 않는다.
- 균체가 증식 및 성장할 때만 독소를 생산하며, pH 6.5~6.8일 때 활성이 가장 크고 생육 최적온도는 30~37℃이다.
- 포도상구균은 비교적 열에 약하여 100℃에서 30분 정도이면 파괴된다.

㉢ 웰치(Welchii)균 식중독

식품과 같이 섭취된 세균이 장관 내에서 생산된 독소(아포 형성시)나 증식에 의해 발생되는 식중독이다.

- 원인균 및 특징 : *Clostridium perfringens, Clostridium welchii*(독소 A, B, C, D, E형), 그람양성, 무포자, 간균, 편성혐기성 등이다.
- 원인식품 : 육류 및 그 가공품, 어패류 및 그 가공품, 가금류 및 그 가공품, 식물성 단백질 식품 등이 있다.
- 감염원 : 균에 감염된 식품취급자와 조리사 등의 분변(배설물)에 오염된 식품, 오염수(음료수), 오물 및 쥐, 가축의 분변에 오염된 식품에서 감염된다.
- 잠복기 및 증상 : A형의 잠복기는 평균 8~24시간이며, 주요 증상은 복통, 수양성 설사이고 경우에 따라 점혈변이 보이기도 한다.
- 예방법 : 분변의 오염방지, 호열성이므로 식품의 가열조리와 함께 저장 시 신속히 냉각한다.

㉣ 보툴리누스 식중독

- 원인균 및 특징 : *Clostridium botulinum*, 유기물이 많은 토양 하층 및 늪지대에서 서식하고, 신경독소인 뉴로톡신(Neurotoxin)을 생산한다.
- 독소 : Neurotoxin은 가열에 약하여 80℃에서 30분, 100℃에서 1~3분 동안 가열하면 파괴된다. 세균성 식중독 중에서 저항력이 가장 강하다.
- 감염원 : 흙(토양), 냇가, 호수, 갯벌, 동물의 배설물이다. A, B, C, D, E, F형 중 A, B, E형이 사람에게 식중독을 일으킨다.
- 원인식품 : 불충분하게 가열살균 후 밀봉 저장한 식품(통조림, 소시지, 햄, 병조림), 야채, 육류 및 유제품, 과일, 가금류(닭, 오리, 칠면조 등), 어육훈제품 등이 있다.
- 잠복기 및 증상 : 보통 12~36시간(빠를 경우 4~6시간, 늦을 경우 70~72시간)이며, 주요 증상은 급성 위장염 형태(메스꺼움, 구토, 복통, 설사 등)의 소화기계 질환 증상과 신경 증상(두통, 신경장애 및 마비 등)을 나타낸다. 세균성 식중독 중 치명률이 가장 높다(30~80%). 또한 안장애(시력저하, 동공확대, 광선에 대한 무자극 반응), 후두마비 증상(언어장애, 타액분비 이상, 연하곤란), 심할 경우 호흡마비 등이 유발된다.
- 예방법 : 분변(배설물) 오염이 되지 않도록 철저한 위생관리를 하고, 통·병조림 제조시에 충분히 살균(가열)한다.

③ 바이러스성 식중독

㉠ 노로바이러스 식중독

- 특징 : 특히 기온이 낮은 겨울철에 많이 유행하는 경향이 있고 면역력이 약한 어린이에서 노인층까지 폭넓은 연령층에 감염성 위장염을 일으키는 바이러스이다. 100개 이하 소량의 바이러스에도 쉽게 감염될 수 있고 전염력이 강하다. 감염환자의 분변이나 구토물에서는 1g당 100만 개에서 10억 개의 바이러스가 존재한다.
- 감염경로
  - 경로 1 : 사람 분변 중 노로바이러스가 하수를 거쳐 강과 바다로 옮겨져 이매패류(조개류, 굴류 등)에 축적되며, 이것을 충분히 가열하지 않고 섭취하게 되면 노로바이러스에 감염될 수 있다.
  - 경로 2 : 노로바이러스에 감염된 사람이 손씻기를 충실히 하지 않으면 바이러스가 손에 붙은 채로 조리를 하게 되어 식품이 오염되고, 그 식품을 섭취한 사람에게 감염을 일으킨다.
  - 경로 3 : 노로바이러스를 함유한 분변과 구토물을 처리한 후 손에 붙은 바이러스와 부적절한 처리로 잔존한 바이러스가 입으로 들어와 감염된다.
- 증상 : 우리 몸속에 들어오면 24~48시간의 잠복기를 거친 후 오심, 구토, 설사 등의 장염증상이 발생하는데 어린 아이들은 구토가 심하게 발생되는 반면, 성인에게서는 설사, 두통, 발열, 근육통 같은 것이 주요 증상이다. 증상이 사라진 후에도 최대 2주 동안이나 전염력을 가지고 있다.
- 예방법 : 손씻기 실천 등 개인위생을 철저히 하고, 야채·과일 등 생으로 섭취하는 식품은 소독 후 먹는 물로 씻어서 제공(특히, 과일은 꼭지나 홈이 파인 부분을 솔로 닦아내는 등 세척 철저)하고, 먹는물은 끓여서 제공하며, 특히 굴, 조개 등 패류를 생으로 섭취하지 않는다.

㉡ 로타바이러스 식중독 : 잠복기는 1~3일로 겨울철 영유아가 잘 걸리는 식중독으로 설사를 유발한다.

(2) 자연독 식중독 – 어패류의 독

① 복어독

㉠ 독성분 : 테트로도톡신(Tetrodotoxin)

- 복어의 알과 생식선(난소·고환), 간, 내장, 피부 등에 함유되어 있다.
- 독성이 강하고 물에 녹지 않으며 열에 안정하여 끓여도 파괴되지 않는다.

㉡ 잠복기 및 증상 : 식후 30분~5시간 만에 발병하며 중독 증상이 단계적으로 진행된다(혀의 지각마비, 구토, 감각둔화, 보행곤란).

- 골격근의 마비, 호흡 곤란, 의식 혼탁, 의식 불명, 호흡 정지되어 사망에 이른다.
- 진행속도가 빠르고 해독제가 없어 치사율이 높다(60%).

㉢ 예방 대책
- 전문조리사만 요리하도록 한다.
- 난소·간·내장 부위는 먹지 않도록 한다.
- 독이 가장 많은 산란 직전에는(5~6월) 특히 주의한다.
- 유독부의 폐기를 철저히 한다.

② **마비성 조개류 중독** : 대합, 검은 조개, 섭 조개(홍합) 등에서 중독을 일으키며, 독성은 9~10월에 강하다.

㉠ 독성분 : 삭시톡신(Saxitoxin), 프로토고니아우톡신(Protogonyautoxin), 고니아우톡신(Go-nyautoxi)

㉡ 잠복기 및 증상 : 잠복기는 식사 후 30분~5시간이며, 주요 증상은 안면마비(입술·혀·잇몸 등), 사지마비, 거동이 불가능하며, 언어장애 등이 있다.

③ **모시조개, 굴, 바지락 중독**

㉠ 독성분 : 베네루핀(Venerupin)이며, 독성은 2~5월에 강하고 내열성이다.

㉡ 잠복기 및 증상 : 잠복기는 1~3일(빠를 경우 12시간, 늦을 경우 1주일)이며, 주요 증상은 무기력, 급성위장염(두통, 설사, 변비), 장점막 출혈, 황달, 피하출혈반응 등이다.

※ 조개류 독

독성물질	베네루핀(Venerupin)	삭시톡신(Saxitoxin)
조개류	모시조개, 바지락, 굴, 고동 등	섭조개(홍합), 굴, 바지락 등
독 소	열에 안정한 간 독소	열에 안정한 신경마비성 독소
치사율	50%	10%
유독시기	2~4월	5~9월
중독증상	출혈반점, 간기능 저하, 토혈, 혈변, 혼수	혀, 입술의 마비, 호흡곤란

※ 어패류의 독성물질

<table>
<tr><th>종 류</th><th>함유수산물(함유 부위)</th><th>종 류</th><th>함유수산물(함유 부위)</th></tr>
<tr><td>테트로도톡신</td><td>복어(간장, 난소 혈액)</td><td>악티톡신</td><td>뱀장어(혈액)</td></tr>
<tr><td>홀로수린</td><td>해삼(내장)</td><td>티라민</td><td>문어(타액)</td></tr>
<tr><td rowspan="2">베네루핀</td><td>바지락(내장)</td><td rowspan="2">삭시톡신</td><td>굴(근육, 내장)</td></tr>
<tr><td>굴(내장)</td><td>홍합(근육, 내장)</td></tr>
<tr><td>미틸로톡신</td><td>홍합(간장)</td><td>–</td><td>–</td></tr>
</table>

(3) 화학적 식중독 – 중금속

① 수은(Hg)

㉠ 주된 중독 경로 : 유기수은에 오염된 식품 섭취 시 유발한다.

㉡ 중독증상 : 시력감퇴, 말초신경마비, 구토, 복통, 설사, 경련, 보행곤란 등의 신경계 장애 증상, 미나마타병을 유발한다.

② 카드뮴(Cd)

㉠ 주된 중독 경로 : 공장폐수, 법랑제품, 조리 관련 식기, 기구, 도금용기에서 용출된다.

㉡ 중독증상 : 메스꺼움, 구토, 복통, 이타이이타이병(골연화증 발생) 등을 유발한다.

③ 아연(Zn)

㉠ 주된 중독 경로 : 용기, 조리 기기 및 기구 도금한 식기 등에서 용출된다.

㉡ 중독증상 : 구토, 설사, 두통 등을 유발한다.

④ 납(Pb)

㉠ 주된 중독 경로 : 통조림, 법랑제품기구, 용기, 포장용기 등에서 용출된다.

㉡ 중독증상 : 메스꺼움, 구토, 설사, 빈혈(주요 증상) 등을 유발한다.

⑤ 구리(Cu)

㉠ 주된 중독 경로 : 식품첨가물, 조리 및 가공 식기, 용기 등의 용기로부터 오염된다.

㉡ 구토, 설사, 복통, 메스꺼움 등의 증상을 나타낸다.

⑥ 안티몬(Sb)

㉠ 주된 중독 경로 : 법랑제 식기, 표면도금 등으로부터 오염된다.

㉡ 중독증상 : 메스꺼움, 구토, 설사, 복통 등의 증상을 나타낸다.

⑦ 주석(Sn)

㉠ 주된 중독 경로 : 통조림의 납땜 작업 시 오염된다.

㉡ 중독증상 : 메스꺼움, 구토, 설사 등의 증상을 보인다.

⑧ 바륨(Bs)

㉠ 주된 중독 경로 : 바륨에 오염된 식품을 오용할 때 유발된다.

㉡ 중독증상 : 구토, 설사, 복부경련 등의 증상을 보인다.

※ **수산물의 중금속 기준**(식품의 기준 및 규격, 식품의약품안전처 고시 제2024-71호)

대상식품	납(mg/kg)	카드뮴(mg/kg)	수은(mg/kg)	메틸수은(mg/kg)
어 류	0.5 이하	• 0.1 이하(민물 및 회유 어류에 한한다) • 0.2 이하(해양어류에 해당)	0.5 이하(아래 ※의 어류는 제외한다)	1.0 이하(아래 ※의 어류에 한한다)
연체류	2.0 이하(다만, 오징어는 1.0 이하, 내장을 포함한 낙지는 2.0 이하)	2.0 이하(다만, 오징어는 1.5 이하, 내장을 포함한 낙지는 3.0 이하)	0.5 이하	–
갑각류	0.5 이하(다만, 내장을 포함한 꽃게류는 2.0 이하)	1.0 이하(다만, 내장을 포함한 꽃게류는 5.0 이하)	–	–
해조류	0.5 이하[미역(미역귀 포함)에 한한다]	0.3 이하[김(조미김 포함) 또는 미역(미역귀 포함)에 한한다]	–	–

※ 메틸수은 규격 적용 대상 해양어류 : 쏨뱅이류(적어포함, 연안성 제외), 금눈돔, 칠성상어, 얼룩상어, 악상어, 청상아리, 곱상어, 귀상어, 은상어, 청새리상어, 흑기흉상어, 다금바리, 체장메기(홍메기), 블랙오레오도리(*Allocyttus niger*), 남방달고기(*Pseudocyttus maculatus*), 오렌지라피(*Hoplostethus atlanticus*), 붉평치, 먹장어(연안성 제외), 흑점샛돔(은샛돔), 이빨고기, 은민대구(뉴질랜드계군에 한함), 은대구, 다랑어류, 돛새치, 청새치, 녹새치, 백새치, 황새치, 몽치다래, 물치다래

CHAPTER 05

적중예상문제

01 **HACCP에 관한 설명으로 옳지 않은 것은?**

① 원료에서부터 제품의 가공, 저장 및 유통의 전단계에 걸쳐 식품 안전 확보를 위한 사전예방 차원의 관리 방식이 HACCP이다.

② CCP를 결정하는 방법은 식중독 사고의 예, 이미 연구된 과학적 근거를 활용한다.

③ HACCP 추진을 위한 선행 프로그램으로 위생관리시설기준(GMP)과 표준위생관리운영지침(SSOP)이 필요하다.

④ 표준위생관리지침은 정부에서 엄격히 작성하는 것이 원칙이다.

해설 ④ 표준위생관리지침은 각 제조업체별로 따로 작성하는 것이 원칙이다.

02 **알레르기성 식중독의 원인 물질이 아닌 것은?**

① 히스타민(Histamine)

② 프토마인(Ptomain)

③ 부패아민류

④ 아우라민(Auramine)

해설 *Proteus morganii*는 등푸른 생선 어육 등에 번식하여 Histamine을 생성하고 이것이 축적되어 Allergy성 식중독을 일으킨다.

03 **원료에서부터 제품의 가공, 저장 및 유통의 전 단계에 걸쳐 식품의 위생안전을 확보하려는 예방적 차원의 식품위생 관리방식은 무엇인가?**

① 위해요소 중점관리제도

② 표준위생관리지침

③ 위생관리시설기준

④ 생산 이력제

1 ④ 2 ④ 3 ① 정답

04 HACCP에 관한 설명으로 옳지 않은 것은?

① 식품의 안전성 확보를 위한 위생관리 시스템이다.
② 위해발생 시 원인과 책임소재를 명확히 할 수 있는 장점이 있다.
③ 식품의 제조과정부터 소비자 섭취 전까지를 대상으로 한다.
④ HACCP의 7원칙으로 문서화 및 기록유지가 포함된다.

해설 HACCP이란 식품의 원재료부터 제조, 가공, 보존, 유통, 조리단계를 거쳐 최종소비자가 섭취하기 전까지의 각 단계에서 발생할 우려가 있는 위해요소를 규명하고, 이를 중점적으로 관리하기 위한 중요 관리점을 결정하여 자율적이며 체계적이고 효율적인 관리로 식품의 안전성을 확보하기 위한 과학적인 위생관리체계라고 할 수 있다.

05 HACCP 제도에서 식품의 확인된 위해요소를 제거할 수 있는 공정을 찾고 결정하는 단계는?

① 중점관리점의 한계 기준의 설정
② 위해분석
③ 중점관리점의 설정
④ 검증 방법의 설정

06 원·부재료 및 제조공정에서 발생될 수 있는 위해요소(식중독균, 농약 및 중금속, 이물 등)를 확인하는 단계는?

① 중점관리점의 설정
② 위해요소 분석
③ 검증방법의 설정
④ 중점관리점의 한계 기준의 설정

07 식품 위해요소 중점관리제도(HACCP)의 효과와 거리가 먼 것은?

① 미생물 오염 억제에 의한 부패 저하
② 식품의 안전성 제고
③ 생산량 증대에 의한 가격 안정성 확보
④ 어획 후 신선도 유지 기간 증대

해설 HACCP 도입의 효과

업체 측면	소비자 측면
• 자주적 위생관리 체계의 구축 • 위생적이고 안전한 식품의 제조 • 위생관리 집중화 및 효율성 도모 • 경제적 이익 도모 • 회사의 이미지 제고와 신뢰성 향상	• 안전한 식품을 소비자에게 제공 • 식품선택의 기회 제공

정답 4 ③ 5 ③ 6 ② 7 ③

08 식품의 안전성에 있어 생물학적 위해요소로 옳은 것은?

① 에틸브로마이드 ② 살모넬라
③ 염소산나트륨 ④ 다이옥신

해설 **HACCP 적용 생물학적 위해요소**
식품 중에 함유되어 있는 병원성균, 리켓차, 바이러스, 기생충의 감염 등으로 인한 식중독
• 병원성 세균 : 살모넬라, 병원성 대장균, 장염 비브리오균, 황색포도상구균, 보툴리누스균, 콜레라균, 이질균
• 바이러스 : A형 간염 바이러스

09 다음 중 독소형 식중독을 일으키는 식중독균은?

① *Clostridium perfringens* ② *Sterptococcus facealis*
③ *Salmonella typhi* ④ *Clostridium botulinum*

해설 독소형 식중독(세균이 생성한 독성물질의 섭취로 인하여 발병)에는 포도상구균 식중독과 보툴리누스균 식중독이 있다.

10 다음 중 잠복기가 가장 짧은 식중독은?

① 살모넬라 식중독 ② 장염 비브리오 식중독
③ 아리조나 식중독 ④ 포도상구균 식중독

해설 포도상구균 식중독은 잠복기가 1~6시간(평균 3시간)으로 매우 짧다.

11 포도상구균에 대한 설명으로 틀린 것은?

① 주로 신경증상을 일으킨다.
② 균체는 100℃에서 사멸한다.
③ 독소는 120℃에서도 완전히 파괴되지 않는다.
④ 독소인 엔테로톡신(Enterotoxin)을 형성한다.

해설 신경증상은 주로 보툴리누스균 식중독에서 발생한다.

8 ② 9 ④ 10 ④ 11 ① 정답

12 화농성(化膿性) 상처가 손에 있는 사람이 제조한 식품을 먹고 식중독이 발생했다면 어느 균에 의한 식중독이라 할 수 있겠는가?

① 클로스트리듐 보툴리늄　② 장염 비브리오균
③ 살모넬라균　④ 포도상구균

해설 화농성 질환의 염증은 포도상구균 식중독을 유발하며, 이때 생성되는 독소는 Enterotoxin이다.

13 신선도가 떨어진 식품을 120℃에서 20분간 가열과 살균을 하고 섭취했으나 식중독 증상이 나타났다면 그 원인균은?

① *Salmonella*균　② *Vibrio*균
③ *Staphylococcus*균　④ *Botulinus*균

해설 포도상구균 식중독은 100℃에서 30분간 가열해도 불활성화되지 않은 Enterotoxin에 의해 발병하여 가열처리만으로는 식중독 예방이 어렵다.

14 신경독소(Neurotoxin)를 생산하는 식중독균은?

① 황색포도상구균　② 병원성 식중독균
③ 보툴리누스균　④ 장염 비브리오균

해설 Neurotoxin(편성 혐기성)은 *Clostridium botoulinum*의 생성독소로 생산되며, 균체 외 독소로써 80℃에서 30분 정도에서 파괴된다. 열에 가장 강한 식중독균이다.

15 발열증상이 없는 것이 특징인 세균성 식중독은?

① 보툴리누스 식중독　② 살모넬라 식중독
③ 장염 비브리오 식중독　④ 웰치균 식중독

해설 살모넬라 식중독은 38~40℃로 발열하고, 장염 비브리오 식중독은 37.5~38.5℃(환자의 30~40%)에서 나타난다. 보툴리누스 식중독의 경우에는 발열이 없다.

정답 12 ④ 13 ③ 14 ③ 15 ①

16 수산물 통조림의 살균이 부족할 때 발생할 수 있는 독소형 식중독의 원인균은?

① 보툴리눔균 ② 장염 비브리오균
③ 살모넬라균 ④ 젖산균

해설 *Cl. botulinum*은 살균이 불충분한 통조림 · 병조림 · 진공포장식품 등에서 식중독이 잘 발생한다.

17 살모넬라 식중독에 대한 설명으로 맞지 않는 것은?

① 60℃에서 20~30분 정도 가열하면 사멸된다.
② 동물에 기생하지 않는다.
③ 감염형 식중독이다.
④ 발열, 복통, 설사 등의 위장염 형태의 증상을 일으킨다.

해설 살모넬라 식중독은 사람과 동물 모두에게 발병한다.

18 살모넬라(*Salmonella*) 식중독의 특징과 거리가 먼 것은?

① 급성 위장염 증상을 나타낸다.
② 잠복기는 일반적으로 12~48시간이다.
③ 열이 38℃ 이상으로 발열한다.
④ 보툴리누스균에 의한 독소형이다.

해설 살모넬라 식중독은 감염형 식중독이다.

19 살모넬라 식중독에 대한 설명 중 가장 거리가 먼 것은?

① 원인식품은 식육, 달걀, 어육류 및 그 가공품이다.
② 60℃에서 30분간 가열하여도 사멸하지 않는다.
③ 급성위장염 증상을 나타낸다.
④ 원인균은 잠복기가 12~24시간으로 발열이 심하다.

해설 살모넬라 식중독균은 대부분 열에 약하여 62~65℃에서 20~30분 정도 가열하면 사멸한다.

16 ① 17 ② 18 ④ 19 ② 정답

20 살모넬라 식중독균의 일반적인 특징으로 잘못된 것은?

① 무아포 형성의 그람 음성 간균이다.

② 혐기성 또는 호기성균이다.

③ 최적생육온도는 37℃이고, 최적 pH는 7~8이다.

④ 일반 배지에서 발육이 힘들며, 인돌(Indole)을 생산한다.

해설 살모넬라 식중독균은 일반 배지에서 발육이 잘되며 포도당, 엿당(맥아당), 만니톨을 분해하여 산과 Gas를 생산하지만 Indole은 생성치 않는다.

21 살모넬라균과 포도상구균을 손쉽게 구별하는 방법은?

① 증 상 ② 잠복기

③ 색 소 ④ 독 소

해설 살모넬라균은 감염형 식중독균이고, 포도상구균은 독소형 식중독균이다.

22 웰치균(*Clostridium perfringens*)의 설명 중 바르지 못한 것은?

① 그램양성 무아포 간균이다.

② 동물의 장관 내 상주균이다.

③ 동식물성 단백질이 식중독 주요원인 식품이다.

④ 내열성 균주로 식중독을 유발시킨다.

해설 웰치균은 그램양성 간균으로 아포를 형성한다.

23 독소형 식중독의 예방원칙과 거리가 먼 것은?

① 먹기 전에 가열처리한 후 먹는다.

② 식품관련 취급자는 식품과 음식물을 위생적으로 취급한다.

③ 저온 및 냉장 저장을 한다.

④ 먹는 시점을 가린다.

해설 독소형 식중독의 예방은 식품과 기구의 철저한 멸균, 냉장 및 저온 보관, 식품 오염을 방지한다. 식품관련 취급자는 철저한 위생관리를 해야 한다.

정답 20 ④ 21 ④ 22 ① 23 ④

24 콜레라와 비슷한 증상을 보이고 바닷물, 플랑크톤, 어패류 등에 분포하고 있는 식중독균은?

① 대장균
② 살모넬라균
③ 시겔라균
④ 장염 비브리오균

해설 장염 비브리오 식중독은 탈수를 동반하며, 콜레라와 유사한 증상을 보이기도 한다.

25 장염 비브리오균의 특징에 해당되는 것은?

① 아포를 형성한다.
② 내열성이 있다.
③ 감염형 식중독균으로 전형적인 급성 장염을 유발한다.
④ 편모가 없다.

해설 장염 비브리오균은 그람(−), 무포자 간균으로 3% 전후의 식염농도에서 잘 발육한다. 단모성의 편모를 갖는다. 열에 약하여 60℃에서 20분 정도에서 사멸하고, 최적발육온도는 37℃, pH는 7.5~8.0이다.

26 장염 비브리오 식중독을 예방하기 위한 조치 중 틀린 설명은?

① 아나고(붕장어)회는 해수로 씻은 후, 탈지를 시키고 먹는다.
② 생선회는 전처리 과정을 하기 전에 수돗물로 잘 씻는다.
③ 활어로 사용되는 바닷물은 되도록 BOD가 낮은 것을 사용하여야 한다.
④ 여름철에는 조개류를 잘 익혀 먹는다.

해설 장염 비브리오 식중독균은 하절기 어패류를 섭취했을 경우 감염되며, 특히 7~9월 사이 어패류를 날 것으로 먹는 것을 피해야 한다. 이 균은 충분하게 세정할 경우 예방효과는 있는 편이다. 열에 의해 쉽게 사멸하므로 가열한 후 섭취하는 것이 효과적이다.

27 위생관리가 안 된 수산물을 먹었을 때 발생할 수 있는 감염형 식중독의 원인균은?

① 락토바실러스
② 스트렙토코커스
③ 장염 비브리오균
④ 황색포도상구균

해설 장염 비브리오 식중독균은 바닷물에 존재하는 호염성의 식중독 원인균으로 3% 정도의 식염수에서 발육을 잘 한다.

24 ④ 25 ③ 26 ① 27 ③ 정답

28 **병원성 대장균의 특징과 거리가 먼 것은?**

① 주요증상은 급성 위장염이다.
② 대부분이 분변에서 오염된다.
③ 그램음성, 아포형성 간균이다.
④ 유당을 분해하고 산과 가스(Gas)를 생성한다.

해설 병원성 대장균은 무포자이다.

29 **화학적 식중독의 원인 물질이 아닌 것은?**

① 대사 과정 중에 발생되는 독소
② 오염에 의해 첨가되는 유해물질
③ 방사능에 의한 오염
④ 식품제조 중에 혼입되는 유해성분 물질

해설 화학적 식중독의 발생은 방사능 성분 물질의 오염, 유해 및 유독성 첨가물, 포장기구 등의 용출성분에 의한 식중독, 농약 등이 오염되어 식중독을 일으킨다.

30 **어패류의 생식과 관련된 식중독균은?**

① 살모넬라균 ② 장염 비브리오균
③ 포도상구균 ④ 아리조나균

해설 장염 비브리오균 식중독의 원인식품은 어패류 및 생선회이며, 그 밖에 가열 조리된 해산물이나 김치류 등이 있다.

31 **오염된 식품을 가열조리하여 혐기성 상태에서 저장한 경우 내열성 아포가 증식하여 발생하는 식중독은?**

① 웰치균 식중독
② 장염 비브리오 식중독
③ 살모넬라 식중독
④ 병원성 대장균 식중독

정답 28 ③ 29 ① 30 ② 31 ①

32 복어독의 설명이 바르지 못한 것은?

① 단백질성 독소 중에서 독력이 가장 강력하지는 않다.
② 비수용성-내열성-햇빛에 안정-알칼리성에 강하다.
③ 부위별로 독소 농도가 차이가 나서 난소나 간에 많고 근육에는 거의 찾아 볼 수 없다.
④ 자율운동신경계를 차단하여 마비증상을 유발시켜서 사망에 이르게 한다.

해설 ② 알칼리성에서 불활성화되기 쉽다.

33 복어의 독성이 가장 강한 부위는?

① 난 소
② 피 부
③ 위 장
④ 껍 질

해설 복어 독의 강한 장기의 순서로는 난소 > 간 > 피부 등의 순이다.

34 Cyanosis 현상을 유발시키는 식중독은 무엇인가?

① 섭조개
② 굴
③ 복 어
④ 독꼬치

해설 복어의 중독 현상은 지각이상, 혈행이상, 운동장해, 호흡이상, Cyanosis 현상, 위장장애, 뇌증 등의 현상이 발생된다.

35 굴, 모시조개, 바지락 등이 원인이 되는 동물성 식중독 성분은?

① 테트로도톡신
② 삭시톡신
③ 리코핀
④ 베네루핀

해설 모시조개(바지락)과 굴의 독성분은 Venerupin이며, 중독 발생시기는 3~4월이다. 치사율은 44~55%로 비교적 높다.

32 ② 33 ① 34 ③ 35 ④ 정답

36 대합조개(섭조개)의 독성물질은?

① 삭시톡신(Saxitoxin)

② 테트로도톡신(Tetrodotoxin)

③ 베네루핀(Venerupin)

④ 에르고톡신(Ergotoxin)

해설 대합조개(섭조개)의 중독성분은 Saxitoxin, Gonyautotoxin, Protogonyautotoxin 등이다.

37 수은의 중독으로 나타나는 질병은?

① 구구병

② 이타이이타이병

③ 괴혈병

④ 미나마타병

38 식중독을 예방할 때 그다지 중요하지 않는 방법은?

① 예방접종

② 손의 청결

③ 냉장과 냉동

④ 가열조리

해설 식중독은 면역 생성이 안 되기 때문에 예방접종에 의한 예방이 불가능하다.

정답 36 ① 37 ④ 38 ①

교육이란 사람이 학교에서 배운 것을 잊어버린 후에 남은 것을 말한다.

– 알버트 아인슈타인 –

PART 04 수산일반

수산물품질관리사 1차 한권으로 끝내기

www.sdedu.co.kr

CHAPTER 01

수산업 개요

01 수산업의 개념 및 특성

1 수산업의 정의

(1) 수산업법에서는 수산업을 어업·양식업·어획물운반업·수산물가공업 및 수산물유통업으로 정의하고 있다.

(2) 어업은 수산동식물을 포획·채취하는 사업과 염전에서 바닷물을 자연 증발시켜 소금을 생산하는 사업을 말하며, 양식업은 양식산업발전법 제2조제2호에 따라 수산동식물을 양식하는 사업을 말한다.

(3) 수산물가공업은 수산동식물을 직접 원료 또는 재료로 하여 식료·사료·비료·호료(糊料)·유지(油脂) 또는 가죽을 제조하거나 가공하는 사업을 말한다.

(4) 어획물운반업은 어업현장에서 양륙지(揚陸地)까지 어획물이나 그 제품을 운반하는 사업을 말한다.

2 수산업의 특성

(1) 생산의 제약성

① 수산업은 자연적 제약을 많이 받는 편이므로 수산물의 생산은 대단히 불안정하고 불규칙한 특성을 지니고 있다.

② 어업생산은 노동과 자본을 사전에 계획적으로 투입하더라도 생산량 예측이 어려워 어업경영이 불안정하다.

(2) 생산 및 유통의 제약성

① 수산물은 부패하기 쉬운 비내구성 상품으로 유통 및 상거래에 어려움이 많다. 이에 대한 대안으로 선상에서 가공·판매하는 시스템 및 활어운송 기술(콜드체인)을 활용하고 있다.

② 수산물은 대부분 선어 상태로 이용되는 편이고, 생산품을 일정한 규격의 제품으로 만드는 데 어려움이 있다.

(3) 구조적 특성

① 우리나라의 수산업구조는 소규모 채취업이나 연안어업에서 대규모 원양어업까지 다양한 계층 구조를 보이고 있다.

② 업체 수에서는 연안어업이 가장 많고 원양어업이 가장 적어 피라미드 형태를 띠지만, 생산력 면에서는 역피라미드 형태를 취하고 있다.

③ 출어경비와 어획량은 비례관계가 작기 때문에 고정비 성격을 띠고 있다. 따라서 수산업의 손익분기점은 타 산업에 비해 높다.

(4) 지속가능성

① 수산 생물 자원은 육상의 광물 자원과 달리 관리만 잘하면 지속적으로 생산이 가능한 재생성 자원(Renewable Resource)이다.

② 수산물은 이동성이 강해 소유관계가 명확하지 않고 자원관리가 어렵다.

02 수산업의 현황과 발달

1 우리나라 수산업의 발달

(1) 1950년대

① 1953년에 수산업법이 제정되었다.

② 1954년에 한국어보(정문기)에서 한국산 어류를 최초로 분류하였다.

(2) 1960년대

① 제1차 경제개발계획에 따라 원양어업이 본격적으로 시작되었고, 제5차 경제개발계획과 함께 수산업 진흥을 위한 장기 종합 개발 계획이 수립되었다.

② 1965년 한일어업협정이 체결되어 발효되었다.

③ 1966년 수산청이 발족되면서 수산 행정이 처음으로 일원화되었다.

④ 1966년 대서양 트롤 어업이 시작되었다.

(3) 1970년대

① 양식업과 근해 어장의 개발 및 원양 어업의 약진으로 수산업이 도약하였다.

② 1971년 수산물 수출 1억 달러를 돌파하였다.

(4) 1980년대

석유 파동 및 연안국의 어업 규제로 수산업의 성장이 둔화되기 시작하였다.

(5) 1990년대

① 신해양질서 개편으로 연안 어업국 간의 협정 및 국제 수산 기구가 만들어져 어업을 규제하는 사항들이 늘어남에 따라 수산업은 국제적 영향을 많이 받게 되었다.
② 1996년 정부 조직 개편에 따라 수산청이 해양수산부에 통합되었다.
③ 1996년 배타적 경제수역이 선포되었다.
④ 1997년 외국 수산물 수입이 전면 개방되었다.
⑤ 1999년 한일어업협정이 발효되었다.

(6) 2000년대

① 2001년 한중어업협정이 발효되었으며, 수산업 전반에 걸쳐 신 해양 질서에 맞도록 새로운 재편과 수정이 빠르게 이루어지고 있다.
② 2008년 정부 조직 개편에 의해 수산 행정 업무는 농림수산식품부에 속하게 되었다.
③ 2013년 정부 조직 개편에 의해 해양수산부가 신설되면서 업무가 이관되었다.

2 수산업의 전망

(1) 우리나라 수산업이 가지고 있는 문제점

① 200해리 경제수역 설정에 따라 해외 원양어장의 제약과 축소, 공해의 조업에 대한 규제
② 국내 연근해어장의 생산력 저하
③ 어민 후계자 확보문제

(2) 우리나라 수산업 진흥정책

① 인공어처 형성, 인공종묘 방류에 의한 자원조성
② 어선의 대형화와 어항시설의 확충
③ 영어자금지원확대 및 어업과 양식의 신기술 개발
④ 원양어업의 지속적 육성을 위한 새 해양질서에 대처한 외교 강화와 해외어업협력 강화
⑤ 경영의 합리화, 수산물의 안정적 공급
⑥ 새로운 어장의 개척, 수출시장의 다변화
⑦ 원양어획물의 가공·공급의 확대 및 수산가공품의 품질 고급화
⑧ 어민 후계자 육성

3 우리나라의 자연적 입지 조건

(1) 한반도

① 한반도는 세계 주요 어장의 하나인 북태평양에 위치하며, 해안선의 총연장은 14,533km(남한 11,542km)이다.

② 우리나라가 관할하는 바다 넓이는 447,000km^{2}로 육지 면적의 4.5배이다.

③ 연안에 위치한 섬은 4,198개(남한 3,153개)로 수산업이 발달하기에 매우 좋은 입지 조건을 갖추고 있다.

(2) 동 해

① 넓이가 약 1,008,000km^{2}이고, 연안에서 대략 10해리만 나가면 수심이 200m 이상으로 깊어지며, 해저가 급경사로 되어 있다.

② 깊은 곳은 약 4,000m, 평균 수심은 약 1,700m이다.

③ 동해의 하층에는 수온이 0.1~0.3℃, 염분은 34.0~34.01‰(천분율, Permill)의 동해 고유수가 있고, 그 위로 따뜻한 해류인 동한 난류가 흐른다.

오징어 채낚기	• 겨울 동중국해와 남해안 사이에서 산란하며, 성장함에 따라 동해와 서해로 북상하면서 먹이를 찾는 색이회유를 하다가, 가을부터 겨울 사이에 다시 남하하여 산란한 후 죽는 1년생 연체동물 • 주 어기 : 8~10월, 어획 적수온 : 10~18℃ • 낮에는 수심 깊은 곳에 위치, 밤에는 수면 가까이 상승 • 집어등을 이용하여 어군을 유집
꽁치 자망(걸그물)	• 봄에 산란하고 난류가 강해지면 남하 • 주 어기 : 봄, 어획 적수온 : 10~20℃
명태 주낙·자망	• 대표적인 한류성 어족 • 주 어기 : 겨울철이나 연중 어획 가능, 어획 적수온 : 4~6℃ • 난류층 바로 아래의 수온 약층 부근에서 어군의 밀도가 높음
게 통발	• 수심 800~2,000m 해저에서 주로 서식 • 수심 1,000m 이하의 수역은 수온이 매우 낮고 수심이 깊어, 표층에 영향을 많이 주는 해류가 거의 영향을 미치지 못하여 흐름이 매우 느림
방어 정치망	• 연안 근처에서 서식하는 회유성 어종으로 계절에 따라 광범위하게 남북으로 회유·이동 • 봄~여름 : 북상 회유, 가을~겨울 : 남하 회유 • 주 어기 : 가을~이른 겨울, 어획 적수온 : 14~16℃

(3) 서 해

① 넓이가 약 404,000km^{2}이고, 평균 수심이 약 44m이며, 가장 깊은 곳은 약 103m이다.

② 조석 · 간만의 차가 심하고, 강한 조류로 인하여 수심이 얕은 연안에서는 상 · 하층수의 혼합이 왕성하여, 연안수와 외양수 사이에는 조석 전선이 형성되기도 한다.

③ 우리나라 서해안에는 광활한 간석지가 발달되어 있다.

④ 염분은 33.0‰ 이하로 낮고, 계절에 따라 수온과 염분의 차가 심하다.

⑤ 겨울에는 수온이 표면과 해저가 거의 같이 낮아지나, 여름에는 표층 수온이 24~25℃로 높아지고, 해저는 겨울철에 형성된 6~7℃의 냉수괴가 그대로 남아 냉수성 어류의 분포에 영향을 끼친다.

안강망	• 연안 인접지역에서 강한 조류를 이용하는 어법 • 우리나라에서 발달한 고유의 어법으로 점차 대형화되고 있음
쌍끌이 기선저인망	저서 어족이 풍부하여 해저에서 서식하는 어류를 어획하는 기선저인망이 발달
트 롤	저서 어족이 풍부하여 해저에서 서식하는 어류를 어획하는 트롤어업이 발달
꽃게 자망(걸그물)	• 주 어기 : 여름철 수심이 얕은 연안에서 산란 후 가을철 수심이 깊은 곳에서 월동하기 위해 이동하는 때에 걸그물을 사용하여 어획 • 자원보호를 위해 포획금지 체장과 포획금지 기간 등이 설정됨

(4) 남 해

① 넓이가 약 75,000km^{2}로, 동해와 서해의 중간적인 해양 특성을 가지고 있다.

② 조석 및 조류는 서해보다 약하고, 동해보다 강하다.

③ 여름철 난류 세력이 강해지면 표면 수온은 30℃까지 높아지고, 겨울에는 연안을 제외하고는 10℃ 이하로 내려가는 일이 거의 없다.

④ 난류성 어족의 월동장이면서, 봄 · 여름에는 산란장이 되며, 겨울에는 한류성 어족인 대구의 산란장이 된다.

⑤ 남해는 수산 생물의 종류가 다양하고 자원이 풍부하여 좋은 어장이 형성된다.

멸치 기선권현망	• 멸치는 연안성 · 난류성 어종으로 표층과 중층 사이에서 무리를 지음 • 주 어기 : 연중 어획, 어획 적수온 : 13~23℃, 주 산란기 : 봄
고등어 · 전갱이 근해 선망	• 고등어 · 전갱이는 표층과 중층에서 군집하여 회유하는 난류성 · 연안성 · 야간성 · 주광성 어종(집어등 사용) • 주 어장 : 동중국해 · 남해안, 어획 적수온 : 14~22℃ • 선망어법은 어법이 매우 정교하고 조업 방법이 복잡하여 각종 계측 장비를 활용하고 있음
장어 통발	• 렙토세팔루스 형태로 남해안 연안에 내유하여 성장 • 어획 적수온 : 11~28℃
정치망	• 멸치 · 삼치 · 갈치 등 난류성 회유 어종에 많이 사용 • 주 어기 : 난류의 영향이 강한 늦은 봄~초가을 • 어획 적수온 : 멸치(13~23℃), 삼치(13~17℃)

(5) 한반도 주변의 해류

한반도는 쿠로시오 해류에서 갈라져 나온 황해 난류, 동한 난류, 대마 난류의 영향을 받는다.

① **쿠로시오 해류** : 세계 최대 규모의 난류인 멕시코 만류 다음으로 큰 해류로 서안 경계류의 특성을 가진다. 태평양 서부 타이완섬 동쪽에서 시작해서 북쪽의 일본으로 흘러오며, 수온 20~30℃, 염분 34~34.8‰의 고온·고염의 해류에 속한다. 구로시오라는 이름은 일본어로 흑조(黑潮), 즉 '검은 해류'라는 뜻으로 이는 해수의 투명도가 높아 청남색을 많이 투과하기 때문이며, 영양염류가 적어서 식물성 플랑크톤의 대량 번식이 어렵다.

② **황해 난류** : 구로시오 해류에서 갈라져 나와 북상한 해류로 봄에 북상하기 시작해서 흑산도, 백령도를 거쳐 중국 랴오둥반도를 지나며, 세력이 강해지는 여름철에는 중국 보하이만까지 흘러든다. 가을부터는 세력이 약화되고 연안수로 변하여 남하하며 제주 해협을 따라 동쪽으로 흐른다.

③ **대마 난류** : 동중국해에서 구로시오 해류로부터 갈라져 나온 해류로 동해로 흘러들어 동해를 따라 북상한다. 본래 구로시오 해류가 가지고 있던 특성을 거의 잃어 검은빛이 사라지고 코발트빛을 띠고 고온·고밀도의 특성을 가지며, 우리나라 영동 지방에서 내리는 눈의 주된 원인이 된다. 양쯔강 담수의 일부가 대마 난류를 따라 동해안까지 이동하여 동해안에서 저염수가 관측되는 현상의 원인이 되기도 한다.

④ **동한 난류** : 대한 해협 동쪽 끝에서 대마 난류로부터 갈라져 나온 해류로, 한반도 남동쪽 해안을 따라 북상한다. 북위 36~38°에서 북한 한류와 만나 섞이며, 남동쪽의 외해로 방향을 바꾼다. 두 해류 사이의 경계 위치는 계속 변하며, 동해에 큰 와류를 형성하고 후에 북동 쪽으로 방향을 바꾸어 흐르며 대마 난류와 다시 합류한다.

⑤ **북한 한류** : 연해주 한류(저온·저염)의 연장으로 북한의 동해안을 따라 남서쪽으로 향하는 해류이다. 여름에는 원산 부근까지 영향을 미치며, 한류가 강화되는 겨울철에는 남한의 강원도 지역까지 영향을 미친다. 남쪽에서 북상하는 동한 난류와 만나 어종이 다양하고 풍부한 조경 수역을 형성한다. 경상북도 연안부터는 표층에서 가라앉아 하층류로 변하게 된다.

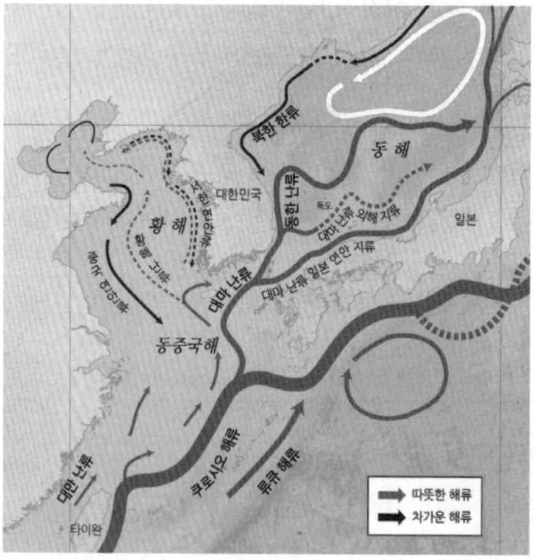

[한반도 주변의 해류도(국립해양조사원, 2020)]

3 세계 주요 어장

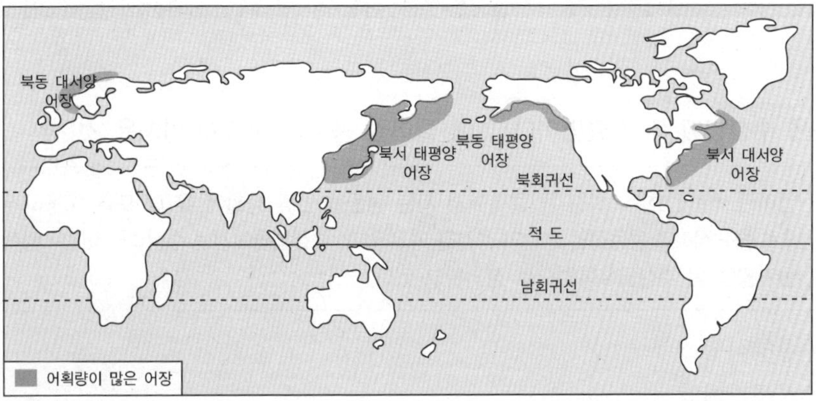

(1) 북동 대서양 어장(북해 어장)

① 북해의 대륙붕을 중심으로 한 대서양 북동부 해역으로, 조경수역이 발달하여 어족 자원이 풍부하다.

② 수산물 소비지인 유럽 여러 나라가 위치해 있기 때문에 어장으로서 매우 유리한 조건을 갖고 있다.

③ 주요 어획물은 대구를 비롯하여 청어 · 전갱이 · 볼락류 등인데, 점차 어획량이 감소하는 경향이 있다.

(2) 북서 대서양 어장(뉴펀들랜드 어장)

① 해안선의 굴곡이 심하고 퇴(Bank)와 여울(Shoal)이 많으며, 멕시코 만류의 북상 난류와 래브라도 한류가 만나 좋은 어장이 형성된다. 주요 어획물은 대구류 · 청어류가 주 대상 어종이고, 가자미류 · 고등어류 · 적어류 · 오징어류 · 새우류 · 굴 · 가리비 등이다.

② 트롤 어장으로 적합하기 때문에 많은 원양 어업국들이 출어하여 조업하고 있다. 최근에는 남획에 의한 자원 고갈을 막기 위하여 수산 자원관리가 엄격해지고 있다.

(3) 태평양 북부 어장

① 세계 최대의 어장으로, 다른 어장보다 늦게 개발되었으나 어획량이 급격히 증가하고 있다.

② 북동 태평양 어장은 소비 시장이 멀기 때문에 수산가공업이 발달하였다.

③ 북서 태평양 어장은 쿠릴 해류와 쿠로시오 해류가 만나 조경수역이 형성되고 대륙붕의 발달에 따라 좋은 어장 조건을 갖추고 있기 때문에 어획량이 가장 많다.

④ 최근에는 인접 연안국에서 생물자원을 관리함에 따라 북태평양의 명태를 대상으로 하는 트롤 어업은 어선수와 생산량이 감소하고 있다.

CHAPTER 01

적중예상문제

01 다음은 수산업에 대한 설명이다. A에 들어갈 용어를 바르게 짝지은 것은?

> 수산업이란, 바다, 호수, 하천 등 물속에서 사는 생물을 인류 생활에 유용하도록 이용하거나 개발하는 산업으로 종합적이고 응용적인 산업의 성격을 띠고 있다. 수산업법에서는 수산업을 어업 · 양식업 · (A) · 수산물가공업 및 수산물유통업으로 정의하고 있다.

① 수산양식업
② 수산물판매업
③ 어획물가공업
④ 어획물운반업

해설 수산업법에서는 수산업을 어업 · 양식업 · 어획물운반업 · 수산물가공업 및 수산물유통업으로 정의하고 있다. 어업은 수산동식물을 포획 · 채취하는 사업과 염전에서 바닷물을 자연 증발시켜 소금을 생산하는 사업을 말하며, 양식업은 양식산업발전법 제2조제2호에 따라 수산동식물을 양식하는 사업을 말한다.

02 경제적 이익을 목적으로 물속의 동식물을 잡거나 길러서 인류가 이용할 수 있도록 제공하는 사업을 무엇이라 하는가?

① 수산가공업
② 어 업
③ 수산업
④ 어획물운반업

해설 지문의 내용은 어업, 양식업, 가공업, 운반업을 모두 포함하는 의미의 수산업을 말한다.

1 ④ 2 ③ 정답

03 다음 중 수산업에 대한 설명으로 적절하지 않은 것은?

① 산업혁명 이전에는 목면을 사용한 어망을 이용하여 어업 활동을 하였다.
② 통조림 제조는 수산업에 해당하지 않는다.
③ 양식업은 종묘를 개량하거나 만들거나 기르는 일을 말한다.
④ 최근에는 자원보호의 필요성이 크게 증가하였다.

해설 통조림 제조는 수산가공업으로 수산업법상 수산업에 포함된다.

04 우리 생활에 있어서 수산업의 중요성으로 적절하지 않은 것은?

① 우리나라는 축산물보다 수산물을 통해 다량의 동물성 단백질을 획득한다.
② 연안지역 발전의 중심적 역할을 한다.
③ 농산물에 비해 재배 기간이 짧아 필요시 즉각적인 공급이 가능하며, 식량 안전 보장 측면에서 농산물보다 중요한 역할을 한다.
④ 농산물・축산물과 같이 수산물도 탄수화물・단백질・지방을 골고루 함유하고 있어 대체재로 기능할 수 있다.

해설 수산업의 중요성

- 우리나라는 축산물보다 수산물을 통해 다량의 동물성 단백질을 획득한다.
- 농산물・축산물과 달리 수산물은 탄수화물・단백질・지방을 골고루 함유하고 있다.
- 농산물에 비해 재배 기간이 짧아 필요시 즉각적인 공급이 가능하며, 식량 안전 보장 측면에서 농산물보다 중요한 역할을 한다.
- 연안지역 발전의 중심적 역할을 한다.

05 어류가 육상의 가축에 비해 먹이의 에너지 이용효율이 높은 이유에 대한 설명으로 옳은 것을 모두 고른 것은?

> ㉠ 어류는 변온동물로서 체온을 유지하는 데 필요한 에너지 소모가 적다.
> ㉡ 물속에서 생활하고 있으므로 중력에 영향을 덜 받아 에너지 소모가 적다.
> ㉢ 단백질 분해산물인 암모니아를 아가미를 통해 외부로 분비하므로 에너지 소모가 적다.

① ㉠　　② ㉡
③ ㉡, ㉢　　④ ㉠, ㉡, ㉢

정답 3 ② 4 ④ 5 ④

06 수산물 수요에 직접적으로 영향을 주는 요인으로 옳은 것은?

① 소비자 기호의 변화
② 생산량의 변화
③ 수산 기술수준의 향상
④ 수입량의 변화

해설 수산물이 아니더라도 수요에 직접적으로 가장 큰 영향을 주는 요인은 소비자의 기호이다.

07 수산업법상 어업에 관한 설명으로 옳지 않은 것은?

① 양식업도 포함된다.
② 기상의 영향을 많이 받는다.
③ 영리를 목적으로 하지 않는다.
④ 1차 산업에 해당한다.

해설 영리를 목적으로 하지 않는 어획 및 양식은 어업이라 하지 않는다.

08 다음 중 수산물이 타 상품과 차이를 보이는 특징으로 볼 수 없는 것은?

① 거래에 있어 시간적 제한을 크게 받는다.
② 과잉생산·과소생산의 위험도가 높다.
③ 일반적으로 수협을 통한 위탁판매가 이루어지므로 마케팅 경로가 단순하다.
④ 공산품과 달리 가격 변동이 심하다.

해설 **수산물의 타 상품과의 차이**

- 수산물은 부패도가 높아 거래에 있어 시간적 제한을 크게 받는다.
- 수산물은 초기 계획한대로 생산이 이루어지는 것이 아니므로 과잉생산·과소생산의 위험도가 높아 수량적 제한을 크게 받는다.
- 수산물은 계절에 따라 생산물이 달라지고 어장과 생산자가 분산되어 있기 때문에 마케팅 경로가 복잡하다.
- 수산물은 공산품과 달리 상품의 품질과 규격을 동일하게 유지하기 어렵다.
- 수산물은 생산의 불확실성과 부패성으로 인해 공산품과 달리 가격 변동이 심하다.
- 수산물은 부패성으로 인해 일반적으로 시장에서 소량구매가 이루어진다.

6 ① 7 ③ 8 ③ 정답

09 다음 중 수산업법상 수산업에 대한 설명으로 옳지 않은 것은?

① 수산생물을 포획 또는 채취하는 사업이다.

② 어업현장에서 양륙지까지 어획물이나 그 제품을 운반하는 사업이다.

③ 수산물을 소비지에 납품하고 판매하는 사업이다.

④ 수산물을 원료 또는 재료로 활용하여 식료・사료・비료・호료(糊料) 유지 또는 가죽을 제조하거나 가공하는 산업이다.

해설
- 수산업 : 어업・양식업・어획물운반업・수산물가공업 및 수산물유통업을 말한다.
- 어업은 수산동식물을 포획・채취하는 사업과 염전에서 바닷물을 자연 증발시켜 소금을 생산하는 사업을 말하며, 양식업은 양식산업발전법 제2조제2호에 따라 수산동식물을 양식하는 사업을 말한다.
- 어획물운반업 : 어업현장에서 양륙지(揚陸地)까지 어획물이나 그 제품을 운반하는 사업을 말한다.
- 수산물가공업 : 수산동식물을 직접 원료 또는 재료로 하여 식료・사료・비료・호료(糊料)・유지(油脂) 또는 가죽을 제조하거나 가공하는 사업을 말한다.

10 정부가 시행하고 있는 수산업 진흥 정책으로 적절하지 않은 것은?

① 어선 대형화와 어항 시설의 확충

② 영어 자금 지원 확대

③ 해외 어업 협력 강화 및 수출 시장의 다변화

④ 배타적경제수역(EEZ) 설정

해설 정부의 수산업 진흥 정책
- 인공 어초 투입 및 인공 종묘 방류 등에 의한 자원 조성
- 어선 대형화와 어항 시설의 확충
- 영어 자금 지원 확대
- 양식 기술 개발
- 원양 어업의 지속적 육성 및 원양 어획물의 가공・공급의 확대
- 해외 어업 협력 강화 및 수출 시장의 다변화
- 새로운 어장 개척
- 어업 경영의 합리화 및 어업인 후계자 육성 대책 마련
- 수산물의 안정적 공급
- 수산 가공품의 품질 고급화

정답 9 ③ 10 ④

11 우리나라 서해의 특징을 〈보기〉에서 모두 고른 것은?

보기

㉠ 넓은 간석지가 발달되어 있고, 계절에 따라 수온과 염분의 차가 심하다.
㉡ 중층 이상의 깊이에 수온 1~2℃ 이하의 고유한 냉수괴가 존재한다.
㉢ 조석 간만의 차가 심하고, 강한 조류로 인하여 연안의 상・하층수의 혼합이 왕성하다.
㉣ 겨울에는 난류성 어족의 월동장이 되고, 봄・여름에는 산란장이 된다.

① ㉠, ㉡
② ㉠, ㉢
③ ㉡, ㉢
④ ㉡, ㉣

해설 동해는 연안에서 10해리만 나가면 수심이 200m 이상으로 깊어지며, 동해 고유수가 있으며, 서해는 조석 간만의 차가 심하고, 또한 광활한 간석지가 발달되어 있으며, 계절에 따라 수온과 염분의 차가 심하다. 남해는 동해와 서해의 중간적인 해양 특성을 가지고 있으며, 겨울에는 난류성 어족의 월동장이 되고, 봄・여름에는 산란장이 된다.

12 다음은 우리나라 해역 중 어디에 해당하는가?

평균 수심	수온 범위	주요 어구	주 대상 어종
44m	2~28℃	안강망	조 기

① 동 해
② 서 해
③ 남 해
④ 전 해역

해설 서 해

- 넓이가 약 40만 4천km^2이고, 평균 수심이 약 44m이며, 가장 깊은 곳은 약 103m이다.
- 조석・간만의 차가 심하고, 강한 조류로 인하여 수심이 얕은 연안에서는 상・하층수의 혼합이 왕성하여, 연안수와 외양수 사이에는 조석 전선이 형성되기도 한다.
- 우리나라 서해안에는 광활한 간석지가 발달되어 있다.
- 염분은 33.0‰ 이하로 낮고, 계절에 따라 수온과 염분의 차가 심하다.
- 겨울에는 수온이 표면과 해저가 거의 같이 낮아짐에도 여름에는 표층 수온이 24~25℃로 높아지고, 서해 중부의 해저는 겨울철에 형성된 6~7℃의 냉수괴가 그대로 남아 냉수성 어류의 분포에 영향을 끼친다.

11 ② 12 ② 정답

13 **다음 중 배타적경제수역에 관한 설명으로 옳지 않은 것은?**

① 연안국이 경찰권, 무역권을 행사할 수 있다.
② 영해 기선으로부터 200해리까지의 수역이다.
③ 해양 자원에 대한 연안국의 배타적 이용권을 부여한다.
④ 국가의 관할권에 종속되는 부분이다.

해설 연안국이 경찰권·무역권을 행사할 수 있는 수역은 영해와 접속수역이다. 배타적경제수역은 국가의 관할권에 종속되고, 공해는 국가의 관할권에 종속되지 않는다.

14 **다음 표는 유엔 해양법 협약에 의하여 바다를 분류한 것이다. 국가의 영향력이 큰 순서대로 바르게 배열한 것은?**

수 역	법적 지위
A	연안국이 영토 관할권에 준하는 주권을 행사한다.
B	국제 사회의 공동 수역이며, 해양 이용의 자유가 원칙적으로 보장된다.
C	연안국이 생물 자원 및 광물 자원의 이용에 대한 주권적 권리를 행사한다.

① A – B – C　　② A – C – B
③ B – C – A　　④ C – A – B

해설 A : 영해, B : 공해, C : 배타적경제수역

15 **다음 중 연안국이 자국의 영토 또는 영해 내에서의 관세·출입국·보건위생에 관한 법규위반을 예방하거나 처벌할 목적으로 제한적인 국가 관할권을 행사하는 수역은?**

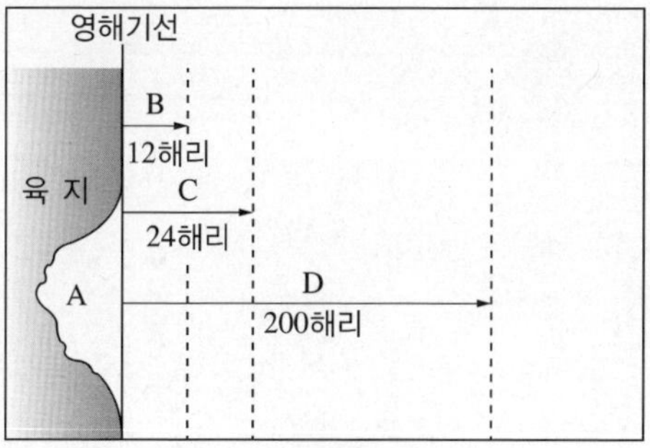

① A　　② B
③ C　　④ D

해설 지문은 접속수역에 관한 설명이다.

정답 13 ① 14 ② 15 ③

16 **다음 그림의 A 수역과 관련하여 바르게 설명한 것을 〈보기〉에서 모두 고른 것은?**

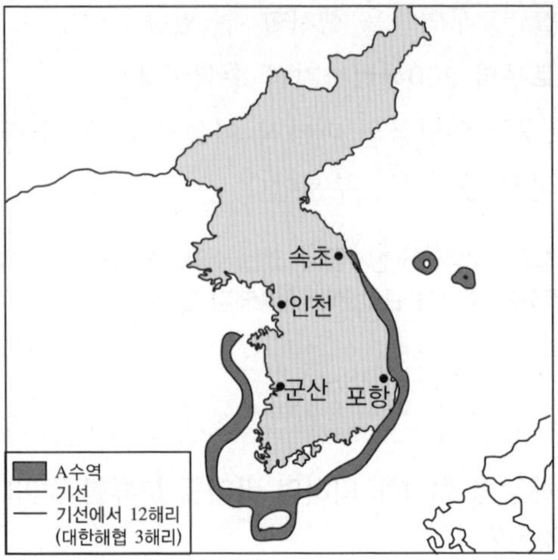

보기

㉠ 외국 선박의 해양조사가 자유롭다.
㉡ 외국 어선의 어업 활동은 보장된다.
㉢ 외국 선박의 무해 통항권이 인정된다.
㉣ 우리나라에 독점적 상공 이용권이 있다.

① ㉠, ㉡ ② ㉠, ㉢
③ ㉡, ㉢ ④ ㉢, ㉣

해설 A 수역은 영해에 해당한다. 영해는 영해기선으로부터 12해리까지의 수역을 말하며, 연안국에 연안경찰권, 연안 어업 및 자원개발권, 연안무역권, 연안환경보전권, 독점적 상공이용권, 해양과학조사권 등이 인정된다. 한편 영해는 국가영역의 일부이므로 국가가 배타적 권한을 행사할 수 있으나 항행의 자유를 위해 영해에서 외국 선박의 무해 통항권을 인정하고 있다. 따라서 ㉢, ㉣이 바르게 설명된 것이다.
㉠ 영해에서는 우리나라의 해양과학조사권만 인정되고, 외국 선박의 해양조사는 인정되지 않는다.
㉡ 영해에서는 외국 어선의 어업 활동 또한 금지된다.

16 ④ 정답

17 다음 중 용승어장에 대한 설명으로 옳은 것은?

① 난류와 한류가 교차하여 어족 자원이 풍부해진다.
② 하천수의 유입으로 육지의 영양염류가 잘 공급된다.
③ 밀도 차에 의한 와류가 생겨나 먹이 생물이 많아진다.
④ 하층수가 표층으로 상승하여 영양염류가 풍부해진다.

해설 **용승어장**

바람 · 암초 · 조경 · 조목 등에 의해 용승이 일어나 하층수의 풍부한 영양염류가 유광층까지 올라와 식물 플랑크톤을 성장시킴으로써 광합성이 촉진되어 어장이 형성된다.

예 캘리포니아 근해 어장, 페루 근해 어장, 대서양 알제리 연해 어장, 카나리아 해류 수역 어장, 벵겔라 해류 수역 어장, 소말리아 연근해 어장

18 그림은 우리나라 근해의 해류도이다. A~C에 대한 옳은 설명을 〈보기〉에서 고른 것은?

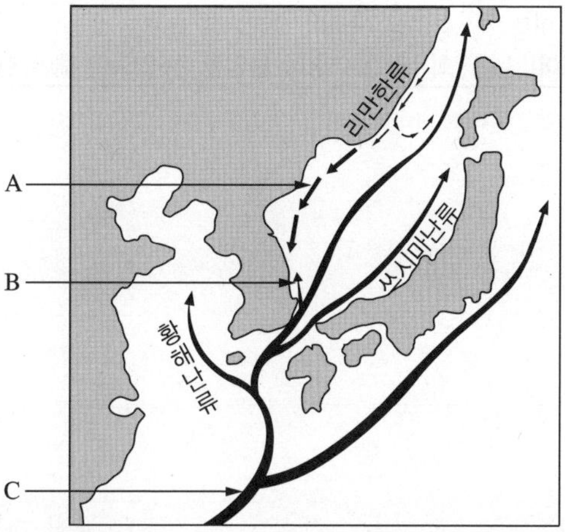

보기

㉠ A는 C보다 수온이 낮다.
㉡ B의 세력은 겨울철보다 여름철에 강하다.
㉢ C는 남태평양에서 발생한다.
㉣ A와 B가 만나면 기초 생산력이 낮아진다.

① ㉠, ㉡　　② ㉠, ㉢
③ ㉡, ㉢　　④ ㉡, ㉣

해설 A는 북한 한류, B는 동한 난류, C는 구로시오 해류이다.

ㄷ. 구로시오 해류(C)는 태평양 서부 타이완섬 동쪽에서 시작해서 북쪽의 일본으로 흘러온다.
ㄹ. 북한 한류와 동한 난류가 북위 36~38°에서 만나 섞이면 어종이 다양하고 풍부한 조경 수역을 형성한다.

정답 17 ④ 18 ①

19 **모천국(母川國)에서 제1차적 이익과 책임을 가지고 자국의 EEZ에 있어서 어업 규제를 취할 권한을 가짐과 동시에 보존의 의무를 가지는 어류는?**

① 강하성 어류
② 소하성 어류
③ 경계 왕래 어류
④ 고도 회유성 어류

해설 국제 어업 관리

경계 왕래 어족 (오징어 · 명태 · 돔)	• EEZ에 서식하는 동일 어족 또는 관련 어족이 2개국 이상의 EEZ에 걸쳐 서식할 경우 당해 연안국들이 협의하여 조정한다. • 동일 어족 또는 관련 어족이 특정국의 EEZ와 그 바깥의 인접한 공해에서 동시에 서식할 경우 그 연안국과 공해 수역 내에서 그 어종을 어획하는 국가는 서로 합의하여 어족의 보존에 필요한 조치를 취해야 한다.
고도 회유성 어족 (참치)	고도 회유성 어종을 어획하는 연안국은 EEZ와 인접 공해에서 어족의 자원을 보호하고 국제기구와 협력해야 한다.
소하성 어류 (연어)	• 모천국이 1차적 이익과 책임을 가지므로 자국의 EEZ에 있어서 어업 규제 권한과 보존의 의무를 함께 가진다. • EEZ 밖의 수역인 공해나 다른 국가의 EEZ에서는 모천국이라도 어획할 수 없다.
강하성 어종 (뱀장어)	강하성 어종이 생장기를 대부분 보내는 수역을 가진 연안국이 관리 책임을 지고 회유하는 어종이 출입할 수 있도록 해야 한다.

19 ② 정답

20 그림은 한류와 난류가 교차하는 모습을 나타낸 것이다. A 부분에 대한 설명을 보기에서 모두 고른 것은?

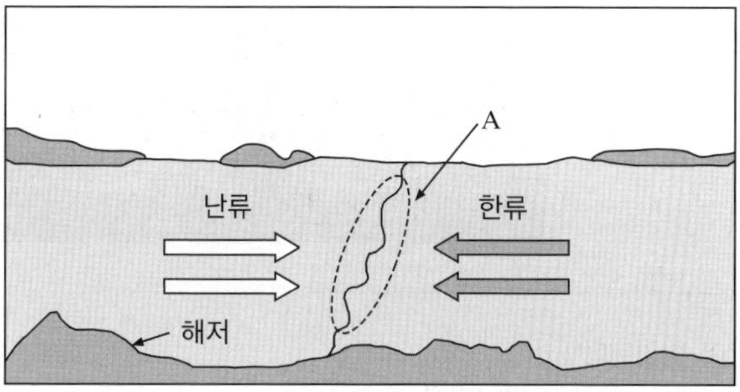

보기

㉠ 먹이 생물이 줄어든다.
㉡ 해양 전선이 형성된다.
㉢ 어족 자원이 감소한다.
㉣ 상・하층수의 혼합이 일어난다.

① ㉠, ㉡　　② ㉡, ㉢
③ ㉡, ㉣　　④ ㉢, ㉣

해설 **조경어장(해양전선어장)**

- 특성이 서로 다른 2개의 해수덩어리 또는 해류가 서로 접하고 있는 경계를 조경이라 한다.
- 두 해류가 불연속선을 이룸으로서 소용돌이가 생겨 상・하층수의 수렴과 발산 현상이 나타나 먹이 생물이 많아진다.
- 이와 같이 먹이 생물이 많아져 어족이 풍부하게 되어 생기는 어장을 조경어장이라 한다.
  예 북태평양 어장, 뉴펀들랜드 어장, 북해 어장, 남극양 어장

정답 20 ③

21 그림은 어장의 형성 요인을 나타낸 것이다. 옳은 설명을 〈보기〉에서 모두 고른 것은?

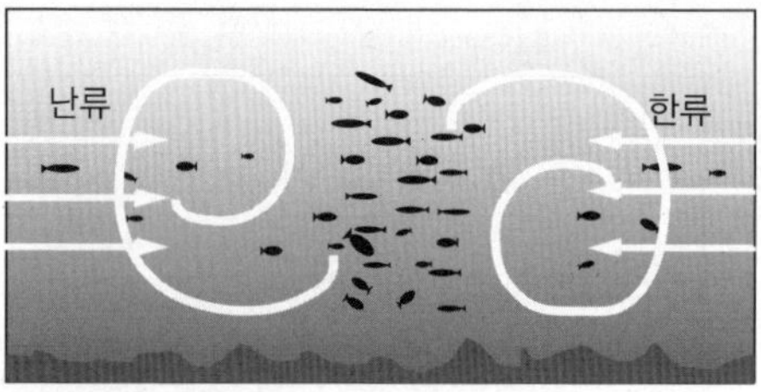

보기

㉠ 조경어장이 형성된다.
㉡ 주로 동해보다 서해에서 발달한다.
㉢ 먹이생물이 많아져 어종이 다양하다.

① ㉠
② ㉡
③ ㉠, ㉢
④ ㉡, ㉢

해설 그림은 한류와 난류가 만나 불연속선을 형성하는 해양 전선을 나타내고 있으며 먹이 생물이 많고, 어족이 풍부한 조경 어장의 특성을 보이고 있다. 조경어장은 동해에서 발달하므로 ㉡은 틀린 설명이다.

22 특성이 다른 두 개의 물덩어리 또는 해류가 서로 접하는 경계에서 형성되며, 우리나라의 동해안에 주로 나타나는 어장은?

① 와류어장
② 용승어장
③ 조경어장
④ 대륙붕어장

해설 특성이 서로 다른 2개의 해수덩어리 또는 해류가 서로 접하고 있는 경계를 조경이라 하며, 두 해류가 불연속선을 이룸으로서 소용돌이가 생겨 상·하층수의 수렴과 발산 현상이 나타나 먹이 생물이 많아진다.

21 ③ 22 ③ 정답

CHAPTER

02 수산자원 및 어업

01 수산자원

1 해저 지형

해양의 해저 지형은 경사·수심·거리·면적 등에 따라 대륙붕, 대륙사면, 대양저, 해구 등으로 구분된다.

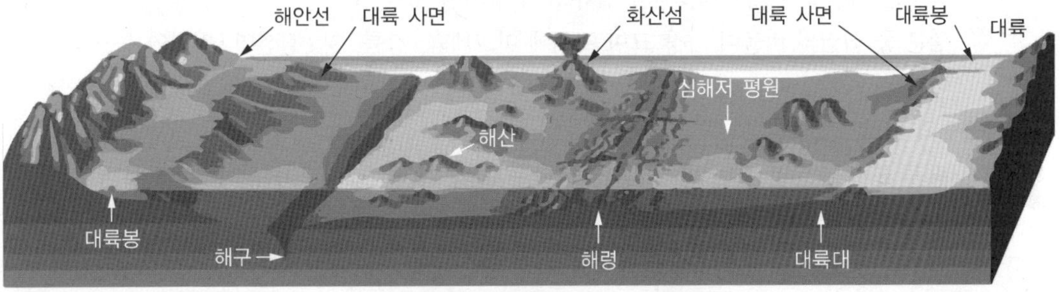

[해저 지형 모식도(국가지도집, 2020)]

(1) 대륙붕

① 해안선에서 수심 200m까지 완만한 경사(평균 0.1°)의 해저 지형을 말한다.

② 전체 해양 면적의 7.6%를 차지한다.

③ 세계 주요 어장의 90% 이상이 대륙붕에 형성되어 있다.

④ 산업과 관련된 생산 활동 및 인간 생활과 밀접하게 연관되어 있다.

(2) 대륙사면

① 대륙붕과 대양의 경계로 평균 4°의 비교적 급한 경사 지형이다.

② 전체 해양 면적의 12%를 차지한다.

(3) 대양저

① 대륙붕과 대륙사면을 제외한 해저 지형의 모든 부분을 말한다.

② 대양저는 심해저평원, 대양저산맥, 해구 등으로 구성되어 있다.

(4) 해 구

① 대양저 중에서 가장 깊은 부분으로 수심이 6,000m 이상이다.
② 좁고 깊은 V자 형태를 띤다.
③ 전체 해양 면적의 1%를 차지하며 해구에서 가장 깊은 곳을 해연이라 한다.

2 해수의 성질과 오염

(1) 해수의 성질

① 해수의 성분
㉠ 해수는 96.5%의 물과 3.5%의 염류로 구성되어 있다.
㉡ 염분 중 식염의 비율이 가장 크며 이외에 마그네슘, 칼륨, 황, 질산염, 인산염 등으로 구성되어 있다.

② 해수의 온도
㉠ 평균 표면 수온은 약 17.5℃이다. 북반구가 약 19℃, 남반구가 약 16℃로 북반구의 표면 수온이 더 높다.
㉡ 해수의 온도는 태양에너지의 영향을 가장 많이 받기 때문에 적도에서 고위도로 감에 따라 낮아지며 30℃(적도해수)에서 -2℃(북극해) 사이의 온도 범위를 가진다.

③ 해수의 색깔 : 가시광선 중 가장 깊은 곳까지 투과할 수 있는 파란색 빛의 산란으로 인해 바다(해수)가 푸르게 보인다.

(2) 해양 오염

① 해양에 다량의 유기 물질이 유입되어 영양염이 지나치게 많아지면 부영양화 상태가 되고, 수산생물이 폐사하게 된다. 적조현상이 대표적인 해양 오염이다.
② 해양 오염은 연안 갯벌의 황폐화로 시작하여 점차 연안과 근해로 확산되어 나간다.
③ 우리나라는 해역의 수질 환경을 Ⅰ등급, Ⅱ등급, Ⅲ등급으로 나누고 있으며, pH(수소 이온 농도), COD(화학적 산소 요구량, mg/L), DO(용존 산소 요구량, mg/L), SS(부유 물질, mg/L), 대장균수, 유분, 총질소 등의 요소로 구분하여 각각 기준치를 정해 두고 있다.
④ 강화유리섬유(FRP) 선박은 해양환경오염에 많은 영향을 끼치기 때문에 폐기 처리를 철저히 하여야 한다. FRP 선박은 폐선비용이 신규 건조비용보다 더 많이 드는 애로사항이 있다.

3 수산자원의 종류와 특성

(1) 수산생물의 생활 특성

① 해양의 안정된 환경으로 인해 종족 보존에 유리하다.

② 심한 온도 변화가 없어 몸통 전체가 연한 형태의 생물이 많다(예 해파리).

③ 수산식물은 연하고 물에 잘 뜰 수 있는 대형구조로 되어 있다.

④ 잎・줄기・뿌리 등 전체 표면에서 영양분 또는 빛을 흡수하여 생육하는 해조류가 많다.

⑤ 해양 생물자원은 어류 약 25,000종, 두족류 약 1,000종, 갑각류 약 870,000종, 포유류 약 4,000종 등으로 구분된다.

⑥ 우리나라 주변 해역에서는 어류 900여 종, 연체동물 100여 종, 갑각류 400여 종 이상이 서식하고 있다.

[해양 생태계와 육지 생태계의 차이점]

구 분	해양 생태계	육지 생태계
매체와 특성	물이며, 균일함	공기이며, 다양함
온도 및 염분	변화 폭이 -3~5℃로 좁음 34~35psu	변화 폭이 -40~40℃로 넓음
산소량	6~7mg/L	대기의 20%, 200mg/L
태양광	표층에 일부 존재하고, 거의 들어가지 않음	거의 모든 곳에 빛이 들어감
중 력	부력 작용	중력 작용
체물질의 조성	단백질	탄수화물
분 포	넓 음	좁 음
종 다양성	종의 수는 적고, 개체수는 많음	종의 수는 많고, 개체수는 적음
방어 및 행동	거의 노출되고, 느림	숨을 곳이 많고, 빠름
난의 크기	작 음	큼
유생기	유생시기가 있으며, 길다	유생시기가 없음
생식 전략	다산다사(부유동물 생활사 진화)	소산소사(포유동물 진화)
먹이 연쇄	길 다	짧 다

(2) 수산생물의 종류

① 부유생물

극미세 부유생물	• 일반적인 채집망에 의한 채집은 불가능 • 거름종이 이용법, 가라앉힘법, 원심분리법 등을 이용하여 채집
미세 부유생물	• 0.005~0.5mm 정도의 크기 • 대부분 식물 부유생물
미소 부유생물	• 0.5~1mm 정도의 크기 • 대부분 동물 부유생물(예 해양 무척추동물 및 어류들의 알・치어・유생)
대형 부유생물	• 1~10mm 정도의 크기로 육안으로 식별할 수 있음 • 대부분의 동물 부유생물과 소수의 대형 식물 부유생물

② 저서생물

저서식물(해조류)	녹조류	주로 민물에서 서식(예 청각 · 파래 · 우산말 · 유글레나 · 매생이)
	갈조류	대부분 바다에서 서식하며, 몸체가 큼(예 미역 · 다시마 · 모자반 · 감태 · 톳)
	홍조류	해조류의 대부분을 차지(예 김 · 우뭇가사리 · 진두발 · 풀가사리)
저서동물	해면동물	조간대 바위 표면에 껍질 모양으로 붙어 있으며, 표면에 무수히 많은 작은 구멍이 있음
	따개비류	바다에서 공생 혹은 기생생활을 하며 여섯 쌍의 섭식용 부속지를 가지고, 어릴 때는 자유유영을 하지만 곧 기질에 부착하여 석회질 껍데기를 형성하고 그 속에서 서식
	고둥류	• 깊은 곳에서 상부 조간대까지 널리 분포함 • 잘 발달한 머리와 기어 다니기에 알맞은 넓고 편평한 발로 되어 있으며, 껍데기는 한 장인데 보통 나사모양으로 꼬여 있으나 삿갓모양인 것도 있음(예 소라 · 전복 · 우렁 · 고둥)
	조개류	바위 조간대 아래에 서식하며 두 장의 조가비를 가지고 있음(예 담치류 · 바지락 · 고막 · 조개류 · 굴류)

③ 유영동물

물고기류	• 바다 척추동물 중 가장 많은 종류 · 개체수를 가짐 • 아가미(호흡 유지) · 지느러미(평형 유지, 유영) · 뼈(몸체 유지) · 비늘이 있음 • 피부에 점액질이 있어 질병으로부터 몸을 보호	
	경골어류	뼈가 단단하고, 주로 부레와 비늘이 있음 예 고등어 · 꽁치 · 전갱이(방추형), 전어 · 돔(측편형), 복어(구형), 뱀장어(장어형)
	연골어류	뼈가 물렁물렁하고, 주로 부레와 비늘이 없음 예 홍어 · 가오리(편편형), 상어
두족류	• 몸속의 뼈가 거의 퇴화하고 없음 • 상처 부위의 혈액을 응고시키는 혈소판이 없음	
	팔완류	문어 · 낙지 · 주꾸미
	십완류	오징어 · 꼴뚜기
포유류	고래류	• 주로 태생(胎生)
	물개류	• 허파로 호흡
갑각류		• 수산생물 중 가장 많은 종이 알려져 있음 • 일반적으로 노플리우스, 조에아 유생기를 거침(예 새우 · 게 · 가재)

4 자원생물 조사방법

(1) 통계조사법

① **전수조사** : 대상이 되는 모든 어선에 대해 어기별 · 어장별 · 어업종류별 · 어종별 어획량 등을 집계하는 방법으로 시간과 비용이 많이 소모되어 자주 활용되지는 않는다.

② **표본조사** : 조사대상 어선 중 일부를 임의적 또는 객관적으로 추출하여 추정하는 방법으로 적은 비용으로 전체의 특성을 파악할 수 있어 자주 사용된다.

(2) 형태측정법

어획물의 체장 조성을 이용하여 자원생물의 동태와 계군의 특성을 파악하는 방법이다.

① **전장 측정법** : 입 끝부터 꼬리 끝까지 측정하는 방식 예 어류, 문어, 새우

② **표준 체장 측정법** : 입 끝부터 몸통 끝까지 측정하는 방식 예 어류

③ **피린 체장 측정법** : 입 끝부터 비늘이 덮여 있는 말단까지 측정하는 방식 예 멸치

④ **두흉 갑장 측정법** : 머리부터 종으로 길이를 측정하는 방식 예 게류, 새우

⑤ **두흉 갑폭 측정법** : 횡으로 좌우 길이를 측정하는 방식 예 게류

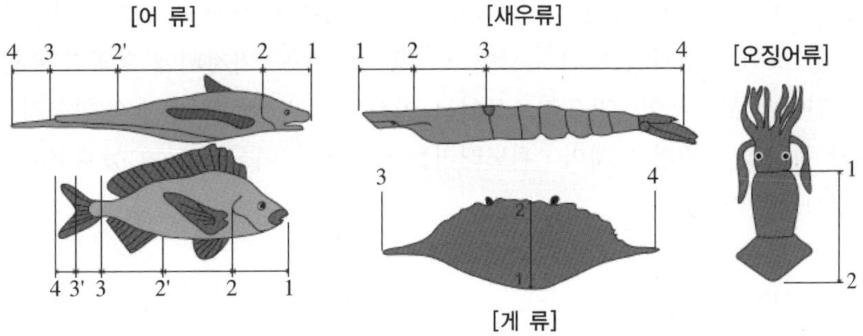

- 어류 – 1~2 : 두장(머리 길이), 1~3 : 표준 체장, 1~3´ : 피린 체장, 1~4 : 전장, 3~3´ : 꼬리자루
- 새우류 – 1~2 : 이마뿔 길이, 2~3 : 두흉 갑장, 1~4 : 전장, 2~4 : 체장
- 게류 – 1~2 : 두흉 갑장, 3~4 : 두흉 갑폭
- 오징어류 – 1~2 : 동장

(3) 계군분석법

같은 종 중에서도 각기 다른 환경에서 서식하는 계군들 간에는 개체의 형태 차이 또는 생태적 차이뿐만 아니라 유전적으로도 차이가 있기 때문에 계군 분석을 한다. 계군 분석은 한 가지 방법보다 여러 방법을 종합하여 결론을 내리는 것이 바람직하다.

① **형태학적 방법** : 체장 · 두장 · 체고 등을 측정하여 계군의 특정 형질에 관하여 통계적으로 비교 · 분석하는 생물 측정학적 방법과 비늘 위치 · 가시 형태 등을 비교 · 분석하는 해부학적 방법이 이용된다.

② **생태학적 방법** : 각 계군의 생활사, 산란기 및 산란장, 체장조성, 비늘 형태, 포란 수, 분포 및 회유 상태, 기생충의 종류 등의 차이를 비교 · 분석한다.

③ **표지방류법**

㉠ 일부 개체에 표지를 붙여 방류했다가 다시 회수하여 그 자원의 동태를 연구하는 방법이다.

㉡ 계군의 이동 상태를 직접 파악할 수 있기 때문에 가장 좋은 식별법 중 하나이다.

㉢ 회유 경로 추적뿐만 아니라 이동속도, 분포 범위, 귀소성, 연령 및 성장률, 사망률 등을 추정할 수 있다.

㉣ 표지 방법에는 절단법, 염색법, 부착법이 있다.

④ **어황분석법** : 어획통계자료를 통해 어황의 공통성 · 주기성 · 변동성 등을 비교, 검토하여 어군의 이동이나 회유로를 추정하는 방법이다.

⑤ **유전학적 방법** : 유전자 조성을 이용하는 방법이다.

(4) 연령사정법

① 연령형질법

㉠ 가장 널리 사용되는 방법이다.

㉡ 어류의 비늘 · 이석 · 등뼈 · 지느러미 · 연조 · 패각 · 고래의 수염 및 이빨 등을 이용한다.

㉢ 이석을 통한 연령사정은 넙치(광어) · 고등어 · 대구 · 가자미에 효과적이다.

㉣ 단, 연골어류인 홍어 · 가오리 · 상어는 이석을 통한 연령사정에 적합하지 않다.

㉤ 연안 정착성 어종인 노래미 · 쥐노래미는 비늘이나 이석이 아닌 등뼈(척추골)를 이용하여 연령사정을 한다.

㉥ 비늘은 뒤쪽보다 앞쪽 가장자리의 성장이 더 빠르다.

② 체장빈도법(피터센법)

㉠ 연령 형질이 없는 갑각류나 연령 형질이 뚜렷하지 않은 어린 개체들의 연령사정에 좋다.

㉡ 연간 1회의 짧은 산란기를 가지며 개체의 성장률이 비슷한 생물의 연령 사정에 효과적이다.

5 수산자원 생물의 조성

(1) 자원량 추정법

개체 수를 정확하게 추정할 수 없으므로, 표본과 통계를 이용하여 간접적으로 추정하는 방법을 사용한다.

① 총량 추정법

직접추정법	전수조사법, 트롤조사법, 수중음향조사법, 목시조사법(고래 육안 관찰 · 조사), 어류플랑크톤 조사법, 표본채취에 의한 부분 조사법 등
간접추정법	코호트분석법, 표지방류법, 조성의 변화에 의한 방법, 단위노력당 어획량방법(척당 어획량, 어선톤당 어획량, 마력당 어획량) 등

② **상대지수표시법** : 자원 총량의 추정이 어려울 때 실시한다.

(2) 남획의 징후

① 총 어획량이 줄어든다.

② 단위 노력당 어획량이 감소한다.

③ 대형어가 감소하고 어린 개체가 차지하는 비율이 점점 높아진다.

④ 어획물의 평균 연령이 점차 낮아진다.

⑤ 성 성숙 연령이 점차 낮아진다.

⑥ 평균 체장 및 평균 체중이 증가한다.

⑦ 어획물 곡선의 우측 경사가 해마다 증가한다.

[어업 규제]

질적 규제	양적 규제
• 어구 사용 금지 • 그물코 크기 제한 • 체장 제한	• 어선 수 · 어구 수 제한 • 어획 노력량 규제 • 어획량 할당(TAC)

(3) 총 허용 어획량(Total Allowable Catch, TAC)

① 수산 자원을 합리적으로 관리하기 위하여 어종별로 연간 잡을 수 있는 상한선을 정하고, 그 범위 내에서 어획할 수 있도록 하는 제도이다.

② TAC은 주로 어종에 중심을 두고 설정하며 2010년 기준으로 TAC 대상 어종에는 고등어 · 정어리 · 전갱이(대형 선망 어업), 붉은 대게(근해 통발 어업), 대게(근해 자망 · 통발 어업), 개조개 · 키조개(잠수기 어업), 꽃게(연근해 자망 · 통발 어업) 등이 있다.

[성어기 설정]

동 해	• 명태 : 10월 1일부터 다음 해 3월 31일까지 • 오징어 : 6월 15일부터 12월 31일까지
서 해	• 오징어 : 6월 1일부터 10월 31일까지 • 꽃게 : 3월 1일부터 6월 30일까지, 9월 1일부터 12월 31일까지

(4) 우리나라 수산자원 관리 방법(어업관리 정책)

노력량 규제	허가정수, 톤수마력규제, 어선감척, 총허용노력량(TAE)
어획량 규제	총허용어획량(TAC), 개별할당량(IQ), 개별양도성할당량(ITQ)
기술적 규제	어선 · 어구 제한, 그물코규격제한, 포획금지구역 · 수심 · 기간, 포획금지체장 · 체중, 암컷포획금지, 어란 및 치어포획금지 등

6 주요 어종의 생태특성

(1) 가오리류(*Rajidae*)

① 우리나라 주변수역에서 출현하는 가오리류는 홍어(*Okamejei kenojei*), 참홍어(눈가오리, *Raja pulchra*)등이 주로 혼획되고 있다.

② 홍어는 한국 서해 및 남해를 비롯한 동중국해, 발해, 일본 중부이남 해역에서 주로 분포하며, 가을에 황해북부의 각 연안에서 남쪽으로 이동하기 시작하여 제주도 서쪽해역에서 남쪽해역에 걸쳐 월동한다.

③ 산란기는 가을~이른봄(산란성기는 11~12월)이며, 산란 후 3~8개월 만에 부화되어 체폭이 5cm인 새끼가 태어난다.

④ 주로 오징어류, 젓새우류, 새우류, 게류, 갯가재류 등을 먹으며 어류는 거의 먹지 않는다.

⑤ 수명은 5~6년 정도이다.

(2) 가자미류(*Pleuronectidae*)

① 한국 연근해에서 서식하는 가자미류는 물가자미, 용가자미 등이 주로 혼획되고 있다.

② 물가자미는 여름에 백령도, 중국 산동성 연안에 분포하다가 수온이 내려가는 가을에 남하하여 제주도 서방해역에서 월동한다.

③ 산란기는 2월에서 4월이며, 주로 수온 10~20℃, 수심 200m 이하의 바닥이 모래나 펄질인 곳에 서식한다.

④ 먹이로는 소형갑각류(새우・게류)와 오징어류, 소형어류 등을 섭이한다.

(3) 갈치(*Trichiurus lepturus*)

① 갈치는 한국 서해 및 남해를 비롯한 동중국해, 발해, 일본 서부 및 큐슈 연안의 수심 200m 이내에 주로 분포한다. 크게 황해 계군과 동중국해 계군으로 나눌 수 있다.

② 황해 계군은 발해, 해주만, 압록강하구에서 6월경에 산란을 하고, 제주도 서남방해역으로 월동차 이동한다.

③ 동중국해 계군은 4~10월에 산란하며, 산란을 마친 어군은 해주만 부근해역으로 북상하였다가 그 후 동중국해 중부해역으로 월동차 남하한다.

(4) 갯장어(*Muraenesox cinereus*)

① 갯장어는 한국 남서해, 일본 남부해, 동중국해, 중국연안에 분포한다.

② 산란기는 4~7월이며, 산란장은 대륙연안역(20~50m)으로 바닥이 모래진흙이거나 암초지대인 곳이다.

③ 수명이 약 15년인 갯장어는 주로 수심 5~100m에 서식한다.
④ 장어류, 갈치, 보구치, 참조기, 게류, 새우류, 두족류 등을 먹이로 섭이한다.

(5) 고등어(*Scomber japonicus*)

① 고등어는 열대와 온대역을 오가며 대서양, 인도양, 태평양 등 전 세계 해역에 광범위하게 분포하는 연안성 부어류로 표층부터 수심 300m 범위의 대륙사면에서 주로 서식한다.
② 산란기는 대마도 근해에서 3~6월이며, 한반도 주변수역에서는 한국, 중국, 일본 등의 대형선망 및 저인망어업에 의해 주로 어획된다.

(6) 꽁치(*Cololabis saira*)

① 꽁치는 한국 동해안 일대와 일본 북해도 주변에 분포한다.
② 봄 산란군과 가을 산란군으로 구분되며, 크기가 22cm 정도인 봄 산란군은 북상기인 4~7월 사이에, 크기가 30cm 전후인 가을 산란군은 남하기인 10~11월 사이에 산란을 한다.
③ 꽁치를 어획대상으로 하는 어업은 유자망을 비롯한 채낚기, 정치망, 소형선망 등이 있다.

(7) 대구(*Gadus macrocephalus*)

① 대구는 북태평양, 베링해, 오호츠크해, 한국 남해 동부 이북의 동해, 서해 중부 등 넓은 지역에 걸쳐 분포한다.
② 산란기는 12~3월이며, 산란장은 진해만, 영일만, 서해남부 외해와 소청도 등이다.
③ 주로 대륙붕과 대륙사면에 서식하는 대구는 유어시기에는 곤쟁이류, 단각류, 소형어류를 섭이하고, 성어기에는 어류, 두족류, 새우류 등을 섭이한다.

(8) 말쥐치(*Thamnaconus modestus*)

① 한국 주변해역에 서식하는 말쥐치는 겨울에 제주도 주변해역을 포함한 동중국해 북부해역에서 월동한 후 4월경부터 난류를 따라 북상하기 시작하여 동해와 서해로 분산 회유한다.
② 말쥐치의 산란기는 5~7월이며, 암컷의 성숙체장은 평균 23cm 정도이다.

(9) 멸치(*Engraulis japonius*)

① 멸치는 한국 전 연안에 분포한다. 주로 12~15℃의 수온대에서 월동을 한다.
② 멸치의 주 산란기는 5~7월이며, 최대크기는 14cm 정도에 이른다.

(10) 명태(*Theragra chalcogramma*)

① 명태는 우리나라 동해의 중북부(북위 35°) 이북 및 일본 야마구치 이북의 근해에 분포한다.

② 산란기는 12~2월이며 함경도 마양도근해, 강원도 수원단 및 옹진부근해역 등이 주 산란장이다.

(11) 삼치(*Scomberomorus niphonius*)

① 삼치는 한국 서남해와 일본 중부이남해역 및 중국의 대륙붕에 분포한다.

② 삼치의 일반적으로 제주근해 일원과 소코트라 근해에서 월동을 하고, 3~4월에 남해연안과 중국 연안으로 이동하고, 5~7월에 경사가 완만하고 비교적 수심이 얕은 펄질의 저질인 내만에서 산란을 한다.

③ 산란을 마친 어군은 8월경에 북상 또는 심해로 분산 회유하고, 9~10월에 남하회유를 시작하여 11월에 서해 남부해역에 이른다.

(12) 아귀류(*Lophiidae spp.*)

① 황아귀는 한국의 서해 및 제주도 서남쪽, 동중국해 북부 및 황해, 중국 등에 분포하고 있으며, 아귀는 주로 동중국해 남부 및 필리핀 근해 등에 분포한다.

② 우리나라에서는 아귀류의 어획이 주로 동중국해 북부 및 황해에서 이루어지고 있으며, 그 어획량의 95% 이상이 황아귀로 알려져 있다.

③ 황아귀의 주 산란기는 2~4월이며, 먹이는 주로 참조기, 멸치, 갈치, 눈강달이, 샛비늘치 등이다.

(13) 옥돔류(*Branchiostegus spp.*)

① 우리나라 주변해역에서 출현하는 옥돔류는 옥두어, 황옥돔, 옥돔 등이 있으며, 형태상 유사하여 구분에 어려운 점이 있다.

② 산란기는 지역마다 달라 제주도 근해에서는 10~11월, 동중국해에서는 6~11월, 황해 남부에서는 9~12월(주산란기 11월)에 나타난다.

③ 먹이로는 단각류, 곤쟁이류, 갯지렁이류, 새우류, 게류, 어류 등을 주로 섭이한다.

④ 옥돔은 주로 봄철인 3월~6월에 동중국해의 제주도 주변 및 대마도 주변부터 대륙붕 주변에 걸쳐 연승어업과 저인망어업에 의해서 어획되고 있다.

(14) 대게(*Chionoecetes opilio*)

① 대게는 주로 우리나라의 동해와, 오호츠크해, 베링해, 북태평양 및 북대서양의 북아메리카 대륙측에 많이 서식하고 있다.

② 동해에서는 수심 200~500m에 서식하고 있으나 베링해나 북대서양에서는 몇m 정도의 연안에도 서식하고 있다.

③ 일반적인 대게의 서식환경은 극히 안정적인 깊은 수심이며, 그 분포는 1~5℃ 이하의 수온에서 염분의 변화가 거의 없는 지역이다.

④ 대게는 암컷과 수컷이 자웅이체로, 암컷과 수컷의 최대크기가 다르다. 이는 성체로 된 암컷은 탈피를 하지 않는데 반해 수컷은 이후에도 탈피를 하여 성장을 계속하기 때문이다.

(15) 대하(*Penaeus chinensis*)

① 대하는 암컷이 수컷보다 훨씬 큰 것이 특징으로 수컷은 평균체장 12~13cm, 체중 30g 내외이고 암컷은 평균 체장 16~18cm, 체중 50~70g에 달한다.

② 대하는 온대에서 아열대에 걸쳐 넓게 분포하고 있는데, 주 분포수역은 북위 34° 이북의 중국북부 및 발해만, 우리나라의 서해연안이다.

③ 산란기에 연안으로 왔다가 산란 후 심해로 이동하며, 내만이나 연안의 간석지가 발달해 있는 곳으로서 외해와 통한 곳, 염분 15‰ 이상인 곳에서 주로 서식한다.

④ 대하의 주 산란기는 4월 하순에서 6월 하순으로, 주 산란장은 수심이 3~10m 정도로 난 및 유생의 발달과 성장을 위한 낮은 염분농도(23~29‰)와 풍부한 먹이 생물이 존재해야 한다.

(16) 오징어류(*Teuthoidae*)

① 우리나라 동·서·남해를 비롯한 동중국해, 일본 서부해역에 분포하는 오징어는 단년생으로서 산란장과 산란기에 따라 3개의 계군으로 구분된다.

② 가을에 발생되는 오징어군은 동해 중남부, 남해 동부 해역에서 9~12월에 발생되어 봄~여름에 걸쳐 동해중부해역 및 북해도까지 북상한다.

③ 겨울발생군은 1~3월에 동중국해 북부해역에서 발생되며 봄부터 일부는 동해안과 서해안으로, 일부는 일본 태평양측 연안을 따라 북상하고 여름에는 북해도 근해, 가을에는 오호츠크해까지 도달한다.

④ 여름발생군은 다른 발생군처럼 멀리 회유하지 않고 각 연안역에서 발생하는 것으로 알려져 있다.

02 어 장

1 어장의 환경 요인

(1) 물리적 요인

<table>
<tr><td>수 온</td><td colspan="3">• 물리적 요인 중 해양생물의 생활(성장 및 성숙도)과 가장 밀접한 관계가 있다.
• 측정이 비교적 쉬워 어장 탐색에 널리 활용된다.</td></tr>
<tr><td>광 선</td><td colspan="3">• 해양 식물의 광합성과 생산력 증가에 영향을 주며, 해양생물의 성적 성숙 및 연직 운동에 영향을 미친다.
• 해양생물의 연직운동
– 낮에는 깊은 층으로 내려갔다가 밤에 상승하여 수심이 얕은 층에 머문다.
– 해양생물의 연직운동은 태양의 고도와 반비례한다.
• 가시광선의 파장은 보라색에서 빨간색으로 갈수록 파장이 길어지며, 파장이 길수록 표층에서 흡수된다. 즉 파장이 짧은 파란색은 심층까지 투과한다.</td></tr>
<tr><td>지 형</td><td colspan="3">대륙붕 지역이 광합성과 해류 및 조류의 작용으로 인하여 영양염이 풍부하여 생산력이 가장 높다.</td></tr>
<tr><td rowspan="4">바닷물의 유동</td><td rowspan="2">수평운동</td><td>해 류</td><td>회유성 어류의 회유 및 유영력이 없는 어류의 알·자어·치어를 수송함으로써 해양생물의 재생산과 산란 회유에 영향을 미친다.</td></tr>
<tr><td>조 류</td><td>상·하층수 혼합을 촉진함으로써 생산력에 영향을 미친다.</td></tr>
<tr><td rowspan="2">수직운동</td><td>용승류</td><td rowspan="2">연직운동을 통해 영양염이 풍부한 하층수가 표면으로 올라오게 되어 생산력이 증가된다.</td></tr>
<tr><td>침강류</td></tr>
<tr><td>투명도</td><td colspan="3">• 지름이 30cm인 흰색 원판을 바닷물에 투입하여 원판이 보이지 않을 때까지의 깊이를 미터(m) 단위로 나타낸 것이다.
• 정어리·방어(물이 흐릴 때 잘 잡힘), 고등어·다랑어류(투명할 때 잘 잡힘)</td></tr>
</table>

[어류의 어획 적수온 범위]

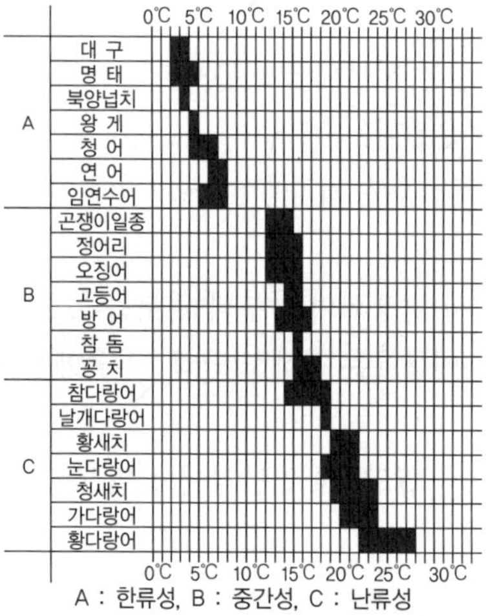

[와류운동과 수렴(좌) 및 발산(우)]

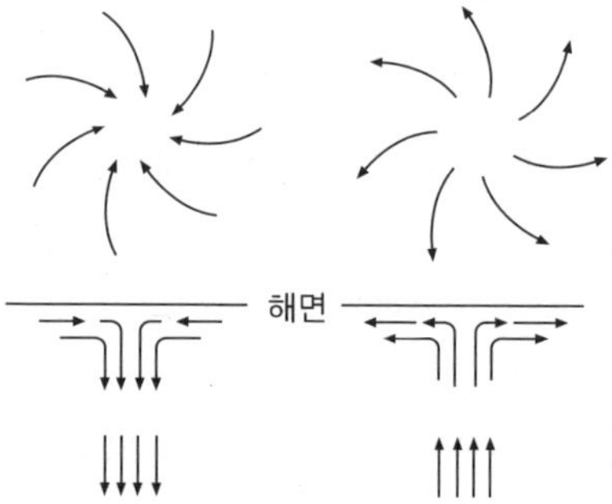

〈자료 출처 : 고등학교 수산일반(교육과학기술부)〉

(2) 화학적 요인

용존산소	• 용존산소는 호흡과 대사 작용에 필수요소이며, 표층수일수록 많고 하층수일수록 적다. • 용존산소량은 수온이 낮을수록, 염분이 낮을수록, 기압이 높을수록 증가한다. • 용존산소량은 유기물이 많을수록 감소한다.
영양염류	• 질산염(NO_3), 인산염(PO_4), 규산염(SiO_2) 등 영양염류는 광합성에 필수요소이다. • 영양염류 분포 – 열대 < 온대 < 한대 – 외양 < 연안 – 여름 < 겨울 – 표층 < 심층

(3) 생물학적 요인

① 먹이 생물 : 플랑크톤은 영양염류가 풍부한 해역에서 대량 발생하며, 이를 먹이로 하는 어류 등을 조경역에 모이게 하는 원인이 된다.

② 경쟁 생물 : 같은 먹이생물을 두고 서로 경쟁이 일어나게 되며, 경쟁 결과에 따라 우점종이 바뀌는 경우도 있다.

③ 해적 생물 : 불가사리나 성게 등은 어장에서 수산자원을 무차별 포식하여 피해를 입히는 대표적인 해적생물이다. 이들 해적 생물은 특별한 천적이 없는 경우가 많아 방치할 경우 수산자원에 심각한 악영향을 준다.

[어류의 삼투압 조절]

해산어	• 해수 이온 농도에 비하여 체액 이온 농도가 낮다. • 아가미에서 염류를 배출한다. • 소량의 진한 오줌을 배출한다.
담수어	• 담수 이온 농도에 비하여 체액 이온 농도가 높다. • 아가미에서 염류를 흡수한다. • 다량의 묽은 오줌을 배출한다.

2 어장 형성 요인

(1) 조경어장(해양전선어장)

① 특성이 서로 다른 2개의 해수덩어리 또는 해류가 서로 접하고 있는 경계를 조경이라 한다.

② 두 해류가 불연속선을 이룸으로서 소용돌이가 생겨 상·하층수의 수렴과 발산 현상이 나타나 먹이 생물이 많아진다. 이와 같이 먹이 생물이 많아져 어족이 풍부하게 되어 생기는 어장을 조경어장이라 한다.

③ 조경어장에는 북태평양 어장, 뉴펀들랜드 어장, 북해 어장, 남극양 어장 등이 있다.

(2) 용승어장

① 바람·암초·조경·조목 등에 의해 용승이 일어나 하층수의 풍부한 영양 염류가 유광층까지 올라와 식물 플랑크톤을 성장시킴으로써 광합성이 촉진되어 어장이 형성된다.

② 용승어장에는 캘리포니아 근해 어장, 페루 근해 어장, 대서양 알제리 연해 어장, 카나리아 해류 수역 어장, 벵겔라 해류 수역 어장, 소말리아 연근해 어장 등이 있다.

(3) 와류어장

조경역에서 물 흐름의 소용돌이로 인한 속도 차 또는 해저나 해안 지형 등의 마찰로 인한 저층 유속의 감소 등으로 일어나는 와류에 의해 어장이 형성된다.

(4) 대륙붕어장

하천수의 유입에 따른 육지 영양 염류의 공급과 파랑·조석·대류 등에 의한 상·하층수의 혼합으로 영양 염류가 풍부하여 좋은 어장이 형성된다.

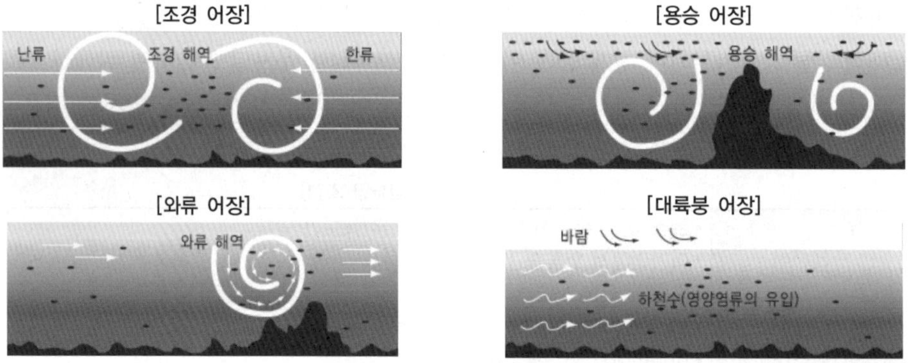

〈자료 출처 : 고등학교 수산일반(교육과학기술부)〉

※ 엘니뇨와 라니냐

- 엘니뇨(El Nino) : 동태평양의 광범위한 구역에서 해수면 온도가 평년에 비해 0.5℃ 이상 높은 상태로 일정한 기간 동안 지속되는 현상을 말한다. 무역풍이 약해지고, 서쪽으로 흐르는 해류가 약해지면서 대기와 해양의 상호작용에 의해 발생한다.
- 라니냐(La Nina) : 엘니뇨의 반대현상으로, 무역풍의 강화로 인하여 서태평양의 온도가 상승하게 되고, 동태평양이 평년보다 차가운 표층 수온을 형성하게 된다.

3 어로 과정

어로는 일반적으로 어군 탐색, 집어, 어획의 세 과정을 거쳐서 이루어진다.

(1) 어군 탐색

① 어장 찾기

㉠ 간접적·1차적 어군 탐색 방법

㉡ 어로가 가능한 바다를 찾는 과정

㉢ 과거의 어업 실적, 다른 어선의 정보·어황 예보·어업용 해도·위성정보 등을 종합적으로 판단

② 어군 찾기

㉠ 직접적·2차적 어군 탐색 방법

㉡ 실제 어군의 존재를 확인하는 과정

㉢ 수면의 색깔 변화·물거품·물살 등을 통해 판단

㉣ 육안·어군탐지기·헬리콥터 등을 이용

(2) 집 어

① 유 집

㉠ 어군에 자극을 주어 자극원 쪽으로 모이게 하는 방법

㉡ 야간에 불빛으로 모이는 습성(주광성)을 이용

㉢ 야간에만 가능하고, 달빛이 밝을 때는 효과가 떨어짐

예 고등어 선망 어업·전갱이 선망 어업·멸치들망 어업·꽁치 봉수망 어업·오징어 채낚기 어업 등

② 구 집

㉠ 어군에 자극을 주어 자극원으로부터 멀어지게 하여 모이게 하는 방법

㉡ 큰 소리·줄 후리기·전류 등을 이용

㉢ 어류는 보통 음극(−)에서 양극(+)으로 이동

③ 차단 유도 : 회유 통로를 인위적으로 막아 한 곳으로 모이게 하는 방법 예 정치망의 길그물

(3) 어 획

어획은 목표했던 어류를 잡는 과정을 말하며, 어획을 경제적으로 달성하기 위한 과정은 다음과 같다.

① 대상생물의 행동양식 파악

② 대상생물의 행동양식에 따라 적당한 어획방법 연구

③ 어획방법에 적당한 어구의 선택

④ 어구의 특성에 따라 조작

[어업의 분류]

분류 기준	종 류
어획물의 종류	• 해수어업 • 채패어업 • 채조어업
어 장	• 내수면어업 • 해양어업(연안어업 · 근해어업 · 원양어업)
어업 근거지	• 국내 기지어업 • 해외 기지어업
어획물에 따른 어획 방법	• 고등어선망어업 • 오징어채낚기어업 • 장어통발어업 • 게통발어업 • 문어단지어업 • 멸치자망어업 • 멸치권현망어업 • 명태트롤어업 • 꽁치봉수망어업 • 참치선망어업 • 참치연승어업 • 전갱이선망어업 등
경영 형태	• 자본가적 어업 : 조합어업 · 회사어업 · 합작어업 • 비자본가적 어업 : 단독어업 · 동족어업 · 협동적어업
법적 관리제도	• 면허어업 • 허가어업 • 신고어업

03 어구와 어법

1 어구의 분류

(1) 구성 재료에 따른 분류

① 낚기어구

㉠ 낚시가 달리거나 달리지 않은 줄을 이용하여 대상물을 낚아 잡는 것을 말한다.

㉡ 어구 구조 및 조업방법 등에 따라 크게 낚시 없이 잡는 것, 낚시어구류, 걸낚시류로 나누어 진다.

㉢ 어업으로서 중요한 것은 낚시어구류에 속하는 외줄낚시류, 대낚시류, 주낙류, 끌낚시류, 등과 걸낚시류에 속하는 봉낚시류, 오징어낚시류 등이 있다.

낚 시	• 굵은 것 : 무게(g) • 보통 : 길이(mm) 또는 호(1/3mm)
낚싯줄	길이 40m의 무게가 몇 g인지에 따라 호수로 표시
낚싯대	• 밑동에서부터 끝까지 고르게 가늘어지고 고르게 휘어지는 것이 좋음 • 탄력성이 우수함
미 끼	어획 대상(미끼) : 오징어(오징어살), 장어(멸치), 참치(꽁치), 상어(꽁치) 등
뜸	낚시를 일정한 깊이에 드리워지도록 하는 기능을 함
발 돌	낚시를 빨리 물속에 가라앉게 하고 원하는 깊이에 머무르게 하는 기능을 함

② 그물어구 : 그물어구는 그물감을 주재료로 해서 만든 어구이다. 그물감이 물은 쉽게 빠져나가지만 내용물은 빠져나가지 않는 특성을 이용한 것이다.

걸그물	대상물이 그물코에 꽂히게 하여 잡는 그물
얽애그물	대상물이 그물코에 얽히게 하여 잡는 그물
들그물	물속에 그물을 펼쳐 두고, 그 위에 대상물이 오도록 기다렸다가 그물을 들어 올려서 잡는 그물
몰잇그물	대상물을 그물 안으로 몰아넣어서 잡는 그물
함정그물	대상물이 함정에 들어가 나오지 못하게 하여 잡는 그물
채그물	그물을 대상물 밑으로 이동시켜 대상물을 떠 올려서 잡는 그물
덮그물	그물을 대상물 위에서 덮어 씌워서 잡는 그물
두릿그물	중층에 있는 어군을 큰 수건 모양의 그물로 둘러싸서 우리에 가둔 후 차차 범위를 좁혀서 잡는 그물
후릿그물	자루의 양쪽에 긴 날개가 있고, 그 끝에 끌줄이 달린 그물을 기점(육지나 배)에서 멀리 투입해 놓고, 끌줄을 오므리면서 끌어당겨서 잡는 그물
끌그물	자루 양쪽에 날개가 달린 그물을 수평방향으로 임의의 시간 동안 끌어서 잡는 그물

③ 잡어구 : 잡어구는 그물어구와 낚시어구에 포함되지 않는 어구를 말한다.

예 작살이나 조개채취용 호미 등

(2) 이동성에 따른 분류

① 어구의 구조상 설치위치를 쉽게 옮길 수 있는 것을 운용어구라고 하며, 옮기기 어려운 것을 고정어구라고 한다.

② 고정어구 중에서 한 어기동안 설치위치를 옮길 수 없는 것이 있는데, 이를 정치어구라 한다.

(3) 기능에 따른 분류

① 그물이나 낚시처럼 어획에 직접 사용되는 것을 주어구라고 한다. 보통은 좁은 의미로 주어구만을 어구라 하고, 보조어구 · 부어구는 어로장비 또는 어업기기라고 한다.

② 보조어구는 어획 능률을 높이는 데 사용되는 장비로, 어군탐지기나 집어 등을 예로 들 수 있다.

③ 부어구는 어구의 조작 효율을 높이는 데 사용되는 장비로, 동력장치를 예로 들 수 있다.

구성재료	• 낚기어구(뜸 · 발돌 · 낚싯대 · 낚싯줄 등) • 그물어구 • 잡어구
이동성	• 운용어구(손망 · 자망) • 고정어구(정치어구)
기 능	• 주어구(그물 · 낚시) • 보조어구(어군탐지기 · 집어등) • 부어구(동력장치)

2 낚시어구와 어법

(1) 외줄낚시

① 낚싯줄 한 가닥에 낚시 1개 또는 여러 개를 달아 한쪽 끝을 손으로 잡고 대상물을 낚아 잡는다. 대부분 미늘이 있는 낚시를 사용하며 미끼는 자연산을 사용하는 경우와 비닐이나 가죽 등으로 만든 속임낚시를 사용하는 경우가 있다.

② 우리나라에서 행하고 있는 것 중 어업으로 중요한 것은 돔, 볼락, 농어, 능성어, 임연수어 등을 주 대상으로 하는 외줄낚시가 있다.

③ 낚싯줄 재료로 과거에는 면사나 경심을 사용하였으나 현재는 주로 경심만을 사용하고 있다.

(2) 끌낚시

① 회유성 어종 중 성질이 급하고 공격적인 어종을 주 대상으로 낚싯줄에 1개 또는 여러 개의 낚시를 달아 배가 직접 수평방향으로 끌고 가면서 대상생물이 낚시에 걸리도록 하여 잡는 것이다.

② 진짜 미끼보다는 플라스틱이나 깃털 등을 이용한 속임낚시를 주로 사용하며, 어군의 분포 수층에 따라 낚시가 예인되는 수층을 맞추는 것이 중요하다.

(3) 주 낙

① 대상물을 일시에 여러 마리를 잡기 위하여 모릿줄에 일정한 간격으로 여러 개의 아릿줄을 달고, 아릿줄마다 낚시 1개씩을 달아 수평으로 부설하여 대상물을 낚아 잡는다.

② 어구의 부설방법에 따라 멍이나 닻으로 고정시키는 고정낚시류와 해·조류를 따라 흘러가도록 하는 흘림낚시류가 있다.

③ 일반적으로 해저에 서식하는 어종을 대상으로 할 때는 고정낚시류를 사용하고 표·중층 회유성 어종을 대상으로 할 때는 흘림낚시류를 사용한다.

외줄낚시	• 대낚시 • 보채낚시 • 손줄낚시
끌낚시	수평방향으로 끌어서 활동성이 강한 어류를 낚는 어법
주낙(연승)	• 뜬주낙(수평방향) – 참치 등 표·중층의 어류 • 땅주낙(수평방향) – 갈치·명태·돔 등 해저 깊은 곳의 어류 • 선주낙(수직방향) – 오징어 등 유영층이 두꺼운 어류

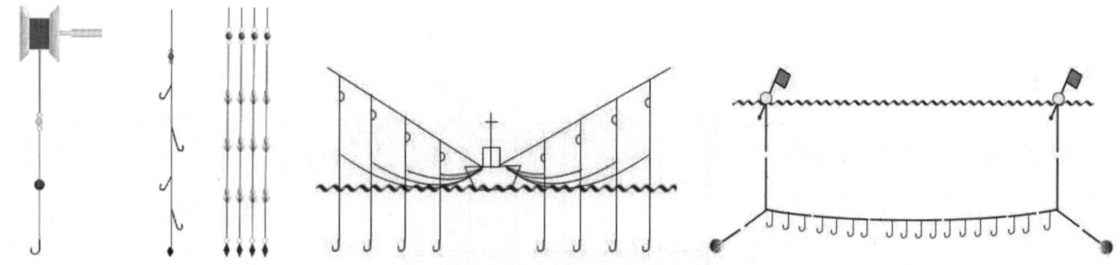

〈외줄낚시〉 〈채낚시〉 〈표층 끌낚시〉 〈주낙〉

[연안복합어업 어구(수산업법 시행령 [별표 2])]

3 그물어구와 어법

(1) 걸어구류(刺網類, Gill Nets)

① 방추형의 어류를 주 대상으로 긴 띠 모양의 그물을 고기가 지나가는 곳에 부설하여, 대상 생물이 그물코에 꽂히도록 하여 잡는 것이다.

② 다른 어구에 비해 그물감의 선택과 성형률 결정이 매우 중요한 어구이다.

③ 그물감의 선택은 일반적으로 대상 생물의 눈에 잘 보이지 않고, 유연성이 있으며 그물코의 매듭이 밀리지 않고, 그물코의 크기가 일정하여야 한다. 그물실은 가늘면서 질기고, 적당한 탄력이 있고, 매듭짓기가 쉬운 것을 택하여야 한다.

④ 어구 부설방법에 따라 고정 걸그물류(저자망), 흘림 걸그물류(유자망), 두리 걸그물류(선자망), 깔 걸그물류(깔자망)로 분류하며 우리나라 연근해 어업 중 매우 중요한 어업이다.

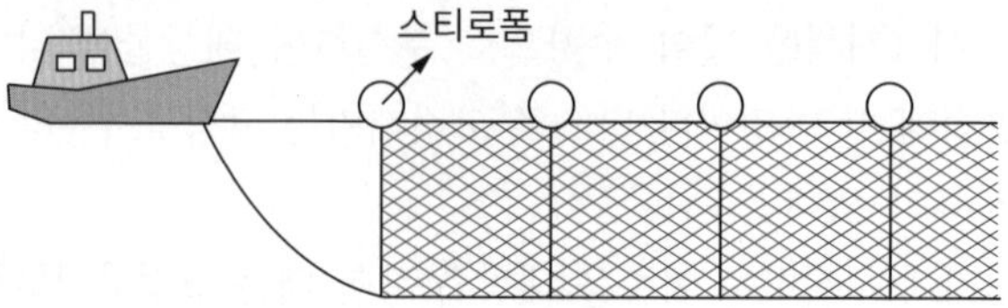

[선자망]

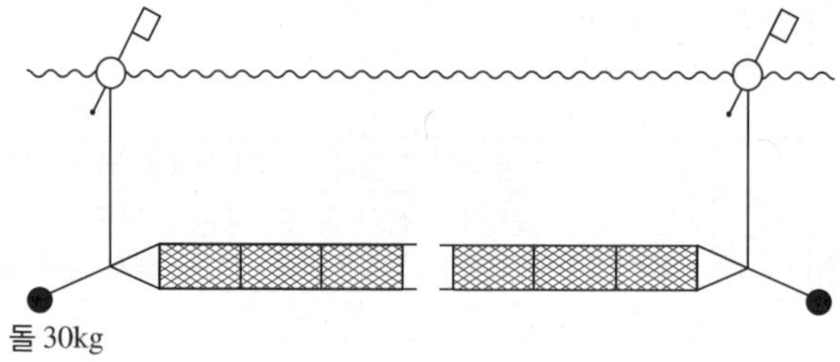

[저자망]

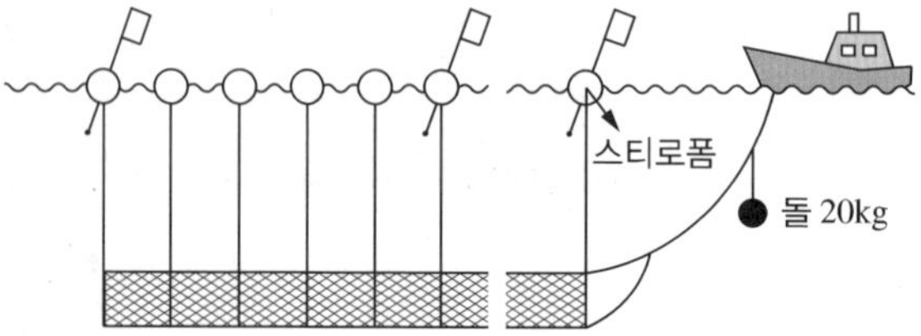

[유자망]

(2) 얽애어구류(纏絡網類, Tangle Nets)

① 단판 또는 2중, 3중으로 된 긴 띠 모양의 그물을 고기가 지나가는 곳에 부설하여 대상 생물이 그물코에 얽히게 하여 잡는 것이다. 어구구조, 조업방법 등이 걸어구류와 비슷하기 때문에 걸어구류로 분류하기도 한다.

② 걸어구류는 일반적으로 방추형이면서 크기가 거의 같은 어류를 주 대상으로 아가미 부분이 그물코에 꽂히도록 하여 잡는 것인데 반해, 얽애어구류는 체형이 납작하거나 크기가 같지 않은 어류 또는 새우, 게 등과 같이 몸에 돌기가 있어 그물코에 꽂히기 어렵게 생긴 것을 주 대상으로 그물코에 몸 전체 또는 일부가 얽히게 하여 잡는 것이다.

③ 걸어구류에 비해 일반적으로 주름을 많이 주며, 그물 중간 중간에 뻗침대를 대어 해・조류를 받으면 오목한 주머니가 형성되도록 하여 사용하는 경우도 있다.

④ 어구구성에 따라 그물감 한 장으로 된 것을 홑얽애그물류, 두 장으로 된 것을 이중얽애그물류, 세 장으로 된 것을 삼중얽애그물류라 한다.

(3) 들어구류(敷網類, Lift Nets)

① 정착성 생물이나 환경에 따라 한 곳에 오랫동안 머무르는 습성이 있는 어류를 주 대상으로 물속에 미리 어구를 수평 또는 수직으로 부설하여 놓았다가 대상 생물이 그 위에 오면 신속히 들어 올려 잡는 것을 말한다.

② 규모가 작은 것은 그물의 위 언저리에 테가 있으며, 모서리에서 길이가 같은 3~4가닥의 목줄을 내고, 이 목줄을 한데 묶은 곳에 돋움줄을 달거나 자루(채)를 달아서 어구를 들어올린다.

[봉수망]

③ 규모가 큰 것은 큰 사각형 그물의 한 모서리에만 뜸대를 붙여 수면에 지지한 채, 반대쪽 모서리에는 발돌을 달아서 가라앉혔다가 어군이 그물 위에 모이면 발돌 부분을 들어 올려서 잡는 것도 있다.

④ 어구를 들어 올리는 방법에 따라 손들망류, 채들망류, 가름대들망류, 다척들망류, 고기물레류 등이 있으며, 봉수망을 제외하면 우리나라 일부 연안에서 소규모로 이루어지고 있다.

(4) 몰이어구류(追網類, Drive-in Nets)

① 일정한 장소에 그물을 미리 부설하여 놓고 인위적으로 어군을 그물 속으로 몰아넣어 그물에 얽히게 하거나 입구를 차단하여 잡는 것을 말한다.

② 어구의 구조는 후릿그물 모양으로 가운데에 자루가 있고 그 양쪽에 날개가 달린 것도 있으며, 쓰레받기 모양으로 된 사각형 그물의 한쪽 변은 열려 있고 다른 변에는 벽이 있는 것도 있다.

③ 어군을 몰아넣는 방법에는 사람이 직접 몰아넣는 방법, 시각적·음향적으로 위협을 줄 수 있는 몰잇줄을 끌어 강제적으로 몰아넣는 방법, 대상 어종이 좋아하는 불빛 등을 이용하여 그물 속으로 유도하는 방법 등이 있다.

④ 우리나라에서는 옛날에는 더러 쓰였으나 오늘날에는 거의 사용하지 않는 어법이다.

(5) 함정어구류(陷穽漁具類, Traps)

① 수산생물이 많이 회유하여 오는 장소에 깔때기와 같이 일단 들어간 대상생물이 되돌아 나오지 못하도록 한 장치를 가진 어구나 은신처 역할을 할 수 있는 어구를 부설하여 대상생물이 스스로 함정에 빠지도록 하여 잡는 것을 말한다.

② 대상 생물이 함정에 빠지도록 하는 방법에 따라 어구구조 및 규모가 매우 다양하며 우리나라에서 중요한 어업으로 행하여지고 있다.

③ 숨을 곳을 만들어 주어 잡는 은신함정류, 해·조류를 따라 연안측으로 들어온 생물을 가두어 잡는 장벽함정류, 깔때기 장치를 가진 바구니함정류, 비탈그물이 장치된 낙망류 등이 있다.

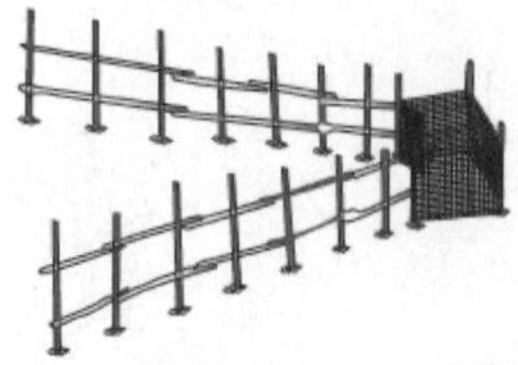

[죽방렴]

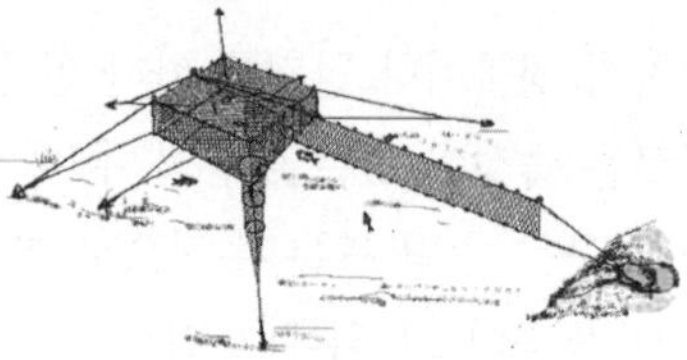

[각 망]

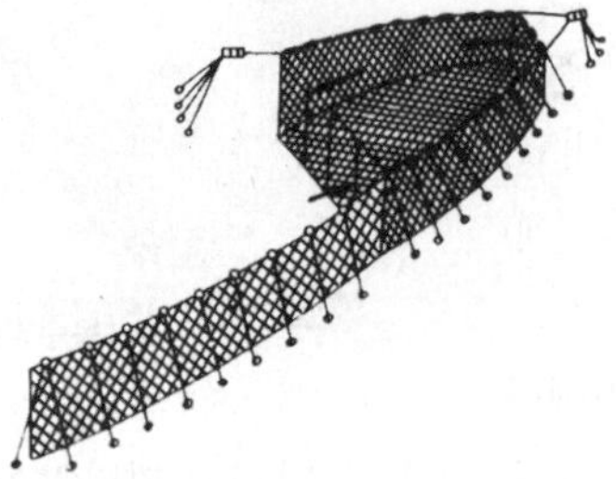

[대부망]

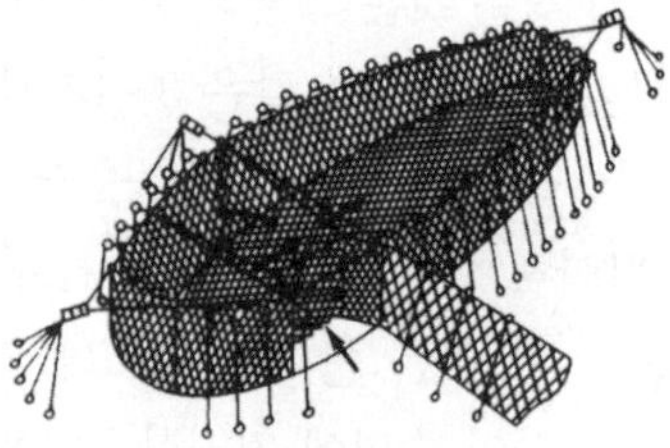

[대모망]

(6) 입구일정어구류(入口固定袋網類, Bag Nets)

① 주머니 모양의 그물 입구에 막대나 테 등을 부착하여 입구가 벌어지도록 한 어구로써 사람이 직접 대상 생물을 떠 올려 잡거나, 해·조류가 강한 해역에 닻이나 멍 등으로 고정하여 해·조류를 따라 회유하던 대상생물이 자루그물 속으로 들어가도록 하여 잡는 것을 말한다.

② 대상 어종 및 어장에 따라 어구의 구조 및 규모가 다양하며, 특히 조류가 강한 서해안과 남해안, 동중국해에서는 매우 중요한 비중을 차지하고 있다.

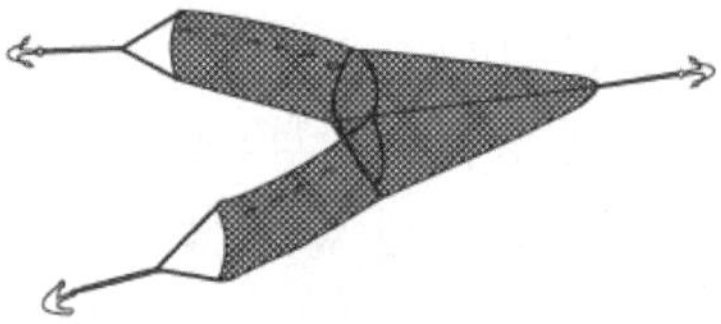

[낭장망]

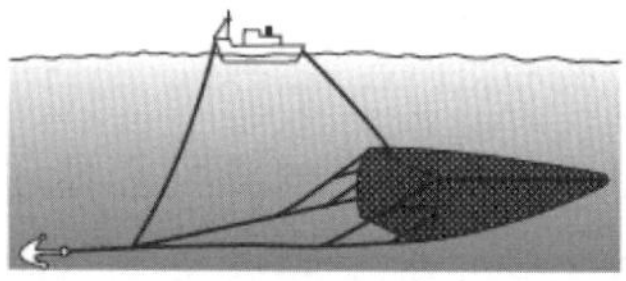

[안강망]

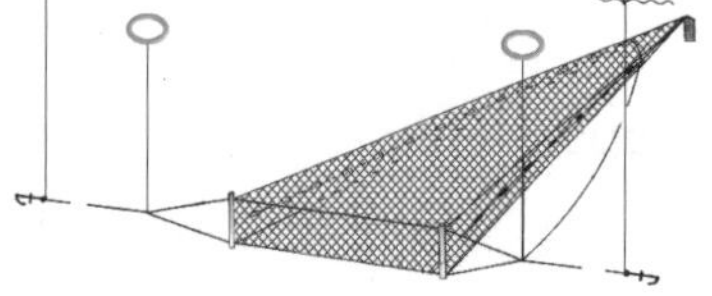

[주목망]

(7) 덮어구류(掩網類, Falling Nets)

① 들어구류와 반대로 원뿔처럼 생긴 어구로 대상 생물을 위로부터 덮어 씌워 잡는 것을 말한다.

② 어구가 수면에서 바닥까지 내려가는 동안에 어군이 어구가 펼쳐진 범위에서 벗어나기 힘들 정도의 수심이 얕은 하천이나 호소, 바닷가에서 주로 쓰인다.

③ 어구의 기본 형상은 원뿔형으로 그물의 바깥쪽에 뼈대가 있어서 뼈대를 손으로 잡고 덮어씌우는 가래류와 뼈대 없이 그물을 바로 어군 위에 던져서 덮어씌우는 투망류가 있다.

[투 망]

④ 어업에서는 별로 이용되지 않고 주로 유어(遊漁)에 사용되고 있다.

(8) 두리어구류(旋網類, Surrounding Nets)

① 표층 또는 표층 부근에 군을 형성하여 회유하는 어류를 주 대상으로 주머니 모양의 그물이 달리거나 달리지 않은 긴 네모꼴의 그물을 둘러쳐 포위한 다음 어군이 그물 아래쪽과 옆쪽으로 도피하는 것을 방지하면서 점차 범위를 좁혀 잡는 것을 말한다.

② 초기의 선망은 그물의 중앙부에 불완전한 자루가 있고 그 양쪽에 날개가 있어 날개로써 어군을 둘러싼 다음 점차 그 범위를 줄여서 어군을 자루 부분에 후려 넣어 잡는 유낭망류(有囊網類)였으나 나중에는 자루가 없는 무낭망류(無囊網類)로 발달하였다.

③ 대상 어종은 군집성이 큰 것이 좋으며, 대상 생물 스스로 밀집된 어군을 대상으로 조업하는 경우와 집어등 등을 이용하여 인위적으로 밀집시켜 조업하는 경우가 있다.

④ 그물의 형태와 조임고리 유무에 따라 람파라형 그물류, 건착망류, 고리식 두리그물류, 양조망류로 분류된다.

⑤ 우리나라에서는 람파라형 그물이나 고리식 두리그물은 거의 사용하지 않고 있으며, 건착망이나 양조망을 주로 사용하고 있다. 이들 건착망이나 양조망 모두 과거에 비하여 유체저항을 줄이고 어군도피를 최대한 방지하기 위하여 어구구조상 많은 개량 발전이 있었으며, 어선의 대형화와 투·양망의 기계화로 어구규모가 증대되었으며 어장도 원양까지 확대되었다.

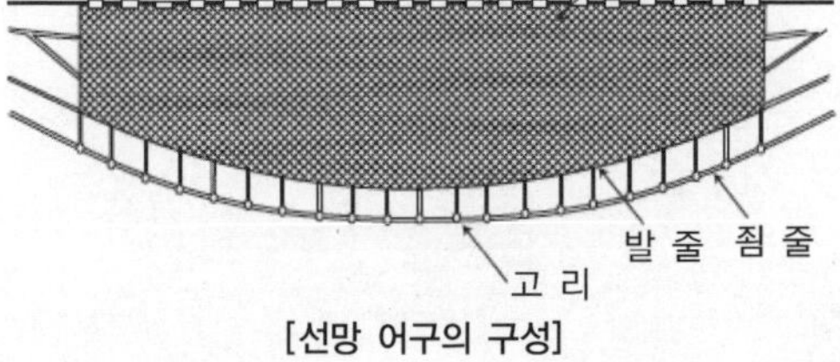

[선망 어구의 구성]

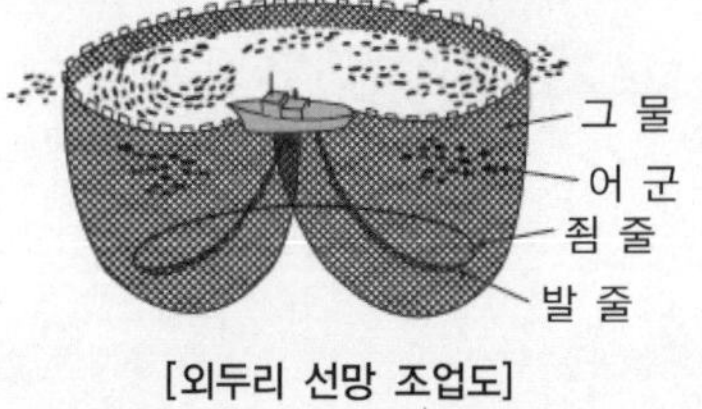

[외두리 선망 조업도]

(9) 후리어구류(引寄網類, Seine Nets)

① 긴 날개그물로 일정한 해역을 둘러 싼 다음 날개그물의 양 끝이 오므려질 때까지 끌줄을 끌어 대상 생물을 잡는 것을 말한다.

② 후리어구류 중에는 채후리 그물류, 갓후리 그물류, 배후리 그물류가 있으며 이 중 현재 우리나라에서 어업으로 이루어지고 있는 것은 배후리 그물류이다.

③ 후리어구류의 가장 원시적인 것은 갓후리 그물(地引網)이며, 예망 범위가 육지 또는 어선으로부터 끌줄 길이에 따라 제한되는 것으로 끌그물류에 비하여 소해범위가 작다.

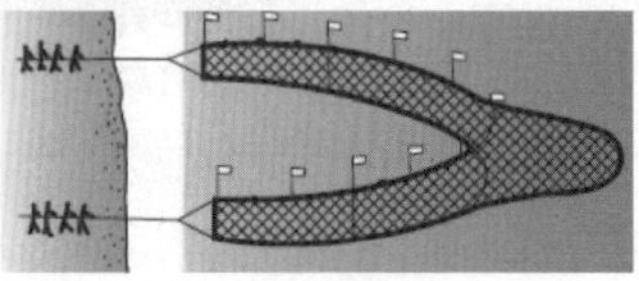

[갓후리]

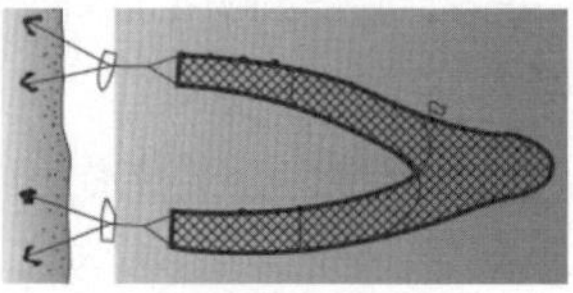

[배후리]

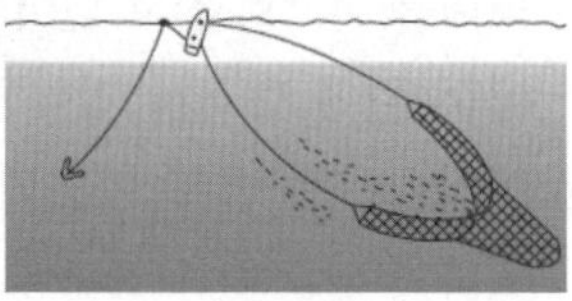

[손 방]

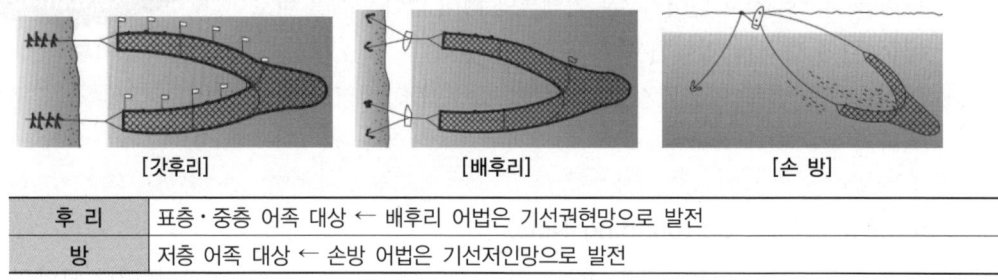

후 리	표층·중층 어족 대상 ← 배후리 어법은 기선권현망으로 발전
방	저층 어족 대상 ← 손방 어법은 기선저인망으로 발전

(10) 끌어구류(引網類, Dragged Gear)

① 주머니 모양으로 된 어구를 수평방향으로 임의시간동안 끌어 대상생물을 잡는 것을 말한다.

② 다른 어법에 비하여 적극적인 어법으로 매우 중요한 어업 중 하나이며, 어구전개장치, 어로장비, 어군탐색장비 등이 매우 발달된 어업이다.

③ 우리나라에서는 각종 조개류를 대상으로 하는 형망과 저서어족을 대상으로 하는 저층트롤 및 쌍끌이 기선저인망, 중층회유성 어종을 대상으로 하는 중층트롤 등이 있다.

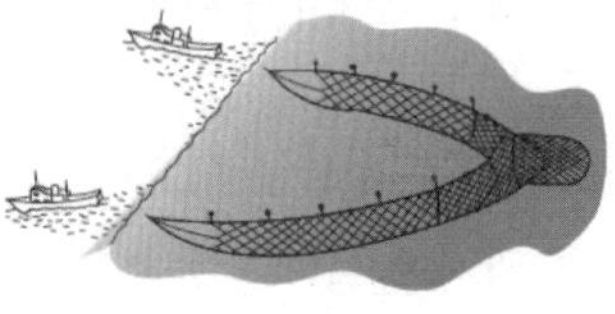

[기선권현망]

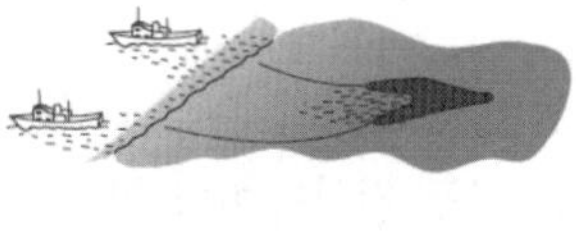

[쌍끌이 기선저인망]

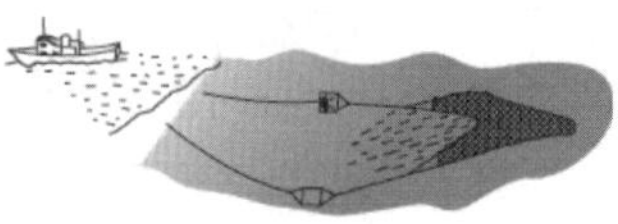

[트 롤]

4 그물어구의 구성

(1) 그물어구의 구조

① 그물실

㉠ 최근에는 합성섬유(나일론, 비닐론, 폴리에틸렌 등)가 보편적이다.

㉡ 합성섬유는 햇볕에 노출되면 약해지는 단점이 있다.

㉢ 섬유의 굵기, 길이, 단면의 모양 등을 인공적으로 조절할 수 있는 장점이 있다.

② 그물코

㉠ 4개의 발과 4개의 매듭으로 구성되어 있다.

㉡ 뻗친 길이로 측정 시 그물코의 양 끝 매듭의 중심사이를 잰 길이를 mm 단위로 나타낸다.

㉢ 그물코의 규격이란 그물코를 잡아당겨서 잰 안쪽 지름의 길이를 말한다.

㉣ 매듭 수로 측정 시 5치(15.15cm) 안의 매듭의 수(절)로 표시하며 가장 보편적인 방법이다.

㉤ 씨줄 수로 측정 시 50cm 폭 안의 씨줄 수(경)로 표시한다.

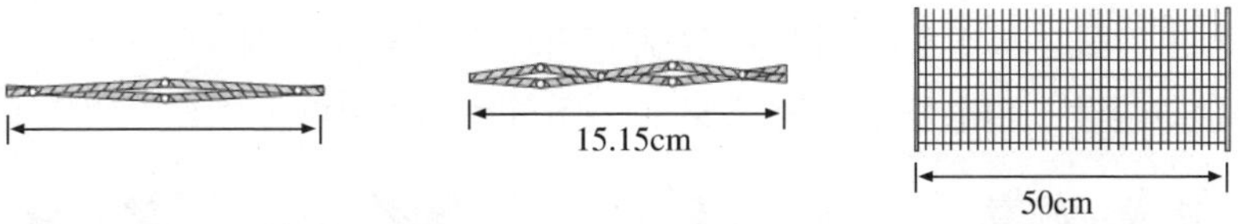

③ 그물감

㉠ 마름모꼴의 그물코가 연속되어 구성된 것이다.

㉡ 그물코의 크기와 관계없이 가로 100코×세로 100장대(151.5m)를 1단위(필)로 한다.

④ **줄** : 그물어구의 뼈대를 형성하며, 힘이 많이 미치는 곳에 쓰인다.

⑤ **뜸** : 형상 또는 위치를 일정하게 유지하기 위한 목적으로 사용되며, 위쪽에 달아 물에 뜨게 하는 장치이다.

⑥ **발돌(추)** : 형상 또는 위치를 일정하게 유지하기 위한 목적으로 사용되며, 아래쪽에 달아 물에 가라앉게 하는 장치이다.

⑦ **마함** : 그물감을 절단하였을 때 절단된 가장자리의 풀어지기 쉬운 코에 덮코를 붙인 것을 말한다.

⑧ **보호망** : 원살 그물이 줄에 감기거나 찢어지지 않게 가장자리에 원살의 그물실보다 굵은 실로 몇 코 더 떠서 붙이는 것을 말한다.

(2) 그물감의 종류

① 매듭이 있는 그물감(결절 그물감)

그물코를 형성하는 4개의 꼭짓점마다 매듭을 맺어 짠 그물감이다.

㉠ 참매듭 : 수공 편망이 쉬워 흔히 쓰였으나, 편망 과정에서 힘이 고루 미치지 않으면 잘 미끄러지기 때문에 최근에는 잘 쓰이지 않는다. 정치망의 길그물과 같이 수공 편망을 하여야 하는 경우에 사용되고 있다.

㉡ 막매듭 : 기계 편망이 쉽고 잘 미끄러지지 않아 많이 사용된다. 매듭의 크기로 인하여 물의 저항이 크다.

② 매듭이 없는 그물감(무결절 그물감)

무결절 그물감은 편망 재료가 적게 들고 물의 저항이 작은 장점이 있지만, 한 개의 발이 끊어졌을 때 다른 매듭들이 잘 풀리고 수선이 어렵다.

㉠ 엮는 그물감 : 씨줄과 날줄을 교차하며 제작한다.

㉡ 여자 그물감 : 씨줄과 날줄의 두 가닥으로 꼬아가며 제작한다.

㉢ 관통형 그물감 : 실을 꼬아가며 일정 간격으로 맞물리게 제작한다.

㉣ 라셀 그물감 : 일정한 굵기의 실로 뜨개질하듯 제작한다.

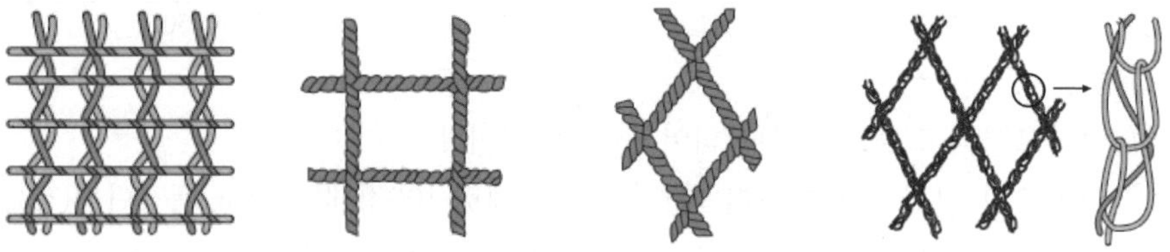

[엮는 그물감] [여자 그물감] [관통형 그물감] [라셀 그물감]

(3) 그물감 붙이기

① 기워붙이기 : 그물감을 분리시킬 필요가 없을 때, 접합부에 완전한 그물코가 형성되도록 하여 붙이는 방법이다.

② 항쳐붙이기 : 그물을 분리할 필요가 있을 때를 대비하여 떼어 내기 쉽도록 붙이는 방법이다.

5 어업기기

(1) 어업기기의 조건

① 취급과 운용이 편리하여야 한다.

② 튼튼하고, 동하중에 대한 강도가 커야 한다.

③ 해수에 대한 내식성이 커야 한다.

④ 조정이 신속하고 확실하여야 한다.

⑤ 내진성이 커야 한다.

[어업기기의 분류]

수중정보 수집장치	소나, 어군탐지기, 네트레코드, 네트존데 등
어구조작용 기계장치	양승기, 양망기, 권양기, 트롤 윈치, 죔줄 윈치 등
어획장치	자동 조상기 등
어획보조장치	집어등, 어선의 살수장치, 물돛 등
어획물 처리 및 이송장치	선별기, 컨베이어 시스템, 피시펌프 등

(2) 어군탐지장치

① 어군탐지기

㉠ 초음파의 직진성·등속성·반사성을 이용하여 해저의 형태·수심·어군에 관한 정보를 알아내는 수직 어군탐지장치를 말한다.

㉡ 어군탐지기에 사용되는 음파는 28kHz~200kHz의 주파수의 범위를 가진다.

㉢ 자갈 등 단단한 저질은 펄에서보다 음파가 강하게 반사되어 선명하게 기록되며, 펄은 단단한 저질보다 해저 기폭의 폭이 두껍게 기록된다.

② 소나 : 어군탐지기와 마찬가지로 초음파를 이용하지만, 소나는 수평 방향의 어군을 탐지하는 데 용이하다.

(3) 어구관측장치(전개 상태 감시장치)

① 네트 리코더 : 트롤 어구 입구의 전개 상태, 해저와 어구와의 상대적 위치, 어군의 양 등을 알 수 있다.

② 전개판 감시장치 : 전개판 사이의 간격을 측정하는 장치이다.

③ 네트존데선망 : 어선에서 그물이 가라앉는 상태를 감시하는 장치이다.

(4) 어구 조작용 기계장치

① 양승기 : 주낙(연승) 어구의 모릿줄을 감아올리기 위한 장치이다.

② 양망기 : 그물 어구를 감아올리기 위한 장치이다.

③ 사이드 드럼

㉠ 여러 종류의 줄을 감아올리기 위한 장치로, 기선저인망 어선의 끌줄이나 후릿줄을 감아올리는 데 필수 장치이다.

㉡ 기관실 벽 좌우에 한 개씩 장치되어 있다.

㉢ 소형 연근해 어선에 널리 사용된다.

④ 트롤 윈치

㉠ 트롤 어구의 끌줄을 감아올리기 위한 장치이다.

㉡ 좌우 현에 두 개의 주 드럼(줄 감기)과 주 드럼 앞쪽에 위치한 와이어 리더(로프 감기)로 구성되어 있다.

⑤ 데릭 장치

선박에 화물을 적재하거나 양륙하는 작업에 쓰이는 하역 장치이다.

※ 공선식 트롤선 : 어장이 멀어짐에 따라 채산성을 높이기 위해 어장에 장기간 머물면서 어획물을 선내에서 완전히 처리·가공할 수 있는 설비가 갖추어진 어선이다. 공선식 트롤선은 급속냉동·통조림·펠릿·어분 등의 제조 및 가공 시설을 선내에 갖추고 있다.

04 해역별 어업

1 근해어업

(1) 근해형망어업

① 형망은 해저 부근의 모래나 펄에 서식하는 조개류를 포획하는 어업이다.

② 어구는 일정한 크기의 틀에 자루그물을 붙이고 해저 밑바닥을 긁어서 조개를 어획한다.

③ 형망 틀은 대상 패류 또는 해역 따라 조금씩 다르나, 가로 270~300cm, 세로(높이) 30cm 내외의 크기로 제작하며, 망지는 주로 PE 57mm 망목의 그물감을 사용하고 있다.

[근해형망어업]

(2) 잠수기어업

① 잠수기어업은 사람이 직접 물속으로 들어가 대상 생물을 확인한 다음 칼, 갈고리 등 간단한 도구를 이용하여 포획하는 것으로, 각종 잠수 장비를 착용하고 선박으로부터 공기를 공급받으면서 조업한다.

② 공기 공급 방법은 이전에는 수동 펌프를 사용하였으나 현재는 에어 컴프레서(Air-compressor)를 주로 사용하고 있다.

③ 채취 도구도 수역에 따라 분사기를 사용할 수 있으며, 분사기 사용시에는 어획 대상 패류의 종류(개조개, 키조개, 왕우럭, 코끼리조개, 바지락, 개불)와 분사기의 마력(8마력 이하)이 제한된다.

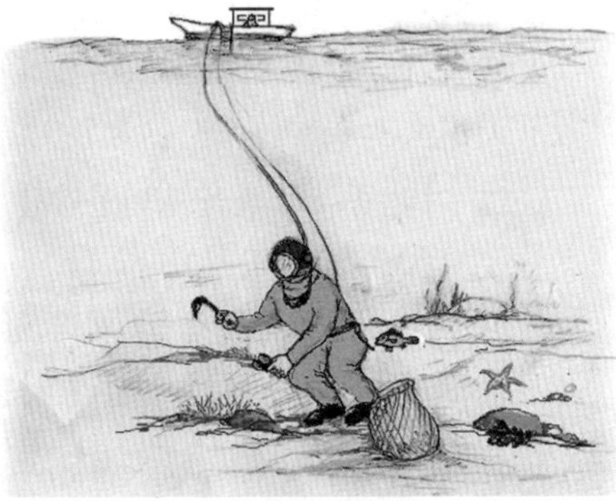

[잠수기어업]

(3) 근해자망어업

① 자망(걸그물)은 긴 띠 모양의 사각형 어구로서 어군이 다니는 어도에 부설하여 대상물이 그물코에 꽂히도록 하여 어획한다.

② 그물감은 유연성이 좋고 망목 크기가 균일하여야 하며 그물코의 매듭은 잘 밀리지 않는 막매듭을 사용한다.

③ 어구의 재질은 나일론 그물감을 많이 사용하고 있으며 망목 크기는 대상 어종에 따라 각기 달리 사용하고 있다.

(4) 근해안강망어업

① 안강망은 조류가 빠른 수역에서 날개가 없는 긴 자루그물이 있는 어구를 닻으로 고정 부설하여 두고 어류 등이 조류에 밀려 자루그물로 들어가게 하여 어획한다.

② 안강망의 망구 전개장치로는 과거에는 나무나 철파이프로 제작된 암해와 수해를 사용하였으나, 최근에는 어구의 입구 좌우에 범포식 전개장치를 부착하여 망구를 전개시키고 있다.

③ 근해 안강망의 어선의 크기는 8톤 이상 90톤 미만이며 주로 우리나라 남해 서부 및 서해안 등에서 조업하고 있고 갈치, 조기, 꽃게, 멸치 등을 어획한다.

(5) 근해통발어업

① 통발은 철사, 철봉 등으로 제작된 여러 가지 형태의 고정 틀에 그물감을 씌우고 상면 또는 측면에 1~4개의 입구를 설치한 어구이며 미끼로 대상 생물을 유인하여 어획한다.

② 통발은 우리나라 전국 연안에서 행해지고 있다. 주요 대상 어종은 동해안에서는 북쪽분홍새우, 문어, 물레고둥, 붉은대게 등이고, 서해안에서는 꽃게, 민꽃게, 조피볼락, 쥐노래미, 피뿔고둥 등이며, 남해안에서는 꽃게, 문어, 붕장어, 골뱅이 등이다.

③ 통발의 크기와 형상은 대상 어종에 따라 다르며, 미끼는 주로 고등어, 정어리, 멸치 등을 사용하고 있다.

(6) 근해주낙(연승)어업

① 주낙(연승)은 대상 생물을 일시에 여러 마리 잡기 위하여 모릿줄에 일정한 간격으로 여러 가닥의 아릿줄을 달고, 아릿줄마다 낚시 1개씩을 달아 수평으로 어구를 부설하여 대상 생물을 낚아 올리는 것을 말한다.

② 일반적으로 해저에 서식하는 어종을 대상으로 할 때에는 고정 주낙, 표・중층성 어종을 대상으로 할 때는 흘림 주낙을 사용한다.

③ 주낙은 우리나라 전국 연안에서 행해지고 있으며 사용 미끼는 대상어종에 따라 다르나, 오징어, 꽁치, 양미리, 정어리 등을 사용하고 있다.

④ 우리나라에서 행해지고 있는 주요 주낙 어업은 옥돔, 갈치, 가자미, 붕장어, 복어, 홍어 등이 있다.

(7) 근해채낚기어업

① 채낚기 어업은 주로 주광성 어종을 어획 대상으로 한다. 낚싯줄에 여러 개의 낚시를 달고 낚싯(모릿)줄 끝에 추를 달아 어구를 상승·하강시키면서 대상생물이 낚시에 걸리도록 하여 어획한다.

② 채낚기 어선에서는 어획 효율을 증대시키기 위하여 별도의 발전기와 집어등을 설치하며 선박이 해·조류를 따라 낚시와 함께 흘러가도록 물돛을 사용하고 있다.

③ 집어등은 낚시가 배의 그늘진 부분에 들어가도록 선박 중앙선 부분에 설치하며 대부분 갑판으로부터 약 2m 상부에 설치하고 있다. 사용 집어등의 광력 기준은 어선 톤수에 따라 다르며 선박이 클수록 집어등 광력이 높다.

④ 채낚기 어선은 동해안 및 남해안에서 주로 오징어와 갈치를 대상으로 조업이 이루어지고 있다.

(8) 기선권현망어업

① 기선권현망어업은 표·중층성 어종인 멸치를 주로 어획 대상으로 하여 조업하고 있다.

② 기선권현망은 망선 2척, 어탐선 1척, 가공(운반)선 2척으로 구성되어 선단조업을 하며 자루그물 앞에 긴 날개그물이 달린 어구 1통을 망선 2척이 예망하여 어획한다.

③ 그물은 크게 오비기, 수비, 자루그물로 되어 있고, 이 중에서 날개그물인 오비기와 수비는 어군을 위협하여 어군을 자루그물 속으로 몰아넣는 역할을 하며 그물코가 매우 큰 것을 사용한다.

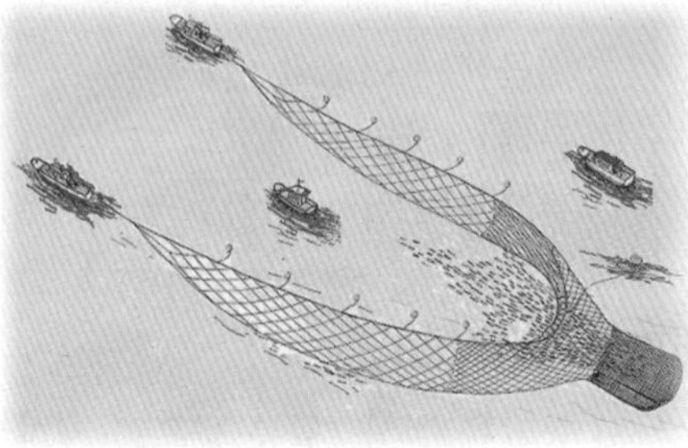

[기선권현망어업]

④ 자루그물은 멸치가 빠져 나가지 못할 정도의 매우 작은 그물코로 된 여자망을 주로 사용한다. 또한, 멸치는 육질이 약하여 빨리 상하므로 어획된 멸치는 가공선에서 자숙하여 육지로 운반·건조한다.

(9) 외끌이저인망어업

① 외끌이저인망어업은 저층에 서식하는 어류나 갑각류, 연체동물 등을 어획 대상으로 하며 어선 1척이 양측에 날개그물이 달린 자루그물을 투망한 다음 후릿줄로 대상 생물을 그물 속에 몰아넣어 어획한다.

② 어구의 형태는 쌍끌이 기선저인망이나 저층 트롤망과 유사하지만 조업방법에 차이가 있다.

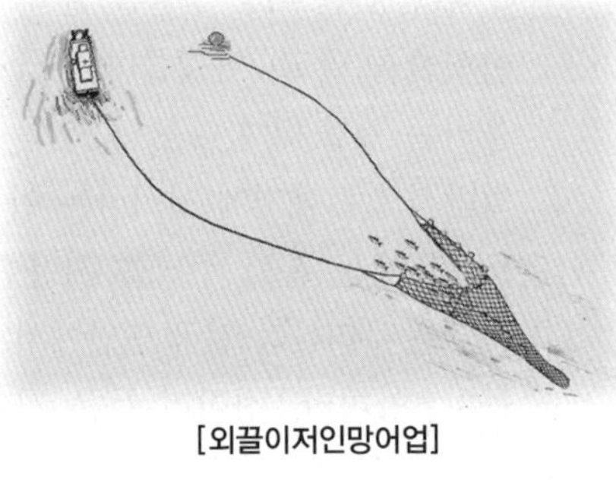

[외끌이저인망어업]

③ 외끌이 기선저인망은 투망할 때 부표를 던지고 후릿줄과 끌줄을 마름모꼴 또는 삼각형으로 투하한 다음 투망 시 던진 부표를 건지고 끌줄을 예인하여 끌줄과 후릿줄이 오므라들면서 포위된 어군이 자루그물 속으로 들어가도록 한다.

④ 자루그물은 거의 이동하지 않으므로, 끌줄과 후릿줄에 의해 포위된 어군만 어획이 가능하다. 따라서 끌줄과 후릿줄이 어획에 미치는 영향은 매우 크며, 어군의 포위면적을 크게 하기 위하여 쌍끌이 기선저인망이나 저층 트롤보다 훨씬 긴 줄을 사용한다.

⑤ 어군을 효과적으로 그물 속으로 몰아넣기 위하여 끌줄과 후릿줄이 어군보다 빨리 오므라들지 않도록 후릿줄에 작은 체인을, 후릿줄과 끌줄 사이에 큰 체인을 달아 사용하며, 갑판에 잘 사려지는 굵은 섬유로프나 컴파운드 로프를 주로 사용한다.

(10) 쌍끌이저인망어업

① 쌍끌이저인망어업은 1개의 자루그물을 2척의 선박이 끌줄을 1개씩 잡고 일정한 거리를 유지하면서 일정 시간 동안 예망하여 어획한다.

② 자루그물의 구성은 등판, 밑판, 옆판으로 되어 있으며 양쪽 옆판의 앞쪽에 날개 그물이 있다.

[쌍끌이저인망어업]

③ 날개 그물 앞쪽에는 그물 목줄과 갯대를 부착하여 날개그물이 잘 벌어지도록 하고 그 앞에 후릿줄과 끌줄을 연결한다.

④ 후릿줄은 어군을 위협하여 자루그물 속으로 몰아넣는 역할을 하므로 가급적 직경이 굵은 컴파운드 로프 등을 사용하며, 끌줄은 높은 장력에 견디는 와이어로프를 사용한다.

(11) 트롤어업

① 해저 부근에 서식하는 어류, 갑각류, 연체동물 등을 어획 대상으로 한다. 어구는 긴 자루그물 양측에 날개 그물이 붙어 있고, 각 날개 그물 앞쪽에는 후릿줄, 전개판, 끌줄이 부착되어 있으며 어선 1척이 어구를 끌어서 대상 생물을 어획한다.

② 자루그물의 입구 및 날개그물의 상부에는 뜸을, 하부에는 발돌을 달아 입구가 상하로 벌어지도록 하고, 양쪽 날개그물 앞쪽에 부착한 전개판이 예망 시 유체력에 의하여 좌우로 벌어지도록 한 것이다.

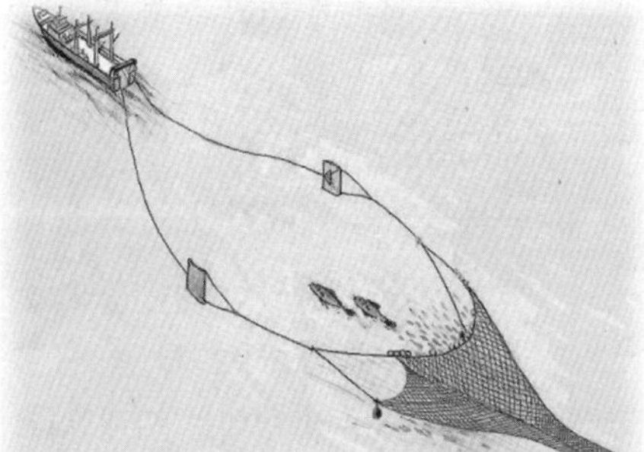

[트롤어업]

③ 그물의 구성은 일반적으로 등판, 밑판, 옆판, 날개그물로 되어 있으며, 등판과 밑판 및 옆판의 수에 따라 4매망, 6매망, 8매망 등으로 부른다. 또한, 8매망 이상을 세미 점보망, 12매망 이상을 점보망이라고 부르기도 한다.

④ 우리나라에서는 어선의 규모가 60톤 이상 140톤 미만(구 톤수 80톤 이상 170톤 미만)을 대형 트롤 어업으로 분류하고 있다. 중형트롤어업은 어선의 규모가 20톤 이상 60톤 미만(구 톤수 20톤 이상 80톤 미만)이며 동해안에서 트롤 어구를 사용하여 도루묵, 가자미, 청어, 임연수어, 오징어, 명태 등을 잡는 어업을 말한다.

(12) 선망어업

① 긴 사각형의 그물로 어군을 둘러쳐 포위한 다음 발줄 전체에 붙어 있는 조임줄을 조여 어군이 그물 아래로 도피하지 못하도록 하고 포위 범위를 점차 좁혀 대상 생물을 어획한다.

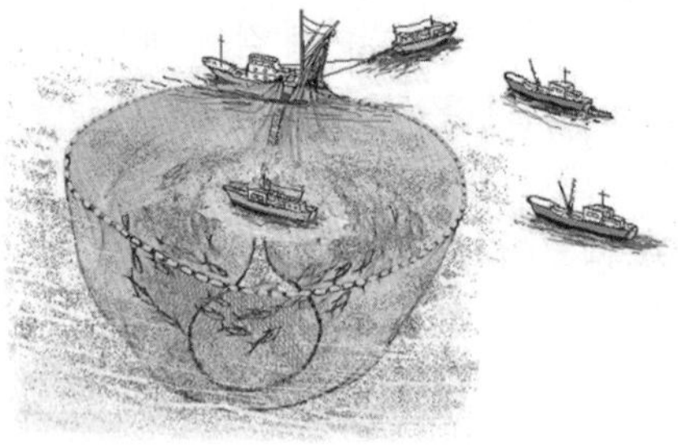
[선망어업]

② 조업 방법 또는 대상 생물에 따라 그물의 모양이 약간 차이는 있으나 대부분 날개그물, 몸그물, 고기받이로 구성된 긴 네모꼴 형태이며 상부에는 뜸을, 하부에는 발돌을 달아 수직으로 전개되도록 하고, 발줄에 조임 고리와 조임 줄을 장치하여 어군을 포위한 다음 조임줄을 조여 어군이 그물 아래로 도피하지 못하도록 한다.

③ 우리나라에서 고등어, 전갱이 등을 주요 어획 대상으로 하고 있으며 건착망이라고도 한다.

(13) 근해들망어업

① 들망어업은 정착성 생물이나 환경에 따라 한 곳에 오랫동안 머무르는 습성이 있는 어류를 대상으로 조업한다.

② 어구는 물속에 미리 수평 또는 수직으로 부설하여 두고 대상생물이 그 위에 오면 신속히 들어 올려 어획한다.

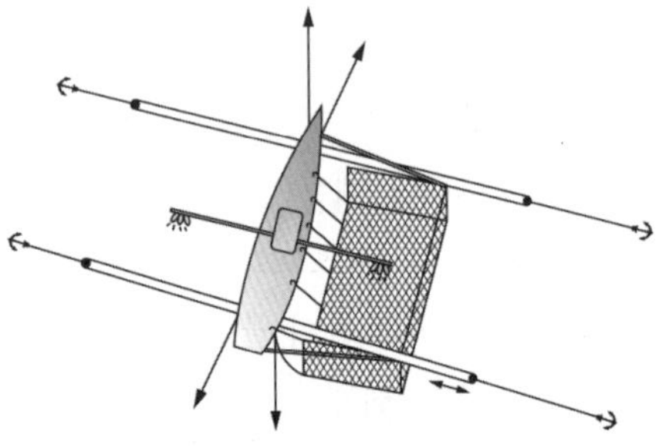
[근해들망어업]

③ 근해들망의 대표적인 어구 형태로는 화살꼴뚜기 등을 대상으로 하는 채들망과 꽁치를 대상으로 하는 원양 봉수망이 있다.

④ 채들망 어구의 형태는 까래그물, 날개그물, 고기받이로 되어 있으며 전체 모양은 한 면이 트인 상자형이다.

2 연안어업

(1) 외줄낚시어업

① 외줄낚시는 낚싯줄 한 가닥에 낚시 1개 또는 여러 개를 달아 대상생물을 어획하는 것으로 대부분 미늘이 있는 낚시를 사용한다. 미끼는 자연산 새우 등을 사용하는 경우와 비닐이나 가죽 등으로 만든 속임낚시를 사용하는 경우가 있다.

② 외줄낚시는 연안복합어업 허가를 가진 어선에서 조업한다. 주요 대상 어종은 동해안에서는 가자미, 문어, 서해안에서는 농어, 조피볼락, 쥐노래미, 남해안에서는 참돔, 농어, 방어, 볼락 등이다.

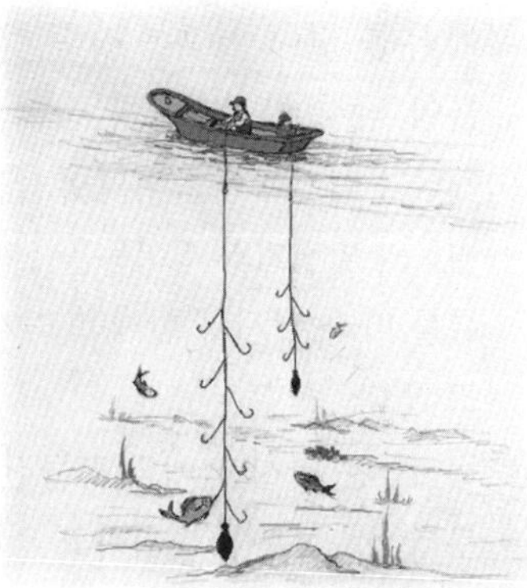

[외줄낚시어업]

③ 미끼는 지역 또는 대상 어종에 따라 다르다. 동해안에서는 문어를 대상으로 청어, 꽁치, 돼지비계를, 서해안에서는 조피볼락을 대상으로 미꾸라지, 농어를 대상으로 미꾸라지, 중하, 꽃새우를, 남해안에서는 감성돔, 농어, 방어, 볼락, 참돔을 대상으로 살아있는 새우를 사용하고 있으며, 동해안에서 대구를 대상으로 할 경우에는 속임낚시를 사용하고 있다.

(2) 끌낚시어업

① 끌낚시는 회유성 어종 중에서 탐식성이 있고 공격적인 어종을 주 대상으로 하며 낚싯줄에 낚시 1개 또는 여러 개를 달아 예인하면서 대상물이 낚시에 걸리도록 하여 잡는 것이다.

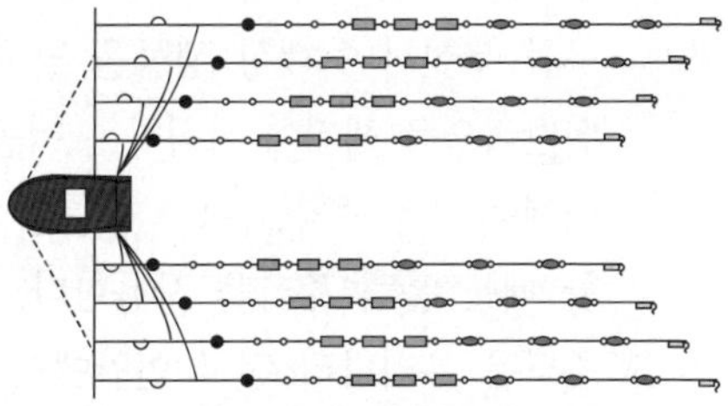

[끌낚시어업]

② 우리나라에서는 과거부터 주로 표층 회유성 어종을 대상으로 조업하고 있으며 선박 양측에 뻗힘대를 내고 뻗힘대마다 낚싯줄 3~4개를 연결하고 각 낚싯줄 끝에 속임낚시 1개를 달아 조업하고 있다.

③ 최근에는 표층 회유성 어종뿐만 아니라 중·저층 회유성 어종을 동시에 잡기 위하여 낚싯줄 하나에 여러 가닥의 낚시가 달린 아릿줄을 연결하고, 낚싯줄 중간에 무거운 납추를 여러 개 달아 예인 시 낚싯줄이 경사지도록 하여 조업하고 있다.

④ 끌낚시는 우리나라 서·남해안에서 삼치, 방어, 농어를 주 대상으로 조업이 행해지고 있으며, 미끼는 플라스틱이나 깃털을 이용한 속임낚시를 사용하고 있다.

(3) 채낚기어업

① 채낚기어업은 주로 주광성 어종을 어획 대상으로 한다. 낚싯줄에 여러 개의 낚시를 달고 모릿줄 끝에 추를 달아 어구를 상승, 하강시키면서 대상생물이 낚시에 걸리도록 하여 잡는다.

② 채낚기 어선에서는 어획 효율을 증대시키기 위하여 별도의 발전기와 집어등을 설치하며 선박이 해·조류를 따라 낚시와 함께 흘러가도록 물돛을 사용하고 있다.

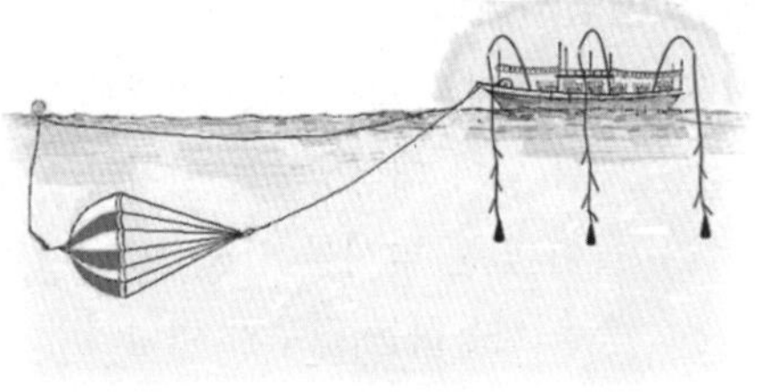

[채낚기어업]

③ 집어등은 낚시가 배의 그늘진 부분에 들어가도록 선박 중앙선 부분에 설치하며 대부분 갑판으로부터 2m 상부에 설치하고 있다. 사용 집어등의 용량은 어선 톤수에 따라 다르며 선박이 클수록 집어등 광력은 높다.

④ 우리나라 채낚기 어선은 동해안 및 남해안에서 주로 오징어와 갈치를 대상으로 조업이 이루어지고 있다.

(4) 주낙(연승)어업

① 주낙은 대상 생물을 일시에 여러 마리 잡기 위하여 모릿줄에 일정한 간격으로 여러 가닥의 아릿줄을 달고, 아릿줄마다 낚시 1개씩을 달아 수평으로 어구를 부설하여 대상 생물을 낚아 올린다.

② 일반적으로 해저에 서식하는 어종을 대상으로 할 때에는 고정 주낙을, 표·중층성 어종을 대상으로 할 때는 흘림 주낙을 사용한다.

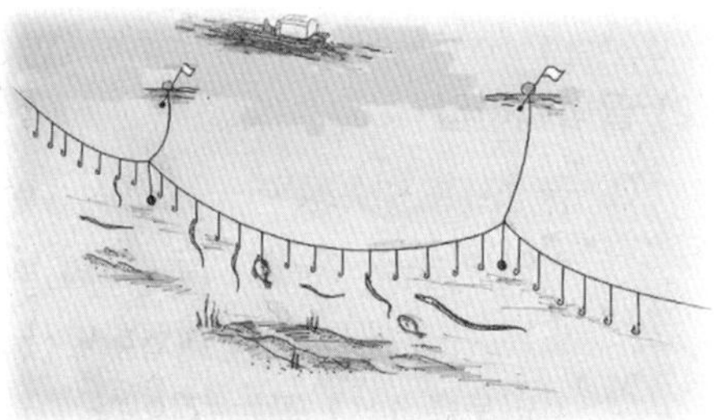

[주낙(연승)어업]

③ 주낙은 우리나라 전국 연안에서 행해지고 있다. 주요 대상 어종은 동해안에서는 가자미, 복어, 명태, 붕장어 등이고, 서해안에서는 넙치, 농어, 조피볼락, 돔류 등이며, 남해안에서는 갈치, 갯장어, 낙지, 농어, 도다리, 복어, 붕장어, 쥐노래미, 홍어 등이다.

④ 사용 미끼는 동해안에서는 가자미를 대상으로 할 경우에는 갯지렁이, 복어를 대상으로 할 경우에는 정어리, 꽁치를 사용하며, 서해안에서는 농어, 넙치, 참돔 등을 대상으로 할 경우에는 꽃새우, 미꾸라지 등을 사용하고 있다. 남해안에서는 장어류를 대상으로 할 경우에는 전어 또는 정어리를, 참돔, 농어, 돔류를 대상으로 할 경우에는 활새우를, 낙지를 대상으로 칠게를 사용하고 있다. 기타 사용되는 미끼는 고등어, 꽁치, 멸치, 개불 등이 사용되고 있다.

(5) 통발어업

① 통발은 철사 등으로 제작된 여러 가지 형태의 고정틀에 그물감을 씌우고 상면 또는 측면에 1~4개의 입구를 설치한 어구이며 미끼로 대상생물을 유인하여 어획한다.

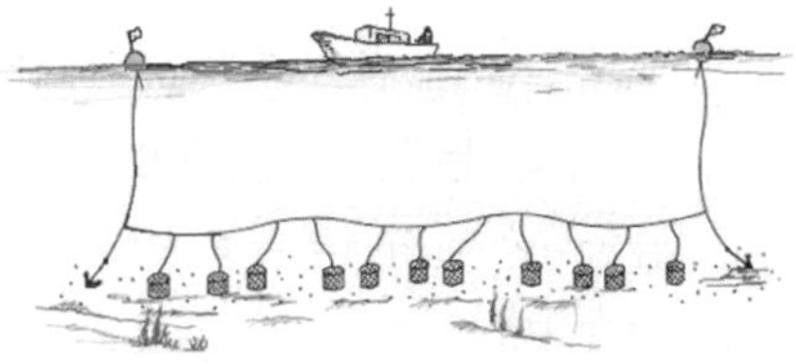

[통발어업]

② 통발은 우리나라 전국 연안에서 행해지고 있다. 주요 대상 어종은 동해안에서는 북쪽분홍새우, 문어, 물레고둥, 붕장어, 붉은대게 등이고, 서해안에서는 꽃게, 민꽃게, 조피볼락, 쥐노래미, 피뿔고둥 등이며, 남해안에서는 꽃게, 낙지, 문어, 꼼치(물메기), 붕장어 등이다.

③ 통발의 크기와 형상은 대상 어종에 따라 다르며, 미끼는 주로 고등어, 정어리, 멸치 등을 사용하고 있다.

(6) 자망어업

① 자망(걸그물)은 긴 띠 모양의 사각형 어구로서 어군이 다니는 어도에 부설하여 대상물이 그물코에 꽂히도록 하여 어획한다.

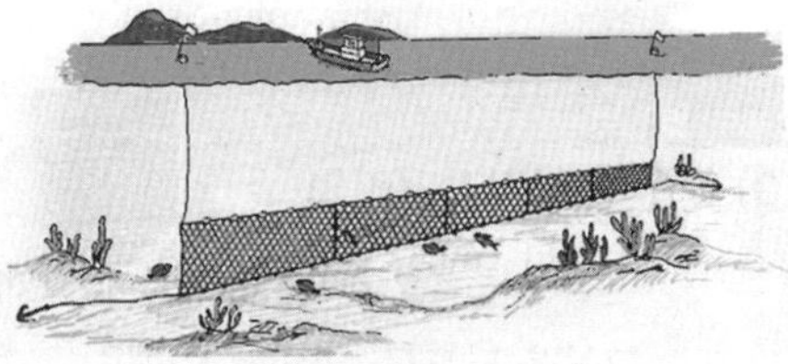

[자망어업]

② 그물감은 유연성이 좋고, 그물코의 매듭은 잘 밀리지 않는 막매듭을 사용하고 있다.

③ 자망은 우리나라 전국 연안에서 행해지고 있다. 주로 동해안에서 가자미, 꽁치, 까나리, 대게, 명태, 서해안에서 꽃게, 대하, 가오리, 남해안에서 가자미, 참조기, 삼치, 멸치, 전어 등을 어획한다.

④ 어구의 재질은 나일론 그물감을 많이 사용하고 있으며 대상 어종에 따라 망목 크기는 각기 달리 사용하고 있다.

(7) 들망어업

① 들망은 수면 아래에 그물을 펼쳐두고 대상 생물을 그물 위로 유인한 다음 그물을 들어 올려 어획한다.

② 남해안 등에서 자리돔, 숭어, 멸치 등을 대상으로 조업한다. 조업에 사용하는 어선의 수는 통당 3척의 어선을 사용하는 3척 들망과 1척이 조업하는 들망이 있다.

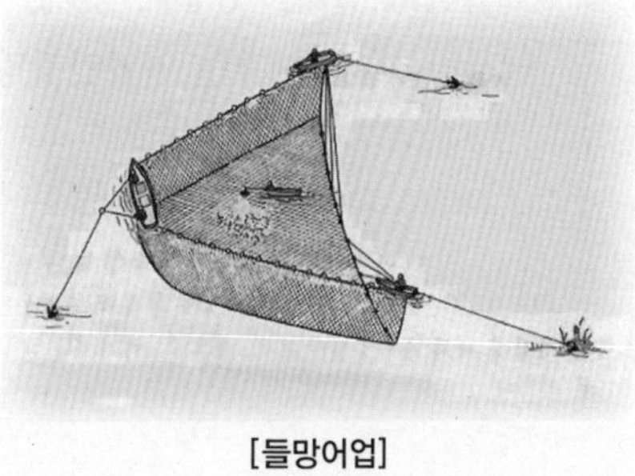

[들망어업]

(8) 분기초망어업

① 분기초망은 표·중층에 회유하는 멸치를 집어등으로 유집한 후 긴 자루그물을 대상물 밑으로 이동시켜 어획하는 것으로 제주 연안에서는 쌍챗대식, 경남·부산 일원에서는 외챗대식 조업을 하고 있다.

② 멸치군의 유집에는 1~2kW용 집어등을 사용하며, 5~7톤급 어선에 7~8명의 선원이 승선하여 야간에 조업하고 있다.

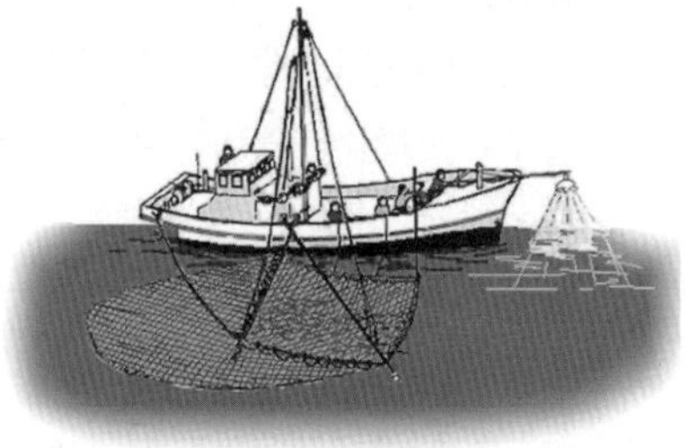

[분기초망어업]

(9) 연안조망어업

① 조망 어업은 해저의 바닥 부근 또는 바닥 아래에 서식하는 꽃새우를 어획 대상으로 한다.

② 어구는 자루그물과 날개그물로 구성되어 있다. 어구 전개를 위하여 어구의 양쪽 날개그물 끝부분에 빔(Beam)을 부착하며 동력선 1척이 어구를 일정 시간 예망하여 어획한다.

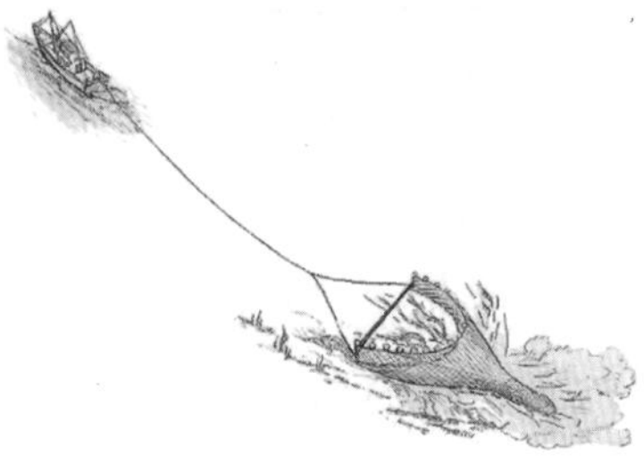

[연안조망어업]

(10) 연안개량안강망어업

① 안강망은 조류가 빠른 수역에 날개가 없는 긴 자루그물을 닻으로 고정 부설하여 두고 조류에 밀려 자루그물로 들어간 어류 등을 어획한다.

② 안강망의 망구 전개장치로 과거에는 나무나 철 파이프로 제작된 암해와 수해를 사용하였으나, 최근에는 어구의 좌우 입구에 범포식 전개장치를 사용하여 어구를 전개시키고 있다.

[연안개량안강망어업]

③ 안강망은 주로 우리나라 남해서부 및 서해안에서 조업하며 멸치, 젓새우, 꽃게, 꽃새우, 아귀 등을 어획 대상으로 하고 있다. 연안 어업에서 안강망 어업 허가는 연안안강망과 연안개량안강망으로 구분된다.

(11) 연안선망어업

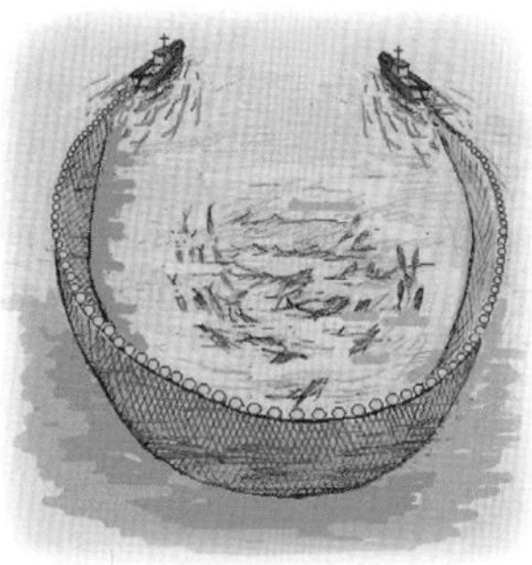

[연안선망어업]

① 연안선망은 표층 또는 중층 부근에 군을 형성하여 회유하는 어류를 어획 대상으로 한다. 조업 방법은 긴 네모꼴의 그물을 사용하여 어군을 둘러싸서 가둔 다음 그물의 포위범위를 좁혀 어획한다.

② 연안선망은 전어, 멸치를 주 어획대상으로 하여 2~8톤급의 어선에 7~8명의 선원이 승선하여 조업하고 있다.

(12) 문어단지어업

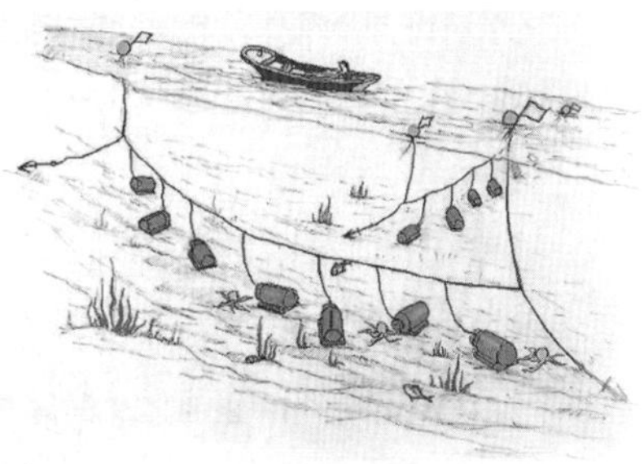

[문어단지어업]

① 구멍에 숨는 문어의 습성을 이용하여 과거에는 토기로 된 단지를 사용하였으나, 최근에는 플라스틱으로 된 단지를 사용하여 어획하고 있으며 미끼는 사용하지 않는다.

② 플라스틱 문어단지는 해·조류에 의한 단지의 움직임으로 인해 문어가 위협받는 것을 방지하기 위해 단지의 한쪽 부분에 시멘트를 채워 침강력을 주고 있으며, 문어가 잘 들어갈 수 있는 크기로 제작되어 있다.

③ 문어단지에는 연체동물인 문어, 낙지, 주꾸미가 어획되며, 2~8톤급 선박에 2~4명이 승선하여 조업한다.

(13) 주꾸미소호어업

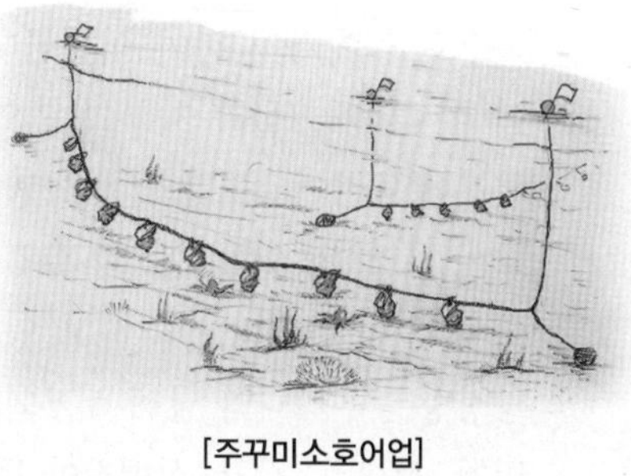

[주꾸미소호어업]

① 수심이 얕고 저질이 사니질인 곳에서 피뿔고둥 껍데기와 같은 패각 속에 숨어서 서식 또는 산란하는 주꾸미의 습성을 이용하여 모릿줄에 일정한 간격으로 피뿔고둥 껍데기를 달아 투승하였다가 그 속에 들어간 주꾸미를 어획한다.

② 패각으로는 피뿔고둥 껍데기를 주로 많이 사용하고 있으나, 플라스틱으로 제작된 것도 일부 지방에서 사용하고 있다.

③ 어구 부설은 주낙과 같은 형태로 부설되며, 어획효율을 높이고 피뿔고둥 껍데기에 붙은 따개비 등을 제거하기 위해 어구를 15일마다 육상에 올려서 말린다.

(14) 연안선인망어업

연안 선인망은 표층에 군집하여 회유하는 멸치를 대상으로, 통당 2척의 어선이 1조를 이루어 주간에 조업하고 있다. 연안 선인망은 강원도 연안에서 허가되어 있다.

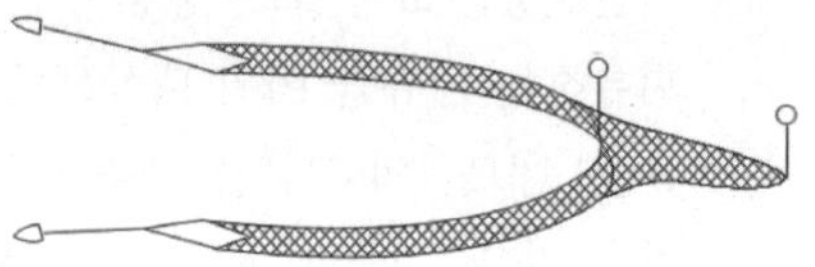

[연안선인망어업]

3 구획어업

(1) 지인망어업

① 지인망은 연안 가까이 내유하는 어군을 대상으로 조업한다. 날개그물과 자루그물이 달린 어구를 투망한 다음 육지에서 양쪽 날개그물을 끌어올려 어획한다.

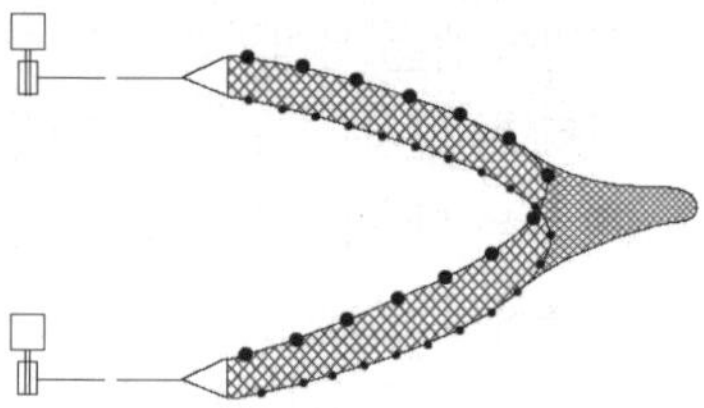

[지인망어업]

② 경북 연안에서는 멸치를 대상으로 조업하고 있으며, 어구 투망은 무동력선 또는 동력선을 사용하고 있다.

③ 양망은 종래에는 인력으로 하였으나 지금은 양망 기계장치를 육지에 설치하여 사용하는 지역도 있다.

(2) 낭장망어업

① 낭장망은 조석·간만의 차가 큰 해역에서 날개그물이 있는 긴 자루그물을 닻 또는 항목으로 고정 부설하여 두고 조류를 따라 대상 생물이 자루그물 속으로 들어가게 하여 어획한다.

② 어구는 날개그물과 자루그물 입구 상부에 뜸을, 하부에 와이어로프나 발돌을 달아 상하로 전개되도록 하고, 양 날개그물 앞쪽에 닻이나 항목을 박아 좌우로 전개되도록 하고 있다.

③ 낭장망은 우리나라 남해 서부와 서해안 해역에서 멸치, 젓새우, 갈치, 실뱀장어 등을 대상으로 조업하고 있다.

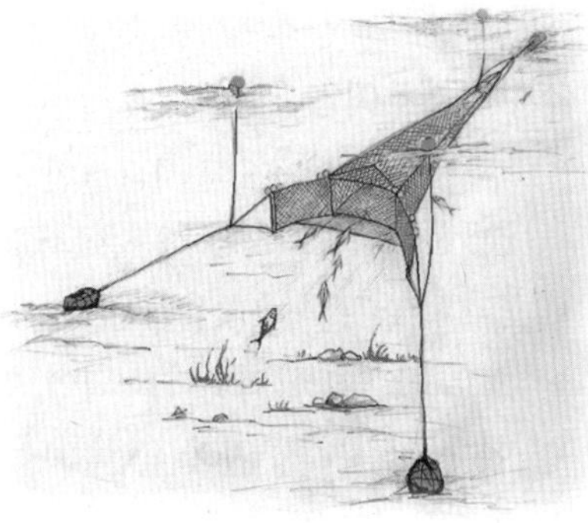

[낭장망어업]

(3) 주목망어업

① 주목망은 조석・간만의 차가 큰 해역에 날개그물이 없는 긴 자루그물을 항목 등으로 고정하여 어구를 부설한 다음 조류를 따라 회유하던 대상생물이 자루그물 속으로 들어가도록 하여 어획한다.

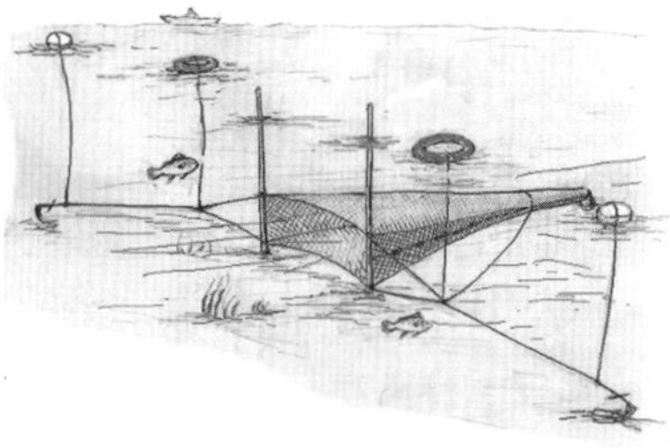

[주목망어업]

② 과거에는 자루그물 입구 좌우에 직접 말목을 박고 자루그물 끝 부분에도 말목을 박아 고정 부설하여 밀물이나 썰물 중 한번만 물살을 받아 어획할 수 있도록 되어 있었다.

③ 최근에는 자루그물 입구 양측에 뻗침대를 대고 뻗침대에서 목줄과 멍줄 또는 닻줄을 내어 어구를 고정하고 자루그물의 끝 부분은 고정하지 않아 그물입구가 조류방향에 따라 전개방향이 바뀔 수 있도록 하였다. 목줄과 멍줄 또는 닻줄 사이에 뜸을 달아 뜸줄 길이로 어구의 전개 수층을 조정할 수 있도록 되어 있다.

④ 주목망은 우리나라 남해 서부 및 서해안의 수심 40m 이하의 해역에서 젓새우, 꽃게, 중하 등을 어획 대상으로 조업하고 있다.

(4) 건간망어업

① 건간망은 조석간만의 차가 큰 해역에서 간조시 바닥이 드러나거나 수심이 아주 얕아지는 곳에 고정목을 박아 그물을 쳐 놓았다가 밀물 때 조류를 따라 들어온 대상생물이 썰물 때 그물에 갇히도록 하여 잡는 것이다.

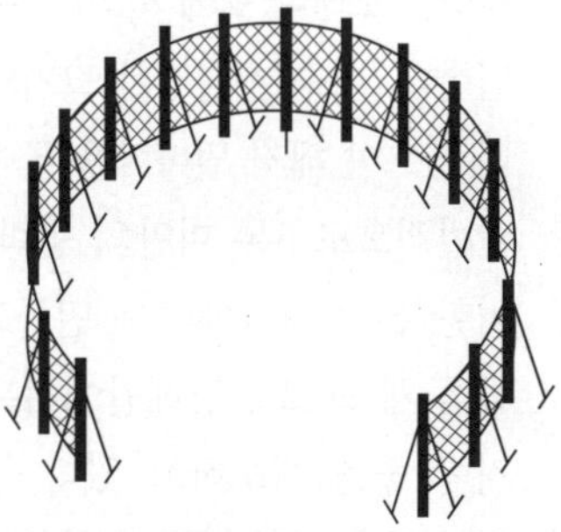

[건간망어업]

② 그물은 조류 방향에 대해 가로질러 부설하며 부설형태는 지방에 따라 다소 다르나, 대부분 활모양으로 하며 바닥에 골이 진 곳에서는 V자형에 가깝도록 부설하기도 한다.

(5) 승망류어업

① 승망은 길그물과 통그물로 구성되어 있으며, 통그물은 헛통과 자루그물(고리테 그물)로 구성되어 있다.

② 대상생물은 길그물에 의하여 헛통으로 유도되고 헛통에 머물던 어류 등은 긴 자루그물로 들어가 어획된다.

③ 최근 수산업법의 개정으로 승망류 어업의 경우에는 호망, 각망, 승망의 사용이 가능하다.

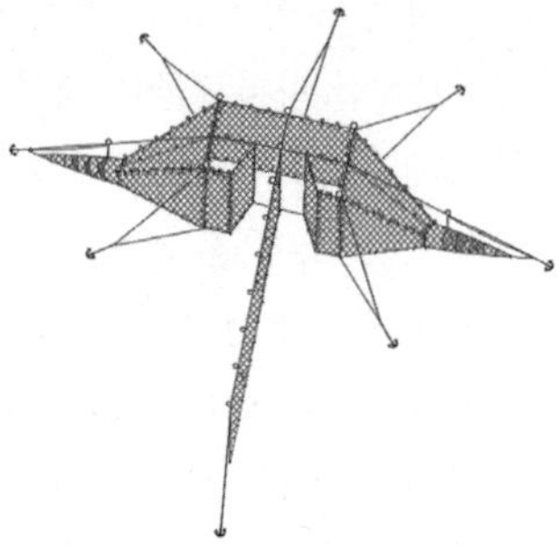

[승망류어업]

④ 각망의 경우 과거에는 헛통의 모양을 3각형, 4각형 등으로 하고 각 모서리에 자루그물을 달아 사용하였으므로 헛통의 모양에 따라 3각망, 4각망, 5각망이라고 하였다. 헛통의 수와 자루그물의 수가 일치하지 않는 경우도 있으므로 헛통에 붙어 있는 자루그물의 수에 따라 이각망, 삼각망, 사각망 등으로 구분하기도 한다.

⑤ 승망류 어구로는 숭어, 방어, 농어, 넙치 등을 어획하고 있으며 어선은 5톤 미만의 소형어선을 주로 사용하고 있다.

(6) 형망어업

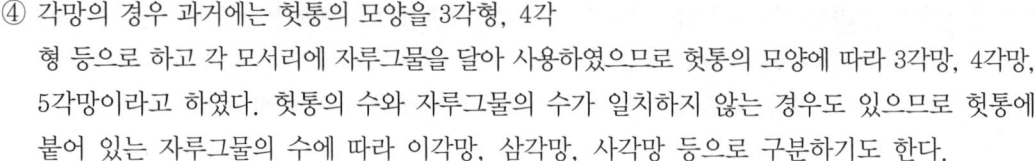

① 형망은 모래나 펄에 서식하는 조개류를 대상으로 조업한다. 어구는 일정한 크기의 틀에 자루그물이 달려 있으며 해저 밑바닥을 긁어서 조개를 어획한다.

② 일반적으로 5톤 미만의 동력 어선을 사용하여 조업한다. 동해안에서는 민들조개, 대합, 개량조개 등을 채포하고, 남해안에서는 피조개, 개조개, 바지락 등을 채포하고 있다.

[형망어업]

③ 형망 틀은 대상 패류에 따라 조금씩 다르나 대부분 가로 90~130cm, 세로(높이) 35~50cm 내외의 크기로 제작하여 사용하고 있다. 조업 시 척당 1~2개의 형망 어구를 동시에 끌어서 대상생물을 채포하고 있다.

(7) 새우조망어업

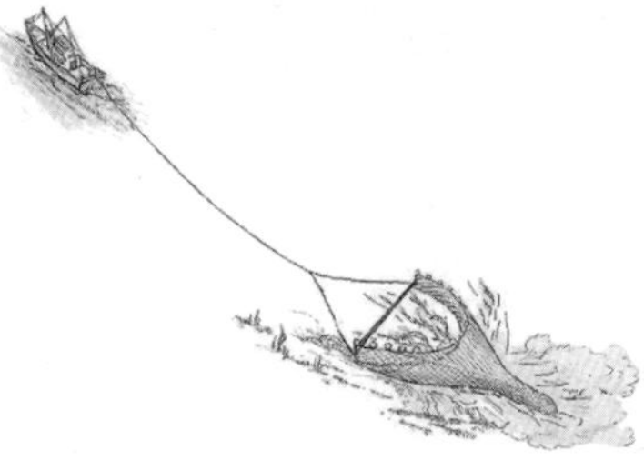
[새우조망어업]

① 새우조망어업은 해저의 바닥 부근 또는 바닥에 묻혀 서식하는 새우류를 어획 대상으로 한다.

② 어구는 자루그물과 날개그물로 구성되어 있다. 어구 전개를 위하여 어구의 양쪽 날개그물 끝부분에 빔(Beam)을 부착하며 동력선 1척이 어구를 일정 시간 예망하여 어획한다.

(8) 정치망어업

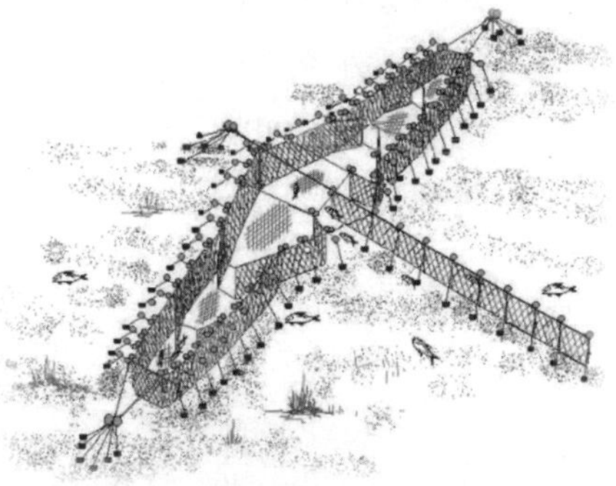
[정치망어업]

① 정치망은 면허 어업에 속하며, 정치성 어구(낙망류, 승망류, 죽방렴 등)를 설치하여 수산 동물을 포획하는 어업이다.

② 어구는 크게 어군의 통로를 차단 유도하는 길그물과 대상물을 어획하는 통그물로 구성된다.

③ 정치망은 다른 어구처럼 수시로 어장을 이동하여 부설하지 않고 한 장소에 고정 부설하여 1일 1~2회 통그물에 들어온 어구만 어획하는 어법이다. 동·남해안에서 회유성 어종인 방어, 숭어, 전어, 멸치, 오징어 등을 대상으로 조업하고 있고 가장 발달된 형태는 낙망이다.

④ 정치성 어구 중에서 죽방렴은 남해안의 수심 20~25m 되는 곳에 참나무로 V자형이 되도록 항목을 박고 물고기가 최종적으로 가두어지는 부분에 여자망 등의 그물감을 부착하여 조업하고 있다. 주로 어획되는 어종은 멸치, 전어 등이다.

CHAPTER 02

적중예상문제

01 다음 내용의 대처 방안으로 가장 적합한 것은?

> 우리나라의 수산업은 그 동안 국가 경제 발전 및 국민 건강 증진에 크게 기여하였다. 그러나 최근 200해리 배타적 경제수역 설정에 따른 원양 어장의 제약과 축소, 공해 조업에 대한 규제, 연근해 어장의 생산력 저하 등의 여러 가지 어려움에 직면하고 있다.

① 어업별 휴어기의 기간을 단축한다.

② 연근해 어선의 척수를 최대한 늘린다.

③ 인공어초 설치, 종묘 방류 등의 사업을 확대하여 자원을 조성한다.

④ 원양 어업을 축소하고 수산물의 수입량을 늘린다.

해설 수산 자원 관리

가입 관리	• 인공 수정란 방류 • 인공 부화 자치어 방류 • 인공 산란장 설치 • 고기의 길 설치 • 산란용 어미 방류 • 산란 어미 고기를 보호하기 위한 금어기와 금어구 설정 • 체장 · 망목제한
성장 관리	• 시 비 • 수초 제거 • 먹이 증감
자연사망 관리	• 천적 · 경쟁종 제거 • 적조현상(자연사망의 대표적인 원인) 예방
환경 관리	• 석회 살포 · 산소 주입 등 수질 개선 • 바다 숲 · 인공어초 조성 · 전석 및 투석 · 콘크리트 바르기 등 성육 장소 조성 • 해적생물 · 병해생물 제거
어획 관리	• 어구 수 제한 및 어획량 할당(TAC) 등 법적 규제 • 조업어선 척수 · 출어 횟수 제한 • 산란용 어미고기 적정 유지

1 ③ 정답

02 다음 그림과 같은 구조물을 바다 속에 설치하는 이유로 가장 올바른 것은?

① 해수의 흐름을 빠르게 한다.
② 어류의 이동을 용이하게 한다.
③ 어류의 서식 습성에 따른 어류 종류를 쉽게 파악하게 한다.
④ 어류의 성육 장소를 제공한다.

해설 바다 숲 · 인공어초 조성 · 전석 및 투석 · 콘크리트 바르기 등을 통해 성육 장소를 조성해 줌으로써 수산 자원을 관리할 수 있다.

03 다음은 해양 오염의 어떤 현상에 대한 내용이다. (가)에 대한 설명으로 옳은 것만을 〈보기〉에서 모두 고른 것은?

> 해양에 다량의 유기 물질이 유입되어 부영양화가 됨으로써 가장 먼저 연안 오염이 심각해진다. 이 때 (가) 현상이 발생하여 저서 생물에 많은 영향을 줄 뿐만 아니라, 양식 생물들을 대량 폐사시키기도 한다.

보기

㉠ 물의 색이 적색 또는 연한 황색을 띤다.
㉡ 피해를 줄이기 위해 황토를 살포하기도 한다.
㉢ 원인 생물로는 클로렐라, 아르테미아 등이 있다.

① ㉠　　② ㉡
③ ㉢　　④ ㉠, ㉡

해설 적조는 해양에 육상으로부터 폐수가 유입되거나 다량의 유기물이 유입되어 해역이 부영양화가 되어 나타나는 현상으로 물의 색이 적색 또는 연한 황색을 띤다. 적조의 피해를 줄이기 위해서는 양식 생물의 대피 또는 적조 현장에 황토를 살포하기도 한다. ㉢은 양식 어류의 치어기 때 이용하는 먹이 생물의 종류이다.

정답 2 ④ 3 ④

04 바다에 버려진 폐그물을 정리함으로써 얻을 수 있는 효과로 가장 적절한 것은?

① 수산자원의 보호에 도움이 된다.
② 해양의 부영양화 현상이 방지된다.
③ 연안 갯벌의 황폐화를 방지할 수 있다.
④ 적조현상을 방지할 수 있다.

해설 폐그물을 정리함으로써 폐그물에 걸려 사망하는 어류의 수를 감소시킬 수 있다.

05 다음 중 바다 환경을 개선하기 위한 방안으로 가장 적절한 것은?

① 어항 시설 확충
② 표지 방류
③ 인공 종묘 방류
④ 해조 숲 조성

해설 **환경 관리**

- 석회 살포 · 산소 주입 등 수질 개선
- 바다 숲 · 인공어초 조성 · 전석 및 투석 · 콘크리트 바르기 등 성육 장소 조성
- 해적생물 · 병해생물 제거

06 어류의 자원을 진단할 때 남획으로 나타나는 징후로 옳지 않은 것은?

① 어획물에서 대형어의 비율이 감소한다.
② 단위 노력당 어획량이 점차 감소한다.
③ 자원 분포영역이 확대되어, 어장면적이 증가되는 현상이 나타난다.
④ 연령별 체장과 체중은 감소하며, 성 성숙연령이 낮아지는 경향을 보인다.

해설 어획물에서 대형어의 비율은 감소하고, 연령별 평균체장과 평균체중은 증가한다.

07 다음 중 어획량을 늘려도 남획 상태에 빠질 가능성이 가장 적은 종은?

① 대 게
② 오징어
③ 닭새우
④ 대 구

해설 넙치 · 연어 · 송어 등 산란장이 한 장소에 국한되어 있거나 군집성이 강한 자원은 남획되기 쉽다. 또한 닭새우와 같이 그 개체의 수 자체가 많지 않은 것은 남획되기 쉽다. 그러나 오징어 · 멸치 · 새우 등 수명이 1~2년으로 짧고 자연 사망률이 높은 자원은 어획량의 영향을 많이 받지 않아 남획 상태에 쉽게 빠지지 않는다.

4 ① 5 ④ 6 ④ 7 ② 정답

08 수산자원관리에서 MSY의 올바른 의미는?

① 최대 지속적 생산량 ② 최대 경제적 생산량

③ 총자원 관리량 ④ 총자원 가입량

해설 MSY는 Maximum Sustainable Yield의 약자로 최대 지속 생산량을 말한다.

09 다음 중 (가)에 해당하는 수산자원관리 방안으로 적절하지 않은 것은?

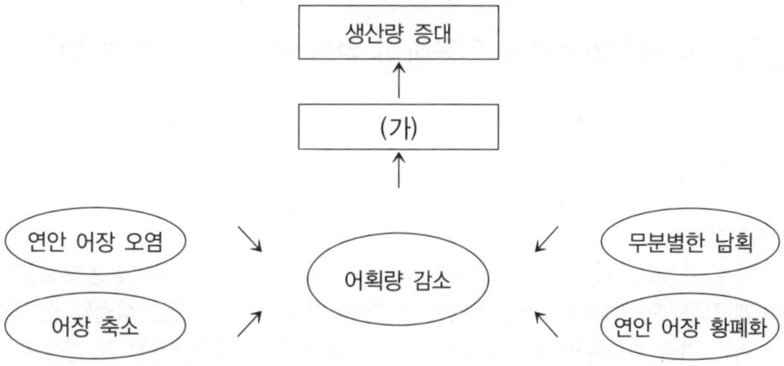

① 어선 척수를 늘린다.

② 인공 부화 방류 사업을 확대한다.

③ 그물코의 크기를 제한한다.

④ 포획 금지 기간을 정한다.

해설 어선 척수를 늘리면 자원의 황폐화가 더 가속화된다.

10 어장의 투명도는 흰색 원판을 바닷물에 투입하여 원판이 보이지 않을 때까지의 깊이를 측정하는데, 이때 원판의 규격은 어떻게 되는가?

① 10cm ② 30cm

③ 50cm ④ 100cm

해설 투명도 : 지름이 30cm인 흰색 원판을 바닷물에 투입하여 원판이 보이지 않을 때까지의 깊이를 미터(m) 단위로 나타낸 것
- 정어리 · 방어는 물이 흐릴 때 잘 잡힘
- 고등어 · 다랑어류는 투명할 때 잘 잡힘

정답 8 ① 9 ① 10 ②

11 어류의 발육단계를 순서대로 바르게 나열한 것은?

① 알 → 치어 → 유어 → 자어 → 성어
② 알 → 자어 → 유어 → 치어 → 성어
③ 알 → 자어 → 치어 → 유어 → 성어
④ 알 → 치어 → 자어 → 유어 → 성어

해설 어류는 알 → 자어 → 치어 → 유어 → 성어의 순으로 성장한다.

12 계군분석법 중 표지방류법을 이용하여 얻을 수 있는 정보에 해당하지 않는 것은?

① 회유 경로를 추적할 수 있다.
② 성장률을 추정할 수 있다.
③ 사망률을 추정할 수 있다.
④ 산란장을 추정할 수 있다.

해설 **표지방류법**

- 일부 개체에 표지를 붙여 방류했다가 다시 회수하여 그 자원의 동태를 연구하는 방법이다.
- 계군의 이동 상태를 직접 파악할 수 있기 때문에 가장 좋은 식별법 중 하나이다.
- 회유 경로 추적뿐만 아니라 이동속도, 분포 범위, 귀소성, 연령 및 성장률, 사망률 등을 추정할 수 있다.
- 표지 방법에는 절단법, 염색법, 부착법이 있다.

13 그림 A, B에 대한 설명으로 옳은 것을 〈보기〉에서 모두 고른 것은?

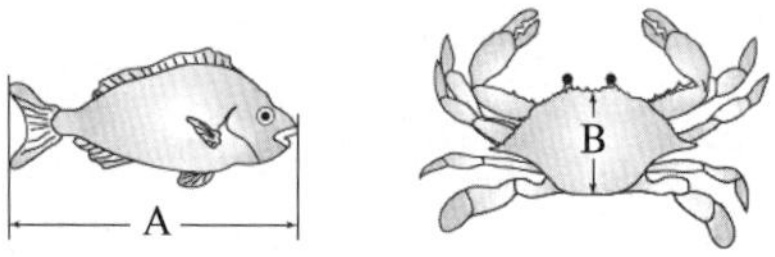

보기

㉠ A는 두흉 갑장이다.
㉡ A로 표지 방류 어류의 성장량을 측정할 수 있다.
㉢ B는 표준 체장이다.
㉣ A, B는 포획 금지 여부를 판단하는 기준이 된다.

① ㉠, ㉡
② ㉡, ㉢
③ ㉡, ㉣
④ ㉢, ㉣

해설 A는 어류의 전장이며, B는 게류의 두흉 갑장이다.

11 ③ 12 ④ 13 ③ 정답

14 수산자원 생물의 연령 측정 시 연령형질을 이용하는 방법에 대한 설명으로 옳지 않은 것은?

① 일반적으로 비늘은 뒤쪽보다 앞쪽 가장자리의 성장이 더 빠르다.
② 연령 사정에 활용되는 이석의 가치는 어종에 따라 다른데 상어, 가오리류는 매우 유용하게 활용된다.
③ 어류의 비늘, 이석 등 생활상태에 따라 주기적으로 자라나는 형질을 이용한다.
④ 비늘은 어체 부위에 따라 발생시기가 다르므로 연령 사정을 위한 비늘 채취부위는 신중하게 고려해야 한다.

해설 이석을 통한 연령 사정은 넙치(광어)·고등어·대구·가자미에 효과적이다. 그러나 연골어류인 홍어·가오리·상어는 이석을 통한 연령 사정에 적합하지 않다.

15 자원량 추정 시 자원 총량의 추정이 어려울 때 실시하는 방법은 무엇인가?

① 전수조사법 ② 표본채취에 의한 부분조사법
③ 표지방류법 ④ 상대지수표시법

해설 자원량 추정법

총량 추정법	직접추정법	전수조사법, 트롤조사법, 수중음향조사법, 목시조사법(고래 육안 관찰·조사), 어류플랑크톤 조사법, 표본채취에 의한 부분 조사법 등
	간접추정법	코호트분석법, 표지방류법, 조성의 변화에 의한 방법, 단위노력당 어획량방법(척당 어획량, 어선톤당 어획량, 마력당 어획량) 등
상대지수표시법		자원 총량의 추정이 어려울 때 실시

16 수산자원 생물 중 새우의 형태를 측정하는 데 가장 적절한 방법은 무엇인가?

① 전장측정법 ② 피린 체장측정법
③ 두흉 갑장측정법 ④ 두흉 갑폭측정법

해설 형태측정법
- 전장측정법 : 입 끝부터 꼬리 끝까지 측정하는 방식 예 어류, 문어
- 표준 체장측정법 : 입 끝부터 몸통 끝까지 측정하는 방식 예 어류
- 피린 체장측정법 : 입 끝부터 비늘이 덮여 있는 말단까지 측정하는 방식 예 멸치
- 두흉 갑장측정법 : 머리부터 종으로 길이를 측정하는 방식 예 게류, 새우
- 두흉 갑폭측정법 : 횡으로 좌우 길이를 측정하는 방식 예 게류

정답 14 ② 15 ④ 16 ③

17 수산자원 생물의 연령 사정법으로 옳은 것은?

① 상어나 가오리는 이석을 이용한다.

② 비늘은 앞쪽 가장자리보다 뒤쪽의 성장이 더 빠르다.

③ 연령형질이 없는 갑각류는 체장빈도법을 이용한다.

④ 연령형질법을 피터센법이라고도 한다.

해설 연령 사정법

연령 형질법	• 가장 널리 사용되는 방법이다. • 어류의 비늘 · 이석 · 등뼈 · 지느러미 · 연조 · 패각 · 고래의 수염 및 이빨 등을 이용한다. • 이석을 통한 연령 사정은 넙치(광어) · 고등어 · 대구 · 가자미에 효과적이다. • 연골어류인 홍어 · 가오리 · 상어는 이석을 통한 연령 사정에 적합하지 않다. • 연안 정착성 어종인 노래미 · 쥐노래미는 비늘이나 이석이 아닌 등뼈(척추골)을 이용하여 연령 사정을 한다. • 비늘은 뒤쪽보다 앞쪽 가장자리의 성장이 더 빠르다.
체장 빈도법 (피터센법)	• 연령 형질이 없는 갑각류나 연령 형질이 뚜렷하지 않은 어린 개체들의 연령 사정에 좋다. • 연간 1회의 짧은 산란기를 가지며, 개체의 성장률이 비슷한 생물의 연령 사정에 효과적이다.

18 다음 중 어획량이 자연 증가량보다 많아 자원이 줄어드는 현상에 대응하여 실시된 정책으로 선진국에서 성공적으로 정착되고 있는 제도는 무엇인가?

① 원산지 표시 제도

② 공해 어업 관리 제도

③ 총 허용 어획량 관리 제도

④ 수산물 품질 인증 제도

해설 총 허용 어획량(Total Allowable Catch, TAC)

• 수산 자원을 합리적으로 관리하기 위하여 어종별로 연간 잡을 수 있는 상한선을 정하고, 그 범위 내에서 어획할 수 있도록 하는 제도이다.

• TAC은 주로 어종에 중심을 두고 설정하며 2010년 기준으로 TAC 대상 어종에는 고등어 · 정어리 · 전갱이(대형 선망 어업), 붉은 대게(근해 통발 어업), 대게(근해 자망 · 통발 어업), 개조개 · 키조개(잠수기 어업), 꽃게(연근해 자망 · 통발 어업) 등이 있다.

19 다음 중 총 허용 어획량 관리제도에 있어 연간 총 허용 어획량은 몇 년을 주기로 재설정하게 되는가?

① 1년

② 2년

③ 3년

④ 5년

해설 매년 자원량을 평가한 후, 연초에 어업자에게 1년간의 배분량을 할당한다.

17 ③ 18 ③ 19 ① **정답**

20 총 허용 어획량(TAC) 관리 제도에 대한 설명으로 옳은 것은?

① 어법이 다양한 어종에 적용하기 용이하다.
② 한번 결정되면 장기간에 걸쳐 사용이 가능하다.
③ 최대 지속적 생산량(MSY)를 기초로 하여 결정한다.
④ 어업행위에 대한 규제를 강조한다.

해설 ② TAC는 매년 초 산정한다.
④ 어업행위에 대한 규제보다는 행위의 결과인 어획량의 조정 및 관리를 통하여 어업관리 목적을 달성하는 데 있다.

21 다음은 어획이 이루어질 때 수산 자원량의 변화를 나타낸 것이다. 이에 대한 설명으로 옳지 않은 것은?

자원량 감소	자원량 증대	자원량 유지
어획량 > 자연 증가량	어획량 < 자연 증가량	어획량 = 자연 증가량
(가)	(나)	(다)

① (가)의 경우 총 어획량은 줄어든다.
② (가)의 경우 어획물의 평균 연령은 낮아진다.
③ (다)의 경우 최대 어획이 지속될 수 없다.
④ (나)의 경우 어획되지 않는 것은 자연 사망을 한다.

해설 (다)의 경우 자원의 증감이 없는 평형 상태이다.

22 다음은 어업 관리의 유형에 대한 설명이다. (가)~(다)를 바르게 연결한 것은?

(가) 치어 남획 방지, 산란기 성어의 어획 금지
(나) 어장 이용의 윤번제, 전체 어획량 조절
(다) 어선별 어획 할당제, 풀제(Pool Account)

	(가)	(나)	(다)
①	자원 관리형	어가 유지형	어장 관리형
②	자원 관리형	어장 관리형	어가 유지형
③	어가 유지형	자원 관리형	어장 관리형
④	어장 관리형	어가 유지형	자원 관리형

해설 어업 관리 유형에는 크게 자원 관리형, 어가 유지형, 어장 관리형을 예로 들 수 있다.

정답 20 ③ 21 ③ 22 ②

23 다음 중 '책임 있는 수산업'을 실현하기 위한 방안으로 적절하지 않은 것은?

① 연안 생태계 보존
② 자원 관리형 어구·어법 채택
③ 편의국적어선제도 금지
④ 공해에서의 자유로운 원양 어업 보장

해설 **책임 있는 수산업 규범**
- 수산자원이 고갈되어감에 따라 FAO(식량농업기구)에서 '책임 있는 수산업'이라는 새로운 개념을 도입하였다.
- 책임 있는 수산업 규범이 도입되면서 편의국적어선제도는 금지되었다.

24 다음 중 유실 어구로 인한 어족 자원의 피해를 막기 위한 방안으로 가장 적절한 것은?

① 물의 저항을 줄일 수 있는 어구를 사용한다.
② 목표로 하는 어종만 잡을 수 있는 어구를 사용한다.
③ 작은 어류는 탈출할 수 있는 어구를 사용한다.
④ 일정 기간 경과 후 분해될 수 있는 어구를 사용한다.

해설 ②나 ③도 어족 자원의 피해를 막기 위한 방안이 될 수 있으나, 유실 어구로 인한 방안으로 보기는 어렵다.

25 다음은 국제적 어업 관리 어종의 회유 특성에 관한 것이다. (가)와 (나)에 해당하는 어종을 바르게 짝지은 것은?

> (가) 해양에서 생활하다가 산란기가 되면 강을 거슬러 올라가 산란을 하는 소하성 어류이다.
> (나) 강에서 살다가 산란기가 되면 바다에 가서 산란을 하는 강하성 어류이다.

	(가)	(나)		(가)	(나)
①	연 어	뱀장어	②	뱀장어	연 어
③	명 태	갯장어	④	갯장어	명 태

해설

회유성 어류	강하성 어류(뱀장어) 강에서 살다가 산란기가 되면 바다에 가서 산란을 하는 어류
소하성 어류(연어)	해양에서 생활을 하다가 산란기가 되면 강을 거슬러 올라가 산란을 하는 어류

23 ④ 24 ④ 25 ① 정답

26 다음 (   ) 안에 들어갈 품종으로 옳은 것은?

품 종	초기 생활사	특 징
( )	난황기 – 자어기 – 치어기	성장하면서 눈이 왼쪽으로 이동함

① 넙 치
② 메 기
③ 틸라피아
④ 가자미

해설 넙치(광어)
- 몸이 평평하고 바닥쪽의 몸이 희며, 몸 왼쪽에 두 눈이 있다. 참고로 가자미는 두 눈이 오른쪽에 있다.
- 육상 수조에서 양식 전 과정의 완전 양식이 가능하다.
- 성장 속도가 빠르고 활동성이 작아 사료계수가 낮다.
- 남해 연안지역에서 활발한 양식이 이루어지고 있다.

27 다음 중 어류의 체형과 행동 특성이 비슷한 종류끼리 묶인 것은?

보기
㉠ 고등어
㉡ 가오리
㉢ 참 돔
㉣ 뱀장어
㉤ 전갱이

① ㉠, ㉢
② ㉠, ㉤
③ ㉡, ㉣
④ ㉣, ㉤

해설 어류의 체형
- 방추형 : 고등어 · 꽁치 · 전갱이 · 방어
- 측편형 : 전어 · 돔
- 구형 : 복어
- 장어형 : 뱀장어
- 편평형 : 아귀 · 가오리 · 홍어

정답 26 ① 27 ②

28 **다음 중 연어에 대한 설명으로 옳지 않은 것은?**

① 뼈는 연골이다.

② 소하성 어류에 속한다.

③ 해양에서 생활을 하다가 산란기가 되면 강을 거슬러 올라가 산란한다.

④ 자원 조성을 위해 주로 치어를 강에 방류한다.

해설 연어는 뼈가 단단하고 부레와 비늘이 있는 경골어류이다. 연골어류에는 홍어・가오리・상어를 들 수 있다.

29 **주로 남태평양에서 어획되던 참다랑어가 남해안에서 어획되었다면 그 원인으로 가장 타당한 것은?**

① 지구 온난화로 수온이 상승하였다.

② 해일의 영향으로 어군이 이동하였다.

③ 리만 해류의 영향으로 회유 해역이 변했다.

④ 총허용 어획량 관리제도의 성과로 자원량이 증가하였다.

해설 열대성・대양성 어종인 참다랑어(참치)가 우리나라 남해안에서 어획되었다면 이는 남해안의 수온이 상승되었다는 것을 의미한다.

30 **다음 특징을 가지는 수산생물은 무엇인가?**

- 조가비의 겉면에 요철이 있으며, 좌우 비대칭이다.
- 3~4개의 호흡공이 있으며, 조가비 내면에 광택이 있다.

① 참전복 ② 새고막

③ 바지락 ④ 담 치

해설 담치류・바지락・고막은 서로 대칭되는 2장의 조가비를 가지고 있다.

28 ① 29 ① 30 ① **정답**

31 다음 중 해조류에 대한 설명으로 옳지 않은 것은?

① 엽체 전체에서 광합성을 할 수 있다.
② 몸 표면을 통하여 영양분을 흡수한다.
③ 뿌리, 줄기, 잎, 열매가 있다.
④ 양분과 물을 운반하는 통로조직은 없다.

해설 해조류는 줄기나 잎의 분화된 기능을 하는 기관이 없다.

32 다음 중 어장이 성립하기 위한 조건으로 적절하지 않은 것은?

① 어획 대상이 많이 서식하여야 한다.
② 어획에 드는 비용보다 수익이 커야 한다.
③ 어로 작업 시 공정의 순차성이 낮고 작업의 동시진행이 가능하여야 한다.
④ 어업 노력이 기술적으로 접근 가능하여야 한다.

해설 어장 성립 조건
- 어획 대상이 많이 서식하여야 한다.
- 어획에 드는 비용보다 수익이 커야 한다.
- 어업 노력이 기술적으로 접근 가능하여야 한다.

33 다음은 수산 생물의 분포 범위를 제한하는 환경 요인에 관한 내용이다. (가), (나)에 해당하는 요인을 바르게 연결한 것은?

(가) 체내·외의 삼투압 조절
(나) 연직 운동 및 성적 성숙 촉진

	(가)	(나)		(가)	(나)
①	수 온	광 선	②	수 온	염 분
③	염 분	수 온	④	염 분	광 선

해설 (가)는 염분, (나)는 광선에 대한 설명이다. 태양 광선은 수산 생물의 성적인 성숙을 촉진시키고, 어군의 연직 운동에 영향을 준다. 염분의 농도는 생물의 체액과 체외의 삼투압 조절에 영향을 미친다.

정답 31 ③ 32 ③ 33 ④

34 어장의 환경에 영향을 미치는 화학적 요인 중 영양염류에 관한 설명으로 옳지 않은 것은?

① 연안역보다 외양역에서 영양염류의 양이 더 풍부하다.

② 영양염류는 열대보다 온대나 한대 해역에 많이 분포한다.

③ 일반적으로 영양염류의 양은 표층이 적고, 수심이 깊을수록 증가한다.

④ 북반구 중위도 해역에서 겨울철에는 해수면 냉각에 의한 대류작용으로 저층의 영양염이 표층으로 많이 공급된다.

해설 **영양염류 분포**

- 열대 < 온대 < 한대
- 외양 < 연안
- 여름 < 겨울
- 표층 < 심층

35 다음은 집어 방법에 관한 내용이다. (가)~(다)에 해당하는 것을 바르게 짝지은 것은?

> (가) 어군을 자극원 쪽으로 모이게 한다.
> (나) 어군의 회유로를 막아 어획할 수 있도록 유도한다.
> (다) 어군을 자극원으로부터 달아나게 하여 한 곳에 모이게 한다.

	(가)	(나)	(다)
①	유 집	차단 유도	구 집
②	유 집	구 집	차단 유도
③	구 집	차단 유도	유 집
④	구 집	유 집	차단 유도

해설 집어의 방법에는 어군에 어떤 자극을 주어 어군이 자극원 쪽으로 모이게 하는 유집, 어군에 어떤 자극을 주어 어군이 자극원으로부터 달아나게 하여 한 곳에 모이게 하는 구집, 어군의 회유로를 막아 어획할 수 있는 쪽으로 유도하는 차단 유도가 있다.

34 ① 35 ① 정답

36 **다음은 트롤 어선의 어로 및 어획물 처리 과정을 나타낸 것이다. (가)에서 이루어지는 과정을 〈보기〉에서 골라 순서대로 나열한 것은?**

어황과 해황을 이용한 어장 예측	→	(가)	→	어획물을 어창에 적재

보기
- ㉠ 어군 탐지기로 어군을 확인한다.
- ㉡ 트롤 윈치로 그물을 감아올린다.
- ㉢ 네트 리코더를 보면서 그물을 끈다.
- ㉣ 트롤 윈치로 그물을 수중에 내린다.

① ㉠ → ㉡ → ㉢ → ㉣
② ㉠ → ㉣ → ㉢ → ㉡
③ ㉡ → ㉣ → ㉢ → ㉠
④ ㉢ → ㉠ → ㉡ → ㉣

해설 어군 탐지기로 어군을 확인 → 트롤 윈치로 그물을 내림 → 네트 리코더를 보며 그물을 끎 → 트롤윈 치로 그물을 감아 올림

37 **행정 관청이 특정인에게 일정한 수면을 구획하거나 전용하여 독점 배타적으로 이용할 수 있도록 권리를 부여하는 제도에 속하는 어업에 해당하는 것은?**

① 정치망어업　② 선망어업
③ 안강망어업　④ 투망어업

해설 면허 어업
- 정치망어업
- 해조류양식어업
- 패류양식어업
- 어류등양식어업
- 복합양식어업
- 마을어업
- 협동양식어업
- 외해양식어업

정답 36 ② 37 ①

38 다음은 낚시어구의 종류에 대한 설명이다. ( ) 안에 들어갈 말을 바르게 짝지은 것은?

> 대낚시는 낚시어구의 기본적인 어구이다. (가)는 연안 소형 어선으로 조업하는 삼치 어획이 대표적이다. 연근해에서 조업하는 땅주낙의 주 어획 대상은 명태, 갈치, 붕장어 등이다. (나)의 대표적인 것으로는 원양 다랑어 연승 어업이 있다.

	(가)	(나)		(가)	(나)
①	끌낚시	선주낙	②	선주낙	뜬주낙
③	손줄 낚시	선주낙	④	끌낚시	뜬주낙

해설 낚시어구를 사용한 어법에는 대낚시, 끌낚시, 손줄낚시, 땅주낙, 뜬주낙, 선주낙이 있다. 여기서 (가)는 끌낚시, (나)는 뜬주낙에 대한 내용이다.

39 낚싯줄을 구분하는 방법으로 옳은 것은?

① 길이 10m의 무게가 몇 g인지에 따라 호수로 표시
② 길이 15m의 무게가 몇 g인지에 따라 호수로 표시
③ 길이 30m의 무게가 몇 g인지에 따라 호수로 표시
④ 길이 40m의 무게가 몇 g인지에 따라 호수로 표시

해설 낚싯줄은 길이 40m의 무게가 몇 g인지에 따라 호수로 표시한다.

40 낚시를 함에 있어 어획 대상별 미끼를 잘못 연결한 것은?

① 오징어 - 오징어살
② 장어 - 멸치
③ 참치 - 멸치
④ 상어 - 꽁치

해설 **어획 대상(미끼)** : 오징어(오징어살), 장어(멸치), 참치(꽁치), 상어(꽁치) 등

38 ④ 39 ④ 40 ③ 정답

41 다음 중 낚시를 일정한 깊이에 드리워지도록 하는 어구를 무엇이라 하는가?

① 낚싯줄　② 낚싯대
③ 발 돌　④ 뜸

해설 낚시어구

낚 시	• 굵은 것 : 무게(g) • 보통 : 길이(mm) 또는 호(1/3mm)
낚싯줄	길이 40m의 무게가 몇 그램인지에 따라 호수로 표시
낚싯대	• 밑동에서부터 끝까지 고르게 가늘어지고 고르게 휘어지는 것이 좋음 • 탄력성이 우수함
미 끼	어획 대상(미끼) : 오징어(오징어살), 장어(멸치), 참치(꽁치), 상어(꽁치) 등
뜸	낚시를 일정한 깊이에 드리워지도록 하는 기능을 함
발 돌	낚시를 빨리 물속에 가라앉게 하고 원하는 깊이에 머무르게 하는 기능을 함

42 다음 어구 중 성격이 다른 하나는?

① 자 망　② 선 망
③ 부 망　④ 통 발

해설 어 구

그물어구	저인망, 자망, 선망, 부망 등
낚시어구	대낚시, 손낚시, 주낙 등
보조어구	집어등, 어군탐지기 등
잡어구	작살, 통발, 문어단지 등

43 어구 중 어법이 발달하면서 어획에 있어 점점 중요하게 인식되고 있는 어구를 무엇이라 하는가?

① 그물어구　② 낚시어구
③ 보조어구　④ 잡어구

해설 보조어구는 어법이 발달하면서 어획에 있어 중요한 역할을 하고 있다.

정답 41 ④ 42 ④ 43 ③

44 다음은 우리나라 해역에서 사용되는 어구 · 어법이다. (가)와 (나)에 대한 설명으로 옳은 것은?

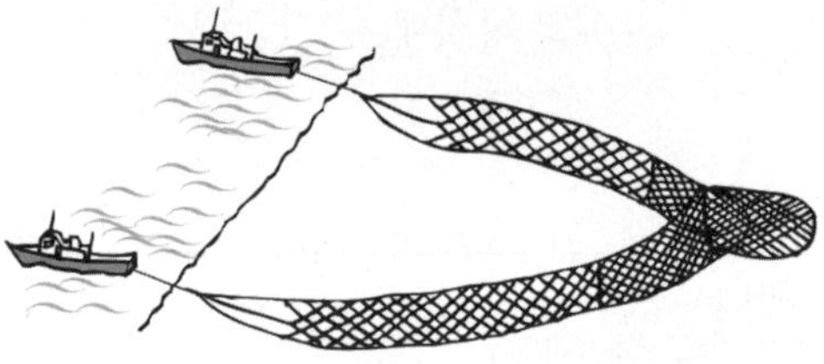

(가)

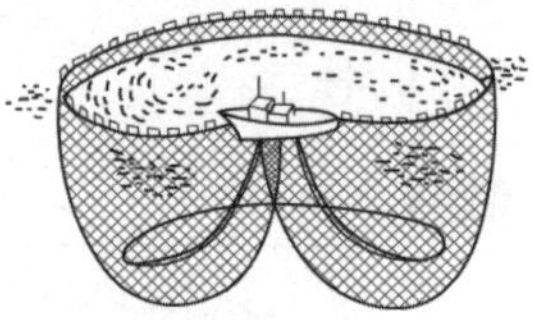

(나)

① (가)는 걸그물 어법이다.

② (가)는 고등어를 주어획 대상으로 한다.

③ (나)는 후릿그물 어법이다.

④ (가)와 (나)는 모두 표·중층의 어군을 대상으로 한다.

해설 (가)는 끌그물 어구의 기선권현망 어법이며, (나)는 두릿그물 어구이다.

끌그물어구 (예망)	• 한 척 또는 두 척의 어선으로 어구를 끌어 어획하는 어법 : 기선권현망, 기선저인망(쌍끌이 · 외끌이), 트롤 • 트롤 : 그물 어구의 입구를 수평 방향으로 벌리게 하는 전개판을 사용하여 한 척의 선박으로 조업하며, 가장 발달된 끌그물 어법
두릿그물 어구(선망)	• 긴 그물로 표·중층 어군을 둘러싸서 가둔 다음, 죔줄로 좁혀가며 어획하는 어법 • 한 곳에 모여 있는 큰 어군을 대량으로 어획하는 데 효과적
후릿그물어구 (인기망)	• 자루의 양 쪽에 긴 날개가 있고, 끝에 끌줄이 달린 그물을 멀리 투망해 놓고 육지나 배에서 끌줄을 오므리면서 끌어 당겨 어획하는 어법 • 소규모 재래식 어법에 해당

44 ④ 정답

45 다음과 같은 특징을 가진 어구는?

- 함정어구이다.
- 길그물과 통그물로 구성되어 있다.
- 어군의 통로를 차단, 유도하여 어획한다.

①
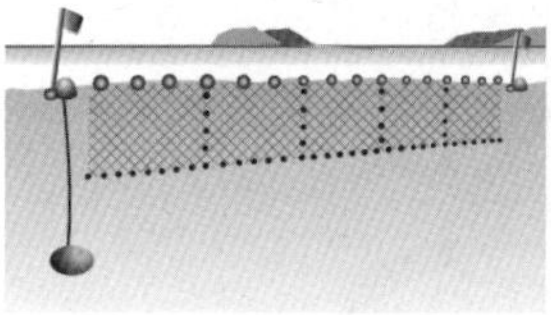

②
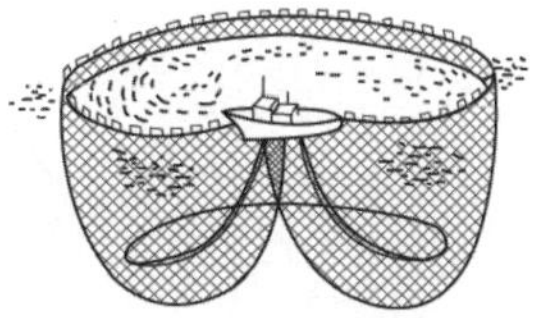

③
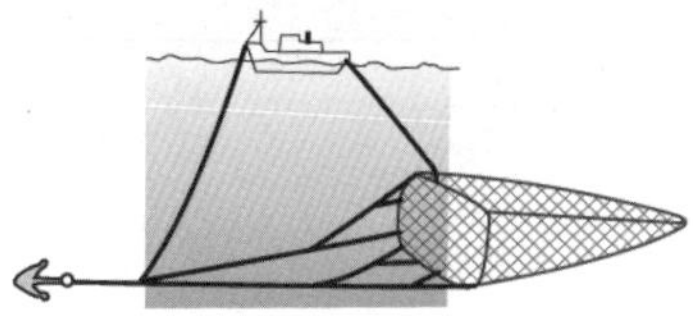

④
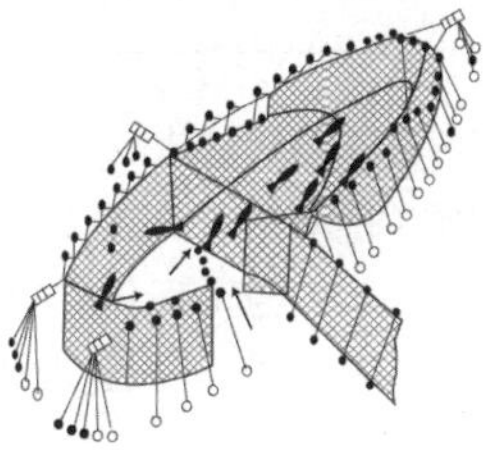

해설 정치망은 함정어구 중 유도함정어구의 대표적 어구로 어군의 회유로를 차단하고 통그물 쪽으로 유도하는 길그물과 유도된 어군을 모으는 통그물로 구성된다.

46 그림의 어구·어법에 대한 설명을 〈보기〉에서 모두 고른 것은?

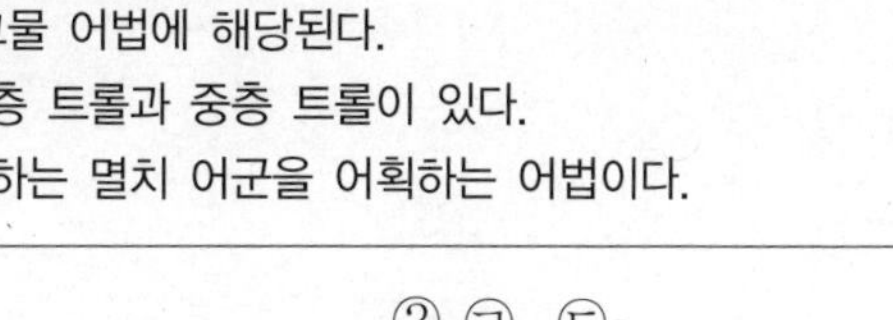

보기

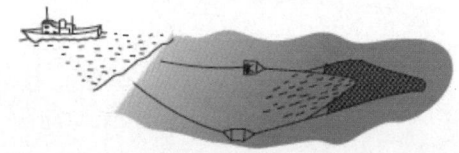

㉠ 쌍끌이 기선 저인망의 대표적인 어법이다.
㉡ 전개판을 사용하는 끌그물 어법에 해당된다.
㉢ 조업 수심층에 따라 저층 트롤과 중층 트롤이 있다.
㉣ 연안 표층 부근에 유영하는 멸치 어군을 어획하는 어법이다.

① ㉠, ㉡　　② ㉠, ㉢
③ ㉡, ㉢　　④ ㉡, ㉣

해설 트롤 어구·어법은 한 척의 선박으로 전개판을 사용하여 저층과 중층에서 조업한다. ㉠의 쌍끌이 기선 저인망은 2척의 선박으로 조업하며 ㉣은 기선권현망어업이다.

정답 45 ④ 46 ③

47 그림과 같은 어구·어법에 대한 설명으로 옳은 것을 〈보기〉에서 고른 것은?

보기

㉠ 집어등으로 어군을 유인한다.
㉡ 건착망 어구를 이용하여 어획한다.
㉢ 북태평양에서는 주로 명태를 어획한다.
㉣ 전개판을 이용하여 그물 입구를 벌린다.

① ㉠, ㉡ ② ㉠, ㉢
③ ㉡, ㉢ ④ ㉢, ㉣

해설 트롤어업은 전개판을 이용하여 그물 입구를 벌린 후 어군을 어획하는 것으로, 북태평양 어장에서 주로 명태를 어획한다. ㉠은 오징어 채낚기어업에서 주로 이용하며, ㉡은 선망어업에 주로 이용된다.

47 ④ 정답

48 그림과 같이 선단을 이루어 조업하는 어법에 대한 설명으로 바른 것을 〈보기〉에서 고르면?

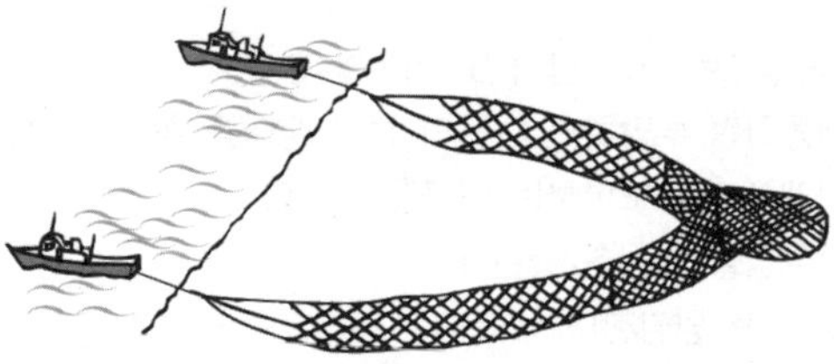

보기

㉠ 남해안에서 주로 사용하는 어법이다.
㉡ 저층 어족을 주 어획 대상으로 한다.
㉢ 어구를 투・예망하는 배를 망선이라 한다.
㉣ 중간 크기 이하의 꽁치를 주로 잡는 어법이다.

① ㉠, ㉡ ② ㉠, ㉢
③ ㉡, ㉢ ④ ㉡, ㉣

해설 남해안의 주요 어업의 종류에는 기선권현망어업, 근해선망어업이 있다. 기선권현망어업은 선단을 이루어 조업하며 주로 멸치를 잡는 것이다. ㉡은 표층 어족이 맞으며, ㉣은 멸치라고 해야 한다.

49 함정어법에 대한 설명으로 옳지 않은 것은?

① 유도함정어법의 대표적 어구는 문어단지와 통발류이다.
② 강제함정어법의 어구에는 죽방렴, 주목망, 낭장망, 안강망이 있다.
③ 유도함정어법은 어군의 통로를 차단하고, 어획이 쉬운 곳으로 어군을 유도하여 잡아 올리는 방법이다.
④ 강제함정어법은 물의 흐름이 빠른 곳에 어구를 고정하여 설치해 두고, 어군이 강한 조류에 밀려 강제적으로 자루그물에 들어가게 하여 어획하는 방법이다.

해설 문어단지와 통발류는 유인함정어법에 해당하고, 유도함정어법으로는 정치망이 대표적이다.

정답 48 ② 49 ①

50 다음 내용을 통해 알 수 있는 어업에 대한 설명으로 옳은 것은?

- 헬리콥터와 쾌속정으로 어군 탐색 및 집어를 한다.
- 어군 위치로 이동하여 투망하고 어구의 전개 상태를 확인하면서 재빨리 둘러싼다.
- 죔줄을 감아 아래쪽으로 도피하는 어군을 가둔다.
- 끌줄을 감아 포위망을 최대한 좁힌다.
- 어획물을 퍼 올린 후 양망한다.

① 후릿그물 어구·어법에 속한다.
② 선미의 슬립웨이를 통해 투망과 양망이 이루어진다.
③ 군집성이 큰 어종을 주 어획 대상으로 한다.
④ 주 어종은 서해의 조기이다.

해설 ① 두릿그물(선망) 어법에 대한 설명이다.
② 끌그물(예망)어법 중 트롤어법에 관한 설명이다.
④ 조기는 일반적으로 기선저인망을 이용하여 어획한다.

51 다음 중 정치망어업에 대한 설명으로 옳지 않은 것은?

① 주로 동해안에서 이루어진다.
② 길그물로 차단 유도하여 집어하는 방식이다.
③ 한 조류에 의해 떠밀려오는 어군을 어획한다.
④ 방어가 주 어획 대상 어종이다.

해설

<table>
<tr><td>유도함정어법</td><td colspan="2">길그물과 통그물로 구성되어 있음(정치망)</td></tr>
<tr><td rowspan="3">강제함정어법</td><td colspan="2">물의 흐름이 빠른 곳에 어구를 고정하여 설치해 두고 조류에 밀려 강제적으로 그물에 들어가게 하는 어법</td></tr>
<tr><td>고정어구</td><td>• 죽방렴
• 낭장망</td></tr>
<tr><td>이동어구</td><td>• 주목망
• 안강망</td></tr>
</table>

50 ③ 51 ③ 정답

52 다음 그림의 어구 · 어법에 대한 설명으로 옳지 않은 것은?

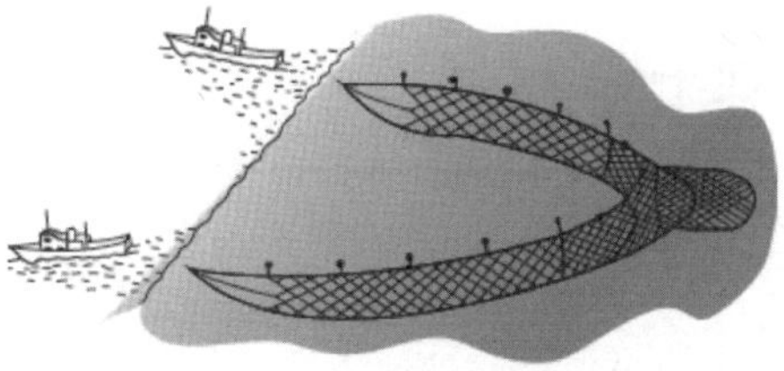

① 주로 남해 해역에서 조업한다.
② 쌍끌이 기선저인망어법에 해당한다.
③ 그물배, 어탐선, 가공 · 운반선으로 선단을 이루어 조업한다.
④ 주 어획 대상은 연안의 표층과 중층에서 무리를 지어 유영하는 어류이다.

해설 그림은 끌그물(예망)어구 · 어법 중 기선권현망에 해당한다.

53 다음은 여러 가지 끌그물어구의 모식도이다. 어구의 명칭이 바르게 연결된 것은?

① 손 방

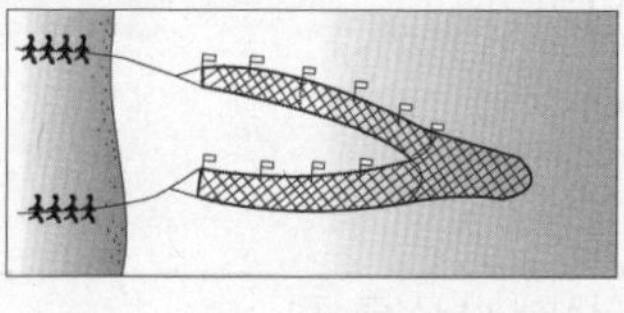

② 배후리

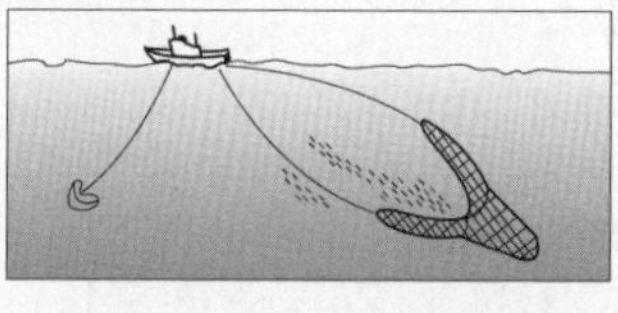

③ 트 롤

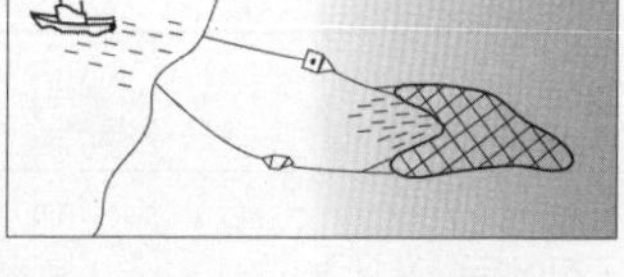

④ 외두리

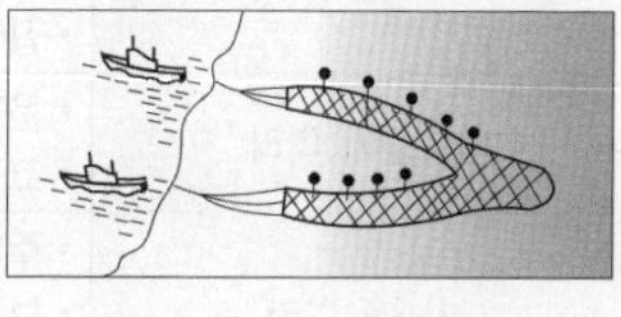

해설 ① 갓후리, ② 손방, ③ 트롤, ④ 기선권현망

정답 52 ② 53 ③

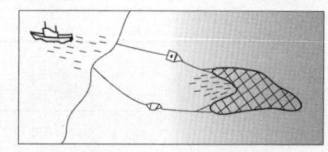

54 그림은 어구의 종류를 나타낸 것이다. (가), (나)의 공통점을 〈보기〉에서 모두 고른 것은?

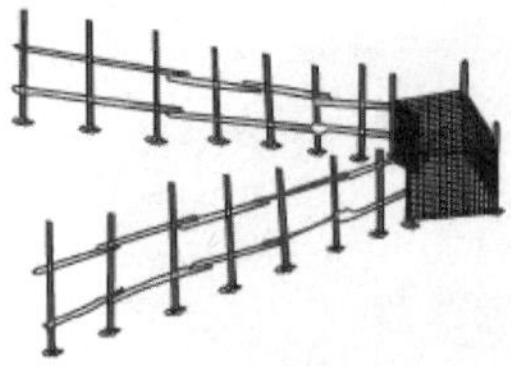

(가)

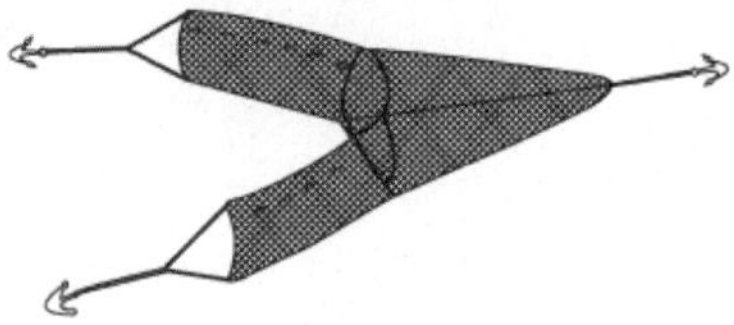

(나)

보기

㉠ 강제함정어구에 속한다.
㉡ 물의 흐름이 빠른 곳에 설치하는 어구이다.
㉢ 이 어구가 발달하여 어획 성능이 우수한 트롤이 되었다.
㉣ 남·서해안 일대의 협수로에서 멸치, 갈치를 잡는 데 사용된다.

① ㉠, ㉡
② ㉠, ㉢
③ ㉡, ㉢
④ ㉠, ㉡, ㉣

해설 (가)와 (나)는 강제함정어구로 물의 흐름이 빠른 곳에 설치하며, 남·서해안 일대의 협수로에서 멸치, 갈치를 잡는 데 많이 사용된다.

55 다음 어구의 종류 중 보조어구에 속하는 어구는 무엇인가?

① 그 물
② 어군탐지기
③ 동력장치
④ 낚싯대

해설 어구의 분류

구성재료에 따라	• 낚시어구(뜸·발돌·낚싯대·낚싯줄 등) • 그물어구 • 잡어구
이동성에 따라	• 운용어구(손망·자망) • 고정어구(정치어구)
기능에 따라	• 주어구(그물·낚시) • 보조어구(어군탐지기·집어등) • 부어구(동력장치)

54 ④ 55 ② 정답

56 선망어업에 있어서 그물을 투망한 후부터 그물 자락의 침강 상태를 파악하는 장치는?

① 소나(Sonar)

② 텔레사운더(Telesounder)

③ 네트 존데(Net Sonde)

④ 네트 레코더(Net Recorder)

해설 ① 어군탐지장치로 어군탐지기와 마찬가지로 초음파를 이용하나, 소나는 수평 방향의 어군을 탐지하는 데 용이하다.
④ 어구관측장치로 트롤어구 입구의 전개 상태, 해저와 어구와의 상대적 위치, 어군의 양 등을 알 수 있다.

57 어선에 사용되는 장비의 용도에 대한 설명으로 옳지 않은 것은?

① GPS로 선박의 위치를 알 수 있다.

② 어군탐지기로 어군의 위치를 알 수 있다.

③ 측심기로 수심을 측정할 수 있다.

④ 컴퍼스로 협각을 측정할 수 있다.

해설 어선의 항해설비
- 컴퍼스(방위측정 · 침로유지)
- 측심기(수심측정)
- 육분의(천체측정 및 협각측정) 등
- 선속계(속력측정)
- 풍향풍속계(바람 세기와 방향 측정)

58 그림의 항해 설비의 기능으로 옳은 것을 〈보기〉에서 모두 고른 것은?

보기

㉠ 수심을 측정할 수 있다.
㉡ 천체측정과 협각측정을 하는 데 사용된다.
㉢ 상대 선박의 방위를 측정할 수 있다.
㉣ 본선과 물표 간의 거리를 측정할 수 있다.

① ㉠, ㉡ ② ㉠, ㉢

③ ㉡, ㉢ ④ ㉢, ㉣

해설 그림은 어선의 항해 계기 중 레이더이다. ㉠은 측심기, ㉡은 육분의에 대한 설명이다.

59 다음에서 설명하는 기기의 명칭이 바르게 짝지어진 것은?

(가) 트롤어구에 입망되는 어군의 양
(나) 트롤어구 전개판 사이의 간격 측정
(다) 선망 어선의 그물이 가라앉는 상태 감시

	(가)	(나)	(다)
①	네트 리코더	전개판 감시 장치	네트 존데
②	네트 리코더	네트 존데	전개판 감시 장치
③	전개판 감시 장치	네트 리코더	네트 존데
④	전개판 감시 장치	네트 존데	네트 리코더

해설 네트 리코더는 트롤어구의 입망되는 어군의 동태를 파악하고, 전개판 감시 장치는 트롤어구 전개판의 상대적 위치를 파악하며, 네트 존데는 선망어구의 침강 상태를 파악한다.

60 다음 중 우리나라 연근해 어업에 관한 설명으로 옳은 것은?

① 동해에서는 조기가 주로 어획된다.
② 남해에서는 멸치가 주로 어획된다.
③ 남해와 동해에서는 조석 전선이 형성된다.
④ 남해와 동해에서는 안강망 어업이 주로 이루어진다.

해설 ①, ③, ④는 서해에 관한 설명이다.

서해의 특징 및 주요 어업

- 한류가 없고, 수심이 100m 이내로 얕으며, 해안선 굴곡이 많아 산란장으로 뛰어난 지형을 가지고 있다. 즉, 해안선의 굴곡은 심하나, 해저는 평탄한 편이라 저서어족이 풍부하다.
- 조기 · 민어 · 고등어 · 전갱이 · 삼치 · 갈치 · 넙치 · 가오리 · 새우 등 어종이 다양하다.

59 ① 60 ② 정답

61 다음 자료를 보고 바르게 설명한 것은?

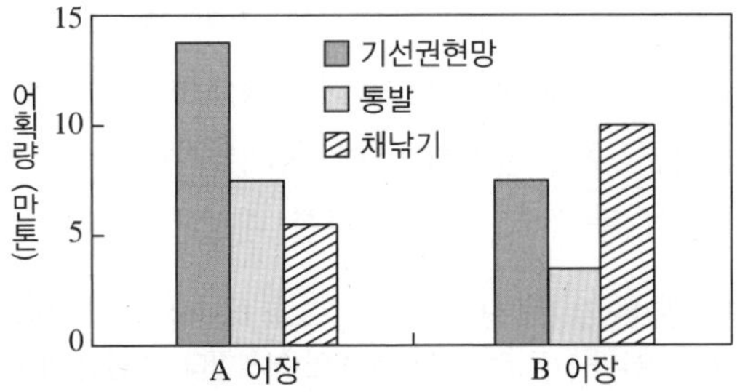

① A 어장의 주 어획 어종은 꽁치이다.
② B 어장의 주 어획 어종은 오징어이다.
③ B 어장은 A 어장보다 멸치 어획량이 많다.
④ B 어장은 A 어장보다 게・장어 어획량이 많다.

해설 기선권현망(멸치), 유자망(꽁치), 통발(게・장어), 채낚기(오징어)

62 다음 (가)와 (나)의 방법으로 어획하는 어종을 바르게 짝지은 것은?

> (가) 동해안에서 불빛을 이용하여 어군을 모은 후 채낚기 어구로 어획한다.
> (나) 남해안에서 표층과 중층 사이를 무리지어 다니는 소형의 어군을 발견한 후 기선 권현망 어구를 끌어서 어획한다.

	(가)	(나)
①	방 어	꽁 치
②	방 어	멸 치
③	오징어	삼 치
④	오징어	멸 치

해설

오징어 채낚기	• 겨울 동중국해와 남해안 사이에서 산란하며, 성장함에 따라 동해와 서해로 북상하면서 먹이를 찾는 색이회유를 하다가, 가을부터 겨울 사이에 다시 남하하여 산란한 후 죽는 1년생 연체동물 • 주 어기 : 8~10월, 어획 적수온 : 10~18℃ • 낮에는 수심 깊은 곳에 위치, 밤에는 수면 가까이 상승 • 집어등을 이용하여 어군을 유집
멸치 기선권현망	• 멸치는 연안성・난류성 어종으로 표층과 중층 사이에서 무리를 지음 • 주 어기 : 연중 어획, 어획 적수온 : 13~23℃, 주 산란기 : 봄

정답 61 ② 62 ④

63 다음 중 걸그물 어구에 대한 설명으로 옳지 않은 것은?

① 어구를 가라 앉히는 침강력이 부력보다 커야 한다.
② 지나가는 어류가 그물코에 꽂히게 하여 어획한다.
③ 물의 흐름이 빠른 곳에 설치하여 어군을 유인한다.
④ 대구, 명태, 넙치 등 주로 저서 어류를 대상으로 한다.

해설 걸그물(자망) 어구는 긴 사각형 모양의 어구로써 어군이 헤엄쳐 다니는 곳에 수직 또는 수평 방향으로 펼쳐 두고 지나가는 어류가 그물코에 꽂히게 하여 어획한다. 그물코 크기는 아가미 둘레와 거의 일치해야 하고, 깊이에 따라 표층, 중층, 저층 걸그물로, 운용방법에 따라 고정, 흘림, 두릿걸그물로 구분한다.

64 오징어채낚기 조업에서 해묘의 기능으로 옳은 것은?

① 흩어진 어군을 모은다.
② 선박을 일정한 곳에 정박시킨다.
③ 오징어를 선박 쪽으로 유인한다.
④ 선박이 조류와 함께 떠밀려가도록 한다.

해설 오징어채낚기는 어장이 깊은 관계로 앵커(Anchor)를 투하할 수 없고 주위 상황에 맞는 해묘(Sea Anchor)를 투묘하여 조업을 하게 된다. 여기서, 해묘(Sea Anchor)는 조류의 흐름에 따라 자연스럽게 떠밀려 가도록 하여 오징어로부터 이질감을 줄여 주어 어획되도록 하는 채낚기 장비이다.

65 다음은 트롤어선의 조업도이다. A의 기능으로 옳은 것은?

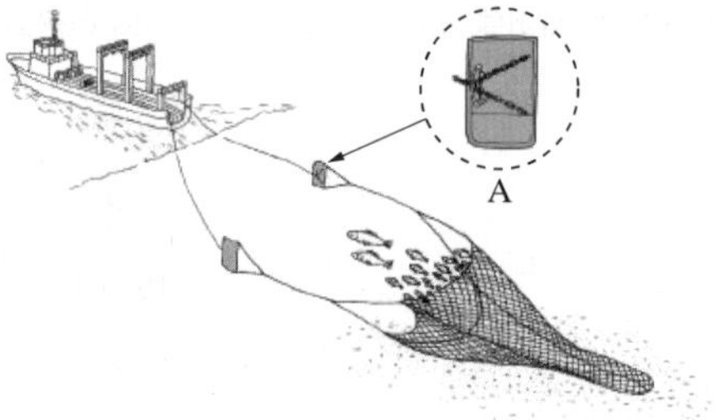

① 어군을 탐지한다.
② 그물의 입구를 벌려준다.
③ 그물이 가라앉은 깊이를 측정한다.
④ 어군이 그물 안으로 들어가는 양을 측정한다.

해설 전개판은 트롤어구의 그물 전개 장치로, 전개판에 의하여 그물을 침강시키면서 동시에 배의 전진력에 의하여 생기는 수류저항을 받아 1쌍의 판자가 좌우로 전개되어 그물 입구를 벌리게 하는 작용을 한다.

63 ③ 64 ④ 65 ② 정답

CHAPTER

03 선박운항

01 어선의 종류 및 구조

1 어선의 종류

(1) 어선의 정의

① 어업에 직접 종사하는 선박 및 어업에 관한 특정 업무에 종사하는 선박

② 수산동물의 체포 또는 양식사업에 이용되거나 이들 사업에 관한 기초조사, 지도, 교습, 채취 등에 이용되는 선박

※ 어선법상 "어선"의 정의
- 어업(양식산업발전법에 따른 양식업 포함), 어획물운반업 또는 수산물가공업에 종사하는 선박
- 수산업에 관한 시험·조사·지도·단속 또는 교습에 종사하는 선박
- 건조허가를 받아 건조 중이거나 건조한 선박
- 어선의 등록을 한 선박

(2) 어선의 종류

① 제작 재료에 따른 분류

㉠ 목선 : 건조가 쉬우나 부식이 빠르며, 구조가 약하여 소형어선·범선 등에 사용한다.

㉡ 강선 : 건조와 수리가 쉬우며, 강도가 강하여 대부분의 어선에 이에 속한다.

㉢ 경금속선
- 일반적으로 경금속인 알루미늄 합금을 재료로 하여 건조한 선박이다.
- 무게가 가볍고 부식에 강하며 가공하기 쉬워서 요트, 구명보트, 소형어선 등에서 사용된다.

㉣ 합성수지(FRP)선
- 강화유리섬유로 건조한 선박으로 장점으로는 무게가 가볍고 부식에 강하지만, 충격에 약하고 폐기 시 비용이 많이 드는 단점이 있다.
- 중·소형 어선 및 구명정, 레저용 어선에 주로 사용된다.
- 선령기준은 다음과 같다(유선 및 도선사업법 시행령 [별표 1]).
  - 선박안전법의 적용을 받는 유선 또는 도선은 20년 이하
  - 선박안전법의 적용을 받지 않는 유선 또는 도선의 경우 목선 및 합성수지선은 15년 이하, 강선은 20년 이하

② 어획 대상물과 어법에 따른 분류

㉠ 유자망 어선 : 꽁치, 멸치, 삼치, 상어 유자망

㉡ 예망 어선 : 기선저인망, 트롤, 기선권현망, 범선저인망

㉢ 선망 어선 : 근해 선망, 다랑어 선망

㉣ 연승 어선 : 상어, 다랑어 연승

㉤ 채낚기 어선 : 오징어, 가다랑어 채낚기

㉥ 통발 어선 : 장어, 게통발

㉦ 안강망 어선 : 근해 안강망, 개량 안강망

③ 어획물 운반 형태에 따른 분류

㉠ 선어 운반선 : 낮은 온도에서 어획물을 보존하여 운반하는 어선

㉡ 활어 운반선 : 살아 있는 상태의 어획물을 운반하는 어선

㉢ 냉동어 운반선 : 수분이 동결된 어획물을 운반하는 어선

④ 어장에 따른 분류

㉠ 연안어선 : 무동력 어선 또는 총톤수 8톤 미만의 동력어선을 사용하는 어업

㉡ 근해어선 : 총톤수 8톤 이상의 동력 어선을 사용하는 어업

㉢ 원양어선 : 해외 수역을 조업구역으로 하는 어업

※ 어업에 관한 시험·조사·지도·단속 또는 교습에 종사하는 선박

- 시험선
- 조사선
- 교습선
- 단속선
- 어업지도선

2 어선의 구조

(1) 선체의 형상과 명칭

① 선체 : 굴뚝·마스트·키 등을 제외한 어선의 주된 부분

② 선수(이물·어헤드) : 배의 앞쪽 끝 부분

③ 선미(고물·어스턴) : 배의 뒤쪽 끝 부분

④ 좌현과 우현 : 선미에서 선수 쪽으로 봤을 때 왼쪽이 좌현, 오른쪽이 우현

⑤ 조타실(선교) : 선박을 조종하는 곳으로, 주위 감시를 위해 높은 곳에 위치해 있으며 각종 항해 계기와 어업 기기가 설치되어 있음

⑥ 기관실 : 어선의 추진 기관이 설치된 장소, 수밀 격벽으로 구획하여 침수를 방지함

⑦ 어창 : 어획물 또는 얼음 저장 공간으로, 내부 전체를 단열재로 구성하고 냉동설비를 갖추어야 함

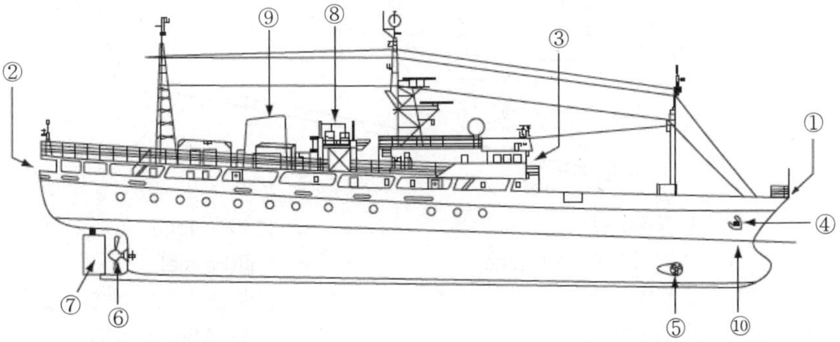

① 선 수	② 선 미
③ 조타실	④ 닻
⑤ 선수 스러스터(Bow Thruster)	⑥ 추진기(Propeller)
⑦ 타(Rudder)	⑧ 구명정
⑨ 연 돌	⑩ 만재 흘수선

(2) 선체의 구조와 명칭

① 용골 : 배의 제일 아래쪽 선수에서 선미까지의 중심을 지나는 골격으로 선체를 구성하는 세로 방향의 기본 골격

② 늑골 : 선체의 좌우 현측을 구성하는 골격(선박의 바깥 모양을 이루는 뼈대)으로, 용골과 직각으로 배치되어 있음

③ 보 : 늑골의 상단과 중간을 가로로 연결하는 뼈대로, 가로 방향의 수압과 갑판의 무게를 지탱함

④ 선수재 : 용골의 앞 끝과 양현의 외판이 모여 선수를 구성하며 충돌 시 선체를 보호하는 역할을 함

⑤ 선미재 : 용골의 뒤 끝과 양현의 외판이 모여 선미를 구성하며 키와 추진기(프로펠러)를 보호하는 역할을 함

⑥ 외판 : 선체의 외곽을 형성하며, 배가 물에 뜨게 하는 역할을 함

⑦ 선저 구조 : 연료 탱크, 밸러스트 탱크 등으로 이용되며, 침수를 방지하는 역할을 함

⑧ 선 루

㉠ 파도를 이겨내고 조타장치를 보호하기 위한 목적으로 설치함

㉡ 선수루 : 파도를 이겨내기 위한 목적으로 모든 선박에 설치하는 것이 원칙임

ⓒ 선교루 : 기관실을 보호하고 선실을 제공하여 예비부력을 가지게 할 목적으로 설치함

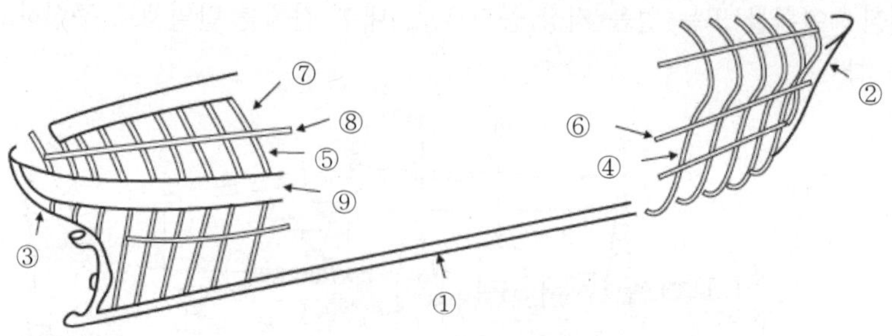

① 용골(Keel)
② 선수재(Stem)
③ 선미재(Stem Frame)
④ 늑골(Frame)
⑤ 빔(Beam)
⑥ 선측 종통재(Side Stringer)
⑦ 갑판(Deck)
⑧ 갑판하형판(Deck Girder)
⑨ 외판(Shell Plating)

(3) 어선의 주요 치수

① **전장** : 선수에서 선미까지의 거리

② **전폭** : 선체의 가장 넓은 부분에서 선체 한쪽 외판의 가장 바깥쪽 면으로부터 반대쪽 외판의 가장 바깥쪽까지의 수평거리

③ **형폭** : 선체의 가장 넓은 부분에서 선체 한쪽 외판의 내면으로부터 반대쪽 외판의 내면까지의 수평거리

④ **깊이** : 용골의 윗부분에서 갑판보까지의 수직거리

⑤ **흘수** : 선체가 물에 잠긴 깊이로 용골 아랫부분에서 수면까지의 수직거리

⑥ **건현** : 물에 잠기지 않은 부분으로 수면에서부터 상갑판 상단까지의 거리를 의미하며 안전 운항을 위해 건현의 높이를 적절히 조절하여야 함

⑦ **트림** : 선박이 길이 방향으로 일정 각도 기울어진 정도를 의미하며 선수 흘수와 선미 흘수의 차이로 계산함(선박 조종에 큰 영향을 미침)

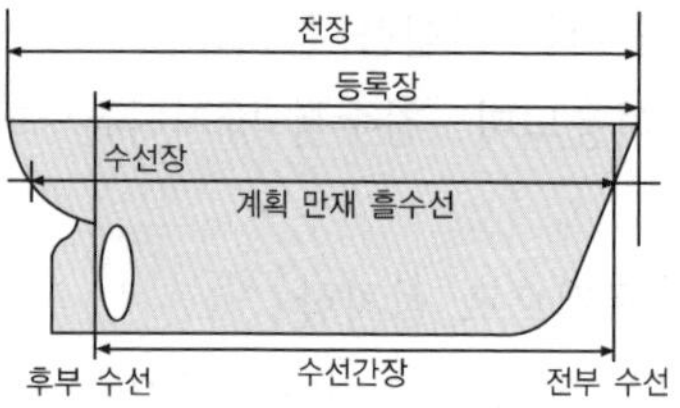

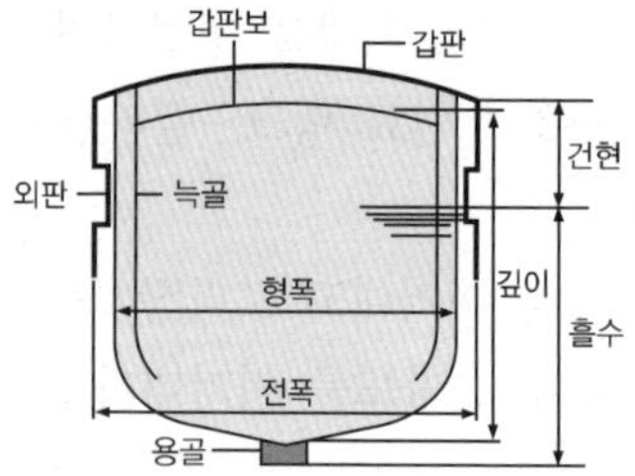

(4) 배의 톤수

① 용적 톤수

㉠ 총톤수 : 선박의 선수와 선미에 있는 환기장치·조명장치·항해장치 등의 용적을 제외한 나머지 선박용적률로 나누어 나온 숫자를 총톤수라 한다. 선박을 등록할 때 이 톤을 사용하기 때문에 일명 '등록 톤수' 라고도 한다.

㉡ 순톤수 : 화물이나 여객을 수용하는 장소의 용적으로 총톤수에서 선원·항해·추진에 관련된 공간을 제외한 용적이다. 실제 여객이나 화물을 운송하는 공간의 크기를 나타낸다.

② 중량 톤수

㉠ 재화중량톤수 : 선박에 실을 수 있는 화물의 무게를 말하며, 선박이 만재 흘수선에 이르기까지 적재할 수 있는 화물의 중량을 톤수로 나타낸 것이다(만재상태의 배의 무게 - 공선 상태의 배의 무게).

㉡ 배수톤수 : 물 위에 떠 있는 선박의 수면 아래 배수된 물의 부피와 동일한 물의 중량 톤수를 말한다. 주로 군함의 크기를 나타내는 톤수로 쓰인다.

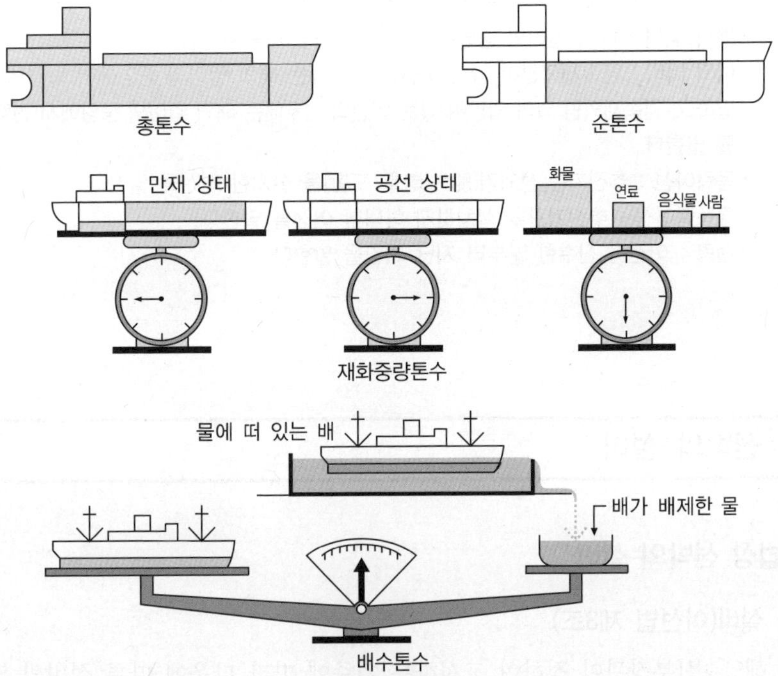

[배의 톤수]

용적 톤수	총톤수	선박의 선수와 선미에 있는 환기장치·조명장치·항해장치 등의 용적을 제외한 나머지 선박용적률로 나누어 나온 숫자를 총톤수라 한다. 선박을 등록할 때 이 톤을 사용하기 때문에 일명 '등록 톤수'라고도 한다.
	순톤수	화물이나 여객을 수용하는 장소의 용적으로 총톤수에서 선원·항해·추진에 관련된 공간을 제외한 용적이다. 실제 여객이나 화물을 운송하는 공간의 크기를 나타낸다.
중량 톤수	재화중량 톤수	선박에 실을 수 있는 화물의 무게를 말하며, 선박이 만재흘수선에 이르기까지 적재할 수 있는 화물의 중량을 톤수로 나타낸 것이다(만재상태의 배의 무게-공선상태의 배의 무게).
	배수톤수	물 위에 떠 있는 선박의 수면 아래 배수된 물의 부피와 동일한 물의 중량 톤수를 말한다. 주로 군함의 크기를 나타내는 톤수로 쓰인다.

※ 용어의 정의(어선법 시행규칙 제2조)

- 배의 길이 : 최소 형깊이의 85%에 있어서의 계획만재흘수선에 평행한 흘수선 전 길이의 96% 또는 그 흘수선에 있어서 선수재의 전면으로부터 타두재의 중심까지의 길이 중 큰 것을 말한다. 다만, 상갑판 보의 상면의 선수재 전면으로부터 선미외판 후면까지의 수평거리(측정 길이)가 24m 미만인 어선에 있어서는 상갑판 보의 상면에서 선수재 전면으로부터 타주가 있는 경우에는 타주의 후면까지, 타주가 없는 경우에는 타두재의 중심까지의 수평거리를 말한다.
- 배의 깊이 : 배의 길이의 중앙에 있어서의 형깊이를 말한다.
- 배의 너비 : 금속재외판이 있는 어선의 경우에는 배의 길이의 중앙에서 늑골외면 간의 최대너비를 말하고, 금속재외판 외의 외판이 있는 어선의 경우에는 배의 길이의 중앙에서 선체외면간의 최대너비를 말한다.
- 동력어선 : 추진기관[선외기(船外機)를 포함]을 설치한 어선을 말한다.
- 무동력어선 : 추진기관을 설치하지 아니한 어선을 말한다.
- 선령 : 어선이 진수한 날부터 지난 기간을 말한다.

02 선박의 설비

1 어선법상 선박의 설비

(1) 어선의 설비(어선법 제3조)

어선은 해양수산부장관이 정하여 고시하는 기준에 따라 다음에 따른 설비의 전부 또는 일부를 갖추어야 한다.

① 선 체

② 기 관

③ 배수설비

④ 돛 대

⑤ 조타·계선·양묘설비

⑥ 전기설비
⑦ 어로·하역설비
⑧ 구명·소방설비
⑨ 거주·위생설비
⑩ 냉동·냉장 및 수산물처리가공설비
⑪ 항해설비
⑫ 그 밖에 해양수산부령으로 정하는 설비

(2) 무선설비(어선법 제5조)

① 어선의 소유자는 해양수산부장관이 정하여 고시하는 기준에 따라 전파법에 따른 무선설비를 어선에 갖추어야 한다. 다만, 국제항해에 종사하는 총톤수 300톤 이상의 어선으로서 어획물운반업에 종사하는 어선 등 해양수산부령으로 정하는 어선에는 해상에서의 인명안전을 위한 국제협약에 따른 세계해상조난 및 안전제도의 시행에 필요한 무선설비를 갖추어야 한다. 이 경우 무선설비는 전파법에 따른 성능과 기준에 적합하여야 한다.
② 무선설비를 갖춘 어선의 소유자는 안전운항과 해양사고 발생 시 신속한 대응을 위하여 어선을 항행하거나 조업에 사용하는 경우 무선설비를 작동하여야 한다.
③ ①에도 불구하고 어선이 해양수산부령으로 정하는 항행의 목적에 사용되는 경우에는 무선설비를 갖추지 아니하고 항행할 수 있다.

(3) 어선위치발신장치(어선법 제5조의2)

① 어선의 안전운항을 확보하기 위하여 어업, 어획물운반업 또는 수산물가공업에 종사하는 선박 또는 수산업에 관한 시험·조사·지도·단속 또는 교습에 종사하는 선박에 해당하는 어선(내수면어업법에 따른 내수면어업에 종사하는 어선 등 해양수산부령으로 정하는 어선은 제외한다)의 소유자는 해양수산부장관이 정하는 기준에 따라 어선의 위치를 자동으로 발신하는 장치(어선위치발신장치)를 갖추고 이를 작동하여야 한다. 다만, 해양경찰청장은 해양사고 발생 시 신속한 대응과 어선 출항·입항 신고 자동화 등을 위하여 필요한 경우 그 기준을 정할 수 있다.
② 무선설비가 어선위치발신장치의 기능을 가지고 있는 때에는 어선위치발신장치를 갖춘 것으로 본다.
③ 어선의 소유자 또는 선장은 어선위치발신장치가 고장나거나 이를 분실한 경우 지체 없이 그 사실을 해양경찰청장에게 신고한 후 대통령령으로 정하는 기한까지 어선위치발신장치를 정상 작동하기 위한 수리 또는 재설치 등의 조치를 하여야 한다.
④ 국가 또는 지방자치단체는 어선위치발신장치를 설치하는 어선의 소유자에 대하여 예산의 범위에서 그 설치비용의 전부 또는 일부를 지원할 수 있다.

2 어선의 기본설비

(1) 항해설비

① **컴퍼스** : 방위측정, 침로유지

② **선속계** : 선박의 속력 표시

③ **측심기** : 수심측정

④ **풍향풍속계** : 바람 세기와 방향 측정

⑤ **육분의** : 천체나 물표의 고도측정 및 협각측정

⑥ **첨단항해장비** : 전자해도장치, 종합항법장치, 각종 전파항법장치 등

⑦ **전파항법장치**

㉠ 무선방향탐지기 : 운행 중인 배위에서 무선 표지로부터 오는 신호 전파를 받고, 그 지점의 위치나 방향을 탐지하는 장치

㉡ 레이더(Radar) : 목표물에 마이크로파를 발사하여 그 반사파로 물체의 위치나 상태를 모니터에 표시하여 물체를 찾는 장치

㉢ 로랜(Loran) : 전파를 이용하여 선박의 위치나 항로를 찾는 장치

㉣ GPS(Global Position System) : 인공위성을 이용한 위치 파악 시스템

(2) 통신설비

① 중파 무선 통신기

② 무선전화기

③ 국제 해사 위성 통신기

※ 선박 간 또는 선박과 육상 간에는 초단파를 사용하고, 조난 등 긴급 상황에서는 중단파를 사용한다.

(3) 기관설비

① 어선의 주기관(디젤기관)

㉠ 디젤기관의 원리 : 실린더 내부를 고온·고압 상태로 만들고 여기에 기름을 분사하여 폭발시키고, 그 폭발에 의한 팽창력으로 피스톤을 상하 운동시켜 추진기를 회전하게 하는 것이다.

㉡ 디젤기관의 동작원리에 따른 구분

2행정 사이클 기관	• 크랭크 1회전·피스톤 1회 왕복하는 동안 흡입·압축·폭발·배기의 1사이클이 이루어져 동력을 발생한다. • 중·대형의 저속기관에 적합하다.

4행정 사이클 기관 (대부분의 어선)	• 크랭크 2회전 · 피스톤 2회 왕복하는 동안 흡입 · 압축 · 폭발 · 배기의 1사이클이 이루어져 동력을 발생한다. • 중 · 소형의 고속기관에 적합하다. 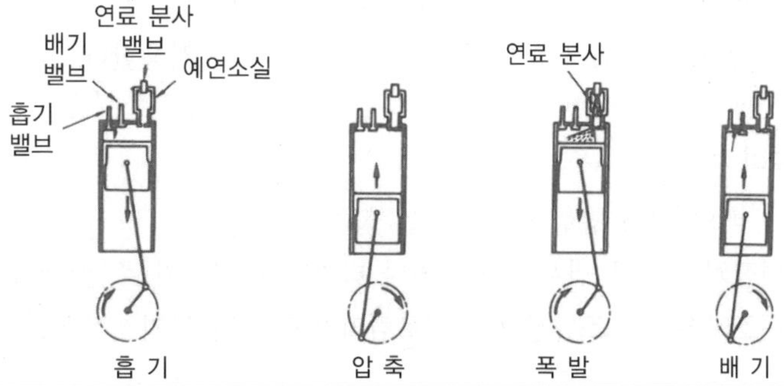

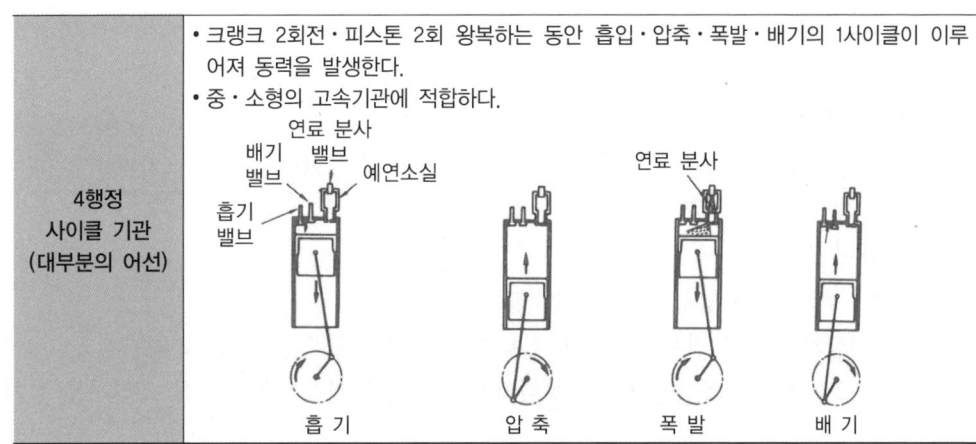

② 어선의 보조기계 : 주기관과 보일러를 제외한 모든 기계류를 말하며, 보통 '보기'라 부른다.

㉠ 기관실 내 설치되는 장치 : 발전기, 냉동장치, 각종 펌프, 공기압축기, 조수장치, 공기조화장치 등

㉡ 기관실 밖에 설치되는 장치 : 조타 장치, 계선 장치, 하역 장치, 양묘기 등

㉢ 발전기

- 조명, 각종 펌프, 항해 계기 등에 전기를 공급하는 보조 기계
- 직류발전기와 교류발전기로 나누는데, 선박에는 교류발전기를 사용

㉣ 냉동장치

- 고온의 열을 인공적으로 흡수하여 온도를 낮추는 기계 설비
- 식품의 저장, 냉동화물의 관리, 가스액화 등에 이용

※ 어선의 냉동방식

- 가스 압축식 냉동법 : 냉동설비 중 가장 널리 사용되며, 냉매 → 압축기 → 응축기 → 팽창밸브 → 증발기 → 냉매의 과정을 반복한다.
- 증기 분사식 냉동법 : 증기 이젝터를 통해 주변 열을 흡수하여 냉각하는 방식이다.
- 전자식 냉동법 : 성질이 다른 두 금속에 전류를 가해 한쪽에서는 열 흡수 · 다른 한 쪽에서는 열 방출을 이용하여 냉각하는 방식이다(펠티에 효과).
- 흡수식 냉동법 : 암모니아 가스를 냉매로 사용하여 냉동 · 냉장하는 방법이다.

[흡수식 냉동법의 장단점]

장 점	단 점
• 위험성이 낮다. • 저렴한 연료 이용으로 경제적이다. • 소음이 적다.	• 예열 시간이 길다. • 기계 부피가 크다. • 초기 설비비용이 많이 든다.

※ 원양어선은 참치의 근육 색소인 미오글로빈의 변질을 방지하기 위해 −50℃ 이하의 저온 상태를 유지할 수 있는 장치를 설비하여야 한다.

③ 기관의 출력

㉠ 내연기관의 출력으로는 '마력' 단위가 사용된다.

㉡ 마력에는 미터제(PS)와 영국제(HP)가 있다.

㉢ 특별히 지정되지 않은 경우에는 미터마력을 사용한다.

(4) 조타설비

① 키 : 배의 진행 방향을 조종하는 장치

② 조타장치 : 키를 좌우로 돌리거나 타각을 유지시켜 주는 장치

③ 자동조타장치 : 조타륜과 자이로컴퍼스를 연결한 기계적으로 키를 조작하는 장치

(5) 하역설비

① 어선에서 어획물이나 선용품 등을 싣거나 내리는 데 사용되는 설비를 말한다.

② 데릭장치가 가장 일반적이며, 데릭 포스트 · 데릭 붐 · 로프 · 윈치 등으로 구성되어 있다.

(6) 정박설비

닻을 이용하는 묘박 설비와 안벽이나 부표 등을 이용하는 계류 설비로 구성된다.

① 묘박 : 닻(Anchor)을 해저에 내려 정박하는 것

㉠ 닻

㉡ 양묘기(닻줄을 감아 들이는 장치)

㉢ 체인로커(닻줄보관)

② 계류 : 배를 안벽이나 부표에 붙잡아 매어 두는 것

㉠ 계선줄(안벽이나 부표에 배를 매어두는 줄)

㉡ 캡스턴(계선줄을 감아 들이는 장치)

㉢ 볼라드

㉣ 비 트

(7) 구명설비

① 정의 : 어선이 충돌, 좌초, 화재 등의 사고로 해난을 당했을 때 인명의 안전을 위해 선내에 비치하는 장비나 기구

② 구명설비의 종류

㉠ 구명정 : 인명 구조에 사용되는 소형 보트로 충분한 복원력과 전복되더라도 가라앉지 않는 부력을 갖추도록 설계되어 있다.

㉡ 구명뗏목 : 어선에 설치된 대표적 구명설비로 침몰 시 자동으로 이탈되어 조난자가 탈 수 있는 구조로 되어 있다.

㉢ 구명부환 : 개인용의 구명설비로 수중 생존자가 구조될 때까지 잡고 뜨게 하는 도넛모양의 물체이다.

㉣ 구명동의 : 조난 또는 비상시에 착용하는 것으로 고형식과 팽창식이 있다.

(8) 소방설비

① 선내에서 화재가 발생 시 화재의 위치를 탐지하는 화재탐지장치와 불을 끄는 소화장치로 구성된다.

② 소화장치에는 고정식과 휴대식이 있다.

③ 소화재의 종류에 따라 이산화탄소소화기, 포말소화기, 분말소화기, 물분무소화기 등이 있다.

3 선용품

(1) 선용품의 정의

선용품이란 어선을 운항하는 데 있어서 항시 사용되며, 없어서는 안 될 중요한 물품을 말한다.

(2) 로 프

로프는 하역이나 계선 및 어로 작업에 필수적인 선용품이다.

① **섬유로프** : 섬유를 꼬아 한 가닥으로 만들고, 이것을 수 개 내지 수십 개씩 묶어 꼬아 한 가닥으로 만든 다음, 그 위에 3~4가닥을 꼬아서 만든다.

㉠ 식물섬유로프 : 식물의 섬유로 만든 것으로 면 로프, 마 로프 등이 있다.

㉡ 합성섬유로프 : 석탄이나 석유 등을 원료로 만든 것으로 나일론 로프, 비닐론 로프, 폴리에틸렌 로프 등이 있다. 오늘날 대부분 합성섬유로프를 사용하고 있다.

② **와이어로프** : 아연이나 알루미늄을 도금한 와이어를 여러 가닥으로 합하여 스트랜드를 만들고, 스트랜드 6가닥을 합하여 만든 것이다.

㉠ 종 류

- 각 스트랜드의 중심에 섬유심을 넣어 만든 것
- 스트랜드 중심에는 섬유심이 없으나 로프 중심에는 섬유심을 넣은 것
- 스트랜드의 중심과 로프의 중심에 모두 섬유심을 넣은 것
- 모두 섬유심을 넣지 않은 것

㉡ 규 격

- 길이 : 굵기와 상관없이 1사리(Coil) = 200m
- 굵기 : 로프 외접원의 지름을 mm로 표시, 둘레를 인치(inch)로 나타낸다.

※ 지름(mm)/8 = 둘레(inch)

- 무게 : 섬유로프는 1사리(코일)의 무게를, 와이어로프는 1m의 무게를 단위로 나타낸다.

(3) 선박도료

① 선박도료를 칠하는 이유 : 부식방지, 해양생물 부착방지, 청결유지, 미관장식 등

② 선박도료의 분류

㉠ 성분에 따른 분류 : 페인트, 바니시, 래커, 잡도료 등

㉡ 사용 목적에 따른 분류

- 광명단 도료 : 내수성과 피복성이 강하여 어선에서 가장 널리 사용된다.
- 제1호 선저 도료(A/C) : 부식방지를 위해 외판 부분에 칠하며, 광명단 도료를 칠한 그 위에 칠한다.
- 제2호 선저 도료(A/F) : 해양생물 부착을 방지하기 위하여 외판 중 항상 물에 잠겨 있는 부분에 칠한다.
- 제3호 선저 도료(B/T) : 부식 및 마멸방지를 위해 만재 흘수선과 경하 흘수선 사이의 외판에 칠한다.

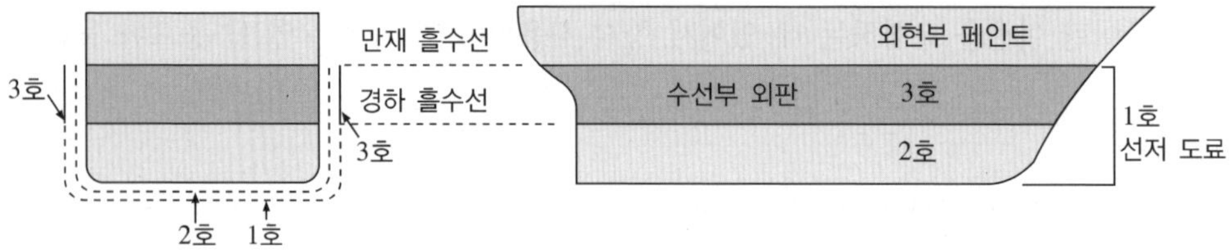

* 1호(A/C 페인트), 2호(A/F 페인트), 3호(B/T 페인트)

03 어선의 조종과 해상교통안전

1 어선의 조종

(1) 어선 조종의 기본 원리

① 키(타, Rudder)의 작용

㉠ 어선이 항해하고 있을 때 키(타, Rudder)를 오른쪽으로 돌리면 오른쪽으로 선회하고, 키를 왼쪽으로 돌리면 왼쪽으로 선회한다.

㉡ 키의 각도(타각)가 있으면 그 각도만큼 선회하고, 타각을 없애면 직진한다.

㉢ 보침성과 선회성

- 보침성 : 선체가 정해진 진로상을 직진하고자 하는 성질
- 선회성 : 타각을 주었을 때 그 각도에 따른 선회 각속도

② 타 력

㉠ 타를 원래의 상태를 유지시키려는 힘을 말한다.

㉡ 원래의 상태를 유지하려는 타력으로 인해 전진 중인 선박이 기관을 정지시켜도 바로 멈추지 않고, 키를 중앙으로 해도 선회 운동을 멈추는 데 시간이 걸린다.

③ 복원력

㉠ 외력에 의해 선박이 어느 한쪽으로 기울어졌을 때 원래의 위치로 돌아가려는 성질을 말한다.

㉡ 복원력이 너무 클 경우

- 횡요(Rolling)하는 주기가 빨라 선체나 기관의 손상이 쉽다.
- 화물이 이동할 위험성이 있다.
- 승무원이 배멀미를 하여 불쾌감을 느낀다.

㉢ 복원력이 너무 작을 경우

- 외부로부터 받는 힘에 선박이 경사되기 쉽다.
- 빨리 일어서지 않으므로 파도가 심할 때는 전복될 위험성이 있다.

※ 파랑 중 선체 운동

- 횡동요 운동(롤링, Rolling) : 선체가 선수미를 중심으로 좌우로 회전하는 횡경사 운동으로 복원성과 긴밀한 관계가 있으며, 선박 전복의 원인이 된다.
- 종동요 운동(핏칭, Pitching) : 선체 중앙을 중심으로 선수와 선미가 상하 교대로 회전하는 종경사 운동

④ 프로펠러의 작용과 기관 조종

㉠ 스크루 프로펠러(추진기)

- 회전하면서 물을 뒤로 차 밀어 내어 선체를 앞으로 추진시키는 장치
- 어선의 스크루 프로펠러에는 3~5개 정도의 날개가 달림
- 우회전 스크루 프로펠러 : 스크루 프로펠러가 시계방향으로 회전하는 것으로 대부분의 배는 1개씩 장치함

㉡ 선속(노트, knot)

- 프로펠러의 회전으로 인해 선박이 앞으로 항해하는 추진력이 생기고 선속(속력)이 달라진다.
- 선속의 단위 : 1노트(knot)란 배가 1시간에 1해리(1,852m) 만큼 전진하는 빠르기

  예 1시간에 20해리를 항주한 선속은 20노트이다.

㉢ 선박의 조종

- 키로 진행 방향을 조종하고, 스크루 프로펠러 회전수로 속력을 조종한다.
- 선체의 전진 또는 후진 속력을 결정하는 스크루 프로펠러의 회전수는 주기관의 회전력에 의해 결정된다.

※ 주기관의 운전에 관한 명령

명 령	의 미	명 령	의 미
스탠드 바이 엔진 (Stand by Engine)	기관 사용 준비	스톱 엔진 (Stop Engine)	기관 정지
데드 슬로 어헤드 (Dead Slow Ahead)	극미속 전진	데드 슬로 어스턴 (Dead Slow Astern)	극미속 후진
슬로 어헤드(Slow Ahead)	미속 전진	슬로 어스턴(Slow Astern)	미속 후진
하프 어헤드(Half Ahead)	반속 전진	하프 어스턴(Half Astern)	반속 후진
풀 어헤드(Full Ahead)	전속 전진	풀 어스턴(Full Astern)	전속 후진

2 어선의 운항

(1) 입·출항 준비

① 입항준비

㉠ 계선 설비, 기적 등을 시운전

㉡ 기관의 조종 상태 확인

㉢ 입항 후의 작업과 선용품 보급 등의 업무 준비

㉣ 입항에 필요한 제반 서류 점검

※ 입항신고
- 출항신고와 같이 태풍이나 기타 위험상황 발생 시 선박의 안전 확보에 중요하므로 필히 하도록 한다.
- 신고절차는 입항 후 입항신고서 및 선박식별신호포판을 제출한다(제출처 : 선박출입항통제소 또는 신고소).

② 출항준비

㉠ 기관, 양묘기, 조타 장치, 항해 계기 등을 시운전

㉡ 어구나 어상자와 같은 이동물의 묶는 작업

㉢ 연료와 식량 및 식수의 점검

㉣ 어선원의 승선 확인

㉤ 구명 설비의 점검 등 안전 항해를 위한 준비

※ 출항신고
- 출항 전 반드시 출항신고를 하여 사고 발생 시 즉시 구조가 이루어지도록 하여야 한다.
- 서류준비(어선출항신고서, 선원명부, 선박검사증, 선적증서, 어업허가증, 어업정보통신국가입증) → 서류제출(제출처 : 선박출입항통제소 또는 신고소) → 신고기관장의 확인을 받은 출항신고서 및 선박식별신호포판 수령 → 출항

(2) 정박법

선박을 해상의 일정한 위치에 정지시키는 것을 정박법이라 한다.

- 닻을 이용하는 묘박
- 부두나 안벽에 계류하는 방법
- 계선부표에 계선하는 방법

① **묘박(錨泊)법** : 닻(Anchor)을 해저에 내려 정박하는 것

㉠ 닻에 의한 정박법

- 단묘박 : 한쪽 현의 선수 닻을 내려 정박하는 방법으로, 투양묘가 쉽고 조류나 바람에 의해 선체가 돌기 때문에 교통량이 적고 넓은 수역에서 행한다.
- 쌍묘박 : 선수 양현의 닻을 앞뒤 쪽으로 서로 먼 거리를 두고 내려 정박하는 방법으로, 선회면적이 작기 때문에 좁은 수역에서의 정박에 적합하다.
- 이묘박 : 강풍이나 조류가 강한 수역에서 큰 파주력을 필요로 할 때 정박하는 방법으로, 선수 양현 닻을 한쪽 현으로 모아서 투묘하므로 파주력이 2배이다.

[쌍묘박]

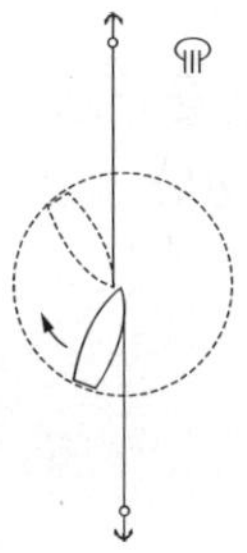

[이묘박]

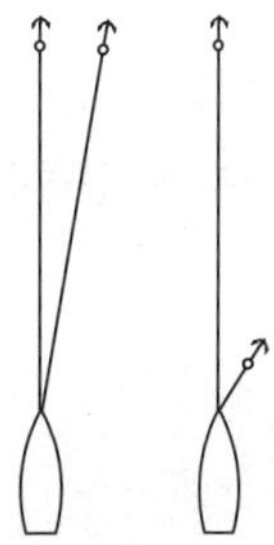

㉡ 파주력

- 해저에 박힌 닻과 닻줄은 잡아당겨도 빠져 나오지 않으려는 저항력
- 해저 저질에 따라 파주력이 다른데 펄의 경우 파주력이 커지고, 닻줄을 길게 풀어 줄수록 커진다.

② **계류하는 방법** : 로프 등으로 선체를 계류지나 부표에 계류하는 것으로 측면을 접안시킬 수도 있고, 선수만 계류할 수도 있다.

㉠ 접 안

- 좌현접안 : 프로펠러가 시계방향으로 회전하는 추진기를 장착한 경우 계류지에 대하여 약 20~30° 각도로 접안하여 약 10m 떨어진 거리에서 정선하여 선수 뒤의 로프를 건다. 스프링 라인(Spring Line)이 느슨해진 것을 감은 후 전진 미속하면서 우현으로 조종하면 계류지로 접안된다.
- 우현접안 : 계류지로 접근하는 각도는 20~30° 정도이고 계류지로부터 약 10m 거리에서 정선하여 선수 뒤의 로프를 건다. 느슨해진 로프를 감은 후 미속 전진하면서 좌현으로 조종하면 우현이 접안된다.

㉡ 계선줄의 종류

• 선수줄 : 선수에서 내어 선수 전방의 부두에 묶는 줄로서 선체가 뒤쪽으로 움직이는 것과 선체가 부두로부터 떨어지는 것을 방지한다.
• 선미줄 : 선미에서 내어 선미 후방의 부두에 묶는 줄로서 선체가 앞쪽으로 움직이는 것과 선체가 부두로부터 떨어지는 것을 방지한다.
• 선수 뒷줄 : 선수에서 내어 후방 부두에 묶는 줄로서 선체가 전방으로 움직이는 것을 방지한다. 부두 접안 시 전진타력 억제하는 등 가장 사용빈도가 많은 줄이다.
• 선미 앞줄 : 선미에서 내어 전방 부두에 묶는 줄로 선체가 후방으로 움직이는 것을 방지한다.
• 옆줄 : 선수 및 선미에서 부두와 거의 직각 방향으로 묶는 줄로, 선체가 부두에 붙어 있도록 한다.

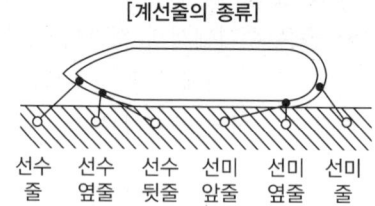

[계선줄의 종류]

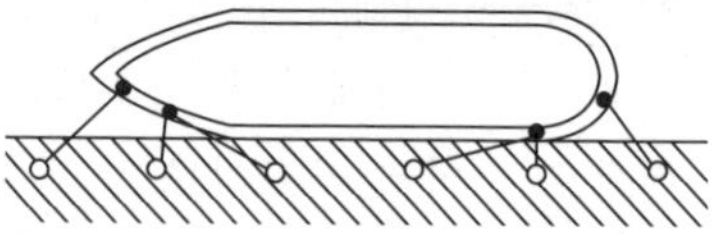

㉢ 계선줄의 기능 : 선수줄과 선미 앞줄은 선체의 뒤쪽 운동을, 선미줄과 선수 뒷줄은 앞쪽 운동을, 선수미 옆줄은 선체의 바깥쪽 운동을 억제한다.

3 해상교통안전

(1) 개 요

① 해상교통을 규율하는 법에는 국제조약의 성질을 가지는 국제해상충돌방지 규칙과 국내법인 해사안전법 및 개항질서법이 있다.
② 이들 법들은 해상에서 일어나는 선박 항행상의 모든 위험을 방지하고 장애를 제거함으로써 해상 교통의 안전을 확보함을 목적으로 한다.
③ 개항 및 지정항의 항계 안에서의 제반규정은 국제규칙 및 해사안전법보다 개항질서법이 우선 적용된다.

(2) 해사안전법

① 목적 : 선박의 안전운항을 위한 안전관리체계를 확립하여 선박항행과 관련된 모든 위험과 장해를 제거함으로써 해사(海事)안전 증진과 선박의 원활한 교통에 이바지함을 목적으로 한다.

② 항행규칙

㉠ 서로 마주치는 경우 : 2척의 동력선이 마주치거나 거의 마주치게 되어 충돌의 위험이 있을 때에는 각 동력선은 서로 다른 선박의 좌현 쪽을 지나갈 수 있도록 침로를 우현(右舷)으로 변경하여야 한다.

㉡ 횡단하는 경우 : 2척의 동력선이 상대의 진로를 횡단하는 경우로서 충돌의 위험이 있을 때에는 다른 선박을 우현 쪽에 두고 있는 선박이 그 다른 선박의 진로를 피하여야 한다.

㉢ 추월하는 경우

- 추월하는 선박은 추월당하고 있는 선박을 완전히 추월하거나 그 선박에서 충분히 멀어질 때까지 그 선박의 진로를 피하여야 한다.
- 추월하는 경우 2척의 선박 사이의 방위가 어떻게 변경되더라도 추월하는 선박은 추월이 완전히 끝날 때까지 추월당하는 선박의 진로를 피하여야 한다.
- 다른 선박의 양쪽 현의 정횡(正橫)으로부터 22.5°를 넘는 뒤쪽[밤에는 다른 선박의 선미등(船尾燈)만을 볼 수 있고 어느 쪽의 현등(舷燈)도 볼 수 없는 위치를 말한다]에서 그 선박을 앞지르는 선박은 추월선으로 보고 필요한 조치를 취하여야 한다.

[항행규칙]

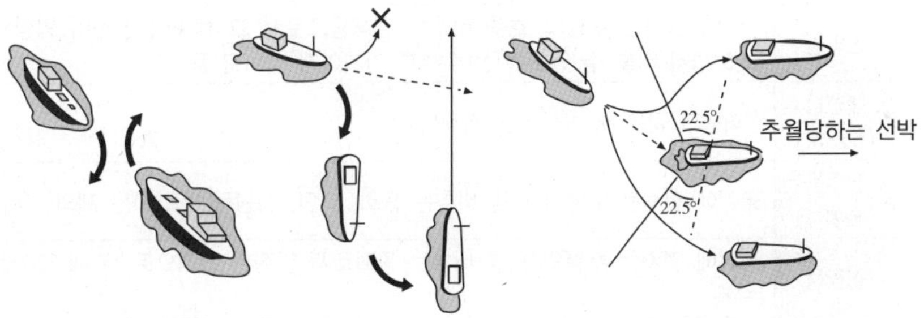

③ 신호규칙(해사안전법 제92조)

㉠ 항행 중인 동력선의 침로 변경 신호

- 우현으로 변침 시 : 단음 1회
- 좌현으로 변침 시 : 단음 2회
- 후진 시 : 단음 3회

㉡ 앞지르기 신호

- 우현으로 앞지르기 시 : 장음 2회 + 단음 1회
- 좌현으로 앞지르기 시 : 장음 2회 + 단음 2회
- 앞지르기 당하는 선박의 동의 신호 : 장음 1회 + 단음 1회 + 장음 1회 + 단음 1회

㉢ 상대선의 행동이 의심스러울 때 : 단음 5회

※ 신호규칙

- 단음 : 1초 정도 계속되는 고동소리
- 장음 : 4초부터 6초까지의 시간 동안 계속되는 고동소리

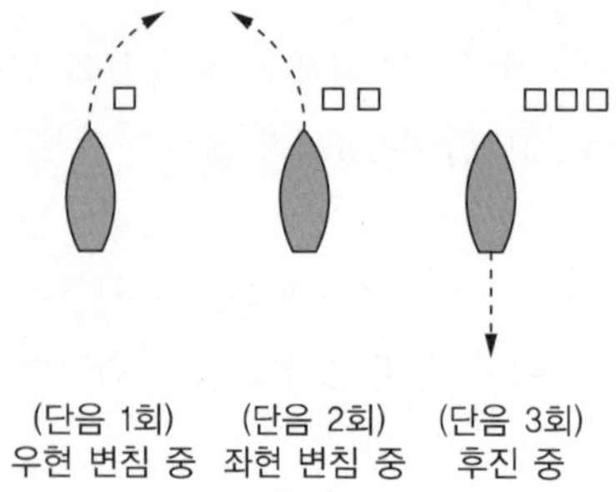

[침로 신호]

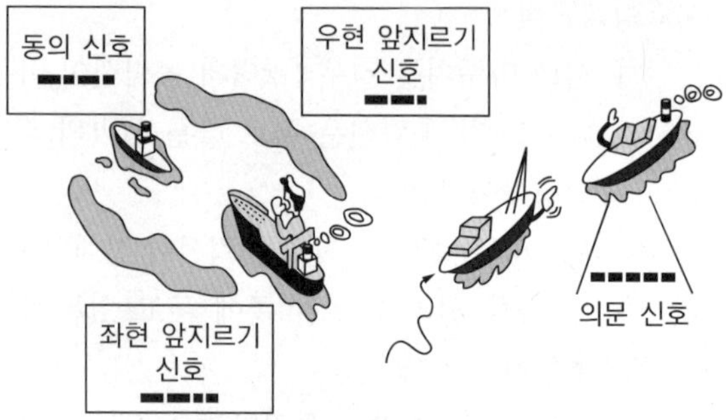

[신호 규칙]

④ 등화 규칙

㉠ 등화의 종류(해사안전법 제79조)

마스트등	선수와 선미의 중심선상에 설치되어 225°에 걸치는 수평의 호(弧)를 비추되, 그 불빛이 정선수 방향으로부터 양쪽 현의 정횡으로부터 뒤쪽 22.5°까지 비출 수 있는 흰색등(燈)
현등(舷燈)	정선수 방향에서 양쪽 현으로 각각 112.5°에 걸치는 수평의 호를 비추는 등화로서 그 불빛이 정선수 방향에서 좌현 정횡으로부터 뒤쪽 22.5°까지 비출 수 있도록 좌현에 설치된 붉은색등과 그 불빛이 정선수 방향에서 우현 정횡으로부터 뒤쪽 22.5°까지 비출 수 있도록 우현에 설치된 녹색등
선미등	135°에 걸치는 수평의 호를 비추는 흰색등으로서 그 불빛이 정선미 방향으로부터 양쪽 현의 67.5°까지 비출 수 있도록 선미 부분 가까이에 설치된 등
예선등(曳船燈)	선미등과 같은 특성을 가진 황색등
전주등(全周燈)	360°에 걸치는 수평의 호를 비추는 등화. 다만, 섬광등(閃光燈)은 제외
섬광등	360°에 걸치는 수평의 호를 비추는 등화로서 일정한 간격으로 1분에 120회 이상 섬광을 발하는 등
양색등(兩色燈)	선수와 선미의 중심선상에 설치된 붉은색과 녹색의 두 부분으로 된 등화로서 그 붉은색과 녹색 부분이 각각 현등의 붉은색등 및 녹색등과 같은 특성을 가진 등
삼색등(三色燈)	선수와 선미의 중심선상에 설치된 붉은색·녹색·흰색으로 구성된 등으로서 그 붉은색·녹색·흰색의 부분이 각각 현등의 붉은색등과 녹색등 및 선미등과 같은 특성을 가진 등

㉡ 항행 중인 선박

- 앞쪽에 마스트등(백색등) 1개와 그 마스트등보다 뒤쪽의 높은 위치에 마스트등 1개
- 현등 1쌍 : 우현(녹색등), 좌현(홍색등)
- 선미등(백색등) 1개

㉢ 트롤망어로에 종사하는 선박

- 수직선 위쪽에는 녹색, 그 아래쪽에는 흰색 전주등 각 1개 또는 수직선 위에 2개의 원뿔을 그 꼭대기에서 위아래로 결합한 형상물 1개
- 녹색 전주등보다 뒤쪽의 높은 위치에 마스트등 1개
- 대수속력이 있는 경우에는 위에 따른 등화에 덧붙여 현등 1쌍과 선미등 1개

㉣ 항망이나 트롤망어로에 종사하는 선박 외에 어로에 종사하는 선박
- 수직선 위쪽에는 붉은색, 아래쪽에는 흰색 전주등 각 1개 또는 수직선 위에 2개의 원뿔을 그 꼭대기에서 위아래로 결합한 형상물 1개
- 수평거리로 150m가 넘는 어구를 선박 밖으로 내고 있는 경우에는 어구를 내고 있는 방향으로 흰색 전주등 1개 또는 꼭대기를 위로 한 원뿔꼴의 형상물 1개
- 대수속력이 있는 경우에는 위에 따른 등화에 덧붙여 현등 1쌍과 선미등 1개

(3) 선박안전조업규칙

① **목적** : 선박에 대한 어업 및 항해의 제한이나 그 밖에 필요한 규제에 관한 사항을 정함으로써 어업과 항해가 안전하게 이루어질 수 있도록 함을 목적으로 한다.

② **적용 범위**

㉠ 적용 대상 : 어선과 총톤수 100톤 미만의 선박에 대하여 적용한다.

㉡ 제외 대상 : 정부나 공공단체가 소유하는 선박, 원양어업에 종사하는 어선, 여객선 및 국외에 취항하는 선박은 제외한다.

(4) 선박 위생과 소독

① **선내 소독** : 각종 세균의 박멸, 병균 매개체인 쥐, 곤충 등의 구제함으로써 감염병 예방과 각종 질병을 예방할 수 있다.

㉠ 일광 소독 : 침구, 의복 등을 2~3시간 햇볕을 쪼여서 소독하는 간단한 방법

㉡ 열탕 소독 : 행주, 식기, 도마 등의 취사도구와 각종 의료 기구를 물에 10분 이상 끓여서 각종 균을 박멸하는 방법

㉢ 증기 소독 : 의류, 침구, 의료용 위생 재료 등을 섭씨 100℃ 이상의 증기 속에 30분 이상 소독하는 방법

㉣ 훈증 소독 : 선내 공간 밀폐 후 그 안에 황이나 청산 등의 유독 가스를 발생시켜 쥐나 곤충 등의 생물을 박멸하는 방법

㉤ 약품 소독 : 크레졸, 포르말린, 석탄산 수용액, 알코올 등의 약품을 이용하여 소독하는 방법

㉥ 소각법 : 병균에 오염된 종이, 쓰레기, 천, 토해 낸 물질, 사체 등을 소각하는 방법으로 가장 확실한 소독 방법

② **식수관리** : 이질, 장티푸스, 콜레라 등 소화기 계통의 감영병 등은 물에 의해 전염되며, 납, 망간, 구리, 비소 등 중금속에 오염된 물도 주의해야 한다.

㉠ 출항 전 육상 급수원, 청수호스, 식수 탱크의 배수 설비 등을 위생적 관리

㉡ 청수 탱크의 청소는 정기적으로 실시

㉢ 시멘트 도장 후 청수로 3회 이상 우려내어 독성을 제거하고 정기적으로 청소하며, 염소제 등으로 살균

㉣ 간단한 수질 검사용 측정기나 시약을 구비하여 수시로 검사

CHAPTER 03

적중예상문제

01 우리나라의 소형어선에서 주로 사용하는 선박으로 바른 것은?

① 목 선 ② 강 선

③ FRP선 ④ 알루미늄선

해설 목선은 소형어선, 범선 등에 사용된다.

02 우리나라 서해안에서 조류를 이용하여 어획하는 선박으로 바른 것은?

① 유자망 어선 ② 예망 어선

③ 선망어선 ④ 안강망 어선

해설 안강망 어선은 조류가 빠른 곳에 닻을 내려 고정한 후 긴 주머니 모양의 통그물을 이용해 조류에 밀리는 고기를 잡는 방식으로 조업한다.

03 얼음이나 소금 등으로 선도를 유지하여 어획대상물을 운반하는 어선으로 바른 것은?

① 선어 운반선 ② 냉동 운반선

③ 활어 운반선 ④ 통발어선

해설 선어 운반선은 낮은 온도에서 어획물을 보존하여 운반하는 어선을 말한다.

04 다음 중 재료에 따라 분류한 선박의 종류가 아닌 것은?

① 강 선 ② 합성수지선

③ 경금속선 ④ 단속선

해설 배를 만드는 재료에 따라 목선, 강선, 합성수지(FRP)선, 경금속선 등으로 분류한다.

1 ① 2 ④ 3 ① 4 ④ 정답

05 배의 골격 중 선수에서 선미까지 선저의 중심을 지나는 골격으로 사람의 등뼈에 해당하는 것은?

① 용 골 ② 늑 골
③ 갑 판 ④ 외 벽

해설 ② 늑골 : 선체의 좌우 현측을 구성하는 골격
③ 갑판 : 보의 위쪽을 가로질러 물이 새지 않도록 깔아 놓은 견고한 판
④ 외판 : 목재 또는 철판으로 늑골의 바깥을 덮어씌운 것

06 배의 앞쪽 끝 부분을 말하며, 우리말로는 '이물'이라고 하는 것은?

① 선 수 ② 선 미
③ 좌 현 ④ 우 현

해설 ② 선미(Stern) : 배의 뒤쪽 끝 부분, 우리말로는 고물
③ 좌현(Port) : 선미에서 선수 쪽으로 보아 왼쪽
④ 우현(Starboard) : 선미에서 선수 쪽으로 보아 오른쪽

07 선체가 물에 떠 있을 때 물속에 잠긴 선체의 깊이를 무엇이라 하는가?

① 건 현 ② 트 림
③ 흘 수 ④ 형 폭

해설 ① 건현 : 물에 잠기지 않은 선체 부분의 높이
② 트림 : 배의 길이 방향의 기울기(선수 흘수와 선미 흘수의 차이)
④ 형폭 : 선체의 가장 넓은 부분에서, 선체 한쪽 외판의 내면으로부터 반대쪽 외판의 내면까지의 수평거리

08 선체의 예비부력을 결정하는 침수되지 않는 부분의 높이를 무엇이라고 하는가?

① 톤 수 ② 건 현
③ 트 림 ④ 흘 수

해설 ① 톤수 : 선박의 크기를 나타내는 단위
③ 트림 : 종경사, 선박의 균형에서 선수미간의 경사
④ 흘수 : 잔잔한 물에 떠 있는 선체가 물에 잠기는 한계선

정답 5 ① 6 ① 7 ③ 8 ②

09 선저판, 외판, 갑판 등에 둘러싸여 화물적재에 이용되는 공간을 무엇이라 하는가?

① 선 창　② 격 벽
③ 이중저　④ 늑 골

해설 선창(Cargo Hold)은 선저판, 외판 및 갑판 등에 둘러싸여 화물 적재에 이용되는 공간이므로 화물창이라고도 한다.

10 흘수에 대한 설명으로 옳지 않은 것은?

① 선박의 속력, 타효에는 영향을 끼치지 않는다.
② 화물을 실을 때는 트림과 흘수를 조절한다.
③ 배수량에 변화가 없더라도 흘수가 변하는 수가 있다.
④ 선수흘수와 선미흘수의 차를 트림이라 한다.

해설 선수 흘수와 선미 흘수의 차이로서 선박의 감항성 및 속력에 큰 영향을 미친다.

11 어선에서 사용되는 대표적인 전파 항법 장치가 아닌 것은?

① 무선 방향 탐지기　② 레이더
③ 로 랜　④ 컴퍼스

해설 컴퍼스는 방위 측정 및 침로 유지를 위한 장비이다.

12 전파 항해 계기 중 선위 측정 및 충돌방지 용도로 사용하는 것은?

① 측심기　② 레이더
③ 지피에스　④ 선속계

해설 레이더(Radar)는 목표물에 마이크로파를 발사하여 그 반사파로 물체의 위치나 상태를 모니터에 표시하여 물체를 찾는 장치이다.

9 ① 10 ① 11 ④ 12 ② 정답

13 선박에 있어서 보침성능과 선회성능에 영향을 주는 장치는?

① 마스트

② 양묘기

③ 키(타)

④ 프로펠러

해설 키(타)의 크기를 키우면 선박의 침로안정성과 선회성능이 모두 향상된다. 그러나 키를 키우면 저항이 커지기 때문에 속도가 떨어지고 큰 용량의 조타기를 사용해야 하므로 설계자는 필요한 조종성능을 만족할 수 있는 최소 크기의 키(타)를 설계하게 된다.

14 선박에서 닻줄을 감아올리는 장치를 무엇이라 하는가?

① 조타기

② 체인로커

③ 양묘기

④ 캡스턴

해설 ① 키를 좌우로 돌리거나 타각을 유지시켜 주는 장치
② 닻줄 보관
④ 계선줄을 감아 들이는 장치

15 다음 중 선박의 구명장비가 아닌 것은?

① 구명뗏목

② 구명부환

③ 구명동의

④ 육분의

해설 육분의는 천체나 물표의 고도 및 협각을 측정하는 일반 항해장비이다.

정답 13 ③ 14 ③ 15 ④

16 다음은 어선의 구명 설비에 대한 설명이다. ㉠과 ㉡에 해당하는 것을 바르게 짝지은 것은?

> ㉠ 둥근 형태의 개인용 구명 설비로 물에 빠진 사람이 잡고 뜨게 하는 것이다.
> ㉡ 선박 침몰 시 자동으로 이탈되어 조난자가 탈 수 있는 어선의 대표적인 구명 설비이다.

	㉠	㉡		㉠	㉡
①	구명뗏목	구명정	②	구명뗏목	구명동의
③	구명부환	구명동의	④	구명부환	구명뗏목

해설 • 구명부환 : 개인용의 구명 설비로 수중 생존자가 구조될 때까지 잡고 뜨게 하는 도넛모양의 물체
• 구명뗏목 : 어선에 설치된 대표적 구명 설비로 침몰 시 자동으로 이탈되어 조난자가 탈 수 있는 구조로 구성

17 로프의 규격 중 mm로 표시하는 것은?

① 외 경　② 내 경
③ 반 경　④ 길 이

해설 로프의 굵기를 나타낼 때 로프의 외경을 의미한다. 즉, 바깥쪽의 두께이다.

18 목조 갑판 위의 틈 메우기에 쓰이는 황백색의 반고체는?

① 흑 연　② 황 토
③ 퍼 티　④ 타 르

해설 퍼티(Putty)는 페인트를 칠하기 전 유성니스나 래커에 개어 목조 위의 틈을 메우는 데 쓰인다.

19 내수성과 피복성이 강하여 가장 널리 사용되고 있는 선박용 도료는?

① 광명단 도료　② 제1호 선저 도료(A/C)
③ 제2호 선저 도료(A/F)　④ 제3호 선저 도료(B/T)

해설 ② 부식 방지를 위해 외판 부분에 칠하며, 광명단 도료를 칠한 위에 칠한다.
③ 해양생물 부착을 방지하기 위하여 외판 중 항상 물에 잠겨 있는 부분에 칠한다.
④ 부식 및 마멸방지를 위해 만재 흘수선과 경하 흘수선 사이의 외판에 칠한다.

16 ④ 17 ① 18 ③ 19 ① 정답

20 선박의 속력을 나타내는 단위는?

① 노트(knot)　　② 킬로미터(km)
③ 센티미터(cm)　　④ 미터(m)

해설 노트(knot)는 배의 속력단위로 1시간당 1해리(1,852m)의 속도를 1노트라 한다.

21 어떤 선박이 30분 동안에 5해리를 항해하였다면 선속은 몇 노트인가?

① 20　　② 15
③ 10　　④ 5

해설 노트 = 거리(마일)/시간(h) = 5/0.5 = 10knot

22 선박을 부두에 접안할 때 선체의 전진 타력을 줄이는 데 사용되는 계선줄은?

① 선수줄　　② 선미 앞줄
③ 선미줄　　④ 옆 줄

해설 선미줄은 선미에서 내어 선미 후방의 부두에 묶는 줄로서 선체가 앞쪽으로 움직이는 것과 선체가 부두로부터 떨어지는 것을 방지한다.

① 선수줄은 선수에서 내어 선수 전방의 부두에 묶는 줄로서 선체가 뒤쪽으로 움직이는 것과 선체가 부두로부터 떨어지는 것을 방지한다.
② 선미 앞줄은 선미에서 내어 전방 부두에 묶는 줄로서 선체가 후방으로 움직이는 것을 방지한다.
④ 옆줄은 선수 및 선미에서 부두와 거의 직각 방향으로 묶는 줄로서 선체가 부두에 붙어 있도록 한다.

23 다음은 해사안전법에 따른 항행 규칙이다. ㉠, ㉡에 들어갈 말을 바르게 짝지은 것은?

> 두 척의 동력선이 서로 마주치는 상태에서 충돌의 위험이 있을 때에는 서로 (㉠)(으)로 항행하여야 한다. 야간인 경우에는 상대 선박의 (㉡)을(를) 보면서 항행하여 충돌을 피한다.

	㉠	㉡
①	왼 쪽	녹색등
②	왼 쪽	적색등
③	오른쪽	녹색등
④	오른쪽	적색등

해설 서로 마주치는 상태에서 충돌의 위험이 있을 때에는 두 선박은 오른쪽으로 항행하여야 하며, 야간에는 적색등을 보면서 오른쪽으로 통항하여 충돌을 피한다.

정답 20 ① 21 ③ 22 ③ 23 ④

24 다음은 해사안전법에 대한 내용이다. 항구를 출항하여 어장으로 항해하는 선박의 음향 신호 규칙에 대해 옳게 설명한 것은?

① 후진할 때는 단음 3회를 울려야 한다.

② 다른 선박을 추월할 때는 장음 2회를 울려야 한다.

③ 우현으로 변침할 때는 단음 2회를 울려야 한다.

④ 좌현으로 변침할 때는 장음 3회를 울려야 한다.

해설 ② 우현으로 추월 시 장음 2회 + 단음 1회, 좌현으로 추월 시 장음 2회 + 단음 2회를 울려야 한다.
③ 우현으로 변침할 때는 단음 1회를 울려야 한다.
④ 좌현으로 변침할 때는 단음 2회를 울려야 한다.

25 해상 교통 안전을 위한 신호규칙으로 잘못 설명된 것은?

① 우현으로 변경 시 – 단음 1회

② 좌현으로 변경 시 – 단음 2회

③ 후진 시 – 장음 1회

④ 추월 동의 시 – 장음 1회 + 단음 1회 + 장음 1회 + 단음 1회

해설 후진 시 신호규칙은 단음 3회이다.

26 다음의 설명에 가장 알맞은 소독법은?

> • 선내 공간을 밀폐시키고, 유독가스를 발생시켜 소독한다.
> • 황이나 청산 등을 이용한다.
> • 쥐나 곤충 등의 생물박멸에 이용된다.

① 일광 소독　　② 훈증 소독

③ 증기 소독　　④ 열탕 소독

해설 ① 의복 등을 2~3시간 햇볕을 쪼여서 소독하는 간단한 방법
③ 의류, 침구, 의료용 위생재료 등을 섭씨 100℃ 이상의 증기 속에 30분 이상 소독하는 방법
④ 행주, 식기, 도마 등의 취사도구와 각종 의료기구를 물에 10분 이상 끓여서 각종 균을 박멸하는 방법

24 ① 25 ③ 26 ② 정답

27 다음 중 어선에 대한 설명으로 옳지 않은 것은?

① 유조선·화물선·크루즈와 달리 일반적으로 규모가 작다.
② 직접적으로 고기를 잡는 어선은 100톤을 넘지 않는 게 일반적이다.
③ 일반적으로 대형선은 100톤 이상의 어선, 소형선은 10톤 이하의 어선을 말한다.
④ 어선의 크기가 작아야 어획 대상을 쫓아 방향을 돌리는 데 용이하다.

해설 직접적으로 고기를 잡는 어선은 1,000톤을 넘지 않는 게 일반적이다.

28 다음은 선박 톤수의 개념을 나타낸 것이다. (가)에 해당하는 톤수의 종류로 옳은 것은?

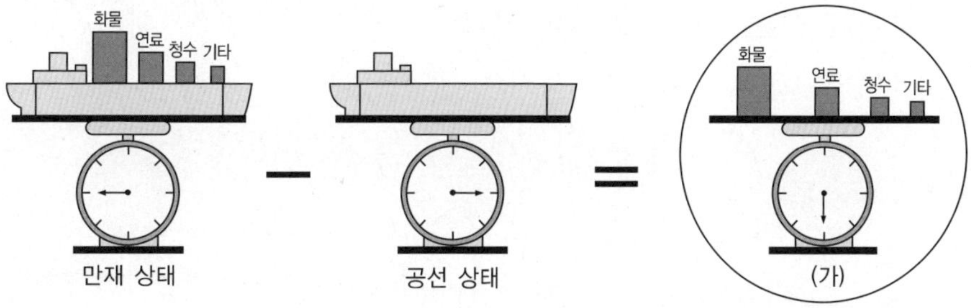

① 순톤수
② 재화중량톤수
③ 재화용적톤수
④ 배수톤수

해설 **용적 톤수**

재화중량톤수 : 선박에 실을 수 있는 화물의 무게를 말하며 선박이 만재흘수선에 이르기까지 적재할 수 있는 화물의 중량을 톤수로 나타낸 것이다(만재 상태의 배의 무게－공선 상태의 배의 무게).

- 총톤수 : 선박의 선수와 선미에 있는 환기장치·조명장치·항해장치 등의 용적을 제외한 나머지 선박용적률로 나누어 나온 숫자를 총 톤수라 한다. 선박을 등록할 때 이 톤을 사용하기 때문에 일명 '등록 톤수'라고도 한다.
- 순톤수 : 화물이나 여객을 수용하는 장소의 용적으로 총 톤수에서 선원·항해·추진에 관련된 공간을 제외한 용적이다. 실제 여객이나 화물을 운송하는 공간의 크기를 나타낸다.
- 배수톤수 : 물 위에 떠 있는 선박의 수면 아래 배수된 물의 부피와 동일한 물의 중량 톤수를 말한다. 주로 군함의 크기를 나타내는 톤수로 쓰인다.

정답 27 ② 28 ②

29 **다음은 대형 어선의 선체 구조 횡단면이다. 선저에 A의 공간을 설치하는 이유로 적절한 것은?**

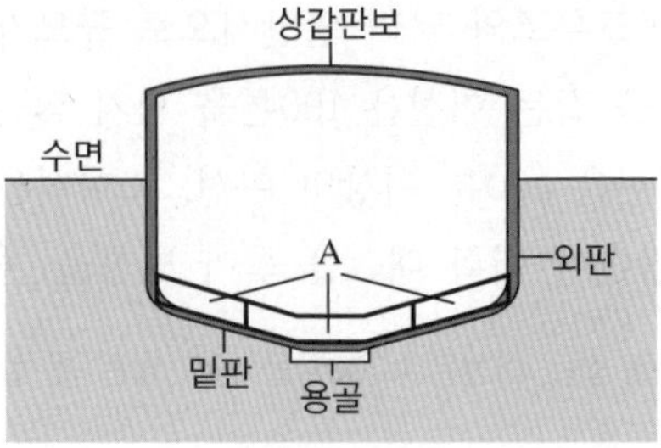

① 기관실을 보호하고 선실을 제공하여 예비부력을 가지게 할 목적으로 설치한다.

② 파도를 이겨내고 조타장치를 보호하기 위한 목적으로 설치한다.

③ 선박 좌초 시 침수를 방지한다.

④ 항상 빈 공간을 유지해 선체의 부력을 향상시킨다.

해설 ①, ② 선루에 대한 설명이다.
④ 선저는 연료 탱크, 밸러스트 탱크 등으로 이용되므로 항상 빈 공간으로 있어야 한다는 것은 옳지 않다.

30 **철선과 비교하여 합성수지(FRP)어선의 특징으로 옳은 것은?**

① 충격에 강하다.

② 폐선 비용이 많이 든다.

③ 대형선의 건조에 사용된다.

④ 무게가 무겁다.

해설 합성수지(FRP) 어선은 강화유리섬유로 건조한 선박이다. 특징으로는 무게가 가볍고 부식에 강한 장점과 충격에 약하고 폐기 시 비용이 많이 드는 단점이 있다.

29 ③ 30 ② **정답**

31 선박이 바람이나 파도에 의해 한쪽으로 기울어졌을 때 원래의 위치로 되돌아오려는 힘을 무엇이라 하는가?

① 타 력　　② 복원력
③ 보침력　　④ 원심력

해설

타 력	원래의 상태를 유지하려는 타력으로, 전진 중인 선박이 기관을 정지시켜도 바로 멈추지 않고, 키를 중앙으로 해도 선회 운동을 멈추는 데 시간이 걸린다.
복원력	외력에 의해 선박이 어느 한쪽으로 기울어졌을 때 원래의 위치로 돌아가려는 성질이다. 복원력이 너무 클 경우 선체·기관의 손상이 생길 우려가 크며, 너무 작을 경우 선박이 전복될 우려가 크다.
보침력	수직축 방향을 회전축으로 하여 선수가 좌우 교대로 선회하려는 왕복운동을 말한다. 보침성이 나쁜 선박은 협수로 통과나 다른 선박과의 근접 통과시의 조종 등에 있어서 어려움이 있고, 또한 선속저하로 인하여 경제성에도 나쁜 영향을 미친다.

32 그림과 같은 정박 설비에 대한 설명으로 옳은 것을 〈보기〉에서 모두 고르면?

보기

㉠ 격납이 불편하다.
㉡ 대형선에서 많이 사용한다.
㉢ 끊어진 닻줄을 찾는 데 주로 이용한다.
㉣ 해저에 있을 때 앵커 체인과 엉키는 경우가 적다.

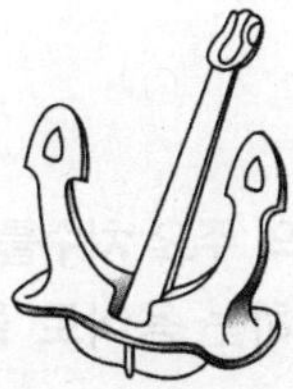

① ㉠, ㉡　　② ㉠, ㉢
③ ㉡, ㉢　　④ ㉡, ㉣

해설 **스톡리스 앵커(Stockless Anchor)**

닻채가 없는 앵커로 스톡앵커에 비해 파주력은 떨어지지만 투묘 및 양묘 시에 취급이 쉽고, 앵커가 해저에 있을 때 앵커 체인과 엉키는 경우가 적어 대형선에서 널리 쓰이고 있다.

정답 31 ② 32 ④

33 선박의 구조와 운항과 관련된 설명 중 옳은 것을 모두 고른 것은?

보기

㉠ 선체의 좌우 현측을 구성하는 골격을 용골이라 한다.
㉡ 선수 흘수와 선미 흘수의 차이를 트림이라 한다.
㉢ 야간에 항행 중인 동력선은 마스트 끝과 선미에 백색등, 우현에 녹색등, 좌현에 홍색등을 켠다.
㉣ 총 톤수는 선체의 총 용적에서 선박운항에 이용되는 부분(선원실, 기관실 등)을 제외한 나머지 부분을 톤수로 환산한 것이다.

① ㉠, ㉡　　② ㉡, ㉢
③ ㉢, ㉣　　④ ㉠, ㉣

해설 ㉠ 용골 : 배의 제일 아래쪽 선수에서 선미까지의 중심을 지나는 골격으로 선체를 구성하는 세로 방향의 기본 골격이다.
㉣ 총 톤수 : 선박의 선수와 선미에 있는 환기장치 · 조명장치 · 항해장치 등의 용적을 제외한 나머지 선박용적률로 나누어 나온 숫자를 총 톤이라 한다. 선박을 등록할 때 이 톤을 사용하기 때문에 일명 '등록 톤수'라고도 한다.

34 어선의 주요 치수를 나타낼 때 선체가 물에 잠겨 있지 않은 부분의 높이를 나타내며, 예비부력에 해당하는 용어로 옳은 것은?

① 트 림　　② 건 현
③ 흘 수　　④ 전 폭

해설 ① 트림은 선박이 길이 방향으로 일정 각도 기울어진 정도를 의미하며 선수 흘수와 선미 흘수의 차이로 계산한다.
③ 흘수는 선체가 물에 잠긴 깊이로 용골 아랫부분에서 수면까지의 수직거리를 말한다.
④ 전폭은 선체의 가장 넓은 부분에서, 선체 한쪽 외판의 가장 바깥쪽 면으로부터 반대쪽 외판의 가장 바깥쪽까지의 수평거리를 말한다.

33 ② 34 ② 정답

35 다음 글과 관련된 선박 설비는?

> • 선박의 방향 전환과 침로를 유지한다.
> • 최근 자동화로 인력 감축의 효과를 얻고 있다.
> • 동력의 전달 방식은 유압식 텔레모터(Telemotor)가 일반적이다.

① 항해 설비 ② 기관 설비
③ 정박 설비 ④ 조타 설비

해설 조타 설비는 배의 진행 방향을 조종하는 키와 키를 좌우로 돌리거나 타각을 유지시켜 주는 조타 장치로 구성된다. 요즈음에는 기계적으로 키를 조작하는 자동 조타 장치가 개발되어 조타의 정확성과 인력 감축에 효과적으로 이용하고 있다.

36 선박은 바람이나 파도 등 외력에 의하여 한쪽으로 기울어졌을 때 원래의 위치로 돌아가려는 힘이 있는데, 이 힘은 선박의 안정성 확보를 위해 반드시 필요하지만, 지나치게 크면 여러가지 부작용이 발생하게 된다. 부작용으로 가장 적절한 것은 무엇인가?

① 선수 트림이 증가한다.
② 선박의 횡동요 주기가 길어진다.
③ 선박이 전복될 우려가 크다.
④ 배멀미가 심해지고 승선감이 떨어진다.

해설 **복원력**
- 복원력이 너무 클 경우 : 선체 · 기관의 손상이 생길 우려가 크다.
- 복원력이 너무 작을 경우 : 선박이 전복될 우려가 크다.

37 선박의 정박 방법에 대한 설명으로 옳지 않은 것은?

① 부두 또는 안벽에 계선줄을 이용하여 정박하는 방법을 안벽계류라 한다.
② 묘박은 해저에 박힌 닻의 저항력(파주력)을 이용하여 정박하는 방법이다.
③ 닻줄이 짧을수록 파주력이 커진다.
④ 모래보다 펄에서 파주력이 더 크다.

해설 **정 박**
- 안벽 계류 : 부두 또는 안벽에 계선줄을 이용하여 정박하는 방법
- 묘박 : 해저에 박힌 닻의 저항력(파주력)을 이용하여 정박하는 방법으로 저질이 모래보다 펄인 경우 파주력이 커지고, 닻줄이 길수록 커진다.

정답 35 ④ 36 ④ 37 ③

38 괄호 안에 각각 들어갈 내용을 바르게 짝지은 것은?

- 선박이 외력에 의하여 기울어졌을 때 원래의 위치로 돌아가려는 힘을 (가)이라 한다.
- 배의 속력의 단위는 노트(knot)라 하며, 1노트(knot)란 배가 1시간에 (나) 전진하는 빠르기를 나타낸 것이다.

	(가)	(나)		(가)	(나)
①	복원력	1해리	②	파주력	1마일
③	원심력	1마일	④	복원력	1km

해설 선박이 바람이나 파도 등 외력에 의하여 한쪽으로 기울어졌을 때, 원래의 위치로 돌아가려는 힘을 복원력이라 한다. 1노트(knot)란 배가 1시간에 1해리(1,852m)만큼 전진하는 빠르기를 말한다.

39 하루 동안 48해리를 항행하였다면 이 선박의 속력은 얼마인가?

① 2노트 ② 4노트
③ 24노트 ④ 48노트

해설 48해리/24시간 = 2노트

40 어선의 기관 설비에 대한 설명으로 옳지 않은 것은?

① 주기관은 주로 내연 기관이다.
② 주로 교류 발전기를 많이 사용한다.
③ 냉동 장치는 보조 기계에 해당한다.
④ 2행정 기관은 1사이클 동안 크랭크축이 2회전한다.

해설 2행정 기관은 1사이클 동안 크랭크축이 1회전한다. 2행정 기관은 크랭크 1회전 · 피스톤 1회 왕복하는 동안 흡입 · 압축폭발 · 배기의 1사이클이 이루어져 동력을 발생한다.

38 ① 39 ① 40 ④ 정답

CHAPTER

04 수산양식 관리

01 수산양식 개요

1 양식 기법의 유형

(1) 유영동물 양식

① 지수식(정수식)

㉠ 가장 오래된 양식 방법으로, 연못·바다의 일부를 막고 양식하는 방식이다.

㉡ 에어레이션(Aeration)을 이용하여 용존산소를 주입하여 사육 밀도를 높이면 단위 면적당 생산량을 증대시킬 수 있다. 예 잉어류·뱀장어·가물치·새우

② 유수식

㉠ 계곡·하천 지형을 이용하여 물을 공급하거나 양수기로 물을 끌어올려 양식하는 방식이다.

㉡ 공급되는 물의 양에 비례하여 용존산소도 증가하므로, 이에 따라 사육 밀도도 증가시킬 수 있다. 예 송어·연어·잉어·넙치(광어)

③ 가두리식

㉠ 강이나 바다에 그물로 만든 틀을 설치하여 그 안에서 양식하는 방식이다.

㉡ 그물코를 통해 용존산소 공급과 노폐물 교환이 이루어진다.

㉢ 양성관리는 쉽지만 풍파의 영향을 받기 쉬워 시설장소가 제한된다.
예 조피볼락(우럭)·감성돔·참돔·숭어·농어·넙치(광어)·방어

④ 순환여과식

㉠ 한 번 사용하여 노폐물에 의해 오염된 물을 여과장치를 통해 정화하여 다시 사용하는 양식 방법이다.

㉡ 물이 적은 곳에서도 양식할 수 있고, 고밀도로 양식하여 단위면적당 생산량을 증가시킬 수 있다는 장점이 있다.

㉢ 초기 설비비용이 많이 들고, 전력 등 관리비용도 많이 든다는 단점이 있다. 특히 겨울에 보일러를 가동하여 수온을 높이기 때문에 경비가 많이 든다.

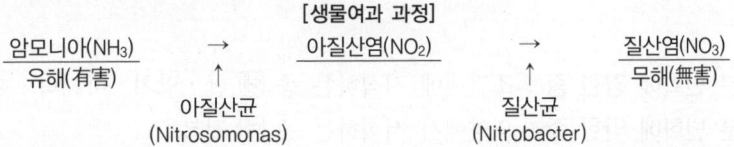

[생물여과 과정]

암모니아(NH_3)	→	아질산염(NO_2)	→	질산염(NO_3)
유해(有害)	↑		↑	무해(無害)
	아질산균 (Nitrosomonas)		질산균 (Nitrobacter)	

(2) 부착 및 저서동물 양식

① 수하식

㉠ 부착성 동물의 기질을 밧줄・뗏목 등에 일정한 간격으로 매달아 물속에서 기르는 방식이다.

㉡ 성장이 균일하고 해적의 피해를 방지할 수 있으며 지질에 매몰될 우려가 적다.

예 굴・담치・멍게(우렁쉥이) 등 부착성 동물

② 바닥식 : 별도의 시설을 설치하지 않아도 되는 장점이 있다.

예 백합・바지락・피조개・고막・전복・해삼・소라 등 저서동물

[양식어업의 종류]

해조류 양식	패류 양식	어류 등 양식	복합 양식	외해 양식
• 수하식 • 바닥식	• 가두리 • 수하식 • 바닥식	• 가두리 • 축제식 • 수하식 • 바닥식	• 축제식 • 수하식 • 바닥식 • 혼 합	가두리

(3) 해조류 양식

① 말목식(지주식) : 수심 10m보다 얕은 바다에 말목을 박고 수평으로 김발을 4~5시간 햇빛에 노출되는 높이에 매달아 양식하는 방식이다. 예 김

② 흘림발식(부류식) : 최근 가장 많이 이용하는 방식으로 얕은 간석지 바닥에 뜸을 설치하고 거기에 밧줄로 고정 후 그물발을 설치하여 양식하는 방식이다. 예 김

③ 밧줄식 : 수면 아래에 밧줄을 설치하여 해조류들이 밧줄(어미줄과 씨줄)에 붙어 양식할 수 있도록 하는 방식이다. 예 미역・다시마・톳・모자반

2 양식장의 환경과 특성

(1) 수 온

① 양식 시 생물의 호적수온보다 약간 높은 온도에서 양식하는 것이 좋다. 이는 적응범위 온도 이내라면 수온이 높을수록 성장이 빠르기 때문이다.

② 온수성 : 25℃ 내외에서 성장이 빠르다. 예 잉어・뱀장어

③ 냉수성 : 15℃ 이상에서 성장이 빠르다. 예 송어・연어

(2) 염 분

① 염분 변화에 강한 종 : 조간대에 서식하는 종 예 굴・담치・바지락・대합

② 염분 변화에 약한 종 : 외양에서 서식하는 종 예 전복

③ 염분 조절이 가능한 종 : 주로 회귀성 어류 예 연어・숭어・송어・은어・뱀장어

(3) 영양염류

① 질산염(NO_3), 인산염(PO_4), 규산염(SiO_2)이 대표적으로 광합성 작용에 필수적인 요소이다.

② 폐쇄적 양식 중 못 양식의 경우 플랑크톤의 대량 번식에 의해 수질 악화 현상이 일어나기 쉬우므로 관리에 신경을 많이 써야 한다.

③ 해수에서 부족하기 쉬운 원소 : 질소·인·규산염

④ 담수에서 부족하기 쉬운 원소 : 질소·인·칼륨

(4) 용존산소

① 수온이 높아질수록 용존산소는 감소한다.

② 염분이 증가할수록 용존산소는 감소한다.

③ 용존산소량은 공기와 접하는 면적이 넓을수록 증가한다.

④ 대기 중의 산소량에 비해 물속의 용존산소량은 1/30에 불과하여 생물밀도가 높아졌을 때 양식에 큰 영향을 끼친다.

(5) 암모니아

① NH_3 : 이온화되지 않은 암모니아로써 해중생물에 유해한 영향을 미친다. pH가 알칼리성일수록 이온화되지 않은 암모니아의 비율이 커진다.

② NH_4^+ : 이온화된 암모니아는 생물에 아무런 해가 없다.

(6) 황화수소(H_2S)

황화수소는 물의 흐름이 원활하지 않은 저수지·못 등의 저질을 검게 변화시키고 악취를 풍기게 한다.

[양식장 성격에 따른 환경 요인]

물리적 요인	개방적 양식장	계절풍, 파도, 광선, 수온, 수색, 투명도, 지형, 저질 등
	폐쇄적 양식장	온도, 광선, 물의 순환 등
화학적 요인	개방적 양식장	염분, 영양염류, 용존산소, 수소이온농도(pH), 이산화탄소, 암모니아, 황화수소 등
	폐쇄적 양식장	유기물 산화 및 분해 과정에 소비되는 용존산소 공급과 여과 기능 구비가 중요함
생물적 요인	개방적 양식장	생물 간의 상호 관계, 부유생물, 저서동물, 수생식물, 세균 등
	폐쇄적 양식장	양식 생물, 미생물, 수초, 플랑크톤, 기생충, 병원성 세균 등

3 종묘생산

(1) 자연생산종묘

① 자연에서 치어나 치패 등을 수집하여 양식용 종묘로 사용하는 방식이다.

② 부착시기에 채묘기를 유생 최대밀도수층에 설치하여 일정 기간 후 채묘기에 부착된 치패를 선별하여 종묘로 사용한다.

㉠ 방어 : 해조 밑에 모이는 습성을 이용하여 6~7월 경 쓰시마 난류를 타고 북상하는 치어들을 채묘한다.

㉡ 뱀장어 : 바다에서 부화하여 해류를 따라 부유 생활을 하면서 유생기를 보내다가 이른 봄에 담수로 올라오는 것을 잡아 종묘로 이용한다.

㉢ 숭어 : 담수와 해수가 만나는 염전 저수지나 양어장에서 치어를 채집하여 종묘로 이용한다.

㉣ 참굴(고정식・부동식), 피조개(침설수하식), 바지락(완류식), 대합(완류식)

(2) 인공종묘생산

① 환경에 영향을 받지 않고 종묘 시기를 조절하는 등 계획적인 양식이 가능하여 좋다.

② 먹이생물배양 → 어미 확보 및 관리 → 채란 부화 → 자어(유생) 사육 순

③ 어류 초기 먹이 : 로티퍼, 아르테미아

④ 패류 초기 먹이 : 케토세로스, 이소크리시스

[채묘 시설의 종류]

고정식	수심이 얕은 간석지에 말목을 박고 채묘상을 만들어 설치
부동식	수심이 깊은 곳에서 뗏목이나 밧줄 시설을 이용
침설고정식	수심이 깊은 곳의 저층에 채묘기를 설치
침설수하식	수심이 비교적 얕은 곳의 저층에서 채묘
완류식	대나무나 나뭇가지를 이용하여 해수의 흐름을 완만하게 조절해 주는 방법

4 사 료

(1) 사료의 주요 성분

① 단백질

㉠ 양식 어류의 몸을 구성하는 기본 성분이다.

㉡ 고등어・전갱이 등 저가 어류, 잡어・수산물 가공시의 부산물을 이용한 어분, 육분, 콩깻묵, 효모 등을 이용한다.

㉢ 콩깻묵 등 식물성 단백질은 '인'이 부족하므로 인산염을 첨가한다.

[사료 내 단백질 함량]

넙치・광어	조피볼락・우럭	틸라피아	잉 어
50%	45%	40%	30~35%

② 탄수화물

㉠ 양식 어류의 에너지원 역할을 한다.

㉡ 곡물류 가루·겨 등이 사용된다.

③ 지방 및 지방산

㉠ 양식 어류의 에너지원과 생리활성 역할을 한다.

㉡ 기름은 공기 중의 산소와 결합하면 유독하므로 항산화제를 사료에 혼합하여 사용한다.

④ 점착제

㉠ 사료가 물속에서 풀어지지 않게 해준다.

㉡ 물속에서 풀어진 사료는 세균·섬모충류가 번식하는 원인이 된다.

㉢ 뱀장어는 알갱이 사료를 잘 먹지 않아 분말사료를 반죽하여 준다.

⑤ 기 타

㉠ 무기염류 및 비타민 : 대사 과정 촉매 역할을 한다.

㉡ 항생제 : 질병 치료 목적으로 사용한다.

㉢ 항산화제 : 지방산·비타민이 산화되는 것을 방지하기 위해 사용한다.

㉣ 착색제 : 횟감의 질과 관상어의 색깔을 선명하게 하기 위해 사용한다.

㉤ 호르몬 : 성장 촉진, 조기 성 성숙 등의 역할을 한다.

[크기에 따른 사료의 형태]

미립자 사료	부유성 동물 플랑크톤 대체 사료
가 루	분말 형태의 사료
플레이크	사료를 납작하게 만든 것으로 전복 사육에 많이 이용됨
펠 릿	사료를 압축하여 알갱이 형태로 만든 것
크럼블	펠릿을 부순 형태의 사료

(2) 사료 계수와 사료 효율

① 사료 계수

㉠ 사료 계수는 양식 동물의 무게를 1단위 증가시키는 데 필요한 사료의 무게 단위로, 사료를 먹고 성장한 정도를 비교하여 판단한다.

㉡ 사료 계수가 낮을수록 비용이 적게 들어간다.

㉢ 현재 시판되고 있는 배합사료의 사료 계수는 일반적으로 1.5이다.

$$\text{사료 계수} = \frac{\text{사료공급량}}{\text{증육량(수확 시 중량} - \text{방양 시 중량)}}$$

② 사료 효율

㉠ 어류의 1일 사료 공급량은 몸무게의 1~5%(보통 2~3%) 정도이나 뱀장어·미꾸라지는 치어기에 몸무게의 10~20% 정도를 섭취한다.

㉡ 송어·뱀장어·메기의 경우 1일 1회 포식하는 양의 70~80% 정도의 사료를 공급한다.

㉢ 잉어는 위가 존재하지 않기 때문에 여러 번에 걸쳐 조금씩 공급한다.

$$\text{사료 효율} = \frac{1}{\text{사료계수}} \times 100 = \frac{\text{증육량}}{\text{사료공급량}} \times 100$$

5 축양 및 운반

(1) 축 양

① 살아 있는 수산 동물을 일시적으로 보관하는 것을 의미한다.
② 일시적인 보관으로, 양식 목적이 아니기 때문에 먹이를 주지 않는다.

(2) 운 반

① 운반 전 2~3일간 먹이 공급을 중단하고 얼음이나 냉각기를 통해 온도를 낮게 유지해 대사 기능을 저하시켜야 한다. 온도를 10℃ 낮추면 대사량이 반 이하로 떨어진다.
② 운반 시 고밀도로 수용하게 되므로 산소를 보충시켜야 한다.
③ 운반이 길어질 경우 여과장치를 통해 오물을 제거해준다.
④ 치어의 경우 봉지에 물을 반쯤 채우고 공업용 산소를 채운 뒤 눕혀서 운반한다.
⑤ 다량의 잉어를 운반할 경우 2톤 용기에 1톤의 잉어를 수용하면 10시간 이상 운반 가능하다.
⑥ 다량의 활어를 운반할 경우 산소 대신 블로어 펌프 또는 컴프레서를 가동하기도 한다.
⑦ 뱀장어 종묘 운반시에는 트리카인(MS-222)같은 마취제나 냉각을 통해 마취 운반한다.

02 질 병

1 질병의 개요

(1) 질병 발생원인

① 어류는 변온동물로서 환경에 대한 적응력을 어느 정도 갖고 있지만, 그 한계를 넘으면 생리적 장해를 일으키게 된다.
② 어류에 있어서 질병은 육상동물과 같이 내적·외적 환경에 대해 더 이상 건강상태를 유지할 수 없는 상태를 말한다.
③ 질병은 숙주의 요인, 발병인자 및 환경과의 상관관계에 의한 결과로서 나타나는 현상으로 질병 발생요인 중 발병 인자만이 반드시 질병을 발생시키는 것은 아니며, 숙주와 환경의 상호작용에 의해 질병이 발생하거나 발생하지 않는다.

[질병발생의 3요소]

병인(Agent)	병원성이 강한 병원체(기생충, 세균, 바이러스)의 수중서식으로 인하여 감염기회가 많은 경우
환경(Environment)	과밀양식에 의한 스트레스, 수질악화 및 급변에 의한 생리적 장애, 과식, 변질사료 급이에 의한 소화관 장애, 선별·이동에 의한 상처 등이 생긴 경우
숙주(Host)	병원체에 쉽게 감염될 수 있을 정도로 어체의 저항력이 약해진 경우

(2) 질병요인

① 산소량 변화

㉠ 낮 : 식물성 플랑크톤과 수초의 광합성에 의하여 산소가 유입된다.

㉡ 밤 : 수초의 호흡으로 산소가 소비되어 수초가 있는 물이 없는 물보다 산소 소비가 더 빠르다.

② 기포병

㉠ 지하수에는 질소가스가 많이 함유되어 있어 포기(에어레이션)를 하여 가스를 제거하지 않으면 어류의 몸에 방울이 생기는 기포병(가스병)이 발생한다.

㉡ 질소 포화도가 115~125%일 때 기포병이 발병하게 되며, 130% 이상 포화되면 치명적인 장애를 야기한다.

③ 수온 변화 : 수온이 5℃ 이상 급변할 경우 어류에게 스트레스가 된다.

④ 배설물 : 사료 찌꺼기·배설물 등이 분해되면서 암모니아(NH_3)·아질산(NO_2)이 생성되어 호흡곤란을 야기한다.

⑤ 농약·중금속 : 중추신경마비, 골격 변형 등을 야기한다.

⑥ 기생충·바이러스·곰팡이

㉠ 기생충 : 물이, 백점충, 포자충(점액포자충), 아가미흡충, 크리코디나충, 닻벌레

㉡ 바이러스 : 허피스 바이러스, 이리도 바이러스, 랍도 바이러스 등

㉢ 곰팡이 : 물곰팡이

㉣ 먹이를 잘 먹지 않고, 표면에 반점이 생기거나, 몸을 벽에 부비거나 움직임이 둔해지는 등의 증상을 보인다.

(3) 질병을 악화시키는 요인

① 양식환경의 악화 : 과밀사육, 사료찌꺼기 및 배설물 등에 의해 양식장의 환경이 오염됨에 따라 병원체는 장기간 생존능력을 가져 항시 존재하게 되고 어류에 대한 기생 가능성을 가지게 된다.

② 보균어의 이동 : 어병은 일단 발생하면 빠른 속도로 전 양식장에 확산하는 경우가 많다. 병원체를 보균한 종묘가 다른 지역의 양식장에 공급될 경우 혹은 2년 사육을 위하여 1년어를 이동시키는 경우 등은 병을 일으키는 지역을 확대시키는 원인이 된다.

③ 방어기능의 저하 : 저급사료의 투여에 의하여 피부점막이 약해지면 외부로부터 병원균의 침입을 막지 못하며, 가두리 및 수조 내 밀도가 높게 되어도 점액분비가 적어 방어기능이 저하된다. 또한 기생충 감염 등에 의한 상처부위가 외부에서의 병원균의 침입을 쉽게 허용하게 된다.

[어류질병의 감염경로]

수직 감염	수정난	친어에 보균한 병원체가 수정난 내로 전염되어 감염
	난 각	친어에 보균한 병원체가 난각에 부착하여 전염
	환 경	친어에 보균한 병원체가 산란 시 수중에 배출되어 감염
수평 감염	사육수	병원체가 상처부위나 경구를 통한 기계적 감염, 포자섭취를 통한 감염, 유생·자충이 기생한 감염
	접 촉	병어와 직·간접적 접촉을 통한 감염
	매개동물	병원체를 보유한 매개동물을 포식함으로써 감염

2 질병의 분류

(1) 전염성 질병

① 바이러스성 질병

㉠ 바이러스성 질병은 어체에 의한 수평 감염뿐 아니라 수정란에 의해서 수직적으로 감염될 수 있다.

㉡ 바이러스성 질병은 한번 발생되면 일시에 대량 폐사를 일으키는 경우가 많으며 아직까지 약제에 의한 치료가 불가하므로 예방차원의 방역조치가 중요하다.

② 세균성 질병

㉠ 양식장의 사육수에는 유기질이 많기 때문에 많은 세균이 번식할 수 있는 환경이므로 어류가 건강하지 못하거나 방어력이 약해졌을 때 질병을 일으킨다.

㉡ 세균성 질병은 감염세균의 종류 및 증상에 따라 질병의 종류가 구분된다. 발생빈도가 높고 전염성이 강하며 일단 감염이 되면 누적폐사량이 많기 때문에 양식장에서는 경제적 손실이 크다.

③ 기생충 감염

㉠ 양식어류에서 병원성기생충으로서 중요한 기생충은 원충류와 단생충류가 대부분이다.

㉡ 기생충은 어류의 아가미, 표피, 지느러미, 장관 내 등에 침입하여 기생하면서 어체의 생리 및 면역학적 균형을 교란시켜 질병으로 발현하게 되며 감염 기생충의 종류에 따라 질병의 종류가 구분된다.

바이러스성 질병	이리도바이러스병	돌돔, 참돔, 농어
	랍도바이러스병	넙 치
	버나바이러스병	넙 치
	림포시스티스병	넙치, 조피볼락, 농어, 숭어, 복어
	바이러스성 신경괴사증	능성어
세균성 질병	비브리오병	대부분의 해산어종
	에드워드병	넙치, 참돔
	연쇄구균병	넙치, 조피볼락
	활주세균병	넙치, 조피볼락, 농어
기생충성 질병	트리코디나병	넙치, 조피볼락, 농어
	스쿠티카병	넙 치
	아가미흡충병	조피볼락, 참돔, 방어
	백점병	넙치, 돌돔

(2) 비전염성 질병

① **영양성 질병** : 단백질, 비타민 또는 미량원소의 결핍으로 생기는 질병이다. 최근 배합사료의 개발에 의해 발병율이 감소 추세에 있으나 부패 및 산패된 사료를 투여하였을 때는 심각한 질병으로 나타나게 된다.

② **환경성 질병** : 양식장에 유입된 농약, 중금속 등에 의한 중독, 수질오염 등으로 인하여 기형어 또는 변형어가 생기고 심하면 대량폐사의 원인이 되기도 한다.

[어류질병 진단요령]

육안진단 (1차 진단)	행 동	광분, 선회, 무리이탈, 수면유영, 수직유영, 정지, 문지럼, 섭이불량 등
	내 장	복수, 출혈, 울혈, 농양, 결절, 백색, 위축, 비대, 유착, 변색, 염증 등
병어 관찰법	검사 마리수	사육지에서 전형적인 증상을 나타내는 병어 10마리씩 채집하여 검사
	검사시료	가능한 살아있는 것이 좋으며, 사망 직후의 시료를 빙장 운반해서 2~3시간 내 검사
	검사기구	사용직전에 70% 알코올 솜으로 닦고 화염 멸균후 다시 70% 알코올 솜으로 닦아서 사용
	외부증상 관찰	어체중·체장 측정, 이상부위 확인, 지느러미 및 비늘검사, 아가미 검사

3 예방과 치료

(1) 전염원 및 전염 경로차단

① 병어를 즉시 제거하거나 격리 수용하여 별도의 관리를 한다.

② 병사어는 신속히 제거하여 소각 처리한다.

③ 종묘, 수정란, 친어 등의 이동시에는 사전에 병원체 검사 실시로 감염원의 유입을 차단한다.

(2) 어체 방어능력 증강

① 어류가 갖고 있는 방어능력과 면역을 획득하는 능력이 질병의 진행과 경과를 좌우하므로 양질의 사료투여, 사육환경 개선 및 과밀수용을 하지 않음으로서 항병력을 증가시킴
② 예방 백신투여에 의한 인위적 면역 증강
③ 선발 육종과 유전자 조작 등에 의한 내병성 품종 개발

(3) 질병의 치료

① 경구투여
㉠ 약제의 투약량 기준은 어류의 경우 체중에 의한 것이 가장 정확하다.
㉡ 투여량은 기준이 되는 단위 체중에 대한 약제의 양을 의미하며 실제 어류에 투여되는 투약량(투약기준량×사육총중량)과는 다르다.
㉢ 일반적으로 약물의 체내농도는 치료효과에 비례하기에 치료효과를 높이기 위해서는 사료량은 통상 급이량의 50%가 좋으며, 급이횟수는 하루 1회로 하여 전량 투여하는 것이 좋다.
㉣ 발병이 확인되면 병원체를 확인하면서 섭이상황, 유영상태, 폐사어수 및 외관 증상을 보며 투약시기를 판단한다. 보통 하루의 폐사어 수가 총 사육 마릿수의 0.1% 이상에 달하고 증상이 계속 나타나고 있을 경우에 투약을 개시한다.
㉤ 약제의 치료효과가 나타날 때까지는 3~5일을 요하기 때문에 5~7일간의 투약기간이 필요하다.
② 약욕 : 사육 수중 혹은 용기에 약제를 녹여서 어체의 표면 등 외부에 기생하고 있는 병원체에 직접 작용하거나 환부와 아가미에 약제를 흡수하게 하여 체내의 병원체에 작용시키는 방법이다.

03 주요 종의 양식 방법

1 어 류

(1) 넙 치

① 몸이 평평하고 바닥쪽의 몸이 희며, 몸 왼쪽에 두 눈이 있다(가자미는 두 눈이 오른쪽에 있다).
② 양식 전 과정을 육상 수조에서 양식하는 것이 가능하다.
③ 성장 속도가 빠르고 활동성이 작아 사료 계수가 낮다. 까나리, 전갱이, 꽁치, 멸치 등의 생사료와 배합사료를 먹이로 한다.
④ 먹이 섭취활동은 수온의 영향을 매우 많이 받는데, 수온 10℃ 이하와 27℃ 이상에서는 거의 절식 상태가 된다. 성장 적수온은 15~25℃이다.
⑤ 식성은 육식성으로 소형갑각류나 어류를 많이 먹는다.

(2) 도미류

① 주로 가두리식 양식법으로 양식하고 있으며, 넙치와 마찬가지로 완전 양식이 가능하다.

② 2~4년에 500g 정도 자라는 데 그칠 정도로 성장이 느린 편이다.

③ 일본 남부 지방에서 생산된 참돔이 대량 수입되어 경쟁력이 약하다.

④ 서식 수온은 13~28℃이며, 3~6월 산란한다.

⑤ 로티퍼 → 아르테미아 → 배합사료 → 까나리 · 정어리 + 습사료 상태의 배합사료로 양식한다.

⑥ 새우, 가재 등의 생사료 이용과 카로티노이드계 천연색소를 먹이에 투여하여 색깔을 좋게 만든다.

(3) 조피볼락(우럭)

① 알이 아닌 새끼를 낳는 난태생 어류로, 비교적 낮은 수온에 서식이 가능하고 남서해안에 주로 분포한다. 서식 수층은 저층이며 암초사이에 살고 활동성이 적은 정착성 어류이다.

② 성장이 빠르고 저수온에 강하여 월동이 가능하기 때문에 양식 대상종으로 각광을 받고 있다.

③ 가두리 양식이 활발히 진행 중이며, 자어가 바로 산출되므로 종묘 생산 기간이 짧고 대량으로 생산할 수 있다.

④ 먹이는 일시에 포식하고 서해안 산은 배도라치, 반지락, 멸치, 자주새우, 기타 보구치, 밴댕이, 곤쟁이, 꽃새우, 대하, 꽃게, 갯가재, 쏙, 꼴뚜기 등 다양하게 섭취한다.

⑤ 5~6월경에 자어(仔魚)를 낳으며, 성장 적수온은 12~20℃이다.

(4) 방 어

① 5~6월 쓰시마 난류를 따라 북상하여 남해안 · 동해안에서 서식하다가 가을에 수온이 하강하면 다시 동중국해로 남하하여 3~4월경 산란하는 회유성 어종이다.

② 1년 안에 4kg까지 성장하는 대형어류로, 단기간 양성이 가능하여 수익성이 높다. 그러나 먹이를 많이 먹고 활동성이 강하여 사료비가 많이 들고, 환경변화에 민감하다.

③ 섭이활동은 22~26℃에서 가장 활발하며, 식성은 육식성으로 전갱이, 멸치, 정어리, 두족류, 까나리 등을 주로 먹는다.

④ 6~7월경 모자반 등 떠다니는 부유물 밑에서 채포하여 종묘로 사용한다. 수집된 종묘는 크기별로 선별 수용하여 공식현상을 예방하고, 수송 중 산소결핍으로 인한 폐사발생에 유의하여야 한다.

(5) 송 어

① 대표적인 냉수성 어종으로 산간계곡의 맑은 물에 서식하며, 최적 성장수온은 15~20℃이다.

② 수온이 25℃ 이상 7℃ 이하로 내려가거나 수질이 탁해져도 먹이를 먹지 않으며 심하면 죽는다.

③ 육식성인 송어류는 큰 것이 작은 것을 잡아먹는 습성이 있으므로 치어를 사육하는 과정에서 크고 작은 것을 골라내어 별도로 수용하여 길러야 한다.

④ 계곡·하천 지형을 이용하여 유수식으로 양식한다.
⑤ 식성은 육식성으로 물속의 곤충이나 각종 벌레 및 작은 어류를 먹고 산다.
⑥ 인공배합사료의 주성분은 60~70%가 어분이다.

(6) 잉 어

① 내수면 양식어종 중 가장 큰 비중을 차지하는 온수성 어종으로 양식어 중 가장 오랜 역사를 가지고 있다.
② 담수에서는 극지를 제외한 전 세계 어느 곳에서나 서식하며, 호수, 저수지, 하천 등 강의 상류보다 하류 지방의 평지 지대에 잘 서식한다.
③ 잡식성 어종으로 환경 적응력이 강하며, 최적수온은 15~25℃이다.
④ 성장속도는 수온과 먹이의 양에 따라 차이가 심하며, 수명은 평균 20년 정도이다.
⑤ 지수식(정수식) 양식법으로도 양식이 이루어지나, 순환여과식의 내수면 양식으로 확대 전환하는 것이 바람직하다.

(7) 뱀장어

① 바다에서 산란하고 담수에서 성장하는 회유성 어종으로, 내수면 양식 어업에서 비중이 큰 편이다.
② 하천으로 올라오는 실뱀장어를 채포하여 종묘로 사용하며, 4~12년간 300~1,000g으로 성장하여 어미가 된다(완전양식이 아님).

※ 완전양식이란 양식한 어미로부터 종묘(종자)를 생산하고, 이 종묘(종자)를 길러서 어미로 키우는 것을 말한다.

③ 뱀장어 양식은 낮은 수온에서는 잘 먹지 않기 때문에 먹이 길들이기가 매우 중요하며, 좁은 수로나 못에 수용하고, 실지렁이·어육 또는 배합사료로 양식하며, 점차 100% 배합 사료만을 반죽하여 공급한다.
④ 해가 진 후 수온을 27℃ 전후로 유지하고, 30W 전등을 켜 집어한 뒤, 실지렁이로 먹이 길들이기를 한다. 7일 정도면 약 70%가 길들여진다.
⑤ 습이식 배합사료를 사용하므로 수질 관리에 신경 써야 한다. 수질 변화 발생 시 먹이를 잘 먹지 않고, 입 올림 및 대량 폐사가 발생한다.

(8) 메기류

① 전국의 강, 하천, 호수 등에 널리 분포한다. 야행성이며 경계심과 탐식성이 강해 고밀도 사육 시 공식현상이 발생하므로 주의하여야 한다.
② 우리나라에서 식용 메기는 150~250g 정도가 매운탕용으로 상품가치가 높다.
③ 출하 전에는 반드시 1주일 이상 맑은 물에서 관리하고, 1~2일간은 굶겨야 상품가치가 높아진다.
④ 1년에 10~20cm, 2년에 20~40cm 정도 성장하는 것이 일반적이지만, 개체 간 성장 차가 심하고, 수컷이 암컷보다 작다.

(9) 틸라피아(역돔)

① 아프리카가 원산지인 열대성 담수 어류종으로 성장 속도가 빠르고 환경 변화에 잘 적응한다. 오염된 물에서도 저항성이 강하며 고밀도 사육가능하다.

② 메기와 같이 공식현상이 나타나므로 먹이는 아침 일찍 조금씩 여러 번에 걸쳐 공급한다.

③ 틸라피아는 열대성 어종이기 때문에 수온이 20℃ 아래로 내려가면 비닐하우스나 보일러를 이용하여 보온하여야 한다.

④ 자・치어기에는 동물성 먹이를 먹고, 성장함에 따라 식물성을 주로 하는 잡식성으로 전환된다.

[어패류별 제철 시기]

봄	참돔, 삼치, 청어, 가자미	여 름	참치, 송어, 장어, 전복, 멍게
가 을	갈치, 꽁치, 고등어, 전갱이, 전어	겨 울	방어, 대구, 복어, 굴, 해삼

2 패 류

(1) 굴

① 우리나라 전 연안에 분포하며 패류 양식 대상 중 가장 많이 양식되어 생산량이 가장 많다.

② 여름철 수온 20℃에서 산란을 시작한다. 25℃ 내외에서 가장 활발하다.

③ 양식용 종묘는 수심 2m 이내의 부착 유생이 많이 모이는 곳에 굴 채묘연을 수하하여 자연채묘 한다.

④ 인공 종묘 생산한 치패가 자연산보다 균등하게 성장하여, 자연산보다 인공산 치패를 더 선호한다.

⑤ 알 → 담륜자(Trochophore) 유생 → D형 유생 → 각정기 → 부착 치패

⑥ **6~7월 전기 채묘한 치패** : 2~3주일 후 단련과정 없이 바로 양성장으로 옮겨 종묘로 사용한다.

⑦ **8~9월 후기 채묘한 종묘** : 4~5시간 조간대에 노출시켜 단련 후 양성한다.

(2) 담치류

① 우리나라는 참담치(홍합)와 진주담치가 많이 생산되고 있다.

② 진주담치는 굴 수하연이나 양식 시설물에 부착생활을 하여 해적 생물로 취급되기도 하였으나, 현재는 중요 양식 대상종으로 각광받고 있다.

③ 진주담치는 한류성 어종이지만, 번식력이 강해 파도가 적은 전 연안의 내만에 10m 간조선을 중심으로 분포하고 있다.

④ 굴과 마찬가지로 수하연에 매달아 말목 부착식이나 수하식으로 1년여 양성 후 수확한다.

(3) 전복류

① 2월 수심 25m 층의 12℃되는 등온선을 경계로 북쪽은 한류계(참전복), 남쪽은 난류계(말전복, 까막전복, 시볼트전복, 오분자기)가 분포한다. 산업적 가치가 있는 종은 참전복과 까막전복이다.

② 외양성으로 파도의 영향을 많이 받는 암초지대에 서식하며, 미역과 다시마를 주로 섭식한다.

③ 참전복은 초여름(5~6월)과 초가을(9~10월)에 약 20℃ 수온에서 두 번 집중 산란하고, 한 번 산란 시 20~80만 개의 알을 산란한다.

④ 알 → 담륜자 유생 → 피면자 → 저서 포복 생활

(4) 가리비류

① 수정란 → 담륜자 유생 → D형 유생 → 각정기 → 부착치패(약 40일 후) → 족사로 부착하여 주연각(Spat Shell)을 생성한다.

② 귀매달기 · 다층 채롱을 이용하여 양성 후 2년 뒤 수확한다.

③ 먹이는 미세한 부유생물(특히 규조류)과 유기물질이며, 산란은 3~4월경에 8~10℃에서 한다.

참가리비	• 한류계로서 수심 10~50m 정도의 동해안에만 서식하나, 각장이 20cm 이르는 가장 큰 종에 해당한다. • 자갈이나 패각질이 많고 미립질이 30% 이하인 곳에서 서식한다. 최적수온은 12℃이다.
비단가리비	• 각장이 7.5cm 정도로 소형이나 우리나라 전 연안의 조간대 아래부터 10m까지 분포하고, 색깔이 아름답다. • 암반이나 자갈 지역에 족사로 부착하여 서식한다.

(5) 바지락

① 우리나라 서남 해안의 파도가 적고 2~3시간의 간출시간 및 3~4m 수심 지역에 많이 서식한다.

② 육수의 영향을 많이 받는 곳에 잘 서식한다.

③ 21~23℃에서 수정하고, 가을~3월까지는 성장이 느리나, 4월부터 성장이 빨라져, 1년 후 2.7cm까지 성장한다.

(6) 대 합

① 바지락과 마찬가지로 서남 해안의 파도가 적고 2~3시간의 간출시간 및 3~4m 수심 지역에 많이 서식한다.

② 5~10월 중순 사이의 22~27℃에서 산란 → D형 유생 → 피면자 유생 → 성숙 유생

③ 성숙 유생이 되면 면반이 퇴화하고 발이 발달하여 저서 생활을 한다.

④ 4년 후 최대 5.6~6.0cm까지 성장한다.

(7) 고막류

고 막	• 남해안과 서해안의 조간대의 연한 개흙질에 많이 분포하는 천해종이다. • 서식 수온은 5~35℃로 범위가 넓다. • 방사륵 수가 17~18개로 가장 소형에 해당한다.
새고막	• 파도의 영향을 적게 받는 남해안과 서해안의 내만이나 섬 안쪽 저조선에서 10m(주로 1~5m) 이내 사니질에 많이 서식한다. • 방사륵 수는 29~32개이다.
피조개	• 남해안과 동해안의 내만에 분포하며, 고막류 중 가장 깊은 곳까지 서식한다. • 육질이 붉고 연하며, 방사륵 수는 42~43개로 고막류 중 가장 많다. • 1~2cm의 치패를 1ha당 40만 마리를 기준으로 살포하여 1~2년 후 수확한다.

(8) 멍게(우렁쉥이)

① 멍게의 가장 큰 특징은 암수 한몸의 형태로 알과 정자를 방출하여 다른 개체의 알과 정자에 의해 수정된다는 점이다.

② 산란 시기는 7~14℃의 겨울철이며 20만~30만 개의 알을 산란한다.

③ 남해안과 동해안 외양의 바위나 돌에 서식하는 척색동물이다.

④ 수정란 → 2세 포기 → 올챙이형 유생(척색 발생) → 척색 소실 → 부착기 유생 → 입・출수공 생성

3 해조류

(1) 김

① 염분 및 노출에 대한 적응력이 강하여, 온대에서 한대까지 폭넓게 서식한다.

② 중성포자에 의한 영양 번식하므로 여러 번에 걸친 채취가 가능하다.

③ 온대 지역에서는 겨울에만 엽상체로 번식하고, 한대 지역에서는 연중 엽상체로 번식한다.

[수산식물의 분류]

녹조식물	파래류, 청각
갈조식물	미역, 감태, 곰피, 다시마, 모자반, 톳
홍조식물	김, 우뭇가사리, 풀가사리, 꼬시래기, 진두발

(2) 다시마

① 원래는 원산 이북에만 분포했으나 지금은 실내에서 종묘 생산하여 제주도를 제외한 전 해역에서 양식 가능하다. 전남 완도와 부산 기장에서 가장 많이 양식하고 있다.

② 미역과 달리 여름에도 낮은 수온에서만 배양할 수 있기 때문에 여름 실내 배양 시설의 수온이 24℃를 넘지 않도록 관리하여야 한다.

③ 보통 조류 소통이 좋고 영양염류가 풍부한 5~10m 이상 수심에서 어미줄 1m당 20~30kg의 다시마를 수확할 수 있다.

④ 1년산일 경우 7월 중순에서 8월 초순경이 채취적기이며, 2년산일 경우 7월 이전에 채취하는 것이 해적생물의 피해와 품질향상으로 보아 적기라고 할 수 있다. 날씨는 맑고 햇빛이 강한 날을 택하는 것이 좋다.

(3) 미 역

① 우리나라 전 해역에 분포하며 1년생이다.

② 유주자 방출 시기는 수온이 14~22℃일 때로, 수온 17℃ 전후로 될 때에 택하는 것이 좋다.

③ 배우체는 23℃까지에서도 생장하지만 수온이 그 이상이면 휴면상태에 들어갔다가, 20℃ 이하의 가을철에 성숙이 진행되어 아포체로 성장한다.

④ 미역의 성장은 밝기(깊이), 어미줄에 붙어 있는 개체간 거리, 유엽체의 발아시기, 양성시설 시기에 따라 다르다. 즉, 유엽은 17~15℃에서 중록이 생긴 이후에는 약 13℃에서 성장이 빠르다.

⑤ 15℃ 이하 기간이 짧은 곳에서는 한 번에 수확하고, 15℃ 이하 기간이 긴 곳에서는 개체 간 생장 차이가 있으므로 먼저 자란 순으로 수확하도록 한다.

⑥ 미역은 단일종이지만, 북방형과 남방형으로 나눌 수 있다. 양식대상으로는 북방형이 더 적합한 것으로 알려져 있다.

※ 미역의 가이식(假移植)

- 목적 : 씨줄에 감긴 채 아포체를 해수에 담가 성장을 촉진한다.
- 해수수온 20℃ 이하에서 틀에 잠긴 그대로 씨줄을 수면 아래 2~4m에 매단다.
- 가이식은 아포체가 규조류나 부니에 묻히지 않을 정도의 크기(0.5~1cm)로 한다.
- 가이식을 하는 곳은 만의 안쪽 또는 외해쪽에서 하고 조류소통이 좋은 곳을 택해야 싹녹음의 병해가 적다.

[남방형과 북방형 미역의 비교]

구 분	북방형	남방형
엽장(전체 길이)	길 다	짧 다
성실엽수	많다(6~20)	적다(2~4)
서식수심	깊 다	얕 다
분 포	동해안	남해안

CHAPTER

04 적중예상문제

01 다음 중 우리나라의 양식 역사에 대한 설명으로 바르지 않은 것은?

① 서기 28년 신라에서는 못에서 잉어를 양식하여 판매하였다.

② 우리나라의 김 양식은 전남 광양만에서 처음 실시되었다.

③ 1960년대 이후 수하식 굴 양식이 시작되면서 양식업이 발전하기 시작하였다.

④ 1970년대 이후 수산 자원의 고갈이 심화되고 수산 자원 관리의 필요성이 인식되면서 양식업이 더욱 활발해졌다.

해설 서기 28년(대무신왕 11년) 고구려에서는 관상 목적으로 못에서 잉어를 양식하였다.

02 우리나라 양식 현황에 대한 설명으로 옳은 것은?

① 넙치는 육상 수조식으로, 조피볼락은 가두리식으로 주로 양성한다.

② 갈조류 중 생산량이 가장 높은 다시마는 주로 지주식으로 양성한다.

③ 패류 중 가리비 양식 생산량이 가장 높고, 다음으로 전복 생산량이 높다.

④ 우렁쉥이 양식은 조수간만의 차가 심한 조간대에서 투석식으로 주로 양식한다.

해설 일반적으로 넙치는 육상 수조식으로 양식하고, 조피볼락은 가두리식으로 양식한다.

03 어류양식장의 수질 환경 요인 중 암모니아에 대한 설명으로 옳지 않은 것은?

① 양식 어류의 물질대사 산물이다.

② 사육밀도가 높아지면 암모니아의 축적농도도 증가한다.

③ pH가 낮을수록 암모니아의 독성이 강해진다.

④ 이온화된 암모니아는 암모늄염의 형태로 되어 해가 없다.

해설 pH가 알칼리성일수록 이온화되지 않은 암모니아의 비율이 커진다.

정답 1 ① 2 ① 3 ③

04 다음 중 적조현상의 원인으로 보기 어려운 것은?

① 식물 플랑크톤의 대량 번식

② 유기물 유입으로 인한 부영양화

③ 쌍편모조류인 코클로디니움의 증식

④ 연안 지역 간조대의 노출 증가

해설 **적조현상**

해양이나 내수면에서 식물 플랑크톤이 대량 번식하여 물의 색깔이 적색 또는 연한 황색을 띠는 현상을 말한다. 적조에 의한 피해를 줄이기 위해 조기 발견을 위한 시스템을 구축하고 황토를 살포하는 등 대책을 마련하고 있다. 특히 1995년 남해안에 적조가 크게 발생하여 많은 피해가 있었다. 이때의 원인은 '쌍편모조류인 코클로디니움'인 것으로 밝혀졌다.

05 다음은 담수 양식장의 환경 변화에 따른 현상을 설명한 것이다. 이 현상으로 가장 적절한 것은?

동물 플랑크톤의 대량 발생으로 녹색의 양식장 물이 암갈색, 유백색 또는 투명하게 변화되어 어류가 먹이를 잘 먹지 않고 입 올림을 하며, 때로는 대량으로 죽는 경우도 있다.

① 백화 현상

② 녹조 현상

③ 수질 변화 현상

④ 갯녹음 현상

해설 수질 변화 발생 시 먹이를 잘 먹지 않고, 입 올림 및 대량 폐사가 발생한다. 물을 대량 환수하거나, 석회 및 탄산칼슘을 살포하여 저질을 개선하여야 한다.

① 백화 현상은 담수가 아닌 바닷물 속에 녹아 있는 탄산칼슘이 어떤 원인에 의해 고체 상태로 석출되어 흰색으로 보이는 현상이다.

② 녹조 현상은 부영양화된 호수 또는 유속이 느린 하천에서 녹조류와 남조류가 크게 늘어나 물빛이 녹색이 되는 현상이다.

④ 연안 암반 지역에서 해조류가 사라지고 흰색의 무절석회조류가 달라붙어 암반지역이 흰색으로 변하는 현상을 말한다. 갯녹음의 원인은 이상기온에 따른 수온상승과 육지의 오염물질 유입 등으로 추정되고 있다.

4 ④ 5 ③ 정답

06 참가리비의 양성방법으로 옳은 것은?

① 수하식 ② 바닥식
③ 밧줄식 ④ 채롱식

해설 참가리비는 일시부착성 패류로 채롱식 또는 귀매달기 방법으로 양식한다.

07 다음과 같은 양식 방법의 장점으로 옳지 않은 것은?

> 굴, 담치, 멍게 등 부착성을 가진 무척추 동물의 양식을 위해서 이들 생물이 부착한 기질을 뗏목이나 밧줄 등에 매달아 물속에 넣어 기르는 방법이다.

① 성장이 균일하다.
② 사료 공급이 용이하다.
③ 저질에 매몰될 우려가 적다.
④ 해면을 입체적으로 이용할 수 있다.

해설 굴・담치・멍게(우렁쉥이) 등 부착성 동물은 수하식으로 양식한다.

08 바지락 양성 시 양성방법으로 옳은 것은?

① 수하식 ② 바닥식
③ 밧줄식 ④ 채롱식

해설 부착 및 저서동물 양식

수하식	• 부착성 동물의 기질을 밧줄・뗏목 등에 일정한 간격으로 매달아 물속에서 기르는 방식이다. • 성장이 균일하고 해적의 피해를 방지할 수 있으며 지질에 매몰될 우려가 적다.
바닥식	별도의 시설을 설치하지 않아도 되는 장점이 있다.

정답 6 ④ 7 ② 8 ②

09 다음과 같은 방식의 양식 시설에 적합한 양식 대상 종끼리 묶인 것은?

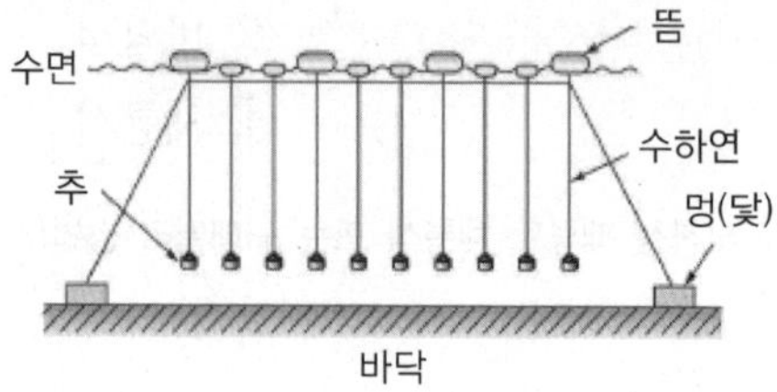

① 고막, 참굴　　② 바지락, 진주담치
③ 고막, 바지락　　④ 참굴, 진주담치

해설 **수하식 양식**
- 부착성 동물의 기질을 밧줄·뗏목 등에 일정한 간격으로 매달아 물속에서 기르는 방식이다.
- 성장이 균일하고 해적의 피해를 방지할 수 있으며 지질에 매몰될 우려가 적다.

㉼ 굴·담치·멍게(우렁쉥이) 등 부착성 동물

10 다음 어류 양식장의 특성으로 옳지 않은 것은?

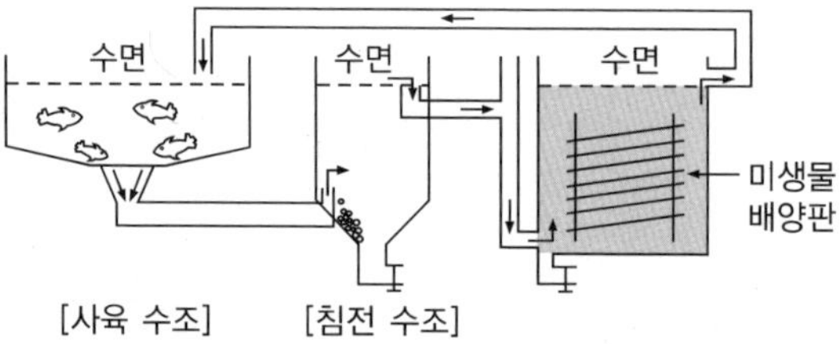

① 고밀도 양식이 가능하다.
② 겨울에 사육수의 온도를 높일 수 있다.
③ 사육수를 정화하여 재사용이 가능하다.
④ 정수식 양식장보다 단위면적당 시설비가 적게 든다.

해설 **순환여과식**
한 번 사용하여 노폐물에 의해 오염된 물을 여과장치를 통해 정화하여 다시 사용하는 양식 방법으로 물이 적은 곳에서도 양식할 수 있고, 고밀도로 양식하여 단위면적당 생산량을 증가시킬 수 있다는 장점과 초기 설비비용 및 전력 등 관리비용이 많이 든다는 단점이 있다. 특히 겨울에 보일러를 가동하여 수온을 높이기 때문에 경비가 많이 든다.

11 **순환여과식 양식시설에서 담수어류를 양식하고자 할 때 이 시설의 장점 및 특징에 대한 설명 중 옳지 않은 것은?**

① 사육수를 정화하여 재사용이 가능하다.

② 양식 시 고밀도 사육을 가능하게 한다.

③ 사육수의 재사용을 위해 여과장치가 필요하다.

④ 담수어류에 해로운 질산염의 제거를 위해 생물 여과조가 필요하다.

해설 어류에 유해한 것은 암모니아(NH_3)이고, 질산염은 무해하다.

12 **다음은 양식 방법의 특징과 장소에 대한 설명이다. (가), (나)에 해당하는 것을 바르게 연결한 것은?**

방 법	특 징	장 소
(가)	양식 어종의 자연 서식지를 이용하며, 그물을 뜸틀에 고정하여 어류를 양성	내만, 호수
(나)	주로 긴 수로형 또는 원형의 형태로, 사육지에 물을 연속적으로 흘려보냄	계곡, 하천

	(가)	(나)
①	가두리식	유수식
②	가두리식	순환여과식
③	유수식	순환여과식
④	순환여과식	유수식

해설 순환여과식은 사육조의 물을 여과조나 여과기로 정화하여 다시 사용하는 방법으로 좁은 면적에서 고밀도 양식이 가능하다.

정답 11 ④ 12 ①

13 다음과 같은 장점을 지닌 방법으로 주로 양식하는 종을 〈보기〉에서 모두 고른 것은?

- 성장이 비교적 균일하다.
- 해면을 입체적으로 이용한다.
- 저질에 매몰되거나 해적 생물에 의한 피해가 적다.

보기

㉠ 굴 ㉡ 멍 게
㉢ 담 치 ㉣ 대 합

① ㉠, ㉡ ② ㉢, ㉣
③ ㉠, ㉡, ㉢ ④ ㉠, ㉢, ㉣

해설 수하식 양식 대상종에는 굴, 담치, 멍게 등이 있다. 대합은 바닥식 양식 대상종에 속한다.

14 다음은 유영 동물의 양식 방법이다. (가)와 (나)에 해당하는 것을 옳게 짝지은 것은?

(가) 수량이 충분한 계곡이나 하천 지형을 이용하여 만든 사육지에 물을 연속적으로 흘려보내 양식하는 방법이다.
(나) 수심이 깊은 내만이나 면적이 넓은 호수 등에서 그물로 만든 도피 방지 시설을 수면에 뜨게 하거나 수중에 매달아 양식하는 방법이다.

	(가)	(나)
①	가두리	유수식
②	정수식	유수식
③	정수식	가두리식
④	유수식	가두리식

해설 유영동물의 양식 방법에는 정수식, 유수식, 가두리식, 순환여과식 등이 있다. (가)는 유수식, (나)는 가두리식에 대한 설명이다.

13 ③ 14 ④ 정답

15 다음 글에서 설명하는 양식의 유형은?

> 수량이 풍부한 계곡이나 하천 지형을 이용하여 사육지에 물을 연속적으로 흘러 보내는 양식 방법으로, 산소의 공급량은 흘러가는 물의 양에 비례하게 되므로 사육 밀도도 이에 따라 증가시킬 수 있다. 주로 찬물을 좋아하는 송어, 산천어 등의 냉수성 어류 양식에 이용되고, 따뜻한 물이 많이 흐르는 곳은 잉어류의 양식에 이용된다. 바닷물을 육상으로 끌어올리는 육상 수조식 양식도 이 방법의 하나이다.

① 유수식　　② 정수식
③ 가두리식　　④ 순환여과식

해설 유수식은 수량이 풍부한 계곡이나 하천 지형을 이용하여 사육지에 물을 연속적으로 흘러 보내는 양식 방법이다. 산소의 공급량은 흘러가는 물의 양에 비례하게 되므로 사육 밀도도 이에 따라 증가시킬 수 있다.

16 다음 (가)와 (나)에 대한 설명으로 옳은 것은?

(가)

(나)

① (가)는 실내에 갖추어져 있기 때문에 겨울철 사육 경비가 (나)보다 적게 든다.
② (가)는 어류의 대사 노폐물을 여과 장치로 처리한다.
③ (나)는 수량이 풍부한 내만이나 호수에서 주로 이용된다.
④ (가)와 (나)는 모두 사육지의 물을 정화하여 다시 사용한다.

해설 (가)는 순환여과식 양식장이고, (나)는 유수식 양식장이다.

정답 15 ① 16 ②

17 산간 계곡의 연중 차가운 물이 풍부하게 흘러내리는 지역에 적합한 양식 어장은 무엇인가?

① 잉어 정수식

② 틸라피아 유수식

③ 무지개송어 유수식

④ 조피볼락 가두리식

해설

지수식 (정수식)	가장 오래된 양식 방법으로, 연못·바다의 일부를 막고 양식하는 방식이다. 에어레이션(Aeration)을 통해 용존산소를 주입하여 사육 밀도를 높이면 단위면적당 생산량을 증대시킬 수 있다. 예 잉어류·뱀장어·가물치·새우
유수식	계곡·하천 지형을 이용하여 물을 공급하거나 양수기로 물을 끌어 올려 양식하는 방식이다. 공급되는 물의 양에 비례하여 용존산소도 증가하므로, 사육 밀도도 이에 따라 증가시킬 수 있다. 예 송어·연어·잉어·넙치(광어)
가두리식	강이나 바다에 그물로 만든 틀을 설치하여 그 안에서 양식하는 방식이다. 그물코를 통해 용존산소 공급과 노폐물 교환이 이루어진다. 양성관리는 쉽지만 풍파의 영향을 받기 쉬워 시설장소가 제한된다. 예 조피볼락(우럭)·감성돔·참돔·숭어·농어·넙치(광어)·방어
순환여과식	한 번 사용하여 노폐물에 의해 오염된 물을 여과장치를 통해 정화하여 다시 사용하는 양식 방법이다. 물이 적은 곳에서도 양식할 수 있고, 고밀도로 양식하여 단위면적당 생산량을 증가시킬 수 있다는 장점이 있다. 반면, 초기 설비비용이 많이 들고, 전력 등 관리비용도 많이 든다는 단점이 있다. 특히 겨울에 보일러를 가동하여 수온을 높이기 때문에 경비가 많이 든다.

18 다음 중 인공 종묘 생산에 관한 설명으로 옳은 것은?

① 자연 종묘 생산보다 경비가 많이 든다.

② 종묘 생산 시기를 조절하기 어렵다.

③ 굴 양식 시 자연산 치패가 더 선호된다.

④ 뱀장어가 인공 종묘 생산의 대표적인 예이다.

해설 ③ 굴 양식 시 인공 종묘 생산한 치패가 자연산보다 균등하게 성장하여, 인공산 치패가 자연산 치패보다 더 선호된다.

④ 뱀장어는 일반적으로 하천으로 올라오는 실뱀장어를 채포하여 종묘로 사용하는 자연 종묘 생산을 활용한다.

17 ③ 18 ① 정답

19 **다음 중 종묘를 관리하는 데 있어 유의해야 할 점으로 보기 어려운 것은?**

① 종묘 수급이 안정되어야 한다.

② 우량 종묘 확보를 위해 힘써야 한다.

③ 종묘비가 저렴해야 한다.

④ 어획 대상이 많이 서식하여야 한다.

해설 어획 대상의 군집성은 종묘 관리에 있어서의 과제가 아니라, 어장 성립을 위한 조건에 해당한다.

20 **넙치 종묘 생산 과정을 바르게 나열한 것은?**

㉠ 어미를 확보한다.	㉡ 치어를 사육한다.
㉢ 채란하여 인공 수정시킨다.	㉣ 자어에게 먹이를 공급한다.

① ㉠ → ㉡ → ㉢ → ㉣

② ㉠ → ㉢ → ㉣ → ㉡

③ ㉡ → ㉣ → ㉠ → ㉢

④ ㉢ → ㉡ → ㉣ → ㉠

해설 어미 확보 → 채란 → 인공 수정 → 자어 사육 → 치어 사육

21 **양식에 있어서 인공 종묘의 먹이생물에 관한 설명으로 옳지 않은 것은?**

① 클로렐라(Chlorella)는 동물성 먹이생물 배양에 이용된다.

② 로티퍼(Rotifer)는 어류 자어 성장을 위한 먹이생물로 이용된다.

③ 알테미아(Artermia)는 어류 자어 및 패류 유생 모두의 먹이생물로 이용된다.

④ 케토세로스(Chaetoceros)는 패류 유생의 먹이생물로 이용된다.

해설 알테미아 내구란을 부화시켜 나온 노플리우스를 어류 자어기, 갑각류 유생의 먹이로 사용한다.

정답 19 ④ 20 ② 21 ③

22 다음과 같은 A, B 사료를 장기간 송어에 공급하였을 때, B 사료에 비해 A 사료를 공급한 송어에서 나타날 수 있는 증상으로 옳지 않은 것은?(단, 다른 영양소의 영향은 고려하지 않음)

[배합사료 지질 및 지방산 함량]

성 분	사료종류	
	A	B
지 질	12.5%	12.5%
Linolenic Acid(18 : 3n-3)	0.1%	1.0%

① 사료효율이 낮아진다.

② 지느러미가 부식된다.

③ 환경에 예민하게 반응하며 잘 놀랜다.

④ 혈액에 헤모글로빈 농도가 높아진다.

해설 Linolenic Acid(리놀렌산)

3개의 이중결합과 카르복실산을 가진 불포화지방산으로 식물성 기름에 많이 함유되어 있는 성분이다. A는 B보다 지방성분인 리놀렌산의 성분이 적으므로 사료효율이 낮아지고 지느러미가 부식되기 쉽다. 헤모글로빈 농도는 지방산과는 큰 관계가 없다.

23 양식장에서 총 500kg의 넙치에 10,000kg의 배합사료를 먹여 8,500kg으로 성장시켰다면 사료 계수는?(단, 사료공급량은 건물 기준임)

① 0.80

② 0.90

③ 1.11

④ 1.25

해설

$$\text{사료 계수} = \frac{\text{사료공급량}}{\text{증육량(수확 시 중량} - \text{방양 시 중량)}} = \frac{10{,}000}{(8{,}500 - 500)} = 1.25$$

22 ④ 23 ④ 정답

24 다음은 어류 양식 사료의 원료에 대한 설명이다. (가)~(다)에 해당되는 영양소를 바르게 나열한 것은?

(가) 양식 생물의 에너지원이 되며, 원료로 밀·옥수수·보리 등의 곡물 가루나 등겨 등을 이용한다.
(나) 어류의 몸을 구성하는 기본 성분이 되며, 원료로 고등어나 잡어를 이용하여 만든 어분 등을 사용한다.
(다) 양식 생물의 에너지원과 생리 활성 물질로 중요하며, 원료로 어유·간유·가축·기름·식물유 등을 이용한다.

	(가)	(나)	(다)
①	지 방	단백질	탄수화물
②	단백질	지 방	탄수화물
③	탄수화물	지 방	단백질
④	탄수화물	단백질	지 방

해설

단백질	• 양식 어류의 몸을 구성하는 기본 성분이다. • 고등어·전갱이 등 저가 어류·잡어·수산물 가공시의 부산물을 이용한 어분, 육분, 콩깻묵, 효모 등을 이용한다. • 콩깻묵 등 식물성 단백질은 '인'이 부족하므로 인산염을 첨가한다.
탄수화물	• 양식 어류의 에너지원 역할을 한다. • 곡물류 가루·등겨 등이 사용된다.
지방 및 지방산	• 양식 어류의 에너지원과 생리 활성 역할을 한다. • 기름은 공기 중의 산소와 결합하여 유독하게 되므로 항산화제를 사료에 혼합하여 사용한다.

25 다음 넙치의 사료 계수를 구하면?(단, 증육량 = 수확 시 중량 − 방양 시 중량)

A 양식장에서는 평균 몸무게 20g되는 넙치 치어 10,000마리를 3개월 간 양성하여 총 1,000kg을 수확하였고, 그 동안에 공급된 사료량은 1,600kg이었다.

① 1.2　　② 1.6
③ 2.0　　④ 2.4

해설

• $\text{사료계수} = \frac{\text{사료공급량}}{\text{증육량}} = \frac{1{,}600}{1{,}000-200} = \frac{1{,}600}{800} = 2.0$

• 방양량은 몸무게 20g × 10,000마리 = 200kg

정답 24 ④ 25 ③

26 **사료계수(Feed Coefficient, FC)에 대한 설명으로 옳지 않은 것은?**

① 사료계수가 높을수록 양식비용이 적게 든다.

② 양식동물의 무게를 1단위 증가시키는 데 필요한 사료의 무게 단위이다.

③ 사료계수를 나타낼 때에는 건중량 기준인지, 습중량 기준인지 명백히 해야 한다.

④ 현재 시판되고 있는 완전 균형 사료로 어류를 사육하면 일반적으로 사료계수는 1.5 전후로 나타난다.

해설 사료계수가 높을수록 양식비용이 많이 든다.

27 **다음의 문제점을 해결하기 위해 첨가하는 물질로 옳은 것은?**

펠릿(Pellet) 사료가 물속에서 흩어지게 되면 사료가 허실되어 사육 경비가 많이 들 뿐만 아니라 병원성 미생물을 번성시켜 질병 발생의 원인이 된다.

① 점착제

② 착색제

③ 효소제

④ 항산화제

해설 점착제는 사료의 성분들을 잘 뭉치게 하여 사료 허실 및 질병 발생을 예방한다.

26 ① 27 ① 정답

28 다음은 양식 사료의 구성 성분에 대한 내용이다. 이와 같은 성분은 무엇인가?

- 어류의 근육을 구성하는 주성분이다.
- 잡어를 원료로 한 어분에 가장 많이 있다.
- 양적이나 질적으로 가장 중요한 사료의 성분이다.

① 지 방 ② 단백질
③ 무기물 ④ 탄수화물

해설

단백질	• 양식 어류의 몸을 구성하는 기본 성분이다. • 고등어 · 전갱이 등 저가 어류 · 잡어 · 수산물 가공시의 부산물을 이용한 어분, 육분, 콩깻묵, 효모 등을 이용한다. • 콩깻묵 등 식물성 단백질은 '인'이 부족하므로 인산염을 첨가한다. • 사료 내 단백질 함량 : 넙치 · 광어(50%), 조피볼락 · 우럭(45%), 틸라피아(40%), 잉어(30~35%)
탄수화물	• 양식 어류의 에너지원 역할을 한다. • 곡물류 가루 · 등겨 등이 사용된다.
지방 및 지방산	• 양식 어류의 에너지원과 생리 활성 역할을 한다. • 기름은 공기 중의 산소와 결합하여 유독하게 되므로 항산화제를 사료에 혼합하여 사용한다.
무기염류 및 비타민	대사 과정 촉매 역할을 한다.

29 양식 어류의 사육 관리에 있어서 질병이 발생할 수 있는 원인을 〈보기〉에서 고른 것은?

보기

㉠ 산소를 공급한다.
㉡ 사육 밀도를 높게 유지한다.
㉢ 영양분이 고른 사료를 공급한다.
㉣ 질소가 많이 함유된 지하수를 공급한다.

① ㉠, ㉡ ② ㉡, ㉢
③ ㉡, ㉣ ④ ㉢, ㉣

해설 ㉡ 고밀도로 사육 시 산소 부족 현상이 발생하기 쉽고, 공식현상이 발생하기 쉽다.
㉣ 지하수에는 질소가스가 많이 함유되어 있어 포기(에어레이션)하여 가스를 제거하지 않으면 어류의 몸에 방울이 생기는 기포병(가스병)이 발생한다. 질소 포화도가 115~125%이면 기포병이 발병하게 되며, 130% 이상 포화되면 치명적인 장애를 야기한다.

정답 28 ② 29 ③

30 **잉어 양식 중 잉어의 표피에 기포가 발생하고 안구가 돌출되는 현상이 발견되었다면 이는 무엇 때문인가?**

① 중금속이 유입되었다.
② 염분농도가 너무 낮아졌다.
③ 질소농도가 기준치를 초과하였다.
④ 수온이 급격하게 떨어졌다.

해설 질소가스가 과포화되는 경우 이러한 증상이 발생한다.

31 **패류독에 대한 설명으로 옳지 않은 것은?**

① 마비성 패류독은 와편모 조류의 일종인 알렉산드리움 등의 유독 플랑크톤을 섭취한 패류를 사람이 먹음으로써 발생되는 식중독이다.
② 설사성 패류독은 유독 와편모 조류가 원인이 되어 이매패가 독화하는 현상으로, 수용성이다.
③ 기억 상실성 패류독은 특정한 지역에서 발생하는 규조류를 섭취한 이매패류 등을 사람이 먹음으로써 발생되는 식중독이다.
④ 기타 패류독으로 바지락 중독, 테트라민 중독, 수랑 중독, 전복 중독 등이 있다.

해설 와편모 조류가 생산하는 독소에 의해 조개류가 유독화되면서 발생하는 것은 마비성 조개류 독(PSP)에 대한 설명이다. 설사성 조개류 독(DSP)은 지용성 독소에 해당한다.

32 **다음 중 틸라피아의 산란을 억제시키기 위한 방법으로 옳지 않은 것은?**

① 고밀도로 사육한다.
② 성전환 처리를 하여 사육한다.
③ 잡종을 생산하여 사육한다.
④ 21℃ 이상의 수온에서 사육한다.

해설 틸라피아(역돔)는 수온이 21℃ 이상 유지되면 30~60일 간격으로 2~3회씩 계속 산란하며, 암컷이 입 속에 수정란을 넣고 부화시키는 점에서 다른 어종과 차이를 보인다. 양성 중 계속 산란하는 번식력을 억제하기 위하여 암수분리・성전환・테스토스테론 주입・잡종생산・고밀도 사육 등의 방법이 이용되고 있다.

30 ③ 31 ② 32 ④ 정답

33 다음과 같은 방법으로 많이 방류하고 있는 어종을 〈보기〉에서 고른 것은?

> 어류의 생존율을 높이기 위해 인공적으로 수정란을 부화시켜, 부화된 자·치어에 최적의 환경을 만들어 주면서 자연 환경에 충분히 적응할 수 있을 때까지 사육하여 성장시킨 다음에 방류한다.

보기

㉠ 연 어　　㉡ 넙 치

㉢ 방 어　　㉣ 뱀장어

① ㉠, ㉡　　② ㉠, ㉢

③ ㉡, ㉢　　④ ㉡, ㉣

해설 인공적으로 종묘 생산을 할 수 없는 수산 생물은 자연산의 어린 것을 수집하여 양식용 종묘로 이용한다. 연어와 넙치는 인공 부화에 의해 종묘를 생산하고 방류한다.

34 틸라피아 양식 시 높은 번식력을 억제하기 위해 이용되는 방법으로 옳지 않은 것은?

① 잡종 생산　　② 성전환 처리

③ 저밀도 사육　　④ 암·수 분리 사육

해설 양성 중 계속 산란하는 번식력을 억제하기 위하여 암수 분리·성전환·테스토스테론 주입·잡종 생산·고밀도 사육 등의 방법이 이용되고 있다.

35 다음 중 아래의 조건을 만족하는 어류가 아닌 것은?

> • 해산어류
> • 대량 종묘 생산
> • 완전 양식

① 방 어　　② 조피볼락

③ 넙 치　　④ 참 돔

해설 생활사의 대부분을 인위적으로 관리하여 양식하는 것을 완전 양식이라 하며, 완전 양식이 되는 어종은 대량 종묘 생산이 가능하다. 해산 어류이면서 위의 조건을 만족하는 대상 어종은 넙치, 조피볼락, 참돔, 복어 등이 있다.

정답 33 ① 34 ③ 35 ①

36 다음 중 전복에 관한 설명으로 옳지 않은 것은?

① 조가비는 여러 개의 호흡공이 있으며 칠기 등의 공예품 재료로 사용된다.
② 포복 생활을 한다.
③ 파도의 영향이 적은 펄 바닥에 주로 서식한다.
④ 미역이나 다시마를 주로 섭취한다.

해설 전복은 외양성으로 파도의 영향을 많이 받는 암초지대에 서식하며, 미역과 다시마를 주로 섭식한다.

37 조개류 양식에 있어 막대한 피해를 끼치는 조개류의 해적에 해당하지 않는 것은?

① 문 어
② 불가사리
③ 피뿔고둥
④ 전 복

해설 문어 · 불가사리 · 피뿔고둥 · 두드럭고둥은 조개류의 해적으로 조개양식에 막대한 피해를 끼친다.

38 다음에서 설명하는 양식 대상종으로 옳은 것은?

- 바다의 우유라 불리며, 글리코겐 함량이 높다.
- 조개류 양식 대상종 가운데 생산량이 가장 많다.
- 수하식으로 양성되며, 주산지는 경남과 전남이다.

① 대 합
② 참 굴
③ 가리비
④ 바지락

해설 참굴은 바다의 우유라 불리며, 체내에 글리코겐 함량이 높다. 수하식 양식으로 경남, 전남 연안에서 주로 양성되고 있다. 조개류 양식 대상종 가운데 가장 많이 양식되고 있다.

36 ③ 37 ④ 38 ② 정답

39 **무지개송어 양식 시 송어의 입올림이 빈번한 경우 가장 긴급히 점검하거나 보완해야 할 장치는 무엇인가?**

① 포기 장치 ② 여과 장치
③ 급이 장치 ④ 침전 장치

해설 양식장 수질 변화로 양식어의 입올림이 빈번한 경우 가장 먼저 포기(에어레이션)를 통해 산소를 공급해주어야 한다.

40 **녹조류의 단세포 생물로 단백질, 비타민, 무기 염류의 영양 성분을 갖추고 있어 양식어의 초기먹이인 로티퍼의 먹이로 이용되는 것은?**

① 아르테미아
② 케토세로스
③ 이소크리시스
④ 클로렐라

해설 ① 아르테미아 : 어류의 초기 먹이
② 케토세로스 : 패류의 초기 먹이
③ 이소크리시스 : 패류의 초기 먹이

41 **어류의 자어에 공급되는 먹이 생물로 옳은 것을 〈보기〉에서 모두 고른 것은?**

보기

㉠ 로티퍼 ㉡ 케토세로스
㉢ 아르테미아 ㉣ 이소크리시스

① ㉠, ㉡ ② ㉠, ㉢
③ ㉡, ㉢ ④ ㉡, ㉣

해설 어류의 자어에게 주는 먹이 생물로는 주로 로티퍼나 아르테미아가, 조개류 유생 먹이로는 케토세로스, 이소크리시스 등이 있다.

정답 39 ① 40 ④ 41 ②

42 다음 중 로티퍼에 대한 설명으로 옳지 않은 것은?

① 1차 소비자이다.
② 식물 플랑크톤에 속한다.
③ 어류의 자어기 먹이생물이다.
④ 번식 속도가 빨라 해산어류 먹이로 각광받고 있다.

해설 로티퍼는 동물성 플랑크톤이며 먹이로 식물 플랑크톤인 클로렐라 등을 섭식한다.

43 참가리비의 수정란으로부터 부착 치패까지의 발달과정을 순서대로 바르게 나열한 것은?

① 수정란 → 담륜자 → D형유생 → 각정기 → 성숙 유생 → 부착 치패
② 수정란 → D형유생 → 담륜자 → 각정기 → 성숙 유생 → 부착 치패
③ 수정란 → 각정기 → D형유생 → 담륜자 → 성숙 유생 → 부착 치패
④ 수정란 → 담륜자 → 각정기 → D형유생 → 성숙 유생 → 부착 치패

해설 수정란 → 담륜자 → D형유생 → 각정기 → 성숙 유생 → 부착 치패

44 김 사상체의 각포자에 대한 설명으로 옳지 않은 것은?

① 사상체를 연속 명기처리하면 각포자낭 포자 형성이 촉진된다.
② 사상체가 각포자낭을 만들기 시작하는 때는 주로 고수온기인 여름이다.
③ 조가비 사상체를 동결시켰다가 해동시키면 4~5일후 각포자가 대량 방출된다.
④ 각포자의 방출량은 수온에 따라 달라지는데, 일반적으로 낮은 수온에서 방출량이 많으나 횟수가 적다.

해설 사상체로부터 포자낭의 형성과 포자 방출을 촉진시키는 것은 단일처리에 해당한다.

42 ② 43 ① 44 ① 정답

CHAPTER

05 수산업관리제도

01 국내 수산업관리제도

1 수산업법의 개요

(1) 목적(법 제1조)

수산업에 관한 기본제도를 정함으로써 수산자원 및 수면의 종합적 이용과 지속가능한 수산업 발전을 도모하고 국민의 삶의 질 향상과 국가경제의 균형있는 발전에 기여함을 목적으로 한다.

(2) 수산업의 정의(법 제2조)

수산업이란 어업・양식업・어획물운반업・수산물가공업 및 수산물유통업을 말한다.

① 어업 : 수산동식물을 포획・채취하는 사업과 염전에서 바닷물을 자연 증발시켜 소금을 생산하는 사업을 말한다.

② 양식업 : 양식산업발전법에 따라 수산동식물을 양식하는 사업을 말한다.

③ 어획물운반업 : 어업현장에서 양륙지(揚陸地)까지 어획물이나 그 제품을 운반하는 사업을 말한다.

④ 수산물가공업 : 수산동식물을 직접 원료 또는 재료로 하여 식료・사료・비료・호료(糊料)・유지(油脂) 또는 가죽을 제조하거나 가공하는 사업을 말한다.

(3) 어업을 영위하는 인적 요소

① 어업인 : 어업자와 어업종사자를 말하며, 양식산업발전법의 양식업자와 양식종사자를 포함한다.

② 어업자 : 어업을 경영하는 자를 말한다.

③ 어업종사자 : 어업자를 위하여 수산동식물을 포획・채취하는 일에 종사하는 자와 염전에서 바닷물을 자연 증발시켜 소금을 생산하는 일에 종사하는 자를 말한다.

(4) 어업을 영위하는 물적 요소

어업을 영위하는 물적 요소에는 어선, 어구, 기타 시설물이 있다.

① 어선과 시설물에 적용되는 법규 : 어선법

② 어선의 운항 : 해사법규가 적용되며, 일반 선박과 동일한 법규가 적용

③ 어업 자원과 어장 : 수산업법과 수산자원관리법 등이 적용

④ 어구 : 수산업법이 적용

※ 어구란 수산동식물을 포획·채취하는 데 직접 사용되는 도구를 말한다.

(5) 수산업법의 적용 범위

① 적용대상 : 수산업법은 바다와 바닷가, 어업을 목적으로 하여 인공적으로 조성된 육상의 해수면에 적용한다.

② 적용받는 사람 : 대한민국 국민과 어업면허 또는 어업허가를 받고자 하는 외국인이다.

(6) 수산업법의 주요 내용

① 어업관리제도 : 면허어업, 허가어업, 신고어업

② 어업조정 등 : 어업조정 등에 관한 명령, 조업수역 등의 조정, 어선의 선복량 제한, 어구의 규모 등

③ 보상·보조 및 재결 : 수질오염에 따른 손해배상, 입어에 관한 재결, 보조 등

④ 수산조정위원회 : 기능, 구성과 운영

※ 현행 수산관련법규

구 분	법 률	목 적
수산업	수산업법	수산업 기본 제도 및 수산업 발전과 어업의 민주화를 도모
	수산업협동조합법	어업인 협동 조직 발전
	어촌·어항법	어촌·어항의 지정·개발 및 관리
	내수면어업법	내수면을 종합적으로 이용·관리 및 수자원 보호·육성
	어선법	어선의 효율적인 관리와 안전성을 확보
	어장관리법	어장을 효율적으로 보전·이용 및 관리
	수산생물질병관리법	수산생물의 안정적인 생산·공급
	농수산물 품질관리법	농수산물의 안정성 확보 및 상품성 향상
	수산자원관리법	수산자원관리를 위한 계획 수립
	원양산업발전법	원양산업의 지속가능한 발전 도모
해 양	영해 및 접속수역법	영해범위와 국가 관할권 설정
	어업자원보호법	어업자원 보호선 선포
	배타적 경제수역법	대한민국의 해양권익을 보호하고, 국제해양질서 확립에 기여
	배타적 경제수역에서의 외국인 어업 등에 대한 주권적 권리 행사에 관한 법률	해양생물자원의 적정한 보존·관리 및 이용
	해양과학조사법	해양과학기술의 진흥
	해양수산발전기본법	해양수산자원의 합리적인 관리·보전 및 개발·이용과 해양수산업의 육성을 위함
	해저광물자원개발법	대륙붕에 부존하는 해저광물을 합리적으로 개발

2 수산업의 관리제도

(1) 어업의 관리제도

① 면허어업

㉠ 어업의 면허 : 행정관청이 일정한 수면을 구획 또는 전용하여 어업을 할 수 있는 자를 지정하고, 일정 기간 동안 그 수면을 독점하여 배타적으로 이용하도록 권한을 부여하는 것

㉡ 어업권 : 면허를 받아 어업을 할 수 있는 권리

㉢ 면허어업 : 반드시 면허를 받아야 영위할 수 있는 어업

㉣ 면허 행정관청 : 시장・군수・구청장

※ 외해양식어업을 하려는 자는 해양수산부장관의 면허를 받아야 한다.

㉤ 면허어업 종류(수산업법 제7조)

- 정치망어업 : 일정한 수면을 구획하여 대통령령으로 정하는 어구(漁具)를 일정한 장소에 설치하여 수산동물을 포획하는 어업
- 마을어업 : 일정한 지역에 거주하는 어업인이 해안에 연접한 일정한 수심 이내의 수면을 구획하여 패류・해조류 또는 정착성 수산동물을 관리・조성하여 포획・채취하는 어업

② 허가어업

㉠ 어업의 허가 : 수산자원의 증식・보호나 어업 조정, 기타 공익상 필요에 의하여 일반적으로 금지되어 있는 어업을 일정한 조건을 갖춘 특정인에게 해제하여 어업 행위의 자유를 회복시켜 주는 것

㉡ 허가어업의 종류(수산업법 제40조)

허가 행정관청	종 류	
해양수산부 장관	근해어업	총톤수 10톤 이상의 동력어선 또는 수산자원을 보호하고 어업조정을 하기 위하여 특히 필요하여 대통령령으로 정하는 총톤수 10톤 미만의 동력어선을 사용하는 어업
시・도지사	연안어업	무동력어선, 총톤수 10톤 미만의 동력어선을 사용하는 어업으로서 근해어업 및 구획어업 외의 어업
시장・군수 또는 구청장	구획어업	일정한 수역을 정하여 어구를 설치하거나 무동력어선 또는 총톤수 5톤 미만의 동력어선을 사용하여 하는 어업(시・도지사가 총허용어획량을 설정・관리하는 경우에는 총톤수 8톤 미만의 동력어선에 대하여 허가할 수 있다)

㉢ 어업허가의 유효기간(수산업법 제47조) : 어업허가의 유효기간은 5년으로 한다. 행정관청은 수산자원의 보호 및 어업조정과 그 밖에 공익을 위하여 필요한 경우로서 해양수산부령으로 정하는 경우에는 유효기간을 단축하거나 5년의 범위에서 연장할 수 있다.

③ 신고어업

㉠ 신고어업의 취지 : 신고어업은 면허어업이나 허가어업 이외의 어업으로서 영세 어민이 면허나 허가 같은 까다로운 절차를 밟지 않고 소규모 어업을 할 수 있도록 하는 제도이다.

㉡ 신고 행정관청 : 시장・군수・구청장

㉢ 신고어업의 종류(수산업법 시행령 제26조 제1항)

나잠어업	산소공급장치 없이 잠수한 후 낫·호미·칼 등을 사용하여 패류, 해조류, 그 밖의 정착성 수산동식물을 포획·채취하는 어업
맨손어업	손으로 낫·호미·해조틀이 및 갈고리류 등을 사용하여 수산동식물을 포획·채취하는 어업

㉣ 신고의 유효기간(수산업법 제48조) : 신고를 수리(受理)한 날부터 5년으로 한다. 다만, 공익사업의 시행을 위하여 필요한 경우와 그 밖에 대통령령으로 정하는 경우에는 그 유효기간을 단축할 수 있다.

(2) 어획물운반업 및 수산물가공업의 관리제도

① 어획물운반업의 관리제도(수산업법 제51조)

㉠ 어획물운반업을 경영하려는 자는 그 어획물운반업에 사용하려는 어선마다 그의 주소지 또는 해당 어선의 선적항을 관할하는 시장·군수·구청장에게 등록하여야 한다.

※ 등록하지 않아도 되는 경우

- 어업면허를 받은 자가 포획·채취하거나 양식산업발전법에 따른 면허를 받은 자가 양식한 수산동식물을 운반하는 경우
- 지정받은 어선이나 어업허가를 받은 어선으로 어업의 신고를 한 자가 포획·채취하거나 양식산업발전법에 따른 면허를 받은 자가 양식한 수산동식물을 운반하는 경우

㉡ 어획물운반업자의 자격기준과 어획물운반업의 등록기준은 대통령령으로 정하며, 어획물운반업의 시설기준과 운반할 수 있는 어획물 또는 그 제품의 종류는 해양수산부령으로 정한다.

㉢ 시장·군수·구청장은 어획물운반업의 등록이 취소된 자와 해당 어선에 대하여는 해양수산부령으로 정하는 바에 따라 그 등록을 취소한 날부터 1년의 범위에서 어획물운반업의 등록을 하여서는 아니 된다.

② 수산물가공업의 관리제도

㉠ 수산물가공업을 하려는 자는 해양수산부령으로 정하는 시설 등을 갖추어 대통령령으로 정하는 업종의 구분에 따라 해양수산부장관이나 시장·군수·구청장에게 신고하여야 한다(수산식품산업법 제16조 제1항).

※ 수산물가공업 : 수산물을 직접 원료 또는 재료로 하여 식료·사료·비료·호료(糊料)·유지(油脂) 또는 가죽을 제조하거나 가공하는 사업을 말한다.

㉡ 수산물가공업의 신고업종(수산식품산업법 시행령 제13조 제1항)

- 수산동물유(水産動物油) 가공업 : 육상에서 수산동물을 원료로 하여 수산동물유를 가공하는 사업
- 냉동·냉장업 : 육상에서 수산동식물을 원료로 하여 냉동하거나 냉장하는 사업. 다만, 다음 각 목에 해당하는 경우는 제외한다.
  - 연육(練肉 : 생선 고기를 갈아 소금을 첨가하여 만든 반죽 상태의 어묵 등)으로 처리하여 냉동하는 경우

- 냉장능력이 5톤 미만인 냉장업의 경우
- 해당 영업자의 영업소에서 판매할 목적으로 냉동·냉장시설을 갖추고 보관하는 경우

• 선상가공업 : 수산업법에 따라 어업의 허가를 받은 어선에서 수산동물을 원료로 하여 수산동물유를 가공하는 사업이나 원양산업발전법에 따라 원양어업의 허가를 받은 어선에서 수산동식물을 원료로 하여 냉동하거나 냉장하는 사업

• 그 밖의 가공업 : 수산식물을 원료로 하여 비료용·호료(식품의 형태를 유지하기 위한 원료 또는 식품의 감촉이나 식감을 위해 사용하는 원료)용·사료용으로 가공하거나 수산동물을 원료로 가죽을 가공하는 사업

㉢ 신고 행정관청

• 해양수산부장관(수산식품산업법 시행령 제13조 제2항)
- ㉡의 수산동물유, 냉동·냉장업의 수산물가공업(부산광역시에서 하는 경우로 한정)
- ㉡의 상가공업 중 어업의 허가를 받은 어선에서 수산동물을 원료로 하여 수산동물유를 가공하는 사업(부산광역시에서 하는 경우로 한정)
- ㉡의 선상가공업 중 원양어업의 허가를 받은 어선에서 수산동식물을 원료로 하여 냉동하거나 냉장하는 사업

• 특별자치시장, 특별자치도지사, 시장, 군수 또는 자치구의 구청장(수산식품산업법 시행령 제13조 제3항)
- ㉡의 수산동물유, 선상가공업 중 수산물가공업(냉동·냉장업의 수산물가공업은 제외)
- ㉡의 그 밖의 수산물가공업

(3) 어업조정제도

① **정의** : 수산자원을 조성, 보호하며 수면을 종합적으로 이용함으로써 수산업 발전과 어업의 민주화를 도모하기 위하여 국가가 적극적으로 어업 활동을 조정하고 감독하는 제도이다.

② **어업조정 등에 관한 명령(수산업법 제55조)** : 행정관청은 어업단속, 위생관리, 유통질서의 유지나 어업조정을 위하여 필요하면 어업조정 등에 관한 사항을 명할 수 있다.

③ **조업수역 등의 조정(수산업법 제56조)** : 해양수산부장관은 시·도 사이의 어업조정을 하기 위하여 필요하면 공동조업수역의 지정 등의 방법으로 조업수역을 조정할 수 있다.

④ **어선의 선복량 제한(수산업법 제58조)** : 해양수산부장관은 수산자원의 지속적인 이용과 어업조정을 위하여 필요하면 어업의 허가를 받은 어선에 대하여 선복량을 제한할 수 있다.

⑤ **어선의 장비 규정(수산업법 제59조)** : 어선은 해양수산부령으로 정하는 장비를 설비하지 아니하면 어업에 사용될 수 없다.

⑥ **어구의 규모 등의 제한(수산업법 제60조)** : 해양수산부장관은 수산자원의 지속적인 이용과 어업조정을 위하여 필요하다고 인정하면 허가받은 어업의 종류별로 어구의 규모·형태·사용량 및 사용방법, 어구사용의 금지구역·금지기간, 그물코의 규격 등을 제한할 수 있다.

3 수산자원 관리제도

(1) 수산자원관리법

① 목적(법 제1조) : 수산자원관리법은 수산자원관리를 위한 계획을 수립하고, 수산자원의 보호·회복 및 조성 등에 필요한 사항을 규정하여 수산자원을 효율적으로 관리함으로써 어업의 지속적 발전과 어업인의 소득증대에 기여함을 목적으로 한다.

② 용어의 정의(법 제2조)

㉠ 수산자원 : 수중에 서식하는 수산동식물로서 국민경제 및 국민생활에 유용한 자원을 말한다.

㉡ 수산자원관리 : 수산자원의 보호·회복 및 조성 등의 행위를 말한다.

㉢ 총허용어획량 : 포획·채취할 수 있는 수산동물의 종별 연간 어획량의 최고한도를 말한다.

㉣ 수산자원조성 : 일정한 수역에 어초·해조장 등 수산생물의 번식에 유리한 시설을 설치하거나 수산종자를 풀어놓는 행위 등 인공적으로 수산자원을 풍부하게 만드는 행위를 말한다.

③ 수산자원관리기본계획 : 해양수산부장관은 수산자원을 종합적·체계적으로 관리하기 위하여 5년마다 수산자원관리기본계획을 세워야 한다.

④ 수산자원의 보호

㉠ 포획·채취 등 제한

- 포획·채취금지(법 제14조) : 해양수산부장관은 수산자원의 번식·보호를 위하여 필요하다고 인정되면 수산자원의 포획·채취금지기간·구역·수심·체장·체중 등을 정할 수 있다.
- 조업금지구역(법 제15조) : 해양수산부장관은 수산자원의 번식·보호를 위하여 필요하면 어업의 종류별로 조업금지구역을 정할 수 있다.
- 불법어획물의 방류명령(법 제16조) : 어업감독 공무원과 경찰공무원은 수산자원관리법 또는 수산업법에 따른 명령을 위반하여 포획·채취한 수산자원을 방류함으로써 포획·채취 전의 상태로 회복할 수 있고 수산자원의 번식·보호에 필요하다고 인정하면 그 포획·채취한 수산자원의 방류를 명할 수 있다.
- 불법어획물의 판매 등의 금지(법 제17조) : 누구든지 수산자원관리법 또는 수산업법에 따른 명령을 위반하여 포획·채취한 수산자원이나 그 제품을 소지·유통·가공·보관 또는 판매하여서는 아니 된다.

㉡ 어선·어구·어법 등 제한

- 조업척수의 제한(법 제20조) : 해양수산부장관 또는 시·도지사는 특정 수산자원이 현저하게 감소하여 번식·보호의 필요가 인정되면 허가의 정수(定數)에도 불구하고 중앙 또는 시·도 수산조정위원회의 심의를 거쳐 조업척수를 제한할 수 있다.
- 어선의 사용제한(법 제22조) : 어선은 다음의 행위에 사용되어서는 아니 된다.
  - 해당 어선에 사용이 허가된 어업의 방법으로 다른 어업을 하는 어선의 조업활동을 돕는 행위

- 해당 어선에 사용이 허가된 어업의 어획효과를 높이기 위하여 다른 어업의 도움을 받아 조업활동을 하는 행위
- 다른 어선의 조업활동을 방해하는 행위

• 2중 이상 자망의 사용금지(법 제23조) : 수산자원을 포획・채취하기 위하여 2중 이상의 자망(刺網)을 사용하여서는 아니 된다.

• 특정어구의 소지와 선박의 개조 등의 금지(법 제24조) : 누구든지 수산업법에 따라 면허・허가・승인 또는 신고된 어구 외의 어구, 양식산업발전법에 따라 면허 또는 허가된 어구 외의 어구 및 이 법에 따라 사용이 금지된 어구를 제작・판매 또는 적재하여서는 아니 되며, 이러한 어구를 사용할 목적으로 선박을 개조하거나 시설을 설치하여서는 아니 된다. 다만, 대통령령으로 정하는 어구의 경우에는 그러하지 아니하다.

• 유해어법의 금지(법 제25조) : 누구든지 폭발물・인체급성유해성물질・인체만성유해성물질・생태유해성물질 또는 전류를 사용하여 수산자원을 포획・채취하여서는 아니 된다.

• 환경친화적 어구사용(법 제27조) : 해양수산부장관 또는 시・도지사는 수산자원의 번식・보호 및 서식환경의 악화를 방지하기 위하여 환경친화적 어구의 사용을 장려하여야 한다.

⑤ 수산자원의 회복 및 조성

㉠ 수산자원의 회복

• 수산자원의 회복을 위한 명령(법 제35조) : 행정관청은 해당 수산자원을 적정한 수준으로 회복시키기 위하여 다음의 사항을 명할 수 있다. 이 경우 그 명령을 고시하여야 한다.
  - 수산자원의 번식・보호에 필요한 물체의 투입이나 제거에 관한 제한 또는 금지
  - 수산자원에 유해한 물체 또는 물질의 투기나 수질 오탁(汚濁) 행위의 제한 또는 금지
  - 수산자원의 병해방지를 목적으로 사용하는 약품이나 물질의 제한 또는 금지
  - 치어 및 치패의 수출의 제한 또는 금지
  - 수산자원의 이식(移植)에 관한 제한・금지 또는 승인
  - 멸종위기에 처한 수산자원의 번식・보호를 위한 제한 또는 금지

• 총허용어획량의 설정(법 제36조) : 해양수산부장관은 수산자원의 회복 및 보존을 위하여 대상 어종 및 해역을 정하여 총허용어획량을 정할 수 있다.

• 총허용어획량의 할당(법 제37조) : 해양수산부장관은 제36조 제1항 및 제2항에 따른 총허용어획량계획에 대하여, 시・도지사는 제36조 제3항에 따른 총허용어획량계획에 대하여 어종별, 어업의 종류별, 조업수역별 및 조업기간별 허용어획량을 결정할 수 있다.

• 배분량의 관리(법 제38조) : 배분량을 할당받아 수산자원을 포획・채취하는 자는 배분량을 초과하여 어획하여서는 아니 된다.

• 부수어획량의 관리(법 제39조) : 배분량을 할당받아 수산자원을 포획・채취하는 자는 할당받은 어종 외의 총허용어획량 대상 어종을 어획하여서는 아니 된다.

• 판매장소의 지정(법 제40조) : 해양수산부장관 또는 시·도지사는 수산자원 회복계획에 관한 사항의 시행 및 총허용어획량계획을 시행하기 위하여 필요하다고 인정되면 수산자원 회복 및 총허용어획량 대상 수산자원의 판매장소를 지정하여 이를 고시할 수 있다.

㉡ 수산자원의 조성

• 수산자원조성사업(법 제41조) : 행정관청은 기본계획 및 시행계획에 따라 수산자원 조성을 위한 사업을 시행할 수 있다(예 인공어초의 설치사업, 바다목장의 설치사업, 바다숲 설치사업, 수산종자의 방류사업, 해양환경의 개선사업, 친환경 수산생물 산란장 조성사업 등).

• 수산종자의 부화·방류 제한(법 제42조) : 행정관청은 수산자원조성을 위한 수산종묘의 부화·방류로 발생하는 생태계 교란의 방지 등을 위하여 다음의 사항을 준수하여야 한다.

- 방류해역에 자연산 치어가 서식하거나 서식하였던 종의 부화·방류
- 건강한 수산종묘의 부화·방류
- 자연산 치어가 출현하는 시기에 적정 크기의 수산종자의 방류

• 방류종자의 인증(법 제42조의2) : 해양수산부장관은 수산자원의 유전적 다양성을 확보하기 위하여 방류되는 수산종자에 대한 인증제를 시행하여야 한다.

• 소하성 어류의 보호와 인공부화·방류(법 제43조) : 행정관청은 소하성 어류의 통로에 방해가 될 우려가 있다고 인정될 때에는 수면의 일정한 구역에 있는 공작물의 설비를 제한 또는 금지할 수 있다.

⑥ 수면 및 수산자원보호구역의 관리

㉠ 보호수면의 지정·해제 및 관리

• 해양수산부장관 또는 시·도지사는 수산자원의 산란, 수산종자발생이나 치어의 성장에 필요하다고 인정되는 수면에 대하여 대통령령으로 정하는 바에 따라 보호수면을 지정할 수 있다(법 제46조).

• 시장·군청·구청장은 관할 구역 안에 있는 보호수면을 그 지정목적의 범위에서 관리하여야 한다(법 제47조).

㉡ 수산자원관리수면의 지정·해제 및 관리

• 시·도지사는 수산자원의 효율적인 관리를 위하여 정착성 수산자원이 대량으로 발생·서식하거나 수산자원조성사업을 하였거나 조성예정인 수면에 대하여 수산자원관리수면으로 지정할 수 있다(법 제48조).

• 시·도지사는 지정된 수산자원관리수면의 효율적인 관리를 위하여 수산자원관리수면의 관리·이용 규정을 정하여야 한다(법 제49조).

㉢ 수산자원보호구역의 관리(법 제51조) : 수산자원보호구역은 그 구역을 관할하는 특별시장·광역시장·특별자치시장·특별자치도지사·시장 또는 군수(관리관청)가 관리한다.

(2) 배타적 경제수역에서의 외국인어업 등에 대한 주권적 권리의 행사에 관한 법률(약칭 : 경제수역 어업주권법)

① **목적** : 해양법에 관한 국제연합협약의 관계 규정에 따라 대한민국의 배타적 경제수역에서 이루어지는 외국인의 어업활동에 관한 우리나라의 주권적 권리의 행사 등에 필요한 사항을 규정함으로써 해양생물자원의 적정한 보존·관리 및 이용에 이바지함을 목적으로 한다.

② **배타적 경제수역**

㉠ 정의 : 배타적 경제수역이란 배타적 경제수역법 및 대륙붕에 관한 법률에 따라 설정된 수역(水域)을 말한다.

㉡ 배타적 경제수역의 범위(배타적 경제수역 및 대륙붕에 관한 법률 제2조)

- 대한민국의 배타적 경제수역은 협약에 따라 영해 및 접속수역법에 따른 기선(基線)으로부터 그 바깥쪽 200해리의 선까지에 이르는 수역 중 대한민국의 영해를 제외한 수역으로 한다.
- 대한민국의 대륙붕은 협약에 따라 영해 밖으로 영토의 자연적 연장에 따른 대륙변계의 바깥 끝까지 또는 대륙변계의 바깥 끝이 200해리에 미치지 아니하는 경우에는 기선으로부터 200해리까지의 해저지역의 해저와 그 하층토로 이루어진다. 다만, 대륙변계가 기선으로부터 200해리 밖까지 확장되는 곳에서는 협약에 따라 정한다.
- 대한민국과 마주보고 있거나 인접하고 있는 국가 간의 배타적 경제수역과 대륙붕의 경계는 국제법을 기초로 관계국과의 합의에 따라 획정한다.

③ **특정금지구역에서의 어업활동 금지(법 제4조)** : 외국인은 배타적 경제수역 중 어업자원의 보호 또는 어업조정을 위하여 '특정금지구역'에서 어업활동을 하여서는 아니 된다.

④ **어업의 허가(법 제5조)**

㉠ 외국인은 특정금지구역이 아닌 배타적 경제수역에서 어업활동을 하려면 선박마다 해양수산부장관의 허가를 받아야 한다.

㉡ 해양수산부장관은 허가를 하였을 때에는 해당 외국인에게 허가증을 발급하여야 하며, 허가증을 발급받은 외국인은 대한민국 정부에 입어료(入漁料)를 내야 한다.

⑤ **불법어업활동 혐의 선박에 대한 정선명령(법 제6조의2)** : 검사나 사법경찰관은 배타적 경제수역에서 불법어업활동 혐의가 있는 외국선박에 정선명령(停船命令)을 할 수 있다. 이 경우 그 선박은 명령에 따라야 한다.

⑥ **어획물 등을 옮겨 싣는 행위 등 금지(법 제11조)** : 외국인이나 외국어선의 선장은 배타적 경제수역에서 어획물이나 그 제품을 다른 선박에 옮겨 싣거나 다른 선박으로부터 받아 실어서는 아니 된다.

⑦ **어획물 등의 직접 양륙 금지(법 제12조)** : 외국인이나 외국어선의 선장은 배타적 경제수역에서 어획한 어획물이나 그 제품을 대한민국의 항구에 직접 양륙(揚陸)할 수 없다.

※ 연안국주의
우리나라의 배타적 경제수역 내에서 어업 허가를 받지 않고 어업 활동을 하거나 우리나라의 관련 법규를 위반한 외국어선 및 선원에 대해서 우리나라 법에 의해 단속하고 처벌하는 것을 말한다.

(3) 기타 관련 법령

① 어선법

㉠ 목적 : 어선의 건조·등록·설비·검사 및 조사·연구에 관한 사항을 규정하여 어선의 효율적인 관리와 안전성을 확보하고, 어선의 성능 향상을 도모함으로써 어업생산력의 증진과 수산업의 발전에 이바지함을 목적으로 한다.

㉡ 국제협약 규정의 적용 : 국제협약의 적용을 받는 어선의 경우 그 협약의 규정이 어선법의 규정과 다를 때에는 해당 국제협약의 규정을 적용한다.

② 내수면어업법

㉠ 목적 : 내수면어업에 관한 기본적인 사항을 정하여 내수면을 종합적으로 이용·관리하고 수산자원을 보호·육성하여 어업인의 소득 증대에 이바지함을 목적으로 한다.

㉡ 용어의 정의

- 내수면 : 하천, 댐, 호수, 늪, 저수지와 그 밖에 인공적으로 조성된 민물이나 기수(바닷물과 민물이 섞인 물)의 물 흐름 또는 수면을 말한다.
- 내수면어업 : 내수면에서 수산동식물을 포획·채취하거나 양식하는 사업을 말한다.
- 어도(魚道) : 하천에서 서식하는 회유성 어류 등 수산생물이 원활하게 이동할 수 있도록 인공적으로 만들어진 수로 또는 장치를 말한다.

㉢ 주요 내용

- 내수면 어업자원의 조성과 보호를 위하여 수산업법과 유사한 면허·허가·신고 어업제도를 규정하고 있다.
- 공공용 수면과 사유수면을 지정하고 유어(遊漁) 행위에 대한 여러 가지 제한 규정을 두고 있다.

※ 환경관리 : 수산생물에게 적절한 환경을 인위적으로 유지 또는 조성하여 가입과 성장을 촉진하고 자연사망을 줄이는 종합적인 자원 증강의 수단이다.

- 수질오염관리
- 어류에게 안식처를 제공하는 인공 돌발의 축조
- 굴, 해삼, 해조류 등의 부착 장소를 제공하는 투석
- 인공어초 투하, 폐선 침몰, 해저 암초 폭파, 콘크리트 바르기, 갈이, 객토, 고르기, 물길 내기, 돌 뒤집기, 갯바위 닦기, 마을숲 조성 등

4 TAC 관리제도(Total Allowable Catch System, 총허용어획량 관리제도)

(1) 정 의

① TAC는 생물학적으로 계측된 최대지속생산량(MSY)를 기초로 사회·경제적 요소를 고려하여 결정한다.

② TAC 관리제도는 특정 어장에서 특정 어종의 자원 상태를 조사·연구하여 분포하고 있는 자원의 범위 내에서 연간 어획할 수 있는 총량을 정하고, 그 이상의 어획을 금지함으로써 수산자원의 관리를 도모하고자 하는 방법이다.

(2) TAC 관리제도의 의미

① 국제해양질서의 제도적 확립에 따라 국가의 어업 자원 관리 방식으로 정착

② 어업관리의 정보화와 과학화를 바탕으로 수산정보화를 통한 수산업의 산업적 영역 및 기회 확대

③ 생산에 편중된 전통적인 어업 관리에서 유통과 소비를 연계하는 시스템적 종합어업관리로 전환하여 제품의 부가가치를 향상

(3) TAC 관리제도의 특징

① **종합시스템적 운영체계**

㉠ TAC 관리제도는 기본적으로 어업행위에 대한 규제보다는 행위의 결과인 어획량의 조정 및 관리를 통하여 어업관리 목적을 달성하려는 것으로 수단과 목표의 시스템적 운영체계가 요구된다.

㉡ TAC 관리제도는 매년 관리 주체와 생산 주체 사이에 자원량을 평가하여 TAC을 산정하고 이를 어업자에게 배분하여 어업이 시작되며, 어획량이 TAC에 도달하면 어업을 중단시켜야 하는 종합적인 운영체제를 지니고 있다.

㉢ TAC 관리제도의 기본 운영체계는 TAC 평가체계, 배분체계, 보고체계, 관리체계가 있으며, 이들 체계가 종합시스템으로 운영되어야 한다.

② **수산물의 안정된 수급체계 구축** : TAC 관리제도는 매년 초 TAC을 결정하기 때문에 어업 개시 전 이미 생산량이 계획될 수 있으며, 이러한 계획된 생산량은 공급량을 예측할 수 있게 하여 수산물의 안정된 수급체계를 구축할 수 있게 한다.

③ **과학적인 자원평가체계 확립** : TAC 관리제도는 기본적으로 TAC의 결정, 배분, 관리의 모든 체계에서 과학적 의사결정과 예방적 운영형태를 지닌다. 과학적인 자원평가체계를 구축하여 TAC에 참여하는 모든 어업자가 납득하고 신뢰할 수 있는 TAC가 설정되어야 한다.

④ **자원관리의 일체성 구축** : TAC에 의한 어업관리는 연근해 어장에 대한 자원관리의 일체성을 지니고 있으며, 매년 초에 TAC가 결정되고 어업이 시작된 후 TAC이 완전히 소진되어 어업이 끝나면 당해 연도의 어업도 마무리되는 것이다.

(4) 수산자원관리법상 TAC 관리제도

① 총허용어획량의 설정 및 관리에 관한 시행계획(수산자원관리법 시행령 제20조)

㉠ 총허용어획량계획에 포함되어야 하는 사항
- 수산자원의 보존과 관리에 관한 기본방향
- 어업의 종류별, 조업수역별 또는 조업기간별 총허용어획량 및 그 관리에 관한 사항
- 관리대상 수산자원의 동향과 총허용어획량에 관한 사항
- 관리대상 수산자원의 종류별 총허용어획량에 따른 특별시·광역시·특별자치시·도·특별자치도(시·도)별 총허용어획량에 관한 사항

㉡ 총허용어획량세부계획의 수립·시행 : 총허용어획량계획을 통보받은 시·도지사는 다음의 사항을 포함한 총허용어획량세부계획을 수립·시행하여야 한다.
- 해당 시·도의 수산자원 보존과 관리에 관한 방침
- 해당 시·도의 어업 종류별, 조업수역별 또는 조업기간별 총허용어획량의 관리에 관한 사항
- 해당 시·도의 관리대상 수산자원의 총허용어획량 관리에 관한 사항

② 배분량의 할당기준(수산자원관리법 시행령 제22조) : 시·도지사는 배분량을 할당할 때에는 다음의 사항을 고려하여야 한다. 이 경우 업종별 수산업협동조합 또는 어업 관련 단체에 소속되어 있는 어업자에게 배분량을 할당할 때에는 업종별수협의 조합장 또는 어업 관련 단체장으로부터 소속 어업자별 할당계획서를 제출받아 할당할 수 있다.

㉠ 수산자원관리법 또는 수산업법의 위반 전력
㉡ 과거 어획실적 및 어선의 톤수 등 어획능력
㉢ 업종별 수협의 조합장 또는 어업 관련 단체장의 의견
㉣ 수산자원의 상태

02 국제 수산업관리제도

1 해양법상의 국제 어업관리제도

(1) 유엔 해양법 협약

① 의의 : 기본적으로 바다를 국가 권력의 작용 정도에 따라 '영해 → 배타적 경제수역(EEZ) → 공해' 등으로 분류되는 각종 해양의 법적지위를 인정하고 해양의 이용에 관한 국제법 질서를 유지하며, 이러한 이용상의 국제 분쟁을 평화적으로 해결하기 위하여 마련된 국제법이다.

② 역 사

㉠ 1973~1982년 제3차 유엔해양법회의가 개최되었고, 1982년 4월 30일 유엔해양법협약이 채택되었다.

㉡ 1994년 11월 16일 정식으로 발효되었고, '제11장 이행협약'은 같은 날부터 잠정 적용되어 1996년 7월 28일에 정식으로 발효하게 되었다.

㉢ 우리나라는 1996년 1월 29일 비준하였다.

③ 주요 내용

㉠ 포괄적인 해양헌장 : 영해, 내수, 접속수역, 배타적 경제수역, 대륙붕, 공해, 심해저 등 해양의 모든 영역과 해양환경보호, 해양과학조사, 해양기술이전, 분쟁해결제도 등을 대상으로 한다.

㉡ 국가관할수역에 관한 전통 국제법 보완 : 12해리 영해제도 및 국제해협 통과통항제도(Transit Passage)를 확립하였다. 200해리 배타적 경제수역제도가 확립되었고, 대륙붕의 범위를 영해기선으로부터 200해리까지로 하되, 200해리를 초과하는 경우에는 350해리 또는 수심 2,500m선으로부터 100해리까지의 해저지역까지 확장이 가능하다.

㉢ 심해저개발제도 : 심해저와 그 자원을 '인류공동유산'으로 규정하고, '국제해저기구'를 설비하여 심해저 자원의 개발을 관리·규제하였다.

㉣ 해양환경보호, 해양과학조사 : 해양환경보호와 해양과학조사를 위해 연안국의 규제권이나 관할권을 존중하고 협약과 관련법규를 준수하여야 하며, 손해를 발생시킨 경우 이를 배상하여야 한다.

㉤ 해양 분쟁해결제도 : 포괄적인 해양 분쟁해결을 위한 '국제해양법재판소'를 설립하였고, 독일의 함부르크에 본부를 두고 있다.

④ 영역 관할권에 따른 해양의 구분

㉠ 영해기선 : 해양을 구분할 때 그 기준이 되는 선

- 통상기선 : 연안국이 공인하는 대척도 해도상에 연안을 따라 표기한 저조선
- 직선기선 : 연안에 섬이 많이 존재하거나 해안선의 굴곡이 심한 경우의 영해 기준선

㉡ 내수(Internal Waters) : 영해 기선의 육지 쪽 수역으로 영토의 일부 영해

㉢ 영해(Territorial Sea)

- 영토의 해안 또는 군도 수역에 접속한 일정 범위의 수역으로 영해 기선으로부터 12해리
- 연안 경찰권, 연안 어업 및 자원 개발권, 연안 무역권, 연안 환경보전권, 독점적 상공이용권, 해양 과학 조사권 등의 영해 주권을 행사

※ 유엔해양법협약상 영해(Territorial Sea)

유엔해양법협약 제3조에서는 '어떠한 국가도 이 조약이 정하는 바에 의하여 결정되는 기선에서 측정하여 12해리를 초과하지 않는 범위 내에서 그 영해의 폭을 정할 권리를 정한다.'고 규정하고 있다.

㉣ 접속수역(Contiguous Zone)

- 연안국이 설정한 영해 범위 밖의 일정한 수역으로서 영해기선으로부터 24해리 이내의 수역

• 연안국이 자국 영토 또는 영해 내에서의 관세, 출입국, 보건위생에 관한 법규 위반을 예방하거나 처벌할 목적으로 제한적인 관할권을 행사하는 수역

※ 유엔해양법협약상 접속수역(Contiguous Zone)
유엔해양법협약 제33조에서는 접속수역은 '영해(Territorial Sea)에 접속한 수역으로 영해기선으로부터 24해리를 초과할 수 없다.'고 규정하고 있다.

㉤ 배타적 경제 수역(EEZ ; Exclusive Economic Zone)

• 영해 기선으로부터 200해리 범위까지의 수역으로서 당해 연안국에 해양 자원에 대한 배타적 이용권을 부여하는 수역이다.
• 자원 이용에 대한 연안국의 주권적 권리와 제한적 관할권을 행사되기 때문에 국가 영역이 아니고, 완전한 공해의 성질도 가지지 않는다.

㉥ 공 해

• 국가 관할권에 종속되지 않는 해양 부분으로서 해저·해상 및 그 하층토를 제외한 해면과 상부 수역이다.
• 모든 나라는 공해에서 항행의 자유, 상공비행의 자유, 해저전선 및 관선부설의 자유, 인공섬과 기타 구조물 설치의 자유, 어업의 자유, 과학 조사의 자유를 행사할 수 있다.

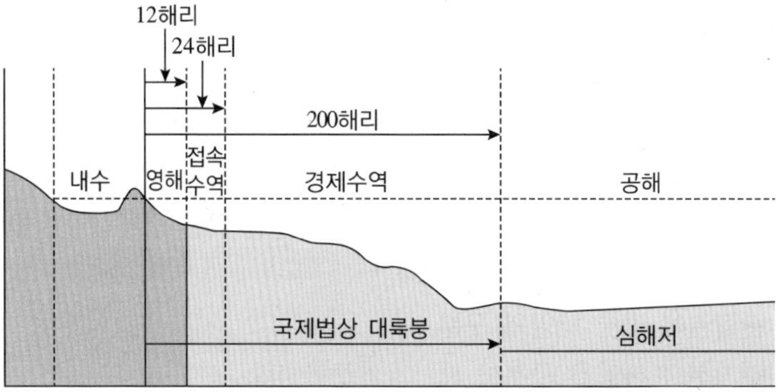

〈이미지 출처 : 고등학교 수산일반(교육과학기술부)〉

[영역 관할권에 따른 해양의 구분]

(2) EEZ와 국제 어업 관리

① 경계 왕래 어족의 관리

㉠ EEZ에 서식하는 동일 어족 또는 관련 어족이 2개국 이상의 EEZ에 걸쳐 서식할 경우 당해 연안국들이 합의하여 그의 보존과 개발을 조정하고 보장하는 데 필요한 조치를 해야 한다.

㉡ 동일 어족 또는 관련 어족이 특정국의 EEZ와 그 바깥의 인접한 공해에서 동시에 서식할 경우 그 연안국과 공해 수역 내에서 그 어종을 어획하는 국가는 서로 합의하여 어족의 보존에 필요한 조치를 해야 한다(대표적인 경계 왕래 어족 : 오징어·명태·돔).

② **고도 회유성 어족** : 고도 회유성 어종을 어획하는 연안국은 EEZ와 인접 공해에서 어족의 자원을 보장하고 최적이용 목표를 달성하기 위하여 국제기구와 협력해야 한다(대표적인 고도 회유성 어족 : 가다랑어·다랑어).

③ 소하성 어류

㉠ 모천국(母川國)이 1차적 이익과 책임을 가지고 자국의 EEZ에 있어서 어업규제권한과 보존의 의무를 가진다.

※ 모천국(母川國) : 송어나 연어가 알을 낳는 하천을 가진 연안국

㉡ EEZ 밖의 수역인 공해나 다른 국가의 EEZ에서는 모천국이라도 어획할 수 없다(대표적인 소하성 어류 : 연어).

④ 강하성 어종 : 강하성 어종이 생장기를 대부분 보내는 수역을 가진 연안국이 관리 책임을 지고, 회유하는 어종이 출입할 수 있도록 해야 한다(대표적인 강하성 어종 : 뱀장어).

(3) 공해와 국제 어업 관리

① 공해어업의 자유

㉠ 유엔해양법협약 제116조에 '모든 국가는 자국민이 공해에서 어업에 종사하도록 할 권리를 가진다.'라고 규정되어 있다. '공해자유의 원칙'에 입각하여 공해에 있어서의 어업은 자유이지만 조건부 자유라 할 수 있다.

㉡ 해양법 및 관련 국제협정에서는 공해에서의 국제적 자원관리 보존을 강조하고 있기 때문에 실질적인 공해 조업의 자유는 상당히 제한적이다.

② 공해생물자원의 관리 및 보존

㉠ 모든 국가는 자국민을 대상으로 공해생물자원 보존에 필요한 조치를 취하거나 그러한 조치를 취하기 위하여 다른 국가와 협력할 의무가 있다(유엔해양법협약 제117조).

㉡ 모든 국가는 공해수역에서 생물자원의 보존·관리를 위하여 서로 협력한다. 동일한 생물자원이나 동일 수역에서의 다른 생물자원을 이용하는 국민이 있는 모든 국가는 관련생물자원의 보존에 필요한 조치를 취하기 위한 교섭을 시작한다. 이를 위하여 적절한 경우 그 국가는 소지역 또는 지역 어업기구를 설립하는 데 서로 협력한다(유엔해양법협약 제118조).

③ 유엔 공해어족보존관리협정

㉠ '1982년 12월10일 해양법에 관한 국제연합협약의 경계왕래어족 및 고도회유성 어족 보존과 관리에 관한 조항의 이행을 위한 협정(유엔공해어업협정)'에 규정된 주요내용은 다음과 같다.

- 보존관리조치 : 수산자원에 대해서는 예방적 접근을 중요시하고, 경계수역 내외에 걸쳐 일관성 있는 조치를 강구한다.
- 지역수산기구에 관한 사항 : 지역수산기구를 통하여 수산자원의 보존 및 관리조치를 수립·시행하고 지역기구에 가입하지 않고는 공해에서의 조업은 사실상 불가능하도록 한다.
- 기국(旗國)의 의무에 관한 사항 : 공해상 자국 선박이 수산자원의 보존·관리 조치를 준수하도록 조치하여야 하고, 이를 위반하는 어선에 대해서는 처벌을 함과 동시에 그 결과를 관련 기구에 보고하여야 한다.
- 승선검색에 관한 사항 : 수산자원 보존·관리 조치의 위반여부를 조사하기 위해 지역기구의 회원국은 지역기구가 관할하는 공해수역에서 타국 선박에 대한 승선검색이 가능하다.

㉡ 가입 기대효과

- 공해 조업환경의 변화에 대해 능동적으로 대응 : 책임 있는 조업국으로서 국제적 위상이 제고될 것이고, 해양생물자원의 지속가능한 보존에 적극 기여할 것이다.
- 규범형성 과정에 참여함으로써 장기적으로 조업에 대한 이익을 확보 : 어업규제의 논의에 대해 적극적으로 참여함으로써 우리나라 수산업의 이익을 반영할 수 있고, 수산자원 보존과 양립하는 원양어업의 환경을 조정할 수 있을 것이다.
- 후발 경쟁조업국의 불법어업에 대응 : 유엔공해어업협정 당사국 간 협조를 통해 공해상 원양어업 질서를 확립하고, 주변국의 불법어업에 대해 적극적으로 대처할 수 있게 되었다.

④ **해양 포유동물** : 유엔해양법협약 제65조에서는 '엄격하게 해양 포유동물의 포획을 금지·제한 또는 규제할 수 있는 연안국의 권리나 국제기구의 권한을 제한하지 아니한다. 각국은 해양 포유동물의 보존을 위하여 노력하며, 특히 고래류의 경우 그 보존·관리 및 연구를 위하여 적절한 국제기구를 통하여 노력한다.'라고 규정되어 있다.

2 동북아지역의 국제 어업협력체계

(1) 한·일 어업협정

① **발효시기** : 1998년 11월 28일 체결, 1999년 1월 22일 발효

② **기본이념**

㉠ 해양 생물자원의 합리적인 보존·관리와 최적 이용을 도모

㉡ 양국 간의 전통적 어업 분야의 협력 관계 유지·발전

㉢ 유엔해양법협약의 기본 정신에 입각하여 새로운 어업 질서 확립

③ **주요 내용**

㉠ 한·일 양국의 배타적경제수역을 협정 수역으로 결정

㉡ 자국의 배타적 수역에서 상대 체약국의 어업 활동을 상호 허용

㉢ 동해 중앙부(독도)와 제주도 남부 수역은 중간수역으로 설정

※ 중간 수역에서는 해양 생물자원 보존·관리에 협력하며, 자국의 배타적 경제수역 관련 법령을 타방 체약국 국민과 어선에 적용 않기로 하였다.

④ **유효기간** : 어업 협정 발효 후 3년간 효력을 가지고, 어느 일방 체약국이 종료 의사를 통고한 날로부터 6개월 후에 종료되지만, 그러지 않으면 효력은 계속된다.

⑤ **주요 특징**

㉠ 양 체약국의 배타적경제수역에서는 당해 연안국이 어업 자원의 보존·관리상 주권적 권리를 행사하며, 쌍방 간의 전통적 어업 실적을 인정하여 상호 입어를 허용(연안국주의)한다.

㉡ 중간수역에서는 기존의 어업 질서를 유지하되, 동해 중간수역은 공해적 성격의 수역으로 하고, 제주도 남부 중간수역은 공동 관리 수역으로 정한다(선적국주의).

※ 연안국주의와 선적국주의

- 연안국주의 : 배타적경제수역 내에서의 어업에 대한 관할권을 그 수역의 연안국이 행사한다는 것
- 선적국주의 : 주로 공해상에서 어선에 대한 관할권 행사를 그 어선에 국적을 부여한 국가, 즉 선적국이 행사한다는 것

(2) 한 · 중 어업협정

① 발효시기 : 1999년 체결, 2001년 6월 30일 발효

② 기본이념

㉠ 해양 생물자원의 보존과 합리적 이용

㉡ 정상적인 어업 질서 유지

㉢ 어업 분야 상호 협력 강화

③ 주요 내용

㉠ 양국이 합의하는 일정 범위의 양국 배타적 경제수역을 협정 수역으로 하고, 그 수역에서의 상호 입어에 관한 기본 원칙 및 절차와 조건, 협정 위반에 대한 단속의 연안국주의를 규정하였다.

㉡ 배타적경제수역 경계 획정시까지 일정 범위에 대하여 잠정적인 조치로서 황해의 일정범위를 잠정조치수역과 그 양쪽에 과도수역을 설정하였다.

㉢ 잠정조치수역과 과도수역에서의 어업 활동에 관한 규칙은 어업위원회를 통하여 공동으로 제정하지만, 범칙 어선에 대한 단속은 선적국주의에 따른다.

㉣ 과도수역은 배타적경제수역과 잠정조치수역의 완충 수역 성격을 띠며, 협정 발효 4년 후에는 양측의 배타적경제수역으로 편입되는 수역이다.

㉤ 현행조업유지수역에서는 협정 체결 전과 같이 자유로운 어업 활동이 허용된다.

④ 유효기간 : 최초 유효기간은 발효 후 5년으로 하고 어느 한쪽이 종료 의사를 통고하면 1년 후에 종료하며, 그러지 않으면 그 효력은 계속된다.

⑤ 주요 특징

㉠ 우리나라와 중국이 각각 연안국으로서 어업에 관한 주권적 권리를 행사하고, 이에 따라 새로운 어업질서를 구축하였다.

㉡ 수산자원의 고갈문제를 해결하고 지속가능한 자원 개발을 위한 하나의 틀이 마련되었다.

㉢ 배타적경제수역은 연안국이, 잠정조치수역과 과도수역은 어업공동위원회가, 현행조업유지수역은 양국 정부 간 별도의 합의로 관리된다.

(3) 한 · 러시아 어업협정

① 발효시기 : 1991년 9월 체결, 1991년 10월 22일 발효

② 기본이념 : 양국은 수산업 분야에서 호혜평등의 협력 관계를 수립하고, 북서태평양의 해양 생물자원 보존 및 최적 이용을 위하여 협력사업을 수행한다.

③ 주요 특징

㉠ 상호주의에 의해 입어를 허용한다.

㉡ 소하성 어류의 어획을 금지하고, 오호츠크 공해 및 베링 공해 자원 보존 조치 이행에 협력한다.

④ **유효기간** : 유효기간은 5년으로 하고, 어느 일방 체약국이 종료의사를 종료 6월 전 통고하지 않는 한 1년씩 자동 연장된다.

⑤ 러시아의 배타적경제수역 내의 명태·꽁치 자원에 대해 우리나라가 매년 어획 쿼터를 배정받아 입어료를 지불하고 직접 조업하는 방식이 이루어지고 있다.

3 새로운 국제 어업규범

(1) 책임 있는 수산업 규범

① **도입 배경** : 1980년대에 들어 세계적으로 수산자원의 고갈현상이 뚜렷이 나타나게 되어 FAO 수산위원회(COFI)에서 새로운 개념의 책임 있는 수산업에 관한 국제규범을 도입하였다.

② **채택 시기** : 1995년 제28차 FAO 총회에서 채택

③ **'책임 있는 수산업'의 개념** : 현재와 미래에 있어서 수산업을 영위하는 모든 국가와 기업 및 개인은 국제규범으로서 확립된 책임을 반드시 이행함으로써 생물의 다양성과 자연생태계가 보존될 수 있도록 노력해야 한다는 것이다.

④ **책임 있는 수산업 실천에 관한 기본원칙**

㉠ 수산자원의 합리적 이용과 관리

㉡ 의사결정 자료의 신뢰성 확보

㉢ 환경 및 자연 관리형 어구·어법의 채택

㉣ 연안 생태계의 보존

㉤ 국가의 책임 이행과 국제적 협력

⑤ **주요 특징**

㉠ 어선어업, 양식, 가공, 수산물무역 등 수산업 전반에 걸쳐 책임 있는 수산업의 이행을 위하여 모든 국가들이 앞으로 지향해 나가야 할 기본지침을 포괄적으로 규정하고 있는, 자율적인 형태의 규범이다.

㉡ 책임 있는 수산업에 대한 기본적인 사항과 정책적 이행은 권고사항으로 되어 있다.

㉢ FAO 회원국뿐만 아니라 비회원국, 지역기구, 비정부기구(NGOs), 어업단체, 어업종사자에까지 광범위하게 적용되고 있다.

㉣ 유엔해양법협약, 편의국적선금지협정, 유엔공해어족보존협정과 함께 국제어업질서를 규율하는 중요한 규범이다.

(2) 편의국적어선금지협정

① 채택시기 : 1993년 11월 2일 제27차 FAO 총회에서 채택(공해 조업선에 대한 국제적 보존 관리준수촉진을 위한 협정)

② 주요 특징

㉠ 공해조업선에 대한 선적국의 책임을 구체화

㉡ 전통적인 어업의 자유 대신 통제받는 공해어업제도 마련

㉢ 유엔해양법협약상의 공해 어업관리에 관한 미비점 보완

③ 주요 내용

㉠ 공해어업에 종사하는 길이 24m 이상인 어선에 적용

㉡ 모든 국민의 공해 조업권을 인정

㉢ 공해 생물자원 보존조치에 대한 국제협력, 자국선 어선에 대한 효율적 관할권 행사의무, 공해어업정보의 투명성 증진 및 선적국의 책인 등을 규정

④ 기대효과 : 협정이 발효되면 공해 조업선에 대한 편의국적제도는 엄격히 배척될 것이다.

※ 편의국적제도
모든 선박은 국적을 가져야만 항해나 어업에 종사할 수 있다. 선박에 국적을 부여하기 위해서는 당해 선박과 그 국가사이에 소유권과 같은 진정한 관계가 있어야 한다. 그럼에도 불구하고 어떤 국가가 아무런 관계도 없는 선박에 대하여 국적을 부여하는 것을 편의국적제도라 한다. 편의국적을 부여하는 대표적인 국가로는 라이베리아, 파나마, 온두라스 등이 있다.

(3) 경계 내외 분포 자원 및 고도 회유성 어족의 보존·관리 협정

① 채택 시기 : 1995년 UN에서 채택

② 주요 내용

㉠ 경계 내외 분포 자원과 고도 회유성 어족의 장기적 보존과 지속적 이용을 목표로 한다.

㉡ 협정 당사국은 과학적 근거에 기초하여 수산자원이 최대 지속적 생산량을 유지되도록 해야 하며, 자원의 감소·고갈 상태가 확인되면 예방적 보존·관리 조치를 적용한다.

㉢ 두 어족의 대한 자원 보존과 최적 이용을 위하여 배타적 경제수역과 공해에서 동일한 보존·관리 조치를 취한다.

㉣ 수산자원의 보존·관리를 위하여 연안국과 공해 어업국은 직접 또는 지역 수산기구 등을 통하여 협력해야 한다.

㉤ 선적국은 공해에서 조업하는 자국 어선에 대하여 당해 수산 자원 보존조치를 준수하도록 지도해야 하며, 자국의 국적을 취득한 어선에 대해서만 어업 허가를 할 수 있다.

(4) 불법 · 비보고 · 비규제어업 방지를 위한 국제행동계획

① 채택 시기 : 2001년 FAO(식량농업기구)에서 채택

② 주요 내용

㉠ 불법 · 비보고 · 비규제어업을 방지하기 위한 책임과 의무 부과

- 선적국은 불법적 어업을 행한 경력이 있는 어선에 대하여 국적을 부과하지 않는다.
- 연안국은 그러한 혐의가 있는 어선에 대하여 입어허가를 거부한다.
- 시장국은 그러한 혐의가 있는 어선이 어획한 어획물의 수입을 금지하는 제재조치를 취한다.
- 지역 수산기구는 그러한 혐의가 있는 비회원국 어선에 대한 시정조치를 권고한다.

㉡ 연안국의 어선이 자국의 배타적경제수역 내에서도 불법적인 어업을 할 수 없도록 조치할 것을 요구

(5) 지역적 참치관리기구

① 전미열대참치위원회(IATTC) : 동부태평양 참치 자원의 생산량을 최대한 지속적으로 유지하기 위해 설립

② 대서양참치보존위원회(ICCAT) : 대서양 참치자원의 보존관리 및 적정이용을 위해 설립

③ 남방참다랑어보존위원회(CCSBT) : 남방 태평양의 참다랑어의 보존관리를 논의하기 위해 설립

④ 인도양참치위원회(IOTC) : 인도양 참치자원의 보존 및 지속적 이용을 위해 설립

⑤ 중서부태평양수산위원회(WCPFC) : 중서부태평양 참치자원의 장기적 보존과 지속적 이용을 위해 설립

CHAPTER
05 적중예상문제

01 수산업법의 목적에 해당되지 않는 것은?

① 수산업에 관한 기본제도를 정함
② 수산자원 및 수면을 종합적으로 이용
③ 어업인의 소득증대
④ 수산업의 발전과 어업의 민주화를 도모

해설 ③은 수산자원관리의 목적과 관련 있다. 수산업법은 수산업에 관한 기본제도를 정하여 수산자원 및 수면을 종합적으로 이용하여 수산업의 생산성을 높임으로써 수산업의 발전과 어업의 민주화를 도모하는 것을 목적으로 한다.

02 다음 〈보기〉의 내용 중 허가어업에 속한 것을 모두 고른 것은?

보기
가. 마을어업
나. 근해어업
다. 원양통발어업
라. 맨손어업
마. 근해연승어업

① 가 – 바 – 아
② 나 – 다 – 마
③ 라 – 사 – 아
④ 바 – 사 – 아

해설 **허가어업** : 근해어업, 연안어업, 원양어업, 구획어업, 육상해수양식어업, 종묘생산어업

정답 1 ③ 2 ②

03 **배타적경제수역(EEZ)에 대한 설명으로 옳지 않은 것은?**

① 완전한 공해의 성격을 지니지 않는 수역이다.

② 보통 선적국주의를 채택하고 있는 수역이다.

③ 유엔해양협약법에 의하여 탄생된 수역이다.

④ 해양자원에 대한 연안국의 배타적 이용권이 부여되는 수역이다.

해설 선적국주의가 아니라 연안국주의를 채택하고 있는 수역이다.

04 **행정 관청이 특정인에게 일정한 수면을 구획하거나 전용하여 독점 배타적으로 이용할 수 있도록 권리를 부여하는 제도에 속하는 어업에 해당하는 것은?**

① 정치망어업

② 선망어업

③ 안강망어업

④ 투망어업

해설 정치망어업은 일정한 수면을 구획하고 어구(漁具)를 일정한 장소에 설치하여 수산동물을 포획하는 어업으로 면허어업에 속한다.

② 선망어업은 직사각형 그물로 물고기의 무리를 둘러싸서 잡는 연근해어업 방식이다.

③ 안강망어업은 어군탐지를 해서 고기가 많고 조류가 빠른 지점에 그물을 고정시켜 놓고 잡는 어업이다.

④ 투망어업은 투망(고기를 덮어서 잡을 수 있도록 던져서 치는 그물)을 사용하여 수산동식물을 포획하는 어업이다.

3 ② 4 ① 정답

05 다음은 한·일 어업 협정 수역도이다. A와 B 수역에 대한 설명으로 옳은 것을 〈보기〉에서 골라 바르게 짝지은 것은?

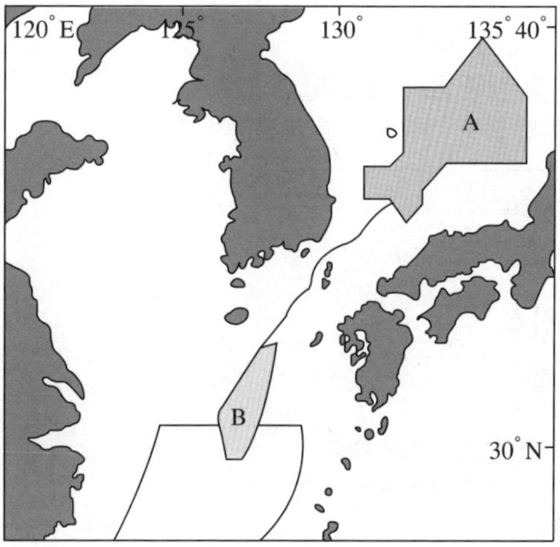

보기

㉠ 공해적인 성격을 지닌 수역이다.
㉡ 배타적 이용권을 부여하는 수역이다.
㉢ 해양자원을 공동 관리하는 수역이다.
㉣ 연안국이 관할권을 행사하는 수역이다.

	(A)	(B)		(A)	(B)
①	㉠	㉢	②	㉡	㉢
③	㉡	㉣	④	㉢	㉣

해설 (A)는 한·일 중간수역으로 공해적인 성격을 지닌 수역이다(㉠).
(B)는 한·일 중간수역으로 해양 자원을 공동 관리하는 수역이다(㉢).

정답 5 ①

06 다음에서 설명하는 동북아 지역의 국제어업협정은?

> • 1991년 10월 22일 발효
> • 상호주의에 의해 입어 허용
> • 오호츠크 공해 및 베링 공해 자원보존에 협력
> • EEZ 내에서 명태, 꽁치 어획 쿼터를 배정받아 조업

① 한·일 어업협정
② 한·중 어업협정
③ 한·러 어업협정
④ 일·중 어업협정

해설 **한·러시아 어업협정의 주요 내용**
- 상호주의에 의해 입어를 허용한다.
- 소하성 어류의 어획을 금지하고, 오호츠크 공해 및 베링 공해 자원보존조치 이행에 협력한다.
- 러시아의 배타적경제수역 내의 명태·꽁치 자원에 대해 우리나라가 매년 어획 쿼터를 배정받아 입어료를 지불하고 직접 조업하는 방식이 이루어지고 있다.

07 다음 중 면허어업권을 부여받은 자가 할 수 있는 어업은?

① 나잠어업
② 마을어업
③ 원양트롤어업
④ 구획어업

해설 **어업 관리제도**
- 면허어업 : 정치망어업, 마을어업
- 허가어업 : 근해어업, 연안어업, 구획어업
- 신고어업 : 맨손어업, 나잠어업

6 ③ 7 ② 정답

08 수산업의 관리제도 중 허가어업 관리제도에 대하여 옳게 설명한 것을 모두 고르면?

> ㉠ 어업허가 유효기간은 5년이다.
> ㉡ 영세 어민을 위한 어업관리 제도이다.
> ㉢ 일정 기간 수면을 독점하여 사용할 수 있다.
> ㉣ 근해어업, 연안어업 등이 적용된다.

① ㉠, ㉡　　② ㉡, ㉢
③ ㉠, ㉢　　④ ㉠, ㉣

해설 ㉡ 영세 어민을 위한 어업관리 제도는 '신고어업'이다.
㉢ 일정 기간 수면을 독점하여 사용할 수 있는 권리를 부여하는 것은 '면허어업'이다.

09 수산업법상 수산업 관리제도와 유효기간의 설명으로 옳은 것을 모두 고른 것은?

> ㄱ. 면허어업은 10년이다.
> ㄴ. 허가어업은 10년이다.
> ㄷ. 신고어업은 5년이다.
> ㄹ. 등록어업은 5년이다.

① ㄱ, ㄴ　　② ㄱ, ㄷ
③ ㄴ, ㄹ　　④ ㄷ, ㄹ

해설 수산업법상 면허어업은 10년, 허가어업은 5년, 신고어업은 5년의 유효기간이 있다.

정답 8 ④ 9 ②

10 다음은 어업관리제도 중 하나를 설명한 것이다. 이 제도에 해당하는 어업을 〈보기〉에서 모두 고른 것은?

> 수산자원의 증식·보호·어업 조정·기타 공익상의 필요에 의하여 일반적으로 금지되어 있는 어업을 일정한 조건을 갖춘 특정인에게 해제하여 줌으로써 어업 활동의 자유를 회복시켜 주는 것이다.

보기
- ㉠ 마을어업
- ㉡ 연안어업
- ㉢ 근해어업
- ㉣ 정치망어업

① ㉠, ㉡　　② ㉠, ㉢
③ ㉡, ㉢　　④ ㉢, ㉣

해설 허가어업에 대한 설명이다.
㉡ 연안어업 : 무동력어선, 총톤수 10톤 미만의 동력어선을 사용하는 어업으로서 근해어업 및 제3항에 따른 어업 외의 어업
㉢ 근해어업 : 총톤수 10톤 이상의 동력어선 또는 수산자원을 보호하고 어업조정을 하기 위하여 특히 필요하여 대통령령으로 정하는 총톤수 10톤 미만의 동력어선을 사용하는 어업(해양수산부장관의 허가)
㉠, ㉣은 면허어업에 해당한다.

11 다음 표는 유엔해양법협약에 의하여 바다를 분류한 것이다. 국가의 영향력이 큰 순서대로 바르게 배열한 것은?

수 역	법적 지위
A	연안국이 영토 관할권에 준하는 주권을 행사한다.
B	국제사회의 공동수역이며, 해양 이용의 자유가 원칙적으로 보장된다.
C	연안국이 생물자원 및 광물자원의 이용에 대한 주권적 권리를 행사한다.

① A − B − C　　② A − C − B
③ B − C − A　　④ C − A − B

해설 A : 영 해
B : 공 해
C : 배타적경제수역

10 ③ 11 ② 정답

12 **다음에서 설명하고 있는 내용과 관련하여 우리나라에서 제정된 법률은?**

수산자원관리를 위한 계획을 수립하고, 수산자원의 보호·회복 및 조성 등에 필요한 사항을 규정하여 수산자원을 효율적으로 관리함

① 수산업법
② 수산자원관리법
③ 내수면어업법
④ 배타적경제수역에서의 외국인 어업 등에 대한 주권적 권리 행사에 관한 법률

해설 수산자원관리법은 수산자원관리를 위한 계획을 수립하고, 수산자원의 보호·회복 및 조성 등에 필요한 사항을 규정하여 수산자원을 효율적으로 관리함으로써 어업의 지속적 발전과 어업인의 소득증대에 기여함을 목적으로 한다.

13 **다음 중 '해양법에 관한 국제연합협약'의 관계 규정에 따라 우리나라에서 제정된 법률은?**

① 어선법
② 내수면어업법
③ 수산자원관리법
④ 배타적경제수역에서의 외국인 어업 등에 대한 주권적 권리 행사에 관한 법률

해설 배타적경제수역에서의 외국인 어업 등에 대한 주권적 권리 행사에 관한 법률은 대한민국의 배타적 경제수역에서 이루어지는 외국인의 어업활동에 관한 우리나라의 주권적 권리의 행사 등에 필요한 사항을 규정한다.

정답 12 ② 13 ④

14 다음 관리 제도에 적용되는 어업을 〈보기〉에서 모두 고른 것은?

- 유효기간은 5년이다.
- 시장 · 군수 또는 구청장에게 신고해야 한다.
- 소규모 어업을 할 때 면허나 허가를 받지 않아도 되는 제도이다.

보기

ㄱ. 근해어업　　ㄴ. 나잠어업
ㄷ. 원양연승어업　　ㄹ. 맨손어업

① ㄱ, ㄴ　　② ㄱ, ㄷ
③ ㄴ, ㄷ　　④ ㄴ, ㄹ

해설 신고어업

어업의 신고	영세 어민이 면허나 허가같은 까다로운 절차를 밟지 않고 신고만 함으로써 소규모 어업을 할 수 있도록 하는 것
신고어업 종류	맨손어업, 나잠어업
신고 행정 관청	시 · 군 또는 자치구의 구(어선, 어구, 시설 등을 신고)
어업 유효기간	5년

15 다음 중 어획량이 자연 증가량보다 많아 자원이 줄어드는 현상에 대응하여 실시된 정책으로 선진국에서 성공적으로 정착되고 있는 제도는 무엇인가?

① 원산지 표시제도
② 공해어업 관리제도
③ 총허용어획량 관리제도
④ 수산물품질 인증제도

해설 **총허용어획량**(TAC ; Total Allowable Catch)
- 수산자원을 합리적으로 관리하기 위하여 어종별로 연간 잡을 수 있는 상한선을 정하고, 그 범위 내에서 어획할 수 있도록 하는 제도이다.
- TAC은 주로 어종에 중심을 두고 설정하며 2015년 기준으로 TAC 대상 어종에는 고등어, 도루묵, 전갱이, 참홍어, 소라, 키조개, 개조개, 대게, 붉은 대게, 꽃게, 오징어 등이 있다.

14 ④ 15 ③ 정답

16 다음 중 국제수산기구 중 지역적 참치관리기구가 아닌 것은?

① 전미열대참치위원회(IATTC)

② 대서양참치보존위원회(ICCAT)

③ 남방참다랑어보존위원회(CCSBT)

④ 북서대서양수산위원회(NAFO)

해설 **지역적 참치관리기구**

- 전미열대참치위원회(IATTC)
- 대서양참치보존위원회(ICCAT)
- 남방참다랑어보존위원회(CCSBT)
- 인도양참치위원회(IOTC)
- 중서부태평양수산위원회(WCPFC)

17 총허용어획량(TAC) 관리제도에 대한 설명으로 옳은 것은?

① 어종보다는 어법에 중심을 두고 설정된다.

② 한번 결정되면 장기간에 걸쳐 사용이 가능하다.

③ 최대 지속적 생산량(MSY)를 기초로 하여 결정한다.

④ 어업행위에 대한 규제를 강조한다.

해설 ① 대부분 어업보다는 어종에 중심을 두고 설정된다.
② TAC는 매년 초 산정한다.
④ 어업행위에 대한 규제보다는 행위의 결과인 어획량의 조정 및 관리를 통하여 어업관리 목적을 달성하는 데 있다.

정답 16 ④ 17 ③

18 총허용어획량(TAC) 관리제도에 대한 설명으로 옳은 것을 모두 고른 것은?

㉠ 어획하기 전에 어획량을 예측할 수 없다. ㉡ 매년 초에 TAC를 결정하여 어업자에게 배분한다. ㉢ TAC는 한 번 결정되면 1년 동안 사용이 가능하다. ㉣ 어획량이 TAC에 도달하더라도 어업자는 어업을 계속할 수 있다.

① ㉠, ㉡　　② ㉡, ㉢
③ ㉢, ㉣　　④ ㉠, ㉣

해설 ㉠ 어획하기 전에 어획량을 예측할 수 있다.
㉣ 어획량이 TAC에 도달하면 어업자는 어업을 중단해야 한다.

19 배타적경제수역(EEZ)에서의 국제어업관리에 대한 내용이다. ㉠과 ㉡에 해당되는 수산 생물을 바르게 짝지은 것은?

㉠ EEZ에 서식하는 동일 어족 또는 관련 어족이 2개국 이상의 EEZ에 걸쳐 서식할 경우 해당 연안국들이 협의하여 자원의 보존과 개발을 조정하고 보장하는 조치를 강구해야 한다. ㉡ 광역의 해역을 회유하는 어종을 어획하는 연안국은 EEZ와 그 바깥의 인접 공해에서 어족의 자원을 보호하고, 국제기구를 통하여 협력해야 한다.

	㉠	㉡
①	오징어	다랑어
②	뱀장어	연 어
③	다랑어	연 어
④	명 태	뱀장어

해설 ㉠은 경계 왕래 어족에 해당되며, 대표적 어종은 명태, 돔, 오징어이다.
㉡은 고도 회유성 어족에 해당되며, 대표적 어종은 다랑어이다.

18 ② 19 ① 정답

20 영토의 해안에 접속한 일정 범위의 수역으로 영해 기선으로부터 12해리 범위 내에 있는 수역은?

① 영 해
② 접속수역
③ 군도수역
④ 배타적경제수역

해설 ② 연안국이 설정한 영해 범위 밖의 24해리 이내의 수역
③ 군도국가의 외곽을 직선으로 연결하여 구성되는 내측의 수역으로서 본래의 내수(內水)에 해당하는 수역을 제외한 나머지 수역
④ 영해 기선으로부터 200해리 범위까지의 수역

21 다음 중 영해 주권과 관련 있는 내용은 무엇인가?

① 무해 통항
② 어업의 자유
③ 항행의 자유
④ 연안 무역권

해설 영해 주권 : 연안 경찰권, 연안어업 및 자원 개발권, 연안 무역권, 연안 환경보전권, 독점적 상공이용권, 해양 과학 조사권 등

22 모천국(母川國)에서 1차적 이익과 책임을 가지고 어업 규제 권한과 보존의 의무를 가지는 어종은?

① 명 태
② 다랑어
③ 연 어
④ 뱀장어

해설 소하성 어류의 대표적 어종은 연어이다.

정답 20 ① 21 ④ 22 ③

23 **유엔해양법협약에서 200해리까지의 수역을 국가 관할로 하는 수역은?**

① 영 해　　② 근 해
③ 공 해　　④ 배타적경제수역

해설 배타적경제수역(EEZ ; Exclusive Economic Zone)은 영해 기선으로부터 200해리 범위까지의 수역으로서 당해 연안국에 해양 자원에 대한 배타적 이용권을 부여하는 수역이다.

24 **유엔해양법협약에 따른 수역 구분과 관련하여 바르게 설명한 것을 모두 고른 것은?**

> ㉠ 해양의 법적 지위를 규정하고 있다.
> ㉡ 국가 권력이 미치는 정도에 따라 분류된다.
> ㉢ 모든 국가의 영해는 12해리를 초과할 수 있다.
> ㉣ EEZ는 연안국이 영해 주권을 행사할 수 있는 국가영역이다.

① ㉠, ㉡　　② ㉡, ㉢
③ ㉢, ㉣　　④ ㉡, ㉣

해설 ㉢ 영해는 12해리를 초과할 수 없으며, 우리나라의 경우 영해를 12해리로 하고 있으나 폭이 좁은 대한해협에서는 3해리로 하고 있다.
㉣ EEZ는 자원 이용에 관한 제한적인 국가 관할권이 행사되기 때문에 국가 영역이 아니다.

25 **다량어류의 자원관리를 위한 지역수산관리기구로 옳은 것은?**

① 국제해사기구(IMO)
② 국제포경위원회(IWC)
③ 남극해양생물자원보존위원회(CCAMLR)
④ 중서부태평양수산위원회(WCPFC)

해설 중서부태평양수산위원회(WCPFC) : 중서부태평양 참치자원의 장기적 보존과 지속적 이용을 목적으로 설립된 지역수산관리기구 중의 하나이다.
① 국제해사기구(IMO) : 국제해운에 영향을 미치는 모든 해사기술문제와 법률문제에 대한 정부 차원의 규정과 관행에 관하여 정부 간의 협력을 조장하고 해상안전, 항해의 효율, 선박에 의한 해양오염의 방지·규제를 위한 최고의 실행적 기준을 채택하도록 권장함을 주요 기능으로 하고 있다.
② 국제포경위원회(IWC) : 고래에 관한 자원연구조사 및 보호조치를 위해 설립된 국제기구이다.
③ 남극해양생물자원보존위원회(CCAMLR) : 남극 주변해역을 관할구역으로 하여 남극해양생물의 보존 및 합리적 이용을 위해 1981년에 설립된 국제기구로 대한민국은 1985년 4월 28일 가입하였다.

23 ④ 24 ① 25 ④ 정답

부록

과년도 + 최근 기출문제

수산물품질관리사 1차 한권으로 끝내기

www.sdedu.co.kr

과년도 기출문제

01 수산물품질관리 관련 법령

01 농수산물 품질관리법상 '이력추적관리' 용어의 정의이다. ( )에 들어갈 내용을 순서대로 옳게 나열한 것은?

> 수산물의 ( ) 등에 문제가 발생할 경우 해당 수산물을 추적하여 원인을 규명하고 필요한 조치를 할 수 있도록 수산물의 ( )단계부터 ( )단계까지 각 단계별로 정보를 기록·관리하는 것을 말한다.

① 경제성, 생산, 판매
② 경제성, 유통, 소비
③ 안전성, 생산, 판매
④ 안전성, 생산, 소비

해설 정의(법 제2조)
"이력추적관리"란 농수산물(축산물은 제외)의 안전성 등에 문제가 발생할 경우 해당 농수산물을 추적하여 원인을 규명하고 필요한 조치를 할 수 있도록 농수산물의 생산단계부터 판매단계까지 각 단계별로 정보를 기록·관리하는 것을 말한다.

02 농수산물 품질관리법상 생산단계 수산물 안전기준을 위반한 경우에 해당 수산물을 생산한 자에게 (A)처분할 수 있는 사항과 그 (B)권한을 가진 자로 옳은 것을 모두 고른 것은?

> ㄱ. 출하 연기　　ㄴ. 용도 전환
> ㄷ. 폐 기　　ㄹ. 수출금지

① A : ㄱ, ㄴ　B : 해양수산부장관
② A : ㄷ, ㄹ　B : 국립수산물품질관리원장
③ A : ㄱ, ㄴ, ㄷ　B : 시·도지사
④ A : ㄴ, ㄷ, ㄹ　B : 국립수산과학원장

해설 안전성조사 결과에 따른 조치(법 제63조 제1항)
식품의약품안전처장이나 시·도지사는 생산과정에 있는 농수산물 또는 농수산물의 생산을 위하여 이용·사용하는 농지·어장·용수·자재 등에 대하여 안전성조사를 한 결과 생산단계 안전기준을 위반한 경우에는 해당 농수산물을 생산한 자 또는 소유한 자에게 다음의 조치를 하게 할 수 있다.
1. 해당 농수산물의 폐기, 용도 전환, 출하 연기 등의 처리
2. 해당 농수산물의 생산에 이용·사용한 농지·어장·용수·자재 등의 개량 또는 이용·사용의 금지
3. 그 밖에 총리령으로 정하는 조치

정답 1 ③ 2 ③

03 **농수산물 품질관리법령상 지리적 표시품에 관한 내용이다. (　　)에 들어갈 내용을 순서대로 옳게 나열한 것은?**

> 해양수산부장관이 지리적표시품의 사후관리와 관련하여 품질수준 유지와 소비자 보호를 위하여 관계 공무원에게 다음 사항을 지시할 수 있다.
> 1. 지리적표시품의 (　　)에의 적합성 조사
> 2. 지리적표시품의 (　　)·점유자 또는 관리인 등의 관계 장부 또는 서류의 열람
> 3. 지리적표시품의 시료를 수거하여 조사하거나 전문시험기관 등에 시험 의뢰

① 허가기준, 판매자　　② 등록기준, 소유자

③ 허가기준, 생산자　　④ 등록기준, 수입자

해설 **지리적표시품의 사후관리(법 제39조 제1항)**

농림축산식품부장관 또는 해양수산부장관은 지리적표시품의 품질수준 유지와 소비자 보호를 위하여 관계 공무원에게 다음의 사항을 지시할 수 있다.

1. 지리적표시품의 등록기준에의 적합성 조사
2. 지리적표시품의 소유자·점유자 또는 관리인 등의 관계 장부 또는 서류의 열람
3. 지리적표시품의 시료를 수거하여 조사하거나 전문시험기관 등에 시험 의뢰

04 **농수산물 품질관리법상 수산물 수산가공품에 유해물질이 섞여 들어오는지 등에 대하여 해양수산부장관의 검사를 받아야 하는 것으로 옳지 않은 것은?**

① 수출 상대국에서 검사 항목의 전부 생략을 요청하는 경우의 수산물

② 외국과의 협약에 따라 검사가 필요한 경우로서 해양수산부장관이 정하여 고시하는 수산물

③ 수출 상대국의 요청에 따라 검사가 필요한 경우로서 해양수산부장관이 정하여 고시하는 수산가공품

④ 정부에서 수매·비축하는 수산물

해설 **수산물 등에 대한 검사(법 제88조 제1항)**

다음의 어느 하나에 해당하는 수산물 및 수산가공품은 품질 및 규격이 맞는지와 유해물질이 섞여 들어오는지 등에 관하여 해양수산부장관의 검사를 받아야 한다.

1. 정부에서 수매·비축하는 수산물 및 수산가공품
2. 외국과의 협약이나 수출 상대국의 요청에 따라 검사가 필요한 경우로서 해양수산부장관이 정하여 고시하는 수산물 및 수산가공품

3 ② 4 ① 정답

05 농수산물 품질관리법령상 수산물의 생산·가공시설의 등록을 하려는 자가 생산·가공시설 등록신청서를 제출하여야 하는 기관의 장은?

① 해양수산부장관

② 국립수산물품질관리원장

③ 국립수산과학원장

④ 지방자치단체의 장

해설 **수산물의 생산·가공시설 등의 등록신청 등(시행규칙 제88조 제1항)**

법 제74조제1항에 따라 수산물의 생산·가공시설을 등록하려는 자는 별지 제45호서식의 생산·가공시설 등록신청서에 서류를 첨부하여 국립수산물품질관리원장에게 제출하여야 한다.

06 농수산물 품질관리법상 검사나 재검사를 받은 수산물 또는 수산물가공품의 검사판정 취소에 관한 설명으로 옳지 않은 것은?

① 검사증명서의 식별이 곤란할 정도로 훼손되었거나 분실된 경우 취소할 수 있다.

② 재검사 결과의 표시 또는 검사증명서를 위조한 사실이 확인된 경우 취소할 수 있다.

③ 검사를 받은 수산물의 포장이나 내용물을 바꾼 사실이 확인된 경우 취소할 수 있다.

④ 거짓이나 부정한 방법으로 검사를 받은 사실이 확인된 경우 취소할 수 있다.

해설 **검사판정의 취소(법 제87조)**

농림축산식품부장관은 제79조에 따른 검사나 제85조에 따른 재검사를 받은 농산물이 다음의 어느 하나에 해당하면 검사판정을 취소할 수 있다. 다만, 제1호에 해당하면 검사판정을 취소하여야 한다.

1. 거짓이나 그 밖의 부정한 방법으로 검사를 받은 사실이 확인된 경우
2. 검사 또는 재검사 결과의 표시 또는 검사증명서를 위조하거나 변조한 사실이 확인된 경우
3. 검사 또는 재검사를 받은 농산물의 포장이나 내용물을 바꾼 사실이 확인된 경우

정답 5 ② 6 ①

07 **농수산물 품질관리법령상 품질인증 유효기간 연장에 관한 내용이다. ( )에 들어갈 내용을 순서대로 옳게 나열한 것은?**

> 수산물 및 수산특산물의 품질인증 유효기간을 연장받으려는 자는 해당 품질인증을 한 기관의 장에게 수산물·수산특산물 품질인증 (연장)신청서에 ( )을 첨부하여 그 유효기간이 끝나기 ( ) 전까지 제출하여야 한다.

① 품질인증 지정서 원본, 1개월
② 품질인증서 원본, 1개월
③ 품질인증 지정서 사본, 2개월
④ 품질인증서 사본, 2개월

해설 **유효기간의 연장신청(시행규칙 제35조 제1항)**
법 제15조 제2항에 따라 수산물의 품질인증 유효기간을 연장받으려는 자는 해당 품질인증을 한 기관의 장에게 별지 제12호서식의 수산물 품질인증 (연장)신청서에 품질인증서 사본을 첨부하여 그 유효기간이 끝나기 1개월 전까지 제출해야 한다.
※ 관련 법령 개정(2023.2.27.)으로 수산물의 품질인증 유효기간 연장 신청 시 '품질인증서 원본' 대신 '사본'을 제출할 수 있도록 변경됨

08 **농수산물 품질관리법상 유전자변형수산물의 표시를 거짓으로 하거나 이를 혼동하게 할 우려가 있는 표시를 한 유전자변형수산물 표시의무자에 대한 벌칙기준은?**

① 1년 이하의 징역 또는 1천만원 이하의 벌금
② 3년 이하의 징역 또는 3천만원 이하의 벌금, 징역과 벌금 병과 가능
③ 5년 이하의 징역 또는 5천만원 이하의 벌금, 징역과 벌금 병과 가능
④ 7년 이하의 징역 또는 1억원 이하의 벌금, 징역과 벌금 병과 가능

해설 **벌칙(법 제117조)**
다음의 어느 하나에 해당하는 자는 7년 이하의 징역 또는 1억원 이하의 벌금에 처한다. 이 경우 징역과 벌금은 병과(併科)할 수 있다.
1. 유전자변형농수산물의 표시를 거짓으로 하거나 이를 혼동하게 할 우려가 있는 표시를 한 유전자변형농수산물 표시의무자
2. 유전자변형농수산물의 표시를 혼동하게 할 목적으로 그 표시를 손상·변경한 유전자변형농수산물 표시의무자
3. 유전자변형농수산물의 표시를 한 농수산물에 다른 농수산물을 혼합하여 판매하거나 혼합하여 판매할 목적으로 보관 또는 진열한 유전자변형농수산물 표시의무자

7 ④ 8 ④ 정답

09 **농수산물 품질관리법령상 수산물품질관리사의 업무로 옳지 않은 것은?**

① 무항생제수산물 생산 지도 및 인증

② 포장수산물의 표시사항 준수에 관한 지도

③ 수산물의 선별 · 저장 및 포장시설 등의 운용 · 관리

④ 수산물의 생산 및 수확 후의 품질관리기술 지도

해설 **수산물품질관리사의 업무(법 제106조)**

수산물품질관리사는 다음의 직무를 수행한다.

1. 수산물의 등급 판정
2. 수산물의 생산 및 수확 후 품질관리기술 지도
3. 수산물의 출하 시기 조절, 품질관리기술에 관한 조언
4. 그 밖에 수산물의 품질 향상과 유통 효율화에 필요한 업무로서 해양수산부령으로 정하는 업무

수산품질관리사의 업무(시행규칙 제134조의2)

1. 수산물의 생산 및 수확 후의 품질관리기술 지도
2. 수산물의 선별 · 저장 및 포장시설 등의 운용 · 관리
3. 수산물의 선별 · 포장 및 브랜드 개발 등 상품성 향상 지도
4. 포장수산물의 표시사항 준수에 관한 지도
5. 수산물의 규격출하 지도

10 **농수산물 품질관리법상 지정해역의 보존 · 관리를 위한 지정해역 위생관리대책의 수립 · 시행권자는?**

① 해양수산부장관

② 국립수산과학원장

③ 식품의약품안전처장

④ 국립수산물품질관리원장

해설 **위생관리기준(법 제69조 제1항)**

해양수산부장관은 외국과의 협약을 이행하거나 외국의 일정한 위생관리기준을 지키도록 하기 위하여 수출을 목적으로 하는 수산물의 생산 · 가공시설 및 수산물을 생산하는 해역의 위생관리기준을 정하여 고시한다.

정답 9 ① 10 ①

11 **농수산물 유통 및 가격안정에 관한 법률상 민영도매시장에 관한 설명으로 옳지 않은 것은?**

① 시・도지사는 민영도매시장 개설자가 승인 없이 민영도매시장의 업무규정을 변경한 경우에는 개설허가를 취소할 수 있다.

② 민영도매시장의 개설자는 중도매인, 매매참가인, 산지유통인 및 경매사를 두어 직접 운영하여야 하며 이외의 자를 두어 운영하게 할 수 없다.

③ 민영도매시장의 중도매인은 민영도매시장의 개설자가 지정한다.

④ 민영도매시장의 경매사는 민영도매시장의 개설자가 임면한다.

해설 **민영도매시장의 운영 등(법 제48조 제1항)**

민영도매시장의 개설자는 중도매인, 매매참가인, 산지유통인 및 경매사를 두어 직접 운영하거나 시장도매인을 두어 이를 운영하게 할 수 있다.

12 **농수산물 유통 및 가격안정에 관한 법령상 '생산자 관련 단체'에 해당하는 것은?**

① 영어조합법인

② 도매시장법인

③ 산지유통인

④ 시장도매인

해설 **농수산물공판장의 개설자(시행령 제3조 제1항)**

법 제2조 제5호에서 "대통령령으로 정하는 생산자 관련 단체"란 다음의 단체를 말한다.

1. 농어업경영체 육성 및 지원에 관한 법률 제16조에 따른 영농조합법인 및 영어조합법인과 같은 법 제19조에 따른 농업회사법인 및 어업회사법인
2. 농업협동조합법 제161조의2에 따른 농협경제지주회사의 자회사

11 ② 12 ① 정답

13 농수산물 유통 및 가격안정에 관한 법률상 '유통조절명령'에 관한 A수산물품질관리사의 판단은?

> ㄱ. 해양수산부장관은 부패하거나 변질되기 쉬운 수산물은 대상으로 생산자 등 또는 생산자단체의 요청에 관계없이 유통조절명령을 할 수 있다.
> ㄴ. 해양수산부장관은 유통명령을 이행한 생산자 등이 유통명령을 이행함에 따라 발생한 손실에 대하여 그 손실을 보전하게 할 수 있다.

① ㄱ : 옮음, ㄴ : 옳음
② ㄱ : 틀림, ㄴ : 옳음
③ ㄱ : 옮음, ㄴ : 틀림
④ ㄱ : 틀림, ㄴ : 틀림

해설 **유통조절명령**

ㄱ. 해양수산부장관은 부패하거나 변질되기 쉬운 수산물로서 해양수산부령으로 정하는 수산물에 대하여 현저한 수급 불안정을 해소하기 위하여 특히 필요하다고 인정되고 해양수산부령으로 정하는 생산자 등 또는 생산자단체가 요청할 때에는 공정거래위원회와 협의를 거쳐 일정 기간 동안 일정 지역의 해당 수산물의 생산자 등에게 생산조정 또는 출하조절을 하도록 하는 유통조절명령을 할 수 있다(법 제10조 제2항).

ㄴ. 해양수산부장관은 유통협약 또는 유통명령을 이행한 생산자 등이 그 유통협약이나 유통명령을 이행함에 따라 발생하는 손실에 대하여는 수산업・어촌 발전 기본법 제46조에 따른 수산발전기금으로 그 손실을 보전(補塡)하게 할 수 있다(법 제12조 제1항).

14 농수산물 유통 및 가격안정에 관한 법률상 과태료 부과 대상자는?

① 도매시장법인의 지정 유효기간이 지난 후 도매시장법인의 업무를 한 자
② 정당한 사유없이 집단적으로 경매 또는 입찰에 불참한 자
③ 도매시장의 출입제한 등의 조치를 거부하거나 방해한 자
④ 표준하역비의 부담을 이행하지 아니한 자

해설 ③ 100만원 이하의 과태료(법 제90조 제3항 제2호)
① 2년 이하의 징역 또는 2천만원 이하의 벌금(법 제86조 제2호)
② 1년 이하의 징역 또는 1천만원 이하의 벌금 (법 제88조 제3호)
④ 1년 이하의 징역 또는 1천만원 이하의 벌금(법 제88조 제9의2호)

정답 13 ② 14 ③

15 농수산물 유통 및 가격안정에 관한 법률상 다음 ( )에 들어갈 내용은?

ㄱ. A영어조합법인이 공판장을 개설하려면 ( )의 허가를 받아야 한다.
ㄴ. 수산물을 수집하여 공판장에 출하하려는 A영어조합법인은 공판장의 개설자에게 ( )으로 등록하여야 한다.

① ㄱ : 시·도지사, ㄴ : 시장도매인
② ㄱ : 시·도지사, ㄴ : 산지유통인
③ ㄱ : 수협중앙회장, ㄴ : 도매시장법인
④ ㄱ : 수협중앙회장, ㄴ : 중도매인

해설 ㄱ. 농림수협 등, 생산자단체 또는 공익법인이 공판장을 개설하려면 시·도지사의 승인을 받아야 한다(법 제43조 제1항).
ㄴ. 농수산물을 수집하여 공판장에 출하하려는 자는 공판장의 개설자에게 산지유통인으로 등록하여야 한다(법 제44조 제3항).

16 농수산물의 원산지 표시 등에 관한 법령상 원산지 표시를 하여야 할 자가 아닌 것은?

① 휴게음식점영업소 설치·운영자
② 위탁급식영업소 설치·운영자
③ 수산물가공단지 설치·운영자
④ 일반음식점영업소 설치·운영자

해설 **원산지 표시(법 제5조 제3항)**

식품접객업 및 집단급식소 중 대통령령으로 정하는 영업소나 집단급식소를 설치·운영하는 자는 다음의 어느 하나에 해당하는 경우 농수산물이나 그 가공품의 원료에 대하여 원산지(쇠고기는 식육의 종류를 포함한다)를 표시하여야 한다. 다만, 식품산업진흥법 제22조의2에 따른 원산지인증의 표시를 한 경우에는 원산지를 표시한 것으로 보며, 쇠고기의 경우에는 식육의 종류를 별도로 표시하여야 한다.

1. 대통령령으로 정하는 농수산물이나 그 가공품을 조리하여 판매·제공(배달을 통한 판매·제공을 포함한다)하는 경우
2. 1에 따른 농수산물이나 그 가공품을 조리하여 판매·제공할 목적으로 보관하거나 진열하는 경우

원산지 표시를 하여야 할 자(시행령 제4조)

법 제5조제3항에서 "대통령령으로 정하는 영업소나 집단급식소를 설치·운영하는 자"란 식품위생법 시행령 제21조 제8호 가목의 휴게음식점영업, 같은 호 나목의 일반음식점영업 또는 같은 호 마목의 위탁급식영업을 하는 영업소나 같은 법 시행령 제2조의 집단급식소를 설치·운영하는 자를 말한다.

15 ② 16 ③ 정답

17 농수산물의 원산지 표시 등에 관한 법률상의 설명으로 밑줄 친 부분이 옳지 않은 것은 몇 개인가?

> 수산물이나 그 가공품 등에 대하여 적정하고 합리적인 원산지 표시를 하도록 하여 생산자의 알권리를 보장하고, 공정한 거래를 유도함으로써 생산자와 소비자를 보호하는 것을 목적으로 한다. 해양수산부장관은 수산물 명예감시원에게 수산물이나 그 가공품의 원산지 표시를 지도·홍보·계몽과 위반사항의 신고를 하게 할 수 있다.

① 1개 ② 2개
③ 3개 ④ 4개

해설 **목적(법 제1조)**
이 법은 수산물이나 그 가공품 등에 대하여 적정하고 합리적인 원산지 표시를 하도록 하여 소비자의 알권리를 보장하고, 공정한 거래를 유도함으로써 생산자와 소비자를 보호하는 것을 목적으로 한다.
명예감시원(법 제11조 제1항)
해양수산부장관 또는 시·도지사는 수산물 명예감시원에게 수산물이나 그 가공품의 원산지 표시를 지도·홍보·계몽과 위반사항의 신고를 하게 할 수 있다.

18 농수산물의 원산지 표시 등에 관한 법률을 위반하여 7년 이하의 징역이나 1억원 이하의 벌금에 해당하는 것을 모두 고른 것은?(단, 병과는 고려하지 않음)

> ㄱ. 원산지 표시를 거짓으로 하거나 이를 혼동하게 할 우려가 있는 표시를 하는 행위
> ㄴ. 원산지 표시를 혼동하게 할 목적으로 그 표시를 손상·변경하는 행위
> ㄷ. 원산지 표시를 한 농수산물이나 그 가공품에 원산지가 다른 동일 농수산물이나 그 가공품을 혼합하여 조리·판매·제공하는 행위

① ㄱ, ㄴ ② ㄱ, ㄷ
③ ㄴ, ㄷ ④ ㄱ, ㄴ, ㄷ

해설 **벌칙(제14조 제1항)**
제6조 제1항 또는 제2항을 위반한 자는 7년 이하의 징역이나 1억원 이하의 벌금에 처하거나 이를 병과(倂科)할 수 있다.
거짓 표시 등의 금지(법 제6조)
① 누구든지 다음의 행위를 하여서는 아니 된다.
1. 원산지 표시를 거짓으로 하거나 이를 혼동하게 할 우려가 있는 표시를 하는 행위
2. 원산지 표시를 혼동하게 할 목적으로 그 표시를 손상·변경하는 행위
3. 원산지를 위장하여 판매하거나, 원산지 표시를 한 농수산물이나 그 가공품에 다른 농수산물이나 가공품을 혼합하여 판매하거나 판매할 목적으로 보관이나 진열하는 행위

② 농수산물이나 그 가공품을 조리하여 판매·제공하는 자는 다음의 행위를 하여서는 아니 된다.
1. 원산지 표시를 거짓으로 하거나 이를 혼동하게 할 우려가 있는 표시를 하는 행위
2. 원산지를 위장하여 조리·판매·제공하거나, 조리하여 판매·제공할 목적으로 농수산물이나 그 가공품의 원산지 표시를 손상·변경하여 보관·진열하는 행위
3. 원산지 표시를 한 농수산물이나 그 가공품에 원산지가 다른 동일 농수산물이나 그 가공품을 혼합하여 조리·판매·제공하는 행위

정답 17 ① 18 ④

19 **농수산물의 원산지 표시 등에 관한 법령상 부과될 과태료는?(단, B업소는 1차 단속에 적발 및 감경사유를 고려하지 않음)**

> A단속공무원이 B업소의 원산지 표시를 하지 않은 냉동조기 10상자가 판매를 목적으로 진열되어 있는 것을 확인했고, B업소 내 저장고에 보관 중인 판매용 냉동조기 10상자에 대해 원산지 미표시 위반을 추가로 발견하였다. 이 중에서 당일 B업소에서 판매하다 적발된 냉동조기는 1상자에 10만원이었다.

① 100만원 ② 200만원
③ 500만원 ④ 1,000만원

해설 **과태료의 부과기준(시행령 제10조 관련 [별표 2])**
과태료 부과금액은 원산지 표시를 하지 않은 물량(판매를 목적으로 보관 또는 진열하고 있는 물량을 포함한다)에 적발 당일 해당 업소의 판매가격을 곱한 금액으로 한다.
따라서 과태료는 20상자 × 10만원 = 200만원이다.

20 **농수산물의 원산지 표시 등에 관한 법령상 식품접객업을 운영하는 자가 농수산물이나, 그 가공품을 조리하여 판매·제공하는 경우로써 원산지를 표시하여야 하는 대상품목이 아닌 것은?**

① 참 돔 ② 넙 치
③ 황 태 ④ 고등어

해설 **원산지의 표시대상(시행령 제3조 제5항 제8호)**
넙치, 조피볼락, 참돔, 미꾸라지, 뱀장어, 낙지, 명태(황태, 북어 등 건조한 것은 제외), 고등어, 갈치, 오징어, 꽃게, 참조기, 다랑어, 아귀, 주꾸미, 가리비, 우렁쉥이, 전복, 방어 및 부세(해당 수산물가공품을 포함)

19 ② 20 ③ 정답

21 농수산물의 원산지 표시 등에 관한 법령상 국내에서 K어묵을 제조하여 대형할인마트에서 판매하고자 한다. 이 경우 포장지에 표시하여야 할 원산지 표시는?

〈K어묵의 성분 구성〉

명태연육 : 51% 강달어 : 47% 전분 : 1%
소금 : 0.8% MSG : 0.2%
※ 명태연육은 러시아산, 소금은 중국산, 이 외 모두 국산임

① 어묵(명태연육 : 러시아산)
② 어묵(강달어 : 국산)
③ 어묵(명태연육 : 러시아산, 소금 : 중국산, MSG : 국산)
④ 어묵(명태연육 : 러시아산, 강달어 : 국산)

해설 **원산지의 표시대상(시행령 제3조 제2항)**
농수산물 가공품의 원료에 대한 원산지 표시대상은 다음과 같다. 다만, 물, 식품첨가물, 주정(酒精) 및 당류(당류를 주원료로 하여 가공한 당류가공품을 포함한다)는 배합 비율의 순위와 표시대상에서 제외한다.
1. 원료 배합 비율에 따른 표시대상
가. 사용된 원료의 배합 비율에서 한 가지 원료의 배합 비율이 98% 이상인 경우에는 그 원료
나. 사용된 원료의 배합 비율에서 두 가지 원료의 배합 비율의 합이 98% 이상인 원료가 있는 경우에는 배합 비율이 높은 순서의 2순위까지의 원료
다. 가목 및 나목 외의 경우에는 배합 비율이 높은 순서의 3순위까지의 원료

22 친환경농어업 육성 및 유기식품 등의 관리 · 지원에 관한 법률상 무항생제수산물 등의 인증을 할 수 있는 권한을 가진 자는?

① 지방자치단체의 장
② 국립수산물품질관리원장
③ 국립수산과학원장
④ 해양수산부장관

해설 **무농약농수산물 등의 인증 등(법 제34조 제1항)**
해양수산부장관은 무농약농수산물 등(무농약농산물 · 무농약원료가공식품 및 무항생제수산물 등)에 대한 인증을 할 수 있다.

정답 21 ④ 22 ④

23 **친환경농어업 육성 및 유기식품 등의 관리 · 지원에 관한 법령상 유기식품 등의 인증기관의 지정 갱신은 유효기간 만료 몇 개월 전까지 신청서를 제출하여야 하는가?**

① 1개월

② 2개월

③ 3개월

④ 4개월

해설 **인증기관의 지정 갱신 절차(시행규칙 제30조 제1항)**

법 제26조제3항에 따라 인증기관의 지정을 갱신하려는 인증기관의 장은 인증기관 지정의 유효기간 만료 3개월 전까지 별지 제13호서식의 인증기관 지정(갱신) 신청서에 서류를 첨부하여 국립농산물품질관리원장에게 제출하여야 한다.

24 **수산물 유통의 관리 및 지원에 관한 법률상 수산물의 처리물량을 규모화하고 상품의 부가가치를 높일 목적으로 수산물을 수집 · 가공하여 판매하기 위한 수산물 유통 시설은?**

① 수산물 직거래촉진센터

② 수산물 소비지분산물류센터

③ 수산물 산지거점유통센터

④ 수산물 유통가공협회

해설 ③ 수산물 산지거점유통센터 : 국가나 지방자치단체는 수산물의 처리물량을 규모화하고 상품의 부가가치를 높일 목적으로 수산물을 수집 · 가공하여 판매하기 위하여 수산물 산지거점유통센터를 설치하려는 자에게 부지 확보 또는 시설물 설치 등에 필요한 지원을 할 수 있다.

① 수산물 직거래촉진센터 : 해양수산부장관은 수산물 직거래의 촉진과 지원을 위하여 수협중앙회에 수산물 직거래촉진센터를 설치할 수 있다.

② 수산물 소비지분산물류센터 : 국가나 지방자치단체는 유통비용을 절감하기 위하여 수산물을 수집하여 소비지로 직접 출하할 목적으로 보관 · 포장 · 가공 · 배송 · 판매 등 수산물의 유통 효율화에 필요한 시설을 갖추고 수산물 소비지분산물류센터를 개설하려는 자에게 부지 확보 또는 시설물 설치 등에 필요한 지원을 할 수 있다.

④ 수산물 유통협회 : 수산물유통사업자는 수산물유통산업의 건전한 발전과 공동의 이익을 도모하기 위하여 대통령령으로 정하는 바에 따라 해양수산부장관의 인가를 받아 수산물 유통협회를 설립할 수 있다.

23 ③ 24 ③ 정답

25 **수산물 유통의 관리 및 지원에 관한 법률상 수산물유통발전 기본계획에 포함되지 않는 것은?**

① 수산물 수급관리에 관한 사항
② 수산물 품질·검역 관리에 관한 사항
③ 수산물 유통구조 개선 및 발전기반 조성에 관한 사항
④ 수산물유통산업 관련 전문인력의 양성 및 정보화에 관한 사항

해설 **기본계획의 수립·시행(법 제5조 제2항)**

기본계획에는 다음의 사항이 포함되어야 한다.

1. 수산물유통산업 발전을 위한 정책의 기본방향
2. 수산물유통산업의 여건 변화와 전망
3. 수산물 품질관리
4. 수산물 수급관리
5. 수산물 유통구조 개선 및 발전기반 조성
6. 수산물유통산업 관련 기술의 연구개발 및 보급
7. 수산물유통산업 관련 전문인력의 양성 및 정보화
8. 그 밖에 수산물유통산업의 발전을 촉진하기 위하여 해양수산부장관이 필요하다고 인정하는 사항

정답 25 ②

02 수산물유통론

26 정부의 수산물 유통정책의 주요 목적으로 옳지 않은 것은?

① 유통경로 효율화 촉진

② 적절한 수급조절

③ 식품안전성 확보

④ 유통업체 이익 확대

해설 수산물 유통정책의 목적

- 수산물의 유통 효율화 촉진
- 수산물의 수요와 공급을 적절히 조절함으로써 수급 불균형을 시정하여 수산물 가격 변동을 완화시키는 가격의 안정
- 식품안전성을 확보하여 국민들이 안심하고 수산물을 먹을 수 있게 함
- 수산물 가격 수준을 적정화하여 생산자 수취가격이 보장되고 소비자 지불가격이 큰 부담이 없도록 함

27 수산물 유통활동에 관한 설명으로 옳은 것은?

① 상적유통활동과 물적유통활동의 두 가지 유형이 있다.

② 물적유통활동은 상거래활동, 유통금융활동 등으로 세분화할 수 있다.

③ 상적유통활동은 운송활동, 보관활동 등으로 세분화할 수 있다.

④ 소유권 이전에 관한 활동은 물적유통활동이다.

해설 ② 물적유통활동에는 운송활동, 보관활동, 하역활동, 포장활동, 유통가공활동으로 세분화할 수 있다.
③ 상적유통활동에는 상거래활동(구매 및 판매활동)이 있다.
④ 소유권 이전에 관한 활동은 상적유통활동이다.

26 ④ 27 ① 정답

28 수산물 유통기구에 관한 설명으로 옳지 않은 것은?

① 생산자와 소비자 사이에 유통기구가 개입하는 간접적 유통이 일반적이다.
② 간접적 유통기구는 수집, 분산, 수집·분산연결기구의 세 가지 유형이 있다.
③ 산지 위판장이나 산지 수집도매상은 분산기구이다.
④ 노량진수산물도매시장은 수집·분산연결기구이다.

해설 전국에서 생산되는 소량 수산물의 산지 위판장이나 산지 수집도매상에 의해 수집되어 수산물 가공업체나 수산물 수출업체 유통되는 경우에 이러한 유통기구는 수집기구로서의 역할과 기능을 수행하는 것이다.

29 수산물 유통의 특성으로 옳은 것을 모두 고른 것은?

ㄱ. 유통경로가 복잡하고 다양하다.
ㄴ. 생산의 불확실성, 부패성으로 인해 가격의 변동성이 크다.
ㄷ. 동일 어종이라도 다양한 크기와 선도를 가지고 있다.

① ㄱ ② ㄱ, ㄴ
③ ㄴ, ㄷ ④ ㄱ, ㄴ, ㄷ

해설 수산물 유통의 특성
- 유통경로의 다양성
- 부패성으로 인한 가격의 변동성
- 생산물의 규격화 및 균질화의 어려움
- 수산물 구매의 소량 분산성

30 수산물 유통구조의 특징으로 옳지 않은 것은?

① 최종 소비지 시장이 집중되어 있다.
② 유통업체는 대부분 규모가 작고 영세하다.
③ 유통이 다단계로 이루어져 있다.
④ 동일 어종인 경우에도 연근해·원양·수입 수산물에 따라 유통방법이 다르다.

해설 도매시장과 장외시장(대형유통업체 등) 경로로 대부분 유통되어 생산자단체, 직거래 등 다양한 유통 경로 간 경쟁이 부족하다.

정답 28 ③ 29 ④ 30 ①

31 **수산물 도매시장의 시장도매인 제도에 관한 설명으로 옳지 않은 것은?**

① 도매시장의 개설자로부터 지정을 받고 수산물을 매수 또는 위탁받아 도매하거나 매매를 중개하는 영업을 하는 법인을 말한다.

② 시장도매인은 해당 도매시장의 도매시장법인·중도매인에게 수산물을 판매하지 못한다.

③ 현재 부산공동어시장, 노량진수산물도매시장, 대구북부수산물도매시장 등에서 운영 중이다.

④ 도매운영주체에 따라 도매시장법인만 두는 시장, 시장도매인만 두는 시장, 도매시장법인과 시장도매인을 함께 두는 시장으로 구분할 수 있다.

해설 ② 도매시장 개설자는 입하량이 현저히 많아 정상적인 거래가 어려운 경우 등 농림축산식품부령 또는 해양수산부령으로 정하는 특별한 사유가 있는 경우에는 그 사유가 발생한 날에 한정하여 도매시장법인의 경우에는 중도매인·매매참가인 외의 자에게, 시장도매인의 경우에는 도매시장법인·중도매인에게 판매할 수 있도록 할 수 있다(농수산물 유통 및 가격안정에 관한 법률 제34조).

③ 현재 강서농수산물도매시장, 안동농수산물도매시장, 대구북부수산물도매시장에서 운영 중이다.

32 **우리나라 수산물 소비의 동향 및 특징으로 옳지 않은 것은?**

① 대중 선호어종은 고등어, 갈치, 오징어 등이다.

② 소득이 높아짐에 따라 질보다는 양을 중시하게 된다.

③ 수산물 안전성 문제가 소비자의 관심사로 부각되고 있다.

④ 1인가구의 증가 등으로 가정간편식(HMR)이 많이 출시되고 있다.

해설 소득이 높아짐에 따라 양보다는 질을 중시하게 된다.

※ **수산물 소비의 특징**

- 고급화(양보다 질 중시)
- 간편화·외부화
- 안전지향

31 ②, ③ 32 ② 정답

33 유통업자가 안정적으로 수산물을 확보하기 위해 활용하고 있는 거래관행은?

① 전도금제
② 위탁판매제
③ 외상거래제
④ 경매 · 입찰제

해설 **전도금제(선도거래제도)**

유통업자가 주로 고가 수산물을 안정적으로 확보하기 위하여 생산자에게 출어자금을 선지급하는 제도이다. 거래 당사자가 특정한 상품을 현재 시점에서 미리 합의한 가격으로 미래의 일정한 시점에 인도 · 인수할 것으로 계약하는 것이다.

34 수산물 전자상거래의 장점으로 옳지 않은 것은?

① 운영비가 절감된다.
② 유통경로가 짧아진다.
③ 시간 · 공간적으로 제약이 있다.
④ 소비자와 생산자 간의 양방향 소통이 가능하다.

해설 **수산물 전자상거래의 장단점**

구 분	장 점	단 점
판매업체	• 매장 설치비나 유지비용의 절감 • 광고비 등 판촉비용의 절감 • 시간적 · 공간적 사업영역의 확대 • 소비자 구매형태의 자동분석과 소비자와의 쌍방향 커뮤니케이션에 의한 효율적인 마케팅 전략 수립	• 운영관리자의 경영관리 부족 • 판매업체 간 경쟁과열로 인한 수익성 악화
소비자	• 비교를 통한 효율적인 상품 구매 • 시간적 · 공간적 기회의 확대 • 다양한 정보접근으로 상품 간 선택 폭 확대 • 쌍방향 커뮤니케이션을 통한 상품 공급에 있어서 소비자 의사의 적극적 반영	• 경솔하게 상품을 선택할 우려 • 소비자 피해 구제의 어려움 • 계약의 비대면성으로 인한 계약이행의 불안 및 보증체계, 사후관리 등에 대한 신뢰 우려 • 개인정보 유출 및 보안 문제

정답 33 ① 34 ③

35 **수산물 공동판매의 장점으로 옳지 않은 것은?**

① 출하량 조절이 용이하다.

② 운송비를 절감할 수 있다.

③ 가격 교섭력을 높일 수 있다.

④ 유통업자 간의 판매시기와 장소를 조정하는 방법이다.

해설 생산자 단체가 시기적 또는 장소적인 수급 불균형을 극복하기 위해 공동판매를 해야 하며, 이를 수급조절의 효율 향상을 위한 공동화라 한다.

36 **수산물 가격이 폭등하는 경우 정부의 정책수단으로 옳은 것을 모두 고른 것은?**

ㄱ. 수입확대
ㄴ. 수매확대
ㄷ. 비축물량 방출

① ㄱ

② ㄱ, ㄷ

③ ㄴ, ㄷ

④ ㄱ, ㄴ, ㄷ

해설 수매는 가격이 폭락하는 경우 정부의 정책수단이다.

※ 수산물 가격 및 수급 안정 정책

- 정부주도형 : 수산비축사업
- 민간협력형 : 수산업관측사업, 유통협약사업, 자조금 제도

35 ④ 36 ② 정답

37 20kg 고등어 한 상자의 각 유통경로별 가격을 나타낸 것이다. 이때 소매점의 유통마진율(%)은?

• 생산가격	30,000원	• 수산물 위판장	32,000원
• 도매상	36,000원	• 소매점	40,000원

① 10 ② 15
③ 20 ④ 25

해설

$$\text{유통마진율(\%)} = \frac{\text{구입가격} - \text{생산자 수취가격}}{\text{소비자 구입가격}} \times 100$$

$$= \frac{40,000 - 36,000}{40,000} \times 100 = 10\%$$

38 수산물 소비지 도매시장의 기능으로 옳지 않은 것은?

① 유통분산 기능
② 양륙진열 기능
③ 가격형성 기능
④ 수집집하 기능

해설 **수산물 소비지 도매시장의 기능**

수집집하 기능, 가격형성 기능, 유통분산 기능, 대금결제 기능

※ 소비지 도매시장이란 생산지에서 대도시 등의 소비자들에게 수산물을 원활히 공급 유통시키기 위해서 대도시를 중심으로 하는 소비지에 개설 운영되는 도매시장을 말한다.

39 수산물 도매상에 관한 설명으로 옳은 것은?

① 최종 소비자의 기호 변화를 즉시 반영한다.
② 주로 최종 소비자에게 수산물을 판매한다.
③ 수집시장과 분산시장을 연결하는 역할을 한다.
④ 전통시장 등의 오프라인과 소셜커머스와 같은 온라인도 해당된다.

해설 도매시장은 대량으로 수산물을 집하하여 소매시장에 수산물을 분산하는 수집·분산 연결기구이다.

정답 37 ① 38 ② 39 ③

40 유용한 통계정보를 얻기 위한 바람직한 수산물의 유통경로는?

① 생산자 → 산지 위판장 → 소비자
② 생산자 → 객주 → 소비자
③ 생산자 → 수집상 → 도매인 → 소비자
④ 생산자 → 횟집 → 소비자

해설 수산물은 산지에서 1차 가격을 형성하는데 이를 산지시장이라고 하고, 주로 수협의 산지 위판장에서 이루어진다. 이러한 산지시장에서는 수산물을 수집하고, 가격을 형성시킨 후에 소비지로 분산하는 기능을 수행한다. 이러한 과정에서 산지시장이 갖는 유통 관련 정보가 나온다. 산지시장은 위판량과 가격이 경매를 통해 이루어지기 때문에 실질적인 일차적 유통 정보가 형성되는 곳이라고 할 수 있다.

41 활꽃게의 유통에 관한 설명으로 옳지 않은 것은?

① 산지유통과 소비지유통으로 구분된다.
② 일반적으로 계통출하보다 비계통출하의 비중이 높다.
③ 활광어와 비교하여 산소발생기 등 유통기술이 적게 요구된다.
④ 근해자망, 연안자망, 연안개량안강망, 연안통발 등에 의해 공급된다.

해설 **활꽃게의 유통**
수협의 산지위판장을 경유하는 계통출하 비중은 평균적으로 약 60% 내외이며, 나머지 약 40%는 산지 수집상 등으로 비계통출하를 한다.

42 갈치 선어의 유통에 관한 설명으로 옳지 않은 것은?

① 유통에는 빙장이 필요하다.
② 대부분 산지위판장을 통해 출하된다.
③ 선도 유지를 위해 신속한 유통이 필요하다.
④ 주로 어가경영인 대형기선저인망어업에 의해 공급된다.

해설 갈치는 주로 쌍끌이저인망어업, 대형선망어업, 근해연승어업, 근해안강망어업, 연안복합어업 등 다양한 어법에 의해 생산되고 있다.

40 ① 41 ② 42 ④ 정답

43 냉동오징어의 유통 특성에 관한 설명으로 옳은 것을 모두 고른 것은?

ㄱ. 대부분 산지 위판장을 통해 유통된다. ㄴ. 유통과정상 냉동시설이 필요하다. ㄷ. 활어에 비해 가격이 낮다. ㄹ. 수산가공품 원료 등으로도 이용된다.

① ㄱ, ㄴ

② ㄴ, ㄷ

③ ㄱ, ㄴ, ㄹ

④ ㄴ, ㄷ, ㄹ

해설 **오징어의 유통경로**

- 연근해산은 산지 위판장에서 경매 후 80%가 유통·가공업체를 통해 판매되고, 나머지 20%는 소비지 도매시장을 통해 유통된다.
- 원양산은 산지 위판장을 거치지 않고 원양선사가 입찰을 통해 도매업자에게 판매하고, 이를 도매업자가 분산하는 형식으로 이뤄진다.

44 수산가공품의 유통이 가지는 특성이 아닌 것은?

① 일반식품의 유통경로와 유사하다.

② 소비자의 다양한 기호를 만족시킬 수 있다.

③ 수송은 용이하나 공급조절에는 한계를 지닌다.

④ 냉동품, 자건품, 한천, 수산피혁 등 다양하다.

해설 **수산가공품의 유통상 이점**

- 부패를 억제하여 장기간의 저장이 용이하다(냉동품, 소건품, 염장품 등).
- 수송이 용이하다.
- 공급조절이 가능하다.
- 소비자의 기호와 위생적으로 안전한 제품 생산으로 상품성을 높일 수 있다.

정답 43 ④ 44 ③

45 마른 멸치의 유통과정에 관한 설명으로 옳지 않은 것은?

① 자숙가공을 통해 유통된다.

② 주로 기선권현망어업에 의해 공급된다.

③ 대부분 산지 수집상을 통해 소비자에게 유통된다.

④ 생산자로부터 소비자에게 직접 유통되기도 한다.

해설 **멸치의 유통경로**

- 기선권현망 및 정치망 어업 등에서 생산된 멸치는 대부분 마른멸치로 가공되어 유통되고, 근해유자망 어업 등에서 어획된 멸치는 젓갈용 원료로 주로 이용되고 있다.
- 기선권현망 멸치 생산량 대부분이 기선권현망수협 위판장을 통해 위판되며, 전체 위판물량의 10%는 중매인을 통해 산지 소비시장으로 유통된다.
- 위판물량의 약 80%는 내륙지 소비시장으로 판매되며, 이 중 절반은 내륙지 도매시장에 재상장되고, 절반은 내륙지 도·소매상으로 직접 판매된다.
- 유통경로는 생산자 → 산지수협 → 소비지 도매시장 → 소매 → 소비자의 단계를 거친다.

46 수산물 수출입 과정에서 분쟁이 발생할 경우 심의하는 국제기구는?

① FTA

② FAO

③ WTO

④ WHO

해설 ③ WTO(세계무역기구) : 국제무역 확대, 회원국 간의 통상분쟁 해결, 세계교역 및 새로운 통상 논점에 관한 연구를 위하여 설립된 국제기구

① FTA(자유무역협정) : 둘 또는 그 이상의 나라들이 상호간에 수출입 관세와 시장점유율 제한 등의 무역장벽을 제거하기로 약정하는 조약이다.

② FAO(유엔식량농업기구) : 제2차 세계대전 말기에 전쟁 피해국 주민들의 기아문제를 해결하고 영양상태를 개선시키기 위하여 설립되었다.

④ WHO(세계보건기구) : 보건·위생 분야의 국제적 협력을 위해 설립한 유엔(UN) 전문기구이다.

45 ③ 46 ③ 정답

47 수산물 소비자의 정보를 수집하여 취향조사, 만족도조사, 분석, 관리, 적절한 대응 등에 활용하는 방법은?

① POS(Point of Sales)

② CS(Consumer Satisfaction)

③ SCM(Supply Chain Management)

④ CRM(Customer Relationship Management)

해설 ② CS(고객 만족) : 고객의 욕구(Needs)와 기대(Expect)에 최대한 부응하여 그 결과로서 상품과 서비스의 재구입이 이루어지고 아울러 고객의 신뢰감이 연속적으로 이어지는 상태를 말한다.

① POS(판매시점관리) : 소매상의 판매기록, 발주, 매입, 고객관련 자료 등 소매업자의 경영활동에 관한 정보를 관리하는 것이다.

③ SCM(공급사슬관리) : 생산을 하기 위한 자재를 조달하는 각 협력회사와의 정보시스템 연계방식이다.

④ CRM(고객관계관리) : 고객정보를 수집하고 분석하여 고객 이탈방지와 신규 고객확보 등에 활용하는 마케팅기법이다.

48 수산물 유통체계의 효율화와 수산물 유통산업의 경쟁력 강화에 관하여 규정하고 있는 법률은?

① 수산업법

② 수산자원관리법

③ 공유수면관리 및 매립에 관한 법률

④ 수산물 유통의 관리 및 지원에 관한 법률

해설 ④ 수산물 유통의 관리 및 지원에 관한 법률 : 수산물 유통체계의 효율화와 수산물유통산업의 경쟁력 강화에 관하여 규정함으로써 원활하고 안전한 수산물의 유통체계를 확립하여 생산자와 소비자를 보호하고 국민경제의 발전에 이바지함을 목적으로 한다.

① 수산업법 : 수산업에 관한 기본제도를 정하여 수산자원 및 수면을 종합적으로 이용하여 수산업의 생산성을 높임으로써 수산업의 발전과 어업의 민주화를 도모하는 것을 목적으로 한다.

② 수산자원관리법 : 수산자원관리를 위한 계획을 수립하고, 수산자원의 보호·회복 및 조성 등에 필요한 사항을 규정하여 수산자원을 효율적으로 관리함으로써 어업의 지속적 발전과 어업인의 소득증대에 기여함을 목적으로 한다.

③ 공유수면관리 및 매립에 관한 법률 : 공유수면(公有水面)을 지속적으로 이용할 수 있도록 보전·관리하고, 환경친화적인 매립을 통하여 매립지를 효율적으로 이용하게 함으로써 공공의 이익을 증진하고 국민 생활의 향상에 이바지함을 목적으로 한다.

정답 47 ② 48 ④

49 유통과정에서 선어와 비교하여 냉동수산물이 갖는 장점으로 모두 고른 것은?

ㄱ. 연중 소비
ㄴ. 낮은 가격
ㄷ. 선도 형상

① ㄱ
② ㄱ, ㄴ
③ ㄴ, ㄷ
④ ㄱ, ㄴ, ㄷ

해설 **냉동수산물 유통의 특징**

- 냉동냉장 창고의 기능을 이용하여 연중 소비를 가능하게 한다.
- 냉동수산물은 선어에 비해 선도가 떨어져 가격이 상대적으로 낮은 경향이 있다.
- 수산물의 상품성이 떨어지는 것을 막기 위하여 어선에 동결장치를 갖추어 선상에서 동결하기도 한다.
- 부패되기 쉬운 수산물의 보장성을 높이고, 운반・저장・소비를 편리하게 함으로써 유통과정상의 부패 변질에 따른 부담을 덜 수 있다.
- 저장기간이 길기 때문에 유통경로가 다양하게 나타난다.
- 대부분의 냉동수산물은 원양산이어서 수협의 산지 위판장을 경유하는 비중이 매우 낮다.

50 수산물 선물시장에 관한 설명으로 옳지 않은 것은?

① 위험관리기능을 제공한다.
② 계약이행보증을 위한 증거금제도가 있다.
③ 미래의 현물가격에 대한 예시기능을 수행한다.
④ 현물 및 선물 가격 간의 차이를 스왑(Swap)이라고 한다.

해설 ④ 만기일에 현물 및 선물 가격 간의 차이를 베이시스(Basis)라고 한다.
※ 스왑(Swap)은 미래의 특정일 또는 특정기간 동안 어떤 상품 또는 금융자산(부채)을 상대방의 상품이나 금융 자산과 교환하는 거래를 말한다.

49 ② 50 ④ 정답

03 수확 후 품질관리론

51 휘발성염기질소(VBN) 측정법으로 선도를 판정할 수 없는 수산물은?

① 연 어 ② 고등어

③ 상 어 ④ 오징어

해설 상어와 홍어 등은 암모니아와 트라이메틸아민의 생성이 지나치게 많으므로 휘발성염기질소(VBN) 측정법으로 선도를 판정할 수 없다.

52 어류의 근육 조직에서 적색육과 백색육을 비교하는 설명으로 옳은 것은?

① 적색육은 백색육에 비하여 지방 함량이 적다.

② 백색육은 적색육에 비하여 단백질 함량이 많다.

③ 백색육은 적색육에 비하여 각종 효소의 활성이 강하다.

④ 적색육은 백색육에 비하여 선도 저하가 느리다.

해설 적색육

- 백색육에 비하여 지방과 색소가 많다.
- 백색육에 비하여 선도 변화가 빠르다.

53 수산식품업체 B사는 −20℃에서 실용 저장기간(PSL)이 200일인 신선한 고등어를 구입하여 동일 온도의 냉동고에서 150일간 저장하였다. 이 냉동 고등어의 실용 저장기간과 품질 저하율에 관한 설명으로 옳은 것은?

① 실용 저장기간이 25% 남아있다.

② 실용 저장기간이 75% 남아있다.

③ 품질 저하율이 25%이다.

④ 품질 저하율이 50%이다.

해설 냉동 고등어 품질 저하율(%/일) = 100/실용 저장기간(일수)

= 100/200

= 0.5%

150일 후 품질 저하율 = 0.5% × 150 = 75%

정답 51 ③ 52 ② 53 ①

54 우리나라 전통 젓갈과 저염 젓갈의 차이점에 관한 설명으로 옳지 않은 것은?

① 전통 젓갈의 제조원리는 식염의 방부작용과 자가소화 효소의 작용이다.

② 저염 젓갈은 첨가물을 사용하여 보존성을 부여한 기호성 위주의 제품이다.

③ 전통 젓갈은 20% 이상의 식염을 첨가하여 숙성 발효시킨다.

④ 저염 젓갈은 15%의 식염을 첨가하여 숙성 발효시킨다.

해설 **전통 젓갈과 저염 젓갈의 비교**

전통 젓갈	저염 젓갈
• 소금농도 약 10~20% • 숙성 기간 약 10~20일 • 자가소화에 의한 감칠맛 등의 생성 • 소금에 의한 부패 방지 • 보존성 높음(상온 저장 가능) • 식염에 의해 부패 억제 • 보존 식품	• 소금농도 약 4~7% • 숙성 기간 약 0~3일 • 조미료 등에 의한 감칠맛 부여 • 보존료, 수분활성도 조정에 의한 보존(냉장) • 보존성 낮음(냉장) • 젖산, 솔비톨, 에탄올 첨가하여 부패 억제 • 기호 식품

55 동결 저장 중에 발생하는 수산물의 변질현상에 해당하지 않는 것은?

① 갈변(Browning)

② 허니콤(Honey Comb)

③ 스펀지화(Sponge)

④ 스트루바이트(Struvite)

해설 **스트루바이트(Struvite)** : 통조림 내용물에 유리 조각 모양의 결정이 나타나는 현상
※ 통조림의 품질변화 현상으로는 흑변, 허니콤, 스트루바이트, 어드히전, 커드 등이 있다.

56 마른 멸치를 가공할 때 자숙의 기능에 해당하지 않는 것은?

① 부착세균을 사멸시킨다.

② 단백질을 응고시켜 건조를 쉽게 한다.

③ 엑스성분의 유출을 방지한다.

④ 자기소화 효소를 불활성화시킨다.

해설 **자숙(삶는 것)**
삶는 과정 중 수산물에 부착되어 있는 미생물이 죽게 되고, 원료에 함유된 자가소화 효소가 불활성화되며, 건조 중 품질의 변화를 방지할 수 있다.

54 ④ 55 ④ 56 ③ 정답

57 **수산물의 염장법 중 개량 물간법에 관한 설명으로 옳은 것은?**

① 소금의 침투가 불균일하다.

② 제품의 외관과 수율이 양호하다.

③ 지방 산화가 일어나 변색될 우려가 있다.

④ 염장 초기에 부패하기 쉽다.

해설 **염장방법**

종 류	마른 간법	물간법	개량 물간법
방 법	식품에 소금(원료 무게의 20~35%)을 직접 뿌려서 염장	일정 농도의 소금물에 식품을 염지	마른 간을 하여 쌓은 뒤 누름돌을 얹어 가압
특 징	• 염장 설비가 필요 없다. • 식염 침투가 불균일하다. • 식염 침투가 빠르다. • 지방이 산화되기 쉽다.	• 외관, 풍미, 수율이 좋다. • 식염 침투가 균일하다. • 용염량이 많다. • 염장 중에 자주 교반한다.	• 마른간법과 물간법을 혼합하여 단점을 개량한 방법이다. • 외관과 수율이 좋다. • 식염의 침투가 균일하다.

58 **통조림의 품질검사 중 일반 검사 항목으로 옳은 것을 모두 고른 것은?**

ㄱ. 타관 검사
ㄴ. 진공도 검사
ㄷ. 밀봉부위 검사
ㄹ. 세균 검사
ㅁ. 가온 검사

① ㄱ, ㄹ　　② ㄱ, ㄴ, ㅁ

③ ㄴ, ㄷ, ㄹ　　④ ㄱ, ㄴ, ㄷ, ㅁ

해설 **통조림의 일반 검사 항목**

검사 항목	내 용
표시 사항 및 외관 검사	제조일자, 포장 상태, 밀봉 상태, 변형 캔 등을 육안으로 조사
타관 검사	• 타검봉으로 캔을 두드려 나는 소리를 검사 • 눈으로 판별이 불가능한 캔의 검사에 이용 • 진공도가 높을수록 타검음이 높아지는 경향이 있음
가온 검사	• 살균 불량 통조림을 조기 발견하기 위해 검사 • 37℃에서 1~4주 또는 55℃에서 가온하여 외관 및 내용물을 검사
진공도 검사	• 탈기, 밀봉 공정이 제대로 되었는지 통조림 진공계를 이용하여 검사 • 진공계를 팽창 링에 찔러 진공도를 측정 • 진공도가 50kPa(37.5cmHg)이면 탈기가 양호한 제품임
개관 검사	캔 내용물의 냄새, 색, 육질 상태, 맛, 액즙의 맑은 정도 등을 검사
내용물의 무게 검사	제품에 표시된 무게만큼 들어 있는지 검사

※ 통조림의 품질검사는 일반 검사, 세균 검사, 화학적 검사 및 밀봉 부위 검사 등으로 나눌 수 있다.

정답 57 ② 58 ②

59 기능성 수산 가공품에는 고시형과 개별 인정형이 있다. 다음 중 개별 인정형에 해당되는 것은?

① 리프리놀 ② 글루코사민
③ 클로렐라 ④ 키토산

해설 고시형과 개별 인정형

고시형		개별 인정형	
종 류	효 능	종 류	효 능
글루코사민	관절 및 연골 건강	콜라겐 효소 분해 펩타이드	피부 보습
N-아세틸글루코사민	관절 및 연골 건강, 피부 보습	연어 펩타이드	혈압 저하
뮤코다당·단백	관절 및 연골 건강	김 올리고 펩타이드	혈압 조절
스쿠알렌	항산화 작용	리프리놀-초록입 홍합 추출 오일	관절 건강
스피룰리나	피부건강, 항산화 작용, 콜레스테롤 개선	정제 오징어유	혈액 흐름 개선
알콕시글리세롤 함유 상어간유	면역력 증진	DHA 농축 유지	혈중 중성 지질, 혈액 흐름 개선
오메가-3 지방산 함유 유지	혈중 중성 지질 개선, 혈액 흐름 개선	분말 한천	배변 활동
키토산/키토올리고당	콜레스테롤 개선	스피룰리나	콜레스테롤 개선, 면역 조절
클로렐라	피부 건강, 항산화 작용	정어리 펩타이드	혈압 조절

60 오징어, 새우 등 연체동물과 갑각류에 함유되어 단맛을 내는 염기성 물질은?

① 요 소 ② 트라이메틸아민옥시드
③ 베타인 ④ 뉴클레오타이드

해설 어패류 엑스 성분의 종류

엑스 성분	함유 어패류(함유 성분)
아미노산	적색육(히스티딘), 백색육어류(글리신, 알라닌), 조개류·연체동물(타오린, 글리신, 알라닌)
뉴클레오티드	어류 근육(이노신산)
유기산	어류(젖산), 조개류(숙신산)
요소, 트리	상어·가오리[트라이메틸아민옥시드, 요소(암모니아 생성)]
베타인	연체동물·갑각류(글리신, 베타인)
구아니디노 화합물	어류 근육(크레아틴)

59 ① 60 ③ **정답**

61 기체 조절을 이용하여 수산식품의 저장 기간을 연장하는 방법은?

① 산화방지제 첨가

② 방사선 조사

③ 무균포장

④ 탈산소제 첨가

해설 수산식품의 저장 방법

종 류	주요 저장 방법
수분활성도 조절	건조, 염장, 훈제
온도 조절	가열처리(저온 살균, 고온 살균), 저온유지(냉장, 냉동)
식품첨가물 사용	식품 보존료, 산화방지제 첨가
식품 조사 처리	감마선 조사
기체 조절	가스 치환(N_2, CO_2)포장, 진공 포장, 탈산소제 첨가
pH 조절	산(유기산) 첨가, 발효(젖산 발효)

62 수산식품업체 B사는 상온에서 유통 가능한 신제품을 개발하고 있다. 가열 살균온도 110℃에서 클로스트리듐 보툴리눔(*Clostridium botulinum*) 포자의 사멸에 필요한 시간은 70분이었다. 살균온도를 120℃로 올릴 경우 사멸에 필요한 예상 시간은?

① 7분

② 14분

③ 35분

④ 60분

해설 클로스트리듐 보툴리눔 포자를 살균하는 데 걸리는 시간은 가열 온도가 높을수록 살균시간이 줄어든다. 즉, 내용물의 종류와 형상에 따라 다르나 대체로 살균온도가 10℃ 증가하면 살균시간은 1/10로 줄어든다.

정답 61 ④ 62 ①

63 식품 포장용 유리 용기의 특성에 해당하지 않는 것은?

① 산, 알칼리, 기름 등에 불안정하여 녹거나 침식이 발생할 수 있다.
② 빛이 투과되어 내용물이 변질되기 쉽다.
③ 충격 및 열에 약하다.
④ 포장 및 수송 경비가 많이 든다.

해설 유리 용기의 장단점

장 점	• 재생성이 좋고 다양한 모양을 디자인할 수 있다. • 겉모양이 아름답고 화학적으로 비활성이며 투명하여 내용물을 볼 수 있다. • 산, 알칼리, 알코올, 기름, 습기 등에 안정하여 녹거나 침식 또는 녹슬지 않는다.
단 점	• 빛이 투과되어 내용물이 변질되기 쉽다. • 무겁고, 깨지기 쉬우며, 가격이 비싸다. • 충격 또는 열에 약하고, 포장 및 수송 경비가 많이 든다.

64 연제품의 탄력 보강제 또는 증량제로 사용되지 않는 것은?

① 달걀 흰자 ② 글루탐산나트륨
③ 타피오카 녹말 ④ 옥수수 전분

해설 맛을 내는 아미노산의 일종으로 나트륨염인 글루탐산나트륨(MSG)은 제5의 맛 성분으로 화학조미료로 널리 이용되어 왔다.

65 동결 연육을 이용한 연제품의 가공공정을 옳게 나열한 것은?

① 고기갈이 → 성형 → 가열 → 냉각 → 포장
② 고기갈이 → 가열 → 냉각 → 성형 → 포장
③ 고기갈이 → 가열 → 탈기 → 포장 → 냉각
④ 고기갈이 → 성형 → 가열 → 탈기 → 포장

해설 어육 연제품(어묵 등)의 제조

1. 고기갈이 공정 : 육 조직을 파쇄하고 첨가한 소금으로 단백질을 충분히 용출시키고 조미료 등의 부원료를 혼합시키는 것이 목적이다(어육 연제품의 탄력 형성에 가장 크게 영향을 미침).
2. 성형 공정 : 게맛 어묵은 노즐을 통하여 얇은 시트형태로 사출한다.
3. 가열 공정 : 가열은 육단백질을 탄력 있는 겔로 만들고, 연육에 부착해 있는 세균이나 곰팡이를 사멸시키는 데 목적이 있다.
4. 냉각 및 포장 공정

63 ① 64 ② 65 ① 정답

66 카라기난의 성질에 관한 설명으로 옳은 것을 모두 고른 것은?

ㄱ. 갈락토스와 안하이드로갈락토스가 결합된 고분자 다당류이다.
ㄴ. 단백질과 결합하여 단백질 겔을 형성한다.
ㄷ. 70℃ 이상의 물에 완전히 용해된다.
ㄹ. 2가의 금속이온과 결합하면 겔을 만드는 성질을 가지고 있다.

① ㄱ, ㄴ
② ㄷ, ㄹ
③ ㄱ, ㄴ, ㄷ
④ ㄴ, ㄷ, ㄹ

해설 **카라기난의 성질**

- 카라기난은 갈락토스와 안하이드로갈락토스가 결합된 고분자 다당류이다.
- 단백질과 결합하여 단백질 겔을 형성한다.
- 70℃ 이상의 물에 완전히 용해된다.
- 카라기난의 종류에 따라서는 안하이드로갈락토스가 함유되지 않은 것도 있다.
- 한천에 비해 황산기의 함량이 많아 응고하는 힘은 약하나 점성이 매우 크고 투명한 겔을 형성한다.
- 점성, 겔 형성력, 유화 안정성, 현탁 분산성, 결착성의 기능이 있다.

67 수산물 원료의 전처리를 위해 사용되는 기계가 아닌 것은?

① 어체 선별기
② 필레가공기
③ 탈피기
④ 사일런트 커터

해설 **세절기(사일런트 커터, Silent Cutter)**

어육을 고속 회전하는 칼날로 잘게 부수고, 여러 가지 부원료를 혼합할 때 사용하는 기기이다.
※ 전처리 : 불가식부의 제거

정답 66 ③ 67 ④

68 동해안 특산물인 황태의 가공법으로 옳은 것은?

① 동건법　　② 자건법
③ 염건법　　④ 소건법

해설 **건제품과 건조방법**

건제품	건조방법	종 류
소건품	원료를 그대로 또는 간단히 전처리하여 말린 것	마른 오징어, 마른 대구, 상어 지느러미, 김, 미역, 다시마
자건품	원료를 삶은 후에 말린 것	멸치, 해삼, 패주, 전복, 새우
염건품	소금에 절인 후에 말린 것	굴비(원료 : 조기), 가자미, 민어, 고등어
동건품	얼렸다 녹였다를 반복해서 말린 것	황태(북어), 한천, 과메기(원료 : 꽁치, 청어)
자배건품	원료를 삶은 후 곰팡이를 붙여 배건 및 일건 후 딱딱하게 말린 것	가스오부시(원료 : 가다랑어)

69 HACCP 7원칙 중 식품의 위해를 사전에 방지하고, 확인된 위해요소를 제거할 수 있는 단계는?

① 위해요소 분석
② 중점관리점 결정
③ 개선조치 방법 수립
④ 검정절차 및 방법 수립

해설 **중점관리점(CCP) 결정**
확인된 위해요소를 제거할 수 있는 공정(세척공정, 가열공정, 금속검출공정 등)을 찾고 결정하는 것이다.

70 세균성 식중독 중에서 독소형인 것은?

① 장염 비브리오균　　② 예르시니아균
③ 살모넬라균　　④ 보툴리누스균

해설 **세균성 식중독**
- 감염형 식중독 : 살모넬라, 장염 비브리오, 병원성 대장균, 예르시니아, 아리조나균, 리스테리아, 캠필로박터
- 독소형 식중독 : 포도상구균, 장구균, 보툴리누스균
- 감염형과 독소형의 중간형 : 웰치균

68 ① 69 ② 70 ④ 정답

71 식품공전상 자연독에 의한 식중독의 기준치가 설정되어 있지 않은 것은?

① 복어독(Tetrodotoxin) ② 설사성 패류독소(DSP)

③ 신경성 패류독소(NSP) ④ 마비성 패류독소(PSP)

해설 식품공전 – 수산물에 대한 규격

• 복어독 기준

– 육질 : 10 MU/g 이하

– 껍질 : 10 MU/g 이하

• 패독소 기준

– 마비성 패독

대상 식품	기준(mg/kg)
패 류	0.8 이하
피낭류(멍게, 미더덕, 오만둥이 등)	

– 설사성 패독(Okadaic Acid 및 Dinophysistoxin-1의 합계)

대상 식품	기준(mg/kg)
이매패류	0.16 이하

– 기억상실성 패독(도모익산)

대상 식품	기준(mg/kg)
패 류	20 이하
갑각류	

72 50대 B씨는 복어전문점에서 까치복을 먹고 난 후 입술과 손끝이 약간 저리고 두통, 복통이 발생하여 복어독에 대한 의심을 갖게 되었다. 복어독의 특성에 관한 설명으로 옳지 않은 것은?

① 독력은 청산나트륨(NaCN)보다 훨씬 치명적이다.

② 난소나 간에 많고 근육에는 없거나 미량 검출된다.

③ 근육마비 증상 등을 일으키며 심하면 사망한다.

④ 산에 불안정하며 알칼리에 안정하다.

해설 복어독

• 독성분 : 테트로도톡신(Tetrodotoxin)

– 복어의 알과 생식선(난소・고환), 간, 내장, 피부 등에 함유되어 있다.

– 독성이 강하고 물에 녹지 않으며 열에 안정하여 끓여도 파괴되지 않는다.

• 잠복기 및 증상

– 식후 30분~5시간 만에 발병하며 중독 증상이 단계적으로 진행된다(혀의 지각마비, 구토, 감각둔화, 보행곤란).

– 골격근의 마비, 호흡 곤란, 의식 혼탁, 의식 불명, 호흡 정지되어 사망에 이른다.

– 진행속도가 빠르고 해독제가 없어 치사율이 높다(60%).

정답 71 ③ 72 ④

73 장염 비브리오균에 관한 설명으로 옳지 않은 것은?

① 호염성 해양세균이며 그람 음성균이다.
② 우리나라 겨울철에 채취한 패류에서 많이 검출된다.
③ 어패류를 취급하는 조리 기구에 의해 교차오염이 가능하다.
④ 열에 약하므로 섭취 전 가열로 사멸이 가능하다.

해설 ② 일반적으로 7~9월 사이에 많이 발생한다.

74 수산물의 가공공정 및 용수 중 위생 상태를 확인하는 오염지표 세균은?

① 살모넬라균 ② 대장균
③ 리스테리아균 ④ 황색포도상구균

해설 대장균은 식품이나 물의 오염지표로 이용된다.

75 HACCP 적용을 위한 식품제조가공업소의 주요 선행요건에 해당하지 않는 것은?

① 위생관리 ② 용수관리
③ 유통관리 ④ 회수 프로그램 관리

해설 **HACCP 추진을 위한 식품제조가공업소의 주요 선행요건 관리사항**
- 위생관리 : 작업장 관리, 개인 위행관리, 폐기물 관리, 세척 또는 소독
- 제조 · 가공 · 조리시설 · 설비관리 : 제조시설 및 기계기구류 등 설비관리
- 냉장 · 냉동시설 · 설비관리
- 용수관리
- 보관 운송관리 : 구입 및 입고, 협력업체 관리, 운송, 보관
- 검사관리 : 제품검사, 시설, 설비, 기구 등 검사
- 회수 프로그램 관리
- 주변 환경 관리 : 영업장 주변, 작업장, 건물바닥, 벽 및 천장, 배수 및 배관, 출입구, 통로, 창, 채광 및 조명, 부대시설(화장실, 탈의실 및 휴게실)

73 ② 74 ② 75 ③ 정답

04 수산일반

76 다음 중 수산업 · 어촌발전기본법에서 정의하는 수산업을 모두 고른 것은?

ㄱ. 어 업	ㄴ. 어획물운반업
ㄷ. 수산기자재업	ㄹ. 수산물유통업
ㅁ. 연안여객선업	ㅂ. 수산물가공업

① ㄱ, ㄹ　　② ㄴ, ㄷ, ㅁ
③ ㄱ, ㄴ, ㄹ, ㅂ　　④ ㄱ, ㄷ, ㅁ, ㅂ

해설 **수산업의 범위(시행령 제2조)**
수산업 · 어촌발전기본법 제3조 제1호에 따른 수산업은 다음의 산업을 말한다.
1. 어업 : 해면어업, 내수면어업, 해수양식어업, 담수(淡水)양식어업, 소금생산업, 수산종자생산업, 관상어양식업
2. 어획물운반업
3. 수산물가공업 : 수산동물가공업, 수산식물가공업, 동물성유지제조업(수산동물을 가공하는 것에 한정한다), 소금가공업
4. 수산물유통업 : 수산물판매업, 수산물운송업, 수산물보관업

77 다음 어촌 · 어항법에서 정의하는 어항은?

이용 범위가 전국적인 어항 또는 섬, 외딴 곳에 있어 어장의 개발 및 어선의 대피에 필요한 어항

① 지방어항　　② 어촌정주어항
③ 국가어항　　④ 마을공동어항

해설 **어항의 종류(법 제2조 제3호)**
- 국가어항 : 이용 범위가 전국적인 어항 또는 섬, 외딴 곳에 있어 어장(어장관리법 제2조제1호에 따른 어장을 말한다)의 개발 및 어선의 대피에 필요한 어항
- 지방어항 : 이용 범위가 지역적이고 연안어업에 대한 지원의 근거지가 되는 어항
- 어촌정주어항 : 어촌의 생활 근거지가 되는 소규모 어항
- 마을공동어항 : 어촌정주어항에 속하지 아니한 소규모 어항으로서 어업인들이 공동으로 이용하는 항포구

정답 76 ③ 77 ③

78 국내 수산물 중 최근 2년간(2017~2018) 수출액이 가장 많은 것은?

① 김 ② 굴
③ 오징어 ④ 갈 치

해설 2018년 우리나라 수산물 상위 10개 품목의 수출을 살펴보면 참치, 광어, 이빨고기, 붕장어, 게살 수출이 감소하였지만 김, 게, 굴, 고등어, 전복 품목의 수출이 증가하면서 2018년 수산물 전체 수출은 전년 대비 2.2% 증가한 23억 8천만 달러를 기록하였다.
※ 2023~2024년 기준 수산물 수출액이 가장 많은 품목은 김이고 그 외 참치, 굴 등이 있음

79 수산업법에서 연안어업에 관한 설명으로 옳은 것은?

① 면허어업이며, 유효기간은 10년이다.
② 허가어업이며, 유효기간은 5년이다.
③ 신고어업이며, 유효기간은 5년이다.
④ 등록어업이며, 유효기간은 10년이다.

해설 **연안어업**

- 무동력어선, 총톤수 10톤 미만의 동력어선을 사용하는 어업으로서 근해어업 및 제3항에 따른 어업 외의 어업(이하 "연안어업")에 해당하는 어업을 하려는 자는 어선 또는 어구마다 시・도지사의 허가를 받아야 한다(법 제40조 제2항).
- 어업허가의 유효기간은 5년으로 한다. 다만, 어업허가의 유효기간 중에 허가받은 어선・어구 또는 시설을 다른 어선・어구 또는 시설로 대체하거나 어업허가를 받은 자의 지위를 승계한 경우에는 종전 어업허가의 남은 기간으로 한다(법 제47조 제1항).

78 ① 79 ② 정답

80 다음에서 A와 B에 들어갈 내용으로 옳게 연결된 것은?

수산업법의 목적은 수산업에 관한 기본제도를 정하여 (A) 및 수면을 종합적으로 이용하여 수산업의 (B)을 높임으로써 수산업의 발전과 어업의 민주화를 도모하는 것이다.

① A : 수산자원, B : 생산성

② A : 어업자원, B : 경제성

③ A : 수산자원, B : 효율성

④ A : 어업자원, B : 생산성

해설 **목적(수산업법 제1조)**

수산업에 관한 기본제도를 정함으로써 수산자원 및 수면의 종합적 이용과 지속가능한 수산업 발전을 도모하고 국민의 삶의 질 향상과 국가경제의 균형있는 발전에 기여함을 목적으로 한다.

81 다음 ( )에 들어갈 내용으로 옳은 것은?

강원도 남대천에는 가을이 되면, 많은 연어들이 자기가 태어난 강에 산란하기 위하여 바다에서 남대천 상류 쪽으로 이동한다. 이와 같이 색이와 성장을 위하여 바다로 이동하였다가 산란을 위하여 바다에서 강으로 거슬러 올라가는 것을 ( )라고 한다.

① 강하성 회유 ② 소하성 회유

③ 색이 회유 ④ 월동 회유

해설 ② 소하성 회유 : 생애의 대부분을 바다에서 생활하고 번식기가 되면 알을 낳기 위하여 본디 태어났던 하천으로 돌아오는 것(연어)

① 강하성 회유 : 소하성 회유의 반대(뱀장어)

③ 색이 회유 : 먹이 분포의 이동에 따라 포식자가 먹이를 찾아 이동하는 회유

④ 월동 회유 : 물고기가 겨울을 나려고 알맞은 곳을 찾아 이동하는 회유

정답 80 ① 81 ②

82 어류 계군의 식별방법 중 생태학적 방법으로 사용할 수 있는 것을 모두 고른 것은?

ㄱ. 산란장	ㄴ. 척추골수
ㄷ. 새파 형태	ㄹ. 비늘 휴지대
ㅁ. 기생충	ㅂ. 표지방류

① ㄱ, ㄹ   ② ㄱ, ㅁ
③ ㄴ, ㄷ   ④ ㅁ, ㅂ

해설 **계군분석법 중 생태학적 방법**
각 계군의 생활사, 산란기 및 산란장, 체장조성, 비늘 형태, 포란 수, 분포 및 회유 상태, 기생충의 종류 등의 차이를 비교·분석한다.

83 어류 발달 과정을 순서대로 옳게 나열한 것은?

① 난기 → 자어기 → 치어기 → 미성어기 → 성어기
② 난기 → 치어기 → 자어기 → 미성어기 → 성어기
③ 난기 → 자어기 → 미성어기 → 치어기 → 성어기
④ 난기 → 치어기 → 미성어기 → 자어기 → 성어기

해설 **어류의 발육단계**
㉠ 난기(卵期)
- 수정 후 아직 부화가 되지 않는 상태로 단단한 난막에 덮여 있어 비교적 외부의 환경 변화에 대한 적응력이 강하다.
- 이 시기의 수정난의 상태는 어종에 따라 크게 달라 잉어, 금붕어, 은어와 같이 물속에 갈아 앉아 수초와 자갈 등에 부착하는 침성부착란, 초어와 같이 부착하지 않고 물속에 떠다니는 분리 부성란 및 산천어, 무지개 송어와 같이 부착하지는 않으나 물속에 가라앉는 분리 침성란으로 분류할 수 있다.

㉡ 자어기(仔魚期)
- 아직 종 고유의 형태를 나타내지 않아 육안적으로 성어와 크게 다른 모양을 나타내고 있다.
- 이 시기는 난황을 지니고 있어, 외부 먹이를 먹지 않는 전기 자어기와 외부 먹이를 먹기 시작하는 후기 자어기로 구별된다.
- 이 시기는 모든 어종에서 급격한 형태 변화에 따른 생리 대사 체계가 안정되지 않아 높은 사망률을 나타내므로 먹이 공급 및 수질 관리에 만전을 기하여야 한다.

㉢ 치어기(稚魚期)
- 각종 지느러미의 구성요소 및 생식소를 제외한 내부기관이 성어와 거의 동일한 형태를 나타내는 시기로 일반적으로 이 시기의 어류를 종묘라고 한다.
- 부화 후 이 시기까지 걸리는 기간은 어종에 따라 차이가 있어 잉어와 같은 온수성 어류는 대개 한달 정도 걸리나, 은어와 같이 2~3개월이 걸리는 경우도 있다.

㉣ 미성어기(未成魚期) : 종 고유의 형태를 지니고 있으나, 성적으로는 미숙한 상태를 말한다.
㉤ 성어기(成魚期) : 성적으로 성숙한 시기로 일반적으로 이 시기는 성장속도 및 사료효율이 낮아진다.

82 ② 83 ① 정답

84 **울산광역시 소재 고래연구센터에서는 우리나라에 서식하고 있는 해양포유동물의 생물학적 · 생태학적 조사 등에 관한 업무를 수행하고 있다. 동 센터에서 고래류의 자원량을 추정하기 위하여 사용하는 방법으로 옳은 것은?**

① 트롤조사법

② 목시조사법

③ 난생산량법

④ 자망조사법

해설 일반적인 포유류 조사는 족흔, 배설물 등으로 조사하나, 고래의 경우 목시조사를 기본으로 한다. 목시조사는 매우 과학적이나, 조사자가 힘들고, 날씨의 영향을 많이 받으며, 비용이 많이 든다는 단점이 있다. 더불어 독립적이고 객관적인 관찰자가 동행하지 않으면 조사자료가 불신될 수 있는 가능성도 있다.

85 **어업자원의 남획 징후로 옳지 않은 것은?**

① 어획량이 감소한다.

② 단위 노력당 어획량(CPUE)이 감소한다.

③ 어획물 중에서 미성어 비율이 감소한다.

④ 어획물의 각 연령군 평균체장이 증가한다.

해설 **어업자원의 남획 징후**

- 총 어획량이 줄어든다.
- 단위 노력당 어획량이 감소한다.
- 대형어가 감소하고 어린 개체가 차지하는 비율이 점점 높아진다.
- 평균 체장 및 평균 체중이 증가한다.
- 어획물의 평균 연령이 점차 낮아진다.
- 성 성숙 연령이 점차 낮아진다.
- 어획물 곡선의 우측 경사가 해마다 증가한다.

정답 84 ② 85 ③

86 조류의 흐름이 빠른 곳에서 조업하기에 적합한 강제함정 어구를 모두 고른 것은?

ㄱ. 체낚기	ㄴ. 죽방렴
ㄷ. 안강망	ㄹ. 낭장망
ㅁ. 통 발	ㅂ. 자 망

① ㄱ, ㄴ, ㄷ ② ㄴ, ㄷ, ㄹ
③ ㄷ, ㄹ, ㅂ ④ ㄹ, ㅁ, ㅂ

해설 강제함정어법의 어구에는 죽방렴, 안강망, 낭장망, 주목망이 있다.

87 다음에서 설명하는 어업의 종류로 옳은 것은?

> 고등어를 주 어획대상으로 총톤수 50톤 이상인 1척의 동력선(본선)과 불배 2척, 운반선 2~3척, 총 5~6척으로 구성된 선단조업을 하며, 어획물은 운반선을 이용하여 대부분 부산공동어시장에 위판하는 근해어업의 한 종류이다.

① 대형트롤어업
② 대형선망어업
③ 근해통발어업
④ 근해자망어업

해설 ② 대형선망어업 : 총톤수 50톤 이상인 1척의 동력어선으로 선망을 사용하여 수산동물을 포획하는 어업
① 대형트롤어업 : 1척의 동력어선으로 망구전개판(網口展開板)을 장치한 인망을 사용하여 수산동물을 포획하는 어업
③ 근해통발어업 : 1척의 동력어선으로 통발(장어통발과 문어단지는 제외한다)을 사용하여 수산동물을 포획하는 어업
④ 근해자망어업 : 1척의 동력어선으로 유자망 또는 고정자망을 사용하여 수산동물을 포획하는 어업

86 ② 87 ② 정답

88 우리나라 해역별 대표 어종과 어업 종류가 올바르게 연결된 것은?

① 동해안 – 대게 – 근해안강망
② 서해안 – 조기 – 근해채낚기
③ 서해안 – 도루묵 – 근해자망
④ 남해안 – 멸치 – 기선권현망

해설 ① 동해안 – 대게 – 자망어업
② 서해안 – 조기 – 안강망
③ 동해안 – 도루묵 – 트롤어업

우리나라 해역별 대표 어종과 어업 종류

동 해	서 해	남 해
• 오징어–채낚기 • 꽁치–자망(걸그물) • 명태–주낙 · 자망 • 붉은대게–통발어업 • 대게–자망어업 • 방어–정치망 • 도루묵–트롤어업	• 꽃게–자망(걸그물) • 조기–안강망	• 멸치–기선권현망 • 고등어 · 전갱이–근해 선망 • 장어–통발 • 삼치 · 갈치–정치망

89 대상어족을 미끼로 유인하여 잡는 함정어구는?

① 통 발
② 자 망
③ 형 망
④ 문어단지

해설 **어 구**

• 그물어구 : 저인망, 자망, 선망, 부망 등
• 낚시어구 : 대낚시, 손낚시, 주낙 등
• 보조어구 : 집어등, 어군탐지기 등
• 잡어구 : 작살, 통발, 문어단지 등

※ **형망** : 자루형의 그물 입구에 뻘이나 모래속에 묻혀 있는 패류를 파낼 수 있도록 갈퀴나 철침 등이 부착되어 있는 것과 바닥 표면에 서식하는 소라고둥 등을 주대상으로 하는 갈퀴가 없는 것이 있다.

정답 88 ④ 89 ①

90 해삼의 유생 발달 과정에 속하지 않는 것은?

① 아우리쿨라리아(Auricularia)
② 테드폴(Tadpole)
③ 돌리올라리아(Doliolaria)
④ 포배기(Blastula)

해설 **해삼유생 변태 순서**
포배기 – 낭배기 – 아우리쿨라리아 – 돌리올라리아 – 펜타쿨라

91 봄철 담수어류의 양식장에서 물곰팡이병이 많이 발생하는 수온 범위는?

① 0~5℃　　② 10~15℃
③ 20~25℃　　④ 30~35℃

해설 물곰팡이병의 발육환경은 수온 10~15℃에서 가장 많이 발생한다.

92 해상 가두리 양식장의 환경 특성 중에서 물리적 요인을 모두 고른 것은?

ㄱ. 해수 유동	ㄴ. 수 온
ㄷ. 수소이온농도	ㄹ. 영양염류
ㅁ. 투명도	ㅂ. 황화수소

① ㄱ, ㄴ, ㄹ　　② ㄱ, ㄴ, ㅁ
③ ㄴ, ㄷ, ㅂ　　④ ㄷ, ㄹ, ㅂ

해설 **양어장의 수질 환경에 영향을 주는 요인**

물리적 요인	해수 유동, 광선, 수온, 수색, 투명도, 양식장 지형 등
화학적 요인	용존 산소량, 이산화탄소, 수소 이온 농도(pH), 염분, 경도, 대사 노폐물(암모니아, 아질산염, 질산염 등), 영양염류 등
생물학적 요인	먹이생물(각종 플랑크톤, 세균, 동식물 등)

90 ② 91 ② 92 ② 정답

93 대부분의 해조류는 무성세대인 포자체와 유성세대인 배우체가 세대교번을 한다. 다음 중 세대교번을 하지 않는 품종은?

① 김
② 다시마
③ 미 역
④ 청 각

해설 청각은 세대교번을 하지 않으나 핵상의 교번은 한다.

94 양식 어류의 인공종자(종묘) 생산 시 동물성 먹이생물로 옳지 않은 것은?

① 물벼룩(Daphnia)
② 아르테미아(Artermia)
③ 클로렐라(Chlorella)
④ 로티퍼(Rotifer)

해설 클로렐라는 녹조류(綠藻類)의 일종으로 어류의 인공종묘생산에서 로티퍼의 먹이로 가장 많이 사용되는 식물 플랑크톤이다.

95 참돔 50kg을 해상가두리에 입식한 후, 500kg의 사료를 공급하여 참돔 총 중량 300kg을 수확하였을 경우 사료계수는?

① 0.5
② 1.0
③ 1.5
④ 2.0

해설 사료계수 = 사료 공급량/증육량(단, 증육량 = 수확 시 중량 − 방양 시 중량)
= 500/250
= 2.0

96 강 하구에서 포획한 치어를 이용하여 양식하는 어종으로 옳은 것은?

① 잉 어　　② 뱀장어
③ 미꾸라지　　④ 무지개송어

해설 **뱀장어** : 바다에서 부화하여 해류를 따라 부유 생활을 하면서 유생기를 지나고, 이른 봄에 담수를 찾아드는 것을 잡아 모아서 양식용 종묘로 이용한다.

97 양식 패류 중 굴의 양성방법으로 적합하지 않은 것은?

① 수하식　　② 나뭇가지식
③ 귀매달기식　　④ 바닥식(투석식)

해설 **굴의 양성방법**

- 수하식 양성 : 채묘된 굴이 먹이를 먹을 수 있는 시간을 길게 하기 위하여 항상 물속에 잠겨 있도록 하는 방법이다.
- 나뭇가지식 양성 : 소조 때의 간출선으로부터 대조 때의 간출선보다 약간 낮은 곳에 나뭇가지를 세워서 양성하는 방법이다.
- 바닥식(투석식) : 넓은 조간대를 이용하는 양성법이다.

98 2018년 기준, 우리나라 총허용어획량(TAC)이 적용되는 어업종류와 어종을 바르게 연결한 것은?

① 근해안강망 – 오징어　　② 근해자망 – 갈치
③ 기선권현망 – 꽃게　　④ 근해통발 – 붉은대게

해설 **TAC 대상업종 및 어종(17업종/15어종, 2024년)**

3단계 : 정착	고등어(대형선망), 전갱이(대형선망), 붉은대게(근해통발), 제주소라(마을어업), 개조개(잠수기), 키조개(잠수기), 대게(근해자망, 근해통발), 꽃게(근해자망, 연안자망, 연안통발), 오징어(근해채낚기, 동해구중형트롤, 대형트롤, 대형선망, 쌍끌이대형저인망, 근해자망), 도루묵(동해구중형트롤, 동해구외끌이중형저인망), 참홍어(근해연승, 연안복합, 근해자망), 바지락(잠수기), 갈치(근해연승, 대형선망, 쌍끌이대형저인망, 근해안강망, 대형트롤), 참조기(근해안강망, 근해자망, 쌍끌이대형저인망, 외끌이대형저인망), 삼치(대형선망, 쌍끌이대형저인망, 서남해구쌍끌이중형저인망)
2단계 : 도입	멸치(기선권현망), 갈치(근해채낚기, 서남해쌍끌이중형저인망), 살오징어(서남해구쌍끌이중형저인망), 삼치(대형트롤, 외끌이대형저인망)
1단계 : 준비	꽃게(연안자망, 연안통발, 연안개량안강망, 근해자망, 근해통발, 근해안강망), 붉은대게(연안자망, 연안통발)

96 ② 97 ③ 98 ④ 정답

99 고래류의 자원관리를 하는 국제수산관리기구의 명칭은?

① 북서대서양수산위원회(NAFO)
② 중서부태평양수산위원회(WCPFC)
③ 남극해양생물자원보존위원회(CCAMLR)
④ 국제포경위원회(IWC)

해설 ④ 국제포경위원회(IWC) : 고래를 보호하고 멸종을 사전에 방지함으로써 포경 산업의 질서 있는 발전을 도모하는 국제회의체이다.
① 북서대서양수산기구(NAFO) : 북서대서양의 어업자원의 관리를 위해 1978년에 설립된 국제기구
② 중서부태평양수산위원회(WCPFC) : 중서부태평양 참치자원의 장기적 보존과 지속적 이용을 목적으로 설립된 지역수산관리기구 중의 하나
③ 남극해양생물자원보존위원회(CCAMLR) : 남극 주변 해역을 관할구역으로 하여 남극해양생물의 보존 및 합리적 이용을 위해 1981년에 설립된 국제기구

100 다음에서 설명하는 것은?

- 주어진 환경 하에서 하나의 수산자원으로부터 지속적으로 취할 수 있는 최대 어획량을 뜻한다.
- 일반적이고 전통적인 수산자원관리의 기준치가 되고 있다.

① MSY ② MEY
③ ABC ④ TAC

해설 ① MSY : 최대 지속적 생산
② MEY : 최대 경제적 생산
④ TAC : 총허용어획량 관리제도

정답 99 ④ 100 ①

2020년 제6회

과년도 기출문제

01 수산물품질관리 관련 법령

01 농수산물 품질관리법 제2조(정의)의 일부 규정이다. (   )에 들어갈 내용이 순서대로 옳은 것은?

> "지리적표시"란 농수산물 또는 제13호에 따른 농수산가공품의 (   )·(   ), 그 밖의 특징이 본질적으로 특정 지역의 (   )에 기인하는 경우 해당 농수산물 또는 농수산가공품이 그 특정 지역에서 생산·제조 및 가공되었음을 나타내는 표시를 말한다.

① 명성, 품질, 지리적 특성
② 명성, 품질, 생산자 인지도
③ 유명도, 안전성, 지리적 특성
④ 유명도, 안전성, 생산자 인지도

해설 정의(법 제2조 제8호)
"지리적표시"란 농수산물 또는 제13호에 따른 농수산가공품의 명성·품질, 그 밖의 특징이 본질적으로 특정 지역의 지리적 특성에 기인하는 경우 해당 농수산물 또는 농수산가공품이 그 특정 지역에서 생산·제조 및 가공되었음을 나타내는 표시를 말한다.

1 ① 정답

02 농수산물 품질관리법상 농수산물품질관리심의회의 심의사항으로 명시되지 않은 것은?

① 수산물품질인증에 관한 사항

② 수산물의 안전성조사에 관한 사항

③ 유기식품 등의 인증에 관한 사항

④ 수산가공품의 검사에 관한 사항

해설 **농수산물품질관리심의회 직무(법 제4조)**

농수산물품질관리심의회는 다음의 사항을 심의한다.

1. 표준규격 및 물류표준화에 관한 사항
2. 농산물우수관리·수산물품질인증 및 이력추적관리에 관한 사항
3. 지리적표시에 관한 사항
4. 유전자변형농수산물의 표시에 관한 사항
5. 농수산물(축산물은 제외한다)의 안전성조사 및 그 결과에 대한 조치에 관한 사항
6. 농수산물(축산물은 제외한다) 및 수산가공품의 검사에 관한 사항
7. 농수산물의 안전 및 품질관리에 관한 정보의 제공에 관하여 총리령, 농림축산식품부령 또는 해양수산부령으로 정하는 사항
8. 수산물의 생산·가공시설 및 해역(海域)의 위생관리기준에 관한 사항
9. 수산물 및 수산가공품의 위해요소중점관리기준에 관한 사항
10. 지정해역의 지정에 관한 사항
11. 다른 법령에서 심의회의 심의사항으로 정하고 있는 사항
12. 그 밖에 농수산물 및 수산가공품의 품질관리 등에 관하여 위원장이 심의에 부치는 사항

03 농수산물 품질관리법령상 수산물품질인증의 기준이 아닌 것은?

① 해당 수산물의 생산·출하 과정에서의 자체 품질관리체제와 유통 과정에서의 사후관리체제를 갖추고 있을 것

② 해당 수산물의 품질 수준 확보 및 유지를 위한 생산기술과 시설·자재를 갖추고 있을 것

③ 해당 수산물이 그 산지의 유명도가 높거나 상품으로서의 차별화가 인정되는 것일 것

④ 해당 수산물이 그 산지에 주소를 둔 사람이 생산하였을 것

해설 **품질인증의 기준(시행규칙 제29조 제1항)**

품질인증을 받기 위해서는 다음의 기준을 모두 충족해야 한다.

1. 해당 수산물이 그 산지의 유명도가 높거나 상품으로서의 차별화가 인정되는 것일 것
2. 해당 수산물의 품질 수준 확보 및 유지를 위한 생산기술과 시설·자재를 갖추고 있을 것
3. 해당 수산물의 생산·출하 과정에서의 자체 품질관리체제와 유통 과정에서의 사후관리체제를 갖추고 있을 것

정답 2 ③ 3 ④

04 농수산물 품질관리법상 수산물 품질인증기관의 지정 등에 관한 내용이다. ( )에 들어갈 내용으로 옳은 것은?

> 품질인증기관으로 지정받은 A기관은 그 대표자가 변경되어 해양수산부장관에게 변경신고를 하였다. 이때 해양수산부장관은 변경신고를 받은 날부터 ( ) 이내에 신고수리 여부를 A기관에게 통지하여야 한다.

① 10일　　② 14일

③ 15일　　④ 1개월

해설 **품질인증기관의 지정 등(법 제17조 제3항, 제4항)**

- 품질인증기관으로 지정을 받으려는 자는 품질인증 업무에 필요한 시설과 인력을 갖추어 해양수산부장관에게 신청하여야 하며, 품질인증기관으로 지정받은 후 해양수산부령으로 정하는 중요 사항이 변경되었을 때에는 변경신고를 하여야 한다.
- 해양수산부장관은 변경신고를 받은 날부터 10일 이내에 신고수리 여부를 신고인에게 통지하여야 한다.

05 농수산물 품질관리법상 해양수산부장관이 지리적표시품의 품질수준 유지와 소비자 보호를 위하여 관계 공무원에게 지시할 수 있는 사항으로 명시되지 않은 것은?

① 지리적표시품의 등록기준에의 적합성 조사

② 지리적표시품 판매계획서의 적합성 조사

③ 지리적표시품 소유자의 관계 장부의 열람

④ 지리적표시품의 시료를 수거하여 조사

해설 **지리적표시품의 사후관리(법 제39조 제1항)**

농림축산식품부장관 또는 해양수산부장관은 지리적표시품의 품질수준 유지와 소비자 보호를 위하여 관계 공무원에게 다음의 사항을 지시할 수 있다.

1. 지리적표시품의 등록기준에의 적합성 조사
2. 지리적표시품의 소유자・점유자 또는 관리인 등의 관계 장부 또는 서류의 열람
3. 지리적표시품의 시료를 수거하여 조사하거나 전문시험기관 등에 시험 의뢰

4 ① 5 ② 정답

06 농수산물 품질관리법령상 시·도지사가 지정해역을 지정받기 위해 해양수산부장관에게 요청하는 경우 갖추어야 하는 서류를 모두 고른 것은?

ㄱ. 지정받으려는 해역 및 그 부근의 도면
ㄴ. 지정받으려는 해역의 생산품종 및 생산계획서
ㄷ. 지정받으려는 해역의 오염 방지 및 수질 보존을 위한 지정해역 위생관리계획서
ㄹ. 지정받으려는 해역의 위생조사 결과서 및 지정해역 지정의 타당성에 대한 국립수산과학원장의 의견서

① ㄱ, ㄴ　　② ㄴ, ㄹ
③ ㄱ, ㄷ, ㄹ　　④ ㄱ, ㄴ, ㄷ, ㄹ

해설 **지정해역의 지정 등(시행규칙 제86조 제2항)**
시·도지사는 지정해역을 지정받으려는 경우에는 다음의 서류를 갖추어 해양수산부장관에게 요청하여야 한다.
1. 지정받으려는 해역 및 그 부근의 도면
2. 지정받으려는 해역의 위생조사 결과서 및 지정해역 지정의 타당성에 대한 국립수산과학원장의 의견서
3. 지정받으려는 해역의 오염 방지 및 수질 보존을 위한 지정해역 위생관리계획서

07 농수산물 품질관리법상 식품의약품안전처장이 수산물의 품질 향상과 안전한 수산물의 생산·공급을 위해 수립하는 안전관리계획에 포함하여야 하는 사항으로 명시되지 않은 것은?

① 위험평가
② 안전성조사
③ 어업인에 대한 교육
④ 수산물검사기관의 지정

해설 안전관리계획 및 세부추진계획에는 안전성조사, 위험평가 및 잔류조사, 농어업인에 대한 교육, 그 밖에 총리령으로 정하는 사항을 포함하여야 한다(법 제60조 제3항).

08 농수산물 품질관리법령상 수산물 및 수산가공품에 대한 검사 중 관능검사의 대상이 아닌 것은?

① 정부에서 수매하는 수산물

② 정부에서 비축하는 수산가공품

③ 국내에서 소비하는 수산가공품

④ 검사신청인이 위생증명서를 요구하는 비식용수산물

해설 **수산물 및 수산가공품에 대한 검사의 종류 및 방법 – 관능검사(시행규칙 [별표 24])**

'관능검사'란 오관(五官)에 의하여 그 적합 여부를 판정하는 검사로서 다음의 수산물 및 수산가공품을 그 대상으로 한다.

1) 수산물 및 수산가공품으로서 외국요구기준을 이행했는지를 확인하기 위하여 품질 · 포장재 · 표시사항 또는 규격 등의 확인이 필요한 수산물 · 수산가공품
2) 검사신청인이 위생증명서를 요구하는 수산물 · 수산가공품(비식용수산 · 수산가공품은 제외)
3) 정부에서 수매 · 비축하는 수산물 · 수산가공품
4) 국내에서 소비하는 수산물 · 수산가공품

09 농수산물 품질관리법상 수산물품질관리사의 직무로 명시되지 않은 것은?

① 수산물의 등급 판정

② 수산물우수관리인증시설의 위생 지도

③ 수산물의 생산 및 수확 후 품질관리기술 지도

④ 수산물의 출하 시기 조절, 품질관리기술에 관한 조언

해설 **수산물품질관리사의 업무(법 제106조)**

수산물품질관리사는 다음의 직무를 수행한다.

1. 수산물의 등급 판정
2. 수산물의 생산 및 수확 후 품질관리기술 지도
3. 수산물의 출하 시기 조절, 품질관리기술에 관한 조언
4. 그 밖에 수산물의 품질 향상과 유통 효율화에 필요한 업무로서 해양수산부령으로 정하는 업무

수산품질관리사의 업무(시행규칙 제134조의2)

1. 수산물의 생산 및 수확 후의 품질관리기술 지도
2. 수산물의 선별 · 저장 및 포장시설 등의 운용 · 관리
3. 수산물의 선별 · 포장 및 브랜드 개발 등 상품성 향상 지도
4. 포장수산물의 표시사항 준수에 관한 지도
5. 수산물의 규격출하 지도

8 ④ 9 ② 정답

10 농수산물 품질관리법상 벌칙 기준이 '3년 이하의 징역 또는 3천만원 이하의 벌금'에 해당하지 않는 자는?

① 품질인증품의 표시를 한 수산물에 품질인증품이 아닌 수산물을 혼합하여 판매하는 행위를 한 자
② 지리적표시품이 아닌 수산물 또는 수산가공품의 포장·용기·선전물 및 관련 서류에 지리적표시를 한 자
③ 수산물품질관리사의 명의를 사용하게 하거나 그 자격증을 빌려준 자
④ 검사를 받아야 하는 수산물 및 수산가공품에 대하여 검사를 받지 아니한 자

해설 ③ 1년 이하의 징역 또는 1천만원 이하의 벌금에 처한다(법 제120조 제12호).

11 농수산물 유통 및 가격안정에 관한 법령상 중앙도매시장이 아닌 것은?

① 울산광역시 농수산물도매시장
② 대전광역시 오정 농수산물도매시장
③ 대구광역시 북부 농수산물도매시장
④ 서울특별시 강서 농수산물도매시장

해설 중앙도매시장의 종류(시행규칙 제3조)

- 서울특별시 가락동 농수산물도매시장
- 부산광역시 엄궁동 농산물도매시장
- 대구광역시 북부 농수산물도매시장
- 인천광역시 삼산 농산물도매시장
- 대전광역시 오정 농수산물도매시장
- 울산광역시 농수산물도매시장
- 서울특별시 노량진 수산물도매시장
- 부산광역시 국제 수산물도매시장
- 인천광역시 구월동 농산물도매시장
- 광주광역시 각화동 농산물도매시장
- 대전광역시 노은 농산물도매시장

정답 10 ③ 11 ④

12 **농수산물 유통 및 가격안정에 관한 법률상 도매시장 개설자가 거래관계자의 편익과 소비자 보호를 위하여 이행하여야 하는 사항으로 명시되지 않은 것은?**

① 도매시장 시설의 정비·개선과 합리적인 관리

② 경쟁 촉진과 공정한 거래질서의 확립 및 환경 개선

③ 상품성 향상을 위한 규격화, 포장 개선 및 선도(鮮度) 유지의 촉진

④ 유통명령 위반자에 대한 제재 등 필요한 조치

해설 **도매시장 개설자의 의무(법 제20조제1항)**

도매시장 개설자는 거래 관계자의 편익과 소비자 보호를 위하여 다음의 사항을 이행하여야 한다.

1. 도매시장 시설의 정비·개선과 합리적인 관리
2. 경쟁 촉진과 공정한 거래질서의 확립 및 환경 개선
3. 상품성 향상을 위한 규격화, 포장 개선 및 선도(鮮度) 유지의 촉진

13 **농수산물 유통 및 가격안정에 관한 법률 제44조(공판장의 거래 관계자) 제1항 규정이다. (　　)에 들어갈 내용으로 옳지 않은 것은?**

공판장에는 (　　), (　　), (　　) 및 경매사를 둘 수 있다.

① 산지유통인

② 시장도매인

③ 중도매인

④ 매매참가인

해설 공판장에는 중도매인, 매매참가인, 산지유통인 및 경매사를 둘 수 있다(법 제44조제1항).

12 ④ 13 ② 정답

14 **농수산물 유통 및 가격안정에 관한 법령상 주요 농수산물의 생산지역이나 생산수면(이하 "주산지"라 한다)의 지정 및 해제 등에 관한 내용으로 옳지 않은 것은?**

① 시・도지사는 농수산물의 경쟁력 제고를 위해 주산지에서 주요 농수산물을 판매하는 자에게 자금의 융자 등 필요한 지원을 하여야 한다.

② 시・도지사는 주산지를 지정하였을 때에는 이를 고시하고 농림축산식품부장관 또는 해양수산부장관에게 통지하여야 한다.

③ 시・도지사는 지정된 주산지가 지정요건에 적합하지 아니하게 되었을 때에는 그 지정을 변경하거나 해제할 수 있다.

④ 주산지의 지정은 읍・면・동 또는 시・군・구 단위로 한다.

해설 ① 시・도지사는 농수산물의 경쟁력 제고 또는 수급(需給)을 조절하기 위하여 생산 및 출하를 촉진 또는 조절할 필요가 있다고 인정할 때에는 주요 농수산물의 생산지역이나 생산수면(이하 "주산지"라 한다)을 지정하고 그 주산지에서 주요 농수산물을 생산하는 자에 대하여 생산자금의 융자 및 기술지도 등 필요한 지원을 할 수 있다(법 제4조제1항).

② 시행령 제4조제2항

③ 법 제4조제4항

④ 시행령 제4조제1항

15 **농수산물 유통 및 가격안정에 관한 법령상 유통자회사가 유통의 효율화를 도모하기 위해 수행하는 "그 밖의 유통사업"의 범위에 해당하는 것을 모두 고른 것은?**

ㄱ. 농림수협 등이 설치한 농수산물직판장 등 소비지유통사업
ㄴ. 농수산물의 상품화 촉진을 위한 규격화 및 포장 개선사업
ㄷ. 농수산물의 운송・저장사업 등 농수산물 유통의 효율화를 위한 사업

① ㄱ, ㄴ　　② ㄱ, ㄷ

③ ㄴ, ㄷ　　④ ㄱ, ㄴ, ㄷ

해설 **유통자회사의 사업범위(시행규칙 제48조)**

유통자회사가 유통의 효율화를 도모하기 위해 수행하는 "그 밖의 유통사업"의 범위는 다음과 같다.

1. 농림수협 등이 설치한 농수산물직판장 등 소비지유통사업
2. 농수산물의 상품화 촉진을 위한 규격화 및 포장 개선사업
3. 그 밖에 농수산물의 운송・저장사업 등 농수산물 유통의 효율화를 위한 사업

정답 14 ① 15 ④

16 **농수산물의 원산지 표시 등에 관한 법령상 대통령령으로 정하는 집단급식소를 설치 · 운영하는 자가 수산물을 조리하여 제공하는 경우 그 원산지를 표시하여야 하는 것을 모두 고른 것은?**

ㄱ. 아 귀	ㄴ. 북 어
ㄷ. 꽃 게	ㄹ. 주꾸미
ㅁ. 다랑어	

① ㄱ, ㄴ, ㄹ

② ㄴ, ㄷ, ㅁ

③ ㄱ, ㄷ, ㄹ, ㅁ

④ ㄴ, ㄷ, ㄹ, ㅁ

해설 **원산지의 표시대상(시행령 제3조 제5항 제8호)**

넙치, 조피볼락, 참돔, 미꾸라지, 뱀장어, 낙지, 명태(황태, 북어 등 건조한 것은 제외), 고등어, 갈치, 오징어, 꽃게, 참조기, 다랑어, 아귀, 주꾸미, 가리비, 우렁쉥이, 전복, 방어 및 부세(해당 수산물가공품을 포함)

17 **농수산물의 원산지 표시 등에 관한 법령상 포장재에 원산지를 표시할 수 있는 경우 수산물의 원산지 표시방법에 관한 내용으로 옳지 않은 것은?**

① 위치는 소비자가 쉽게 알아볼 수 있는 곳에 표시한다.

② 포장 표면적이 3,000cm^2 이상이면 글자 크기는 12포인트 이상으로 한다.

③ 글자색은 포장재의 바탕색 또는 내용물의 색깔과 다른 색깔로 선명하게 표시한다.

④ 문자는 한글로 하되, 필요한 경우에는 한글 옆에 한문 또는 영문 등으로 추가하여 표시할 수 있다.

해설 ② 포장 표면적이 3,000cm^2 이상이면 글자 크기는 20포인트 이상으로 한다(시행규칙 [별표 1]).

16 ③ 17 ② **정답**

18 **농수산물의 원산지 표시 등에 관한 법률상 수산물의 원산지 표시 위반에 대한 과징금의 부과 및 징수에 관한 내용이다. (　　)에 들어갈 숫자가 순서대로 옳은 것은?**

> 해양수산부장관은 원산지 표시를 혼동하게 할 목적으로 그 표시를 손상・변경하는 행위를 (　　)년 이내에 2회 이상 위반한 자에게 그 위반금액의 (　　)배 이하에 해당하는 금액을 과징금으로 부과・징수할 수 있다.

① 2, 5　　② 2, 10

③ 3, 20　　④ 3, 30

해설 과징금(법 제6조의2 제1항)
농림축산식품부장관, 해양수산부장관, 관세청장, 특별시장・광역시장・특별자치시장・도지사・특별자치도지사 또는 시장・군수・구청장(자치구의 구청장)은 원산지 표시를 거짓으로 하거나 이를 혼동하게 할 우려가 있는 표시를 하는 행위나 원산지 표시를 혼동하게 할 목적으로 그 표시를 손상・변경하는 행위를 2년 이내에 2회 이상 위반한 자에게 그 위반금액의 5배 이하에 해당하는 금액을 과징금으로 부과・징수할 수 있다.

19 **농수산물의 원산지 표시 등에 관한 법령상 A업소에 부과될 과태료는?(단, 과태료의 감경사유는 고려하지 않음)**

> 단속공무원이 A업소에 대해 수산물 원산지 표시 이행 여부를 단속한 결과, 판매할 목적으로 수족관에 보관 중인 활참돔 8마리의 원산지가 표시되어 있지 않았다. 단속에 적발된 활참돔 8마리의 당일 A업소의 판매가격은 1마리당 동일하게 5만원이었다.

① 30만원　　② 40만원

③ 60만원　　④ 100만원

해설 살아있는 수산물의 원산지를 표시하지 않은 경우 5만원 이상 1,000만원 이하의 과태료를 부과한다. 과태료 부과금액은 원산지 표시를 하지 않은 물량(판매를 목적으로 보관 또는 진열하고 있는 물량 포함)에 적발 당일 해당 업소의 판매가격을 곱한 금액으로 한다(시행령 [별표 2]). 따라서 당일 A업소에서 단속에 적발된 활참돔이 8마리이고 판매가격이 1마리당 동일하게 5만원이므로 과태료는 $8 \times 5 = 40$만원이다.

정답 18 ① 19 ②

20 농수산물의 원산지 표시 등에 관한 법률상 원산지 표시를 거짓으로 한 자에 대하여 위반 수산물의 판매 행위 금지의 처분을 할 수 있는 자에 해당하지 않는 것은?

① 해양수산부장관

② 관세청장

③ 국세청장

④ 시・도지사

해설 **원산지 표시 등의 위반에 대한 처분 등(법 제9조 제1항)**

농림축산식품부장관, 해양수산부장관, 관세청장, 시・도지사 또는 시장・군수・구청장은 원산지 표시나 거짓 표시 등의 금지를 위반한 자에 대하여 다음의 처분을 할 수 있다.

1. 표시의 이행・변경・삭제 등 시정명령
2. 위반 농수산물이나 그 가공품의 판매 등 거래행위 금지

21 친환경농어업 육성 및 유기식품 등의 관리・지원에 관한 법령상 해양수산부장관이 어업 자원・환경 및 친환경어업 등에 관한 실태조사・평가를 하게 할 수 있는 자를 모두 고른 것은?

ㄱ. 국립환경과학원	ㄴ. 한국농어촌공사
ㄷ. 한국해양수산개발원	

① ㄱ, ㄴ　　② ㄱ, ㄷ

③ ㄴ, ㄷ　　④ ㄱ, ㄴ, ㄷ

해설 **실태조사・평가기관(시행규칙 제6조)**

해양수산부장관은 해양수산부 소속 기관의 장 또는 다음의 자에게 농어업 자원・환경 및 친환경농어업 등에 관한 실태조사・평가의 사항을 조사・평가하게 할 수 있다.

1. 국립환경과학원
2. 한국농어촌공사 및 농지관리기금법에 따른 한국농어촌공사
3. 정부출연연구기관 등의 설립・운영 및 육성에 관한 법률에 따른 한국해양수산개발원
4. 어촌・어항법에 따른 한국어촌어항공단
5. 수산자원관리법에 따른 한국수산자원공단
6. 그 밖에 해양수산부장관이 정하여 고시하는 친환경어업 관련 단체・연구기관 또는 조사전문업체

20 ③ 21 ④ 정답

22 **친환경농어업 육성 및 유기식품 등의 관리 · 지원에 관한 법령상 무항생제수산물 등의 인증에 관한 내용으로 옳지 않은 것은?**

① 인증을 받으려는 자는 인증신청서에 필요 서류를 첨부하여 국립수산물품질관리원장 또는 지정받은 인증기관의 장에게 제출하여야 한다.

② 활성처리제 비사용 수산물을 생산하는 자는 인증대상에 포함되지 않는다.

③ 인증기준에 관한 세부 사항은 국립수산물품질관리원장이 정하여 고시한다.

④ 인증기관의 인증 종류에 따른 인증업무의 범위는 무항생제수산물 등을 생산하는 자 및 취급하는 자에 대한 인증이다.

해설 ② 활성처리제 비사용 수산물을 생산하는 자는 무항생제수산물 등의 인증 대상에 포함된다. 다만, 양식수산물 중 해조류를 생산하는 경우(해조류를 식품첨가물이나 다른 원료를 사용하지 아니하고 단순히 자르거나, 말리거나, 소금에 절이거나, 숙성하거나, 가열하는 등의 단순 가공과정을 거친 경우를 포함한다)만 해당한다.

① 시행규칙 제43조

③ 시행규칙 제39조 제2항

④ 시행규칙 제42조 제1호

23 **수산물 유통의 관리 및 지원에 관한 법령상 수산물을 생산하는 자가 수산물 이력추적 관리를 받기 위해 등록하여야 하는 사항에 해당하지 않는 것은?**

① 생산계획량

② 생산자의 성명, 주소 및 전화번호

③ 유통자의 명칭, 주소 및 전화번호

④ 양식수산물 및 천일염의 경우 양식장 및 염전의 위치

해설 수산물을 생산하는 자가 수산물 이력추적 관리를 받기 위해 생산자의 성명, 주소 및 전화번호, 이력추적관리 대상품목명, 양식수산물의 경우 양식장 면적, 천일염의 경우 염전 면적, 생산계획량, 양식수산물 및 천일염의 경우 양식장 및 염전의 위치, 그 밖의 어획물의 경우 위판장의 주소 또는 어획장소를 등록하여야 한다(시행규칙 제25조 제2항 제1호).

정답 22 ② 23 ③

24 수산물 유통의 관리 및 지원에 관한 법률상 위판장의 수산물 매매방법 및 대금 결제에 관한 내용으로 옳은 것은?

① 대금의 지급방법에 관하여 위판장개설자와 출하자 사이에 특약이 있는 경우에는 그 특약에 따른다.

② 출하자가 서면으로 거래 성립 최저가격을 제시한 경우 위판장개설자의 동의를 얻어 그 가격 미만으로 판매할 수 있다.

③ 경매 또는 입찰의 방법은 거수수지식(擧手手指式)을 원칙으로 한다.

④ 대금결제에 관한 구체적인 절차와 방법, 수수료 징수에 관하여 필요한 사항은 대통령령으로 정한다.

해설 ① 법 제19조 제4항 단서

② 위판장개설자는 위판장에 상장한 수산물을 위탁된 순위에 따라 경매 또는 입찰의 방법으로 판매하는 경우에는 최고가격 제시자에게 판매하여야 한다. 다만, 출하자가 서면으로 거래 성립 최저가격을 제시한 경우에는 그 가격 미만으로 판매하여서는 아니 된다(법 제19조 제2항).

③ 경매 또는 입찰의 방법은 전자식(電子式)을 원칙으로 하되 필요한 경우 해양수산부령으로 정하는 바에 따라 거수수지식(擧手手指式), 기록식, 서면입찰식 등의 방법으로 할 수 있다(법 제19조 제3항).

④ 대금결제에 관한 구체적인 절차와 방법, 수수료 징수 등에 관하여 필요한 사항은 해양수산부령으로 정한다(법 제19조 제5항).

25 수산물 유통의 관리 및 지원에 관한 법률 제41조(비축사업 등) 제1항 규정이다. ( )에 들어갈 내용이 순서대로 옳은 것은?

해양수산부장관은 수산물의 ( )과 ( )을 위하여 필요한 경우에는 수산발전기금으로 수산물을 비축하거나 수산물의 출하를 약정하는 생산자에게 그 대금의 일부를 미리 지급하여 출하를 조절할 수 있다.

① 수급조절, 가격안정

② 수급조절, 소비촉진

③ 품질향상, 가격안정

④ 품질향상, 소비촉진

해설 해양수산부장관은 수산물의 수급조절과 가격안정을 위하여 필요한 경우에는 수산발전기금으로 수산물을 비축하거나 수산물의 출하를 약정하는 생산자에게 그 대금의 일부를 미리 지급하여 출하를 조절할 수 있다(법 제41조 제1항).

24 ① 25 ① 정답

02 수산물유통론

26 **국내 수산물 유통에서 통용되고 있는 거래관행이 아닌 것은?**

① 선물거래제

② 전도금제

③ 경매・입찰제

④ 위탁판매제

해설 국내 수산물 유통에서 통용되고 있는 거래관행은 전도금제, 경매・입찰제, 위탁판매제이다. 선물거래는 미래의 가격을 미리 확정해서 계약만 체결하고, 그때 가서 돈을 주고 물건을 인도받는 거래로, 우리나라 수산물 유통의 거래관행이 아니다.

- 전도금제 : 과거 객주자본의 거래관행으로, 고가의 수산물이나 안정적인 수산물 확보를 위해 생산자에게 출어자금을 선지급하는 거래제도이다.
- 위탁판매제 : 생산자들이 자신의 생산물을 직접 판매하는 것이 아닌 수산업 협동조합에 판매를 위탁하는 거래제도이다.
- 경매・입찰제 : 경매를 통해 수산물을 입찰받는 형식의 거래제도이다.

27 **수산물 유통 특징 중 가격변동성의 원인에 해당되지 않는 것은?**

① 생산의 불확실성

② 어획물의 다양성

③ 높은 부패성

④ 계획적 판매의 용이성

해설 일물일가 법칙이나 원가비용에 근거한 가격설정이 비교적 용이한 일반 공산품과 달리 수산물은 생산의 불확실성, 어획물의 다양성, 높은 부패성, 계획적 판매의 어려움 등으로 인해 일정한 가격유지가 어렵다.

정답 26 ① 27 ④

28 강화군의 A영어법인이 봄철에 어획한 꽃게를 저장하였다가 가을철에 노량진 수산물도매시장에 판매하였을 때, 수산물 유통의 기능으로 옳지 않은 것은?(단, 주어진 정보로만 판단함)

① 운송기능 ② 선별기능
③ 보관기능 ④ 거래기능

해설 수산물의 유통기능은 생산과 소비 사이에 떨어져 있는 여러 종류의 거리를 연결시켜 주는 기능을 말하는 것으로, 운송기능, 보관기능, 정보전달기능, 거래기능, 상품구색기능, 선별기능, 집적기능, 분할기능 등이 있다. 이중 문제에서 찾을 수 있는 수산물 유통기능을 정리하면 다음과 같다.

봄철 어획한 꽃게를 가을철까지 저장	보관기능	수산물 생산 조업시기와 비조업시기 등과 같은 시간의 거리를 연결시켜, 소비자가 원하는 시기에 언제든지 구입할 수 있도록 하는 기능
강화군 → 노량진 수산물도매시장	운송기능	수산물의 생산지와 소비지 사이의 거리를 연결시켜 주는 기능
판 매	거래기능	생산자와 소비자 사이의 소유권 거리를 중간에서 적정 가격을 통해 연결시켜 주는 기능

29 수산물 유통의 상적유통기능은?

① 운송기능 ② 보관기능
③ 구매기능 ④ 가공기능

해설 상적유통기능은 생산자로부터 소비자에게 소유권을 이전하는 기능으로, 상거래(구매 및 판매)활동을 통해 이루어진다.

30 다음 중 공영도매시장에 관해 옳게 말한 사람을 모두 고른 것은?

A : 법적으로 출하대금을 정산해야 할 의무가 있어.
B : 도매시장법인과 시장도매인을 동시에 둘 수 있어.
C : 시장에 들어오는 수산물은 원칙적으로 수탁을 거부할 수 없어.

① A, B ② A, C
③ B, C ④ A, B, C

해설 공영도매시장은 법적으로 출하대금을 정산해야 하며, 도매시장 안에는 도매시장법인과 시장도매인을 모두 둘 수 있다. 또한 정당한 사유없이 시장에 들어오는 수산물의 수탁을 거부할 수 없다. 단, 도매시장에 반입된 물품이 위생상 유해하다고 인정되거나 다른 법령으로 소지나 거래가 제한 또는 금지된 물품은 그렇지 않다.

28 ② 29 ③ 30 ④ 정답

31 수산물 산지위판장에 관한 설명으로 옳지 않은 것은?

① 주로 연안에 위치한다.

② 수의거래를 위주로 한다.

③ 양륙과 배열 기능을 수행한다.

④ 판매 및 대금결제 기능을 수행한다.

해설 이동시간과 판매시간을 최대한 짧게 운영하기 위해서 수산물 산지시장은 주로 연안에 위치하고 있으며, 수의거래가 아닌 경매를 통한 거래가 이루어진다.

수산물 산지시장의 기능

- 어획물의 양륙과 진열기능
- 거래형성 기능
- 대금결제기능
- 판매기능

32 소비지 공영도매시장의 경매 진행절차이다. ( )에 들어갈 내용으로 옳은 것은?

하차 → 선별 → (ㄱ) → (ㄴ) → 경매 → 정산서 발급

① ㄱ : 판매원표 작성, ㄴ : 수탁증 발부

② ㄱ : 판매원표 작성, ㄴ : 송품장 발부

③ ㄱ : 수탁증 발부, ㄴ : 판매원표 작성

④ ㄱ : 수탁증 발부, ㄴ : 송품장 발부

해설 소비지 공영도매시장의 거래와 경매는 도매시장의 거래여건 등에 따라 조금 달라질 수 있지만, 일반적으로 다음과 같은 절차에 따라 이루어진다.

1단계 : 반입물품의 하차 및 선별(출하주별 · 품목별 · 등급별로 선별 진열)
2단계 : 수탁증 발부(상장일자 · 출하자성명 · 품목 · 등급별 수량 기재)
3단계 : 판매원표 작성(출하자성명 · 품목 · 등급 · 수량 등 기재)
4단계 : 경매실시
5단계 : 정산서 발급

정답 31 ② 32 ③

33 다음에서 (ㄱ) <u>총계통출하량</u>과 (ㄴ) <u>총비계통출하량</u>으로 옳은 것은?(단, 주어진 정보로만 판단함)

- 통영지역 참돔 100kg이 (주)수산유통을 통해 광주로 유통되었다.
- 제주지역 갈치 500kg이 한림수협을 거쳐 서울로 유통되었다.
- 부산지역 고등어 3,000kg이 대형선망수협을 거쳐 대전으로 유통되었다.

① ㄱ : 100kg, ㄴ : 3,500kg
② ㄱ : 500kg, ㄴ : 3,100kg
③ ㄱ : 3,000kg, ㄴ : 600kg
④ ㄱ : 3,500kg, ㄴ : 100kg

해설 수산물 유통경로에는 계통출하와 비계통출하가 있는데, 생산자는 자신에게 유리한 유통 경로를 선택할 수 있다.

계통출하	생산자가 수협에 판매를 위탁	• 제주지역 갈치 500kg이 한림수협 • 부산지역 고등어 3,000kg이 대형선망수협
비계통출하	생산자가 수협 외의 유통 기구에 판매	통영지역 참돔 100kg이 (주)수산유통

34 다음 그림은 국내 양식 어류의 생산량(톤, 2018년)을 나타낸 것이다. (　　)에 들어갈 어종은?

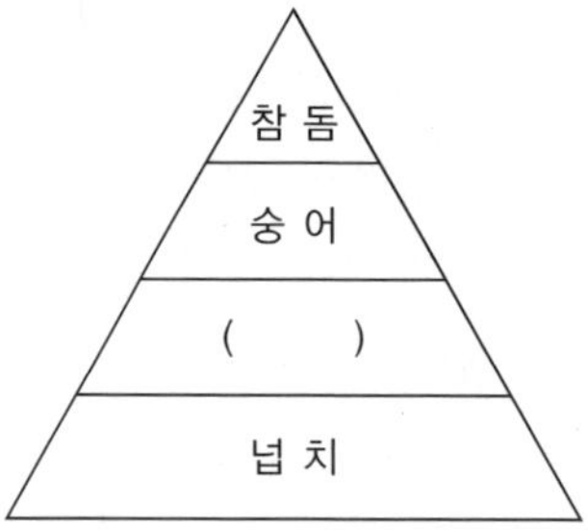

① 민 어　　② 조피볼락
③ 방 어　　④ 고등어

해설 2018년 통계청이 발표한 〈어류양식동향조사 결과〉에 따르면, 양식어류를 생산량이 많은 순으로 보면 넙치–조피볼락–숭어–참돔 순이었다. 특히 넙치와 조피볼락은 조사를 시작한 이후 1위와 2위를 유지하고 있다.

33 ④ 34 ② 정답

35 선어 유통에 관한 설명으로 옳은 것을 모두 고른 것은?

> ㄱ. 활어에 비해 계통출하 비중이 높다.
> ㄴ. 선도 유지를 위해 빙장이 필요하다.
> ㄷ. 산지위판장에서는 일반적으로 경매 후 양륙 및 배열한다.
> ㄹ. 고등어 유통량이 가장 많다.

① ㄱ, ㄴ

② ㄱ, ㄷ

③ ㄱ, ㄴ, ㄹ

④ ㄴ, ㄷ, ㄹ

해설 ㄷ. 선어는 일반적으로 양륙 후에 경매가 이루어진다.

36 최근 국내 수입 연어류에 관한 설명으로 옳은 것을 모두 고른 것은?

> ㄱ. 수입량은 선어보다 냉동이 많다.
> ㄴ. 주로 양식산이다.
> ㄷ. 유통량은 양식 조피볼락보다 많다.
> ㄹ. 대부분 노르웨이산이다.

① ㄱ, ㄴ

② ㄱ, ㄷ

③ ㄱ, ㄴ, ㄹ

④ ㄴ, ㄷ, ㄹ

해설 수입 연어류는 대부분 양식어종이며, 노르웨이산이 대부분을 차지하고, 유통량도 조피볼락보다 많다.
ㄱ. 2013년부터 신선·냉장연어 제품의 수입량이 큰폭으로 증가하여 현재는 선어 수입량이 냉동보다 많다.

정답 35 ③ 36 ④

37 냉동 수산물 유통에 관한 설명으로 옳은 것은?

① 산지위판장을 경유하는 유통이 대부분이다.
② 유통 과정에서의 부패 위험도가 높다.
③ 연근해 수산물이 대다수를 차지한다.
④ 냉동창고와 냉동탑차를 주로 이용한다.

해설 ① 냉동 수산물은 산지위판장을 거치지 않고 주로 장외시장을 통해 공급된다.
② 유통과정에서의 부패 위험도가 낮다.
③ 원양 어획물과 수입 수산물이 대부분이다.

냉동수산물 유통의 특징

- 냉동냉장 창고의 기능을 이용하여 연중 소비를 가능하게 한다.
- 냉동 수산물은 선어에 비해 선도가 떨어져 가격이 상대적으로 낮은 경향이 있다.
- 수산물의 상품성이 떨어지는 것을 막기 위하여 어선에 동결장치를 갖추어 선상에서 동결하기도 한다.
- 부패되기 쉬운 수산물의 보장성을 높이고, 운반 · 저장 · 소비를 편리하게 함으로써 유통 과정상의 부패 변질에 따른 부담을 덜 수 있다.
- 저장기간이 길기 때문에 유통경로가 다양하게 나타난다.
- 대부분의 냉동 수산물은 원양산이어서 수협의 산지위판장을 경유하는 비중이 매우 낮다.

38 수산가공품 유통의 장점이 아닌 것은?

① 수송이 편리하다.
② 수산물 본연의 맛과 질감을 유지할 수 있다.
③ 저장성이 높아 장기보관이 가능하다.
④ 제품의 규격화가 용이하다.

해설 ② 수산가공품은 수산물의 부패 특성과 선도 저하를 극복하고 부가가치를 창출하기 위해 수산물에 물리 · 화학적 변화를 주어 가공한 것이기 때문에, 수산물 본연의 맛과 질감을 유지하기가 어렵다.

39 양식 넙치의 유통에 관한 설명으로 옳지 않은 것은?

① 국내 양식 어류 생산량 중 가장 많다.
② 주로 횟감용으로 소비되며, 대부분 활어로 유통된다.
③ 공영도매시장보다 유사도매시장을 경유하는 경우가 많다.
④ 최대 수출대상국은 미국이며, 대부분 활어로 수출되고 있다.

해설 ④ 최대 수출대상국은 일본이고, 다음으로 미국, 베트남 등이 있다.

37 ④ 38 ② 39 ④ 정답

40 다음 ( )에 들어갈 옳은 내용은?

수산물의 공동판매는 (ㄱ) 간에 공동의 이익을 위한 활동을 의미하며, (ㄴ)을 통해 주로 이루어진다.

① ㄱ : 생산자, ㄴ : 산지위판장
② ㄱ : 유통자, ㄴ : 공영도매시장
③ ㄱ : 유통자, ㄴ : 유사도매시장
④ ㄱ : 생산자, ㄴ : 전통시장

해설 생산자의 공동의 이익을 위해 이루어지는 수산물 공동판매는 주로 산지위판장을 통해 이루어지며, 어획물 가격의 제고·안정·유지기능, 유통비용의 절약기능, 출하조정기능, 유통비용의 절감 등의 역할을 한다.

41 수산물 전자상거래에 관한 설명으로 옳지 않은 것은?

① 유통경로가 상대적으로 짧아진다.
② 구매자 정보를 획득하기 어렵다.
③ 거래 시간·공간의 제약이 없다.
④ 무점포 운영이 가능하다.

해설 수산물 전자상거래를 활성화하면 소비자가 원하는 소비량과 선호품목의 파악이 쉬워져 소비자의 욕구에 신속히 대응할 수 있다.

수산물 전자상거래의 장단점

장 점	단 점
• 유통경로가 상대적으로 짧다. • 거래 시간과 공간에 제약이 없다. • 무점포 운영이 가능하다. • 구매자 정보를 얻기가 용이하다. • 운영비가 절감된다. • 소비자와 생산자 간의 양방향 소통이 가능하다.	• 표준화 체계가 아직 미흡하다. • 반품처리가 어렵다. • 수산물 생산과 공급이 불안정하다. • 가격 대비 운송비가 높다.

정답 40 ① 41 ②

42 다음 (ㄱ)~(ㄹ) 중 옳지 않은 것은?

> 패류의 공동판매는 (ㄱ) 가공 확대 및 (ㄴ) 출하 조정을 할 수 있으며, (ㄷ) 유통비용 절감과 (ㄹ) 수취가격 제고에 기여할 수 있다.

① ㄱ

② ㄱ, ㄴ

③ ㄴ, ㄷ, ㄹ

④ ㄱ, ㄴ, ㄷ, ㄹ

해설 수산물 공동판매의 기능으로는 수산물 가격의 제고·안정·유지기능, 출하조정 기능, 유통비용 절감 기능 등이 있다. 가공 확대는 패류를 비롯한 수산물 공동판매의 기능과 관련이 없다.

43 국내 수산물 가격폭락의 원인이 아닌 것은?

① 생산량 급증

② 수산물 안전성 문제 발생

③ 수입량 급증

④ 국제 유류가격 급등

해설 국제 유류가격 급등은 수산물 가격폭등의 원인이다.

수산물의 가격폭등과 가격폭락 원인

수산물의 가격폭등 원인	수산물의 가격폭락 원인
• 환율 상승 • 태 풍 • 고유가 • 어획량 감소 • 해적 생물 출현	• 과잉 생산 • 재해(기름 유출사고) • 수입량 증가 • 생산량 증가

42 ① 43 ④ 정답

44 수산물 산지단계에서 중도매인이 부담하는 비용은?

① 상차비　② 양륙비
③ 위판수수료　④ 배열비

해설 상차비는 수산물을 차에 싣는 데 드는 비용으로, 중도매인이 부담하는 비용이다. 양륙비, 위판수수료, 배열비는 생산자가 부담하는 비용이다.

유통비용 구성요소

생산자	양륙비, 위판수수료, 배열비
중도매인	선별비, 운반비, 상차비, 어상자대, 저장 및 보관비용, 운송비

45 올해 2월 제주산 넙치 산지가격은 코로나19 영향으로 kg당 9,000원이었으나, 드라이브스루 등 다양한 소비촉진 활동의 영향으로 7월 현재는 12,000원으로 올랐다. 그러나 소비지 횟집에서는 1년 전부터 kg당 30,000원에 판매되고 있다. 그렇다면 현재 제주산 넙치의 유통마진율(%)은 2월보다 얼마만큼 감소했는가?

① 3% 포인트
② 5% 포인트
③ 10% 포인트
④ 20% 포인트

해설 유통마진과 유통마진율은 여러 항목을 넣어 변형할 수 있으므로, 문제에 어떤 항목이 제시되어 있는지를 보고 알맞은 식을 사용하여 구한다. 문제에 주어진 것은 생산자 수취가격과 소비자 가격이므로 이를 넣어 유통마진율을 구한다.

- 2월 : 유통마진율(%) $= \frac{(30,000-9,000)}{30,000} \times 100 = 70\%$
- 현재 : 유통마진율(%) $= \frac{(30,000-12,000)}{30,000} \times 100 = 60\%$

따라서, 10% 포인트 감소했다.

- 유통마진 = 소비자 구입가격 − 생산자 수취가격
- 유통마진 = 유통비용 + 상업이윤(유통종사자 이윤)
- 소매 마진 = 소매 가격 − 중도매 가격
- 마진율 $= \frac{(\text{판매가격} - \text{구입가격})}{\text{판매가격}} \times 100$
- 유통마진율(%) $= \frac{(\text{소비자 구입가격} - \text{생산자 수취가격})}{\text{소비자 구입가격}} \times 100$
- 유통마진율(%) $= \frac{\text{총마진}}{\text{소비자가격}} \times 100$

정답 44 ① 45 ③

46 오징어 1상자(10kg) 가격과 비용구조가 다음과 같다. 판매자의 (ㄱ)가격결정방식과 그에 해당하는 (ㄴ)가격은?

- 구입원가 : 20,000원
- 시장평균가격 : 23,000원
- 인건비 및 점포운영비 : 2,000원
- 소비자 지각 가치 : 21,500원
- 희망이윤 : 2,000원

① ㄱ : 원가중심가격결정, ㄴ : 22,000원

② ㄱ : 가치가격결정, ㄴ : 23,500원

③ ㄱ : 약탈적 가격결정, ㄴ : 25,000원

④ ㄱ : 경쟁자 기준 가격결정, ㄴ : 23,000원

해설 경쟁자 기준 가격결정은 자신의 비용구조나 수요보다는 경쟁자의 가격을 보다 중요하게 생각하여 주된 경쟁자의 제품과격과 동일하거나 비슷한 수준에서 가격을 결정하는 방식이다. 따라서 경쟁자 기준 가격결정에 따른 가격은 시장평균가격과 동일한 23,000원이다.

47 경품이나 할인쿠폰 등을 제공하는 수산물 판매촉진활동의 효과는?

① 장기적으로 매출을 증대시킬 수 있다.

② 신상품 홍보와 잠재고객을 확보할 수 있다.

③ 고급브랜드의 이미지를 구축할 수 있다.

④ PR에 비해 비용이 저렴하다.

해설 경품이나 할인쿠폰 등은 소비자를 대상으로 하는 직접적인 판매촉진 활동으로, 신상품을 홍보하고 잠재고객을 확보하는 효과를 얻을 수 있으며, 단기적으로 매출을 증대시킬 수 있다.

46 ④ 47 ② 정답

48 전복의 수요변화에 관한 내용이다. (   )에 들어갈 옳은 내용은?

> 가격이 20% 하락하였는데 판매량은 30% 늘어났다. 수요의 가격탄력성은 (ㄱ)이므로 전복은 수요 (ㄴ) 이라고 말할 수 있다.

① ㄱ : 0.75, ㄴ : 비탄력적
② ㄱ : 1.0, ㄴ : 단위탄력적
③ ㄱ : 1.5, ㄴ : 탄력적
④ ㄱ : 1.75, ㄴ : 탄력적

해설

$$\text{수요의 가격탄력성} = \frac{\text{수요의 변화율}}{\text{가격의 변화율}} = \frac{30}{20} = 1.5$$

수요의 가격탄력성이 1보다 크므로 탄력적이라고 할 수 있다.

※ 수요의 가격탄력성

가격탄력성 = ∞	완전탄력적
1 < 가격탄력성 < ∞	탄력적
가격탄력성 = 1	단위탄력적
0 < 가격탄력성 < 1	비탄력적
가격탄력성 = 0	완전비탄력적

49 수산식품 안전성 확보 제도와 관련이 없는 것은?

① 총허용어획량제도(TAC)
② 수산물 원산지 표시제도
③ 친환경수산물 인증제도
④ 수산물 이력제도

해설 총허용어획량제도(TAC)는 수산자원의 회복 및 보존을 위하여 포획·채취할 수 있는 수산동물의 종별 연간 어획량의 최고한도를 정하는 것으로, 수산식품의 안전성 확보가 아니라 수산자원의 관리를 위한 제도이다.

50 수산물 유통정보의 조건이 아닌 것은?

① 신속성
② 정확성
③ 주관성
④ 적절성

해설 주관성은 수산물 유통정보의 조건이 아니다.

수산물 유통정보의 요건

- 신속성 : 정보는 그것이 필요한 상황에 신속하게 제공되어야 한다.
- 정확성 : 일어나는 현상을 정확하게 반영한 것이어야 한다.
- 적절성 : 정보는 적절하게 사용되어야 한다.
- 적시성 : 필요한 때에 전달되어야 한다.
- 통합성 : 다른 많은 관련 정보들과 통합될 수 있어야 한다.

정답 48 ③ 49 ① 50 ③

03 수확 후 품질관리론

51 **수산물의 품질관리를 위한 물리·화학적 및 관능적 항목에 해당하지 않는 것은?**

① 노로바이러스

② 히스타민

③ 2mm 이상의 금속성 이물

④ 고유의 색택과 이미·이취

해설 노로바이러스는 품질관리를 위한 항목이 아니라, 수산물의 거래 및 수출·수입을 원활히 하기 위하여 실시하는 검정항목의 하나이다.

52 **혈합육과 보통육의 비교에 관한 설명으로 옳지 않은 것은?**

① 혈합육은 보통육보다 미오글로빈이나 헤모글로빈 등 헴(Heme)을 가지는 색소단백질이 많다.

② 혈합육은 보통육보다 조단백질 함량이 적다.

③ 혈합육은 보통육보다 지질 함량이 많다.

④ 혈합육은 보통육보다 철, 황, 구리의 함량이 적다.

해설 혈합육은 보통육에 비하여 미오글로빈이나 헤모글로빈 등과 같은 헴(Heme)을 가지는 색소단백질과 여러 가지 건강 기능을 나타내는 타우린을 많이 함유하고 있고, 지방질, 비타민 A·B·C, 철, 황 및 구리 등의 함량이 높아 영양 및 건강 기능적으로 우수하다.

53 **어패류가 육상동물육에 비해 변질되기 쉬운 원인으로 옳지 않은 것은?**

① 효소활성이 강하다.

② 지질 중 고도불포화지방산의 비율이 낮다.

③ 근육 조직이 약하다.

④ 어획 시 상처 등으로 세균 오염의 기회가 많다.

해설 어패류의 지방은 육상동물육에 비해 불포화지방산을 많이 함유하고 있다.

51 ① 52 ④ 53 ② 정답

54 **어는점에 관한 설명으로 옳지 않은 것은?**

① 수산물의 어는점은 0℃보다 낮다.

② 냉장 굴비가 생조기보다 높다.

③ 명태 연육이 순수 명태 페이스트보다 낮다.

④ 얼기 시작하는 온도를 말한다.

해설 소금은 물분자가 모여 결정을 이루는 과정을 방해하여 물의 어는점이 낮아지는 효과가 있다. 굴비는 조기를 소금에 절여 말린 것으로, 소금기가 없는 생조기보다 어는점이 낮아진다. 따라서 냉장 굴비가 생조기보다 어는점이 낮다.

55 **냉동어를 1~4℃ 물에 수초 동안 담근 후 어체 표면에 얼음옷을 입혀 공기를 차단시킴으로써 제품의 건조 및 산화를 방지하는 방법은?**

① 글레이징

② 진공포장

③ 기체치환포장

④ 송풍식 냉동

해설 ② 진공포장 : 랩포장 방법의 단점을 보완하여 저장성을 높일 수 있도록 고안된 방법으로, 포장 용기 내의 산소를 제거함으로써 주요 부패 미생물의 성장을 지연시켜 저장성을 높인다.

③ 기체치환포장 : 용기 중의 공기를 없애고, 질소(N_2), 탄산가스(CO_2), 산소(O_2) 등의 불활성 가스와 치환하여 밀봉하는 방식이다. 일반적으로 식품의 색, 향, 유지의 산화방지에는 질소가 사용되고 곰팡이, 세균의 발육 방지에는 탄산가스가 사용되며 고기색소의 발색에는 산소가 사용된다.

④ 송풍식 냉동 : 냉각기를 냉동실 상부에 설치하고, 송풍기로 강한 냉풍을 빠른 속도로 불어 넣어 수산물을 냉동시키는 것이다.

정답 54 ② 55 ①

56 수산물의 이상수축현상 중 냉각수축의 주요 원인은?

① pH 저하
② 근육 중 ATP 분해
③ 근육 중 글리코겐 분해
④ 근소포체나 미토콘드리아에서 칼슘이온의 방출

해설 냉각수축은 수산물의 사후경직 시에 일어나는 이상현상 중 하나로, 주요 원인은 근소포체나 미토콘드리아에서 칼슘이온이 방출되는 것이다.

수산물의 이상수축

- 냉각수축 : 냉각이 자극으로 작용해 근육이 수축하는 현상. 낮은 온도에서 근소포체와 미토콘드리아는 칼슘결합능력이 감소하며, 여분의 칼슘이 세포 내로 유출되어 근육 수축이 일어난다.
- 해동 경직 : 급속동결 후 해동 시에 물이 흘러나와 수축하는 현상
- 수세 수축 : 냉수 또는 온수에 침지해 ATP가 감소하여 수축하는 현상

57 명태 필렛(Fillet)을 다음의 조건하에 저장하였을 때 시간-온도 허용한도(TTT)에 의한 품질변화가 가장 많이 진행된 경우는?(단, 품질유지기한은 −30℃에서 250일, −22℃에서 140일, −20℃에서 120일, −18℃에서 90일로 계산한다.)

① −30℃에서 125일
② −22℃에서 85일
③ −20℃에서 50일
④ −18℃에서 30일

해설 각각의 온도에서 주어진 저장기일 동안 저장했을 때 품질이 얼마나 변화했는가를 알려면, 품질저하량을 구해, 주어진 저장기일을 곱해 주면 된다. 즉, 초기 품질량을 1.0으로 잡고 품질 보존일로 나눠 품질 저하량을 구한 후, 저장기일과 곱하여 구한다.

품질 저하량 $= \frac{\text{초기 품질량}(1.0)}{\text{품질보존일}(t)}$, 품질변화 = 품질저하량 × 저장기일

위의 식에 따라 각각의 품질변화를 구하면,

① −30℃에서 125일 : $\frac{1}{250} = 0.004$, $0.004 \times 125 = 0.5$

② −22℃에서 85일 : $\frac{1}{140} \fallingdotseq 0.007$, $0.007 \times 85 = 0.6$

③ −20℃에서 50일 : $\frac{1}{120} \fallingdotseq 0.008$, $0.008 \times 50 = 0.4$

④ −18℃에서 30일 : $\frac{1}{90} \fallingdotseq 0.011$, $0.011 \times 30 = 0.3$

따라서, ② −22℃에서 85일 저장한 것이 품질변화가 가장 많이 일어난 것을 알 수 있다.

56 ④ 57 ② 정답

58 수산물 표준규격에서 정하는 수산물 종류별 등급규격 중 냉동오징어의 '상' 등급규격에 해당하지 않는 것은?

① 1마리의 무게가 270g 이상일 것

② 다른 크기의 것의 혼입률이 10% 이하일 것

③ 세균수가 1,000,000/g 이하일 것

④ 색택 · 선도가 양호할 것

해설 세균수는 냉동오징어 등급규격과 관련이 없다.

냉동오징어 등급규격(수산물 표준규격 [별표 5])

항 목	특	상	보 통
1마리의 무게(g)	320 이상	270 이상	230 이상
다른 크기의 것의 혼입률(%)	0	10 이하	30 이하
색 택	우 량	양 호	보 통
선 도	우 량	양 호	보 통
형 태	우 량	양 호	보 통
공통규격	• 크기가 균일하고 배열이 바르게 되어야 한다. • 부패한 냄새 및 그 밖의 다른 냄새가 없어야 한다. • 보관온도는 −18℃ 이하이어야 한다.		

59 참치통조림의 제조에서 원료 참치의 자숙을 위한 선별항목은?

① 크 기

② 세균수

③ 맛

④ 색

해설 참치는 해동 및 자숙 공정을 원활히 하기 위해서 크기별로 선별한다.

정답 58 ③ 59 ①

60 방수 골판지상자 중 장시간 침수된 경우에도 강도가 약해지지 않도록 가공한 것은?

① 발수(拔水) 골판지상자　　② 차수(遮水) 골판지상자

③ 강화(强化) 골판지상자　　④ 내수(耐水) 골판지상자

해설 방수 골판지상자는 장기간 습한 기상조건에서 수송할 경우, 외국에 수출하는 수산물일 경우, 수분함량이 높은 수산물일 경우 등 저장 및 장거리 수송에 사용되며, 방수처리에 따라 다음 3종으로 구분한다.

발수 골판지상자	극히 짧은 시간 동안 접촉에 대한 젖음 방지성이 있음
내수 골판지상자	물과 접촉하여 수분이 종이 층 속으로 스며들어도 어느 정도 지력이 보유되므로 외관, 강도의 손상 및 저하되지 않도록 가공한 것
차수 골판지상자	장시간 물에 접촉하여도 거의 물이 통하지 않아 강도가 떨어지지 않도록 가공한 것(물의 투과에 대한 저항성이 가장 큼)

61 수산가공품의 묶음 단위로 옳지 않은 것은?

① 마른김 1첩 – 10장　　② 마른김 1속 – 100장

③ 굴비 1톳 – 20마리　　④ 마른오징어 1축 – 20마리

해설 굴비의 묶음 단위는 조기 따위의 물고기를 짚으로 한 줄에 열 마리씩 두 줄로 엮은 것을 나타내는 '두름'이다. 따라서 '굴비 1두름 – 20마리'가 맞는 표현이다.

62 다음과 같이 처리하는 훈연방법은?

> 훈연실에 전선을 배선하여 이 전선에 원료육을 고리에 걸어달고, 밑에서 연기를 발생시킨 후, 전선에 고전압의 전기를 흘려 코로나방전을 일으켜 연기성분이 원료육에 효율적으로 붙도록 하는 훈연방식

① 온훈법　　② 냉훈법

③ 전훈법　　④ 액훈법

해설 **훈제 방법**

- 온훈법 : 30~80℃에서 3~8시간 정도로 비교적 짧은 시간 동안 훈제하는 방법이다.
- 냉훈법 : 단백질이 응고하지 않을 정도의 저온 10~30℃(보통 25℃ 이하)에서 1~3주일 정도로 비교적 오랫동안 훈제하는 방법이다.
- 액훈법 : 어패류를 직접 훈연액 중에 침지한 후 꺼내어 건조하든가, 훈연액을 다시 가열하여 나오는 연기에 원료를 쐬어 훈제하는 방법이다.
- 열훈법 : 열훈법은 고온(100~120℃)에서 단시간(2~4시간 정도) 훈제하는 방법이다.

60 ② 61 ③ 62 ③ 정답

63 어육시료 25g(어육시료의 총수분함량 15g)을 취하여 원심분리방법에 의해 분리된 육즙의 양이 5mL이었다면 보수력은?(단, 육즙 중 수분비는 0.951로 계산한다)

① 53.3%

② 58.3%

③ 63.3%

④ 68.3%

해설 $보수력 = \frac{(수분함량 - 육즙\ 손실량)}{수분함량} \times 100 = \frac{15 - (5 \times 0.951)}{15} \times 100 = 68.3\%$

64 적색육, 뼈, 껍질 등을 분리·제거하고 백색육을 주원료로 살쟁임하여 제조하는 어류 통조림은?

① 고등어 보일드 통조림

② 꽁치 보일드 통조림

③ 정어리 가미 통조림

④ 참치 기름담금 통조림

해설 적색육을 분리·제거한다고 하였으므로, 적색육 생선인 고등어, 정어리, 꽁치 등을 제외하면 참치 기름담금 통조림임을 알 수 있다.

수산물 통조림의 종류

보일드 통조림	원료 자체를 그대로 삶아서 식염수로 간을 맞춰 만든 통조림	고등어, 정어리, 꽁치, 참치, 홍합, 연어, 바지락
가미 통조림	원료를 조미료로 조미하여 만든 통조림	골뱅이, 정어리, 참치, 오징어
기름담금 통조림	원료를 조미하고 식물성 기름(면실유)을 첨가하여 만든 통조림	참 치

정답 63 ④ 64 ④

65 망목(網目)모양으로 작은 구멍이 뚫려 있는 회전원반 위에 어체를 얹고, 이 회전원반에 대해서 수직상하운동을 하는 압착반으로 어체를 압착하여 채육(採肉)하는 방식은?

① 롤 식
② 스탬프식
③ 스크루식
④ 플레이트식

해설 연제품을 만들 때 어체의 근육과 껍질, 뼈 등을 분리하는 기계인 채육기에는 롤식, 스탬프식, 2중 압축식 등이 있으며, 원리는 거의 같다. 이중에서 회전원반 위에 어체를 얹고 채육하는 것은 스탬프식 채육기이다.

66 고등어 보일드 통조림의 제조를 위해 사용되는 기계를 모두 고른 것은?

ㄱ. 레토르트(Retort)
ㄴ. 탈기함(Exhaust Box)
ㄷ. 시머(Seamer)
ㄹ. 스크루 압착기(Screw Press)

① ㄱ, ㄴ
② ㄷ, ㄹ
③ ㄱ, ㄴ, ㄷ
④ ㄱ, ㄴ, ㄷ, ㄹ

해설 통조림 제조에 사용되는 기계로는 탈기함, 시머, 레토르트 등이 있다. 스크루 압착기는 세척된 어체를 어육과 뼈, 껍질로 분리하여 어육만 채취하는 데 사용되는 기구로, 원료 자체를 그대로 삶아서 식염수로 간을 맞춰 만드는 고등어 보일드 통조림 제조에는 사용되지 않는다.

- 레토르트 : 가열 수증기를 이용하여 통조림을 가열 살균하는 밀폐식 고압 살균 솥이다.
- 탈기함 : 통조림을 만들 때 용기에 내용물을 채우고 나서 용기 내부에 있는 공기를 제거하는 데 쓰이는 기계이다.
- 시머 : 통조림을 제조할 때 캔의 몸통과 뚜껑을 빈 공간 없이 밀봉하는 이중 밀봉 기계이다.

65 ② 66 ③ 정답

67 다음은 어떤 수산물 가공기계를 설명하는 것인가?

> • 어육페이스트 가공제품 등을 만들기 위해 미리 잘게 절단된 어육을 다시 세절시켜 다지는 기계이다.
> • 수평으로 되어 있는 둥근 접시가 회전하면서 어육을 커터 쪽으로 보내주고 커터는 저속 또는 고속으로 회전하면서 어육을 세절한다.
> • 어육과 커터와의 접촉열에 의한 육질변화를 최소화하기 위해 쇄빙이나 냉수를 첨가한다.

① 탈수기(Dehydrator)
② 육만기(Meat Chopper)
③ 육정제기(Meat Refiner)
④ 사일런트 커터(Silent Cutter)

해설 ① 탈수기 : 탈수를 주목적으로 한 장치이다.
② 육만기 : 원료육을 잘게 세절하는 기계로, 탈수한 어육을 원료 투입구에 넣으면 전진하면서 압출되어 출구의 다공판과 절단기에 의해서 세절된다.
③ 육정제기 : 탈수 후 어육 중의 심줄(힘줄), 비늘, 잔뼈, 껍질 등을 제거하기 위한 처리 기계이다.

68 증기 압축식 냉동기가 냉동품을 제조하기 위하여 냉동사이클을 수행할 때 작동되는 순서가 옳게 나열된 것은?

① 압축기 – 응축기 – 팽창밸브 – 증발기
② 압축기 – 팽창밸브 – 응축기 – 증발기
③ 팽창밸브 – 압축기 – 증발기 – 응축기
④ 응축기 – 증발기 – 압축기 – 팽창밸브

해설 증기 압축식 냉동기(가스 압축식 냉동기)는 냉동설비 중 가장 널리 사용되며, 냉매 → 압축기 → 응축기 → 팽창밸브 → 증발기 → 냉매의 과정을 반복한다.

정답 67 ④ 68 ①

69 HACCP에 관한 설명으로 옳지 않은 것은?

① 사전에 위해요소를 확인·평가하여 생산과정 등을 중점 관리하는 기준이다.
② 어육소시지는 HACCP 의무적용품목이다.
③ 정부주도형 사후 위생관리제도이다.
④ 위해요소분석과 중요관리점으로 구성된다.

해설 위해요소 중점관리기준(HACCP)은 사후에 위생을 관리하는 것이 아니라 사전에 위해요소를 차단하고 관리한다. HACCP는 식품의 원료 관리, 제조·가공·조리·소분·유통의 모든 과정에서 위해한 물질이 식품에 섞이거나 식품이 오염되는 것을 방지하기 위하여 각 과정의 위해요소를 확인·평가하여 중점적으로 관리하는 기준을 말한다.

70 육상어류 양식장이 준수하여야 하는 HACCP 선행요건에 해당하는 것을 모두 고른 것은?

ㄱ. 양식장 위생안전관리	ㄴ. 중요관리점 결정
ㄷ. 양식장 시설 및 설비관리	ㄹ. 동물용의약품 및 사료관리

① ㄱ, ㄴ ② ㄴ, ㄷ
③ ㄱ, ㄷ, ㄹ ④ ㄴ, ㄷ, ㄹ

해설 중요관리점 결정은 HACCP를 추진하기 위한 선행요건이 아니라 HACCP를 추진하는 데 적용되는 공통 기준인 7원칙 12절차의 하나이다.

HACCP 추진을 위한 식품제조가공업소의 주요 선행요건 관리사항

- 위생관리 : 작업장 관리, 개인 위행관리, 폐기물 관리, 세척 또는 소독
- 제조·가공·조리시설·설비관리 : 제조시설 및 기계기구류 등 설비관리
- 냉장·냉동시설·설비관리·용수관리
- 보관·운송관리 : 구입 및 입고, 협력업체 관리, 운송, 보관
- 검사관리 : 제품검사, 시설, 설비, 기구 등 검사
- 회수 프로그램관리
- 주변 환경관리 : 영업장 주변, 작업장, 건물바닥, 벽 및 천장, 배수 및 배관, 출입구, 통로, 창, 채광 및 조명, 부대시설(화장실, 탈의실 및 휴게실)

69 ③ 70 ③ 정답

71 **어묵 제조의 성형 공정에서 이물 불검출을 기준으로 설정하는 것은 HACCP의 7원칙 중 어느 단계에 해당하는가?**

① 중요관리점의 한계기준 결정

② 중요관리점별 모니터링 체계 확립

③ 잠재적 위해요소 분석

④ 공정 흐름도 현장 확인

해설 ① 중요관리점의 한계기준 결정은 HACCP의 원칙 3(절차 8)에 해당하는 것으로 안전성을 보장할 수 있는 기준치를 결정하는 것이다. 성형 공정에서 이물 불검출, 즉 이물 0이라는 한계기준을 정해 주는 것은, 중요관리점의 한계기준 결정에 해당한다.

② 중요관리점별 모니터링 체계 확립(원칙 4, 절차 9) : 중요관리점마다 설정된 한계기준이 적절히 준수되고 있는지 여부를 확인하기 위하여 정기적으로 설정된 온도나 시간을 측정하거나 관찰함은 물론 그 결과를 기록하는 것이다.

③ 잠재적 위해요소 분석(원칙 1, 절차 6) : 원·부재료 및 제조공정에서 발생될 수 있는 위해요소(식중독균, 농약 및 중금속, 이물 등)가 무엇인지 확인하는 것이다.

④ 공정 흐름도 현장 확인(준비단계, 절차 5) : 절차 4에서 작성한 작업공정흐름도 등이 실제 현장과 일치하는지 확인하는 것이다.

72 **장염 비브리오균(*Vibrio parahaemolyticus*)에 관한 설명으로 옳지 않은 것은?**

① 독소형 식중독균으로 치사율이 높다.

② 어패류를 충분히 가열하지 않고 섭취하는 경우에 감염될 수 있다.

③ 주요 증상은 설사와 복통이며, 환자 중 일부는 발열·두통·오심이 나타난다.

④ 호염균으로 바닷가 연안의 해수, 해초, 플랑크톤 등에 분포한다.

해설 ① 장염 비브리오균은 세균성 감염형 식중독균으로, 치사율은 높지 않다.

정답 71 ① 72 ①

73 수산물로부터 감염되는 기생충에 해당하지 않는 것은?

① 간흡충(간디스토마)

② 폐흡충(폐디스토마)

③ 고래회충(아니사키스)

④ 무구조충(민촌충)

해설 ④ 무구조충(민촌충) : 소가 중간숙주인 기생충이다.
① 간흡충(간디스토마) : 쇠우렁이가 제1중간 숙주이고 잉어과의 물고기가 제2중간 숙주인 기생충이다.
② 폐흡충(폐디스토마) : 다슬기가 제1중간 숙주이고, 담수생 참게, 미국 가재가 제2숙주인 기생충이다.
③ 고래회충 : 바다 포유동물을 종숙주로 하는 기생충이다.

74 독소보유생물과 독소의 연결이 옳지 않은 것은?

① 포도상구균 – Enterotoxin

② 뱀장어 – Saxitoxin

③ 보툴리누스균 – Neurotoxin

④ 복어 – Tetrodotoxin

해설 삭시톡신(Saxitixin)은 섭조개(홍합), 굴, 바지락 등 조개류의 독성물질이다. 뱀장어 등의 장어형 어류의 혈액(점액)에는 이크티톡신(또는 Fish serumtoxin)이라는 단백질독이 들어있다.

75 유해 중금속에 의한 식중독에 관한 설명으로 옳지 않은 것은?

① 식품공전에는 수산물 중 연체류에 대해 수은, 납, 카드뮴 기준이 설정되어 있다.

② 수은 중독 시 사지마비, 언어장애 등을 유발하며, 임산부의 경우 기형아 출산의 원인이 된다.

③ 납 중독 시 신장장애를 유발하며, "미나마타병"이라고도 한다.

④ 카드뮴 중독 시 관절 통증을 유발하며, "이타이이타이병"이라고도 한다.

해설 미나마타병은 일본 구마모토현 미나마타시에서 발생한 수은에 의한 공해병에서 유래한 이름으로, 이후 수은 중독을 대표하는 이름이 되었다.

73 ④ 74 ② 75 ③ 정답

04 수산일반

76 수산자원관리법상 용어에 관한 정의로 옳지 않은 것은?

① "수산자원"이란 수중에 서식하는 수산동식물로서 국민경제 및 국민생활에 유용한 자원을 말한다.
② "수산자원관리"란 수산자원의 보호·회복 및 조성 등의 행위를 말한다.
③ "총허용어획량"이란 포획·채취할 수 있는 수산동물의 종별 연간 어획량의 최고한도를 말한다.
④ "바다숲"이란 수산자원을 조성한 후 체계적으로 관리하여 이를 포획·채취하는 장소를 말한다.

해설 ④ "바다숲"이란 갯녹음(백화현상) 등으로 해조류가 사라졌거나 사라질 우려가 있는 해역에 연안생태계 복원 및 어업생산성 향상을 위하여 해조류 등 수산종자를 이식하여 복원 및 관리하는 장소를 말한다[해중림(海中林)을 포함한다](수산자원관리법 제2조 제1항 제6호).

77 다음에서 설명하는 어업은?

> • 끌그물 어법에 속하며 한 척의 어선으로 조업한다.
> • 어구의 입구를 수평방향으로 벌리게 하는 전개판(Otter Board)을 사용한다.

① 선 망
② 자 망
③ 봉수망
④ 트 롤

해설 트롤은 한 척 또는 두 척의 어선으로 어구를 끌어 어획하는 어법인 끌그물 어법의 하나로, 그물 어구의 입구를 수평 방향으로 벌리게 하는 전개판을 사용하여 한 척의 선박으로 조업한다.

정답 76 ④ 77 ④

78 자원 관리형 어업과 관련된 내용으로 옳지 않은 것은?

① 대상 생물의 생태를 파악한다.
② 지속가능한 어업을 영위한다.
③ 어선 및 어구의 규모와 수를 증가시킨다.
④ 자원을 합리적으로 이용한다.

해설 자원 관리형 어업은 총허용어획량(TAC) 관리제도의 의무화, 금어·휴어제 확대, 전략적 어선 감척, 연안·근해 조업구역 조정, 어항검색제도 도입, 불법어업 처벌 강화, 어린물고기 보호 강화 등을 통하여 지속가능한 어업을 영위하고 자원을 합리적으로 이용하는 어업으로, 어선과 어구의 규모와 수를 증가시키는 것과는 거리가 멀다.

79 2019년도 우리나라 수산물 생산량이 많은 것부터 적은 순으로 옳게 나열된 것은?

① 원양어업 > 천해양식어업 > 내수면어업 > 일반해면어업
② 원양어업 > 내수면어업 > 천해양식어업 > 일반해면어업
③ 천해양식어업 > 원양어업 > 일반해면어업 > 내수면어업
④ 천해양식어업 > 일반해면어업 > 원양어업 > 내수면어업

해설 **우리나라의 어업생산량 순서**
천해양식어업 > 일반해면어업 > 원양어업 > 내수면어업

80 수산업의 발달에 관한 내용으로 옳은 것은?

① 수산물을 가공한 가장 원시적인 형태는 훈제품이다.
② 유엔 해양법 협약에 따라 연안국들은 경제수역 200해리 내에서 자원의 주권적인 권리를 행사할 수 있게 되었다.
③ 1960년대 우리나라는 연안국 어업규제 등으로 수산업의 성장이 둔화되기 시작하였다.
④ 우리나라 양식업이 대규모로 발전한 시기는 가두리식 김양식이 시작된 후부터이다.

해설 ① 인류의 역사에서 수산물을 가공한 가장 원시적인 형태는 원시인들이 우연히 방법을 발견한 건제품이다.
③ 1960년대 5차 경제개발계획과 함께 경제규모가 확대되고 경제구조가 고도화되면서 수산업도 수산진흥을 위한 장기 종합개발계획을 수립하고 발전하기 시작했다.
④ 우리나라에서 양식업이 대규모의 형태로 발전한 시기는 1960년대에 수하식 굴 양식이 시작된 후부터이다.

78 ③ 79 ④ 80 ② **정답**

81 현재 국내 새우류 중 양식생산량이 가장 많은 것은?

① 대 하
② 젓새우
③ 보리새우
④ 흰다리새우

해설 해양수산 통계 자료에 따르면, 2007년부터 현재까지 국내 새우류 중 양식생산량이 가장 많은 것은 흰다리새우이다.

82 경골 어류에 해당하지 않는 것은?

① 고등어
② 참 돔
③ 전 어
④ 홍 어

해설 ④ 홍어는 연골어류에 속한다.

- 경골어류 : 뼈가 단단하고, 주로 부레와 비늘이 있음
  예 고등어 · 꽁치 · 전갱이(방추형), 전어 · 돔(측편형), 복어(구형), 뱀장어(장어형)
- 연골어류 : 뼈가 물렁물렁하고, 주로 부레와 비늘이 없음
  예 홍어 · 가오리, 상어

83 어류의 체형과 종류의 연결이 옳지 않은 것은?

① 방추형 - 방어
② 측편형 - 감성돔
③ 구형 - 개복치
④ 편평형 - 아귀

해설 개복치는 타원형이고 옆으로 납작하다.

어류의 체형

- 방추형 : 고등어 · 꽁치 · 전갱이 · 방어
- 측편형 : 전어 · 돔
- 구형 : 복어
- 장어형 : 뱀장어
- 편평형 : 아귀 · 가오리 · 홍어

정답 81 ④ 82 ④ 83 ③

84 연체동물(문)이 아닌 것은?

① 전 복　　② 피조개
③ 해 삼　　④ 굴

해설 해삼은 극피동물(문)이다. 극피동물은 체벽에 탄산칼슘으로 이루어진 석회판의 견고한 골격을 함유한 바다에 사는 동물이다. 성게, 불가사리, 해삼, 바다나리 등이 있다.

85 수산자원의 계군을 식별하는 데 형태학적 방법으로 이용되는 것을 모두 고른 것은?

ㄱ. 체 장　　ㄴ. 두 장
ㄷ. 체 고　　ㄹ. 비만도
ㅁ. 포란수

① ㄱ, ㄴ, ㄷ　　② ㄱ, ㄷ, ㅁ
③ ㄴ, ㄹ, ㅁ　　④ ㄷ, ㄹ, ㅁ

해설 **계군분석법**

- 형태학적 방법 : 체장·두장·체고 등을 측정하여 계군의 특정 형질에 관하여 통계적으로 비교·분석하는 생물 측정학적 방법과 비늘 위치·가시 형태 등을 비교·분석하는 해부학적 방법이 이용된다.
- 생태학적 방법 : 각 계군의 생활사, 산란기 및 산란장, 체장조성, 비늘 형태, 포란 수, 분포 및 회유 상태, 기생충의 종류 등의 차이를 비교·분석한다.
- 표지방류법 : 일부 개체에 표지를 붙여 방류했다가 다시 회수하여 그 자원의 동태를 연구하는 방법이다.
- 어황분석법 : 어획통계자료를 통해 어황의 공통성·주기성·변동성 등을 비교, 검토하여 어군의 이동이나 회유로를 추정하는 방법이다.
- 유전학적 방법 : 유전자 조성을 이용하는 방법이다.

86 함정 어구·어법에 해당하지 않는 것은?

① 쌍끌이 기선저인망　　② 통 발
③ 정치망　　④ 안강망

해설 ① 쌍끌이 기선저인망은 주머니 모양으로 된 어구를 수평방향으로 임의시간 동안 끌어 대상생물을 잡는 끌어구류·어법의 하나이다.

함정 어구·어법
함정 어구·어법은 깔때기처럼 일단 들어간 대상생물이 되돌아나오지 못하도록 한 장치를 가진 어구를 부설하여 대상생물이 스스로 함정에 빠지도록 하여 잡는 것을 말한다. 통발, 정치망, 안강망, 주목망, 죽방렴, 낭장망 등을 이용한다.

84 ③ 85 ① 86 ① 정답

87 우리나라 동해안의 주요 어업을 모두 고른 것은?

ㄱ. 붉은대게 통발 어업	ㄴ. 조기 안강망 어업
ㄷ. 대게 자망 어업	ㄹ. 꽃게 자망 어업

① ㄱ, ㄴ
② ㄱ, ㄷ
③ ㄴ, ㄷ
④ ㄴ, ㄹ

해설 ㄴ・ㄹ은 서해안의 주요 어업이다.

우리나라 해역별 대표 어종과 어업 종류

동 해	서 해	남 해
• 오징어–채낚기 • 꽁치–자망(걸그물) • 명태–주낙・자망 • 붉은대게–통발어업 • 대게–자망어업 • 방어–정치망 • 도루묵–트롤어업	• 꽃게–자망(걸그물) • 조기–안강망	• 멸치–기선권현망 • 고등어・전갱이–근해 선망 • 장어–통발 • 삼치・갈치–정치망

88 다음은 멸치에 관한 설명이다. ( )에 들어갈 내용을 순서대로 옳게 나열한 것은?

> 우리나라에서 멸치는 건제품이나 젓갈 등으로 가공되며, 주산란기는 ( )이고, 주산란장은 ( ) 일대이며, ( )으로 가장 많이 어획된다.

① 봄, 동해안, 정치망
② 봄, 남해안, 기선권현망
③ 여름, 남해안, 죽방렴
④ 여름, 동해안, 안강망

해설 멸치는 봄에 남해안 일대에 산란하며, 기선권현망 어업으로 어획한다. 주로 마른멸치로 가공하여 반찬, 국거리, 마른안주 등으로 소비되고 있다.

정답 87 ② 88 ②

89 다음에서 설명하는 어장의 물리적 환경요인은?

- 해양의 기초 생산력을 높이는데 일익을 담당한다.
- 수산 생물의 성적인 성숙을 촉진시킨다.
- 어군의 연직운동에 영향을 미친다.

① 빛 ② 영양염류
③ 용존산소 ④ 수소이온농도

해설 어장의 환경 요인 중 물리적 요인으로는 빛, 수온, 지형, 투명도, 바닷물의 유동 등이 있다. 영양염류, 용존산소, 수소이온농도 등은 화학적 요인에 해당한다.

90 양식장의 환경 특성에 관한 설명으로 옳지 않은 것은?

① 개방적 양식장은 인위적으로 환경요인을 조절하기 쉽다.
② 개방적 양식장은 외부 수질환경과 자유로이 소통한다.
③ 폐쇄적 양식장은 지리적 위치에 상관없이 특정 수산생물 양식이 가능하다.
④ 폐쇄적 양식장은 외부환경과 분리된 공간에서 인위적으로 환경요인의 조절이 가능하다.

해설 개방적 양식장은 양식장의 수질 환경이 자연 환경에 열려 있어 자유로운 소통이 가능한 양식장으로, 환경의 인위적 조절이 거의 불가능하다. 가두리식, 뗏목식, 밧줄식 양식 등이 있다.

91 전복을 증식 또는 양식하는 방법으로 옳지 않은 것은?

① 바닥식 ② 밧줄식
③ 해상가두리식 ④ 육상수조식

해설 밧줄식은 해조류 중 미역, 다시마, 톳, 모자반 등의 양식에 이용하는 방법이다.

89 ① 90 ① 91 ② 정답

92 양식과정에서 각포자와 과포자를 관찰할 수 있는 해조류는?

① 김
② 미 역
③ 파 래
④ 다시마

해설 **김의 생활사**
유엽 → 엽체 → 배우체 세대(조과기, 조정기) → 수정 → 과포자 → 조가비에 잠입 → 사상체기 → 각포자 → 중성포자 → 유엽

93 우리나라에서 가장 오래된 양식 역사를 가지며 사료를 하루에 여러 번 나누어 주는 어류는?

① 잉 어
② 넙 치
③ 참 돔
④ 방 어

해설 잉어는 위가 없어 한꺼번에 많은 먹이를 먹지 못하므로, 하루 분의 사료를 여러 번에 걸쳐 조금씩 나누어 공급해야 한다.

94 양식생물이 다음과 같은 상황과 증상일 때 올바른 진단은?

주로 수온 20℃ 이하일 때 어류의 두부와 꼬리 부분에 솜 모양의 균사체가 붙어 있는 것이 특징이며, 세심한 주의가 부족할 때 산란된 알에도 자주 발생한다.

① 물이(Argulus) 기생
② 바이러스 질병 감염
③ 백점충 기생
④ 물곰팡이 감염

해설 물곰팡이병은 수온 10~15℃에서 가장 많이 발생하며, 솜 모양의 균사체가 붙는 것이 특징이다.

정답 92 ① 93 ① 94 ④

95 양식생물에 기생하여 피해를 주는 기생충이 아닌 것은?

① 점액포자충　　② 아가미흡충

③ 케토세로스　　④ 닻벌레

해설 케토세로스(Chaetoceros)는 기생충이 아니라, 패류 인공종자를 생산할 때 유생에 주로 공급하는 먹이생물이다.

96 다음 설명에서 공통으로 해당하는 양식 방법은?

- 사육수를 정화하여 다시 사용한다.
- 고밀도로 사육할 수 있다.
- 물이 귀한 곳에서도 양식할 수 있다.

① 지수식 양식

② 유수식 양식

③ 가두리식 양식

④ 순환여과식 양식

해설 순환여과식은 한 번 사용하여 노폐물에 의해 오염된 물을 여과장치를 통해 정화하여 다시 사용하는 양식 방법으로, 물이 적은 곳에서도 양식할 수 있고, 고밀도로 양식하여 단위면적당 생산량을 증가시킬 수 있다는 장점과 초기 설비비용 및 전력 등 관리비용이 많이 든다는 단점이 있다. 특히 겨울에 보일러를 가동하여 수온을 높이기 때문에 경비가 많이 든다.

97 패류 인공종자를 생산할 때 유생에 많이 공급하는 먹이생물은?

① 아이소크리시스(*Isochrysis*)

② 아르테미아(*Artemia*)

③ 나이트로박터(*Nitrobacter*)

④ 로티퍼(*Rotifer*)

해설 패류의 유생 먹이로는 주로 케토세로스, 아이소크리시스 등을 공급하고, 어류의 자어의 먹이 생물로는 주로 로티퍼나 아르테미아를 공급한다.

③ 나이트로박터(*Nitrobacter*)는 토양이나 물속에 있는 아질산염을 질산염으로 전환시키는 세균이다.

95 ③ 96 ④ 97 ① **정답**

98 **면허어업에 해당하는 것은?**

① 나잠어업　　② 정치망어업

③ 연안자망어업　　④ 대형저인망어업

해설

면허어업의 종류 (수산업법 제7조)	허가어업의 종류 (수산업법 제40조)	신고어업의 종류 (수산업법 시행령 제26조)
정치망어업 마을어업	근해어업 연안어업 구획어업	나잠어업 맨손어업

① 나잠어업 : 신고어업
③ 연안자망어업 : 연안어업의 한 종류로 허가어업에 속한다.
④ 대형저인망어업 : 근해어업의 한 종류로 허가어업에 속한다.

99 **수산업법령상 어업과 관리제도가 옳게 연결된 것은?**

① 맨손어업 - 허가어업　　② 마을어업 - 신고어업

③ 구획어업 - 허가어업　　④ 연안어업 - 신고어업

해설 ① 맨손어업 : 신고어업
② 마을어업 : 면허어업
③ 구획어업 : 허가어업
④ 연안어업 : 허가어업

100 **어류의 생활사 중 해수와 담수를 왕래하는 어종의 관리를 위하여 설립된 국제수산관리기구는?**

① 전미열대다랑어위원회(IATTC)　　② 태평양연어어업위원회(PSC)

③ 국제포경위원회(IWC)　　④ 태평양넙치위원회(IPHC)

해설 ② 태평양연어어업위원회(PSC)는 해수와 담수를 왕래하는 어종인 연어의 관리를 위해 미국과 캐나다에 의해 설립된 의사결정기구이다.
① 전미열대다랑어(참치)위원회(IATTC) : 동부태평양 참치 자원의 생산량을 최대한 지속적으로 유지하기 위해 설립
③ 국제포경위원회(IWC) : 고래에 관한 자원연구조사 및 보호조치를 위해 설립된 국제기구이다.
④ 태평양넙치위원회(IPHC) : 1953년에 설립되었으며, 회원국은 캐나다, 미국 2개국으로 북태평양 및 베링해역의 넙치어업과 관련한 과학적 연구조성, 적정 생산량 유지 및 개발업무를 수행함

정답 98 ② 99 ③ 100 ②

2021년 제7회

과년도 기출문제

01 수산물품질관리 관련 법령

01 농수산물 품질관리법령상 농수산물품질관리심의회 위원을 지명한 자가 그 지명을 철회할 수 있는 경우가 아닌 것은?

① 해당 위원이 심신장애로 인하여 직무를 수행할 수 없게 된 경우
② 해당 위원이 직무와 관련된 비위사실이 있는 경우
③ 해당 위원이 직무태만으로 인하여 위원으로 적합하지 아니하다고 인정되는 경우
④ 위원이 해당 안건에 대하여 자문을 하여 스스로 해당 안건의 심의·의결에서 회피한 경우

해설 **위원의 해촉 등(시행령 제2조의2 제1항)**

농수산물품질관리심의회 위원을 지명한 자는 해당 위원이 다음의 어느 하나에 해당하는 경우에는 그 지명을 철회할 수 있다.

1. 심신장애로 인하여 직무를 수행할 수 없게 된 경우
2. 직무와 관련된 비위사실이 있는 경우
3. 직무태만, 품위손상이나 그 밖의 사유로 인하여 위원으로 적합하지 아니하다고 인정되는 경우
4. 위원 스스로 직무를 수행하는 것이 곤란하다고 의사를 밝히는 경우
5. 제2조의3 제1항 각 호의 어느 하나에 해당하는 데에도 불구하고 회피하지 아니한 경우

위원의 제척·기피·회피(시행령 제2조의3)

농수산물품질관리심의회(심의회)의 위원이 다음의 어느 하나에 해당하는 경우에는 해당 안건의 심의·의결에서 제척(除斥)된다.

1. 위원 또는 그 배우자나 배우자였던 사람이 해당 안건의 당사자가 되거나 그 안건의 당사자와 공동권리자 또는 공동의무자인 경우
2. 위원이 해당 안건의 당사자와 친족이거나 친족이었던 경우
3. 위원이 해당 안건에 대하여 증언, 진술, 자문, 연구, 용역 또는 감정을 한 경우
4. 위원이 해당 안건의 당사자인 법인·단체 등에 최근 3년 이내에 임원 또는 직원으로 재직하였던 경우

1 ④ 정답

02 농수산물 품질관리법령상 수산물에 대하여 표준규격품임을 표시하려는 경우 해당 물품의 포장 겉면에 "표준규격품"이라는 문구와 함께 표시하여야 하는 사항을 모두 고른 것은?

ㄱ. 품 목	ㄴ. 산 지
ㄷ. 생산 연도	ㄹ. 포장재

① ㄱ, ㄴ　　② ㄱ, ㄷ

③ ㄴ, ㄹ　　④ ㄷ, ㄹ

해설 **표준규격품의 출하 및 표시방법 등(시행규칙 제7조 제2항)**

표준규격품을 출하하는 자가 표준규격품임을 표시하려면 해당 물품의 포장 겉면에 '표준규격품'이라는 문구와 함께 다음의 사항을 표시하여야 한다.

1. 품 목
2. 산 지
3. 품종. 다만, 품종을 표시하기 어려운 품목은 국립농산물품질관리원장, 국립수산물품질관리원장 또는 산림청장이 정하여 고시하는 바에 따라 품종의 표시를 생략할 수 있다.
4. 생산 연도(곡류만 해당한다)
5. 등 급
6. 무게(실중량). 다만, 품목 특성상 무게를 표시하기 어려운 품목은 국립농산물품질관리원장, 국립수산물품질관리원장 또는 산림청장이 정하여 고시하는 바에 따라 개수(마릿수) 등의 표시를 단일하게 할 수 있다.
7. 생산자 또는 생산자단체의 명칭 및 전화번호

정답 2 ①

03 **농수산물 품질관리법령상 수산물 품질인증 표시의 제도법에 관한 내용으로 옳지 않은 것은?**

① 표지도형의 한글 및 영문 글자는 고딕체로 한다.

② 표지도형의 색상은 파란색을 기본색상으로 하고, 포장재의 색깔 등을 고려하여 녹색 또는 빨간색으로 할 수 있다.

③ 표지도형 내부의 "품질인증"의 글자 색상은 표지도형 색상과 동일하게 한다.

④ 표지도형의 위치는 포장재 주 표시면의 옆면에 표시하되, 포장재 구조상 옆면에 표시하기 어려울 경우에는 표시위치를 변경할 수 있다.

해설 **수산물 품질인증 표시(시행규칙 [별표7])**

1. 표지도형

인증기관명 :
인증번호 :

Name of Certifying Body :
Certificate Number :

2. 제도법
   - 표지도형의 한글 및 영문 글자는 고딕체로 하고, 글자 크기는 표지도형의 크기에 따라 조정한다.
   - 표지도형의 색상은 파란색을 기본색상으로 하고, 포장재의 색깔 등을 고려하여 녹색 또는 빨간색으로 할 수 있다.
   - 표지도형 내부의 "품질인증", "(QUALITY SEAFOOD)" 및 "QUALITY SEAFOOD"의 글자 색상은 표지도형 색상과 동일하게 하고, 하단의 "해양수산부"와 "MOF KOREA"의 글자는 흰색으로 한다.
   - 배색비율은 녹색 C80 + Y100, 파란색 C100 + M70, 빨간색 M100 + Y100 + K10으로 한다.
   - 표지도형의 크기는 포장재의 크기에 따라 조정한다.
   - 표지도형 밑에 인증기관명과 인증번호를 표시한다.
   - 표지도형의 위치는 포장재 주 표시면의 옆면에 표시하되, 포장재 구조상 옆면에 표시하기 어려울 경우에는 표시위치를 변경할 수 있다.

※ 관련 법령 개정(2023.2.27.)으로 수산물의 품질인증 표지도형 기본색상이 '녹색'에서 '파란색'으로 변경되어 정답없음

3 정답없음 **정답**

04 농수산물 품질관리법령상 농수산물 또는 농수산가공품에 대한 지리적표시 등록거절 사유의 세부기준에 해당하지 않는 경우는?

① 해당 품목이 농수산물인 경우에는 지리적표시 대상지역에서만 생산된 것이 아닌 경우
② 해당 품목의 우수성이 국내 및 국외에서 모두 널리 알려지지 아니한 경우
③ 해당 품목이 농수산가공품인 경우에는 지리적표시 대상지역에서만 생산된 농수산물을 주원료로 하여 해당 지리적표시 대상지역에서 가공된 것이 아닌 경우
④ 해당 품목의 명성·품질 또는 그 밖의 특성이 본질적으로 특정지역의 생산환경적 요인에 기인하나 인적 요인에 기인하지 아니한 경우

해설 **지리적표시의 등록거절 사유의 세부기준(시행령 제15조)**

지리적표시 등록거절 사유의 세부기준은 다음과 같다.

1. 해당 품목이 농수산물인 경우에는 지리적표시 대상지역에서만 생산된 것이 아닌 경우

1의2. 해당 품목이 농수산가공품인 경우에는 지리적표시 대상지역에서만 생산된 농수산물을 주원료로 하여 해당 지리적표시 대상지역에서 가공된 것이 아닌 경우

2. 해당 품목의 우수성이 국내 및 국외에서 모두 널리 알려지지 아니한 경우
3. 해당 품목이 지리적표시 대상지역에서 생산된 역사가 깊지 않은 경우
4. 해당 품목의 명성·품질 또는 그 밖의 특성이 본질적으로 특정지역의 생산환경적 요인과 인적 요인 모두에 기인하지 아니한 경우
5. 그 밖에 농림축산식품부장관 또는 해양수산부장관이 지리적표시 등록에 필요하다고 인정하여 고시하는 기준에 적합하지 않은 경우

정답 4 ④

05 농수산물 품질관리법상 안전성검사기관에 관한 설명으로 옳은 것은?

① 안전성검사기관은 해양수산부장관이 지정한다.

② 거짓으로 지정을 받은 경우 지정취소 또는 6개월 이내의 업무정지 처분을 받을 수 있다.

③ 안전성검사기관 지정의 유효기간은 1년을 초과하지 아니하는 범위에서 한 차례만 연장될 수 있다.

④ 안전성검사기관 지정이 취소된 경우 취소된 후 3년이 지나지 아니하면 그 지정을 신청할 수 없다.

해설 ① 안전성검사기관은 식품의약품안전처장이 지정한다(법 제64조 제1항).

② 거짓으로 지정을 받은 경우 지정을 취소하여야 한다(법 제65조 제1항 제1호).

④ 안전성검사기관 지정이 취소된 경우 취소된 후 2년이 지나지 아니하면 그 지정을 신청할 수 없다(법 제64조 제2항 단서).

안전성검사기관의 지정 등(법 제64조)

- 식품의약품안전처장은 안전성조사 업무의 일부와 시험분석 업무를 전문적·효율적으로 수행하기 위하여 안전성검사기관을 지정하고 안전성조사와 시험분석 업무를 대행하게 할 수 있다.
- 안전성검사기관으로 지정받으려는 자는 안전성조사와 시험분석에 필요한 시설과 인력을 갖추어 식품의약품안전처장에게 신청하여야 한다. 다만, 안전성검사기관 지정이 취소된 후 2년이 지나지 아니하면 안전성검사기관 지정을 신청할 수 없다.
- 지정을 받은 안전성검사기관은 지정받은 사항 중 업무 범위의 변경 등 총리령으로 정하는 중요한 사항을 변경하고자 하는 때에는 미리 식품의약품안전처장의 승인을 받아야 한다. 다만, 총리령으로 정하는 경미한 사항을 변경할 때에는 변경사항 발생일부터 1개월 이내에 식품의약품안전처장에게 신고하여야 한다.
- 안전성검사기관 지정의 유효기간은 지정받은 날부터 3년으로 한다. 다만, 식품의약품안전처장은 1년을 초과하지 아니하는 범위에서 한 차례만 유효기간을 연장할 수 있다.
- 지정의 유효기간을 연장받으려는 자는 총리령으로 정하는 바에 따라 식품의약품안전처장에게 연장 신청을 하여야 한다.
- 지정의 유효기간이 만료된 후에도 계속하여 해당 업무를 하려는 자는 유효기간이 만료되기 전까지 다시 지정을 받아야 한다.
- 안전성검사기관의 지정 기준·절차, 업무 범위, 변경의 절차 및 재지정 기준·절차 등에 필요한 사항은 총리령으로 정한다.

5 ③ 정답

06 농수산물 품질관리법령상 양식시설이 아닌 수산물의 생산·가공시설을 등록신청하는 경우 등록신청서에 첨부하여야 하는 서류가 아닌 것은?

① 생산·가공시설의 위생관리기준 이행계획서

② 생산·가공시설의 용수배관 배치도

③ 생산·가공시설의 구조 및 설비에 관한 도면

④ 생산·가공시설에서 생산·가공되는 제품의 제조공정도

해설 **수산물의 생산·가공시설 등의 등록신청 등(시행규칙 제88조 제1항)**

수산물의 생산·가공시설을 등록하려는 자는 생산·가공시설 등록신청서에 다음의 서류를 첨부하여 국립수산물품질관리원장에게 제출해야 한다. 다만, 양식시설의 경우에는 제7호의 서류만 제출한다.

1. 생산·가공시설의 구조 및 설비에 관한 도면
2. 생산·가공시설에서 생산·가공되는 제품의 제조공정도
3. 생산·가공시설의 용수배관 배치도
4. 위해요소중점관리기준의 이행계획서(외국과의 협약에 규정되어 있거나 수출상대국에서 정하여 요청하는 경우만 해당한다)
5. 다음의 구분에 따른 생산·가공용수에 대한 수질검사성적서(생산·가공시설 중 선박 또는 보관시설은 제외한다)
   가. 유럽연합에 등록하게 되는 생산·가공시설 : 수산물 생산·가공시설의 위생관리기준(시설위생관리기준)의 수질검사항목이 포함된 수질검사성적서
   나. 그 밖의 생산·가공시설 : 「먹는물수질기준 및 검사 등에 관한 규칙」에 따른 수질검사성적서
6. 선박의 시설배치도(유럽연합에 등록하게 되는 생산·가공시설 중 선박만 해당한다)
7. 어업의 면허·허가·신고, 수산물가공업의 등록·신고, 「식품위생법」에 따른 영업의 허가·신고, 공판장·도매시장 등의 개설 허가 등에 관한 증명서류(면허·허가·등록·신고의 대상이 아닌 생산·가공시설은 제외한다)

07 농수산물 품질관리법령상 해양수산부장관이 지정해역에서 수산물의 생산을 제한할 수 있는 경우로 명시되지 않은 것은?

① 선박의 좌초로 인하여 해양오염이 발생한 경우

② 인근에 위치한 폐기물처리시설의 장애로 인하여 해양오염이 발생한 경우

③ 지정해역이 일시적으로 위생관리기준에 적합하지 아니하게 된 경우

④ 지정해역에서 수산물의 생산량이 급격하게 감소한 경우

해설 **지정해역에서의 생산제한(시행령 제27조)**

지정해역에서 수산물의 생산을 제한할 수 있는 경우는 다음과 같다.

1. 선박의 좌초·충돌·침몰, 그 밖에 인근에 위치한 폐기물처리시설의 장애 등으로 인하여 해양오염이 발생한 경우
2. 지정해역이 일시적으로 위생관리기준에 적합하지 아니하게 된 경우
3. 강우량의 변화 등에 따른 영향으로 지정해역의 오염이 우려되어 해양수산부장관이 수산물의 생산제한이 필요하다고 인정하는 경우

정답 6 ① 7 ④

08 **농수산물 품질관리법령상 지정해역에서 위생관리기준에 맞게 생산된 수산물 및 수산가공품에 대한 관능검사 및 정밀검사를 생략할 수 있는 경우 수산물·수산가공품 (재)검사신청서에 첨부하는 생산·가공일지에 적어야 하는 사항이 아닌 것은?**

① 어획기간

② 생산(가공)기간

③ 포장재

④ 품질관리자

해설 **수산물 등에 대한 검사의 일부 생략(시행규칙 제115조 제1항 제1호)**

국립수산물품질관리원장은 지정해역에서 위생관리기준에 맞게 생산·가공된 수산물 및 수산가공품에 해당하는 경우에는 관능검사 및 정밀검사를 생략할 수 있다. 이 경우 수산물·수산가공품 (재)검사신청서에 다음의 서류를 첨부하여야 한다.

가. 품 명

나. 생산(가공)기간

다. 생산량 및 재고량

라. 품질관리자 및 포장재

09 **농수산물 품질관리법령상 수산물 및 수산가공품의 검사에 관한 설명으로 옳지 않은 것은?**

① 수산물 및 수산가공품의 검사를 위한 필요한 최소량의 시료의 수거량 및 수거방법은 국립수산물품질관리원장이 정하여 고시한다.

② 정부에서 수매·비축하는 수산물 및 수산가공품은 품질 및 규격이 맞는지와 유해물질이 섞여 들어오는지 등에 관하여 해양수산부장관의 검사를 받아야 한다.

③ 외국과의 협약이나 수출 상대국의 요청에 따라 검사가 필요한 경우로서 해양수산부장관이 정하여 고시하는 수산물 및 수산가공품은 관세청장의 검사를 받아야 한다.

④ 검사를 받은 수산물의 포장·용기를 바꾸려면 다시 해양수산부장관의 검사를 받아야 한다.

해설 ③ 외국과의 협약이나 수출 상대국의 요청에 따라 검사가 필요한 경우로서 해양수산부장관이 정하여 고시하는 수산물 및 수산가공품은 해양수산부장관의 검사를 받아야 한다(법 제88조 제1항 제2호).

① 시행규칙 제112조 제1항

② 법 제88조 제1항 제1호

④ 법 제88조 제3항

8 ① 9 ③ 정답

10 농수산물 품질관리법령상 수산물품질관리사가 수행하는 직무로 명시되지 않은 것은?

① 포장수산물의 표시사항 준수에 관한 지도

② 수산물의 생산 및 수확 후의 품질관리기술 지도

③ 수산물의 선별·저장 및 포장 시설 등의 운용·관리

④ 위판장에 상장한 수산물에 대한 정가·수의매매 등의 가격 협의

해설 **수산물품질관리사의 직무(법 제106조)**

1. 수산물의 등급 판정
2. 수산물의 생산 및 수확 후 품질관리기술 지도
3. 수산물의 출하 시기 조절, 품질관리기술에 관한 조언
4. 그 밖에 수산물의 품질 향상과 유통 효율화에 필요한 업무로서 해양수산부령으로 정하는 업무

해양수산부령으로 정하는 업무(시행규칙 제134조의2)

1. 수산물의 생산 및 수확 후의 품질관리기술 지도
2. 수산물의 선별·저장 및 포장 시설 등의 운용·관리
3. 수산물의 선별·포장 및 브랜드 개발 등 상품성 향상 지도
4. 포장수산물의 표시사항 준수에 관한 지도
5. 수산물의 규격출하 지도

11 수산물 유통 및 가격안정에 관한 법률 제2조(정의)의 일부 규정이다. (　　)에 들어갈 내용은?

> "(　　)"이란 특별시·광역시·특별자치시 또는 특별자치도가 개설한 농수산물 도매시장 중 해당 관할구역 및 그 인접지역에서 도매의 중심이 되는 농수산물도매시장으로서 농림축산식품부령 또는 해양수산부령으로 정하는 것을 말한다.

① 중앙도매시장

② 지방도매시장

③ 농수산물공판장

④ 민영농수산물도매시장

해설 **정의(농수산물 유통 및 가격안정에 관한 법률 제2조 제3호)**

"중앙도매시장"이란 특별시·광역시·특별자치시 또는 특별자치도가 개설한 농수산물도매시장 중 해당 관할 구역 및 그 인접지역에서 도매의 중심이 되는 농수산물도매시장으로서 농림축산식품부령 또는 해양수산부령으로 정하는 것을 말한다.

정답 10 ④ 11 ①

12 농수산물 유통 및 가격안정에 관한 법령상 '생산자 관련 단체'에 해당하는 것은?

① 도매시장법인

② 어업회사법인

③ 매매참가인

④ 산지유통인

해설 농수산물공판장의 개설자(시행령 제3조 제1항)

1. 농어업경영체 육성 및 지원에 관한 법률에 따른 영농조합법인 및 영어조합법인과 농업회사법인 및 어업회사법인
2. 농업협동조합법에 따른 농협경제지주회사의 자회사

13 농수산물 유통 및 가격안정에 관한 법령상 '농수산물도매시장·공판장 및 민영도매시장의 시설기준'에서 필수시설이 아닌 것은?

① 주차장

② 경비실

③ 경매장(유개[有蓋])

④ 쓰레기 처리장

해설 농수산물도매시장·공판장 및 민영도매시장의 시설기준(시행규칙 [별표2])

- 필수시설 : 경매장(유개[有蓋]), 주차장, 저온창고(농수산물도매시장만 해당한다), 냉장실, 저빙실, 쓰레기 처리장, 위생시설(수세식 화장실), 사무실, 하주대기실·출하상담실
- 부수시설(수산) : 상온창고, 가공처리장, 제빙시설, 염장조, 염장실, 중도매인 점포, 중도매인 사무실, 소각시설, 용융기, 대금정산조직 사무실, 수출지원실
- 기타시설 : 회의실, 경비실, 기계실, 금융기관의 점포, 기타 이용자의 편의를 위하여 필요한 시설

12 ② 13 ② 정답

14 농수산물 유통 및 가격안정에 관한 법률상 시장관리운영위원회의 심의사항으로 명시되어 있는 것을 모두 고른 것은?

> ㄱ. 도매시장의 거래제도 및 거래방법의 선택에 관한 사항
> ㄴ. 수수료, 시장 사용료, 하역비 등 각종 비용의 결정에 관한 사항
> ㄷ. 최소출하량 기준의 결정에 관한 사항

① ㄱ, ㄴ
② ㄱ, ㄷ
③ ㄴ, ㄷ
④ ㄱ, ㄴ, ㄷ

해설 **시장관리운영위원회의 설치(법 제78조 제3항)**

위원회는 다음의 사항을 심의한다.

1. 도매시장의 거래제도 및 거래방법의 선택에 관한 사항
2. 수수료, 시장 사용료, 하역비 등 각종 비용의 결정에 관한 사항
3. 도매시장 출하품의 안전성 향상 및 규격화의 촉진에 관한 사항
4. 도매시장의 거래질서 확립에 관한 사항
5. 정가매매·수의매매 등 거래 농수산물의 매매방법 운용기준에 관한 사항
6. 최소출하량 기준의 결정에 관한 사항
7. 그 밖에 도매시장 개설자가 특히 필요하다고 인정하는 사항

15 농수산물 유통 및 가격안정에 관한 법령상 과징금에 관한 설명으로 옳지 않은 것은?

① 업무정지 1개월은 30일로 한다.
② 업무정지를 갈음한 과징금 부과의 기준이 되는 거래금액은 처분 대상자의 전년도 연간거래액을 기준으로 한다.
③ 도매시장의 개설자는 1일당 과징금 금액을 30%의 범위에서 가감하는 사항을 업무규정으로 정하여 시행할 수 있다.
④ 도매시장법인에 대해 부과하는 과징금은 5천만원을 초과할 수 없다.

해설 ④ 도매시장법인 등에는 1억원 이하, 중도매인에게는 1천만원 이하의 과징금을 부과할 수 있다(법 제83조 제1항).

과징금의 부과기준(시행령 [별표 1])

- 업무정지 1개월은 30일로 한다.
- 위반행위의 종별에 따른 과징금의 금액은 업무정지 기간에 1일당 과징금 금액을 곱한 금액으로 한다.
- 업무정지에 갈음한 과징금 부과의 기준이 되는 거래금액은 처분 대상자의 전년도 연간 거래액을 기준으로 한다. 다만, 신규사업, 휴업 등으로 1년간의 거래금액을 산출할 수 없을 경우에는 처분일 기준 최근 분기별, 월별 또는 일별 거래금액을 기준으로 산출한다.
- 도매시장의 개설자는 1일 과징금 부과기준을 30%의 범위에서 가감하는 사항을 업무규정으로 정하여 시행할 수 있다.
- 부과하는 과징금은 법 제83조에 따른 과징금의 상한을 초과할 수 없다.

정답 14 ④ 15 ④

16 **농수산물의 원산지 표시 등에 관한 법령상 수산물가공업자 甲은 국내에서 S어육햄을 제조하여 판매하고자 한다. 이 경우 포장지에 표시하여야 할 원산지 표시는?**

〈 S어육햄의 성분 구성 〉
명태연육 : 85% 가다랑어 : 10% 고등어 : 3% 전분 : 1.5% 소금 : 0.5 %
※ 명태연육은 러시아산, 가다랑어는 인도네시아산, 이외 모두 국산임

① 어육햄(명태연육 : 러시아산)
② 어육햄(명태연육 : 러시아산, 가다랑어 : 인도네시아산)
③ 어육햄(명태연육 : 러시아산, 가다랑어 : 인도네시아산, 고등어 : 국산)
④ 어육햄(명태연육 : 러시아산, 가다랑어 : 인도네시아산, 고등어 : 국산, 전분: 국산)

해설 **원산지의 표시대상(시행령 제3조 제2항)**
농수산물 가공품의 원료에 대한 원산지 표시대상은 다음과 같다. 다만, 물, 식품첨가물, 주정(酒精) 및 당류(당류를 주원료로 하여 가공한 당류가공품을 포함한다)는 배합 비율의 순위와 표시대상에서 제외한다.
1. 원료 배합 비율에 따른 표시대상
  가. 사용된 원료의 배합 비율에서 한 가지 원료의 배합 비율이 98% 이상인 경우에는 그 원료
  나. 사용된 원료의 배합 비율에서 두 가지 원료의 배합 비율의 합이 98% 이상인 원료가 있는 경우에는 배합 비율이 높은 순서의 2순위까지의 원료
  다. 가목 및 나목 외의 경우에는 배합 비율이 높은 순서의 3순위까지의 원료

16 ③ 정답

17 **농수산물의 원산지 표시 등에 관한 법령상 수산물도매업자 甲은 원산지표시를 하지 않고 중국산 뱀장어를 판매할 목적으로 저장고에 보관하던 중 단속 공무원 乙에게 적발되었다. 이 경우 처분권자가 甲에게 행할 수 없는 것은?**

① 표시의 이행명령 ② 해당 뱀장어의 거래행위 금지

③ 과징금 부과 ④ 과태료 부과

해설 **원산지 표시 등의 위반에 대한 처분 등(법 제9조 제1항)**

농림축산식품부장관, 해양수산부장관, 관세청장, 시・도지사 또는 시장・군수・구청장은 원산지 표시나 거짓 표시 등의 금지를 위반한 자에 대하여 다음의 처분을 할 수 있다.

1. 표시의 이행・변경・삭제 등 시정명령
2. 위반 농수산물이나 그 가공품의 판매 등 거래행위 금지

과태료(법 제18조 제1항)

다음의 어느 하나에 해당하는 자에게는 1천만원 이하의 과태료를 부과한다.

1. 원산지 표시를 하지 아니한 자
2. 원산지의 표시방법을 위반한 자
3. 임대점포의 임차인 등 운영자가 원산지 거짓표시 등의 금지에 해당하는 행위를 하는 것을 알았거나 알 수 있었음에도 방치한 자

3의2. 해당 방송채널 등에 물건 판매중개를 의뢰한 자가 원산지 거짓표시 등의 금지에 해당하는 행위를 하는 것을 알았거나 알 수 있었음에도 방치한 자

4. 원산지 표시 등의 조사를 위한 수거・조사・열람을 거부・방해하거나 기피한 자
5. 영수증이나 거래명세서 등을 비치・보관하지 아니한 자

18 **농수산물의 원산지 표시 등에 관한 법령상 해양수산부장관이 "원산지통합관리시스템"의 구축・운영 권한을 위임하는 자는?**

① 국립수산물품질관리원장 ② 시・도지사

③ 시장・군수・구청장 ④ 관세청장

해설 **권한의 위임(시행령 제9조 제1항)**

해양수산부장관은 수산물과 그 가공품에 관한 다음의 권한 국립수산물품질관리원장에게 위임한다.

1. 과징금의 부과・징수

1의2. 원산지 표시대상 농수산물이나 그 가공품의 수거・조사, 자체 계획의 수립・시행, 자체 계획에 따른 추진 실적 등의 평가 및 원산지통합관리시스템의 구축・운영

2. 처분 및 공표

2의2. 원산지 표시 위반에 대한 교육

3. 명예감시원의 감독・운영 및 경비의 지급
4. 포상금의 지급
5. 과태료의 부과・징수
6. 원산지 검정방법・세부기준 마련 및 그에 관한 고시

정답 17 ③ 18 ①

19 **농수산물의 원산지 표시 등에 관한 법령상 농수산물 원산지 표시제도 교육을 이수하지 않은 자에 대한 과태료 부과금액은?(단, 위반차수는 1차이며 감경사유는 고려하지 않음)**

① 15만원 ② 20만원
③ 30만원 ④ 60만원

해설 과태료의 부과기준(시행령 [별표2])

위반행위	과태료 금액		
	1차 위반	2차 위반	3차 위반
원산지의 표시를 하도록 한 농수산물이나 그 가공품을 생산·가공하여 출하하거나 판매 또는 판매할 목적으로 가공하는 자와 음식물을 조리하여 판매·제공하는 자가 원산지 표시, 거짓 표시 등의 금지를 위반하여 교육을 이수하지 않은 경우	30만원	60만원	100만원

20 **친환경농어업 육성 및 유기식품 등의 관리·지원에 관한 법령상 유기식품의 인증 및 관리에 관한 설명으로 옳은 것은?**

① 인증기관은 인증 신청을 받았을 때에는 10일 이내에 인증심사계획을 세워 신청인에게 인증심사일정과 인증심사명단을 알리고 그 계획에 따라 인증심사를 해야 한다.
② 인증의 유효기간은 인증을 받은 날부터 2년으로 한다.
③ 인증대상은 유기가공식품을 제조·가공하는 자에 한정한다.
④ 인증심사 결과에 대하여 이의가 있는 자는 인증심사를 한 해양수산부장관 또는 인증기관에 재심사를 신청할 수 없다.

해설 ② 인증의 유효기간은 인증을 받은 날부터 1년으로 한다(법 제21조).
③ 유기식품의 인증대상은 유기수산물을 생산하는 자, 유기가공식품을 제조·가공하는 자의 하나에 해당하는 자로 한다(시행규칙 제8조).
④ 인증심사 결과에 대하여 이의가 있는 자는 인증심사를 한 해양수산부장관 또는 인증기관에 재심사를 신청할 수 있다(법 제20조).

유기식품의 인증심사 절차 등(시행규칙 제11조 제1항)

국립수산물품질관리원장 또는 인증기관은 인증 신청을 받거나 인증의 갱신 신청 또는 인증품 유효기간 연장승인 신청을 받았을 때에는 10일 이내에 인증심사계획을 세워 신청인에게 인증심사 일정과 인증심사원 명단을 알리고 그 계획에 따라 인증심사를 해야 한다.

19 ③ 20 ① 정답

21 친환경농어업 육성 및 유기식품 등의 관리 · 지원에 관한 법률상 공시기관의 지정을 취소하여야 하는 경우는?

① 고의 또는 중대한 과실로 공시기준에 맞지 아니한 제품에 공시를 한 경우
② 업무정지 명령을 위반하여 정지기간 중에 공시업무를 한 경우
③ 정당한 사유 없이 1년 이상 계속하여 공시업무를 하지 아니한 경우
④ 공시기관의 지정기준에 맞지 아니하게 된 경우

해설 ①, ③, ④에 해당하는 경우에는 지정을 취소하거나 6개월 이내의 기간을 정하여 그 업무의 전부 또는 일부의 정지 또는 시정조치를 명할 수 있다.

공시기관의 지정취소 등(친환경농어업 육성 및 유기식품 등의 관리 · 지원에 관한 법률 제47조)

농림축산식품부장관 또는 해양수산부장관은 공시기관이 다음의 어느 하나에 해당하는 경우에는 지정을 취소하거나 6개월 이내의 기간을 정하여 그 업무의 전부 또는 일부의 정지 또는 시정조치를 명할 수 있다. 다만, 1부터 3까지의 경우에는 그 지정을 취소하여야 한다.

1. 거짓이나 그 밖의 부정한 방법으로 지정을 받은 경우
2. 공시기관이 파산, 폐업 등으로 인하여 공시업무를 수행할 수 없는 경우
3. 업무정지 명령을 위반하여 정지기간 중에 공시업무를 한 경우
4. 정당한 사유 없이 1년 이상 계속하여 공시업무를 하지 아니한 경우
5. 고의 또는 중대한 과실로 공시기준에 맞지 아니한 제품에 공시를 한 경우
6. 고의 또는 중대한 과실로 공시심사 및 재심사의 처리 절차 · 방법 또는 공시 갱신의 절차 · 방법 등을 지키지 아니한 경우
7. 정당한 사유 없이 처분, 명령, 공표를 하지 아니한 경우
8. 공시기관의 지정기준에 맞지 아니하게 된 경우
9. 공시기관의 준수사항을 지키지 아니한 경우
10. 시정조치 명령이나 처분에 따르지 아니한 경우
11. 정당한 사유 없이 소속 공무원의 조사를 거부 · 방해하거나 기피하는 경우

22 친환경농어업 육성 및 유기식품 등의 관리 · 지원에 관한 법률상 벌칙기준이 3년 이하의 징역 또는 3천만원 이하의 벌금에 해당하지 않는 자는?

① 인증기관의 지정을 받지 아니하고 인증업무를 한 자
② 인증, 인증 갱신 또는 공시, 공시 갱신의 신청에 필요한 서류를 거짓으로 발급한 자
③ 인증품에 인증을 받지 아니한 제품 등을 섞어서 판매할 목적으로 보관, 운반 또는 진열한 자
④ 인증과정에서 얻은 정보와 자료를 신청인의 서면동의 없이 공개하거나 제공한 자

해설 ④ 인증과정, 시험수행과정 또는 공시 과정에서 얻은 정보와 자료를 신청인의 서면동의 없이 공개하거나 제공한 자는 5년 이하의 징역 또는 5천만원 이하의 벌금에 처한다(법 제60조 제1항).

정답 21 ② 22 ④

23 **수산물 유통의 관리 및 지원에 관한 법령상 수산물의 이력추적관리를 받으려는 생산자가 등록하여야 하는 사항으로 명시되지 않은 것은?**

① 이력추적관리 대상품목명

② 양식수산물의 경우 양식장 면적

③ 판매계획

④ 천일염의 경우 염전의 위치

해설 **이력추적관리의 대상품목 및 등록사항(시행규칙 제25조 제2항)**

1. 생산자(염장, 건조 등 단순처리를 하는 자를 포함한다)
   가. 생산자의 성명, 주소 및 전화번호
   나. 이력추적관리 대상품목명
   다. 양식수산물의 경우 양식장 면적, 천일염의 경우 염전 면적
   라. 생산계획량
   마. 양식수산물 및 천일염의 경우 양식장 및 염전의 위치, 그 밖의 어획물의 경우 위판장의 주소 또는 어획장소
2. 유통자
   가. 유통자의 명칭, 주소 및 전화번호
   나. 이력추적관리 대상품목명
3. 판매자 : 판매자의 명칭, 주소 및 전화번호

24 **수산물 유통의 관리 및 지원에 관한 법률상 해양수산부장관이 수산물의 가격안정을 위하여 필요하다고 인정하여 그 생산자 또는 생산자단체로부터 해당 수산물을 수매하는 경우 그 재원은?**

① 수산정책기금

② 수산발전기금

③ 수산물가격안정기금

④ 재난지원기금

해설 **과잉생산 시의 생산자 보호(법 제40조)**

해양수산부장관은 수산물의 가격안정을 위하여 필요하다고 인정할 때에는 그 생산자 또는 생산자단체로부터 수산발전기금으로 해당 수산물을 수매할 수 있다. 다만, 가격안정을 위하여 특히 필요하다고 인정할 때에는 농수산물 유통 및 가격안정에 관한 법률에 따른 도매시장 또는 공판장에서 해당 수산물을 수매할 수 있다.

23 ③ 24 ② 정답

25 **수산물 유통의 관리 및 지원에 관한 법령상 수산물 유통협회가 수행하는 사업으로 명시되지 않은 것은?**

① 수산물유통산업의 육성・발전에 필요한 기술의 연구・개발

② 수산물 유통발전 기본계획 수립

③ 수산물유통사업자의 경영개선에 관한 상담 및 지도

④ 수산물유통산업의 발전을 위한 해외협력의 촉진

해설 **수산물 유통협회의 설립(법 제53조 제5항)**

협회는 다음의 사업을 수행한다.

1. 수산물유통사업자의 권익 보호 및 복리 증진
2. 수산물 유통 관련 통계 조사
3. 수산물 품질 및 위생 관리
4. 수산물유통산업 종사자의 교육훈련
5. 수산물유통산업 발전을 위하여 국가 또는 지방자치단체가 위탁하거나 대행하게 하는 사업
6. 그 밖에 수산물유통산업의 발전을 위하여 대통령령으로 정하는 사업

수산물 유통협회(시행령 제26조 제3항)

"대통령령으로 정하는 사업"이란 다음의 사업을 말한다.

1. 수산물유통산업의 육성・발전에 필요한 기술의 연구・개발과 외국자료의 수집・조사・연구 사업
2. 수산물유통사업자의 경영개선에 관한 상담 및 지도
3. 수산물유통산업의 발전을 위한 해외협력의 촉진
4. 수산물과 수산물유통산업의 홍보
5. 그 밖에 협회의 정관으로 정하는 사업

정답 25 ②

02 수산물유통론

26 **수산물 유통의 특성으로 옳은 것을 모두 고른 것은?**

ㄱ. 유통경로의 다양성	ㄴ. 어획물의 규격화
ㄷ. 구매의 소량 분산성	ㄹ. 낮은 유통마진

① ㄱ, ㄴ　　② ㄱ, ㄷ
③ ㄴ, ㄹ　　④ ㄷ, ㄹ

해설 **수산물 유통의 특성**

- 부패성 : 수산물은 부패성이 강해 선도유지가 상품성과 직결된다. 따라서 선도를 유지할 수 있도록 신속한 가격결정과 유통시스템이 요구된다.
- 유통경로의 다양성 : 유통경로가 다양하고 다단계로 이루어져 있다.
- 생산물의 규격화 및 균질화의 어려움: 수산물의 경우 다양한 어종으로 어획 생산되고, 품질도 균일화되어 있지 않다.
- 가격의 변동성 : 생산의 불확실성, 어획물 규격의 다양성, 부패성으로 인해 일정한 가격유지가 어렵고, 최종소비단계에서 계획적인 판매가 어렵고, 이러한 위험을 회피하기 위해 높은 유통마진이 형성되기 쉽다.
- 수산물 구매의 소량 분산성 : 소비자는 수산물의 구매를 소량으로 여러 번 하는 경우가 일반적이다.

27 **수산물 물적유통활동에 해당되지 않는 것은?**

① 금 융　　② 운 송
③ 정보전달　　④ 보 관

해설 ① 금융은 유통조성활동에 해당한다.

수산물 유통

유통활동	상적유통활동	구매 및 판매활동
	물적유통활동	운송활동, 보관활동, 하역활동, 포장활동, 유통가공활동, 정보유통활동
유통조성활동		표준화·등급화활동, 금융활동, 보험활동

26 ② 27 ① 정답

28 수산물 유통기구에 관한 설명으로 옳은 것은?

① 상품 유통의 원초적 형태는 생산자와 소비자의 간접적 거래로 이루어져 왔다.

② 유통단계가 단순하다.

③ 유통기능은 세분화되며 고도화되고 있다.

④ 수산물 매매는 가능하나 소유권 이전은 불가능하다.

해설 ③ 수산물의 유통기능이란 생산과 소비 사이에 떨어져 있는 여러 종류의 거리를 연결시켜 주는 기능을 말하는 것으로 운송 기능, 보관 기능, 정보전달 기능, 거래 기능, 상품구색 기능, 선별 기능, 집적 기능, 분할 기능 등으로 세분화되고 고도화되고 있다.

① 상품 유통의 원초적 형태는 직접적 거래로 이루어져 왔다. 직접적 유통(Direct Marketing)이란 수산물 유통에 있어서 수산물과 화폐의 교환이 생산자와 소비자 사이에 직접적으로 이루어지는 것을 말한다.

② 수산물은 생산자와 소비자가 전국적으로 분산되어 있고 규모도 영세하여 생산자로부터 최종 소비자에 이르기까지의 유통단계가 많다.

④ 거래기능은 생산된 수산물을 판매하고자 하는 생산자와 소비자 사이에 존재하는 소유권 거리(소유권 이전)와 관계있으며, 중간에서 적정가격을 통해 연결시켜 준다.

29 수산물 상적 유통기구에서 간접적 유통기구에 해당되지 않는 것은?

① 수집기구　　② 소비기구

③ 수집 및 분산 연결기구　　④ 분산기구

해설 간접적 유통(Indirect Marketing)

- 수산물 생산자와 소비자 사이에 중간상이 개입하며, 가장 보편적인 형태이다.
- 수산물의 간접적 유통은 생산자와 소비자 사이에 수산물의 수집기구, 분산기구, 수집・분산 연결기구와 같은 3가지 유형의 유통기구가 개입한다.

30 수산물 유통과정에서 취급 수산물의 소유권을 획득하여 제3자에게 이전시키는 활동을 하는 유통인은?

① 매매 차익 상인　　② 수수료 도매업자

③ 대리상　　④ 중개인

해설 매매 차익 상인

- 본래적인 상인, 고유의 상인, 좁은 의미의 상인
- 수산물 유통과정에서 취급 수산물의 소유권을 생산자로부터 획득하여 이것을 소비자에게 판매함으로써 이전시키는 활동을 하는 상인
- 수산물의 구매가격과 판매가격의 차액을 이익으로 획득하는 상인
- 매매 차익 상인의 분류
  - 소매상(Retailer) : 상품판매의 상대가 소비자
  - 도매상(Wholesaler) : 상품판매의 상대가 상업기관

정답 28 ③ 29 ② 30 ①

31 수산물 산지시장의 기능이 아닌 것은?

① 거래형성 기능　② 양륙 및 진열 기능
③ 생산 기능　④ 판매 및 대금결제 기능

해설 산지시장의 기능
- 어획물의 양륙과 진열 기능
- 거래형성 기능
- 대금결제 기능
- 판매 기능

32 객주에 의하여 위탁 유통되는 수산물 판매 경로는?

① 생산자 → 객주 → 도매시장 → 도매상 → 소매상 → 소비자
② 생산자 → 도매시장 → 객주 → 도매상 → 소매상 → 소비자
③ 생산자 → 위판장 → 객주 → 도매상 → 소매상 → 소비자
④ 생산자 → 도매시장 → 객주 → 소매상 → 소비자

해설 유통경로의 선택
- 생산자 → 소비자
- 생산자 → 직판장 → 소비자
- 생산자 → 객주 → 유사도매시장 → 도매상 → 소매상 → 소비자
- 생산자 → 산지위판장(수협 위판장) → 산지 중도매인 → 소비지 도매시장, 소비지 공판장(수협 소비지 공판장) → 소비지 중도매인 → 도매상 → 소매상 → 소비자

33 활어의 산지 유통단계에 해당되지 않는 것은?

① 생산자　② 수집상
③ 위판장　④ 소매점

해설 산지 유통
- 산지 유통은 생산자가 활어를 생산하여 산지의 상인(수협의 중매인이나 수집상)이나 지역의 식당과 같은 소매점에 판매하고, 상인들이 구매한 활어를 소비지로 판매하기 전까지를 의미한다.
- 주요 유통 기구는 산지 수협 위판장이나 수집상들이며, 이들은 활어를 취급하기 위해 자신 소유의 수조를 가지고 있다.
- 산지의 수조는 대부분 도매거래를 하기 때문에 구조물 형식의 거대한 수조를 가지고 있다. 또한, 활어유통을 위한 특수장비(수조, 산소공급기 등)가 설치된 활어차를 소유하고 있는데 1회차당 운반량이 많기 때문에 규모가 크다.

31 ③ 32 ① 33 ④ 정답

34 꽃게 유통의 특징에 관한 설명으로 옳은 것은?

① 대부분 양식산이다.
② 주로 자망과 통발 어구로 어획한다.
③ 어류에 비하여 특수한 유통설비가 많이 필요하다.
④ 서해안에서 어획되며 연도별로 어획량의 변동은 없다.

해설 ② 근해자망, 연안자망, 연안 개량 안강망, 연안 통발 등으로 어획한다.
① 꽃게는 양식을 하지 않기 때문에 활꽃게는 모두 자연산이다.
③ 꽃게는 어획 후 일정기간 살 수 있기 때문에 산지에서는 활어차나 수조 없이 유통 판매가 가능하다.
④ 꽃게는 연도별 어획량의 변동은 매우 크다. 즉, 한해 생산량은 전년도 꽃게 유생 밀도와 당시 해양환경 변화에 따라 크게 영향을 받는다.

35 우리나라 굴(Oyster)의 유통구조에 관한 설명으로 옳지 않은 것은?

① 자연산 굴은 통영 및 거제도를 중심으로 생산되며 수협을 통해 계통출하된다.
② 양식산 생굴은 주로 산지위판장을 통해 유통된다.
③ 양식산 굴은 주로 박신 작업을 거쳐 판매된다.
④ 가공용 굴은 주로 산지위판장을 거치지 않고 직접 가공공장에 판매된다.

해설 ① 자연산 굴은 주로 패·조류 채취어업에 의해 생산되고 있는데, 전체 생산량 중에서 5~7%만 수협의 산지 위판장을 통해 계통출하되고 있고, 나머지는 산지의 수집상에 의해 비계통출하되고 있다.

36 선어의 유통구조 및 경로에 관한 설명으로 옳은 것은?

① 선도 유지를 위하여 냉동법을 이용한다.
② 원양 어획물의 유통경로이다.
③ 대부분 수협을 통하지 않고 유통된다.
④ 산지 유통과 소비지 유통으로 구분된다.

해설 선 어

- 어획과 함께 냉장처리를 하거나 저온에 보관하여 냉동하지 않은 신선한 어류 또는 수산물을 의미하며 살아 있지 않다는 것에서 활어와 구별한다.
- 일반해면 어업에서 생산된 선어 중에서 계통출하의 비중은 90% 내외로 생산되는 선어의 대부분이 수협의 산지 위판장을 경유하고 있다.
- 수협의 산지위판장으로 경유하는 계통출하와 산지의 수집상에게 출하하는 비계통출하로 구분한다.

정답 34 ② 35 ① 36 ④

37 냉동 수산물의 유통구조 및 특성에 관한 설명으로 옳지 않은 것은?

① 수협을 통하여 출하한다.
② 부패하기 쉬운 수산물의 보존성을 높인다.
③ 선어에 비해 선도가 낮고 질감이 떨어진다.
④ 유통을 위해 냉동 저장시설은 필수적이다.

해설 ① 대부분의 냉동 수산물은 원양산이기 때문에 수협의 산지 위판장을 경유하는 비중이 매우 낮다.

38 수산물 전자상거래에서 판매업체의 장점이 아닌 것은?

① 판촉비의 절감 ② 시공간적 사업영역 확대
③ 제품의 표준화 ④ 효율적인 마케팅 전략수립

해설 전자상거래의 장단점

구 분	장 점	단 점
기업체	• 광고비 등 판촉비 절감 • 효율적인 마케팅전략 수립 • 시간적·공간적 사업영역 확대	• 운영관리자의 경영관리 부족 • 제품의 표준화 문제 • 대금 지불방식의 안정화
소비자	• 효율적인 상품구매 • 시간적·공간적 기회의 확대 • 상품간 선택 폭 확대	• 다수의 피해자 발생 가능성 • 소비자 피해 구제의 어려움 • 개인정보 유출 및 보안 문제

39 수산물 가격결정 방식에 관한 설명으로 옳은 것은?

① 한·일식 경매방식은 네덜란드 경매방식과 유사하다.
② 한·일식 경매방식은 동시호가식 경매이다.
③ 네덜란드식 경매방식은 상향식 경매이다.
④ 영국식 경매방식은 하향식 경매이다.

해설 수산물 경매

- 영국식 경매(상향식) : 경매참가자들이 판매물에 대해 공개적으로 자유롭게 매수희망가격을 제시하여 최고의 높은 가격을 제시한 자를 최종 입찰자로 결정하는 방식
- 네덜란드식 경매(하향식) : 경매사는 경매시작 가격을 결정하고 입찰자가 나타날 때까지 가격을 내려가면서 제시하는 방식
- 한일식 경매(동시호가 경매) : 기본적으로 영국식 경매와 같은 상향식 경매이지만 영국식과 달리 경매참가자들이 경쟁적으로 가격을 높게 제시하고, 경매사는 그들이 제시한 가격을 공표하면서 경매를 진행시키는 방식

37 ① 38 ③ 39 ② 정답

40 **수산물의 유통효율화에 관한 설명으로 옳은 것은?**

① 유통성과를 유지하면서 유통마진을 줄이면 유통효율은 감소한다.
② 유통성과를 줄이면서 유통마진을 늘리면 유통효율은 증가한다.
③ 유통성과가 유통마진보다 크면 유통효율은 증가한다.
④ 유통구조가 노동집약적이거나 복잡할수록 유통효율은 증가한다.

해설 수산물 유통의 효율화기준

- 유통마진을 일정하게 하고 유통효율을 향상시키는 경우
- 유통성과를 일정하게 하고 유통마진을 축소시키는 경우
- 유통마진은 증가하지만 증가 이상으로 유통효율을 향상시키는 경우
- 유통성과는 감소하지만 성과 감소 이상으로 유통마진을 축소시키는 경우

41 **유통업자 A는 마른 멸치 한 상자를 팔아 5,000원의 이익을 얻었다. 이 이익을 얻는 데 상자당 보관비 1,000원, 운송비 1,000원, 포장비 1,000원이 소요되었다고 한다. 이때 유통마진은 얼마인가?**

① 2,000원　　② 5,000원
③ 7,000원　　④ 8,000원

해설 유통마진 = 유통이윤(상업이윤) + 유통비용(유통경비)
= 5,000 + 3,000 = 8,000원

42 **활광어 가격이 10% 하락하였는데 매출량은 5% 증가했다. 이에 관한 설명으로 옳은 것은?**

① 공급이 비탄력적이다.
② 수요가 비탄력적이다.
③ 수요는 탄력적이나 공급이 비탄력적이다.
④ 공급은 탄력적이나 수요가 비탄력적이다.

해설 어떤 재화의 가격변화율보다 수요량의 변화율이 작으면 '수요의 가격탄력성'은 비탄력적이다.

$$\text{수요의 가격탄력성} = \frac{\text{수요량의 변화율}}{\text{가격의 변화율}}$$

정답 40 ③ 41 ④ 42 ②

43 산지단계에서 중도매인 유통 비용에 해당되는 것을 모두 고른 것은?

ㄱ. 위판수수료	ㄴ. 운송비
ㄷ. 어상자대	ㄹ. 양륙 및 배열비
ㅁ. 저장 및 보관비용	

① ㄱ, ㄴ, ㄷ ② ㄱ, ㄴ, ㄹ

③ ㄴ, ㄷ, ㅁ ④ ㄷ, ㄹ, ㅁ

해설 **중도매인 비용** : 경매가 끝난 수산물을 중도매인이 소비자 도매시장으로 출하하거나 수요처까지 전달하는 비용

선별, 운반, 상차비	• 중도매인과 수협이나 어시장 내의 항운노조와 단체협약에 의해 결정 • 위판장 내 냉동창고를 이용하는 경우 입출고비 등이 별도로 부가됨
어상자대	• 종류 : 골판지, 스티로폼, 플라스틱, 목상자 • 선어나 패류의 경우 산지에서 포장된 상태로 소비지 도매시장에서 경매가 되므로 장거리운송과 상품보존을 위해 스티로폼이 가장 많이 쓰임
저장 및 보관비용	• 당일판매 수요량을 제외한 초과 구입물량을 수산물 냉동창고에 일시 보관하거나 장기 저장할 때 부과되는 비용 • 수산물 냉동창고의 이용률 금액에 따라 지불
운송비	• 운송방법 : 트럭, 항공, 철도, 해상 • 항공운송과 해상운송의 경우 : 제주지역에서 주로 이용 • 트럭운송의 경우 : 보통트럭과 전용특장차(냉동탑차) • 수산물 화주와 운송업체 간에 운임계약을 체결하여 운송비를 지불하는 형태

44 수산물 마케팅 전략이 아닌 것은?

① 상품개발(Product)

② 가격결정(Price)

③ 유통경로결정(Place)

④ 콜드체인(Cold Chain)

해설 ④ 콜드체인(Cold Chain)은 저온 유통 체계, 즉 제품의 생산부터 소비자에게 최종 배송되는 동안에도 일정한 저온 범위 유지를 위해 적용되는 활동과 장비를 말한다.

4P : 제품(Product), 경로(Place), 가격(Price), 촉진(Promotion)

43 ③ 44 ④ 정답

45 수산물 이력 정보에 포함되지 않는 것은?

① 상품 정보　　② 생산지 정보
③ 소비자 정보　　④ 가공업체 정보

해설 수산물 이력에 수록되는 정보 내용
- 상품 정보 : 상품명, 품목명, 출하일, 인증정보, 기타 정보
- 생산자 정보 : 생산업체명, 소재지, 연락처, 인증정보, 대표자, 업체소개, 제품출하일
- 가공유통업체 정보 : 업체명, 소재지, 연락처, 대표자, 업체소개, 인증정보

46 음식점 A는 추어탕에 국내산과 중국산 미꾸라지를 섞어 판매하고 있다. 섞음 비율이 중국산보다 국내산이 높은 경우, 추어탕의 원산지 표시방법으로 옳은 것은?

① 추어탕(미꾸라지 : 국내산과 중국산)
② 추어탕(미꾸라지 : 국내산과 중국산을 섞음)
③ 추어탕(미꾸라지 : 중국산과 국내산)
④ 추어탕(미꾸라지 : 중국산과 국내산을 섞음)

해설 영업소 및 집단급식소의 원산지 표시방법(농수산물의 원산지 표시 등에 관한 법률 시행규칙 [별표 4])
원산지가 다른 2개 이상의 동일 품목을 섞은 경우에는 섞음 비율이 높은 순서대로 표시한다.
예 • 국내산(국산)의 섞음 비율이 외국산보다 높은 경우
　– 넙치, 조피볼락 등 : 조피볼락회(조피볼락 : 국내산과 일본산을 섞음)
• 국내산(국산)의 섞음 비율이 외국산보다 낮은 경우
　– 낙지볶음(낙지 : 일본산과 국내산을 섞음)

47 수산물 유통 관련 국제기구에 해당되지 않는 것은?

① WTO　　② FAO
③ WHO　　④ EEZ

해설 ④ EEZ(Exclusive Economic Zone, 배타적 경제수역)은 자국 연안 200해리까지의 모든 자원에 대해 독점적 권리를 행사할 수 있는 유엔 국제해양법상의 배타적 경제수역으로, 타국 어선의 조업권, 어종 관리 등을 협력하여 관리하며, 유통과는 무관하다.
① WTO : World Trade Organization, 세계무역기구
② FAO : Food & Agricultural Organization, 국제연합식량농업기구
③ WHO : World Health Organization, 세계보건기구

정답 45 ③ 46 ② 47 ④

48 수산물 유통정책의 주요 목적이 아닌 것은?

① 수산물 가격의 적정화
② 수산물 유통의 효율화
③ 수산물 가격의 안정화
④ 안전한 수산물의 양식 생산

해설 **수산물 유통정책의 목적**

- 식품 안전성 확보
- 유통효율 극대화
- 가격 안정
- 가격수준의 적정화

49 소비지 유통정보에 해당되지 않는 것은?

① 농수산물유통공사의 가격정보
② 노량진수산시장의 가격정보
③ 부산공동어시장의 가격정보
④ 부산국제수산물도매시장의 가격정보

해설 ①·②·④ 소비지 유통정보는 가격정보를 중심으로, 주로 한국농수산식품유통공사와 각 법정도매시장, 수산정보포털에서 제공하며, 가락동 농수산물 도매시장, 노량진 수산시장, 부산국제수산물 도매시장 등이 해당된다.

50 수산물 가격 및 수급 안정정책 중 정부 주도형에 해당되는 것은?

① 비축제도
② 유통협약제도
③ 자조금제도
④ 관측사업제도

해설 ① 수산물 가격 및 수급 안정정책 중 정부 주도형에는 특정 수산물의 생산량이 너무 많을 때 사들였다가 가격이 높아질 기미가 보이면 방출하는 정부수매 비축사업과 같은 방식이 있다.

수산물 유통정책의 목적달성을 위한 수단

- 유통 과정의 개입 : 산지위판장이나 소비지 수산물 도매시장과 같은 유통기구를 활용하거나 자방자치단체 및 영어 조합법인, 어촌계 등에게 유통시설을 지원해서 개입하는 것
- 수요와 공급에 대한 개입 : 정부에서 특정 수산물의 생산량이 너무 많을 때 사들였다가 가격이 높아질 기미가 보이면 방출하는 정부수매 비축사업과 같은 방식
- 수출입과정에서의 개입
  - 관세나 수출입검역과 같은 방식
  - 세계무역기구(WTO), 도하개발어젠다(DDA)나 자유무역협정(FTA)과 같은 국제무역 협정을 통해 개입하는 방식

48 ④ 49 ③ 50 ① 정답

03 수확 후 품질관리론

51 **어패류의 근육 단백질 중에서 함유량이 가장 많은 것은?**

① 액 틴　　② 미오신
③ 미오겐　　④ 콜라겐

해설 근원섬유는 주로 액틴과 미오신이라는 단백질로 구성되고, 근섬유에 함유된 근원섬유의 구성 단백질의 약 60%가 미오신이다.

52 **어류의 신선도를 유지하기 위하여 연장해야 할 사후변화 단계는?**

① 해 경　　② 숙 성
③ 사후경직　　④ 자가소화

해설 ③ 사후경직은 신선도 유지와 직결되므로 죽은 후 저온 등의 방법으로 사후경직 지속시간을 길게 해야 신선도를 오래 유지할 수 있다.

53 **어패류에 함유되어 있는 색소가 아닌 것은?**

① 티라민　　② 멜라닌
③ 구아닌　　④ 미오글로빈

해설 어류의 색소

색소의 종류	성 분	어패류(색깔)
피부색소	멜라닌 아스타잔틴 구아닌	흑돔(검정) 참돔(빨강) 갈치(은색)
근육색소	미오글로빈 아스타잔틴	참다랑어(빨강) 연어, 송어(빨강)
내장색소	멜라닌	오징어먹물(검정)
혈액색소	헤모글로빈 헤모시아닌	일반어류(빨강) 게, 새우, 오징어(청색)

정답 51 ② 52 ③ 53 ①

54 어패류의 선도가 떨어질 때 발생하는 냄새를 모두 고른 것은?

ㄱ. 암모니아	ㄴ. 인 돌
ㄷ. 저급 아민	ㄹ. 저급 지방산
ㅁ. 히포크산틴	

① ㄱ, ㄴ, ㄷ
② ㄱ, ㄹ, ㅁ
③ ㄱ, ㄴ, ㄷ, ㄹ
④ ㄴ, ㄷ, ㄹ, ㅁ

해설 어류의 신선도가 떨어져 나는 냄새는 암모니아, 트라이메틸아민(TMA), 메틸메르캅탄, 인돌, 스카톨, 저급 지방산 등이 관여한다.

55 새우를 빙장 또는 동결 저장할 때 새우 표면에 흑색 반점이 생기는 이유는?

① 효소에 의한 색소 형성
② 황화수소에 의한 육 색소 변색
③ 껍질 색소의 공기 노출
④ 키틴의 산화 변색

해설 ① 흑변은 대표적인 효소적 갈변으로 새우 등의 갑각류에 잘 발생하며, 변질로 외관이 검게 변색되는 현상이다.

56 수산식품에 사용되는 대표적인 보존료는?

① 소브산칼륨
② 안식향산 나트륨
③ 프로피온산 칼륨
④ 디하이드로초산 나트륨

해설 ① 소브산 및 소브산칼륨, 소브산칼슘 등은 미생물의 증식을 억제하는 첨가물(식품보존료)이다.

54 ③ 55 ① 56 ① 정답

57 조기를 염장할 때 소금의 침투에 관한 설명으로 옳은 것은?

① 지방 함량이 많으면 소금의 침투가 빠르다.
② 염장 온도가 높을수록 소금의 침투가 빠르다.
③ 칼슘염 및 마그네슘염이 많으면 소금의 침투가 빠르다.
④ 일반적으로 염장 초기에는 물간법이 마른간법보다 소금의 침투가 빠르다.

해설 ① 지방함량이 많으면 소금의 침투를 저해한다.
③ 칼슘염 및 마그네슘염이 존재하면 소금의 침투를 저해한다.
④ 마른간법은 소금 침투가 빨라 염장 초기의 부패가 적으며, 물간법은 소금의 침투가 균일하다는 장점이 있다.

58 기체투과성이 낮고 열수축성과 밀착성이 좋아 수산 건제품 및 어육 연제품의 포장에 이용되는 플라스틱 필름은?

① 셀로판 ② 폴리스티렌
③ 폴리프로필렌 ④ 폴리염화비닐리덴

해설 **폴리염화비닐리덴(PVDC)**
- 기본 중합체(Base Polymer) 중 염화비닐리덴의 함유율이 50% 이상인 합성수지제를 말한다.
- 필름으로 만든 것은 투명도가 매우 높고 내약품성, 열수축성, 밀착성, 가스차단성, 방습성 등이 좋으며 투습성, 기체 투과성이 낮다.
- 120℃ 고온살균을 할 수 있으며, 가열소시지케이싱이나 증류기 파우치, 즉석식품 포장 및 통조림의 대용포장제로 사용된다.
- 기타 건조식품, 고지방식품, 향기성식품, 어육연제품 등의 포장 또는 전자레인지용 랩 필름 등에 다양하게 이용되고 있다.

59 마른 멸치를 포장할 때 탈산소제 봉입 포장의 효과가 아닌 것은?

① 갈변 방지 ② 지방의 산화 방지
③ 식품 성분의 손실 방지 ④ 혐기성 미생물의 생육 억제

해설 **탈산소제 첨가 포장**
- 탈산소제 봉입포장 개념 : 진공포장이나 가스치환포장과 같이 별도의 포장용기를 필요로 하지 않고, 산소차단성이 우수한 포장재 내부에 식품을 투입하고 다시 탈산소제를 봉입한 후 밀봉하는 방법
- 탈산소제 봉입포장 효과: 곰팡이방지, 벌레방지, 호기성세균에 의한 부패방지, 식품 성분의 손실 방지, 지방과 색소의 산화방지, 향기·맛의 보존, 비타민류의 보존 등

정답 57 ② 58 ④ 59 ④

60 수산물을 건조할 때 감률 제1건조 단계에 관한 설명으로 옳지 않은 것은?

① 표면 경화 현상이 생기기 시작한다.

② 항률 건조 단계에 비해 건조 속도가 느리다.

③ 한계함수율에 도달하기 직전의 건조 단계이다.

④ 내부의 수분 확산에 의해 건조 속도가 영향을 받는다.

해설
- 건조의 3단계 : 조절기간 → 항률건조기간 → 감률건조기간
- 감률건조기간(Falling Rate Period)
  - 건조속도가 점점 감소되는 단계(식품의 온도는 점점 증가함)
  - 임계수분함량(Critical Moisture Content) : 감률건조기간 초기 수분함량
  - 식품건조의 경우 대부분의 건조과정을 감률건조기간이 차지함(제1감률건조기간, 제2감률건조기간, 제3감률건조기간 등으로 분류 가능)

61 알긴산에 관한 설명으로 옳지 않은 것은?

① 고분자 산성다당류이다.

② 2가 금속 이온에 의해 겔을 만든다.

③ 감태와 모자반 등이 원료로 사용된다.

④ 아가로즈와 아가로펙틴으로 구성되어 있다.

해설 ④ 한천에 관한 설명이다. 알긴산은 만누론산과 글루론산으로 구성되어 있다.

62 동남아시아에서 생산되는 동결 연육의 주원료로 탄력형성능은 좋으나 되풀림이 쉬운 어종은?

① 명 태　　② 대 구

③ 임연수어　　④ 실꼬리돔

해설 **실꼬리돔**
- 육색이 희고 감칠맛이 풍부하며 겔 형성능이 좋고 명태 대체 어종으로 이용된다.
- 고온 및 저온에서 자연 응고와 되풀림이 쉽다.
- 60℃ 부근에서 극단적으로 탄력 저하된다.
- 주요 어장 : 태국, 베트남, 인도 등 동남아시아

60 ③ 61 ④ 62 ④ 정답

63 어묵의 주원료로 사용하는 동결 연육의 품질 판정 지표가 아닌 것은?

① 단백질 용해도 ② Ca-ATPase 활성
③ 휘발성염기질소 함량 ④ 연육 가열겔의 겔강도

해설 휘발성염기질소 함량 – 식품 및 축산물가공품 기준규격에 해당한다.

64 영하 50℃ 냉동고에서 저장 중인 참치의 T.T.T(Time-Temperature-Tolerance) 계산결과 그 값이 80% 이었다. 이 냉동 참치의 품질에 관한 설명으로 옳은 것은?

① 식용이 가능하다. ② 품질 저하율이 20% 이다.
③ 상품 가치를 잃어버린 상태이다. ④ 실용 저장 기간이 80% 남아 있다.

65 냉동 어패류의 프리저번 또는 갈변을 방지하기 위한 보호처리로 옳지 않은 것은?

① 블랜칭 ② 급속동결
③ 글레이징 ④ 방습포장

해설 동결에 의한 변질

변 질	방지방법
건조, 지질 산화, 갈변	포장, 글레이징, 항산화제
단백질 변성, 드립 발생	급속 동결, 동결 변성 방지제
횟감용 참치육 변색	-55~-50℃ 냉동 저장

66 통조림용 기기인 이중 밀봉기에서 캔 뚜껑의 컬을 몸통의 플랜지 밑으로 말아 넣는 역할을 하는 부위는?

① 리프터 ② 시밍 척
③ 시밍 제1롤 ④ 시밍 제2롤

해설 • 이중 밀봉기(Seamer, 시머) : 통조림을 제조할 때 캔의 몸통과 뚜껑을 빈 공간 없이 밀봉하는 기계
• 밀봉 3요소의 기능

3요소	기 능
리프터	• 밀봉 전 : 캔을 들어 올려 시밍 척에 고정시킴 • 밀봉 후 : 캔을 내려 줌
시밍 척	밀봉할 때 캔 뚜껑을 붙잡아 캔 몸통에 밀착하여 고정시키는 역할
시밍 롤	• 캔 뚜껑의 컬을 캔 몸통의 플랜지 밑으로 밀어 넣어 밀봉을 완성시킴 • 제1롤 : 캔 뚜껑의 컬을 캔 몸통의 플랜지 밑으로 말아 넣는 역할 • 제2롤 : 이를 더욱 압착하여 밀봉을 완성시킴

정답 63 ③ 64 ① 65 ② 66 ③

67 멸치액젓의 품질 기준 항목이 아닌 것은?

① 수 분　　② 염 도
③ 총질소　　④ 유기산

해설 멸치액젓에 국한하여 성상, 수분, 총질소, 아미노산성 질소, 염도 등을 기준치로 정하고 있다(한국산업표준(KS H 6022).

68 세균 A의 포자를 100℃에서 사멸시키는 데 300분이 소요되었다. 살균 온도를 120℃로 올릴 경우 사멸에 필요한 예상 시간은?(단, 세균 A 포자의 Z값은 10℃이다)

① 3분　　② 6분
③ 30분　　④ 60분

해설 *Z*값은 *D*값을 1/10로 단축시키는 데 필요한 온도차이(℃)를 의미한다.

- $\log_{10}(\text{감소 요인}) = \frac{\text{새로운 온도} - \text{초기온도}}{Z\text{값}} = \frac{120℃ - 100℃}{10} = 2$

  감소 요인 $= 10^2$

- 예상 시간 $= \frac{\text{초기시간}}{\text{감소 요인}} = \frac{300\text{분}}{100} = 3\text{분}$

69 황색포상구균(*Staphylococcus aureus*) 식중독에 관한 설명으로 옳지 않은 것은?

① 고열이 지속되는 감염형 식중독이다.
② 장독소(Enterotoxin)를 생성한다.
③ 다른 세균성 식중독에 비해 잠복기가 짧은 편이다.
④ 신체에 화농이 있으면 식품을 취급해서는 안된다.

해설 ① 황색포도상구균은 세균성 독소형 식중독이다.

67 ④ 68 ① 69 ① 정답

70 HACCP 선행요건에서 위생표준 운영절차(SSOP)가 아닌 것은?

① 독성물질 관리 보관
② 위해 허용 한도 설정
③ 위생약품 등의 혼입방지
④ 식품 접촉 표면의 청결유지

해설 ② 위해 허용 한도 설정은 HACCP 시스템의 12단계 중에서 8단계에 해당한다.

위생표준 운영절차(SSOP)

- 영업장 관리
- 위생관리
- 제조시설・설비 관리
- 냉장・냉동시설・설비 관리
- 용수관리
- 보관・운송 관리
- 검사 관리
- 회수 프로그램 관리

71 HACCP 7원칙에 포함되는 내용을 모두 고른 것은?

ㄱ. 중요관리점 파악	ㄴ. 위해요소 분석
ㄷ. 검증절차 및 방법수립	ㄹ. 공정흐름도 작성

① ㄱ, ㄴ
② ㄱ, ㄹ
③ ㄱ, ㄴ, ㄷ
④ ㄴ, ㄷ, ㄹ

해설 ㄹ. 공정흐름도 작성은 12절차 중 준비단계에 해당한다.

HACCP의 7가지 원칙

원칙 1 위해요소 분석
원칙 2 중요관리점(CCP) 결정
원칙 3 CCP 한계기준 설정
원칙 4 CCP 모니터링 체계확립
원칙 5 개선조치 방법수립
원칙 6 검증절차 및 방법수립
원칙 7 문서화, 기록유지 방법설정

72 노로바이러스 식중독에 관한 설명으로 옳지 않은 것은?

① 겨울철에 많이 발생하고 전염력이 강하다.
② GⅠ, GⅡ의 유전자형이 주로 식중독을 유발한다.
③ DNA 유전체를 가진 독소형 식중독이다.
④ 열에 약하므로 식품조리 시 익혀 먹어야 한다.

해설 ③ 노로바이러스 식중독은 바이러스형 식중독이다.

정답 70 ② 71 ③ 72 ③

73 수산가공품의 품질검사 방법이 아닌 것은?

① 관능검사　　② 원산지 검사
③ 영양성분 검사　　④ 위생안전성 검사

해설 식품 품질검사 방법
- 영양성분 검사
- 위생 안전성 검사
- 관능검사

74 식품위생법에서 수산물 중 허용 기준치가 설정되어 있지 않은 것은?

① 납　　② 불 소
③ 메틸수은　　④ 카드뮴

해설 수산물의 중금속 기준(식품의 기준 및 규격)에 따라 납, 카드뮴, 수은, 메틸수은에 대한 허용 기준치가 설정되어 있다.

75 마비성 패류 독소의 (ㄱ)독성 성분과 (ㄴ)허용 기준치로 옳은 것은?

① ㄱ : Domoic acid, ㄴ : 0.2mg/kg 이하
② ㄱ : Okadaic acid, ㄴ : 0.8mg/kg 이하
③ ㄱ : Venerupin, ㄴ : 0.2mg/kg 이하
④ ㄱ : Saxitoxin, ㄴ : 0.8mg/kg 이하

해설 마비성 패류 독소
- 해양 식물성 유독 플랑크톤이 생산하는 독소로 이를 패류가 축적하고 그 패류를 섭취함으로써 일어나는 식중독이다.
- 이 독에 중독되었을 때 마비 증세를 나타내어 마비성 패류독이라 한다.
- 패독 중 가장 흔하고 무서운 독소이다.
- 유독성분은 Saxitoxin(STX), Gonyautoxin(GTX), Protogonyautoxin(PX) 등 10여 종의 Guanidyl 유도체이다.
- 특히 삭시톡신의 독성은 생쥐 복강 내 주사 시 $LD_{50} = 12\mu g/kg$으로 복어독과 비슷한 맹독성이다.
- 마비성 패류독소 허용 기준

대상식품	기준(mg/kg)
패 류	0.8 이하
피낭류(멍게, 미더덕, 오만둥이 등)	

73 ② 74 ② 75 ④ 정답

04 수산일반

76 수산업의 산업적 특성으로 옳지 않은 것은?

① 생산의 확실성

② 생산물의 강부패성

③ 노동 및 자본의 비유동성

④ 수산자원 및 어장의 공유재산적 성격

해설 ① 수산업은 자연적 제약을 많이 받는 편이므로 수산물의 생산은 대단히 불안정하고 불규칙한 특성을 지니고 있다.

77 다음에서 설명하는 수산업 정보 시스템은?

지리 공간 데이터를 분석・가공하여 교통・통신 등과 같은 지형 관련 분야에 활용할 수 있는 시스템이다.

① USN ② SMS

③ GIS ④ RFID

해설 ③ GIS(Geographic Information System, 지리 정보 시스템) : 각종 지리 정보들을 데이터베이스화하고 컴퓨터를 통해 분석 및 가공하여 교통・통신과 같은 실생활에 다양하게 활용할 수 있도록 만든 시스템이다.

① USN(Ubiquitous Sensor Network, 유비쿼터스 센서 네트워크) : 각종 센서에서 무선으로 정보를 수집할 수 있도록 모든 사물에 태그를 부착하여, 사물 및 환경 정보까지 감지하는 네트워크 환경을 의미한다.

② SMS(Short Message Service, 단문 메시지 서비스) : 휴대전화로 짧은 메시지를 주고 받을 수 있는 서비스를 말한다.

④ RFID(Radio-Frequency Identification) : 사람, 사물에 부착된 전자태그에 저장된 정보를 무선주파수를 이용하여 다량의 정보를 비접촉식으로 자동 인식하는 기술이다.

78 수산자원관리에서 가입관리에 해당되는 요소는?

① 시 비 ② 수초 제거

③ 망목 제한 ④ 먹이 증강

해설 새로운 개체의 지속적 이입을 위해서는 망목 제한, 즉 그물코의 크기를 제한해 어린 고기가 잡히지 않도록 하는 것이 필요하다.

정답 76 ① 77 ③ 78 ③

79 우리나라의 종자 배양장에서 인공 종자를 생산하여 방류하고 있는 품종을 모두 고른 것은?

ㄱ. 넙 치	ㄴ. 전 복
ㄷ. 연 어	ㄹ. 보리새우

① ㄱ, ㄴ
② ㄱ, ㄷ
③ ㄴ, ㄷ, ㄹ
④ ㄱ, ㄴ, ㄷ, ㄹ

80 수산생물의 생태적 분류가 아닌 것은?

① 저서생물
② 편형생물
③ 유영생물
④ 부유생물

해설 수산생물은 부유생물, 저서생물, 유영생물로 분류할 수 있다.

81 다음에서 설명하는 계군 분석 방법은?

- 계군의 이동 상태를 직접 파악할 수 있어 매우 좋은 계군 식별 방법이다.
- 두 해역 사이에 어군이 교류하고 있다는 것을 추정할 수 있다.

① 표지 방류법
② 생태학적 방법
③ 형태학적 방법
④ 어황의 분석에 의한 방법

해설 **표지 방류법**
- 일부 개체에 표지를 붙여 방류했다가 다시 회수하여 그 자원의 동태를 연구하는 방법이다.
- 계군의 이동 상태를 직접 파악할 수 있기 때문에 가장 좋은 식별 방법 중 하나이다.
- 회유 경로 추적뿐만 아니라 이동속도, 분포 범위, 귀소성, 연령 및 성장률, 사망률 등을 추정할 수 있다.
- 표지 방법에는 절단법, 염색법, 부착법이 있다.

79 ④ 80 ② 81 ① 정답

82 수산 자원량을 추정하는 방법 중 총량추정법이 아닌 것은?

① 어탐법　　② 간접조사법
③ 상대지수표시법　　④ 잠재적 생산량 추정법

해설 자원량 추정 방법 중 상대지수표시법은 총량추정법에 속하지 않으며, 자원 총량의 추정이 어려울 때 실시하는 방법이다.

83 어선 설비 중 항해 설비가 아닌 것은?

① 컴퍼스　　② 양묘기
③ 레이더　　④ 측심의

해설 양묘기는 닻줄을 감아 들이는 장치로, 정박설비에 해당한다.

84 끌그물 어법이 아닌 것은?

① 트 롤　　② 봉수망
③ 기선저인망　　④ 기선권현망

해설 ② 봉수망은 들어구류에 해당하며, 꽁치 어업에 주로 사용된다.
끌그물 어법
한 척 또는 두 척의 어선으로 어구를 끌어 어획하는 어법으로, 기선권현망, 기선저인망(쌍끌이·외끌이), 트롤(가장 발달된 끌그물 어법)이 있다.

85 가장 먼 거리를 나타내는 도량형 단위는?

① 1미터　　② 1야드
③ 1해리　　④ 1마일

해설 1해리(海里) = 1,852미터(m) = 약 2,0250야드(yd) = 약 1.15마일(mile)

정답 82 ③ 83 ② 84 ② 85 ③

86 유기물을 박테리아에 의해 산화시키는 데 필요한 산소량을 측정하여 오염의 정도를 나타내는 수질오염 지표는?

① COD ② BOD
③ DO ④ SS

해설 ② BOD(Biochemical Oxygen Demand) : 생물학적 산소요구량, 물 속에 있는 유기물을 미생물이 산화시키는 데 필요한 산소의 양
① COD(Chemical Oxygen Demand) : 화학적 산소요구량, 물 속에 있는 유기물 등의 오염 물질을 산화제로 산화시킬 때 필요한 산소의 양
③ DO(Dissolved Oxygen) : 오수 중 용존산소량
④ SS(Suspended Solid) : 오수 중에 함유되어 있는 부유물질량

87 다음에서 설명하는 양식 생물은?

- 주로 동해와 남해에 서식한다.
- 알에서 부화한 유생은 척삭 또는 척색을 지닌다.
- 신티올(Cynthiol)로 인해 특유의 맛을 낸다.

① 참 굴 ② 해 삼
③ 참전복 ④ 우렁쉥이

해설 **우렁쉥이(멍게)**
- 남해안과 동해안 외양의 바위나 돌에 서식하는 척색동물이다.
- 수정란 → 2세포기 → 올챙이형 유생(척색 발생) → 척색 소실 → 부착기 유생 → 입·출수공 순으로 생성된다.
- 멍게의 특유한 맛은 불포화알코올인 신티올(Cynthiol) 때문이다.

88 양식 어류의 세균성 질병이 아닌 것은?

① 비브리오병 ② 에드워드병
③ 에로모나스병 ④ 림포시스티스병

해설 ④ 림포시스티스병(Lymphocystis Disease) : 바이러스성 질병으로 원인체는 DNA 바이러스인 이리도바이러스(Iridovirus)로서 이 바이러스는 오래 전부터 알려져 왔으며, 세계적으로 각종 해산어와 담수어에 감염된다.

세균성 질병
- 비브리오병
- 에드워드병
- 에로모나스병
- 연쇄구균병
- 활주세균병

86 ② 87 ④ 88 ④ 정답

89 인공 종자 생산을 위한 먹이 생물이 아닌 것은?

① 로티퍼 ② 아르테미아
③ 케토세로스 ④ 렙토세파르스

해설 어류의 자어에게 주는 먹이 생물로는 주로 로티퍼나 아르테미아가 있고, 조개류 유생 먹이로는 케토세로스, 이소크리시스 등이 있다.

90 양식 대상종 중 새끼를 낳는 난태생인 것은?

① 넙 치 ② 참 돔
③ 조피볼락 ④ 참다랑어

해설 조피볼락(우럭)은 어미의 몸속에서 알을 부화시킨 후에 새끼를 출산하는 양식 대상 어류이다. 4~6월경에 자어(仔魚)를 낳으며, 성장 적수온은 12~20℃이다.

91 수온이 연중 20℃ 이상 유지되는 중남미의 태평양 연안이 원산지인 광염성 새우는?

① 대 하 ② 보리새우
③ 징거미새우 ④ 흰다리새우

해설 **흰다리새우(*Litopenaeus vannmei*)**

- 세계 3대 양식새우 중의 한 종으로 우리나라 대하와 비슷하고 미주에서 가장 많이 양식되고 있는 종이며, 최근 들어 중국 및 동남아시아에서도 양식이 활발하게 이루어지고 있는 종이다.
- 남아메리카와 중앙아메리카의 태평양 연안에 분포하는 아열대산으로 멕시코와 중남미의 서부해안이 원산지로 광범위한 염분에도 적응하고 25~30°C의 고수온 해역에 서식한다.

92 양식 어류 중 육식성이 아닌 것은?

① 방 어 ② 초 어
③ 뱀장어 ④ 무지개송어

해설 ② 초어 : 잉어과의 민물고기로, 풀을 먹이로 한다.
① 방어 : 전갱이, 멸치, 정어리, 두족류, 까나리 등을 주로 먹는다.
③ 뱀장어 : 게, 새우, 곤충, 실지렁이 등을 잡아 먹는다.
④ 송어 : 물속의 곤충이나 각종 벌레 및 작은 어류를 먹고 산다.

정답 89 ④ 90 ③ 91 ④ 92 ②

93 해조류 양식 방법이 아닌 것은?

① 말목식
② 밧줄식
③ 흘림발식
④ 순환여과식

해설 순환여과식은 유영동물의 양식 방법 중 하나이다. 해조류 양식 방법에는 말목식(지주식), 흘림발식(부류식), 밧줄식이 있다.

94 수산양식에서 담수의 일반적인 염분 농도 기준은?

① 0.5psu 이하
② 1.0psu 이하
③ 1.5psu 이하
④ 2.0psu 이하

해설 염분 농도가 0.5psu 이하면 담수, 0.5~25psu는 기수, 25psu 이상이면 해수로 구분된다.

95 서로 다른 2개의 해류가 접하고 있는 경계에서 주로 형성되는 어장은?

① 조경 어장
② 용승 어장
③ 와류 어장
④ 대륙붕 어장

해설 **조경어장(해양전선어장)**

- 특성이 서로 다른 2개의 해수덩어리 또는 해류가 서로 접하고 있는 경계를 조경이라 한다.
- 두 해류가 불연속선을 이룸으로서 소용돌이가 생겨 상·하층수의 수렴과 발산 현상이 나타나 먹이 생물이 많아진다.

93 ④ 94 ① 95 ① 정답

96 다음은 수산업법상 허가어업에 관한 설명이다. ( )에 들어갈 내용으로 옳은 것은?

> 총톤수 (ㄱ) 이상의 동력어선 또는 수산자원을 보호하고 어업조정을 하기 위하여 특히 필요하여 (ㄴ)으로 정하는 총톤수 (ㄱ) 미만의 동력어선을 사용하는 어업을 하려는 자의 어선 또는 어구가 대상이다.

① ㄱ : 8톤, ㄴ : 대통령령
② ㄱ : 8톤, ㄴ : 해양수산부령
③ ㄱ : 10톤, ㄴ : 대통령령
④ ㄱ : 10톤, ㄴ : 해양수산부령

해설 **허가어업(수산업법 제40조 제1항)**
총톤수 10톤 이상의 동력어선(動力漁船) 또는 수산자원을 보호하고 어업조정(漁業調整)을 하기 위하여 특히 필요하여 대통령령으로 정하는 총톤수 10톤 미만의 동력어선을 사용하는 어업을 하려는 자는 어선 또는 어구마다 해양수산부장관의 허가를 받아야 한다.

97 다음에서 설명하는 어업은?

> 조류가 빠른 곳에서 어구를 고정하여 설치해 두고, 강한 조류에 의하여 물고기가 강제로 어구 속으로 들어가도록 하는 강제 함정 어법이다.

① 안강망어업
② 근해선망어업
③ 기선권현망어업
④ 꽁치걸그물어업

해설 **안강망어업**
- 연안 인접지역에서 강한 조류를 이용하는 어법이다.
- 우리나라에서 발달한 고유의 어법으로 점차 대형화되고 있다.

정답 96 ③ 97 ①

98 수산 자원 관리와 관련된 용어와 명칭의 연결이 옳은 것은?

① MSY - 최대 순경제 생산량
② MEY - 최대지속적 생산량
③ OY - 최대 생산량
④ ABC - 생물학적 허용어획량

해설 ④ ABC(Acceptable Biological Catch) : 생물학적허용어획량, 주어진 환경 하에서 하나의 수산자원으로부터 지속적으로 취할 수 있는 최대 어획량을 뜻하며, 일반적이고 전통적인 수산자원관리의 기준치가 되고 있다.

① MSY(Maximum Sustainable Yield) : 최대 지속적 생산량
② MEY(Maximum Net Economic Yield) : 최대 순경제 생산량
③ OY(Optimum Yield) : 적정 생산량

99 수산업법령상 신고어업인 것은?

① 잠수기어업
② 나잠어업
③ 연안선망어업
④ 근해자망어업

해설 신고어업의 종류(수산업법 시행령 제26조 제1항)

나잠어업	산소공급장치 없이 잠수한 후 낫・호미・칼 등을 사용하여 패류, 해조류, 그 밖의 정착성 수산동식물을 포획・채취하는 어업
맨손어업	손으로 낫・호미・해조틀이 및 갈고리류 등을 사용하여 수산동식물을 포획・채취하는 어업

100 국제해양법상 배타적 경제수역(EEZ)의 어족 관리를 위한 어족과 어종의 연결이 옳지 않은 것은?

① 정착성 - 조피볼락
② 강하성 - 뱀장어
③ 소하성 - 연어
④ 고도 회유성 - 가다랑어

해설 배타적 경제수역(EEZ)에서의 정착성 어종이란 해양법에 관한 국제연합협약 제77조 제4항(수확가능단계에서 해저표면 또는 그 아래에서 움직이지 아니하거나 또는 해저나 하층토에 항상 밀착하지 아니하고는 움직일 수 없는 생물체로 구성된다)에 속하는 생물을 말한다.

② 강하성 어종(뱀장어) : 강하성 어종이 생장기를 대부분 보내는 수역을 가진 연안국이 관리 책임을 지고, 회유하는 어종이 출입할 수 있도록 해야 한다.
③ 소하성 어종(연어) : 모천국(송어나 연어가 알을 낳는 하천을 가진 연안국)이 1차적 이익과 책임을 가지고 자국의 EEZ에 있어서 어업규제권한과 보존의 의무를 가진다.
④ 고도 회유성 어종(가다랑어) : 고도 회유성 어종을 어획하는 연안국은 EEZ와 인접 공해에서 어족의 자원을 보장하고 최적이용 목표를 달성하기 위하여 국제기구와 협력해야 한다.

98 ④ 99 ② 100 ① 정답

2022년 제8회

과년도 기출문제

01 수산물품질관리 관련 법령

01 농수산물 품질관리법상 '물류표준화' 용어의 정의이다. (　　)에 들어갈 내용을 순서대로 옳게 나열한 것은?

> 농수산물의 운송・보관・하역・포장 등 물류의 각 단계에서 사용되는 기기・용기・설비・정보 등을 (　　)하여 (　　)과 (　　)을 원활히 하는 것을 말한다.

① 안정화, 호환성, 편의성
② 규격화, 호환성, 연계성
③ 규격화, 연계성, 편의성
④ 안정화, 정형성, 연계성

해설 정의(법 제2조 제3호)
'물류표준화'란 농수산물의 운송・보관・하역・포장 등 물류의 각 단계에서 사용되는 기기・용기・설비・정보 등을 규격화하여 호환성과 연계성을 원활히 하는 것을 말한다.

02 농수산물 품질관리법상 농수산물품질관리심의회 설치에 관한 내용으로 옳지 않은 것은?

① 심의회 위원구성은 위원장 및 부위원장 각 1명을 제외한 60명 이내의 위원으로 한다.
② 위원장은 위원 중에서 호선(互選)하고 부위원장은 위원장이 위원 중에서 지명하는 사람으로 한다.
③ 해양수산부 소속 공무원 중 해양수산부장관이 지명한 사람은 심의회 위원이 될 수 있다.
④ 수산물의 소비 분야에 전문적인 지식이 풍부한 사람으로서 해양수산부장관이 위촉한 위원의 임기는 3년으로 한다.

해설 ① 심의회는 위원장 및 부위원장 각 1명을 포함한 60명 이내의 위원으로 구성한다(법 제3조 제2항).

정답 1 ② 2 ①

03 농수산물 품질관리법상 (   )에 들어갈 내용을 순서대로 옳게 나열한 것은?

> 수산물의 품질인증 유효기간은 품질인증을 받은 날부터 (   )으로 한다. 다만, 품목의 특성상 달리 적용할 필요가 있는 경우에는 (   )의 범위에서 (   )으로 유효기간을 달리 정할 수 있다.

① 1년, 2년, 대통령령　　② 2년, 3년, 총리령

③ 2년, 4년, 해양수산부령　　④ 3년, 5년, 해양수산부령

해설 **품질인증의 유효기간 등(법 제15조 제1항).**

품질인증의 유효기간은 품질인증을 받은 날부터 2년으로 한다. 다만, 품목의 특성상 달리 적용할 필요가 있는 경우에는 4년의 범위에서 해양수산부령으로 유효기간을 달리 정할 수 있다.

04 농수산물 품질관리법령상 지리적표시의 등록거절 사유가 아닌 것은?

① 해당 품목의 우수성이 국내에서는 널리 알려져 있으나 국외에서는 널리 알려지지 아니한 경우

② 해당 품목이 지리적표시 대상지역에서 생산된 역사가 깊지 않은 경우

③ 해당 품목이 수산물인 경우에는 지리적표시 대상지역에서만 생산된 것이 아닌 경우

④ 해당 품목의 명성・품질이 본질적으로 특정지역의 생산환경적 요인과 인적 요인 모두에 기인하지 아니한 경우

해설 **지리적표시의 등록거절 사유의 세부기준(시행령 제15조)**

지리적표시 등록거절 사유의 세부기준은 다음과 같다.

1. 해당 품목이 농수산물인 경우에는 지리적표시 대상지역에서만 생산된 것이 아닌 경우

1의2. 해당 품목이 농수산가공품인 경우에는 지리적표시 대상지역에서만 생산된 농수산물을 주원료로 하여 해당 지리적표시 대상지역에서 가공된 것이 아닌 경우

2. 해당 품목의 우수성이 국내 및 국외에서 모두 널리 알려지지 아니한 경우
3. 해당 품목이 지리적표시 대상지역에서 생산된 역사가 깊지 않은 경우
4. 해당 품목의 명성・품질 또는 그 밖의 특성이 본질적으로 특정지역의 생산환경적 요인과 인적 요인 모두에 기인하지 아니한 경우
5. 그 밖에 농림축산식품부장관 또는 해양수산부장관이 지리적표시 등록에 필요하다고 인정하여 고시하는 기준에 적합하지 않은 경우

3 ③ 4 ① 정답

05 농수산물 품질관리법령상 수산물 및 수산가공품에 대한 관능검사의 대상이 아닌 것은?

① 검사신청인이 위생증명서를 요구하는 수산물·수산가공품(비식용수산·수산가공품은 제외)

② 검사신청인이 분석증명서를 요구하는 수산물

③ 국내에서 소비하는 수산물

④ 정부에서 수매하는 수산물·수산가공품

해설 ②는 정밀검사의 대상이다.

수산물 및 수산가공품에 대한 검사의 종류 및 방법 – 관능검사(시행규칙 [별표 24])

'관능검사'란 오관(五官)에 의하여 그 적합 여부를 판정하는 검사로서 다음의 수산물 및 수산가공품을 그 대상으로 한다.

1) 수산물 및 수산가공품으로서 외국요구기준을 이행했는지를 확인하기 위하여 품질·포장재·표시사항 또는 규격 등의 확인이 필요한 수산물·수산가공품
2) 검사신청인이 위생증명서를 요구하는 수산물·수산가공품(비식용수산·수산가공품은 제외)
3) 정부에서 수매·비축하는 수산물·수산가공품
4) 국내에서 소비하는 수산물·수산가공품

06 농수산물 품질관리법령상 수산물검사관의 자격 취소 및 정지에 관한 내용으로 옳은 것은?(단, 경감은 고려하지 않음)

① 위반행위가 둘 이상인 경우에는 그 중 무거운 처분기준을 적용하며, 둘 이상의 처분기준이 동일한 자격정지인 경우에는 가중처분할 수 없다.

② 위반행위의 횟수에 따른 행정처분의 기준은 최근 1년간 같은 위반행위로 행정처분을 받은 경우에 적용한다.

③ 다른 사람에게 1회 그 자격증을 대여하여 검사를 한 경우 '자격취소'에 해당한다.

④ 고의적인 위격검사를 1회 위반한 경우 '자격정지 6개월'에 해당한다.

해설 ① 위반행위가 둘 이상인 경우에는 그 중 무거운 처분기준을 적용하며, 둘 이상의 처분기준이 동일한 자격정지인 경우에는 무거운 처분기준의 2분의 1까지 가중할 수 있다. 이 경우 각 처분기준을 합산한 기간을 초과할 수 없다(시행규칙 [별표 27]).

② 위반행위의 횟수에 따른 행정처분의 기준은 최근 2년간 같은 위반행위로 행정처분을 받은 경우에 적용한다. 이 경우 행정처분 기준의 적용은 같은 위반행위에 대하여 최초로 행정처분을 한 날을 기준으로 한다(시행규칙 [별표 27]).

④ 고의적인 위격검사를 1회 위반한 경우 '자격취소'에 해당한다(시행규칙 [별표 27]).

정답 5 ② 6 ③

07 **농수산물 품질관리법령상 수산물품질관리사 제도에 관한 내용으로 옳지 않은 것은?**

① 수산물품질관리사는 수산물의 생산 및 수확 후 품질관리기술 지도를 수행할 수 있다.

② 해양수산부장관은 수산물품질관리사의 자격을 부정한 방법으로 취득한 사람의 자격을 취소하여야 한다.

③ 해양수산부장관은 수산물품질관리사 자격시험의 시행일 1년 전까지 수산물품질관리사 자격시험의 실시계획을 세워야 한다.

④ 해양수산부장관은 수산물품질관리사 자격시험의 최종 합격자 명단을 제2차시험 시행 후 40일 이내에 공고하여야 한다.

해설 **수산물품질관리사 자격시험의 실시계획 등(제40조의2 제2항)**

해양수산부장관은 제1항에 따른 수산물품질관리사 자격시험의 시행일 6개월 전까지 수산물품질관리사 자격시험의 실시계획을 세워야 한다.

08 **농수산물 품질관리법령상 시·도지사가 지정해역을 지정받으려는 경우 국립수산물품질관리원장에게 지정을 요청해야 한다. 이 때 갖추어야 할 서류가 아닌 것은?**

① 지정받으려는 해역 및 그 부근의 도면

② 지정해역 지정의 타당성에 대한 환경부장관의 의견서

③ 지정받으려는 해역의 위생조사 결과서

④ 지정받으려는 해역의 오염 방지 및 수질 보존을 위한 지정해역 위생관리계획서

해설 **지정해역의 지정 등(시행규칙 제86조 제2항)**

시·도지사는 지정해역을 지정받으려는 경우에는 다음의 서류를 갖추어 해양수산부장관에게 요청해야 한다.

1. 지정받으려는 해역 및 그 부근의 도면
2. 지정받으려는 해역의 위생조사 결과서 및 지정해역 지정의 타당성에 대한 국립수산과학원장의 의견서
3. 지정받으려는 해역의 오염 방지 및 수질 보존을 위한 지정해역 위생관리계획서

※ 관련 법령 개정(2023.2.27.)으로 지정해역의 지정·고시 등의 권한은 '국립수산물품질관리원장'에서 '해양수산부장관'으로 변경됨

09 **농수산물 품질관리법령상 유전자변형농수산물의 표시대상품목을 고시하는 자는?**

① 해양수산부장관　② 식품의약품안전처장

③ 국립수산과학원장　④ 국립수산물품질관리원장

해설 **유전자변형농수산물의 표시대상품목(시행령 제19조)**

유전자변형농수산물의 표시대상품목은 식품위생법에 따른 안전성 평가 결과 식품의약품안전처장이 식용으로 적합하다고 인정하여 고시한 품목(해당 품목을 싹틔워 기른 농산물을 포함)으로 한다.

7 ③ 8 ② 9 ② 정답

10 농수산물 품질관리법령상 지정해역의 지정해제에 관한 내용이다. (　　)에 들어갈 내용은?

해양수산부장관은 지정해역에 대한 최근 (　　)의 조사・점검 결과를 평가한 후 위생관리기준에 적합하지 아니하다고 인정되는 경우에는 지정해역의 전부 또는 일부를 해제하고, 그 내용을 고시하여야 한다.

① 1년간　　② 1년 6개월간
③ 2년간　　④ 2년 6개월간

해설 **지정해역의 지정해제(시행령 제28조)**
해양수산부장관은 지정해역에 대한 최근 2년 6개월간의 조사・점검 결과를 평가한 후 위생관리기준에 적합하지 아니하다고 인정되는 경우에는 지정해역의 전부 또는 일부를 해제하고, 그 내용을 고시하여야 한다.

11 농수산물 유통 및 가격안정에 관한 법률상 중도매인의 영업에 해당하지 않는 것은?

① 농수산물도매시장에 상장된 수산물을 매수하여 도매하는 영업
② 농수산물도매시장에 상장된 수산물을 위탁받아 도매하는 영업
③ 농수산물도매시장의 개설자로부터 허가를 받은 비상장 수산물을 위탁받아 도매하는 영업
④ 농수산물도매시장의 개설자로부터 허가를 받은 비상장 수산물의 매매를 중개하는 영업

해설 **정의(법 제2조 제9호)**
'중도매인'(仲都賣人)이란 농수산물도매시장・농수산물공판장 또는 민영농수산물도매시장의 개설자의 허가 또는 지정을 받아 다음의 영업을 하는 자를 말한다.
가. 농수산물도매시장・농수산물공판장 또는 민영농수산물도매시장에 상장된 농수산물을 매수하여 도매하거나 매매를 중개하는 영업
나. 농수산물도매시장・농수산물공판장 또는 민영농수산물도매시장의 개설자로부터 허가를 받은 비상장(非上場) 농수산물을 매수 또는 위탁받아 도매하거나 매매를 중개하는 영업

12 농수산물 유통 및 가격안정에 관한 법률상 해양수산부령으로 정하는 주요 수산물의 가격 예시에 관한 내용으로 옳지 않은 것은?

① 해양수산부장관이 주요 수산물의 수급조절과 가격안정을 위하여 필요하다고 인정할 때 가격 예시를 할 수 있다.
② 수산물의 종자입식 시기 이후에 하한가격을 예시하여야 한다.
③ 가격 예시는 생산자를 보호하기 위함이다.
④ 예시가격을 결정할 때에는 미리 기획재정부장관과 협의하여야 한다.

해설 **가격 예시(법 제8조 제1항)**
농림축산식품부장관 또는 해양수산부장관은 농림축산식품부령 또는 해양수산부령으로 정하는 주요 농수산물의 수급조절과 가격안정을 위하여 필요하다고 인정할 때에는 해당 농산물의 파종기 또는 수산물의 종자입식 시기 이전에 생산자를 보호하기 위한 하한가격[이하 '예시가격'(豫示價格)]을 예시할 수 있다.

정답 10 ④　11 ②　12 ②

13 **농수산물 유통 및 가격안정에 관한 법률상 도매시장에서 경매사의 업무에 해당하지 않는 것은?**

① 도매시장법인이 상장한 수산물에 대한 경매 우선순위의 결정
② 도매시장법인이 상장한 수산물에 대한 가격평가
③ 도매시장법인이 상장한 수산물에 대한 경락자의 결정
④ 도매시장법인이 상장한 수산물에 대한 경락 수수료 징수

해설 **경매사의 업무 등(법 제28조 제1항)**

경매사는 다음의 업무를 수행한다.

1. 도매시장법인이 상장한 농수산물에 대한 경매 우선순위의 결정
2. 도매시장법인이 상장한 농수산물에 대한 가격평가
3. 도매시장법인이 상장한 농수산물에 대한 경락자의 결정
4. 도매시장법인이 상장한 농수산물의 정가매매・수의매매(隨意賣買)에 대한 협상 및 중재

14 **농수산물 유통 및 가격안정에 관한 법령상 민영도매시장을 개설하려는 자가 개설허가신청서에 첨부하여야 할 서류로써 명시되어 있는 것을 모두 고른 것은?**

ㄱ. 민영도매시장의 업무규정
ㄴ. 운영관리계획서
ㄷ. 해당 민영도매시장의 소재지를 관할하는 시장 또는 자치구의 구청장의 의견서
ㄹ. 민영도매시장의 운영자금계획서

① ㄱ, ㄴ, ㄷ　　② ㄱ, ㄴ, ㄹ
③ ㄱ, ㄷ, ㄹ　　④ ㄴ, ㄷ, ㄹ

해설 **민영도매시장의 개설허가 절차(시행규칙 제41조)**

민영도매시장을 개설하려는 자는 시・도지사가 정하는 개설허가신청서에 다음의 서류를 첨부하여 시・도지사에게 제출하여야 한다.

1. 민영도매시장의 업무규정
2. 운영관리계획서
3. 해당 민영도매시장의 소재지를 관할하는 시장 또는 자치구의 구청장의 의견서

15 **농수산물 유통 및 가격안정에 관한 법령상 농수산물 전자거래소의 거래수수료 및 결재방법에 관한 설명으로 옳은 것은?**

① 거래수수료는 거래액의 1천분의 20을 상한으로 한다.

② 수수료는 금전 또는 현물로 징수한다.

③ 판매자의 판매수수료는 사용료에 포함하므로 별도로 징수하지 않는다.

④ 거래계약이 체결된 경우 한국농수산식품유통공사가 구매자를 대신하여 그 거래대금을 판매자에게 직접 결제할 수 있다.

해설 ① 거래수수료는 거래액의 1천분의 30을 초과할 수 없다(시행규칙 제49조 제3항).

②·③ 거래수수료는 농수산물 전자거래소를 이용하는 판매자와 구매자로부터 다음의 구분에 따라 징수하는 금전으로 한다(시행규칙 제49조 제2항).

1. 판매자의 경우 : 사용료 및 판매수수료
2. 구매자의 경우 : 사용료

16 **농수산물의 원산지 표시 등에 관한 법률상 수산물 및 그 가공품의 원산지 표시 등에 관한 사항을 심의하는 기관은?**

① 농수산물품질관리심의회

② 한국농수산식품유통공사

③ 국립수산물품질관리원

④ 한국소비자원

해설 **농수산물의 원산지 표시의 심의(법 제4조)**

농산물·수산물 및 그 가공품 또는 조리하여 판매하는 쌀·김치류, 축산물 및 수산물 등의 원산지 표시 등에 관한 사항은 농수산물 품질관리법에 따른 농수산물품질관리심의회에서 심의한다.

정답 15 ④ 16 ①

17 **농수산물의 원산지 표시 등에 관한 법률상 원산지 표시 등의 적정성을 확인하기 위해 관계 공무원이 조사할 경우에 관한 내용으로 옳지 않은 것은?**

① 관계 공무원이 확인·조사를 위해 보관창고 출입 시 수색영장을 갖추어야 한다.

② 관계 공무원이 조사할 때 원산지 표시대상 수산물을 판매하는 자는 정당한 사유 없이 이를 거부·방해하거나 기피하여서는 아니 된다.

③ 관계 공무원은 출입 시 성명, 출입시간, 출입목적 등이 표시된 문서를 관계인에게 교부하여야 한다.

④ 관계 공무원은 조사 시 필요한 경우 해당 영업과 관련된 장부나 서류를 열람할 수 있다.

해설 ① 수거 또는 조사를 하는 관계 공무원은 그 권한을 표시하는 증표를 지니고 이를 관계인에게 내보여야 하며, 출입 시 성명·출입시간·출입목적 등이 표시된 문서를 관계인에게 교부하여야 한다(법 제7조 제4항).

18 **농수산물의 원산지 표시 등에 관한 법령상 과징금의 부과·징수에 관한 내용으로 옳지 않은 것은?**

① 과징금을 부과하려면 그 위반행위의 종류와 과징금의 금액 등을 명시하여 과징금을 낼 것을 과징금 부과대상자에게 서면으로 알려야 한다.

② 원산지를 위장하여 판매하는 행위를 2년 이내에 2회 이상 위반한 자에게 그 위반금액의 5배 이하에 해당하는 금액을 과징금으로 부과·징수할 수 있다.

③ 과징금을 한꺼번에 내면 자금사정에 현저한 어려움이 예상되는 경우에도 과징금의 납부기한 연장은 허용되지 않는다.

④ 과징금을 내야 하는 자가 납부기한까지 내지 아니하면 국세 또는 지방세 체납처분의 예에 따라 징수한다.

해설 **과징금의 부과 및 징수(시행령 제5조의2 제4항)**

농림축산식품부장관, 해양수산부장관, 관세청장, 시·도지사나 시장·군수·구청장은 과징금 부과처분을 받은 자가 다음의 어느 하나에 해당하는 사유로 과징금의 전액을 한꺼번에 내기 어렵다고 인정되는 경우에는 그 납부기한을 연장하거나 분할 납부하게 할 수 있다. 이 경우 필요하다고 인정하는 때에는 담보를 제공하게 할 수 있다.

1. 재해 등으로 재산에 현저한 손실을 입은 경우
2. 경제 여건이나 사업 여건의 악화로 사업이 중대한 위기에 있는 경우
3. 과징금을 한꺼번에 내면 자금사정에 현저한 어려움이 예상되는 경우

17 ① 18 ③ 정답

19 농수산물의 원산지 표시 등에 관한 법령상 대통령령으로 정하는 식품접객업(일반음식점)에서 수산물을 조리하여 판매하는 경우 원산지의 표시대상이 아닌 것은?

① 넙 치
② 뱀장어
③ 대 구
④ 주꾸미

해설 **원산지의 표시대상(시행령 제3조 제5항 제8호)**
넙치, 조피볼락, 참돔, 미꾸라지, 뱀장어, 낙지, 명태(황태, 북어 등 건조한 것은 제외), 고등어, 갈치, 오징어, 꽃게, 참조기, 다랑어, 아귀, 주꾸미, 가리비, 우렁쉥이, 전복, 방어 및 부세(해당 수산물가공품을 포함)

20 친환경농어업 육성 및 유기식품 등의 관리·지원에 관한 법령상 유기수산물 양식장에 양식생물(수산동물)이 있는 경우, 새우 양식의 pH 조절에 한정하여 사용 가능한 물질은?

① 알코올
② 부식산
③ 백운석
④ 요오드포

해설 **허용물질의 종류 – 유기식품에 사용가능한 물질(시행규칙 [별표 1])**
양식 장비나 시설의 청소를 위하여 사용이 가능한 물질
가) 양식생물(수산동물)이 없는 경우

사용가능 물질	사용가능 조건
오존, 식염(염화나트륨), 차아염소산나트륨, 차아염소산칼슘, 석회(생석회, 산화칼슘), 수산화나트륨, 알코올, 과산화수소, 유기산제(아세트산, 젖산, 구연산), 부식산, 과산화초산, 요오드포, 과산화아세트산 및 과산화옥탄산	사람의 건강 또는 양식장 환경에 위해(危害) 요소로 작용하는 것은 사용할 수 없음
차 박	새우 양식에 한정함

나) 양식생물(수산동물)이 있는 경우

사용가능 물질	사용가능 조건
석회석(탄산칼슘)	pH 조절에 한정함
백운석(白雲石)	새우 양식의 pH 조절에 한정함

정답 19 ③ 20 ③

21 **친환경농어업 육성 및 유기식품 등의 관리·지원에 관한 법령상 친환경어업 육성계획에 포함되어야 하는 사항으로 명시되지 않은 것은?**

① 어장의 수질 등 어업 환경 관리 방안

② 수질환경기준 설정에 관한 사항

③ 무항생제수산물의 수출·수입에 관한 사항

④ 환경친화형 어업 자재의 개발 및 보급과 어업 폐자재의 활용 방안

해설 **친환경농어업 육성계획(법 제7조 제2항)**

1. 농어업 분야의 환경보전을 위한 정책목표 및 기본방향
2. 농어업의 환경오염 실태 및 개선대책
3. 합성농약, 화학비료 및 항생제·항균제 등 화학자재 사용량 감축 방안

3의2. 친환경 약제와 병충해 방제 대책

4. 친환경농어업 발전을 위한 각종 기술 등의 개발·보급·교육 및 지도 방안
5. 친환경농어업의 시범단지 육성 방안
6. 친환경농수산물과 그 가공품, 유기식품등 및 무농약원료가공식품의 생산·유통·수출 활성화와 연계강화 및 소비 촉진 방안
7. 친환경농어업의 공익적 기능 증대 방안
8. 친환경농어업 발전을 위한 국제협력 강화 방안
9. 육성계획 추진 재원의 조달 방안
10. 인증기관의 육성 방안
11. 그 밖에 친환경농어업의 발전을 위하여 농림축산식품부령 또는 해양수산부령으로 정하는 사항

친환경어업 육성계획에 포함되어야 하는 사항(시행규칙 제4조)

1. 어장의 수질 등 어업 환경 관리 방안
2. 질병의 친환경적 관리 방안
3. 환경친화형 어업 자재의 개발 및 보급과 어업 폐자재의 활용 방안
4. 수산물의 부산물 등의 자원화 및 적정 처리 방안
5. 유기식품 또는 무항생제수산물등의 품질관리 방안
6. 유기식품 또는 무항생제수산물등의 수출·수입에 관한 사항
7. 국내 친환경어업의 기준 및 목표에 관한 사항
8. 그 밖에 해양수산부장관이 친환경어업 발전을 위하여 필요하다고 인정하는 사항

21 ② 정답

22 **친환경농어업 육성 및 유기식품 등의 관리·지원에 관한 법령상 유기식품 인증취소 사유가 아닌 것은?**

① 잔류물질이 검출되어 인증기준에 맞지 아니한 경우
② 거짓이나 그 밖의 부정한 방법으로 인증을 받은 경우
③ 전업(轉業), 폐업 등의 사유로 인증품을 생산하기 어렵다고 인정하는 경우
④ 인증품의 판매금지 명령을 정당한 사유 없이 따르지 아니한 경우

해설 **인증취소 등 행정처분 기준 및 절차 – 개별기준(시행규칙 [별표 8])**

위반사항	행정처분기준
나. 부정한 방법으로 인증을 받은 경우	인증취소
라. 정당한 사유 없이 법 제31조 제4항 전단에 따른 명령에 따르지 아니한 경우	인증취소
마. 전업, 폐업 등의 사유로 인증품을 생산하기 어렵다고 인정하는 경우	인증취소
바. 잔류물질이 검출되어 인증기준에 맞지 아니한 때	해당 인증품의 인증표시 제거

23 **수산물 유통의 관리 및 지원에 관한 법률 제1조(목적)에 관한 내용이다. (   )에 들어갈 내용을 순서대로 옳게 나열한 것은?**

> 수산물 유통체계의 (   )와 수산물유통산업의 경쟁력 강화에 관하여 규정함으로써 원활하고 (   ) 수산물의 유통체계를 확립하여 (   )와 소비자를 보호하고 국민경제의 발전에 이바지함을 목적으로 한다.

① 효율화, 위생적인, 판매자
② 투명화, 위생적인, 생산자
③ 효율화, 안전한, 생산자
④ 투명화, 안전한, 판매자

해설 **목적(법 제1조)**
이 법은 수산물 유통체계의 효율화와 수산물유통산업의 경쟁력 강화에 관하여 규정함으로써 원활하고 안전한 수산물의 유통체계를 확립하여 생산자와 소비자를 보호하고 국민경제의 발전에 이바지함을 목적으로 한다.

정답 22 ① 23 ③

24 **수산물 유통의 관리 및 지원에 관한 법령상 위판장 외의 장소에서 매매 또는 거래할 수 없는 수산물은?**

① 종자용 홍어

② 양식용 문어

③ 종자용을 제외한 뱀장어

④ 종자용을 제외한 미꾸라지

해설 **수산물매매장소의 제한(법 제13조의2)**

거래 정보의 부족으로 가격교란이 심한 수산물로서 해양수산부령으로 정하는 수산물은 위판장 외의 장소에서 매매 또는 거래하여서는 아니 된다.

매매장소 제한 수산물(시행규칙 제7조의2)

'해양수산부령으로 정하는 수산물'이란 뱀장어(종자용 뱀장어를 제외)를 말한다.

25 **수산물 유통의 관리 및 지원에 관한 법령상 수산물 규격품임을 표시하려고 할 경우 '규격품'이라는 문구와 함께 표시하여야 할 사항이 아닌 것은?**

① 산 지

② 등 급

③ 생산자단체의 명칭 및 전화번호

④ 생산일자와 유통기한

해설 **규격품의 출하 및 표시방법 등(시행규칙 제41조 제2항)**

규격에 부합하는 수산물을 출하하는 자가 해당 수산물이 규격품임을 표시하려는 경우에는 해당 수산물의 포장 겉면에 '규격품'이라는 문구와 함께 다음의 사항을 표시하여야 한다.

1. 품 목
2. 산 지
3. 품종. 다만, 품종을 표시하기 어려운 품목은 해양수산부장관이 정하여 고시하는 바에 따라 품종의 표시를 생략할 수 있다.
4. 등 급
5. 실중량. 다만, 품목 특성상 실중량을 표시하기 어려운 품목은 해양수산부장관이 정하여 고시하는 바에 따라 개수 또는 마릿수 등의 표시를 단일하게 할 수 있다.
6. 생산자 또는 생산자단체의 명칭 및 전화번호

24 ③ 25 ④ 정답

02 수산물유통론

26 수산물 유통의 거리와 기능 관계를 연결한 것 중 옳지 않은 것은?

① 장소 거리 - 운송기능
② 시간 거리 - 보관기능
③ 품질 거리 - 선별기능
④ 인식 거리 - 거래기능

해설
- 인식 거리 : 정보전달기능
- 소유권 거리 : 거래기능

27 수산물 거래관행에 관한 설명으로 옳지 않은 것은?

① 위탁판매제란 수협위판장에 수산물을 판매·위탁하는 제도이다.
② 산지위판장에서는 주로 경매·입찰제가 실시된다.
③ 연근해수산물은 수협위판장을 경유하여 판매해야만 한다.
④ 원양선사는 대량으로 생산된 원양어획물 판매를 위해 입찰제를 실시하고 있다.

해설 연근해 어획물의 대부분은 양륙어항에 위치하고 있는 산지위판장에서 1차적인 가격을 형성한 다음 소비지 시장으로 판매되고 있다.

28 수산물 유통경로가 다양하고 다단계로 이루어지는 이유로 옳지 않은 것은?

① 수산물 생산이 계절적으로 행해진다.
② 조업어장이 해역별로 집중되어 있다.
③ 영세한 어업인이 전국적으로 분포되어 있다.
④ 수산물은 부패하기 쉽다.

해설 어업생산은 계절적으로 행해지고, 어군이 형성되는 어장도 조업 해역별로 분산되어 있다.

정답 26 ④ 27 ③ 28 ②

29 수산물 유통활동 중 물적유통활동에 관한 설명으로 옳지 않은 것은?

① 수산물의 보관 및 판매를 위한 포장활동
② 수산물의 양륙 및 상·하차 등 물류활동
③ 수산물 소유권 이전을 위한 거래활동
④ 산지와 소비지를 연결시켜 주는 운송활동

해설 ③ 소유권 이전을 위한 거래활동(구매 및 판매활동)은 상적유통활동이다.

수산물 유통

유통활동	상적유통활동	구매 및 판매활동
	물적유통활동	운송활동, 보관활동, 하역활동, 포장활동, 유통가공활동, 정보유통활동
유통조성활동		표준화·등급화활동, 금융활동, 보험활동

30 수산물 산지위판장에서 발생하는 유통비용에 관한 설명으로 옳지 않은 것은?

① 위판장에 접안한 어선에서 생산물을 양륙·반입할 때 양륙비가 발생한다.
② 양륙한 수산물의 경매를 위해 위판장에 진열하는 배열비가 발생한다.
③ 수산물을 입상하여 경매할 경우 추가로 작업비가 발생한다.
④ 모든 수산물 산지위판장에서는 동일한 위판수수료율이 발생한다.

해설 **위판수수료** : 출하금액에 부과되는 법정수수료의 4.5%로 지역마다 차이가 있다.

31 수산물 경매사가 최고가를 제시한 후 낙찰자가 나타날 때까지 가격을 내려가면서 제시하는 방식은?

① 상향식 경매 방식
② 하향식 경매 방식
③ 동시호가식 경매 방식
④ 최고가격 입찰 방식

해설 ① 상향식 경매 방식 : 경매참가자들이 판매물에 대해 공개적으로 자유롭게 매수희망가격을 제시하여 최고의 높은 가격을 제시한 자를 최종 입찰자로 결정하는 방식
③ 동시호가식 경매 방식 : 기본적으로 영국식 경매와 같은 상향식 경매이지만 영국식과 달리 경매참가자들이 경쟁적으로 가격을 높게 제시하고, 경매사는 그들이 제시한 가격을 공표하면서 경매를 진행시키는 방식
④ 최고가격 입찰 방식 : 중도매인들이 가장 낮은 가격으로부터 점차 높은 가격을 제시하면 경매사는 그중 가장 높은 가격을 부르는 중도매인에게 낙찰한다.

29 ③ 30 ④ 31 ② 정답

32 수산물도매시장의 구성원에 관한 설명으로 ( )에 들어갈 옳은 내용은?

> • (ㄱ)이란 농수산물도매시장 개설자에게 등록하고, 수산물을 수집하여 농수산물도매시장에 출하하는 영업을 하는 자를 말한다.
> • (ㄴ)이란 농수산물도매시장에 상장된 수산물을 직접 매수하는 자로서 중도매인이 아닌 가공업자, 소매업자 등의 수산물 수요자를 말한다.

① ㄱ : 산지유통인, ㄴ : 매매참가인

② ㄱ : 산지유통인, ㄴ : 시장도매인

③ ㄱ : 도매시장법인, ㄴ : 매매참가인

④ ㄱ : 도매시장법인, ㄴ : 시장도매인

해설 ㄱ : 산지유통인 : 수산물도매시장 · 수산물공판장 또는 민영수산물도매시장의 개설자에게 등록하고, 수산물을 수집하여 수산물도매시장 · 수산물공판장 또는 민영수산물도매시장에 출하(出荷)하는 영업을 하는 자(법인을 포함)를 말한다.

ㄴ : 매매참가인 : 수산물도매시장 · 수산물공판장 또는 민영수산물도매시장의 개설자에게 신고를 하고, 수산물도매시장 · 수산물공판장 또는 민영수산물도매시장에 상장된 수산물을 직접 매수하는 자로서 중도매인이 아닌 가공업자 · 소매업자 · 수출업자 및 소비자 단체 등 수산물의 수요자를 말한다.

33 수산물 산지위판장의 중도매인이 지불해야 하는 유통비용이 아닌 것은?

① 상차비

② 어상자대

③ 위판수수료

④ 저장 · 보관비

해설 위판수수료, 양육비, 배열비는 생산자가 부담하는 비용이다.

유통비용 구성요소

생산자	양육비, 위판수수료, 배열비
중도매인	선별비, 운반비, 상차비, 어상자대, 저장 및 보관비용, 운송비

정답 32 ① 33 ③

34 활어 유통에 관한 설명으로 옳은 것을 모두 고른 것은?

ㄱ. 일반적으로 살아있는 수산물을 '활어'라고 한다.
ㄴ. 활어는 최종 소비단계에서 대부분 '회'로 소비된다.
ㄷ. 활어의 산지 유통은 대부분 수협 위판장을 경유한다.
ㄹ. 소비자들은 활어회보다 선어회를 선호한다.

① ㄱ, ㄴ　　② ㄱ, ㄹ
③ ㄴ, ㄷ　　④ ㄷ, ㄹ

해설 ㄷ. 해조류를 제외한 전체 활어 생산량 중에서 수협의 산지 위판장을 경유하는 계통출하 비중은 35% 내외이며, 산지의 수집상이나 생산자 직거래 등에 의해 출하되는 비계통출하는 65%이다.
ㄹ. 소비자들은 선어회보다 활어회를 선호한다.

35 양식산 넙치의 유통 특성에 관한 설명으로 옳지 않은 것은?

① 주요 산지는 제주도와 완도이다.
② 대부분 유사도매시장을 경유한다.
③ 최대 수출대상국은 일본이며, 주로 활어로 수출된다.
④ 해면양식어업 전체 품목 중 생산량이 가장 많다.

해설 ④ 조피볼락(우럭)이 해면양식어업 전체 품목 중 생산량이 가장 많다.

36 선어 유통에 관한 설명으로 옳지 않은 것은?

① 선어란 저온보관을 통해 냉동하지 않은 수산물을 의미한다.
② 전체 수산물 유통량의 50% 이상이다.
③ 우리나라 연근해에서 어획된 것이 대부분이다.
④ 선도유지가 중요하며, 신속한 유통이 필요하다.

해설 ② 전체 수산물 유통량의 30% 내외이다.

34 ① 35 ④ 36 ② 정답

37 냉동수산물 유통에 관한 설명으로 옳은 것을 모두 고른 것은?

ㄱ. 어획된 수산물을 동결하여 유통하는 상품형태를 의미한다.
ㄴ. 선어에 비해 유통 과정에서의 부패 위험도가 낮다.
ㄷ. 수협 산지위판장을 경유하는 경우가 대부분이다.
ㄹ. 냉동창고와 냉동탑차가 필수적 유통수단이다.

① ㄱ, ㄴ, ㄷ　　② ㄱ, ㄴ, ㄹ
③ ㄱ, ㄷ, ㄹ　　④ ㄴ, ㄷ, ㄹ

해설 산지위판장을 거치지 않고 주로 장외시장을 통해 공급된다.

38 수산가공품의 유통에 관한 설명으로 옳지 않은 것은?

① 부패를 억제하여 장기간의 저장이 가능하다.
② 가공정도가 높을수록 일반 수산물 유통과 유사하다.
③ 수송이 편리하고, 공급조절이 가능하다.
④ 위생적인 제품 생산으로 상품성을 높일 수 있다.

해설 ② 수산가공품은 저장성이 높을수록 일반 식품의 유통경로와 유사하다.

정답 37 ② 38 ②

39 수입 연어류 유통에 관한 설명으로 옳은 것은?

① 대부분 활수산물이다.
② 대부분 양식산이다.
③ 대부분 러시아산이다.
④ 대부분 유사도매시장을 경유한다.

해설 수입 연어류는 대부분 양식어종이며, 노르웨이산이 대부분을 차지하고, 유통량도 조피볼락보다 많다.

40 수산물 공동판매의 장점으로 옳은 것을 모두 고른 것은?

ㄱ. 투입 노동력이 증가한다.
ㄴ. 유통비용을 절감할 수 있다.
ㄷ. 가격교섭력을 높일 수 있다.
ㄹ. 유통업자 간의 판매시기를 조절할 수 있다.

① ㄱ, ㄴ
② ㄱ, ㄹ
③ ㄴ, ㄷ
④ ㄷ, ㄹ

해설 **공동판매의 장점**
- 어획물 가격의 교섭력을 높일 수 있다.
- 유통비용의 절감
- 수산물의 출하 조절이 쉬워진다.

41 수산물 소비지 도매시장의 기능으로 옳지 않은 것은?

① 양륙기능
② 수집기능
③ 분산기능
④ 가격형성기능

해설 소비지 도매시장은 수산물을 집하하여 분산하는 도매거래를 위해 소비지에 개설된 시장을 말한다.
※ 산지시장에서는 수산물의 양륙, 1차 가격(산지가격) 형성, 소비지로의 분산기능을 수행한다.

39 ② 40 ③ 41 ① 정답

42 수산물 전자상거래에 관한 설명으로 옳은 것은?

① 유통경로가 상대적으로 길다.
② 거래 시간과 공간의 제한이 없다.
③ 구매자 정보를 획득하기 어렵다.
④ 홍보 및 판촉비용이 증가한다.

해설 **수산물 전자상거래의 특징**
- 유통경로가 상대적으로 짧다.
- 거래 시간과 공간에 제약이 없다.
- 무점포 운영이 가능하다.
- 구매자 정보를 얻기가 용이하다.
- 운영비가 절감된다.
- 소비자와 생산자 간의 양방향 소통이 가능하다.

43 조기의 수요변화로 (   )에 들어갈 옳은 내용은?

> 조기 가격이 10% 하락함에 따라 수요가 5% 증가하였다. 이 때 조기 수요의 가격탄력성은 (ㄱ)로 조기는 수요 (ㄴ) 이라고 말할 수 있다.

① ㄱ : 0.2, ㄴ : 탄력적
② ㄱ : 0.2, ㄴ : 비탄력적
③ ㄱ : 0.5, ㄴ : 탄력적
④ ㄱ : 0.5, ㄴ : 비탄력적

해설

ㄱ. $\text{수요의 가격탄력성} = \frac{\text{수요량의 변화율}}{\text{가격의 변화율}} = \frac{5}{10} = 0.5$

ㄴ. 수요의 가격탄력성 크기

구 분	수요의 가격탄력성(E_p)
완전 비탄력적	$E_p = 0$인 경우
비탄력적	$E_p = 0$과 1 사이인 경우
단위 탄력적	$E_p = 1$인 경우
탄력적	$E_p = 1$을 초과하는 경우
완전 탄력적	$E_p = \infty$인 경우

44 수산물의 가격 변동폭을 증가시키는 원인으로 옳지 않은 것은?

① 계획생산의 어려움
② 어획물의 다양성
③ 강한 부패성
④ 정부 수매비축

해설 부패성은 선도를 유지할 수 있도록 신속한 가격결정과 유통시스템이 요구된다.

정답 42 ② 43 ④ 44 ④

45 수입 대게의 각 유통단계별 가격(원/kg)을 나타낸 것이다. 도매상의 유통마진율(%)은?(단, 유통비용은 없다고 가정한다)

- 수입업자 24,000원
- 도매상 40,000원
- 횟집 60,000원

① 30 ② 40
③ 50 ④ 60

해설

$$마진율 = \frac{판매가격 - 구입가격}{판매가격} \times 100$$

$$= \frac{40,000 - 24,000}{40,000} \times 100$$

$$= 40\%$$

46 수산물 할인쿠폰이나 즉석 경품 등을 제공하는 판매촉진활동의 장점에 관한 설명이 아닌 것은?

① 판매 홍보에 효과적이다.
② 잠재고객을 확보할 수 있다.
③ 브랜드의 고급화에 도움이 된다.
④ 소비자의 대량구매 심리를 자극한다.

해설 **판매촉진**

- 판매촉진은 가격할인, 쿠폰, 경품, 리베이트, 무료견본, 판매경진 등이 있다.
- 단기적으로 고객의 직접대량구매를 유도하기 때문에 광고나 홍보 등과 같은 다른 촉진활동보다 효과가 빨리 나타나고 그 효과를 측정하기도 쉽다.
- 고객의 즉각적인 반응을 일으킬 수 있고 그 반응을 쉽게 알아낼 수 있으며 구매시점에서 제공되므로 짧은 시간에 매출을 증가시킬 수 있다.
- 짧은 시간에 소비자들에게 대량으로 구입을 유도하기 때문에 재고정리와 같은 단기적인 수요공급조절이 가능하다.
- 경쟁업체의 모방이 쉬워 경쟁업체가 똑같은 판매촉진수단으로 대응한다면 경쟁 우위가 사라질 수도 있다.

47 수산물 상표에 관한 설명으로 옳은 것을 모두 고른 것은?

ㄱ. 읽었을 때 불쾌한 느낌이 없어야 한다.
ㄴ. 수출품 상표는 해당국 언어로 발음할 수 있게 한다.
ㄷ. 긴 문장으로 오래 기억에 남게 한다.

① ㄱ, ㄴ ② ㄱ, ㄷ
③ ㄴ, ㄷ ④ ㄱ, ㄴ, ㄷ

45 ② 46 ③ 47 ① 정답

48 해양수산부는 수산물 소비확대를 위해 '어식백세 캠페인'의 일환으로 수산물 소비촉진 사업자를 공모하였다. 해당사업 판촉활동에 관한 것을 모두 고른 것은?

ㄱ. 홍보(Publicity)	ㄴ. 상표광고(Brand Advertising)
ㄷ. 기초광고(Generic Advertising)	ㄹ. 기업광고(Corporate Advertising)

① ㄱ, ㄴ　　② ㄱ, ㄷ

③ ㄴ, ㄷ　　④ ㄴ, ㄹ

해설 ㄱ. 홍보(Publicity) : 기업, 단체 또는 관공서 등의 조직체가 커뮤니케이션 활동을 통하여 스스로의 생각이나 계획・활동・업적 등을 널리 알리는 활동을 말한다.

ㄷ. 기초광고(Generic Advertising) : 공익적인 기초광고는 특정 제품에 대한 주 공략 소비 계층을 정하고 이들의 호감도를 높일 수 있는 다양한 정보를 집중적으로 홍보할 때, 그 광고 효과가 높아지게 된다. 따라서 기초광고는 목표와 방법을 구체적으로 정하여 광고 효과를 높이는 전략이 필요하다.

49 수산물 정보를 체계적으로 수집하기 위한 것이 아닌 것은?

① 판매시점 정보시스템(POS System)

② 바코드(Bar Code)

③ 공급망관리(SCM)

④ 전자문서교환(EDI)

해설 SCM(공급망사슬관리)

생산을 하기 위한 자재를 조달하는 각 협력회사와의 정보시스템 연계방식이다.

50 수산물 가격 및 수급안정을 목적으로 시행하는 유통정책이 아닌 것은?

① 수산업관측사업　　② 어업보험제도

③ 정부비축사업　　④ 자조금제도

해설 유통정책의 종류

- 정부주도형 정책 : 수산비축사업
- 민간협력형 정책 : 유통협약사업, 자조금제도, 수산업관측사업

정답 48 ② 49 ③ 50 ②

03 수확 후 품질관리론

51 수분활성도를 조절하여 저장성을 개선시킨 수산식품이 아닌 것은?

① 마른오징어
② 간고등어
③ 가쓰오부시
④ 참치통조림

해설 통조림은 용기에 원료를 담아 공기를 제거하고 밀봉한 후, 가열 살균하여 상온에서 변질하지 않고 장기간 유통・보존할 수 있도록 만든 식품이다

52 어패류의 선도 판정법 중 화학적 방법이 아닌 것은?

① 휘발성염기질소 측정법
② 경도 측정법
③ 트라이메틸아민 측정법
④ pH 측정법

해설 경도 측정법은 관능적 선도 측정법에 속한다.

53 초기 세균 농도가 10^5CFU/g인 연육을 120℃에서 3분간 살균하였더니 10^2CFU/g으로 감소하였다. 이 때 D값은?

① 1분
② 2분
③ 3분
④ 5분

해설 D값은 일정온도에서 주어진 미생물 농도를 1/10로 감소시키는 데 소요되는 시간을 의미한다.

$$D=\frac{\text{살균시간}}{\log_{10}(\text{초기세균농도}/\text{최종세균농도})}=\frac{3\text{분}}{\log_{10}(10^5/10^2)}=\frac{3\text{분}}{3}=1\text{분}$$

51 ④ 52 ② 53 ① 정답

54 수산식품 가공처리 중 지질산화 억제를 위한 방법으로 옳지 않은 것은?

① 냉동굴 제조 시 얼음막 처리

② 마른멸치 제조 시 BHT 처리

③ 어육포 포장 시 탈산소제 봉입 처리

④ 저염 오징어젓 제조 시 소브산 처리

해설 소브산은 보존료 용도이다.

55 접촉식 동결법에 관한 설명으로 옳지 않은 것은?

① 냉각된 금속판 사이에 원료를 넣고, 양면을 밀착하여 동결하는 방법이다.

② 선상 동결법으로도 사용한다.

③ 급속 동결법 중의 하나이다.

④ 선망으로 어획된 참치통조림용 가다랑어의 동결에 적용하고 있다.

해설 접촉식 동결법은 동결 수리미, 명태 필레, 원양 선상 수산물의 동결에 많이 이용되고 있다.

56 연승(주낙)으로 어획한 갈치를 어상자에 담을 때 적절한 배열방법은?

① 복립형 ② 산립형

③ 환상형 ④ 평편형

해설 어획물의 입상 배열방법

- 배립형 : 어종에 따라 등을 위로 오게 하는 것
- 복립형 : 복부를 위로 보게 하는 것
- 환상형 : 갈치나 장어와 같이 길이가 길 때 상자에 걸치지 않게 둥글게 입상하는 것
- 산립형 : 잡어와 같은 작은 것을 아무렇게나 입상하는 것
- 평힐형 : 옆으로 가지런히 배열하는 것

정답 54 ④ 55 ④ 56 ③

57 수산식품의 진공포장 처리에 관한 설명으로 옳지 않은 것은?

① 호기성 미생물의 발육이 억제된다.

② 내용물의 지질산화가 억제된다.

③ 부피를 줄여 수송 및 보관이 용이하다.

④ 포장재는 기체투과성이 있어야 한다.

해설 일반적으로 산소와 이산화탄소의 투과도가 낮은 필름으로 포장한 것이 그렇지 않은 것보다 미생물의 성장을 더욱 억제시킨다.

58 수산물 표준규격에서 정하는 포장재료 및 포장재료의 시험방법 중 PP대(직물제 포대) 시험항목에 해당하지 않는 것은?

① 인장강도 ② 직조밀도

③ 봉합실 흡수량 ④ 섬 도

해설 PP대(직물제 포대)의 섬도, 인장강도, 봉합실 인장강도 및 직조밀도 등은 KS T 1071(직물제 포대)에 따른다.

59 고등어의 동결저장 중 품온이 −10℃일 때 동결률(%)은?(단, 고등어의 수분함량은 75%이고, 어는점은 −2℃이다)

① 75% ② 80%

③ 85% ④ 90%

해설

$$\text{빙결률(\%)} = \left(1 - \frac{\text{식품의 빙결점}}{\text{식품의 품온}}\right) \times 100$$

$$= \left(1 - \frac{2}{10}\right) \times 100$$

$$= 80\%$$

57 ④ 58 ③ 59 ② 정답

60 연제품의 탄력에 관한 설명으로 옳은 것은?

① 경골어류는 연골어류보다 겔 형성력이 좋다.
② 적색육 어류가 백색육 어류보다 겔 형성력이 좋다.
③ 어육의 겔 형성력은 선도와 관계없다.
④ 단백질의 안정성은 냉수성 어류가 온수성 어류보다 크다.

해설 ② 어육의 겔 형성력은 경골어류, 바다고기, 백색육 어류가 좋다.
③ 선도가 좋을수록 겔 형성력이 좋다.
④ 단백질의 안정성은 온수성 어류가 냉수성 어류보다 크다.

61 어육의 동결 중 나타나는 최대빙결정생성대에 관한 설명으로 옳지 않은 것은?

① −5~어는점(℃) 범위의 온도대이다.
② 얼음결정이 가장 많이 생성된다.
③ 어육의 품온이 떨어지는 시간이 많이 걸리는 구간이다.
④ 냉동품의 품질은 최대빙결정생성대의 통과시간이 길수록 우수하다.

해설 냉동품의 품질은 최대빙결정생성대의 통과시간이 짧을수록 우수하다.

62 한천에 관한 설명으로 옳은 것은?

① 한천은 아가로펙틴과 아가로스의 혼합물이며, 아가로펙틴이 주성분이다.
② 아가로펙틴은 중성다당류이다.
③ 한천은 소화·흡수가 잘되어 식품의 소재로 활용도가 높다.
④ 냉수에는 잘 녹지 않으나, 80℃ 이상의 뜨거운 물에는 잘 녹는다.

해설 ① 한천의 성분은 아가로스(70~80%)와 아가로펙틴(20~30%)의 혼합물이다.
② 아가로스는 중성 다당류이고, 아가로펙틴은 산성 다당류이다.
③ 소화·흡수가 잘되지 않아 다이어트 식품의 소재로 많이 이용되고 있다.

정답 60 ① 61 ④ 62 ④

63 제품의 흑변 방지를 위하여 통조림 용기에 사용하는 내면 도료는?

① 비닐수지 도료
② 유성수지 도료
③ V-에나멜 도료
④ 에폭시수지 도료

해설 흑변을 예방하기 위해서는 C-에나멜 캔 또는 V-에나멜 캔을 사용해야 한다.

64 마른간법과 비교한 물간법의 특징으로 옳은 것을 모두 고른 것은?

ㄱ. 소금의 침투가 불균일하다.
ㄴ. 염장 중 지방산화가 적다.
ㄷ. 소금 사용량이 많다.
ㄹ. 제품의 수율이 낮다.
ㅁ. 소금의 침투속도가 빠르다.

① ㄱ, ㄴ
② ㄴ, ㄷ
③ ㄷ, ㄹ
④ ㄹ, ㅁ

해설 물간법과 마른간법

물간법의 장점	마른간법의 단점
• 소금의 침투가 균일하다. • 염장 중 공기와 접촉되지 않아 산화가 적다. • 과도한 탈수가 일어나지 않으므로 외관, 풍미, 수율이 좋다. • 제품의 짠 맛을 조절할 수 있다.	• 소금의 침투가 불균일하다. • 지방이 많은 어체의 경우 공기와 접촉되므로 지방이 산화되기 쉽다. • 탈수가 강하여 제품의 외관이 불량하며, 수율이 낮다.

65 국내에서 참치통조림의 원료로 가장 많이 사용되고 있는 어종은?

① 가다랑어
② 날개다랑어
③ 참다랑어
④ 황다랑어

해설 **참치통조림** : 소형어종인 '가다랑어'로 만든 제품

63 ③ 64 ② 65 ① 정답

66 게맛어묵(맛살류)의 제품 형태에 해당하지 않는 것은?

① 청크(Chunk)
② 플레이크(Flake)
③ 라운드(Round)
④ 스틱(Stick)

해설 **게맛어묵(맛살류)** : 동결 연육을 게살, 새우살 또는 바닷가재살의 풍미와 조직감을 가지도록 만든 제품으로 막대모양의 스틱(Stick), 스틱을 자른 덩어리 모양의 청크(Chunk), 청크를 더 잘게 자른 가는 조각 모양의 플레이크(Flake) 등이 있다.
※ 라운드식 : 아가미와 내장 제거 후 훈제

67 마른김의 제조를 위하여 산업계에서 주로 적용하고 있는 기계식 건조방법은?

① 냉풍건조
② 열풍건조
③ 동결건조
④ 천일건조

해설 바닷물이 든 저장탱크에 넣은 물김은 열풍건조 공정 등을 거쳐 2시간 30분 만에 바짝 마른 사각형 김으로 재탄생한다.

68 다음 수산발효식품 중 제조기간이 가장 긴 제품은?

① 멸치젓
② 멸치액젓
③ 명란젓
④ 가자미식해

해설 **수산발효식품의 제조기간**
- 식해류 : 1~2주
- 젓갈류 : 2주~4개월
- 액젓류 : 6개월~1년

69 수산물의 원료 전처리 기계에 해당하는 것을 모두 고른 것은?

ㄱ. 선별기	ㄴ. 필렛가공기
ㄷ. 탈피기	ㄹ. 레토르트

① ㄱ, ㄴ
② ㄱ, ㄴ, ㄷ
③ ㄴ, ㄷ, ㄹ
④ ㄱ, ㄴ, ㄷ, ㄹ

해설 **원료 처리 기계** : 선별기, 필렛가공기(머리 및 내장 제거기), 탈피기, 어류 세척기

70 어묵제조 공정에 필요한 기계장치를 순서대로 옳게 나열한 것은?

ㄱ. 채육기(어육채취기)	ㄴ. 육정선기
ㄷ. 사일런트커터	ㄹ. 성형기
ㅁ. 살균기	

① ㄱ → ㄴ → ㄷ → ㄹ → ㅁ

② ㄱ → ㄷ → ㄴ → ㄹ → ㅁ

③ ㄴ → ㄱ → ㄷ → ㄹ → ㅁ

④ ㄴ → ㄱ → ㄷ → ㅁ → ㄹ

해설 **어묵제조 공정에 필요한 기계장치 순서**
채육기(어육채취기) → 육정선기 → 사일런트커터 → 성형기 → 살균기

71 다음과 같은 순서로 처리하는 건조기는?

- 생미역을 선반(Tray) 위에 평평하게 담는다.
- 선반을 운반차(대차) 위에 쌓아 올린다.
- 열풍이 통과할 수 있는 적당한 간격으로 운반차를 건조기 안에 넣는다.
- 건조기 내부로 운반차를 차례로 통과시켜 생미역을 건조시킨다.

① 유동층식 건조기 ② 캐비넷식 건조기
③ 터널식 건조기 ④ 회전식 건조기

해설 **터널형 건조기**
- 원료를 실은 수레(대차)를 터널 모양의 건조기 안에서 이동시키면서 열풍으로 건조한다.
- 열효율이 높고 건조 속도가 빠르며, 열 손실이 적다. 또 연속 작업 가능하고 균일한 제품 얻기가 쉽다.
- 비용이 많이 들고, 일정한 건조 시설이 필요하다.

70 ① 71 ③ 정답

72 조개류의 독성물질이 아닌 것은?

① Venerupin ② PSP

③ DSP ④ Tetrodotoxin

해설 ④ Tetrodotoxin : 복어독

조개류의 독성물질 : Saxitoxin, Venerupin, PSP, DSP

73 HACCP의 CCP(중요관리점)로 결정되어지는 질문과 답변은?

① 확인된 위해요소를 관리하기 위한 선행요건프로그램이 있으며 잘 관리되고 있는가?- Yes

② 이후의 공정에서 확인된 위해를 제거하거나 발생가능성을 허용수준까지 감소시킬 수 있는가?- Yes

③ 이 공정이나 이후의 공정에서 확인된 위해의 관리를 위한 예방조치방법이 없으며, 이 공정에서 안전성을 위한 관리가 필요한가?- No

④ 이 공정은 이 위해의 발생가능성을 제거 또는 허용수준까지 감소시키는가?- Yes

해설 **중요관리점 (CCP) 결정도**

질문 1 : 확인된 위해요소를 관리하기 위한 선행요건프로그램이 있으며 잘 관리되고 있는가?
아니오 → 질문 2
예 → CP

질문 2 : 이 공정이나 이후의 공정에서 확인된 위해의 관리를 위한 예방조치방법이 있는가?
아니오 → 이 공정에서 안정성을 위한 관리가 필요한가? → 아니오 → CP
→ 예 → 공정, 절차, 제품변경
예 → 질문 3

질문 3 : 이 공정은 이 위해의 발생가능성을 제어 또는 허용수준까지 감소시키는가?
아니오 → 질문 4
예 → CCP

질문 4 : 확인된 위해의 오염이 허용수준을 초과하여 발생할 수 있는가? 또는 그 오염의 허용할 수 없는 수준으로 증가할 수 있는가?
아니오 → CP
예 → 질문 5

질문 5 : 이후의 공정에서 확인된 위해를 제어하거나 발생가능성을 허용수준까지 감소시킬 수 있는가?
아니오 → CCP
예 → CP

정답 72 ④ 73 ④

74 식품공전상 수산물의 중금속 기준으로 옳은 것은?

① 납(오징어를 제외한 연체류) : 2.0mg/kg 이하

② 카드뮴(오징어) : 2.0mg/kg 이하

③ 메틸수은(다랑어류) : 2.0mg/kg 이하

④ 카드뮴(미역) : 0.5mg/kg 이하

해설 ② 카드뮴(오징어) : 1.5mg/kg 이하
③ 메틸수은(다랑어류) : 1.0mg/kg 이하
④ 카드뮴(미역) : 0.3mg/kg 이하

75 HACCP의 제품설명서 작성 시 포함되지 않는 항목은?

① 완제품규격

② 제품유형

③ 식품제조 현장작업자

④ 유통기한

해설 **제품설명서 작성 시 포함 항목 예**

- 제품명
- 품목 제조보고 연월일 및 보고자
- 성분배합비율(%)
- 완제품 규격
- 포장방법 및 재질
- 제품의 용도
- 유통기한
- 제품유형
- 작성연월일 및 작성자
- 제조(포장) 단위
- 보관유통상 주의사항
- 표시사항
- 섭취방법
- 기타사항

74 ① 75 ③ 정답

04 수산일반

76 **수산업・어촌 발전 기본법상 소금생산업이 해당하는 수산업의 종류는?**

① 양식업

② 어 업

③ 수산물가공업

④ 수산물유통업

해설 **정의(법 제3조 제1호)**

'수산업'이란 다음의 산업 및 이들과 관련된 산업으로서 대통령령으로 정한 것을 말한다.

1. 어업 : 수산동식물을 포획(捕獲)・채취(採取)하는 산업, 염전에서 바닷물을 자연 증발시켜 소금을 생산하는 산업
2. 어획물운반업 : 어업현장에서 양륙지(揚陸地)까지 어획물이나 그 제품을 운반하는 산업
3. 수산물가공업 : 수산동식물 및 소금을 원료 또는 재료로 하여 식료품, 사료나 비료, 호료(糊料)・유지(油脂) 등을 포함한 다른 산업의 원료・재료나 소비재를 제조하거나 가공하는 산업
4. 수산물유통업 : 수산물의 도매・소매 및 이를 경영하기 위한 보관・배송・포장과 이와 관련된 정보・용역의 제공 등을 목적으로 하는 산업
5. 양식업 : 양식산업발전법에 따라 수산동식물을 양식하는 산업

정답 76 ②

77 수산업 · 어촌의 공익적 기능을 모두 고른 것은?

ㄱ. 해양영토 수호	ㄴ. 수산물 생산
ㄷ. 해양환경 보전	ㄹ. 어촌사회 유지

① ㄱ, ㄴ, ㄷ ② ㄱ, ㄴ, ㄹ
③ ㄱ, ㄷ, ㄹ ④ ㄴ, ㄷ, ㄹ

해설 수산업은 해양과 수산자원을 이용해 가치를 생산하는 경제활동으로 국민에게 이로운 영향을 미치는 공익적 기능이 있다. 또한 어촌도 수산업에 종사하는 사람들이 형성한 삶의 터전으로 전통 어업문화의 계승, 여가 공간 제공 등 여러 공익적 기능을 보유하고 있다.

※ 우리나라 수산업 · 어촌의 공익적 기능에 관한 연구(한국해양수산개발원 2019)

구 분	대분류	소분류	정 의
사회 문화 환경 기능	식량 및 자원 공급	안전하고 지속가능한 식량 공급	깨끗하고 건강한 해역에서 어획한 안전한 수산물의 지속적인 공급
		국민건강 증진	양질의 단백질 등 건강에 이로운 요소가 포함된 수산물을 국민에게 공급
	생태계 보전	해양생태계 보호	어업활동을 통한 해양쓰레기 등 오염물질 제거
		생물다양성 유지	해양 포유류 및 포식종, 피식종 어획 금지
		수자원 관리	• TAC 참여, 금어기 · 금지체장 등 수산자원 관리 규정 준수 • 수산자원 관리를 위한 노력
	재난 구호 및 해역 감시	해난구조	어업인 및 관광객의 해난 사고 발생 시 조업 중인 어선에 의한 구조
		국경해역 감시	국격에서 조업 중인 어선을 통해 타국 어선의 영해 불법침입 및 밀입국 감시
		해양 재해 방지 및 구호	• 해역의 적조 확산 및 기름유출 방지 • 재해사고 발생 시 구호
국제적 기능	국격 제고	세계 수산업 발전	• 저소득국 등 어협후진국에 선진어업기술 전수 • 도서국과 국제협력 증진(영토확장)
		국가 이미지 관리	• 국제수역에서의 규정 준수 • 연안국 진출을 통한 우리나라 홍보

77 ③ 정답

78 다음 중 3년간(2017~2019년) 우리나라 수산물 수급에 관한 설명으로 옳은 것은?

① 수입량이 수출량보다 많다.

② 수요량(국내소비 + 수출)보다 국내 생산량이 많다.

③ 국민 1인당 소비량이 대폭 감소하고 있다.

④ 수산물 자급율이 높아지고 있다.

79 수산물에 관한 설명으로 옳지 않은 것은?

① 수산물은 건강기능 성분을 대부분 포함하고 있다.

② 수산물은 부패하기 쉽다.

③ 우리나라 어선어업 생산량은 계속 증가하고 있다.

④ 수산물은 단백질 공급원이다.

해설 우리나라 어선어업 생산량은 계속 감소하고 있다.

80 수산관계법령상 수산자원관리 수단이 아닌 것은?

① 그물코 규격 제한 ② 항해 안전 장비 제한

③ 포획·채취 금지 체장 ④ 포획·채취 금지 기간

해설 수산자원관리법

수산자원의 보호 수단	어선·어구·어법 등 제한
1. 포획·채취금지 2. 조업금지구역 3. 불법어획물의 방류명령 4. 불법어획물의 판매 등의 금지 5. 비어업인의 포획·채취의 제한 6. 휴어기의 설정	1. 조업척수의 제한 2. 어선의 사용제한 3. 2중 이상 자망의 사용금지 등(사용어구의 규모와 그물코의 규격) 4. 특정어구의 소지와 선박의 개조 등의 금지 5. 유해어법의 금지 6. 포획·채취 허가취소 등 7. 환경친화적 어구 사용

정답 78 ① 79 ③ 80 ②

81 우리나라 수산업에 관한 설명으로 옳지 않은 것은?

① 우리나라 경제개발에 기여하였다.

② 한중일 어업협정으로 어장이 축소되었다.

③ 최근 양식산업에 IT 등 첨단기술이 융합되고 있다.

④ 수산업 인구가 점점 늘어날 전망이다.

해설 ① 수산업은 선박건조 및 수리, 어구 제조, 마케팅 등 관련 서비스와 인프라 시설 발전을 촉진하며 우리나라 경제 성장에 긍정적인 영향을 미쳤다.

② 한중 어업협정으로 인해 우리나라는 양쯔강 어장에서 더이상 조업할 수 없게 되면서 어장이 축소되었다.

③ 2022년 부산에서 국내 최초 '스마트 양식 클러스터'가 설립되는 등 IoT, 자동화시스템, 순환여과양식시스템(RAS)와 같은 첨단기술을 활용한 양식업의 현대화가 진행되고 있다.

82 다음 (   )에 들어갈 단어를 순서대로 옳게 나열한 것은?

> 수산생물자원은 (ㄱ)으로 (ㄴ)을 하고 있기 때문에 적절히 관리를 하면 영구히 이용할 수 있는 특징을 갖고 있다.

① ㄱ : 타율적, ㄴ : 재생산

② ㄱ : 타율적, ㄴ : 일회성 생산

③ ㄱ : 자율적, ㄴ : 재생산

④ ㄱ : 자율적, ㄴ : 일회성 생산

해설 생물자원은 광물자원과는 달리 성장・생식을 통하여 자율적으로 재생산・보충되는 자원으로 육지생물자원이 종류가 단순하고 생식에 많은 비용이 소요되나 해양생물자원은 적은 비용으로 많은 종류의 자원이용이 가능한 것이 특징이다.

83 다음에서 설명하고 있는 수산생물의 종류는?

> • 대표적인 어종으로 새우, 게, 가재 등이 있다.
> • 대부분 암수 딴 몸이고, 알을 직접 물속에 방출하는 종류와 배 쪽에 부착시키는 종류 등이 있다.

① 연체류 ② 해조류

③ 어 류 ④ 갑각류

해설 **갑각류** : 수산생물 중 가장 많은 종이 알려져 있다.

81 ④ 82 ③ 83 ④ 정답

84 다음에서 설명하는 것은?

> • 어획 대상종의 풍도를 나타내는 추정치
> • 어업에 투입된 어획노력량에 대한 어획량

① 단위노력당어획량(CPUE)
② 최대지속적생산량(MSY)
③ 최대경제적생산량(MEY)
④ 생물학적허용어획량(ABC)

해설 **단위노력당어획량(Catch per Unit Effort, 單位勞力當 漁獲量)**
총 어획량을 총어획 노력으로 나눈 것으로, 자원량 지수로서 사용된다.

85 우리나라의 해역별 주요 어종 및 어업 종류가 옳게 연결된 것은?

① 서해 – 도루묵 – 채낚기어업
② 남해 – 멸치 – 죽방렴어업
③ 동해 – 낙지 – 쌍끌이저인망어업
④ 서남해 – 대게 – 잠수기어업

해설 정치성 어구 중에서 죽방렴은 남해안의 수심 20~25m되는 곳에 참나무로 V자형이 되도록 항목을 박고 물고기가 최종적으로 가두어지는 부분에 여자망 등의 그물감을 부착하여 조업하고 있다. 주로 어획되는 어종은 멸치, 전어 등이다.

86 얕은 수심과 빠른 조류를 이용하는 안강망어업과 꽃게 자망어업 등이 주로 행해지고 있는 해역은?

① 동 해　　② 남 해
③ 서 해　　④ 제 주

해설 서해는 조석・간만의 차가 심하고, 강한 조류로 인하여 수심이 얕은 연안에서는 상・하층수의 혼합이 왕성하여, 연안수와 외양수 사이에는 조석 전선이 형성되기도 한다.

정답 84 ① 85 ② 86 ③

87 초음파가 가지는 직진성, 등속성, 반사성 등을 이용하여 어군의 존재와 위치 등을 탐색하는 기기는?

① 양망기

② 어구조작용 기계장치

③ 어구관측장치

④ 어군탐지기

해설 어군탐지기에 사용되는 음파는 28kHz~200kHz의 주파수의 범위를 가진다.

88 우리나라 동해안 수심 800~2,000m에서 대형 통발 어구로 어획하는 어종은?

① 대 하 ② 꽃 게

③ 붉은대게 ④ 오징어

해설 통발은 우리나라 전국 연안에서 행해지고 있으며, 주요 대상 어종은 동해안에서는 북쪽분홍새우, 문어, 물레고둥, 붉은대게 등, 서해안에서는 꽃게, 민꽃게, 조피볼락, 쥐노래미, 피뿔고둥 등이고, 남해안에서는 꽃게, 문어, 붕장어, 골뱅이 등이다.

89 수산자원관리에서 어획노력량 규제에 해당되지 않는 것은?

① 어구 제한

② 어선의 크기 제한

③ 출어 횟수 제한

④ 어획량 제한

해설 어획노력량 규제는 원천적으로 어업에 대한 진입을 허가나 면허를 통해서 규제함으로써 수산자원을 관리하는 것이다. 어획노력량은 출어선수(出漁船數), 항해수, 어구수, 어구 사용 횟수, 어로 작업 종사 인원수, 어획 시간 등에 의해 측정한다.

87 ④ 88 ③ 89 ④ 정답

90 **양식생물과 양식방법의 연결이 옳지 않은 것은?**

① 굴 - 수하식

② 멍게 - 흘림발식

③ 바지락 - 바닥식

④ 조피볼락 - 가두리식

해설 • 멍게 : 수하식
• 김 : 흘림발식

91 **알과 정액을 인공적으로 수정시켜 종자를 생산하는 양식어류가 아닌 것은?**

① 조피볼락
② 감성돔
③ 넙 치
④ 무지개송어

해설 조피볼락(우럭)은 알이 아닌 새끼를 낳는 난태생 어류이다.

92 **폐쇄식 양식장에서 인위적으로 온도를 조절하기 위한 장치를 모두 고른 것은?**

ㄱ. 순환 펌프	ㄴ. 보일러
ㄷ. 냉각기	ㄹ. 공기주입장치

① ㄱ, ㄴ
② ㄱ, ㄹ
③ ㄴ, ㄷ
④ ㄷ, ㄹ

해설 **폐쇄적 양식장** : 인위적으로 수질 환경의 조절이 가능한 형태의 양식장 – 물리적 환경
• 온도의 조절 : 비닐하우스, 보일러, 냉각기 등의 활용
• 광선의 조절 : 인공조명 시설, 차광 시설
• 산소 공급과 물의 순환 : 포기 시설, 순환 펌프 시설

정답 90 ② 91 ① 92 ③

93 양식 사료 비용이 가장 적게 들어가는 양식장은?

① 사료계수 1.5를 유지하는 양식장
② 사료효율 55%를 유지하는 양식장
③ 사료계수 2.0을 유지하는 양식장
④ 사료효율 60%를 유지하는 양식장

해설 • 사료계수가 낮을수록 비용이 적게 들어간다.
• 사료효율 : 단위 중량의 사료를 섭취하였을 경우 생산되는 생산물의 양. 사료효율은 클수록 좋다.

94 양식 생물의 질병 중 병원체 감염이 아닌 것은?

① 넙치 백점병
② 잉어 등여윔병
③ 조피볼락 연쇄구균증
④ 참돔 이리도 바이러스

해설 잉어 등여윔병은 잉어의 먹이 가운데 산화된 지방의 독으로 인하여 일어나는 병이다.

95 다음에서 설명하는 양식 어류의 먹이생물은?

• 녹조류의 미세 단세포 생물 (3~8μm) • 종자를 생산할 때 로티퍼의 먹이로 이용

① 나이트로소모나스(Nitrosomonas)
② 코페포다(Copepoda)
③ 클로렐라(Chlorella)
④ 알테미아(Artemia)

해설 클로렐라는 녹조류(綠藻類)의 일종으로 어류의 인공종묘생산에서 로티퍼의 먹이로 가장 많이 사용되는 식물 플랑크톤이다.

93 ① 94 ② 95 ③ 정답

96 양식 활어를 수송할 때 주의할 점이 아닌 것은?

① 산소의 공급　② 오물의 제거
③ 적당한 습도 유지　④ 적정 수온보다 높게 유지

해설 수송할 때에는 수온을 낮게 유지시켜야 한다. 수온이 높으면 활어는 대사량이 증가하여 영양 성분의 소비가 많아지므로 품질이 떨어진다.

97 우리나라 동해안 영일만 이북에서 생산되는 냉수성 양식 패류는?

① 참 굴　② 피조개
③ 바지락　④ 참가리비

해설 서해안은 백합과 바지락의 집산지이며, 동해안은 참가리비와 같은 냉수성 패류의 산지, 남해안은 굴, 새조개의 고장이다.

98 유엔 식량농업기구의 IUU(불법 · 비보고 · 비규제)어업 국제 행동계획에 관한 설명으로 옳지 않은 것은?

① 모든 국가는 의무적으로 따라야 한다.
② 불법어업 근절을 위한 국제기구 활동이다.
③ IUU어업에 대한 시민사회 관심이 늘어나고 있다.
④ 지속가능한 어업을 위해 필요한 조치이다.

해설 IUU(불법 · 비보고 · 비규제)행동계획은 국제법적으로 구속력을 갖는 조약은 아니나 불법어업을 근절하기 위해 국내법을 제정할 수 있는 근거를 제공한다는데 큰 의의를 지닌다.

정답 96 ④ 97 ④ 98 ①

99 총허용어획량(TAC) 제도에 관한 설명으로 옳은 것은?

① 양식수산물 생산량 조절에 활용되고 있다.
② 어종별로 연간 어획량을 제한한다.
③ 수산자원의 자연사망을 관리한다.
④ 우리나라 전통적인 수산자원관리 제도이다.

해설 **총허용어획량(TAC)**
특정 어장에서 특정 어종의 자원 상태를 조사·연구하여 분포하고 있는 자원의 범위 내에서 연간 어획할 수 있는 총량을 정하고 그 이상의 어획을 금지함으로써 수산자원의 관리를 도모하고자 하는 제도

100 수산업법상 어업 관리제도가 아닌 것은?

① 자유어업 ② 면허어업
③ 신고어업 ④ 허가어업

해설 **어업관리제도(수산업법)**
- 면허어업 : 정치망어업, 마을어업
- 허가어업 : 근해어업, 연안어업, 구획어업
- 신고어업 : 나잠어업, 맨손어업

99 ② 100 ① 정답

과년도 기출문제

01 수산물품질관리 관련 법령

01 농수산물 품질관리법상 '이력추적관리'의 정의이다. (   )에 들어갈 내용을 순서대로 옳게 나열한 것은?

> '이력추적관리'란 농수산물의 (   ) 등에 문제가 발생할 경우 해당 농수산물을 (   )하여 원인을 규명하고 필요한 조치를 할 수 있도록 농수산물의 생산단계부터 (   )단계까지 각 단계별로 정보를 기록・관리하는 것을 말한다.

① 위생, 분석, 소비
② 위생, 추적, 판매
③ 안전성, 분석, 소비
④ 안전성, 추적, 판매

해설 정의(법 제2조 제7호)
'이력추적관리'란 농수산물의 안전성 등에 문제가 발생할 경우 해당 농수산물을 추적하여 원인을 규명하고 필요한 조치를 할 수 있도록 농수산물의 생산단계부터 판매단계까지 각 단계별로 정보를 기록・관리하는 것을 말한다.

02 농수산물 품질관리법상 농수산물품질관리심의회의 설치에 관한 내용으로 옳은 것은?

① 심의회는 위원장 및 부위원장 각 1명을 포함한 70명 이내의 위원으로 구성한다.
② 위원장은 해양수산부장관이 지명한다.
③ 농수산물의 품질관리 등에 관한 사항을 공정하게 심의하기 위하여 민간단체에 심의회를 둔다.
④ 농수산물의 소비 분야에 전문적인 지식이 풍부한 사람으로서 해양수산부장관이 위촉한 위원의 임기는 3년으로 한다.

해설 ① 심의회는 위원장 및 부위원장 각 1명을 포함한 60명 이내의 위원으로 구성한다(법 제3조 제2항).
② 위원장은 위원 중에서 호선(互選)하고 부위원장은 위원장이 위원 중에서 지명하는 사람으로 한다(법 제3조 제3항).
③ 농수산물 및 수산가공품의 품질관리 등에 관한 사항을 심의하기 위하여 농림축산식품부장관 또는 해양수산부장관 소속으로 농수산물품질관리심의회를 둔다(법 제3조 제1항).

정답 1 ④ 2 ④

03 농수산물 품질관리법상 수산물의 품질인증에 관한 설명으로 옳지 않은 것은?

① 해양수산부장관은 수산물의 품질을 향상시키고 소비자를 보호하기 위하여 품질인증 제도를 실시한다.

② 거짓으로 인증받아 취소된 후 2년이 지나지 아니한 자는 품질인증을 신청할 수 없다.

③ 품질인증의 유효기간은 인증을 받은 날부터 2년으로 한다. 다만, 품목의 특성상 달리 적용할 필요가 있는 경우에는 4년의 범위에서 달리 정할 수 있다.

④ 해양수산부장관은 유효기간의 연장 신청을 받은 경우 품질인증의 기준에 맞다고 인정되면 유효기간의 범위에서 유효기간을 연장할 수 있다.

해설 ② 거짓이나 그 밖의 부정한 방법으로 인증을 받은 경우 품질인증을 취소하여야 하며, 품질인증이 취소된 후 1년이 지나지 아니한 자는 품질인증을 신청할 수 없다(법 제16조 및 제14조 제2항 제1호).

04 농수산물 품질관리법상 지리적표시에 관한 설명으로 옳지 않은 것은?

① 지리적 특성을 가진 수산물 또는 수산가공품의 품질 향상과 지역특화산업 육성 및 소비자 보호를 위하여 지리적표시의 등록 제도를 실시한다.

② 지리적 특성을 가진 수산물의 생산자가 1인인 경우에는 법인이 아니라도 등록신청을 할 수 있다.

③ 지리적표시 원부(原簿)에 지리적표시권의 설정・이전・변경・소멸・회복에 대한 사항을 등록・보관한다.

④ 지리적표시권자는 고의로 자신의 지리적표시에 관한 권리를 침해한 자에게 손해배상을 청구할 수 있으며, 그 외 과실에 따른 경우는 청구할 수 없다.

해설 ④ 지리적표시권자는 고의 또는 과실로 자신의 지리적표시에 관한 권리를 침해한 자에게 손해배상을 청구할 수 있다(법 제37조).

3 ② 4 ④ 정답

05 농수산물 품질관리법상 안전성조사 결과 생산단계 안전기준을 위반한 자에 대하여 시·도지사가 조치하게 할 수 없는 것은?

① 해당 수산물의 폐기, 용도 전환, 출하 연기 등의 처리

② 해당 수산물의 생산에 이용·사용한 어장·용수·자재 등의 개량 또는 이용·사용의 금지

③ 해당 양식장의 수산물에 대한 일시적 출하 정지 등의 처리

④ 해당 양식장의 소유자로 하여금 안전기준 위반 사실에 대한 공표 명령

해설 **안전성조사 결과에 따른 조치(법 제63조 제1항)**

식품의약품안전처장이나 시·도지사는 생산과정에 있는 농수산물 또는 농수산물의 생산을 위하여 이용·사용하는 농지·어장·용수·자재 등에 대하여 안전성조사를 한 결과 생산단계 안전기준을 위반하였거나 유해물질에 오염되어 인체의 건강을 해칠 우려가 있는 경우에는 해당 농수산물을 생산한 자 또는 소유한 자에게 다음의 조치를 하게 할 수 있다.

1. 해당 농수산물의 폐기, 용도 전환, 출하 연기 등의 처리
2. 해당 농수산물의 생산에 이용·사용한 농지·어장·용수·자재 등의 개량 또는 이용·사용의 금지

2의2. 해당 양식장의 수산물에 대한 일시적 출하 정지 등의 처리

3. 그 밖에 총리령으로 정하는 조치

06 농수산물 품질관리법령상 중지·개선·보수명령 등 및 등록취소의 기준에 관한 설명으로 옳지 않은 것은?

① 위반행위가 둘 이상인 경우로서 그에 해당하는 각각의 처분기준이 다른 경우에는 그중 무거운 처분기준을 적용한다.

② 위반행위가 둘 이상인 경우로서 각 위반행위에 대한 처분기준이 시정명령인 경우에는 처분을 가중할 수 있다.

③ 위반행위의 횟수에 따른 처분의 기준은 적발일을 기준으로 한다.

④ 위반사항의 내용으로 보아 그 위반의 정도가 경미한 경우에는 그 처분을 경감할 수 있다.

해설 ③ 위반행위의 횟수에 따른 처분의 기준은 처분일을 기준으로 최근 1년간 같은 위반행위로 처분을 받는 경우에 적용한다.

중지·개선·보수명령 등 및 등록취소의 기준 – 일반기준(시행령 제29조 제1항 관련 [별표 2])

가. 위반행위가 둘 이상인 경우로서 그에 해당하는 각각의 처분기준이 다른 경우에는 그중 무거운 처분기준을 적용한다.

나. 위반행위가 둘 이상인 경우로서 각 위반행위에 대한 처분기준이 시정명령 또는 개선·보수명령인 경우에는 처분을 가중하여 생산·가공·출하·운반의 제한·중지명령을 할 수 있다.

다. 위반행위의 횟수에 따른 처분의 기준은 처분일을 기준으로 최근 1년간 같은 위반행위로 처분을 받는 경우에 적용한다.

라. 위반사항의 내용으로 보아 그 위반의 정도가 경미하거나 그 밖의 특별한 사유가 있다고 인정되는 경우에는 그 처분을 경감할 수 있으며, 처분 전에 원인규명 등을 통하여 그 사유가 명확한 경우에 처분을 한다.

마. 등록한 생산·가공시설 등에서 생산된 물품에 대하여 외국에서 위반사항이 통보된 경우에는 조사·점검 등을 통하여 그 사유가 명백한 경우에 처분을 할 수 있다.

정답 5 ④ 6 ③

07 농수산물 품질관리법령상 2년 6개월 이상의 기간 동안 매월 1회 이상 위생에 관한 조사를 하여 그 결과가 지정해역위생관리기준에 부합하는 경우 해양수산부장관이 지정하는 해역은?

① 일반지정해역　　② 특별지정해역
③ 한시지정해역　　④ 영구지정해역

해설 **지정해역의 지정 등(시행규칙 제86조 제4항)**
해양수산부장관은 지정해역을 지정하는 경우 다음의 구분에 따라 지정할 수 있으며, 이를 지정한 경우에는 그 사실을 고시해야 한다.
1. 잠정지정해역 : 1년 이상의 기간 동안 매월 1회 이상 위생에 관한 조사를 하여 그 결과가 지정해역위생관리기준에 부합하는 경우
2. 일반지정해역 : 2년 6개월 이상의 기간 동안 매월 1회 이상 위생에 관한 조사를 하여 그 결과가 지정해역위생관리기준에 부합하는 경우

08 농수산물 품질관리법령상 수산물 및 수산가공품에 대한 검사기준의 수립권자는?

① 시・도지사　　② 시장・군수・구청장
③ 국립수산물품질관리원장　　④ 국립수산과학원장

해설 **수산물 등에 대한 검사기준(시행규칙 제110조)**
수산물 및 수산가공품에 대한 검사기준은 국립수산물품질관리원장이 활어패류・건제품・냉동품・염장품 등의 제품별・품목별로 검사항목, 관능검사[사람의 오감(五感)에 의하여 평가하는 제품검사]의 기준 및 정밀검사의 기준을 정하여 고시한다.

09 농수산물 품질관리법령상 수산물검사기관의 지정 취소사유에 해당하는 것은?(단, 위반횟수는 1회이며 경감사유는 고려하지 않음)

① 시설・장비・인력이나 조직 중 어느 하나가 지정기준에 미치지 못한 경우
② 검사를 거짓으로 하거나 성실하지 아니하게 한 경우
③ 정당한 사유 없이 지정된 검사를 하지 않은 경우
④ 업무정지 기간 중에 검사 업무를 한 경우

해설 **수산물검사기관의 지정 취소 등(법 제90조 제1항)**
해양수산부장관은 수산물검사기관이 다음의 어느 하나에 해당하면 그 지정을 취소하거나 6개월 이내의 기간을 정하여 검사 업무의 전부 또는 일부의 정지를 명할 수 있다. 다만, 제1호 또는 제2호에 해당하면 그 지정을 취소하여야 한다.
1. 거짓이나 그 밖의 부정한 방법으로 지정받은 경우
2. 업무정지 기간 중에 검사 업무를 한 경우
3. 지정기준에 미치지 못하게 된 경우
4. 검사를 거짓으로 하거나 성실하지 아니하게 한 경우
5. 정당한 사유 없이 지정된 검사를 하지 아니하는 경우

7 ① 8 ③ 9 ④ 정답

10 농수산물 품질관리법령상 수산물품질관리사의 직무로 옳은 것을 모두 고른 것은?

ㄱ. 수산물의 등급 판정
ㄴ. 수산물우수관리인증시설의 인증
ㄷ. 수산물의 선별·저장 및 포장 시설 등의 운용·관리
ㄹ. 수산물에 대한 정가·수의매매 등의 가격합의

① ㄱ, ㄴ   ② ㄱ, ㄷ
③ ㄴ, ㄹ   ④ ㄷ, ㄹ

해설 **수산물품질관리사의 직무(법 제106조 제2항)**
수산물품질관리사는 다음의 직무를 수행한다.
1. 수산물의 등급 판정
2. 수산물의 생산 및 수확 후 품질관리기술 지도
3. 수산물의 출하 시기 조절, 품질관리기술에 관한 조언
4. 그 밖에 수산물의 품질 향상과 유통 효율화에 필요한 업무로서 해양수산부령으로 정하는 업무

수산물품질관리사의 업무(시행규칙 제134조의2)
1. 수산물의 생산 및 수확 후의 품질관리기술 지도
2. 수산물의 선별·저장 및 포장 시설 등의 운용·관리
3. 수산물의 선별·포장 및 브랜드 개발 등 상품성 향상 지도
4. 포장수산물의 표시사항 준수에 관한 지도
5. 수산물의 규격출하 지도

11 농수산물 유통 및 가격안정에 관한 법령상 농수산물도매시장의 수산부류 거래품목을 모두 고른 것은?

ㄱ. 난 류   ㄴ. 젓갈류
ㄷ. 건어류   ㄹ. 생선어류

① ㄱ, ㄷ   ② ㄱ, ㄴ, ㄹ
③ ㄴ, ㄷ, ㄹ   ④ ㄱ, ㄴ, ㄷ, ㄹ

해설 **농수산물도매시장의 거래품목(시행령 제2조 제4호)**
수산부류 : 생선어류·건어류·염(鹽)건어류·염장어류(鹽藏魚類)·조개류·갑각류·해조류 및 젓갈류

정답 10 ② 11 ③

12 **농수산물 유통 및 가격안정에 관한 법령상 주요 농수산물의 생산지역이나 생산수면(이하 '주산지') 의 지정 및 해제 등에 관한 설명으로 옳은 것은?**

① 주산지의 지정은 읍·면·동 또는 시·군·구 단위로 한다.

② 시장·군수·구청장이 주산지를 지정한다.

③ 한국농수산식품유통공사 사장은 지정된 주산지가 지정요건에 적합하지 아니하게 되었을 때에는 그 지정을 해제할 수 있다.

④ 주요 수산물의 출하량이 한국해양수산개발원장이 고시하는 수량 이상일 경우 주산지로 지정할 수 있다.

해설 ② 특별시장·광역시장·특별자치시장·도지사 또는 특별자치도지사는 주산지를 지정하였을 때에는 이를 고시하고 농림축산식품부장관 또는 해양수산부장관에게 통지하여야 한다(시행령 제4조 제2항).

③ 시·도지사는 지정된 주산지가 지정요건에 적합하지 아니하게 되었을 때에는 그 지정을 변경하거나 해제할 수 있다(법 제4조 제4항).

④ 주산지는 다음의 요건을 갖춘 지역 또는 수면(水面) 중에서 구역을 정하여 지정한다(법 제4조 제3항).

1. 주요 농수산물의 재배면적 또는 양식면적이 농림축산식품부장관 또는 해양수산부장관이 고시하는 면적 이상일 것
2. 주요 농수산물의 출하량이 농림축산식품부장관 또는 해양수산부장관이 고시하는 수량 이상일 것

13 **농수산물 유통 및 가격안정에 관한 법령상 경매 또는 입찰의 방법에 관한 설명으로 옳지 않은 것은?**

① 경매 또는 입찰의 방법은 수지식(手指式)을 원칙으로 한다.

② 도매시장법인은 출하자가 서면으로 거래 성립 최저가격을 제시한 경우에는 그 가격 미만으로 판매하여서는 아니 된다.

③ 공개경매를 실현하기 위해 필요한 경우 해양수산부장관은 도매시장별로 경매방식을 제한할 수 있다.

④ 도매시장 개설자는 효율적인 유통을 위하여 필요한 경우에는 예약 출하품 등을 우선적으로 판매하게 할 수 있다.

해설 ① 경매 또는 입찰의 방법은 전자식(電子式)을 원칙으로 하되 필요한 경우 농림축산식품부령 또는 해양수산부령으로 정하는 바에 따라 거수수지식(擧手手指式), 기록식, 서면입찰식 등의 방법으로 할 수 있다(법 제33조 제3항).

12 ① 13 ① 정답

14 **농수산물 유통 및 가격안정에 관한 법률상 공익법인이 수산물공판장을 개설하려는 경우 승인권자는?**

① 해양수산부장관

② 시・도지사

③ 한국농어촌공사 사장

④ 도매시장관리사무소장

해설 **공판장의 개설(법 제43조 제1항)**
농림수협 등, 생산자단체 또는 공익법인이 공판장을 개설하려면 시・도지사의 승인을 받아야 한다.

15 **농수산물 유통 및 가격안정에 관한 법령상 농수산물 전자거래 분쟁조정위원회의 설치에 관한 설명으로 옳지 않은 것은?**

① 위원장 1명을 포함하여 9명 이내의 위원으로 구성한다.

② 위원장은 위원 중에서 호선(互選)한다.

③ 위원회의 구성・운영에 필요한 사항은 시・도지사가 업무규정으로 정한다.

④ 위원의 임기는 2년으로 하며, 한 차례만 연임할 수 있다.

해설 ③ 분쟁조정위원회의 구성・운영에 필요한 사항은 대통령령으로 정한다(법 제70조의3 제3항).
농수산물 전자거래 분쟁조정위원회의 설치(법 제70조의3 제2항)
분쟁조정위원회는 위원장 1명을 포함하여 9명 이내의 위원으로 구성하고, 위원은 농림축산식품부장관 또는 해양수산부장관이 임명하거나 위촉하며, 위원장은 위원 중에서 호선(互選)한다.
분쟁조정위원회의 구성 등(시행령 제35조 제2항)
분쟁조정위원회 위원의 임기는 2년으로 하며, 한 차례만 연임할 수 있다.

정답 14 ② 15 ③

16 **농수산물의 원산지 표시 등에 관한 법률의 목적에 관한 내용이다. (　　)에 들어갈 내용을 순서대로 옳게 나열한 것은?**

이 법은 농산물·수산물과 그 가공품 등에 대하여 적정하고 합리적인 원산지 표시와 유통이력 관리를 하도록 함으로써 (　　)를 유도하고 (　　)의 알권리를 보장하여 (　　)를 보호하는 것을 목적으로 한다.

① 투명한 거래, 소비자, 생산자와 판매자
② 투명한 거래, 생산자, 소비자와 판매자
③ 공정한 거래, 소비자, 생산자와 소비자
④ 공정한 거래, 생산자, 생산자와 소비자

해설 **목적(법 제1조)**
이 법은 농산물·수산물과 그 가공품 등에 대하여 적정하고 합리적인 원산지 표시와 유통이력 관리를 하도록 함으로써 공정한 거래를 유도하고 소비자의 알권리를 보장하여 생산자와 소비자를 보호하는 것을 목적으로 한다.

17 **농수산물의 원산지 표시 등에 관한 법률상 원산지의 정의에 관한 내용이다. (　　)에 들어갈 내용을 순서대로 옳게 나열한 것은?**

'원산지'란 농산물이나 수산물이 생산·채취·포획된 (　　)·(　　)이나 (　　)을 말한다.

① 장소, 지역, 수역
② 국가, 지역, 해역
③ 장소, 지명, 해역
④ 국가, 지명, 지역

해설 **정의(법 제2조 제4호)**
'원산지'란 농산물이나 수산물이 생산·채취·포획된 국가·지역이나 해역을 말한다.

16 ③ 17 ② 정답

18 **농수산물의 원산지 표시 등에 관한 법령상 식품접객업(일반음식점)에서 수산물을 조리하여 판매하는 경우 원산지의 표시대상 및 표시방법이 옳은 것을 모두 고른 것은?**

> ㄱ. 황태구이(황태 : 러시아산)
> ㄴ. 고등어조림(고등어 : 국내산)
> ㄷ. 꽁치조림(꽁치 : 태평양산)
> ㄹ. 갈치구이(갈치 : 원양산)

① ㄱ, ㄷ　　② ㄴ, ㄹ
③ ㄴ, ㄷ, ㄹ　　④ ㄱ, ㄴ, ㄷ, ㄹ

해설 **원산지의 표시대상(시행령 제3조 제5항 제8호)**

법 제5조 제3항 제1호에서 '대통령령으로 정하는 농수산물이나 그 가공품을 조리하여 판매·제공하는 경우'란 다음의 것을 조리하여 판매·제공하는 경우를 말한다. 이 경우 조리에는 날 것의 상태로 조리하는 것을 포함하며, 판매·제공에는 배달을 통한 판매·제공을 포함한다.

8. 넙치, 조피볼락, 참돔, 미꾸라지, 뱀장어, 낙지, 명태(황태, 북어 등 건조한 것은 제외), 고등어, 갈치, 오징어, 꽃게, 참조기, 다랑어, 아귀, 주꾸미, 가리비, 우렁쉥이, 전복, 방어 및 부세(해당 수산물가공품을 포함)

19 **농수산물의 원산지 표시 등에 관한 법령상 원산지 표시 위반에 따른 처분 등에 관한 내용으로 옳지 않은 것은?**

① 원산지 표시를 거짓으로 한 자에 대하여 표시의 이행·변경·삭제 등 시정명령
② 원산지 표시를 거짓으로 한 자에 대하여 위반 수산물의 판매 등 거래행위 금지
③ 원산지 표시를 2년 이내에 1회 이상 원산지를 표시하지 아니한 자에 대하여 처분과 관련된 사항을 공표
④ 원산지 표시를 하지 아니한 자에 대하여 표시의 이행 등 시정명령

해설 **원산지 표시 등의 위반에 대한 처분 등(법 제9조 제2항)**

농림축산식품부장관, 해양수산부장관, 관세청장, 시·도지사 또는 시장·군수·구청장은 다음 의 자가 제5조(원산지 표시)를 위반하여 2년 이내에 2회 이상 원산지를 표시하지 아니하거나, 제6조(거짓 표시 등의 금지)를 위반함에 따라 제1항에 따른 처분이 확정된 경우 처분과 관련된 사항을 공표하여야 한다.

1. 제5조 제1항에 따라 원산지의 표시를 하도록 한 농수산물이나 그 가공품을 생산·가공하여 출하하거나 판매 또는 판매할 목적으로 가공하는 자
2. 제5조 제3항에 따라 음식물을 조리하여 판매·제공하는 자

정답 18 ② 19 ③

20 친환경농어업 육성 및 유기식품 등의 관리 · 지원에 관한 법령상 양식장에 양식생물(수산동물)이 없는 경우, 양식 장비나 시설의 청소를 위하여 사용 가능한 물질 중 '차박'을 사용할 수 있는 양식장은?

① 광어 양식장　　② 새우 양식장
③ 전복 양식장　　④ 송어 양식장

해설 **허용물질의 종류 – 유기식품에 사용가능한 물질(시행규칙 [별표 1])**
유기수산물의 양식 장비나 시설의 청소를 위하여 사용이 가능한 물질
가) 양식생물(수산동물)이 없는 경우

사용가능 물질	사용가능 조건
오존, 식염(염화나트륨), 차아염소산나트륨, 차아염소산칼슘, 석회(생석회, 산화칼슘), 수산화나트륨, 알코올, 과산화수소, 유기산제(아세트산, 젖산, 구연산), 부식산, 과산화초산, 요오드포, 과산화아세트산 및 과산화옥탄산	사람의 건강 또는 양식장 환경에 위해(危害) 요소로 작용하는 것은 사용할 수 없음
차 박	새우 양식에 한정함

21 친환경농어업 육성 및 유기식품 등의 관리 · 지원에 관한 법률상 과징금에 관한 내용으로 옳지 않은 것은?

<u>(ㄱ)해양수산부장관은</u> <u>(ㄴ)최근 3년 동안 2회 이상</u> 거짓이나 그 밖의 부정한 방법으로 유기식품인증을 받은 자에게 해당 위반행위에 따른 <u>(ㄷ)판매금액의</u> <u>(ㄹ)100분의 60 이상의</u> 범위에서 과징금을 부과할 수 있다.

① ㄱ　　② ㄴ
③ ㄷ　　④ ㄹ

해설 (ㄹ) '100분의 50 이내의'
과징금(법 제24조의2 제1항)
농림축산식품부장관 또는 해양수산부장관은 최근 3년 동안 2회 이상 다음의 어느 하나에 해당하는 위반행위를 한 자에게 해당 위반행위에 따른 판매금액의 100분의 50 이내의 범위에서 과징금을 부과할 수 있다.
1. 거짓이나 그 밖의 부정한 방법으로 인증을 받은 경우
2. 고의 또는 중대한 과실로 유기식품 등에서 식품위생법에 따라 식품의약품안전처장이 고시한 농약 잔류허용기준을 초과한 합성농약이 검출된 경우

20 ② 21 ④ 정답

22 친환경농어업 육성 및 유기식품 등의 관리 · 지원에 관한 법률상 명시된 유기농어업자재 공시의 유효기간은?

① 공시를 받은 날부터 3년
② 공시를 받은 날부터 5년
③ 공시를 받은 날부터 7년
④ 공시를 받은 날부터 10년

해설 ① 공시의 유효기간은 공시를 받은 날부터 3년으로 한다(법 제39조 제1항).

23 수산물 유통의 관리 및 지원에 관한 법률상 산지중도매인에 관한 정의이다. (   )에 들어갈 내용을 순서대로 옳게 나열한 것은?

> 산지중도매인이란 수산물산지위판장 개설자의 지정을 받아 다음 각 목의 영업을 하는 자를 말한다.
> 가. 수산물산지위판장에 (   )된 수산물을 매수하여 도매하거나 매매를 중개하는 영업
> 나. 수산물산지위판장 개설자로부터 (   )을/를 받은 비상장 수산물을 매수 또는 위탁받아 도매하거나 매매를 중개하는 영업

① 판매, 허가
② 상장, 허가
③ 판매, 승인
④ 상장, 승인

해설 **정의(법 제2조 제5호)**
'산지중도매인'이란 수산물산지위판장 개설자의 지정을 받아 다음의 영업을 하는 자를 말한다.
가. 수산물산지위판장에 상장된 수산물을 매수하여 도매하거나 매매를 중개하는 영업
나. 수산물산지위판장 개설자로부터 허가를 받은 비상장 수산물을 매수 또는 위탁받아 도매하거나 매매를 중개하는 영업

정답 22 ① 23 ②

24 **수산물 유통의 관리 및 지원에 관한 법률상 수산물의 생산자와 거래관계자의 편익과 소비자 보호를 위하여 위판장개설자가 이행하여야 할 의무사항으로 옳지 않은 것은?**

① 위판장 시설의 정비·개선과 위생적인 관리

② 공정한 거래질서의 확립

③ 수산물 가격유지를 위한 비축용 수산물의 수입

④ 산지중도매인의 거래 촉진 및 지원

해설 **위판장개설자의 의무(법 제13조 제1항)**

위판장개설자는 수산물의 생산자와 거래관계자의 편익과 소비자 보호를 위하여 다음의 사항을 이행하여야 한다.

1. 위판장 시설의 정비·개선과 위생적인 관리
2. 공정한 거래질서의 확립
3. 수산물 품질 향상을 위한 규격화, 포장 개선 및 저온유통 등 선도 유지의 촉진
4. 산지중도매인의 거래 촉진 및 지원

25 **수산물 유통의 관리 및 지원에 관한 법률상 수산물 규격화의 촉진을 위하여 해양수산부장관이 수산물유통사업자에게 요청하거나 권고할 사항이 아닌 것은?**

① 거래품목의 규격에 맞는 포장재의 연간 구매량

② 거래품목의 규격에 맞는 장비의 제조

③ 거래품목의 규격에 맞는 장비의 사용

④ 거래품목의 규격에 맞는 포장

해설 **수산물 규격화의 촉진(법 제46조 제2항)**

해양수산부장관은 수산물 규격화의 촉진을 위하여 수산물유통사업자에게 거래품목의 규격에 맞는 장비의 제조·사용, 규격에 맞는 포장, 이에 필요한 유통 시설 및 장비의 확충을 요청하거나 권고할 수 있으며, 이에 필요한 지원을 할 수 있다.

24 ③ 25 ① 정답

02 수산물유통론

26 수산물 유통의 특성에 관한 설명으로 옳지 않은 것은?

① 유통 경로가 길고 다양하다.
② 영세 유통기업이 많으며, 유통비용이 높다.
③ 가격의 변동성이 작고 안정적이다.
④ 강한 부패성으로 선도유지가 어렵다.

해설 수산물은 생산의 불확실성, 어획물 규격의 다양성, 부패성 등의 특징을 가지고 있어 가격의 변동성이 크다. 또한 최종 소비 단계에서 계획적인 판매가 어렵기 때문에 이를 회피하기 위한 높은 유통마진이 형성되기 쉽다.

27 수산물 유통활동에 관한 설명으로 옳지 않은 것은?

① 수산물 유통활동은 유통의 효율성을 제고하는 것이다.
② 상적유통활동은 소유권 이전, 상거래활동, 유통금융활동을 포함한다.
③ 물적유통활동은 운송, 보관, 정보전달활동을 포함한다.
④ 수산물 유통활동은 대량 유통이 일반적이다.

해설 ④ 수산물은 다수의 소규모 생산자에 의해 소량・분산적으로 생산되고 소비자에게 유통되는 것이 일반적이다.

28 소비자가 수산물 유통에서 기대하는 효과가 아닌 것은?

① 올바른 상품 제공
② 구매 편익 증대
③ 적정가격 제공
④ 생산 증대 지원

해설 ④ 생산 증대 지원은 어업 생산자 입장에서 수산물 유통에서 기대하는 효과이다.

정답 26 ③ 27 ④ 28 ④

29 다음 (   )에 들어갈 내용으로 옳은 것은?

> 산지 위판장은 (ㄱ) 기구와 소매상은 (ㄴ) 기구의 성격이 강하며, (ㄷ) 기구는 중계 기구라 한다.

① ㄱ : 수집, ㄴ : 분산, ㄷ : 수집·분산연결
② ㄱ : 분산, ㄴ : 수집, ㄷ : 수집·분산연결
③ ㄱ : 수집·분산연결, ㄴ : 수집, ㄷ : 분산
④ ㄱ : 수집·분산연결, ㄴ : 분산, ㄷ : 수집

해설 산지 위판장은 소량 생산하고 있는 여러 생산자로부터 수산물을 수집·구매하는 수집기구의 성격이 강하며, 소매상은 생산품을 소량·분할 구매하여 최종소비자에게 전달하는 분산기구의 성격이 강하다. 또한 수집·분산연결 기구는 중간에서 생산과 소비의 수량적 대응관계에 맞춰 생산자와 소비자를 연결하는 중계 기구라고 할 수 있다.

30 소비지 도매시장의 기능이 아닌 것은?

① 수집 집하 기능 ② 가격 형성 기능
③ 대금 결제 기능 ④ 양륙 진열 기능

해설 ④ 어획물의 양륙과 진열 기능은 산지시장의 기능에 해당한다.
소비지 도매시장의 기능
- 산지시장으로부터 수산물을 수집하는 강한 집하 기능
- 경매·입찰 등과 같은 공정 타당한 가격 형성 기능
- 도시 수요자에게 유통시키는 분산 기능
- 현금에 의한 신속, 확실한 대금 결제 기능

31 수산물 도매시장의 구성원에 해당되지 않는 것은?

① 도매시장법인 ② 시장도매인
③ 중도매인 ④ 소비지유통인

해설 **수산물 도매시장의 구성원** : 도매시장법인, 시장도매인, 중도매인, 매매참가인, 산지유통인, 경매사

29 ① 30 ④ 31 ④ 정답

32 수산물 유통 경로로 옳지 않은 것은?

① 생산자 → 산지 수협위판장 → 산지 중도매인 → 소비지 수협공판장 → 소비지 중도매인 → 도매상 → 소매상 → 소비자
② 생산자 → 직판장 → 소비자
③ 생산자 → 전자상거래 → 소비자
④ 생산자 → 도매시장 → 객주 → 도매상 → 소매상 → 소비자

해설 ④ 객주 경유 유통의 경우, '생산자 → 객주 → 유사 도매시장 → 도매상 → 소매상 → 소비자' 순이다.

33 산지시장에서 수산물을 직접 구매한 후 도매상에 판매 및 도매시장에 상장 기능을 하는 조직은?

① 산지수집상 ② 산지위탁상
③ 산지유통센터 ④ 반출상

해설 ① 산지수집상은 산지시장에서 수산물을 직접 구매하여 도매상에 판매 및 도매시장에 상장 기능을 하는 조직으로, 비계통출하를 일부 담당한다.

34 냉동수산물의 유통에 관한 설명으로 옳지 않은 것은?

① 일반적으로 섭씨 영하 18℃로 유통된다.
② 계통출하방식을 따른다.
③ 주로 원양어획물의 유통형태이다.
④ 선어유통에 비해 비용이 많이 든다.

해설 ② 대부분의 냉동수산물은 원양산이기 때문에 수협의 산지 위판장을 경유하는 계통출하방식의 비중이 매우 낮다.

정답 32 ④ 33 ① 34 ②

35 국내산 고등어의 유통에 관한 설명으로 옳지 않은 것은?

① 수협 위판장으로 양륙된다.
② 주로 냉동형태로 유통된다.
③ 총허용어획량(TAC) 품목으로 계통출하된다.
④ 산지 시장의 유통단계를 거친다.

해설 국내산 고등어는 우리나라의 연근해에서 많이 잡히는 어종 중 하나로, 우리나라 남해안, 제주도 근해를 중심으로 대형선망 어업에서 약 90%를 어획하고 있으며, 총허용어획량(TAC) 품목이기도 하다. 선어로 이용되는 신선·냉장 고등어의 일반적인 유통경로는 수협의 산지 위판장에서 대부분 양륙되어 산지 중도매인을 통해 소비지 도매시장으로 판매되고 소비단계를 거쳐 최종소비자들이 구매한다.

36 수산물 가공품의 유통에 있어 장점에 해당되는 것을 모두 고른 것은?

ㄱ. 장기 저장이 가능하다.
ㄴ. 유통의 범위가 넓어진다.
ㄷ. 규격화가 어렵다.
ㄹ. 상품성 및 기호성을 높일 수 있다.

① ㄱ, ㄴ, ㄷ
② ㄱ, ㄴ, ㄹ
③ ㄱ, ㄷ, ㄹ
④ ㄴ, ㄷ, ㄹ

해설 **수산물 가공품의 유통상 장점**

- 부패를 억제하여 장기간의 저장이 용이하다(냉동품, 소건품, 염장품 등).
- 수송이 용이하여 유통의 범위가 넓어진다.
- 공급조절이 가능하다.
- 소비자의 기호 맞춤과 위생적으로 안전한 제품 생산으로 상품성을 높일 수 있다.

35 ② 36 ② 정답

37 수산물 유통상품 중 어단에 관한 설명으로 옳은 것은?

① 작은 판에 연육을 붙여 찐 상품
② 꼬챙이에 연육을 발라 구운 상품
③ 다시마로 연육을 말아서 만든 상품
④ 연육을 공 모양으로 만들어 기름에 튀긴 상품

해설 **형태(성형)에 따른 어육 연제품의 분류**

- 판붙이 어묵 : 작은 판에 연육을 붙여서 찐 제품
- 부들 어묵 : 꼬챙이에 연육을 발라 구운 제품
- 포장 어묵 : 플라스틱 필름으로 포장·밀봉하여 가열한 제품
- 어단 : 공 모양으로 만들어 기름에 튀긴 제품
- 기타 : 틀에 넣어 가열한 제품[집게다리, 갯가재(바닷가재) 및 새우 등의 틀 사용]과 다시마 같은 것으로 둘러서 말은 제품이 있다.

38 양식산 활어의 유통 특징에 관한 설명으로 옳지 않은 것은?

① 자연산 활어에 비해 대체로 낮은 시장가격을 형성한다.
② 주로 사매매방식으로 출하된다.
③ 선어에 비해 유통비용이 높다.
④ 넙치보다 조피볼락의 유통비중이 높다.

해설 ④ 양식산 활어 중 조피볼락(우럭)보다 넙치의 유통비중이 높다.

39 권현망어업에 의해 생산되는 수산물 유통 어종은?

① 멸 치
② 오징어
③ 정어리
④ 고등어

해설 ① 멸치는 기선권현망어업으로 어획되고 있다.

기선권현망어업

- 구성 : 본선 2척, 어탐선 1척, 전마선 1척, 가공선 1척, 운반선 1척으로 구성(총 6척)
- 총톤수 : 200톤 이상
- 주요 공정
  원료 멸치의 어획 → 원료 멸치의 이송 및 세척 → 가공선에서 자숙(찌는 것) → 운반선에 옮겨 담아 육상에서 건조 → 선별 및 포장

정답 37 ④ 38 ④ 39 ①

40 수산물 전자상거래의 활성화를 저해하는 요인이 아닌 것은?

① 생산의 불확실성
② 수산가공품의 증가
③ 높은 운송비 부담
④ 반품 시 처리의 어려움

해설 ② 수산가공품의 증가는 수산물 전자상거래 활성화의 촉진 요인이다.

수산물 전자상거래의 제약요인

- 표준화 미흡
- 반품처리 어려움
- 짧은 유통기간
- 운송비용 과다

41 수산물 공동판매의 유형이 아닌 것은?

① 공동수송 ② 공동선별
③ 공동조업 ④ 공동계산

해설 **공동판매의 유형**

- 수송의 공동화 : 생산한 수산물의 규모가 작거나 거래의 교섭력을 높이기 위해서 여러 어가가 생산한 수산물을 한데 모아서 공동으로 수송하는 것을 말한다.
- 선별·등급화·포장 및 저장의 공동화 : 상품성을 높이고 출하시기를 조절하여 높은 가격을 얻기 위한 공동화 작업이다.
- 공동 계산제 : 다수의 개별 어가가 생산한 수산물을 출하주별로 구분하는 것이 아니라 각 어가의 상품을 혼합하여 등급별로 구분하고 관리·판매하여 그 등급에 따라 비용과 대금을 평균하여 어가에 정산해 주는 방법이다.

42 수산물 공동판매의 효과가 아닌 것은?

① 규모의 경제 실현
② 거래 교섭력의 향상
③ 거래 비용의 증대
④ 안정적인 판로 확보

해설 ③ 생산자가 유통 부분을 수직적으로 통합함으로써 수송비와 거래 비용 등을 절감할 수 있다.

40 ② 41 ③ 42 ③ 정답

43 수산물산지위판장의 주된 가격결정 방법에 해당되는 것은?

① 상대매매　　② 경쟁매매
③ 경매매　　④ 연속매매

해설 ① 상대매매(수의매매) : 도매시장법인이 출하자 및 구매자와 협의하여 가격과 수량, 기타 거래조건을 결정하는 방식
② 경쟁매매 : 상품 거래에서 판매자와 구매자 중 어느 한쪽이 다수이거나 둘 다 모두 다수인 경우 경쟁하여 이루어지는 매매
③ 경매매 : 판매자와 구매자 모두가 다수인 거래로 주로 증권 거래에서 이용되는 방법
④ 연속매매 : 물품이 선적된 이후 최종매수인에게 인도되기 전까지 중간단계에서 물품을 전매하는 것
※ 저자의견 : 일반적으로 수산물의 가격결정은 산지도매시장(위판장) 혹은 소비지도매시장에서 경매나 입찰을 통해 결정되는 것을 기본으로 한다.

44 산지 유통과정에서 중도매인이 부담하는 비용에 해당되는 것은?

ㄱ. 어상자대	ㄴ. 위판수수료
ㄷ. 선별비	ㄹ. 운송비

① ㄱ, ㄴ, ㄷ　　② ㄱ, ㄴ, ㄹ
③ ㄱ, ㄷ, ㄹ　　④ ㄴ, ㄷ, ㄹ

해설 ㄴ. 위판수수료는 생산자가 부담하는 비용이다.

유통비용 구성요소

생산자	양륙비, 위판수수료, 배열비
중도매인	선별비, 운반비, 상차비, 어상자대, 저장 및 보관비용, 운송비

45 우리나라의 4월 갈치 소비량이 5,000톤이었으나, 5월에는 가격이 마리당 1만원에서 1만 4천원으로 상승하여 소비량이 4,000톤으로 감소한 경우, 수요의 가격탄력성은?

① 0.5　　② 1.0
③ 1.5　　④ 2.0

해설 가격의 변화율은 1만 원에서 1만 4천 원으로 40% 상승, 수요량의 변화율은 5,000톤에서 4,000톤으로 20% 감소하였으므로, 수요의 가격탄력성 $= \frac{\text{수요량의 변화율}}{\text{가격의 변화율}} = \frac{20\%}{40\%} = 0.5$이다.

정답 43 정답없음 44 ③ 45 ①

46 다음의 고등어 가격(원/kg) 자료를 이용한 소매마진의 산출식과 금액은?

• 소매가격 3,000원	• 도매가격 2,000원
• 출하자 수취가격 1,500원	• 중도매가격 2,500원

① 소매가격 – 중도매가격, 500원
② 소매가격 – 도매가격, 1,000원
③ 소매가격 – 출하자 수취가격, 1,500원
④ 중도매가격 – 도매가격, 500원

해설 소매마진 = 소매가격 – 중도매가격 = 3,000원 – 2,500원 = 500원

47 수산물 마케팅믹스의 4P가 아닌 것은?

① 유통(Place) ② 상품(Product)
③ 포장(Packaging) ④ 가격(Price)

해설 마케팅믹스의 4P는 상품(Product), 가격(Price), 유통(Place), 판촉(Promotion)이다.

48 A씨는 지하철에서 스마트폰 앱(App)으로 수산물을 주문 · 결제하고 귀가 도중 근처 대형마트에서 해당 상품을 수령하였다. 이에 해당하는 거래방식은?

① B2B ② B2G
③ O2O ④ C2C

해설 ③ O2O(Online to Offline) : 온라인과 오프라인을 연결한 마케팅이다. 쇼핑몰이나 마트에서 상품을 구경한 후 똑같은 제품을 온라인에서 더 저렴하게 구매하거나, 온라인이나 모바일에서 먼저 결제를 한 후 오프라인 매장에서 실제 물건이나 서비스를 받는 것과 같은 거래방식이다.
① B2B(Business to Business) : 기업 간 거래
② B2G(Business to Government) : 기업–정부 간 거래
④ C2C(Customer to Customer) : 소비자 간 거래

46 ① 47 ③ 48 ③ 정답

49 수산물 가격 및 수급안정 정책으로 옳은 것은?

① 자조금지원제도
② 수산물이력제도
③ 지리적표시제도
④ 식품안전관리인증기준

해설 ① 자조금 제도는 생산자 스스로 조직을 구성하여 소비를 촉진함으로써 가격을 안정시키고 생산 과잉 물량을 해소하도록 지원하는 것이다.

수산물 가격 및 수급안정 정책

- 정부주도형 정책 : 수산비축사업
- 민간협력형 정책 : 유통협약사업, 자조금제도, 수산업관측사업

50 수산물 유통의 정부지원자금이 아닌 것은?

① 시장현대화 자금
② 어선구입자금
③ 유통 자조금
④ 유통업자의 시설자금

해설 **기금의 용도(수산업·어촌 발전 기본법 제49조 제1항)**

기금은 다음의 사업을 위하여 필요한 경우에 융자, 보조 등의 방법으로 지원할 수 있다.

1. 근해어업, 연안어업 및 구획어업의 구조개선
2. 양식어업의 육성
3. 수산업 경영에 필요한 융자
4. 산지위탁판매사업 등 수산물유통구조의 개선
5. 농수산물 유통 및 가격안정에 관한 법률에 따른 수산물의 생산조정 및 출하조절 등 가격안정에 관한 사업
6. 수산물의 보관·관리
7. 수산자원 보호를 위한 해양환경개선
8. 해양심층수의 수질관리, 해양심층수 관련 산업의 육성 및 해양심층수 등 해양자원에 대한 연구개발사업의 지원
9. 새로운 어장의 개발(대한민국이 당사국으로서 체결하거나 가입한 어업협정의 이행 지연 등으로 인하여 조업구역 및 어획량 등이 제한되는 어업의 어업인이 대체어장에 출어하는 경우 그 출어비용의 보조를 포함)
10. 수산물가공업의 육성
11. 자유무역협정 체결에 따른 농어업인 등의 지원에 관한 특별법에 따른 어업인 등의 지원
12. 해양생태계의 보전 및 관리에 관한 법률에 따른 해양생태계의 보전 및 관리에 필요한 사업
13. 공매납입금 또는 수입이익금의 부과·징수에 필요한 지출
14. 어선원의 복지증진, 그 밖에 수산업의 발전에 필요한 사업으로서 해양수산부장관이 정하는 사업
15. 수산물 유통의 관리 및 지원에 관한 법률에 따른 수산물 직거래 활성화 사업

정답 49 ① 50 ②

03 수확 후 품질관리론

51 **어패류의 선도판정 방법이 아닌 것은?**

① 관능적 방법 ② 화학적 방법
③ 물리적 방법 ④ 문답적 방법

해설 선도판정 방법으로는 관능적 방법, 화학적 방법[암모니아, 트라이메틸아민(TMA), 휘발성염기질소(VBN), pH, 히스타민, K값 등 측정], 물리적 방법, 세균학적 방법 등이 있다.

52 **젓갈 제조원리에 해당하지 않는 것은?**

① 살균처리 ② 미생물 발효
③ 자가소화 ④ 단백질 분해

해설 젓갈의 제조원리는 식염의 방부작용, 자가소화 효소에 의한 단백질 분해 및 미생물 발효 작용에 있다.

53 **어류의 일반적인 가공 처리형태를 순서대로 옳게 나열한 것은?**

① 청크(Chunk) → 라운드(Round) → 스테이크(Steak) → 팬드레스(Pan-dressed)
② 라운드(Round) → 드레스(Dressed) → 필렛(Fillet) → 청크(Chunk)
③ 청크(Chunk) → 필렛(Fillet) → 라운드(Round) → 드레스(Dressed)
④ 세미드레스(Semi-dressed) → 라운드(Round) → 드레스(Dressed) → 청크(Chunk)

해설
- 라운드(Round) : 아무 처리를 하지 않은 원형 그대로의 통마리 고기
- 드레스(Dressed) : 내장과 아가미를 제거한 것에서 다시 머리를 제거한 것
- 청크(Chunk) : 일정한 치수로 통째썰기(둥글썰기)를 한 것
- 필렛(Fillet) : 드레스를 배골에 따라 두텁고 평평하게 끊고 육중의 피와 뼈를 제거하여 육편으로 처리한 것

51 ④ 52 ① 53 ② 정답

54 수산냉동식품을 제조하기 위한 동결방법이 아닌 것은?

① 송풍 동결법 ② 공기 동결법
③ 침지식 동결법 ④ 전기자극 동결법

해설 수산냉동식품의 제조하기 위한 동결방법에는 공기 동결법, 송풍 동결법, 접촉 동결법, 침지식동결법, 액화가스 동결법 등이 있다.
① 송풍 동결법 : 차가운 냉풍(−40∼−30℃)을 팬으로 순환(3∼5m/s)시켜 단시간에 동결하는 방법이다.
② 공기 동결법 : 자연대류에 의한 동결법으로 냉각관을 선반 모양으로 조립하고 그 위에 식품 등을 얹은 다음, 동결실 내의 정지한 공기 중에서 동결하는 방법이다.
③ 침지식 동결법 : 포화 식염수를 −16℃ 정도로 냉각하여 그 용액에 수산물을 직접 침지하여 동결하는 방법이다.

55 HACCP에서 구분하고 있는 주요 위해요소가 아닌 것은?

① 환경적 위해요소 ② 화학적 위해요소
③ 생물학적 위해요소 ④ 물리적 위해요소

해설 **HACCP 위해요소분석표에 따른 위해요소 분류**
- 생물학적 위해요소(Biological Hazards) : 제품에 내재하면서 인체의 건강을 해할 우려가 있는 병원성 미생물, 부패 미생물, 병원성 대장균(군), 효모, 곰팡이, 기생충, 바이러스 등
- 화학적 위해요소(Chemical Hazards) : 제품에 내재하면서 인체의 건강을 해할 우려가 있는 중금속, 농약, 항생물질, 항균물질, 사용 기준초과 또는 사용 금지된 식품 첨가물 등 화학적 원인 물질
- 물리적 위해요소(Physical Hazards) : 제품에 내재하면서 인체의 건강을 해할 우려가 있는 인자 중에서 돌조각, 유리 조각, 플라스틱 조각, 쇳조각 등

56 수산냉동식품에서 글레이징(Glazing)을 하는 목적에 해당하지 않는 것은?

① 수분 증발 방지
② 냉동식품과 외부 공기 차단
③ 지질산화 방지
④ 균일하고 신속한 해동효과

해설 글레이징(Glazing) : 냉동어를 1∼4℃ 물에 수초 동안 담근 후 어체 표면에 얼음옷을 입혀 공기를 차단시킴으로써 제품의 건조 및 산화를 방지하는 방법

정답 54 ④ 55 ① 56 ④

57 수산가공품 중 동건품에 해당하는 것을 모두 고른 것은?

ㄱ. 황 태	ㄴ. 마른전복
ㄷ. 굴 비	ㄹ. 한 천
ㅁ. 마른해삼	ㅂ. 마른오징어

① ㄱ, ㄴ
② ㄱ, ㄹ
③ ㄷ, ㅁ
④ ㄹ, ㅂ

해설 동건품 : 황태(북어), 한천, 과메기 등

※ 건제품과 건조방법 및 종류

건제품	건조방법	종 류
소건품	원료를 그대로 또는 간단히 전처리 하여 말린 것	마른 오징어, 마른 대구, 상어 지느러미, 김, 미역, 다시마
자건품	원료를 삶은 후에 말린 것	멸치, 해삼, 패주, 전복, 새우
염건품	소금에 절인 후에 말린 것	굴비(원료 : 조기), 가자미, 민어, 고등어
동건품	얼렸다 녹였다를 반복해서 말린 것	황태(북어), 한천, 과메기(원료 : 꽁치, 청어)
자배건품	원료를 삶은 후 곰팡이를 붙여 배건 및 일건 후 딱딱하게 말린 것	가스오부시(원료 : 가다랑어)

58 어육이 90% 동결되어 있을 때 체적 팽창률(%)은 얼마인가?(단, 어육의 수분 함량은 85%, 물의 동결에 의한 체적 팽창률은 9%로 하며, 수분을 제외한 나머지 성분의 동결에 의한 체적 변화는 무시한다)

① 5.482
② 6.885
③ 54.85
④ 68.85

해설 팽창률(%) = 얼음팽창률 × 수분함량 × 수분동결률

= 0.09 × 0.85 × 0.9

= 0.06885 ≒ 6.885%

57 ② 58 ② 정답

59 연제품을 가열방법에 따라 분류할 때 증자법으로 생산되는 제품은?

① 구운 어묵　　② 튀김 어묵
③ 찐 어묵　　④ 마 어묵

해설 가열 방법에 따른 연제품의 분류

가열방법	가열온도(℃)	가열매체	제품 종류
증자법	80~90	수증기	판붙이 어묵, 찐 어묵
배소법	100~180	공 기	구운 어묵(부들 어묵)
탕자법	80~95	물	마 어묵, 어육 소시지
튀김법	170~200	식용유	튀김 어묵, 어단

60 수산가공품 중 건제품의 가공원리에 관한 설명으로 옳은 것은?

① 수분 활성도가 낮을수록 미생물의 발육이 억제되어 보존성이 좋아진다.
② 일반적으로 수분 함유량이 많으면 수분 활성도가 낮고, 수분 함유량이 낮아지면 수분 활성도가 높아진다.
③ 일반적으로 식품의 수분 함유량이 60% 이하가 되면 거의 부패가 일어나지 않는다.
④ 수분 함유량을 높게 하여 미생물과 효소의 작용을 활성화시킨다.

해설 ② 일반적으로 수분 함유량이 많으면 수분 활성도가 높고, 수분 함유량이 낮아지면 수분 활성도도 낮아진다.
③ 일반적으로 식품의 부패가 거의 일어나지 않으려면 수분 함유량이 60% 이하보다 더욱 낮아야 한다.
④ 건제품은 수분 함유량을 낮게 하여 미생물 및 효소 등의 작용을 지연시켜 저장성을 높인다.

61 어패류의 선도유지를 위한 빙장법에 관한 설명으로 옳은 것은?

① 얼음의 융해잠열을 이용하여 어패류의 온도를 낮추어 저장하는 방법이다.
② 연안에서 어획한 수산물을 6개월 이상 장기 저장할 때 널리 이용된다.
③ 자가소화 효소작용이 촉진되어 저장성이 높아진다.
④ 빙장에 사용되는 얼음에는 담수빙만 사용해야 한다.

해설 ② 연안에서 어획한 수산물을 단기간에 유통할 때 저장과 수송에 널리 이용된다.
③ 자가소화 효소작용이 억제되어 저장성이 높아진다.
④ 빙장에 사용되는 얼음에는 담수빙(0℃)과 해수빙(−2℃)을 사용한다.

정답 59 ③ 60 ① 61 ①

62 통조림의 살균온도와 살균시간에 관한 내용으로 옳은 것을 모두 고른 것은?

ㄱ. D값은 일정온도에서 주어진 미생물 농도를 1/10로 감소시키는 데 소요되는 시간
ㄴ. 동일 온도에서 D값이 높은 것은 내열성이 약하다는 것을 의미
ㄷ. Z값은 D값을 1/10로 단축시키는 데 필요한 온도차이(℃)
ㄹ. Z값이 높은 것은 온도 상승에 대한 내열성이 큰 것을 의미

① ㄱ, ㄷ
② ㄴ, ㄹ
③ ㄱ, ㄴ, ㄷ
④ ㄱ, ㄷ, ㄹ

해설 ㄴ. 동일 온도에서 D값이 높은 것은 미생물의 내열성이 큰 것을 의미한다.

63 수산물 표준규격상 수산물의 종류별 등급 및 포장규격에서 규정하고 있는 수산물(신선어패류)이 아닌 것은?

① 생 굴
② 바지락
③ 가리비
④ 꼬 막

해설 수산물의 종류별 등급 및 포장규격(수산물 표준규격 [별표5])에서 규정하고 있는 수산물(신선어패류)은 생굴, 바지락, 꼬막이다.

64 히스타민에 의한 화학적 식중독에 관한 설명으로 옳지 않은 것은?

① 어류의 가공 저장 중에 아미노산인 히스티딘이 세균에 의해 분해되어 만들어진다.
② 히스타민이 많이 함유된 수산물을 섭취하면 주로 천식, 피부발진, 호흡곤란 등의 알레르기를 일으킨다.
③ 어류에서 히스타민 허용값은 200mg/kg 이하이다.
④ 선도가 떨어진 고등어, 정어리, 꽁치 등의 적색육 어류를 섭취해도 발생하지 않는다.

해설 ④ 선도가 떨어진 적색 육어류(고등어 등)에서 히스타민이 생성되고 이것이 축적되어 Allergy성 식중독을 일으키는 경우가 많다.

62 ④ 63 ③ 64 ④ 정답

65 통조림을 밀봉할 때 캔을 고정시키는 역할을 하는 시이머의 주요 부위는?

① 리프터
② 시밍 척
③ 시밍 제1롤
④ 시밍 제2롤

해설 밀봉 3요소의 기능

3요소	기 능
리프터	• 밀봉 전 : 캔을 들어 올려 시밍 척에 고정시킴 • 밀봉 후 : 캔을 내려 줌
시밍 척	밀봉할 때에 캔 뚜껑을 붙잡아 캔 몸통에 밀착하여 고정시켜 주는 역할을 함
시밍 롤	• 캔 뚜껑의 컬을 캔 몸통의 플랜지 밑으로 밀어 넣어 밀봉을 완성시킴 • 제1롤 : 캔 뚜껑의 컬을 캔 몸통의 플랜지 밑으로 말아 넣는 역할을 함 • 제2롤 : 이를 더욱 압착하여 밀봉을 완성시킴

66 시중에 판매되고 있는 통조림의 내기압을 측정한 결과 40.7cmHg일 때 진공도(cmHg)는 얼마인가?(단, 측정 당시 관의 외기압은 100.7cmHg로 한다)

① 20
② 40
③ 50
④ 60

해설 통조림의 진공도 = 관외기압 − 관내기압
= 100.7 − 40.7 = 60cmHg

67 드립은 동결품을 해동할 때 밖으로 흘러나오는 육즙을 말한다. 드립 발생량을 줄이기 위한 방법으로 옳지 않은 것은?

① 선도가 좋은 원료를 사용한다.
② 동결 저장 온도를 낮게 한다.
③ 완만 동결한다.
④ 동결 저장 기간을 짧게 한다.

해설 ③ 급속 동결해야 추후 해동 시 드립(Drip)의 발생량을 줄일 수 있다.

정답 65 ② 66 ④ 67 ③

68 해조가공품에 해당하는 것은?

① 액 젓　　② 한 천
③ 연제품　　④ 키토산

해설 한천(Agar)은 홍조류인 우뭇가사리, 비단풀, 꼬시래기 등의 다당을 뜨거운 물로 추출하여 건조한 해조가공품이다.

① 액젓 : 젓갈류에 해당한다.
③ 연제품 : 어육에 소량의 소금을 넣고서 고기갈이 한 육에 맛과 향을 내는 부원료를 첨가하고 가열하여 겔(Gel)화시킨 제품이다.
④ 키토산 : 기능성 수산식품으로, 갑각류의 껍데기를 이루고 있는 동물성 식이섬유인 키틴의 분해로 만들어진다. 키틴과 키토산은 항균 작용, 혈류 개선, 콜레스테롤 감소 등의 기능이 있다.

69 어육의 부패에 영향을 미치는 주요 요인이 아닌 것은?

① 온 도　　② 수 분
③ 중금속　　④ 미생물

해설 어육의 부패에 영향을 미치는 주요 요인은 온도, 수분, 미생물이다.

70 수산물의 특성 중 식품 가공 원료에 관한 설명으로 옳지 않은 것은?

① 어획량의 불확실성이 크다.
② 어육은 축육보다 사후경직이 느리다.
③ 어류는 축산물에 비해 크기나 시기에 따라 성분조성의 변동이 크다.
④ 어류의 적색육은 백색육보다 선도저하가 빠른 편이다.

해설 ③ 어육은 축육보다 사후경직이 빠르다. 어류의 사후경직은 죽은 뒤 1~7시간에 시작되어 5~22시간 동안 지속되는데, 사후경직은 신선도 유지와 직결되므로 저온 등의 방법으로 사후경직 지속시간을 길게 해야 신선도를 오래 유지할 수 있다.

68 ② 69 ③ 70 ② 정답

71 다음에서 설명하고 있는 것은?

지방을 많이 포함하고 있는 어류가 산소, 빛, 가열에 의하여 쉽게 산화되어 불쾌한 맛과 냄새를 생성하게 되는 현상

① 산 패 ② 발 효

③ 청 변 ④ 흑 변

해설 ② 발효 : 유익균에 의한 유기물 분해 과정으로, 유해균의 증식을 억제하고 유용한 분해 산물을 생성한다.
③ 청변 : 게육을 이용한 통조림 등에서 주로 나타나며, 게육의 자숙 시 발생하는 황화수소와 혈액 중의 구리를 함유하는 혈색소, 헤모시아닌이 반응하여 청색 색소를 생성하기 때문으로 추정된다.
④ 흑변 : 대표적인 효소적 갈변으로 새우 등의 갑각류에 잘 발생하며, 변질로 외관이 검게 변색되는 현상이다.

72 어패류의 사후변화 과정을 순서대로 옳게 나열한 것은?

① 해당작용 → 사후경직 → 해경 → 자가소화
② 사후경직 → 해경 → 해당작용 → 자가소화
③ 자가소화 → 해당작용 → 해경 → 부패
④ 해당작용 → 해경 → 부패 → 자가소화

해설 어패류의 사후변화는 해당작용 → 사후경직 → 해경 → 자가소화 순이다.

- 해당작용 : 산소 없이 포도당을 분해하여 에너지 물질인 ATP와 산이 생성되는 과정이며, 젖산의 축적과 ATP의 분해로 사후경직이 시작된다.
- 사후경직 : 근육의 투명감이 떨어지고 수축하여 어체가 굳어지는 현상이다.
- 해경 : 사후경직이 지난 뒤 수축된 근육이 풀어지는 현상이다.
- 자가소화 : 근육 조직 내의 자가(기)소화 효소작용으로 근육 단백질에 변화가 발생하여 근육이 부드러워지는(유연성) 현상이다. 자가소화가 진행된 생선은 조직이 연해지고 풍미도 떨어져서 회로 먹기는 좋지 않으며 열을 가해 조리하는 것이 좋다.

정답 71 ① 72 ①

73 수산물의 동결저장 중 식품변질에 관한 현상이 아닌 것은?

① Green Meat ② Jelly Meat
③ 새우의 흑변 ④ Adhesion

해설 ④ 어드히전(Adhesion)은 통조림의 품질변화 현상 중 하나이다.

어드히전(Adhesion)

- 캔을 열었을 때 육의 일부가 용기의 내부나 뚜껑에 눌러붙어 있는 현상이다.
- 어드히전은 육과 용기면 사이에 물기가 있으면 일어날 수 없다.
- 어드히전을 예방하기 위해서는 빈 캔 내면에 식용유 유탁액을 도포하거나, 물을 분무하는 방법과 내용물인 육의 표면에 소금을 뿌려 수분이 스며 나오게 하는 방법 등이 있다.

74 수산 가공 기계에 관한 내용으로 옳지 않은 것은?

① 열풍건조기는 열풍으로 식품을 빠른 시간에 건조시키는 장치다.
② 냉풍건조기는 습도가 낮은 냉풍으로 식품을 건조시키는 장치다.
③ 송풍식 동결장치는 냉풍을 느린 속도로 불어 넣어 수산물을 동결시키는 장치다.
④ 접촉식 동결장치는 식품을 급속 동결시키는데 주로 사용한다.

해설 ③ 송풍식 동결장치는 냉풍을 빠른 속도로 불어 넣어 수산물을 동결시키는 장치이다.

75 수산물 표준규격상 수산물의 종류별 등급 및 포장규격에서 다음의 등급규격에 해당하는 것은?

항 목	특	상	보 통
1마리의 크기(전장, cm)	20 이상	15 이상	15 이상
다른크기의 것의 혼입률(%)	0	10 이하	30 이하
색 택	우 량	양 호	보 통
공통규격	• 고유의 향미를 가지고 다른 냄새가 없어야 한다. • 크기가 균일한 것으로 엮어야 한다.		

① 오징어 ② 북 어
③ 굴 비 ④ 문 어

해설 굴비 등급규격(수산물 표준규격 [별표 5])

73 ④ 74 ③ 75 ③ 정답

04 수산일반

76 해양의 조간대에 관한 설명으로 옳지 않은 것은?

① 일차 생산력이 높다.
② 환경 변화가 크지 않아 안정적이다.
③ 최고조선과 최저조선 사이에 해당한다.
④ 연직 범위는 조석의 크기에 따라 지역적으로 크게 변한다.

해설 ② 조간대는 바다와 육지 양쪽의 영향을 받아 온도, 염분 등의 환경 변화가 크다.

77 다음 중 5년간(2016~2020년) 우리나라 어선어업에서 가장 많이 어획된 어종은?

① 갈 치 ② 멸 치
③ 참조기 ④ 청 어

해설 ② 5년간(2016~2020년) 우리나라 어선어업에서 가장 많이 어획된 어종은 '멸치'이다.

연근해어업 주요 품종별 생산 현황(단위 : 천 톤)

구 분	2016	2017	2018	2019	2020	총 합
멸 치	141.0	210.9	188.7	171.7	216.7	929
고등어	155.4	115.3	215.9	121.4	82.6	690.6
살오징어	121.7	87.0	46.3	51.8	56.6	363.4
갈 치	32.3	54.5	49.5	43.5	65.7	245.5
참조기	19.3	19.4	23.3	25.7	41.0	128.7

78 다음 중 수산업법에서 정의하는 수산업을 모두 고른 것은?

ㄱ. 어 업
ㄴ. 양식업
ㄷ. 어획물운반업
ㄹ. 수산물가공업
ㅁ. 수산물유통업

① ㄱ, ㄴ, ㅁ ② ㄷ, ㄹ, ㅁ
③ ㄱ, ㄴ, ㄷ, ㄹ ④ ㄱ, ㄴ, ㄷ, ㄹ, ㅁ

해설 **정의(법 제2조 제1호)**
'수산업'이란 수산업·어촌 발전 기본법에 따른 어업·양식업·어획물운반업·수산물가공업 및 수산물유통업을 말한다.

정답 76 ② 77 ② 78 ④

79 수산 생물 자원 중 어선어업의 어획 대상종인 어류에 관한 설명으로 옳지 않은 것은?

① 갱신 가능 자원이다.

② 효율적으로 이용하기 위한 공동 노력이 필요 없다.

③ 대부분 이동성을 가지고 있다.

④ 대부분 주인이 정해져 있지 않다.

해설 수산 생물 자원은 육상의 광물 자원과 달리 관리만 잘하면 지속적으로 생산이 가능한 재생성 자원(Renewable Resource)이다. 그리고 어류는 이동성이 강해 소유관계가 명확하지 않고 자원관리가 어려운 특성이 있다. 따라서 효율적으로 이용하기 위한 공동 노력이 필요하다.

80 수산업에 관한 설명으로 옳지 않은 것은?

① 경제적 이익을 목적으로 수산 동식물을 대상으로 이루어지는 생산 활동이다.

② 여러 분야의 산업과 밀접한 관련이 있다.

③ 각 연안국의 배타적경제수역(EEZ) 선포로 어장이 확대되었다.

④ 회유어종인 경우 인접국과 협조 체제가 필요하다.

해설 ③ 배타적경제수역(EEZ)은 해양자원에 대한 연안국의 배타적 이용권이 부여되는 수역으로, 각 연안국의 배타적경제수역(EEZ) 선포는 어장의 축소를 가져왔다.

81 수산자원의 단위인 계군을 구별하는 방법 중 생태학적 방법이 아닌 것은?

① 산란생태 ② 분 포

③ 회유로 ④ 유전적 조성

해설 ④ 유전적 조성을 이용하는 방법은 유전학적 방법에 해당한다.

계군분석법

형태학적 방법	체장·두장·체고 등을 측정하여 계군의 특정 형질에 관하여 통계적으로 비교·분석하는 생물 측정학적 방법과 비늘 위치·가시 형태 등을 비교·분석하는 해부학적 방법이 이용된다.
생태학적 방법	각 계군의 생활사, 산란기 및 산란장, 체장조성, 비늘 형태, 포란 수, 분포 및 회유 상태, 기생충의 종류 등의 차이를 비교·분석한다.
표지방류법	일부 개체에 표지를 붙여 방류했다가 다시 회수하여 그 자원의 동태를 연구하는 방법이다.
어황분석법	어획통계자료를 통해 어황의 공통성·주기성·변동성 등을 비교, 검토하여 어군의 이동이나 회유로를 추정하는 방법이다.
유전학적 방법	유전자 조성을 이용하는 방법이다.

79 ② 80 ③ 81 ④ 정답

82 자원량 추정방법 중 간접추정법에 해당하는 것은?

① 트롤조사법　　② 어류플랑크톤 조사법
③ 목시조사법　　④ 코호트분석법

해설 자원량 추정법

총량 추정법	직접추정법	전수조사법, 트롤조사법, 수중음향조사법, 목시조사법(고래 육안 관찰·조사), 어류플랑크톤 조사법, 표본채취에 의한 부분 조사법 등
	간접추정법	코호트분석법, 표지방류법, 조성의 변화에 의한 방법, 단위노력당 어획량방법(척당 어획량, 어선톤당 어획량, 마력당 어획량) 등
상대지수표시법		자원 총량의 추정이 어려울 때 실시

83 수산자원관리의 방법 중 가입관리에 해당하는 것은?

① 성육환경 개선　　② 포식자 배제
③ 인공부화 자치어 방류　　④ 어획량 및 어획강도 규제

해설 ③ 새로운 개체의 지속적 이입을 위해 인공부화 자치어를 방류하는 방법이 필요하다.

84 어류의 연령형질로 이용할 수 있는 것을 모두 고른 것은?

ㄱ. 이 석　　ㄴ. 비 늘
ㄷ. 척추골　　ㄹ. 아가미

① ㄱ, ㄴ, ㄷ　　② ㄱ, ㄴ, ㄹ
③ ㄱ, ㄷ, ㄹ　　④ ㄴ, ㄷ, ㄹ

해설 ㄹ. 아가미는 연령형질로 이용되지 않는다.

연령형질법

- 연령사정에 가장 널리 사용되는 방법이다.
- 어류의 비늘·이석·등뼈·지느러미·연조·패각·고래의 수염 및 이빨 등을 이용한다.
- 이석을 통한 연령사정은 넙치(광어)·고등어·대구·가자미에 효과적이다.
- 연골어류인 홍어·가오리·상어는 이석을 통한 연령사정에 적합하지 않다.
- 연안 정착성 어종인 노래미·쥐노래미는 비늘이나 이석이 아닌 등뼈(척추골)를 이용하여 연령사정을 한다.
- 비늘은 뒤쪽보다 앞쪽 가장자리의 성장이 더 빠르다.

정답 82 ④ 83 ③ 84 ①

85 **그물을 구성할 때 그물감을 뻗친 길이보다 짧은 줄에 달아 그물코가 벌어지도록 한다. 이 때, 줄 길이를 그물감의 뻗친 길이로 나눈 값은?**

① 주 름　　② 종횡비
③ 주름률　　④ 성형률

해설 그물에서 줄 길이를 그물감이 뻗친 길이로 나눈 값은 성형률이며, 성형률의 변화에 따라 어획량 등이 영향을 받는다.

86 **권현망은 자루, 오비기, 수비 등으로 구성되어 있다. 그물코 크기가 큰 것에서 작은 순서대로 옳게 나열한 것은?**

① 오비기 – 수비 – 자루
② 오비기 – 자루 – 수비
③ 수비 – 오비기 – 자루
④ 수비 – 자루 – 오비기

해설 그물코 크기가 큰 것부터 나열하면 오비기 – 수비 – 자루 순이다. 권현망의 날개그물은 오비기와 수비로 구성되며, 오비기는 어군을 수집하는 역할, 수비는 어군을 자루그물로 유도하는 역할을 한다. 오비기는 그물코가 약 3,000~3,600mm, 수비는 약 1,800~3,000mm 정도이다. 자루그물은 멸치가 빠져 나가지 못할 정도의 매우 작은 그물코로 된 여자망을 주로 사용한다.

87 **오징어 채낚기 어선에서 사용하는 물돛에 관한 설명으로 옳지 않은 것은?**

① 바람에 의해 배가 떠밀려 가는 것을 방지한다.
② 크기는 배의 크기에 따라 달리한다.
③ 어선의 선미에 설치하여 사용한다.
④ 일반적으로 낙하산 모양으로 만든다.

해설 물돛은 채낚기 어선 조업 시 수중 저항이 아주 큰 물체를 선수 쪽에 매달아 조류 또는 바람에 의해 배가 밀리는 것을 방지하는 것으로, 보통 낙하산 모양으로 만든다.

85 ④ 86 ① 87 ③ 정답

88 유영수산동물 양식 방법에 해당하지 않는 것은?

① 가두리 양식 ② 유수식 양식
③ 수하식 양식 ④ 순환여과식 양식

해설 수하식 양식은 부착성 동물의 기질을 밧줄·뗏목 등에 일정한 간격으로 매달아 물속에서 기르는 방식이다.
예 굴·담치·멍게(우렁쉥이) 등 부착성 동물

89 다음 양식 사례에서 사료 계수와 사료 효율을 순서대로 옳게 나열한 것은?

잉어 치어 50kg에 건조 배합 사료 1,000kg을 공급하여 550kg으로 성장시켰다.

① 0.5, 50% ② 0.5, 200%
③ 2.0, 50% ④ 2.0, 200%

해설
- 사료 계수 $= \frac{\text{사료공급량}}{\text{수확 시 중량} - \text{방양 시 중량}} = \frac{1,000}{550-50} = 2$
- 사료 효율 $= \frac{1}{\text{사료 계수}} \times 100 = \frac{1}{2} \times 100 = 50\%$

90 폐쇄적 양식장의 수질 관리 장치가 아닌 것은?

① 회전 드럼 필터를 이용한 물리적 여과 장치
② 미생물을 이용한 생물학적 여과조
③ 자외선 램프를 이용한 살균 장치
④ DO 및 pH 측정 장치

해설 ④ DO 및 pH 측정 장치는 양식장의 수질 상태를 측정하기 위한 장치이다.

정답 88 ③ 89 ③ 90 ④

91 양식 어류를 활어 상태로 장시간 수송하기 위하여 활어차를 이용할 경우, 이에 관한 설명으로 옳지 않은 것은?

① 운반 전 충분한 먹이를 공급한다.

② 수질 관리를 위하여 오물 여과장치를 가동시켜 운반한다.

③ 운반 수온을 사육 수온보다 낮게 하여 대사량을 줄인다.

④ 산소 공급 장치를 이용해 일정한 비율로 산소를 공급한다.

해설 ① 수송 중 활어의 대사를 억제하기 위해 운반 전에는 먹이를 공급하지 않는 것이 바람직하다.

92 다음에서 설명하는 김 양식 방법은?

- 김발을 항상 뜨도록 하여, 광합성 조건을 최대로 만들어 엽상체의 성장을 촉진시키는 양식 방법이다.
- 생육과 품질 향상을 위해 생육기에 일정 시간 김발을 뒤집어 공기 중에 노출시킨다.

① 말목식 양식

② 뜬발 양식

③ 밧줄식 양식

④ 가두리 양식

해설 뜬발 양식은 김 양식에 가장 많이 사용하는 방식으로, 흘림발식 양식이라고도 한다. 이는 얕은 간석지 바닥에 뜸을 설치하고 닻줄을 사용하여 김이 날마다 일정 시간 햇볕을 받을 수 있도록 조절한다.

93 다음은 먹이생물에 관한 설명이다. (　　)에 들어갈 내용으로 옳은 것은?

- (ㄱ) 먹이생물인 로티퍼는 어류 자어기 시기에 먹이생물로 사용된다.
- 로티퍼의 먹이생물로 사용되는 클로렐라는 (ㄴ)의 미세 단세포 생물로 크기는 약 3~8μm이다.

① ㄱ : 식물성, ㄴ : 녹조류

② ㄱ : 식물성, ㄴ : 규조류

③ ㄱ : 동물성, ㄴ : 녹조류

④ ㄱ : 동물성, ㄴ : 규조류

해설 로티퍼는 동물성 플랑크톤으로, 어류 자어기 시기에 먹이생물로 사용된다. 또한 로티퍼의 먹이로 사용되는 클로렐라는 식물성 플랑크톤으로, 녹조류의 단세포 생물에 해당한다.

91 ① 92 ② 93 ③ 정답

94 양식 생물의 비감염성 질병 원인 사례를 모두 고른 것은?

ㄱ. 수조가 좁고 수용 밀도가 높아 유영 중 지느러미에 상처를 입었다.
ㄴ. 사료 공급 시간을 늘리기 위해 조명을 24시간 켜두었다.
ㄷ. 사료에 동물성 단백질 양을 줄여 영양 요소가 불균형하게 되었다.
ㄹ. 스쿠티카충에 의해 몸 표면에 궤양이 발생하였다.

① ㄱ, ㄴ
② ㄱ, ㄴ, ㄷ
③ ㄱ, ㄷ, ㄹ
④ ㄴ, ㄷ, ㄹ

해설 비감염성 질병 원인 중 ㄱ, ㄴ은 환경성 질병 원인, ㄷ은 영양성 질병 원인에 해당한다.
ㄹ. 스쿠티카충에 의해 몸 표면에 궤양이 발생한 것은 기생충 감염에 의한 것으로, 주로 양식 넙치에서 발병한다.

95 넙치 양식 중 다음과 같은 증상이 나타나 치료하였다. 올바른 진단은?

- 몸 표면과 아가미에 흰색 반점들이 나타났으며 일부는 안구 백탁이 나타났다.
- 현미경으로 검경한 결과 크립토카리온 이리탄스(*Cryptocaryon irritans*) 감염을 확인하였다.
- 수산용 포르말린을 사육수 1L당 30mg을 투여하여 구제하였다.

① 바이러스성 질병
② 백점충 감염
③ 물곰팡이 감염
④ 세균성 질병

해설 기생충인 해수 백점충(크립토카리온 이리탄스)에 감염되어 흰색 반점들이 나타난 것으로, 넙치, 돌돔 등에서 주로 나타난다.

96 다음은 뱀장어에 관한 설명이다. (   )에 들어갈 것으로 옳은 것은?

- (ㄱ)에서 성장한 후 산란을 위하여 (ㄴ)로 회유한다.
- 알에서 부화한 버들잎 모양의 (ㄷ) 유생기를 거친다.

① ㄱ : 바다, ㄴ : 담수, ㄷ : 렙토세팔루스
② ㄱ : 바다, ㄴ : 담수, ㄷ : 메갈로파
③ ㄱ : 담수, ㄴ : 바다, ㄷ : 렙토세팔루스
④ ㄱ : 담수, ㄴ : 바다, ㄷ : 메갈로파

해설 뱀장어는 바다에서 부화되어 담수로 올라와 성장한 후, 산란을 위해 다시 바다로 회유하는 회유성 어종이다. 알에서 부화한 버들잎 모양의 렙토세팔루스 유생기를 거치며, 실뱀장어 상태로 담수로 올라온다.

정답 94 ② 95 ② 96 ③

97 우리나라 수산자원 관리방법 중 기술적 관리수단에 해당하는 것은?

① 허가어업 및 면허어업
② 총허용노력량(TAE)
③ 총허용어획량(TAC)
④ 체장 및 어기의 제한

해설 ④ 체장 및 어기의 제한은 기술적 관리수단에 해당한다.

※ 우리나라 수산자원 관리 방법(어업관리 정책)

노력량 규제	허가정수, 톤수마력규제, 어선감척, 총허용노력량(TAE)
어획량 규제	총허용어획량(TAC), 개별할당량(IQ), 개별양도성할당량(ITQ)
기술적 규제	어선·어구 제한, 그물코규격제한, 포획금지구역·수심·기간, 포획금지체장·체중, 암컷포획금지, 어란 및 치어포획금지 등

98 우리나라 총허용어획량(TAC) 제도의 참여 업종에 해당하지 않는 것은?

① 대형선망어업
② 정치망어업
③ 근해통발어업
④ 근해연승어업

해설 총허용어획량(TAC)는 수산 자원을 합리적으로 관리하기 위하여 어종별로 연간 잡을 수 있는 상한선을 정하고, 그 범위 내에서 어획할 수 있도록 하는 제도이다. 2024년 기준 15개 어종과 17개 업종에 대해 TAC를 관리하고 있다.

대상어종(15)	고등어, 전갱이, 도루묵, 오징어, 붉은대게, 대게, 꽃게, 키조개, 개조개, 참홍어, 제주소라, 바지락, 갈치, 참조기, 삼치
대상업종(17)	대형선망, 근해통발, 잠수기, 근해연승, 근해자망, 연안자망, 연안통발, 근해채낚기, 대형트롤, 쌍끌이대형저인망, 동해구트롤, 동해구외끌이저인망, 연안복합, 마을어업, 근해안강망, 외끌이대형저인망, 서남해구쌍끌이중형저인망

97 ④ 98 ② 정답

99 수산자원 변동의 기본개념인 러셀(Russell)의 방정식에서 자원을 감소시키는 변동요인을 모두 고른 것은?

ㄱ. 가입량	ㄴ. 성장에 따른 증중량
ㄷ. 어획량	ㄹ. 자연 사망량

① ㄱ, ㄴ
② ㄱ, ㄷ
③ ㄴ, ㄹ
④ ㄷ, ㄹ

해설
- ㄱ, ㄴ : 자원량 증가 요인
- ㄷ, ㄹ : 자원량 감소 요인

러셀(Ressell) 방정식

수산자원량의 변동은 다음과 같이 나타낼 수 있다.

$$S_{t+1} = S_t + (R + G - M) - C$$

여기서, S_t : 어느 해(t) 초기의 자원량
S_{t+1} : 다음 해($t+1$) 초기의 자원량
R : 가입량
G : 성장에 따른 증중량(성장량)
M : 자연 사망량
C : 어획 사망량(어획량)

$(R+G-M)$은 자연적인 요인에 의해 결정되는 '자연 증가량'이고, C는 인위적인 요인에 의해 결정되는 요소로 자연 증가량과 같은 양으로 유지되면 자원량은 감소하지 않고 $S_t = S_{t+1}$가 되어 자원량이 균형을 이룬다.

100 우리나라 연근해에 출현하는 연어를 관리하는 국제수산기구는?

① 북태평양소하성어류위원회(NPAFC)
② 북태평양수산위원회(NPFC)
③ 중서부태평양수산위원회(WCPFC)
④ 국제포경위원회(IWC)

해설 **북태평양소하성어류위원회(NPAFC)**

북태평양과 인근 수역에 서식하는 연어 및 무지개송어 보존을 위한 국제기구로, 공해에서 연어류 어획을 금지하고, 검색선과 항공기 등을 활용해 연어류 불법 어업을 감시한다. 회원국은 한국, 일본, 미국, 캐나다, 러시아이며, 우리나라는 입항하는 외국 선박을 검색해 연어류 불법 어획 여부도 점검하고 있다.

정답 99 ④ 100 ①

2024년

제 10 회 최근 기출문제

01 수산물품질관리 관련 법령

01 농수산물 품질관리법상 용어의 정의로 옳지 않은 것은?

① 수산물 : 수산업·어촌 발전 기본법에 따른 어업활동 및 양식활동으로부터 생산되는 산물과 소금산업진흥법에 따른 소금

② 지리적표시권 : 등록된 지리적 표시를 배타적으로 사용할 수 있는 지식재산권

③ 유전자변형농수산물 : 인공적으로 유전자를 분리하거나 재조합하여 의도한 특성을 갖도록 한 농수산물

④ 수산가공품 : 수산물을 대통령령으로 정하는 원료 또는 재료의 사용비율 또는 성분함량 등의 기준에 따라 가공한 제품

해설 정의(법 제2조 제1호 나목)
수산물 : 수산업·어촌 발전 기본법에 따른 어업활동 및 양식업활동으로부터 생산되는 산물(소금산업진흥법에 따른 소금은 제외)

02 농수산물 품질관리법령상 수산물 품질인증에 관한 설명으로 옳은 것은?

① 품질인증제도를 실시하는 자는 국립수산물품질관리원장이다.

② 품질인증 대상 품목은 식용 및 비식용 목적으로 생산한 수산물이다.

③ 생산자집단이 수산물의 품질인증을 신청한 경우에는 생산자집단 일부 구성원을 선정하고 심사하여야 한다.

④ 표시항목이 산지인 경우 신청인이 강·해역 등 특정지역의 명칭으로 인증받기를 희망하는 경우에는 그 명칭으로 인증할 수 있다.

해설 ① 해양수산부장관은 수산물의 품질을 향상시키고 소비자를 보호하기 위하여 품질인증제도를 실시한다(법 제14조 제1항).
② 품질인증 대상 품목은 식용을 목적으로 생산한 수산물로 한다(시행규칙 제28조).
③ 생산자집단이 수산물의 품질인증을 신청한 경우에는 생산자집단 구성원 전원에 대하여 각각 심사를 하여야 한다. 다만, 국립수산물품질관리원장이 필요하다고 인정하여 고시하는 경우에는 국립수산물품질관리원장이 정하는 방법에 따라 일부 구성원을 선정하여 심사할 수 있다(시행규칙 제31조 제3항).

1 ① 2 ④ 정답

03 농수산물 품질관리법령상 품질인증의 유효기간에 관한 설명으로 옳은 것은?

① 유효기간은 품질인증을 받은 날부터 5년이다.

② 유효기간의 연장신청자는 품질인증(연장)신청서에 품질인증서 원본을 첨부하여 그 유효기간이 끝나기 3개월 전까지 제출해야 한다.

③ 유효기간이 4년인 품목을 연장 신청한 경우 다시 4년 연장할 수 있다.

④ 거짓이나 그 밖의 부정한 방법으로 인증을 받은 경우 품질인증을 취소할 수 있다.

해설 ① 품질인증의 유효기간은 품질인증을 받은 날부터 2년으로 한다. 다만, 품목의 특성상 달리 적용할 필요가 있는 경우에는 4년의 범위에서 해양수산부령으로 유효기간을 달리 정할 수 있다(법 제15조 제1항).

② 품질인증 유효기간을 연장받으려는 자는 해당 품질인증을 한 기관의 장에게 별지 제12호서식의 수산물 품질인증 (연장)신청서에 품질인증서 사본을 첨부하여 그 유효기간이 끝나기 1개월 전까지 제출해야 한다(시행규칙 제35조 제1항).

④ 해양수산부장관은 품질인증을 받은 자가 거짓이나 그 밖의 부정한 방법으로 인증을 받은 경우 품질인증을 취소하여야 한다(법 제16조).

04 농수산물 품질관리법령상 지리적표시품의 표시에 관한 설명으로 옳지 않은 것은?

① 표지도형의 한글 및 영문 글자는 고딕체로 한다.

② 표시방법은 포장재 주표시면의 앞면에 표시하여야 한다.

③ 표지도형의 기본색상은 파란색으로 하고, 포장재의 색깔 등을 고려하여 녹색 또는 빨간색으로 할 수 있다.

④ 포장하지 않고 낱개로 판매하는 경우 표지와 등록 명칭만 표시할 수 있다.

해설 ② 포장재 주표시면의 옆면에 표시하되, 포장재 구조상 옆면에 표시하기 어려울 경우에는 표시위치를 변경할 수 있다(시행규칙 [별표 15]).

정답 3 ③ 4 ②

05 농수산물 품질관리법령상 유전자변형수산물의 표시 위반에 대한 처분을 받은 자 중 공표명령의 대상자에 해당하는 경우를 모두 고른 것은?

ㄱ. 표시위반물량이 10톤 이상인 경우
ㄴ. 표시위반물량의 판매가격 환산금액이 5억원 이상인 경우
ㄷ. 적발일을 기준으로 최근 1년 동안 처분을 받은 횟수가 2회 이상인 경우

① ㄱ, ㄴ
② ㄱ, ㄷ
③ ㄴ, ㄷ
④ ㄱ, ㄴ, ㄷ

해설 **공표명령의 기준·방법 등(시행령 제22조 제1항)**

법 제59조 제2항에 따른 공표명령의 대상자는 같은 조 제1항에 따라 처분을 받은 자 중 다음의 어느 하나의 경우에 해당하는 자로 한다.

1. 표시위반물량이 농산물의 경우에는 100톤 이상, 수산물의 경우에는 10톤 이상인 경우
2. 표시위반물량의 판매가격 환산금액이 농산물의 경우에는 10억원 이상, 수산물인 경우에는 5억원 이상인 경우
3. 적발일을 기준으로 최근 1년 동안 처분을 받은 횟수가 2회 이상인 경우

06 농수산물 품질관리법령상 일반지정해역으로 지정된 경우 매월 1회 이상 위생에 관한 조사를 하여야 하는 자는?

① 해양수산부장관
② 시·도지사
③ 국립수산과학원장
④ 국립수산물품질관리원장

해설 **지정해역의 관리 등(시행규칙 제87조 제1항)**

국립수산과학원장은 지정된 지정해역에 대하여 매월 1회 이상 위생에 관한 조사를 하여야 한다.

5 ④ 6 ③ 정답

07 농수산물 품질관리법령상 해양수산부장관이 지정해역에서 수산물의 생산을 제한할 수 있는 경우에 해당하지 않는 것은?

① 선박의 충돌로 인하여 해양오염이 발생한 경우

② 지정해역의 수산물 판매량이 급격하게 감소한 경우

③ 지정해역이 일시적으로 위생관리기준에 적합하지 아니하게 된 경우

④ 인근에 위치한 폐기물처리시설의 장애로 인하여 해양오염이 발생한 경우

해설 지정해역에서의 생산제한(시행령 제27조 제1항)

지정해역에서 수산물의 생산을 제한할 수 있는 경우는 다음과 같다.

1. 선박의 좌초·충돌·침몰, 그 밖에 인근에 위치한 폐기물처리시설의 장애 등으로 인하여 해양오염이 발생한 경우
2. 지정해역이 일시적으로 위생관리기준에 적합하지 아니하게 된 경우
3. 강우량의 변화 등에 따른 영향으로 지정해역의 오염이 우려되어 해양수산부장관이 수산물의 생산제한이 필요하다고 인정하는 경우

08 농수산물 품질관리법상 수산물 및 수산물가공품이 품질 및 규격이 맞는지와 유해물질이 섞여 들어오는지 등에 관하여 해양수산부장관의 검사를 받아야 하는 것으로 옳지 않은 것은?

① 정부에서 비축하는 수산가공품

② 검사 신청은 있으나 검사기준이 없는 수산물

③ 해양수산부장관의 검사를 받은 수산가공품의 포장을 바꾸려는 수산가공품

④ 수출 상대국의 요청에 따라 검사가 필요한 경우로서 해양수산부장관이 정하여 고시하는 수산물

해설 수산물 등에 대한 검사(법 제88조)

① 다음의 어느 하나에 해당하는 수산물 및 수산가공품은 품질 및 규격이 맞는지와 유해물질이 섞여 들어오는지 등에 관하여 해양수산부장관의 검사를 받아야 한다.
   1. 정부에서 수매·비축하는 수산물 및 수산가공품
   2. 외국과의 협약이나 수출 상대국의 요청에 따라 검사가 필요한 경우로서 해양수산부장관이 정하여 고시하는 수산물 및 수산가공품

② 해양수산부장관은 제1항 외의 수산물 및 수산가공품에 대한 검사 신청이 있는 경우 검사를 하여야 한다. 다만, 검사기준이 없는 경우 등 해양수산부령으로 정하는 경우에는 그러하지 아니한다.

③ 제1항이나 제2항에 따라 검사를 받은 수산물 또는 수산가공품의 포장·용기나 내용물을 바꾸려면 다시 해양수산부장관의 검사를 받아야 한다.

정답 7 ② 8 ②

09 농수산물 품질관리법상 수산물 및 수산가공품의 재검사에 관한 설명으로 옳지 않은 것은?

① 수산물 및 수산가공품의 검사 결과에 불복하는 자는 그 결과를 통지받은 날부터 14일 이내에 재검사를 신청할 수 있다.

② 수산물검사기관이 검사를 위한 시료채취나 검사방법이 잘못되었다는 것을 인정하는 경우 재검사를 신청할 수 있다.

③ 수산물검사관의 부족 등 부득이한 경우에는 처음에 검사한 수산물검사관이 검사할 수 있다.

④ 재검사 결과에 불복하는 자는 같은 사유로 다시 재검사를 신청할 수 있다.

해설 **재검사(법 제96조 제3항)**
제1항에 따른 재검사의 결과에 대하여는 같은 사유로 다시 재검사를 신청할 수 없다.

10 농수산물 품질관리법령상 수산물품질관리사에 관한 설명으로 옳은 것을 모두 고른 것은?

ㄱ. 수산물품질관리사는 수산물의 생산 및 수확 후 품질관리기술을 지도한다.
ㄴ. 국립수산물품질관리원장은 수산물품질관리사에게 필요한 교육을 실시하기 위하여 교육 실시기관을 지정한다.
ㄷ. 수산물의 선별·저장 및 포장 시설 등의 운용·관리는 수산물품질관리사의 업무 중 하나이다.

① ㄴ
② ㄱ, ㄴ
③ ㄱ, ㄷ
④ ㄱ, ㄴ, ㄷ

해설 ㄱ. 법 제106조 제2항 제2호
ㄷ. 시행규칙 제134조의2 제2호
ㄴ. 수산물품질관리사의 교육 실시기관은 해양수산부장관이 지정하는 기관으로 한다(시행규칙 제136조의5 제1항).

9 ④ 10 ③ 정답

11 농수산물 유통 및 가격안정에 관한 법률상 중도매인에 관한 설명으로 옳지 않은 것은?

① 농수산물도매시장에 상장된 농수산물을 매수하여 도매하는 영업을 하는 자이다.

② 민영농수산물도매시장에 상장된 농수산물의 매매를 중개하는 영업을 하는 자이다.

③ 농수산물공판장의 개설자로부터 허가를 받은 비상장 농수산물을 위탁받아 도매하는 영업을 하는 자이다.

④ 농수산물도매시장의 개설자에게 신고를 하고, 농수산물도매시장에 상장된 농수산물을 직접 매수하는 자이다.

해설 **정의(법 제2조 제9호)**

'중도매인'이란 농수산물도매시장 · 농수산물공판장 또는 민영농수산물도매시장의 개설자의 허가 또는 지정을 받아 다음의 영업을 하는 자를 말한다.

가. 농수산물도매시장 · 농수산물공판장 또는 민영농수산물도매시장에 상장된 농수산물을 매수하여 도매하거나 매매를 중개하는 영업

나. 농수산물도매시장 · 농수산물공판장 또는 민영농수산물도매시장의 개설자로부터 허가를 받은 비상장 농수산물을 매수 또는 위탁받아 도매하거나 매매를 중개하는 영업

12 농수산물 유통 및 가격안정에 관한 법령상 해양수산부장관이 수산물에 대한 농수산물유통 종합정보시스템의 구축 · 운영 업무를 위탁할 수 있는 기관으로 옳은 것은?

① 한국농어촌공사

② 한국해양수산개발원

③ 수산업협동조합중앙회

④ 한국농수산식품유통공사

해설 **종합정보시스템 구축 · 운영 업무의 위탁 등(시행령 제6조 제1항)**

농림축산식품부장관 및 해양수산부장관은 농수산물유통 종합정보시스템의 구축 · 운영 업무를 다음의 기관에 위탁한다.

1. 농산물의 경우 : 한국농수산식품유통공사법에 따른 한국농수산식품유통공사
2. 수산물의 경우 : 정부출연연구기관 등의 설립 · 운영 및 육성에 관한 법률에 따른 한국해양수산개발원

정답 11 ④ 12 ②

13 **농수산물 유통 및 가격안정에 관한 법령상 도매시장법인이 농수산물 판매업무 외의 사업을 겸영할 수 있는 요건으로 옳은 것은?**

① 부채비율이 400% 이하일 것
② 유동비율이 200% 이상일 것
③ 유동부채비율이 200% 이하일 것
④ 당기순손실이 2개 회계연도 이상 계속하여 발생하지 아니할 것

해설 **도매시장법인의 겸영(시행규칙 제34조 제1항)**
농수산물의 선별・포장・가공・제빙・보관・후숙・저장・수출입・배송(도매시장법인이나 해당 도매시장 중도매인의 농수산물 판매를 위한 배송으로 한정한다) 등의 사업을 겸영하려는 도매시장법인은 다음의 요건을 충족하여야 한다. 이 경우 제1호부터 제3호까지의 기준은 직전 회계연도의 대차대조표를 통하여 산정한다.
1. 부채비율(부채 / 자기자본 × 100)이 300% 이하일 것
2. 유동부채비율(유동부채 / 부채총액 × 100)이 100% 이하일 것
3. 유동비율(유동자산 / 유동부채 × 100)이 100% 이상일 것
4. 당기순손실이 2개 회계연도 이상 계속하여 발생하지 아니할 것

14 **농수산물 유통 및 가격안정에 관한 법률상 민영도매시장의 개설 및 운영에 관한 설명으로 옳지 않은 것은?**

① 민영도매시장의 중도매인은 민영도매시장의 소재지를 관할하는 시장이 지정한다.
② 민영도매시장을 개설하려는 자는 개설허가신청서에 해당 민영도매시장의 소재지를 관할하는 시장 또는 자치구의 구청장의 의견서를 첨부하여야 한다.
③ 민영도매시장의 개설자는 시장도매인을 두어 민영도매시장을 운영하게 할 수 있다.
④ 특별시・광역시・특별자치시・특별자치도 또는 시 지역에 민영도매시장을 개설하려는 자는 시・도지사의 허가를 받아야 한다.

해설 ① 민영도매시장의 중도매인은 민영도매시장의 개설자가 지정한다. 이 경우 중도매인의 지정 등에 관하여는 제25조 제3항 및 제4항을 준용한다(법 제48조 제2항).

13 ④ 14 ① 정답

15 농수산물 유통 및 가격안정에 관한 법령상 농수산물 전자거래에 관한 설명으로 옳은 것은?

① 해양수산부장관은 농수산물 전자거래를 촉진하기 위하여 해양수산부령으로 정하는 기관에 농수산물 전자거래소를 설치 및 운영·관리업무를 수행하게 할 수 있다.

② 농수산물 전자거래소의 거래수수료는 농수산물 전자거래소를 이용하는 판매자의 경우 사용료 및 판매수수료로 징수하는 금전으로 한다.

③ 분쟁조정위원회의 위원장은 해양수산부장관이 임명한다.

④ 분쟁조정위원회의 위원장은 위원이 직무와 관련된 비위사실이 있는 경우 해당 위원을 해임하여야 한다.

해설 ① 해양수산부장관은 농수산물 전자거래를 촉진하기 위하여 한국농수산식품유통공사 및 농수산물 거래와 관련된 업무경험 및 전문성을 갖춘 기관으로서 대통령령으로 정하는 기관에 농수산물 전자거래소의 설치 및 운영·관리 업무를 수행하게 할 수 있다(법 제70조의2 제1항 제1호).

③ 분쟁조정위원회는 위원장 1명을 포함하여 9명 이내의 위원으로 구성하고, 위원은 해양수산부장관이 임명하거나 위촉하며, 위원장은 위원 중에서 호선한다(법 제70조의3 제2항).

④ 해양수산부장관은 위원이 직무와 관련된 비위사실이 있는 경우에는 해당 위원을 해임 또는 해촉할 수 있다(시행령 제35조의3 제3호).

16 농수산물의 원산지 표시 등에 관한 법령상 유통이력의 범위에 포함되는 내용이 아닌 것은?

① 양도자의 업체(상호)명

② 양수자가 법인인 경우 대표자의 성명

③ 양도물품의 명칭

④ 양도일

해설 **유통이력의 범위(시행규칙 제1조의2)**

1. 양수자의 업체(상호)명·주소·성명(법인인 경우 대표자의 성명) 및 사업자등록번호(법인인 경우 법인등록번호)
2. 양도 물품의 명칭, 수량 및 중량
3. 양도일
4. 제1호부터 제3호까지 외의 사항으로서 농림축산식품부장관이 유통이력 관리에 필요하다고 인정하여 고시하는 사항

정답 15 ② 16 ①

17 **농수산물의 원산지 표시 등에 관한 법령상 집단급식소를 설치·운영하는 자가 수산물이나 그 가공품을 조리하여 판매하는 경우 그 원산지를 표시하여야 하는 것으로 옳은 것은 모두 몇 개인가?(다른 법에 따른 원산지인증의 표시는 하지 않은 것으로 함)**

• 부 세	• 북 어
• 골뱅이	• 우렁쉥이

① 1개　　② 2개
③ 3개　　④ 4개

해설 **원산지 표시대상(시행령 제3조 제5항 제8호)**
넙치, 조피볼락, 참돔, 미꾸라지, 뱀장어, 낙지, 명태(황태, 북어 등 건조한 것은 제외), 고등어, 갈치, 오징어, 꽃게, 참조기, 다랑어, 아귀, 주꾸미, 가리비, 우렁쉥이, 전복, 방어 및 부세(해당 수산물가공품을 포함)

18 **농수산물 유통 및 가격안정에 관한 법률상 도매시장법인 또는 시장도매인이 입하된 농수산물의 수탁을 거부·기피할 수 있는 경우로 옳지 않은 것은?**

① 생산자가 유통명령을 위반하여 출하하는 경우
② 생산자 단체가 출하자 신고를 하지 아니하고 출하하는 경우
③ 출하자가 농수산물에 대한 매매 방법을 지정하여 요청하는 경우
④ 도매시장 개설자가 업무규정으로 정하는 최소출하량의 기준에 미달되는 경우

해설 **수탁의 거부금지 등(법 제38조)**
도매시장법인 또는 시장도매인은 그 업무를 수행할 때에 다음의 어느 하나에 해당하는 경우를 제외하고는 입하된 농수산물의 수탁을 거부·기피하거나 위탁받은 농수산물의 판매를 거부·기피하거나, 거래 관계인에게 부당한 차별대우를 하여서는 아니 된다.
1. 유통명령을 위반하여 출하하는 경우
2. 출하자 신고를 하지 아니하고 출하하는 경우
3. 안전성 검사 결과 그 기준에 미달되는 경우
4. 도매시장 개설자가 업무규정으로 정하는 최소출하량의 기준에 미달되는 경우
5. 그 밖에 환경 개선 및 규격출하 촉진 등을 위하여 대통령령으로 정하는 경우

17 ② 18 ③ 정답

19 **수산물 유통의 관리 및 지원에 관한 법률상 산지경매사의 정의에 관한 내용이다. 각 (　　)에 들어갈 내용을 순서대로 옳게 나열한 것은?**

'산지경매사'란 (　　)이 실시하는 산지경매사 자격시험에 합격하고, 수산물산지위판장에 상장된 수산물의 (　　) 평가 및 (　　) 결정 등의 업무를 수행하는 자를 말한다.

① 시장・군수・구청장, 등록, 경락자
② 해양수산부장관, 원산지, 매도자
③ 해양수산부장관, 가격, 경락자
④ 시장・군수・구청장, 품질, 매도자

해설 **정의(법 제2조 제7호)**
'산지경매사'란 해양수산부장관이 실시하는 산지경매사 자격시험에 합격하고, 수산물산지위판장에 상장된 수산물의 가격 평가 및 경락자 결정 등의 업무를 수행하는 자를 말한다.

20 **수산물 유통의 관리 및 지원에 관한 법률상 수산물산지위판장의 허가를 위하여 갖추어야 하는 시설 기준 중에서 위판장의 여건 등과 관계없이 갖추어야 하는 필수시설로 옳은 것은?**

① 화장실　　② 휴게실
③ 매 점　　④ 기자재 보관실

해설 **위판장의 시설기준(시행규칙 제7조 제1항)**
위판장에 갖추어야 하는 시설의 종류는 다음과 같다. 다만, 제3호 및 제4호에 따른 시설은 위판장의 여건 등을 고려하여 갖추지 아니할 수 있다.
1. 경매장
2. 화장실 등 위생시설
3. 보관시설
4. 그 밖의 부수시설

정답 19 ③ 20 ①

21 수산물 유통의 관리 및 지원에 관한 법령상 수산업관측에 관한 설명으로 옳은 것은?

① 해양수산부장관은 매년 수산업관측을 실시하고 그 결과를 공표하여야 한다.

② 한국해양수산개발원장은 수협중앙회, 수산업 관련 기관 또는 단체를 수산업관측 교육기관으로 지정할 수 있다.

③ 시장 · 군수 · 구청장은 수산업관측 전담기관에 품목을 지정하여 수산업관측을 실시하도록 할 수 있다.

④ 수산업관측 대상품목은 한국수산과학원장이 정한다.

해설 ② 해양수산부장관은 수산업관측업무를 효율적으로 실시하기 위하여 수협중앙회, 수산업 관련 기관 또는 단체를 수산업관측 전담기관으로 지정할 수 있다(법 제38조 제2항).
③ 해양수산부장관은 수산업관측 전담기관에 품목을 지정하여 수산업관측을 실시하도록 할 수 있으며, 그 운영에 필요한 경비를 충당하기 위하여 예산의 범위에서 출연금 또는 보조금을 지급할 수 있다(법 제38조 제3항).
④ 수산업관측 전담기관의 지정 및 운영과 품목 지정 등에 필요한 사항은 해양수산부령으로 정한다(법 제38조 제4항).

22 친환경농어업 육성 및 유기식품 등의 관리 · 지원에 관한 법령상 허용물질의 선정기준에 해당하는 것을 모두 고른 것은?

ㄱ. 환경에 대하여 나쁜 영향을 미치지 않을 것 ㄴ. 유전자변형 기술을 적용한 식품첨가물 또는 가공보조제가 아닐 것 ㄷ. 방사선 조사(照射 : 빛을 쬐는 것) 처리를 하지 않았을 것

① ㄱ, ㄴ
② ㄱ, ㄷ
③ ㄴ, ㄷ
④ ㄱ, ㄴ, ㄷ

해설 **허용물질의 선정기준 및 절차(시행규칙 [별표 2])**
가. 해당 제품 생산에 필수적이며 가장 적합할 것
나. 천연에서 유래한 것 또는 생물학적 방법으로 얻어진 것이거나 재생 가능한 자원일 것(재생 불가능한 자원을 이용한 화학물질은 원칙적으로 금지할 것)
다. 환경에 대하여 나쁜 영향을 미치지 않을 것
라. 사람의 건강과 식품 안전을 증진할 것
마. 유기식품 및 무항생제 수산물 등의 품질 개선 및 품질 보존에 도움이 될 것
바. 소비자의 저항이나 반대가 없어야 하며 소비자의 일반적인 의견을 반영할 것
사. 유전자변형 기술을 적용한 식품첨가물 또는 가공보조제가 아닐 것
아. 방사선 조사(照射 : 빛을 쬐는 것) 처리를 하지 않았을 것

21 ① 22 ④ 정답

23 친환경농어업 육성 및 유기식품 등의 관리 · 지원에 관한 법령상 인증기관의 지정취소 사유에 해당하지 않는 것은?(단, 위반횟수는 1회이며 감경사유는 고려하지 않음)

① 거짓이나 그 밖의 부정한 방법으로 인증기관 지정을 받은 경우
② 인증기관이 파산 또는 폐업 등으로 인하여 인증업무를 수행할 수 없는 경우
③ 업무정지 명령을 위반하여 정지기간 중 인증을 한 경우
④ 정당한 사유 없이 1년 이상 계속하여 인증을 하지 아니한 경우

해설 인증기관에 대한 행정처분기준 – 개별기준(시행규칙 [별표 10])

위반사항	위반횟수별 행정처분기준		
	1회 위반	2회 위반	3회 이상 위반
가. 거짓이나 그 밖의 부정한 방법으로 인증기관 지정을 받은 경우	지정취소		
나. 인증기관이 파산 또는 폐업 등으로 인하여 인증업무를 수행할 수 없는 경우	지정취소		
다. 업무정지 명령을 위반하여 정지기간 중 인증을 한 경우	지정취소		
라. 정당한 사유 없이 1년 이상 계속하여 인증을 하지 아니한 경우	경 고	업무정지 6개월	지정취소

24 농수산물의 원산지 표시 등에 관한 법령에 따른 원산지 표시 등의 조사에 관한 설명이다. 각 (   )에 들어갈 내용을 순서대로 옳게 나열한 것은?

> 농림축산식품부장관, 해양수산부장관, (   ), 시 · 도지사 또는 시장 · 군수 · 구청장은 법에 따른 원산지의 표시 여부 · 표시사항과 (   ) 등의 (   )을 확인하기 위하여 법령으로 정하는 바에 따라 관계 공무원으로 하여금 원산지 표시대상 농수산물이나 그 가공품을 수거하거나 조사하게 하여야 한다.

① 관세청장, 표시방법, 적정성
② 관세청장, 표시방법, 효율성
③ 국세청장, 표시색상, 효율성
④ 국세청장, 표시색상, 적정성

해설 원산지 표시 등의 조사(법 제7조 제1항)
농림축산식품부장관, 해양수산부장관, 관세청장, 시 · 도지사 또는 시장 · 군수 · 구청장은 원산지의 표시 여부 · 표시사항과 표시방법 등의 적정성을 확인하기 위하여 대통령령으로 정하는 바에 따라 관계 공무원으로 하여금 원산지 표시대상 농수산물이나 그 가공품을 수거하거나 조사하게 하여야 한다. 이 경우 관세청장의 수거 또는 조사 업무는 원산지 표시 대상 중 수입하는 농수산물이나 농수산물 가공품(국내에서 가공한 가공품은 제외)에 한정한다.

정답 23 ④ 24 ①

25 **수산물 유통의 관리 및 지원에 관한 법률상 수산물 저온유통체계 등의 구축을 위하여 해양수산부장관이 수립·시행하여야 하는 시책에 포함되는 사항으로 옳지 않은 것은?**

① 활어·선어·냉동수산물 등의 보존방식에 따른 유통 위생관리기준의 확립

② 저온유통 등을 위한 유통시설의 시설기준 마련 및 모니터링

③ 저온유통 수산물에 대한 소비자 분쟁조정 기준

④ 저온유통 등을 위한 운송 기준

해설 **수산물 저온유통체계 등의 구축(법 제35조 제1항)**

해양수산부장관은 수산물의 생산단계부터 판매단계까지의 모든 유통과정에서 저온유통체계 등의 구축을 위하여 다음의 사항이 포함된 시책을 수립·시행하여야 한다.

1. 활어·선어·냉동수산물 등의 보존방식에 따른 유통 위생관리기준의 확립
2. 저온유통 등을 위한 유통시설의 시설기준 마련 및 모니터링
3. 저온유통 등을 위한 운송 기준
4. 그 밖에 수산물 저온유통체계 등의 구축을 위하여 필요한 사항

02 수산물유통론

26 **소비지 도매시장의 기능이 아닌 것은?**

① 양륙과 진열 기능

② 거래 형성 기능

③ 수집 및 분산 기능

④ 대금 결제 및 판매 기능

해설 ① 어획물의 양륙과 진열 기능은 산지시장의 기능에 해당한다.

소비지 도매시장의 기능

- 산지시장으로부터 수산물을 수집하는 강한 집하 기능
- 경매·입찰 등과 같은 공정 타당한 가격 형성 기능
- 도시 수요자에게 유통시키는 분산 기능
- 현금에 의한 신속, 확실한 대금 결제 기능

25 ③ 26 ① 정답

27 수산물 유통활동 중 물적유통활동에 해당하지 않는 것은?

① 보관활동
② 운송활동
③ 정보유통 활동
④ 유통금융활동

해설 ④ 유통금융활동은 유통조성활동에 해당한다.

수산물 유통

유통활동	상적유통활동	구매 및 판매활동
	물적유통활동	운송활동, 보관활동, 하역활동, 포장활동, 유통가공활동, 정보유통활동
유통조성활동		표준화·등급화활동, 금융활동, 보험활동

28 우리나라 수산물 유통의 특성에 관한 설명으로 옳지 않은 것은?

① 품질관리가 어렵다.
② 유통경로가 복잡하다.
③ 가격의 변동성이 크다.
④ 표준규격화가 용이하다.

해설 **수산물 유통의 특성**

- 유통경로의 다양성
- 부패성으로 인한 가격의 변동성
- 생산물의 규격화 및 균질화의 어려움
- 수산물 구매의 소량 분산성

정답 27 ④ 28 ④

29 다음은 우리나라 수산물의 계통출하를 나타낸 것이다. (   )에 들어갈 내용으로 옳은 것은?

생산자 → (   ) → 소비지 도매시장 → 소비자

① 전자상거래 ② 벤 더
③ 도매상 ④ 수협위판장

해설 계통출하는 생산자가 수협에 판매를 위탁하여 출하・판매하는 형태이며, 일반적으로 생산자 → 수협위판장 → 소비지 도매시장 → 소비자의 유통 단계를 거친다.

30 우리나라 수산물 유통경로에 관한 일반적인 설명으로 옳지 않은 것은?

① 유통길이가 농산물에 비해 짧다.
② 유통경로는 수산물의 수급 특성에 따라 상이하다.
③ 1회 구매량이 적어 구매빈도가 높다.
④ 구매자가 여러 지역에 있을수록 유통경로가 길어진다.

해설 ① 수산물은 농산물에 비해 유통경로가 다양하며, 유통길이가 길다.

31 국내 양식산 굴의 유통경로 중 소비지 유통단계가 아닌 것은?

① 대형소매점 ② 유사도매시장
③ 수협공판장 ④ 수협위판장

해설 ④ 수협위판장은 산지 유통단계에 해당한다.
양식 굴의 유통경로
- 생산자 → [산지위판장 → 산지 중도매인] → 대형소매업체 → 소비자
- 생산자 → [산지위판장 → 산지 중도매인] → 소비지 도매시장 → 소비자

수협의 산지위판장을 통해 계통출하되는 비중은 43% 정도이다.

29 ④ 30 ① 31 ④ 정답

32 국내산 갈치의 생산 및 유통에 관한 설명으로 옳지 않은 것은?

① 서해안과 남해안에서 주로 어획된다.
② 선어로 유통되는 경우가 많다.
③ 형망에 의해 주로 어획된다.
④ 수협위판장에 양륙된다.

해설 ③ 형망은 해저 부근의 모래나 펄에 서식하는 조개류를 포획하는 어업이다. 갈치는 쌍끌이저인망어업, 대형선망어업, 근해연승어업, 근해안강망어업, 연안복합어업 등 다양한 어법에 의해 어획된다.

33 우리나라 양식산 활어 유통에 관한 설명으로 옳은 것을 모두 고른 것은?

ㄱ. 대부분 산지위판장을 경유하여 출하한다.
ㄴ. 주로 자연산보다 시장가격이 높게 형성한다.
ㄷ. 최종 소비단계에서 주로 '회'로 소비된다.
ㄹ. 생산량이 가장 많은 품목은 넙치이다.

① ㄱ
② ㄷ, ㄹ
③ ㄱ, ㄷ, ㄹ
④ ㄱ, ㄴ, ㄷ, ㄹ

해설 ㄱ. 주로 유사도매시장을 경유하여 사매매방식으로 출하된다.
ㄴ. 자연산 활어에 비해 대체로 낮은 시장가격을 형성한다.

34 우리나라 선어의 유통에 관한 설명으로 옳지 않은 것은?

① 우리나라 연근해에서 어획된 것이 대부분이다.
② 활어에 비해 계통출하 비중이 낮다.
③ 선도유지가 중요해 빙장이 필수적이다.
④ 대표적 품목은 고등어이다.

해설 선어는 활어에 비해 계통출하 비중이 높다. 일반해면 어업에서 생산된 선어 중에서 계통출하의 비중은 90% 내외로, 생산되는 선어의 대부분이 수협의 산지위판장을 경유하고 있다.

정답 32 ③ 33 ② 34 ②

35 우리나라 냉동수산물 유통에 관한 설명으로 옳지 않은 것은?

① 선어에 비해 판매가격이 낮다.

② 주로 원양어획물의 유통형태이다.

③ 대부분 수협위판장을 경유한다.

④ 냉동 탑차는 필수 유통수단이다.

해설 **냉동수산물 유통의 특징**

- 냉동·냉장 창고의 기능을 이용하여 연중 소비를 가능하게 한다.
- 냉동수산물은 선어에 비해 선도가 떨어져 가격이 상대적으로 낮은 경향이 있다.
- 수산물의 상품성이 떨어지는 것을 막기 위하여 어선에 동결장치를 갖추어 선상에서 동결하기도 한다.
- 부패되기 쉬운 수산물의 보장성을 높이고, 운반·저장·소비를 편리하게 함으로써 유통과정상의 부패 변질에 따른 부담을 덜 수 있다.
- 저장기간이 길기 때문에 유통경로가 다양하게 나타난다.
- 대부분의 냉동수산물은 원양산이어서 수협의 산지위판장을 경유하는 비중이 매우 낮다.

36 우리나라 수입수산물 유통에 관한 설명으로 옳은 것은?

① 유사도매시장을 경유하는 경우가 많다.

② 수입산 연어류는 대부분 자연산이다.

③ 주로 활수산물로 수입된다.

④ 대표적 수입산 냉동수산물은 명태이다.

해설 ① 수입수산물은 시장 외 유통이 보편적이며, 일부 활어의 경우만 공동어시장 또는 유사도매시장에서 거래하는 경우가 있다.

② 수입산 연어류는 대부분 양식어종이다.

③ 수입수산물은 주로 냉동수산물 형태로 수입된다.

37 수산물 소매시장에 관한 설명으로 옳은 것은?

① 소비자에게 전달되는 유통과정의 최종단계이다.

② 중도매인이 생산된 수산물의 가격 결정을 주도한다.

③ 수산물을 수집하는 기능을 수행한다.

④ 수산물 생산 후 1차 가격을 결정하는 시장이다.

해설 소매시장은 최종소비자를 대상으로 하여 거래가 이루어지는 시장으로, 비교적 거래단위가 적다.

②·③·④ 산지시장에 대한 설명이다.

35 ③ 36 ④ 37 ① 정답

38 수산물 공동판매에 관한 설명으로 옳지 않은 것은?

① 맞춤형 상품개발이 어렵다.
② 가격 교섭력을 높일 수 있다.
③ 안정적인 판로 확보가 가능하다.
④ 규모의 경제를 실현할 수 있다.

해설 수산물 공동판매는 단독판매에 비해 수산물의 상품성을 높이고 높은 가격을 얻기 위한 맞춤형 상품개발이 용이하다.

수산물 공동판매의 장점

- 출하량 조절 용이
- 유통비용 및 노동력 절감
- 가격 교섭력을 높일 수 있음

39 수산물 전자상거래에 관한 설명으로 옳지 않은 것은?

① 시간과 공간의 제약을 받지 않는다.
② 구매자 정보를 수집하기 어렵다.
③ 소비자 의견을 반영하기 쉽다.
④ 유통경로를 축소할 수 있다.

해설 **수산물 전자상거래의 특징**

- 유통경로가 상대적으로 짧다.
- 거래 시간과 공간에 제약이 없다.
- 무점포 운영이 가능하다.
- 구매자 정보를 얻기가 용이하다.
- 운영비가 절감된다.
- 소비자와 생산자 간의 양방향 소통이 가능하다.

40 월 400상자씩 판매되는 고등어의 가격이 20% 인상됨에 따라 수요량이 30% 감소하였다면 수요의 가격탄력성은?

① 0.5 ② 1.0
③ 1.5 ④ 2.0

해설 수요의 가격탄력성 $= \frac{\text{수요량의 변화율}}{\text{가격의 변화율}} = \frac{30}{20} = 1.5$

41 **수산물의 주기적 가격변동을 나타내는 거미집 정리 중 수요의 가격탄력성이 공급의 가격탄력성보다 작을 때 나타나는 거미집 정리의 형태는?**

① 확산형 ② 수렴형
③ 순환형 ④ 굴절형

해설 거미집 이론(Cobweb Theorem) : 확산형(발산형) 변동

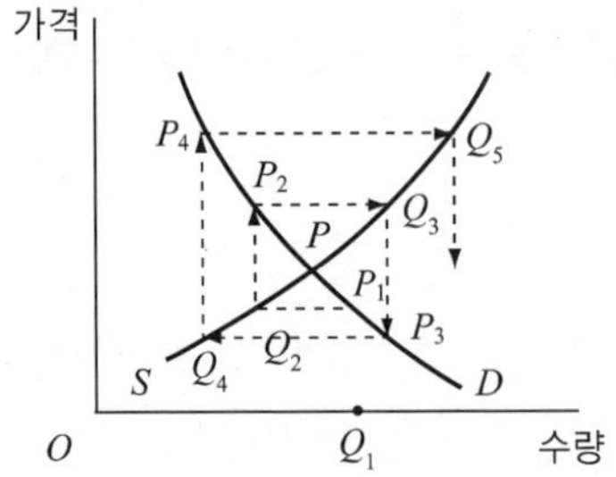

- 제1기의 공급량 Q_1이 수요되는 가격은 P_1이다. 이 가격은 제2기의 공급량 Q_2를 결정한다.
- 이 가격으로는 초과수요 Q_2P_1이 생기고 P_1에서 P_2로의 가격등귀는 수요와 공급의 탄력성 차이 때문에 Q_1보다도 더 큰 공급량 Q_2를 낳는다.
- 이 기간의 초과공급은 전기의 초과수요보다 커지고 가격도 전기에 상승한 것보다 크게 하락해야 그 초과공급을 흡수할 수 있다.
- 이처럼 공급량은 P_3에서 모두 수요되고 가격과 공급량은 더욱 그 폭을 넓히면서 대응 경로를 발산한다.

42 **20kg 꽁치 한 상자의 유통경로별 가격을 나타낸 것이다. 이때 총유통마진율(%)은?**

- 생산자 : 20,000원
- 산지유통인 : 30,000원
- 도매상 : 35,000원
- 소비자 : 40,000원

① 50 ② 60
③ 70 ④ 80

해설 총유통마진율(%) = (소비자 구입가격 − 생산자 수취가격)/소비자 구입가격 × 100
= (40,000 − 20,000)/40,000 × 100
= 50%

41 ① 42 ① 정답

43 다음은 수요의 교차탄력성에 관한 설명이다. ( )에 들어갈 내용으로 옳은 것은?

• A재화가 B재화의 대체재일 때 B재화의 가격이 상승하면 A재화의 (ㄱ)은(는) 증가한다.
• A재화가 B재화의 보완재일 때 B재화의 가격이 상승하면 A재화의 수요는 (ㄴ)한다.

① ㄱ : 수요, ㄴ : 증가
② ㄱ : 공급, ㄴ : 증가
③ ㄱ : 수요, ㄴ : 감소
④ ㄱ : 공급, ㄴ : 감소

해설
• 대체재 : 두 재화가 서로 대체관계에 있는 경우를 말하며, 대체제는 한 재화의 가격이 변화하는 방향이 대체관계에 있는 다른 재화의 수요가 변화하는 방향이 같다. 즉, 한 재화의 가격이 상승하면 대체 관계에 있는 다른 재화의 수요는 증가한다.
• 보완재 : 두 재화가 서로 보완관계에 있는 경우를 말하며, 보완재는 한 재화의 가격과 다른 재화의 수요가 반대 방향으로 변화한다. 즉, 한 재화의 가격이 상승하면 보완관계에 있는 다른 재화의 수요는 감소한다.

44 수산물 산지시장에서 생산자가 지불해야 하는 유통비용은?

① 어상자대
② 위판수수료
③ 저장비
④ 상차비

해설 **유통비용 구성요소**

생산자	양륙비, 위판수수료, 배열비
중도매인	선별비, 운반비, 상차비, 어상자대, 저장 및 보관비용, 운송비

45 수산물 포장의 기능과 관련이 없는 것은?

① 판매촉진
② 편의증진
③ 경제성 증진
④ 상품의 고유 성질 제고

해설 ④ 상품의 고유 성질 제고는 일반적인 수산물 포장의 기능과 거리가 멀다.
수산물 포장의 기능
상품의 보존성, 편리성, 상품성, 보호성, 분배 및 취급성, 판매촉진성, 위생성과 안전성, 외관향상, 정보 제공 등의 기능을 가지고 있다.

정답 43 ③ 44 ② 45 ④

46 수산물 가격의 끝자리 수를 59,900원, 99,800원과 같이 인위적으로 설정하는 가격전략은?

① 관습가격　② 단수가격
③ 유인가격　④ 개수가격

해설 **단수가격전략**
제품 가격의 끝자리를 고의로 단수로 표시하여 소비자에게 제품이 저렴하다는 인식을 심어주어 구매욕을 부추기는 가격전략이다.
예 1,000원 대신 990원이 판매가격이면 그 차이는 겨우 10원이지만, 소비자는 저렴하다는 느낌을 갖기 쉽다.
① 관습가격전략 : 제품의 원가가 상승되었음에도 동일 가격을 계속 유지하는 전략이다.
③ 유인가격전략 : 특정제품의 가격을 낮게 책정하여 자사의 다른 제품 판매까지 유도하는 전략이다.
④ 개수가격전략 : 구매동기를 자극하기 위해 한 개당 가격을 설정하는 것이다.

47 광고에 관한 설명으로 옳지 않은 것은?

① 기업광고는 기관광고와 상품광고 중 기관광고에 해당된다.
② '우리 수산물을 많이 먹자', '우유 소비를 늘리자' 등의 기초광고가 늘어나고 있다.
③ 상품광고는 회사, 조직 등이 전달하고자 하는 개념, 특성, 아이디어 등을 촉진하기 위한 광고이다.
④ 광고 매체를 결정할 때는 상품의 표적시장 소비자들에게 효과적으로 광고할 수 있는 매체를 선정해야 한다.

해설 ③ 회사, 조직 등이 전달하고자 하는 개념, 특성, 아이디어 등을 촉진하기 위한 광고는 기업광고에 해당한다.

48 수산물 마케팅 믹스전략으로 옳은 것을 모두 고른 것은?

ㄱ. 가격(Price)	ㄴ. 촉진(Promotion)
ㄷ. 유통(Place)	ㄹ. 포지셔닝(Positioning)

① ㄱ, ㄴ　② ㄱ, ㄹ
③ ㄱ, ㄴ, ㄷ　④ ㄴ, ㄷ, ㄹ

해설 마케팅 믹스전략의 4요소(4P)는 상품(Product), 가격(Price), 유통(Place), 판매촉진(Promotion)이다.

46 ② 47 ③ 48 ③ 정답

49 수산물 산지 유통정보에 해당하지 않는 것은?

① 노량진수산시장 가격정보
② 통계청 어류양식동향조사
③ 부산공동어시장 가격정보
④ 수협중앙회 어업경영조사

해설 ① 노량진수산시장 가격정보는 소비지 유통정보에 해당한다.

소비지 유통정보

주로 한국농수산식품유통공사와 각 법정도매시장, 수산정보포털 등에서 유통가격정보, 시장별 도매시장정보 등을 제공하며, 가락동 농수산물 도매시장, 노량진 수산시장, 부산국제수산물 도매시장 등이 해당된다.

50 수산물 유통정책의 목적과 주요 정책(사업)의 연결이 옳지 않은 것을 모두 고른 것은?

ㄱ. 수산물 가격 안정화 – 자조금사업, 유통협약사업
ㄴ. 수산물 가격 안정화 – 정부비축사업, 수산업관측사업
ㄷ. 수산물 안전성 확보 – 수산물 이력제도, 총허용어획량제도
ㄹ. 수산물 안전성 확보 – 수산물 원산지 표시제도, 친환경수산물 인증제도

① ㄱ
② ㄷ
③ ㄱ, ㄷ
④ ㄴ, ㄹ

해설 ㄷ. 총허용어획량제도(TAC)는 수산물 안전성 확보가 아니라 수산자원의 관리를 위한 제도이다.

- 수산물 가격 안정화 제도 : 자조금사업, 유통협약사업, 정부비축사업, 수산업관측사업
- 수산물 안전성 확보 제도 : 수산물 이력제도, 수산물 원산지 표시제도, 친환경수산물 인증제도

정답 49 ① 50 ②

03 수확 후 품질관리론

51 어육 연제품의 탄력에 영향을 주는 요인이 아닌 것은?

① 원료어육의 선도
② 원료어육의 고기갈이 온도
③ 망상구조 형성의 가열 시간
④ 아스코르빈산 첨가 농도

해설 ④ 산화방지제인 아스코르빈산의 첨가 농도는 어육 연제품의 탄력과 무관하다.
어육 연제품의 탄력에 영향을 주는 요인에는 원료어육의 어종 및 선도, 수세, 고기갈이 온도, 소금 농도, pH 및 가열조건 등이 있다.

52 어패류의 빙장법에 관한 설명으로 옳지 않은 것은?

① 얼음으로 어체의 온도를 낮춘다.
② 어체의 변질이나 부패를 지연시킨다.
③ 얼음막(글레이징) 처리를 한다.
④ 담수빙과 염수빙이 있다.

해설 ③ 얼음막(글레이징) 처리를 하는 것은 동결 저장법이다.
빙장법
- 얼음의 융해잠열을 이용하여 어패류의 온도를 낮추어 저장하는 방법이다.
- 어패류 체내의 수분을 얼리지 않은 상태에서 짧은 기간 동안 선도를 유지한다.
- 연안에서 어획한 수산물을 단기간에 유통할 때 저장과 수송에 널리 이용된다.
- 사용되는 얼음에는 담수빙(0℃)과 해수빙(−2℃)이 있다.

53 해수 어류의 휘발성 아민류에 해당하는 것을 모두 고른 것은?

ㄱ. 피페리딘	ㄴ. 트라이메틸아민
ㄷ. 암모니아	ㄹ. 피리딘

① ㄱ, ㄷ
② ㄱ, ㄹ
③ ㄴ, ㄷ
④ ㄴ, ㄹ

해설 ㄴ, ㄷ. 휘발성 아민류는 어류의 부패로 인해 생성되는 물질로, 트라이메틸아민(TMA)이나 암모니아가 해당한다.
ㄱ. 피페리딘(Piperidine)은 민물고기 비린내의 주성분이다.
ㄹ. 피리딘(Pyridine)은 암모니아와 비슷한 악취를 가진 물질로, 각종 농업용 화학물질, 의약물질 등의 합성에 사용되는 전구체로 쓰인다.

51 ④ 52 ③ 53 ③ 정답

54 어패류의 사후변화 과정에 관한 설명으로 옳지 않은 것은?

① 해당작용은 근육에 젖산이 생성되어 축적되는 일련의 과정이다.
② 사후경직은 사후 일정 시간이 경과하여 어체가 굳어지는 현상이다.
③ 자가소화는 지방산에 의해 어체가 분해되는 현상이다.
④ 부패는 효소와 미생물의 급격한 증가에 의한 작용이다.

해설 자가소화는 근육 내 효소의 작용에 의해 단백질이 분해되는 현상이다. 자가소화가 진행된 생선은 조직이 연해지고 풍미가 떨어져서 회로 먹기는 좋지 않으며, 열을 가해 조리하는 것이 좋다.

55 통조림을 가열 살균 후 냉각하는 목적으로 옳지 않은 것은?

① 호열성 세균의 발육을 억제한다.
② 스트루바이트의 성장을 촉진한다.
③ 내용물의 고온 방치시간을 단축한다.
④ 통조림 캔의 파손이나 변형을 방지한다.

해설 ② 스트루바이트의 성장을 억제한다.

스트루바이트(Struvite)

- 통조림 내용물에 유리 조각 모양의 결정이 나타나는 현상이다.
- 중성과 약알칼리성의 통조림에 나타나기 쉽다.
- 꽁치 통조림에서 많이 나타나고, 참치 통조림에서도 pH 6.3 이상 될 때 생길 수 있다.
- 스트루바이트를 예방하기 위해서는 살균 후 통조림을 급랭시켜야 한다(30~50℃ 범위가 최대 결정 생성 범위).

56 수산물의 동결장치에 관한 설명으로 옳지 않은 것은?

① 공기동결장치는 냉각공기를 이용하여 동결한다.
② 접촉동결장치는 냉각금속판 사이에 원료를 넣고 밀착해 동결한다.
③ 침지동결장치는 브라인에 수산물을 침지해 동결한다.
④ 액화가스동결장치는 액화가스를 살포해 완만동결한다.

해설 ④ 액화가스동결장치는 액화가스를 살포해 급속 동결한다.

정답 54 ③ 55 ② 56 ④

57 통조림 이중밀봉기의 주요 3요소가 아닌 것은?

① 리프터
② 블리더
③ 시밍 롤(Seaming Roll)
④ 시밍 척(Seaming Chuck)

해설 **이중밀봉기(Seamer, 시머)**

통조림을 제조할 때 캔의 몸통과 뚜껑을 빈 공간 없이 밀봉하는 기계로, 주요 3요소는 리프터(Lifter), 시밍 척(Chuck), 시밍 롤(Roll)이다.

이중밀봉기 3요소의 기능

리프터	• 밀봉 전 : 캔을 들어 올려 시밍 척에 고정시킴 • 밀봉 후 : 캔을 내려 줌
시밍 척	밀봉할 때에 캔 뚜껑을 붙잡아 캔 몸통에 밀착하여 고정시켜 주는 역할
시밍 롤	• 캔 뚜껑의 컬을 캔 몸통의 플랜지 밑으로 밀어 넣어 밀봉을 완성시킴 • 제1롤 : 캔 뚜껑의 컬을 캔 몸통의 플랜지 밑으로 말아 넣는 역할 • 제2롤 : 이를 더욱 압착하여 밀봉을 완성시킴

58 ( )에 들어갈 통조림 가공 단계는?

(ㄱ)은/는 캔 내부로 미생물과 오염물질의 유입을 방지하고, (ㄴ)은/는 미생물의 사멸과 효소의 불활성화로 보존성과 위생적 안전성을 높인다.

① ㄱ : 냉각, ㄴ : 살균
② ㄱ : 밀봉, ㄴ : 탈기
③ ㄱ : 탈기, ㄴ : 냉각
④ ㄱ : 밀봉, ㄴ : 살균

해설 **통조림의 가공 4대 공정**

탈 기	• 용기에 내용물을 채우고 나서 용기 내부에 있는 공기를 제거하는 공정이다. • 캔 내의 공기 제거에 의한 호기성 세균의 발육을 억제한다.
밀 봉	• 탈기를 끝낸 후, 캔의 몸통과 뚜껑 사이에 빈 틈새가 없도록 시머로 봉하는 공정이다. • 캔 내부로 미생물과 오염물질의 유입을 방지한다.
살 균	용기 내 밀봉되어 있는 내용물의 미생물 사멸과 효소의 불활성화로 보존성과 위생적 안전성을 높인다.
냉 각	• 살균을 마친 통조림 내용물의 품질 변화를 줄이기 위해 40℃까지 지체 없이 냉각한다. • 호열성 세균의 발육 억제, 스트루바이트의 생성 억제, 내용물의 과도한 분해 방지 등이 목적이다.

57 ② 58 ④ 정답

59 **수산물 표준규격에서 정하는 포장재료 및 포장재료의 시험방법 중 PS대(폴리스티렌대) 시험항목에 해당하지 않는 것은?**

① 밀 도　　② 봉합실 인장강도
③ 굴곡강도　　④ 흡수량

해설 **포장재료 및 포장재료의 시험방법(수산물 표준규격 [별표 3])**
폴리스티렌대(PS대) : 폴리스티렌대(PS대)의 밀도, 굴곡강도, 흡수량 및 연소성 등은 KS M 3808(발포 폴리스티렌(PS) 단열재)에 따른다.

밀도(kg/m^3)	굴곡강도(N/cm^2)	흡수량($g/100cm^3$)	연소성
25 이상	20 이상	두께 30mm 미만 2.0 이하, 두께 30mm 이상 1.0 이하	연소시간 120초 이내이며, 연소길이 60mm 이하일 것

60 **수산물 표준규격에서 '수산물의 거래 시 사용하는 무게 또는 마릿수'를 말하는 용어는?**

① 포장단위　　② 거래등급
③ 거래규격　　④ 거래단위

해설 '거래단위'란 수산물의 거래 시 사용하는 무게 또는 마릿수 등을 말한다(수산물 표준규격 제2조 제4호).

정답 59 ② 60 ④

61 HACCP의 12절차 체계 중 준비 5단계의 적용과정을 순서대로 나열한 것은?

ㄱ. 제품설명서 작성	ㄴ. 공정흐름도 작성
ㄷ. 용도 확인	ㄹ. 공정흐름도 현장 확인
ㅁ. HACCP팀의 구성	

① ㄱ-ㄴ-ㄷ-ㄹ-ㅁ ② ㄴ-ㄹ-ㄷ-ㄱ-ㅁ
③ ㄷ-ㄱ-ㄴ-ㄹ-ㅁ ④ ㅁ-ㄱ-ㄷ-ㄴ-ㄹ

해설 HACCP시스템의 12절차와 7원칙

절차 1	HACCP팀 구성	준비 5단계
절차 2	제품설명서 작성	
절차 3	용도 확인	
절차 4	공정흐름도 작성	
절차 5	공정흐름도 현장 확인	
절차 6	위해요소 분석	원칙 1
절차 7	중요관리점 결정	원칙 2
절차 8	한계기준 설정	원칙 3
절차 9	모니터링 체계 확립	원칙 4
절차 10	개선조치방법 수립	원칙 5
절차 11	검증절차 및 방법 수립	원칙 6
절차 12	문서화 및 기록 유지	원칙 7

62 장염 비브리오균(*Vibrio parahaemolyticus*) 식중독의 예방법으로 옳지 않은 것은?

① 어패류를 충분히 가열하여 섭취한다.
② 어패류를 4℃ 이하의 냉장고에 보관한다.
③ 사용한 식기, 도마 등 조리 기구를 열처리한다.
④ 그릇에 담긴 해수로 어패류를 세척한다.

해설 장염 비브리오 식중독 예방법

- 어패류는 구입 후 균의 증식을 막기 위해 4℃ 이하에서 냉장 보관하고 3일 이상 보관할 경우 −18℃ 이하에서 냉동 보관한다.
- 조리 전 어패류를 흐르는 수돗물에 2~3회에 걸쳐 씻어준다.
- 어패류를 충분히 가열하여 섭취하고, 날것으로 먹는 것은 피해야 한다.
- 사용한 식기, 도마 등 조리 기구는 교차오염을 방지하기 위해 열처리한다.

61 ④ 62 ④ 정답

63 HACCP 적용을 위한 선행요건 프로그램에 포함되지 않는 것은?

① 검증절차의 설정 ② 회수 프로그램 관리

③ 검사 관리 ④ 용수 관리

해설 HACCP 적용을 위한 주요 선행요건 관리사항

- 위생관리 : 작업장 관리, 개인 위생관리, 폐기물 관리, 세척 또는 소독
- 제조·가공·조리시설·설비관리 : 제조시설 및 기계기구류 등 설비관리
- 냉장·냉동시설·설비관리·용수 관리
- 보관 운송관리 : 구입 및 입고, 협력업체 관리, 운송, 보관
- 검사 관리 : 제품검사, 시설, 설비, 기구 등 검사
- 회수 프로그램 관리
- 주변 환경 관리 : 영업장 주변, 작업장, 건물바닥, 벽 및 천장, 배수 및 배관, 출입구, 통로, 창, 채광 및 조명, 부대시설(화장실, 탈의실 및 휴게실)

64 어패류 자연독에 관한 내용으로 옳은 것은?

① 삭시톡신은 마비성 패류독소(PSP)의 독성분이다.

② 설사성 패류독소(DSP)의 우리나라 허용기준은 없다.

③ 베네루핀은 100℃에서 3~4초 내에 파괴된다.

④ 시구아톡신은 복어독 중독의 원인 물질이다.

해설 ② 식품공전상 패독소의 기준치가 설정되어 있다.

※ 설사성 패독(Okadaic Acid 및 Dinophysistoxin-1의 합계)

대상 식품	기준(mg/kg)
이매패류	0.16 이하

③ 베네루핀은 100℃에서 1분 동안 가열하여도 파괴되지 않고 안정하다.

④ 복어독 중독의 원인 물질은 테트로도톡신(Tetrodotoxin)이다.

65 수산식품 포장재의 성질과 환경요소의 관계가 옳지 않은 것은?

① 강도 - 기계적 충격

② 투과도 - 산소압

③ 방습성 - 온도

④ 차단성 - 빛의 강도

해설 ③ 방습성 : 습기

정답 63 ① 64 ① 65 ③

66 **노로바이러스 식중독에 관한 설명으로 옳지 않은 것은?**

① 감염형 식중독에 속한다.
② 재감염되지 않는다.
③ 감염 시 구토, 설사를 유발한다.
④ 예방을 위해 어패류를 충분히 가열하여 섭취한다.

해설 ② 노로바이러스에 대한 면역은 약 14주간만 지속되므로 재감염도 가능하다.

67 **고등어 통조림의 진공도가 42.6cmHg이었다면, 이 통조림의 관내기압(cmHg)은?(단, 측정 당시 관외기압은 76.4cmHg이었다.)**

① 33.8　　② 42.6
③ 76.4　　④ 119.0

해설 통조림의 진공도 = 관외기압 − 관내기압
42.6cmHg = 76.4 − 관내기압
∴ 관내기압 = 33.8cmHg

68 **초기 세균의 농도가 10^4CFU/g인 어패류를 110℃에서 100분간 살균하였다. 최종 세균의 농도가 10^2CFU/g으로 감소되었다면 이때 D값은?**

① 5분　　② 25분
③ 50분　　④ 75분

해설 D값은 일정온도에서 주어진 미생물 농도를 1/10로 감소시키는 데 소요되는 시간을 의미한다.

$$D = \frac{\text{살균시간}}{\log_{10}(\text{초기세균농도}/\text{최종세균농도})} = \frac{100\text{분}}{\log_{10}(10^4/10^2)} = \frac{100\text{분}}{2} = 50\text{분}$$

66 ② 67 ① 68 ③ 정답

69 수산식품 냉동에서 동결곡선에 관한 설명으로 옳은 것은?

① 냉각 진행시간과 수분활성변화의 관계곡선이다.
② 냉각 진행시간과 제품온도변화의 관계곡선이다.
③ 냉각 진행시간과 동결실온도의 관계곡선이다.
④ 냉각 진행시간과 동결매질온도의 관계곡선이다.

해설 수산식품 냉동에서 동결곡선은 냉각 진행시간에 따른 제품의 동결 중 온도 중심점에서 시간별 제품온도 변화를 기록하여 연결한 곡선이다.

70 미생물 발효를 이용한 수산식품이 아닌 것은?

① 가자미식해
② 멸치액젓
③ 까나리어간장
④ 어육 소시지

해설 어육 소시지는 어육 연제품에 해당한다.

71 어패류의 동결저장에 관한 설명으로 옳은 것은?

① 일반적으로 식품 온도를 −18℃ 이하로 유지하여 저장한다.
② 동결 저장실 내 공기의 습도가 식품의 수증기압보다 높으면 식품의 수분이 감소한다.
③ 수분활성이 증가하기 때문에 효소 반응 속도가 현저히 높아지게 되어 장기저장이 가능하다.
④ 식품 조직의 손상을 줄이기 위해서는 급속동결보다 완만동결이 유리하다.

해설 ② 동결 저장실 내 공기의 습도가 식품의 수증기압보다 낮을 때 식품의 수분이 감소한다.
③ 수분활성이 감소하여 효소 반응 속도가 낮아지게 되므로 장기저장이 가능하다.
④ 식품 조직의 손상을 줄이기 위해서는 완만동결보다 급속동결이 유리하다.

정답 69 ② 70 ④ 71 ①

72 개량물간법의 장점을 모두 고른 것은?

> ㄱ. 염장초기 부패를 일으킬 염려가 적다.
> ㄴ. 기온이 높은 계절에 염장할 때 부패를 막는데 효과적인 방법이다.
> ㄷ. 소금의 침투가 균일하며 외관이나 수율이 좋다.
> ㄹ. 용기에 식품을 넣고 감압하여 염장기간을 단축한다.

① ㄱ, ㄴ ② ㄱ, ㄷ
③ ㄴ, ㄷ ④ ㄷ, ㄹ

해설 개량물간법

- 마른간법과 물간법의 단점을 보완하여 개량한 염장법이다.
- 어체를 마른간법으로 하여 쌓아올린 다음에 누름돌을 얹어 적당히 가압하여 두면, 어체로부터 스며나온 물 때문에 소금물층이 형성되어 결과적으로 물간법을 한 것과 같게 된다.
- 소금의 침투가 균일하고, 염장 초기에 부패를 일으킬 염려가 적다.
- 제품의 외관과 수율이 좋고, 지방 산화가 억제되며 변색을 방지할 수 있다.

73 수산 소건품만으로 묶어진 것은?

① 마른오징어, 마른김, 마른상어지느러미
② 마른전복, 황태, 한천
③ 마른해삼, 과메기, 마른굴
④ 마른멸치, 굴비, 마른오징어

해설 건제품과 건조방법 및 종류

건제품	건조방법	종류
소건품	원료를 그대로 또는 간단히 전처리하여 말린 것	마른오징어, 마른 대구, 상어 지느러미, 김, 미역, 다시마
자건품	원료를 삶은 후에 말린 것	멸치, 해삼, 패주, 전복, 새우
염건품	소금에 절인 후에 말린 것	굴비(원료 : 조기), 가자미, 민어, 고등어
동건품	얼렸다 녹였다를 반복해서 말린 것	황태(북어), 한천, 과메기(원료 : 꽁치, 청어)
자배건품	원료를 삶은 후 곰팡이를 붙여 배건 및 일건 후 딱딱하게 말린 것	가스오부시(원료 : 가다랑어)

72 ② 73 ① 정답

74 **다음에서 설명하는 훈연방법은?**

- 30~80℃의 온도에서 비교적 단시간(3~8시간) 실시한다.
- 수분 함량이 비교적 높아 저장성이 낮다.
- 주로 제품에 풍미를 부여하는 효과가 있다.

① 열훈법 ② 속훈법
③ 온훈법 ④ 냉훈법

해설 ③ 온훈법에 대한 설명이다.

훈제 방법의 종류와 특징

훈제법	훈제 온도(℃)	훈제 기간	보존성	수분 함유량(%)
냉훈법	15~30	1~3주	길 다	낮다(30~35)
온훈법	30~80	3~8시간	짧 다	높다(50~60)
열훈법	100~120	2~4시간	짧 다	높다(60~70)
액훈법	식품을 훈연액(목초액)에 침지한 뒤 건조			

*속훈법 : 훈연액(목초액)에 침지 또는 분무시킨 후 건조하는 방법을 액훈법이라고 하는데, 훈건 전에 어떤 처리를 하여 훈연 효과를 빨리 얻으려고 하는 방법을 속훈법이라고 하여 액훈법과 구별한다.

75 **수산물 표준규격에서 표준규격품의 표시방법으로 옳지 않은 것은?**

① 표시사항은 가급적 한 곳에 일괄 표시해야 한다.
② 품목의 특성, 포장재의 종류 및 크기 등에 따라 양식의 크기와 글자의 크기는 임의로 조정할 수 있다.
③ 필요시 무게를 표기할 수 있다.
④ 필요시 마릿수를 병기할 수 있다.

해설 무게는 반드시 표기해야 하며, 필요시 마릿수를 병기할 수 있다(수산물 표준규격 [별표 4]).

정답 74 ③ 75 ③

04 수산일반

76 수산업의 기능이 아닌 것은?

① 어촌 지역 사회 유지　② 외화 획득
③ 첨단 제조품 생산　④ 취업 기회 제공

해설 첨단 제조품 생산은 수산업의 기능과 거리가 멀다.
수산업의 기능
- 수산물의 안정적 생산과 안전한 수산물 공급
- 지속가능한 수산자원 관리
- 어촌 지역 사회 유지 및 취업 기회 제공
- 해양국토방위 및 연안수역관리
- 자연 보존 및 국토의 균형적 이용 도모
- 어촌·해양 관광의 보급과 확산 등

77 우리나라 수산물 수출입에 관한 설명으로 옳은 것은?

① 2022년 우리나라 수출액이 가장 많은 수산물은 참치이다.
② 최근 5년간(2018년~2022년) 우리나라 수산물 수출액은 수입액을 초과하고 있다.
③ 2012년 대비 2022년 우리나라 수산물 수출액과 수입액은 모두 감소하고 있다.
④ 우리나라는 1997년부터 수산물 수입을 전면 개방하였다.

해설 ④ 우리나라는 1997년 7월 1일부터 390개 품목에 대해 수산물 수입을 전면 개방하였다.
① 2022년 우리나라 수출액이 가장 많은 수산물은 김이다.
② 최근 5년간(2018년~2022년) 우리나라 수산물 수출액은 수입액에 비해 적다.
③ 2012년 대비 2022년 우리나라 수산물 수출액과 수입액은 모두 증가하였다.

78 우리나라 연근해 어업 생산량이 감소하는 이유가 아닌 것은?

① 인구 증가　② 자원 남획
③ 해양오염　④ 기후 변화

해설 연근해 어업 생산량의 감소 이유에는 수산업 인구 감소, 자원 남획, 해양오염, 기후 변화 등이 있다.

76 ③　77 ④　78 ① 정답

79 연골어류에 해당하지 않는 것은?

① 전 어
② 백상아리
③ 참홍어
④ 노랑가오리

해설 ① 전어는 경골어류에 해당한다.
• 경골어류 : 뼈가 단단하고, 주로 부레와 비늘이 있다.
예 고등어 · 꽁치 · 전갱이(방추형), 전어 · 돔(측편형), 복어(구형), 뱀장어(장어형)
• 연골어류 : 뼈가 물렁물렁하고, 주로 부레와 비늘이 없다.
예 홍어 · 가오리 · 상어

80 붕장어의 특성에 관한 설명으로 옳지 않은 것은?

① 버들잎 모양의 렙토세팔루스 유생 기간을 거친다.
② 전 생애를 바다에서만 서식한다.
③ 우리나라 전 연안에 분포한다.
④ 양 턱이 길고 날카로운 이빨이 줄지어 있다.

해설 ④ 양 턱이 길고 날카로운 이빨이 줄지어 있는 것은 갯장어의 특성이다.

81 수산자원의 관리 방법 중 가입관리에 해당하지 않는 것은?

① 인공수정란 방류
② 인공부화 자치어 방류
③ 금어기, 금어구 설정
④ 성육환경 개선

해설 ④ 성육환경 개선은 수산자원의 관리 방법 중 환경관리에 해당한다.
가입관리 즉, 새로운 개체의 지속적 이입을 위해 인공수정란 방류, 인공부화 자치어 방류, 금어기, 금어구 설정 등의 방법이 필요하다.

정답 79 ① 80 ④ 81 ④

82 수산자원의 관리 수단 중 어획노력량 관리에 해당하는 것은?

① 체장 제한
② 어선 척수 제한
③ 어기 제한
④ 개별양도성할당(ITQ)

해설 ② 어선 척수를 제한하는 것은 어획노력량 관리 방법에 해당한다.

수산자원 관리 방법(어업관리 정책)

노력량 규제	허가정수, 톤수마력규제, 어선감척, 총허용노력량(TAE)
어획량 규제	총허용어획량(TAC), 개별할당량(IQ), 개별양도성할당량(ITQ)
기술적 규제	어선·어구 제한, 그물코규격제한, 포획금지구역·수심·기간, 포획금지체장·체중, 암컷포획금지, 어란 및 치어포획금지 등

83 다음 ( )에 들어갈 용어로 적합한 것은?

( )은 지속가능한 어업생산 기반의 구축과 어가소득 증대를 위하여 어업인들이 공동체를 결성하고, 지역특성에 맞는 자체규약을 제정하여 수산자원을 보존·관리·이용하는 어업

① 원양어업
② 자율관리어업
③ 양식어업
④ 해면어업

해설 자율관리어업에 대한 설명이다. 이는 관주도의 수산자원관리 한계에서 벗어나 자원이용 주체인 어업인 스스로 주인의식을 갖도록 책임과 권한을 부여함으로써 지속가능한 어업자원관리체제를 구축하는 어업활동이라고 할 수 있다.

84 수산자원의 계군을 식별하는 방법 중 자원량 및 성장률을 추정하고, 회유경로를 추적할 수 있는 방법은?

① 표지 방류법
② 형태학적 방법
③ 생태학적 방법
④ 해부학적 방법

해설 **표지 방류법**
- 일부 개체에 표지를 붙여 방류했다가 다시 회수하여 그 자원의 동태를 연구하는 방법이다.
- 계군의 이동 상태를 직접 파악할 수 있기 때문에 가장 좋은 식별 방법 중 하나이다.
- 회유경로의 추적뿐만 아니라 이동속도, 분포 범위, 귀소성, 연령 및 성장률, 사망률 등을 추정할 수 있다.
- 표지 방법에는 절단법, 염색법, 부착법이 있다.

82 ② 83 ② 84 ① 정답

85 고래류의 연령 형질로 사용할 수 있는 것은?

① 비 늘　　② 이빨 또는 수염
③ 등뼈(척추골)　　④ 이 석

해설 고래류의 경우, 이빨 또는 수염을 연령 사정에 이용한다.

연령 사정법

연령형질법	• 연령 사정에 가장 널리 사용되는 방법이다. • 어류의 비늘·이석·등뼈·지느러미·연조·패각·고래의 수염 및 이빨 등을 이용한다. • 이석을 통한 연령 사정은 넙치(광어)·고등어·대구·가자미에 효과적이다. • 연골어류인 홍어·가오리·상어는 이석을 통한 연령사정에 적합하지 않다. • 연안 정착성 어종인 노래미·쥐노래미는 비늘이나 이석이 아닌 등뼈(척추골)를 이용하여 연령 사정을 한다. • 비늘은 뒤쪽보다 앞쪽 가장자리의 성장이 더 빠르다.
체장빈도법 (피터센법)	• 연령 형질이 없는 갑각류나 연령 형질이 뚜렷하지 않은 어린 개체들의 연령 사정에 좋다. • 연간 1회의 짧은 산란기를 가지며, 개체의 성장률이 비슷한 생물의 연령 사정에 효과적이다.

86 함정 어구·어법에 해당하지 않는 것은?

① 죽방렴　　② 안강망
③ 유자망　　④ 낭장망

해설 ③ 유자망은 흘림 걸그물류에 해당하며, 꽁치, 멸치 등의 포획에 사용한다.

함정 어구·어법

함정 어구·어법은 깔때기처럼 일단 들어간 대상생물이 되돌아 나오지 못하도록 한 장치를 가진 어구를 부설하여 대상생물이 스스로 함정에 빠지도록 하여 잡는 것을 말한다. 통발, 정치망, 안강망, 주목망, 죽방렴, 낭장망 등을 이용한다.

87 어로(어업) 활동 중 어구의 전개 및 동작 상태를 관측하는 장치가 아닌 것은?

① 어군 탐지기　　② 전개판 감시 장치
③ 네트 존데　　④ 네트 리코더

해설 ① 어군 탐지기 : 어군을 확인하는 데 이용된다.
② 전개판 감시 장치 : 트롤어구 전개판의 상대적 위치를 파악한다.
③ 네트 존데 : 선망어업에 있어서 그물을 투망한 후부터 그물 자락의 침강 상태를 파악하는 장치이다.
④ 네트 리코더 : 트롤어구 입구의 전개 상태, 해저와 어구와의 상대적 위치, 어군의 양 등을 알 수 있다.

정답 85 ② 86 ③ 87 ①

88 어군을 모이게 하는 방법에 해당하지 않는 것은?

① 차단 유도
② 유 집
③ 어장 찾기
④ 구 집

해설 어장 찾기는 1차적 어군 탐색 방법으로, 과거의 어업 실적, 다른 어선의 정보 · 어황 예보 · 어업용 해도 · 위성 정보 등을 통해 종합적으로 판단한다.

집어(어군을 모이게 하는 방법)

유 집	• 어군에 자극을 주어 자극원 쪽으로 모이게 하는 방법 • 야간에 불빛으로 모이는 습성(주광성)을 이용
구 집	• 어군에 자극을 주어 자극원으로부터 멀어지게 하여 모이게 하는 방법 • 큰 소리 · 줄 후리기 · 전류 등을 이용
차단 유도	회유 통로를 인위적으로 막아 한 곳으로 모이게 하는 방법(예 정치망의 길그물)

89 어장의 환경요인 중 물리적 요인에 해당하지 않는 것은?

① 수 온
② 태양 광선
③ 투명도
④ 용존산소

해설 ④ 용존산소는 화학적 요인에 해당한다.
어장의 환경요인 중 물리적 요인으로는 빛(태양 광선), 수온, 지형, 투명도, 바닷물의 유동 등이 있다.

90 우리나라 어업이 나아가야 할 방향으로 옳지 않은 것은?

① 자원관리형
② 연료절감형
③ 조업자동화
④ 노동집약형

해설 노동집약형에서 벗어나 기술을 접목한 기술집약형, 규모화 · 시스템화 등의 방향이 적절하다.

91 순환여과식 양식의 특징으로 옳지 않은 것은?

① 물이 귀한 환경에는 적합하지 않다.
② 배출수 처리가 간단하다.
③ 해적생물과 질병 대책에 용이하다.
④ 고밀도 육상어류 양식에 적합하다.

해설 순환여과식은 한 번 사용하여 노폐물에 의해 오염된 물을 여과장치를 통해 정화하여 다시 사용하는 양식 방법으로, 물이 적은 곳에서도 양식할 수 있는 장점이 있다.

88 ③ 89 ④ 90 ④ 91 ① **정답**

92 어류 종자를 생산할 때 먹이생물이 갖추어야 할 조건이 아닌 것은?

① 대량배양이 가능해야 한다.
② 독성이 없는 영양성분이 함유되어야 한다.
③ 유생 입의 크기에 적당해야 한다.
④ 빠른 운동성을 갖추어야 한다.

해설 ④ 유영력이 느려서 자치어가 섭이하기 좋아야 한다.

93 일반적인 어류의 인공종자를 생산할 때 먹이공급체계 과정을 순서대로 옳게 나열한 것은?

① 로티퍼 → 배합사료 → 알테미아 유생
② 로티퍼 → 알테미아 유생 → 배합사료
③ 알테미아 유생 → 배합사료 → 로티퍼
④ 알테미아 유생 → 로티퍼 → 배합사료

해설
- 로티퍼는 동물성 플랑크톤으로, 어류 자어기 시기에 먹이생물로 사용된다.
- 알테미아 내구란을 부화시켜 나온 알테미아 유생을 어류 자어기, 갑각류 유생의 먹이로 사용한다.
- 로티퍼 → 알테미아 유생 → 배합사료 순으로 공급한다.

94 양식어류의 세균성 질병에 해당하는 것을 모두 고른 것은?

ㄱ. 비브리오병	ㄴ. 에로모나스병
ㄷ. 연쇄구균병	ㄹ. 편모충병

① ㄱ, ㄷ
② ㄴ, ㄹ
③ ㄱ, ㄴ, ㄷ
④ ㄴ, ㄷ, ㄹ

해설 ㄹ. 편모충병은 기생충성 질병에 해당한다.
세균성 질병에는 비브리오병, 에드워드병, 에로모나스병, 연쇄구균병, 활주세균병 등이 있다.

정답 92 ④ 93 ② 94 ③

95 새우류의 유생발달 단계를 순서대로 나열할 때 ( )에 들어갈 명칭은?

( ) → 조에아 → 미시스 → 후기 유생

① 담륜자　② 노플리우스
③ 메갈로파　④ 필로조마

해설 새우류는 노플리우스 → 조에아 → 미시스 → 후기 유생 순서의 발생 단계를 거친다.

96 다음에서 설명하는 해조류는?

- 1년생 갈조류이다.
- 해수 중의 무기 영양염을 몸의 표면으로 흡수하여 성장한다.
- 조류가 빠르고 파랑의 영향이 있는 곳에 서식한다.

① 우뭇가사리　② 김
③ 미 역　④ 매생이

해설 미역은 우리나라 전 해역에 분포하며, 단일종이지만 북방형과 남방형으로 크게 나눌 수 있다.
①·② 우뭇가사리, 김 : 홍조류
④ 매생이 : 녹조류

97 총허용어획량(TAC) 제도에 관한 설명으로 옳은 것을 모두 고른 것은?

ㄱ. TAC는 생물학적으로 최대 지속가능한 생산량을 기초로 정한다.
ㄴ. TAC 제도는 어획노력량 규제수단의 하나이다.
ㄷ. 원칙적으로 TAC는 어종별로 매년 정하여 규제한다.
ㄹ. 우리나라는 TAC 제도를 실시하기 위하여 1995년에 수산업법을 개정하였다.

① ㄱ, ㄴ　② ㄴ, ㄹ
③ ㄴ, ㄷ, ㄹ　④ ㄱ, ㄷ, ㄹ

해설 총허용어획량(TAC)은 수산자원을 합리적으로 관리하기 위하여 어종별로 연간 잡을 수 있는 상한선을 정하고, 그 범위 내에서 어획할 수 있도록 하는 제도이다.
ㄴ. TAC 제도는 어획량 규제수단의 하나이며, 어획노력량 규제는 원천적으로 어업에 대한 진입을 허가나 면허를 통해서 규제함으로써 수산자원을 관리하는 것이다.

95 ② 96 ③ 97 ④ 정답

98 우리나라에서 적용하고 있는 수산자원관리 규제수단은?

① 그물코의 크기 ② 수산종자 방류
③ 인공어초 시설 ④ 바다 목장

해설 그물코의 크기 제한은 미성어 보호를 위한 수산자원관리 규제수단에 해당한다.
②・③・④는 자원 조성 및 성육 장소 조성을 통한 수산자원관리 수단이다.

99 수산업법령상 근해어업에 해당하는 것은?

① 낚시어선업 ② 어류양식업
③ 대형선망어업 ④ 재첩잡이어업

해설 **근해어업의 종류(시행령 제21조 제1항)**
외끌이대형저인망어업, 쌍끌이대형저인망어업, 동해구외끌이중형저인망어업, 서남해구외끌이중형저인망어업, 서남해구쌍끌이중형저인망어업, 대형트롤어업, 동해구중형트롤어업, 대형선망어업, 소형선망어업, 근해채낚기어업, 근해자망어업, 근해안강망어업, 근해봉수망어업, 근해자리돔들망어업, 근해장어통발어업, 근해문어단지어업, 근해통발어업, 근해연승어업, 근해형망어업, 기선권현망어업, 잠수기어업

100 배타적 경제수역(Exclusive Economic Zone)에 관한 설명으로 옳은 것은?

① 배타적 경제수역은 영해 기선에서 12해리까지이다.
② 배타적 경제수역은 유엔해양법 협약에서 규정하였다.
③ 한국・중국・일본은 배타적 경제수역의 경계를 획정하였다.
④ 배타적 경제수역의 연안국은 동 수역에서 군사적 권리도 가진다.

해설 ① 배타적 경제수역은 영해 기선에서 200해리까지이다.
③ 한국・중국・일본 각국 간에 어업협정이 체결되어 있지만, 해양 경계 획정문제는 아직 미해결 상태에 있다.
④ 배타적 경제수역에서 연안국은 해저 탐사, 개발 등의 주권적 권리 및 인공섬 설치, 해양과학조사 등의 관할권을 가지지만, 군사적 권리도 가지는 것은 아니다.

정답 98 ① 99 ③ 100 ②

참 / 고 / 문 / 헌

PART 02 수산물유통론

- 수산물유통, 교육과학기술부, (주) 미래엔, 2013
- 수산물유통, 교육인적자원부, (주) 대한교과서, 2006
- 수산물유통, 전남교육청, 2014
- 수산일반, 경북교육청, 2014
- 수산경영일반, 경북교육청, 2014
- 수산일반경영 한권으로 끝내기, 김지수 저, 시대고시기획, 2014
- 수산해양학, 김수암 외, 부경대학교 출판부, 2011
- 수산물유통과 정책, 진상대 편저, 경상대학교출판부, 2006
- 농수산물시장론, 강연실 저, 전남대학교출판부, 2012
- 농산물품질관리사 한권으로 끝내기, 조규태 외, 시대고시기획, 2014
- 농산물유통론, 조규태 외, 시대고시기획, 2014
- 유통관리사 2급 한권으로 끝내기, 안영일 외, 시대고시기획, 2014
- 수산물 저온유통시스템의 실태와 개선방안, 한국해양수산개발원, 2008
- 수산물 유통 관련법의 실태 및 개선방안, 한국해양수산개발원, 2013
- 2008년산 굴 수급동향과 굴 양식업의 당면과제, 박광서・김효진, 수산업관측센터, 2008
- 농림수산식품부 수산물 가격 및 가격편람, 2010
- 수산물 산지위판제도 개선을 위한 연구, 농림수산식품부, 2010
- 수산물전자상거래를 위한 제도 및 데이터베이스 구축, 농림수산식품부, 2001
- 유비쿼터스 사회의 발전단계와 특성, 류영달, 한국전산원, 2004
- 유비쿼터스 환경에서의 해양수산물 유통 가치사슬 혁신 및 전자상거래 시스템 구축에 관한 연구, 박명섭 외, 한국IT서비스학회지, 2006
- RFID를 이용한 수산물 유통경로망 연구, 김외영・이종근, 한국시뮬레이션학회 논문지, 2010

- 해양수산부(www.mof.go.kr/)
- 수산정보포털(www.fips.go.kr/)
- 국립수산물품질관리원(www.nfqs.go.kr/)
- 수산물이력제(www.fishtrace.go.kr/)
- 서울특별시농수산식품공사(http://www.garak.co.kr/)
- 한국해양수산개발원(www.kmi.re.kr/)
- 한국해양수산개발원 수산업관측센터(www.foc.re.kr/)
- 고성통일명태축제(www.myeongtae.com)

• 경상북도교육청, 『수산 가공(상)』, 한글그라픽스, 2012
• 경상북도교육청, 『수산 가공(하)』, 한글그라픽스, 2012
• 경상북도교육청, 『수산가공』, 김선봉 외 8인, 2014
• 경상북도교육청, 『수산일반』, 김상곤외 6인 2014
• 교육과학기술부, 『수산 가공(하)』, 두산동아(주), 2003
• 교육과학기술부, 『수산일반』, 두산동아(주), 2011
• 교육부, 『냉동』, 1990
• 교육부, 『수산가공(상)』, 대한교과서(주), 1999
• 교육부, 『수산가공(상)』, 대한교과서(주), 2005
• 교육부, 『수산업』, 대한교과서(주), 1997
• 교육부, 『수산일반』, 대한교과서(주) 1999
• 교육부, 『식품과학』, 지학사, 2010
• 교육부, 『식품기술』, 한국교육개발원, 1995
• 교육부, 『해양 과학』, (주)중앙교육진흥연구소, 2002
• 교육인적자원부, 『수산 가공(하)』, 대한교과서, 2004
• 김수암 · 장창익, 『어류 생태학』, 서울프레스, 1994
• 김진수, 『식품 냉동 냉장학』, 두산동아(주), 2011
• 김진수 · 허민수 · 김혜숙 · 하진환, 『수산 가공학의 기초와 응용』, 도서출판 효일, 2007
• 김청, 박근실 『식품포장의 기초와 응용』, (주)포장산업, 1999
• 노봉수 · 김석신 · 장판식 · 이현규 · 김태집, 『식품저장학』, 수학사, 2008
• 박영호, 『식품포장학』, 수학사, 1986
• 박영호, 『식품포장학』, 수학사, 2003
• 박영호 · 박유식, 『통조림 제조학』, 형설출판사, 1995
• 박영호 · 장동석 · 김선봉, 『수산가공이용학』, 형설출판사, 1995
• 박희열 · 조영제 · 오광수 · 구재근 · 이남걸, 『응용수산 가공학』, 수협문화사, 2000
• 부경대학교 해양탐구교육원, 『바다의 이해』, 도서출판 정명당, 1997
• 오후규 외 7인, 『신판 식품냉동기술』, 세종출판사, 2012
• 윤전인 외 17인, 『냉동설비공학』, 대한교과서(주), 2004
• 이철호 외, 『식품평가 및 품질관리론』, 유림문화사, 2008
• 장동석 외, 『수산식품 안전의 이해』, 부경대학교출판부, 2010
• 장창익, 『수산 자원 생태학』, 1991
• 전라남도교육청, 『냉동 일반』, 박종운 외 3인, 2014
• 정문기, 『한국어도보』, 일지사, 1988
• 한국해양수산개발원, 『수산물의 어획 후 처리 실태와 개선방안에 관한 연구』, 강종호 · 장홍석, 2010
• 홍재상 · 이진한 · 임현식 · 강창근 · 한경호, 『해양생물학』, 라이프사이언스, 2008

• 국립수산과학원(www.nifs.go.kr)
• 해양수산연구정보포털(http://portal.nfrdi.re.kr)

PART 04 수산일반

- 수산일반, 교육과학기술부, (주)두산, 2009
- 수산생물, 교육과학기술부, (주)미래엔, 2013
- 수산양식(상), 전라남도교육청, 전남 인정도서 개발위원회, 2013
- 수산양식(하), 전라남도교육청, 전남 인정도서 개발위원회, 2013
- 양식생물질병, 전라남도교육청, 전남 인정도서 개발위원회, 2013
- 수산학개론, 장호영 등, (주)바이오사이언스, 2009
- 어구와 어군행동, 장호영 등, (주)바이오사이언스, 2009
- 수산물품질관리사, 김하연, 한국해양수산개발원, 2008
- 수산일반, 경북교육청, 2014
- 수산경영일반, 경북교육청, 2014
- 수산일반경영 한권으로 끝내기, 김지수 저, 시대고시기획, 2014
- 농산물품질관리사 한권으로 끝내기, 조규태 외, 시대고시기획, 2014

- 해양수산부(www.mof.go.kr/)
- 국립수산과학원(www.nifs.go.kr/)
- 수산정보포털(www.fips.go.kr/)
- 국립수산물품질관리원(www.nfqs.go.kr/)
- 서울특별시농수산식품공사(http://www.garak.co.kr/)
- 한국해양수산개발원(www.kmi.re.kr/)
- 한국해양수산개발원 수산업관측센터(www.foc.re.kr/)

수산물품질관리사 1차 한권으로 끝내기

개정10판1쇄 발행	2025년 04월 25일 (인쇄 2025년 03월 13일)
초 판 발 행	2015년 03월 05일 (인쇄 2015년 01월 30일)
발 행 인	박영일
책 임 편 집	이해욱
편 저	최평희 · 홍성철 · 정현철
편 집 진 행	윤진영 · 장윤경
표지디자인	권은경 · 길전홍선
편집디자인	정경일
발 행 처	(주)시대고시기획
출 판 등 록	제10-1521호
주 소	서울시 마포구 큰우물로 75[도화동 538 성지 B/D] 9F
전 화	1600-3600
홈 페 이 지	www.sdedu.co.kr
I S B N	979-11-383-9022-4(13520)
정 가	46,000원

국 가 기 술 자 격 검 정 답 안 지

성 명

교시(차수) 기재란			
(　　)교시 · 차	①	②	③
문제지 형별 기재란			
(　　　　)형	Ⓐ	Ⓑ	
선택과목 1			
선택과목 2			

수 험 번 호							
⓪	⓪	⓪	⓪	⓪	⓪	⓪	⓪
①	①	①	①	①	①	①	①
②	②	②	②	②	②	②	②
③	③	③	③	③	③	③	③
④	④	④	④	④	④	④	④
⑤	⑤	⑤	⑤	⑤	⑤	⑤	⑤
⑥	⑥	⑥	⑥	⑥	⑥	⑥	⑥
⑦	⑦	⑦	⑦	⑦	⑦	⑦	⑦
⑧	⑧	⑧	⑧	⑧	⑧	⑧	⑧
⑨	⑨	⑨	⑨	⑨	⑨	⑨	⑨

감독위원 확인
ⓘⓝ 인

1	①	②	③	④	21	①	②	③	④	41	①	②	③	④	61	①	②	③	④	81	①	②	③	④	101	①	②	③	④	121	①	②	③	④
2	①	②	③	④	22	①	②	③	④	42	①	②	③	④	62	①	②	③	④	82	①	②	③	④	102	①	②	③	④	122	①	②	③	④
3	①	②	③	④	23	①	②	③	④	43	①	②	③	④	63	①	②	③	④	83	①	②	③	④	103	①	②	③	④	123	①	②	③	④
4	①	②	③	④	24	①	②	③	④	44	①	②	③	④	64	①	②	③	④	84	①	②	③	④	104	①	②	③	④	124	①	②	③	④
5	①	②	③	④	25	①	②	③	④	45	①	②	③	④	65	①	②	③	④	85	①	②	③	④	105	①	②	③	④	125	①	②	③	④
6	①	②	③	④	26	①	②	③	④	46	①	②	③	④	66	①	②	③	④	86	①	②	③	④	106	①	②	③	④					
7	①	②	③	④	27	①	②	③	④	47	①	②	③	④	67	①	②	③	④	87	①	②	③	④	107	①	②	③	④					
8	①	②	③	④	28	①	②	③	④	48	①	②	③	④	68	①	②	③	④	88	①	②	③	④	108	①	②	③	④					
9	①	②	③	④	29	①	②	③	④	49	①	②	③	④	69	①	②	③	④	89	①	②	③	④	109	①	②	③	④					
10	①	②	③	④	30	①	②	③	④	50	①	②	③	④	70	①	②	③	④	90	①	②	③	④	110	①	②	③	④					
11	①	②	③	④	31	①	②	③	④	51	①	②	③	④	71	①	②	③	④	91	①	②	③	④	111	①	②	③	④					
12	①	②	③	④	32	①	②	③	④	52	①	②	③	④	72	①	②	③	④	92	①	②	③	④	112	①	②	③	④					
13	①	②	③	④	33	①	②	③	④	53	①	②	③	④	73	①	②	③	④	93	①	②	③	④	113	①	②	③	④					
14	①	②	③	④	34	①	②	③	④	54	①	②	③	④	74	①	②	③	④	94	①	②	③	④	114	①	②	③	④					
15	①	②	③	④	35	①	②	③	④	55	①	②	③	④	75	①	②	③	④	95	①	②	③	④	115	①	②	③	④					
16	①	②	③	④	36	①	②	③	④	56	①	②	③	④	76	①	②	③	④	96	①	②	③	④	116	①	②	③	④					
17	①	②	③	④	37	①	②	③	④	57	①	②	③	④	77	①	②	③	④	97	①	②	③	④	117	①	②	③	④					
18	①	②	③	④	38	①	②	③	④	58	①	②	③	④	78	①	②	③	④	98	①	②	③	④	118	①	②	③	④					
19	①	②	③	④	39	①	②	③	④	59	①	②	③	④	79	①	②	③	④	99	①	②	③	④	119	①	②	③	④					
20	①	②	③	④	40	①	②	③	④	60	①	②	③	④	80	①	②	③	④	100	①	②	③	④	120	①	②	③	④					

※ 본 답안지는 마킹연습용 모의 답안지입니다.

절취선

주의	바르게 마킹한 것… ●
	잘못 마킹한 것… ⓥ ⊖ ✹ ⊙ ⊠

성명
홍 길 동

교시(차수) 기재란			
(　)교시 · 차	①	②	③
문제지 형별 기재란			
(　　)형	Ⓐ	Ⓑ	
선택과목 1			
선택과목 2			

수험번호							
⓪	⓪	⓪	⓪	⓪	⓪	⓪	⓪
①	①	①	①	①	①	①	①
②	②	②	②	②	②	②	②
③	③	③	③	③	③	③	③
④	④	④	④	④	④	④	④
⑤	⑤	⑤	⑤	⑤	⑤	⑤	⑤
⑥	⑥	⑥	⑥	⑥	⑥	⑥	⑥
⑦	⑦	⑦	⑦	⑦	⑦	⑦	⑦
⑧	⑧	⑧	⑧	⑧	⑧	⑧	⑧
⑨	⑨	⑨	⑨	⑨	⑨	⑨	⑨

감독위원 확인
김 (印) 독

수험자 유의사항

1. 시험 중에는 통신기기(휴대전화 · 소형 무전기 등) 및 전자기기(초소형 카메라 등)를 소지하거나 사용할 수 없습니다.
2. 부정행위 예방을 위해 시험문제지에도 수험번호와 성명을 반드시 기재하시기 바랍니다.
3. 시험시간이 종료되면 즉시 답안작성을 멈춰야 하며, 종료시간 이후 계속 답안을 작성하거나 감독위원의 답안카드 제출지시에 불응할 때에는 당해 시험이 무효처리 됩니다.
4. 기타 감독위원의 정당한 지시에 불응하여 타 수험자의 시험에 방해가 될 경우 퇴실조치 될 수 있습니다.

답안카드 작성 시 유의사항

1. 답안카드 기재 · 마킹 시에는 반드시 검정색 사인펜을 사용해야 합니다.
2. 답안카드를 잘못 작성했을 시에는 카드를 교체하거나 수정테이프를 사용하여 수정할 수 있습니다.
   그러나 불완전한 수정처리로 인해 발생하는 전산자동판독불가 등 불이익은 수험자의 귀책사유입니다.
   - 수정테이프 이외의 수정액, 스티커 등은 사용 불가
   - 답안카드 왼쪽(성명 · 수험번호 등)을 제외한 '답안란'만 수정테이프로 수정 가능
3. 성명란은 수험자 본인의 성명을 정자체로 기재합니다.
4. 해당차수(교시)시험을 기재하고 해당 란에 마킹합니다.
5. 시험문제지 형별기재란은 시험문제지 형별을 기재하고, 우측 형별마킹난은 해당 형별을 마킹합니다.
6. 수험번호란은 숫자로 기재하고 아래 해당번호에 마킹합니다.
7. 시험문제지 형별 및 수험번호 등 마킹착오로 인한 불이익은 전적으로 수험자의 귀책사유입니다.
8. 감독위원의 날인이 없는 답안카드는 무효처리 됩니다.
9. 상단과 우측의 검은색 띠(▌▌▌) 부분은 낙서를 금지합니다.

부정행위 처리규정

시험 중 다음과 같은 행위를 하는 자는 당해 시험을 무효처리하고 자격별 관련 규정에 따라 일정기간 동안 시험에 응시할 수 있는 자격을 정지합니다.

1. 시험과 관련된 대화, 답안카드 교환, 다른 수험자의 답안 · 문제지를 보고 답안 작성, 대리시험을 치르거나 치르게 하는 행위, 시험문제 내용과 관련된 물건을 휴대하거나 이를 주고받는 행위
2. 시험장 내외로부터 도움을 받아 답안을 작성하는 행위, 공인어학성적 및 응시자격서류를 허위기재하여 제출하는 행위
3. 통신기기(휴대전화 · 소형 무전기 등) 및 전자기기(초소형 카메라 등)를 휴대하거나 사용하는 행위
4. 다른 수험자와 성명 및 수험번호를 바꾸어 작성 · 제출하는 행위
5. 기타 부정 또는 불공정한 방법으로 시험을 치르는 행위